Hans-Erich Mar(l?)
Kleebachstr. 51
51 Aachen-Eilendorf

Oehler · Kaiser

Schnitt-, Stanz- und Ziehwerkzeuge

Unter besonderer Berücksichtigung der neuesten Verfahren
und der Werkzeugstähle mit zahlreichen Konstruktions-
und Berechnungsbeispielen

6. verbesserte und erweiterte Auflage von

Gerhard Oehler

Springer-Verlag Berlin · Heidelberg · New York 1973

Dr.-Ing. habil. Gerhard Oehler

ehem. apl. Professor der Technischen Universität (TH) Hannover
Beratender Ingenieur (VDI und DFBO)
Bad Dürkheim

Mit 653 Abbildungen, 42 Tabellen
und 66 Berechnungsbeispielen

ISBN 3-540-05932-6 6. Auflage Springer-Verlag Berlin · Heidelberg · New York
ISBN 0-387-05932-6 6th edition Springer-Verlag New York · Heidelberg · Berlin

ISBB 3-540-03627-X 5. Auflage Springer-Verlag Berlin · Heidelberg · New York
ISBN 0-387-03627-X 5th edition Springer-Verlag New York · Heidelberg · Berlin

Das Werk ist urheberrechtlich geschützt. Die dadurch begründeten Rechte, insbesondere die der Übersetzung, des Nachdrucks, der Entnahme von Abbildungen, der Funksendung, der Wiedergabe auf photomechanischem oder ähnlichem Wege und der Speicherung in Datenverarbeitungsanlagen bleiben, auch bei nur auszugsweiser Verwertung, vorbehalten. Bei Vervielfältigungen für gewerbliche Zwecke ist gemäß § 54 UrhG eine Vergütung an den Verlag zu zahlen, deren Höhe mit dem Verlag zu vereinbaren ist.

© by Springer-Verlag, Berlin/Heidelberg 1949, 1954, 1957, 1962, 1966 and 1973. Printed in Germany
Library of Congress Catalog Card Number: 73-83242

Die Wiedergabe von Gebrauchsnamen, Handelsnamen, Warenbezeichnungen usw. in diesem Buche berechtigt auch ohne besondere Kennzeichnung nicht zu der Annahme, daß solche Namen im Sinne der Warenzeichen- und Markenschutz-Gesetzgebung als frei zu betrachten wären und daher von jedermann benutzt werden dürften.

Vorwort zur sechsten Auflage

Seit der letzten Auflage 1966 wurde im Hinblick auf die schnell fortschreitende Entwicklung auch auf diesem Gebiet eine durchgreifende Umarbeitung notwendig. So wurden die Abschnitte Stanzgittervorschub, Perforierwerkzeug, Walzenschneidwerkzeug, schrägauftreffende Schneidstempel, Werkzeuge zum gleichzeitigen Schneiden und Umformen, Verhütung von Aufschweißungen, konzentrisch geteilte Niederhalter, Tiefziehen von Rippen in flachen Blechteilen, scharfkantiges Tiefziehen in einem Zug, selbsttätig höhenverstellbare Prägewerkzeuge, Erhöhung der Verschleißfestigkeit durch Oberflächenbehandlung u. a. neu aufgenommen. Aber auch im übrigen Teil wurden neue Werkzeugkonstruktionen eingefügt und auf neue Verfahren wie beispielsweise Sprühätzen und Superplastik verwiesen. Demgegenüber mußte gekürzt werden, um den Umfang der Neuauflage nicht zu sehr anwachsen zu lassen. So wurde auf photographische Darstellungen von Werkzeugen, die über ihren inneren Aufbau nicht allzuviel aussagen, verzichtet und der Text weitestgehend gestrafft. Ebenso wurden die in früheren Auflagen ausführlicher gebrachten umformtheoretischen Betrachtungen auf das Notwendigste beschränkt, wenn auch manche neue Erkenntnis, wie beispielsweise der neue Begriff der plastischen Anisotropie ($= R$-Wert) zum Nachweis der Tiefzieheignung, hier zusätzlich erläutert werden mußte. Die zahlreichen durchgerechneten und in dieser Auflage vermehrten Beispiele erleichtern dem Leser den Gebrauch der Gleichungen und Schaubilder. Eine Bildtafel aller Blechteile zu in diesem Buch gezeigten Werkzeugkonstruktionen erleichtert dem Leser auf S. 720 (letzte Seite des Buches) Abb. 653 das Finden von Werkzeugen zu ähnlichen Teilformen.

In den letzten Jahren wurden die Begriffsbezeichnungen für die Umformtechnik nach DIN 8582 bis 8587 genormt und in dieser Neuauflage angewandt. Doch wurde davon abgesehen, den Buchtitel zu ändern. Denn abgesehen davon, daß dieses Buch unter seinem alten Titel während der vergangenen fünf Auflagen sich viele Freunde erwarb, hat sich der Wortbegriff „Stanzen" seit über 100 Jahren fest in der Sprache des Praktikers verankert. Schließlich ist es bei den gegenwärtigen Vereinheitlichungsbestrebungen auf internationaler Ebene durchaus möglich, daß in absehbarer Zeit ganz andere seitens der ISO vorzuschlagende technische Begriffsbezeichnungen eingeführt werden, nachdem dies für Maßbezeichnungen und Formelzeichen allgemein sowie darüber hinaus in einigen, wenn auch zunächst nur wenigen Zweigen der Technik heute bereits geschieht.

An dieser Stelle danke ich als Obmann des Ausschusses Schnitt- und Stanzwerkzeuge im FNA Werkzeuge und Spannzeuge meinen Mitarbeitern sowie allen denen, die sowohl durch Überlassung von Material als auch mit ihrem Rat und mit ihren Erfahrungen zum Gelingen dieser auf den neuesten Stand gebrachten Auflage beigetragen haben.

Bad Dürkheim, im Frühjahr 1973.

Gerhard Oehler

Inhaltsverzeichnis

A. Konstruktionsrichtlinien für Schneidwerkzeuge

1. Grundplatten 1
2. Einspannzapfen 2
3. Stempelkopf und Stempelhalteplatte 15
4. Schneidstempel 19
5. Verhütung der Kaltaufschweißung an Schneidstempeln 22
6. Waagerechte oder schräge Stempelführung 23
7. Schnittkraft, Rückzugskraft und Seitenkraft 27
8. Knickfestigkeit der Stempel 30
9. Schneidplatten und Schneidbuchsen 35
10. Geteilte Schneidplatten 37
11. Durchfallöffnung, Schneidspalt und Hochsteigen der Stanzbuchsen . 40
12. Ausguß und Umguß von Schneidstempeln und Schneidbuchsen 49
13. Schneidwerkzeuge für kleine Herstellmengen 51
14. Ätzschneidverfahren 63
15. Genauschneidverfahren 65
16. Stempelführungsplatte und Zwischenleiste 75
17. Einteilung des Stanzstreifens und Begrenzung des Band- und Streifenvorschubs 78
18. Stanzgittervorschub innerhalb des Schneidwerkzeuges 88
19. Anwendung von Normteilen, insbesondere Säulengestellen 91

B. Die konstruktive Ausführung einzelner Schneidwerkzeuge

1. Das Freischneidewerkzeug (Wzbl. 1) 96
2. Freischneideeinbaueinheiten (Wzbl. 2) 98
3. Universalausklinkschneidewerkzeuge mit Säulenführung (Wzbl. 3) .. 101
4. Folgeschneidwerkzeug mit Plattenführung (Wzbl. 4) 103
5. Schneidwerkzeug mit Anschneide- und Hakenanschlag (Wzbl. 5) 105
6. Schneidwerkzeug mit Zentrierstempel (Wzbl. 6) 109
7. Trennschneidwerkzeug (Wzbl. 7) 109
8. Folgeschneid- und Verbundwerkzeuge (Wzbl. 8) 112
9. Lochschneidwerkzeug mit Ausstoßer (Wzbl. 9) 134
10. Schneidwerkzeug mit Schieber (Wzbl. 10) 136
11. Perforierwerkzeug 138
12. Lochschneidwerkzeuge mit und ohne Indexstift zur seitlichen Lochung von Hohlkörpern (Wzbl. 11) 141
13. Schneid- und Lochwerkzeuge zur gleichzeitigen Bearbeitung von Hohlkörpern an verschiedenen Stellen (Wzbl. 12 bis 14) 149
14. Schräg auftreffende Schneidstempel 158
15. Schüttelbeschneidewerkzeug (Wzbl. 15) 159
16. Beschneidewerkzeuge für Flanschen tiefgezogener Blechteile (Wzbl. 16) 167
17. Durchlaufendes Trennschneidewerkzeug für Ziehteile (Wzbl. 17) ... 170
18. Trenn- und Beschneidewerkzeug für Kotflügel (Wzbl. 18) 173
19. Offenes Gesamtschneidwerkzeug und seine Herstellung (Wzbl. 19) .. 177
20. Geschlossenes Gesamtschneidwerkzeug für kleine Stanzteile (Wzbl. 20) 181
21. Gesamtschneidwerkzeug für stärkere und größere Stanzteile 184
22. Gesamtschneidwerkzeug für sehr große Teile 186
23. Messerschneidwerkzeuge (Wzbl. 21) 190

24. Schabeschneidwerkzeuge (Wzbl. 22) 192
25. Feinschneidwerkzeuge (Wzbl. 23) 195
26. Abschälschneidwerkzeug (Wzbl. 24) 200
27. Spaltschneidwerkzeug 202
28. Walzenschneidwerkzeug für gelochte oder geschlitzte Winkelschienen .. 203
29. Werkzeuge zum gleichzeitigen Schneiden und Umformen 204

C. Konstruktionsrichtlinien für Biegewerkzeuge

1. Biegeradius 207
2. Zuschnitt und Abwickelungslänge 211
3. Berechnung der Biegekraft beim Biegen in Gesenken 213
4. Das V-Freibiegen 216
5. Rückfederung des Bleches 218
6. Ausstoßer 228
7. Biegen von Rohren und hohlen Blechteilen 229
8. Biegeprüfverfahren 234

D. Ausführung einzelner Biege-, Roll-, Kragenzieh-, Richtpräge-, Hohlpräge- und Vollprägewerkzeuge

1. Einfaches Biegewerkzeug (Wzbl. 25) 234
2. Universalbiegewerkzeug (Wzbl. 26) 236
3. Biegewerkzeug für scharfkantiges Biegen (Wzbl. 27) 238
4. Hochkantbiegewerkzeug (Wzbl. 28) 240
5. Umkantwerkzeug für Karosserieteile (Wzbl. 29) 243
6. Einfach wirkendes U-Biegewerkzeug mit Ausstoßer (Wzbl. 30) 247
7. Zweifach wirkendes U-Biegewerkzeug mit Ausstoßer (Wzbl. 31) 249
8. Biegewerkzeug mit Keiltrieb (Wzbl. 32) 251
9. Vor- und Nachbiegewerkzeug (Wzbl. 33) 254
10. Biegewerkzeug mit Einlegedorn (Wzbl. 34) 256
11. Mehrfachbiegewerkzeug als Verbundwerkzeug (Wzbl. 35) 260
12. Mehrfachbiegewerkzeug mit formgebendem und beweglichem Unterstempel (Wzbl. 36) 263
13. Rollbiegewerkzeuge 265
14. Einfaches Rollbiegewerkzeug (Wzbl. 37) 267
15. Rollbiegewerkzeug mit selbsttätiger Einspannung (Wzbl. 38) 268
16. Rollbiegewerkzeug mit Einrolldorn (Wzbl. 39) 269
17. Rollbiegewerkzeug mit Keiltrieb (Wzbl. 40) 271
18. Rollbiegewerkzeug zum Umbördeln runder Teile (Wzbl. 41 und 42) .. 272
19. Blechdurchzüge (Kragenanziehen) 276
20. Richtprägewerkzeug (Wzbl. 43) 283
21. Stauchwerkzeug zum Planieren 285
22. Prägewerkzeuge 286
23. Hohlprägewerkzeug für unveränderliche Werkstoffdicke (Wzbl. 44) . 287
24. Hohlprägewerkzeug für Ziehteilzargen (Wzbl. 45) 289
25. Höhenverstellbares Prägewerkzeug für rotationssymmetrische Teile ... 292
26. Selbsttätige Tischhubvorrichtung für Präge- und Kalibrierwerkzeuge .. 294
27. Vollprägewerkzeug für veränderliche Werkstoffdicke (Wzbl. 46) ... 297

E. Das Tiefziehen

1. Der Tiefziehvorgang 301
2. Die Formänderung beim Tiefziehen 304
3. Die Stempelkraft beim Tiefziehen und Abstreifen 311
4. Schmierung, Schutzüberzüge und Entfettung 318
5. Verhütung von Kaltaufschweißungen an Ziehwerkzeugen 324
6. Abrundung der Ziehkanten 325
7. Konzentrisch geteilte Niederhalter für große Ziehkantenrundungen ... 326
8. Abrundung der Stempelkanten 328

9. Ziehspalt 328
10. Ziehgeschwindigkeit 329
11. Niederhalterdruck, Niederhalter und Druckstifte 331
12. Niederhalterloses Tiefziehen 338
13. Zuschnittsermittlung für runde Ziehteile 343
14. Zuschnittsermittlung für rechteckige Gefäßformen 349
15. Zuschnittsermittlung für ovale und verschieden gerundete, zylindrische Ziehteile 352
16. Zuschnittsermittlung für unregelmäßige, unzylindrische Ziehteile 356
17. Zugabstufung für runde, zylindrische Hohlteile 357
18. Zugabstufung für unrunde, insbesondere rechteckige Hohlteile 363
19. Scharfkantiges Tiefziehen in einem Zug 367
20. Tiefziehstufung und Behandlung rostbeständiger Stahlbleche 370
21. Glühen und Beizen der Ziehteile 373
22. Das Ziehen runder nichtzylindrischer Hohlteile 374
23. Das Ziehen über Wulste 376
24. Das Ziehen von Karosserieblechteilen 386
25. Tiefziehen von Rippen in flachen Blechteilen 394
26. Während des Ziehvorganges quergeführte Werkzeugteile 397
27. Tiefziehen in beheizten Gesenken 400
28. Beim Tiefziehen vorkommende Fehler 401
29. Tiefziehprüfverfahren 424

F. Konstruktive Ausführung einzelner Ziehwerkzeuge

1. Einfaches Ziehwerkzeug zum Einlegen (Wzbl. 47) 424
2. Schneidziehwerkzeug zur Herstellung dünnwandiger Ziehteile (Wzbl. 48) 426
3. Schneid-Zug-Beschneide-Werkzeuge (Wzbl. 49) 428
4. Schneid-Zug-Lochwerkzeug und seine Herstellung (Wzbl. 50) ... 434
5. Schneid-Zug-Schneid-Zug-Beschneidewerkzeug (Wzbl. 51) 438
6. Mehrfach wirkende Ziehwerkzeuge (Wzbl. 52) 442
7. Doppelziehwerkzeug für doppeltwirkende Ziehpressen (Wzbl. 53) 444
8. Schneidziehwerkzeug für doppeltwirkende Ziehpressen (Wzbl. 54) ... 445
9. Ziehwerkzeug für Teile unterschiedlicher Bodenhöhe für doppeltwirkende Ziehpressen (Wzbl. 55) 447
10. Gesenkdrückwerkzeug für Kurbel- und Schlagziehpressen (Wzbl. 56) .. 449
11. Karosserieziehwerkzeug für dreifach wirkende Breitziehpressen mit Luftkissen (Wzbl. 57) 452

G. Andere Ziehverfahren und ihre Werkzeuge

1. Abstreckziehen (Wzbl. 58) 456
2. Oeillet-Verfahren (Wzb. 59) 463
3. Herstellung kleiner Zieh- und Stülpziehteile nach dem Einscherverfahren 472
4. Umstülpziehen (Wzbl. 60) 476
5. Ziehen auf Mehrstufenpressen 482
6. Weit- oder Ausbauchverfahren (Wzbl. 61 bis 63) 491
7. Ziehen auf Streckziehpressen (Wzbl. 64) 505
8. Fallhammer- und Schlagziehverfahren 514
9. Blechumformung mittels elastischer Druckmittel 519
10. Hydromechanisches Tiefziehen 541
11. Superplastikverfahren 549

H. Werkzeuge für die Hochgeschwindigkeitsumformung

1. Explosivverfahren (I) 551
2. Hydrosparkverfahren (II) 558
3. Umformen mittels magnetischer Kräfte (III) 561
4. Kolbenschlagverfahren (IV) 563

I. Zu- und Abführvorrichtungen von Stanzteilen

1. Einlege- und Zuführvorrichtungen 565
2. Ausstoß- und Abführvorrichtungen 591

K. Berechnung der Schrauben-, Teller-, Ring- und Gummifedern

1. Schraubenfedern 604
2. Tellerfedern 608
3. Ringfedern 612
4. Gummifedern 617
5. Ausstoßerfedern 618
6. Federn in Gesamtschneidwerkzeugen 619
7. Biegedruckfedern 620
8. Niederhalterfedern 620
9. Nitro-Dyne-Federungssystem 622

L. Werkstoff für Werkzeuge

1. Gußeisen 622
2. Gegossene Stähle 625
3. Zinklegierungsguß 626
4. Kohlenstoffstähle 628
5. Werkzeugstähle 631
6. Einsatzstähle 637
7. Eisentitankarbid 641
8. Hartmetall 644
9. Hartmetallauftragverfahren 655
10. Aluminiumbronzelegierungen 656
11. Kunststoff (Ep-Harze) 662
12. Sonstige Werkstoffe 668

M. Die Vermeidung von Ausschuß in der Härterei

1. Verzogene Werkstücke 670
2. Härterisse 673
3. Bildung von Rissen und Sprüngen kurze Zeit nach Inbetriebnahme des Werkzeuges 674
4. Geringe Härte 676
5. Scheinbar ungenügende Härte 677
6. Unterschiedlicher Härtegrad 677
7. Schalenförmiges Abspringen an Ecken und vorspringenden Teilen 679
8. Probeweises Härten 680
9. Brenn- und Induktionshärten gegossener Großwerkzeuge 681

N. Das Schleifen von Schneidwerkzeugen 683

O. Behandlungs- und Verarbeitungshinweise für die verschiedenen Bleche 685

Anhang 697

Auf σ_B abgestellte Näherungsgleichungen zur Ermittlung von Kraft und Arbeitsaufwand 697

Aus der Gemeinschaftsarbeit 699

Schrifttum 705

Sachverzeichnis 708

Verzeichnis der Werkstücke und nichtmetallischen Werkstoffe ... 717

Zur Anwendung internationaler Einheiten

Die Einheiten von Kraft, Druck, Arbeit und Leistung erfuhren schon 1955 gemäß DIN 1301 insofern eine Änderung, als die Kraft nicht mehr in kg und t, sondern in kp und Mp gemessen werden sollte. Der Unterschied beträgt mit 1/0,981 jedoch noch nicht 2%, so daß die bisherigen auf kg und t abgestimmten Schaubilder Abb. 203, 297 und 303 auch heute noch gelten. Zur Zeit ist gemäß nebenstehender Tafel eine weitere Umstellung – auf das international gültige SI-Einheitensystem sowie auf international vereinbarte Formelzeichen – im Gange.[1] Da die Praxis bis heute zumeist noch mit kg, t und nicht mit kp, Mp zu rechnen gewohnt ist, wie dies die weitaus meisten Prospektblätter der Pressenhersteller beweisen, so dürften erst recht bis zur Umgewöhnung auf die SI-Einheiten noch viele Jahre vergehen, weshalb in diesem für die Praxis geschriebenen Buch noch die bisher gebräuchlichen Maßbezeichnungen und Formelzeichen beibehalten wurden. Damit aber der Leser sich beim Studium neuzeitlicher Fachliteratur mit den dort angegebenen SI-Einheiten zurechtfindet, diene ihm nachstehende Übersicht. Ein Zahlenwert einer Einheit nach Spalte 4 ergibt, mit dem Umrechnungsfaktor in Spalte 6 multipliziert, den Zahlenwert in SI-Einheiten, oder ein Zahlenwert in SI-Einheiten führt, dividiert durch den Umrechnungsfaktor, zu den bisher gebräuchlichen Werten. So entsprechen bisherigen 40 kp = 40 · Umrechnungsfaktor 10 = 400 N künftig. Einige dieser neuen Einheiten wie beispielsweise bar und hbar sind heute noch umstritten. So ist auch die bisher übliche Winkelbemessung in Grad (°) als neunzigster Teil eines rechten Winkels neben dem neuen „rad" voraussichtlich weiterhin zulässig. Die gesetzlich festgesetzte Übergangszeit bis zur Alleingültigkeit und ausschließlichem Gebrauch der neuen Einheiten endet mit dem 31.12.1977.

---

[1] *Haeder W.*, u. *Gärtner E.*: Die gesetzlichen Einheiten in der Technik. 3. Aufl. 1972. Beuth-Vertrieb Berlin 30 und Köln.
Ausführungsverordnung zum Gesetz über Einheiten im Meßwesen v. 26. 6. 1970. Siehe auch DIN 1301 bis 1306 der neuesten Ausgaben.

Umrechnungstafel zur Anwendung internationaler Einheiten

1	2	3	4 (= Sp. 5/6)	5 (= Sp. 4 · 6)	6 (= Sp. 5/4)
Begriff	Formelzeichen		Einheit		Umrechnungs-faktor
	bisher	neu	bisher gebräuchlich	SI-System	
Kraft	P	F	kp	N (= Newton)	$9{,}81 \approx 10$
			Mp	kN	
				MN	$0{,}00981 \approx 0{,}01$
Masse = Gewicht	m oder G	m	kg	kg	1
Druck	p	p	kp/cm² oder at oder 10 m Wassersäule	bar (= 0,01 hbar)	$0{,}981 \approx 1$
				N/m² oder Pa (Pa = Pascal)	98 100 $\sim 100\,000$
			kp/mm²	hbar (hektobar)	$0{,}981 \approx 1$
				Pa	9 810 000 $\approx 10\,000\,000$
Arbeit	A	W	kp m	N m oder J (J = Joule)	$9{,}81 \approx 10$
			kW h	kJ oder Nm	≈ 3600 $\approx 3\,600\,000$
Leistung	N	P	kW (= 1,36 PS) (= 102 kp m/s)	kW (= 1020 N m/s)	1
Dichte	γ/g	ϱ	kg/m³	kg/m³	1
Wichte (= spez. Gew.)	γ	$\varrho \cdot g$	$\dfrac{\text{kg} \cdot \text{m}}{\text{m}^3 \cdot \text{s}^2}$	N/m³	9810 $\approx 10\,000$
Drehzahl	n	n	min⁻¹	s⁻¹	1/60
Winkel	α, β	α, β	Grad (°)	rad	$\pi/180$
Blechdicke	s	t	mm	mm	1
Fläche	F	S	mm²	mm²	1

A. Konstruktionsrichtlinien für Schneidwerkzeuge

1. Grundplatten

Für eine einmalige kleinere Stückzahl erübrigt sich die Grundplatte (Unterplatte). Nur für große Beanspruchungen beim Schneiden dicker Bleche oder dort, wo besonders empfindliche Teile der Schneidplatte auf Biegung beansprucht werden, empfiehlt sich auch dann die Anordnung einer Grundplatte. Ihre Dicke ist entsprechend diesen Beanspruchungen sowie der Größe des Schnittes zu wählen. Für mittlere Schnitte genügt eine Plattendicke von 22 mm. Die Grundplatte sollte mindestens 30 mm über den Schneidkasten seitlich überstehen, um Spannklauen auflegen oder Schlitze für die Befestigungsschrauben einfräsen zu können. Im allgemeinen lassen sich Schneidkästen ohne Unterplatte schon direkt auf die Tischplatte mittels Spanneisen festspannen. Zum Einschieben von Parallelleisten für den Werkzeugunterbau ist die Unterseite der Grundplatte mit eingehobelten Nuten zu versehen, damit nicht durch Verrutschen der Leisten die Durchfallöffnungen für die Stanzbutzen verstopft werden.

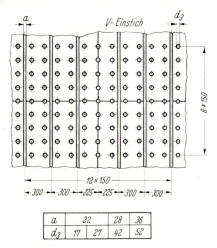

a	22	28	36
d_3	17	27	42	52

Abb. 1. Beispiel für eine T-Nuten-Anordnung mit Lochbild nach DIN 55205 Blatt 1

Für das Aufspannen des Schneid- oder Stanzwerkzeuges sind einfache Spanneisen nach DIN 6314 oder solche mit Schrauben oder mit rundem Spannansatz im Gebrauch. Zuweilen werden auch abgeschrägte Gabelspanneisen nach DIN 6315, einfach gekröpfte Spanneisen nach DIN 6316 und doppelt gekröpfte nach DIN 6317 im Schneidwerkzeugbau verwandt. Die

---

1 Oehler/Kaiser, Schnitt-, Stanz- und Ziehwerkzeuge, 6. Aufl.

Gegenanlage der Spanneisen erfolgt oft auf Treppenböcken nach DIN 6318, teilweise aber auch auf Schraubböcken oder Spanneisenpaaren mit Schrägverzahnung, die durch seitliches Verschieben eine stufenlose Einstellung der gewünschten Höhe ermöglichen. Nach DIN 55205 Blatt 1 für Lochbilder und T-Nuten-Anordnungen[1] beträgt gemäß Abb. 1 der Mittenabstand zwischen den T-Nuten 300 und zwischen den Löchern für die Druckstifte[2] bei quadratischer Teilung 150 mm. Bei kleineren zur Verfügung stehenden Flächen, z.B. bei Rundtischen, ist eine kleinere Lochteilung, nämlich 75 oder gar 37,5 mm zulässig. Blatt 2 der gleichen Norm sowie Tabelle 13 zu Abb. 308 bis 310 auf S. 337 geben über die Ausführung und Maße der Druckstifte und Durchgangslöcher Auskunft.

2. Einspannzapfen

Die Einspannzapfen sind unter DIN 9859 genormt[3]. Nachstehende Tabelle 1 enthält unter Bezug auf DIN 9859 in Verbindung mit Abb. 2 für den weitaus größten Teil der gegenwärtig in Deutschland laufenden Pressen die gültigen Anschlußmaße von Einspannzapfen. In der neuesten Fassung von DIN 9859 Blatt 1 werden außer den in Tabelle 1 enthaltenen Zapfen noch solche des Durchmessers $d_1 = 8$, 10, 12, 16 und 80 mm angeführt.

Tabelle 1. Zapfenmaße nach DIN 9859 (Maßerläuterung in Abb. 2)

Zapfen (ohne Bund)	d_1	20	25	32	40	50	65
	d_3	M16×1,5	M16×1,5	M20×1,5	M24×1,5	M30×2	M42×3
			M20×1,5	M24×1,5	M30×2	M36×2	
	l_1	40	45	56	70	80	100
	l_2	3	4	4	5	6	8
	l_4	58	68	79	93	108	128
Schlüssel- fläche	h	6	6	8	10	12	16
	s	$17^{-0,2}$	$19^{-0,25}$	$27^{-0,25}$	$32^{-0,25}$	$41^{-0,22}$	$55^{-0,4}$
Kerbe	d_2	15	20	25	32	42	53
	l_3	12	16	16	26	26	26
	r_1	2,5	2,5	2,5	4	4	4
Zapfen mit Bund	d_5	28	34	42	52	62	—
	i	5	5	6	8	8	—
	l_5	61	70	86	108	118	—
Mind.- Plattendicke	k	18	23	23	23	28	28
Zapfenloch	l_6	45	50	62	76	87	108
	l_7	20	22	22	36	36	36
	d_9	M12×1	M12×1	M12×1	M16×1,5	M16×1,5	M16×1,5

---

[1] Zur Zeit werden die Pressenmaße neu genormt. Frühestens 1975 ist die Ausgabe einer Euronorm zu erwarten. Blech 19 (1972), H 10, S. 543–550.
[2] Siehe S. 335 bis 338.
[3] Beim Entwurf der Werkzeuge sind die vom Normenausschuß der deutschen Industrie und vom Stanzereiausschuß des AWF geschaffenen Normen anzuwenden. Siehe auch hierzu S. 702 bis 703 dieses Buches.

2. Einspannzapfen

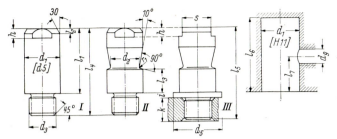

Abb. 2. Zapfenmaße zu Tab. 1

Weitere, teils noch in Bearbeitung befindliche Blätter dieser Norm enthalten Angaben über Einspannzapfen mit Nietschaft (Bl. 2), mit Gewindeschaft (Bl. 3), mit Hals und Bund (Bl. 4), mit runder (Bl. 5) und rechteckiger (Bl. 6) Kopfplatte und schließlich mit Gewindeschaft und Bund (Bl. 7). Am verbreitetsten sind die Zapfendurchmesser d_1 mit 32 und 40 mm. Nur selten werden Einspannzapfen in ungekerbter glatter Ausführung noch verwendet. Dort besteht die Gefahr, daß die Spannschraube in dem Zapfen mehrere nebeneinanderliegende, sich teilweise überdeckende Druckstellen mit Aufwulstungen erzeugt. Je nachdem wie diese Aufwulstungen zu liegen kommen, bewirken sie gemäß Abb. 3 in der Stößelbohrung eine schiefe Stellung

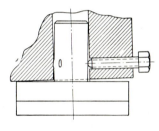

Abb. 3. Schiefe Einspannung des Werkzeugoberteiles infolge von Druckwarzen am Einspannzapfen

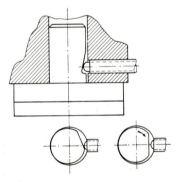

Abb. 4. Unerwünschte Drehung am Einspannzapfen mit eingefräster Kerbe

des Zapfens und ein Verkanten des Werkzeugoberteiles. Um dies zu vermeiden und außerdem einen aufwärts gerichteten Anzug des Einspannzapfens zwecks fester und sicherer Anlage der Werkzeugkopfplatte gegen die Stößelunterfläche zu erzielen, wird häufig eine einseitige Kerbe nach DIN 810 und Abb. 4 eingefräst. Wird das Werkzeug nicht so eingesetzt, daß die steilschräge Fläche der Einkerbung genau senkrecht zur Gewindebohrung der Spannschraube liegt, so wird der Einspannzapfen nach der Einspannung die Neigung haben, sich in die Richtung seiner Druckentlastung zu drehen. Dabei wird er sich lockern, wie dies in Abb. 4 rechts unten dargestellt ist, und dadurch gleichfalls in eine schiefe Lage geraten, bzw. wird das Werkzeugoberteil nicht mehr gegen die Stößelunterfläche fest anliegen. Es sollten daher nach Möglichkeit nur Einspannzapfen mit eingedrehter Spannrille gemäß Abb. 2 Mitte verwendet werden. Oft besteht die irrige Meinung, daß die eingefräste Kerbe gegenüber der gedrehten Ausführung (II) eine bessere Sicherheit gegen ungewollte Verdrehung des Zapfens biete. Doch ist eine derartige Drehung auch dort nicht zu befürchten, wenn die Spannschraube genügend fest angezogen ist. Außerdem ist die gedrehte Ausführung billiger.

Es bestehen die verschiedensten Befestigungsarten für Einspannzapfen. Häufig wird fälschlich der Gewindeansatz des Einspannzapfens mit der Stempelkopfplatte ohne eine Sicherung gegen selbsttätiges Lösen gemäß Werkzeugblatt 21 (Abb. 182) und 40 (Abb. 263) verschraubt. Selbst eine halb auf halb zwischen Einspannzapfen und Stempelkopfplatte von unten eingesetzte Madenschraube ist als Sicherung gegen Verdrehen keine glückliche Lösung.

Die in DIN 9859 vorgeschlagenen Einspannzapfen zeigen 4 verschiedene Arten der Zapfenbefestigung A, B, C und D, die in Abb. 5 dargestellt und deren Maße in Tabelle 2 enthalten sind.

Tabelle 2. Zapfenbefestigung (Maßerläuterung in Abb. 5)

	Maße in mm	d_1 s	20 18	25 23	32 23	40 23	50 28	65 28
A	Nietzapfen	d_2	16	20	(25)	(32)	(40)	–
B	Gewindezapfen mit kon. Bohr. Kegelstift nach DIN 1	d_3 d_4	M 16×1,5 6,5 6×30	M 20×1,5 8,5 8×30	M 24×1,5 13,5 13×40	M 30×2 16,5 16×50	M 36×2 21,0 20×60	M 42×2 27,0 26×70
C	Gewindezapfen mit Bund Zylinderstift nach DIN 7	d_5 i s_1	28 5 5×12 23	34 5 5×12 23	42 6 5×14 30	52 8 6×16 32	62 8 6×16 35	– – – –
D	Zapfen mit Hals und Bund	d_6 d_7 k	22 25 5	26 32 5	34 40 6	42 50 6	52 63 8	68 80 8

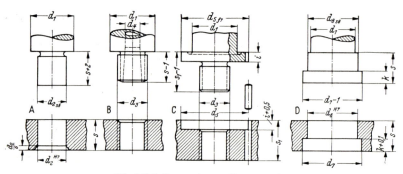

Abb. 5. Befestigungsarten von Einspannzapfen

Die zuerst gezeigte Verbindung A zwischen Zapfen und Stempelkopfplatte durch Nieten, wie dies auch in den späteren Werkzeugblättern 10 (Abb. 129) und 16 (Abb. 160) angegeben ist, eignen sich im allgemeinen nur für kleine Werkzeuge bis zu einem Einspanndurchmesser von 25 mm. Bei größeren

Stempelkräften und insbesondere dort, wo die Stempelköpfe besonders stark auf Stoß beansprucht werden, sind Nietverbindungen dieser Art ungünstig.

Nach den Erfahrungen der Praxis hat sich als günstigste Befestigungsart die Ausführung B zu Abb. 5 bewährt. Die Sicherung des eingeschraubten Zapfens geschieht hier derart, daß die mittige Bohrung von unten leicht konisch aufgerieben und ein Kegelstift nach dem Einschrauben dort eingetrieben wird, so daß das Zapfengewinde gegen das Gewinde der Stempelkopfplatte fest gepreßt wird. Überraschenderweise wird eine genügende Pressung erzielt, ohne daß deshalb der Gewindeansatz geschlitzt zu werden braucht. Voraussetzung ist jedoch, daß die stehenbleibende Wandung zwischen der konischen Bohrung und dem Gewindekerndurchmesser klein gewählt wird, so daß eine Anpressung des Gewindezapfens stattfindet. Es ist vorteilhaft, den Gewindezapfen im Salzbad oder mit der Flamme zwecks einer besseren Dehnung zu glühen. Um den Zapfen wieder leicht ausschrauben zu können, ist das Gewinde mit Kupfervitriol zu verkupfern und mit Öl einzufetten. Der Kegelstift wird mittels Dorn durch die durchgehende Bohrung vom oberen Ende des Einspannzapfens herausgedrückt. Die hier für d_4 empfohlenen Maße sind zur Erleichterung der Montage um ein weniges größer als in DIN 9859 E angegeben. Diese Art der Sicherung ist billig und nach den Erfahrungen der Verfasser völlig ausreichend. Beispiele hierzu zeigen die Werkzeugblätter 4 (Abb. 105), 5 (Abb. 107), 6 (Abb. 109), 9 (Abb. 128), 13 (Abb. 143) und 43 (Abb. 274).

Die dritte Befestigungsform C in Abb. 5 nach DIN 9859 gemäß Tabelle 1 und Abb. 2 besitzt gleichfalls eine Gewindezapfenausführung, die jedoch einen über dem Gewinde vorstehenden Bund trägt, so daß dafür eine dickere Stempelkopfplatte (s_1) im Vergleich zu den anderen Ausführungen vorgesehen werden muß. Nach dem Festschrauben des Einspannzapfens in den Stempelkopf werden Bund und Kopfplatte durchbohrt und mittels eines dort eingetriebenen Zylinderstiftes gegen Drehung gesichert, der im Falle einer späteren Demontage von unten bequem herausgeschlagen werden kann. In den Werkzeugblättern 11 (Abb. 133), 25 (Abb. 221), 39 (Abb. 262), 41 (Abb. 264) und 44 (Abb. 277) ist die Anwendung dieser Befestigungsart dargestellt.

Die letzte in Abb. 5 gezeigte Befestigungsart D ist derart ausgebildet, daß der Zapfen mit einem abgesetzten Bund versehen ist, für den eine entsprechende Aussparung im Stempelkopf ausgedreht wird. Besonders für größere Werkzeuge haben sich solche Einspannzapfen bewährt. Zuweilen ist dort allerdings eine zusätzliche Sicherung gegen Verdrehung erforderlich.

In Ergänzung zu den in Abb. 5 gezeigten 4 Befestigungsarten A bis D sind in Abb. 6 zwei weitere Bauarten E und F angegeben. Ausführungsform E ähnelt der Form A, nur wird anstelle einer Nietung die Befestigung des in den Stempelkopf eingepreßten Zapfenansatzes durch einen seitlich durchgeschlagenen Zylinderstift gesichert. Die Ausführung E ist einfacher und billiger als A, zumal die Herstellung derartiger Nietungen selten sauber geschieht und ein später beabsichtigter Zapfenausbau bei A wesentlich schwieriger als das Ausschlagen eines Zylinderstiftes bei E ist. Allerdings setzt die Anwendung der Bauweise E Stempelköpfe geringer Breite voraus. Auch diese Ausführung E ist ebenso wie die Nietverbindung A im allgemeinen nur für kleinere Zapfen bis zu 25 mm Durchmesser gebräuchlich. Die in Abb. 6, E angegebenen Maßhinweise beziehen sich auf Tabelle 2.

Eine besonders leicht montierbare Ausführung entsprechend der gedrehten Kerbrillenform II in Abb. 2 ist unter F dargestellt. Sie ist dort am Platze, wo ein baldiges Ausschlachten der Werkzeuge und die Wiederverwendung ihrer Teile berücksichtigt werden soll, und wo nicht mit allzu hohen Teilherstellungsmengen und langer Betriebsdauer gerechnet zu werden braucht. Das ziemlich festsitzende, also stramm in die Stempelkopfplatte passende Gewinde des Zapfens wird dadurch gesichert, indem die ringförmige Gegen-

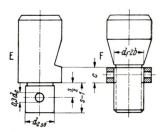

Abb. 6. Seltenere Befestigungsarten von Einspannzapfen

mutter des Außendurchmessers d_1 und der Höhe c nach Einschrauben des Zapfens in den Stempelkopf fest angezogen wird. Die Herstellung dieses in seiner Handhabung so einfachen Zapfens ist in mittleren Serien kaum teurer als die Anfertigung der Ausführungsformen zu B und C und seine Befestigung sowie Sicherung gegen unbeabsichtigtes Lösen ausreichend. Die in Abb. 6, F enthaltenen Maßhinweise beziehen sich auf die Tabellen 1 und 2.

Bei kleinen Werkzeugen kann der Zapfen an das Stempeloberteil mit angedreht werden. Zuweilen werden sogar Einspannzapfen, Stempelanlage und der Stempel selbst aus einem Stück gefertigt. Zu beachten ist hier, daß ein scharfkantiges Absetzen vermieden und zwischen Einspannzapfen und Stempel ein Bund als Anlage vorgesehen wird, wie dies die Werkzeugblätter 1 (Abb. 98) und 24 (Abb. 192) zeigen. Am Fuße des Zapfens ist in den Bund eine ringförmige Nute einzustechen oder bei schräger Lochabfasung der Zapfenansatz gemäß Werkzeugblatt 45 (Abb. 279) genügend abzurunden.

Die meisten in der Praxis anzutreffenden Säulengestelle sind heute noch mit im Werkzeugoberteil fest verschraubten Einspannzapfen versehen. Ein derart eingespanntes Werkzeugoberteil nimmt zwangsläufig an sämtlichen Ausweichbewegungen, wie sie durch eine mangelhafte Stößelführung der Presse bedingt sind, teil und ruft notwendigerweise Verklemmungen in der Säulenführung hervor. Es sollten daher grundsätzlich nur Säulengestelle mit Kupplungszapfen und zugehörigem Aufnahmefutter verwendet werden[1]. Selbstverständlich ist darauf zu achten, daß der Kräfteschwerpunkt mit der senkrechten Mittellinie jenes einzuschraubenden Kupplungszapfens etwa zusammenfällt. Weiterhin ist Wert darauf zu legen, daß der Kupplungszapfen an seiner oberen Fläche, die gegen die Druckfläche des Aufnahme-

---

[1] In den früheren Auflagen dieses Buches (3. Aufl. 1957, S. 160–163, 4. Aufl. 1962, S. 109–112) sind ausführliche Konstruktionshinweise nebst Maßtabellen hierzu enthalten. Die zugehörige DIN 9860 wurde inzwischen zurückgezogen.

futters anliegt, leicht gewölbt ist[1], so daß er in der Mitte um etwa 0,5 mm gegenüber dem Rand übersteht. Infolgedessen wird die Kraft bei schiefgestelltem Stößel gemäß Abb. 7 (rechts) zwar nicht genau, aber ungefähr in der Mitte bei B angreifen. Bei einer völlig ebenen Ausführung jener oberen Flächen des Kupplungszapfens dagegen greift die Kraft am äußeren Rand (Punkt A, Abb. 7, links) an.

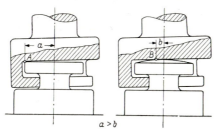

Abb. 7. Verschiebung des Kraftangriffspunktes aus der Mitte auf Kupplungszapfen mit ebener und mit gewölbter oberer Fläche

Es ist bedauerlich, daß DIN 9827 bzw. 9860 für Kupplungszapfen und Aufnahmefutter nach Abb. 7 zurückgezogen wurde, da erstens tatsächlich ein echter Bedarf hierfür besteht und zweitens durch den Rückzug dieser Norm der Eindruck entstehen kann, daß für Säulenwerkzeuge eine Ausrüstung mit solchen Kupplungszapfen und Aufnahmefutter nicht erforderlich ist. *Kunow*[2] hat im Betrieb Kupplungszapfen mit ebener oberer Fläche mit solchen balliger oberer Fläche verglichen und dabei auch die Verformungen an Aufnahmefuttern untersucht. Dabei stellte er fest, daß durchbohrte Aufnahmefutter sich ungünstiger als nichtdurchbohrte verhalten. Eine Durchbohrung ist selbstverständlich dort erforderlich, wo ein Anschlagauswerferstift in das Futter eingebaut werden soll. Abb. 8 zeigt vier Aufnahme-

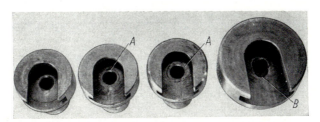

Abb. 8. Verformungen an Aufnahmefuttern

futter von unten gesehen, die ebenso wie die Kupplungszapfen außen hier innen an der Bohrung unerwünschte Verformungsspuren erkennen ließen (siehe Pfeile A). Die ovale Vergrößerung (Pfeil B) der Durchbohrung des großen Aufnahmefutters stammt von einem unsachgemäßen Einrichten eines Säulenführungswerkzeuges mit Zwangsausfwerfer. Hier wurde der Kupp-

---

[1] In der DDR-Standard-Norm, TGL-Entwurf v. Okt. 1960 ist eine Kugelflächenberührung zwischen Kupplungs- und Futterzapfen vorgesehen.
[2] *Kunow, H.:* Problematik der Anwendung und Normung von Kupplungszapfen. Werkstattstechn. 51 (1961), H. 10, S. 512–515.

lungszapfen des Werkzeuges nicht weit genug in das Aufnahmefutter geschoben, so daß der Zwangsauswerfer beim ersten Stößelniedergang in den vollen Werkstoff des Aufnahmefutters fuhr. Wird nun ein Kupplungszapfen und ein Aufnahmefutter mit derartigen Verformungen zusammengebracht, so ist die Stelle des Kraftangriffes von diesen Verformungen weitestgehend abhängig. Erschwerend wirkt in diesem Fall, daß ein Aufnahmefutter im allgemeinen für mehrere Werkzeuge verwendet wird. Damit trifft die Verformung im Aufnahmefutter – die sich beim Arbeiten laufend ändert – mit den verschiedensten Arten der Verformung anderer Kupplungszapfen zusammen. Jeder Kupplungszapfen muß sich nach dem Einschieben in das Aufnahmefutter diesem anpassen. Eine Verbesserung dürfte das Einsetzen gehärteter runder Platten in den Kupplungszapfen und in das Aufnahmefutter gemäß Abb. 9 bringen. Auch durchbohrte Kupplungszapfen und Aufnahmefutter für zwangsweisen Auswerfer sollten mit gehärteten Einsätzen ausgestattet werden.

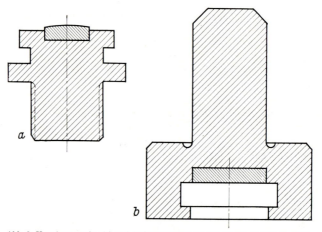

Abb. 9. Kupplungszapfen (a) und Aufnahmefutter (b) mit gehärteter Einsatzplatte

Die Verbindung über Kupplungszapfen und Aufnahmefutter gemäß der früheren DIN 9827 bzw. 9860 befriedigt nicht allenthalben, zumal sich mit der Zeit bei zu knapper Bemessung des Spieles zwischen Kupplungszapfen und Futter Druckstellen bilden, andererseits bei zu großem Spiel ein klappriger und geräuschvoller Gang erzeugt wird. Es ergeben sich dabei auch Stöße in den Totstellungen, die die Säulenführung nicht allzu günstig beeinflussen. Daher finden sich trotz der eingangs geschilderten Bedenken heute noch in vielen Werkstätten Säulengestelle mit eingeschraubten Einspannzapfen, obwohl sich die Unregelmäßigkeiten in der Stößelführung notwendigerweise über den fest eingespannten Zapfen auf die Führung des Säulengestelles übertragen. Es wäre daher günstig, daß dort, wo man auf einen Einspannzapfen nicht verzichten will (und diesen gegenüber dem Aufnahmefutter mit Kupplungszapfen bevorzugt), durch Einbau eines elastischen Zwischenstückes zwischen Zapfen und Säulengestelloberteil Unregelmäßigkeiten der Stößelführung abgefangen und ihre Übertragung

2. Einspannzapfen

auf die Säulenführung verhindert werden. Abb. 10 zeigt einen entsprechenden Vorschlag unter Einbau eines Gummizwischenstückes. Diese Zwischenstücke einer Shore-Härte A von 50 bis 70° können bereits heute von den Gummi-

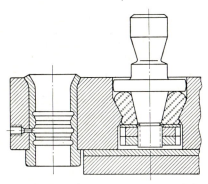

Abb. 10. Einspannzapfen auf konischem Gummizwischenring

fabriken bezogen werden[1]. Dabei sei dahingestellt, ob verschleißfeste elastische Werkstoffe, wie beispielsweise Polyurethane gemäß Tabelle 23, Seite 530, sich nicht noch besser als Naturkautschuk dafür eignen.

Eine andere ähnliche Lösung der lockeren Aufhängung eines Einspannzapfens wurde von *Howard*[2] für säulengeführte Feinstanzwerkzeuge vorgeschlagen. Dort wird der pilzförmige Einspannzapfen mit seiner abgerundeten Fläche nach unten in eine entsprechende kalottenförmig eingedrehte Vertiefung der Kopfplatte eingelegt und mit dieser unter Zwischenlage eines dicken Gummiringes mittels eines darübergelegten Stahlringes ver-

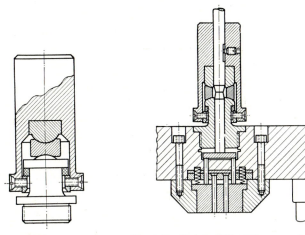

Abb. 11. Whippet-Einspannzapfen   Abb. 12. Durchbohrter Whippet-Einspannzapfen mit Auswerfer für ein Gesamtschneidwerkzeug

[1] Beispielsweise der „Megi-Konus" der Firma Phönix in Harburg, wie er vorzugsweise als Normteil im Fahrzeugbau verwendet wird.
[2] *Howard, F.:* Finish Blanking I. Sheet Metal Ind. 37 (1960), Nr. 397, S. 339–351.

schraubt. Die gleiche Aufgabe erfüllt der in Schweden entwickelte Whippet-Einspannzapfen[1] nach Abb. 11 und 12. Anstelle eines auf das Oberteil aufgeschraubten Kupplungszapfens und des im Pressenstößel eingespannten Futtereinspannzapfens nach Abb. 9 sind hierbei Einspannzapfen und Kupplungszapfen zu einer baulichen Einheit nach Abb. 11 zusammengefaßt. Auf dem Zapfen befindet sich eine Kugelfläche, ebenso ist ein Bolzen mit kugeliger Stirnfläche in die Bohrung des Einspannzapfens eingepreßt. Zwischen beiden gewölbten Kugelflächen liegt ein Zwischenstück mit beiderseits hierzu passenden hohlen Kugelflächen. Zwei Ringhälften greifen unter den oberen Flansch des Kupplungszapfens und werden mit dem Einspannzapfen verschraubt. Als elastisches Zwischenglied zwischen diesen Teilen dient ein über den oberen Flansch gezogener Gummiring. Wenn in das Werkzeugoberteil ein vom festen Pressenqueranschlag nach Abb. 177 gesteuerter Auswerfer eingebaut werden soll, muß der Whippet-Zapfen in der Mitte zum Durchgang zweier Stößelbolzen durchbohrt werden, wie dies auch bei der aus Kupplung und Aufnahmefutter bestehenden Einspannung in solchen Fällen gemäß Abb. 176 geschieht. Die Enden dieser Bolzen treffen sich in der Mitte der entsprechend erweiterten Bohrung des Zwischenstückes. Abb. 12 zeigt als Ausführungsbeispiel hierfür das Oberteil eines durch Säulen geführten Gesamtschnittes. Damit der obere Stößelbolzen nicht herausfällt, ist er mit einer Längsnut versehen, in die seitlich ein Gewindestift eingreift. Es wäre zu empfehlen, den Zapfen mit einer kegelig einspringenden Eindrehung gemäß Abb. 2 II und III zu versehen, damit er in der Stößelbohrung gleichmäßig anliegt. Ferner sollten an dem unteren Flansch des Kupplungszapfens in Abb. 11 zwei parallele senkrechte Flächen angefräst werden, damit man den Flansch mit einem Schraubenschlüssel anziehen kann.

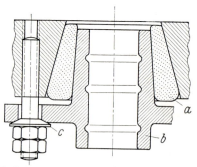

Abb. 13. Elastischer Ring *a* als Zwischenlage für Säulenführungsbüchse *b*

Um bei größeren Werkzeugen ohne Einspannzapfen Fehler in der Pressenführung von der Säulenführung fernzuhalten, können gemäß Abb. 13 konische elastische Zwischenstücke *a* wie in Abb. 10 zwischen Führungsbüchse *b* und Kopfplatte eingesetzt werden. Eine saubere Bearbeitung der Anlageflächen für einen solchen Ring ist selbstverständlich notwendig, desgleichen ein Zusammenbau mit eingelegten gewölbten Unterlegscheiben *c* und Sicherung durch Gegenmutter. Es mag auf den ersten Blick sehr vieles gegen einen

---

[1] Svensk Industriservice, Bollnäs.

derartigen elastischen Einbau sprechen. Dort, wo die Summe der Querkräfte, die bei der Benutzung des Werkzeugs auftreten, sich aufhebt, mag eine solche Anordnung unbedenklicher erscheinen als in solchen Preßformen, bei denen die Querkräfte eine resultierende Kraft darstellen. Soweit es sich hier um gegenseitig selbst zentrierende Zieh- oder Biegewerkzeuge handelt, wirkt sich eine seitliche Abweichung des Unter- zum Oberwerkzeug nicht so gefährlich aus wie dort, wo eine solche Verschiebung möglich ist und eine einseitige Faltenbildung begünstigt, oder gar in Schneidwerkzeugen, die keine seitlichen Abweichungen vertragen. Auf der anderen Seite darf nicht übersehen werden, daß sich die Ungleichmäßigkeiten in der Pressenstößelführung ohne derartige elastische Buchseneinsätze auf das allseitig fest angebrachte Oberteil und somit auf die Säulenführung übertragen müssen. Damit wird gleichfalls die Führungsgenauigkeit des Werkzeugoberteiles zum Unterteil stark herabgesetzt. Dies würde selbstverständlich auch bei der hier vorgeschlagenen Ausführung nicht völlig vermieden. Immerhin werden die auftretenden Querkräfte so weit abgedämpft, daß die Gefahr von Säulenbrüchen praktisch ausgeschlossen wird.

Die Anordnung des Aufnahmezapfens geschieht zweckmäßig im Schwerpunkt der auftretenden Kräfte. Dies ist insbesondere bei lockerer Einspannung in Säulengestellen mittels Aufnahmefutter und Kuppelzapfen nach Abb. 7 bis 9 oder der hier zu Abb. 10 bis 12 geschilderten Bauarten besonders wichtig. Für die Feststellung desselben ist hierbei nicht der Schwerpunkt einer oder mehrerer Flächen von Teilen maßgebend, welche aus dem Werkstoff herausgeschnitten werden, sondern allein der Schwerpunkt der Schnittlinien. Bei einem Schnitt mit verschiedenen Stempeln werden zunächst die Schwerpunkte der verschiedenen Schnittlinien ermittelt und dann der Gesamtschwerpunkt für sämtliche Schnittlinien endgültig bestimmt. Zu diesem Zweck werden in einem beliebig gewählten Punkt ein rechtwinkliges xy-Koordinatensystem errichtet, in der Horizontalen – also parallel zur x-Achse – die zugehörigen Schwerpunktabstände x_1, x_2, x_3, ..., x_n und senkrecht hierzu die den y-Ordinaten y_1, y_2, y_3, ..., y_n entsprechenden Abstände herausgezogen. Nun werden die zugehörigen Flächenumfänge bzw. Schnittlinien mit den ihnen entsprechenden x-Ordinaten multipliziert, diese dann addiert und durch die Summe der Umfänge U_m, U_n, U_o dividiert.

$$x_s = \frac{x_1 \cdot U_m + x_2 \cdot U_n + x_3 \cdot U_o + \cdots}{U_m + U_n + U_o + \cdots}. \qquad (1)$$

Das Entsprechende geschieht mit den y-Ordinaten, wobei jedoch die Reihenfolge U_m, U_n, U_o nicht immer eingehalten werden darf, es kommt vielmehr lediglich auf die der jeweiligen y-Ordinate zugeordnete Linie an:

$$y_s = \frac{y_1 \cdot U_a + y_2 \cdot U_b + y_3 \cdot U_c + \cdots}{U_a + U_b + U_c + \cdots}. \qquad (2)$$

Durch die beiden Ordinaten x_s und y_s ist der Schwerpunkt S einwandfrei bestimmt.

Beispiel 1 zu Abb. 14: Es handle sich zwecks Anordnung des Stempeleinspannzapfens darum, für die in der Abb. 14 angegebene Schneidplatte den Schwerpunkt S zu bestimmen. Die Schneidplatte ist für einen rechteckigen Führungsschnitt mit

2 Vorlochern gedacht, von denen der eine kreisförmigen, der andere quadratischen Querschnittes ist. Außerdem sind 2 Seitenschneider vorgesehen.

Während für die Stempelschnittlinien der Umfänge U_2, U_3 und U_4 die Schwerpunkte der Schnittlinien mit den Flächenschwerpunkten identisch sind, werden bei den Seitenschneidern nur die anschraffierten Linien als Schnittlinien bewertet. Die Abwinkelung der kurzen Seitenschneideranschnittkante von nur 1 mm Länge kann ohne bemerkenswerte Fehlerabweichung unberücksichtigt bleiben und zur Längsschnittkante von 30 mm Länge hinzugefügt werden, so daß für U_1 und U_2 31 mm angenommen werden.

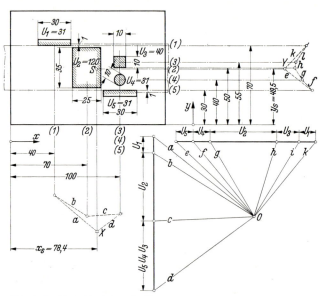

Abb. 14. Graphische Ermittlung des Linienschwerpunktes S an einer Schneidplatte

Es ergeben sich gemäß der Gleichungen nach (1) und (2) für die Schwerpunktsabstände x_s und y_s folgende Beziehungen:

$$x_s = \frac{x_1 \cdot U_1 + x_2 \cdot U_2 + x_3 \cdot U_3 + x_4 \cdot U_4 + x_5 \cdot U_5}{U_1 + U_2 + U_3 + U_4 + U_5}$$

$$= \frac{40 \cdot 31 + 70 \cdot 120 + 100\,(40 + 31 + 31)}{31 + 120 + 40 + 31 + 31} = \frac{19840}{253} = 78{,}4 \text{ mm},$$

$$y_s = \frac{y_1 \cdot U_1 + y_2 \cdot U_2 + y_3 \cdot U_3 + y_4 \cdot U_4 + y_5 \cdot U_5}{U_1 + U_2 + U_3 + U_4 + U_5}$$

$$= \frac{70 \cdot 31 + 50 \cdot 120 + 55 \cdot 40 + 40 \cdot 31 + 30 \cdot 31}{31 + 120 + 40 + 31 + 31} = \frac{12540}{253} = 49{,}5 \text{ mm}.$$

Anstelle solcher Rechnungen führen auch graphische Verfahren nach den bekannten Gesetzen des Seilecks für das statistische Moment paralleler Kräfte zum Ziel. Da die Resultante paralleler Kräfte der algebraischen Summe der Einzelkräfte entspricht, so liegt ihr Angriffspunkt im Schnittpunkt der äußersten Strahlen des Kräfteseilecks.

2. Einspannzapfen

Beispiel 2 zu Abb. 14: Zunächst wähle man einen beliebigen Punkt θ als Pol und trage in einem beliebigen Abstand von θ auf einer Geraden die parallel wirkenden Kräfte der Reihenfolge nach auf. Um gute Schnittpunkte zu erhalten, empfiehlt es sich, die Anordnung so zu treffen, daß sich die äußersten Seilstrahlen etwa im rechten Winkel schneiden. Als Parallelkräfte wirken hier die Längen der Schnittlinien, die zur Bestimmung der x_s-Ordinate in der Reihenfolge U_1, U_2, $(U_3 + U_4 + U_5)$ untereinander senkrecht zur x-Achse aufgetragen werden. Die Seilstrahlen a, b, c und d als Verbindungslinien von θ zu den aneinandergereihten Schnittlinienumfängen werden nun parallel übertragen und mit den jeweiligen Schwerpunktlinien zum Schnitt gebracht, also zunächst Seilstrahl a mit Schwerpunktlinie (*1*). Im gleichen Schnittpunkt wird Seilstrahl b parallel durchgeführt, welcher mit der Schwerpunktlinie (*2*) zum Schnitt gebracht wird. Auf diese Weise reiht sich ein Seilstrahl nach dem anderen zu einem gemeinsamen Seileck, bis schließlich die Parallele zum letzten Seilstrahl d die letzte Schwerpunktlinie geschnitten hat und in ihrer Verlängerung den ersten Seilstrahl a im Punkte X schneidet, der den Schwerpunktabstand $x_s = 78{,}4$ mm in unserem Beispiel bestimmt. In gleicher Weise ergibt sich das Seileck für die y-Ordinate. Es ist hierbei besonders auf die Reihenfolge der Umfänge U zu achten.

In dem hier gezeigten Beispiel ist die Linienschwerpunktsermittlung einfach, denn bei geraden Strecken, geschlossenen Kreisen, Ellipsen, Quadraten, Rechtecken, Rhomben und Parallelogrammen liegt der Linienschwerpunkt stets im Mittelpunkt. Für Kreisbögen gelten folgende Schwerpunktsabstände i vom Kreismittelpunkt:

für den Halbkreis	$i = 0{,}64 r$	(3)
für den Viertelkreis	$i = 0{,}9 r$	(4)
für einen Kreisbogen des Sektorwinkels ψ	$i = \dfrac{115 r}{\psi} \cdot \sin \dfrac{\psi}{2}$	(5)

Noch schwieriger wird die Schwerpunktsbestimmung, wenn nicht allein Schnittkräfte, sondern auch Umformkräfte zu berücksichtigen sind. Dann kann nicht mehr von Linien und Umfängen, sondern es muß von Kräften ausgegangen werden.

Beispiel 3 zu Abb. 15: Es seien in einem Folgewerkzeug für eine Streifenbreite von 32 mm im Boden mit 5 mm Durchmesser gelochte Näpfe mit flachem Rand aus 1 mm dickem Tiefziehstahlblech herzustellen. Die Ziehstempelkraft P_z errechnet sich aus dem Beispiel 19 zu S. 315 zu 1500 kp. Unter Zugrundelegung eines $\tau_B = 28$ kp/mm² für die Scherbeanspruchung ergeben sich für den runden Vorlochstempel $P_{s1} = 440$ kp, für den Freischneidstempel $P_{s2} = 3920$ kp und für den runden Ausschneidestempel $P_{s3} = 1950$ kp. Von einer beliebig angenommenen x-Senkrechten ab werden die Kraftabstände $x_1 = 10$, $x_2 = 25$, $x_3 = 70$ und $x_4 = 100$ ausgemessen. Es gilt im Hinblick auf Gl. (1):

$$x_s = \frac{x_1 \cdot P_{s1} + x_2 \cdot P_{s2} + x_3 \cdot P_z + x_4 \cdot P_{s3}}{P_{s1} + P_{s2} + P_z + P_{s3}}$$

$$= \frac{10 \cdot 440 + 25 \cdot 3920 + 70 \cdot 1500 + 100 \cdot 1950}{440 + 3920 + 1500 + 1950} = \frac{409\,400}{7810} = 52 \text{ mm}.$$

Trägt man $x_s = 52$ von der gleichen x-Senkrechten ab, so ergibt dies den Schwerpunkt S auf der Mittellinie des Streifens nach der rechnerischen Methode.

Beispiel 4 zu Abb. 15: Wird hingegen der Schwerpunkt S nach der graphischen Methode ermittelt, so werden auf einer Senkrechten in der örtlich wirkenden Reihenfolge P_{s1}, P_{s2}, P_z, P_{s3} untereinander aufgetragen. Zu dem beliebig gewählten

Punkt *0* werden hierzu Verbindungsgerade in Form schräger Seilstrahlen *a, b, c, d, e* gezogen. Hierzu in einem beliebigen Punkt *A* unter der Schnittkraft P_{s1} die Parallelen zu *a* und *b*, anschließend in den weiteren Schnittpunkten mit den Senkrechten unter den Kraftangriffspunkten die weiteren Parallelen zu *c, d* und *e* zum Schnitt gebracht, ergibt eine Seileckskonstruktion zur Ermittlung vom Kräfteschwerpunkt *S* für die Bestimmung der Lage des Zapfen- oder Kupplungsmittelpunktes am Werkzeugoberteil.

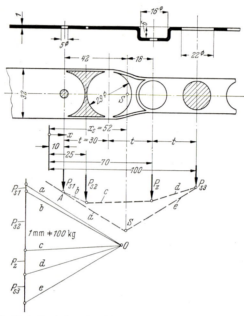

Abb. 15. Graphische Ermittlung des Linienschwerpunktes *S* zu einem Verbundwerkzeug zur Herstellung gelochter Näpfe

Nicht immer bedarf es einer so peinlichen Bestimmung des Schwerpunktes durch Rechnung bzw. graphische Ermittlung. In den meisten Fällen genügt ein Abschätzen der Schwerpunktlage. Nur bei sehr sperrigen Werkzeugen unter äußerster Ausnutzung der Maschine empfiehlt sich ein derartiges Verfahren. Vielfach ist schon deshalb die Bestimmung der Schwerpunktlage für die Zapfenordnung nicht ausschlaggebend, weil das Werkzeug dadurch zu weit aus der Mittenlage der Pressen käme. Bekanntlich haben Pressen in der Tischmitte ein Durchfalloch, um die Stanzabfälle frei abführen zu können. Zuweilen muß die Pressentischmitte zwecks Verwendung des Federdruckapparates eingehalten werden. In solchen Fällen wird das Oberteil nicht mit einem Einspannzapfen versehen, sondern dasselbe am besten mit Schrauben und Spanneisen an der Stößelaufspannfläche befestigt, wobei Durchfalloch und Federdruckapparat richtig zu liegen kommen und kostspielige Sonderkonstruktionen der Werkzeuge sich erübrigen. Eine andere Lösung sieht anstelle eines Einspannzapfens eine schwalbenschwanzförmig ausgesparte Werkzeugaufnahmeplatte vor, die, auf der Stößelunterfläche befestigt, das Einschieben der Werkzeugkopfplatte mit dem ganzen

Werkzeug von vorn gestattet. Die Anwendung einer solchen Einschubplatte empfiehlt sich dort, wo bei voller Ausnutzung der Tischfläche ein Überhang des Stempelkopfes nicht zu vermeiden ist[1].

3. Stempelkopf und Stempelhalteplatte

Die Stempeloberteile bestehen außer dem Einspannzapfen aus der Stempelkopfplatte, zuweilen auch als Stempelkopf bezeichnet, und der Stempelaufnahmeplatte. Kleinere Stempel, die besonders hoher Druckbeanspruchung unterliegen, arbeiten sich mit ihrem Kopf in den Stempelkopf mit der Zeit leicht ein und werden dadurch locker. Für derartige Werkzeuge wird zwischen Stempelkopfplatte und Stempelhalteplatte eine sogenannte Druckplatte (auch Zwischenplatte oder Zwischenlage genannt) angeordnet. Zum Lochen dünner Bleche genügt hierfür 3 mm, für stärkere Bleche 5 bis 6 mm dickes, gehärtetes und planparallel geschliffenes Gußstahlblech. Die Erfahrung hat gelehrt, daß diese Zwischenplatte nicht zu hart sein darf. Ein zähharter Stahl von 60 kp/mm² Festigkeit im Anlieferungszustand hat sich am besten bewährt. Andernfalls zerspringen die kleineren Stempelköpfe sehr leicht infolge der Prallschläge des gehärteten Stempels. Es ist jedoch die Herstellung des Stempelkopfes aus hartem Stahl nicht zu empfehlen, um die Zwischenplatte einzusparen; die Materialkosten liegen dann eher höher.

Die Verbindung der Platten miteinander geschieht durch IS- oder Zylinderkopfschrauben, welche meist von oben, seltener von unten eingesetzt werden. Ein weiteres Einschlagen von Zylinderstiften erübrigt sich, wenn die Stempel in einer Führungsplatte geführt werden. Für den Stempelkopf und die Stempelaufnahmeplatte wähle man ein nicht zu hartes Material, z. B. St 42.

Die Abmessungen rechteckiger und runder Stempelköpfe sind unter DIN 9866 bekannt, desgleichen die Abmaße von Schneidkästen unter DIN 9867. Die Stempelkopfplatte bis zu einer Breite bzw. einem Durchmesser von 125 mm wird 18 mm dick, darüber hinaus 23 mm dick gehalten, entsprechend dem Maße s in Tabelle 2. Dickere Stempelkopfplatten sind nicht normal. Hingegen werden die Stempelhalteplatten je nach Größe des Werkzeuges zwischen 10 und 18 mm Dicke gewählt. Es darf aber nicht übersehen werden, daß großflächige Schneidstempel bei sonst gleicher Scherkraftbeanspruchung meist einen spezifisch geringeren Druck sowohl beim Stößelniedergang als auch während des Abstreifens beim Hochgang übertragen als kleinere Stempel, und daß daher gegen eine gleichdicke Bemessung der Stempelaufnahmeplatten von etwa 12 mm auch bei größeren Werkzeugen keine Bedenken bestehen.

Die Stempel werden gemäß Abb. 16 a/b durch an ihrem oberen Rand befindliche Ansätze in der Stempelaufnahmeplatte gehalten. Grundsätzlich ist die noch heute viel verbreitete Unsitte des Kaltanstauchens abzulehnen, da dadurch gerade der Teil des Stempelgefüges am meisten leidet, der den größten Beanspruchungen unterworfen ist. Der Mehraufwand an Werkstoff und Lohn infolge Anfräsens bzw. Andrehens anstelle des bloßen Anstauchens

---

[1] *Zölisch, O.:* Anregungen für die Gestaltung der Maschinen in der Stanzereitechnik. Werkstattst. u. Maschb. 48 (1958), H. 2, S. 98, Abb. 3.

ist daher durchaus zu vertreten. Bei runden Stempeln ist es am einfachsten, diesen Ansatz gleich anzudrehen. Für kleinere Stempel bis zu 10 mm Durchmesser werden die Ansätze als Kegel- mit darüber anschließender Zylinderfläche ausgebildet. Nach DIN 9844 werden runde Schneidstempel bis 16 mm Durchmesser mit zylindrischen Kopf ausgeführt (Abb. 16b). Zur Vermeidung von Härterissen werden die scharfen Kanten der Ansätze ver-

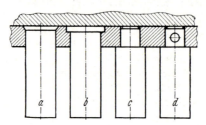

Abb. 16. Schneidstempelbefestigungen

brochen. Außerdem ist ein leichteres Einpressen in die Stempelaufnahmeplatte möglich. Dem Bundrand entsprechend ist die Stempelhalteplatte ausgearbeitet, die mit dem Stempelkopf verschraubt wird. In den USA findet man Ausführungen der Stempelkopfform b, jedoch mit dem Unterschied, daß gemäß Abb. 149 S. 158 und Abb. 188 S. 196 anstelle der einen Stempelhalteplatte zwei Platten vorgesehen sind. Die Bohrungen der oberen Platte sind zur Aufnahme des Bundes größer gehalten als die der unteren zur Aufnahme der eng anliegenden, eingepreßten durchgehenden Stempelschäfte. Ein anderes Verfahren ist das Einpressen von in die Stempel eingedrückten Zapfen c in die Stempelhalteplatte. Es ist dafür überhaupt keine Stempelhalteplatte erforderlich, die Stempel können von unten direkt in die Kopfplatte eingetrieben werden. Die erste Lösung (a, b) erscheint teuer und die zweite (c) nicht sicher genug, da selbst ein anfänglich fest eingepreßter Zapfen sich durch die dauernde Schlagbeanspruchung lösen kann. Allerdings kann die Haftwirkung dadurch verbessert werden, indem das Einsetzen der Stempel mit Klebstoff, beispielsweise Araldit, erfolgt, wobei in den Zapfen vorher Längsriefen eingerädelt oder Kerbschläge längs des Zapfens eingeschlagen werden, so daß sich in den Kerben der Klebstoff festsetzt und derselbe nicht beim Eintreiben des Zapfens vorwärts und beiseite geschoben wird. Ferner wird vorgeschlagen[1], die Stempelhalteplatte quer zum Stempelzapfens mit diesem zu verbohren zwecks Befestigung des Stempels mittels Zylinder- oder Kegelstiftes d. Diese Verstiftung erscheint allerdings nur begrenzt anwendbar für solche Werkzeuge, wo die Stempelhalteplatte nicht viel breiter als der Stempelzapfen ist. Auch ist zu beachten, daß während des Werkzeuggebrauches sich der Stempel am Bund der ungehärteten Stempelhalteplatte meist etwas nachsetzt bzw. einarbeitet, wodurch der querliegende Stift nicht nur durch die Abstreifkraft, welche bis zu 50% der Scherkraft anzunehmen ist[2], sondern auch durch die Scherkraft selbst beansprucht wird.

---

[1] Nach *F. Strasser:* Taper Pins for Punch Holding. Tool Engineer, V. 28 (1952), Nr. 2, S. 45.
[2] Siehe S. 29 dieses Buches!

3. Stempelkopf und Stempelhalteplatte

Die Größe des Stiftdurchmessers bzw. die doppelte Stiftquerschnittsfläche ergibt sich aus der halben Stempelschneidkraft geteilt durch die im Durchschnitt mit 40 kp/mm² anzunehmende Scherfestigkeit τ_B des Stiftes. Formstempel sind, wenn es die Größe zuläßt, möglichst mit einem aus dem Vollen herausgearbeiteten Flansch herzustellen, wozu Spezialstempelhobler oder Stempelfräsmaschinen bestens geeignet sind. Die hiernach ausgeführten Stempel werden von unten an die Kopfplatte mittels Schrauben und Stiften befestigt, wie dies beispielsweise das Ausklinkschneidwerkzeug zu Abb. 103 zeigt. Die Stempelaufnahmeplatte fällt dann fort. Einzelne Stempel dagegen können gleich mit angedrehtem Zapfen auf der Stempelhobel- oder Fräsmaschine angefertigt werden. Um ein einwandfreies Festsitzen der einzelnen Stempel in der Stempelaufnahmeplatte zu ermöglichen und um eine rechtwinkelige Lage aller Stempel zu gewährleisten, wird die Stempelaufnahmeplatte auf der oberen Seite überschliffen, nachdem alle Stempel mit einem Untermaß von etwa 10 Toleranzeinheiten in der Halteplattenbohrung eingepreßt sind.

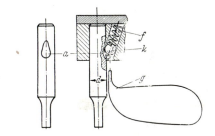

Abb. 17. Auswechselbarer Stempel mit Kugelschnellspannung

Zum schnellen Austausch oder Herausnehmen der Stempel ohne Demontage der Stempelhalteplatte dient die Kugelhaltung nach Abb. 17. Der Stempel wird von einer mittels Druckfeder f vorgespannten Kugel k gehalten, die beide in einer schrägen Sackbohrung der Stempelhalteplatte h liegen. Diese Sackbohrung wird durch die senkrechte Bohrung für den Stempel des Durchmessers d so weit angeschnitten, daß die Kugel zum kleinen Teil in diese Bohrung hineingedrückt wird, jedoch dort nicht durchfallen kann. Der mit einer der Kugelhaltung entsprechenden Einfräsung a versehene Schneidstempel wird von unten in die Bohrung so eingeschoben, daß die Kugel k in a einrastet und somit den Stempel gegen unbeabsichtigtes Ausfallen sichert. In der Stempelhalteplatte befindet sich noch eine dritte kleine Bohrung genau unter der Haltekugel k. Durch diese wird die Spitze g des Handgriffbleches nach oben gestoßen, wenn der Stempel nach unten herausgezogen werden soll. Diese Stempel haben den weiteren Vorteil, daß sie gegen Verdrehung gesichert sind. Eine solche Sicherung ist insbesondere für unrunde Stempel wichtig.

Eine sehr viel einfachere und billigere Befestigung derartiger kopfloser zylindrischer Stempel in der Stempelhalteplatte durch quer zum Lochstempel liegende Schrauben oder Stifte nach Abb. 18 dient dem gleichen Zweck eines schnellen Lochstempelaustausches ohne Demontage des Werkzeugoberteils. Sie kommt allerdings nur für nicht allzuweit vom Rand der

Stempelhalteplatte entfernt eingesetzte Schneidstempel in Betracht. Der Lochstempel vom Durchmesser d erhält im Abstand c von seinem oberen Ende bzw. von der darüber liegenden Deckplatte seitlich einen kreisabschnittförmigen Einschliff des Halbmessers $0,55b$ bis zu einer Tiefe i. Die Stempelhalteplatte ist seitlich zur Aufnahme einer Schraube (links in Abb. 18) oder eines Stiftes (rechts in Abb. 18) des Durchmessers b ebenfalls im gleichen Abstand c von der Deckplatte über der Stempelhalteplatte anzubohren. Stift oder Schraube werden im Bereich des Lochstempels seitlich bis zu einer Tiefe a eingeschliffen oder gefräst. Diese Stelle ist außen deutlich zu

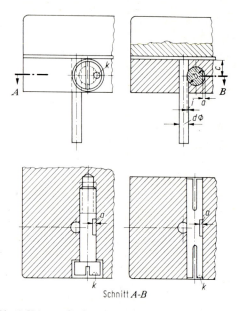

Abb. 18. Halterung für den schnellen Austausch von Lochstempeln

kennzeichnen, wie dies beispielsweise durch einen Körnereinschlag k auf dem Schraubenkopf oder auf der Stirnfläche des Stiftes geschieht. In Abb. 18 ist der eingespannte Zustand des Lochstempels erkennbar. Es bedarf nur einer Drehung der Schraube oder des Stiftes um $180°$, um den Lochstempel herauszunehmen oder auszutauschen. Nach einer weiteren Drehung um $180°$ sitzt der neue Lochstempel wieder fest in der Stempelhalteplatte. Die Schlitze im Stift können ziemlich tief eingesägt werden, damit bei Spreizung beider Endenhälften ein genügender Halt in der auf engen Laufsitz tolerierten Bohrung b erzielt wird. Bezogen auf den Lochstempeldurchmesser d gelten für die anderen Maße: $a = 0,3d$, $b = c = 2,5d$ und $i = 0,15d$. Zum leichten Einführen des Stiftes oder der Schraube beim Stempelaustausch sind am Schneidstempel die Einschliffkanten anzufasen oder abzurunden. Aus gleichem Grund beträgt der Halbmesser des Einschliffes nicht $0,5b$, sondern $0,55b$.

Die herausnehmbaren Stempel haben den Nachteil, daß sie leicht verlorengehen. Eine einfache Stempelauskupplung[1], bei der der Stempel nicht verlorengeht, zeigt Abb. 19. Der Stempel *1* wird in der Stempelhalteplatte *2* geführt. Er liegt in der Arbeitsstellung (Abb. 19a) am oberen Kopfende

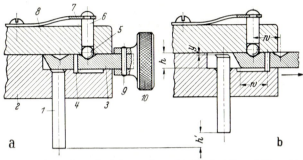

Abb. 19. Ausschiebbare Stempelgegendruckplatte. a Stempel in Arbeitsstellung, b Stempel in Ruhestellung

gegen die ausschiebbare Stempelgegendruckplatte *3* an. Dieser Schieber ist in seinem Weg w durch einen Stift *4* begrenzt, der in einer Längsnute der Halteplatte verschiebbar ist. In Einsenkungen der Gegendruckplatte fällt eine Kugel *5*, die durch einen Bolzen *6* und eine Bandfeder *7* (bzw. Schrauben- oder Tellerfeder) nach unten gedrückt wird. Der Bolzen wird in der Stempelkopfplatte *8* geführt. Am nach außen ragenden Teil des Schiebers ist ein Knopfgriff *10* durch einen Stift *9* befestigt. Wenn der Stempel entkuppelt ist, so muß beachtet werden, daß der Stempelkopf keinesfalls gegen die untere Fläche der Stempeloberplatte schlägt. Es muß ein Zwischenraum y verbleiben, der mindestens $0,2 h$ betragen soll. Die zu lochende Blechdicke s muß ebenfalls kleiner als h sein, so daß $h \geqq 2,5 s$ und $h - y = h' \geqq 2 s$ anzunehmen ist.

4. Schneidstempel

Bei Schneidwerkzeugen für kleinflächige Werkstücke bis zu mittlerer Größe werden zuerst die Stempel angefertigt, gehärtet und scharf geschliffen. Die Führungsplatte wird angerissen und mit einiger Werkstoffzugabe ausgearbeitet. Den gehärteten Stempel drückt man so auf die angerissene Führungsplatte, daß sich seine Umrisse auf ihr abdrücken, und feilt nach diesem Abdruck die Platte gut im Winkel unter Benutzung von Schabwerkzeugen aus. Von der Führungsplatte aus wird dann die Schneidplatte, nachdem sie vorgearbeitet ist, angezeichnet und mit dem Stempel als Lehre durchgearbeitet. Schneidplatten sind $1/_2°$ bis $1 1/_2°$ bis zur Schneidkante hinauf zu hinterfeilen. Hingegen wird bei Werkzeugen mit großer Fläche umgekehrt

---

[1] Ein ähnliches Werkzeug ist auf S. 157 des American Machinist vom 14. Februar 1955, Bd. 99, Nr. 4, angegeben. Nur ragt dort der Stift *4* bis unter die Stempelhalteplatte nach unten heraus und dient anstelle des hier gezeichneten Handgriffes *10* zur Verschiebung der Gegendruckplatte *3*. – *Waller, J.*: Verschiebbare Stempel-Stützplatte. Werkst. u. Betr. 101 (1968), H. 12, S. 758.

gearbeitet. Hier fertigt man zuerst die Schneidplatte, weil sie sich beim Härten leicht verziehen kann und dann sehr mangelhaft schneiden würde. Die Schneidplatte wird nach Schablone ausgefeilt und gehärtet und hierauf der Schneidstempel angefertigt und in die Schneidplatte eingepaßt. Er wird langsam und vorsichtig unter Verwendung von Öl durchgedrückt. Dann wird der Stempel gehärtet. Die Stempel selbst sind den jeweiligen Zwecken und Formen entsprechend verschieden zu gestalten. Am bekanntesten ist der rechtwinkelig plangeschliffene Stempel gemäß Abb. 20 a. Diese Art der Anfertigung ist am billigsten und wird für Bleche bis zu 2 mm Dicke fast ausschließlich angewandt. Größere Stempel werden zuweilen hohlgeschliffen (Abb. 20b), da dann der Schnitt sauberer ausfällt.

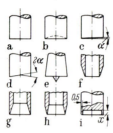

Abb. 20. Verschiedene Ausführungen von Schneidflächen an Stempeln

Ein Hohlschleifen über die gesamte Stempelschnittfläche ist nur bei sehr dünnem Material statthaft. Bei dickerem Werkstoff soll der Hohlschliff nicht bis ganz an die Schneidkante heranreichen. Das Hohlschleifen darf nicht zur Erweichung des Stempels führen. Aus diesem Grunde ist eine entsprechende Ausarbeitung vor dem Härten einer nachträglichen Schleifarbeit vorzuziehen. Sind mehrere Stempel im Schnitt vorhanden, so werden ihre Längen nicht gleich groß, sondern etwas verschieden gewählt, damit nicht sämtliche Stempel gleichzeitig anschneiden. Hierdurch wird die Beanspruchung der Schneidplatte und der Maschine etwas herabgesetzt. Die kräftigen Stempel, insbesondere solche mit Suchstiften, worüber auf S. 86 noch berichtet wird, müssen früher als die schwächeren zum Schnitt kommen, damit diese nicht durch Verschiebung des zu schneidenden Werkstoffes abbrechen. Bei großen Stempeln wird der Stempeldruck durch ein schräges Anschleifen der Stempelschneidflächen nach Ausführung Abb. 20c oder durch eine flache Einkerbung gemäß Ausführung Abb. 20d herabgesetzt. Der Winkel α ist im Falle c und d nicht größer als 4° zu wählen. Die Ausführung Abb. 20c weist den Vorteil einer leichteren Herstellung auf. Der Stempel muß jedoch einer seitlichen Schubkraft Widerstand bieten im Gegensatz zur Ausführung Abb. 20d, wo dies nicht berücksichtigt zu werden braucht. Daher besteht bei einem Schräganschliff schwacher Stempel gemäß Abb. 20c die Gefahr des Stempelbruches als Folge seitlichen Abdrängens. Weiterhin ist neben der einspringenden hier unter Abb. 20d gekennzeichneten Profilform die entgegengesetzt gerichtete Form, nämlich der dachförmige Anschliff bekannt, der insbesondere zur Verhinderung des Hochgehens bzw. der Mitnahme der Stanzbutzen angewandt wird. Die Ausführung Abb. 20e findet nur in der Schmiede oder für sehr grobe Kaltlocharbeiten

4. Schneidstempel

Anwendung. Oft werden inmitten der Schnittfläche derartiger Stempel für die Warmbearbeitung kleine Kegelansätze zur besseren Zentrierung vorgesehen, welche leicht beschädigt werden und daher auf die Dauer ihren Zweck nicht erfüllen. Es werden aber auch für grobe Kaltlocharbeiten die Lochstempel mittels drei- oder vierflächiger Anschliffe unter einem Winkel von 10 bis 15° zu stumpfwinkligen Spitzen ausgebildet, wobei die zugehörigen Lochmatrizen sich unter einem größeren Winkel als 1,5° in Abweichung von der Senkrechten erweitern. Derartige Stempel sind am besten in gehärteten Buchsen innerhalb der Führungsplatte zu führen, die unter starker Federvorspannung gegen das zu lochende Grobblech drückt, bevor die Lochung beginnt.

Für sehr schwache Werkstoffe und bestimmte Nichtmetalle verwendet man die sogenannten Messerschneidwerkzeuge. Das sind Werkzeuge, welche nur einseitig schneiden, ein Gegenschnitt ist dort nicht erforderlich. In Werkzeugblatt 21 und in den Abb. 182 bis 184 sind derartige Beispiele dargestellt und werden dort eingehend behandelt. Die Schneidstempelform nach Ausführung Abb. 20f eignet sich zur Herstellung ringförmiger Scheiben. Stempel gemäß Ausführung Abb. 20g werden nur zum Lochen verwendet. Hierbei gilt die Regel, daß die schräge Anschnittseite stets an der Abfallseite liegen muß. Mit Stanzwerkzeugen, wie sie für die Metallverarbeitung nach Ausführung Abb. 20a benutzt werden, lassen sich Löcher mit einigermaßen glatten Rändern in Hartfiber bis zu 6 mm stanzen, bei stärkerem Werkstoff werden Stempelformen nach Abb. 20f bzw. g bevorzugt, wobei der Schneidenwinkel bis zu 45° beträgt. Bei Ausführung Abb. 20h sind allerdings beide Seiten, außen und innen, schräg geschliffen. Diese Ausführung dient zum Ausschneiden feiner Papierdichtungen. Eine Zwischenstufe zwischen den üblichen Schnitten und den Messerschnitten zeigt schließlich Ausführung Abb. 20i, welche sich zum Schneiden von dünnen Membranen und Metallfolien gut eignet. Am Stempel steht ein etwa 0,5 mm dicker Rand vor, die Tiefe x der zylindrischen Einarbeitung beträgt etwa 3 mm.

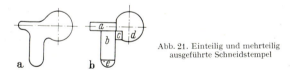

Abb. 21. Einteilig und mehrteilig ausgeführte Schneidstempel

Bei komplizierten Schneidstempeln empfiehlt sich zuweilen eine Teilung. In diesem Falle ist auf einen guten Sitz der Stempel in der Stempelhalteplatte besonderer Wert zu legen. Die Zusammensetzung von Schneidstempeln hat gegenüber der aus einem einzigen Stück ausgeführten Stempelform den Vorteil, daß die Stempel sich nicht nur leichter herstellen und schleifen lassen, sondern bei Ausbrechen einer Stempelkante nur das jeweilige Teil ausgewechselt und ersetzt wird. Es ist natürlich wichtig, daß bereits der Teilkonstrukteur auf die Formgebung derartiger Werkstücke von vornherein Rücksicht nimmt. So zeigt Abb. 21a eine für einen aus einem Stück hergestellten Stempel bestimmte Schnittform. Teilweise wird aus wirtschaftlichen Gründen die aus den 5 Teilen *a*, *b*, *c*, *d* und *e* zusammengesetzte Form nach Abb. 21b vorgezogen. Dies bedingt natürlich einen Verzicht auf verschiedene Abrundungen. Für die Herstellung auf Stempelhoblern und Sonderkopierfräsmaschinen treffen diese wirtschaftlichen Erwägungen allerdings nicht zu. Dort ist vielmehr eine möglichst starke Abrundung zu empfehlen, damit für eine gut spanende Ausfräsung kräftige Fräser und Kopierstifte verwendet werden können.

Bei derartig zusammengesetzten Stempeln ist auf eine besonders sorgfältig bearbeitete Stempelhalte- und Stempelführungsplatte zu achten, damit die Stempelteile allseitig dicht umschlossen und fest zusammengehalten werden. Die Stempelaufnahmeplatte ist in diesem Falle doppelt so dick wie üblich auszuführen, also etwa in einer Stärke zwischen 30 und 40 mm. Ist eine Werkstatt mit Stempelhobel- oder Stempelfräsmaschinen ausgerüstet, so ist die Ausführung aus einem Stück nach Abb. 21a wirtschaftlich günstiger. Auch lassen sich heute auf solchen Maschinen die Stempel nach dem Härten schleifen, so daß beim Härteverzug Maßdifferenzen leicht beseitigt werden. Das zeitraubende Einpassen zusammengesetzter Stempel in sehr starke Stempelaufnahmeplatten bereitet selbst dem Facharbeiter, wenn ihm keine Feilmaschinen zur Verfügung stehen, noch erhebliche Schwierigkeiten, welche zeitlich in keinem Verhältnis zur maschinellen Fertigung stehen.

5. Verhütung der Kaltaufschweißung an Schneidstempeln

An Schneidstempeln treten sowohl am unteren Schaftende nach Abb. 22 als auch an der Stirn- bzw. Arbeitsfläche zuweilen Kaltschweißerscheinungen auf, die mitunter zum Stempelbruch gemäß Abb. 23 oder zur Beschädigung der Schneidplatte führen. Die Ursachen sind noch nicht eindeutig nachgewiesen[1]. Vermutlich bilden hohe Erwärmungsgrade um 550 °C herum[2], ein zu enger Schneidspalt, ein großes Verhältnis $s/d > 0,5$, dicker Werkstoff einer starken Verfestigung beim Schnitt und gewisse Legierungsbestandteile von Blech und Stempel geeignete Voraussetzungen dafür. Austenitische rostfreie Bleche fördern derartige der Aufbauschneide in der spanenden Fertigung ähnliche Kaltschweißbildungen außerordentlich. In vielen Fällen helfen eine Vergrößerung des Schneidspaltes, kurzgefaßte Stempel zwecks besserer Wärmeabführung, angeblasene Kaltluft zur Stempelkühlung, Anschläge zur Sicherung gegen Eintauchen des Stempels in die Schneidplatte nach Abb. 51 oder Abb. 74e, insbesondere bei austenitischen Stählen ein rauh gedrehter, nicht geschliffener Stempelschaft und eine geeignete Schmierung mit Öl und Schwefelblüte oder mit Molybdändisulfid enthaltenden Schmierstoffen.

---

[1] *Oehler, G.:* Bildung von Aufbauschneiden beim Lochen dicker Bleche. Mitt. Forsch. Blechverarb. 1960, Nr. 18, S. 232–234. Dort werden unter Abb. 1 und 2 Kaltschweißspuren in der Lochleibung und Schweißperlenbildung dargestellt. — Schwierigkeiten beim Lochen dicker und harter Stahlbleche. Werkstattst. u. Maschb. 50 (1960), H. 11, S. 585–586.

[2] *Dies, R.:* Temperaturmessungen beim Lochen von Blechen. Werkst. u. Betr. 88 (1955), Nr. 10, S. 651–654.

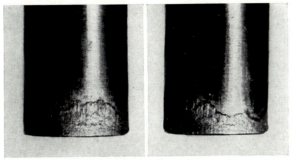

Abb. 22. Kaltaufschweißbildung an einem Schneidlochstempel von verschiedenen Seiten aus gesehen

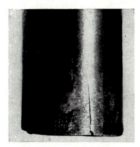

Abb. 23. Rißbildung mit Schneidkantenausbruch am Stempel zu Abb. 22 nach Entfernen der Aufschweißschicht

6. Waagerechte oder schräge Stempelführung

Sowohl bei manchen Schneidwerkzeugen, z.B. solchen für gezogene Teile, als auch bei Biegewerkzeugen kann es wirtschaftlich sein, verschiedene Stempel in verschiedener Richtung gleichzeitig wirken zu lassen, wie dies Werkzeugblatt 13 und Abb. 144, 145 zeigen. Die Übertragung der Kraft auf die Seitenstempel geschieht entweder über Kurven oder über Keile, welche am Oberteil befestigt sind, oder mittels Einbaueinheiten zur Umkehr der Bewegungsrichtung oder über hydraulische Druckmittel nach Abb. 147 und 148-II, S. 157. In Abb. 24 sind einige der gebräuchlichen Bauarten solcher Keilstempel dargestellt. Ausführungsform I zeigt die einfachste Lösung, welche auch im Werkzeugblatt 13 (Abb. 143) und Werkzeugblatt 38 (Abb. 261) angegeben ist. Ein Keil, dessen Neigungsfläche mit der Horizontalen einen Winkel von 45 bis 60° einschließt, trifft die unter gleicher Neigung liegende hintere Fläche des seitlich wirkenden Stempelschiebers, der sich unter dem Federdruck F in seiner äußeren Ruhestellung befindet. Der Maximalhub h ist abhängig von der Größe des gesamten Stempelhubes. Bei der Konstruktion eines derartigen Werkzeuges empfiehlt es sich, dasselbe zunächst für einen möglichst großen Stößelhub auszubilden, um auf diese Art und Weise einen nicht zu großen Neigungswinkel α zu ermöglichen. Andererseits muß die praktisch auszunutzende Hubhöhe der vorliegenden Maschine berücksichtigt werden. Keinesfalls sollte ein $\alpha > 60°$ gewählt werden. Die Ausführung I, einfachste Bauart, sollte nur dort Anwendung finden, wo infolge Raummangels kein Doppelkeil, also zwangsläufiger Schieberrückzug anzubringen ist. Auch kommen die Nachteile, wie Ermüden der Federn beim Festklemmen des Schiebers in den Führungsbahnen, in Wegfall.

Eine andere Bauart zeigt Ausführung II, nur ist die drückende Fläche kein flacher Keil, sondern ein Kegel. Die Ausführung der hinteren Druckfläche der Seitenstempel muß sich dieser Form anpassen. Die Ausführung II ist deshalb teurer als die unter I, ohne gegenüber jener Vorteile aufzuweisen. Sie hat noch den Nachteil, daß die Berührung infolge des wachsenden Druckhalbmessers immer nur in einzelnen Punkten erfolgt und daher die Berührungsflächen einem stärkeren Verschleiß unterliegen.

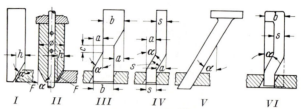

Abb. 24. Kurvenstücke zur Steuerung seitlich wirkender Stempel

Die in der Herstellung billige kraftschlüssige Steuerung der Seitenstempel mittels keilförmiger Druckstücke wird häufig unter Fortlassung der nicht immer zuverlässig wirkenden Rückzugfeder durch eine formschlüssige ersetzt. Der Seitenschieber ist mit einer Aussparung für die Kurve vorgesehen, wie dies unter III gezeigt wird. Der in der Abb. 24, III und IV mit a bezeichnete Hub erfolgt zeitlich derart, daß innerhalb des ersten Teiles des Stempelniederganges der Seitenstempel noch in seiner äußeren Stellung verharrt. Inzwischen können die mittleren vertikalen Stempel des Werkzeuges ihren Arbeitsgang bereits vollziehen. Nachdem dies erfolgt ist, schiebt der obere Teil der keilförmigen Kurve den Seitenstempel vor. Beim Hochgehen des Oberteiles innerhalb der ersten Periode verbleiben die Seitenstempel in ihrer inneren Stellung und werden erst im letzten Teil der Aufwärtsbewegung nach außen gezogen. Dies ist für Biegestanzen insofern erwünscht, als eine allzu kurze Einwirkung des Seitenstempeldruckes auf das Werkstück zu einer völligen Umformung nicht ganz ausreicht. Für Schneidwerkzeuge ist diese Bewegungsfolge dann günstig, wenn die geschnittenen Teile am senkrecht wirkenden Stempel haftenbleiben und sonst hochgezogen würden. In diesem Falle dienen die Seitenstempel gleichzeitig als Abstreifer.

Soll jedoch der Seitenschnitt nur im letzten Augenblick des Stempelniederganges erfolgen und müssen die Seitenstempel innerhalb der ersten Periode des Stempelaufwärtsganges wieder zurückgezogen werden, so ist eine Formgebung des Steuerungsstempels gemäß Ausführung IV günstiger. Um für die Ausführungen III und IV eine größere Festigkeit zu erreichen, empfiehlt es sich, die Keile nach Ausführung VI zu wählen, vorausgesetzt, daß genügend Platz für den breiteren Keil vorhanden ist. Die Vorteile bestehen in einer einfachen Herstellung durch Fräsen, in einer besseren Befestigungsmöglichkeit durch Anschrauben an die Kopfplatte, in einem leichteren Anstauchen des Kopfes infolge großer Fläche und vor allem in einem geringeren Härteverzug. Die praktische Anwendung dieses Vorschubstempels ist für ein Beschneidewerkzeug in Abb. 151c, für ein Biegewerkzeug in Abb. 242 und für ein Rollwerkzeug in Abb. 263 dargestellt.

Eine sehr einfache Ausführung zeigt schließlich V. Der Steuerstempel drückt dort mit seiner vollen Fläche auf die Führungen im Seitenstempel. Zur Vermeidung von Bruch dürfen die unteren Enden der Steuerstempel niemals über die Oberfläche der Seitenschieber heraustreten. Da mit dieser Ausführung im allgemeinen keine größeren Kräfte übertragen werden können – obwohl gemäß Abb. 144 die Anwendung dieser Vorschubstempelform auch für schwere Werkzeuge in Betracht kommt –, besteht andererseits die Möglichkeit, einen größeren Schieberhub zu erreichen. Den Neigungswinkel α wähle man überall nicht größer als 30°, nur in äußersten Fällen 45°, wo der Seitenschieber im Verhältnis zum auszunützenden größten Stempelhub über eine längere Strecke gleiten muß. Je kleiner α ist, um so besser ist die Kraftübertragung auf die Seitenschieber und um so dauerhafter ist das Werkzeug. Wird, wie in Abb. 24 dargestellt, unter α der die Senkrechte einschließende Keilwinkel und unter ϱ der Reibungswinkel entsprechend $\mu = \tan \varrho$ verstanden, so beträgt die vom Keilstempel aufzuwendende Kraft P_k zur Übertragung beispielsweise der Kraft P_s eines Seitenschneidstempels:

$$P_k = \frac{P_s}{\tan\left[(90 - \alpha) - 2\varrho\right]}. \tag{6}$$

Der Keiltrieb hat den Nachteil, daß infolge der Reibung nur ein Teil der Kraft übertragen werden kann und die Vorschubwege verhältnismäßig kurz sind. Braucht man hingegen beispielsweise zu Spannzwecken oder zur Einlage eines sperrigen Werkstückes, dessen Zargen seitlich gelocht werden sollen, große Stempelwege, so werden gern selbsttätige Druckelemente eingebaut, die hydraulisch oder unter Druckluft gemäß Abb. 590, S. 603 dieses Buches den gewünschten Vorschub bewerkstelligen. Dies setzt entsprechende Pump- oder Druckluftanlagen voraus. In amerikanischen Betrieben verwendet man statt dessen zuweilen auch mechanische Einbaueinheiten. Die untere Aufspannfläche des Pressenstößels stößt beim Niedergang auf einen pilzförmig gerundeten Anschlag des Einbauelementes, das mittels einer Hebelübersetzung den nach unten ausgeführten Hub in eine waagerechte Stößelbewegung verwandelt. Das Beispiel einer solchen Hilfsvorrichtung, die je nach Bedarf bei verschiedenen Werkzeugen verwendet werden kann, zeigt Abb. 25. Der pilzförmige und in seiner Höhe verstellbare Anschlagbolzen a sitzt auf einem Schwenkhebel b, der in einem U-förmig gebogenen Lager c schwenkbar angeordnet ist, während sein anderes Ende gegen eine Rolle d anliegt. Diese ist zwischen zwei Hebeln e gelagert, die um den Bolzen f schwenkbar sind und an ihrem unteren Ende zwischen den Stiften h und g anliegen. Der Bolzen f durchquert in seiner Mitte ein Paßstück i, das etwas breiter als die Rolle d ist. Das Paßstück i ist durch die Sechskantmutter k mit der Sechskantschraube l verschraubt, die über die Druckfeder m und den Ring n nach auswärts gedrückt wird. Die Vorspannung dieser Feder m ist erheblich größer als diejenige der Feder o auf dem Bolzen g, der durch eine Nut und den in den Sockel p eingetriebenen Stift q gegen Verdrehung gesichert ist. Das linke Ende des Bolzens g ist mit Gewinde

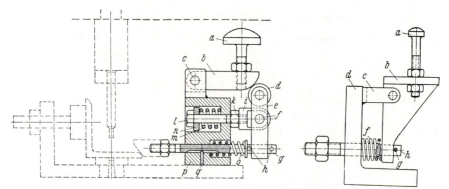

Abb. 25. Einbaueinheit mit Überlastsicherung   Abb. 26. Einbaueinheit ohne Überlastsicherung

und Mutter ausgerüstet zwecks Anschlusses von Werkzeugschlitten, Spannpratzen u. a. Wie gestrichelt angedeutet, dient in diesem Falle diese Zusatzvorrichtung zur Aufnahme einer keilförmigen Spannpratze, die ein zu lochendes Winkeleisen nach links gegen verstellbare Anlagen und nach unten auf die Schneidmatrize drückt, bis die Lochstempel wieder nach oben gegangen sind.

Abb. 26 zeigt eine ähnliche, etwas einfacher gestaltete Vorrichtung, die dem gleichen Zweck dient. Auch hier befindet sich die in der Höhe verstellbare Anschlagschraube a auf einem Schwenkhebel b, der in einem U-förmig gebogenen Lagerbock c schwenkbar angebracht ist. Das Lager c ist an einem Gestellwinkel d angeschraubt. Der Schwenkhebel b besteht aus einem winkelig gebogenen Blech, dessen unteres Ende zwischen dem Stift h und dem gerundeten Schlitzende des Bolzens g liegt. Durch die Druckfeder f wird der Bolzen g in seine äußere Lage nach rechts zurückgezogen. Eine Vorspannung ist bei dieser Feder nicht erforderlich. Das linke Ende des Bolzens g ist ebenso wie in Abb. 25 zum Anschluß an Werkzeugvorschubschlitten, Spannvorrichtungen oder Fördervorschubeinrichtungen vorgesehen.

Der Unterschied beider Bauarten besteht darin, daß nach der Konstruktion zu Abb. 25 eine Überlastung ohne weiteres möglich ist, wenn der Bolzen g gegen ein festes Hindernis stößt. Bei weiterem Herabdrücken des Anschlagbolzens a und Umlegen der Schwenkhebel b und e spricht nämlich die stark vorgespannte Feder m an, und der Bolzen l wird nach rechts gedrückt. Es sollte daher die vereinfachte Ausführung in Abb. 26 nur dort verwendet werden, wo es auf eine genaue Einstellung des Bolzenvorschubes nicht ankommt, wie beispielsweise für Werkzeugschlitten zum Lochen von Zargen. Zur Spannung hingegen oder für Hohlprägearbeiten durch waagerecht geführten Werkzeugschlitten ist sie nicht zu empfehlen, sondern eine Konstruktion mit Überlastungsausgleich nach Abb. 25 vorzuziehen. Die in der Seitenansicht dargestellten Einbaueinheiten sind so schmal wie möglich zu halten, damit mehrere nebeneinander in Folgeschnitt- oder Verbundwerkzeugen aufgestellt werden können. Das gleiche Konstruktionsprinzip zeigen auch amerikanische Locheinheiten für das seitliche Lochen von Ziehteilzargen.

7. Schnittkraft, Rückzugskraft und Seitenkraft

Für die Scher- bzw. Schubfestigkeit liegen zahlreiche Versuchsergebnisse vor. Allgemein wird die Scherfestigkeit τ_B zu 80% der Zerreißfestigkeit σ_B angenommen. Versuche von *C. von Bach*[1] haben jedoch ergeben, daß die Scherfestigkeit teilweise höher liegt. Im Gegensatz hierzu werden von *Köhler*[2] für C-Stahlbleche in Ziehgüte Werte von 55 bis 60% genannt, die erst in stark kaltverformtem Zustand den Regelwert von 80% erreichen.

Unter Bezugnahme auf veröffentlichte Untersuchungsergebnisse und aufgrund eigener Versuche[3] wurde vorliegende Tabelle 3 mit den in der Praxis üblichen Werten τ_B und der Benennung kp/mm² zusammengestellt[4]. Auch hier handelt es sich nicht um feststehende Werte. Nach einer Arbeit des Verfassers[5] besteht eine lineare Abhängigkeit der Schneidfestigkeit vom logarithmischen Wert des Verhältnisses Lochdurchmesser d/Blechdicke s. Danach gilt $\tau_B = 0,8\,\sigma_B$ nur für $d/s \geq 2$, $\tau_B = \sigma_B$ für $d/s = 1$, und für noch kleinere Werte d/s wird τ_B größer als σ_B.

Die bekannte Gleichung zur Ermittlung der Scherbeanspruchung lautet:

$$\tau_B = \frac{P_s}{L \cdot s} \quad \text{oder} \quad P_s = \tau_B \cdot L \cdot s. \tag{7}$$

Hierin bedeuten P_s die während des Schneidvorganges größte auftretende Kraft in kp, s die Werkstoffdicke und L die Gesamtlänge der Schneidkanten in mm. Hierin ist der Einfluß des Schneidspaltes auf die Schnittkraft P_s nicht enthalten. Unter Beachtung des großen Streubereiches der τ_B- und σ_B-Werte nach den DIN-Normen und den Tabellen 36 und 37 einerseits sowie der bisherigen Arbeiten von *Keller*[6], *Lueg* und *Rossié*[7], *Köhler*[8], *Krämer*[9] sowie *Timmerbeil* zu S. 40, Abb. 39 dieses Buches andererseits bestehen keinerlei Bedenken, von dieser bisherigen einfachen Gleichung abzuweichen. Bei sehr großen Schneidspalten eines Rechnungsbeiwertes $c > 0,03$ nach den späteren Gln. (23) und (24) zu S. 41 läßt sich eine Herabsetzung der Schnittkraft P_s um 5% vertreten. Nach noch laufenden Untersuchungen ist der Einfluß der Schneidgeschwindigkeit auf die Schnittkraft noch größer inso-

---

[1] Siehe *C. v. Bach:* Elastizität und Festigkeit (Berlin, 6. Aufl.), S. 361 ff.

[2] *Köhler, W.:* Über den Verhältniswert der Scherfestigkeit zur Zugfestigkeit von Zieh- und Stanzblechen. Ind. Anz. 83 (1961), Nr. 75, S. 1438–1441.

[3] Geräte zur Ermittlung der Scherfestigkeit s. *G. Oehler:* Das Blech und seine Prüfung. Berlin/Göttingen/Heidelberg: Springer 1953, S. 165 u. 166.

[4] Für die Werkstoffe Leder und Papier gelten bei größeren Stärken erheblich höhere Werte.

[5] *Oehler, G.:* Besteht eine lineare Funktion der Schneidfestigkeit in Abhängigkeit vom logarithmischen Wert des Lochdurchmessers? Mitt. Forsch. Blechverarb. 1956, Nr. 14, S. 156 ff.

[6] *Keller, F.:* Messungen zum Einfluß des Schneidspaltes auf Kraftbedarf und Schnittarbeit beim Lochen von Stahlblech. Werkst. u. Betr. 84 (1951), H. 2, S. 67 bis 73.

[7] *Lueg, W.*, u. *Rossié, W.:* Zur Bemessung des Schneidspaltes. Ind. Anz. 77 (1955), Nr. 48, S. 657–664.

[8] *Köhler, W.:* Ist der Verhältniswert „Scherfestigkeit:Zugfestigkeit" eine Konstante? Ind. Anz. 78 (1956), Nr. 83, S. 1245–1250.

[9] *Krämer, W.:* Über die Ermittlung des Kraftverlaufs beim Schneiden. Ind. Anz. 91 (1969), Nr. 11, S. 199–203.

fern, als mit höherer Geschwindigkeit die Schnittkraft absinkt[1]. Hingegen nimmt die Schnittkraft mit zunehmender Stumpfung der Werkzeugkanten etwa bis um 50% zu. Dann hat die Grathöhe im allgemeinen ein solches Maß erreicht, daß ein Nachschleifen des Werkzeuges erforderlich wird. Eine solche Schnittkraftzunahme bildet nach neuesten Untersuchungen *Buchmanns*[2] jedoch kein zuverlässiges Kriterium für den Schneidkantenverschleiß, d. h., ein solcher kann bereits unzulässig weit fortgeschritten sein, ohne daß sich dies auf den Kraftbedarf auswirken muß. Überlastsicherungen reichen zur Verschleißwarnung daher nicht aus.

Tabelle 3. Scherfestigkeit verschiedener Werkstoffe

Werkstoff	Scherfestigkeit τ_B in kp/mm²	Werkstoff	Scherfestigkeit τ_B in kp/mm²
Stahl mit C-Gehalt:		Hartpappe	7–9
0,1 weiches Stanz-	24–30	Klingerit u. ähnl.	4–6
0,2 und Ziehblech	32–40	Kunstharzhartpapier	10–14
		Kunstharzgewebe	9–12
0,3	36–48	Kunstharz, rein	2–3
0,4	45–56	Glimmer	5–8
0,6	55–70	Birkensperrholz	2–3
0,8 fast federhart	70–90	Holz	1–3
Siliziumstahl	45–55	Zelluloid	4–6
Zinn	3–4	Leder	0,7
Blei	2–3	Weicher Gummi	0,7
Papier und Pappe	2–5	Hartgummi	2–6

Weitere τ_B-Werte sind in den Tabellen 36 und 37 über Verarbeitungshinweise für Bleche am Ende dieses Buches angegeben.

Beispiel 5: Es ist ein Mehrfachschnitt (Anordnung entsprechend Abb. 83g) für 4 mm dicke Scheiben aus Stahlband 2.24 herzustellen, der gleichzeitig 3 fertige Scheiben ausschneidet. Die Scheiben haben eine Bohrung von 5 mm und einen Außendurchmesser von 15 mm. Kann das Werkzeug auf einer in der Werkstatt befindlichen Exzenterpresse aufgespannt werden, welche eine Maximalkraft von 20 Mp noch zuläßt?

Aus der Tabelle 36 ist für St 2.24 als Höchstwert ein τ_B von 30 kp/mm² zu entnehmen. Für die kleineren Vorlochstempel ergibt sich je Stempel eine Schnittkraft von:

$$P_{s1} = 30 \cdot 4 \cdot 5 \cdot \pi = 1885 \text{ kp}$$

und für den Ausschneidestempel von 15 mm Durchmesser eine Schnittkraft je Stempel von:

$$P_{s2} = 30 \cdot 4 \cdot 15 \cdot \pi = 5655 \text{ kp}.$$

Wenn auch zur Herabsetzung der Beanspruchung der Schneidplatte die Längen der einzelnen Stempel verschieden gewählt werden, so darf dies bei der Berechnung des zulässigen Stößeldruckes aus Sicherheitsgründen nicht berücksichtigt werden. Die Gesamtkraft beträgt in diesem Falle:

3 Vorlochstempel	5 655 kp
3 Ausschneidestempel	16 965 kp
Insgesamt	22 620 kp

---

[1] *Dolezalek, C. M.:* Technologie des Stanzens. Z. VDI 78 (1934), S. 871. Siehe auch Werkstattstechn. u. Masch. 39 (1949), H. 9, S. 275, Tab. 1.

[2] *Buchmann, K.:* Über den Verschleiß beim Schneiden von Stahlfeinblechen. Werkstattstechn. 53 (1963), H. 3, S. 128–134.

7. Schnittkraft, Rückzugskraft und Seitenkraft

Hieraus ergibt sich, daß die Beanspruchung der Maschine unter Verwendung dieses Werkzeuges höher als zulässig ist.

Im Bereich von $\sigma_B = 30$ bis 70 kp/mm² wurde aufgrund neuerer Untersuchungen ein Einfluß des Schneidspaltes u_s und der Festigkeit auf τ_B gefunden, die in folgender Beziehung ihren Ausdruck findet:

$$\tau_B = \left(2 - \frac{1+c}{1,01}\right) \cdot (1,0 - 0,005\,\sigma_B). \tag{8}$$

Hierin bedeutet c einen Beiwert, der sich aus den Gln. (23) und (24) ermitteln läßt. Für Blechwerkstoffe, deren Scherfestigkeit weder aus Tabelle 3 noch aus den Tabellen 36 und 37 am Ende des Buches zu entnehmen, jedoch deren Zugfestigkeit σ_B bekannt ist, läßt sich τ_B hiernach errechnen. Eine andere Gleichung, die für unlegierte Stahlbleche des Kohlenstoffgehaltes C und der Dehnung δ_{10} in % sowie der Blechdicke s in mm gilt, lautet[1]:

$$\tau_B = 148,5 \cdot \sqrt{C} \left(\frac{\sigma_B \cdot \delta_{10} \cdot s}{100}\right)^{-0,14}. \tag{9}$$

Die Rückzugskräfte werden meist unterschätzt. Nach Messungen von *Dies*[2] erreichen sie bis zu etwa 50% der Schnittkraft, wobei 2 mm dicke Stahlbleche St C 45.61 auf 10 mm Durchmesser gelocht wurden. Während infolge Stumpfung der Schneidkante mit zunehmender Lochzahl ein leichter Schnittkraftanstieg zu verzeichnen ist, nimmt die Rückzugskraft ab. Diese Tendenz ist aber erst nach über 50 000 Lochungen zu beobachten. Häufig herrscht die irrige Ansicht vor, daß eine möglichst glatte und gut geschliffene Oberfläche des Stempelschaftes die Rückzugskräfte herabsetzt. Im Gegenteil sind rauhere Oberflächen oft günstiger. So verhalten sich die Rückzugskräfte beim trockenen, ungeschmierten Oberflächenzustand gedreht ($= 1$) zu rundgeläppt, längsgeläppt, längsgeschliffen, rundgeschliffen wie $1,0:1,06$, $1,0:1,24$, $1,0:1,35$, $1,0:1,48$. In ähnlicher Weise, wenn auch nicht so stark, wirkt sich die Oberflächenbeschaffenheit auf die Schnittkraft aus. Nimmt man die Schnittkraft für den ungeschmierten Lochstempel mit 100% an, so betragen bei einer Schmierung

mittels	die Schnittkraft %	die Rückzugskraft %	die gesamte Schnittarbeit %
Molykote	87	58	77
Schneidöl MB 29	80	70	79
Schneidöl Pella J 929	68	65	67
Maschinenöl	72	58	69
Petroleum	90	97	92
Bohröl	87	56	80

---

[1] *Reichel, W.*, u. *Katz, R.*: Das Stanzen von Löchern in Theorie und Praxis. Prost & Meiner Verlag, Coburg 1970, S. 18.
[2] *Dies, R.*: Untersuchungen über Kraft-, Reibungs- und Verschleißverhältnisse beim Lochen (Diss. TH Darmstadt 1955). Werkst. u. Betr. 89 (1956), H. 4, S. 197 bis 207.

unter den gleichen oben genannten Versuchsbedingungen (St C 45.61, $s = 2$ mm, $d = 10$ mm Durchmesser). Nach neuesten Untersuchungen von *Kretschmer*[1] nimmt im Blechdickenbereich von 2 bis 4 mm die Rückzugskraft mit zunehmenden d/s ab und unterhalb $u_s = 0{,}15$ mm erheblich zu.

Die beim Lochen von Blechen auf ein Schneidwerkzeug wirkenden Seitenkräfte richten sich nach der Härte, der Dicke des Bleches und des Schneidspaltes. Letzterer ist ausschlaggebend. Auch bei harten und dicken Blechen kann die Seitenkraft Null sein, wenn der Schneidspalt so groß ist, daß die Rißlinien, die von den Stempel- und Schneidplattenkanten ausgehen, sich gemäß Abb. 43 oben rechts zu einer gemeinsamen Linie begegnen. Ist hingegen der Schneidspalt so eng, daß es gemäß Abb. 42 zu einem Z-förmigen Rißdurchbruch im Augenblick der Lochung kommt, so ist die Seitenkraft infolge der Verfestigung des mittleren Gefüges besonders bei dicken Blechen höherer Festigkeit erheblich. Aus der Schräge des in Abb. 41 bei b, 42 und 43 links oben sichtbaren Zipfels der Höhe h_2 ist auf ein Verhältnis von senkrechter : waagerechter Komponente = 100:55 zu schließen, an dieser Stelle nimmt die Seitenkraft mit 55% der Schnittkraft P_s nach Gl. (7) ihren Höchstwert an, um von dort auf Null beim weiteren Vordringen des Stempels abzufallen. Derart hohe Seitenkräfte sind jedoch selten und nur bei dicken Blechen hoher Festigkeit anzutreffen. Bei Fein- und Mittelblechen unter 40 kp/mm² Festigkeit beträgt die Seitenkraft selbst bei engem Schneidspalt weniger als 12% der Hauptschneidkraft[2]. Für geschlossene Schnittformen in Schneidplatten sind die Seitenkräfte ohne Bedeutung, da sie sich gegenseitig aufheben. Hingegen bei offenen, einseitig wirkenden Schnitten, wie beispielsweise bei Seitenschneidstempeln nach Abb. 87 oder bei Schneidleisten nach Abb. 168 bis 172 muß unter Umständen das Auftreten von Seitenkräften berücksichtigt werden.

8. Knickfestigkeit der Stempel

Gut gehärtete Werkzeuge und scharfe Schneidkanten gewährleisten nicht allein einen sauberen Schnitt, sondern auch eine verhältnismäßig geringere Stempelbeanspruchung als abgestumpfte Werkzeuge, deren Stempeldruck bis auf das $1^{1}/_{2}$fache ansteigt.

Für ungeführte Stempel sind möglichst Säulengestelle vorzusehen. Aber auch dort und in Führungsschnitten ist die Stempellänge begrenzt, besonders bei dünnen Stempeln und zu verarbeitenden dicken Blechen. Der Stempeldurchmesser soll die Werkstoffdicke möglichst nicht unterschreiten. Aus Abb. 25 geht hervor, daß dünne Stempel entsprechend Ausführung A möglichst abgesetzt unter Eindrehung einer sauberen, groß ausgerundeten Hohlkehle herzustellen sind. Erheblich komplizierter und daher weniger zu empfehlen ist die unter B gezeigte Fassung dünner Stempel in Schutzhülsen[3],

---

[1] *Kretschmer, G.*: Vorausbestimmung der Rückzugkräfte beim Lochen. Masch. Markt 75 (1969), Nr. 43, S. 909–912.

[2] *Kienzle, O* u. *Jordan, T.*: Messung der beim Lochen von Blechen auf ein Schnittwerkzeug wirkenden Seitenkräfte. Mitt. Forsch. Blechverarb. (1954), Nr. 19, S. 217–219.

[3] Eine geteilte Schutzhülsenbauart zeigt *Malvern* in seinem Aufsatz: Enge, in dicken Werkstoff gestanzte Löcher. Iron Age 147 (1941), Nr. 8, S. 40/41. – *Romanowski, W. P.*: Handbuch der Stanzereitechnik (Berlin 1970), S. 60, Bild 14–17.

8. Knickfestigkeit der Stempel

über deren konstruktive Bauart sich unter Werkzeugblatt 4, S. 103, noch nähere Angaben befinden. Beide Ausführungen A und B in Abb. 27 weisen eine freie bzw. geschwächte, ungeführte Stempellänge von 7 mm auf. Abb. 28 zeigt Lochstempel, die bei a und b zu wenig gerundet sind, so daß am linken Teil bei c eine Rißlinie hervortritt, während beim rechten Teil der Stempel dort völlig abgebrochen ist. Zur Vermeidung derartiger Kerbwirkung soll die Rundung vor allem an der Stelle bei a, aber auch bei b so groß wie möglich gehalten werden, wie dies der Stechstempel zu Abb. 273a auf S. 281 mit einer Rundung von 0,6 $(d_2 - d_1)$ vorbildlich darstellt.

Abb. 27. Ausführungsform dünner Stempel

Abb. 28. Infolge zu scharfer Kanten a und b bei c gebrochene Schneidstempel

Das Abbrechen dünner Stempel in Schnitten wird nur allzuhäufig auf fehlerhaften Werkstoff zurückgeführt, wobei man die Ursache oft im angelieferten Werkstoff oder in einem zu schroffen Abschrecken nach dem Härten sucht. Dabei wird oft übersehen, daß der Fehler in der Konstruktion liegt und die Stempel im Hinblick auf die Dicke und Scherfestigkeit des zu lochenden Bleches sowie auf den Stempeldurchmesser unzulässig lang bemessen sind. Im allgemeinen sollte man eine Normallänge l von 60 mm bei allen Stempeln gemäß Ausführung A oder C in Abb. 27 einhalten, obwohl es stanzereitechnische Aufgaben – insbesondere bei Folgeschneidwerkzeugen – gibt, die eine größere Länge erfordern. Da der Bruch von Stempeln nicht allein kostspielig ist, sondern vor allen Dingen zumeist beachtliche Lieferzeitverzögerungen nach sich zieht, lohnt sich bei dünnen Stempeln eine Nachrechnung auf alle Fälle[1].

Die Knickkraft P_s in kp wird für den hier vorliegenden Belastungsfall mit

$$P_s = \frac{\pi^2 \cdot E \cdot J}{l^2} \tag{10}$$

angenommen, da weder die Stempelhalteplatte noch die Stempelführungsplatte als maßgebliche Einspannelemente angesehen werden können, die eine Ausknickbeanspruchung abfangen und ihr erfolgreich entgegenwirken. In Gl. (10) bedeuten l die Stempellänge in mm, J das Trägheitsmoment in mm^4 und E den Elastizitätskoeffizienten, der bei gehärtetem Werkzeugstahl äußerstenfalls mit 21500 kp/mm^2 angenommen werden darf. Die Berech-

---

[1] *Zünkler, B.:* Zur Festigkeit von Schnittstempeln. Bänder, Bleche, Rohre 6 (1965), Nr. 2, S. 93–96.

A. Konstruktionsrichtlinien für Schneidwerkzeuge

nung des Trägheitsmomentes J in mm^4 richtet sich nach dem Querschnitt des Stempels. Es beträgt für:

a) den vollen kreisförmigen Querschnitt vom Durchmesser d:

$$J = \frac{\pi \cdot d^4}{64}; \qquad (11)$$

b) den ringförmigen Querschnitt vom Außendurchmesser D und Innendurchmesser d:

$$J = \frac{\pi}{64}(D^4 - d^4); \qquad (12)$$

c) den quadratischen Querschnitt von der Seitenlänge a:

$$J = \frac{a^4}{12}; \qquad (13)$$

d) den rechteckigen Querschnitt mit a als kürzerer, b als längerer Seite:

$$J = \frac{b \cdot a^3}{12}; \qquad (14)$$

e) den dreieckigen Querschnitt mit h als kleinster Höhe und a als zugehöriger Dreieckseite:

$$J = \frac{a \cdot h^3}{36}; \qquad (15)$$

f) den regelmäßigen sechseckigen Querschnitt von der Seitenlänge a:

$$J = 0{,}5413\, a^4; \qquad (16)$$

g) den regelmäßigen achteckigen Querschnitt von der Seitenlänge a:

$$J = 1{,}865\, a^4; \qquad (17)$$

h) den elliptischen Querschnitt mit a als größerer und b als kleinerer Achse:

$$J = \frac{\pi \cdot a \cdot b^3}{64}. \qquad (18)$$

Beispiel 6: Aus 6 mm dicken Stahlblechabfällen von $\tau_B = 40$ kp/mm^2 sind sechskantige Stücke für die Mutternfabrikation auszuschneiden. Die Sechskante weisen eine Seitenlänge von 6 mm auf. Diese ergibt eine abzuscherende Fläche von $6 \cdot 6 \cdot 6 = 216$ mm^2, also eine Scherkraft von 8640 kp. Das Trägheitsmoment für den regelmäßigen sechseckigen Querschnitt beträgt $0{,}5413\, a^4$.

$$l = \sqrt{\frac{2\,150\,000 \cdot 0{,}5413 \cdot 0{,}129 \cdot 9{,}85}{8640}} = \sqrt{172} = 13 \text{ cm} = 130 \text{ mm}.$$

Im vorliegenden Beispiel dürfen die Stempel nicht weiter als 130 mm über die Stempelhalteplatte hervorragen.

Setzt man nun die Schnittkraft der Knickkraft gleich, so ergibt die Vereinigung der beiden Gln. (7) und (10) nach der höchstzulässigen Stempellänge $l_{\max}$ aufgelöst die folgende Beziehung:

$$l_{\max} = \sqrt{\frac{\pi^2 \cdot E \cdot J}{\tau_B \cdot s \cdot L}}. \qquad (19)$$

8. Knickfestigkeit der Stempel

Da etwa 95% aller dünnen Schneidstempel, für die eine derartige rechnerische Überprüfung zweckmäßig ist, runden Querschnittes sind, so lohnt eine weitere rechnerische Vereinfachung unter Zusammenfassung der beiden Gln. (11) und (19):

$$l_{max} = \sqrt{\frac{3340 \cdot d^3}{\tau_B \cdot s}}. \qquad (20)$$

In diese letzte Gleichung sind nur noch die Scherfestigkeit τ_B in kp/mm² sowie die Blechdicke s und der Stempel- bzw. Lochdurchmesser d in mm einzusetzen.

Sehr viel bequemer als die an sich schon vereinfachte Rechnung ist eine graphische Lösung. So läßt sich die höchzulässige Stempellänge l_{max} durch dreimaliges rechtwinkeliges Herüberloten im Schaubild der Abb. 29 abgreifen. Dieses Schaubild zeigt die Linien einer gleichbleibenden Blechdicke s als schräge Strahlen. Hingegen werden die Schaulinien für den gleichen Lochdurchmesser d von kubischen Hyperbeln gebildet.

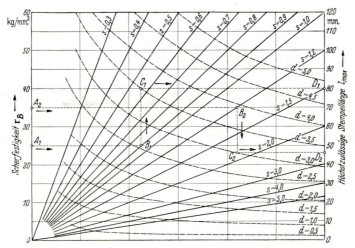

Abb. 29. Ermittlung der höchstzulässigen Stempellänge (kg ≈ kp ≈ 10 N)

Beispiel 7: Weiches Stanzblech eines τ_B-Wertes von 25 kp/mm² und einer Dicke von 0,9 mm ist auf einen Durchmesser von 3,5 mm zu lochen. Reicht dafür die normale Stempellänge von 60 mm aus?

Abb. 29 zeigt an der linken senkrechten Ordinate die τ_B-Werte. Vom τ_B-Wert = 25 (A_1) aus nach rechts gelotet ergibt auf der Geraden für $s = 0,9$ mm den ersten Lotpunkt (B_1), von dort weiter senkrecht auf die Schaulinie für $d = 3,5$ mm gelotet zeigt den zweiten Lotpunkt (C_1), und von dort weiter waagerecht nach rechts die höchstzulässige Stempellänge von 80 mm (D_1). Es läßt sich also durchaus die Normallänge von 60 mm anwenden.

Beispiel 8: Hartes Messingblech einer Scherfestigkeit von 35 kp/mm² und einer Dicke von 1,2 mm ist mit Löchern von 3,0 mm Durchmesser zu versehen. Können die 3-mm-Schneidstempel auf ihre ganze Länge gemäß Ausführung C in Abb. 27 für diesen Querschnitt hergestellt werden oder empfiehlt sich ein Absetzen gemäß Ausführung A in Abb. 27 bei Verwendung von Stempeln einer Normallänge zu 60 mm?

Ein dreifaches Herüberloten, wie im vorausgegangenen Beispiel beschrieben, führt bei den hier genannten Werten über den Linienzug $A_2-B_2-C_2-D_2$ zu einer höchstzulässigen Stempellänge von nur 46 mm. Es können daher nur abgesetzte Stempel verwendet werden.

Die Stempel sind so kurz wie möglich zu halten; eine übertriebene Kürzung erschwert allerdings das Einstellen der Maschine. Eine Stempellänge von 60 mm dürfte als *normale Stempellänge* wohl in den meisten Fällen genügen, längere Stempel sind grundsätzlich nur dort anzuwenden, wo die Abmessungen des Werkstückes dies unbedingt erfordern. (Als abschreckendes Beispiel sei auf das Rundbördelwerkzeug unter Werkzeugblatt 41, Abb. 264, hingewiesen.)

Diese vorliegenden Berechnungen gelten nur für die Knickfestigkeit. Hiernach kann mit sehr starken Stempeln auch sehr kräftiges Material ohne Stempelbruch geschnitten werden. Hingegen ist es eine ganz andere Frage, ob die Stempelkanten diese hohe Beanspruchung aushalten. Es wäre zwecklos, hierfür besondere Festigkeitsrechnungen aufstellen zu wollen. Es kommt hier vielmehr auf die richtige Wahl und noch mehr auf die sachgemäße Behandlung des Werkstoffes an. Über die Auswahl des für den jeweilig zu bearbeitenden Werkstoff in Frage kommenden Stempel- und Schneidplattenmaterials gibt die auf S. 634 aufgeführte Tabelle 30 Aufschluß.

Auch richtig bemessene Lochstempel können abbrechen, wenn die Führungsplatten ausgearbeitet oder verstemmt sind. Ebenso brechen beim Abstreifen während des Stempelhubes schwache Stempel leicht ab. Nach Abb. 30 sind hierfür eine zu große Höhe h des Streifenkanals bzw. der Führungsleiste und eine zu kurze Streifenauflage ursächlich, so daß der Streifen wippende Bewegungen mit den Stempelhüben ausführt. Ersterem

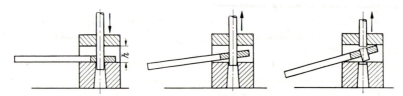

Abb. 30. Stempelbruch infolge Biegebeanspruchung

Umstand ist durch Einsetzen gehärteter und geschliffener Büchsen in die Führungsplatte abzuhelfen, dem anderen durch Anordnung einer mitgehenden gefederten Führungsplatte gemäß Abb. 100, 101, 106, 130, 135, 137 bis 140 und eine genügend lange Tischauflage in Schneidplattenhöhe.

Die Druck- und Knickbeanspruchung der Stempel wird herabgesetzt und die Schneidplatte geschont, wenn der Schnittschlag[1] im unteren Totpunkt durch auf dem Werkzeug oder dem Pressentisch angebrachte Stanzelastiblöcke[2] abgefangen und gedämpft wird, was freilich mit einer Erhöhung der Stößelkraft bis um 35% verbunden ist. Sie sprechen erst nach Erreichen und Überschreiten von P_{max} an und sind daher in ihrer Höhe genau ein-

---

[1] Verminderter Schnittschlag beim Stanzen. VDI-Nachrichten 1965, Nr. 5, S. 4.
[2] Hersteller Paul Chrubasik, Ilsfeld.

zurichten. An manchen hydraulischen Pressen befinden sich zur Dämpfung des Schnittschlages eingebaute Zylinder.

Eine alte Werkstattregel besagt, daß der Lochdurchmesser äußerstenfalls gleich der Blechdicke sein darf, doch möglichst größer sein sollte. Im allgemeinen ist dies richtig. Nur darf nicht übersehen werden, daß der kleinstzulässige Lochdurchmesser nicht nur von der Blechdicke s, sondern auch von der Festigkeit σ_B des zu lochenden Bleches abhängt, so daß etwa folgende Beziehungen gelten.

a) für den mindestzulässigen Durchmesser d_{min} bei runden Löchern:

$$d_{min} = s \sqrt[3]{\frac{\sigma_B}{35}}; \qquad (21)$$

b) für die mindestzulässige Schmalseite e_{min} bei rechteckigen Löchern:

$$e_{min} = 0{,}8\,s \sqrt[3]{\frac{\sigma_B}{35}} \qquad (22)$$

(s, d und e in mm, σ_B in kp/mm² oder hbar).

Gewiß können noch kleinere Lochquerschnitte gewählt werden; doch ist dann mit einem frühzeitigen Stempelbruch beim Lochen metallischer Bleche zu rechnen. Zähe Kunststoffe, wie beispielsweise Pertinax und Hartpapier, erlauben noch geringere Lochquerschnitte, so daß hierbei die oben zu a) und b) ermittelten Werte halbiert werden dürfen.

9. Schneidplatten und Schneidbuchsen

Die Schneidplatte wird ebenso wie der Schneidstempel gehärtet und geschliffen. Doch kann es vorkommen, daß insbesondere in großflächigen Schneidwerkzeugen nur wenig Schnittlöcher bzw. kurze Schneidkanten eingearbeitet werden, so daß ähnlich dem Einpressen der Stempel in eine Stempelhalteplatte gemäß Abb. 16c die gehärteten Schneidbuchsen in einer umgebenden Schneidplatte eingepreßt werden. Anstelle des Einpressens können nach Abb. 31 die Buchsen ebenso wie die Stempel zu Abb. 17 auswechselbar mit Haltekugeln angeordnet werden. Beim Auswechseln wird mittels der Spitze eines Griffbleches die Haltekugel entgegen der Druckfeder nach unten gedrückt, so daß die Verriegelung aufgehoben wird und die Buchse herausgenommen werden kann.

In den meisten Fällen schließt die obere Schnittfläche der Schneidbuchsen, die in Schneidplatten eingepreßt sind, mit deren Oberfläche ab. In

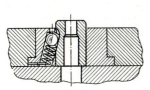

Abb. 31. Auswechselbare Schneidbuchse mit Kugelschnellspannung

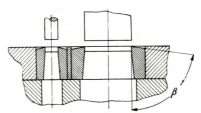

Abb. 32. Abgeschrägte Schneidbuchsen

Abweichung hiervon werden im amerikanischen Schnittbau[1] teilweise Schneidbuchsen eingesetzt, deren Schnittwinkel β um ein weniges kleiner als 90° ist. Abb. 32 zeigt den Schnitt durch eine Grundplatte eines solchen Werkzeuges, wie es insbesondere für kleine Stempel Verwendung findet. Dem Nachteil der höheren Schleif- und Vorrichtungskosten stehen als Vorteile die Erzeugung einer sauberen Schneidkante und geringere Schneidkraft gegenüber, ohne daß hierdurch die Standzeit verkürzt wird. Nach neuesten Untersuchungen[2] an derart abgeschrägten Schneidbuchsen ist bei Blechen unter 5 mm Dicke eine bemerkenswerte Herabsetzung des Kraftbedarfes beim Schnitt nicht festzustellen, hingegen ist die Rückzugskraft überraschend gering und soll im Bereich von 1% der Schnittkraft liegen.

Zur Herabsetzung der Schnittkraft wird ebenso wie bei den Schneidstempeln gemäß Abb. 20c, d durch schräg einspringendes oder bogenförmiges Hohlschleifen der Schneidplatten, Schneidbuchsen oder Schneidplatteneinsätze beispielsweise nach Abb. 620, S. 651 die Schneidarbeit über einen größeren Hubweg verteilt. Insbesondere werden bei sehr großen Schneidwerkzeugen, wo der Schnitt an auf der Grundplatte aufgeschraubten Winkeln mit aufgeschweißter Schneidkante erfolgt, gern schräg laufende Schneidkanten bevorzugt. Dafür geben die Großwerkzeuge zu Abb. 179 bis 181 zu S. 187 anschauliche Ausführungsbeispiele. Zu beachten ist dabei, daß derartige Anschrägungen an Schneidstempel oder Schneidplatte nicht beliebig vorgenommen werden dürfen. So ist dort, wo es auf die ebene Form des ausgeschnittenen Teiles, also des Butzens, ankommt, die Stempelunterfläche eben zu halten, während die Schneidplatte abgeschrägt werden kann. Die Maße des Butzens richten sich nach den Innenmaßen des Schneidplattendurchbruches. Ist hingegen der ausgeschnittene Butzen Abfall, dann gilt umgekehrt die Erhaltung der ebenen Schneidplatte, während diesmal die Stempelunterfläche schräg, dachförmig angeschliffen oder hohlgeschliffen werden kann. Für die Maße des Ausschnittes sind dann die Stempelabmessungen an der Schneidkante maßgebend.

Es besteht heute noch die Ansicht, daß die Schneidplattenoberfläche so sauber und fein als möglich zu schleifen ist, so daß insbesondere an Gesamtschnitten Trennlinien zwischen Stempel und Auswerfer nicht oder nur schwer zu erkennen sind. Im Gegensatz hierzu haben Versuche[3] bewiesen, daß eine gewisse Rauhigkeit der Werkzeugstirnflächen im Bereich von 2 bis 4 µm für die Erhaltung einer längeren Standzeit von Nutzen ist.

Die Bemessung der Plattendicke richtet sich nicht nur nach der Scherbeanspruchung, sondern ist außerdem von der Form des Durchbruches abhängig. Eine Schneidplatte mit einem kreisförmigen Durchbruch ist dünner zu halten als eine solche mit scharfeckigem, unregelmäßigem Durchbruch infolge der dort auftretenden Kerbwirkung. Wasserhärter haben eine höhere Biegefestigkeit als Ölhärtestähle. Die Schneidplattendicke richtet sich ferner

---

[1] Siehe *D. F. Jones:* Die Design and Die making Practice, S. 415 (New York 1951).

[2] *Keller, F.:* Kraft- und Arbeitsbedarf beim Schneiden mit spitzem Keilwinkel. Fertigungstechnik 12 (1962), H. 1, S. 41–46.

[3] *Timmerbeil, F. W.:* Einfluß der Schneidkantenabnutzung auf den Schneidvorgang am Blech. Werkstattst. u. Maschb. 46 (1956), H. 2, S. 66.

nach der Plattengröße. So würde zumeist für dünnes Blech bis zu 1,5 mm Dicke bei einer Schneidplattengröße von 60×80 mm eine Plattenstärke von 20 mm noch ausreichen, während für eine Größe von 200×250 mm eine Dicke von 30 mm angemessen wäre.

10. Geteilte Schneidplatten

Die im vorausgehenden Abschnitt unterstellte Annahme, daß die Schneidplatte aus einem Stück herzustellen ist, trifft nicht allenthalben zu. Die Werkzeugkonstrukteure übersehen oft die Vorteile geteilter Schneidplatten, die wie folgt angegeben sind:

1. Niedrigen Ausschuß und geringen Härteverzug; Ungleichmäßigkeiten lassen sich durch Schleifen besser beseitigen als bei ungeteilten Werkzeugen.
2. Wesentlich billigere Herstellung, insbesondere bei verwickelten Formen.
3. Schnellen Austausch gebrochener Stücke; eine Werkzeugreparatur ist billiger als bei ungeteilten Werkzeugen.
4. Stege und feingliedrige Werkzeugteile lassen sich besser getrennt für sich herstellen und dann beim Zusammensetzen des Werkzeuges einfügen.
5. Geringere auf ein massiv gestaltetes Werkzeugstahlstück als auf den ganzen Schneidring entfallende Schnittkraft und somit Herabsetzung der Beanspruchung.
6. Geringere Eigenspannungen, also geringere Bruchgefahr.

Abb. 33. Mehrfach geteilte Schneidplatte

Abb. 33 zeigt eine mehrfach aufgeteilte Schneidplatte[1] auf dem Unterteil eines Viersäulengestelles mit links daneben liegendem Ausschnitt. Die Lochabstände sind teilweise zu eng, als daß Schneidbuchsen dort eingesetzt werden können. An den ausspringenden Ecken der Ausschnittfigur werden vorzugsweise Trennfugen vorgesehen, da sonst dort unkontrollierbare Kerbbeanspruchungen auftreten. Die Bleche sind bereits in einem anderen Werkzeug auf Außenmaß beschnitten und werden zwischen die aufgeschraubten Anschlagbleche eingelegt. Eine solche Ausführung ist dort erwünscht, wo verschiedene Teile die gleichen Außenabmessungen, aber unterschiedliche Lochanordnung und Gestalt der Innenausschnitte aufweisen.

---
[1] Bauart Allgaier, Uhingen.

Werden die Schneidplattenteile nicht auf Platten aufgeschraubt, wie in Abb. 33 dargestellt, sondern in Plattenbohrungen oder Ringe eingesetzt, so sollen bei Verwendung gehärteter Bestückungsteile die Fugen gemäß Abb. 34 hinter der Bestückung um 8° auseinanderklaffen und so angeordnet sein, daß die innen ausgedrehten gekrümmten Teile und die gehobelten Teile jeweils Stücke für sich bilden.

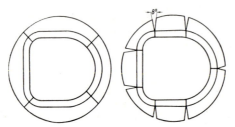

Abb. 34. Falsche und richtige Anordnung der Trennfugen für einen bestückten Schnitt

Abb. 35. Geteilter Schnitt für Umlaufmesser

Es ist also falsch, wenn eine Schneidmatrize wie in Abb. 34 links geteilt wird. Zweckvoll ist es, die zusammengesetzten Segmentstücke außen rundzudrehen und dann darüber eine Futterplatte mit einem entsprechenden Ausschnitt warm aufzuziehen. Dies setzt allerdings voraus, daß die Teile genügend hoch sind, um den in den Einspannbacken der Drehbank verbleibenden Ansatz abzuarbeiten.

Bei verschiedenen Teilen ist Drehachsensymmetrie vorhanden, wodurch bei entsprechender Unterteilung der Schneidplatte eine weitestgehende Vereinfachung in der Herstellung dadurch geschieht, daß die hintereinander gespannten Segmente sich gleichzeitig bearbeiten lassen. Selbstverständlich müssen derartig gefertigte Teile zwecks Erleichterung des Stanzbutzendurchfalls hinter der Schneidkante um 1 bis 2° konisch ausgearbeitet werden. So zeigt Abb. 35 die Herstellung des Schnittes für ein vierzahniges Schneidmesser derart, daß die vier Segmente zunächst aus einem Stück gedreht, dann in Viertelsegmente geteilt und schließlich in einer Aufspannung nebeneinander gemeinsam entsprechend dem Schneidprofil gefräst werden.

Ein weiteres Beispiel dafür zeigen die Hartmetalleinsätze für die Schneidplatte in Abb. 618, S. 650 dieses Buches. Bei einem mehrfach zu schlitzenden Teil werden die Schneidplatten für die einzelnen Schlitze nebeneinander angeordnet, wobei die Teilfugen jeweils mit einer Längsseite der Schlitze zusammenfallen. Durch eine keilförmige Beilageleiste werden dann die Schneidplatten in einem Werkzeugrahmen eingespannt. Abb. 36 zeigt ein weiteres Teilungsbeispiel dieser Art für einen einfachen Vorlochschnitt. Dabei werden nur zwei formgleiche Stücke bearbeitet. Im allgemeinen genügt eine einfache Einspannung in Längsrichtung (Pfeilrichtung) dort, wo die beiden Teile seitlich fest eingepaßt sind, so daß ein Ausweichen in Querrichtung ausgeschlossen ist. Wenn eine Einpassung innerhalb von Seitenleisten unmöglich ist, kann man die Teilstücke zur gegenseitigen Zentrierung mit Keilen wie in Abb. 36 rechts ausführen. Dabei ist darauf zu achten, daß der Keilansatz außerhalb der Schnittform in einem Abstand a von mehreren Millimetern

10. Geteilte Schneidplatten

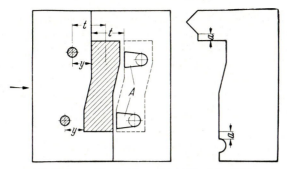

Abb. 36. Gegenseitige Zentrierung formgleicher Schneidplattenteile

beginnt. Anstelle von Keilen kann man gemäß Abb. 36 rechts unten halbrunde Aussparungen vorsehen, die in die Unterplatte eingesetzte Stifte umfassen. Wenn auch diese letzte Lösung billiger erscheint, so ist sie in bezug auf Sicherheit der Einspannung gegenüber der vorerwähnten im Nachteil.

Eine sehr wesentliche Bedeutung bei Anordnung geteilter Schneidplatten von Vorlochwerkzeugen haben die Werkstücktoleranzen. Wenn nach Abb. 36 die Vorschubteilung t des Streifens festliegt, worin auch der Abstand der Nasen der Anschlagstifte A von der Schneidkante mit einzubeziehen ist, so bestehen keinerlei Bedenken gegen die Einhaltung eines eng tolerierten Abstandes y der Vorlochmitte von der Schneidkante. Das gleiche gilt bei dem in Abb. 37 dargestellten Werkzeug für eine vorgelochte Ringscheibe mit nutförmiger Aussparung. Bei der links gezeichneten Ausführung ist der Teilungsabstand t abzüglich des eng tolerierten Abstandes y der Nut von der Werkstückmitte bequem einzuhalten. Kommt es aber nicht auf diesen

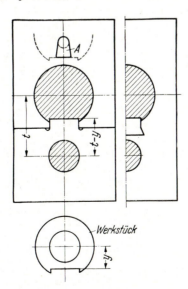

Abb. 37. Teilung der Schneidplatte unter Berücksichtigung der Toleranz

Abstand y genau an und ist die mittige Lage des Loches zum Außenumfang wichtiger, so sind die entsprechenden Bohrungen möglichst in einer Schneidplatte (Ausführungsform Abb. 37 rechts) unterzubringen; für die Nut ist dann ein besonderes Schneidplattenstück einzupressen.

11. Durchfallöffnung, Schneidspalt und Hochsteigen der Stanzbuchsen

Für die Erhaltung der Schneidfähigkeit eines Schneidwerkzeuges – mit anderen Worten: zur Erzielung einer hohen Standzeit – ist die Größe des Schneidspaltes von Bedeutung. Vor allen Dingen muß diese Spaltbreite an allen Stellen des Schnittes völlig gleichmäßig sein, was sich durch Schneidproben mit weichen Blechen und mikroskopischer Betrachtung des Stanzgrates[1] oder mittels einer 0,5 bis 0,8 mm dicken Klarsichtfolie oder Zelluloidplatte mit Hilfe eines Projektors[2] leicht nachprüfen läßt. Auch 2 bis 3 mm dicke, gesandete und anschließend weiß lackierte Vulkanfiberplatten mit überklebten schwarzen Tesafilm sind als Testplättchen für eine Schneidspaltmessung unter einem Doppelbildepiprojektor geeignet[2]. Ferner gibt es dafür besondere Justiergeräte mit durch eine Mikrometerschraube genau einstellbaren Hub[3]. Die Größe des Schneidspaltes hängt in erster Linie von der Art des Werkstoffes und dessen Dicke ab. Läßt man den Schneidstempel nur bis zu einem Fünftel der Blechdicke in das zu schneidende Blech eindringen, so zeigen sich keinerlei Risse, aber eine deutliche Umformung, indem nach Abb. 38b die Randzone außerhalb des Stempeleindruckes nach innen

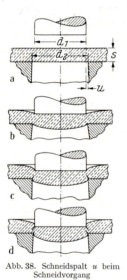

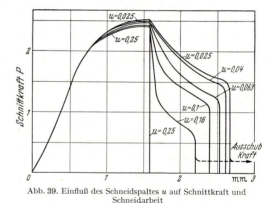

Abb. 38. Schneidspalt u beim Schneidvorgang

Abb. 39. Einfluß des Schneidspaltes u auf Schnittkraft und Schneidarbeit

[1] *Oehler, G.*: Zulässige Grathöhe. DIN-Mitt. 48 (1969), H. 2, S. 50–51.
[2] *Diettrich, G.* u. *Dreeke, G.*: Luftspaltmessungen an Schnittwerkzeugen. Z. f. wirtsch. Fert. 58 (1963), H. 1, S. 8–11.
[3] *Wurm, H.* u. *K.*: Wirtschaftliche Fertigung im Schnittbau durch die Anwendung der Folienprobe im HEKUS-Justier- und Montagegerät. Werkst. u. Betr. 98 (1965), H. 10, S. 783–784.

11. Durchfallöffnung, Schneidspalt und Hochsteigen der Stanzbuchsen

eingewölbt wird und an der Gegenseite des Bleches unter dem Stempel eine Auswölbung entsteht. Erst nach weiterem Vordringen des Stempels bildet sich ein Riß, beginnend von der Schneidkante der Schneidplatte aus. Der Werkstoff reißt also gemäß Abb. 38c zuerst von der Schneidplatte aus und nicht vom Stempel aus ein. Allerdings zeigen sich sehr bald bei weiterem Drücken Risse nach Abb. 38d, die von der Stempelkante aus in das Material gleichfalls schräg eindringen. Bei großen Schneidspalten liegen beide Rißlinien sowohl von der Stempelkante als auch von der Schneidplattenkante ausgehend in einer Linie. Es entsteht dann keinerlei Zipfelung, aber die Schneidfläche des sogenannten Stanzbutzens ist unsauber. Vorteilhaft ist bei diesem Verfahren nur ein verhältnismäßig kleiner Aufwand an Schnittkraft und Schneidarbeit. So zeigt Abb. 39 sechs Kraftwegbilder übereinander beim Schneiden eines 2,8 mm dicken Tiefziehstahlbleches RSt 13.03 mittels eines Schneidstempels von 10 mm Durchmesser unter Veränderung des Schneidspaltes u^1. Je enger der Schneidspalt u ist, um so mehr wachsen Kraft und Arbeit an[2]. Die Zunahme an Kraft ist dabei unerheblich, während die Zunahme an Schneidarbeit doch wichtig ist und bis zu 40% betragen kann. Je enger der Schneidspalt ist, um so sauberer ist die Schnittfläche. Darüber wird bei den Schabeschneidverfahren zu S. 71 und S. 193 noch berichtet. Die Ansicht, daß es nur einen günstigen Schneidspalt gibt, ist also falsch. Nach dem gegenwärtigen Stand der Forschung bestehen zwei optimale Schneidspalte, je nachdem, ob auf eine saubere Schneidkantenfläche oder auf einen möglichst geringen Kraft- und Arbeitsbedarf Wert gelegt wird. Ersterenfalls wird in folgenden Gln. (26) und (27) der Beiwert c mit 0,005, letzterenfalls bis zu 0,035 eingesetzt. Es können auch Zwischenwerte gewählt werden. Die Werte im Schrifttum entsprechen etwa einem $c = 0,01$. Für mit Hartmetall bestückte Werkzeuge sollte ein $c = 0,015$ bis $0,018$ gewählt werden. Unter Berücksichtigung der Scherfestigkeit τ_B in kp/mm² und der Blechdicke s in mm gelten für die Bemessung des Schneidspaltes u_s folgende Beziehungen:

a) für Bleche bis zu 3 mm Dicke (Feinbleche)

$$u_s = c \cdot s \sqrt{\tau_B}, \qquad (23)$$

b) für Bleche über 3 mm Dicke (Mittel- und Grobbleche)

$$u_s = (1,5 c \cdot s - 0,015) \cdot \sqrt{\tau_B}. \qquad (24)$$

Die obigen empirischen Gleichungen ergaben sich aus Versuchen und Betriebserfahrungen und stimmen teilweise auch mit dem von *Göhre*[3] empfohlenen Spaltweitendiagramm.

---

[1] Aus einer im Forschungsinstitut Prof. *Kienzle*, T. H. Hannover 1951, von W. *Timmerbeil* durchgeführten Arbeit. – Über den Kraftverlauf beim Schneiden berichtet W. *Krämer* im Ind. Anz. 91 (1969), Nr. 11, S. 199–203.

[2] Außerdem bestätigt von *Lueg* und *Rossié*: Zur Bemessung des Schneidspaltes in der Stanzereitechnik. Ind.-Anz. 77 (1955), Nr. 48, S. 657–664, Bild 6. Dort werden weiterhin die Beziehungen zwischen Schneidspalt und Eindringtiefe bis zur Stofftrennung sowie Gestalt des Stanzbutzens erläutert.

[3] *Göhre*: Der Schneidespalt von Schnitten und sein Einfluß auf ihre Standzeit. Werkst.-Techn. 25 (1935), H. 16, S. 312, Abb. 2.

Beispiel 9: Für 2 mm dickes Stanzblech von 0,2% C-Gehalt entsprechend einer mittleren Scherfestigkeit von 36 kp/mm² gemäß Tabelle 3 errechnet sich der Schneidspalt u_s aus Gl. (23) für einen möglichst engen Schneidspalt bei sauberer Schneidfläche zu 0,06 mm und für großen Schneidspalt bei geringster Schnittkraft und Schneidarbeit zu 0,4 mm.

Beispiel 10: Für ein 8 mm dickes, warm ausgehärtetes Leichtmetallblech AlMgSi 1 F 32 nach Tabelle 36, S. 694 eines $\tau_B = 22$ kp/mm², wird ein Schneidspalt u_s nach Gl. (24) zu $0,045\sqrt{22} = 0,21$ mm für saubere Oberfläche ($c = 0,005$) und zu $0,405\sqrt{22} = 1,9$ mm für einen geringen Kraft- und Arbeitsaufwand ($c = 0,035$) berechnet.

Nach Untersuchungen *Kokkonens*[1] dürfte sich die bisherige Annahme, daß die Oberflächenbeschaffenheit bei geringem Schneidspalt glatter und sauberer erscheint als bei großem Schneidspalt, aber nur auf dünne und weiche Werkstoffe äußerstenfalls bis zu einer Festigkeit von etwa 45 kp/mm² beschränken. Für härtere Mittel- und Grobstahlbleche gilt dies nicht, wie dies die Lochleibungsflächen im rechten Teil und die Stanzbutzenflächen im linken Teil von Abb. 40 beweisen. Es wurde hierbei 2 mm dicker Bandstahl eines C-Gehaltes von 0,95% und einer Festigkeit von $\sigma_B = 75$ kp/mm² zu 5 mm Durchmesser gelocht, wobei die sechs Proben mit Schneidspalten von 0,01, 0,05, 0,08, 0,12, 0,18 und 0,27 mm geschnitten wurden. Gewiß ist auch hier eine stärkere Verplättung bei den kleinen Spaltweiten in Abb. 40 oben zu beobachten, doch treten dabei derart starke Einrisse in der Lochleibungsfläche auf, daß von einer einwandfreien Oberfläche nicht gesprochen werden kann. Wenn der Befund der unteren Teile von Abb. 40, wo mit weitem Schneidspalt geschnitten wurde, auch mit dünnen Stanzteilen aufgrund bisheriger Erkenntnisse übereinstimmte, so erschien es doch wichtig, die starken Einrisse in der Lochleibungsfläche bei engem Schneidspalt und um das Maß h_1 stufenweise vordringenden Schneidstempel zu beobachten. In Abb. 41 sind zwei Ausschnitte aus den bei Versuchen[2] mit engem Schneidspalt gelochten Blechen zu erkennen, wobei der Lochstempel in das obere Blech um das Maß h_1 zu $0,1 s$, in das untere bis zu $0,4 s$ eindrang, ohne daß es zum Durchbruch kam. Als Werkstoff wurde ein 8 mm dickes und 50 mm breites Stahlband St 60-2 einer mittleren Vickers-Härte HV 10 von etwa 200 kp/mm² dafür verwendet. Infolge der starken Verfestigung des Stahlbandes an der Stempelkante während des Schneidens beginnt der Riß nicht dort, sondern um das Maß h_2 darüber, wie dies die Zipfelspitzen b in Abb. 41 deutlich erkennen lassen. Inzwischen ist der Werkstoff auch von der Schneidplattenkante her eingerissen. Der verfestigte Bereich erschwert und verhindert die Bildung eines geradlinig von Stempelkante zu Schneidplattenkante durchgehenden Schnittrisses. Dieser verläuft daher zickzackförmig nach Abb. 42, wobei meist $d' - d = h_2$ ist. Zur Feststellung, wann bzw. in welcher Höhe h_1 der Riß eintritt und wie groß die Zipfelhöhe h_2 ist bzw. ob überhaupt solche Zipfel, die oft fälschlicherweise als Stanzgrat bezeichnet

---

[1] *Kokkonen, V.:* Zur Wahl des Schneidspaltes. Technische Tagungsberichte des Schwedischen Fachverbandes für die Eisen- und Metallwarenindustrie und Elektrotechnik (Stockholm 1959), H. 42. Dort sind unter Abb. 13–27 weitere Butzen- und Lochoberflächen in Abhängigkeit vom Schneidspalt dargestellt.

[2] *Oehler, G.:* Schwierigkeiten beim Lochen dicker und harter Stahlbleche. Werkstattst. u. Maschb. 50 (1960), H. 11, S. 582–586.

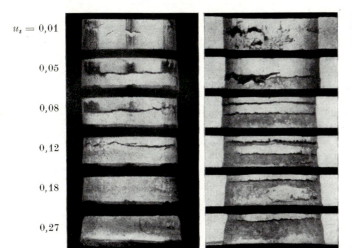

Abb. 40. Mit verschiedenem Schneidspalt geschnittene Stanzbutzen (links) und Lochleibungsflächen (rechts)
($u_s = 0{,}01,\ 0{,}05,\ 0{,}08,\ 0{,}12,\ 0{,}18$ und $0{,}27$ mm; $s = 2$ mm, $\sigma_B = 75$ kp/mm²)

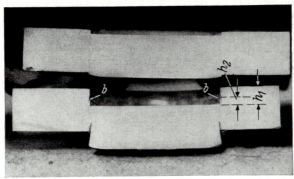

Abb. 41. Teilweise ausgestanzte Löcher bei engem Schneidspalt
$h_1 = 0{,}45\ s,\ h_2 = 0{,}13\ s,\ b$ Beginn der Rißbildung (V. $= 1{,}4$)

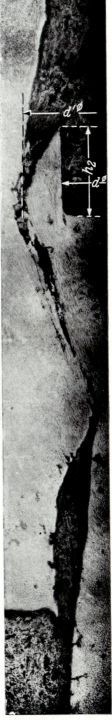

Abb. 42. Schneidvorgang im Augenblick des bevorstehenden Butzenausbruches
$d = 25$ mm, $s = 8$ mm, $h_1 = 3$ mm, $h_2 = 1$ mm (V. $= 20$)

werden, auftreten, wurden die aus obigem Versuch gewonnenen Verhältniswerte h_1/s_0 und h_2/s_0 über der Spaltweite bzw. dem Beiwert c nach Gl. (23) und (24) unter Annahme eines $\tau_B = 50$ kp/mm² in Abb. 43 aufgetragen. Hieraus ergibt sich eine durch Verfestigung bedingte Zipfelbildung der Höhe h_2 unter entsprechendem Einriß des Lochleibungsgefüges nur bei engem Schneidspalt $c < 0,01$. Die dort aufgrund der Versuche eingetragenen Werte gelten für ein Stahlblech mit $\sigma_B = 60$ bis 70 kp/mm². Bei noch härteren Werkstoffen liegen die Kurven höher und entsprechen etwa den gestrichelten. Bei weicheren Blechen liegen die Kurven tiefer, wobei die Schaulinie für h_2/s_0 etwa im Bereich der Mittelblechdicken ganz verschwindet[1].

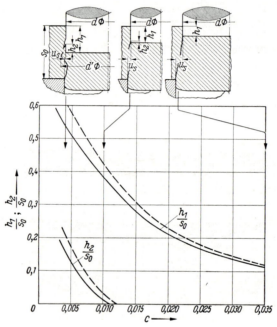

Abb. 43. h_1/s_0 und h_2/s_0 in Abhängigkeit vom Schneidspaltfaktor c
$s_0 = 8$ mm, $d = 25$ mm, $\sigma_B = 60$ bis 70 kp/mm²

In diesem Zusammenhang sei das von *Stromberger* und *Thomsen*[2] entwickelte Fließlochen erwähnt. Abb. 44 zeigt das Lochen eines Bleches der

---

[1] Auf weitere Veröffentlichungen von *Dies* und *Eickhoff* sei verwiesen: *Dies, R.:* Temperaturmessungen beim Lochen von Blechen. Werkst. u. Betr. 88 (1955), H. 10, S. 651/654 mit Berichtigung in H. 11, S. 752. – Untersuchungen über die Kraft-, Reibungs- und Verschleißverhältnisse beim Lochen von Blechen mit runden Stempeln. Werkst. u. Betr. 89 (1956), H. 4, S. 197/20. – *Eickhoff, W.:* Untersuchungen über den Kraft- und Arbeitsbedarf beim Lochen von Grobblechen. Werkst. u. Betr. 94 (1961), H. 7, S. 487, und H. 11, S. 450.

[2] *Stromberger, C.* u. *Thomsen, Th.:* Glatte Lochwände beim Lochen. Werkst. u. Betr. 98 (1965), H. 10, S. 739–747. – *Stromberger, C.:* Veränderung der Lochwand beim Lochen von Grobblechen. DFBO-Mitt. 1966, Nr. 1, S. 2–15.

11. Durchfallöffnung, Schneidspalt und Hochsteigen der Stanzbuchsen

Dicke s über einer Schneidplatte des Durchmessers d_m mittels eines Schneidstempels des Durchmessers d_{p1} bei engem, d_{p2} bei weitem Schneidspalt u_s und schließlich das Fließlochen mit d_{p1} und d_{p2}, wobei die Arbeitsdiagramme mit der Schnittkraft P_s kreuzweise schraffiert über dem Hub dort eingezeichnet sind. Wie zu Abb. 39 bereits erläutert, wird bei einem engen Schneidspalt eine verhältnismäßig große Schneidarbeit geleistet gegenüber dem Lochen mit weitem Schneidspalt, wo der Butzen durch die Schneidmatrize hindurchfällt, nachdem der Stempel erst etwa bis zu $0{,}7s$ (s = Blechdicke) eingedrungen ist; denn die auf die Schneidkanten des Stempels und der Matrize schräg zulaufenden Risse begegnen sich bereits vor dem völligen Durchdringen des Bleches. Der Butzen zeigt dann eine verhältnismäßig konische

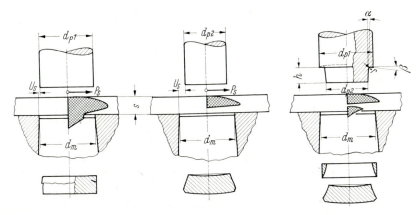

Abb. 44. Lochen mit verschiedenem Schneidspalt und Fließlochen nach *Stromberger* und *Thomsen*

Gestalt mit rauhem Bruchgefüge. Eine entsprechende Oberfläche weist die Lochleibungsfläche einer gleichfalls konischen Form auf. Dieselbe fällt viel sauberer aus, wenn mit engem Schneidspalt gearbeitet wird. Für das in Abb. 44 rechts dargestellte Fließlochen, wo zuerst der konische Stanzbutzen und anschließend der restliche Ring nach unten ausfallen, gelten in Anlehnung an Gl. (23) etwa folgende Beziehungen:

$$d_{p1} = d_m - 0{,}01\,s\,\sqrt{\tau_B}, \qquad h = 0{,}70 \text{ bis } 0{,}85\,s,$$
$$d_{p2} = d_m - 0{,}07\,s\,\sqrt{\tau_B}, \qquad \alpha = 3 \text{ bis } 5°,$$
$$r = 0{,}3\,(d_{p1} - d_{p2}), \qquad \beta = 5 \text{ bis } 8°.$$

Nach *Stromberger* und *Thomsen* gilt für α ein größerer Wert als hier angegeben, nämlich von $6{,}35°$ und $\beta = 0$. Hinsichtlich der optimalen β-Werte wird voraussichtlich eine Bestimmung durch den Versuch notwendig sein. Es ist anzunehmen, daß für weiche Werkstoffe ein größerer β-Wert bessere Ergebnisse liefert, hingegen bei harten Werkstoffen evtl. ein negativer β-Wert gewählt werden muß, d.h., daß dort die äußere Schneidkante im stumpfen Winkel verläuft.

Die genaue Einhaltung der Spaltweite ist bei der Neuanfertigung des Werkzeuges bereits schwierig. Während des Betriebes können weitere Unstimmigkeiten eintreten. Ungleiche Härte der Schneidkanten, seitlich versetztes oder schiefes Einspannen des Stempels, Durchfederung eines zu schwachen Pressentisches, nicht im Schwerpunkt der Schneidlinien liegender Einspannzapfen und Verschleiß oder ungenaue Herstellung der Führungsplatte bedingen ungleiche Spaltweiten und somit eine frühzeitige Zerstörung des Schneidwerkzeuges. Deshalb werden heute die Plattenführungsschneidwerkzeuge verlassen und Säulengestelle mit austauschbaren Schneidplatten und Stempeln bevorzugt.

Da die Schneidplatte sich abnutzt und nachgeschliffen werden muß, ist für zu schneidende Teile großer Genauigkeit die Schneidöffnung von der Schneidkante ab nach unten um das 3fache der Blechdicke, jedoch nicht mehr als 2 mm, genau zylindrisch zu halten. Erst von hier ab ist die Durchfallöffnung konisch unter einem Winkel bis zu 2° bzw. einer Konizität von 1:30 allmählich zu erweitern. Nach einem amerikanischen Vorschlag[1] verläuft die Durchtrittsöffnung zunächst um $1,5 s_0$ (s_0 = Nennblechdicke) senkrecht; dann erweitert sie sich um $1,5°$ auf jeder Seite bis zu $6 s_0$ Tiefe und anschließend um $3°$ bis zu $8 s_0$ Tiefe. Doch sind die Ansichten der Fachleute hierüber geteilt. Gegen eine solche zylindrische Einführung spricht der schärfere Keilwinkel, der schon an sich eine geringere Schnittkraft als der 90°-Keilwinkel bedingt. Hinzu kommt die Herabsetzung der zusätzlichen Durchquetschkraft für die Schneidbutzen. Mit der Herabsetzung der Schnittkraft ist eine Erhöhung der Standzeit verbunden. Für eine solche zylindrische Führung im Beginn des Schneidplattendurchbruches spricht jedoch nicht nur die bereits genannte Erhaltung der genauen Abmessungen der Ausschneidfigur auch bei Nachschliffen. Bei den später zu S. 65 bis 74 und 195 bis 200 beschriebenen Feinschneidwerkzeugen wird der gesamte Schneidplattendurchbruch zylindrisch ausgebildet. Darüber hinaus ist vielen Betrieben, insbesondere Lochwerken, eine solche Einquetschwirkung durchaus willkommen, verhindert sie doch das sehr lästige und unerwünschte Hochsteigen der Stanzbutzen und Kleben derselben am Stempel. Je geringer der Schneidspalt ist, um so weniger besteht die Gefahr des Hochsteigens der Stanzbutzen. Abhilfe bringen auch ein konvexer oder dachförmiger Anschliff der Stempeldruckfläche und bei großen Stempeln unter Federdruck stehende Auswerfer- bzw. Abstoßstifte nach Art der Suchstifte zu Tab. 7–1, S. 86. Bei Werkzeugen, die für geringe Standmengen ausgelegt sind, erfüllen Gummistopfen den gleichen Zweck. Schneidstempel von kleinem Durchmesser lassen sich auch selbst zusätzlich federnd ausführen, wenn kein Platz zur Aufnahme eines federnden Abdrückstiftes vorhanden ist. Die Federwirkung tritt hierbei nach dem Durchschneiden des Bleches ein. Als weitere Mittel gegen Hochsteigen der Stanzbutzen werden ein Abziehen der Schneidplattenkanten nach dem Schleifen und das Anbringen einer Nase am Seitenschneider empfohlen. Mittels elektroerosiver Bearbeitung[2] oder Aufsprühen von Hartmetall[3] sowie Kupferelek-

---

[1] *Grainger:* Problems encountered in the design of press tools. Sheet Met. Ind. **31** (1954), Nr. 331, S. 897–905.
[2] Siehe Fußnote 1 auf S. 655.
[3] Siehe Fußnote 3 und 4 auf S. 655.

11. Durchfallöffnung, Schneidspalt und Hochsteigen der Stanzbuchsen

trodenauftrag wird die Oberfläche der Durchbruchöffnung aufgerauht und ein Hochsteigen verhindert. Ebenso hilft an runden Durchbrüchen ein Aufreiben mittels Reibahle anstelle eines Schliffes. Dort, wo Schmiermittel unbedingt erforderlich sind, sollten sie möglichst dünn mit Hilfe von Preßluft aufgesprüht werden. Übermäßiges Schmieren und dickflüssige Schmierstoffe begünstigen ein Hochsteigen der Stanzbutzen. Verharzte Fettreste sind zu entfernen. Ist Restmagnetismus die Ursache des Haftenbleibens der Schneidbutzen am Stempel, so ist das Werkzeug völlig zu entmagnetisieren. Bei Durchbrüchen besteht die Möglichkeit, an zwei gegenüberliegenden Seiten den Freiwinkel zu vermeiden, so daß durch das Auffedern des Ausschnittes derselbe in der Schneidplatte klemmt. Weiterhin kann mittels einer dicht vor dem Stempel angebrachten Preßluftdüse, die mit dem Oberwerkzeug am Pressenstößel befestigt ist, das am Stempel haftende Teil weggeblasen werden. Bei Verwendung von Druckluft läßt sich der Schneidbutzen durch Unterdruck unter der Schneidplatte absaugen, der dadurch entsteht, daß die unter der Schneidplatte eintretende Luft durch eine ringförmig verengte Austrittöffnung nur nach unten ausströmen kann und hierdurch den Butzen mitreißt. Druckluft läßt sich ferner derart zum Auswerfen verwenden, daß sie durch einen Kanal im Schneidstempel den Ausschnitt beaufschlagt, nach dem Trennen vom Schneidstempel löst und durch die Schneidplatte nach unten drückt. Sonst wird der an sich nicht zu empfehlende Weg beschritten, durch eine Schneidkantenstumpfung das Einklemmen des Schneidbutzens in der Durchfallöffnung zum Schutz gegen unerwünschtes Hochsteigen zu fördern[1]. Da eine noch so kurz gehaltene zylindrische Schnittführung eine den Verschleiß fördernde Quetschbeanspruchung nicht ausschließt, wird jene oft fortgelassen, und die konische Erweiterung reicht bis an die Schneidkanten heran. In diesem Falle ist das Maß des Schneidspaltes um $0{,}03s$ kleiner zu wählen als wie oben nach Gln. (23) und (24) berechnet. Die gewünschte Genauigkeit wird dann unter besonderen Schabe- oder Repassierwerkzeugen gemäß Abb. 185 bis 187 erzielt. Ein zu großer Schneidspalt bedingt eine oft unerwünschte Gratbildung. So ergaben nach 100 000 Schnitten von 0,5 mm dicken Dynamoblech eines $V_{10} = 3{,}6$ W/kg bei $u_s = 0{,}015$ mm eine Grathöhe $h = 0{,}14$ mm, bei $u_s = 0{,}075$ mm ein $h = 0{,}25$ mm und bei $u_s = 0{,}130$ mm ein $h = 0{,}29$ mm. Während bei $u_s = 0{,}015$ mm die Gratbildung sich erst allmählich bemerkbar machte, war bei $u_s = 0{,}075$ und $0{,}130$ mm ein plötzlicher Anstieg der Grathöhe bald zu erkennen[2].

Die Durchfallöcher in den Aufnahmeplatten und Grundplatten dürfen auf keinen Fall viel größer als der untere Lochdurchmesser der konischen Erweiterung in der Schneidbuchsenöffnung gebohrt werden, denn sonst können sich, wie in der Abb. 46 dargestellt, die Stanzbutzen verklemmen, was nicht nur Zeitverlust für das Ausstoßen und Fehlstücke bedingt, sondern häufig außerdem zum Bruch des Stempels führt. Eingepreßte Schneidbuchsen werden in solchen Fällen nach oben wieder herausgedrückt, was außerdem

---

[1] *Strasser, F.:* Wie vermeidet man das Hochkommen von Butzen und Ausschnitten. Werkst. u. Betr. 96 (1963), H. 5, S. 319–320. – VDI 3372.

[2] *Peter, H.:* Der Schneidspalt des Schnittwerkzeuges. Werkstattst. u. Maschb. 46 (1956), H. 2, S. 53–58.

zur Folge hat, daß die Buchsen dann meist nicht mehr in ihrer Fest- oder Preßsitzlage halten.

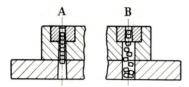

Abb. 45 u. 46. Richtige (A) und falsche (B) Anordnung der Durchfallöffnungen für die Stanzbutzen

Eine konische Erweiterung der Durchfallöffnung nach Abb. 45 entfällt dort, wo kein Schneidbutzen durchfällt und der Trennschnitt unvollendet bleibt. Bekanntlich können unter Schneidwerkzeugen an Mittel- und Grobblechen durch teilweises Eindringen des Schneidstempels in das Blech an der anderen Seite hervortretende Zapfenansätze für Nietverbindungen oder Warzen für die Buckelschweißung erzeugt werden. Abb. 47 bis 50 zeigt die Herstellung einer solchen Nietverbindung. Das Blech bzw. das Band, an dem der Nietzapfen vorgedrückt werden soll, wird gemäß Abb. 47 über eine zylindrisch gebohrte – nicht kegelig erweiterte – Schneidbuchse des Innendurchmessers d gelegt. Der Zapfen wird daraufhin mittels eines Stempels nach Abb. 48 mit leicht kegeliger Verjüngung bis zu einer Tiefe $h \leqq 0{,}5s$

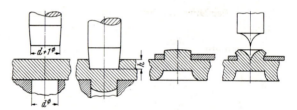

Abb. 47 bis 50. Nietverfahren mittels angedrückter Schneidbutzen

vorgedrückt; die Stempelunterfläche muß jedoch etwas größer als die Lochfläche sein. Es werden Zugaben von etwa 1 mm im Durchmesser vorgeschlagen. Dann wird gemäß Abb. 49 das aufzunietende vorgelochte Blech über den vorstehenden Zapfen geschoben, der durch einen spitzen Stempel nach Abb. 50 an seinem oberen Rand auseinander getrieben wird. Die Eindringtiefe h ist kleiner als $d/2$ zu wählen. Es würde voraussichtlich die Festigkeit des Zapfensatzes erhöhen, wenn die Lochkante und die untere Stempelbodenkante um ein weniges gerundet wären. Unter hohem Druck lassen sich auch ohne Stempel Zapfen anpressen[1].

Für die Erhaltung der Schneidfähigkeit ist es günstig, bei geringem Schneidspalt u_s die Eintauchtiefe in die Schnittöffnung so gering als möglich zu halten. Dies ist infolge Federung des Pressengestelles nicht immer möglich, es sei denn, daß von vornherein die Eintauchtiefe durch Anschläge zwischen

---

[1] *Burgdorf, M.:* Das Zapfenpressen, eine Verfahrenskombination zwischen Stauchen und Fließpressen. Mitt. D. Forsch. f. Blech- u. Oberfl. (1968), Nr. 1/2, S. 12–16.

Werkzeugober- und -unterteil gewährleistet wird, wie dies die Anschlagbolzen neben den Säulenführungsbuchsen des Folgeverbundwerkzeuges in Abb. 114 und die über der Stempelführungsplatte aufgeschraubte Anschlagleiste des Rotorschneidwerkzeuges zu Abb. 51 zeigen. Hervorzuheben ist weiterhin an diesem Werkzeug die Herstellung des oben sichtbaren Nutenkranzschneidstempels aus einem einzigen Stück.

Abb. 51. Rotorschnitt mit Anschlagleiste

Beim Schneiden von kunststoffbeschichtetem Blech und Band ist der Schneidspalt genau einzustellen, damit sich kein Grat bilden kann, der die Kunststoffoberfläche stark beeinträchtigt. Aus diesem Grund müssen geschnittene, beschichtete Bleche auch stets so gestapelt werden, daß man sie nicht übereinander schiebt, auch wenn kein Grat sichtbar ist. Das beim Aufwärtshub leicht eintretende Ablösen der vom Stempel mitgenommenen Beschichtungsfolie an der Schneidkante läßt sich vermeiden, wenn die Beschichtung unten liegt und zwischen Grundwerkstoff des Bleches und Schneidplatte gehalten wird.

12. Ausguß und Umguß von Schneidstempeln und Schneidbuchsen

Schon seit über 40 Jahren ist die Cerromatrixlegierung, bestehend aus Blei, Wismut, Zinn und Antimon, bekannt, die zum Umgießen von Stempeln und Matrizenbüchsen dient. Seit kurzem hat sich dieses in Amerika entwickelte Verfahren auch in Deutschland eingeführt[1]. Grundsätzlich gibt es dafür zwei verschiedene Anwendungsmöglichkeiten. Es können die Stempel an einer Blechtafel angeschraubt werden. Diese als Schablone bezeichnete Blechtafel dient zunächst nur zur Lagebestimmung der Stempel; deshalb genügt für runde Stempel ein Gewindeloch, während für unrunde mehrere vorgesehen werden müssen. Ob anstelle einer Schraubbefestigung eine Stiftbefestigung genügen würde, die voraussichtlich auch eine größere Genauigkeit zuläßt, wurde bisher noch nicht untersucht. Nunmehr wird das Blech mit den daran befestigten Stempeln entweder unmittelbar mit dem Rahmen vergossen (s. Abb. 52), dieser Rahmen wird nach Abschrauben der Schablone

---

[1] Dies mounted with Cerromatrix. Machinery (London) vom 24. 5. 1945. – *Richter, F.:* Eingießen von Stempeln in Schnitt- und Stanzwerkzeuge. Mitt. Forsch. Blechverarb. **1952**, Nr. 14.

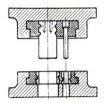

Abb. 52. Ausguß der Stempel im Oberteil und der Schneidbuchsen im Unterteil

Abb. 53. Nach dem Cerromatrixverfahren ausgegossene Stempelhalteplatte

auf die Stempelkopfplatte aufgeschraubt, oder man richtet mit Hilfe der Blechschablone mit den daran befestigten Stempeln die Schneidbuchsen im Rahmen der Schneidplatte aus; dann wird erst der Schneidplattenrahmen und erst danach der Oberteilrahmen ausgegossen. Zur Einhaltung des Ziehspaltes bzw. zur genauen Einmittung werden dünne Metallfolien in kurzen schmalen Streifen zwischen Stempel und Schneidbuchse eingelegt. Damit die Stempel und die Schneidbuchsen nicht herausfallen und sich nicht verdrehen, werden sie außen am Umfang mit Querrillen und eingefrästen Längsrillen versehen. In Abb. 53 ist eine nach diesem Verfahren ausgegossene Stempelhalteplatte im umgekehrten Werkzeugoberteil dargestellt. Der überflüssige Verguß wird mittels Flachschabers weggekratzt. Die Cerromatrixlegierung hat eine Schmelztemperatur von nur 120 °C, so daß die zu vergießenden und bereits gehärteten Werkzeugteile nicht der Gefahr des Anlassens ausgesetzt sind. Die günstigste Gießtemperatur beträgt erfahrungsgemäß 180 °C. Als zweckmäßig hat sich erwiesen, die für die Aufnahme der Werkzeugstempel vorbereiteten Partien der Halteplatte anzuwärmen. Der sich nach der Erstarrung anschließende Aushärtungsprozeß erfordert eine Zeit von 10 bis 15 Stunden, erst dann kann man das Werkzeug in Benutzung nehmen. Bei der Erstarrung dehnt sich die Legierung etwa um 0,5 bis 0,6 µ/mm aus, weist eine ausreichende Härte auf und gewährleistet dadurch auch bei starker Druckbeanspruchung noch eine einwandfreie Befestigung der eingesetzten Werkzeugstempel. Nach Gebrauch der Werkzeuge läßt sie sich einschmelzen und wieder verwenden[1].

Es ist nicht nötig, daß sowohl Oberteil wie Unterteil nach diesem Verfahren hergestellt werden. Es ist bereits wirtschaftlich, wenn die Schneidplatte in der üblichen Weise fertig bearbeitet ist und die unter Zwischenlegen der Abstandsfolien eingesetzten Schneidstempel durch eine derartige Legierung umgossen werden, da hierbei ein genaues Ausarbeiten der Stempelhalteplatte wegfällt. Diese in Abb. 54 dargestellte Ausführung wird gegenüber der in Abb. 52 dargestellten dort von Vorteil sein, wo die Schnittfigur sich nicht innerhalb einer Schneidbuchse gut unterbringen läßt, und wo der Abstand zwischen den einzelnen Schnittöffnungen derartig eng ist, daß die Schneidbuchsenwände zu dünn ausfallen und eine Neigung zu Härteverzug und

---

[1] Nordd. Affinerie Hamburg 36, HEK-GmbH, Lübeck.

Härterissen gegeben ist. Die Ausführung nach Abb. 54 wird also insbesondere bei unrunden und unregelmäßigen Ausschnitten sowie größeren Stempeln gegenüber der Ausführung zu Abb. 52 anzuwenden sein. Die in Abb. 53 dargestellte vergossene Halteplatte kann auch nach diesem Verfahren hergestellt sein.

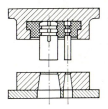

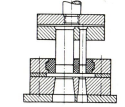

Abb. 54. Ausguß der Stempel im Stempelkopf

Abb. 55. Ausguß der Führungsplatte

Eine schon seit längerer Zeit insbesondere von der Firma Bosch angewendete Konstruktion beruht auf dem Ausguß der Führungsplatte um die Stempel nach Abb. 55. Ausgearbeitete Führungen können daher immer leicht wieder erneuert werden. Außerdem gewährleistet die Ausgußmasse eine geringe Reibung und eine gute Haftung des Schmiermittels. In Frage kommen dafür nicht allzu weiche, aber auch nicht allzu harte Zinklegierungen beispielsweise folgender Zusammensetzung: 93,7% Zn, 2,5% Al, 1,3% Cu, 1% Pb, 1% Mg und 0,5% Kd. Leichtmetallausgüsse, wie sie z. B. auch in älteren Säulenwerkzeugen für die Säulenführung zu finden sind, erscheinen dafür als zu weich. Eine zwar leicht vergießbare, aber dafür teure Zinn-Antimon-Legierung besteht aus 55% Sn, 29% Sb, 6% Cu und 10% Pb. Es leuchtet ein, daß bei einem Ausgießen des Oberteiles ein anschließendes Ausgießen der Führungsplatte keine besonderen zusätzlichen Schwierigkeiten bereitet und sehr schnell vor sich gehen kann. Eine andere Frage ist es, ob man überhaupt hier Führungsplatten benötigt, wenn die Werkzeugelemente in Säulengestelle eingesetzt werden. Immerhin wird bei kleinen Mengen dieses Verfahren gute Dienste leisten, zumal die Führungsplatte nicht nur zur Stempelführung, sondern auch zum Abstreifen des geschnittenen Streifens dient. Schon deshalb darf der Ausguß nicht allzu weich sein.

Auf die Auskleidung der Stempel- und Säulenführung mit Kunststoffen wird auf S. 92 dieses Buches noch eingegangen. In den letzten Jahren ist man immer mehr dazu übergegangen, nicht nur die Führung, sondern auch die Haltung von Stempel und Matrize durch Kunstharz anstelle von Metallausguß zu verankern, so daß die hier zu Abb. 52 bis 55 erläuterten Beispiele auch für die auf S. 662 bis 668 beschriebenen Epoxydharze gelten.

13. Schneidwerkzeuge für kleine Herstellmengen[1]

Bei dünnen Blechen unter 1 mm Dicke und kleinen Serien ist mitunter die Anfertigung einfachster Behelfsvorrichtungen derart möglich, daß zunächst kurze Stempel von 6 bis 15 mm Höhe mit einem Stempelhalteblech verklebt oder vernietet werden. Letzterenfalls darf nur die Arbeitsfläche des

---

[1] Siehe hierzu auch das auf S. 63 beschriebene Ätzschneid-Verfahren!

Stempels gehärtet werden. Mittels dieses Haltebleches mit Stempeln werden nun nacheinander drei weitere Blechtafeln gelocht, und zwar die Führungsplatte, die später zu härtende Schneidplatte und die Grundplatte. Unter Zwischenlage zwei weiterer Blechstreifen als Ersatz für seitliche Streifenführungsleisten werden diese drei rechteckig zugeschnittenen Blechtafeln miteinander verbohrt und vernietet. Diesem in den USA für Nullserien gebräuchlichen Behelfswerkzeug ähnelt der Schmidt-Schnitt[1] oder sogenannte Fünfstundenschnitt.

In der Kartonagenindustrie sind zur Herstellung von Faltschachteln schon seit der Jahrhundertwende Bandstahlschnitte bekannt, die aus Abschnitten dünnen, federharten und biegsamen Stahlbandes mit messerscharfer Kante, aus zugesägten Sperrholztafeln sowie aus zwischengestopftem Schwammgummi zur Ausfüllung der Lücken zwischen Holz und Band sowie zum Auswerfen der ausgestanzten Teile bestehen. Nach diesem Vorbild wurden in jüngster Zeit für die Blechbearbeitung ähnliche Schneidwerkzeuge entwickelt nur mit dem Unterschied, daß beim Kartonagenschnitt der Bandstahl sich allein im Oberwerkzeug befindet und anstelle eines Unterwerkzeuges eine Steinpappe als Auflage genügt. Es mögen hier nur die drei Verfahren nach *Malew*, *Templer* und *Philips* kurz gewürdigt werden[2]. Alle diese drei Verfahren bestehen aus Werkzeugoberteil und – Unterteil, die zueinander in meist übereck stehenden Führungssäulen geführt sind. Beim erstgenannten Verfahren wird auf einer Sperrholzplatte die Schnittfigur gezeichnet. Ober- und Unterplatte werden hiernach gemeinsam mittels Bandsäge ausgesägt. Die Sägebanddicke entspricht der doppelten Dicke der als Schneidkanten benutzten Stahllineale. Die so herausgeschnittenen Holzplatten dienen nunmehr als Klemmstücke zur inneren Halterung für die mit einem Füllstreifen in den Sägeschnitt eingesetzten Stahllineale, wobei im Oberteil die Füllstreifen zwischen dem inneren Klemmstück und den Stahllinealen, im Unterteil zwischen ausgesägter Außenplatte und Stahllinealen zu liegen kommen. Die Stahllineale im Unterteil sind höher als die des Oberteiles und außen von Abstreifgummi umgeben, während sich im Oberteil der Abstreifgummi innerhalb der Schneidkanten befindet. An den Ecken, wo die Schnittfigur einen Winkel bildet, läßt man eines der beiden Lineale durchlaufen und in einer Bohrung enden, so daß die Lineale nicht genau auf Länge geschnitten werden brauchen. Dort, wo das Werkstück Löcher oder Aussparungen aufweisen soll, werden der zugehörige Schneidstempel in die Klemmplatte des Oberteiles, die Schneidbuchse in diejenige des Werkzeugunterteiles so eingesetzt und evtl. mit der Grund- oder Kopfplatte befestigt, daß sie nicht herausfallen können. Die Bearbeitung der Stempel- und Buchseneinsatzlöcher geschieht im zusammengebauten Zustand des Werkzeuges. Ähnlich dem Malew-Verfahren ist das zweitgenannte nach *Templer*[3] sowie das nach *Trautmann*[4]. Auch hier wird die Schnittfigur

---

[1] Der Schmidt-Schnitt. Bänder, Bleche, Rohre 6 (1965), Nr. 1, S. 30.

[2] *van Heuven, A. F.:* Ein neuartiges Stahlbandschnittwerkzeug. Blech 13 (1966), Nr. 12, S. 637–640 – Werkstattstechn. 57 (1967), H. 5, S. 252.

[3] Deutsche Lizenz-Vertr. Kurt Selzer KG, Frankfurt.

[4] *Trautmann, E.:* Stahlbandschnitte für kleine Stückzahlen. Werkstattstechn. 57 (1967), H. 5, S. 230–232.

13. Schneidwerkzeuge für kleine Herstellmengen

auf einer Holzplatte aufgezeichnet und mittels einer Bandsäge entlang des äußeren Umfanges ausgeschnitten. An den Seitenkanten der so entstandenen Profilöffnung werden gerade und teilweise gebogene Stahllineale angebracht. Der aus der Holzplatte herausgeschnittene Mittelteil wird nach Einsatz der Stahllineale wieder in die Öffnung hineingedrückt und hat die Aufgabe, die Stahllineale unter leichter Vorspannung zu halten. Dieselben stehen um eine reichliche Dicke des später zu stanzenden Bleches vor. Mittels der so angefertigten Matrize wird eine etwa 6 bis 8 mm dicke Stahlplatte angedrückt, die aufgrund dieser Markierung ausgesägt und später evtl. gehärtet werden

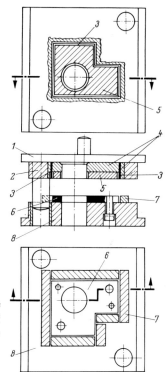

Abb. 56. Stahlbandschneidwerkzeug nach *Philips*
1 Grundplatte für den Stempel, *2* Stempelplatte, *3* Stahlbandschneide, *4* Aralditschicht, *5* Gummiplatte, *6* Schneidplatte aus Stahl, *7* Gummistreifen, *8* Grundplatte für die Schneidplatte

kann. Dies ist die spätere Stempelplatte des Werkzeugunterteiles, sie enthält Schnittöffnungen für die im Oberteil einsetzbaren Schneidstempel. Auch hier sind im Werkzeugunterteil außerhalb der Schneidkanten dieser Stempelplatte und im Oberteil innerhalb der Stahllineale Gummiplatten- oder -streifen zum Abstreifen des ausgeschnittenen Bleches vorgesehen. Dasselbe gilt für das dritte Verfahren nach *Philips*. Zur Erzielung einer größeren Genauigkeit wird hier nicht mit Holz sondern mit ausgesägten etwa 10 mm dicken Stahlplatten gearbeitet. Zur Halterung der Stahllineale werden diese gemäß Abb. 56 mittels Araldit vergossen. Diese Werkzeuge dürften wohl auch eine längere Standzeit als die der zuvor beschriebenen Bandstahlschnitte aufweisen.

Mitunter werden für geringe Herstellmengen Schneidplatten aus einer Zinklegierung verwendet. Diese Legierung *Zamak Z 430 S* entspricht etwa der amerikanischen Zinklegierung *Kirksite B*. Darüber finden sich auf S. 626 dieses Buches noch nähere Angaben. Der Schmelzpunkt liegt bei 390°, also erheblich unter den Temperaturen, die die Festigkeit und das Gefüge des Stahlrahmens und der Stahlstempel beeinflussen. Es wird eine Brinell-Härte H_B von etwa 130 kp/mm² erreicht. Nach Angaben der Hersteller kann man sogar Stahlbleche bis zu 2 mm Dicke mit derartigen Werkzeugen schneiden. Der Stahlstempel wird zum Gießen in den Rahmen eingesetzt, nachdem er etwa auf 200 bis 250 °C erwärmt und mit einem Brenner abgerußt oder mit einem Anstrich von kolloidalem Graphit überzogen wurde. Der Werkstoff wird in den Rahmen eingegossen und umfließt die Stahlstempel. Nach Erstarren des eingegossenen Stoffes werden die Stempel gemäß Abb. 57 aus der auf diese Weise hergestellten Schneidplatte heraus-

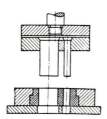

Abb. 57. Umgießen der Stempel zur Erzeugung der Schneidplatte

gezogen. In den weitaus meisten Fällen ist eine Nachbearbeitung nicht erforderlich und beschränkt sich auf ein Überschleifen der Schneidplatte mit dem Rahmen. Diese Legierung wird jedoch nicht nur für Schneidwerkzeuge, sondern vor allem auch für Umformwerkzeuge verwendet. Bei solchen Werkzeugen werden Stempel und Gesenk unter Berücksichtigung des Schwindmaßes von 1,1% als Holz- oder Gipsmodelle ausgeführt und in Sand abgeformt. Nach dem Ausgießen der Sandformen werden die Stücke noch im warmen Zustand unmittelbar nach der Erstarrung der Form entnommen und bei 250 bis 270 °C zur Aushärtung in Wasser abgeschreckt. Es kann aber auch dort, wo der Stempel oder die Matrize aus Stahl bzw. Gußeisen vorhanden ist, das Gegenstück in der Weise hergestellt werden, daß das Stahl- oder Gußeisenteil mit der Zinklegierung umgossen bzw. ausgegossen wird. Auch hier ist ein Überzug mit kolloidalem Graphit oder Abrußen zu empfehlen. Dabei ist es möglich, die Überzüge so dick aufzutragen, daß der Auftrag der Blechdicke entspricht. Es ist zweckmäßig, bei diesem Verfahren das Stempeloberteil aus Stahl auf einer großen Kopfplatte zu befestigen, so daß zu beiden Seiten die notwendige Abstützung erreicht wird.

Eine Erhöhung der Standzeit bei derartigen Schneidwerkzeugen wird dadurch erreicht, daß man gemäß Abb. 58 diese mit einer Deckplatte versieht, die zuvor durchgestanzt, dann nötigenfalls ausgerichtet, gehärtet und wieder auf dem Zinkwerkzeug befestigt wird. Die Befestigung geschieht am besten durch seitliches Anschrauben. Teilweise soll man mit Aralditklebemitteln gute Erfahrungen gemacht haben, obwohl von anderer Seite dies bestritten wird, zumal organische Metallklebemittel stoßartigen Belastungen nicht gewachsen sind. Die Herstellung derartiger Deckstahlbleche aus Federstahl erfolgt derart, daß zu Beginn eine Reihe solcher Bleche mit dem Stahlstempel und den Zinkmatrizen ausgeschnitten werden. Während der weiteren Fabrikation wird ein solches Federstahlblech aufgelegt und, nachdem es verbraucht ist, durch ein anderes ersetzt, ohne daß ein Überschleifen erforderlich wird. Federstahlbleche bis zu 0,3 mm Dicke können im federharten Zustande auf diese Weise gelocht werden, während es sich bei dickeren

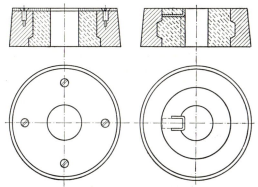

Abb. 58 u. 59. Deckplatte und Beilageblech in Schneidwerkzeugen aus Zinklegierungsguß

Blechen empfiehlt, diese im weichgeglühten Zustand auszuschneiden und nach dem Schnitt erst zu härten. Für einspringende Schnittfiguren können in die Ausgußmasse auch winkelförmig nach oben gebogene, gehärtete Bleche beigelegt werden, wie dies in Abb. 59 für die einspringende Rechtecknute dargestellt ist. Häufig werden die aus Stahl gehobelten Schneidstempel jeweils auf (aus einem Stück gefertigte) Werkzeugoberteile mit Spannzapfen durch mindestens eine Senkschraube nach Abb. 60 oben befestigt, außerdem mittels Zinn aufgelötet und lassen sich später hiervon nach Entfernen der Senkschrauben und Erhitzen wieder leicht abnehmen.

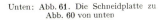

Links: Abb. 60. Schneidwerkzeug für kleine Reihen mit Schneidplatte aus Zinklegierungsguß

Unten: Abb. 61. Die Schneidplatte zu Abb. 60 von unten

Diese Werkzeugoberteile sind seitlich mit Leisten versehen. In die Grundplatte des Unterteiles werden Stifte eingepreßt, die zur Führung des Stanzstreifens dienen. Es ist nunmehr entweder die Grundplatte mit einem Durchbruch für den Schneidstempel zu versehen, der in weiten Toleranzen liegen mag. Dabei umschließt die darüber aufgebrachte Zinklegierungsgußauflage die Schnittform dicht. Oder die ganze Schneidplatte besteht aus Zinklegierungsguß, wie sie in Abb. 60 von oben, in Abb. 61 von unten dargestellt ist. In Abb. 61 sind die porösen Stellen im Schnittdurchbruch und an der gehobelten Auflagefläche deutlich erkennbar. Vorn rechts auf der Schneidplatte in Abb. 60 liegt das Stanzteil, das in weiteren Arbeitsgängen U-förmig gebogen und gelocht wird.

Für kleine Serien lassen sich Kalteinsenkstähle als Schneidplattenwerkstoff verwenden. Dabei wird der Schneidstempel zunächst in der üblichen Form aus einem 12%igen gehärteten Chromstahl gemäß Tabelle 30, Spalte 15 bis 19 angefertigt. Der Stempel kann an den Kanten in 0,2 mm Breite unter 45 bis 60° abgefast sein. Die Fase läßt sich später wegschleifen. Zunächst dient jedoch dieser abgefaste Stempel als Patrize zum Kalteinsenken der Matrize. Nachdem gemäß Abb. 62 beim Kalteinsenken der Stahl eine be-

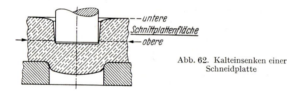

Abb. 62. Kalteinsenken einer Schneidplatte

stimmte Tiefe erreicht hat, welche der späteren Schneidplattendicke entspricht, wird in der Pfeilrichtung die Platte quer durchsägt und gehärtet. Es zeigt sich dabei, daß nach diesem Verfahren ein genügend weiter Schneidspalt für dünne Bleche vorhanden ist und außerdem gleichzeitig schon durch das Einsenken eine konische Öffnung unter 1 bis 2° erzeugt wird, die als Erweiterung der späteren Durchfallöffnung verwendet werden kann. Es wird dann, wie in Abb. 62 dargestellt, die Schneidfläche zur oberen Schneidplattenfläche und die bisher beim Einsenken obere Fläche zur Unterfläche. Durch Hartverchromung ist eine zusätzliche Vergütung und Härtung zum Erhöhen des Verschleißwiderstandes und der Standzeit möglich. Man ist ferner dabei, durch Aufspritzen harter Pulver um den Stempel Schneidplatten aufzubauen. Diese Verfahren sind jedoch noch in der Entwicklung.

Zuweilen wird bei kleinen Serien gerade beim Lochen gern mit Schablone gearbeitet. So sind an den Pressentischen Gestelle angebracht mit durch Handgriff in beliebiger Richtung waagerecht verschieblicher Einspannvorrichtung für das zu lochende Blech. Diese besteht aus einem Lineal, das auf einer Führungsschiene, die ihrerseits wiederum hierzu quer beweglich ist, längsgeführt wird. Fest auf dem Tisch der Presse liegt die Schablone mit Lochungen, in die ein Indexstift, der auf dem beweglichen Lineal angebracht ist, einrasten kann. Auf diese Weise ist es möglich, das in dem beweglichen Lineal eingespannte Blech immer in einer ganz bestimmten Lage unter den Pressenstößel durch Einrasten des Indexstiftes in das Schablonenblech zu bringen. Manche Pressen sind mit drehbaren Revolverscheiben[1] für Stempel- und Schneidbuchsenhaltung ausgerüstet, so daß eine verschieden große Anzahl von Lochformen und Durchmessern verfügbar ist, während das Schablonenblech zum Einrasten des Indexstiftes immer mit Löchern gleichen Durchmessers jedoch dem jeweiligen Werkzeug entsprechend mit verschiedener Farbkennzeichnung versehen ist. Dies ist für NC-bandgesteuerte Maschinen nicht mehr erforderlich.

Dort, wo kleinere Blechtafeln oder Blechteile an verschiedenen Stellen mit Löchern gleichen Durchmessers versehen werden, kann man sich mit einer sehr einfachen und billigen Schablone helfen. Das zu lochende Blech oder Teil wird innerhalb eines Rahmens mit Boden unverrückbar fest eingelegt. Die Unverrückbarkeit des Teiles gewährleistet anstelle von Rahmenleisten auch einfache, in den Blechboden eingeschlagene Stifte. Dieser Boden dient als Schablone, und in diesen sind die Löcher in den gewünschten Abständen bereits gebohrt oder gestanzt. Nachdem das Werkstück in den Rahmen bzw. auf den Schablonenboden aufgelegt ist, wird es gemäß Abb. 63 mit dem Boden nach oben gegen die Stempel so gedrückt, daß die Stempel mit ihren unteren Schnittflächen in die Löcher der Schablone tauchen. Dabei kann das zu lochende Blech oder Teil samt dem darüber liegenden Boden beiderseits mit den Händen gehalten werden, oder man sichert es gegen Herausfallen nach unten durch von unten anzuschraubende Leisten oder sonstige Spannelemente. Es empfiehlt sich, bei dieser als Notbehelf dienenden Vorrichtung, wie sie nur für einfache Universalschneidwerkzeuge in Betracht kommt, die aus Lochstempel und Schneidbüchse bestehen, den Hub so klein wie möglich zu halten, und evtl. mit Handschuhen zu arbeiten, damit bei dem schnellen Niedergang des Pressenstößels die Hände nicht verletzt werden.

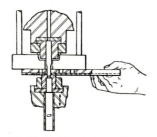

Abb. 63. Schablonenlochvorrichtung

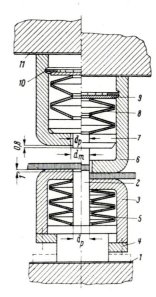

Abb. 64. Aufklebbares Schneidbuchsenpaar

---

[1] Fa. Behrens, 322 Alfeld.

Seit einigen Jahren haben sich in Schweden Universallochwerkzeuge[1] in Form aufzuklebender, sich selbst zentrierender Schneidbuchsenpaare für kleine Serien eingeführt. Gemäß Abb. 64 handelt es sich um unter Druck von Tellerfedern (*5, 8*) stehende Stempel (*2, 7*), deren Gehäuse (*3, 6*) sich unter Pressen mit ebenen Stößel- und Tischflächen oder in Säulengestellen mittels Klebstreifen[2] (*1, 11*) leicht befestigen lassen. Zunächst wird auf die Tischplatte der untere Klebstreifen *1* gelegt. Sind mehrere Löcher in einem Hub mit derartigen Schneidbuchsenpaaren zu lochen, so wird auf diesen Klebstreifen noch eine mehrfach gelochte und in Abb. 64 gestrichelt angedeutete Schablonenplatte gelegt. In ihre genau passend gebohrten Löcher werden die nach unten vorstehenden Zapfenenden der Schneidstempel *2* eingesetzt. Das Stempelbüchsengehäuse *3* umfaßt mittels der angeschraubten Vorlageplatte *4* den unter der Vorspannkraft der Tellerfedern *5* stehenden Schneidstempel *2*. Zu beachten ist, daß der Lochstempelschaft vom Durchmesser d_p um 1,0 mm hinter der Gehäuseoberfläche *3* zurücksteht. Infolgedessen dient diese Bohrung zur Zentrierung für den nach außen um 0,8 mm über das obere Gehäuse *6* hinausstehenden Zentrierdruckzapfen *7*. Das obere Gehäuse *6* ist aus gehärtetem Werkzeugstahl angefertigt; es ist die zum Schneidstempel *2* gehörige Schneidplatte mit der Bohrung d_m, die im Hinblick auf den Schneidspalt größer als d_p (zu *2* und *7*) bemessen ist. Der Federteller mit Zentrierzapfen *7* steht unter dem Druck der vorgespannten Tellerfedern *8*, die an ihrer oberen Seite gegen eine Anlagescheibe *9* und eine Ringspreizfeder *10* abgestützt sind, wozu eine Kerbe innerhalb der Schneidplattenbüchse *6* eingedreht ist. Nachdem unter gegenseitiger Zentrierung der vorstehende Zapfen *7* in der oberen Bohrung der Stempelgehäuse *3* die oberen Buchsen *6* auf die unteren *3* aufgesetzt sind, wird darüber der obere Klebstreifen *11* gelegt. Jetzt erst wird die Presse eingerückt, und der Pressenstößel preßt die Büchsenbunde mit den Klebeblättern (*1* und *11*) fest zusammen, so daß die Stempel *2* auf dem Tisch, die Schneidplatten *6* auf der Stößelunterfläche festgeklebt sind. Nach Hochfahren der Presse kann gemäß Abb. 64 links das Lochen der Blechplatten beginnen. Hierbei wird rechts das Blech nach unten gedrückt, während der ausgeschnittene Stanzbutzen auf dem Schneidstempel *2* liegenbleibt. Es können außer den Büchsenpaaren Anschläge in gleicher Höhe auf die untere Tischplatte mit aufgeklebt werden. Das Abziehen dieser aufgeklebten Büchsen und Anschläge geschieht mittels eines großen Schlüsselhebels. Auf diese Weise werden bis zu 15 mm dicke Stahlbleche gelocht.

In den USA werden austauschbare Lochwerkzeugeinheiten bevorzugt. Dabei ist zu unterscheiden zwischen solchen, die aus zwei völlig voneinander getrennten Teilen, nämlich dem Stempeloberteil und dem Matrizenunterteil, bestehen, und einteiligen Schneidwerkzeugblöcken, die allerdings nur für Randlochungen infolge begrenzter Ausladung gebraucht werden. Die erste Gruppe wird in Verbindung mit Werkzeugblatt 2 und Abb. 100 bis 102 auf S. 98 bis 101 dieses Buches behandelt. Die zweite Gruppe zerfällt in zwei weitere Untergruppen, nämlich in Einheiten nach Abb. 65 bis 69, die nur unter Pressen verwendet werden können, und solche, die gemäß Abb. 70

---

[1] A. B. Cale-Industri, Elsa Brandstroms Gata 62, Hägersten (Schweden).
[2] Cederroths Tekniska Fabrik A.B., Stockholm-Ö.

völlig unabhängig von einer Presse selbsttätig funktionierende Miniaturpressen darstellen, etwa wie die mit eigenem Elektromotor ausgerüsteten Bohreinheiten einer aus solchen Einheiten zusammengesetzten Einzweckmaschine.

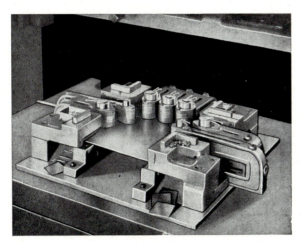
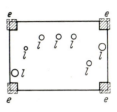

Abb. 65. Platte mit 7 Lochschnitt- und 4 Ausklinkeinheiten

Abb. 65 zeigt 11 derartige Werkzeugblöcke zum Ausklinken und Lochen einer rechteckigen Blechtafel zusammengestellt. An den Ecken befinden sich die 4 Werkzeugblöcke e, deren rechtwinklige, unter Federdruck stehende Ausklinkstempel über das Gestell nach oben vorstehen, wo sie von der Stößelunterfläche nach Einrücken der Presse abwärts gedrückt werden. Daneben sind noch weitere Einheiten zum Lochen angebracht, und zwar werden 2 kleine Lochungen, 3 mittelgroße und 2 große Lochungen durchgeführt. In Abb. 65 ist teilweise die weite Ausladung dieser Locheinheiten l erkennbar. Selbstverständlich müssen außer den Loch- und Ausklinkeinheiten auch noch Auflageschienen auf die gemeinsame Grundplatte montiert werden. Der große Vorteil ist der, daß die auf einer solchen Grundplatte angebrachten Einheiten ein gemeinsames Werkzeugaggregat bilden. Die Grundplatte braucht hierfür auf dem Pressentisch nicht einmal aufgeschraubt, sondern nur dorthin gestellt zu werden. Es spielt auch gar keine Rolle, ob die Platte etwas schief bzw. schräg zur Tischfläche steht. Maßgebend ist nur, daß die Grundplatte an allen ihren 4 Ecken fest auf dem Tisch aufliegt, und daß die aufwärtsragenden Stempelköpfe von der nach unten gehenden Stößelplatte gleichzeitig getroffen werden. Daher müssen auch alle Einheiten – gleichgültig, ob es sich zum Ausklink-, Loch- oder andere Gestelle handelt – die gleiche Höhe haben.

Nicht nur unter üblichen Pressen, sondern auch unter Gesenkbiegepressen haben sich derartige Einheiten bewährt. Hierbei werden, wie dies in Abb. 66 dargestellt ist, insbesondere bei schmalen Unterwangentischen t derartige Einheiten a auf Spannplatten b aufgeschraubt und zentriert, die

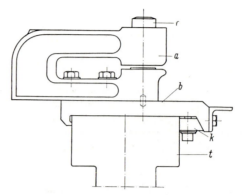

Abb. 66. Einbau einer Lochstanzeinheit auf einer Gesenkbiegepresse

durch von unten anschraubbare Keilleisten k mit dem Pressentisch fest verbunden werden. Zusätzlich werden Anschläge für die zu lochende Blechtafel auf dem Pressentisch aufgeschraubt. Durch Druckstücke oder durch den Oberwangenpreßbalken selbst werden die nach oben vorstehenden gefederten Stößelzapfen c beim Niedergang der Presse mit nach unten gedrückt.

Die Federn zum Hochgang der Schneidstempel brauchen nicht wie in Abb. 65 und 66 dargestellt, eingebaut zu sein, sondern können auch außerhalb gemäß Abb. 67 angeordnet werden. Hier sieht man gerade das Abnehmen eines gelochten U-Eisens aus den in einer Reihe auf einer Gesenkbiegepresse ausgerichteten Werkzeuggestellen. Die besonders schmale Ausführung gestattet einen entsprechend engen Zwischenraum solcher Lochungen, die dem jeweiligen Bedarf gemäß über den Mindestabstand einer solchen Gestellbreite auseinandergezogen werden können. Abb. 68 zeigt ein kleines mit Tellerfedern versehenes Schneidwerkzeug[1]. Der Sockel a ist auf der Grundplatte e aufgeschraubt, dient zur Aufnahme der Schneidbuchse und zur Führung des mittels Tellerfedern c abgestützten Stempelkopfes d. Das Führungsspiel wird durch die Schrauben b eingestellt. Das Werkzeug eignet

Abb. 67. Lochen von U-Profilen mittels schmaler Locheinheiten unter einer Gesenkbiegepresse

Abb. 68. Locheinheit mit Tellerfedern

[1] Bauart Tellerfederfabrik Schnorr in Maichingen.

13. Schneidwerkzeuge für kleine Herstellmengen

sich besonders für Kleinbetriebe, in denen an Fußpressen gearbeitet wird. Es gibt neben den hier gezeigten Einheiten, deren Schneidstempel senkrecht und parallel zum Pressenhub geführt sind, auch solche mit waagerechter Schnittrichtung zum Lochen der Ziehteilzargen. Der Pressenstößel schlägt dort nicht direkt auf die Schneidstempel, sondern auf Bolzen, die über Keiltrieb oder Winkelhebel den waagerechten Schneidstempel betätigen.

Abb. 69 zeigt einen solchen Seitenlocher in Arbeitsstellung mit nach unten gedrücktem Stößel, dessen keilförmige Druckfläche den Schneidstempel nach Überwindung des Gegendruckes zweier Schraubenfedern nach rechts bewegt. Der Schneidstempel ist an seinem vorderen abgesetzten Teil in einer

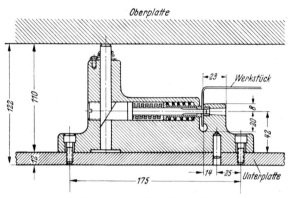

Abb. 69. Seitenlochschnitteinheit

gleichfalls verschieblichen Hülse geführt, deren äußerer Flansch beiderseits gegen die beiden Druckfedern anliegt, und zwar gegen die stärker bemessene Druckfeder linksseitig. In der gezeichneten Arbeitsstellung wirkt diese Hülse als Blechhalter auf das Werkstück. Nach Lösen der linksseitigen Wurmschraube lassen sich Schneidstempel und Schneidbuchse austauschen.

Unabhängig vom Niedergang eines Pressenstößels oder eines Preßbalkens werden Locheinheiten[1] mit ölhydraulischer Kolbenbetätigung ausgerüstet im automatisierten Betrieb verwendet, insbesondere dort, wo das zu verarbeitende Band nur am Rand gelocht zu werden braucht. Das Band wird hierbei unter durch Elektromotoren angetriebene Walzentransportvorrichtungen hindurchgeführt, zwischen denen die Stanzeinheiten angeordnet sind. Je nach Bedarf können einzelne Stanzeinheiten dabei außer Betrieb bleiben. Das Einschalten von Stanzeinheiten kann durch Lochfinger gesteuert werden, die in eine der Vorlochungen einfallen.

Für die Zargenlochung werden oft derartige pneumatisch oder hydraulisch betriebene austauschbare Locheinheiten, unabhängig von einer Presse und in beliebiger Richtung wirkend, eingesetzt. So zeigt Abb. 70 dafür 5 größere Einheiten, die mit einer Preßluftleitung in Verbindung stehen. Die von oben eintretende Preßluft treibt den Kolben nach vorn, der nach dem Lochen durch eine Rückzugfeder wieder nach hinten bewegt wird.

---

[1] Bauart Celler Maschinenbau Engelking, Celle.

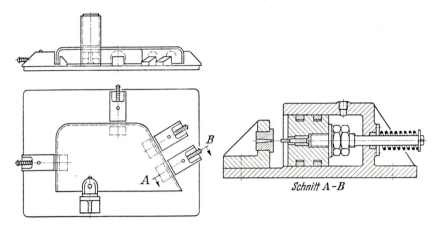

Abb. 70. Preßluftbetriebene Locheinheiten

Zu den Schneidverfahren für kleine Herstellmengen gehören auch die Plattenschneidverfahren, obwohl deren Wirtschaftlichkeit infolge des Gummiverschleißes nur in bezug auf ihren schnellen Einsatz und kurze Liefertermine beruht. Auf S. 533 wird das Schneiden mit Gummikissen in Verbindung mit den Gummiumformverfahren noch ausführlicher behandelt. Die Schneidwerkzeuge bestehen aus dünnen, scharfkantigen, naturharten Platten, die oft auf Magnetplatten am Stößel befestigt werden, während die Gummiplatte mit dem darüberliegenden Blech auf dem Pressentisch liegt. Der Werkstoff wird über der Kante abgequetscht, das Werkstück zeigt dort eine flach abgerundete und keine rechtwinklig scharfe Schnittkante. Eine Sonderausführung ist der Walzplattenschnitt nach Abb. 71 und 72. Auf einer Rollenbahn wird die Grundplatte a mit den darauf abgestellten Werkzeugplatten w in Pfeilrichtung verschoben. Darüber liegt das Blech b und die elastische Schicht c, meist eine Gummiplatte. Zuweilen – nicht immer – wird diese elastische Platte noch von einem harten, dünnen Deckblech d bedeckt, das vorn mit einem Einlaufkeil k verschraubt oder verschweißt ist. Beim Schieben unter die Walze c quetscht der Gummi gemäß Abb. 72 das Blech an den Werkzeugkanten ab. Das Verfahren ist infolge des Gummiverschleißes nicht billig. Daher wurden anstelle von Gummi oder anderer dem Verschleiß unterliegender Stoffe unelastische spröde Gußplatten geringer Festigkeit und niedrigen Schmelzpunktes, wie beispielsweise die Cerrobendlegierung zu

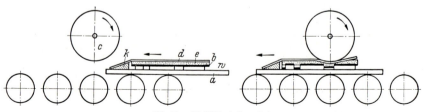

Abb. 71 u. 72. Walzplattenschnitt

S. 229 oder Woods-Metall, verwendet. Diese Plattenschicht bricht in sich zusammen und wird nach dem Durchlauf in kochendes Wasser geworfen, wo sie als Schmelze zum Abguß einer neuen Platte wieder anfällt.

14. Ätzschneidverfahren

Für kleine Stückzahlen und für kompliziert geformte möglichst unter 0,5 mm dicke Ausschnitte ist das Form- und Konturätzen[1] wirtschaftlich interessant. Von einer Zeichnung des gewünschten Teiles werden auf photographischem Wege nach mehreren Zwischenstufen über das Kontaktkopierverfahren zwei spiegelbildliche Negative hergestellt, die zu einer Negativ-

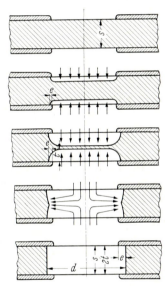

Abb. 73. Lochen mittels Sprühätzen

tasche zusammengelegt werden. Die gründlich gereinigten Metalloberflächen werden mit einem lichtempfindlichen Photolack beschichtet, getrocknet und nach Einlegen in die Negativtasche belichtet. Durch Polymerisation des Photolacks an den belichteten Stellen bildet sich eine Schutzschicht. Die unbelichteten Stellen, die man durch Abwaschen mit Lösungsmitteln freilegt, werden von den Ätzmedien, wie beispielsweise Eisen-Chlorid- und Ammonium-Persulfat-Lösungen, Chrom-Schwefel- und Fluor-Wasserstoff-Säure gemäß Abb. 73 angegriffen. Die Ätzgrubenbildung ist von Temperatur und Sprühdruck abhängig. Dabei tritt an den Rändern der belichteten Schutz-

---

[1] *Spitzig, J. S.:* Das Austrennen dünner Blechteile durch Sprühätzen. Werkstattstechn. **54** (1964), H. 3, S. 127/31. – *Decker, G.:* Form- und Konturätzen zur Herstellung von Metallteilen. Werkstattstechn. **57** (1967), H. 4, S. 173/178. – Chemcut, Solingen-Ohligs.

Tabelle 4.
Ätzmittel, Ätzfaktor, Mindestlochweite und Toleranzen für konturgeätzte Teile unter einer Fläche von 50 mm × 50 mm

Werkstoff	Ätzmittel	$\Omega = t/e$	d_{min}	Blech- oder Banddicke s in mm					
				0,05	0,15	0,25	0,50	1,00	1,50
Unlegierter Stahl	HNO_3	2,8	1,0 s	± 0,005	± 0,015	± 0,025	± 0,05	± 0,15	± 0,18
Rostfreier Stahl	$FeCl_3$	2,2	1,4 s	± 0,015	± 0,025	± 0,050	± 0,100	± 0,20	± 0,30
Kupfer- und Cu-Legierungen	$FeCl_3$	3,0	0,7 s	± 0,005	± 0,015	± 0,025	± 0,00	± 0,10	± 0,15
Nickel	$FeCl_3$	2,5	1,2 s	± 0,005	± 0,015	± 0,025	± 0,05	± 0,15	± 0,20
Al-Legierungen	$FeCl_3$ stark verdünnt	2,0	1,4 s	± 0,008	± 0,018	± 0,040	± 0,08	± 0,15	± 0,18

schicht eine seitliche Unterätzung auf, die durch den Ätzfaktor $\Omega = t/e$ rechnerisch beherrscht und in der Vorlagezeichnung berücksichtigt werden muß. In Tabelle 4 ist in der ersten Spalte der Ätzfaktor Ω vor dem Ätzmittel angegeben. Für harte Werkstoffe, wie beispielsweise Federstahl ($\Omega = 2$), gelten niedrigere Ω-Werte. Infolge der zwangläufigen Unterätzung, die durch Lenkung der Sprühstrahlen gemäß Abb. 73 unten zu einer Begradigung der Lochleibungsflächen führt, gibt es eine Mindestgröße d_{min} für Löcher, Schlitze und andere Durchbrüche mit zur Werkstückoberfläche senkrechten Wandungen gemäß Spalte 2 in Tabelle 4. Ein abschließendes Waschen unter Entfernung der Schutzschicht beendet den Arbeitsgang. Die letzten rechten äußeren Spalten in Tabelle 4 geben über die Herstelltoleranzen in Abhängigkeit von der Band- oder Blechdicke s Auskunft.

15. Genauschneidverfahren

In Abb. 74 ist die Arbeitsweise von Werkzeugen verschiedener Genauschneidverfahren erläutert. Das älteste Verfahren ist der Schabschnitt, worüber zu Abb. 185 bis 187 auf S. 192 bis 195 Näheres gebracht wird. Beim Ausschneiden eines Schnittbutzens ist nur etwa das untere Viertel der Höhe e in Abb. 74a blank, während der übrige Teil Bruchgefüge, Risse und Überzipfelungen zeigt. Diese Einrisse reichen bis zu einem Maß i hinein, und bis hierher muß das Material weggeschabt werden. Kleine feinmechanische Teile, wie sie in der Uhrenindustrie an Zahnrädern und dergleichen häufig anfallen, werden nicht durch Schabschneidwerkzeuge auf einfachen Pressen, sondern unter Sonderpressen, sogenannten Nachschneide- oder Repassierpressen, nachgeschabt. Der Aufbau solcher Pressen ist meistens derart, daß auf dem Stößel der Presse ein zweiter Motor angebracht ist, der für eine schwingende Bewegung des im Pressenstößel eingespannten Stempels sorgt, so daß das auf der Schabschneidplatte liegende Werkstück in 700 bis 1000 kurzen harten Stößen in der Minute bei einem Vorschub von 0,05 mm/Hub durchgetrieben wird.

Vorteil der Nachschneidepressen mit vibrierendem Stempel gegenüber einfachen Pressen ist, daß keine kolkartigen Ausbrüche an der Schneidkante kurz vor Beendigung des Schneidvorganges entstehen.

Die Schweizer Firma Essa hat für das Nachschaben auf ihren Repassierpressen Übermaße empfohlen[1], die auch von *Gabler*[2] und *Paquin*[3] bestätigt werden, und wofür eine empirische Beziehung aufgestellt werden kann:

$$i = 0{,}003 \cdot s \cdot \sigma_B. \tag{25}$$

Hierin bedeuten s die Blechdicke in mm und σ_B die Festigkeit des Werkstoffes in kp/mm². An Teilen besonders hoher Genauigkeit wird die Schabzugabe größer bis zu $2i$ gewählt, und es wird in 2 oder sogar 3 Arbeitsgängen

---

[1] Lt. Angaben der Fa. Essa in Brügg (Bienne/Schweiz).
[2] *Gabler, P.:* Stanzereitechnik in der feinmechanischen Fertigung. (München 1951), S. 20.
[3] *Paquin, J. R.:* In Machinist London vom 10. 12. 1949, S. 1192/94. Referat in Mitt. Forsch. Blechverarb. Nr. 9 vom 20. 1. 1950, S. 7/8.

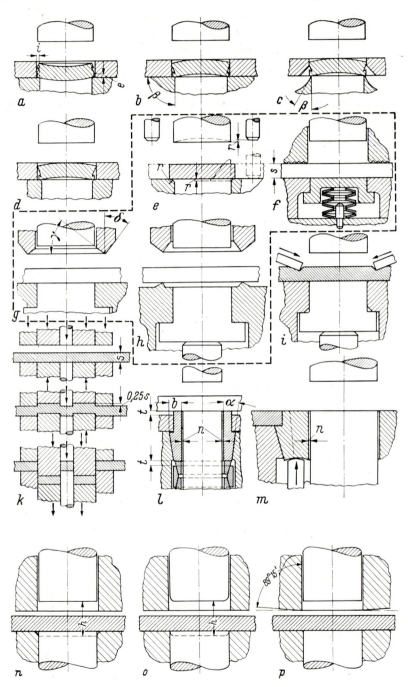

Abb. 74. Verschiedene Genauschneidverfahren

15. Genauschneidverfahren

nachgeschabt[1]. Ebenso wird bei dickeren Teilen über 3 mm zwei- oder gar dreimal nachgeschabt. Beim zweimaligen Schaben werden zuerst $0{,}75\,i$, dann $0{,}25\,i$, beim dreimaligen zuerst $0{,}65\,i$, dann $0{,}25\,i$ und schließlich $0{,}10\,i$ abgenommen.

Im allgemeinen herrscht die Ansicht vor, daß keinesfalls in der gleichen Lage, wie der Stanzbutzen im Schneidwerkzeug anfällt, er unter den Schabeschnitt gelegt werden kann, vielmehr müsse derselbe umgedreht werden gemäß Abb. 74b und c. Was nun die Sauberkeit der dabei erzielten Schneidkante und das abzutrennende Übermaß i anbelangt, so ist in der verkehrten Einlage nach b und c gegenüber a kein Unterschied zu sehen. Es besteht aber ein Vorteil. Beim Vorschnitt fällt der Stanzbutzen nach unten gewölbt an. Diese Wölbung bleibt natürlich beim Abschaben des Überstandes i gemäß a noch erhalten, während bei umgekehrter Einlage nach b und c die Stempelunterfläche diese Wölbung ausrichtet, also gewissermaßen planierend wirkt. Seitens der Praxis wird im Hinblick auf diese Ausrichtwirkung für dickere Bleche von 3 mm und darüber ein Schaben in Schnittrichtung und für Bleche unter 3 mm Dicke ein Schaben entgegen der Schnittrichtung nach b und c empfohlen. Dort, wo sowieso in einem besonderen Arbeitsgang das Nachschaben erfolgt, sollte man daher so verfahren. Will man jedoch direkt im Anschluß an das Vorschneiden noch im gleichen Werkzeug nachschneiden, wie solches nach Abb. 75 geschieht, so bestehen keine zu großen Bedenken gegen eine Lage nach Abb. 74a. Bei Repassierarbeiten unter Schwingschnittpressen sollten auch dünne Bleche in der Schnittrichtung geschabt werden. Für das Gelingen der Teile ist ein vorheriges Einölen möglichst mit gutem Automatenschneidöl wichtig[2]. Ein Vorschneiden und anschließendes Nachschaben im Rückhub ist auf einfachen Pressen unter Sonderwerkzeugen möglich, die allerdings eine genügende Einbauhöhe in der Presse voraussetzen[3].

Es gibt manche Fälle, wo man beim Arbeiten vom Streifen in einer Arbeitsstufe ein Loch vorschneidet, um die Lochleibung in der nächsten durch einen scharfen Stempel, eventuell mit Hohlschliff gemäß Abb. 74e, sauber nachzuschaben. Oft begnügt man sich aber auch, wie z.B. bei der Herstellung von Schreibmaschinenhebeln, die Fläche für die aufzulötende Schrifttype einseitig mit am Rücken geführten Stempeln ähnlich Abb. 87B im Folgeschneidwerkzeug nachzuschneiden. Abb. 75 zeigt einen solchen

---

[1] *Kuhlmann, E. P.*: Schabebearbeitung für die Fertigbearbeitung von Stanzteilen. Werkstattst. u. Maschb. 44 (1954), H. 4, S. 157–162 und 46 (1956), H. 2, S. 67–68. – *Kienzle, O.,* u. *Timmerbeil, W.*: Die Erzielung sauberer Blechschnittflächen durch Schaben. Mitt. Forsch. Blechverarb. 1955, N. 1, S. 2–7 und Nr. 4, S. 37–42. – *Guidi, A.*: Nachschneiden. Bänder, Bleche, Rohre 4 (1963), Nr. 5, S. 233–243. – *Guidi, A.*: Nachschneiden und Feinschneiden (München 1965). – *Krämer, W.*: Untersuchungen beim Genauschneiden von Stahl und Nichteisenmetallen. Inst. Anz. 90 (1968), Nr. 27, S. 515–522. – *Haack J.* u. *Lötscher*: Feinschneiden, Handbuch für die Praxis, Bern 1970 – *Haack J.*: Herstellung von Feinschneidwerkzeugen aus der Sicht des Anwenders. Ind. Anz. 95 (1973) Nr. 1/2, S. 14 bis 16.

[2] *Brown, J.*: Mehrstufiges Verbundwerkzeug mit Schabeelementen. Am. Machinist 98 (1954), Nr. 25, S. 142–144.

[3] *Stoeckli, O.*: Fine edge blanking in a conventional press. Sheet Metal Ind. 46 (1969), Nr. 11, S. 973–980.

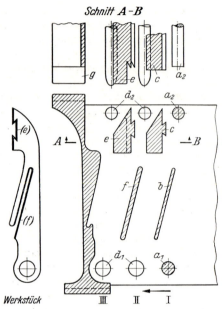

Abb. 75. Anordnung der Schabeschneidstempel e und f innerhalb eines Folgeschneidwerkzeuges

Hebel links, die stark gezeichneten Umrißlinien sind genau auf Maß nachzuschaben. Der von rechts zugeführte Streifen wird in der Stufe I des Folgeschneidwerkzeuges bei a_1 und a_2 gelocht, bei b geschlitzt und bei c ausgeschnitten. In die Löcher zu a_1 und a_2 werden in den nächsten Stufen II und III Suchstifte d_1 und d_2 eingeführt, damit die Lage des Streifens eindeutig bestimmt ist. In Stufe II wird der Schlitz b mittels des Schabestempels f um das Maß i nach Gl. (25) allseitig erweitert, während der Schabestempel e mit zugespitzten Schabschneiden einseitig schneidet und daher mit einer Rückenführung wie der Seitenschneider in Abb. 87 B/D versehen ist. Beiderseitige Führungsverlängerungen zum vorherigen Eintauchen in die Schneidplatte besitzt gleichfalls der Trennstempel g zum Ausschneiden des Teiles in der Stufe III in Übereinstimmung zu Abb. 110, Werkzeugblatt 7.

Es wurde bereits unter Abb. 32, S. 35, auf das Eintreiben von Schneidbüchsen mit abgeschrägter Schneidfläche verwiesen. Beim Schabeschnitt wäre außerdem zu überlegen, ob man die Einlageplatte unten an der Schnittöffnung schräg aussparrt, um das Abführen der Späne über die zugespitzte Schneidkante zu erleichtern. Eine Ausführung nach Abb. 74c ist allerdings trotz verbesserter Späneabfuhr unwirtschaftlich und wenig verbreitet, da bei kleiner werdendem Keilwinkel die Abstumpfung früher einsetzt und das Nachschleifen derartiger in der Herstellung an sich schon erheblich teurer Schneidbuchsen sehr viel mehr Zeit erfordert als bei rechtwinkligem Keilwinkel β gemäß Ausführung b.

Der Kantenglättzug nach Abb. 74d entspricht in seinem Aufbau durchaus den Schabeschnitten, insbesondere zu Abb. 74b. Jedoch ist hier anstelle einer scharfen Schneidkante eine Abrundung vorgesehen, wobei der Durchbruch bis zu einer Tiefe entsprechend der zu glättenden Blechdicke immer enger wird, so daß eine Verpressung stattfindet. Bei einem anderen Kantenglättzugverfahren nach Abb. 74e taucht der Stempel in die Schneidplatte nur so tief ein, wie es dem Abrundungshalbmesser r an den Kanten entspricht. Zur Schonung des Werkzeuges muß vermieden werden, daß der Stempel tiefer eindringt. Dies geschieht durch die in Abb. 74e beiderseits des Stempels gestrichelt angedeuteten Anschläge, die um das Maß r hinter der Schneidstempelfläche zurücktreten. Bei nicht zu harten und zu dicken Werkstoffen hat sich eine leichte Aushöhlung der Stempelschneidfläche bewährt. Der bisher nur wenig verbreitete Kantenglättzug ist insofern interessant, als bei den direkt aus dem Blechstreifen arbeitenden Feinstanzverfahren gemäß der jüngsten Erkenntnisse eine Schneidkantenabrundung wichtig ist, und häufig dabei eine Eintauchtiefe r in Verbindung mit Anschlägen, wie hier beschrieben, gewählt wird.

Ähnlich dem auf S. 45 zu Abb. 44 beschriebenen Fließlochen werden zu kalibrierende Lochwände genau auf Maß mittels Schneidstempeln gelocht, die im Abstand von reichlich einer Blechdicke über der unter Berücksichtigung des Schneidspaltes bemessenen Schneidkante eine weitere Schneidkante mit dem Solldurchmesser abzüglich 0,02 mm und darüber eine dritte Schneidkante mit dem Solldurchmesser tragen. Diese dritte Bearbeitungskante ist um $r = 0{,}4$ mm abgerundet und wirkt als Kantenglättzug. Zwischen den drei Schneidkanten kann der Lochstempel, der somit ziemlich tief in die dem Solldurchmesser entsprechende Schnittöffnung der Matrize eintaucht, auf einen wenig kleineren Durchmesser zum leichteren Schleifen auf Maß abgesetzt sein.

Ein anderes Schweizer Verfahren[1] zur Herstellung von Genauschneidteilen beruht auf Schneiden unter hohen Gegendrücken. Das Blech wird gemäß Abb. 74f wie beim Ziehen von einem zuweilen gezahnten Blechhalter auf die Schneidplatte herabgedrückt. Während die Verfahren zu Abb. 74a bis e mehr als einen Arbeitsgang erfordern, gehört dieses Verfahren zu Abb. 74f und ebenfalls die im folgenden hier beschriebenen zu denen, wo das Genauschneidteil in einem Arbeitsgang fertig anfällt.

Erstmalig offenbart wurden Genauschneidverfahren mittels Querstauchung, – das heute meist angewandte und als „das" Feinstanzen oder Feinschneiden im technischen Sprachgebrauch verstandene Verfahren – durch den schwedischen Ingenieur *Larsson* im Jahre 1943[2]. Hierbei wies *Larsson* auf zwei grundsätzliche Möglichkeiten hin, nämlich den Werkstoff entweder nach Abb. 74g durch einen den Schneidstempel umgebenden konzentrischen Stempel nach einwärts zu drücken, oder dies gemäß Abb. 74i durch radial wirkende seitliche Stempel auszuführen[3]. Eingeführt hat sich

---

[1] Siehe DRP 371004 v. 9. 4. 1922.
[2] DRP 951145, angemeldet 24. 12. 1943, erteilt 25. 10. 1956, beschrieben in Werkst. u. Betr. 90 (1957), H. 10, S. 760.
[3] Eine hydraulisch gesteuerte Anordnung wird vom Verf. beschrieben: Genauschnitt durch Querstauchung. Werkst. u. Betr. 92 (1959), H. 4, S. 207–209. – Découpage de précision par refoulement latéral du métal contre le poinçon de découpage. Technique Moderne 52 (1960), Nr. 7, S. 352–355. – Eine mechanische Lösung dieser Aufgabe wird erläutert zu Abb. 11 im Aufsatz des Verf.: Derzeitiger

nur die erstgenannte Art, wobei nach Abb. 74h außerdem für dicke Teile eine entsprechende Ringzackenwulst auf der Schneidplatte gegenüber vorgesehen wird (Wzbl. 23, S. 196). Gewiß bildet die Lösung nach Abb. 74i gegenüber Abb. 74g und h insofern Vorteile, als dort der Werkstoff tatsächlich seitlich herangedrückt wird, während nach Abb. 74g durch die konische Außenflanke gemäß Winkel δ eine Behinderung eintritt. Spannungsoptische Untersuchungen des Verfassers[1] ergaben jedoch, daß im Verhältnis zu den Nachteilen die erreichte Verbesserung des Verfahrens zu Abb. 74i gegenüber g und h unerheblich ist. Die Werkzeuge nach dem Verfahren zu Abb. 74g und h sind erheblich billiger als zu Abb. 74i, zumal dort die Schnittfigur in verschiedene Abschnitte und für verschiedene Radialstempel aufgegliedert werden muß. Der Vorschub durch die Ringzacke wirkt sich nicht allzustark auf das Gefüge aus, wie dies Versuche von *Guidi*[2], der Mikroaufnahmen innerhalb der Scherzone an verschiedenen Blechen gemacht hat, nachweisen. So ist in Abb. 76 die Mikroaufnahme der Scherzone bzw. Außenkontur

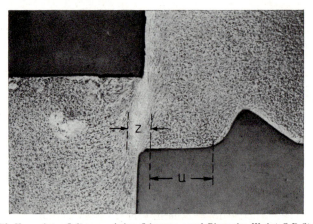

Abb. 76. Unversehrtes Gefüge u zwischen Scherzone z und Ringzacke. Werkstoff R St 1303. Blechdicke 4 mm, Eindringtiefe des Stempels 3 mm (25fach vergrößert)

eines nicht ganz vom Streifen getrennten Feinschneidteiles aus Stahlblech RSt 13 03 dargestellt. Die Aufnahme zeigt die Eindringtiefe des Stempels von mehr als 3 mm bei einer Blechdicke von 4 mm. Man erkennt deutlich die Verfestigung der Scherzone im Bereich z der senkrechten Verbindungslinie zwischen den Ecken. Sie ist aber nur 1/3 so breit wie der bis zum Beginn der Ringzackenerhebung reichende Abstand u, in dessen Bereich das Gefüge völlig unversehrt geblieben ist. Nur an dem dreieckig einspringenden Ringzackenprofil ist eine ganz schmale Gefügeverdichtung erkennbar. Etwa das gleiche Bild war auch bei anderen von *Guidi* untersuchten Werkstoffen zu

---

Stand der Feinstanzverfahren. Werkstattst. u. Maschb. 51 (1961), H. 2, S. 82–88. – Siehe weiterhin *Guidi, A.*: Nachschneiden und Feinschneiden. München 1965. – *Boetz, V.*: Feinstanzen von Stahl und NE-Metallen. Blech 13 (1966), Nr. 12, S. 655 bis 660.

[1] *Oehler, G.*: Das Feinschneiden mit senkrecht und flach schräg bewegter Ringzacke. Mitt. Blechverarb. 1965, Nr. 1/2, S. 20–28.

[2] *Guidi, A.*: Feinschneiden. Werkst. u. Betr. 95 (1962), H. 9, S. 640, Bild 5 u. 6.

sehen. Dies bedeutet, daß der Einfluß der Ringzacke auf die Gefügeveränderung nicht überschätzt werden darf. Die Ansichten über die Bemessung der Ringzacke und ihren Abstand von der Schneidkante sind unterschiedlich. *Guidi* weist darauf hin, daß mit einer kleinen Ringzacke nahe der Schneidlinie die gleiche Wirkung erzielt werden kann, wie mit einer großen Ringzacke in entsprechend größerem Abstand von der Schneidlinie. Wird die Ringzacke der Preßplatte allzunah an der Schneidlinie angeordnet, kann ihr zu Beginn des Schneidvorgangs, wenn sich die Schneidrundung am Blechstreifen bildet, Werkstoff „entzogen" werden, wobei ihre Wirksamkeit beeinträchtigt wird. Bei großem Abstand der Ringzacke von der Schneidlinie hingegen steigt der Werkstoffverbrauch; außerdem wird die erforderliche Preßkraft größer. Damit sinkt der Wirkungsgrad der Presse. Es wird ein doppelt so großer Abstand der Ringzackenspitze von der Schneidkante empfohlen als die Eindringtiefe beträgt. Dabei wird ein Winkel der Ringzacke zur Schneidkante von 30° und entgegen der Schneidkante von 45° bezogen auf die Senkrechte durch die Ringzackenspitze gewählt. Die Feinstanzwerkzeuge stellen zumeist eine Kombination der Merkmale der Verfahren nach Abb. 74e bis h innerhalb des dort gestrichelt umfaßten Bereiches dar. Im Werkzeugblatt 23 mit Abb. 188 wird eine solche Konstruktion entsprechend Abb. 74h ausführlich beschrieben. Zu achten ist auf einen sehr engen Schneidspalt [$c \leq 0{,}0005$ nach Gln. (23, 24) S. 41], auf hohe Stempel-, Stempelgegen- und Querstauchdrücke, auf Hubbegrenzungsanschläge, auf eine Schmierung des Schneidplattendurchbruches, auf ein Abführen des Stanzteiles ohne Berührung des Streifens nach dem Ausstanzen sowie auf eine absolut starre Ausbildung von Werkzeug und Pressengestell. Allerdings ist bei diesen Werkzeugen ein höherer Werkstoffverbrauch erforderlich, da die vom Stauchstempel eingeprägte Randfurche f in Abb. 77 einen größeren Bandvorschub

Abb. 77. Streifen mit eingeprägter Randfurche f und darunter liegenden Feinschneidteilen

und eine größere Bandbreite erfordert. Dies mag bei dünnen Stahlbändern weniger ins Gewicht fallen als bei dicken Bändern aus teuren Werkstoffen. Die Kosten der Ringzackenherstellung im Werkzeug sind heute in den auf solche Arbeiten eingerichteten Werkzeugmachereien nicht hoch, da entsprechende Vorrichtungen und Sonderwerkzeuge vorhanden sind. Man kann auf eine Werkzeugmacherstunde 20 bis 30 mm Ringzackenlänge rechnen.

Bei kleinen, komplizierten Schnittfiguren wird man weniger fertigbringen, bei größeren, einfachen Schnittfigurformen kann hingegen die Anfertigung einer größeren Ringzackenlänge je Stunde angenommen werden. Weiterhin ist der Verbrauch an Streifenmaterial im Falle einer einzuprägenden Ringzacke nicht immer so hoch. Es ist durchaus möglich, die Teile so eng nebeneinander anzuordnen, daß zwischen den eingeprägten Furchen f in Abb. 77 kein Zwischenraum bleibt. Eine zusätzliche Verbreiterung der Stege infolge Ringzackenprägung spielt nur bei dünnem Streifenmaterial eine Rolle. So zeigt Abb. 78 die Kurve für den Abstand der eingeprägten Ringzackengrube von der Schneidkante $1 + \sqrt{s}$ in mm über der Blechdicke s aufgetragen. In diesem Diagramm sind weiterhin die noch möglichen Mindeststegbreiten für verschiedene Werkstoffe und verschiedene Steglängen gemäß Tabelle 5, S. 79 eingetragen. Dort, wo diese Mindeststegbreite doppelt so groß wie der Wert $1 + \sqrt{s}$ ist, ist für die Ringzackenprägung überhaupt kein zusätzlicher Werkstoff erforderlich. Das gilt aber nur für die Kurven IIb und IIc im Blechdickenbereich bis zu 0,5 mm sowie für Kurve IIc über $s = 2,5$ mm, für die Kurven Ic und IIb über $s = 4$ mm und für Kurve Ib über $s = 6$ mm, trifft also selten zu.

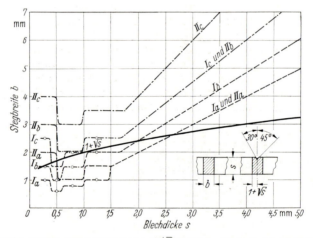

Abb. 78. Vergleich zwischen Ringzackenabstand $1 + \sqrt{s}$ mit üblicher Stegbreite b bei I Stahl-, Ms- und Bz-Blech. II Al-, Zn- und Cu-w-Blech für Steglängen unter 10 (a), von 10 bis 80 (b) und über 80 (c) mm

Die Frage, ob eine Ringzacke einseitig oder beiderseits einzuprägen ist, kann von der Festigkeit und Dicke des zu schneidenden Werkstoffes her allein nicht immer entschieden werden, obwohl etwa als Grenze zwischen einseitiger und doppelseitiger Ringzackeneinprägung Dicken von $s = 3$ bis 5 mm und Festigkeiten von 40 bis 60 kp/mm² als Erfahrungswerte aus der Praxis genannt werden. Mitunter kann dabei die Frage von entscheidender Bedeutung sein, ob die Schnittform an einer kritischen Stelle eine zusätzliche Rilleneinprägung von unten verlangt. Dies trifft beispielsweise für das Teil in Abb. 79 zu, wo der rechte Streifen an der Oberseite eine die Schnittfigur umschließende Ringzackeneinprägung zeigt, die in sich geschlossen ist. Der

15. Genauschneidverfahren

gleiche Streifen links hat an der Unterseite neben der Verzahnung zusätzlich eine geradlinige Ringzackenprägung. Außerhalb der beiden Streifen in Abb. 79 sind ausgeschnittene Feinstanzteile zu erkennen.

— Zusammenfassend kann aufgrund der neuesten Erfahrungen der Praxis das Ringzackenverfahren als das beste in bezug auf Oberflächengüte und Genauigkeit gegenüber anderen Genauschneidverfahren bezeichnet werden. Es werden Rauhtiefenabweichungen bis herab auf 0,1 µm und Winkelabweichungen der Schnittfläche zur Blechoberfläche von 90° bis herab auf 20 bis 40' erreicht. Es ist nicht nur so, daß, wie bisher dargestellt, das Feinschneiden allein *wirtschaftliche* Vorteile gegenüber den spanenden Verfahren bei flachen Werkstückformen bietet. Vielmehr können beim heutigen Stand der Feinschneidtechnik komplizierte Flachteile gefertigt werden, für die bisher keine andere Fertigungsmöglichkeit bestand.

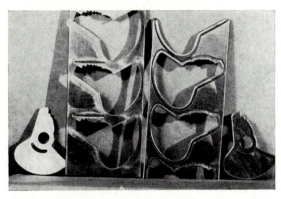

Abb. 79. Die die Schnittfigur umschließende Ringzackeneinprägung an der Oberseite des rechten und eine zusätzliche Einprägung neben der Verzahnung an der Unterseite des linken Stanzstreifens (Feintool)

Die weiter genannten Verfahren treten in ihrer Bedeutung zurück, obwohl die technische Entwicklung auch hier noch Möglichkeiten offenläßt. So ist als weiteres Verfahren das Duoumkehr- oder Gegenschneidverfahren[1] nach Abb. 74k zu nennen. Es beruht darauf, daß ähnlich wie beim Gesamtschneidwerkzeug Schneidplatte, Gegenhalter und Lochstempel nach unten geführt das Blech auf den Unterstempel drücken. Der Unterschied besteht nur darin, daß der Aufbau des Oberwerkzeugs dem des Unterwerkzeugs völlig entspricht, d.h. dem Lochstempel steht keine Durchfallöffnung, sondern wiederum ein Gegenlochstempel gegenüber. Während das Blech von den beiden gegenüberstehenden äußeren Schnittplatten und ebenso von den inneren Lochstempeln festgehalten wird, bewegen sich die beiderseitigen Schnittstempel zunächst um etwa ein Viertel der Blechdicke nach oben, um anschließend in umgekehrter Richtung, d.h. nach unten, das Stück völlig auszuschneiden. Durch eine entsprechend abgestimmte hydraulische Steuerung wird ein Zurückdrücken des Stanzbutzens in den

---

[1] Entwickelt von der Fa. Kienzle-Apparatebau, Villingen. – Die Konstruktion einer derartigen in eine zweifach wirkende hydraulische Presse eingebauten Werkzeuges ist in Werkstattst. 51 (1961), H. 2, S. 84, Bild 3, erläutert.

Streifen ebenso wie beim Feinschneidverfahren zu Abb. 74g bis i vermieden. Es ist außerdem möglich, den Schnitt nicht in einem Gegenschnitt, sondern unter mehreren aufeinander folgenden Gegenbewegungen nach Art eines Schwingungsvorganges mit wachsender Amplitude und abnehmender Frequenz durchzuführen, um einer beiderseits entstehenden Gratbildung entgegenzuwirken und die Oberflächenbeschaffenheit noch weiter zu verbessern.

Ein anderes, in jüngster Zeit entwickeltes Verfahren nach Abb. 73l beruht auf der Ringfederwirkung dünnwandiger Schneidbuchsen, wobei das Maß n zwischen Gegendruckstempel und Schneidbuchse während des Schnittes auf Null verkürzt wird. Die Querstauchwirkung wird hier nicht außerhalb, sondern innerhalb der Matrize durch die Verkürzung des Innendurchmessers wie bei einer unter Druck stehenden Innenringfeder erreicht. Die Anwendung dieses bisher nur wenig verbreiteten Verfahrens beschränkt sich auf dünne Bleche und geringe Schnittkräfte sowie auf runde Formen, äußerstenfalls auf dünne und kleine Zahnräder mit kleinem Modul. Die große Schwierigkeit bei diesem einfach erscheinenden Verfahren liegt auf der Werkstoffseite. Zunächst setzt eine notwendige Durchmesserverkürzung eine geringe Ringbreite b und einen Werkzeugstahl mit Federungseigenschaften voraus. Die für Ringfedern üblichen Federstähle erreichen jedoch keinesfalls die für Schneidstähle erforderliche Härte, während die meisten Schneidstähle, insbesondere die chromhaltigen Stähle nach dem Härten praktisch unelastisch sind. Es lassen sich allenfalls dafür Wolframstähle verwenden. Weiterhin besteht eine Schwierigkeit darin, daß bei dem dafür notwendigen steilen Winkel die konischen Schneidbuchsen in ihrer unteren Stellung verbleiben, wobei Kaltschweißerscheinungen auftreten können. Daher wird die konische Schneidbuchse entweder durch eine Ringfederabstützung[1] oder durch einen hydraulisch gesteuerten Gegendruckstempel zurückgedrückt. Die für das Schrumpfmaß n erforderliche Kraft läßt sich nach den Berechnungsverfahren für Ringfedern zu S. 615, Abb. 601 ermitteln, wobei für $n = f \tan \alpha$ mit f als senkrechten Federweg in Millimeter gilt.

Geringere Bedenken bestehen gegen das nächste unter Abb. 74m gezeigte Verfahren, wo eine einseitige, steilschräg geführte Schneidleiste gleichfalls um das Maß n nach innen gedrückt eine Querstauchwirkung am ausgeschnittenen Teil erreicht. Hier kann die Schneidleiste kräftig genug aus nichtfederndem Stahl bemessen werden, da die Verkürzung des Maßes n nicht auf Federwirkung, sondern auf dem schrägen Einschub allein beruht. Dieses Verfahren gestattet allerdings kein allseitiges, sondern nur ein einseitiges Feinstanzen. Die spätere Abb. 191 auf S. 200 erläutert eine Werkzeugkonstruktion zu diesem Verfahren, die auch als Beispiel dafür gilt, daß die hier geschilderten Merkmale der einzelnen Genauschneidverfahren häufig in Kombination auftreten, d.h. in diesem Falle ein Querstauchschnitt nach dem Verfahren zu Abb. 74h in Verbindung mit dem Verfahren zu Abb. 74m.

In den anglikanischen Ländern sind die von der PERA (Product. Eng. Res. Ass.) entwickelten Genauschneidverfahren bekannt, die gewißermaßen eine Kombination der oben unter Abb. 74e und f beschriebenen Verfahren

---

[1] Siehe Werkstattst. 51 (1961), H. 2, S. 85, Bild 8.

darstellen. Hier ist zwischen zwei Verfahren nach Abb. 74n und o zu unterscheiden, wonach bei n in Übereinstimmung mit Verfahren d und e die Matrizenkante abgerundet ist, die Stempelkante jedoch scharf bleibt. Umgekehrt ist nach Abb. 74o die Stempelkante gerundet und die Schneidplattenkante scharfkantig. Durch das Gleiten des auszuschneidenden Werkstoffes über die gerundete Werkzeugkante wird die dabei erzeugte Fläche geglättet. Dabei taucht – wie durch die gestrichelte Linie und das Maß h angedeutet – der Stempel bis zum Ende der Rundung in die Öffnung der Schneidplatte ein. Das PERA-Verfahren zu n ist also dort anzuwenden, wo das ausgestanzte Werkstück außen eine glatte Schnittfläche aufweisen soll, während das Verfahren zu o dort interessiert, wo der Stanzbutzen Abfall ist und es auf eine Glättung der Lochleibungsfläche ankommt.

Schließlich ist ein erst kürzlich bekannt gewordenes Genauschneidverfahren nach Abb. 74p zu erwähnen, das den zuvor beschriebenen Verfahren zu Abb. 74f und n ähnelt, jedoch mit einem zentral pressenden Blechhalter[1] arbeitet. Die Blechhalterfläche ist nicht eben, sondern verläuft flach kegelig. Sie hebt sich nach außen zu um einen sehr kleinen Winkel von 45' von der Blechoberfläche ab. Zur Zeit liegen noch zu wenig Erfahrungen mit diesem Verfahren vor, die bisherigen Versuche beschränkten sich auf dünne leicht schneidfähige Bleche. Für ein wirksames Anpressen des flach angeschrägten Niederhalters ist gleichfalls ein gewisser Stegbreitenbereich erforderlich, der dem des Ringzackenverfahrens kaum nachsteht, so daß ein Vorteil in bezug auf geringeren Werkstoffverbrauch jenes Verfahren gegenüber diesem nicht besteht. Der Nachteil jenes Verfahrens besteht darin, daß bei Schnittfiguren mit einspringenden Ecken ein Schleifen unter 0°45' oft unmöglich, zumindest aber sehr aufwendig ist. Gegenüber dem Ringzackenabstand ist einziger Vorteil dieses Verfahrens ein unmittelbar auf die Schneidkante wirkender Blechhaltedruck. Wirtschaftlicher wäre ein Abdecken der Blechhalterinnenkante mittels Wachs und Abätzen der außerhalb liegenden Blechhalterfläche. Werkzeugherstellung nicht billiger als beim Ringzackenverfahren und die Werkzeuginstandhaltung sogar noch teurer sein kann. Dies hängt im einzelnen natürlich von Größe, Schnittfigur, Dicke und Festigkeit des jeweiligen Werkstoffes ab.

16. Stempelführungsplatte und Zwischenleiste

Stempelführungsplatten, welche bei Führungsschnitten über der eigentlichen Schneidplatte angeordnet sind, sollen nicht zu schwach bemessen werden. Man wähle sie mindestens etwa zu 15 mm für kleine Stempel und bis zu 25 mm für größere Schnitte. Je genauer der Stempel in der Führungsplatte geführt ist, um so mehr wird das Werkzeug geschont. Als Werkstoff wird im allgemeinen ein Stahl entsprechend St 52-3, und nur in ganz besonderen Fällen wird härteres Material verwendet. Anstelle der gefeilten Aussparung in der Führungsplatte des Plattenführungsschnittes kann bei leichten Arbeiten und geringerer Beanspruchung die Stempelführung mittels einer Zinklegierung ausgegossen werden, indem die in diese weit ausgearbeitete Führungsplatte eingesetzten Stempel mit diesem Metall umgossen werden. Darauf

---

[1] *Meyer, M.:* Verfahren zum Erzielen glatter Schnittflächen beim Blechschneiden. Mitt. Forsch. Blechverarb. (1962), Nr. 19/20, S. 282–293.

wurde bereits im Abschnitt 12, S. 51 zu Abb. 55 hingewiesen. Wichtig ist ein häufiges Ölen der Stempelführungen. Es empfiehlt sich, die Stempelführungsplatte mit der Schneidplatte nicht allein durch versenkte Zylinderkopfschrauben, sondern auch mittels Zylinderstiften unverrückbar zu verbinden. Bei säulengeführten Werkzeugen, wo die Säulen die Stempelführung gewährleisten, wird anstelle der genau ausgearbeiteten und daher teuren Führungsplatte eine viel weiter tolerierte Abstreife- oder Deckplatte geringerer Dicke vorgesehen.

Auf der Deck- bzw. Führungsplatte wird zwecks Unfallverhütung[1] ein Schutzkorb aus perforiertem Blech gemäß Abb. 80 (Ausführung c oder d) angeschraubt. Aus dem gleichen Bild ist ersichtlich, daß zwischen Führungsplatte und Schneidplatte bei den Führungsschnitten sogenannte Zwischenleisten der Stärke a vorgesehen werden, von denen die eine häufig zwecks guter Anlage des Stanzstreifens über das Werkzeug hinausgeführt ist.

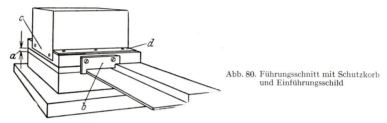

Abb. 80. Führungsschnitt mit Schutzkorb und Einführungsschild

Starke Zwischenleisten haben den Nachteil, daß der Stanzer beim Nachschieben des Streifens mit seinen Fingerspitzen leicht in den Streifenkanal und somit unter die zunächst gelegenen Stempel gelangt. Um ein Nachgreifen mit den Fingern unter die Führungsplatte zu verhüten, wird ein besonderes Schutzschild b vorgesehen, wie dies aus Abb. 80 erkenntlich ist. Es empfiehlt sich, dieses Schild nach oben zu beweglich anzuordnen, indem die Befestigungslöcher für die Schrauben als senkrechte Langlöcher ausgebildet werden und nach Festziehen der Schrauben ein leichtes Spiel zwischen Schild und Schraubenköpfen bestehen bleibt. Dadurch wird ein Anliegen des Bandes oder Streifen an der gesamten unteren Fläche der Stempelführungsplatte während des Abstreifens erreicht.

Die Zwischenleiste darf nicht zu schwach bemessen werden, da bei eventuellen Störungen, insbesondere Verklemmen des Werkstoffes in den Schneidplattenöffnungen, der Streifenkanal des Werkzeuges gut zugänglich sein muß. Zu beachten ist hierbei, daß die Zwischenleisten an ihren dem Stanzstreifen zu liegenden Flächen nach oben und außen zu leicht abgeschrägt sind. Der Breitenabstand zwischen den Zwischenleisten für den Streifenkanal ist in Höhe der Schneidplattenoberfläche demnach etwas geringer als in Höhe der Unterfläche der Stempelführungsplatte. Dieser Unterschied beträgt etwa 0,5 bis 1,0 mm. Die Stärke der Zwischenlagen richtet sich nach der Dicke des zu stanzenden Werkstoffes und soll so bemessen sein, daß über dem Einhängestift, der nicht unter 4 mm vorstehen sollte, mindestens ein Zwischenraum von $1,5s$ (s = Blechdicke) bestehenbleibt. Zu dicke Zwischen-

---

[1] *Schmidt, H.:* Unfallschutz im Stanzereibetrieb. Werkstattstechn. 57 (1967), H. 5, S. 236—239.

16. Stempelführungsplatte und Zwischenleiste

leisten sind aber nachteilig im Hinblick auf unerwünschtes Wippen und auf eine Gefährdung der Stempel gemäß Abb. 30, S. 34.

Eine gute einseitige Anlage des Stanzstreifens läßt sich durch den Einbau gefederter Druckstücke oder Bügel in die Zwischenleiste erzielen. In der Abb. 81 sind derartige Federdruckstücke angegeben. Ausführung I zeigt eine

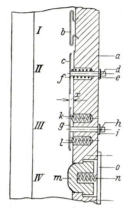

Abb. 81. Federdruckstücke

etwa 0,3 mm dicke, beiderseits gebogene Bandfeder b, die in eingesägte Schlitze der Zwischenleiste a unter Vorspannung eingehängt wird. Bei II ist die Zwischenleiste a von der Innenseite angebohrt. Der Bügel c ist mit dem Bolzen d vernietet und drückt über eine Feder den eingeführten Stanzstreifen an die gegenüberliegende Zwischenleiste. Durch Scheibe und Splint e wird das Überstandsmaß x des Bügels c begrenzt. Ausführung III zeigt eine ähnliche Bauart unter Verwendung zweier Federn k und l. Die gegenseitige Befestigung von Bügel g, Bolzen h und Scheibe mit Splint i geschieht in gleicher Art wie unter II. Ein anderes Ausführungsbeispiel ist schließlich unter IV angegeben, dort wird der Bügelkörper m in eine Aussparung der Zwischenleiste eingesetzt. Auch hier wirkt der Druck mittels einer Schraubenfeder n auf der einen Seite gegen den Bügelkörper, auf der anderen Seite gegen ein überschraubtes Schild o.

Bei sehr schwachem Werkstoff wird die Zwischenplatte so dünn als irgend möglich bemessen, und zwar deshalb, damit der Werkstoff innerhalb des von den beiden Zwischenleisten, der Führungsplatte und der Schneidplatte gebildeten Streifenkanals sich nicht wölben kann. Die herausgestanzten Teile sind im Falle einer Wölbung des Streifens nicht maßhaltig, bleiben in der Schnittöffnung teilweise hängen und verhindern eine störungsfreie Fortführung des Stanzstreifens. Dies gilt insbesondere für Metallfolien und dünnes Hartpapier, soweit überhaupt diese Stoffe nicht besser unter Messerschnitten nach Werkzeugblatt 21 (Abb. 182) statt unter Führungsschnitten bearbeitet werden. Am vorteilhaftesten werden dünne Werkstoffe, welche sich zwischen Schneid- und Führungsplatte wölben, mittels Werkzeugen mit am Oberteil federnd aufgehängter Führungsplatte nach Abb. 100, 101, 106, 130, 135, 137 bis 140 geschnitten. Diese drückt den Werkstoff während des Schneidvorganges auf die Schneidplatte.

17. Einteilung des Stanzstreifens und Begrenzung des Band- und Streifenvorschubs

An einem Beispiel sollen die verschiedenen Anordnungsmöglichkeiten des Zuschnittes veranschaulicht werden. Abb. 82 zeigt einen dreifach gelochten Winkel, für den das Streifenmaterial zuzuschneiden ist.

Bei der in der Ausführung I gezeigten Anordnung des Werkzeuges mit Vorlocher entsteht ein nicht unbeträchtlicher Abfall durch den zur Ergänzung eines Rechteckes sich ergebenden unausgenutzten Raum des Winkels. Der Streifen wird zunächst bis unter den Seitenschneider S_s geschoben und dort gelocht. Seitenschneider sind rechteckige Stempel, welche den Streifen seitlich um 2 bis 4 mm beschneiden, und werden einseitig, häufiger beiderseitig, angeordnet. Über die Ausführungsformen und Anordnung der Seitenschneider wird auf S. 84 bis 86 ausführlich berichtet. Bei schräger Anordnung des aus-

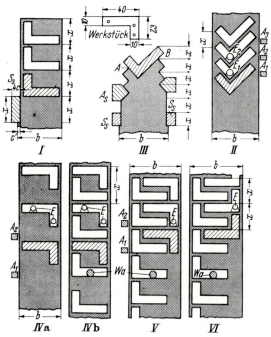

Abb. 82. Einteilung des Stanzstreifens

zuschneidenden Werkstückes im Streifen ist gemäß II die Flächennutzung günstiger. Zwischen den einzelnen Ausschnitten bleibt ein sogenannter Steg stehen, der den Abfallstreifen zusammenhält. Bei zu schmalen Stegen wird, da die Stempel in der Matrizenöffnung etwas Spiel haben müssen, der Steg umgekantet und mit in die Matrizenöffnung hineingezogen. Das Material wird dann abgequetscht. Die Schneidkanten der Werkzeuge werden infolge dieser Materialzerquetschung übermäßig beansprucht, abgestumpft und beschädigt. Die Schnitte fallen unsauber und schartig aus. Zu beachten ist hierbei, daß die Stegbreite durchaus nicht zur Werkstoffdicke in einem bestimmten Verhältnis stehen muß. Gerade sehr schwaches Material neigt leicht zum Knicken oder wölbt sich beim Einschieben in den Streifenkanal nach oben, erfordert somit besonders breite Stege. Auch die Steglänge ist wesentlich für die Bemessung der Stegbreite. Bei Mehrfachscheibenschnitten sind die Stege kurz und können daher schmal bemessen werden im Gegensatz zum Ausschneiden längerer Streifen. Diese bedingen widerstandsfähigere und daher breitere Stege. Die Mindeststegbreiten sind aus folgender Tabelle 5 zu entnehmen.

Tabelle 5. *Mindeststegbreiten und Beschneidemaße für Seitenschneider*

Werkstoff	Werkstoffdicke s in mm	Mindeststegbreite für Steglänge unter 10 mm	Mindeststegbreite für Steglänge von 10 bis 80 mm	Seitenschneiderbeschneidemaß oder Mindeststegbreite für Steglänge über 80 mm
Stahlblech Messingblech Bronzeblech	0,2–0,4	1,0 mm	1,5 mm	2,5 mm
	0,4–0,6	0,6 mm	1,0 mm	1,5 mm
	0,6–1,0	0,8 mm	1,5 mm	2,0 mm
	1,0–1,5	1,0 mm	2,0 mm	2,5 mm
	über 1,5	1 s	1,2 s	1,5 s
Kupferblech Zinkblech Aluminiumblech	0,2–0,5	2,0 mm	3,0 mm	4,0 mm
	0,5–1,0	1,0 mm	2,0 mm	3,0 mm
	1,0–1,5	1,5 mm	2,5 mm	3,5 mm
	über 1,5	1,2 s	1,5 s	2,0 s
Hartpapier	bis 0,4	2 mm	3 mm	5 mm
	0,4–1,0	1,5 mm	2,5 mm	4 mm
Fiber Dichtungsmaterial Karton	über 1,0	2 s	2,5 s	3 s
Filz		1,0 s (mindestens 4 mm)	1,5 s (mindestens 6 mm)	

Sind nur sehr geringe Stückzahlen herzustellen, so genügt ein Anschlagen des Streifens gegen den Einhängestift E, in den beim Weiterschieben der jeweilige Streifenausschnitt eingehängt wird. Die Einhängestifte sind mit einer Anschlagnase versehen und stehen nur wenige Millimeter über der Schnittplatte vor, um ein leichtes Aushängen und Weiterschieben des Streifens zu ermöglichen. Nach dem Einlegen eines Streifens ist der erste Ausschnitt Abfall, der zweite ist falsch gelocht, und erst der dritte fällt richtig aus. Bei größerer Stückzahl, also bei etwa über 200 Streifen, lohnt sich daher der Einbau von Anschneideanschlägen, deren Konstruktion unter Werkzeugblatt 5 und 6 und deren Anordnung in Tabelle 7 näher beschrieben ist. Anschneideanschlag A_1 ist für den Vorlocher, A_2 für den Ausschnitt vorgesehen. Beide Anschnittstellen müssen um die Teilung x voneinander entfernt liegen. Der Einhängestift E_1 ist hier sehr flach zu halten. Besser ist es in diesem Falle, noch einen dritten Anschneideanschlag A_3 vorzusehen und anstelle des Einhängestiftes E_1 den Einhängestift E_2 um eine Teilungslänge x nach hinten zu setzen.

Ein fast abfalloses Schneiden zeigt die Anordnung III der Abb. 82, wobei auf ein sorgfältiges und festes Anlegen bzw. Einhängen des Streifens achtgegeben werden muß, soll nicht die äußere Seite des auszuschneidenden Winkels Absätze an den äußeren Schnittpunkten A und B der Abfallschneider A_s zeigen. Diese Abfallschneider können gemäß Abb. 82 III in vielen Fällen gleich als Formseitenschneider ausgebildet werden, so daß die hier gezeigten Vorseitenschneider S_s wegfallen. Es wird dadurch die Herstellung von 2 Seitenschneidern sowie das Durcharbeiten der dafür notwendigen Durchbrüche durch alle Platten erspart. Streifen unter 1,5 mm Dicke und leicht biegsamer Werkstoff, wie z. B. Leder, Karton, sind unter derartigen Schnitten nicht sauber zu bearbeiten.

Ausführung IV zeigt eine Verteilung der Stücke auf den Streifen ähnlich wie I, jedoch als Wendeschnitt gedacht. In IVa ist der Streifen beim ersten, in IVb beim zweiten Durchlauf durch das Werkzeug angegeben. Der Streifen wird gemäß IVa zunächst bis vor den ersten Anschneideanschlag A_1 vorgeschoben und dort vorgelocht. Vor dem zweiten Anschneideanschlag wird der Schnitt ausgeführt, und erst bei der nächsten Arbeitsstufe kann der Streifen in einen oder mehrere Einhängestifte E eingelegt werden. Bei Wendeschnitten dieser Art sind zweckmäßig zwei Einhängestifte in der angegebenen Weise vorzusehen. Nachdem der ganze Streifen das Werkzeug durchlaufen hat, wird er um 180° in der Ebene gewendet. In den vordersten Stempelausschnitt wird der Wendeanschlag Wa eingehängt, der aus einem von einer Blattfeder in der Stempelführungsplatte gehaltenen Stift besteht und im Bedarfsfalle auf die Stempelführungsplatte herabgedrückt wird. Die Konstruktion ist im Werkzeugblatt 6 (Teil 18) angegeben. Die beiden nächsten Schnitte müssen gleichfalls unter Anlegen an den Wendeanschlag ausgeführt werden; erst dann ist ein fortlaufendes Schneiden unter Benutzung der Einhängestifte ohne Wendeanschläge möglich.

Das Werkzeug für den Streifen V ist gleichfalls als Wendeschnitt vorgesehen. Die Ausnutzung des Werkstoffes ist hier noch günstiger. Einen weiteren Vorteil bietet die Anordnung für den Einhängestift insofern, als dieser Stift derart seitlich angebracht werden kann, daß er nach dem Wenden niemals in einen Ausschnitt des ersten Streifendurchganges einfallen wird.

Die Ausführung VI ist schließlich der von V gleichwertig. Beim Wenden wird der Streifen nicht wieder in seiner horizontalen Ebene gewendet, sondern um die Längsachse des Streifens selbst gedreht. Eine gleich gute Streifenausnutzung nach V und VI wird auch ohne Wenden erreicht, wenn Loch- und Ausschneidestempel zweifach drehsymmetrisch um 180° zueinander versetzt gemäß Abb. 618 und 620 S. 650 und 651 vorgesehen werden. Eine solche Anordnung ist heute sehr viel häufiger auch in der Mengenfertigung anzutreffen, während einfache Wendeschneidwerkzeuge heute nur noch für geringe Fertigungsmengen und auch dort meist nur in kleineren Betrieben Verwendung finden, wo vom Streifen und nicht vom Band gearbeitet wird.

Die wirtschaftliche Ausnutzung des Streifens bei den verschiedenen Ausführungen I bis VI ergibt sich aus folgender Zusammenstellung:

17. Einteilung d. Stanzstreifens, Begrenzung d. Band- u. Streifenvorschubs

Tabelle 6. Zusammenstellung der Streifenteilung für das in Abb. 82 angegebene Werkstück

Ausführung	Vorschub x mm	Streifenbreite b mm	Flächenanteil pro Schnitt cm²	Ausnutzung des Werkstoffes %
I	27	48	13,0	41
II	17	50	8,5	62
III	14	53	7,4	72
IV	40 (20)	44	8,8	60
V und VI	25 (12,5)	57	7,5	75

Außer diesen an dem Winkelstück in Abb. 82 gezeigten vier Ausnützungsmöglichkeiten des Stanzstreifens, die in Abb. 83 oben unter a bis d nochmals genannt sind, bestehen drei weitere, wofür in Abb. 83 je ein Ausführungsbeispiel gezeigt wird. Hierzu gehört zunächst die Konstruktionsänderung des Teiles selbst, die allerdings nur in seltenen Fällen möglich ist, aber in der Mengenfertigung zu ganz erheblichen Einsparungen führt. Das in Abb. 83e angegebene Teil ließe schon im Wendeschnitt mit Streifenverbreiterung eine

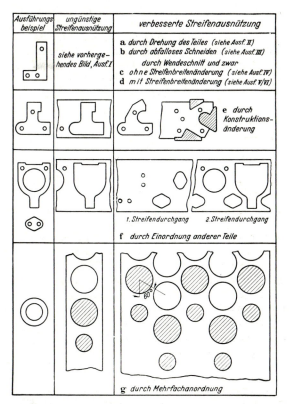

Abb. 83. Verschiedene Möglichkeiten zur verbesserten Ausnützung des Stanzstreifens

verbesserte Streifenausnutzung zu. Nach der hier gezeigten Teiländerung ist mit Ausnahme der kleinen unter den Formseitenschneidern abfallenden Dreiecke ein abfallfreies Schneiden gewährleistet, wobei der Ausschneidestempel nur den dritten Teil des Umfanges beschneidet und daher Stempel und Schneidplatte billiger herzustellen sind als beim Ausschneiden des Vollteiles. Mitunter ist eine Gestaltung der Umfangfigur eines Stanzteiles derart möglich, daß überhaupt kein Abfall entsteht. Beim Rechteck und regelmäßigem Sechseck ist solches offenkundig. Für unregelmäßige Formen bedarf es hierzu eines eingehenden Studiums des Flächenschlusses, das sich insbesondere bei der Verarbeitung teurer Werkstoffe in der Stanzerei bestimmt empfiehlt[1].

Eine weitere Möglichkeit besteht in der Einordnung verschiedener Teile, die möglichst zur jeweiligen Fabrikationsgruppe gehören. Lassen sich beispielsweise gemäß Abb. 83f in dem Stanzstreifen für den Gehäusering außerdem die kleinen Schilder in doppelter Anzahl unterbringen, so bedeutet dies einen völligen Wegfall der Werkstoffkosten für letztere, zumal wenn, wie hier gezeigt, die Streifenbreite und Vorschubteilung deshalb nicht vergrößert wird. Zu überlegen ist dabei, ob ein und derselbe Streifen in zwei Durchgängen durch 2 Werkzeuge oder nur in einem Durchlauf durch 1 Werkzeug, das die Stempel für sämtliche Teile enthält, geführt wird. Letzteres ist wirtschaftlicher, wenn in mehreren Abfallrinnen oder Stapelmagazinen nach Abb. 85 und 86 unter dem Werkzeug die Teile sortiert anfallen. Dabei kann zuweilen die äußere Umgrenzungsfigur des einen Ausschnittes den inneren Lochumfang des nächsten auszuschneidenden Teiles bilden. Als ein gutes

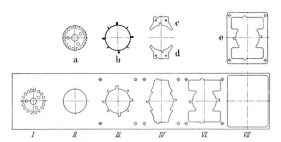

Abb. 84. Folgeschneidstanzstreifen für Polschuhe, Rotor- und Statorbleche

Beispiel für eine derartige Streifennutzung zeigt Abb. 84 einen Stanzstreifen in einem 6stufigen Folgeschneidwerkzeug, in welchem nicht nur das Rotorblech a mit runden Nuten und ein Zwischenring b, sondern auch die Polschuhe c und d und das Statorblech e nacheinander ausgeschnitten werden. Diese bogenförmigen Magazinführungen werden meist nach Abb. 86 unter der Grundplatte des Schneidwerkzeuges a, seltener unter dem Pressentisch b angeschraubt. Sie bestehen aus 4 bis 6 dünnen Rohren c und mehreren Ringen d; letztere sind in Abständen hintereinander angeordnet und halten

---

[1] *Heesch, H.* u. *Kienzle, O.:* Flächenschluß, System der Formen lückenlos aneinanderschließender Flachteile; Berlin–Göttingen–Heidelberg: Springer 1963. – *Picht, H.:* Theorie des Flächenschlusses und ihre Anwendung bei der Gestaltung von Schnitteilen; Fertigungstechnik und Betrieb 15 (1965), H. 11, S. 701–704. – Konstruktion von Schnittwerkzeugen für das abfallarme Schneiden. Blech 13 (1966), Nr. 12, S. 625–636.

17. Einteilung d. Stanzstreifens, Begrenzung d. Band- u. Streifenvorschubs 83

die als Gleitschienen dienenden dünnen Rohre zusammen. Die ausgeschnittenen Scheiben werden hintereinander durch dieses Führungsgestell hindurchgedrückt und können an dessen Ende in Stapeln bequemer herausgenommen und in Kästen verpackt werden, als wenn sie in Behälter unter dem Pressentisch fielen. So werden bei Schneidwerkzeugen zu Streifen nach Abb. 85 mehrere der jeweiligen Umfangsfigur entsprechende und verschieden

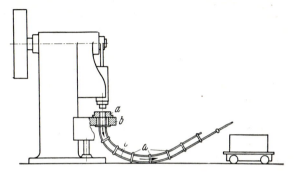

Abb. 85. Abführmagazin

ausgebildete Magazinführungen nebeneinander angeordnet. Abb. 86 zeigt, wie die Stapelkanäle an das Werkzeug angeschlossen werden. Das Werkzeug selbst ist in dem Bild seitlich umgelegt dargestellt, damit die Ausfallöffnungen sichtbar sind. Daneben sind gestapelte Stanzteile zu sehen, wie sie abgenommen werden. Diese werden durch Rundeisenstäbe zusammen-

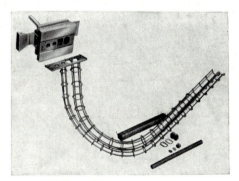

Abb. 86. Umgelegtes Werkzeug mit abgenommener Anschlußplatte für 2 Stapelkanäle

gehalten, die auf einer Seite umgebogen und auf der anderen Seite mit einem Gewinde zur Aufnahme einer Mutter versehen sind und durch ein Loch des Stanzteiles hindurchgesteckt werden. Damit zu Beginn die ausgeschnittenen Teile nicht durchfallen, wird der Stapelkanal mit zusammengeknülltem Seidenpapier lose ausgefüllt, das während der folgenden Pressenhübe durch die anfallenden Stanzteile aus dem Abführmagazin herausgeschoben wird.

Die letzte unter Abb. 83g gezeigte Streifenteilung mit 1 Teilung vor den Ausschnitten betrifft die Mehrfachanordnung, die in der Mengenfertigung schon aus Lohnersparnisgründen zweckvoll ist. Für einfache Ringe oder ähnliche Teile ergibt sich die wirtschaftlichste Ausnutzung bei einer gestaffelten Anordnung unter einem Winkel von 60° entsprechend Abb. 83g. Dies ist aber keine feststehende Regel, es sind bei manchen Schnittformen andere Winkel zuweilen zweckvoller. Nach dieser Mehrfachanordnung ist ein abfallfreies Schneiden von Sechs- oder Vierkantmuttern bekannt, wobei der Staffelwinkel für erstere 60°, für letztere 45° bzw. 90° beträgt. Ferner empfiehlt es sich, gegebenenfalls die Teile der zwischenliegenden Reihe gegenüber den anderen verdreht anzuordnen. Das Ausschneiden der herzustellenden Teile in mehreren Stücken aus Papier und Ausprobieren der verschiedenen Möglichkeiten führt schneller zum Ziel als das Entwerfen am Reißbrett.

Über die Anordnung der Seitenschneider wurde in Verbindung mit Abb. 82 kurz berichtet. Sie beschneiden den Streifenrand um das Maß c, dessen Größe der letzten Spalte in Tabelle 5 zu entnehmen ist. Die Breite b der Seitenschneiderstempel beträgt 6 bis 10 mm, und die Länge entspricht genau dem Teilungsmaß x. Die einfache rechteckige Form A in Abb. 87

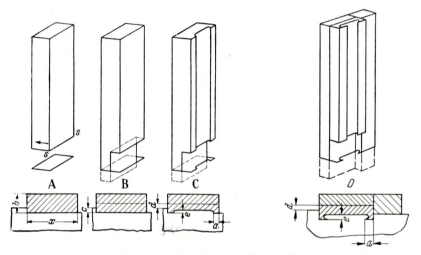

Abb. 87. Ausführungsformen für Seitenschneider

ist heute noch am gebräuchlichsten, da sie in der Herstellung die billigste ist. Trotzdem ist von dieser Ausführung abzuraten, da infolge der einseitigen Schneidkantenbeanspruchung zwischen $s-s$ der Seitenschneiderstempel zum Ausweichen in der Pfeilrichtung (Abb. 87 A) neigt und außen leicht aufsitzt. Zumindest werden die Schneidkanten am Stempel und an der Schneidplatte frühzeitig stumpf. Dies wird bei einer Hinterführung entsprechend Abb. 87 B vermieden, da sich dort die nach auswärts abgedrängte Stempelseite gegen die Schneidplattenführung anlehnt. Die Auskehlung des Seitenschneiders darf den eingeschobenen Streifen nicht berühren; es ist ein Spielraum d von mindestens 0,5 mm erforderlich. In der Herstellung etwas teurer, aber für flottes Arbeiten vorteilhafter ist anstelle des glatten Beschnittes ein

17. Einteilung d. Stanzstreifens, Begrenzung d. Band- u. Streifenvorschubs

Formschnitt mit einspringenden, stark abgerundeten Kanten entsprechend Bauform Abb. 87C. Das Maß a in Abb. 87C ist je nach Stempelgröße 2 bis 5 mm, das Maß e dem halben Wert von c entsprechend zu wählen. Der Vorteil dieser Ausführung besteht darin, daß eine Zackenbildung, die hemmungsloses Verschieben des Streifens verhindert und nur bei sehr sorgfältiger Streifenanlage vermieden wird, völlig ausgeschlossen ist. Außerdem verletzt sich die Stanzerin bei dieser Ausführung nicht ihre Finger und kann unbesorgt die Streifen beim Durchziehen fester anfassen. Diese letzte beschriebene Ausführung C weist ebenso wie die vorher geschilderten zu A und B den Mangel auf, daß die vom Seitenschneider abgetrennten Abschnitte leicht beim Aufwärtsgang mit hochgenommen werden. Dies wird vermieden nach der Ausführung D, wo die Abrundkanten scharf nach innen verlaufen, somit eine Klemmwirkung der ausgeschnittenen Butzen herbeiführen und diese am Hochgehen hindern. Ferner werden nach Ausführung D im Gegensatz zu B und C, wo Seitenschneidstempel und Rückenführung aus einem Stück hergestellt sind, beide getrennt angefertigt, was das Anschleifen des Seitenschneidstempels erleichtert. Zuweilen werden neben dem Seitenschneider auch das Anschlagstück als bewegliche Leiste angeordnet, wie dies in D rechts dargestellt ist. Der sich hieraus ergebende Vorteil ist jedoch fraglich. Im allgemeinen werden dafür feststehende gehärtete Anschläge in die Führungsleisten gemäß DIN 9863 eingebaut. Mitunter empfiehlt sich ein gegenüber dem Seitenschneider zusätzlicher in der Streifendurchführrichtung verstellbarer Anschlag, mittels dessen die Lochabstände im Stanzstreifen veränderlich eingestellt werden, was an einer Zeigerskala außerhalb des Werkzeuges abgelesen werden kann. Ein solcher Anschlag kann durch Drehung einer Spindel mittels Schraubenzieher oder -schlüssel verschoben werden[1].

In Tabelle 7 sind die verschiedenen Möglichkeiten zur Begrenzung des Band- und Streifenvorschubes[2] zusammengefaßt. Die unter 1 bis 5 genannten und in den vorausgehenden Ausführungen erläuterten Werkzeugelemente gelten für einen Streifenvorschub von Hand, während Ausführung 6 und 7 selbsttätig arbeitende Vorschubapparate betreffen. Mit wenigen Ausnahmen sind heute alle zum Schneiden und Biegen aufgestellten Pressen so eingerichtet, daß automatische Vorschubeinrichtungen, wie die in Tabelle 7, Ausführung 6 und 7 nur schematisch dargestellten Walzen- und Zangenvorschubapparate für zugeführtes Band- oder Streifenmaterial, angebracht werden können. Das ist auch noch nachträglich möglich. Falls Bandmaterial verarbeitet werden soll, wird das Band von einer Haspel abgewickelt und meist unter Zwischenschaltung eines Richtapparates dem Walzen- oder Zangenvorschubgerät der Presse zugeführt. Dabei wird das Abfallgitter auf der Bandauslaufseite auf einer Aufwickelhaspel aufgespult oder mittels eines Abfallabschneiders zerkleinert. Für die automatische Verarbeitung von Streifenmaterial werden Streifenzuführungen gebaut, durch die wiederum die Vorschubeinrichtungen der Pressen beschickt werden. Zu ihrer Betäti-

---

[1] *Venninger, K.:* Verstellbarer Anschlag im Seitenschneider. Werkst. u. Betr. 92 (1950), H. 3, S. 151.
[2] *Pichl, H.:* Vorschubbegrenzungseinrichtungen. Blech 15 (1968), Nr. 6, S. 320 bis 333.

Tabelle 7. Vorschubbegrenzung

1. Einhänge-stift E	Einfache Zylinderstifte sind zwar billig, aber ungeeignet infolge zu frühen Verschleißes und zu engen Abstandes der Stiftbohrung von der Schneidkante entsprechend der Stegbreite. Daher sind aus Vierkantmaterial der Güte von mindestens St 50 KG hakenförmig zugeschmiedete Einhängestifte zu verwenden, die mit ihrem Vierkantprofil eingetrieben eine unerwünschte Lockerung und Drehung ausschließen. Das ausgeschmiedete Hakenende ist der Stegform anzupassen, im Falle 1 ist dies eine Gerade. Bei größeren Teilen sind besser 2 Einhängestifte und bei dickeren eine eingeschraubte Platte zu verwenden.	
2. Suchstift, Fangstift oder Zentrierstift Z	Meist ist der Fangstift gemäß 1 im Ausschneidestempel eingepreßt. Er ragt um $5s$ nach unten vor und ist an seiner kegeligen Spitze abgerundet. Auf $1,5s$ ist er der Vorlochform entsprechend zylindrisch ausgebildet. Fangstifte können gemäß 2a und b auch außerhalb des Ausschnittes angeordnet werden und bedürfen dafür eigener Vorlöcher (s = Blechdicke).	
3. Hilfsanschläge H	Hilfsanschläge können gemäß 3a von oben herabgedrückt oder gemäß 3b von vorn um das Maß h in den Streifenkanal gedrückt werden. Ohne einen solchen Hilfsanschlag H würde bei 1 das erste Teil des eingeschobenen Stanzstreifens ungelocht anfallen. Beachte zu 3b DIN 9848.	
4. Seitenschneider S	Für schmale Teile mit kleinem Vorschub in breiten Bändern genügt ein Seitenschneider gemäß 4a. Beliebter sind zwei Seitenschneider nach 4b oder 4c. Die letzteren kommen insbesondere für lange Werkzeuge mit zwischenliegenden Schneidstufen in Betracht. Infolge des Beschnittes um das Maß i muß eine größere Bandbreite als bei den zuvor geschilderten Verfahren gewählt werden. Die hinter der Schnittöffnung des Seitenschneiders eingesetzte gehärtete Anlage dient einer Verhinderung des Verschleißes der Zwischenleiste. Die Seitenschneider sind nach DIN 9862 und die Anschlagecken für die Seitenschneider nach DIN 9863 genormt.	

Tabelle 7 (Fortsetzung)

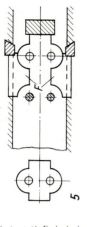 5	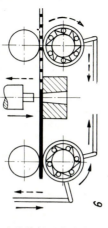 6	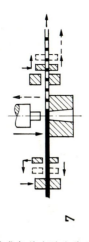 7
5. Formseitenschneider F	Formseitenschneider bereiten die spätere Umgrenzung des Werkstückes bereits vor, so daß ohne Steg und ohne zurückbleibenden Stanzgitterabfallstreifen der meist einfache Abschneidestempel das Teil abtrennt. Infolge Wegfall des Steges darf hier ein geringerer Vorschub gewählt werden. Deshalb sind Formseitenschneider besonders für Folgewerkzeuge mit mehreren Arbeitsstufen zu empfehlen. Vor allem dort, wo im Folgeschnittwerkzeug gebogen und gezogen wird, erzeugen die Freischneidestempel F schon in der ersten Arbeitsstufe zum Teil die spätere Umgrenzungsform des Werkstückes. Dasselbe bleibt nur über schwache noch notwendige Stege mit dem Streifen verbunden.	
6. Walzenvorschubapparat	Die Geräte zu 6 und 7 besorgen allein den Vorschub äußerstenfalls bis zu einem Fehler von $\pm 0{,}02$ mm. Wird bei höheren Ansprüchen mit Fangstiften gearbeitet, darf der Streifen während der Zentrierung nicht festgeklemmt werden. Wie links dargestellt, ist beim Stempelniedergang die Klemmrollenkupplung gelöst, im Aufwärtsgang (gestrichelt) drehen sich die Walzen und transportieren das Band. Um unkontrollierbare Bewegungen der Walzen, insbesondere bei Rücklaufbeginn infolge Trägheit der bewegten Massen zu vermeiden, sind an den Unterwalzen zusätzlich Bremsen angebracht.	
7. Zangen- oder Greifervorschubapparat	Diese heute meist pneumatisch betätigten Geräte klemmen, wie links dargestellt, den Streifen fest, während die Zangen geöffnet in ihre linke Ausgangsstellung zurückkehren. Dieser Rücklauf geschieht während der Arbeitsoperation, also während der Stößel durch den unteren Totpunkt läuft. Beim Aufwärtsgang (gestrichelt, rechts) öffnet sich der Klemmbalken, während die geschlossene Zange den Streifen vorschiebt. Dabei fahren die Transportzangen gegen einen zur Feinregulierung der Vorschublänge verstellbaren Anschlag. Infolge der Längung des Stanzgitters sind die Vorschublängen an Ein- und Auslaufseite an Winkelhebeln verschieden einzustellen.	

gung wird eine Hubstange von der Antriebswelle der Presse über eine Exzenterhubscheibe angetrieben und dadurch auf- und abbewegt. Diese Hubstangenbewegung wird über Winkelhebel in eine Drehbewegung übersetzt. Beim Walzenvorschub sind dies die Walzendrehungen, beim Zangenvorschub die Gestänge zum Spannen und Verschieben der Spannbacken, soweit dies nicht mittels ölhydraulisch oder pneumatisch betätigter Arbeitszylinder geschieht. Die Vorschubgeschwindigkeit beträgt bei Walzenvorschubapparaten je nach Art des Arbeitsvorganges und des Werkzeuges im Mittel bis zu 20 m/min bei einer Blechdicke $s < 1,5$ mm, bei größeren Blechdicken entsprechend weniger. Für Zangenvorschubapparate liegt die mittlere Durchlaufgeschwindigkeit bei durchschnittlich 10 m/min. In beiden Fällen beträgt die tatsächliche Geschwindigkeit, die der Vorschubapparat dem Band oder Streifen bei jedem Vorschubschritt erteilen muß, rund das Doppelte, da ja nur etwa die Zeit einer halben Umdrehung der Kurbel- oder Exzenterwelle von 90° vor bis 90° nach dem oberen Umkehrpunkt für die Vorschubbewegung zur Verfügung steht. Die damit zusammenhängende Massenbeschleunigung ist von großem Einfluß auf die Vorschubgenauigkeit, die natürlich auch von der Blechdicke abhängt. Man kann den Fehler beim Walzenvorschub durchschnittlich auf ± 0,10 mm und beim Zangenvorschub auf ± 0,05 mm begrenzen. Mit fein einstellbaren Anschlägen und eingebauten Bremsvorrichtungen bei beiden Vorschubarten läßt er sich bis auf ± 0,02 mm verringern. In beiden Fällen ist eine weitere Erhöhung der Genauigkeit durch eingebaute Zentrierstifte Z nach Ausführung 2 in Tabelle 7 zu erreichen. Wichtig ist die genaue Abstimmung des Vorschubes im Gerät mit dem tatsächlich erforderlichen. Diesem Umstand mag es mit zuzuschreiben sein, wenn heute noch anstelle solcher Vorschubgeräte die Vorschubeinrichtung im Werkzeug selbst untergebracht ist, wie dies im folgenden Abschnitt 18 erläutert wird.

18. Stanzgittervorschub innerhalb des Schneidwerkzeuges

Solche Werkzeuge sind wirtschaftlich nur dort berechtigt, wo noch vorwiegend ältere Pressen vorhanden sind, an denen sich eine Vorschubeinrichtung nicht anbringen läßt. Gewiß gibt es heute dafür selbständige vor der Presse aufzustellende Geräte mit unabhängiger pneumatischer, ölhydraulischer oder elektromagnetischer Steuerung, deren synchrone Einstellung zum tatsächlich benötigten Vorschub entsprechende Steuerungsorgane erfordert[1]. Ferner mag es Betriebe geben, in denen Vorschubgeräte nur selten gebraucht werden, so daß die wenigen dafür in Betracht kommenden Werkzeuge mit eigenen Vorschubeinrichtungen ausgerüstet werden. Im folgenden mögen einige solcher Werkzeuge kurz erläutert werden, bei denen die im Band verbliebene Stege des Stanzgitters als Ansatz für das Schubelement dienen.

Die erste, übrigens auch im amerikanischen Schrifttum[2] bekannte Ausführung nach Abb. 88 ist verhältnismäßig einfach. Hier wird am Oberteil

---

[1] Siehe S. 571, Abb. 547 und S. 595, Abb. 577.
[2] *Jones, F. D.*: Die Design and Die Making Practice, S. 14, Fig. 8. New York: Industrial Press 1959.

18. Stanzgittervorschub innerhalb des Schneidwerkzeuges

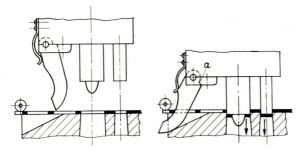

Abb. 88. Am Pressenstößel angelenkter Mitnehmerhaken

des Werkzeuges ein Schwenkhebel mittels einer Bandfeder in seine innere Ruhestellung gebracht. Der Hebel besitzt bei a eine Nase, die gegen die Unterfläche der Stempelhalteplatte in der links gezeichneten Ausgangsstellung anliegt. Beim Senken des Stößels trifft die Spitze dieses Hebels in eine ausgestanzte Bandlücke und gleitet in Verbindung mit einer Schwenkbewegung auf einer schräg abfallenden Fläche in der Schneidplatte nach außen ab. Dadurch wird der Blechstreifen, der nach oben durch eine Rolle abgestützt ist, nach vorn gezogen. Die Rückenpartie des Schwenkhebels muß derart ausgebildet sein, daß auch bei weiterem Senken des Stempels während des Schneidens kein Transport mehr stattfindet. Der Streifentransport muß also auf alle Fälle beendet sein, bevor die Schneidstempel wirksam werden, auch wenn der Stößel weiter nach unten fährt. Dies setzt also eine geometrische Konstruktion dieses am Pressenstößel angelenkten Mitnehmerhakens voraus.

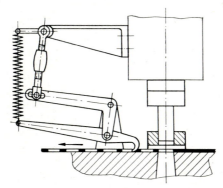

Abb. 89. Über Gestänge vom Stößel betätigter Stanzgittermitnehmer

Eine andere Lösung ist in Abb. 89 erläutert. Hier fällt in den ausgeschnittenen Streifen das hakenförmige Ende eines Hebels, dessen anderes Ende über eine Feder mit dem Pressengestell verbunden ist. Der hakenförmige Hebel ist in einem Winkelhebel schwenkbar, der seinerseits mit dem Werkzeugunterteil gelenkig verbunden ist, und dessen oberer langer Schenkel über eine in ihrer Länge verstellbare Zugstange am Pressenstößel angelenkt ist. Auf diese Weise wird beim Niedergang des Pressenstößels der unter Federdruck stehende Haken leicht über den Steg des Blechstreifens nach rechts hinweggleiten. Sobald sich der Stößel jedoch anhebt, faßt der Haken diesen Steg und zieht ihn nach links um eine Streifenteilung weiter, da der Winkelhebel von der Zugstange nach oben mitgenommen wird. Natürlich ist bei dieser Vorrichtung ein verhältnismäßig dickes Band (oder Streifen) vorauszusetzen, damit der Hebel sicher angreift. Für Blechdicken unter 1 mm dürfte sie sich kaum eignen. Dafür wäre eine Lösung nach Abb. 88 oder nach Abb. 90 günstiger.

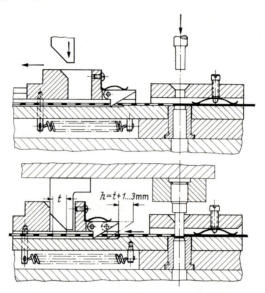

Abb. 90. Durch Keiltrieb betätigter abgefederter Stanzgittermitnehmer

Die Ausführung des Streifenmitnehmers nach Abb. 90 beruht auf einer Schlittenführung derart, daß ein Keilstempel einen Schlitten vorschiebt, der einen mittels Blattfeder abwärts gedrückten schwenkbaren Mitnehmerhebel mit sich führt. Dieses setzt allerdings voraus, daß der Keilstempel bereits in seiner vollen Breite die zylindrische Führung innerhalb des Schlittens erreicht hat, daß also der Streifen stehenbleibt, bevor der Schneidstempel zum Schneiden kommt. Mit dem Emporgehen des Pressenstößels in seinen oberen Umkehrpunkt verläßt nicht nur der Schneidstempel, sondern auch der Keilstempel das Unterwerkzeug. Dadurch kann die unter dem Schlitten angehängte Zugfeder den Schlitten nach rechts zurückholen, wobei der durch die Blattfeder niedergedrückte Mitnehmer wieder nach oben geschwenkt wird. Dabei gleitet er, wie zu Abb. 89 beschrieben, über den Streifensteg hinweg, bevor er den Streifen beim nächsten Arbeitsgang wieder vorschiebt. Damit ein Streifen genügend fest eingehakt wird, ist an dieser Stelle die Streifenauflage ausgefräst, so daß der Mitnehmer durch den Streifen hindurchgreift und um so sicherer einen Steg angreifen kann. Der Hub des Mitnehmers in waagerechter Richtung muß etwas größer bemessen werden als die Vorschubteilung t. Außerdem empfiehlt es sich, eine Bremse für das vorzuschiebende Band einzubauen, wie dies in diesem Fall durch eine einfache mittels Stellschraube anstellbare Bandfeder rechts über dem noch nicht gelochten Streifen angedeutet ist.

Bei den konstruktiven Lösungen nach Abb. 88 bis 90 ist zu bedenken, daß aus Gründen einer Werkstoffersparnis die im Blechstreifen verbleibenden Zwischenstege gemäß Tabelle 5 so schmal wie möglich gehalten werden. Infolgedessen bieten sie gegenüber Biegebeanspruchungen keinen Widerstand. Es ist daher zu prüfen, ob sich die Stege durch derartige Mitnahmevorrichtungen verbiegen oder ob sie gar durchbrochen werden. Im ersten Fall kann es zu Ungenauigkeiten in bezug auf die Vorschubteilung, im zweiten sogar zu Störungen des weiteren Bandtransportes führen. Es sind also dies praktisch mehr Behelfsvorrichtungen als vorbildliche Lösungen. Daher sollten die Pressen nach Möglichkeit besser mit Zangen- oder Walzenvorschubgeräten wie zu Tabelle 7 unter 6 und 7 und auf S. 87 bis 88 beschrieben ausgerüstet werden, selbst wenn hierdurch zunächst erhebliche Kosten entstehen. Auch kann man selbst im Fall, daß die hier genannten Störungen nicht eintreten sollten, in bezug auf eine Genauigkeit des Vorschubes keine allzu großen Ansprüche stellen. Der Vorschubfehler wird günstigenfalls ± 0,1 mm betragen, wenn es sich um kurze kräftige Stege, z. B. runde oder ovale Ausschnitte handelt. Dort, wo wir es mit langen dünnen Stegen zu tun haben, ist mit einem wesentlich größeren Vorschubfehler zu rechnen.

19. Anwendung von Normteilen, insbesondere Säulengestellen

Nach Möglichkeit sind nur genormte Säulengestelle S. 702 im Anhang dieses Buches zu verwenden. Zumeist liefern die Hersteller genormter Gestelle gleichzeitig pausfähige Zeichnungen hierzu, in die der Werkzeugkonstrukteur nur noch die einzubauenden Teile wie z. B. Schneidplatte, Stempel, Stempelhalteplatte und zugehörige Befestigungselemente, Federn usw. einzeichnet. Um verschiedene Teile unter einem gemeinsamen Gestell herzustellen, werden von den Herstellern von Säulengestellen Auswechselgestelle nach Abb. 91 mit angeboten[1]. In diese werden die zur Bearbeitung des

Abb. 91. Auswechselgestell mit übereck angeordneten Säulen (Strack)

---

[1] Hersteller: Strack, Wuppertal.

jeweiligen Teiles erforderlichen Stempel, Schneidplatten oder Gesenke eingesetzt. Zu Abb. 544 auf S. 568 ist ein derartiges Auswechselgestell in Schieberausführung mit Sicherheitsvorrichtungen beschrieben. Eine einfachere Ausführung ist in Abb. 91 dargestellt. Im Werkzeugkopf (*1*) wird der Einspannzapfen des austauschbaren Werkzeugoberteiles durch den innen entsprechend angepaßten Schieber (*2*) mittels zweier Schrauben festgespannt. Auf der Grundplatte (*5*) sind übereck einmal die kräftig gehaltenen Führungssäulen (*3*) und die beiden Spannknaggen (*4*) zum Halten des austauschbaren Werkzeugunterteiles angeordnet.

Die Säulen der Werkzeuggestelle werden zumeist aus Nitrierstahl oder Einsatzstahl hergestellt und auf ihre ganze Länge hin geschliffen. Im Falle der Einheitsbohrung ist die Führungsbohrung nach H 7 anzufertigen. Nach genauer Vermessung des Bohrungsistmaßes (Bi) erhält dann die Säule (S) eine Minustoleranz I T 5, so daß für S gilt: $S = Bi - I\,T\,5$. Im Falle der Einheitswelle kann die Säule nach h 7 gefertigt werden, so daß der Bohrung (B) nach Feststellung des Säulenistmaßes (Si) entspricht: $B = Si + I\,T\,5$. Zur Wahrung der Austauschbarkeit wird empfohlen, die unteren Stirnflächen der Säulen durch das jeweilige Abmaß von Null zu kennzeichnen.

Für die Anordnung der Säulen und ihre Lagerung gibt es verschiedene Bauarten. So werden gehärtete und geschliffene Führungsbüchsen empfohlen, die gemäß Abb. 13, S. 10 mit dem Werkzeugoberteil elastisch verbunden werden können. Weiterhin hat sich ein Ausgießen des Zwischenraumes zwischen der über die Säule gesteckten Führungsbüchse und der Stempelkopfplatte mit Kunstharz bewährt[1], wobei Büchse und Plattenbohrung mit gedrehten Rillen und erstere mit senkrechten Nuten versehen werden müssen, wie dies bereits bei den Umgußverfahren für Matrizen zu Abb. 52 beschrieben wurde. Selbst Ausführungen in Grauguß ohne Schmiernute haben sich im Betrieb bewährt, jedoch darf die Hubzahl der Maschine 80 Umdrehungen in der Minute nicht übersteigen, andernfalls im Dauerbetrieb ein Anfressen stattfindet. Es gibt nun verschiedene Arten von Säulenbefestigungen. So kennt man Befestigungen derart, daß man einen Bund an der Säule vorsieht und diesen nach Abb. 92 mittels eines über-

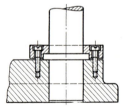

Abb. 92. Säulensicherung

steckten Schildes und Zylinderkopfschrauben festzieht. Dabei wird der Säulenfuß als Haftsitz in der Grundplatte vorgesehen. Man kann aber auch unter Preßsitz die auf ihre ganze Länge hin spitzenlos überschliffene Säule

---

[1] *Niederhellmann, H.:* Anwendungsmöglichkeiten von Kunstharz im Werkzeugbau. Werkst. u. Betr. 92 (1959), H. 10, S. 778. Siehe auch S. 662 bis 668.

19. Anwendung von Normteilen, insbesondere Säulengestellen

in die Grundplatte eintreiben. Im übrigen gibt Abb. 5 auf S. 4, wo die Einspannzapfenverbindungen mit der Stempelkopfplatte erläutert sind, verschiedene Anregungen zur Befestigung der Säulen. So werden beispielsweise Hohlsäulen durch einen von unten eingetriebenen Kegelstift nach Abb. 5 B, S. 4 festgehalten. Die Hohlführungssäule wird voraussichtlich noch eine Zukunft haben, zumal man erkannt hat, daß die Führung mit zunehmender Größe des Säulendurchmessers sich verbessert und hohle Säulen, abgesehen von der Gewichtsersparnis, auch in der Anschaffung und Herstellung billiger sind als Massivsäulen. Ihre Wandstärke darf wegen der Verzugsgefahr beim Härten nur nicht gar zu dünn bemessen werden. Nach den bisherigen DIN-Vorschriften wird am Fuß der Säule eine halbrunde Nute eingestochen. Die Grundplatte ist bis zu dieser Nute in einem etwas größeren Durchmesser ausgespart, um die Einlage von 2 Ringhälften vor dem Einschieben der Säule in die Grundplatte zu ermöglichen. Konstruktionsbeispiele hierzu enthalten die Werkzeugblätter 8, 11, 17, 19, 22 u. a. Dieser Vorschlag nach DIN 9825 ist gewiß praktisch, da die Säule auf ihrer ganzen Länge spitzenlos geschliffen werden kann, das Aufbohren der Grundplatte bis zur Höhe der Nut nur wenig Arbeit verursacht und die Herstellung der beiden Sicherungsringe in der Mengenfertigung keine Schwierigkeit bedeutet. Hingegen darf nicht übersehen werden, daß beim Herausschlagen der Säule gleichzeitig die beiden Ringhälften herausfallen und leicht verlorengehen. Man sollte daher der einfachen Preßpassung den Vorzug geben. Will man darüber hinaus noch etwas tun, dann bringt eine eingedrehte Nute und eine hierzu passende seitliche Wurmschraube gemäß Werkzeugblatt 23 eine zusätzliche Sicherung.

Eine starre schwer lösbare Säulenbefestigung hat sich bei Großwerkzeugen jedoch durchaus nicht als wichtig erwiesen. Vielmehr genügt das Einstecken des konisch verjüngten Schaftendes in eine entsprechende kegelig aufgeriebene Bohrung. In Abb. 93 ist links eine eingesteckte Säule, rechts daneben eine herausgenommene Säule mit Kugelführungsbüchse zu sehen.

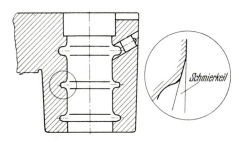

Abb. 93. Konische Einstecksäulen (Weingarten)   Abb. 94. Säulenschmierung

Die Säulenschmierung ist möglichst so auszubilden, daß der dabei entstehende Ölfilm beim Auf- und Niedergang des Gestelloberteils nicht abreißt. Eine entsprechende Lösung zeigt Abb. 94. Die Schmiernuten weisen, wie Abb. 94 rechts zeigt, einen Schmierkeil auf, und zwar die beiden oberen Schmiernuten beiderseits nach oben und nach unten und die untere Nut nur nach oben, so daß der Ölfilm zwischen den Schmiernuten nicht abreißen kann. Zur oberen Nut ist ein schräges Loch für die Schmierstofffüllung gebohrt, das mit einer Wurmschraube verschlossen wird. Es gibt aber auch weit kompliziertere Konstruktionen mit selbstschmierender Säulenführung, wo unter Federdruck ein Kolben mit einer davorsitzenden Dichtungsmanschette das Fett in die Schmiernute einpreßt[1].

In letzter Zeit haben sich insbesondere für Schnelläuferpressen und dort, wo von den Gestellen große Genauigkeit verlangt wird, Säulengestelle mit Kugelführung[2] eingeführt. Abb. 95 zeigt den Schnitt durch eine Kugelführung. Die mit Kugeln versehene dünne Hülse, die meist aus Ms 70 besteht, wird an den einzelnen Stellen, wo die Kugeln sitzen sollen, angebohrt, jedoch nicht völlig durchbohrt, sondern nur so weit, daß die Kugeln abschnittsweise hindurchtreten, aber nicht herausfallen. Dann wird von außen die Bohrung durch ringförmige Kerbungen am Umfang oder mehrere geradlinige Kerben im Quadrat zugedrückt, so daß die Kugel beiderseits in der Hülsenwand sitzt und weder nach innen noch nach außen herausfallen kann. Beträgt nach Abb. 95 der Kugeldurchmesser d_0 und der Säulendurchmesser d_1,

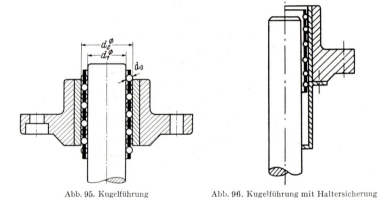

Abb. 95. Kugelführung   Abb. 96. Kugelführung mit Haltersicherung

so gilt für den inneren Laufbüchsendurchmesser $d_2 = d_1 + 2d_0 - 0{,}005$ mm. Fehlen diese 0,005 mm, so wird eine genaue Führung nicht mehr gewährleistet. Die Kugeln sind in der Käfighülse vorzugsweise auf einer schraubenförmigen Linie anzuordnen. In letzter Zeit wurden die Kugelkäfige aus Polyamid (Nylon) und die in den Gestellkopf eingegossenen Büchsen aus Sintermetall hergestellt[2]. Für Kugelführungen ist zwischen zwei Fällen zu unterscheiden, und zwar ob das Werkzeugoberteil während eines Stößelhubes die Führungssäulen verläßt oder nicht. Der letzte Fall, der insbesondere bei kleineren Werkzeugen sowieso allgemein üblich ist, ist günstiger als das Ausfahren des Oberteiles aus der Führung. In diesem Fall müssen die Kugelkäfige durch von unten angeschraubte Halter gegen Herabfallen gesichert werden, wie dies in Abb. 96 dargestellt ist. Beim Einbau solcher Kugelkäfige

---

[1] *Wildförster, E.:* Säulenführungen im Schnittwerkzeugbau. Ind. Anz. 75 (1953), Nr. 9, S. 98, Bild 11–13.

[2] VDI-Nachr. v. 24. 4. 1963, Nr. 17, S. 19. – Fischer-Brodbeck GmbH, Weinsberg.

ist zu beachten, daß ihr Weg dem halben Hub des Oberteiles entspricht. Verläßt das Oberteil die Führungssäule nicht, so ist darauf zu achten, daß die Kugelkäfige bei Erreichen der unteren Hubstellung, d. h. der Arbeitsstellung des Werkzeuges, auf ihre größtmögliche Führungslänge in den Buchsen tragen. Um das Wandern der Käfige nach unten zu verhindern, werden vorteilhaft unterhalb der Käfige Schraubenfedern mit geringer Druckkraft um die Führungssäulen gelegt. Durch Unterlegen von elastischen Einstellstücken (z. B. Gummi oder Kunststoff) ist es vor dem Aufsetzen des Oberteils möglich, die Käfige untereinander auf gleiche Höhe zu bringen. Ist hingegen eine Haltersicherung nach Abb. 96 vorhanden, so sind der Einbau einer Feder und das Unterlegen elastischer Einstellstücke nicht erforderlich.

Abb. 97. Pneumatisch betätigte Säulengestelle mit Bandvorschubeinrichtung (Festo)

Mitunter werden Säulengestelle unmittelbar außerhalb der Presse durch Aufbau pneumatisch, ölhydraulisch oder elektromagnetisch betätigter Antriebselemente eingesetzt. Abb. 97 zeigt zwei solcher Gestelle, die mit pneumatischen Arbeitszylindern ausgerüstet sind[1]. In dem Aufbau des linken Gestelles ist zur Vergrößerung der Stößelkraft ein Kniehebeltrieb untergebracht. Außer den Säulengestellen wird hier auch der Bandvorschub pneumatisch gesteuert. Bei ölhydraulischen Antrieben für größere Stößelkräfte werden meist Hydromenteinheiten[2] dafür eingesetzt. Elektromagnete können nur für kurze Hube und geringe Kräfte verwendet werden.

---

[1] Festo-Pneumatik, Eßlingen.
[2] FMA Pokorny, Frankfurt.

B. Die konstruktive Ausführung einzelner Schneidwerkzeuge

1. Das Freischneidewerkzeug
(Werkzeugblatt 1)

Einfache Schneidstempel, die im Durchmesser nicht erheblich größer und nicht wesentlich kleiner als der Durchmesser ihres Stempelzapfens sind, werden mit ihrem Einspannteil aus einem Stück hergestellt. Der Einspannzapfen und der am Pressenstößel anliegende Bund müssen weich bleiben und dürfen nicht gehärtet werden. Es ist zu beachten, daß bei einteiliger Ausführung am Fuße des Einspannzapfens eine kleine und flache Ringnute eingestochen wird, um ein gutes Anliegen des Stempeloberteiles an der Stößelfläche zu gewährleisten. Größere Stempel – ein solcher ist im vorliegenden Werkzeugblatt angegeben – werden zweckmäßig an ihrer unteren Schnittfläche ausgespart, wobei am Schnittrand eine Ringfläche von der Breite t zu etwa 3 bis 8 mm stehenbleibt. Ausführung A zeigt einen abgesetzten, Ausführung B einen nicht abgesetzten Stempel. Im ersteren Falle sind die Herstellungskosten infolge Verminderung der Schleifzeit um ein weniges geringer, dafür ist aber die Einrichtung[1] des Werkzeuges an der Maschine umständlicher.

Bei Ausführung A wird die Höhe h am Schnitteil des Stempels um einige Millimeter höher bemessen als die hier nicht angegebene Abstreiferhöhe und das Maß, um welches der Stempel in die Schneidplatte eingeführt wird, damit nicht beim Emporgehen des Stempels der durchgelochte Streifen über dem Absatz hängenbleibt. Werden Schneidplatten (Teil 2) häufig verwendet, so werden sie mit einer Grundplatte (Teil 3) fest verbunden und beim Abschleifen nicht von dieser abgenommen. Werden hingegen äußerst zahlreiche Schneidplatten nur für kürzere Dauer in Betrieb genommen, so werden eine oder nur wenige Grundplatten mit sogenannten Froschleisten oder Froschringen in der Werkstatt für die verschiedensten Plattengrößen bereit gehalten. Ist die Schneidplatte rechteckig ausgeführt, so muß die Froschleiste (Teil 4) gegen eine in der Ausführung A des Werkzeugblattes 1 gestrichelt gezeichnete Leiste abgestützt oder außen untergelegt werden. In gewissen Fällen wird eine ringförmige Spannung durch Schraubenringe (Teil 5) bevorzugt, wie es in der Ausführung B des gleichen Werkzeugblattes dargestellt ist. Bohrungen des Froschringes (Teil 4) dienen zur Aufnahme der Zapfen eines Stiftschlüssels.

Die Schneidplatten werden fast ausnahmslos plan geschliffen, nur bei größeren Schnitten wird zur Schonung von Werkzeug und Maschine ein dachförmiger Anschliff gewählt. Man merke hierbei, daß beim Lochen von Werkstücken der Stempel gemäß Abb. 20D gekerbt und die Schneidplatte eben, hingegen beim Ausschneiden runder Platinen die Matrize dachförmig (im Werkzeugblatt 1 gestrichelt dargestellt) und der Stempel eben geschliffen

---

[1] Im Werkstattblatt II (Beil. zur Z. Werkst. u. Betr.) wird das Einstellen von Freischnitten ausführlich geschildert. Siehe auch *Nowak, G.:* Arretiereinrichtung mit Tiefenanschlag für Freischnitte. Werkst. u. Betr. 96 (1963), H. 1, S. 49.

1. Freischneidewerkzeug

| S | Freischneidewerkzeug | | Werkzeugblatt 1 |

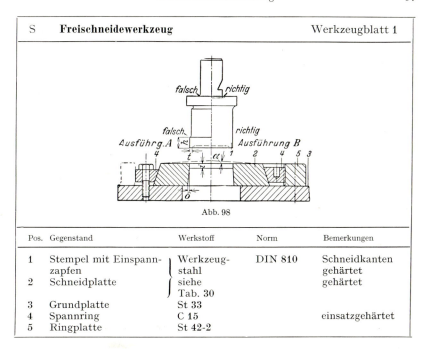

Abb. 98

Pos.	Gegenstand	Werkstoff	Norm	Bemerkungen
1	Stempel mit Einspannzapfen	Werkzeugstahl siehe Tab. 30	DIN 810	Schneidkanten gehärtet
2	Schneidplatte			gehärtet
3	Grundplatte	St 33		
4	Spannring	C 15		einsatzgehärtet
5	Ringplatte	St 42-2		

werden. Der Winkel α beträgt hierbei höchstens 3°. Dies ergibt noch einigermaßen genaue kreisrunde Ausschnitte. Für eine unbedingt genaue Form empfiehlt sich allerdings ein schräger Anschliff nicht.

Derartige Freischnitte eignen sich nur für Maschinen mit vollkommen sicherer Stempelführung, da sonst außer einem ungleichmäßigen Schnitt mit einer Beschädigung der Schneidkanten von Stempel und Matrize gerechnet werden muß. Freischneidwerkzeuge ohne Säulenführung werden immer mehr durch solche in Säulengestellen mit austauschbaren Schneidplatten und Stempeln verdrängt. Sie (Abb. 91) sind selbst bei kleinen Stückzahlen wirtschaftlicher als der Freischnitt, da dort die Werkzeuge mehr geschont und Einrichtezeiten herabgesetzt werden. Bei säulengeführten Werkzeugen mit dort eingebauten Freischnitten, d. h., wo wie beim Ausklinkschneidwerkzeug nach Abb. 103 der Schneidring unmittelbar dem Schneidstempel gegenübersteht und eine Stempelführungsplatte bzw. Abstreifeplatte fehlt, lassen sich Abstreifer an den Führungssäulen befestigen. Eine einfache und billige Ausführung besteht darin, daß schellenartig um die Säulen gebogene Stahlbandabschnitte mittels Schrauben an der Säule festgeklemmt werden. Die Enden dieser Stahlbandabschnitte werden dann um die Säule gegen den Stempel geschwenkt, so daß das Blech an den hochkant liegenden Bändern abgestreift wird. Dies ist nur bei dickeren Blechen von über 1 mm anwendbar, da sich sonst das auszustanzende Streifenmaterial zu sehr verformt und schlecht weiter transportieren läßt.

Mitunter werden Freischneidwerkzeuge zum Ausstanzen von Abfallmaterial verwendet, da es sich dabei um völlig unregelmäßig geschnittene

98   B. Die konstruktive Ausführung einzelner Schneidwerkzeuge

Bleche der verschiedensten Form handelt, die sich weder in den Streifenkanal noch zwischen die Säulen eines Werkzeuges schieben lassen. Bei solchen sperrigen Abfallblechen, die die Neigung haben, von der Schneidplatte zu kippen, haben sich elektromagnetische Greiferstäbe bewährt, die das Stahlblech fest gegen die Schneidplatte ziehen, durch Fußhebel zwecks Freigabe des Bleches zurückgezogen werden, und über die auf S. 582 bis 586 ausführlicher berichtet wird. So zeigt Abb. 99 das Unterteil eines auf dem Pressentisch t aufgespann-

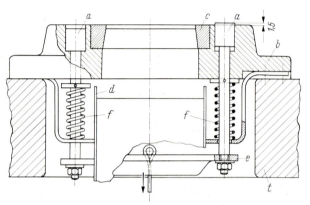

Abb. 99. Magnetische Greiferstäbe am Umfang einer Schneidplatte

ten Schneidwerkzeuges. Die Grundplatte b enthält den mittig fest eingesetzten Schneidring c und die in der Höhe verschiebbaren Greiferstäbe a. Die durch den Durchbruch der Platte nach unten abfallenden Zuschnitte gelangen auf eine Rutsche d, von wo aus sie in einen Korb oder eine Stapelvorrichtung abgeführt werden. Die nach unten durch Bolzen verlängerten Greiferstäbe a sind über eine Traverse e miteinander verbunden und können durch Drahtseil oder Hebel unter Überwindung des Druckes der Federn f nach unten gezogen werden. Der rechte Greiferstab a ist in Ruhe- bzw. Bereitschaftsstellung, der linke in Rückzugstellung zwecks Freigabe des hier nicht gezeichneten Bleches dargestellt. Es können auf dem Umfang verteilt mehr als 2 Greiferstäbe angeordnet werden. Das hier nicht gezeichnete Oberwerkzeug besteht aus dem Schneidstempel und einer ihn umgebenden, durch Druckfeder abgestützten Abstreiferplatte, wie eine solche in Werkzeugblatt 2 angegeben ist.

2. Freischneideeinbaueinheiten

(Werkzeugblatt 2)

Häufig trifft man bei der Kleinserienfertigung großer mit kleinen Löchern zu versehender Teile anstelle großer Werkzeugblöcke in einzelne kleine Einheiten aufgeteilte Schneidwerkzeuge, die sich bequem austauschen lassen und deren Verwendbarkeit immer wieder gegeben ist. So wurde über die zu Randlochungen einsetzbaren Einheiten bereits auf S. 59 bis 61 dieses Buches berichtet. Doch dort, wo nicht am Rand, sondern in der Mitte gelocht werden

2. Freischneideeinbaueinheiten

muß und die Ausladungen nicht ausreichen, müssen anstelle der Blöcke, die gemeinsam Schneidstempel und Schneidplatte umfassen, in Oberteil und Unterteil getrennte Einheiten unter der Presse eingebaut werden. So zeigt Werkzeugblatt 2 eine in amerikanischen Stanzereibetrieben häufig anzutreffende Ausbildung der Lochschneidelemente[1] für Großwerkzeuge im Schnitt. Die Schneidbuchsen können in beliebiger Anordnung auf dem Pressentisch und entsprechend hierzu die Stempel an der Unterfläche des Pressenstößels befestigt werden. In Abb. 100 sind mehrere gleichartige

Abb. 100. Einrichten von Werkzeugen nach Werkzeugblatt 2

Werkzeuge nebeneinander aufgespannt zu sehen. Es handelt sich dabei um das Lochen von Holmverstärkungen, die bereits mit Stehbolzen versehen sind. Das Oberteil (Teil 1) mit den Stempeln (Teil 4) und der abgefederten Blechhalteplatte (Teil 11) muß genau zu den Schneidbuchsen (Teil 3) des Unterteiles (Teil 2) ausgerichtet werden. Abb. 100 zeigt eine Arbeiterin bei dieser Tätigkeit. Die Federn (Teil 10) umgeben konzentrisch die Stempel oder – wie in Werkzeugblatt 2 angegeben – die Abstandsschrauben (Teil 9). Die Stempelhalteplatte (Teil 7) ist mittels Senkschrauben (Teil 8) an der Langlochaufspannleiste (Teil 1) angeschraubt, während die Schneidbuchsensockel (Teil 5) mit diesen Leisten (Teil 2) verschweißt sind. Durch die schräg geführten Abfallschlitze in den Sockeln fallen die Stanzbutzen nach unten ab; dies gestattet ein leichtes Abführen des Stanzabfalles, und es bedarf keiner Durchbrüche des Tisches und der Oberplatte. Da sich die Schneidbuchsen aus den Sockeln durch den schrägen Butzenabfallkanal schlecht

---

[1] S. B. Wistler & Sons, Buffalo N. Y. – Feinprüf, Göttingen.

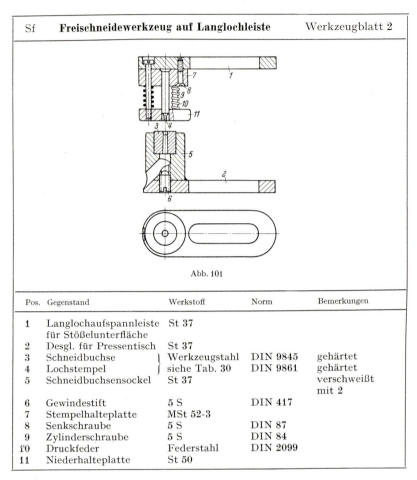

| Sf | Freischneidewerkzeug auf Langlochleiste | | | Werkzeugblatt 2 |

Abb. 101

Pos.	Gegenstand	Werkstoff	Norm	Bemerkungen
1	Langlochaufspannleiste für Stößelunterfläche	St 37		
2	Desgl. für Pressentisch	St 37		
3	Schneidbuchse	Werkzeugstahl	DIN 9845	gehärtet
4	Lochstempel	siehe Tab. 30	DIN 9861	gehärtet
5	Schneidbuchsensockel	St 37		verschweißt mit 2
6	Gewindestift	5 S	DIN 417	
7	Stempelhalteplatte	MSt 52-3		
8	Senkschraube	5 S	DIN 87	
9	Zylinderschraube	5 S	DIN 84	
10	Druckfeder	Federstahl	DIN 2099	
11	Niederhalteplatte	St 50		

herausschlagen lassen, wird gemäß Abb. 101 eine weitere Durchführung der senkrechten Bohrung bis auf den Grund empfohlen, die mit Gewinde versehen einen als Verschluß dienenden Gewindestift (Teil 6) aufnimmt. Derselbe ist oben stark abgerundet, damit sich dort keine Butzen festklemmen, die den Butzenabfall stören würden. Da der Pressentisch und die Unterfläche des Stößels meistens mit T-Nuten versehen sind, in denen Schrauben hin- und hergeschoben werden können, lassen sich derartige Werkzeuge leicht anbringen. Damit nicht beim Einrichten die Werkzeuge beschädigt werden, können sie gemäß Abb. 102 leicht herausnehmbar angeordnet werden. Zum Festhalten der Stempel und Schneidbuchseneinsätze dienen schräg anstellbare Gewindestifte. Beim Werkzeugeinrichten werden die Werkzeugeinsätze in Unterteil a und Oberteil b entfernt, und an deren Stelle werden in das Unterteil Ausrichtbolzen wie in Abb. 102 links dargestellt, eingesetzt, deren unterer Durchmesser D dem Matrizeneinsatz- und oberer Durchmesser d

3. Universalausklinkschneidewerkzeug mit Säulenführung

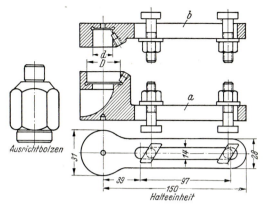

Abb. 102. Locheinheiten mit Anschlagausrichtbolzen

dem Stempelschaftdurchmesser entspricht. Der Ausrichtbolzen dient gleichzeitig als Anschlag zur Einstellung der unteren Totpunktlage der Presse. Anstelle eines Anschraubens werden teilweise derartige Lochschneidelemente auf elektromagnetische Spannplatten, die auf dem Tisch und unter dem Pressenstößel befestigt sind, einfach aufgesetzt.

3. Universalausklinkschneidewerkzeug mit Säulenführung
(Werkzeugblatt 3)

Ein praktisches Universalwerkzeug zeigt Werkzeugblatt 3. Dieses rechteckige Beschneidewerkzeug ist in ein Säulenführungsgestell mit hinten angeordneten Säulen eingebaut. Er bewährt sich besonders dort, wo sperrige Teile ausgeklinkt oder Einschnitte an größeren Blechen vorgenommen werden. Durch entsprechende Einstellung der verstellbaren Anlageleisten (Teil 9) lassen sich mit diesem Werkzeug die verschiedensten Ausklinkungen, rechtwinklige und stumpfwinklige Einschnitte usw. herstellen, so daß sich die Anfertigung von Spezialwerkzeugen erübrigt. Der Schneidstempel (Teil 5) ist mit einer breiteren und tiefer reichenden Hinterführung H versehen. Diese wird bereits in der Schneidplatte (Teil 6) allseitig geführt, bevor der Werkstoff getrennt wird. Dadurch wird ein Aufsitzen, wie jedes Versetzen und Abdrängen des Stempels verhindert. Dies ist wichtig, da bei einseitig arbeitendem Schneidewerkzeugen die Stempel zum Abdrängen und Ausweichen neigen, worauf bereits bei den Seitenschneidern auf S. 84 Abb. 87B hingewiesen wurde. Es ist daher günstig, den Schneidestempel (Teil 5) mit einem rückseitigen Flansch zur Erzielung einer möglichst großen Auflage zu versehen. Mit einem solchen Werkzeug lassen sich auch dickere Bleche schneiden. An der Schneidplatte (Teil 6) ist die aus Gußstahlblech hergestellte Werkstoffauflage (Teil 8) befestigt. Die Befestigung geschieht durch kleine Winkel (Teil 7), welche mit der Auflage (Teil 8) fest verbunden sind. Die Winkel haben Langlöcher, so daß nicht nur die Anlagelineale, sondern auch die ganze Auflage verstellt werden kann. Zum schnellen Verstellen der Anschläge

102 B. Die konstruktive Ausführung einzelner Schneidwerkzeuge

| Sfs | Universalausklinkschneidewerkzeug | | Werkzeugblatt 3 |

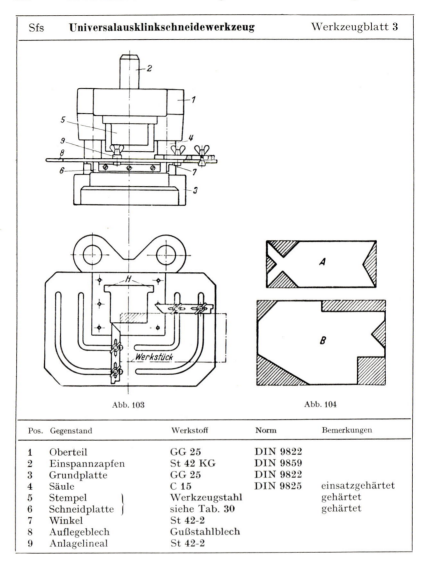

Abb. 103   Abb. 104

Pos.	Gegenstand	Werkstoff	Norm	Bemerkungen
1	Oberteil	GG 25	DIN 9822	
2	Einspannzapfen	St 42 KG	DIN 9859	
3	Grundplatte	GG 25	DIN 9822	
4	Säule	C 15	DIN 9825	einsatzgehärtet
5	Stempel	Werkzeugstahl		gehärtet
6	Schneidplatte	siehe Tab. 30		gehärtet
7	Winkel	St 42-2		
8	Auflegeblech	Gußstahlblech		
9	Anlagelineal	St 42-2		

(Teil 9) auf der Werkstoffauflage (Teil 8) sind Flügelmuttern besonders geeignet.

Die vielseitige Anwendungsmöglichkeit eines solchen Universalwerkzeuges zeigen die neben dem Werkzeug dargestellten Teile *A* und *B* gemäß Abb. 104. Die schraffierten Teile deuten die Ausschnitte aus den ursprünglich rechteckigen Zuschnitten an. Im Grundriß der Werkzeugblattzeichnung Abb. 103 wird die Anlage für eine rechteckige Ausklinkung an der Ecke des eingelegten Werkstückes gleichfalls durch Schraffur erläutert.

4. Folgeschneidwerkzeug mit Plattenführung
(Werkzeugblatt 4)

Das Herstellen von gelochten Werkstücken geschieht unter Gesamtschneidwerkzeugen, wenn die Werkstücke sehr genau ausfallen müssen, andernfalls genügen Säulen- oder Plattenführungsschneidwerkzeuge mit Vorlocher. Die letzte Bauart ist meist, aber nicht immer billiger. Gegenüber den Säulengestellen hat die Plattenführung heute nur noch untergeordnete Bedeutung. Die Schnittgenauigkeit hängt von der Dicke des Bleches, von der Ausführung der Anschläge und schließlich von der Geschicklichkeit und Sorgfalt des Arbeiters ab. Sehr schwache Blechstreifen, also solche unter 0,2 mm Dicke, ferner dünnes Hartpapier und Metallfolie, weisen bei der Bearbeitung unter derartigen Werkzeugen eine größere Ungenauigkeit auf als dickeres Material, und zwar beträgt der Ausschuß bei dünner Metallfolie oft bis zu

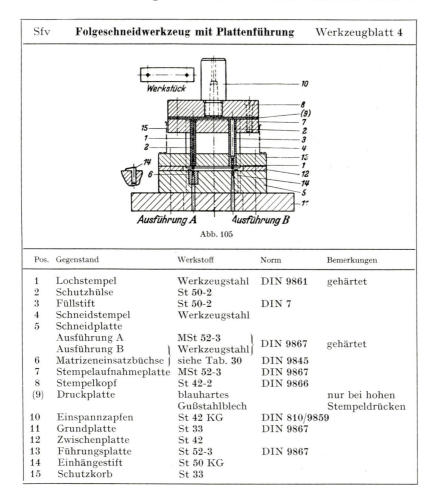

Abb. 105

Pos.	Gegenstand	Werkstoff	Norm	Bemerkungen
1	Lochstempel	Werkzeugstahl	DIN 9861	gehärtet
2	Schutzhülse	St 50-2		
3	Füllstift	St 50-2	DIN 7	
4	Schneidstempel	Werkzeugstahl		
5	Schneidplatte			
	Ausführung A	MSt 52-3	DIN 9867	gehärtet
	Ausführung B	Werkzeugstahl		
6	Matrizeneinsatzbüchse	siehe Tab. 30	DIN 9845	
7	Stempelaufnahmeplatte	MSt 52-3	DIN 9867	
8	Stempelkopf	St 42-2	DIN 9866	
(9)	Druckplatte	blauhartes Gußstahlblech		nur bei hohen Stempeldrücken
10	Einspannzapfen	St 42 KG	DIN 810/9859	
11	Grundplatte	St 33	DIN 9867	
12	Zwischenplatte	St 42		
13	Führungsplatte	St 52-3	DIN 9867	
14	Einhängestift	St 50 KG		
15	Schutzkorb	St 33		

10% bei einer Toleranz des Abstandes der vorgelochten Löcher vom Schnittumfang von + 0,5 mm. Deshalb sollten für sehr schwachen Werkstoff Folgeschneidwerkzeuge nur mit unter Federdruck stehender Niederhalteplatte angewendet und Gesamtschneidwerkzeuge bevorzugt werden (siehe S. 178). Die Anordnung von Einhängestiften ist auf S. 79 und in Tabelle 7 beschrieben; sie hängt von der Einteilung des Stanzstreifens ab.

Bemerkenswert sind die Konstruktionen schwacher Stempel[1]. In der Ausführung A zu Werkzeugblatt 4 wird die Schutzhülse wie ein Stempel eingesetzt und in ihr wiederum der Stempel selbst, der am oberen Ende zur Befestigung in der Stempelaufnahmeplatte nach Art einer Nietung angestaucht ist. Der Stempel ragt aus der Schutzhülse um 7 mm hervor. In der Ausführung B ist eine andere Art der Schutzhülse gezeigt, und zwar ist der Stempel nur kurz bemessen und im unteren Teile der Hülse eingesetzt (Teil 1). Der übrige Hohlraum der Schutzhülse (Teil 2) wird durch einen Stift (Teil 3) ausgefüllt. Erstere Ausführung A wird in der Regel bevorzugt, zumal der Stempel in der Schutzhülse auf eine größere Länge geführt ist. Besser ist im allgemeinen die in Abb. 27A S. 31 gezeigte Ausführung ohne Schutzhülse. Schutzhülsen sollen gemäß AWF 5105 nur dort angewendet werden, wo der Schneidstempeldurchmesser das 1,5fache der Werkstoffdicke unterschreitet.

Dünne, bruchempfindliche Stempel werden meist in unter Federdruck stehenden Platten geführt, wofür Abb. 100 und 101 Anwendungsbeispiele zeigen. Die dort eingesetzten durch umgebende Federn abgestützten Schrauben bieten meist nicht genügend Sicherheit zum Abfangen seitlich gerichteter Kräfte. Zur Erhöhung einer Sicherheit gegen Stempelbruch sollten kräftig gehaltene, aus Bolzen mit darauf verschieblicher Hülse bestehende Begrenzungsanschläge[2] außerhalb der Federsäulen, wie in Abb. 106 links dargestellt, eingebaut werden. Auch in Gesamtschneidwerkzeugen kann die getrennte Anordnung von Anschlagelement und Druckfeder empfohlen werden. Denn

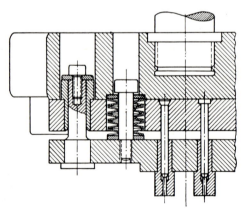

Abb. 106. Einbau von Begrenzungsanschlägen zum Schutz dünner Schneidstempel

---

[1] Siehe hierzu die Berechnung der Stempel auf Knickfestigkeit unter Berücksichtigung der Länge gemäß Abschnitt A 8, Abb. 29 dieses Buches.

[2] Bauart Standex, Stockholm.

bei der bisher meist angewandten Bauweise der durch eine umgebende Feder abgestützten Anschlagschraube besteht die Gefahr, daß die Schrauben sich lockern, zumal da die vorgespannte Feder sowieso eine Abstandvergrößerung zwischen Schraubenkopf und Einschraubstelle unterstützt.

Weiterhin hat sich eine Verstärkung kleiner Stempel durch ein mit Kunstharz vergossenes Abstützrohr in Verbindung mit einer mittels Kunstharz ausgegossenen Stempelführung bewährt[1]. Ferner ist bei mehreren dünnen Stempeln eine Verstärkung beiderseits durch angeklemmte Führungsbacken möglich[2]. Bei Anordnung eines dünnen Lochstempels dicht neben einem größeren Stempel ist es oft zweckmäßig, letzteren abzusetzen und so groß auszubilden, daß er gleichzeitig als Aufnahmekörper für den dünnen Stempel verwendet werden kann.

Sind nur sehr kleine Bohrungen in der Schneidplatte vorhanden, so kann hierzu ein einfacher ungehärteter Kohlenstoffstahl St 42-2 oder St 50-2 unter Einsatz gehärteter, aus Edelstahl hergestellter Schneidbuchsen (Teil 6) verwendet werden. Dies empfiehlt sich schon deswegen, da kleine Stempel eine viel größere spezifische Flächenbeanspruchung der Schneidplatte bedingen als große Stempel. Es wäre unwirtschaftlich, müßte infolge der frühzeitigen Abnutzung der kleinen Bohrungen entweder die ganze Schneidplatte aus besonders hochwertigem Stahl hergestellt oder bei Verwendung eines minder guten Werkstoffes dieselbe nach kurzer Zeit erneuert werden. Deshalb gilt die Regel, daß bei häufig gebrauchten Schneidwerkzeugen, deren Stempel teilweise einen kleineren Durchmesser als die Blechdicke aufweisen, besondere Schneidbuchsen aus hochwertigem Stahl einzusetzen sind. Dieselben werden unter Preßsitz in ihre Halteplatte eingedrückt.

Bei größeren Vorlochungen sind in den Ausschneidestempel von oben Zentrierstifte – sogenannte Fang- oder Suchstifte – einzusetzen, wie diese in Tabelle 7 – 1 und 2 – auf S. 86 bereits beschrieben sind. Hierdurch wird eine größere Genauigkeit erzielt. Zentrierstifte dürfen jedoch nur dort Verwendung finden, wo die Vorlochung größer als 3 mm ist. Die überstehende Länge der Zentrierzapfen soll mindestens 4 mm, jedoch keineswegs über 12 mm betragen. Der Suchstift darf nicht von unten her in den Stempel eingeschlagen werden, da hierdurch die Stempel ein Sackloch erhalten, so daß sie beim Härten leicht reißen und außerdem ein Nachschleifen der Stempel ohne die schwierige Entfernung des Suchstiftes unmöglich ist. Ein durchgehender herausnehmbarer Suchstift ist daher stets vorzuziehen.

5. Schneidwerkzeug mit Anschneide- und Hakenanschlag
(Werkzeugblatt 5)

Ein ähnliches Werkzeug wie unter Werkzeugblatt 4 angegeben, zeigt das vorliegende Werkzeugblatt, nur ist anstelle der Einhängestifte ein Hakenanschlag vorgesehen. Die Stempelhalteplatte ist zu diesem Zweck nach

---

[1] *Schachtel, F.:* Verstärkung von kleinen Stempeln. Werkst. u. Betr. 90 (1957), H. 1, S. 87.
[2] *Strasser, F.:* Verstärkung von kleinen Stempeln. Werkst. u. Betr. 89 (1956), H. 11, S. 643.

106   B. Die konstruktive Ausführung einzelner Schneidwerkzeuge

hinten – also zur Maschinenständerseite zu – verlängert ausgeführt und trägt den Anschlagbolzen (Teil 12), in diesem Falle einen Gewindestab mit zwei Sechskantmuttern zur Veränderung der Bolzenlänge. Dieser Bolzen trifft auf die waagerecht umgebogene Fläche des Hakenanschlages (Teil 10), der um einen Stift (Teil 13) schwenkbar ist. Der andere Schenkel des Hakenanschlages, welcher in einer schlitzförmigen Aussparung der Stempelführungsplatte (Teil 7) nach oben und unten bewegt werden kann, liegt auf der Schneidplatte (Teil 6) auf und wird mittels einer Feder (Teil 11) stetig herabgedrückt. Beim Niedergang des Stempels stößt der Anschlagbolzen auf den Haken und lüftet dessen anderen Schenkel, der als Streifenanlage dient. Nunmehr kann der Stanzstreifen nach erfolgtem Schnitt weitergezogen werden, bis der zurückfallende Hakenanschlag auf den Steg des inzwischen weitergeschobenen Streifens bzw. in den nächsten Abschnitt desselben fällt und somit als Anlage des Streifens für die nächste Arbeitsstellung dient.

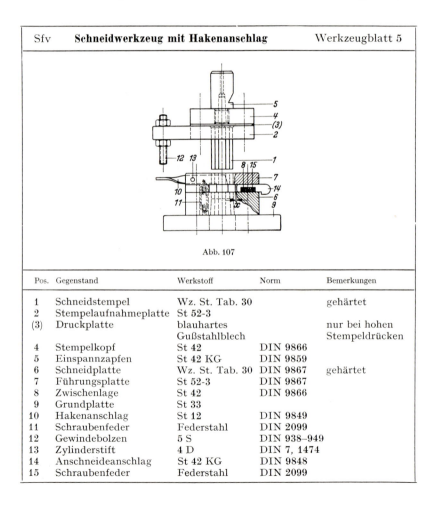

Abb. 107

Pos.	Gegenstand	Werkstoff	Norm	Bemerkungen
1	Schneidstempel	Wz. St. Tab. 30		gehärtet
2	Stempelaufnahmeplatte	St 52-3		
(3)	Druckplatte	blauhartes Gußstahlblech		nur bei hohen Stempeldrücken
4	Stempelkopf	St 42	DIN 9866	
5	Einspannzapfen	St 42 KG	DIN 9859	
6	Schneidplatte	Wz. St. Tab. 30	DIN 9867	gehärtet
7	Führungsplatte	St 52-3	DIN 9867	
8	Zwischenlage	St 42	DIN 9866	
9	Grundplatte	St 33		
10	Hakenanschlag	St 12	DIN 9849	
11	Schraubenfeder	Federstahl	DIN 2099	
12	Gewindebolzen	5 S	DIN 938–949	
13	Zylinderstift	4 D	DIN 7, 1474	
14	Anschneideanschlag	St 42 KG	DIN 9848	
15	Schraubenfeder	Federstahl	DIN 2099	

Sfv   Schneidwerkzeug mit Hakenanschlag   Werkzeugblatt 5

5. Schneidwerkzeug mit Anschneide- und Hakenanschlag

Wird der eingeführte Streifen an den Hakenanschlag angelegt, so fällt beim ersten Schnitt ein ungelochtes Stück ab. Durch Anordnung eines Anschneideanschlages zwischen Vorlocher und Ausschneidestempel wird dieses vermieden. Einen einfachen, aus Flachstahl hergestellten Anschneideanschlag zeigt vorliegendes Werkzeugblatt (Teil 14). Dieser wird unter Einlage einer Schraubenfeder in die Zwischenleiste eingesetzt, nachdem diese entsprechend ausgearbeitet wurde. Es ist bei der Zusammensetzung des Werkzeuges darauf zu achten, daß zwar der Anschneideanschlag nicht klemmt, aber auch in seiner Höhe – also zwischen Schneidplatte und Führungsplatte – kein größeres Spiel als eine halbe Blechdicke aufweist, damit nicht der eingeschobene Blechstreifen unter den Anschlag durchgezogen werden kann. Die vordere Kante des Anschneideanschlages muß in dessen entspannter Lage um mindestens $x = 1$ mm hinter der Streifenführung zurückstehen.

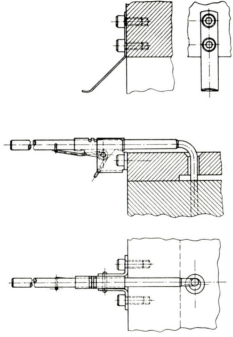

Abb. 108. Längs verstellbarer Hakenanschlag

Hakenanschläge werden ebenso wie andere Band- und Streifenanschläge heute schon als selbständige Zubehörteile geliefert, die vom Werkzeughersteller in einfacher Weise in Werkzeuge – oft auch nachträglich in fertige und im Betrieb benutzte Schneidwerkzeuge – eingebaut werden. So zeigt Abb. 108 einen Hakenanschlag, dessen gelenkige Aufhängung an die Zwischenleiste über der Schneidplatte angeschraubt wird. Dieser Hakenanschlag wird mittels einer Bandfeder durch eine Führungsplatten- oder Deckplattenbohrung nach unten auf die Schneidplatte gedrückt. Der seitlich am Werk-

108   B. Die konstruktive Ausführung einzelner Schneidwerkzeuge

zeugoberteil angeschraubte, schräg abgewinkelte Blechstreifen in Abb. 108 oben stößt beim Niedergang auf das nach außen vorstehende Hebelende des Anschlages, wodurch der Hakenanschlag gelüftet wird und der Blechstreifen weitergeschoben werden kann. Dem jeweiligen Bedürfnis entsprechend kann der Abstand zwischen Hakenanschlag und Anschraubschild verändert werden, da der Hakenstiel in der Halterung des Anschraubschildes verschiebbar angeordnet ist[1].

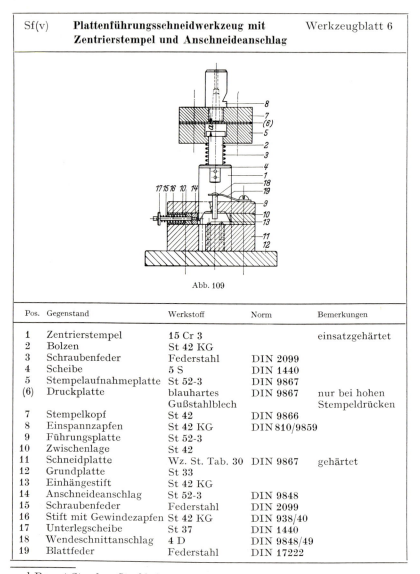

Sf(v)   **Plattenführungsschneidwerkzeug mit**   Werkzeugblatt 6
        Zentrierstempel und Anschneideanschlag

Abb. 109

Pos.	Gegenstand	Werkstoff	Norm	Bemerkungen
1	Zentrierstempel	15 Cr 3		einsatzgehärtet
2	Bolzen	St 42 KG		
3	Schraubenfeder	Federstahl	DIN 2099	
4	Scheibe	5 S	DIN 1440	
5	Stempelaufnahmeplatte	St 52-3	DIN 9867	
(6)	Druckplatte	blauhartes Gußstahlblech	DIN 9867	nur bei hohen Stempeldrücken
7	Stempelkopf	St 42	DIN 9866	
8	Einspannzapfen	St 42 KG	DIN 810/9859	
9	Führungsplatte	St 52-3		
10	Zwischenlage	St 42		
11	Schneidplatte	Wz. St. Tab. 30	DIN 9867	gehärtet
12	Grundplatte	St 33		
13	Einhängestift	St 42 KG		
14	Anschneideanschlag	St 52-3	DIN 9848	
15	Schraubenfeder	Federstahl	DIN 2099	
16	Stift mit Gewindezapfen	St 42 KG	DIN 938/40	
17	Unterlegscheibe	St 37	DIN 1440	
18	Wendeschnittanschlag	4 D	DIN 9848/49	
19	Blattfeder	Federstahl	DIN 17222	

[1] Bauart Standex, Stockholm.

6. Schneidwerkzeug mit Zentrierstempel

(Werkzeugblatt 6)

Eine andere Ausführung des Anschneideanschlages, als wie er unter dem vorhergehenden Werkzeugblatt 5 angegeben wurde, besteht aus einem Stück vierkantigen Stahles (Teil 14), das mittels eines Bolzens (Teil 16) in der Bohrung der Zwischenplatte (Teil 10) geführt wird und unter Federdruck (Teil 15) steht, so daß die Streifenbahn hierdurch nicht behindert wird. Nur beim Ausschneiden wird der Bolzen nach innen durchgedrückt und bewirkt somit das Anschlagen des Streifens für den ersten Schnitt bzw. für das Vorlochen.

Wird die Lage des Streifens zur Schnittstelle weder durch Seitenschneider noch durch seitliche Federdruckstücke gemäß Abb. 81 S. 77 eindeutig bestimmt, oder kommt Bandstahl ungleicher Breite zur Verarbeitung, so kann bei Vorloch- und Trennschnitten der Streifen zwischen den einzelnen Arbeitsgängen sehr leicht seitlich verschoben werden, so daß die Lochungen von den Umfangslinien des Ausschnittes verschieden weit entfernt liegen. Um dies zu vermeiden, und die Vorlöcher genau auf Mitte zu halten, empfiehlt sich die Verwendung von gabelförmig ausgearbeiteten Zentrierschiebern (Teil 1), welche an der Stempelaufnahmeplatte (Teil 5) befestigt und gegen diese abgefedert (Teil 3) sind. Gleichzeitige Schnittarbeit können derartige Zentrierschieber selbstverständlich nicht ausführen. Für die vorstehenden abgeschrägten Zentrierspitzen (des Teiles 1) sind in der Schneidplatte (Teil 11) entsprechende Bohrungen vorzusehen. Zur Rückfederung des Zentrierstempels muß in der Kopfplatte ein genügender Abstand a zwischen dem Bolzenkopf (Teil 2) und der Stempeldruckplatte (Teil 6) verbleiben. Die Schneidstempel sind der Übersicht wegen in Werkzeugblatt 6 nicht eingezeichnet.

7. Trennschneidwerkzeug

(Werkzeugblatt 7)

Diese Trennschneidwerkzeuge, die in der Praxis auch als Abhackschnitte bezeichnet werden, werden in der Regel als Universalwerkzeuge für verschiedene Längen ausgeführt. Sie kommen insbesondere für Hebelstücke, Zugstangen, Laschen usw. in Frage, welche, aus Bandeisen bestehend, an beiden Enden irgendwie abgerundet werden und im gleichen Abstand a vom Ende mit Bohrungen versehen sind. Die Länge L des Werkstückes kann verschieden eingestellt werden, indem einmal der Anschlag (Teil 13) mit der Schraube (Teil 14) in den verschiedenen, mit Gewinde versehenen Bohrungen der Streifenauflage (Teil 12) befestigt und außerdem durch eine Verschiebung im Schlitzloch des Anschlagwinkels (Teil 13) eine feinere Abstufung der Abhacklänge erreicht wird. Zur Herabsetzung der auf die Schneidplatte wirkenden Kräfte stehen die beiden Vorlochstempel gegenüber dem Trennschnitt um etwa 2 mm vor. Aus Gründen der Materialersparnis wird der Formstempel (Teil 6) an der Trennstelle möglichst schwach bemessen. Es empfiehlt sich jedoch, die geringste Stärke des Trennstempels in seiner Mitte nicht kleiner als das Doppelte der Blechdicke zu halten. Der Abhackstempel

110   B. Die konstruktive Ausführung einzelner Schneidwerkzeuge

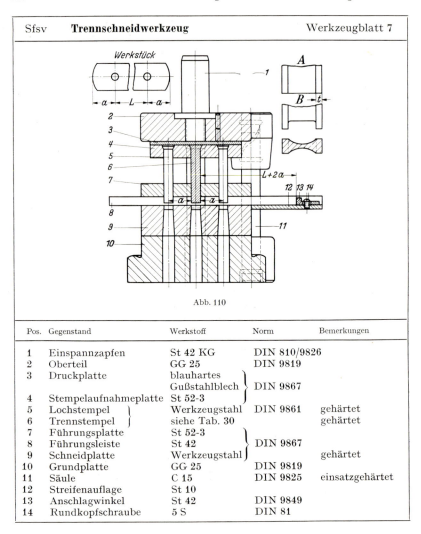

| Sfsv | **Trennschneidwerkzeug** | | Werkzeugblatt 7 |

Abb. 110

Pos.	Gegenstand	Werkstoff	Norm	Bemerkungen
1	Einspannzapfen	St 42 KG	DIN 810/9826	
2	Oberteil	GG 25	DIN 9819	
3	Druckplatte	blauhartes Gußstahlblech	DIN 9867	
4	Stempelaufnahmeplatte	St 52-3		
5	Lochstempel	Werkzeugstahl	DIN 9861	gehärtet
6	Trennstempel	siehe Tab. 30		gehärtet
7	Führungsplatte	St 52-3		
8	Führungsleiste	St 42	DIN 9867	
9	Schneidplatte	Werkzeugstahl		gehärtet
10	Grundplatte	GG 25	DIN 9819	
11	Säule	C 15	DIN 9825	einsatzgehärtet
12	Streifenauflage	St 10		
13	Anschlagwinkel	St 42	DIN 9849	
14	Rundkopfschraube	5 S	DIN 81	

(Teil 6) überragt die Streifenbreite um mindestens $t = 2$ mm zu beiden Seiten. Zumeist wird die Schnittfläche des Trennstempels wegen ihrer Herstellung und des bequemeren Schleifens gemäß Ausführung A in Abb. 20a ausgebildet. Besser ist, wenn der Trennstempel nach Ausführungsform B noch mit zwei seitlich vorstehenden Führungsansätzen versehen ist. Hierdurch werden die Schneidkanten geschont und ein den Verschleiß förderndes Abdrängen des Trennstempels vermieden. Ein Trennstempel mit beiderseitigen Führungsansätzen ist das Teil g in Abb. 75 zu S. 68, wo die rechte Ausschnittform der linken Seite, die linke der rechten Seite des Werkstückes entspricht. Bei Bandmaterial ungleicher Breite, für welches die Abhackschnitte meist in Frage kommen, sollte je ein Zentrierstempel (siehe Werkzeugblatt 6, Teil 1) vor und hinter die Vorlocher angeordnet werden. Da auch mit Trennschnitten dickeres Material geschnitten wird, darf auf die Druckplatte, wie es Werkzeugblatt 7, Teil 3 zeigt, nicht verzichtet werden.

Abhackschnitte dieser Art werden sehr häufig, wie hier gezeigt, mit Lochstempeln vor und hinter dem Trennstempel versehen. Dabei wird eine Abstandsänderung bzw. Verstellbarkeit zwischen den Stempeln erreicht, wenn diese Lochstempel ebenso wie ihre zugehörigen Schneidbuchsen prismatisch geführt werden. Werkzeuge dieser Art sind allerdings ziemlich kostspielig und empfindlich.

Dort, wo verhältnismäßig lange Bänder von beispielsweise 1 m Länge auf kleineren Exzenterpressen gelocht und getrennt werden, wobei die Lochstempel sich nicht in der Nähe der Bandenden, sondern in der Werkstückmitte befinden, mag es wirtschaftlich erscheinen, das Abhackwerkzeug nicht innerhalb, sondern außerhalb des Lochschnittes gemäß Abb. 111 anzuordnen.

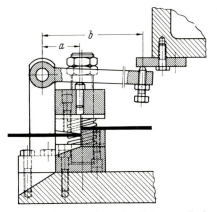

Abb. 111. Trennschneidwerkzeug für großen Abstand vom Lochwerkzeug

Es handelt sich hierbei um einen Trennschnitt, dessen Oberteil beiderseits durch über Säulen geschobene Federn nach oben gedrückt wird. Ein mittig angeordneter gehärteter Stift mit balliger Kuppe stößt gegen einen Gelenkhebel, dessen verlängerter Arm mit einer verstellbaren Anschlagschraube am Ende gegen eine im Pressenstößel befestigte Platte anliegt. Beim Senken des Pressenstößels wird dem Übersetzungsverhältnis a/b entsprechend ein kleiner Hub ausgeübt, der zum Abtrennen des Teiles genügt. Im umgekehrten Verhältnis zu diesem kleinen Hub kann aber mit einem derartigen zusätzlichen Schneidwerkzeug auch eine größere Kraft ausgeübt werden. Es ist also möglich, mittels eines solchen Werkzeuges dickere und härtere Bänder abzutrennen, als dies ohne eine solche Kraftübersetzung in einem üblichen Trennschneidwerkzeug möglich wäre. In Abb. 111 ist das Werkzeug in seiner Arbeitsstellung, d.h. in der unteren Stößelstellung dargestellt. In seiner oberen Stößelstellung würde der Raum zwischen den Schermessern zum Durchschieben freigegeben sein, und die rechte äußere verstellbare Schraube würde noch in der unter dem Pressenstößel befestigten Platte anliegen. Andernfalls würde die obere, zwischen den Säulen geführte Traverse gegen die unteren Säulenmuttern anschlagen. Zu beachten ist hierbei außerdem die Abschrägung der Grundplatte sowie der Sockelplatte an der linken Abfallseite. Auf dieser Sockelplatte ist das untere Schermesser befestigt.

8. Folgeschneid- und Verbundwerkzeuge[1]

(Werkzeugblatt 8)

Es gibt eine ganze Reihe teilweise komplizierter, aus Blech gefertigter Gegenstände, welche stufenweise auf einem einzigen Werkzeug unter einer gewöhnlichen Presse in einem Arbeitsgang vom Band hergestellt werden. Dies geschieht derart, daß verschiedene Operationen nacheinander erfolgen, wobei jeweils das Band um die Teilung a vorgeschoben wird. Im Werkzeugblatt 8 ist die Herstellung einer Lötöse nach dieser Art dargestellt.

Stufe 1: Zunächst wird die Partie des Teiles, die abgewinkelt wird, freigeschnitten. Der Freischneidestempel dient gleichzeitig als Formseitenschneider.

Stufe 2: Das Teil wird gelocht.

Stufe 3: Das kleine Näpfchen wird gezogen.

Stufe 4: Der Steg wird nach unten gewinkelt.

Stufe 5: Die Partie des Teiles, welche noch am Streifen hängt, wird ausgeschnitten. Das fertige Teil fällt nach unten durch das Werkzeug.

Derartige Werkzeuge sind für die Fabrikation außerordentlich zeitsparend, in ihrer Unterhaltung und Herstellung jedoch nicht immer billig. Je mehr bewegliche und schneidende Teile in einem Werkzeug vereinigt sind, um so größer ist die Bruchgefahr, weshalb hier schon aus Sicherheitsgründen an der Güte des Werkstoffes nicht gespart werden darf. Die Hauptschwierigkeit bei derartigen Werkzeugen ist die, daß die einzelnen Werkzeuge aus Materialersparnisgründen äußerst eng gestellt und häufig schwach bemessen werden müssen. Deshalb wird in solchen Fällen bei Rollenbandmaterial trotz des hierdurch bedingten An- und Abschneideverlustes der Abstand a der einzelnen Werkzeuge im Folgeschnitt voneinander doppelt oder sogar dreifach so groß als der Streifenvorschub gewählt. Pressen, die mit solchen Werkzeugen und Zuführapparaten nach Tabelle 7 – 6, 7 für Bandmaterial ausgestattet sind, arbeiten als automatische Maschinen.

Grundsätzlich sollte unter derartigen Folgeverbundwerkzeugen nur Band- und kein Streifenmaterial verarbeitet werden, da durch den oftmaligen Vor- und Ablauf der Streifen Fehlstanzungen entstehen. Zweitens sind trotz der oben geschilderten Schwierigkeiten beim Bau von Werkzeugen für kleine

---

[1] *Garbers, F.:* Verbundwerkzeuge. Ind. Anz. 77 (1955), Nr. 100, S. 1479–1487. (Unter Anl. d. Verf. Abb. 116–121 daraus entnommen.) – *Heubach, E.:* Zweifachfolgewerkzeug für Führungsklemmen. Werkst. u. Betr. 90 (1957), H. 8, S. 513. – *Imkemeyer, P.:* Folgeschnitt für Stahlblechrähmchen. Werkst. u. Betr. 89 (1956), H. 12, S. 689. – *Heubach, E.:* Folgewerkzeug für Typenhebel. Werkst. u. Betr. 89 (1956), H. 10, S. 587. – *Venninger, K.:* Folgewerkzeug für Abschlußplatten. Werkst. u. Betr. 89 (1956), H. 6, S. 327. – *Cole, A. H.:* Entwurf und Anwendung von Folgewerkzeugen. DFBO-Mitt. (1967), Nr. 15/16, S. 132–138 (Drahtklemme, Kühlerverkleidung).

8. Folgeschneid- und Verbundwerkzeuge

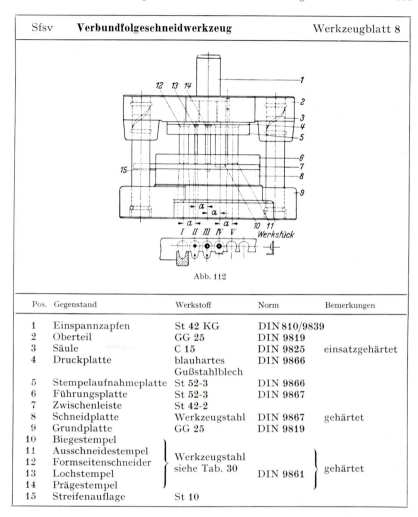

Sfsv	**Verbundfolgeschneidwerkzeug**		Werkzeugblatt 8	

Abb. 112

Pos.	Gegenstand	Werkstoff	Norm	Bemerkungen
1	Einspannzapfen	St 42 KG	DIN 810/9839	
2	Oberteil	GG 25	DIN 9819	
3	Säule	C 15	DIN 9825	einsatzgehärtet
4	Druckplatte	blauhartes Gußstahlblech	DIN 9866	
5	Stempelaufnahmeplatte	St 52-3	DIN 9866	
6	Führungsplatte	St 52-3	DIN 9867	
7	Zwischenleiste	St 42-2		
8	Schneidplatte	Werkzeugstahl	DIN 9867	gehärtet
9	Grundplatte	GG 25	DIN 9819	
10	Biegestempel			
11	Ausschneidestempel	Werkzeugstahl siehe Tab. 30	DIN 9861	gehärtet
12	Formseitenschneider			
13	Lochstempel			
14	Prägestempel			
15	Streifenauflage	St 10		

komplizierte Teile gerade dort Verbundwerkzeuge anzuwenden, da sich bei sehr kleinen Teilen die Einlegeschwierigkeiten sprunghaft steigern und durch unsachgemäßes Einlegen leicht Werkzeugbruch und hierdurch bedingte Fehler am Stück oft erst spät bemerkt werden. Drittens ist es beim Entwurf eines Verbundwerkzeuges wichtig zu wissen, unter welcher Exzenterpresse es eingesetzt werden soll, damit der Pressenhub mit dem erforderlichen Werkzeughub übereinstimmt.

Abb. 113 stellt ein Folgeschneidwerkzeug für Rotor- und Statorbleche dar[1]. In Abweichung von dem Stanzstreifen zu Abb. 84, S. 82 werden in der ersten Stufe die Rotornuten, in der zweiten die Statornuten, in der dritten der Rotor und in der vierten Stufe das Statorblech ausgeschnitten. Das

---

[1] Abb. 113 und 114 Bauart Allgaier, Uhingen.

8 Oehler/Kaiser, Schnitt-, Stanz- und Ziehwerkzeuge, 6. Aufl.

114   B. Die konstruktive Ausführung einzelner Schneidwerkzeuge

Unterteil mit den Durchfallöffnungen steht in Abb. 113 links hinten, während das Oberteil davor mit abgenommener, rechts sichtbarer, durch Tellerfedern abgestützter Abstreifvorrichtung zu sehen ist. Die linksseitigen Haken dienen als Schutz gegen Einknicken des zugeführten Streifens oder Bandes. Sowohl am Oberteil wie am Unterteil sind je 2 Säulen und 2 Führungsbuchsen angebracht. In Abb. 113 ist weiterhin erkennbar, daß die Schneidplatte nicht aus einem Stück, sondern aufgeteilt ist, was, wie auf S. 37 bis 39 bereits an

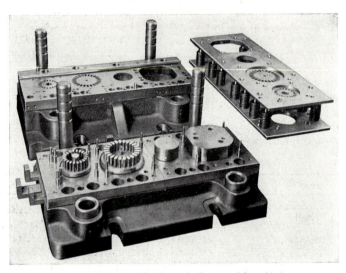

Abb. 113. Folgeschneidwerkzeug für Rotor- und Statorbleche

anderen Beispielen erläutert ist, wegen der Einschränkung des Härteverzuges und billiger Reparaturen sich empfiehlt. Aus gleichen Gründen findet man zuweilen die Tendenz, die Arbeitsfolge auf mehrere nebeneinander angeordnete Werkzeuge zu verteilen, was allerdings genügend große Randabstände zwischen Trennfuge und dem nächst gelegenen Schnittplattendurchbruch voraussetzt. Aus diesen Gründen kann bei einer großen Anzahl von Arbeitsstufen, wie dies das in Abb. 114 dargestellte Verbundwerkzeug mit seinen einzelnen Einrollstufen zeigt, dies nur befolgt werden, wenn die Werkzeuge dabei nicht gar zu lang ausfallen. Wie die auseinander genommenen Werkzeugteile in Abb. 114 beweisen, sind schon ohne eine solche Teilung genügend viel hochbeanspruchte Einzelteile vorhanden, die bei Eintritt eines Schadens leicht ausgewechselt werden können. In den letzten Arbeitsstufen vor dem Trennschnitt werden seitlich dünne Umrollstempel von 0,8 mm Durchmesser eingeführt, die mittels Druckfedern in ihrer äußeren Ruhestellung gehalten und nur während der Endrollenprägung durch am Oberteil befestigte Keilstempel einwärts bewegt werden. Das Werkzeug dient zur Herstellung von Kontakt übertragenden Kelchfedern für Radioröhrenfassungen nach DIN 41555 bis 41559. Diese Federn bestehen aus 0,3 mm dicken Bronzeblechen SNBZ 6 HV 160. Bei der Empfindlichkeit des Werkstückes kann das Oberwerkzeug nicht mit voller Kraft das Blech andrücken;

8. Folgeschneid- und Verbundwerkzeuge

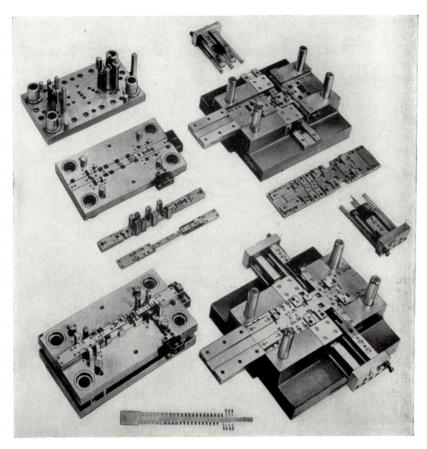

Abb. 114. Verbundfolgeschneidwerkzeug auseinandergenommen (oben) und zusammengesetzt (unten)

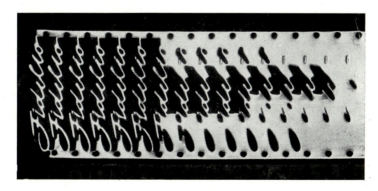

Abb. 115. Stanzstreifen eines Schriftbildes

kurze Hubbegrenz- bzw. Aufschlagbolzen auf dem Oberteil neben den Säulenführungsbuchsen sorgen für einen genau einzuhaltenden Abstand zwischen Ober- und Unterwerkzeug.

Es wurde bereits auf S. 86 zu Tabelle 7–2 eine beiderseitige Streifenlochung für Suchstifte empfohlen, um den Streifen genau für die Durchbrüche der einzelnen Schnittstufen auszurichten. Dies gilt insbesondere für so genaue Teilungen, wie sie Schriftbilder erfordern. So werden in dem in Abb. 115 dargestellten Stanzstreifen „Fidelio" zunächst die Löcher für die Suchstifte der einzelnen Stufen geschnitten, dann anschließend Kerben zum Hervortreten der Punkte über beiden i eingeprägt, und nunmehr beginnt erst stufenweise das Ausschneiden von innen nach außen. Zuerst werden e, dann de, darauf deli und schließlich Fidelio freigeschnitten. Das gesamte Schriftbild ist nur noch durch 2 dünne Stege mit dem Streifenrand verbunden, bevor es fertig auch von diesen in der letzten Schnittstufe abfällt. Zu beachten ist hier das Ausschneiden der mittleren Streifenpartien in den ersten, der äußeren in den letzten Schnittstufen.

Im Hinblick auf die große Verbreitung der Verbundwerkzeuge für Kleinteile werden in Abb. 116 5 Stanzstreifen und in Abb. 117 bis 121 die hierzu gehörigen Werkzeugkonstruktionen gezeigt. Es werden hierbei teilweise Konstruktionen vorweg genommen, auf die später in den Abschnitten über Biegen und Ziehen noch ausführlicher eingegangen wird. Da beim Verbundwerkzeug jedoch das Wesentlichste die Ausbildung der Schneideelemente ist, gehören sie an diese Stelle. Verbundwerkzeuge sollten immer in genormten Säulengestellen untergebracht werden, es sei denn, daß aus besonderen Gründen, wie beispielsweise mangelnder Platz-Aufspannmöglichkeiten, konstruktive Abweichungen hierfür sich ergeben. Eine Säulenführung ist aber auch dort notwendig. Was auf S. 78 bis 90 über Stegbreite und Vorschub gesagt wurde, gilt selbstverständlich auch hier. Die zeitliche Folge der Einzelvorgänge ist von der Länge der einzelnen Stempel und der Funktion der eventuell zwischengeschalteten Bauelemente, wie Hebel oder Kurvenscheiben bei Drahtzügen, abhängig. Bei der Konstruktion eines Verbundwerkzeuges geht man von den einzelnen Wirkstellen – und hier wieder zunächst von den Biege- und anderen Umformstellen – aus und bestimmt daraus den Hub und die Hublage. Die Schneidstempel sollen im unteren Totpunkt äußerstenfalls bis zu 1 mm in die Schneidplatte hineinragen, im oberen Totpunkt dagegen oberhalb der Unterkante der Stempelführungsplatte enden, damit ein sicheres Abstreifen und ein einwandfreier Vorschub des Stanzstreifens gewährleistet werden. Erfordert ein gefederter Niederhalter einen wesentlich größeren Hub, so kann es sein, daß die Schneidstempel weit über die Unterkante der Führungsplatte zurückgezogen werden, da sie im unteren Totpunkt mit Rücksicht auf den Verschleiß möglichst wenig in die Schneidplatte eintauchen sollen. Der maximale Hub ist gegeben an den Stellen Säulenoberkante–Säulenführung (Unterkante) und entsprechend Stempelunterkante–Stempelführungsplatte (Oberkante). Es ist zweckmäßig, die Schneidstempel alle ein wenig unterschiedlich lang zu machen, so daß die Presse nicht auf einmal die gesamte Schnittkraft aufzubringen hat. Dabei sind die stärkeren Stempel etwas länger zu halten als die schwächeren, damit diese nicht durch seitliches Wegziehen des Werkstoffes abbrechen.

8. Folgeschneid- und Verbundwerkzeuge

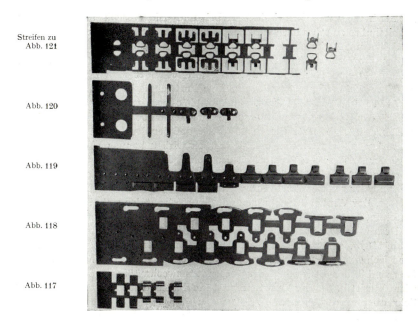

Streifen zu Abb. 121

Abb. 120

Abb. 119

Abb. 118

Abb. 117

Abbildungs-Nr.	Streifen-breite mm	Blech-dicke mm	Werkstoff	Teilung bzw. Stufenabstand mm	Kleinstmöglicher Hub mm
117	44	~ 0,2	St 4,24	14,00	11
118	70	~ 1,0	St 4,24	32,25	15
119	46,5	~ 0,8	Ms 72 w	22,00	17
120	58,5	~ 0,2	St 4,24	19,00	20
121	50	~ 0,5	St 4,24	22,67	12

Abb. 116 Stanzstreifen zu den in Abb. 117 bis 121 gezeigten Werkzeugen

Bei jedem der in Abb. 117 bis 121 gezeigten Werkzeuge war es notwendig, daß Teile eines Werkstückes von unten hochgebogen werden müssen (Abb. 117b, Stufe II). Dafür dürfte der gezeigte Biegehebel, der auf einer seitlich in die Schneidplatte eingeführten Schraube beweglich angeordnet ist, gegenüber der Ausführung mit Drahtzug den Vorzug haben, daß kein dehnbares Teil zwischen Krafteinleitstelle und Wirkstelle zwischengeschaltet ist. Das Biegegesenk ist unten geschlitzt; das obere Ende des Schlitzes wird rund ausgearbeitet – wie die Seitenansichten der Biegestufen zeigen –, so daß der Hebel bei der Aufwärtsbewegung des Gesenkes dort Platz findet. Durch eine Feder in der Grundplatte wird der Rückhub eingeleitet; der Hebel drückt auf den Stift im unteren Teil des Biegegesenkes. Sobald der Hebel an der Biegestempelführung gegen die Schneidplatte schlägt, ist der Rückhub beendet. Der Hebel hat einen toten Gang von 0,5 bis 1 mm; diesen kann man durch entsprechendes Maß des Hebels und Abstand des Zylinderstiftes vom Schlitzende festlegen. Um einen eindeutigen Berührungspunkt

(= Krafteinleitpunkt) zwischen Hebel und Biegegesenk am Ende des Arbeitshubes zu schaffen, wird der Hebel an dieser Stelle etwas abgerundet.

Sollen um 90° hochgebogene Teile noch weiter – eventuell bis 180° umgebogen werden, so benutzt man dazu Seitenschieber gemäß Abb. 119a, Stufe VIII und IX; Abb. 119d. Hier unterscheidet man zwischen kraft- und formschlüssiger Rückführung. Eine kraftschlüssige Rückführung wird in Abb. 119a, Stufe III bzw. in Abb. 117c gezeigt; eine formschlüssige Rückführung erkennt man unter anderem an dem oben erwähnten Werkzeug in Abb. 119d. Die letzte bietet den Vorteil, daß der Druck des Seitenschiebers einen Augenblick lang auf das Werkstück wirken kann, und zwar je nach Lage der Ansätze am Stempel zu den Schrägflächen, die im Seitenschieber eingearbeitet sind. Die Länge des Seitenhubes wird lediglich durch den Abstand der senkrechten Führungskanten der einen Seite am Stempel bestimmt. Der Winkel der Schrägen mit der Horizontalen soll 50° nicht unterschreiten.

Dem abscherähnlichen Biegen, wie es bei einem festen Stempel auftritt (Abb. 118b), steht das Biegen mit federndem Blechhalter gegenüber, wo das Blech während des Umformvorganges nicht angehoben wird (Abb. 119c). Hier sind Teller- oder Ringfedern besonders zweckmäßig wegen ihrer steilen Charakteristik. Bei der Verarbeitung dünner Bleche genügen allerdings auch Schraubenfedern (Abb. 121b).

In Abb. 116 sind einige Stanzstreifen für Verbundwerkzeuge dargestellt. Sie seien – von unten nach oben gezählt – entsprechend den in den Abb. 117 bis 121 dargestellten Werkzeugen mit der Bildnummer bezeichnet. In jedem Bild ist zu *a* unten die Schneidplatte im Grundriß angegeben.

1. Verbundwerkzeug für Anrollklemme (Abb. 117). Dieses Werkzeug enthält vier verschiedene Arbeitsstufen I bis IV. In der Stufe I werden, wie der Grundriß erkennen läßt, durch Formseitenschneider von außen die später umzulegenden Rollstreifen frei geschnitten. Weiterhin wird gleichzeitig das innere rechteckige Loch mit dem mittleren, nach links gerichteten Ansatz ausgeschnitten. Auf diese Weise gelangt bereits in der nächsten Stufe II das Teil mit frei ausragenden Lappen unter den Biegestempel, der die Vorrolle erzeugt. Abb. 117b zeigt einen Biegestempel, der in die Stempelhalteplatte eingelassen ist. Am Stempelkopf ist außerdem ein Stößelbolzen mit Gewinde und Gegenmutter zur Tiefeneinstellung eingeschraubt; er kann mittels Schlüssels an den beiden angefrästen Flächen unter dem Gewinde gefaßt werden. Beim Abwärtsgang trifft der Biegestempel[1] einmal den Blechstreifen und drückt ihn in der Mitte fest; gleichzeitig drückt aber beiderseits die Biegebacke nach oben und erzeugt somit die beiderseitige Anrollung der nach außen vorstehenden Lappen, wobei der Stößelbolzen auf einen gelenkig aufgehängten Hebel trifft, der mittels einer Druckfeder in seiner Ruhestellung den Biegebackenschieber in seine Unterlage bringt. In der gezeichneten Stellung zu Abb. 117b ist der Schlitten der Biegebacke in seiner oberen Lage gezeichnet. Dieser Schlitten ist geschlitzt ausgeführt, so

---

[1] *Schachtel, F.:* Kleine gebogene Blechteile, insbes. Scharniere. Werkstattst. u. Maschb. 48 (**1958**), H. 5, S. 262–265. Hier werden mit Rolle versehene Biegestempel zur Vermeidung von Schürfspuren an in Folgeschneidwerkzeugen hergestellten Teilen empfohlen.

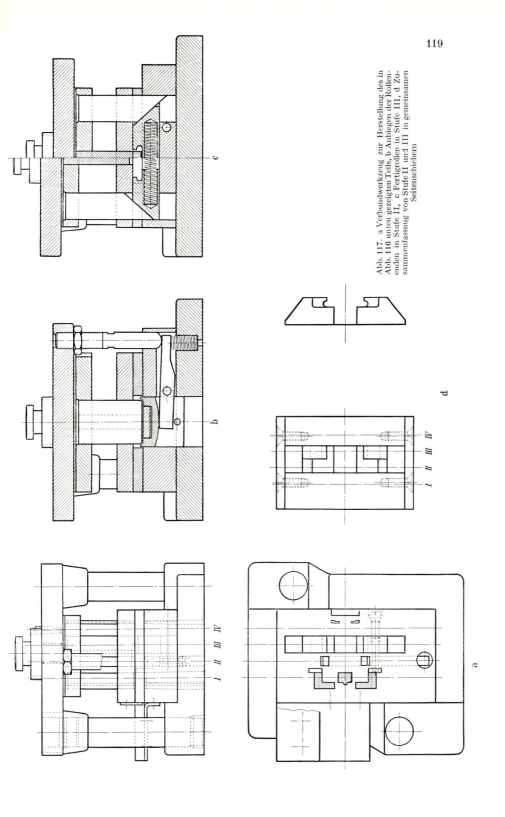

Abb. 117. a Verbundwerkzeug zur Herstellung des in Abb. 116 unten gezeigten Teils, b Anbiegen der Rollenenden in Stufe II, c Fertigrollen in Stufe III, d Zusammenfassung von Stufe II und III in gemeinsamen Seitenschiebern

daß zwischen der unteren eingefrästen Fläche der Biegebacke und einem eingeschlagenen Querstift der Hebel eingeführt werden kann. Dieser in Abb. 117b gezeigte Biegeschlitten ist senkrecht in seiner Führung beweglich und nimmt in seiner obersten Stellung eine solche Lage ein, daß er mit seiner unteren Arbeitsfläche ziemlich genau in Höhe der Schneidplattenoberfläche liegt.

In Abb. 117c ist ein Schnitt durch das Werkzeug, links in Ruhestellung, rechts in Arbeitsstellung, für die Arbeitsstufe III dargestellt. Es wird hier die Rolle, welche bereits in Stufe II vorgebogen war, völlig nach innen eingerollt mittels zweier, durch eine Druckfeder nach außen gehaltener, waagerecht geführter Seitenschieber. Hierbei wirken gegen die zu etwa 50° angeschrägten Flächen der Seitenschieber entsprechend abgeschrägte Stößelstempel, die ebenso wie die Schneidstempel in die Stempelhalteplatte eingehängt sind. Während des Rollens drückt in der Mitte ein Druckstempel auf den Blechstreifen. Der Einfachheit halber wurden in diesem Falle der Biegestempel zu Stufe II und der Niederhalter zu Arbeitsstufe III aus einem Stück gefertigt, so daß dieser Stempel einen T-förmigen Querschnitt aufweist. Man kann anstelle dieses aus einem Stück hergestellten Stempels auch zwei geteilte Stempel wählen, wobei der zweite Stempel, der die Niederhaltung des Blechstreifens für die Stufe III bewirkt, zweckmäßigerweise noch gefedert am Oberteil aufzuhängen wäre, so daß er bereits beim Beginn der Einrollung auf dem Streifen aufsitzt.

Es drängt sich in diesem Zusammenhang die Frage auf, inwieweit anstelle der in Abb. 117b und Abb. 117c dargestellten konstruktiven Lösung eine Vereinfachung dadurch herbeigeführt würde, daß nicht, wie in Abb. 117b dargestellt, die Anrollung durch einen von unten nach oben wirksamen, senkrecht geführten Biegeschlitten erfolgt, sondern daß man auch für Stufe II, wie in Abb. 117c dargestellt, eine seitliche Führung wählt. In diesem Fall könnte gemäß Abb. 117d das Anrollen auch in der zweiten Stufe seitlich erfolgen, wobei sowohl für die Stufen II als auch III der gleiche seitlich geführte Biegestempel verwendbar wäre. In Abb. 117d ist diese Lösung im Grundriß dargestellt; rechts davon sieht man die Biegestempel. Dabei bietet sich noch die Gelegenheit an, die Nute für die Seitenschieber in der Schneidplatte durchzufräsen. Auf beiden Seiten der Schneidplatte werden Platten angeschraubt, gegen die sich die Stößelstempel während des Niederganges abstützen und die Seitenschieber am Herausfallen hindern.

In der Stufe IV nach Abb. 117a wird nur noch mittels zweier dünner Profilstempel abgeschnitten. Die fertigen Teile rutschen rechts vom Werkzeug ab, so daß dort ein Abrutschblech angebracht werden kann. Alles, was durch die Schneidplatte nach unten fällt, ist Abfall und braucht nicht voneinander sortiert zu werden.

2. Verbundwerkzeug zum Herstellen von Verschlußbügeln (Abb. 118). Der Stanzstreifen für dieses Teil ist in Abb. 116 als zweiter von unten dargestellt. Es handelt sich hierbei um eine Z-artige Umklappung. Die inneren Lappen werden nach unten gebogen, die äußeren mit dem Bajonettverschlußschlitz nach oben hochgestellt. Das Teil wird gemäß Abb. 118 in neun Stufen I bis IX gefertigt, wobei aus Platzersparnisgründen noch innerhalb **des** von den Arbeitsstufen in Anspruch genommenen Raumes die Säulenführung untergebracht werden kann. Daher wird für dieses Werkzeug kein genormtes Säulengestell vorgesehen.

In der Arbeitsstufe I werden zunächst die kleinen runden Löcher für die Ösen und die Bajonettverschlußlochfigur für das äußere Zargenteil geschnitten, wobei zwecks besserer Ausnutzung des Stanzstreifens zwei Teile schräg gegenüberliegend gleichzeitig bearbeitet werden. In der Arbeitsstufe II erfolgt die mittlere rechteckige Lochung. Die Arbeitsstufe III zeigt ein Freischneiden, wobei einmal außen bogenförmig die Zarge als Formseitenschnitt erscheint, während innen das Profil der späteren Öse zur Hälfte herausgeschnitten wird. Aus Gründen der Haltbarkeit der Schneidplatte hat man diesen inneren Freischnitt aufgeteilt, so daß in der Stufe III nicht gleichzeitig die gegenüberliegende Seite geschnitten wird. Dies geschieht vielmehr erst in der Stufe IV, die also nichts anderes als eine Wiederholung der Stufe III, jedoch für das gegenüberliegende Teil, bedeutet. Infolge der breit ausladenden äußeren Zargenbeschneidstempel ist die Stufe V als Blindarbeitsstufe anzusehen, während in der Stufe VI gegenüberliegend die Einschnitte für die Figur zwischen den äußeren Bereichen ausgeführt werden. Erst durch dieses Freischneiden in der Stufe VI ist ein Biegen gemäß Stufe VII möglich. Dieses Biegen in der Stufe VII gemäß Abb. 118b geschieht in der Weise, daß gleichzeitig von oben ein Biegestempel herabgeführt wird, der in seiner unteren Stellung den mittleren Teil des Werkstückstreifens festhält, während ein vorspringender Ansatzstempel die innere Öse nach unten biegt. Gleichzeitig zeigt Abb. 118b in Übereinstimmung zu Abb. 117b an der rechten Seite einen in seiner Tiefe verstellbaren Stößel. Dieser stößt beim Niedergang über einen wiederum unter Federdruck stehenden Hebel einen senkrecht geführten Biegeschlitten nach oben, der das Umlegen der äußeren Zarge mit der Bajonettverschlußlochung besorgt. Es ist auch bei diesem Beispiel wieder darauf hinzuweisen, daß bei der starren Ausführung der an der Stempelhalteplatte von oben wirkenden Biegestempel und des Niederhalterstempels zunächst ein Ankippen des Streifens stattfindet, das bei zu dünnem Material sogar zu unerwünschten Verformungen führen kann. Es ist deshalb in solchen Fällen anstelle der in Abb. 118b gezeigten Konstruktion der Niederhalter gefedert auszuführen, damit er bereits den Streifen niederdrückt, bevor das Biegen eintritt. Die Stufe VIII ist wegen der sonst zu eng nebeneinanderliegenden Durchbrüche der Schnittplatte wieder als Blindstufe durchgeführt, und erst in Arbeitsstufe IX wird abgeschnitten, wobei die fertigen Teile auf den schräg liegenden Abrutschflächen nach rechts (Abb. 118) herabgleiten. Der Ausschnitt ist praktisch rechteckig und ergibt sich bereits, wie das Streifenbild (Abb. 116) zeigt, aus dem Abstand der Teile voneinander, wie es nun einmal die Form der Teile und die Streifenanordnung schräg gegenüber erfordert. Es ist ebenso wie bei dem vorhergehenden Werkzeug, daß die fertigen Teile aus dem Werkzeug herausfallen, während alles andere, was im Grundriß zu Abb. 131a schraffiert dargestellt ist, als wertloser Abfall nach unten hindurchfällt.

3. Verbundwerkzeug zum Herstellen eines Bilderhakens (Abb. 119). In Abb. 116 zeigt der mittlere Streifen die Herstellung von Bilderhaken, die durch zwei dünne Stifte bequem an der Wand befestigt werden können. Rechts sieht man drei fertige Werkstücke in der Draufsicht. Das zugehörige

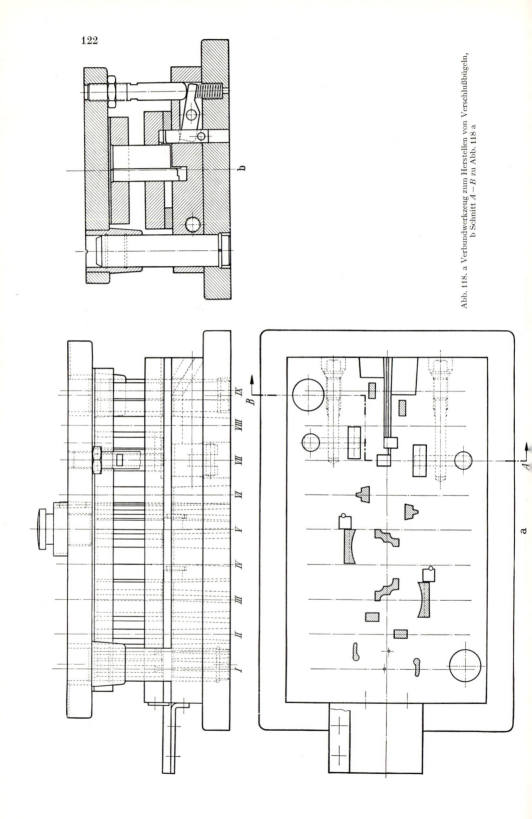

Abb. 118. a Verbundwerkzeug zum Herstellen von Verschlußbügeln, b Schnitt $A-B$ zu Abb. 118 a

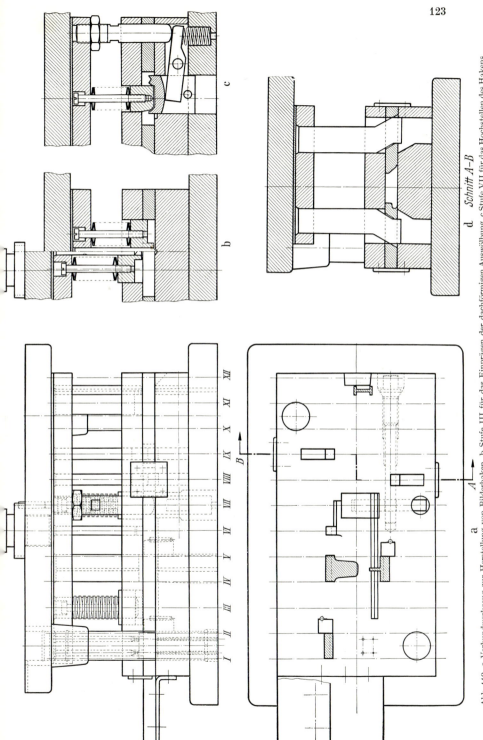

Abb. 119. a Verbundwerkzeug zur Herstellung von Biderhaken, b Stufe III für das Einprägen der dachförmigen Auswölbung, c Stufe VII für das Hochstellen des Hakens und des dachförmig vorgeprägten Rückens, d Fertigbiegen des Hakens und des Rückens nach einwärts gemäß Stufe VIII/IX (Schnitt $A-B$ zu Abb. 119a)

Werkzeug ist in Abb. 119 dargestellt. In der Arbeitsstufe I werden die rechten Löcher und in der Arbeitsstufe II die linken Löcher des vorausgehenden Werkstückes geschnitten. Zwischen den Arbeitsstufen I und II ist ein Seitenschneider vorgesehen. In der Arbeitsstufe III werden die vorstehenden angeschrägten Flächen mittels eines Prägestempels, der in Abb. 119b als mittleres Teil erscheint und in die Stempelhalteplatte in üblicher Form eingehängt ist, hohlgeprägt. Diesen rechteckigen Prägestempel mit dachförmiger Zuspitzung umrahmt der unter Federdruck stehende Niederhalterstempel, welcher an allen Seiten das Blech festhält. Dieser Niederhalter umgibt den Prägestempel, ist also aus einem Stück hergestellt, so daß keine schädlichen Biegemomente auftreten, die die Bewegung des Niederhalters in seiner Führung beeinträchtigen. Zwischen den Stufen IV und V wird zur Bestimmung der Umrisse des späteren Hakens halbseitig freigeschnitten. Der mittlere Einschnitt gegenüber trennt die eingeprägten Vertiefungen voneinander. Dieser Schneidstempel ist gleichzeitig als Formseitenschneider gedacht und liegt also um drei Teilungen hinter dem ersten Seitenschneider an der anderen Streifenseite. Der gegenüber liegende breitere Formseitenschneider für die Haken ragt über die Teilungslinie V um ein kurzes Stück hinaus, damit die vorstehenden Haken sauber beschnitten werden. Jetzt wird die äußere Hakenspitze nach unten in Stufe VI vorgebogen und in die andere Richtung in Stufe VII gemäß Abb. 119c umgelegt. Dabei wird gleichzeitig der ausgeprägte dachförmige Rücken hochgestellt. Dies geschieht nach Abb. 119c derart, daß der Streifen von oben durch einen der Form entsprechend profilierten Niederhalter unter Druck von Tellerfedern heruntergedrückt wird, während gleichzeitig von unten nach oben ein senkrecht geführter Biegeschlitten die Biegungen sowohl vorn am Haken als auch hinten am Rücken vollzieht. In Übereinstimmung mit Abb. 117b geschieht dies hier wieder über einen Schwenkhebel, der den Biegeschlitten in seiner Ruhelage unter der Wirkung einer Druckfeder nach unten zieht, ihn jedoch in der in Abb. 119c gezeichneten Arbeitsstellung durch einen in der Tiefe verstellbaren Stößelstempel nach aufwärts drückt. In VIII und IX wird gemäß Abb. 119d nach Schnitt $A-B$ im Grundriß zu Abb. 119a der Bilderhaken mittels zweier Keilformstempel und waagerecht geführter Biegeschlitten fertig gebogen. Der in Abb. 119d links dargestellte Schlitten legt den Haken an seiner vorderen Spitze völlig um, während der rechte Stempel das Andrücken des geprägten, dachförmigen Hohlkörpers gegen den mittleren Teil des Hakens vollzieht. Gemäß dem mittleren Streifen in Abb. 116 ist X eine Blindstufe, während in Stufe XI durch einen Prallschlag eines ungefederten Stempels der Haken insbesondere an seiner profilierten Verstärkung nochmals scharf nachgeschlagen wird. Stufe XII zeigt schließlich in einfachster Weise das Trennen durch einen Trennstempel, wobei die fertigen Teile nach rechts herausrutschen. Der Trennstempel ist zwecks Verstärkung und seitlicher Führung als I-Profil ausgeführt. Auf diese Weise ist ein seitliches Abdrängen des Stempels ausgeschlossen, da er bereits an den nichtschneidenden Seitenstegen in der Schneidplatte geführt wird, bevor er zum Schnitt kommt.

Der Materialverschleiß ist bei dieser Streifenaufteilung erheblich; wahrscheinlich sollte nur eine geringere Stückzahl gefertigt werden.

8. Folgeschneid- und Verbundwerkzeuge

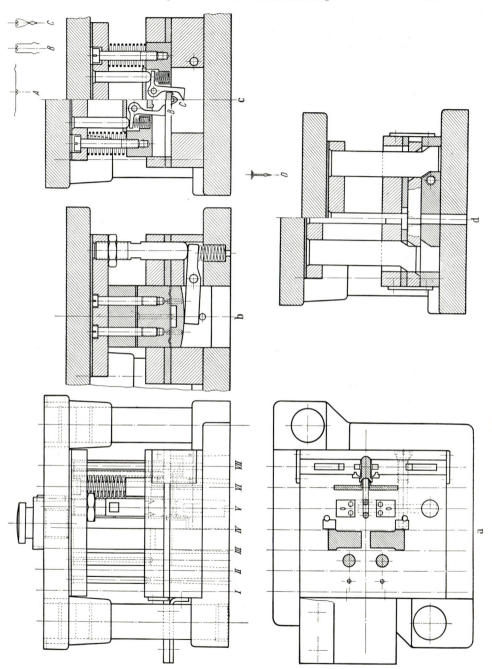

Abb. 120. a Verbundwerkzeug zur Herstellung einer Briefumschlagklammer, b Stufe V zum Lochstechen und Einprägen der Wülste an den Klammerenden, c Stufe VI zum Vorbiegen (B) und Einbiegen (C) der Klammerarme, d Stufe VII zum T-förmigen Fertigbiegen der Klammer

126   B. Die konstruktive Ausführung einzelner Schneidwerkzeuge

4. Verbundwerkzeug zur Herstellung von Briefumschlagklammern (Abb. 120). In Abb. 120 ist ein Verbundwerkzeug angegeben, das den in Abb. 116 an der zweitobersten Stelle dargestellten Stanzstreifen in sieben Stufen herstellt, wobei dort neben dem Stanzstreifen noch zwei derartige Verschlußklammern in der Draufsicht nach dem Abschneiden dargestellt sind. Zunächst sei erwähnt, daß gleichzeitig gelochte Scheiben anfallen, um den Abfall wirtschaftlich auszuwerten. Es werden also praktisch zwei Arbeitsstücke hergestellt, wobei beide Teile außer dem Abfall nach unten durch die Schneidplatte hindurchfallen. Es sollen daher unter den Stufen II und VII Abfallrutschen (Abb. 85, 86) angebracht werden, die die Teile richtig einsortieren. In Stufe I werden rechts zwei kleine Löcher eingeschnitten und in Stufe II zwei größere darüber, so daß hier zunächst einmal je Werkstück und je Vorschub zusätzlich zwei Ringscheiben anfallen, deren Durchmesser der Vorlochung unter I und Ausschnittlochung unter II entsprechen. Zwischen Stufe III und IV werden die Klammerspitzen freigeschnitten. IV ist eine Blindstufe. Hingegen werden in Stufe V eine Reihe verschiedener Vorgänge gleichzeitig ausgeführt, wie dies Abb. 120b erkennen läßt. Hier haben wir zunächst in Übereinstimmung mit den bisherigen Biegestufen wieder einen senkrecht geführten Biegestempel, der über einen verstellbaren Stößel und eine schwenkbare Brücke die Bewegung vollzieht. Es werden dabei die Klammerenden rund eingeprägt. Gleichzeitig werden aber von oben durch zwei in der Mittellinie hintereinander angeordnete Schneidstempel, welche zugespitzt ausgeführt sind, zwei Löcher beiderseits der seitlich herausragenden Haken tüllenartig eingeschnitten bzw. eingestochen, so daß der in der Mitte befindliche Werkstoff sich in der Zarge umlegt und hochstellt, um später mit dem Papier vernietet zu werden. Sonst sind noch im unteren Teil des Biegestempels seitliche Stifte in senkrechter Lage vorgesehen, zwischen denen die nach außen gerichteten Klammerspitzen zentriert werden. In Stufe VI (Abb. 120c) müssen die Arme nach unten gebogen werden, was durch die rechtwinkligen Hebel zuerst geschieht. Bei dem weiteren Niedergang des Pressenstößels werden die Arme noch in einem Punkte zusammengedrückt. Die Wegübersetzung der rechtwinkligen Hebel beträgt etwa 1:2. Den Federn ist eine Vorspannung zu geben, damit die Hebel stets sicher um den Steg in der Schnittplatte herumgeführt werden. Die Biegekräfte dürften gering sein. Die kleinen Nasen an der Unterseite der mittleren Stempelpartie biegen nach Aufsitzen auf dem Steg die Schenkel scharfkantig und U-förmig nach unten. Rechts oben in Abb. 120c ist unter A die Ausgangsform, unter B die Vorbiegung dargestellt, die eintritt, nachdem die nach einwärts gerichtete Spitze des Hebels erstmalig die Arme nach unten biegt, wo also die Hebelspitze etwa den Punkt B erreicht hat. Die Form C wird erzeugt, wenn bei weiterem Schwenken des Hebels die Spitze jetzt nach der Mitte zu dringt und im Punkt C die Teile gegenseitig faßt. Die Schneidplatte ist zwischen Stufe VI und VII recht dünn an der Stelle des Abschneidens. Es läßt sich mit den Seitenschiebern der Stufe VII eine Unterstützungsfläche für den Augenblick des Schneidens aufbauen, die während des Rückhubes erst dann nach beiden Seiten fortgezogen wird, wenn der Schneidstempel sich oberhalb der Schneidebene befindet. In Stufe VII erfolgt gemäß Abb. 120d noch ein letztes Biegen. Es muß nämlich jetzt die offene Form nach Abb. 120c in eine T-för-

8. Folgeschneid- und Verbundwerkzeuge

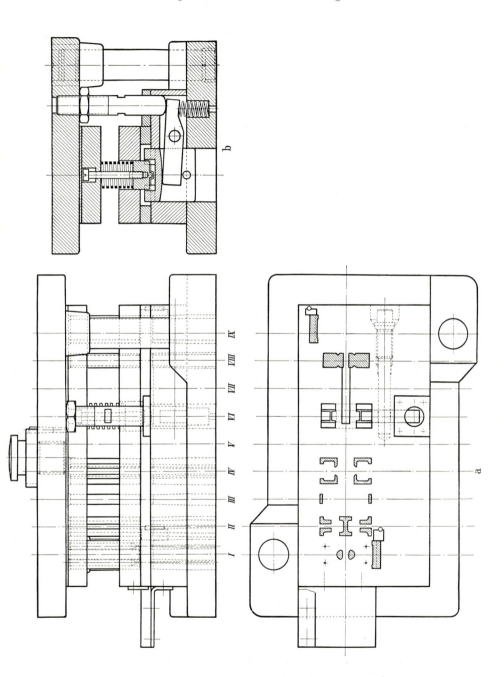

Abb. 121. a Verbundwerkzeug zur Herstellung eines Kupplungsteils, b Biegewerkzeug für Stufe VI zum Hochstellen der drei nach außen gerichteten Lappen

mige (*D* rechts oben in Abb. 120d) umgeformt werden, wozu die seitliche Planierung genügt. Das Biegen geschieht durch einen von oben geführten starren Stempel und zwei beiderseits nach einwärts gerichtete Seitenstempel, wobei dafür zu sorgen ist, daß die Nietlöcher mit den ausgespreizten Zargen nicht durch die Seitenstempel, die daher sehr schmal zu halten sind, in Mitleidenschaft gezogen werden. Auch hier haben die Seitenstempel an ihrer Wirkseite eine Gravur, so daß sie sich dem Werkstück gut anpassen.

Das Abschneidewerkzeug liegt nicht hinter Stufe VII, sondern in diesem Fall zwischen Stufe VI und VII. Bevor das Teil vom Streifen getrennt wird, wird es ja bereits von den beiderseitigen schmalen Seitenstempeln gefaßt. Erst nach vollzogener Biegung wird dieses Teil endgültig abgetrennt. Aus diesem Grunde sind auch die Vorschubstempel in Abb. 120d so ausgeführt, daß sie bereits nach vollzogener Biegung, also nach völligem Einschub der Biegestempel, noch weiter nach unten hindurchtreten können.

5. Verbundwerkzeug zur Herstellung von Kupplungsteilen (Abb. 121). Die Herstellung dieses Teiles erläutert das Stanzstreifenbild zu Abb. 116 oben. Es werden dabei gleichzeitig gegenüberliegend zwei Teile fertiggestellt. Dies hat bei den mehrfach gebogenen Teilen den Vorteil, daß die Biegemomente zu beiden Seiten ausgeglichen werden und kein Werkstoff während des Biegevorganges über die Biegekante herübergezogen und somit der Streifen verschoben wird. Das Werkzeug ist in Aufriß und Grundriß in Abb. 121a dargestellt. Der Streifen wird von links eingeschoben, wobei in Stufe I einmal die mittleren Bügelausschnitte gelocht und außerdem Löcher in die späteren umgeschlagenen Biegeschenkel eingeschnitten werden. Außerdem wird an dieser Stelle der Streifen mittels des ersten Seitenschneiders beschnitten, dem schräg gegenüber erst in der Stufe IX der zweite Seitenschneider zugeordnet liegt. Dieser zweite Seitenschneider, der im Grundriß rechts oben zu sehen ist, ist anormalerweise aus der Mitte nach rechts außen gerückt, damit zu dem dort zunächstliegenden Durchbruch in der Schneidplatte für die Stufe VIII kein zu enger Abstand entsteht, zumal die Kerbwirkung in den Ecken das Einreißen der Schneidplatte sehr begünstigt.

In Stufe II wird das Stahlband durch fünf Stempel freigeschnitten. Der Zwischensteg wird in Stufe III außen abgetrennt, und in Stufe IV werden die äußeren Lappen völlig freigeschnitten, so daß diese nunmehr zum Einbiegen fertig sind. Die Stufe V ist eine Blindstufe, da sonst die Durchbrüche der benachbarten Stufen zu nahe nebeneinander liegen würden. Stufe VI zeigt gemäß Abb. 121b in der üblichen Weise das Umbiegen sowohl der Mittellappen als auch der Seitenlappen nach oben. Dies wird dadurch erreicht, daß ein gefederter Niederhalter in einer Führung gegen den Streifen herabgedrückt wird, der gleichzeitig die Innenform aufweist. Der Biegestempel von unten wird in einem senkrecht geführten Schlitten nach oben bewegt und stellt die Lappen in den verschiedenen Ebenen hoch. Die Stufe VII ist wieder eine Blindstufe. In der Stufe VIII werden die noch verbleibenden Stege abgetrennt, wobei am Schnitt nur die einspringenden Profilkanten der Schneidstempel beteiligt sind. Die fertigen Teile fallen nach unten durch die Schneidplatte.

Laschenketten, an die keine hohen Ansprüche an Festigkeit, Beweglich-

8. Folgeschneid- und Verbundwerkzeuge

keit und Lebensdauer gestellt werden, lassen sich nach Abb. 122 direkt vom Band fertigen. Das Band wird von links dem Werkzeug zugeführt und zunächst in Stufe I geschlitzt. In der anschließenden Stufe II wird durch Druck gegen eine scharfe Stempelschneide das Teil durchgetrennt und gleichzeitig beiderseits angebogen. Es entstehen auf diese Art und Weise zwei außen mit dem Blechteil noch zusammenhängende Lappen, die in der weiteren Stufe III noch weiter gebogen werden. Zwischen den Stufen III und IV wird durch einen spitzen Prägestempel der Werkstoff eingekerbt, um die

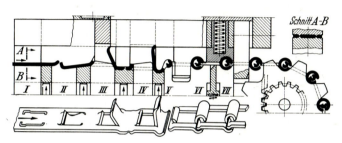

Abb. 122. Laschenkettenfertigung innerhalb eines Verbundfolgeschneidwerkzeuges

völlige Trennung zwischen den Stufen IV und V vorzubereiten. Die Lappen werden dabei noch höher gerichtet. Nach der Trennung ist das Kettenglied bereits soweit vorbereitet, daß der kürzere Lappen noch stärker zu einem zylindrischen, die innen liegende Welle eines Kettengliedes bildenden Teil und der längere Lappen zu einer die innen liegende Welle des vorhergehenden Kettengliedes umfassenden Buchse zusammengebogen werden. Die weiteren Stufen VI und VII sind nur noch Kalibrierstufen, d.h., das äußere Glied wird völlig um das innere gelegt. Rechts kann dann der vorher bearbeitete Streifen als fertige Kette vom Kettenrad aufgenommen und abgeführt werden. Rechts oben in Abb. 122 ist die vorbereitende Durchtrennung eines Streifens in der Stufe I im Querschnitt dargestellt. Zwischen den Stufen VI und VII sind Haltevorrichtungen angebracht, die die bereits ziemlich fertige Kette festhalten, damit sie nicht nach rechts abgleitet. Nur dann besteht die Möglichkeit, daß das innere letzte Wellenglied der Kette vom nächstfolgenden anschließenden Außenglied umrollt werden kann. Außerdem sind zur Stufe V noch seitliche in Abb. 122 nicht dargestellte Haltevorrichtungen erforderlich. Zur Herstellung solcher Ketten werden 2 bis 3 mm dicke Stahlblechbänder einer immerhin guten Dehnung zumindest in Ziehgüte verarbeitet. Es muß heißes, dickflüssiges Fett in die Gelenköffnungen seitlich eingespritzt werden, damit sich in den Hohlräumen zwischen den Gelenkgliedern keine Schmutzteilchen festsetzen.

Es ist mitunter möglich, innerhalb eines Verbundwerkzeuges 2 Streifen für verschiedene Teile kreuzweise durchlaufen zu lassen und an der Überkreuzungsstelle diese Teile durch Verpressen, Hohlnieten oder Verlappen miteinander zu verbinden[1]. Abb. 123 und 124 zeigen als Beispiel die Herstel-

---

[1] *Bühler, G.:* Kombinierte Stanz- und Fügewerkzeuge. Werkstattstechn. 53 (1963), H. 8, S. 391–395. Abb. 123 und 124 sind diesem Aufsatz entnommen.

9 Oehler/Kaiser, Schnitt-, Stanz- und Ziehwerkzeuge, 6. Aufl.

130   B. Die konstruktive Ausführung einzelner Schneidwerkzeuge

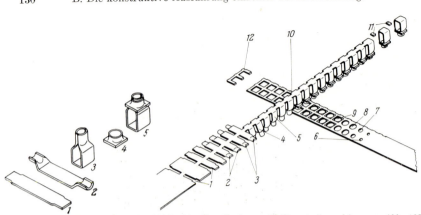

Abb. 123. Arbeitsgänge zur Herstellung eines Klemmkastens 1, 2, 3 Umformen des Kastens und 4 der Hülse, 5 der fertige Klemmkasten

Abb. 124. Das überkreuzende Stanzstreifenverfahren zu Abb. 123 Kasten freischneiden (1), vorformen (2, 3), U-Biegen (4, 5), mit Hülse verbinden (10) und abschneiden (11). Hülse vorlochen (7), prägen (8), ausschneiden und zurückdrücken (9), Streifen abhacken (10), Netz zerkleinern (12)

lung eines aus Klemmkörper und Hülse zusammengesetzten Klemmkastens für eine Schutzschalterklemme. In Abb. 123 sind von links vorn nach rechts hinten die ersten 3 Arbeitsstufen des zunächst frei zu schneidenden, dann an den Enden zu kröpfenden und halbschalenförmig zu prägenden und schließlich U-förmig hochzustellenden Klemmkörpers in Biegerichtung nach oben dargestellt. Diese Arbeitsstufen sind in umgekehrter Biegerichtung gleichfalls an dem von links vorn nach rechts hinten bewegten Klemmkörperstreifen in Abb. 124 zu erkennen. Der in der gleichen Abb. 124 dargestellte Hülsenstreifen läuft von rechts vorn nach links oben unter dem Klemmkörperstreifen weg. Das quadratische Hülsenteil wird zunächst vorgelocht, durchgezogen, geprägt, ausgeschnitten, in den Streifen zurückgedrückt und gelangt so unter den zusammengeklappten Klemmkastenhals. Hier wird von unten die Hülse aus dem Streifen nach oben gestoßen und dabei über den geteilten Klemmkastenhals gezogen. Durch ein hier nicht vorgesehenes Aufdornen des Klemmkastenhalses in der nächstfolgenden Arbeitsstufe des Klemmkastenstreifens könnte die Befestigung noch verbessert werden. Schließlich fallen im Trennschnitt die fertigen Klemmkästen an, wie sie in Abb. 123 als Ziffer 5 dargestellt sind. In den von der Hülse umschlossenen Hals kann auch unter Stanzwerkzeugen Gewinde geschnitten werden.

Im allgemeinen werden in Stanzteile Gewinde unter Gewindeschneidspindeln geschnitten, doch ist mitunter das Schneiden der Gewinde auch in Verbindung mit Verbundwerkzeugen am Stanzstreifen selbst möglich. Freilich bedarf es hierzu zweier voneinander abhängig gesteuerter Bewegungen. Die erste besorgt das Drehen der Gewindebohrer, die zweite den Vorschub. Der Rückhub läßt sich durch Federn steuern, dabei ist die Drehrichtung umzukehren. Besonders dafür geeignet sind liegend angeordnete Stanzautomaten[1]. Auf ihnen werden von der Hauptantriebswelle aus nicht nur die Werkzeugoberteile vorgeschoben, sondern darüber hinaus ist eine Bewe-

---

[1] John A. Chappuis S. A., Peseux b. Neuchâtel (Schweiz).

8. Folgeschneid- und Verbundwerkzeuge

gungsübertragung von dieser Welle über Bügel auf die Werkzeugeinsätze im Unterteil möglich. Infolge dieser Wirkungsweise lassen sich mitunter Folgewerkzeugkonstruktionen sehr viel einfacher gestalten, weil die sonst dafür erforderlichen Stoßbolzen im Oberteil und die Kipphebel, sonstige Gestängeteile und Federn im Werkzeugunterteil wegfallen. Da gerade sehr oft diese schwach bemessenen Teile häufig Anlaß zu Störungen geben, ist ein von der Hauptwelle über Kurvenscheiben gesteuerter Antrieb der im Unterwerkzeug unterzubringenden, bewegten Elemente äußerst günstig. Die für den Bügel-

Abb. 125. Gewindeschneidvorrichtung im Folgeverbundwerkzeug (Chappius)
a Zahnstange; *b* Gewindebohrer

hub auf der Hauptantriebswelle aufgesteckten Kurvenscheiben gestatten eine genaue Abstimmung des Vorschubes und der Vorschubgeschwindigkeit der im Unterwerkzeug zu bewegenden Teile. Aus diesem Grund lassen sich Gewindeschneidbohrer innerhalb eines Stanzwerkzeuges auf diesen Automaten leicht anbringen, die außerdem mit der dafür notwendigen Spülanlage ausgerüstet sind. Die Drehung der Gewindebohrer – es werden dafür meistens ein Vorschneider und ein Fertigschneider eingesetzt – geschieht innerhalb des Werkzeugsatzes. Abb. 125 zeigt einen Einblick in ein solches Folgewerkzeug. Die im links befindlichen Oberwerkzeug bzw. Stempelhaltewerkzeug befestigte Zahnstange *a* setzt ein im Unterwerkzeug untergebrachtes Kegelrad- und Übersetzungsgetriebe mit einem Kettenrad in Drehung, über

9*

132   B. Die konstruktive Ausführung einzelner Schneidwerkzeuge

das eine umlaufende Kette gleichfalls die Kettenräder der Hülsen für die Vorschubspindeln der beiden Gewindebohrer b antreibt. Die während des Schneidens mittels der oben erwähnten Bügel vorzuschiebenden Gewindebohrer sind in diesen Hülsen längsgeführt.

Diese Beispiele[1] zeigen, daß für besonders schwierige Formen zahlreiche bewegliche Glieder in die Werkzeuge eingebaut werden müssen, die infolge Verschmutzung durch Staub, abfallenden Grat und Zunder, fehlenden oder verharzenden ungeeigneten Schmierstoff klemmen oder bei Federbruch nicht in ihre Ausgangslage zurückkehren. Der Fehler wird oft erst spät entdeckt, nachdem viel Werkstoff nutzlos verstanzt wurde. Diesem Mangel kann durch den Einbau von Kontrollkontakten abgeholfen werden. So zeigt Abb. 120 ein Werkzeug mit gefährlichen Störmöglichkeiten in den Stufen V und VI infolge Hebelverklemmung oder Federbruch. Hier helfen Kontakte, die in richtiger Ruhestellung den Hauptstromkreis für die Kuppelung schließen. Für Werkzeugsicherungen eignen sich am besten Mikroschalter mit Schnappkontakt. Sie sind billig, leicht zu installieren und sollten überall dort verwendet werden, wo mit Endschaltern ausreichend abgesichert werden kann. Das Schaltschema einer Kontaktsteuerung ist für diesen Fall in Abb. 126

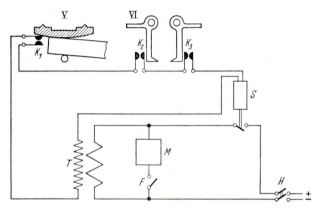

Abb. 126. Kontaktschaltung in Folgewerkzeugen zur Störungskontrolle

dargestellt. Rechts unten verläuft der Hauptstromkreis, der am Hauptschalter H an das Netz angeschlossen ist und über einen Fußschalter F für Dauerbetrieb – die anderen Schaltarten sind nicht eingezeichnet – die Magnetkupplung M der Presse einrückt. Der Stromkreis kann durch eine Schützensteuerung S bei Ausbleiben des Stromes im Nebenkreis von 42 V unterbrochen werden, so daß die Presse stillgesetzt wird. Dieser Nebenkreis wird durch einen Transformator T gespeist, der über die in Reihe geschalteten Kontaktpaare K_1, K_2 und K_3 im Falle einer Kontaktöffnung den Strom im Nebenkreis und über das Schütz S auch im Hauptkreis unterbricht. Auf Einzelheiten wurde im Schaltbild verzichtet. So kann die auch beim ord-

---

[1] Weitere Beispiele von Folgeverbundwerkzeugen für Ankerbleche, Kontaktfedern, Bandfedern, Bügel werden erläutert von *Pehlgrimm, K.:* Wirtschaftl. Fert. durch Folgeverbundwerkzeuge. Werkst. u. Betr. 97 (1964), H. 6, S. 421–425. – Desgl. für Reißzwecken von *A. Magri* in Werkst. u. Betr. 96 (1963), H. 2, S. 120.

nungsgemäßen Arbeitsgang eintretende Kontaktunterbrechung durch eine Brückenschaltung in Verbindung mit der unteren Totpunktlage des Stößels oder der ihr entsprechenden Stellung des Schwungrades vermieden werden. Es lassen sich weiterhin Kontrollampen anbringen, die durch Aufleuchten diejenige Kontaktstelle, an welcher die Störung eingetreten ist, anzeigen. Außerdem lohnt sich bei Arbeiten vom Streifen – nicht vom Band – der Einbau von Kontakten in Verbindung mit Anschneideanschlägen, so daß nach Einschieben des Streifens auch schon die Presse einrückt, sobald derselbe richtig am hinteren Anschneideanschlag anliegt. Dies setzt allerdings einen zusätzlichen Nebenkreis mit einem zweiten Schütz und Schalter voraus[1]. In Abb. 127 ist ein Verbundwerkzeug mit eingebauten Kontaktschaltern

Abb. 127. Folgewerkzeug mit eingebauten Kontaktschaltern (Schuler)

dargestellt, die nach Lösen der Schrauben *a* zur gelegentlichen Überprüfung und zum Reinigen herausgezogen und wieder eingesetzt werden. Das starke linke Kabel *b* führt zum Hauptschalter und zur Magnetkupplung der Presse, während das Anschlußkabel *c* mit dem Schaltschütz, das Haupt- und Nebenkreis überbrückt, in Verbindung steht. Das Band wird von rechts nach links eingeschoben. Die fertigen Stanzteile, in diesem Falle Steckkontaktklemmen, fallen durch die aus Blech gebogene Abfallrinne *d* nach links unten ab.

Außer den kontaktgesteuerten Sicherheitsvorrichtungen finden in neuester Zeit auch kontaktlose Sicherungen im Stanzwerkzeugbau Anwendung. Da solche Anlagen in Verbindung mit Verstärkern und weiterem Gerät meist teurer sind, sind sie nur dort zu empfehlen, wo mittels kontaktgesteuerter Schalter die erwünschte Sicherung nicht erreichbar ist. Zu den kontaktlosen Sicherungen gehören induktive oder kapazitive, photoelektrische oder akustische Geber[2]. Vorzugsweise werden hierzu Längsinitiatoren bzw. Pulsoren[3] eingesetzt. So werden durch einen Ringpulsor ausgeworfene Stanzteile vom

---

[1] *Schmettow, E.:* Elektrische Überwachung in der Stanzerei. Werkst. u. Betr. 88 (1955), H. 9, S. 596–600. – *Klett, E.:* Schutz von Stanzereiwerkzeugen durch Mikroschalter. Werkst. u. Betr. 90 (1957), H. 6, S. 376–377. – *Pehlgrimm, K.:* Erhöhung der Wirtschaftlichkeit von Stanzereiwerkzeugen. ZwF 56 (1961), H. 4, S. 145, Bild 5 u. 6.
[2] *Steinmann, E.:* Maßnahmen zur Werkzeugsicherung. Werkstattstechn. 53 (1963), H. 8, S. 386–389.
[3] Pulsotronic-Merten KG, Gummersbach 1.

Steuergerät kontrolliert, das beim Verbleiben des Werkstückes im Werkzeug die Presse noch vor Erreichen des oberen Totpunktes stillsetzt. Ebenso kann die richtige Streifenpositionierung am Ende eines jeden Vorschubvorganges berührungslos abgetastet und die genaue Lage des Streifens festgestellt werden. Lassen sich in der Schneidplatte keine Pulsoren anbringen, so kann ein federnder Fangstift im Oberwerkzeug zur Betätigung des Pulsors benutzt werden, oder außerhalb des Werkzeuges tastet ein Pulsor das Streifenende auf zu kurzen Vorschub ab.

Es werden an anderen Stellen dieses Buches weitere Beispiele von Verbundbauarten erläutert, so z.B. auf S. 68, Abb. 75 das Nachschaben im Folgeschnittwerkzeug, auf S. 253, Abb. 243 ein Verbundwerkzeug mit unterschnittenen Biegungen, auf S. 468, Abb. 431 Verbundwerkzeuge nach dem Oeillet-Verfahren, auf S. 473, Abb. 436 bis 439 solche nach dem Einscherverfahren und auf S. 432 bis 445 Schneid-Zug-, Schneid-Zug-Schneid- und Schneid-Zug-Schneid-Zug-Schneid-Werkzeuge. Freilich beschränkt sich die Anwendung der Verbundwerkzeuge in der Regel auf kleine Teile. So werden z.B. Flaschenverschlüsse, Schreibfedern und Klipse für Füllfederhalter und dergleichen damit hergestellt. Sind die Teile größer als 40 mm Durchmesser, so sollte überlegt werden, ob man diese nicht besser unter Mehrstufenpressen herstellt. Über die Werkzeugsätze unter Mehrstufenpressen finden sich auf S. 481 bis 490 dieses Buches weitere Hinweise.

9. Lochschneidwerkzeug mit Ausstoßer

(Werkzeugblatt 9)

Aus Gründen der Billigkeit werden vor dem Aus- oder Abschneiden der Blechteile die Löcher durch Vorlochstempel hergestellt (siehe Werkzeugblätter 4 und 7). Werden die Werkstücke jedoch gebogen und müssen die Lochabstände von den Biegekanten genau eingehalten werden, so ist das Lochen erst nach dem Biegevorgang möglich. In solchen Fällen werden dann die fertig gebogenen bzw. fertig gedrückten Werkstücke in ein Werkzeug eingelegt, weshalb diese auch als sogenannte Einlegewerkzeuge bzw. Einlegeschnitte bezeichnet werden.

Das Einlegen der Werkstücke geschieht entweder zwischen aufgeschraubten, der Formgebung entsprechend ausgearbeiteten Blechen gemäß Abb. 540B oder zwischen Stiften, eine billige Bauart, die den Ansprüchen auf Genauigkeit meistens genügt. Hochgebogene Werkstücke werden zweckmäßigerweise in einer Form aufgenommen, welche der vorausgegangenen Biegung entspricht. Solche Werkstücke werden meist derart ausgeworfen, daß das Werkstück nach dem Schneiden durch den Stempel (Teil 1) mit emporgehoben und an der Führungsplatte (Teil 3) abgestreift wird. Der in der Zwischenleiste eingesetzte Schieber (Teil 10), welcher mittels einer Feder (Teil 12) nach innen gedrückt wird, wird beim Hochgang des Stempels zunächst nach außen unter Vorspannung der Feder verschoben. Bei weiterer Aufwärtsbewegung des Stempels wird schließlich das Werkstück ganz abgestreift. In diesem Augenblick wird der vorgespannte Schieber (Teil 10) selbsttätig nach vorn gestoßen und wirft das fertig gelochte Werkstück aus

9. Lochschneidwerkzeug mit Ausstoßer

Sfa	Lochschnitt mit Ausstoßer		Werkzeugblatt 9

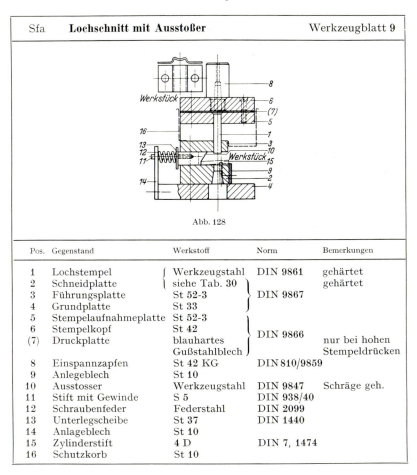

Abb. 128

Pos.	Gegenstand	Werkstoff	Norm	Bemerkungen
1	Lochstempel	Werkzeugstahl	DIN 9861	gehärtet
2	Schneidplatte	siehe Tab. 30		gehärtet
3	Führungsplatte	St 52-3	DIN 9867	
4	Grundplatte	St 33		
5	Stempelaufnahmeplatte	St 52-3		
6	Stempelkopf	St 42	DIN 9866	
(7)	Druckplatte	blauhartes Gußstahlblech		nur bei hohen Stempeldrücken
8	Einspannzapfen	St 42 KG	DIN 810/9859	
9	Anlegeblech	St 10		
10	Ausstosser	Werkzeugstahl	DIN 9847	Schräge geh.
11	Stift mit Gewinde	S 5	DIN 938/40	
12	Schraubenfeder	Federstahl	DIN 2099	
13	Unterlegscheibe	St 37	DIN 1440	
14	Anlageblech	St 10		
15	Zylinderstift	4 D	DIN 7, 1474	
16	Schutzkorb	St 10		

dem Werkzeug in einen vor ihm liegenden Kasten. Mit selbsttätigem Auswerfer ausgerüstete Einlegewerkzeuge sind zeitsparend. Statt einer Schraubenfeder kann auch eine Blattfeder verwendet werden. Diese wird mit zwei kleineren Schrauben an die Teileinlageplatte montiert, das andere Ende dieser Feder drückt gegen den Auswerfer. Es ist außerdem darauf zu achten, daß die Stempel gleich lang sind und das Teil gleichzeitig verlassen. Die Ausstoßer müssen immer in der Mitte des Stanzteiles angebracht werden, da andernfalls nicht nach vorn, sondern zur Seite ausgeworfen wird. Weitere rückseitige Ausstoßer sind auf S. 591 bis 594 zu Abb. 571 bis 575 beschrieben.

Bei handbedienten Einlegewerkzeugen ist darauf zu achten, daß nur Pressen mit Zweihandeinrückung verwendet werden, und daß über Mitte der Schneidplatte ein Raum für die Finger zwecks handlichen Einlegens ausgespart wird. Letzteres ist allerdings nicht überall möglich, besonders dort, wo das Werkstück nicht nur seitlich, sondern auch in der Mitte gelocht wird und kurz und schmal bemessen ist, so daß für eine Aussparung kein

136 B. Die konstruktive Ausführung einzelner Schneidwerkzeuge

Material übrig bleibt. Werden derartige Werkstücke in großzügiger Massenanfertigung hergestellt, so lohnt das Einlegen in besondere Zuführungsvorrichtungen, wie sie auf S. 567 bis 585 zu Abb. 543 bis 565 beschrieben werden.

10. Schneidwerkzeug mit Schieber
(Werkzeugblatt 10)

Sollen verhältnismäßig hohe Hohlkörper am Boden gelocht werden, so ist ein Aufstecken des Werkstückes über den Aufnahmedorn oder Sockel, der oben eine Schneidplatte trägt, unmöglich, wenn der zur Verfügung stehende

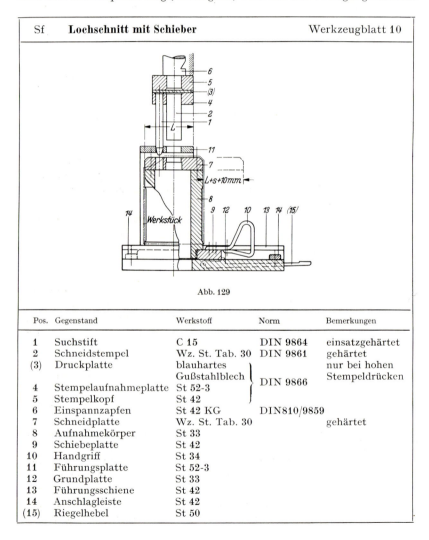

Abb. 129

Pos.	Gegenstand	Werkstoff	Norm	Bemerkungen
1	Suchstift	C 15	DIN 9864	einsatzgehärtet
2	Schneidstempel	Wz. St. Tab. 30	DIN 9861	gehärtet
(3)	Druckplatte	blauhartes Gußstahlblech	DIN 9866	nur bei hohen Stempeldrücken
4	Stempelaufnahmeplatte	St 52-3		
5	Stempelkopf	St 42		
6	Einspannzapfen	St 42 KG	DIN 810/9859	
7	Schneidplatte	Wz. St. Tab. 30		gehärtet
8	Aufnahmekörper	St 33		
9	Schiebeplatte	St 42		
10	Handgriff	St 34		
11	Führungsplatte	St 52-3		
12	Grundplatte	St 33		
13	Führungsschiene	St 42		
14	Anschlagleiste	St 42		
(15)	Riegelhebel	St 50		

Stempelhub hierzu nicht ausreicht, d.h. wenn dieser nicht größer als die Gesamthöhe des Werkstückes ist. Diese Schwierigkeiten werden durch die Anwendung eines Schieberwerkzeuges behoben. Dort wird der Aufnahmedorn oder Sockel für das Werkstück auf einer verschieblichen Platte angeordnet, welche an Handgriffen seitlich unter der Führungsplatte herausgezogen oder eingeschoben werden kann. In der Auszugsstellung wird das zu lochende Werkstück aufgesetzt und der Schlitten in die Arbeitsstellung derart zurückgeschoben, daß die Bohrungen der Matrize genau den Bohrungen der Führungsplatte und den Stempelflächen gegenüberstehen. Mißlingt eine derartige Einstellung, so werden Stempel- und Matrizenschneidkanten beschädigt, schwache Stempel brechen ab. Besonders dort, wo sich zwischen der Anschlagleiste bzw. den Anschlagstiften einerseits und dem Schlitten andererseits Fremdkörper festgesetzt haben, tritt eine Beschädigung des Werkzeuges leicht ein. Dies wird entweder dadurch vermieden, daß auf Anschlagleisten ganz verzichtet und statt dessen die Stellung des Schlittens durch seitlich eingreifende konische Indexstifte, welche gegen Späne und Verschmutzung geschützt sein müssen, fixiert wird, oder daß in einer entsprechend gehaltenen Ausarbeitung der Anschlagleiste am Boden (siehe Teil 14) die kleineren Fremdkörper aufgenommen werden. Bei einer anderen Bauart wird die Sicherung dadurch herbeigeführt, daß im Augenblick der Berührung der Anschlagleiste durch den Schlitten ein Riegelhebel unter Federdruck nach oben springt (siehe Teil 15, im Werkzeugblatt 10 gestrichelt angegeben) und den Schlitten somit am selbsttätigen Zurückweichen hindert. Vor dem Zurückziehen muß die Verriegelung gelöst, der Hebel also herabgedrückt werden. Bei sorgfältiger Bedienung des Werkzeuges darf auf derartige Sicherheitsverriegelungen verzichtet werden. In den seltenen Fällen, wo das Werkstück (im Werkzeugblatt 10 strichpunktiert gezeichnet) die Schneidplatte nicht völlig überdeckt, kann dort ein in der Stempelaufnahmeplatte (Teil 4) eingehängter, kräftig gehaltener Fangstift oder Führungsstempel (Teil 1) die genaue Gegenüberstellung vom Stempel zur Schneidplatte gewährleisten.

Die Handgriffe für den Schlitten sind möglichst tief anzuordnen. Es empfiehlt sich, die im Werkzeugblatt 10 angegebene Grifform anstelle des gebräuchlicheren waagerecht angeordneten U-förmigen Giffes zu wählen. Das geringste Maß der erforderlichen Verschiebung ist hier mit $L + s + 10$ mm angegeben, wobei unter s die Blechdicke und unter L das Längenmaß des Aufnahmekörpers in der Bewegungsrichtung des Schiebers zu verstehen sind, um welches derselbe von der Stempelführungsplatte bzw. vom Stempelkopf und Stößel überdeckt wird. Die Schlittenschubbewegung kann nach Aufsetzen des zu lochenden Werkstückes selbsttätig hydraulisch oder pneumatisch gesteuert werden.

Eine ganz andere Lösung der gleichen Aufgabe, nämlich Teile mit hoher Zarge am Boden zu lochen, zeigt der schwenkbare Aufnahmedorn nach Abb. 130. Zwecks Ausschwenken des Aufnahmedornes schräg nach rechts wird der links dargestellte, einer Verriegelung in Senkrechtstellung dienende Indexbolzen mit der einen Hand zurückgezogen, während mit der anderen Hand das fertig gelochte Teil abgestreift und das nächste zu lochende Ziehteil aufgeschoben wird. Der Dorn muß in der Arbeitsstellung in senkrechter

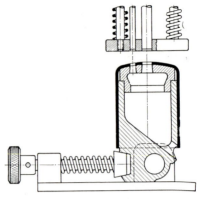

Abb. 130. Schwenkbarer Werkstückaufnahmedorn

Lage stehen und wird durch den mittels Druckfeder eingepreßten Indexstift in seiner richtigen Lage gesichert, wobei die untere Fläche des schwenkbaren Aufnahmedornes sich fest gegen die Grundplatte stützt, so daß beim Schnitt der Dorn nicht aus seiner senkrechten Stellung kippen kann. Die ausgelochten Schneidbutzen fallen durch den rechten unteren Schlitz aus dem Hohlraum des Dornes, der oben durch eine gehärtete Schneidplatte abgeschlossen wird.

Schieberwerkzeuge, bei denen nicht wie hier geschildert die sonst unzureichende Hubtiefe bzw. zu große Werkzeugeinbauhöhe, sondern allein die Teilzuführung für den Schiebereinbau maßgebend sind, werden auf S. 567 bis 571 beschrieben.

11. Perforierwerkzeug

Perforierwerkzeuge werden zumeist unter Perforiermaschinen verwendet. Es sind dies automatische Schnelläuferpressen für schmale Bänder oder Doppelständerpressen mit entsprechend breitem Durchgang, unter denen bestimmte Lochbilder in Reihen nacheinander und nebeneinander halbautomatisch in die durchlaufenden Blechtafeln gestanzt werden können. Hiermit kann außer einem Schneid- auch ein Umformvorgang wie beispielsweise ein Auswölben verbunden sein. Es mag Fälle geben, in denen ein dafür entwickeltes Werkzeug unter üblichen Exzenterpressen genügt, insbesondere dort, wo nur Teile einer ganz bestimmten Lochteilung und Streifenbreite perforiert werden sollen. Ein solches Perforierwerkzeug ist in Abb. 131 dargestellt und sei wie folgt beschrieben:

Das Werkzeug ist am besten in einem mit übereck angeordneten Säulen ausgestatteten Säulengestell nach DIN 9819 unterzubringen. Zur besseren Übersicht ist die Säulenführung in Abb. 131 nicht mit angegeben. Auf der Grundplatte *1* ist die Sockelplatte *2* mit der Schnittlochleiste *3*, desgleichen die Führungsplatte *4* mit den seitlichen Spannleisten *5*, befestigt. Das Werkzeugoberteil besteht aus den Lochstempeln *6*, der Stempelhalteplatte *7*, der Zwischenplatte *8*, der Kopfplatte *9* und dem Einspannzapfen *10*. In dieses

11. Perforierwerkzeug

Werkzeug wird der Blechstreifen b von links nach rechts in Pfeilrichtung eingeführt und hindurch bewegt, wobei die Presse mit einem Vorschubapparat versehen ist. Der kleinste Fehler beim Vorschub in neuzeitlichen Zangen- und Walzenvorschubapparaten beträgt 0,03 mm. Handelt es sich um einen gleichbleibenden kleinen Vorschub bzw. kurzen Lochabstand in Streifenvorschubrichtung, so läßt sich eine solche Vorschubeinrichtung in das Werkzeug, wie folgt beschrieben, einbauen.

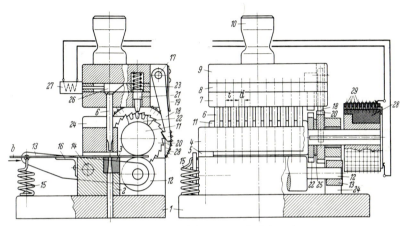

Abb. 131. Elektromagnetisch gesteuertes Perforierwerkzeug

In der links in Abb. 131 dargestellten Ausführung wird der Streifen b von den beiden Vorschubwalzen 11 und 12 gefaßt und während des Rückhubes des Stempels vorgeschoben. Die untere Walze 12 drückt den Streifen gegen die Oberwalze an, da sie in einem Hebel 13 gelagert ist, der um einen Zapfen 14 mittels einer Zugfeder 15 geschwenkt wird. Am Streifeneinlauf kann die Streifenauflagefläche durch einen dort angebrachten Winkel 16 verlängert werden. In einer schlitzförmigen Aussparung des Werkzeugoberteils ist um einen Stift 17 der Sperrhebel 18 kippbar aufgehängt, dessen untere Nase unter Andruck einer Blattfeder 19 in ein auf der Oberwalzenwelle aufgekeiltes Sperrad 20 einrastet. Beim Stößelniedergang rutscht die Nase über die Sperrzähne nach unten hinweg und dreht zwecks Streifentransport die Oberwalze 11 erst beim Aufwärtsgang des Stößels um eine Zahnteilung. Eine genaue Arretierung der jeweiligen Winkelstellung der Oberwalze wird durch einen Riegelstift 21 erreicht, der beim Niedergang des Pressenstößels in eine Rastscheibe 22 einrastet. Der zur sicheren Zentrierung beiderseits angeschrägte Raststift 21 steht unter dem Druck einer Feder, die hier als Schraubenfeder 23 dargestellt ist, jedoch auch als Tellerfeder oder Gummifeder ausgebildet sein kann. Ihr Federweg kann gering und ihre Vorspannung sollte hoch sein.

Die Oberwalze 11 ist an beiden Enden mit ihren Zapfen in seitlich angeschraubten, mit Büchsen versehenen Lagerplatten 24 gehalten. An dem rechts gezeichneten Zapfenende sind zwischen diesem Lager und der Walze selbst das Sperrad 20 und die Einrastscheibe 22 mit zwischenliegender

Distanzscheibe *25* aufgekeilt. Es hängt vom Erzeugungsprogramm eines Betriebes ab, inwieweit ein solches Werkzeug genügt, gleichmäßige Lochgitter ohne Unterbrechung in Streifen einzustanzen oder ob auf ungelochte Zwischenflächen in Verbindung mit einem auf S. 110 beschriebenen Abhack- oder Trennschneidwerkzeug Wert gelegt wird. Dann müssen die Lochstempel *6* während des Vorschubes außer Wirkung gesetzt werden. Dies wird beispielsweise dadurch erreicht, daß die Zwischenplatte *8* durchbrochen und vorn gebohrt wird, damit – sei es von Hand, sei es durch elektromagnetische oder pneumatische Schaltung – die Lochstempel *6* mittels eines Schiebers *26* entriegelt werden können. Dies setzt in Übereinstimmung zu Abb. 19, S. 19 sowohl eine Anschrägung des Riegelschiebers als auch der Stempelköpfe voraus. Ist immer die ganze Stempelreihe zu entriegeln, so ist eine gemeinsame Entriegelung durch eine lange Riegelleiste *26* über die Lochstempelreihe mittels eines einzigen Elektromagneten *27* möglich. Ein solcher Elektromagnet kann direkt von der Oberwalze aus über eine Schalttrommel *28* gesteuert werden, die auf dem Zapfen der Oberwalze fliegend angeordnet ist. Die elektrischen Kontakte werden durch eingesteckte, mit Köpfen versehene Kontaktstifte *29* hergestellt. Bei der hier gezeichneten Schaltung ist nur ein Elektromagnet und ein Kontaktfinger für den rechten Kontaktstiftkranz dargestellt, wie es für das Schalten sämtlicher Löcher auf volle Breite genügt.

Wird jedoch außerdem eine Entriegelungs- und Kupplungsmöglichkeit für jeden einzelnen Lochstempel gewünscht, so muß für jeden einzelnen Lochstempel ein besonderer Riegel *26* und ein besonderer Elektromagnet *27* sowie ein besonderer Lochkranz für die Kontaktstifte *29* auf der Trommel vorgesehen werden. Die Trommel *28* wird also dadurch breiter, wie dies auch rechts aus Abb. 131 hervorgeht. Es wäre dann für jeden Kontaktkreis ein besonderer Kontaktfinger erforderlich, der wiederum mit einem Steuermagneten *27* für den betreffenden Lochstempel in Verbindung steht. Wenn auch heute in bezug auf Mikroausführung elektromagnetischer Steuerungen Beachtenswertes geleistet wird und schon sehr kleine Elektromagnete im Handel zu haben sind, so lassen sich derartige Magnete bei engen Lochabständen über die gesamte Streifenbreite kaum nebeneinander unterbringen. Eine entsprechende Schaltung hintereinander und übereinander angeordneter Elektromagnete dürfte zwar mittels Hebel im einzelnen möglich, jedoch baulich recht kompliziert und störanfällig sein. Bei engen Lochabständen sind daher die Riegel, die sich in ihrer Ausgangsstellung in Schließstellung befinden, nicht unmittelbar durch Elektromagnete zu lüften, sondern statt dessen pneumatisch zu steuern, wobei die Druckluftzuführung wiederum unter Zwischenschaltung einer Reihe von Elektromagneten an anderer Stelle ausgelöst wird. Eine solch aufwendige Ausführung ist dort wirtschaftlich, wo sehr viel Lochstreifen gleicher Breitenteilung *t* und gleichen Vorschublochabstandes mit verschiedener Lochmusterung benötigt werden. Es ist selbstverständlich möglich und wird sich in vielen Fällen sogar dringend empfehlen, dicht hinter der mit dem oben beschriebenen Werkzeug ausgerüsteten Presse eine zweite mit einem Abhackschneidwerkzeug versehene Presse anzuordnen, auf der der Streifen in einzelne perforierte Platten getrennt wird. Dabei wäre es mitunter möglich, die Einrichtung der Exzenterpresse elektromagnetisch in Verbindung mit der Kontakttrommel *28* zu steuern, soweit genügend steife Streifen oder Bänder verarbeitet werden. Andernfalls müßte an der zweiten Presse selbst die elektromagnetische Kupplung über einen oder mehrere Fühlerstifte gesteuert werden, die in bestimmte Löcher des perforierten Lochmusters einfallen und auf diese Weise einen Schaltkontakt auslösen.

12. Lochschneidwerkzeuge mit und ohne Indexstift zur seitlichen Lochung von Hohlkörpern

(Werkzeugblatt 11)

Das seitliche Lochen von Hohlkörpern ist dann sehr einfach, wenn nur eine einmalige Lochung in einem gegebenen Abstand vom Rand verlangt wird. Kommt es auf eine runde Lochform nicht an und ist die Zargenhöhe des Ziehteiles niedrig wie bei Stockzwingen und Feilheftzwingen, so kann bereits beim Zuschnitt nahe dem Rande gelocht werden. Bei genauer Lochfigur, die keinen erheblichen Verzug gestattet, muß nach dem Umformen gelocht werden. In die Zarge des in Abb. 132 links dargestellten, fertig gelochten Ziehteiles *w* sind zwei rechteckige Löcher *a* einzuschneiden. Zu diesem Zweck wird das Werkstück in die gestrichelt angedeutete Lage *w'* gebracht, indem es mit seinem Boden von Hand gegen die seiner inneren Bodenform entsprechenden Anlageplatte *c* gedrückt wird, so daß die mittels der Stempel *b* zu lochende Zarge zwischen Stempelführungsplatte *f* und Schneidplatte *e* zu liegen kommt.

Abb. 132. Bockschneidwerkzeug

Bei runden Ziehteilen sind derartige in der Sprache des Praktikers als Bockstanzen bezeichnete Werkzeuge besonders einfach in ihrer Herstellung, indem anstelle einer Formanlageplatte *c* und einer dahinter angebrachten Schneidplatte *e* ein runder Dorn, der in waagerechter Lage meist an einem Winkel festgeschraubt und im oberen Teil einer senkrechten Durchbohrung mit einer Schneidbuchse versehen wird, die Aufnahmevorrichtung für das zu lochende Teil bildet. Dies genügt, wenn nur eine einzige oder mehrere dicht nebeneinander liegende Lochungen gleichzeitig an einer beliebigen Stelle des Zargenumfanges vorgenommen werden. Ist diese Stelle nicht be-

Sfs	**Lochschnitt für Zargen runder Hohlkörper (Bockstanze)**		Werkzeugblatt 11

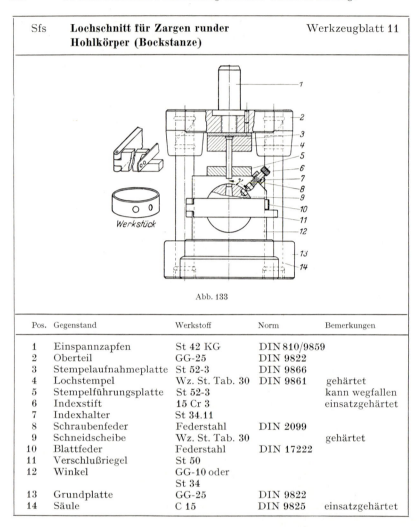

Abb. 133

Pos.	Gegenstand	Werkstoff	Norm	Bemerkungen
1	Einspannzapfen	St 42 KG	DIN 810/9859	
2	Oberteil	GG-25	DIN 9822	
3	Stempelaufnahmeplatte	St 52-3	DIN 9866	
4	Lochstempel	Wz. St. Tab. 30	DIN 9861	gehärtet
5	Stempelführungsplatte	St 52-3		kann wegfallen
6	Indexstift	15 Cr 3		einsatzgehärtet
7	Indexhalter	St 34.11		
8	Schraubenfeder	Federstahl	DIN 2099	
9	Schneidscheibe	Wz. St. Tab. 30		gehärtet
10	Blattfeder	Federstahl	DIN 17222	
11	Verschlußriegel	St 50		
12	Winkel	GG-10 oder St 34		
13	Grundplatte	GG-25	DIN 9822	
14	Säule	C 15	DIN 9825	einsatzgehärtet

liebig, so muß das Werkstück in seiner Lage irgendwie fixiert werden. Wurden bereits in einem vorausgegangenen Arbeitsgang Löcher hergestellt, so wird gemäß Werkzeugblatt 11 das auf einem horizontalen Dorn (Teil 9) aufgenommene Werkstück in seiner Lage durch von außen einzusteckende konische Stifte bestimmt. Diese Stifte werden bei geringerer Stückzahl mit der Hand eingesteckt und an kleinen Ketten am Werkzeug befestigt. Es ist immer zweckmäßig, den Indexstift (Teil 6) von außen durch die Zarge des Werkstückes in die Schneidscheibe (Teil 9) zu stecken, die an der senkrechten Fläche eines auf der Grundplatte aufgeschraubten Winkels (Teil 12) befestigt ist. Der axial gelagerte Indexstift rastet unter dem Druck einer Schraubenfeder (Teil 8) in dem Loch der Werkstückzarge und in der dafür vorgesehenen Bohrung der Schneidscheibe. Die erste Lochung erfolgt zu-

12. Lochschneidwerkzeuge zur seitlichen Lochung von Hohlkörpern

meist an beliebiger Stelle des Zargenumfanges. Ist das erste Loch geschnitten, so wird das Teil auf der Schneidscheibe so weit gedreht, bis der Indexstift in die erste Lochung einschnappt, dann wird weiter in der gleichen Weise verfahren. In der folgenden Zahlentafel 8 ist für eine verschieden große Anzahl von Lochungen des Umfanges der Winkel γ angegeben, welchen die vertikale Matrizenachse mit der Indexachse einschließt (siehe Werkzeugblatt 11). Je mehr sich dieser Winkel γ dem Winkelbetrag von 180° nähert, um so weniger gedrängt kann die konstruktive Ausführung gehalten sein.

Tabelle 8. *Teilungswinkel für den Index von Zargenlochschneidwerkzeugen*

Anzahl der auf dem Umfang gleichmäßig verteilten Lochungen	Der die Schnittachse mit der Indexachse einschließende Winkel γ	Anzahl der auf dem Umfang gleichmäßig verteilten Lochungen	Der die Schnittachse mit der Indexachse einschließende Winkel γ
2	180°	12	30 oder 150°
3	120°	13	55°
4	90°	14	77°
5	72°	15	48 oder 96°
6	60°	16	67,5 oder 112,5°
7	51,4°	17	63,5 oder 127°
8	45°	18	20 oder 100°
9	40 oder 80°	19	37,9 oder 75,8°
10	36 oder 108°	20	108 oder 126°
11	98 oder 130,8°		

Es werden zuweilen auch von innen nach außen wirkende Indexstifte im Aufnahmedorn untergebracht. Diese Anordnung hat den Nachteil, daß die Bohrung, in welcher der Indexstift gelagert ist, leicht verschmutzt und mit Fremdkörpern versetzt wird, so daß der Indexstift klemmt.

Schwache Indexfedern bedingen häufig zu großes Spiel und somit Lochabstandsdifferenzen. Auch der sich einstellende Stanzgrat kann dann das Einschnappen des federnden Indexstiftes hindern. Hemmungen des Indexstiftes werden dabei häufig übersehen und führen zu einer ungenauen Lochteilung. Wird dagegen die Feder zu stark bemessen, so stellen sich Schwierigkeiten beim Zurückdrücken des Stiftes oder beim Abstreifen des Teiles vom Aufnahmedorn ein. Bei sehr großer Herstellungsmenge wird auf Indexstifte ganz verzichtet[1], und die Lochungen werden mit einer entsprechenden Anzahl von Stempeln gleichzeitig vorgenommen, wie dies in den folgenden Werkzeugblättern 12 bis 14 näher beschrieben wird.

Bei geringer Herstellungsmenge kann auf eine Teilhaltevorrichtung nach Werkzeugblatt 11 (Teil 10 und 11) verzichtet werden. Doch ist sie bei größeren Stückzahlen oder bei genauen Teilen notwendig. Es können dann keine Differenzen vom oberen Rand oder vom Boden des Teiles bis zur Lochmitte eintreten, wie dies sonst bei bloßer Werkstückanlage mit der Hand infolge Unachtsamkeit leicht vorkommt. Die Teilhaltevorrichtung besteht aus einer schwenkbar angeordneten Leiste (Teil 11), die den Boden des Hohlkörpers gegen die Schneidscheibe (Teil 9) drückt und mittels der auf der Blattfeder (Teil 10) aufgenieteten Nase verriegelt wird.

---

[1] Die Herstellung von zweiseitig gelochten Rohren beschreibt *Nowak, G.* in Werkst. u. Betr. 90 (1957), H. 5, S. 324. — *Oehler, G.:* Einseitiges Lochen rechteckiger Hohlprofile. Werkstattstechn. 62 (1972), Nr. 11, S. 658.

144   B. Die konstruktive Ausführung einzelner Schneidwerkzeuge

Bei dem Bockschneidwerkzeug zum Ausklinken einer Scheinwerferhaube nach Abb. 134[1] ist der Aufnahmedorn an einem Winkel angeschraubt und verstiftet. Sein unteres Teil ist plangefräst. Die mit Preßsitz aufgezogenen Ringe aus Werkzeugstahl umfassen den Aufnahmedorn nur über einen Bereich von 160°. Das Werkstück ist bereits gelocht. Es geht hier darum, einen Lappen mittels eines scharfwinkligen Stempels an drei Seiten auszuschneiden und an seiner vierten Seite zunächst nach einwärts zu biegen. Zu diesem Zweck ist der im Werkzeugoberteil befestigte Stempel von einem mittels Gummifedern abgestützten Niederhalter umgeben. Will man jedoch kein Einklinken nach innen, sondern ein Umlegen des Lappens nach außen,

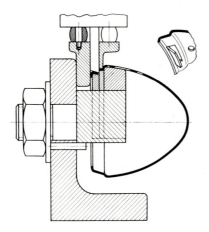 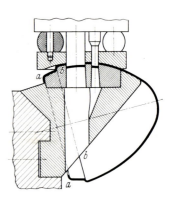

Abb. 134. Ausklinkschnitt am äußeren Zargenrand   Abb. 135. Bockstanze mit gewölbter Schneidplatte

so könnte man mit dem gleichen einfachen Werkzeug dies in einem weiteren Arbeitsvorgang erreichen, wenn die beiden rechten äußeren Ringe des Aufnahmedorns abgezogen werden und der Schneidstempel herausgenommen oder entkuppelt wird. Beim Stößelniedergang drückt dann nur der Niederhalter das Teil, das nur noch auf dem linken Aufnahmering ruht, nach unten und biegt dabei den eingeschnittenen Lappen nach außen, wie dies in Abb. 134 rechts oben dargestellt ist. Ist die Stückzahl genügend groß und lohnt sich daher ein teureres Werkzeug, so könnte entsprechend Abb. 136 unter Bewegung des Werkstückes beim Schneiden und Ausklinken, der Lappen in einem Arbeitsgang nach außen hochgestellt werden.

Die Form des Werkzeugs muß sich der Innenform des Werkstückes weitgehend anpassen. Dafür bietet das gleiche Werkstück eine Möglichkeit, indem gemäß Abb. 135 in den Aufspannwinkel ein Sockel und in diesen wiederum eine aus Werkzeugstahl bestehende gehärtete Lochmatrize eingesetzt wird. Infolge des nach rechts oben spitz auslaufenden Sockelteiles läßt sich das Werkstück recht gut anlegen. Dabei müssen sowohl für den äußeren Rand die gestrichelt angedeutete Anlagekante $a-a$, als auch die dahinter liegende Ausbauchkante $b-b$ am Werkzeugsockel wie an der Matrize zur Anlage

---

[1] Die Abb. 134 bis 141 sind nach teilweiser Abänderung dem Atlas Stanzwerkzeuge (Moskau 1958) von *B. T. Meschtscherin* entnommen.

12. Lochschneidwerkzeuge zur seitlichen Lochung von Hohlkörpern 145

dienen. Zu beachten sind die Bohrungen zum Entfernen der Butzen und der durch einen rechteckigen Ansatz an den Winkel angepaßte Sockel. Auf diese Weise wird eine sichere und unverrückbare Befestigung mit dem Werkzeugunterteil erreicht. Ebenso wie bei den Konstruktionen nach Abb. 134, 137 und 138 ist auch hier eine der äußeren Werkstückform angepaßte Niederhalteplatte erforderlich, die in diesem Fall wie bei Abb. 134 durch Gummifedern abgestützt wird, deren Berechnung auf S. 617 erläutert wird.

Zumeist wird – wie zuvor zu Abb. 132 bis 135 beschrieben – bei Bockstanzwerkzeugen das Ziehteil in waagerecht-axialer Richtung auf das Aufnahmeteil aufgeschoben, in dem oben die Schneidbuchsen eingepreßt oder eingesetzt sind. Das Werkstück liegt fest gegen den gleichfalls feststehenden Werkstückaufnahmesockel an. Im Gegensatz hierzu zeigt Abb. 136 ein

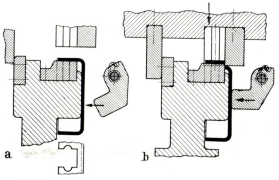

Abb. 136. Zargenausschnitt, a Ausgangsstellung, b Schneidstellung

Bockschneidwerkzeug, bei dem zwar das Werkzeugaufnahmeteil mit der Schneidmatrize fest angeordnet ist, hingegen das seitlich aufgesetzte Werkstück nach unten durch den Schneidstempel des Werkzeugoberteils geschoben wird. Der Butzen bleibt also auf der nicht gelochten Schneidmatrize liegen und kann durch Druckluft weggeblasen werden. Das Werkstück selbst wird während des Lochens durch einen mittels Feder angedrückten Spanndaumen festgehalten. Bei dem vorliegenden Ausschnitt handelt es sich um eine größere Ausklinkung, die gewiß einen Seitendruck des Schneidstempels nach rechts bewirkt. Bei dem in Abb. 136 dargestellten Werkzeug liegt ein am Oberteil befestigter Abstützbacken links gegen eine entsprechende Führungsbacke des Werkzeugunterteiles an, damit diesem Seitendruck begegnet und eine Abweichung des Schneidstempels nach rechts verhindert wird. Um eine solche Wirkung mit Sicherheit zu erreichen, muß man Schneidstempel und Abstützbacken zu einem kastenförmigen Gebilde vereinigen, das das Werkzeug allseitig umgibt, zumal der Abstützbacken leichter ausweichen wird als der viel stabiler gebaute Schneidstempel. Bei einer entsprechend steifen Konstruktion des Werkzeugunterteils dürfte diese zusätzliche Stollenführung im linken oberen Teil des Werkzeugs entfallen.

An schrägen Bodenpartien muß das Werkstück schräg aufgenommen werden, während die Lochstempel und Lochmatrizen möglichst senkrecht angeordnet bleiben. Dies bedingt mitunter außergewöhnliche Bauarten, wie

10 Oehler/Kaiser, Schnitt-, Stanz- und Ziehwerkzeuge, 6. Aufl.

dies z.B. das Lochwerkzeug für den Boden in Abb. 137 veranschaulicht. Die beiden Schneidbuchsen müssen in einem sehr hohen Sockel untergebracht werden, der den Aufnahmering für das Werkstück durchbricht und in der oben schräg zugerichteten Grundplatte eingelassen und verstiftet ist. Auch hier wird das Werkstück durch eine Druckplatte niedergehalten, die zu-

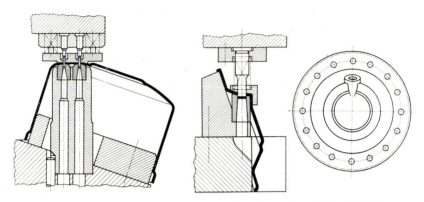

Abb. 137. Lochwerkzeug für Boden bei flachschräger Lage des Werkstückes

Abb. 138. Lochwerkzeug für Zarge bei steilschräger Lage des Werkstückes

gleich zur Führung der Stempel dient. Daher muß dieses Werkstück unbedingt in einem Säulengestell untergebracht werden. Zu beachten ist hierbei der außergewöhnlich hohe Hub, da man genügend Platz haben muß, um das Werkstück auf den Aufnahmering aufzusetzen und von diesem wieder abzunehmen. Der Hub muß mindestens die gleiche Höhe haben, wie das hohe Sockelstück zur Aufnahme der Matrizenbüchsen. Da in sehr vielen Fällen ein so großer Hub nicht verfügbar ist, besteht keine andere Möglichkeit, als Werkzeuge dieser Art derart auszuführen, daß das Unterwerkzeug unter dem Oberwerkzeug nach vorn herausgeschoben werden kann, wie dies bei den Schieberlochwerkzeugen auf S. 136 bis 138 erläutert wurde. Dabei muß dann darauf geachtet werden, daß das Werkzeug in seiner Arbeitsstellung einen sicheren Anschlag findet und verankert wird, damit beim Lochen die Lochstempel genau den Matrizenbüchsen gegenüberstehen. Anstelle von Schieberkonstruktionen nach Abb. 129 werden mitunter auch schwenkbare Konstruktionen gemäß Abb. 130 angewendet.

Abb. 138 zeigt rechts einen Deckel, der schräg gelocht werden muß und somit eine steilschräge Aufnahme im Werkzeug erfordert. Als Aufnahme dient ein im Werkzeugoberteil hängendes Spannelement, das, unter Federdruck stehend, das Werkstück im Matrizenbereich umfaßt. Die ziemlich dünne Matrize ist in einen Sockel eingelassen, der auf einer Grundplatte ruht, von der die Stanzbutzen nach rechts unten abfallen können. Infolge des vorstehenden Randes läßt sich das Teil noch verhältnismäßig gut auf dem Sockel aufnehmen. Würde ein solcher Rand am Werkstück fehlen, dann müßte das Teil von unten gestützt werden, d.h. es würde der Flansch in einer ausgedrehten Aussparung Platz finden. Die Aufnahme wäre dann nicht so einfach.

12. Lochschneidewerkzeuge zur seitlichen Lochung von Hohlkörpern 147

Nach Möglichkeit sollten die Schneidstempel im am Pressenstößel befestigten Oberwerkzeug senkrecht geführt werden. Doch lassen die Abmessungen des Werkstückes nicht immer eine Ausbildung des Schneidwerkzeuges als Bockstanze zu. Dann müssen die Schneidstempel über Keilstempeltrieb waagerecht geführt werden. So wird in Abb. 139 ein großes flaches Ziehteil

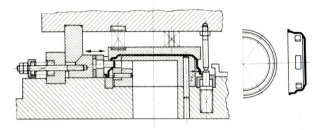

Abb. 139. Zargenlochwerkzeug mit seitlichem Abheber

gezeigt, das an seiner linken Seite mittels eines von außen angreifenden Stempels gelocht wird. Der waagerecht geführte Werkzeugschlitten wird mittels Federzug nach links in seine Ausgangsstellung gezogen. Durch den im Werkzeugoberteil befestigten Keilstempel wird beim Senken des Pressenstößels der Werkzeugschlitten nach rechts vorgeschoben, wie dies die Arbeitsstellung nach Abb. 139 zeigt. Außerdem befindet sich am Oberwerkzeug hängend eine Niederhalteplatte, die unter Federdruck stehend das Werkstück fest nach unten auf seinen Aufnahmesockel drückt. Schließlich ist rechts noch ein in seiner Länge verstellbarer Stößelbolzen zu erkennen, der beim Stößelniedergang einen weiteren unter Federdruck stehenden Bolzen nach unten drückt. Gegen den letzteren Bolzen liegt der äußere Rand des zu lochenden Werkstückes unter einer gewissen Druckspannung an, so daß dieser unter Federdruck stehende Stift beim Rückhub des Pressenstößels in seine obere Ausgangsstellung das unter seitlichem Reibungsdruck eingeklemmte Werkstück nach oben abhebt. Wir haben es hier also nicht mit einem der üblichen Auswerfer zu tun, die direkt von unten angreifend das Blechteil hochheben. Vielmehr wird hier die Klemmwirkung bzw. die Federung des Randes nach innen in Verbindung mit der Reibung für das Abheben benutzt. In dem mit der Grundplatte verstifteten Aufnahmesockel für das Werkstück ist – gleichfalls mittels Stiften – die Schneidmatrize eingesetzt. Es kann kein Zweifel darüber bestehen, daß die dünne Wand dieser Matrize in der Nähe der Werkstückbodenkante bruchgefährdet ist. In diesem Zusammenhang sei auf die Möglichkeiten einer Lochung von innen aus gemäß Abb. 141 hingewiesen, bei denen aus diesem Grunde der Lochstempel von innen nach außen bewegt wird. Solche Bauarten sind allerdings im allgemeinen aufwendiger und störanfälliger, weshalb man nach Möglichkeit Werkzeugkonstruktionen nach Abb. 139 und 140 mit von außen wirkenden Lochstempeln vorzieht.

Mit dem Werkzeug nach Abb. 140 wird ein flaches Ziehteil mit kurz vorstehendem Flanschrand bearbeitet. Auch dieses Werkstück wird auf einem Sockel aufgenommen, in den Matrizenbuchsen bzw. Matrizenleisten eingelassen, eingepreßt oder verstiftet sind. Festgehalten wird es gleichfalls

148   B. Die konstruktive Ausführung einzelner Schneidwerkzeuge

durch eine Druckplatte unter Zwischenlage von Federn. Der Vorschub für den seitlich wirkenden Schneidstempel wird hier formschlüssig durch einen zweifach gewinkelten Kurvenstempel bewirkt. Er schiebt den Schlitten während des Stößelsenkens nach vorwärts und zieht ihn beim Heben zurück. Vorn am Schlitten ist eine Stempelhalteplatte für den kurz gehaltenen Stempel vorgesehen. Ein weiterer Lochstempel, der gleichfalls in einer Stempelhalteplatte gefaßt ist und gegen eine Gegenplatte aus Gußstahlblech anliegt, ist im Werkzeugoberteil befestigt. Beide Lochstempel befinden sich in Arbeitsstellung. In diesem Fall dient die Druckplatte gleichzeitig als Stempelführungsplatte. An der Druckplatte ist ein Haken derart angebracht, daß er das Werkstück von unten faßt und beim Stößelhochgang mit nach oben nimmt. Man wird nur bei geringen Höhen und genügendem Zwischenraum mit einem einzigen derartigen Abstreifer auskommen, da das Teil sonst beim Abschwenken sehr bald festklemmt und durch den hochgehenden Abstreifhaken beschädigt wird. Es muß also an der Abstreifseite zwischen Sockel und Werkstück etwas Luft bleiben, wie dies hier eingezeichnet ist. Der von links kommende Schneidstempel soll das Werkstück bereits gegen den Sockel seitlich gedrückt haben, bevor die obere Niederhalteplatte das Teil berührt. Über die Größe des Luftspaltes i kann man einen Anhalt gewinnen, wenn man um den Punkt A mit dem Radius AB einen Kreis nach

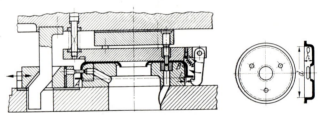

Abb. 140. Boden- und Zargenlochwerkzeug mit seitlichem Abheber

unten schlägt, der die hier gestrichelt angedeutete Waagerechte durch A schneidet. Das Maß i läßt sich bei gegebenen inneren Durchmesser d und Höhe h zu $i \geqq \sqrt{h^2 + d^2} - d$ berechnen. Diese Überlegungen gelten für alle solche Abstreifvorrichtungen, entsprechend auch für Abb. 139, wo gleichfalls in Nähe der Abstreifvorrichtung ein Luftspalt i vorhanden ist.

Es wurde bereits in Verbindung mit Abb. 139 darauf hingewiesen, daß bei von außen wirkenden Stempeln die Matrizen mitunter äußerst dünn ausfallen. Sie neigen daher zu Ausbrüchen an solchen Stellen, wo sich die Lochungen in der Nähe der Bodenkante befinden und somit wenig Fläche für eine dort anzubringende Matrize verbleibt. Dies gilt insbesondere für das Lochen dickwandiger und größerer Durchbrüche, die sich dicht über der Bodenkante befinden. Aus diesem Grunde ist die Wahl eines von innen wirkenden Schneidwerkzeuges verständlich. Bei dem einfachen Ziehteil nach Abb. 141 wird nur einseitig über dem Boden ein größeres und darüber ein kleineres Loch ausgeschnitten. Der Matrizenblock befindet sich also links in Abb. 141. Der Stempelhub h wird mittels eines steilwinkligen Keilstempels erreicht. Die beiden kleineren in Abb. 141a angedeuteten unter Federdruck stehenden Keilstempel drücken den Stempelhalteblock nach rechts zurück

13. Schneid- u. Lochwerkzeuge z. gleichz. Bearbeitung v. Hohlkörpern

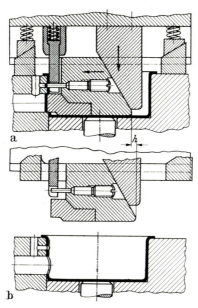

Abb. 141. Von innen nach außen **gerichtete Lochstempel** dicht über dem Boden. a Arbeitsstellung, b Ausgangs- und Endstellung nach dem Lochen

und öffnen somit das Werkzeug, sobald der Stößel der Presse sich nach aufwärts bewegt. Dieser Stempelhalteblock geht mit den Keilstempeln nach oben und ist in dem am **Pressenstößel** befestigten Werkzeugoberteil verschiebbar angeordnet. Die hierzu nötigen Druckfedern müssen unter starker Vorspannung eingesetzt werden, damit die Schneidstempel rechtzeitig zurückgehen und nicht in der Matrizenöffnung hängen bleiben. Überhaupt dürfen – wie dies hier aus Gründen der Übersicht dargestellt ist – die Schneidstempel nicht bis in die Matrizenöffnung eintauchen, sondern sollten an ihren Enden in äußerster Arbeitsstellung vor der Matrizenöffnung abschliessen. Es besteht sonst durchaus die Gefahr, daß insbesondere der schwächere obere Stempel beim Hochgehen des Stößels abbricht, weshalb für ihn eine zusätzliche Haltevorrichtung vorgesehen ist. Dieser kleine Stempel ist beiderseits und nach oben von einem unter Federdruck stehenden Führungsstößel umgeben. Ist die Presse mit einem Luftkissen ausgerüstet, so kann durch einen mittig wirkenden **Auswerferbolzen** das Fertigteil nach oben ausgehoben und daher leichter herausgenommen werden.

13. Schneid- und Lochwerkzeuge zur gleichzeitigen Bearbeitung von Hohlkörpern an verschiedenen Stellen

(Werkzeugblätter 12 bis 14)

Es ergibt sich für Hohlkörper häufig die Notwendigkeit, nicht nur den Boden, sondern auch verschiedene Stellen am Umfang der Zarge (= Mantel des Hohlkörpers) mit verschiedenen Werkzeugen zu bearbeiten. Dies ge-

150 B. Die konstruktive Ausführung einzelner Schneidwerkzeuge

| Sfs | **Zargenlochschneidewerkzeug für 2 genau gegenüberliegende Löcher (Bockstanze)** | Werkzeugblatt 12 |

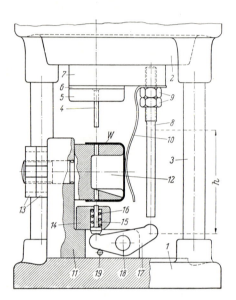

Abb. 142

Pos.	Gegenstand	Werkstoff	Norm	Bemerkungen
1	Grundplatte	GG 25	DIN 9819	
2	Oberteil	GG 25	DIN 9819	
3	Führungssäule	C 15	DIN 9825	einsatzgehärtet
4	Oberer Lochstempel	Wz. St. Tab. 30	DIN 9861	gehärtet
5	Stempelaufnahmeplatte	St 52-3	DIN 9866	
6	Druckplatte	blauhartes Gußstahlblech		
7	Kopfplatte	St 42		
8	Anschlagstößelbolzen	15 Cr 3		unten einsatzgehärtet
9	Sechskantmutter	5 S	DIN 936	
10	Bandfeder	Federstahl	DIN 17222	
11	Winkel	St 33		
12	Aufnahmedorn	Wz. St. Tab. 30		Schnittseite gehärtet
13	Nutmutter	St 37	DIN 1804	
14	Querleiste	St 50		
15	Unterer Lochstempel	Wz. St. Tab. 30		gehärtet
16	Schraubenfeder	Federstahl	DIN 2099	
17	Schwenkhebel	18 CrNi 8		einsatzgehärtet
18	Bolzen zu 17	5 S	DIN 7 h 11	
19	Anschlagstift zu 17	5 S	DIN 7 h 11	

13. Schneid- u. Lochwerkzeuge z. gleichz. Bearbeitung v. Hohlkörpern

schieht mittels Bockstanzen ähnlich der zuvor beschriebenen zu Werkzeugblatt 11 (Vorderansicht) mit waagerechter Werkstückachse nach Werkzeugblatt 12 (Seitenansicht), oder unter Schneidwerkzeugen mit seitlich gesteuerten Stempeln und senkrechter Werkstückachse gemäß Werkzeugblatt 13. Diese Schneidwerkzeuge werden in Säulengestellen untergebracht (im Werkzeugblatt 13 sind die Säulen wegen der Übersichtlichkeit nicht eingezeichnet).

Die Genauigkeit der Lochabstände nach dem oben zu Werkzeugblatt 11 beschriebenen Verfahren ist von der genauen Ausführung des Aufnahmedornes, über den das Werkstück gedreht wird, einer engen Toleranz des Ziehteilinnendurchmessers und der Sorgfalt des Arbeiters abhängig. Schließlich darf das Spiel des Rastbolzens nur sehr gering sein, da es mit in den Fehler eingeht, um den die Lochungen von der richtigen Lage zueinander abweichen. Um den Mantel bzw. die Zarge von zylindrischen Napfformen aus Blech an zwei genau gegenüberliegenden Stellen zu lochen, wird daher ein Werkzeug empfohlen, bei welchem zwei Schneidstempel gleichzeitig von oben und unten die Löcher schneiden. Das Verfahren kann sowohl für die Zargenlochungen zylindrischer Ziehteile als auch für U-förmig gebogene Blechteile verwendet werden, deren äußere nach aufwärts stehende Schenkel genau gegenüberliegend mittig gelocht werden müssen.

Werkzeugblatt 12 zeigt ein solches Werkzeug innerhalb eines Säulengestelles, das aus der Grundplatte (Teil 1), dem Oberteil (Teil 2) und den Führungssäulen (Teil 3) besteht. Der obere Schneidstempel (Teil 4) ist in der Stempelhalteplatte (Teil 5) hängend unter einer Zwischenplatte (Teil 6) mit der am Oberteil angeschraubten Kopfplatte (Teil 7) befestigt. In sie ist weiterhin ein Anschlagstößel (Teil 8) eingeschraubt, der mit zwei Sechskantmuttern (Teil 9) einzustellen ist. Diese Muttern halten auch die Bandfeder (Teil 10), mit der das Werkstück gegen den Aufnahmedorn gedrückt wird. Auf der Grundplatte ist ein Winkel (Teil 11) aufgeschraubt, der den aus gehärtetem Werkzeugstahl mit Schneidöffnungen versehenen Aufnahmedorn (Teil 12) trägt. Er wird durch zwei Ringmuttern (Teil 13) gehalten. Außerdem ist auf diesem Winkel eine Querleiste (Teil 14) aufgeschraubt, in welcher der untere Schneidstempel (Teil 15) geführt ist, der durch eine Druckfeder (Teil 16) nach unten gedrückt wird. Der untere Kopf dieses Schneidstempels ruht auf dem einen Ende des Schwenkhebels (Teil 17), der um den Bolzen (Teil 18) schwenkbar gegen den Anschlagstift (Teil 19) anliegt. Bei der hier gezeigten Anordnung wird das Oberteil aus den Führungssäulen herausgefahren, da ein sehr großer Hub h nötig ist, um das Werkstück w unbehindert durch Stößelstift und Bandfeder über den Aufnahmedorn aufstecken zu können. Ist ein solcher Hub nicht verfügbar, dann entfält die Bandfeder, und der Stößelstift s muß neben dem Aufnahmedorn angeordnet werden. Der Schwenkhebel wird dann um 90° verdreht.

Bei dem in Werkzeugblatt 13 dargestellten Werkzeug sind die Schneidstempel für den Boden in der Mitte angeordnet. Die Matrize weist wie oben die Form eines Bolzens auf, welcher zwecks Durchfall des Schneidabfalles durchbohrt ist. Die Stempel werden meist kraftschlüssig bewegt, d.h., sie stehen unter Federdruck und geben den Raum um die Matrize zum Aufstecken des Werkstückes frei. Entweder wird als Anschlag das Leitkurvenstück

152   B. Die konstruktive Ausführung einzelner Schneidwerkzeuge

| Sfsk | Schneid- und Lochwerkzeug zur gleichzeitigen Bearbeitung von Hohlkörpern an verschiedenen Stellen | Werkzeugblatt 13 |

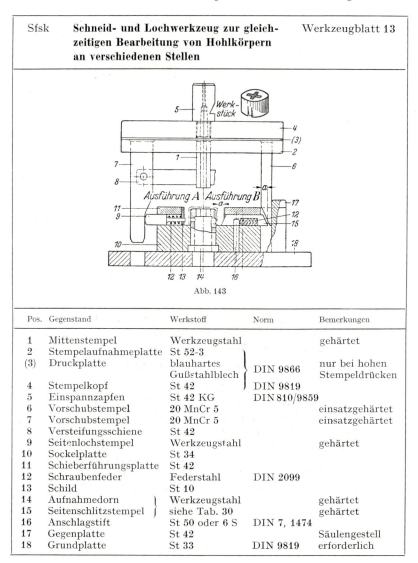

Abb. 143

Pos.	Gegenstand	Werkstoff	Norm	Bemerkungen
1	Mittenstempel	Werkzeugstahl		gehärtet
2	Stempelaufnahmeplatte	St 52-3		
(3)	Druckplatte	blauhartes Gußstahlblech	DIN 9866	nur bei hohen Stempeldrücken
4	Stempelkopf	St 42	DIN 9819	
5	Einspannzapfen	St 42 KG	DIN 810/9859	
6	Vorschubstempel	20 MnCr 5		einsatzgehärtet
7	Vorschubstempel	20 MnCr 5		einsatzgehärtet
8	Versteifungsschiene	St 42		
9	Seitenlochstempel	Werkzeugstahl		gehärtet
10	Sockelplatte	St 34		
11	Schieberführungsplatte	St 42		
12	Schraubenfeder	Federstahl	DIN 2099	
13	Schild	St 10		
14	Aufnahmedorn	Werkzeugstahl		gehärtet
15	Seitenschlitzstempel	siehe Tab. 30		gehärtet
16	Anschlagstift	St 50 oder 6 S	DIN 7, 1474	
17	Gegenplatte	St 42		Säulengestell
18	Grundplatte	St 33	DIN 9819	erforderlich

nach Ausführung A oder gemäß Ausführung B ein besonderer Anschlag, der dort in Form eines Stiftes vorgesehen ist, benutzt. Bei Niedergang des Stempels schieben die Kurvenstücke, die unter einem Winkel von höchstens 45° angeschrägt sind, die Schneidstempel nach der Matrize vor. Diese Keilstempel[1] (Teile 6 und 7) werden nach außen auf Biegung beansprucht, sie müssen nicht allein den Federdruck, sondern auch den Schnitt-

---

[1] Weitere konstruktive Ausführungen für die Kurven- bzw. Keilsteuerung sind auf S. 23, Abb. 24 dieses Buches angegeben.

widerstand der Stempel überwinden. Gemäß Ausführung A wird deshalb eine möglichst kräftige Stempelausführung empfohlen. Beide sich gegenüberstehenden Stempel sind mittels Traversen (Teil 8) verbunden. Für die Ausführung B kann ein erheblich schwächerer Kurvenstempel gewählt werden, da dieser rückseitig anliegt (Teil 17). Um einen Bruch des Werkzeuges zu verhindern, ist auf die Einhaltung der Maße a genau zu achten. Der Mittenstempel (Teil 1), welcher den Boden des Ziehstempels locht, ist möglichst mit einem federnden Abstreifer zu versehen, wie er beispielsweise im Einbauwerkzeug zu Abb. 100 und 101 auf S. 100 als abgefederte Platte gezeichnet ist. Ein solcher während des Lochens auf den Boden des Stanzteiles drückender Auswerfer verhindert eine unerwünschte Wölbung.

Schwere Werkzeuge dieser Art sind im Karosseriebau häufig anzutreffen. Abb. 144 zeigt einen älteren Seitenlochschnitt für den Kraftfahrzeugchassisrahmen des Volkswagens. Das Werkstück wird auf den mittleren Kern aufgenommen und seitlich durch verschiedene, an prismatisch geführten Schiebern i befestigte Stempel gelocht. Diese Schieber werden mittels Federdruck nach außen gezogen und erst beim Niedergang des säulengeführten Oberteiles durch die keilförmigen Kurvenstempel k vorgeschoben, deren einfache Form der Ausführung V gemäß Abb. 24, S. 23 dieses Buches entspricht. Zu

Abb. 144. Schneidwerkzeug mit durch Keile gesteuerten Seitenschneidstempeln

beachten sind die in Abb. 144 sichtbare äußere Verrippung des Unterteiles und innere Verrippung des Oberteiles sowie die kräftig gehaltene Säulenführung.

Der gleichfalls als Viersäulenwerkzeug[1] ausgeführte Beschneideschnitt unter gleichzeitiger Lochung der Zarge nach Abb. 145 arbeitet derart, daß das gezogene Kühlerverkleidungsblech über das mit Schneidbuchsen und Schneidleisten versehene mittlere Aufnahmeteil a gelegt wird. Allen 4 Seiten stehen 4 waagerecht verschiebliche Schlitten b mit Gegenschneidleisten, Abfalltrennstempeln und Lochstempeln gegenüber. Nach außen ragende, in den feststehenden Backen c geführte Bolzen e werden durch die Federn f in ihrer

---

[1] Bauart Allgaier, Uhingen.

154   B. Die konstruktive Ausführung einzelner Schneidwerkzeuge

äußeren Ruhestellung gehalten. Die Keilstempel des hier nicht dargestellten Werkzeugoberteiles treffen beim Stößelniedergang auf die einsatzgehärteten Keilführungsplatten k, wodurch alle 4 Schlitten b nach einwärts geschoben werden und dabei die Zarge des Ziehteiles lochen und beschneiden.

Sollen Werkstücke nicht nur wie zuletzt beschrieben waagerecht in zwei Richtungen unter 90°, sondern unter verschiedenen Winkeln gelocht werden, wie das auf S. 141 bis 143 beschriebene Lochen der Zargen runder Ziehteile, sind aber die Lochabstände bzw. Winkel so unterschiedlich, daß, wie dort angegeben, ein Indexbolzen nicht in ein Vorloch einrasten kann, so muß ent-

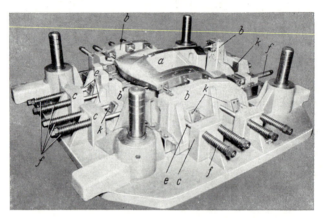

Abb. 145. Beschneidewerkzeug für Kühlerverkleidungsblech

weder für jeden einzelnen Vorschubstempel ein besonderer Keiltriebstempel am Werkzeugoberteil angeordnet werden, oder dort angebrachte Bolzen schlagen beim Stößelniedergang gegen einen innen konisch ausgedrehten Ring auf, der die Vorschubstempel einwärts treibt. Werkzeuge der zuletzt vorgeschlagenen Art sind billiger. In Werkzeugblatt 14 wird ein solches beschrieben. Dieses Lochschneidwerkzeug entspricht in seinem mittleren Aufbau etwa dem Keiltriebschneidwerkzeug zu Werkzeugblatt 13. Nur werden hierbei nicht für jeden einzeln waagerecht geführten Schneidstempel Kurvenstempel vorgesehen, vielmehr liegen die Rückseiten der waagerecht geführten Stempel gegen die Kegelfläche eines Außenringes an. Auf der mittig durchbrochenen Grundplatte (Teil 1) ist ein Werkstückaufnahmering (Teil 2) angeschraubt, in den die Schneidbuchsen (Teil 3) von außen eingepreßt sind. Die Lochstempel (Teil 4) gleiten in den an dem Aufnahmekörper (Teil 2) mittels der Rundkopfschrauben (Teil 7) angeschraubten Führungsplatten (Teil 5), wobei sie durch Bandfedern (Teil 6) in ihrer Außenlage gehalten werden. Diese Außenlage ist durch den Innenkegelring (Teil 8) begrenzt, der in seiner oberen Lage durch die Köpfe der in die Grundplatte eingeschraubten Zylinderkopfschrauben (Teil 9) bestimmt wird. Es genügen im allgemeinen drei solcher Schrauben, die von Druckfedern (Teil 10) umgeben sind. Am Stößeloberteil sind nur drei Stößelbolzen (Teil 11) befestigt, die auf den Ring beim Stößelniedergang auftreffen und die Stempel, wie das rechts gezeichnet

13. Schneid- u. Lochwerkzeuge z. gleichz. Bearbeitung v. Hohlkörpern

Sfsk	Universallochschneidwerkzeug für Ziehteilzargen			Werkzeugblatt 14

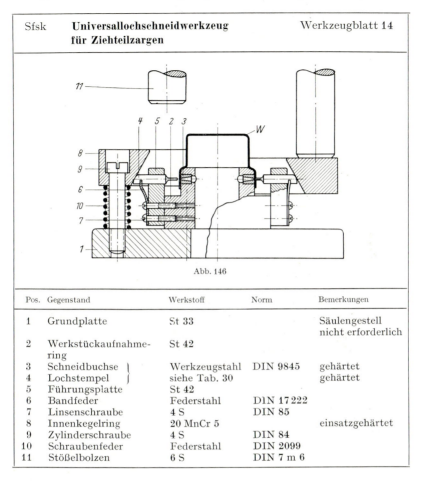

Abb. 146

Pos.	Gegenstand	Werkstoff	Norm	Bemerkungen
1	Grundplatte	St 33		Säulengestell nicht erforderlich
2	Werkstückaufnahmering	St 42		
3	Schneidbuchse	Werkzeugstahl	DIN 9845	gehärtet
4	Lochstempel	siehe Tab. 30		gehärtet
5	Führungsplatte	St 42		
6	Bandfeder	Federstahl	DIN 17 222	
7	Linsenschraube	4 S	DIN 85	
8	Innenkegelring	20 MnCr 5		einsatzgehärtet
9	Zylinderschraube	4 S	DIN 84	
10	Schraubenfeder	Federstahl	DIN 2099	
11	Stößelbolzen	6 S	DIN 7 m 6	

ist, in Vorschubstellung bringen. Es ist von vornherein darauf zu achten, daß genügend Raum zum Einlegen und Herausnehmen des Werkstückes w bleibt.

Werkzeuge dieser Art haben außer ihrer billigeren Bauart unter Wegfall der Führungssäulen den Vorteil, daß man die Grundplatte (Teil 1) mit den äußeren Teilen (Teil 8, 9, 10) und den Stößelbolzen (Teil 11) als Universalwerkzeug bereitstellen kann und für die verschiedensten Zwecke nur das Werkstückaufnahmeteil mit den angeschraubten Stempeln auszuwechseln braucht. Dies ist gegenüber den bisherigen Keilschubwerkzeugen immerhin ein erheblicher Vorteil, insbesondere dort, wo Ziehteile verschiedener Größen und Formen in kleinen Serien hergestellt werden, so daß es sich nicht lohnt, vollständige größere Werkzeuge anzufertigen, die außerdem erheblichen Raum im Werkzeuglager beanspruchen.

Eine andere Lösung der Aufgabe, Schneid- und Lochwerkzeuge an verschiedenen Stellen der Zarge zur gleichzeitigen Bearbeitung anzusetzen, geschieht auf hydraulischem Wege[1] unter Verwendung plastischer Massen als Übertragungsmittel, wie beispielsweise Weichmipolam[2], da dieses die Dichtungsfrage bei den häufig recht hohen Drücken erleichtert. Das in Abb. 147 dargestellte Lochwerkzeug, mit dem gleichzeitig acht Löcher in die Zarge eines gezogenen Werkstückes geschnitten werden, zeigt die Arbeitsweise dieser Werkzeuge. Mit dem heruntergehenden Pressenstößel senkt sich das Werkzeugmittelteil (Teil 1) und stützt sich auf den Abstandsstiften (Teil 2) ab. Dadurch hat das Mittelteil gerade den richtigen Abstand vom Unterteil, auf dem das Werkstück liegt. Bei dem weiteren Niedergang des Stößels werden die Federn (Teil 5) auf der Säulenführung gespannt, wodurch

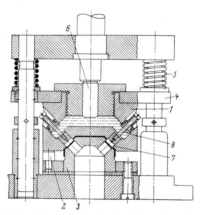

Abb. 147. Werkzeug mit hydraulisch betätigten Schneidstempeln

das Werkzeugmittelteil fest auf das Unterteil gedrückt wird. Der Plunger (Teil 6) wird in den mit einer plastischen Masse gefüllten Raum des Werkzeugmittelteils gedrückt. Der hierin entstehende Druck schiebt die acht Schneidstempel (Teil 7) vor. Die ausgeschnittenen Butzen fallen durch die Aussparungen des als Schneidplatte dienenden Werkstückaufnahmeteiles (Teil 3) in die Durchfallöffnung des Pressentisches. Beim Anheben des Stößels geht der Druck der plastischen Masse zurück, und durch Rückholfedern werden die Schneidstempel und damit auch der Plunger wieder in ihre Ausgangslage zurückgebracht.

Es bestehen zahlreiche Möglichkeiten, um die hier beschriebenen Verfahren anzuwenden. So zeigt Abb. 148 unten die beiden Lösungen I und II zum vierfachen Lochen eines Motorrollervorderkotflügels, der gemäß Abb. 148 oben an seinen beiden Enden innen von Winkelanschlägen aufgenommen wird. Die mittlere Partie wird von einem mit Schneidbuchsen versehenen Aufnahmekörper von innen gefaßt, der auf einer schmalen Platte aufgeschraubt ist, die außen die seitlich wirkenden unteren Stempelführungen trägt. Diese Platte ist durch Schweißung über zwei Stege mit der Grund-

---

[1] *Kopeneviech, E. G.*: Biege- und Lochwerkzeuge mit hydraulischer Stempelbetätigung. Eng. Digest 14 (1953), N. 1, S. 30. – Zähflüssige Stoffe als Antriebsmittel. Am. Machinist 98 (1954), Nr. 13, S. 126–129.
[2] Hersteller Chem. Werke Hüls, Marl.

13. Schneid- u. Lochwerkzeuge z. gleichz. Bearbeitung v. Hohlkörpern 157

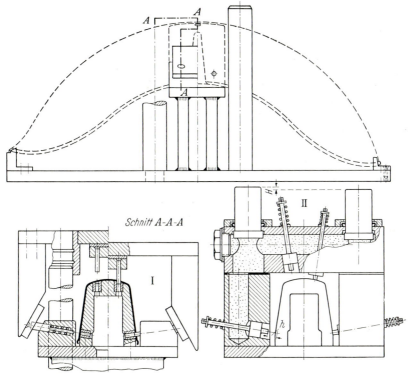

Abb. 148. Lochwerkzeug für den Vorderkotflügel eines Motorrollers

platte verbunden. In der links dargestellten Ausführung werden die beiden mittleren Löcher mittels der am Werkzeugoberteil befestigten Stempel geschnitten, das außer den Führungsbuchsen für die beiden übereck stehenden Säulen noch außen zwei Keile trägt, die in der rechts der Mittellinie angegebenen Arbeitsstellung die unter Federdruck stehenden unteren Schneidstempel nach innen drücken und damit die Lochung vollziehen. Auf den Stempelbolzen sind schräge Keilführungsplatten aufgenietet. Doch ist es bei nicht zu großen Schneidkräften, d.h. bei Stahlblechen unter 1 mm Dicke, durchaus zulässig, auf solche aufgenietete Platten zu verzichten und nur die Stempelenden anzuschrägen. Bei der rechts unten dargestellten Lösung fallen die Säulenführungen und das Werkzeugoberteil fort. Die Stößelunterfläche der Presse drückt die nach oben vorragenden Kolben in die Druckflüssigkeit, so daß wie in Abb. 148 rechts dargestellt, die unter Federdruck auswärts gehaltenen Schneidstempel nach innen gepreßt werden und dabei das Werkstück lochen. Im Hinblick auf die zu eng nebeneinander stehenden oberen Schneidstempel und eine gleichmäßige Übertragung des Druckmittels zu den Arbeitsstellen sind anstelle eines mittleren hier zwei äußere Oberkolben vorgesehen. Sämtliche Druckmittelkanäle sind gebohrt. Das Hubverhältnis $H:h$ berechnet sich aus dem Verhältnis der gesamten Arbeitskolbenfläche zur gesamten Oberkolbenfläche.

B. Die konstruktive Ausführung einzelner Schneidwerkzeuge

14. Schräg auftreffende Schneidstempel

Bei den zuvor geschilderten Schneidwerkzeugen mit schrägen Teilflächen zu Abb. 135, 137, 138, 147 und 148 wurde die Werkstückaufnahme derart gestaltet, daß die Schneidstempel senkrecht zur Blechoberfläche auftreffen. Infolgedessen treten keine Querkräfte auf und die Schneidstempel werden nicht seitlich abgedrängt, so daß die unter dem Blech liegende Schneidkante der Schneidplatte oder Schneidbuchse nicht beschädigt wird. Wegen dieses Vorteils senkrecht auftreffender Stempel werden bei gleichzeitigem Lochen eines Werkstückes in verschieden geneigten Ebenen oft recht umständliche Konstruktionen gewählt. Eine solche Bauweise läßt sich bei stark geneigten Blechflächen auch nicht umgehen. Nun gibt es mitunter Fälle, wo zum gleichzeitigen Lochen mehrerer Stellen und weniger stark geneigter Flächen am gleichen Werkstück und im gleichen Hub möglichst alle Schneidstempel von oben nach unten bewegt werden sollen. Es entsteht die Frage, bei welchem höchstzulässigen Neigungswinkel α ein Lochen von Blechen noch zulässig ist.

Abb. 149 zeigt einen Werkzeugausschnitt für eine kegelig geformte Haube, deren Boden und kegelige Zarge in einem Hub an verschiedenen Stellen gelocht werden sollen. Hierbei treffen die äußeren Schneidstempel auf die schräge Zargenfläche der tiefgezogenen Haube mit dem darunterliegenden kegeligen Aufnahmeteil. Bei der dargestellten Bauweise in einer oberen Halteplatte liegende Schneidstempel mit zylindrischem Kopf sind nach DIN 9844 und mit Schneidbuchsen nach DIN 9845 vorgesehen. Für den die schräge Blechfläche anschneidenden Stempel – gleichgültig, ob seine Schneidfläche schräg ist oder nicht – besteht die Neigung zum Ausweichen in Pfeilrichtung. Dieser Neigung wird erstens durch einen noch weitergehenderen Abschrägungswinkel $\alpha + \beta$ der Stempelschneidfläche und

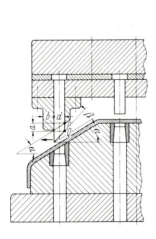

Abb. 149. Abstützung eines schräg auftreffenden Schneidstempels

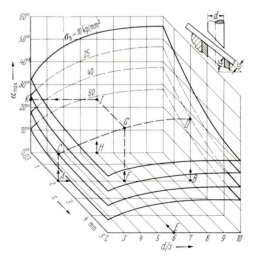

Abb. 150. Schaubild zur Ermittlung des höchstzulässigen Neigungswinkels α in Abhängigkeit von s, d/s und σ_B

zweitens durch einen kräftig bemessenen Halteblock begegnet, der an der Stempelplatte angeschraubt ist. Um den Schneidstempel wirksam abzustützen, ist das Maß b möglichst groß und der Höhenabstand a zwischen dem inneren Stützpunkt P bis zur innen liegenden Schneidkante bei Q möglichst klein etwa $a = s/\sin \alpha$ zu wählen. Die Stempelhalterung verläuft unter dem Winkel α parallel zur Blechschräge. Der Winkel β kann zu 12 bis 15° gewählt werden. Da die Schneidstempelspitze bruchgefährdet ist, was besonders für dünne Stempel und dicke Bleche hoher Festigkeit gilt, diene zur Empfehlung eines höchstzulässigen Neigungswinkels α die Abb. 150. Auf der waagerechten Abszisse ist das Verhältnis d/s und auf der schrägen Abszisse die Blechdicke s aufgetragen. Die vier Flächenparameter entsprechen den Festigkeitswerten $\sigma_B = 10$, 25, 40 und 60 kp/mm². Im rechten Bereich d/s verlaufen diese waagerecht und parallel zur Abszisse, so daß der Endwert $d/s = 10$ auch für größere Verhältnisse d/s gilt. Am Anfang links steht $d/s = 2$, da schräg auftreffende Schneidstempel mit kleinerem Verhältnis d/s nicht verwendet werden sollten. Von vornherein muß der Teilkonstrukteur der Neigung entsprechend ovale Löcher vorsehen.

Beispiel 11: Ein 2 mm dickes Stahlblech einer Festigkeit von etwa 40 kp/mm² sei schräg mit Schneidstempeln eines Durchmessers von 12 mm zu lochen. Zunächst ist für $s = 2$ aus den Endpunkten A und B nach oben zum Parameter $\sigma_B = 40$ kp/mm² zu loten, wobei die Punkte C und D der Interpolation der gestrichelt angegebenen Kurve dienen. Von Punkt E für $d/s = 12/2 = 6$ wird zur Horizontalen $A-B$ eine Schräge gezogen und Punkt F gefunden. Senkrecht darüber liegt Punkt G, womit die gesuchte Höhe $F-G$ bereits ermittelt ist. Greift man $F-G$ mit dem Zirkel ab, so entspricht sie gemessen am Ordinatenmaßstab einem Neigungswinkel $\alpha_{max} = 23°$. Es bedarf also keiner Ergänzung des Linienzuges $H-J-K$.

Ein so ermittelter Neigungswinkel α_{max} sagt nur aus, daß bei gleichem Schneidstempelwerkstoff etwa die gleiche Standzeit wie beim üblichen Anschnitt unter 90° erwartet werden kann. Wenn im Hinblick auf eine voraussichtlich geringe Herstellungsmenge darauf kein Wert gelegt wird, kann ein bis zu 50% größerer Neigungswinkel α, für das obige Beispiel also 35° angenommen werden.

Bei kräftig gehaltener Abstützung und dünnen Blechen geringer Festigkeit sind noch weit größere Abschrägungswinkel $\alpha + \beta$ bis zu 70° möglich. Die Bruchgefahr wird allerdings größer und die Standzeit kürzer, je mehr man sich von dem in Abb. 150 ermittelten α_{max}-Wert nach oben entfernt.

15. Schüttelbeschneidewerkzeug

(Werkzeugblatt 15)

Das Beschneiden des Zargenrandes gezogener Teile geschieht auf verschiedene Art und Weise:
1. **Unter Pressen**
    a) auf einer Schneidplatte mit anschließendem Durchzug,
    b) auf einer Bockstanze mittels mehrfachen, meist vierfachen Anschlagens,
    c) in einem durch Keiltrieb gesteuerten Werkzeug,
    d) in einem Zugschneidwerkzeug,
    e) in einem Schüttelbeschneidewerkzeug.

160   B. Die konstruktive Ausführung einzelner Schneidwerkzeuge

2. Auf Spezialmaschinen
   f) Beschneidebank mittels eingefräster Kurve im Beschneidewerkzeug,
   g) Beschneidemaschine,
   h) Automat mit Zubringervorrichtung.

Für eine geringere Stückzahl genügt das unter a oder b genannte Verfahren. Hierbei läßt man am Ziehteil einen kleinen Randflansch stehen, zieht also nicht völlig durch. Dann wird nach Abb. 151 a oben das Ziehteil in eine Schneidringöffnung eingehängt und mittels Schneidstempel beschnitten. Die kleine am Ziehteilrand bleibende Ausrundung wird beseitigt durch noch-

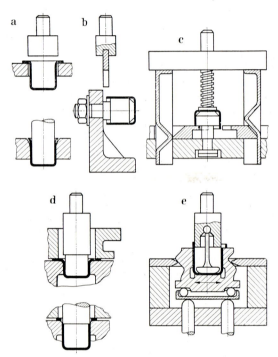

Abb. 151. Randbeschneideverfahren unter der Presse

maliges Durchziehen des Ziehteiles durch den Ziehring nach Abb. 151 a unten, soweit sie nicht zur Vorbereitung eines Außenbördels bewußt erhalten bleibt. Ein Schneid-Zug-Schneid-Werkzeug für solche bleibende Ränder wird auf S. 432 in Verbindung mit Werkzeugblatt 49 beschrieben. Unter als Bockstanzen bezeichneten Schneidwerkzeugen wird der überstehende Rand stufenweise nacheinander abgetrennt, indem zwischen den einzelnen Schnitten das über den Dorn geschobene runde Ziehteil um diesen gedreht wird. Rechteckige Ziehteile werden nach dem ersten Schnitt vom Dorn abgezogen und nach Drehung um 180° für den zweiten Schnitt erneut aufgeschoben. Bei diesen nach Abb. 151 b aufgebauten Werkzeugen können zur vielseitigen Verwendung Aufnahmedorn im Werkzeugunterteil und Beschneidemesser im

Werkzeugoberteil austauschbar angeordnet werden. Die Bockstanze entspricht im Aufbau den in Werkzeugblatt 11 und 12 sowie in Abb. 132 bis 136 beschriebenen Schneidwerkzeugen. Nur fehlen dort die Indexvorrichtung und meistens auch der Spannbügel. Anstelle eines Lochstempels ist ein Randbeschneidestempel vorgesehen. Der Aufnahmedorn ist der Innenform des Gefäßes anzupassen.

Wird nicht wie bei der Bockstanze das Teil von vorn auf einen waagerechten Dorn, sondern von oben auf einen senkrechten Dorn eingesetzt, so werden dafür Werkzeuge entsprechend Werkzeugblatt 13 und 14 vorgesehen. Die Presse muß genügend hohen Hub haben, um gemäß Abb. 151c mittels senkrecht nach unten bewegter Keilstempel die nacheinander angreifenden Vorschubschlitten mit den Beschneidemessern nach innen zu drücken. Im allgemeinen sind 3 oder 4 solcher Vorschubschlitten vorgesehen. Da deren Messer die benachbarten Beschneidebereiche zur Erreichung eines sauberen Schnittes übergreifen, ist es erforderlich, daß die einzelnen Beschneideschlitten nacheinander vorgeschoben und sofort anschließend zurückgezogen werden, was durch verschiedene Höhen der Keilvorschubnasen erreicht wird. Durch Zugfedern werden die Schlitten nach außen gedrückt, soweit man nicht statt dessen eine zwangsschlüssige Kurvensteuerung bevorzugt. Über den Zugschnitt nach Abb. 151d wird auf S. 429 bis 434 ausführlich berichtet. Werkzeuge dieser Art sind in der Kleindosenmengenfertigung besonders unter Zickzackpressen verbreitet. Der Schüttelbeschneideschnitt – auch Rüttelschnitt, Wackelschnitt oder Pendelschnitt bezeichnet – wird infolge seines lauten Geräusches und hohen Verschleißes selten angewandt. Man findet ihn bei unregelmäßigen Umfangsformen, wie beispielsweise zum Beschneiden von gezogenen Bügeleisenhauben. Das Ziehteil wird in ein dasselbe umfassendes Futter von oben eingesetzt. Dasselbe kann sich mittels Kugellager über den Köpfen der Stößelbolzen eines Tischauswerferapparates oder Ziehkissens seitlich horizontal in allen Richtungen bewegen. Bei Niedergang des Schneidstempels drückt ein im Stempel pendelnd aufgehängtes Druckstück gegen die mittleren Bodenbereiche des in das Futter eingesetzten Ziehteiles gemäß Abb. 151e. Anstelle solcher Pendel sind auch stark gefederte Druckstücke bekannt. Die obere Innenkante des Futters ist gleichzeitig Schneidkante. Dort wird der Überstand abgeschnitten, da beim Stößelniedergang der Presse das Futter mit nach unten gedrückt wird und infolge seiner Außenform zwischen den Druckleisten eine seitlich schwingende Bewegung ausführt. Der Abfall bleibt nach dem Beschneiden als geschlossener Ring zurück. Dabei läßt sich eine gleichmäßig oszillierende Bewegung des Futters und ein in einer Richtung gleichmäßig ablaufender sauberer Schnitt erreichen.

Für größere Stückzahlen wird, soweit Spezialmaschinen zu f, g und h nicht zur Verfügung stehen und das Beschneiden unter üblichen Exzenter- oder Kurbelpressen erfolgen soll, ein Werkzeug der Gruppe c oder e gewählt. Die Herstellungskosten sind für beide Herstellungsarten fast die gleichen. Im allgemeinen fallen im Schüttelbeschneideschnitt die Teile genauer aus als bei keilschubgesteuerten Werkzeugen nach Abb. 151c. Dafür werden die Schneidkanten des Schüttelbeschneideschnittes rascher stumpf. Bei beiden Werkzeugtypen zu c und e ist die Lebensdauer beschränkt bzw. sind infolge der

---

11 Oehler/Kaiser, Schnitt-, Stanz- und Ziehwerkzeuge, 6. Aufl.

162   B. Die konstruktive Ausführung einzelner Schneidwerkzeuge

zahlreichen bewegten Teile Reparaturarbeiten zuweilen erforderlich. Deshalb sind für sehr hohe Stückzahlen Beschneideautomaten nach f und g zu empfehlen. Hingegen lohnt die Beschneidemaschine nach Abb. 152, die auch zum Randsicken vorzugsweise runder Teile sich eignet, auch für geringe

Abb. 152. Beschneidemaschine für Ziehteile bis zu 2,0 mm Dicke

Stückzahlen[1]. Aus der in Höhe und Neigung einstellbaren Tischplatte ragen durch eine Aussparung zwei Wellenenden nach oben, von denen das in der Abbildung rechts das Innenwerkzeug mit unterer Schneidkante zur Aufnahme des Ziehteiles trägt, während über das linke Wellenende der von außen angreifende Schneidring mit oberer Schneidkante und darüber die Abstandshülsen mit der Anlagescheibe für das zu beschneidende Ziehteil aufgesteckt sind. Beide Spindeln werden über ein sperrbares Differentialgetriebe in Drehung versetzt, das die Umfangsgeschwindigkeiten bei verschieden großen Außen- und Innenwerkzeugen ausgleicht. Die linke Spindel wird seitlich gegen das Werkstück während des Beschneidens angedrückt. Auf dem

Abb. 153. Mehrstufenbeschneideautomat

---

[1] SMG Wiesental b. Bruchsal (große und dickere Blechteile), MBM Zeeburger Pad, Amsterdam (kleine und dünnere Blechteile).

15. Schüttelbeschneidewerkzeug

Maschinentisch liegen drei Ziehteile, von denen das linke noch unbeschnitten, das rechte vordere fertig beschnitten ist. Während diese Kreismesserbeschneidegeräte sowohl runde als auch mit abgerundeten Ecken versehene Ziehteile auf gleiche Höhe beschneiden, gestatten mit seitlich von außen wirksame Beschneidautomaten ein Lochen, Ausklinken und Beschneiden in verschiedener Höhe. Abb. 153 zeigt zwei Stationen eines achtstufigen Beschneidautomaten[1] für nach unten hin offene Becher quadratischen Querschnittes. Bei jeder Übergabe wird die Werkstückaufnahmespindel um 90° gedreht. Infolgedessen kann jede der vier Seitenwände je zweimal und der Boden achtmal bearbeitet werden.

Im Werkzeugblatt 15 wird die Arbeitsweise eines Schüttelbeschneidewerkzeuges, das in einem Säulengestell nach DIN 9852 untergebracht ist, wie folgt erläutert. Mit diesem Beschneideschnitt soll das in Abb. 155 angegebene Ziehteil auf die Höhe h beschnitten werden und der Überstand i wegfallen. Der Schneidstempel (Teil 5) und seine Schneidkanten (5a) trennen das Übermaß i des Teiles ab. Das Werkstück wird zunächst mit dem Boden nach unten in die Schneidplatte (Teil 6) des Unterteiles eingesetzt. Beim Stößelniedergang wird das Werkstück noch weiter in die Schneidplatte und gleichzeitig mit ihm die auf schwachen Druckfedern ruhende Auswerferplatte (Teil 8) mittels der Distanzplatte (Teil 4) eingedrückt. Diese Platte (Teil 4) ist in allen Richtungen horizontal um das Maß der seitlichen Rüttelbewegung verschieblich gegenüber dem Schneidstempel (Teil 5) angeordnet. Diese Bewegungsfreiheit wird durch das entsprechend weit gewählte Spiel t zwischen dieser Platte und der Halteschraube (Teil 14) erreicht. Die Sicherungsbolzen (Teil 13) dürfen dieses Spiel nicht beschränken, sondern dienen ausschließlich zur Sicherung gegen eine über das erforderliche Spiel hinausgehende unzulässige Verdrehung der Distanzplatte (Teil 4), die sich infolge ihrer nach unten abgeschrägten und abgerundeten Form selbsttätig im Werkstück zentriert. Sie füllt das Ziehteil innen vollständig aus. Beim Stößelniedergang stehen sich die Schneidkanten des Stempels (5a) und der Schneidplatte (6a) in horizontaler Ebene zunächst in dem Augenblick genau gegenüber, sobald die Distanzplatte das Werkstück in der Schneidplatte (Teil 6) vollständig hineingedrückt hat. Die vier Distanzbolzen (Teil 10) sind so abgestimmt, daß während des Beschneidevorganges die Schneidkanten (5a und 6a) spiellos übereinander liegen. Erst bei weiterem Stößelniedergang wird der Rand durch die horizontale Bewegung der Schneidplatte abgetrennt, die als ,,Rütteln" bezeichnet wird, und welcher das Werkzeug seine Bezeichnung verdankt. Diese Rüttelbewegung wird durch das Herabgleiten der an dem Schneidkörper (Teil 6) angeschraubten Kurvenleisten (Teil 7) erzeugt, die gegen die auf der Grundplatte befestigten Keilleisten (Teil 9) gedrückt werden. Der Schneidkörper trägt unten eine Bundschraube (Teil 11), die mit dem gleichen Spiel t wie die Halteschraube (Teil 14) im Untergesenk sehr locker geführt ist. Mittels einer pneumatischen Auswerfervorrichtung nach S. 603, Abb. 590 oder eines im Pressentisch eingebauten Federdruckapparates S. 228, Abb. 219 heben die unter dem Pressendruck des niedergehenden Stößels herabgedrückten Druckbolzen (Teil 12) nach dem Beschneiden den Schneidkörper wieder

---

[1] Widani, Nürnberg.

164 B. Die konstruktive Ausführung einzelner Schneidwerkzeuge

| SFsbna | **Schüttelbeschneidewerkzeug** | Werkzeugblatt 15 |

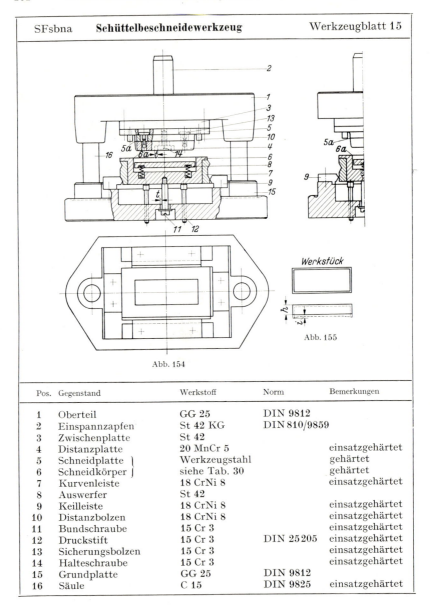

Abb. 154   Abb. 155

Pos.	Gegenstand	Werkstoff	Norm	Bemerkungen
1	Oberteil	GG 25	DIN 9812	
2	Einspannzapfen	St 42 KG	DIN 810/9859	
3	Zwischenplatte	St 42		
4	Distanzplatte	20 MnCr 5		einsatzgehärtet
5	Schneidplatte ⎫	Werkzeugstahl		gehärtet
6	Schneidkörper ⎭	siehe Tab. 30		gehärtet
7	Kurvenleiste	18 CrNi 8		einsatzgehärtet
8	Auswerfer	St 42		
9	Keilleiste	18 CrNi 8		einsatzgehärtet
10	Distanzbolzen	18 CrNi 8		einsatzgehärtet
11	Bundschraube	15 Cr 3		einsatzgehärtet
12	Druckstift	15 Cr 3	DIN 25 205	einsatzgehärtet
13	Sicherungsbolzen	15 Cr 3		einsatzgehärtet
14	Halteschraube	15 Cr 3		einsatzgehärtet
15	Grundplatte	GG 25	DIN 9812	
16	Säule	C 15	DIN 9825	einsatzgehärtet

in seine obere Ruhelage empor. Auf den pilzförmig flach gerundeten, gehärteten Köpfen dieser Bolzen gleitet der geschliffene Boden des Schneidkörpers (Teil 6).

Das bereits genannte Rüttelspiel t entspricht mindestens der doppelten bis dreifachen Blechdicke. Die Kurven sind so anzulegen, daß jedes Teil des Schneidumfanges von den Schneidkanten des Werkzeuges bestrichen wird.

Abb. 156 zeigt oben den zu beschneidenden Zargenrand eines rechteckigen Hohlteiles im Grundriß gemäß Werkzeugblatt 15. Die jeweils gegenüberliegenden Kurvenpaare $A-B$ und $C-D$ müssen sich so ergänzen, daß zwischen ihnen und den Keilleisten stets eine leichte Berührung stattfindet; zumindest darf das Spiel zwischen dem Schneidkörper (Teil 6) mit den angeschraubten Kurvenleisten (Teil 7) einerseits und den beiden Keilleisten (Teil 9) andererseits nicht mehr eine als halbe Blechdicke betragen. Der Abrundungshalbmesser an den vorspringenden Nasen der Keilleisten ist gleich t zu wählen. Beim Niedergang des Schneidkörpers wird gemäß Abb. 156 dieser zuerst schräg übereck nach den Seiten B und C in die gestrichelt gezeichnete Stellung I verschoben. An den Ecken I und den Seiten B und C wird der Überstand i zunächst abgetrennt. Darauf wird bei weiterem Senken des Pressenstößels die schräg gegenüberliegende Ecke II mit den Seiten A und D beschnitten. Hierauf wird der Überstand an den Ecken III und IV abgetrennt.

Die Schneidkanten des Werkzeuges werden geschont, und der beschnittene Rand des Ziehteiles fällt sauberer aus, wenn im mittleren und oberen Teil der Kurvenleisten zwischen 0 und IV dieselben in ihrer Länge keilförmig gehalten sind, wie dies, entsprechend den Profilen zu Abb. 156, in Abb. 157 unten zum

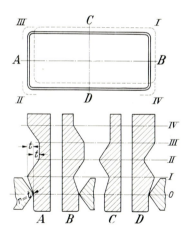 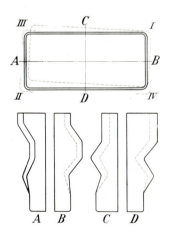

Abb. 156. Kurvenprofile für den geraden Anschnitt   Abb. 157. Kurvenprofile für den schrägen Anschnitt

Ausdruck kommt. Infolgedessen nimmt kurz nach Beginn der kurvengesteuerten Bewegung der Schneidkörper (Teil 6) eine zur Schneidplatte (Teil 5) ein wenig schräggerichtete Stellung ein, wodurch das Abschneiden weniger stoßweise, sondern wie bei den mit schrägen Messern versehenen Blechscheren allmählich erfolgt. Die Konstruktion aller 4 Kurvenstücke A, B, C und D in Abb. 157 ist hiernach erheblich schwieriger als bei denen zu Abb. 156, da bei der schrägen Schnittanordnung das Seitenverhältnis berücksichtigt und in jeder Höhenlage eine allseitige Berührung zwischen den vorspringenden Nasen der Keilleisten und den Kurvenleisten erreicht werden muß.

166 B. Die konstruktive Ausführung einzelner Schneidwerkzeuge

Zur Vermeidung der gleitenden Reibung zwischen Schneidplatte und Werkstückdruckplatte im Werkzeugoberteil einerseits, sowie zwischen den oberen Stirnflächen der Stößelbolzen und der Unterfläche des Schneidkörpers im Werkzeugunterteil andererseits können Kugelpendelstützen mittels geteilter Haltescheiben oder Ringmuttern gemäß Abb. 158 eingebaut werden. Hierdurch werden die Bauhöhe des Werkzeuges zwar vergrößert, die Herstellkosten kaum höher, jedoch der Verschleiß erheblich geringer. Im Werkzeugunterteil sind 4 kleinere, im Werkzeugoberteil 1 größere Pendelstütze untergebracht. Das Oberteil trägt unten eine außen schneidende Schneidplatte, die den Innenmaßen des Werkstückes an der zu beschneidenden Kante entspricht. Außerdem ist im Inneren des Oberteiles die große Pendelstütze mittels zweier geteilter Ringmuttern festgehalten, so daß das Gelenkspiel nachstellbar ist. Die untere Kugel des gleichen Gelenkhebels liegt im Spannteil. Die Verschlußringhälften für das Untergelenk werden von unten mittels Schrauben angezogen, da sie von oben nicht zugängig sind. Das Formstück, welches den inneren Maßen des Werkstückes entspricht, kann am Oberteil hängend hin und her pendeln. Es liegt infolge seiner Schwerkraft in Ruhestellung in Mittellage und zentriert sich beim Herabfahren des Stößels von selbst im Werkstück. Dieses Werkstück liegt zunächst auf einem mittleren, gefederten Boden auf, der über einen kleinen Stößel und eine Federdruckplatte durch eine Druckfeder in seiner oberen Lage gehalten wird.

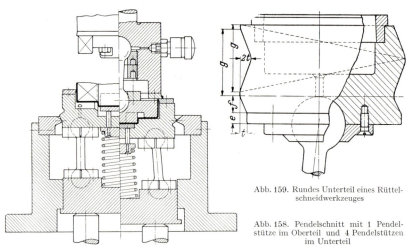

Abb. 159. Rundes Unterteil eines Rüttelschneidwerkzeuges

Abb. 158. Pendelschnitt mit 1 Pendelstütze im Oberteil und 4 Pendelstützen im Unterteil

Sobald die Presse eingerückt wird und der Stößel nach unten fährt, wird das Werkstück mit diesem Auflagestück nach unten gedrückt, wie dies im rechten Teil von Abb. 158 dargestellt ist. Fährt der Pressenstößel weiter nach unten, so wird über die 4 unteren Pendelstützen, von denen nur 2 in der Schnittzeichnung zu Abb. 158 angegeben sind, das Werkzeugunterteil nach unten bewegt, so daß die den Pressentisch durchdringenden Auswerferstößel nach unten gedrängt werden. Dabei können sich die 4 Pendelstützen schief stellen. Ebenso ist eine Schiefstellung der Druckfeder möglich. Anstelle von Pendelstützen kann auch eine Lagerung des unteren Schneidkörpers auf Kugeln, wie zu Abb. 151 e dargestellt, eine oszillierende Bewegung des Schnittkörpers erleichtern, doch sind trotz höherer Kosten Kugelgelenkhebel nach Abb. 158 und 159 vorzuziehen.

Für Zargenquerschnitte von nicht länglicher Gestalt läßt sich die Rüttelvorrichtung gemäß Abb. 159 noch billiger anfertigen. Anstelle der 4 Keilleisten wird ein napfförmiges Aufnahmeteil hergestellt, dessen Querschnittsprofil dem Profil der Keilleisten, wie in Abb. 154 bis 157 angegeben, entspricht. Der Schneidring wird in den oberen Teil des Kurvenkörpers eingelassen. Der Kurvenkörper selbst wird auf der Drehbank außen am mittleren und oberen Teile mit einem sinusförmigen, flachen Gewinde von einer reichlichen Ganghöhe g und der Gewindetiefe $2t$ versehen. Im unteren Teil verläuft die Form über den Höhenbereich f zentrisch zur Mitte e. Beim Herabdrücken des Kurvenkörpers mit dem darin aufgenommenen Ziehteil durch den Keildruckring beschreibt das Teil gegenüber dem Stempel eine oszillierende umlaufende Bewegung, so daß der Überstand allmählich und gleichmäßig unter weitestgehender Schonung der Schneidkanten abgetrennt wird. Zwischen der im Pressentisch eingebauten Auswerfervorrichtung und dem Werkstückaufnahmeteil sind nicht vier wie in Abb. 158, sondern nur eine mit Kugelgelenken versehene Verbindungsstange angeordnet. Die im Werkstückaufnahmeteil unterzubringende Auswerferplatte (Teil 8 im Werkzeugblatt 15) mit Federn ist in Abb. 159 nicht eingezeichnet. Insoweit wird auf die Bauweise nach Werkzeugblatt 15 hingewiesen.

Es besteht die Möglichkeit, die in den vorgenannten Konstruktionsbeispielen im Unterteil vorgesehene Rüttelbewegung in das Werkzeugoberteil zu verlegen ohne Umkehrung der Werkzeugfunktion, d. h., die Werkstückaufnahme bleibt unter Stützung von Druckfedern höhenverschieblich im Unterteil, während der Stempel seitlich hin- und hergeschoben wird. Die Keilleisten befinden sich an unter der Kopfplatte befestigten Winkeln, der Schneidstempel selbst ist in seiner Halteplatte gegen die Kopfplatte abgefedert. Anstelle von Pendelstützen mit Kugelgelenken genügen hier Schraubenfedern[1].

Neuerdings sind Beschneidemaschinen[2] bekannt geworden, bei denen das in vier Richtungen bewegbare Futter bzw. Aufnahmeteil für das zu beschneidende Werkstück zum Bestandteil der Maschine gehört. Hier werden nur noch der Schneidstempel und das Aufnahmeteil mit dem Schneidring eingebaut. Mit einer solchen Einrichtung sind nicht nur Schnitte in einer, sondern in mehreren waagerechten Ebenen sowie auch Zargenlochungen, Zargendurchbrüche und Ausklinkungen möglich. Die oben beschriebene Seitenbewegung der Schüttelschneidewerkzeuge wird also hier von der Maschine übernommen.

16. Beschneidewerkzeuge für Flanschen tiefgezogener Blechteile

(Werkzeugblatt 16)

Während im vorausgegangenen Abschnitt das Beschneiden des zylindrischen Teiles von Ziehkörpern, der sogenannten Zarge, erläutert wurde,

---

[1] *Schrödl, W.:* Der Pendelschnitt. Blech 7 (1960), Nr. 9, S. 536–537.
[2] Leifeld & Co, Ahlen in Westfalen.

168   B. Die konstruktive Ausführung einzelner Schneidwerkzeuge

soll hier das Beschneiden des Blechflansches an Ziehteilen beschrieben werden. Es gibt zahlreiche Ziehteile, bei denen eine Randfläche außerhalb des Zargenrandes stehenbleiben muß. Hierzu gehören Verschalungs- oder Gehäuseteile, deren Rand zur Befestigung an ein anderes Teil dient und nach dem Ziehen gelocht und beschnitten wird. Bei dem im folgenden beschriebenen Werkzeug ist der Übersicht halber ebenso wie in Werkzeugblatt 13 die Säulenführung nicht gezeichnet. Dem äußeren Umfang des Ziehkörpers entsprechend ist in der unteren Schneidplatte (Teil 2) eine Aussparung einzuarbeiten. Der Ziehkörper selbst braucht an seiner unteren Fläche nirgends aufzuruhen. Die Bauweise dieses für kleine Teile eines Flanschdurchmessers bis zu etwa 200 mm bestimmten Werkzeuges sieht ein Durchfallen des beschnittenen Stückes nach unten vor. Wird jedoch ein Auswerfer (hier nicht angegeben) angeordnet, was bei derartigen Werkzeugen bestimmt zeitsparend ist, so ist dessen Form dem Ziehkörper anzupassen. Die Auswerfer werden mittels Feder in ihrer oberen Endstellung gehalten und bei Niedergang des Stempels mit herabgedrückt.

Zur Vermeidung einer übermäßigen Bauhöhe können im Pressentisch eingebaute pneumatische Stößelvorrichtungen oder Federdruckapparate nach Abb. 219, S. 228 verwendet werden, wie sie hauptsächlich für Biegestanzen in Frage kommen. Der unter geringer Federvorspannung stehende

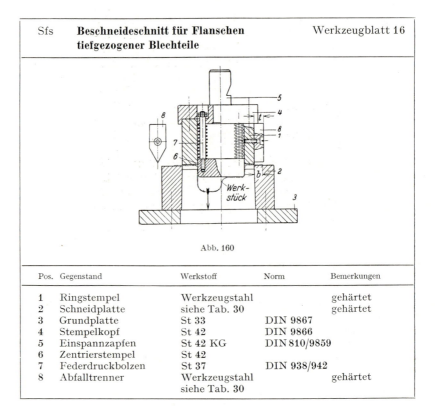

Sfs	**Beschneideschnitt für Flanschen tiefgezogener Blechteile**		Werkzeugblatt 16

Abb. 160

Pos.	Gegenstand	Werkstoff	Norm	Bemerkungen
1	Ringstempel	Werkzeugstahl		gehärtet
2	Schneidplatte	siehe Tab. 30		gehärtet
3	Grundplatte	St 33	DIN 9867	
4	Stempelkopf	St 42	DIN 9866	
5	Einspannzapfen	St 42 KG	DIN 810/9859	
6	Zentrierstempel	St 42		
7	Federdruckbolzen	St 37	DIN 938/942	
8	Abfalltrenner	Werkzeugstahl siehe Tab. 30		gehärtet

Mittenstempel (Teil 6) dient zum Zentrieren, weniger zum Ausstoßen des Werkstückes.

Der Schneidabfall wird zweckmäßig mittels zweier gegenüber angeordneter Abfallschneider zerteilt, da sonst die Abfallringe auf dem Schneidstempel oder Matrizenring aufeinandergereiht und schließlich stören würden. Diese Abfalltrenner (Teil 8) werden seitlich an den Schneidstempeln oder Matrizenringen angeschraubt und müssen mit einer scharfen, schräg abfallenden Schneide versehen sein. Die Messerdicke t ist um einige Millimeter größer zu bemessen als die Breite b des auseinanderzuschneidenden Abfallringes. Größere Werkzeuge werden mit den zu S. 176 beschriebenen Schneidleisten versehen.

Es wird später auf S. 289 zu Abb. 248 ein Spreizwerkzeug zum Einprägen einer umlaufenden Sicke beschrieben. Nach diesem Einprägen müssen wegen der nachfolgenden Schweißung jene Brennstoffbehälterhälften so beschnitten werden, daß die nach dem Sicken verbleibende Randkante an der Zargenöffnung um 1 mm hinter dem Zargenmantel zurücksteht. Dies ist insofern für den Hersteller schwierig, als das Ziehteil nicht im üblichen Rundflanschbeschneideschnitt gemäß Werkzeugblatt 16, Abb. 160 durch die Schneidöffnung hindurchgedrückt werden kann. Abb. 161 zeigt dafür eine Lösung[1]

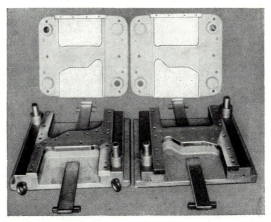

Abb. 161. Beschneidewerkzeug für die im Werkzeug zu Abb. 278 gefertigten Teile

derart, daß die im Werkzeug nach Abb. 278 gefertigten Werkstücke beiderseits in das Unterteil waagerecht eingeschoben und nach dem Beschneiden wieder so herausgezogen werden. Es wird also bei jedem Schnitt nur die eine Hälfte beschnitten und die zweite Hälfte entweder im gleichen Werkzeug gegenüber oder im nebenstehenden Werkzeug nach Abb. 161. Es sind also zwei Werkzeuge nebeneinander bei Zwei-Mann-Bedienung gleichzeitig in Betrieb. Ein Beschneideschnitt für schmale Randflansche aus dem Karosseriebau wird zu Werkzeugblatt 18 auf S. 174 dieses Buches noch ausführlich beschrieben.

---

[1] Bauart Schmidchen & Co., Berlin.

170　B. Die konstruktive Ausführung einzelner Schneidwerkzeuge

17. Durchlaufendes Trennschneidewerkzeug für Ziehteile
(Werkzeugblatt 17)

Es gibt eine ganze Reihe Stanzteile, die einzeln betrachtet dem Fertigungsingenieur Schwierigkeiten machen, weil sie nur mit einer einseitigen Zarge versehen sind. In vielen Fällen hilft man sich damit, daß man solche Teile schräg im Werkzeug anordnet; es wird also kein zylindrisches, sondern ein unzylindrisches Ziehteil hergestellt. Bei entsprechender Anlage von Ziehwulsten und einem genügend breiten Blechflansch kommt man damit auch zum Ziel, obwohl der Werkstoffverbrauch für solche Ziehteile im allgemeinen groß ist, und insbesondere die Herstellung der geneigten Flächen sowohl am Stempel als auch im Gesenk sehr viel teurer ist als die Herstellung einfacher Stempel und Ziehringe. Weiterhin besteht bei solchen Teilen eine große Neigung zur Faltenbildung, weil der Stempel das zwischen den Ziehkanten eingespannte Blech in der Mitte trifft, und das Blech erst nach der Umformung zum Anliegen an die eigentliche Gesenkfläche kommt. Es ist daher sehr nützlich, wenn in solchen Fällen von vornherein eine Formgebung angestrebt wird, bei der ein zylindrischer Durchzug möglich ist. Dies geschieht bei Teilen, die nur einseitig eine Zarge aufweisen, zuweilen dadurch, daß man sie mit einer allseitigen Zarge versieht und dann den überflüssigen Teil der Zarge in einem nachfolgenden Beschneideschnitt einfach herausschneidet.

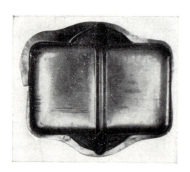 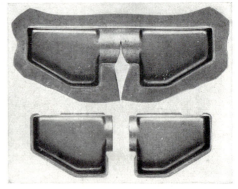

Abb. 162. Noch zusammenhängende Gehäusehälften einer Gasuhr

Abb. 163. Verschalungsteile eines Herdabzugrohres

Viel wirtschaftlicher ist jedoch ein Verfahren, bei dem mehrere Ziehteile gemeinsam gezogen und nachher getrennt werden. Selbstverständlich muß der Gestalter der Ziehteile auf diese Fertigungsmöglichkeit hingewiesen werden und die Form der Teile darauf abstimmen. In Abb. 350 auf S. 387 und in Abb. 356 auf S. 392 werden an Karosserieziehwerkzeugen für Hinterkotflügel Beispiele für eine Zweiteilung gegeben. Ein Trennschnitt und Beschneideschnitt für 2 gleichzeitig gezogene Kotflügel ist in den Abb. 168

17. Durchlaufendes Trennschneidewerkzeug für Ziehteile 171

bis 170 dargestellt. Weitere Beispiele für solche Zweiteilziehformen[1] zeigen Abb. 162 und 163. In Abb. 162 sind die Gehäusehälften einer Gasuhr in paarweiser Anordnung nach dem Ziehen und vor dem Trennen dargestellt. Abb. 163 zeigt oben die noch an der Rohreinführung zusammenhängenden Verschalungsteile eines Herdabzugrohres und darunter dieselben nach dem Beschneiden.

Nach dem Grundsatz der Zweiteilung kann auch gemäß Abb. 164 die Dreiteilung beispielsweise für Gelenkriegel von Fensteröffnern nach den drei gestrichelten Teilungslinien A, B, C oder wie in Abb. 165 die Vierteilung für Rechenmaschinenseitenteilen nach den Schnittlinien $A-C$ und $B-D$ ausgeführt werden. Nach Abb. 164 fallen gleichzeitig drei Gelenkriegel derselben Form an, während nach Abb. 165 durch einen Zug je zwei rechte und zwei linke Seitenteile erzeugt werden.

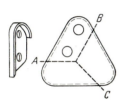
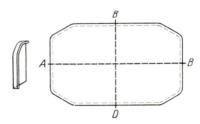

Abb. 164. Drei zusammenhängende Gelenkriegel   Abb. 165. Vier zusammenhängende Seitenteile

Mit dem gleichzeitigen Ziehen mehrerer zusammenhängender Teile taucht die Frage nach der Ausbildung geeigneter Schneidwerkzeuge auf, um die zusammenhängenden Teile zu trennen. Getrennt wird entweder derart, daß, wie in Abb. 163 unten geschehen, mittels Schneidstempeln schmale Trennstreifen zwischen den Ziehteilen herausgeschnitten werden, oder die Teile werden voneinander unmittelbar abgeschert. Im ersteren Falle bedient man sich einfacher Schneidwerkzeuge, als Mindestschneidbreite wählt man die fünffache Blechdicke. Dort, wo die angezogene Zarge bereits so hoch ist, daß die Teile sich mit einem einfachen Schnitt auf einer Schneidplatte nicht trennen lassen, muß man Werkzeuge verwenden, die mit Seitenschneidstempeln ausgerüstet sind. In solchen Fällen wird das Ziehteil mit der Zarge nach unten über einen Schneidplattenkern gesteckt. Die Vorschubeinrichtung der Seitenstempel ist so gestaltet, daß sie zunächst die Seitenstempel zum Einschneiden der Zarge nach innen drückt, und sie bei weiterem Niedergang des Werkzeuges wieder zurücklaufen läßt, bevor der mittlere, am Oberteil befestigte Schneidstempel den Boden des Ziehteiles auftrennt. Derartige Werkzeuge mit senkrechtem Schneidstempel und durch Keilstempel bewegten, waagerecht geführten Seitenstempeln entsprechen in ihrer Bauart etwa denen auf S. 151 bis 157 zu Abb. 143 bis 148 gezeigten.

---

[1] Weitere Beispiele dieser Art, und zwar Lkw-Hinterkotflügel, Fahrradkettenschutzbleche, Seitenteile von Hebelschaltern und gemeinsam gezogene Kopf- und Fußstücke für Badewannen werden beschrieben in *Oehler:* Gestaltung gezogener Blechteile, 2. Aufl. Berlin–Heidelberg–New York: Springer 1966, S. 58–61.

172   B. Die konstruktive Ausführung einzelner Schneidwerkzeuge

Weniger bekannt sind jedoch Werkzeuge, die zum abfallosen Trennen der Ziehteile dienen. Werkzeugblatt 17 zeigt ein solches Werkzeug, das das gezogene Werkstück in zwei gleichgroße Stücke zerteilt. Das Werkzeug ist als Säulengestell ausgeführt, das aus der Grundplatte (Teil 1), der Stempelkopfplatte (Teil 2) mit den eingezogenen Säulenführungsbuchsen (Teil 3), den beiden Führungssäulen (Teil 4) und dem Einspannzapfen (Teil 5) besteht. An der Unterseite der Stempelkopfplatte ist ein Winkel (Teil 6) aufgeschraubt, an dem durch Innensechskantschrauben das Schneidmesser (Teil 7) befestigt ist. Der Winkel (Teil 6) ist in der Mitte durchgefräst; an dieser Stelle ist ein Druckbolzen (Teil 8) eingenietet, der dem Kopf des in der Grundplatte geführten Stößelbolzens (Teil 10) gegenübersteht. Das im Schnitt gezeigte Werkstück wird über die Schneidplatte (Teil 9) und den Stößel (Teil 10) gestülpt. Die Schneidplatte schneidet nur an der Kante, die in Abb. 166 von der Mittellinie überdeckt wird. Beim Niedergang des Oberteiles wird die eine Werkstückhälfte von der anderen abgeschert, wobei der Druckbolzen (Teil 8) den Auflagebolzen (Teil 10) mit der Druckfeder (Teil 11) zugleich mit dem

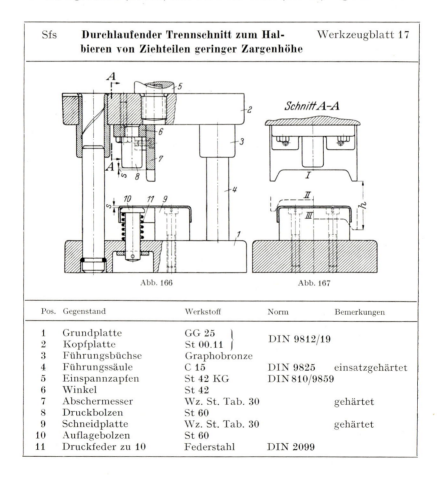

Pos.	Gegenstand	Werkstoff	Norm	Bemerkungen
1	Grundplatte	GG 25	DIN 9812/19	
2	Kopfplatte	St 00.11		
3	Führungsbüchse	Graphobronze		
4	Führungssäule	C 15	DIN 9825	einsatzgehärtet
5	Einspannzapfen	St 42 KG	DIN 810/9859	
6	Winkel	St 42		
7	Abschermesser	Wz. St. Tab. 30		gehärtet
8	Druckbolzen	St 60		
9	Schneidplatte	Wz. St. Tab. 30		gehärtet
10	Auflagebolzen	St 60		
11	Druckfeder zu 10	Federstahl	DIN 2099	

abgescherten Werkstück herabdrückt. Es ist dabei wesentlich, daß der Druckbolzen (Teil 8) um das Maß der Blechdicke s des Werkstückbodens über der Schneidkante des Schermessers steht. In Abb. 167 ist die Messerlage unter I in Ruhestellung dargestellt. Beim Herabgehen des Messers wird in II zunächst die Zargenbodenkante getroffen und durchschnitten, worauf anschließend der Boden und schließlich der unterste Zargenrand als letzte zusammenhängende Stelle getrennt werden. Die Stellung III zeigt die untere Endlage des Messers; der Hub des Werkzeuges ist somit h. Je weicher das Blech ist, um so mehr muß sich die Messerform der Querschnittsform des Ziehteiles anpassen, damit die über dem Auflagebolzen liegende und dort abgescherte Hälfte sich nicht verzieht.

Es kommt nun ganz auf die Form des Werkstückes an, ob, wie im vorliegenden Falle, ein einzelner Stößelbolzen ausreicht, oder ob sich die Anordnung mehrerer derartiger Bolzen empfiehlt. Bei der Dreiteilung ist das Messer dem Trennwinkel entsprechend unter 120° abgewinkelt. Es müssen dann zwei solche Messer nacheinander auf das Werkstück auftreffen, so daß zunächst ein Segment ausgeschnitten wird und danach die beiden anderen getrennt werden. Dabei wirken selbstverständlich mehrere Stößelbolzen unabhängig voneinander. Bei der Vierteilung ist es, soweit es die Form zuläßt, zweckmäßig, zunächst zu halbieren und dann durch Umstecken des Werkstückes auf einem zweiten daneben angeordneten Werkzeug diese Hälften wiederum zu teilen.

Es ist nochmals zu betonen, daß derartige steglose Trennschnitte durch Ziehteile ohne Abfall nur für Ziehteile niedriger Zarge einer Festigkeit von mindestens 35 kp/mm² und einer Mindestblechdicke $s \geq 1$ mm anwendbar sind. Bei dünnen und weichen Blechen würden während des Schnittes im Bereich der Schneidkante derartige Verformungen eintreten, so daß hier ein allseitiges Aufliegen auf einer gemeinsamen Schneidplatte und eine Teilung mittels schmaler Trennstempel, deren Breite mindestens der fünffachen Blechdicke entspricht, erforderlich ist.

18. Trenn- und Beschneidewerkzeug für Kotflügel

(Werkzeugblatt 18)

In Werkzeugblatt 18 ist ein Beschneidewerkzeug für zwei Kotflügel dargestellt, die zusammenhängend gezogen wurden. Auf den Vorteil zusammenhängender Züge wurde auf S. 151 hingewiesen. Im übrigen ist ein Werkzeug zum Ziehen zweier zusammenhängender Kotflügel in Abb. 350, S. 387 dargestellt. Bei dem vorliegenden schweren Werkzeug sind die Tragzapfen mit angegossen. Tragzapfen können aber auch für sich hergestellt und in die Gußteile eingeschraubt bzw. eingepaßt werden. Auf der Grundplatte (Teil 1) ist der Auflageblock für das Ziehteil aufgeschraubt. Dieses Ziehteil w wird nun über den Block gelegt, der sowohl für den inneren Ausschnitt Schneidleisten (Teil 3), als auch für den äußeren einen Schneidring (Teil 4) trägt. Zur genauen Zentrierung sind noch an einigen Stellen des Umfanges einsatzgehärtete Anlageleisten (Teil 5) vorgesehen. Da der Ausschnitt nicht durchfallen kann, hat man innen einen Ausschnittauswerfer als guß-

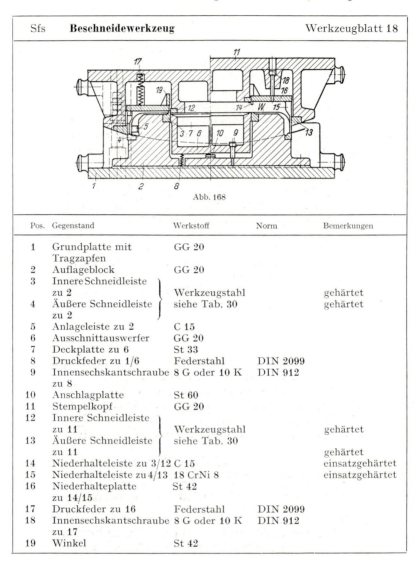

Abb. 168

Pos.	Gegenstand	Werkstoff	Norm	Bemerkungen
1	Grundplatte mit Tragzapfen	GG 20		
2	Auflageblock	GG 20		
3	Innere Schneidleiste zu 2	Werkzeugstahl siehe Tab. 30		gehärtet
4	Äußere Schneidleiste zu 2			gehärtet
5	Anlageleiste zu 2	C 15		
6	Ausschnittauswerfer	GG 20		
7	Deckplatte zu 6	St 33		
8	Druckfeder zu 1/6	Federstahl	DIN 2099	
9	Innensechskantschraube zu 8	8 G oder 10 K	DIN 912	
10	Anschlagplatte	St 60		
11	Stempelkopf	GG 20		
12	Innere Schneidleiste zu 11	Werkzeugstahl siehe Tab. 30		gehärtet
13	Äußere Schneidleiste zu 11			gehärtet
14	Niederhalteleiste zu 3/12	C 15		einsatzgehärtet
15	Niederhalteleiste zu 4/13	18 CrNi 8		einsatzgehärtet
16	Niederhalteplatte zu 14/15	St 42		
17	Druckfeder zu 16	Federstahl	DIN 2099	
18	Innensechskantschraube zu 17	8 G oder 10 K	DIN 912	
19	Winkel	St 42		

eisernen Hohlkörper (Teil 6) vorgesehen, der durch Druckfedern (Teil 8) nach oben gedrückt und dessen obere Stellung durch Innensechskantschrauben (Teil 9) begrenzt wird. Zur unteren Begrenzung dient eine Anschlagplatte (Teil 10). Verschlossen ist dieser Hohlkörper mit einer Deckplatte (Teil 7). Das Oberteil besteht zunächst aus dem großen und schweren Stempelkopf (Teil 11). Es trägt gegenüber den Unterschneidleisten gleichfalls sowohl innere (Teil 12) als auch äußere (Teil 13) Schneidleisten. Eine große Ringscheibe aus Grobblech (Teil 16) dient als indirekter Niederhalter und wird an den Innensechskantschrauben (Teil 18) hängend gehalten. Außerdem ist

18. Trenn- und Beschneidewerkzeug für Kotflügel

diese Platte durch Druckfedern (Teil 17) abgestützt. An diesem großen Ring sind nun die innere Niederhalterleiste (Teil 14) und die äußere (Teil 15) angebracht. Gerade letztere muß äußerst schlank gehalten werden und unterliegt hohen Beanspruchungen, weshalb dafür möglichst ein hochwertiger zäher Einsatzhärtestahl verwendet werden soll. Zur Einführung der Nieder-

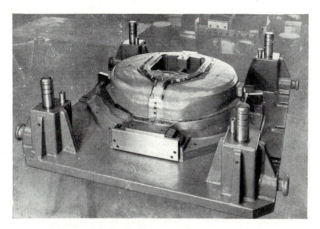

Abb. 169. Werkzeugunterteil zu Abb. 168

Abb. 170. Werkzeugoberteil zu Abb. 168

halterplatte (Teil 16) mit den inneren Niederhalterleisten (Teil 14) und zur Schonung des inneren Schneidringes (Teil 12) dienen seitlich angebrachte Winkel (Teil 19), die jedoch selbst keine Gleitführung übernehmen. Es wird mit diesem Werkzeug ein mittlerer Steg durchtrennt, damit zwei Kotflügel anfallen. Dies geht aus Abb. 169 nicht hervor, ist jedoch in Abb. 170 erkennbar. In Abb. 169 ist das Unterteil des Werkzeugsatzes mit der Grundplatte und den Führungssäulen des Werkzeugsatzes entsprechend Werkzeugblatt 18

176   B. Die konstruktive Ausführung einzelner Schneidwerkzeuge

Abb. 168, in Abb. 170 das zugehörige Oberteil dargestellt[1]. Zu beachten ist dabei die Entlastung der Führungssäulenbüchse a durch die Stollenführungsplatte b.

Die Schneidleisten werden in etwa 200 mm Länge aus gegossenen Stählen[2], worüber auf S. 625 bis 626 berichtet wird, oder als Walzprofil[3] aus öl- oder lufthärtenden Stählen hergestellt. Stähle eines $C = 2\%$ und $Cr = 12\%$ haben sich dafür besonders gut bewährt, sie entsprechen etwa Spalte 17 und 18 der Tabelle 30 auf S. 635. Nebeneinander gesetzt und aufgeschraubt bilden diese Leisten, deren Querschnittsrohmaße gemäß Tabelle 9 nach AWF 500.05 zwischen 30×60 und 55×100 mm liegen, eine geschlossene

Abb. 171. Karosseriewerkzeug mit aufgesetzten gegossenen Schneidleisten

Tabelle 9. Gegossene Schneidleisten (Rohmaße in Klammern)

Gesamtbreite mm	obere Breite der bearbeiteten Schneidkante mm	Gesamthöhe innen an der Schneidkante mm	Höhe der äußeren Spannfläche mm	IS-Schraube DIN 912
56 (60)	16	25 (30)	20	M 12 × 40
		32 (37)	25	M 16 × 50
72 (75)	22	25 (30)	20	M 12 × 45
		32 (37)	25	M 16 × 55
		40 (45)	28	M 16 × 60
96 (100)	33	32 (37)	25	M 16 × 60
		40 (45)	28	M 16 × 70
		50 (55)	32	M 16 × 80

[1] Bauart Allgaier, Uhingen.
[2] Edelstahlwerk Dörrenberg Söhne, Ründeroth.
[3] SL-Profile, Stahlwerke Bochum AG.

Schneidfigur. Abb. 171 zeigt ein solches Beschneidewerkzeug mit 4 Führungssäulen für ein Karosserieziehteil. Zur Befestigung der Schneidleisten, die sowohl in gerader als auch in gekrümmter Ausführung geliefert werden, dienen IS-Schrauben DIN 912 und Zylinderstifte DIN 6325.

In Abb. 172 ist weiteres Beschneidewerkzeug gleichfalls mit 4 Säulen und mit gegossenen Schneidleisten dargestellt[1]. Hier sind diese Leisten nicht so frei aufgesetzt, sondern werden teilweise vom gegossenen Werkzeug rahmen-

Abb. 172. Viersäulenbeschneidewerkzeug für das Blechziehteil zu Abb. 352

förmig in gleicher Höhe umfaßt. Abb. 172 zeigt außer dem Werkzeug das darauf fertig beschnittene Teil, dessen Zustand vor dem Beschnitt aus der späteren Abb. 352 hervorgeht. Die Werkzeuge nach Abb. 168 bis 172 sind kräftig gerippt, was nur deren Versteifung dient, hingegen zur Aufnahme der nur geringen Schneidkräfte nicht erforderlich wäre.

19. Offenes Gesamtschneidwerkzeug und seine Herstellung

(Werkzeugblatt 19)

Beim Gesamtschneidwerkzeug – auch Komplett- oder Blockschnitt genannt – werden Umrisse und Ausschnitte von Stanzteilen in einem einzigen Stößelniedergang geschnitten, so daß das Schneidteil fix und fertig anfällt. Entgegen der verbreiteten Ansicht, daß nur gut schneidbare Werkstoffe sich unter Gesamtschneidwerkzeugen verarbeiten lassen, ist hervorzuheben, daß dies keine notwendige Voraussetzung ist. So werden siliziumhaltige Bleche, ja sogar Glimmer hiernach verarbeitet; wobei der sich beim Schneiden von Glimmer bildende Staub nach dem Schnitt weggeblasen werden muß. Der Lochdurchmesser muß mindestens doppelt so groß sein wie die Glimmerdicke. Bei kleineren Durchmessern bricht der Glimmer leicht, doch können

---

[1] Bauart Maschinenfabrik Weingarten.

178   B. Die konstruktive Ausführung einzelner Schneidwerkzeuge

| Sfsg | **Offenes Gesamtschneidewerkzeug** | Werkzeugblatt 19 |

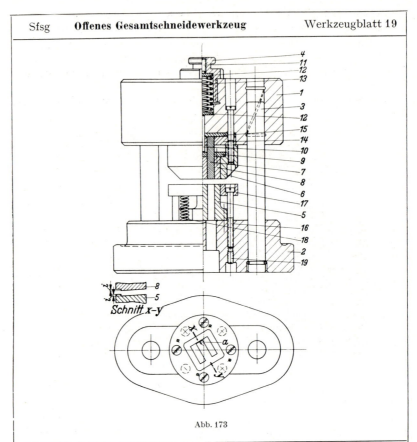

Abb. 173

Pos.	Gegenstand	Werkstoff	Norm	Bemerkungen
1	Oberteil	GG 25	DIN 9814	
2	Grundplatte	GG 25	DIN 9819	
3	Führungssäule	C 15	DIN 9825	einsatzgehärtet
4	Kupplungszapfen	MRSt 42-2		
5	Schneidstempel			gehärtet
6	Schneidplatte	Werkzeugstahl		gehärtet
7	Lochstempel	siehe Tab. 30		gehärtet
8	Ausstoßerplatte			gehärtet
9	Ausstoßerhalteplatte	St 50		
10	Druckstift	4 D	DIN 7	
11	Stellschraube	5 S	DIN 417	
12	Federdruckplatte	15 Cr 3		einsatzgehärtet
13	Schraubenfeder	Federstahl	DIN 2099	
14	Stempelhalteplatte	St 52-3		
15	Druckplatte im Oberteil	St 60		gehärtet
16	Zylinderschraube	5 S	DIN 84	
17	Abstreiferplatte	St 42-2		
18	Schraubenfeder	Federstahl	DIN 2099	
19	Wurmschraube	5 S	DIN 417	

19. Offenes Gesamtschneidwerkzeug

verwickelte Formen und Figuren aus Glimmertafeln auf diese Weise geschnitten werden. Kennzeichnend für Gesamtschneidewerkzeuge ist, daß die ausgeschnittenen Teile in den Stanzstreifen zurückgedrückt werden und erst aus diesem nach Durchlauf des Werkzeuges herausfallen. Ungleichmäßigkeiten im Streifenvorschub wirken sich also nicht nachteilig auf die Genauigkeit des Werkstückes aus.

In Werkzeugblatt 19 wird die Herstellung eines Transformatorenbleches gezeigt. Der Stempel (Teil 5) ist auf der Grundplatte aufgeschraubt. In Höhe der Stempelschneidkanten liegt die Oberfläche der den Stempel umgebenden Abstreiferplatte (Teil 17), die mittels Schraubenfedern (Teil 18) in ihrer oberen Lage gehalten wird. Für die Enden dieser Schraubenfedern sind in der unteren Fläche der Abstreiferplatte (Teil 17) und in der Oberfläche der Grundplatte hier nicht eingezeichnete kreisförmige Aussparungen eingefräst. In ihrer oberen Lage wird die Abstreiferplatte von den Köpfen der 4 Zylinderschrauben (Teil 16) gehalten, die gegen Verdrehung mittels der von unten eingeschraubten Wurmschrauben (Teil 19) gesichert sind. Die rechteckigen Lochstempel (Teil 7) und die Schneidplatte (Teil 6) sind mit dem Oberteil (Teil 1) fest verbunden. Der Zwischenraum (zwischen den Teilen 6 und 7) wird durch die Ausstoßerplatte (Teil 8) ausgefüllt, welche in ihrer Form dem auszuschneidenden Stanzteil entspricht. Diese Platte wird durch Federdruck in ihrer unteren Lage so gehalten, daß die untere Oberfläche und die Schneidkanten der Vorlochstempel und der Schneidplatte in einer gemeinsamen Ebene liegen. Das Transformatorblech entsprechend dem im Werkzeugblatt 19 angegebenen Arbeitsbeispiel wird bei a durch eine Abscherstufe am Stempel und einen entsprechenden Vorsprung des Auswerfers um das Maß i getrennt, das der vierfachen Blechdicke entspricht.

Die im Kupplungszapfen (Teil 4) untergebrachten beiden ineinandergesetzten Schraubenfedern[1] (Teil 13) werden durch Federdruckplatten (Teil 12) beiderseits gefaßt. Die obere gestattet die Einstellung des Federdruckes mittels Stellschraube (Teil 11), während die untere über einen Zylinderstift (Teil 10) den Federdruck auf die Ausstoßerplatte (Teil 8) überträgt. Über der Schneidplatte (Teil 6), die mit dem Oberteil (Teil 1) mehrfach verschraubt und verstiftet ist, befindet sich die Stempelhalteplatte (Teil 14) für die Aufnahme innerhalb der Schneidplatte liegender kleiner Schneid- und Lochstempel (Teil 7). Eine darüber liegende Druckplatte (Teil 15) aus gehärtetem Stahlblech verhindert das Eindringen solcher kleiner Stempel in das gußeiserne Oberteil. Verstiftet wird die Schneidplatte (Teil 6) mit dem Stempelkopf (Teil 1) nach dem Härten, doch werden die Stiftlöcher in der Schneidplatte bereits vorher fertig gebohrt.

Für die Pflege derartiger Gesamtschneidewerkzeuge ist eine zeitweise Schmierung der aufeinander gleitenden Flächen unerläßlich. Als Toleranzen für die Herstellung der einzelnen Paßteile können die des engen Laufsitzes gewählt werden. Die Federn sind gegen Verschmutzung zu sichern. Es wird häufig der Fehler gemacht, daß die ringförmige Abstreiferplatte ohne Zwischenlage eines Federdruckellers über eine starke Spiralfeder gestützt wird. Zweckmäßiger werden anstelle einer einzigen starken Feder mehrere

---

[1] Deren Berechnung ist im Beispiel 59 und 60, S. 619 angegeben.

gleichmäßig unter dem Ring verteilte schwächere Federn (Teil 18) angeordnet. Damit die Federn nicht auskippen und umschlagen, sind ihre Enden in vorgebohrte Löcher eingesetzt. Eine Zentrierung durch einen teilweise geführten Stift kann dann wegfallen. Für Gesamtschneidwerkzeuge ist eine französische Bauweise[1] interessant, bei der nicht, wie sonst üblich, der Ausschneidstempel von einer gefederten Blechhalterplatte umgeben wird. Vielmehr werden mehrere Trennschneidstempel in Form runder, jedoch nach oben dachförmig zugespitzter Bolzen außerhalb des Ausschneidstempels angeordnet. Auf diese Weise bleibt das fertige Teil oben auf dem Ausschneidestempel liegen, und der Abfall wird gleich nach dem Aufschieben über den Ausschneidestempel durch die Trennschneider in kleine Stücke zerteilt, was unter Umständen wirtschaftlicher sein kann als sperriger Streifenabfall. Weiterhin können sehr empfindliche Kleinteile, für die ein Rückpressen in den Streifen mit Schwierigkeiten verbunden ist, hierdurch mehr geschont werden.

Gesamtschneidwerkzeuge mit vorgearbeitetem Einbau, fertig als Norm bezogen, werden vom Werkzeugmacher in folgender Weise bearbeitet, wobei auf das Ausführungsbeispiel nach Werkzeugblatt 19 Bezug genommen wird.

Das Gestell besteht aus zwei Hälften,

A. dem Oberteil (1) mit
   a) Schneidplatte (6),
   b) Ausstoßer (8),
   c) Ausstoßerhalteplatte (9),
   d) Lochstempel (7),
   e) Stempelhalteplatte (14),

B. dem Unterteil (2) mit
   f) Schneidstempel (5),
   g) Abstreiferplatte (17).

Nur diese zu den beiden Hauptgruppen A und B gehörenden und hier genannten Schnittelemente sind von dem Werkzeugmacher zu bearbeiten, alles andere wird im Anlieferungszustand als Norm verwendet. Wenn der Werkzeugbau über Feil-, Stempelhobel- oder Stempelfräsmaschinen verfügt, wird mit der Hauptgruppe B zuerst begonnen und wie folgt verfahren:

1. Zunächst ist eine Schablone aus 2 mm dickem Stahlblech nach dem Sollmaß des fertigen Teiles anzufertigen und möglichst zu härten. Mit Hilfe einer in zehnfacher Vergrößerung angefertigten Zeichnung kann die nach Anriß gefeilte Schablone unter dem Uhrenprojektor genauestens kontrolliert und nachjustiert werden.

2. Der Schneidstempel (Teil 5) wird bei einer Teildicke unter 0,5 mm mit der Ausstoßerplatte (Teil 8) nach der aufgelöteten Schablone fertig gehobelt oder gefräst. Da der Stempel um das Schnittspiel kleiner als die Schablone gehalten werden muß, wird der Ausstoßer (Teil 8) vom Stempel (Teil 5) abgetrennt und nach Schablone fertig gefeilt. Der Schneidstempel selbst wird gleichmäßig mittels Schaber nachgeschabt oder mit der Schlichtfeile nachgearbeitet. Die Schablone wird auf den Stempel (Teil 5) mit Schraubzwingen gespannt. Darauf werden die Lochstempeldurchbrüche gebohrt sowie die Lochstempel (Teil 7) angerissen und so weit vorgearbeitet, daß der Anriß noch stehenbleibt.

---

[1] *Chevaulin, G.:* Outillage de Presses. La Technique Moderne 50 (1958), Nr. 6, S. 231–236.

3. Die Lochstempel (Teil 7) werden nach Schablone angerissen, fertig gehobelt, in die Schablone eingepaßt und gehärtet.

4. Es werden mittels der über dem Schneidstempel (Teil 5) gespannten Schablone die Lochstempel (Teil 7) angedrückt und die Schneidstempeldurchbrüche fertig gefeilt. Auch hier ist wieder zu beachten, daß die Lochstempel (Teil 7) um das Schnittspiel kleiner zu halten sind als die Durchbrüche im Schneidstempel (Teil 5). Nachdem die Stift- und Schraubenlöcher in den Schneidstempel gebohrt sind, wird derselbe gehärtet und nachjustiert.

5. Die Schneidplatte (Teil 6) wird nach Schablone angerissen, vorgearbeitet und mittels Stempel (Teil 5) angedrückt und fertig gefeilt. Nachdem auch die Stiftlöcher in die Schneidplatte gebohrt sind, wird dieselbe gehärtet und nachjustiert.

6. Die fertige Schneidplatte wird nach dem Härten mit dem Oberteil (Teil 1) verbohrt und verstiftet.

7. Das Säulengestell wird zusammengesetzt und der fertige Schneidstempel (Teil 5) lose auf die Grundplatte (Teil 2) gesetzt und so weit zusammengedrückt, bis derselbe in der Schneidplatte sitzt. Sollte die Schneidplatte ein Schneidspiel haben, so ist dieses, um es allseitig gleich groß zu halten, durch um den Stempel gelegtes, festes Papier auszugleichen. Der Stempelflansch (Teil 5) wird mit der Grundplatte (Teil 2) mittels Schraubzwingen festgespannt, das Oberteil (Teil 1) abgezogen und der Schneidstempel (Teil 5) mit der Grundplatte (Teil 2) verbohrt und verschraubt.

8. Nachdem das Oberteil wieder über die Grundplatte gesetzt und vorsichtig ausgerichtet worden ist, wird mit dünnem Papier Probe geschnitten. An den Stellen, wo es getrennt wird, wird der Stempel durch leichtes Anschlagen mit dem Metallhammer gerückt, bis das dünne Papier an keiner Stelle mehr trennt. Nach dem Abziehen des Oberteiles wird der Schneidstempel verbohrt und verstiftet.

9. In dem eingepaßten Ausstoßer werden die Lochstempel von der Schnittseite her durchgearbeitet. Diese werden zunächst mittels Schablone angerissen, vorgearbeitet und dann durch die Schablone oder durch den Schneidstempel angedrückt. In gleicher Weise wird die Stempelhalteplatte (Teil 14) ausgearbeitet.

10. Zuletzt wird noch der Durchbruch der Abstreiferplatte (Teil 17) durchgearbeitet und die Streifenführung durch Stifte oder Einfräsung vorgesehen.

20. Geschlossenes Gesamtschneidwerkzeug für kleine Stanzteile

(Werkzeugblatt 20)

Zylindergeführte oder geschlossene Gesamtschneidwerkzeuge sind im Verhältnis zu den offenen mit Säulenführung weniger verbreitet, da ihre Herstellung teurer ist. Der geschlossene Gesamtschnitt bietet eine größere Sicherheit gegen Unfälle als der offene. Für gewisse Zweige der Bijouterieindustrie wird dieser Werkzeugtyp noch häufig verwendet, obwohl auch dort das Auswechselsäulengestell mit seinen austauschbaren Stempeln und Schneidplatten immer mehr Eingang findet.

B. Die konstruktive Ausführung einzelner Schneidwerkzeuge

Sfzg	Geschlossenes Gesamtschneidewerkzeug	Werkzeugblatt 20

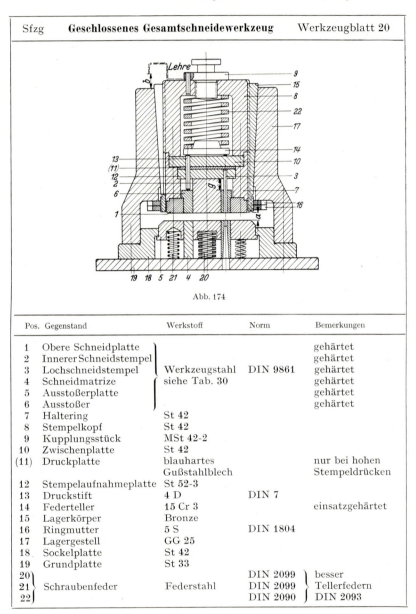

Abb. 174

Pos.	Gegenstand	Werkstoff	Norm	Bemerkungen
1	Obere Schneidplatte			gehärtet
2	Innerer Schneidstempel			gehärtet
3	Lochschneidstempel	Werkzeugstahl	DIN 9861	gehärtet
4	Schneidmatrize	siehe Tab. 30		gehärtet
5	Ausstoßerplatte			gehärtet
6	Ausstoßer			gehärtet
7	Haltering	St 42		
8	Stempelkopf	St 42		
9	Kupplungsstück	MSt 42-2		
10	Zwischenplatte	St 42		
(11)	Druckplatte	blauhartes Gußstahlblech		nur bei hohen Stempeldrücken
12	Stempelaufnahmeplatte	St 52-3		
13	Druckstift	4 D	DIN 7	
14	Federteller	15 Cr 3		einsatzgehärtet
15	Lagerkörper	Bronze		
16	Ringmutter	5 S	DIN 1804	
17	Lagergestell	GG 25		
18	Sockelplatte	St 42		
19	Grundplatte	St 33		
20	Schraubenfeder	Federstahl	DIN 2099	besser Tellerfedern DIN 2093
21			DIN 2099	
22			DIN 2090	

Die Bauart des geschlossenen Gesamtschneidwerkzeuges ist in bezug auf die am Schnitt beteiligten Elemente die gleiche. Abweichend vom offenen Werkzeug ist hier das Oberteil in einem allseitig umschließenden Lager geführt, welches am Unterteil festgeschraubt ist. Es ist hierbei sehr wichtig, daß sich das Oberteil in dem Lager nicht drehen kann, daß es also absolut genau längsgeführt ist. Dies geschieht durch eine zwangsläufige Längsnutführung am äußeren Umfang des Stempelkopfes (Teil 8). Die Ausführungen dieses Lagerkörpers selbst sind verschieden. Zumeist ist der Lagerkörper mit dem Untergestell verschraubt. Im vorliegenden Werkzeugblatt ist der Lagerkörper (Teil 15) vom Gestell (Teil 17) getrennt. Er ist an der einen Seite geschlitzt, so daß er durch Anziehen der unteren Ringmutter in seiner Längsrichtung verstellt werden kann. Seine konische Ausführung gestattet beim Nachziehen eine Durchmesserveränderung, so daß bei eintretendem Verschleiß die Lagerung nachgestellt werden kann, ohne dadurch das Oberteil aus seiner zentrischen Lage zum Unterteil zu verschieben. Derartige konische Lagerhülsen werden vorzugsweise aus Mehrstoffbronze nach S. 656 hergestellt.

Die Befestigung des Lagergestelles (Teil 17) auf der Grundplatte oder, wie in diesem Falle auf der Sockelplatte, geschieht nicht immer – wie hier gezeigt wird – durch von unten eingesetzte Schrauben, vielmehr kann bei sehr kleinen Werkzeugen die Grundplatte mit Außengewinde versehen und der Sockel mittels Überwurfmutter zur gegenseitigen Verbindung verschraubt werden.

In dem vorliegenden Werkzeug werden U-förmige, gelochte Werkstücke hergestellt, wie sie im Kleintransformatorenbau gebraucht werden. Die Ausstoßerteile werden hier indirekt über eine gemeinsame starke Druckfeder in ihrer Anschlagstellung gehalten. Die Kraftübertragung findet von einem Federteller aus über zylindrische Stifte (Teil 13) statt, welche gut geführt sein müssen und nicht klemmen dürfen.

Es empfiehlt sich, sowohl diese Stiftführung als auch die Gleitflächen der Auswerferteile an den Schneidstempeln von einer gemeinsamen Stelle aus zu schmieren. Der zur Verfügung stehende Hubraum soll zur Vermeidung von Bruchgefahr beim Einrichten des Werkzeuges nicht zu klein bemessen werden. Zu großer Abstand zwischen Ausstoßer und Anschlag ist jedoch gleichfalls unerwünscht, da, abgesehen von einer größeren Bauhöhe und einer hierdurch bedingten Verteuerung des Werkzeuges, ein leichteres Klemmen der Druckstifte eintreten kann. Im allgemeinen wird das Maß g der Ausweichung des Ausstoßers nach oben zu 10 mm bei kleinen und bis zu 20 mm bei größeren Gesamtschnitten gewählt. Im Betrieb wird jedoch nur mit einer Ausweichung von etwa $1/2\,g$ gearbeitet. Zu diesem Zweck werden beim Einstellen auf das Oberteil Blechlehren aufgelegt; eine solche ist im Werkzeugblatt 20 gestrichelt angegeben. Bei einem Abstand a der Schneidplatten voneinander soll der Abstand b vom Gestellkörper bis zum Zeiger der Lehre $a + g/2$ betragen.

Zu den geschlossenen oder zylindergeführten Gesamtschneidwerkzeugen gehören auch die sogenannten Plungerwerkzeuge, ähnlich den Einheiten in Abb. 65 bis 68, die für sich keinerlei Einspannung in eine Presse benötigen, sondern nur auf den Pressentisch gesetzt durch Aufschlag des Pressenstößels von oben arbeiten. Die Bauweise eines solchen Werkzeuges[1] ist in Abb. 175 dargestellt. Es besteht aus der mit Spannrand versehenen Grundplatte (Teil 1) und dem Führungsgehäuse (Teil 2), sowie dem Stanzzylinder (Teil 3), an welchen die Schneidplatte (Teil 6) von unten aufgeschraubt ist. Das Ober-

---

[1] Bauart Fa. Maschinenfabrik Norma (Strack GmbH.), Wuppertal.

184   B. Die konstruktive Ausführung einzelner Schneidwerkzeuge

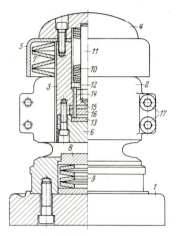

Abb. 175. Plungerwerkzeug

teil, in einem allseitig umschließenden Lager geführt, ist mit dem Unterteil fest verschraubt. Lediglich das Unterteil wird wie üblich auf dem Pressentisch befestigt, während das Oberteil mit einer gehärteten, halbrunden Kuppenplatte (Teil 4) versehen ist. Anstelle des zwangsläufigen Rücklaufes des Zylinderkopfes durch sonst übliche Einspannelemente für den Pressenstößel sind unter einer Schutzkappe (Teil 5) Rückholfedern, und zwar Tellerfedern (Teil 7) eingebaut, welche den Zylinder nach jedem Hub immer wieder in seine obere Lage bringen. Der Stanzzylinder ist in seiner Längsnut durch hier nicht gezeichnete Stahlbeilagen gegen unbeabsichtigte Verdrehung gesichert. Im Unterteil des Gehäuses ist eine Ausstoßerplatte (Teil 8) mit darunter liegenden auf Druck beanspruchten Tellerfedern (Teil 9) untergebracht, deren Bohrung den für einen mittleren Schneidstempel verfügbaren Raum umgrenzt. Ebenso, wie im Unterteil der Hauptschneidstempel noch einzubauen ist, fehlen in der oberen Schneidplatte (Teil 6) noch der Auswerfer für die Ausschnitte des Unterstempels und die Lochstempel. Hingegen sind für jenen Auswerfer die Betätigungselemente bereits eingebaut, und zwar die Tellerfedersäule (Teil 10) mit ihrem Zentrierstift (Teil 11), die obere Stößelplatte (Teil 12), die untere Stößelplatte (Teil 13), die Druckstifte (Teil 14). Ebenso sind vorhanden die Stempeldruckplatte (Teil 15) und die Stempelhalteplatte (Teil 16) für den späteren Einbau der Lochstempel im Oberteil. Eine ausgearbeitete Zylinderführung kann durch beiderseitigen Anzug der Klemmschrauben (Teil 17) in den Schlitzen neu eingestellt werden.

21. Gesamtschneidwerkzeug für stärkere und größere Stanzteile

Bei Gesamtschneidwerkzeugen für Stanzteile aus dickerem Werkstoff wird der Auswerfer durch die Maschine betätigt. Hierbei werden die ausgeschnittenen Teile nicht in den Streifen zurückgedrängt, sie werden vielmehr durch den Ausstoßer aus der Schneidplatte gedrückt, bleiben auf dem

21. Gesamtschneidwerkzeug für stärkere und größere Stanzteile

Stanzstreifen liegen und werden entweder mit der Hand vom Streifen abgenommen oder rutschen bei schräg verstellbaren Pressen nach rückwärts ab oder werden mittels Preßluft in einen Sammelkasten geblasen. Abb. 176 zeigt ein Ausführungsbeispiel, und zwar sind hier Stempel und Schneidplatte schwarz hervorgehoben. Für stärkeren Werkstoff reicht die Federkraft zur Betätigung des Ausstoßers – wie dies im Werkzeugblatt 19 (Teile 9 bis 13) erläutert wird – nicht aus. Daher ist eine hier zwangsläufige Auswerfebetätigung gemäß Abb. 12 erforderlich. Der Kupplungszapfen (Teil 4) ist mit Ausnahme der Bohrung für den Auswerfer (Teil 3) derselbe, wie im Werkzeugblatt 19 (als Teil 4) beschrieben. Im Aufnahmefutter nach Abb. 7 befindet sich ein Anschlußbolzen, der beim Hochgang des Stößels gegen eine im Pressenbär angebrachte Traverse stößt, so daß beide Ausstoßerbolzen nach unten gedrückt werden. Abb. 177 zeigt die Seitenansicht eines Pressenstößelschlittens mit seitlichem Langloch für die dort eingeschobene Traverse

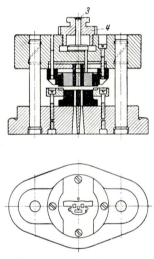

Abb. 176. Gesamtschneidewerkzeug   Abb. 177. Anschlag für die Stößeltraverse

und die in ihrer Höhe verstellbaren Traversenanschläge. Das gesamte übrige Gestell besteht aus den gleichen Teilen, wie im Werkzeugblatt 19 angegeben ist. Die Bauart nach Abb. 176 setzt voraus, daß sich der Schwerpunkt der wirksamen Schneidlinien direkt unter der Mitte des Einspannzapfens befindet. Die Ermittlung dieses Schwerpunktes ist auf S. 12 in Verbindung mit Abb. 14 dieses Buches beschrieben. Liegt der Schwerpunkt jedoch erheblich außerhalb der Mitte und ist die Anordnung des Einspannzapfens über denselben konstruktiv nicht oder nur schwer möglich, so muß der Kupplungszapfen durch einen starren Einspannzapfen ersetzt werden.

Ebenso wie beim später auf S. 438 bis 441 beschriebenen Schnitt-Zug-Schnitt-Zug-Schnitt lassen sich bei Gesamtschneidwerkzeugen mehrere Teile ineinander liegend ausschneiden. Abb. 178 zeigt ein solches Werkzeug beim Schnitt dreier konzentrischer Ringscheiben. Im Unterwerkzeug wie im

Oberwerkzeug sind zwei Auswerferringe angeordnet. Dabei stehen im Unterwerkzeug die Ausstoßerringe unabhängig voneinander über Druckstifte, die auf einem pneumatischen Kissen aufsitzen, in Verbindung. Im Oberteil werden nur die äußeren Ringe über drei Druckstifte, eine Druckscheibe und schließlich den mittleren Stoßstift gegen die hier nicht sichtbare Traverse des Pressenstößels betätigt. Der innere Ring bleibt durch waagerechte Stifte

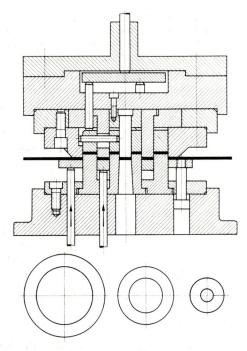

Abb. 178. Gesamtschneidwerkzeug zum Ausschneiden von drei Scheiben

mit dem äußeren verbunden. Auf diese Weise können die beiden Ringschneidstempel sowie der Lochstempel von der Stempelhalteplatte gefaßt bzw. an ihr festgeschraubt werden. Dabei läßt sich nicht vermeiden, daß auch die Stempelhalteplatte aus drei konzentrisch zueinander angeordneten Ringen besteht, die mit ihr verbunden sind. Eine entsprechende Anordnung ergibt sich für die auf dem Werkzeugunterteil befestigten Schneidstempel.

22. Gesamtschneidwerkzeug für sehr große Teile

Der Begriff Großwerkzeuge ist nicht eindeutig abgegrenzt. Darunter werden solche Werkzeuge verstanden, die nicht mittels Einspannzapfen im Pressenbär aufgenommen, sondern die sowohl auf dem Pressentisch als auch im Pressenbär mittels Spannpratzen befestigt werden. Großwerkzeuge können Schneidwerkzeuge (S. 187 bis 189), Biegewerkzeuge (S. 243 bis 247) und Ziehwerkzeuge (S. 379 bis 399 und 452 bis 456) sein.

22. Gesamtschneidwerkzeug für sehr große Teile

Abb. 179 zeigt ein Gesamtschneidwerkzeug[1] für große Teile in zusammengesetztem und Abb. 180 in auseinandergenommenem Zustand. Hier im Großwerkzeugbau wird eine Ausführung als Viersäulenwerkzeug bevorzugt, obwohl die längliche Form zunächst für ein Zweisäulenwerkzeug spricht. Zu beachten ist wie bei allen Großwerkzeugen das Anbringen von kräftig be-

Abb. 179. Viersäulenschneidwerkzeug im zusammengebauten Zustand

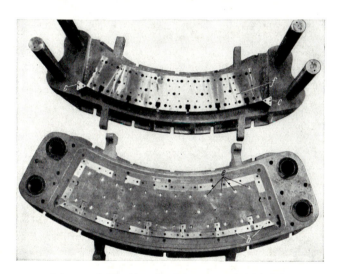

Abb. 180. Werkzeug nach Abb. 179 auseinandergenommen mit Arbeitsflächen nach oben

messenen Ösen und Haken zwecks Transport mittels Kran. Die in Abb. 179 im Vordergrund dargestellten Platten a mit Handgriffen dienen zum Offenhalten bzw. zur Schonung des Werkzeuges bei Transport und Einstellung. Diese Distanzstücke werden seitlich zwischen die Säulen derart eingeschoben, daß die Rundungen gegen die Säulen anliegen. Gerade bei Großwerkzeugen ist eine Unterteilung der Schneidplatte und des Schneidstempels in mehrere Leistenabschnitte wichtig, da sonst ein Neuersatz bei Ausbruch einer Ecke

[1] Bauart Vorrichtungs- und Preßformenbau, Düsseldorf.

188   B. Die konstruktive Ausführung einzelner Schneidwerkzeuge

außerordentlich kostspielig wäre. Im übrigen ist es meistens nicht möglich, so ausgedehnte Schneidplatten in einem Stück verzugsfrei zu härten. Die Trennfugen derartig zusammengesetzter Werkzeuge sind gemäß Abb. 34 bis 36 möglichst so anzuordnen, daß sich dabei Teile übereinstimmender Form ergeben, die in gemeinsamer Spannung hintereinander gleichzeitig bearbeitet werden. In Abb. 179 ist der dachförmige Anschliff der einzelnen Schneidleisten bei b erkennbar. Das zu schneidende Werkstück wird nicht nur am Umfang segmentförmig beschnitten, sondern außerdem noch mit 6-T-Nuten und 29 Rundlöchern versehen. Der Raum zwischen den dachförmig geschliffenen Randschnittleisten ist mit einer gefederten Ausstoßerplatte ausgefüllt. Zum Auftrennen und bequemen Abfallen des Zuschneidrandes sind, wie in Abb. 180 oben deutlich erkennbar, zu beiden Seiten je ein dreieckiger Abfallschneidstempel c vorgesehen. Auf der Grundplatte in Abb. 180 unten sind die dachförmig geschliffenen Beschneideleisten b und die Lochstempel e, auf dem Stempelkopf der aus mehreren Platten zusammengesetzte Formschneidstempel f, entsprechend in seiner Gestalt dem herzustellenden Segment aus Siliziumstahlblech, und die beiden dreieckigen Abfallschneidstempel c befestigt. Gerade bei so großen Werkzeugen erhöht das für Gesamtschneidwerkzeuge unvermeidliche teure Einpassen der gefederten Zwischenplatten die Kosten. Dort, wo keine allzu große Genauigkeit gefordert wird, werden viel billigere Bauarten gewählt. So werden bei *A. O. Smith* in Milwaukee gemäß Abb. 181 die äußeren Schneidleisten auf dem Tisch ebenso wie im Unterteil bei b zu Abb. 179 dachförmig angelegt, jedoch mit im rechten Winkel hierzu vorstehenden Abfallschneidern a. Hingegen ist die Höhe der inneren Schneidleisten, deren Winkel auf der Stößelunterfläche aufgeschraubt und mit dieser verstiftet sind, die gleiche. Zur Herabsetzung der Schneidkraft bei den Lochstempeln dient ein rundes Hohlschleifen der Stempel unter einem tangierenden Anschrägwinkel von etwa 30°. Die Lochstempel b tauchen verhältnismäßig tief in die auf der Unterplatte innerhalb des Schneidleistenkranzes angebrachten Schneidbuchsen c ein. Es wäre hier der Einsatz von Freischneidelementen nach Abb. 100 bis 102 gut möglich. Die äußere Begrenzung der Stempelhaltewinkel e ist mit dort angeschraubten Schneidleisten k versehen[1] zwecks leichter Justierung, während die äußeren Schneidleisten an die Winkel auf der Grundplatte des Werkzeugunterteils geschweißt sind. Wie auf S. 176 angegeben, lassen sich derartige Winkel mit Schneide aus einem einzigen Stück in gegossener Ausführung herstellen. In einem Arbeitsgang wird gelocht und ausgeschnitten, ohne daß die etwa 4 m langen und 0,7 m breiten Werkzeuge mit gefederten Platten als Auswerfer oder Abstreifer ausgerüstet sind. Um ein Verklemmen der ausgeschnittenen Bleche innerhalb des Schneidleistenrahmens auszuschließen, werden anstelle der Auswerferplatten oft innerhalb desselben kräftige Schraubenfedern f oder Transportrollen in Abständen von 0,5 bis 1 m eingebaut. Der äußere Abfall wird an den Abfalltrennern a zerteilt und fällt nach außen ab. Dort, wo eine Abfallschneidleiste senkrecht vom Schneidleistenkranz abzweigt, liegt die anschließende Schneidleiste um

---

[1] Nähere Ausführungen über derartige Schneidleisten aus gegossenen Stählen finden sich auf S. 176 Tabelle 9 und auf S. 625 bis 626.

22. Gesamtschneidwerkzeug für sehr große Teile

das Maß i niedriger, wobei i kleiner als die Stempeleintauchtiefe ist. Die Lochbutzen fallen durch die schräge Bohrung des Schneidsockels c nach unten durch. Die fertig geschnittenen Teile liegen auf den Schneidbuchsen oder teilweise auf den Federn f oder Scharwenzelrollen und werden über dieselben und die äußere Schneidleiste hinweg an einer der Schmalseiten nach dem Schneiden weggeschoben. Ansprüche an Genauigkeit lassen sich für solche Werkzeuge nicht stellen. Es werden daher in Fällen höherer Genauigkeit Werkzeuge für zwei Schneidvorgänge unter zwei Pressen hergestellt. Dabei geschieht das Lochen im ersten Arbeitsgang, wo auch rechteckige Stempel am äußeren Zuschnitt bis zur späteren Ausschnittlinie einseitig anschneiden. Beim Außenbeschnitt im zweiten Arbeitsgang ist dann der Abfall bereits getrennt.

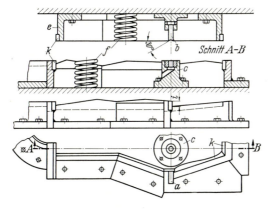

Abb. 181. Mit Winkelleisten zusammengesetztes Gesamtschneidwerkzeug für große Teile von über 1 m Länge

In der Rahmenlängsträgerfertigung von *A. O. Smith*, Milwaukee, ist die Pressenstraße so angeordnet, daß die vorgelochten und auf Form zugeschnittenen Bleche immer abwechselnd unter den beiden folgenden Pressen zum linken und zum rechten Längsträger umgeformt werden. Bei der *Pullman-Standard-Car-Manufacturing* in Butler Pa. werden in Umkehrung zu Abb. 181 die Lochwerkzeuge mit den Stempeln b im Unterteil und den Schneidbuchsen c im Oberteil angeordnet. Die dort ziemlich großen zur Güterwagenfertigung bestimmten Blechtafeln werden über die Stempel b und Federn f oder Scharwenzelrollen hinweggezogen, an der einen Seite gegen eine Anschlagschiene angelegt und von der anderen Seite mittels Druckluftstempel gegen jene Schiene angepreßt. Zur Entlastung der Stempel sind zwischen diesen unter Federdruck stehende Walzen (Scharwenzelrollen) oder gelagerte Kugeln untergebracht. Weiterhin sind die Schneidbuchsen im Oberteil von unter Federdruck stehenden Abstreifeplatten umgeben. Gegen feststehende, den Stößel waagerecht durchdringende Quertraversen stoßen die Auswerferbolzen in den Schneidbuchsen beim Stößelhochgang und drücken dabei die Schneidbutzen aus der Schneidöffnung nach unten heraus.

190   B. Die konstruktive Ausführung einzelner Schneidwerkzeuge

23. Messerschneidwerkzeuge
(Werkzeugblatt 21)

Messerschneidwerkzeuge finden vor allen Dingen bei Nichtmetallen Anwendung, also bei Furnieren, Zelluloidteilen, Leder- und Klingeritdichtungen, für Hartpapier, Hartgummi usw. Der Winkel beträgt hierbei für Pappe und Leder 15 bis 20°, für Zelluloid, Hartpapier und Metallfolie 10°. Für Hartgummi wird ein Winkel von 8 bis 12° bei Erwärmung empfohlen[1]. Es ist hierbei nicht gesagt, daß Messerschneidwerkzeuge immer zum Ziel führen. Besonders bei starkem Filz haben Versuche ergeben, daß übliche Schneidwerkzeuge erfolgreicher als Messerschneidwerkzeuge arbeiten, wenn über den

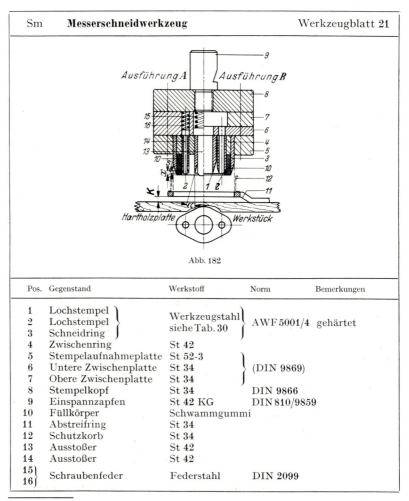

Sm	Messerschneidwerkzeug		Werkzeugblatt 21

Abb. 182

Pos.	Gegenstand	Werkstoff	Norm	Bemerkungen
1	Lochstempel	Werkzeugstahl siehe Tab. 30	AWF 5001/4	gehärtet
2	Lochstempel			
3	Schneidring			
4	Zwischenring	St 42		
5	Stempelaufnahmeplatte	St 52-3		
6	Untere Zwischenplatte	St 34	(DIN 9869)	
7	Obere Zwischenplatte	St 34		
8	Stempelkopf	St 34	DIN 9866	
9	Einspannzapfen	St 42 KG	DIN 810/9859	
10	Füllkörper	Schwammgummi		
11	Abstreifring	St 34		
12	Schutzkorb	St 34		
13	Ausstoßer	St 42		
14	Ausstoßer	St 42		
15 16	Schraubenfeder	Federstahl	DIN 2099	

---

[1] Siehe hierzu die Ausführungen im Text zu Abschnitt A 4, Abb. 20 *f* bis *i* dieses Buches.

Filz ein dünnes Blech gelegt und dieses mit ausgeschnitten wird. Bei Messerschneidwerkzeugen ist zwecks eines sauberen Schnittes zu beachten, daß die zylindrischen Schneidflächen der Stempel das zu erzeugende Werkstück ausschneiden, während die schrägen Flächen an der Seite des Abfalles liegen. Wird beispielsweise eine Flanschdichtung ausgeschnitten, wie dies im Werkzeugblatt 21 angegeben ist, so wird am äußeren Umfang die Schneide schräg und innen zylindrisch ausgeführt. Hingegen liegt bei den Lochstempeln die Anschrägung innen, wie dies in Ausführung A gezeigt ist. Wird hingegen auf eine saubere Ausführung der Lochung verzichtet, sollen jedoch die gelochten runden Scheiben in sauberem Zustande zur Weiterverwertung für einen anderen Zweck anfallen, so wird bei Lochstempeln die Abschrägung außen vorgesehen, wie dies unter Ausführung B angegeben ist.

In der Regel werden bei derartigen Messerschnitten die aus dem Werkstück herausgeschnittenen Teile mittels Ausstoßer entfernt[1]. Ist infolge seiner Form die Herstellung des Ausstoßers schwierig, so genügt zuweilen ein eingeklemmtes Stück Schwammgummi (Teil 10). Für die Ausstoßer der gelochten Scheibe sind einfache Bolzen (Teile 13 und 14), die unter Federdruck stehen (Teile 15 und 16), nach Ausführung A zu empfehlen. In der Ausführung B wird auf eine besondere Ausstoßerkonstruktion für die gelochten Scheiben verzichtet. Diese gelangen vielmehr bei fortwährendem Schneiden durch den oberen Teil des Stempelkopfes in den dort hierfür freigelassenen Raum und fallen selbsttätig auf einer in Abb. 182 nicht sichtbaren Abschrägung herunter oder müssen zeitweise mittels eines Stabes herausgestoßen werden. Selbstverständlich ist eine Konstruktion ohne Auswerfer gemäß Ausführung B nur dort möglich, wo die Lochstempel an der Schneide innen zylindrisch ausgeführt sind, da die Stempelbohrungen sonst bald verstopft würden. Geschnitten wird meistens gegen Platten aus Preßspan oder hartem Sperrholz. Es ist zweckmäßig, auf dieser eben geschliffenen, auf dem Maschinentisch aufgeschraubten Platte einen Abstreifer (Teil 11) zu befestigen, der einen gelochten Schutzblechmantel (Teil 12) trägt, um Verletzungen an den sehr scharfen Schneiden des Messerschnittes zu verhindern. Der Zwischenraum k zwischen Grundplatte und Abstreifer soll möglichst nicht mehr als 10 mm betragen, um ein Zwischengreifen mit den Fingern zu verhindern. Wird nicht an kleineren Abfällen, sondern von größeren zusammenhängenden Stücken oder Streifen ausgeschnitten, so wird der Werkstoff durch Anlegen an Leisten, in die Grundplatte eingeschlagene Stifte oder Nägel besser ausgenützt.

Für dicke und große Fiberplatten wird ein Matrizenschneidwinkel $\alpha = 45°$ empfohlen. In der Matrizenöffnung wird gemäß Abb. 183 analog den Schneidwerkzeugen für die Blechbearbeitung der obere Teil zylindrisch ausgeführt. Das Maß i ist hierbei größer zu wählen, aus Gründen des Nachschleifens und wegen der Dicke der Platten. Das Werkzeugoberteil besteht im wesentlichen nur aus dem Einspannbolzen und einer Kopfplatte, an deren unterer Fläche eine Hartfiberplatte oder Hartholzplatte mittels versenkter Kupferniete befestigt ist. Es ist darauf zu achten, daß die Köpfe der Kupferniete nicht über der Schneidkante oder in deren Nähe liegen, da dort die Gegenplatte

---

[1] *Waller, J. A.*: Freischneidwerkzeug für weiche Werkstoffe. Werkst. u. Betr. 104 (1971), H. 9, S. 721.

192   B. Die konstruktive Ausführung einzelner Schneidwerkzeuge

etwas eingezogen wird. An derartigen Stellen würde also der Schnitt unvollkommen ausfallen. Die Oberfläche dieser Gegenplatte wird auch zeitweilig überschliffen werden müssen. Man wähle hierzu mit mittelfeinem Korn überzogene, in horizontaler Ebene laufende Scheiben.

Zum Ausschneiden von unregelmäßigen, größeren Formen aus weichen Stoffen, wie z.B. Leder, Karton, Dichtungsmaterial, werden Rahmenfreischneidwerkzeuge verwendet. Ist die Herstellungsmenge klein, so wird behelfsmäßig der Schnitt aus mehreren, teils gebogenen, teils geraden Stahl-

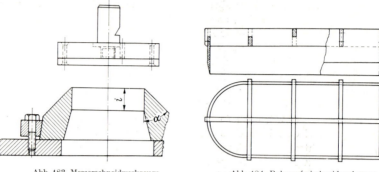

Abb. 183. Messerschneidwerkzeuge für starke Fiberplatten
Abb. 184. Rahmenfreischneidwerkzeuge

schneiden zusammengesetzt, und zwar in eine entsprechend ausgesägte Sperrholzplatte. Die Zwischenräume sind mit Schwammgummistücken auszustopfen, die über den Schneiden hervorragen und gewissermaßen als Abstreifer dienen. Bei größeren Herstellungsmengen empfiehlt sich jedoch die Anfertigung aus einem Stück, bzw. die einzelnen Schneidenstücke werden miteinander verschweißt. Sie müssen kräftiger gehalten werden als die oben besprochenen und haben eine Stärke von etwa 5 bis 12 mm. Komplizierte Formen sind am oberen Teile zu versteifen, indem Zwischenleisten im rechten Winkel zueinander unter gegenseitiger Aussparung eingesetzt werden. Abb. 184 zeigt eine derartige Versteifung. In dieser Art werden Schneidwerkzeuge für Zuschnitte in der Lederfabrikation hergestellt. Zu den Rahmenschneidwerkzeugen gehören auch die Stahlbandwerkzeuge zu S. 53, Abb. 56.

24. Schabeschneidwerkzeug

(Werkzeugblatt 22)

Über das Schabeschneidverfahren selbst enthalten S. 65 bis 68 dieses Buches nähere Einzelheiten. Grundsätzlich ist vor dem Werkzeugentwurf zu überlegen, ob der Schneidring oben oder unten angeordnet werden soll. Dies wird an einer gelochten, außen zu schabenden Scheibe zu Abb. 185 und 186 erläutert. Nach Abb. 185 wird die Scheibe w auf den unten auf dem Tisch befestigten Stempel b aufgelegt und in ihrer Bohrung dort von einem Stift c aufgenommen. Vor Beginn des Schabens sorgt ein unter hoher Vorspannung

24. Schabeschneidwerkzeug

der Feder f stehender Niederhalter d für ein gutes Festhalten und genaues Zentrieren im Loch. Der Abfall a wird durch den Schneidring e an den Seiten des Stempels b abwärts geschoben und ist leicht zu entfernen. Dort, wo es auf eine genaue Einhaltung der Randabstände zum Vorloch oder zu den Vorlöchern ankommt, ist dieses Verfahren vorzuziehen. In allen anderen Fällen, insbesondere bei großen Stückzahlen, wo das Herausnehmen der einzelnen Teile selbst bei Ausblas- oder Aushebevorrichtungen nach S. 591 bis 603 zeitraubend und umständlich ist, empfiehlt sich die auch in Werkzeugblatt 22 dargestellte Bauart nach Abb. 186 mit unten angeordnetem

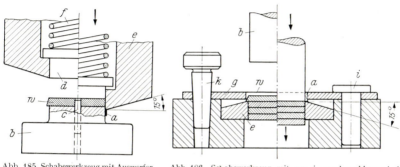

Abb. 185. Schabewerkzeug mit Auswerfer d und Aufnahmestift c

Abb. 186. Schabewerkzeug mit um i ausschwenkbarer Aufnahmeplatte g

Schneidring e. Die Werkstücke w werden in eine Teileinlegeplatte g eingelegt. Diese ist um den rechten Bolzen i ausschwenkbar und wird durch den linken Kegeleinsteckstift k in ihrer Arbeitsstellung gehalten, so daß eine Reinigung des Raumes zwischen Schneidring e und Teileinlegeplatte g von Spänen leicht möglich ist, soweit eine spitzwinklige Ausführung der Schneidkante unter einem Freiwinkel von 15° hierzu Gelegenheit gibt. In Abb. 74c wurde auf diese Ausführung bereits hingewiesen. Die Schabebeschneidplatte nach Werkzeugblatt 22 ist ohne Freiwinkel ausgeführt.

Für Teile, deren Schneidkanten blank, glatt und genau maßhaltig sein müssen, aber nach den Kanten zu verlaufende kleinere Abrundungen haben dürfen, z.B. Klinken, Sperren, Kurven für Geräte oder Apparate, ist ein Werkzeug mit Säulenführung nach Werkzeugblatt 22 notwendig[1]. Der aus einem Stück mit Flansch versehene Stempel (Teil 3) wird am Oberteil (Teil 2) verschraubt und verstiftet. Die Schneid- oder Schabeplatte (Teil 5) wird mit der Grundplatte ebenfalls verschraubt und verstiftet. Beide Schneidelemente werden somit unverrückbar im Säulengestell geführt. Die Teileinlegeplatte (Teil 4) ist mit einem Handgriff versehen und wird in ihren Bohrungen von den Fangstiften (Teil 6) aufgenommen. Die abnehmbare Einlage gestattet eine bequeme Reinigung des Werkzeuges, so daß das Werkzeug vor jeder Einlage von den beim Schaben anfallenden Spänen leicht gesäubert werden kann. Die Teileinlegeplatte (Teil 4) ist zu härten, damit keine Verdrückungen am Durchbruch entstehen. Um das Teil genau einlegen zu können und das-

---

[1] Ein ähnliches Werkzeug zum Nachschaben von Kugellagersitzen ist von *A. Guggenberger* in Werkst. u. Betr. 96 (1963), H. 4, S. 259 beschrieben.

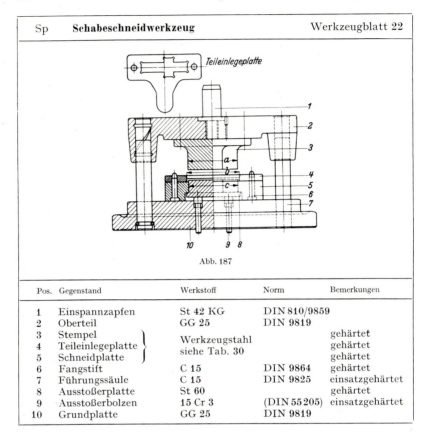

Abb. 187

Pos.	Gegenstand	Werkstoff	Norm	Bemerkungen
1	Einspannzapfen	St 42 KG	DIN 810/9859	
2	Oberteil	GG 25	DIN 9819	
3	Stempel	Werkzeugstahl siehe Tab. 30		gehärtet
4	Teileinlegeplatte			gehärtet
5	Schneidplatte			gehärtet
6	Fangstift	C 15	DIN 9864	gehärtet
7	Führungssäule	C 15	DIN 9825	einsatzgehärtet
8	Ausstoßerplatte	St 60		gehärtet
9	Ausstoßerbolzen	15 Cr 3	(DIN 55 205)	einsatzgehärtet
10	Grundplatte	GG 25	DIN 9819	

selbe auch plan und mit nur wenig verrundeter Kante zu erhalten, ist ein Ausstoßer (Teil 8) mit darunter angeordneten Ausstoßerbolzen (Teil 9) vorgesehen. Die Schneidplatte (Teil 5) ist zylindrisch durchgearbeitet. Die Kanten der Schneidplatte können leicht gebrochen und poliert werden, wodurch die Sauberkeit der Kanten des Werkstückes erhöht wird. Der Stempel darf während des Schabvorganges nicht in die Schneidplatte tauchen und ist spiellos in diese einzupassen. Die Werkstücke werden nur in ihrer Stärke in die Schneidplatte gedrückt und dann mittels Ausstoßer nach oben ausgeworfen. Die Maßunterschiede zwischen a, b, und c sind für die ursprüngliche Länge l_0 des Werkstückes gemäß Gl. (25), S. 65 folgende:

$$a = c = l_0 - 2i = l_0 - 0{,}006 \cdot s \cdot \sigma_B, \qquad (26)$$

$$b = l_0 + 0{,}04 \text{ mm}. \qquad (27)$$

Hiernach dürfen der Schneidstempel nicht kleiner als der Durchbruch der Schneidplatte sein und die Einlage nur 0,02 mm Spiel an jeder Seite haben. Es ist unbedingt notwendig, daß die Kanten ringsum gleichmäßig bearbeitet werden. Ist der Stempel kleiner als der Durchbruch in der Schneidplatte, so entsteht an den Kanten des Werkstückes Grat.

Für sehr hohe Herstellungsmengen wird die sonst aus 12% Cr-Werkzeugstahl gemäß Nr. 15 bis 19 in Tabelle 30 hergestellte Schneidplatte (Teil 5) mit Hartmetall der Güte GT 30 nach S. 645, Abb. 614 bestückt. Dies gilt auch für die Werkzeugeinsätze der Feinschneidwerkzeuge gemäß Werkzeugblatt 23.

25. Feinschneidwerkzeuge

(Werkzeugblatt 23)

Feinschneidwerkzeuge werden mittels hydraulischer und zumeist außerdem pneumatischer Arbeitszylinder zusätzlich betätigt. Sie lassen sich nicht in Exzenterpressen und Kurbelpressen ohne erhebliche Umbauten der Maschine zwecks Unterbringung dieser hydraulischen und pneumatischen Elemente nebst deren Steuerungsorganen einsetzen. Sehr oft ist außerdem eine zusätzliche Versteifung des Pressengestelles notwendig, da jegliche Einwirkung von außen sich nicht in Erschütterungen oder Schwingungen des Gestells auswirken darf. Daher sollte nur unter dafür konstruierten Feinschneidpressen gearbeitet werden. Aus gleichen Erwägungen sind die Werkzeuge schwer und kräftig zu halten, Viersäulengestelle mit Kugelführung sind zu empfehlen. So zeigt Werkzeugblatt 23 mit Abb. 188 ein schweres Säulengestell (Teile 1, 2, 3, 4), dessen Oberteil nicht am Kupplungszapfen in seiner Mitte im Futterzapfen aufgehängt, sondern mit dem Pressenstößel über eine außerhalb des Oberteiles angeschlagene Hilfsaufspannplatte (Teil 5) mittels Spannknaggen verbunden wird, soweit dafür nicht ein Oberteil mit Spannrand wie in Werkzeugblatt 12 vorgesehen wird. Denn der mittlere Raum wird von dem dort durchtretenden oberen Stößel (Teil 16) und dem darüber befindlichen Arbeitszylinder beansprucht. Dieser Stößel (Teil 16) überträgt seine Kraft über die Stößelbolzen (Teil 15) auf den in seiner Höhe verschieblichen Auswerferstempel (Teil 7), der innen von den fest mit dem Oberteil verbundenen Lochstempeln (Teil 6) durchdrungen und außen von dem gleichfalls fest verbundenen Schneidring (Teil 8) umfaßt wird. Der Schneidring (Teil 8) ist mittels Halteplatte (Teil 9) und Sockel (Teil 10) mit der oberen Einbaugrundplatte (Teil 11) verschraubt. In der inneren oberen Aussparung des Sockels werden die Zwischenplatte (Teil 13) und Stempelhalteplatte (Teil 14) für die Lochstempel (Teil 6) aufgenommen. An einer plangefrästen Stelle des Sockels kann eine Schmiervorrichtung (Teil 17) vorgesehen werden. Falls möglich, ist anstelle eines Fettnippels dort eine Ölversorgungsleitung anzuschließen derart, daß das beim Niedergang des Pressenstößels verdrängte Öl durch die Leitung wieder zurückgedrückt werden kann. Eine ausreichende Schmierung zwischen Schneidring (Teil 8) und Ausstoßstempel (Teil 7) ist zur Erzielung sauberer Feinstanzteile wichtig. Ähnlich dem Gesamtschnitt stehen den feststehenden Schneidelementen des Oberwerkzeuges die beweglichen des Unterwerkzeuges gegenüber und umgekehrt. So wird hier der feststehende Schneidstempel (Teil 19) von der höhenverschieblichen Blechhalteplatte (Teil 18) umfaßt und von den Gegenlochstempeln (Teil 20) durchdrungen. Bei diesem Feinstanzwerkzeug wird angenommen, daß die hydraulische Gegenhaltung für die Ausstoßer ausreicht. Es ist jedoch durchaus möglich, darüber hinaus eine stärkere Gegen-

Sqa	**Feinschneidwerkzeug**		Werkzeugblatt 23

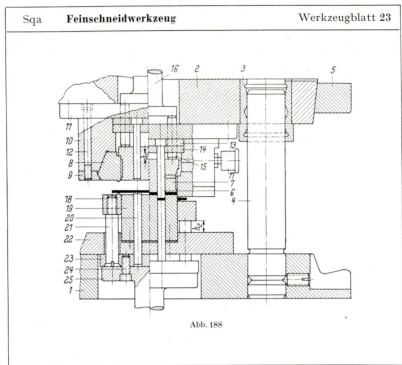

Abb. 188

Pos.	Gegenstand	Werkstoff	Norm	Bemerkungen
1	Grundplatte	GG 25	(DIN 9819)	
2	Oberteil	GG 25		
3	Führungsbüchse	Ms 60 F 45		
4	Säule	C 15	DIN 9825	
5	Hilfsaufspannplatte	St 42		
6	Lochstempel	Wz. St. Tab. 30		
7	Ausstoßerstempel	St. 70-2		
8	Schneidring	Wz. St. Tab. 30		
9	Halteplatte zu 8	St 50		
10	Sockel zu 8 und 9	St 50		
11	Ob. Einbaugrundplatte	St 42		
12	IS-Schraube	8 G	DIN 912	
13	Zwischenplatte	St 42		
14	Stempelhalteplatte	MSt 52-3		
15	Stößelbolzen	St 50 KG		
16	Oberer Stößel	St 40 KG		
17	Fettnippel	Ms 58 p	DIN 3411	(DIN 3402/04)
18	Blechhalteplatte			
19	Schneidstempel	Wz. St. Tab. 30		
20	Gegenlochstempel		DIN 9861	
21	Abstandhalteschraube	St 50 KG		
22	Unt. Einbaugrundplatte	St 42		
23	Unt. Stempelhalteplatte	MSt 52-3		
24	IS-Schraube	8 G	DIN 912	
25	Unterer Stößel	St 50 KG		

druckwirkung zu erzielen, wenn in der Arbeitsstellung der Zwischenraum h_1 zwischen Ausstoßer (Teil 7) und Lochstempelhalteplatte (Teil 14) gleich Null wird bzw. die Halteplatte entsprechend stärker bemessen wird, oder wenn man nach Ausprobieren über die Lochstempel (Teil 6) oder die Abstandhalteschrauben (Teil 21) Anschlagringe der Höhe h_1 und h_2 in Abb. 188 aufgeschoben werden. Die auf den Umfang verteilten Abstandhalteschrauben (Teil 21) für die Blechhalteplatte (Teil 18) durchdringen die untere Einbaugrundplatte (Teil 22) und werden mit den Gegenlochstempeln (Teil 20) in der unteren Stempelhalteplatte (Teil 23) aufgenommen, die mittels IS-Schrauben (Teil 24) mit dem unteren gleichfalls hydraulisch betätigten Stößel (Teil 25) verschraubt ist. Zwar gibt es Bauarten, bei denen anstelle hydraulisch gesteuerter Arbeitszylinder Federpakete angeordnet sind, doch läßt sich meist auch hier eine hydraulische Steuerung der höhenverschieblichen Abstandsbolzen und Gegenlochstempel (Teile 18, 20 und 21) nicht vermeiden, da nicht wie beim Gesamtschneidwerkzeug der feingestanzte Butzen in den Streifen zurückgedrückt werden darf. Dies geschieht derart, daß entweder der Stanzstreifen nach oben gezogen wird, bevor das fertige Feinstanzteil durch einen Hebel abgeführt oder mittels Preßluft weggeblasen wird, oder das auf dem Stempel ruhende Stanzteil wird entfernt, bevor der Streifen nach oben gerissen wird, was meist mittels einer pneumatisch gesteuerten Streifenhubvorrichtung ausgeführt wird. Im ersteren Fall spricht man von voreilendem (*I*), im zweiten Fall von nacheilendem (*II*) Streifenhub. In Abb. 189 ist der Unterschied beider Verfahren durch über den Zeitablauf gezeichnete Bewegungskurven der einzelnen hieran beteiligten Elemente dargestellt. Der eigentliche am Pressenstößel befestigte Schneidstempel *a* wird durch den Stößelantrieb auf und ab bewegt. Zwecks leichter Abstimmung der erforderlichen Kräfte werden hydraulische Pressen bevorzugt, zumal außerdem Drucköl für die verschiedenen Werkzeugfunktionen zur Verfügung steht. Unter Annahme eines Kurbeltriebes verläuft die Kurve *a* für den Schneidstempel entsprechend einer Sinoide in *I* ebenso wie in *II*. Sämtliche anderen Kurven zeigen einen jedoch etwas anderen bzw. zueinander verschobenen Verlauf. Bei voreilendem Streifenhub (*I*) wird durch die Streifenführungsvorrichtung der bewegte Stanzstreifen gemäß Kurve *v* frühzeitiger bewegt und gemäß Kurve *w* vorzeitiger wieder angehoben, so daß das unter dem Streifen auf dem Gegenhalter liegengebliebene Stanzteil anschließend von hier aus durch einen seitlich vorschnellenden Bügel weggeschoben oder durch Druckluft abgeblasen werden kann. Der Blechhalter *b* wird entsprechend der Kurve *b* bereits vor dem Niedergang des Schneidstempels nach unten gedrückt und erreicht kurz vor Rückkehr des Schneidstempels wieder seine obere Lage. Im Gegensatz hierzu kehrt bei nacheilendem Streifenhub (*II*) der Blechhalter *b* etwas später zurück. Wichtig ist jedoch, daß der Gegenhalter *g* sich über die Schneidplatte erhebt, während der Stanzstreifen noch darunter liegt. Erst wenn also gemäß Kurve *f* das feingestanzte fertige Teil entfernt ist, darf die Streifenhubvorrichtung *w* wieder angehoben werden und in ihre Ausgangslage zurückkehren. Anschließend verläuft der Streifenvorhub gemäß Kurve *v*. Beide Verfahren *I* und *II* erfüllen die wichtige Bedingung der Feinstanzverfahren, daß ein Zurückdrücken des Stanzbutzens in den Stanzstreifen unter allen Umständen vermieden werden muß. Wäh-

198   B. Die konstruktive Ausführung einzelner Schneidwerkzeuge

rend die Bewegungen zu *b* und *g* meistens mittels hydraulischer Hilfsmittel getätigt werden, wird die Streifenhubvorrichtung, die man früher auch hydraulisch betätigte, heute pneumatisch betrieben. Das gleiche gilt vom Streifenvorschub *v* und selbstverständlich für die Abblasvorrichtung *f*. Das oben geschilderte Feinschneidwerkzeug ist für nacheilenden Streifenhub (*II*) gedacht. Abb. 188 zeigt links der Mittellinie die Ausgangsstellung, rechts der Mittellinie die Arbeitsstellung während des Ausschneidens. In der dort gezeichneten unteren Lage verharrt der Blechhalter (Teil 18) mit dem darauf liegenden Streifen, während das Werkzeugoberteil in seine Ausgangsstellung links der Mittellinie zurückkehrt. Erst nach Entfernen des fertigen, auf dem Schneidstempel (Teil 19) liegenden Feinstanzteiles gehen der untere Stößel (Teil 25) und mit ihm die Blechhalteplatte (Teil 18) und die Gegenlochstempel (Teil 20) nach oben. Im Gegensatz hierzu zeigt Abb. 190 ein Werkzeug mit Kugelführung und Ausblasevorrichtung für das fertige Stanzteil für voreilenden Streifenhub. Auch die Lage von Schneidring und Blechhalteplatte sind verschieden. Nach Abb. 74g, h und Abb. 189 sind Blechhalter mit Querstauchkerbe oben, der Ziehring unten, nach Abb. 188 und 190 sind diese Teile umgekehrt angeordnet.

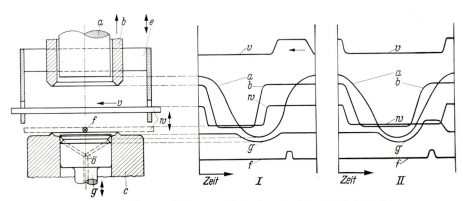

Abb. 189. Zeitwegschaubilder für voreilenden (*I*) und nacheilenden (*II*) Streifenhub

Für Feinstwerkzeuge werden nicht nur Edelstähle nach Tabelle 30, sondern auch Hartmetalleinsätze gemäß S. 645 bis 652 verwendet. Über die Ringzackenwinkel, über die beidseitig wirksamen Ringzacken bei harten und dicken Stanzteilen, über die Rundung an der Schneidöffnung und über den möglichst gering zu haltenden Schneidspalt finden sich auf S. 71 nähere Angaben. Wegen dieses engen Schneidspaltes und der genau zylindrisch gearbeiteten Schneidöffnung hat sich das Erosionsverfahren, über das später auf S. 654 kurz berichtet wird, bewährt, indem der entsprechend verlängerte spätere Schneidstempel zunächst selbst als Elektrode verwendet wird. Ebenso läßt sich die Ringzacke mittels der Funkenerosion wirtschaftlicher ausarbeiten als bisher, indem die Form des Stempels oder der Matrizenöffnung ...tels Pantograph auf eine Kupferplatte übertragen wird, die nun die ...zacke als vertieften Graben erscheinen läßt, was mittels eines entspre... d geformten Stichels geschieht. Daraufhin senkt man erosiv den Niederhalter mit seiner Arbeitsfläche nach unten gerichtet soweit ab, bis nach einsetzender Erosion die Ringzacke stehenbleibt. In gleicher Weise läßt sich die Ringzacke nach Abstumpfung durch den Gebrauch wieder anschärfen.

Die Ansichten der Praxis über Konstruktionseinzelheiten von Feinschneidwerkzeugen gehen sehr auseinander. In der Grenchener Feinschneidwerkzeugfabrik Etampa AG zum Beispiel wurde die Erfahrung gemacht, daß Schneidplatten zur Vermeidung jeglicher Bruchgefahr weitestgehend zu teilen sind. Nach gegenteiliger Ansicht anderer[1] haben sich aus Segmenten

Abb. 190. Feinschneidwerkzeug mit Kugelführung und Ausblasevorrichtung

zusammengesetzte Schneidplatten nicht bewährt. Für die Verarbeitung von Blechen über 2 mm Dicke werden die Schneidplatten nur aus einem Stück gefertigt. Nur bruchgefährdete Partien sollten durch geeignete Einsätze in der Schneidplatte geschützt werden.

Über den Kraftbedarf, der sich nach der Einprägetiefe der Ringzacke durch den Blechhalter richtet, bestehen folgende Richtwerte, wobei die Schneidkraft P_s unter üblichen Verhältnissen nach Gl. (7) berechnet wird. So ist für die vom Schneidstempel auszuübende Kraft mit 2,5 bis $4 P_s$, für die vom Blechhalter mit Ringzacke aufzuwendende Kraft mit 1,5 bis $3 P_s$ und für die Gegenhalterkraft mit 1,5 bis $2,5 P_s$ zu rechnen. Nach einer anderen Berechnung beträgt mit l als Kantenlänge und $t\ (= 0{,}2\sqrt{s^3})$ als Prägetiefe in mm die Kraft zum Einprägen der Ringzacke:

$$P_{pr} = 4 \cdot l \cdot t \cdot \sigma_B \quad \text{oder} \quad 0{,}8\sqrt{s^3} \cdot l \cdot \sigma_B. \tag{28}$$

Wird der Stanzbutzen innerhalb der Matrizenöffnung nach einem der zu Abb. 74 l oder m erläuterten Verfahren durch Querkräfte zusätzlich seitlich verpreßt, so ist die Vorspannkraft mindestens so hoch wie die benötigte Schneidkraft P_s. Der Schneidstempel muß darüber hinaus zur Überwindung

---

[1] *Guidi, A.:* Nachschneiden und Feinstanzen. Werkst. u. Betr. 94 (1961), H. 11, S. 843–849. – Nachschneiden und Feinschneiden (München 1965), S. 114–117.

der Vorspannkraft eine noch höhere Kraft ausüben. Deshalb ist die Vorspannkraft nicht vom Gegenhalte- bzw. Ausstoßstempel aufzubringen, sondern durch getrennte Federelemente, und zwar beim Verfahren nach Abb. 74 l durch Ringfedern, beim Verfahren nach Abb. 74 m durch Abstützfedern unter der steilschräg geführten Schneidleiste. Abb. 191 stellt das Werkzeug-

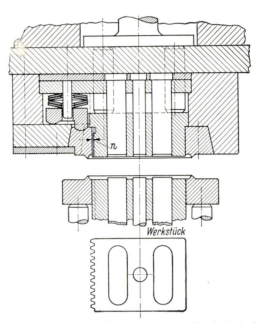

Abb. 191. Feinstanzwerkzeug mit linksseitig nachgiebiger Querdruckschneidleiste

oberteil für ein Feinstanzteil mit linksseitiger Verzahnung nach dem Verfahren zu Abb. 74 m dar. Nur die linke Schneidleiste ist höhenverschieblich. Nach Überwindung der Vorspannkraft wird unter Zusammendrücken des Ringfederpaketes das Maß n verkürzt und die verzahnte Schneidfläche zusätzlich verpreßt. Hinsichtlich seiner übrigen Bauweise entspricht dieses Werkzeug dem in Werkzeugblatt 23 dargestellten Feinschneidwerkzeug.

26. Abschälschneidwerkzeug

(Werkzeugblatt 24)

Abschälschnitte gehören nicht zur spanlosen, sondern zur spanabhebenden Formung. Sie werden jedoch häufig unter Pressen in Stanzereien verwendet, wo sehr weiches Material zerspant wird. Im Werkzeugblatt 24 ist ein derartiges Werkzeug angegeben, welches dazu dient, an den Enden von rechteckigen Kupferstücken einen schmalen Schlitz zu erzeugen. Dies bedingt ⎯chst eine gute Führung des Schneidstahles in der Führungsplatte. Bevor ⎯chneidspitze auf dem Werkstück aufsitzt, muß der Schneidstempel in der Führungsplatte allseitig gehalten sein, um ein seitliches Abdrängen zu vermeiden. Besser ist es, wenn der Stempel aus einem Stück mit Flansch versehen hergestellt und am Oberteil eines Säulengestelles fest verschraubt und verstiftet wird. Sollte der Schlitz sehr schmal sein, so ist der Schlitzstahl auswechselbar in den angeflanschten Stempelhalter einzusetzen. Erhält dieser Stempelhalter mit dem eingesetzten Schlitzstahl auch noch eine Führung im Unterteil, so kann die Plattenführung (Teil 5) wegfallen. Ein Federn oder Abdrücken des Schlitzstempels (Teil 1) wird dann beim Bearbeiten (Schälen) nicht mehr auftreten. Durch Wegfall der Führungsplatte wird die Übersicht erhöht und die Spänebeseitigung erleichtert. Die Festspannung der Stücke geschieht meist mittels Schrauben. Exzenterspannung ist natürlich zweckmäßiger und für größere Stückzahlen unbedingt zu empfehlen, läßt sich jedoch nicht in allen Fällen anwenden oder zumindest nur unter Zwischenschaltung anderer Elemente. Im vorliegenden Falle liegt die Anordnungsmöglichkeit eines direkt wirkenden Spannexzenters besonders günstig. Das Werkstück wird gegen eine Fläche angelegt und durch vorstehende Stifte gegen seitliches Verschieben gehalten. Wie bei allen Vorrichtungen der spanabhebenden Verarbeitung ist auf eine gute Reinigungsmöglichkeit der Werkstückaufnahmefläche von Spänen zu achten.

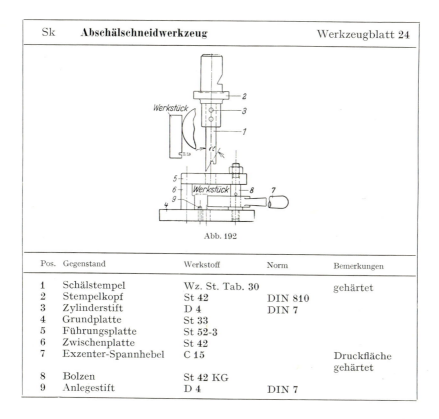

Abb. 192

Pos.	Gegenstand	Werkstoff	Norm	Bemerkungen
1	Schälstempel	Wz. St. Tab. 30		gehärtet
2	Stempelkopf	St 42	DIN 810	
3	Zylinderstift	D 4	DIN 7	
4	Grundplatte	St 33		
5	Führungsplatte	St 52-3		
6	Zwischenplatte	St 42		
7	Exzenter-Spannhebel	C 15		Druckfläche gehärtet
8	Bolzen	St 42 KG		
9	Anlegestift	D 4	DIN 7	

Der Schneidwinkel α der Abschälschneidstempel ist von der Härte des Materials abhängig. Für weiches Kupfer ist ein Winkel α von 35°, für Zink ein α von 45° zweckmäßig. Härtere Werkstoffe lassen sich nur schlecht auf diese Weise bearbeiten.

27. Spaltschneidwerkzeug

Zur Ausrüstung elektrischer Apparate, insbesonders für Hebelschalter, werden häufig Kupferteile mit ⊥-förmigem Querschnitt benötigt, wobei der untere ⊥-Steg beiderseits angeschraubt wird. Im Hinblick auf elektrische Leiteigenschaften empfiehlt es sich, das ⊥-Profil aus einem einzigen dicken Teil herzustellen und nicht aus mehreren Teilen zusammenzufügen, wie durch Schweißen, Löten, Nieten. Bei diesen Kupferteilen – meist rechteckigen Querschnittes mit einer Dicke von etwa $s = 6$ mm – stellt man den Flansch am einfachsten durch Spaltung her. Zunächst wird gemäß Abb. 193

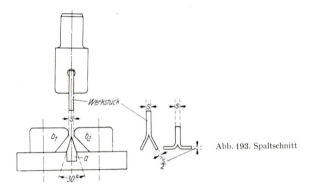

Abb. 193. Spaltschnitt

das Werkstück in ein Futter, das im Pressenstößel befestigt ist, unter geringen Seitendrücken zwecks Festhaltens eingeschoben. Sobald der Pressenstößel mit Futter und dem eingeklemmten Werkstück sich senkt, trifft dessen untere Fläche unterhalb der beiden Backen b_1 und b_2 auf die scharfe Schneide des Messers a, wodurch die Spaltung eintritt. Die Spitze dieses Messers a schließt einen Winkel von 30° ein. Der scharfe Keilschneidstempel ist aus Werkzeugstahl eines 12%igen Chromgehaltes gemäß Tabelle 30 hergestellt. Rechts neben dem Werkzeug ist in Abb. 192 ein solches aufgespaltetes Werkstück dargestellt, das im nächsten Arbeitsgang nach weiterem Umlegen der Schenkel um 90° bereits die beiderseitigen Flanschstücke zeigt, die dann in einem Beschneidewerkzeug rund beschnitten und zwecks ihrer späteren Befestigung mit Schrauben gelocht werden. Für das Aufspalten solcher Kupferplatten eines Querschnittes von 30×6 mm bis zu einer Spalttiefe von 70 mm reichen Preßkräfte bis zu 20 Mp aus, das sind, bezogen auf die Schneidlänge, 0,7 Mp/mm, bzw. 7 kN/mm.

28. Walzenschneidwerkzeug für gelochte oder geschlitzte Winkelschienen

Aus Gründen der Wirtschaftlichkeit empfiehlt es sich, das unter einer Walzprofiliermaschine umzuformende Band vor (Abb. 194 links) oder nach dem Umformen zum Winkelprofil (Abb. 194 rechts) zu lochen oder mit Langlochschlitzen zu versehen. Derartige meist rechtwinklige oder U-förmige Schlitzleisten sind für den Eigenbau von Regalen, Ladeneinrichtungen und provisorisch errichtetes leichtes Mobiliar oder Gestelle sehr beliebt. Abb. 194 zeigt zwei Scheiben (Teil 3 und 5) genau gleichen Durchmessers d, die hier als Schneidräder bezeichnet werden. Auf den gleichen Wellen, von denen eine angetrieben wird, sind in Abb. 194 nicht eingezeichnete im Eingriff

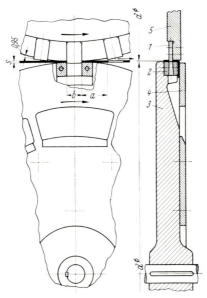

Abb. 194. Walzenschneidwerkzeug für gelochte oder geschlitzte Winkelschienen
1 Schneidstempel, *2* Schneidmatrizeneinsatz, *3* unteres Schneidrad, *4* Vorsatzscheibe, *5* oberes Schneidrad

befindliche, möglichst schrägflankige Stirnzahnräder angebracht, die keinerlei gegenseitiges Spiel zulassen. Zu diesem Zweck werden die Zahnflanken mit Kunststoff oder einem starken abriebfesten Kunststoff, wie beispielsweise Vulcollan, überzogen. Denn die Schneidstempel (*1*) kommen genau über den Matrizenöffnungen des unteren Stanzrades zu liegen, da sonst die Werkzeuge beschädigt werden und die Schnitte unsauber ausfallen. Keinesfalls darf ein gegenseitiges Fixieren beider Räder durch Eintauchen der Schneidstempel in die Matrizenöffnungen stattfinden. Im Gegenteil muß jegliches Eintauchen vermieden werden, und die Stempel müssen bei einer Blechdicke s über das Schneidrad nur um $0,9s$ hervorragen, wobei die Schneidräder gleichzeitig zum Vorschub des Profils dienen und gleichsam eine Presse mit Vorschubapparat ersetzen. Allerdings wäre es möglich und billiger, diese Räder ohne eigenen Antrieb nur durch Reibung mitzunehmen oder mitzudrehen, was sich durch beiderseitiges Anpressen bei engen Dickentoleranzen des zu lochenden Bandes und elastischem Zahnflankenüberzug wie oben angegeben erreichen läßt. Ein von der Walzprofiliermaschine abgeleiteter synchron zu ihr laufender Antrieb ist zwar teurer, jedoch aus Gründen der Sicherheit vorzuziehen. Die in diesem Fall rechteckigen schmalen Schneidstempel (1) sind auf dem oberen Schneidrad (5) in eingefräste Schlitze eingepaßt, angeschraubt und liegen an ihrem oberen Ende gegen dasselbe an. Die gleichfalls in eingefräste Schlitze seitlich eingepaßten Schneidmatrizen sind an das untere Rad (3) so angeschraubt, daß die Butzen nach unten herausfallen können. Wenn, wie in Abb. 194 rechts angegeben, ein Winkelprofil w hindurchläuft, bedarf dies einer Vorsatzscheibe (4), die vor das untere Schneidrad (3) angeschraubt wird und das erforderliche Spiel zwischen den Matrizeneinsätzen (2) und ihrem oberen Rand zwecks Durchschub des Winkelprofils aufweist. Diese Scheibe muß mit entsprechenden Fensteröffnungen für die abfallenden Butzen versehen sein. Die hier dargestellte Bauart mit an das untere Schneidrad (3) angeschraubten Matrizen, die – ebenso wie die Schneidstempel sich gegen das obere Schneidrad – sich hier gegen das untere Rad abstützen, ist im Hinblick auf Reparaturen und Austausch vorzuziehen, setzt aber entsprechend weite Lochabstände a voraus. Bei geringeren Abständen können die Matrizeneinsätze nicht angeschraubt, sondern bestenfalls in Form von Matrizenbüchsen eingepreßt werden, soweit man bei noch engeren Lochabständen nicht auf eine Austauschmöglichkeit verzichtet, das gesamte Schneidrad aus Werkzeugstahl mit am Rand direkt eingearbeiteten Schneidöffnungen herstellt und dasselbe dann über durchgesteckter Welle, gemäß Abb. 648, S. 679 nur außen härtet. Je größer die Stanzraddurchmesser d gewählt werden, um so günstiger ist dies für die Sauberkeit des Schnittes und die Lebensdauer der Schneidstempel und Matrizeneinsätze. Andererseits sind große Schneidwalzen mit ihren zugehörigen Zahnrädern teuer. Oft ist auch ihre Größe bei Synchronantrieb seitens der Walzprofiliermaschine von deren Abmessungen abhängig. Jedenfalls sollte ein Verhältnis $d:b \geqq 40$ möglichst nicht unterschritten werden.

29. Werkzeuge zum gleichzeitigen Schneiden und Umformen

Ein Umformen durch Schneidstempel geschieht beispielsweise dort, wo ein Blechteil am Rand eingerollt werden soll. Um eine solche Einrollbewegung vorzubereiten, wird gemäß Werkzeugblatt 39 auf S. 270 links oben zu A am Schneidstempel eine kleine Rundung, allerdings nur bis zu 30° vorbereitet, so daß sich der Werkstoff beim späteren Rollen leichter umformen läßt. Man spricht hierbei vom „Ankippen". Daneben gibt es aber viele Fälle, bei denen insbesondere bei verwickelten Profilen infolge des Abschneidens eine unerwünschte Umformung eintritt. Man kann ihr mit Hilfe von Füllstücken begegnen sowie dadurch, daß man dem Profilteil von vornherein eine solche Form gibt, daß das gewünschte Umformen erst beim Abschneiden vor sich geht. Es sollen dafür zwei von *Meschtscherin*[1] empfohlene Lösungen hier dargestellt werden.

---

[1] Mit Abänderungen entnommen aus *Meschtscherin*, B. T., Atlas Stanzwerkzeuge. Moskau: 1958, Fig. 50 u. 46.

29. Werkzeuge zum gleichzeitigen Schneiden und Umformen

In Abb. 195 links stellt w_1 das Band dar, wie es, von der Walzprofiliermaschine kommend, dem Schneidwerkzeug zugeführt wird. Bei diesem Werkzeug sind am Stößel der Schneidstempel *1* und die Anschlagplatte *2* befestigt. Das Maß *l* des Stempels entspricht der Abschneidlänge des Werkstückes w_1, das in der rechts gezeichneten Ausgangsstellung mit seinen oberen Kanten gegen die Anschlagplatte anstößt. Damit keine unerwünschte Verformung beim Abschneiden eintritt, empfiehlt es sich, insbesondere an dünnwandigen Teilen ein Füllstück *3* aus gehärtetem Werkzeugstahl einzuschieben. Es ist durchbohrt, damit es mittels eines Drahthakens herausgezogen werden kann.

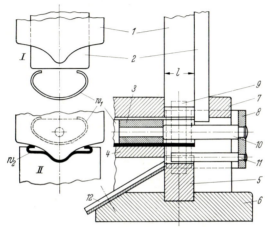

Abb. 195. Schneidumformwerkzeug für die Verarbeitung walzprofilierter Bänder

Dies ist dort nicht erforderlich, wo es bei laufender Fertigung durch den Anschlag *10* vor jedem Abschnitt in seine richtige Lage zurückgeschoben wird. Der Schneidstempel drückt das fertig abgeschnittene Werkstück in seiner unteren Stellung in das Gesenk *5*, das auf der Grundplatte *6* von unten angeschraubt wird. Über der Schneidmatrize befindet sich eine Führungsplatte *7*, durch deren Durchbruch der Stempel und die Anstoßplatte senkrecht bewegt werden. Es wird empfohlen, Werkzeugober- und Werkzeugunterteil in einem Säulengestell unterzubringen, das hier nicht dargestellt ist. Sowohl der Anschlag *10* für das Füllstück *3* als auch ein Ausstoßstift *11*, der die fertigen Teile auf ein schräg rückwärts abfallendes Rutschblech *12* stößt, sind an einem schwenkbaren Bügel *8* angenietet, der in einem Bolzen *9* schwenkbar angeordnet ist. Nicht eingezeichnet sind eine Feder, die den Bügel in der hier gezeichneten Ausgangsstellung hält, sowie eine magnetische oder pneumatische Vorrichtung, die vor Beginn des Stößelhubes den Bügel nach rechts außen schwenkt, so daß der Stempel und die Anstoßplatte ungehindert abwärts fahren können. Auf diese Weise Teile abzulängen und ihnen eine andere Form zu geben, ist höchstens dann wirtschaftlich zu vertreten, wenn Profile der Gestalt w_1 bereits für andere Zwecke vorliegen und zu ihrer weiteren Verwendung nur eine beschränkte Zahl abgeschnitten wird, die eine andere Endform gemäß w_2 erhält. Andernfalls würde es sich nämlich empfehlen – und das gilt wohl für die meisten Fälle –, bereits die Endform w_2

in der Walzprofiliermaschine herzustellen. Allerdings mag es sein, daß dort ein Abschnitt dann schwierig ist, wenn die beiden äußeren Profilhaken nach innen zu gerichtet offenbleiben sollen, wie dies bei einem Werkzeug nach Abb. 195 leichter erreichbar ist als in einem unter hohem Umformdruck stehenden Walzprofil entsprechend w_2. Auf alle Fälle bedarf es bei der Herstellung der endgültigen Schneidstempelform 1, wie sie in Abb. 195 links dargestellt ist, gründlicher Vorversuche, nach denen der Stempel erst auf das richtige Maß geschliffen, möglicherweise sogar erst nach den Versuchen gehärtet und geschliffen werden kann.

Bei einem anderen Schneidumformwerkzeug für die Verarbeitung von Rohren werden aus einem Rohr w_1 zwei Scharnierbügel w_2 abgeschnitten und umgeformt. In Abb. 196 unten ist der Vorgang in vier Hubstellungen I bis IV des Schneidstempels dargestellt. Links unten ist die Form der Stempelspitze abgebildet. Die Arbeitsweise des Werkzeuges ist sonst die gleiche wie in Abb. 195. Der Anschlag befindet sich nur nicht hinter dem Stempel

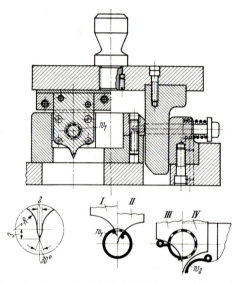

Abb. 196. Schneidumformwerkzeug für die Verarbeitung von Rohren zu Scharnierbügeln

in Form einer Anschlagplatte, sondern hier in Form eines Kastens, der durch den in Abb. 196 rechts oben dargestellten Keilstempel nach links verschoben wird und somit den erforderlichen Raum für das Schneidmesser freigibt. Das Werkzeug ist hier in seiner Arbeitsstellung gezeigt, d. h. in seiner unteren Hubstellung nach Stufe IV, in der bereits die beiden Teile beiderseits der Stempelspitze vom Rohr abgetrennt nach unten gefallen sind. In der oberen Ausgangsstellung des Werkzeugs wird der Anschlagkasten durch Federzug nach rechts bewegt, so daß das vorgeschobene Rohr im linken Teil seinen Anschlag findet. Ein Füllstück ist hier nicht vorgesehen. Es wird bei diesem Rohr w_1 auch kaum nötig sein, da der abgeschnittene Werkstoff zu Beginn des Schnittes an der Stempelspitze zunächst derart abgerollt wird, daß sich die jeweilige Schneidkante am Rohr senkrecht zur Stempelschneidkante befindet, so daß eine Seitenkraft nach der Rohrinnenseite zu nicht auftritt bzw. nur so geringfügig ist, daß hierdurch keine unerwünschte Verformung entsteht. Von der Stellung III ab drückt der Schneidstempel das abzuscherende Werkstück sowieso nach außen ab, so daß von hier aus eine Umformung nach einwärts überhaupt nicht mehr eintreten kann.

Es lassen sich am Rohr selbstverständlich auch andere Formen durch entsprechend ausgebildete Schneidstempelformen abtrennen. Dabei sind allerdings mitunter Füllstücke erforderlich, wenn die Gefahr einer unerwünschten Verformung des Rohres nach einwärts besteht. Es wäre also durchaus möglich, auch bei Rohren eine Werkzeugbauart zu benutzen, die der Abb. 195 entspricht. Hierbei könnte erforderlichenfalls ein zusätzliches Gesenk gemäß Teil 5 in Abb. 195 zur Kalibrierung verwendet werden.

Sehr häufig werden derartige Umformvorgänge mittels Schneidstempels nicht durchgeführt, und zwar deshalb, weil das Gelingen gleichartiger Formen von der Dicke und Festigkeit eines Blechwerkstoffes abhängig ist. Es dürfen daher hohe Ansprüche an Genauigkeit hierbei nicht erwartet werden. Immerhin könnte in einem solchen Fall, wie beispielsweise bei dem Teil w_2 in Abb. 196, ein solches Verfahren sich dann noch lohnen, wenn die Teile anschließend in einem Kalibrierwerkzeug genau auf Maß nachgerichtet werden.

C. Konstruktionsrichtlinien für Biegewerkzeuge

1. Biegeradius

Die beim Biegevorgang an der Außenfaser auftretende Dehnung wird unter der nicht genau zutreffenden Annahme, daß die spannungsfreie Faser in der Mitte verläuft, nach folgender Formel berechnet:

$$\varepsilon = \frac{(r_i + s) - \left(r_i + \dfrac{s}{2}\right)}{r_i + \dfrac{s}{2}} = \frac{\dfrac{s}{2}}{r_i + \dfrac{s}{2}}. \tag{29}$$

Hierin bedeuten r_i den inneren Biegeradius und s die Blechdicke. Bei sehr großen Radien, also flachen Krümmungen, kann ε näherungsweise lauten unter Vernachlässigung von $s/2$ im Nenner

$$\varepsilon = \frac{s}{2\,r_i}. \tag{30}$$

Bei diesen großen r_i/s-Verhältnissen besteht die Gefahr, daß die Biegung nur im elastischen Bereich verläuft, also nicht hält gemäß Abb. 209 oben. Daher muß für eine haltbare Biegung die Bedingung erfüllt sein, daß die Streckgrenze überschritten ist, so daß mit σ_s als Streckgrenzspannung und E als Elastizitätskoeffizienten, beide in kp/mm² oder kp/cm², gilt:

$$\varepsilon \geqq \frac{\sigma_s}{E}. \tag{31}$$

Somit ergibt sich aus den Gln. (29) und (31) der höchstzulässige Biegehalbmesser, wenn die Biegung halten soll:

$$r_{i\,max} = \frac{E \cdot s}{2 \cdot \sigma_s}. \tag{32}$$

Hingegen läßt sich für die Bestimmung des geringstzulässigen Biegehalbmessers das $s/2$ im Nenner nicht vernachlässigen. So ergibt sich in Fortsetzung zu Gl. (29) für ε_B als Bruchdehnung:

$$\varepsilon_B = \frac{1}{2\frac{r_i}{s} + 1} \quad \text{oder} \quad r_{i\,min} = \frac{s}{2}\left(\frac{1}{\varepsilon_B} - 1\right). \tag{33}$$

Man müßte annehmen, daß bei Überschreiten der Zerreißdehnung an der äußeren Faser das Material aufreißt. Versuche haben bewiesen, daß infolge der Gleichmaßdehnung und der Beteiligung benachbarter Bereiche an der Dehnung eine weitere Überanstrengung des Materials möglich ist, ohne daß deshalb ein Reißen auftritt. Unter Gleichmaßdehnung, wofür beim Zerreißversuch an Blechproben eine Dehnung von 20% angenommen wird, ist beim Biegen der anfangs vorherrschende Dehnungszustand zu verstehen, wo trotz Reibung über den gesamten Biegebereich und die angrenzenden Bereiche hinweg die Dehnung sich noch einigermaßen gleichmäßig verteilt, bevor an einer späteren Bruchstelle sich darauf vorbereitende Formänderungen abzeichnen. Für den geringst zulässigen inneren Biegeradius r_{min} gilt näherungsweise in weiten Grenzen folgende einfache Beziehung:

$$r_{min} = c \cdot s. \tag{34}$$

Unter s ist die Blechdicke zu verstehen, unter c ein Koeffizient, welcher von der Werkstoffbeschaffenheit abhängig ist. Es gelten hierfür die c-Werte zu B1 der Tabellen 36 und 37 am Ende dieses Buches. Die dort angegebenen Mindestwerte können auch als kritische Mindestbiegefaktoren bezeichnet werden, da hierbei der Werkstoff schon derart überbeansprucht wird, daß er auch mäßigen mechanischen Beanspruchungen kaum standhält. Man wird solche Biegungen also nur dort vorsehen, wo auf eine scharfkantige Gestalt der Biegekante großer Wert gelegt wird, und wo mit mechanischen Beanspruchungen der Biegekante nicht gerechnet werden braucht. Je größer der Biegeradius gewählt wird, um so höher ist auch die Sicherheit gegenüber einer mechanischen Beanspruchung. So werden an anderer Stelle, beispielsweise unter DIN 9003, größere Mindestbiegeradien empfohlen, die aber bereits eine gewisse Sicherheit berücksichtigen, tatsächlich also keine reinen Mindestbiegewerte darstellen.

Bei scharfen Biegungen bzw. geringen Biegungsrundungen treten am Rande der Biegung Verformungen ein, die zuweilen mit in Kauf genommen werden können, häufig aber unerwünscht sind. Dies gilt insbesondere von Scharnierrollen und solchen Biegeteilen, die nach dem Zusammenbau seitlich geführt werden und daher auch im Bereich der Biegung eine saubere, winkelrechte Randkante aufweisen müssen. Die Randverformung tritt eigentlich nur beim Biegen dicker Bleche bei kleinem Biegehalbmesser r störend auf. Der innen an der Biegekante liegende Werkstoff wird gestaucht und gepreßt. Hier versuchen die Gefügeteilchen seitlich nach dem Rande auszuweichen. Die Breite des gebogenen Bandes der Ursprungbreite b erfährt daher

1. Biegeradius

an dieser Stelle eine bemerkenswerte Verbreiterung um das Maß $2t$ auf b_i. Im umgekehrten Sinne werden die äußeren Fasern des der Biegung unterworfenen Querschnittes gedehnt. Diese Dehnung führt nicht nur gemäß Abb. 197 zu einer meist unerheblichen, auch bei scharfkantiger Verformung etwa bei 10% liegenden Blechschwächung der ursprünglichen Blechdicke, sondern außerdem zu einer Schrumpfung der Ursprungsbreite b auf b_a, da von außen der Werkstoff nach innen nachzufließen bestrebt ist. Der Querschnitt in der Biegung entspricht also nicht einem Rechteck der Seiten s und b, sondern eher einem Trapez der Höhe s_0 und der beiden Seiten b_i und b_a.

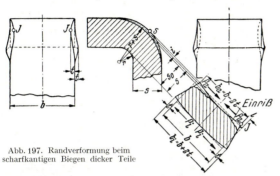

Abb. 197. Randverformung beim scharfkantigen Biegen dicker Teile

Tatsächlich verlaufen die Trapezseiten nicht geradlinig, sondern S-förmig und die aufwärts gerichteten Stauchkräfte P_i an der inneren Biegekante bewirken in Verbindung mit den einwärts gerichteten Schrumpfungskräften P_a an der Außenseite der Biegung, wie sie in ähnlicher Form bei der Querkontraktion des Zerreißstabes zu finden ist, ein seitliches Hochwölben am Rande. Dies zeigen der Biegequerschnitt rechts unten und die Seitenansichten in Abb. 197. Der Breitenunterschied beträgt zwischen äußerer und innerer Biegefläche insgesamt $4t$, also an jeder Seite $2t$. Versuche ergaben einen annähernden Wert für scharfkantiges Biegen

$$t = \frac{0,4\,s}{r}. \tag{35}$$

Die hochgewölbten äußeren Kanten liegen in der Mitte der Biegung an den Punkten J um ein Maß i sogar oft über dem Halbmesser $r + s$. Die Punkte J bilden daher häufig den Ausgang von Brüchen, die zumeist bereits nach dem Biegen wahrzunehmen sind, zuweilen aber sehr viel später eintreten können. Diese Rißbildung wird durch Gratbildung begünstigt. Dies beweisen die beiden 15,3 mm dicken U-Biegeteile aus St 52 nach Abb. 198, deren Innenhalbmesser an der Rundung etwa der doppelten Blechdicke entspricht. Am linken Teil liegt die Gratseite innen, am rechten außen. Das linke Teil blieb nach dem Biegen rißfrei, während die tief eindringenden und weit klaffenden Risse am rechten Teil sogar zum Einknicken der inneren Randfaser führten. Unterliegt das gebogene Teil wechselnder Zug- oder Druckbeanspruchung, dann ist mit einem Fortschreiten der Rißkerbe bis zum vollständigen Bruch des gesamten Querschnittes an dieser Stelle zu rechnen. Die Gefahr der Rißbildung kann etwas herabgesetzt werden durch Verbrechen oder noch besser durch eine reichliche Abrundung der Kante bei J

14 Oehler/Kaiser, Schnitt-, Stanz- und Ziehwerkzeuge, 6. Aufl.

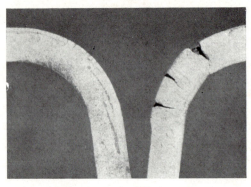

Abb. 198. Durch Außengrat (rechts) bedingte Rißbildung an gebogenen Stahlteilen

Abb. 199. Scharfkantig bis zum Bruch gebogenes Messingblech (rechts) und Stahlblech (links

vor dem Biegen, wobei dort die Oberfläche zu polieren, zumindest sehr sauber zu schlichten ist. Abb. 199 zeigt links zwei um $r = 3$ mm rechtwinklig gebogene, 5 mm dicke Stahlblechbänder, die an der Randkante die hier beschriebenen kerbenförmigen Einrisse zeigen. Dies spricht im allgemeinen für eine bessere Biegeeignung des Werkstoffs, als wenn das Biegeteil innerhalb der Randkanten bricht. Insoweit weist das in Abb. 199 rechts dargestellte Messingteil mit $s = 5$ mm und $r = 5$ mm ein für eine Biegebeanspruchung ungünstigeres Verhalten nach als die beiden dort links angegebenen Stahlblechwinkel.

2. Zuschnitt und Abwicklungslänge

Der Zuschnitt für zu biegende Blechteile ist möglichst so zu wählen, daß die Biegeachse $A-A$ nicht nach Abb. 200a parallel, sondern gemäß Abb. 200b senkrecht zu der durch einen Pfeil R_W gekennzeichneten Walzrichtung zu liegen kommt. Abb. 201 zeigt ein 0,88 mm dickes (Dicke = s) gebogenes Stahlblechteil aus U St 12 04 mit umlaufender eingeprägter Randkante. Der innere Biegehalbmesser r_i beträgt 320 mm, so daß das Verhältnis $r_i/s = 320/0{,}88 = 360$ einer Dehnung von nur 0,139% entspricht. Dieser Wert liegt zwar im plastischen Bereich, jedoch dicht hinter der Streckgrenze. Hier ist der Anteil an Restelastizität erheblich. Eine Gefahr von sich bildenden Bruchkanten nach Abb. 201 ist dort gegeben, wo zudem das Werkstoffgefüge anisotrop, mit fremden Bestandteilen versetzt und infolge des Walzens stark zeilenstrukturbedingt ist. Für scharfkantig zu biegende Teile eines kleineren

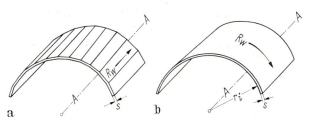

Abb. 200. Einfluß der Lage der Walzrichtung R_W zur Biegeachse $A-A$
a R_W parallel zu $A-A$, b R_W senkrecht zu $A-A$

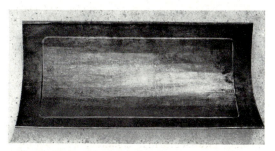

Abb. 201. Gebogenes Blechteil mit Bruchkanten in Walzrichtung

Verhältnisses $r_i/s < 5$ besteht die Gefahr solcher Bruchkantenbildung zwar weniger, doch sollte besonders wegen der Gefahr eines Kantenbruches auch hier die Regel: ,,Walzrichtung senkrecht zur Biegeachse" stets beachtet werden.

Die durch den Biegevorgang bedingten Verformungen bringen es mit sich, daß die Zuschnittslänge oder gestreckte Länge der zu biegenden Teile sich nicht absolut mit der Länge der mittleren Faser deckt. Unter ,,mittlerer Faser" wird die Linie verstanden, welche inmitten des Querschnittes des gebogenen Teiles verläuft, also von beiden Seiten des Bleches gleich weit entfernt ist. Untersuchungen haben bewiesen, daß die mittlere Faser ihrem Verhalten nach nicht als ,,neutrale Faser" betrachtet werden darf. Die neutrale Faser entspricht der spannungsfreien Schicht im Blech, die weder gedehnt noch gestaucht wird. Aus diesem Grunde erscheint es notwendig, hierfür Korrekturfaktoren[1] aufzustellen, welche von der Art der Krümmung ab-

---

[1] Anstelle der hier in Tabelle 10 empfohlenen 6 Werte empfiehlt *Mäkelt* gemäß der in Bild 17 seines Aufsatzes: Rationelles Schneiden und Biegen in Nr. 42/43 der STZ, Bern 1953, S. 684, für rechtwinklige Biegeteile folgende: $0{,}94-0{,}92-0{,}90-0{,}85-0{,}80-0{,}75$. Nach DIN 6935 werden empfohlen für $r:s > 0{,}65$, > 1, $> 1{,}5$, $> 2{,}4$, $> 3{,}8$ die Korrekturfaktoren $0{,}6-0{,}7-0{,}8-0{,}9-1{,}0$. Verwiesen sei außerdem auf *Hanke, H.*: Berechnung der Zuschnittlängen von Biegteilen. Masch.-Bau 4 (1955), H. 9, S. 237–240 und H. 10, S. 273. – *Möllenbruck, W.*: Verfahren zur Bestimmung der gestreckten Längen. Blech 4 (1957), Nr. 1, S. 28–33.

hängig sind. Bei sehr scharfer Krümmung liegt die tatsächlich neutrale Faser ziemlich weit an der Außenseite, während sie bei flacher Krümmung fast in der Mitte der Blechdicke sich befindet. Sind a_1 und b_1 die geraden Schenkel, der Winkel φ der Biegungswinkel, r_i der innere Krümmungsradius und s die Blechdicke, so gilt folgende Beziehung:

$$\text{Zuschnittslänge } L_z = a_1 + \frac{\pi \cdot \varphi}{180}\left(r_i + \frac{s}{2} \cdot (\xi)\right) + b_1. \tag{36}$$

Der Faktor ξ wird gemäß des Grades der Krümmung nach der folgenden Tabelle 10 dargestellt:

Tabelle 10. *Koeffizient ξ zur Ermittlung der Zuschnittslängen gebogener Werkstücke*

Innerer Krümmungsradius r_i in Abhängigkeit von der Blechdicke s						
Verhältnis: r_i/s	5,0	3,0	2,0	1,2	0,8	0,5
Korrekturfaktor ξ	1,0	0,9	0,8	0,7	0,6	0,5

Ein Mangel sämtlicher derartiger Verfahren beruht darin, daß die Art des Werkstoffes hierbei nirgends Berücksichtigung findet. Aus diesem Grunde können alle diese Ermittlungsverfahren auch nur angenäherte Werte bringen. Bei sehr genauer Ausführung sind vorbereitende Versuche notwendig, wenn es sich nicht überhaupt als zweckmäßig erweist, die Werkstücke nach dem Biegevorgang auf ihre genaue Länge zu beschneiden bzw. zu lochen, da die Blechlieferungen sehr unterschiedlich ausfallen.

Beispiel 12: Für das in Abb. 202 angegebene U-förmig gebogene Stück Bandstahl von 6 mm Dicke ist die gestreckte Länge zu ermitteln. Der innere Abstand der beiden Schenkel gleicher Höhe, 50 mm von innen aus gemessen, beträgt 200 mm,

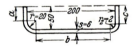

Abb. 202. Ermittlung der gestreckten Länge

die eine innere Abrundung 20 mm, die andere nur 2 mm. Der Biegewinkel ψ entspricht 90°.

An geraden Längen bedeuten a, b und c:

$$a = 50 - 20 = 30 \text{ mm},$$
$$b = 200 - 22 = 178 \text{ mm},$$
$$c = 50 - 2 = 48 \text{ mm}.$$

I. Die Ermittlung der mittleren Faser ergibt folgende Beziehungen:

$$L_z = a + \left(r_1 + \frac{s}{2}\right)\frac{\pi \cdot \varphi}{180} + b + \left(r_2 + \frac{s}{2}\right)\frac{\pi \cdot \varphi}{180} + c,$$

$$L_z = 30 + 36{,}2 + 178 + 7{,}9 + 48 = 300{,}1 \text{ mm}.$$

II. Gemäß Korrekturfaktor nach Tabelle 10 ergibt sich hiernach die Beziehung

$$L_z = a + \left(r_1 + \xi_1 \cdot \frac{s}{2}\right)\frac{\pi \cdot \varphi}{180} + b + \left(r_2 + \xi_2 \cdot \frac{s}{2}\right)\frac{\pi \cdot \varphi}{180} + c,$$

mit $\xi_1 = 0{,}9$, da $r_1/s = 3$ und mit $\xi_2 = 0{,}5$, da $r_2/s \leqq 0{,}5$ ist, ergibt sich hiernach die gestreckte Länge:

$$L_z = 30 + 35{,}7 + 178 + 5{,}5 + 48 = 297{,}2 \text{ mm}.$$

3. Berechnung der Biegekraft beim Biegen in Gesenken

a) V-Biegen. Für rechtwinkeliges formschlüssiges Biegen von Stahl der Breite b, der Blechdicke s und der Zugfestigkeit σ_B in winkel- bzw. V-förmigen Gesenken (wie in Werkzeugblatt 26) der oberen Gesenkweite w wird die Preßkraft P_b nach folgender Gleichung berechnet:

$$P_b = \frac{C \cdot \sigma_B \cdot b \cdot s^2}{w}. \tag{37}$$

Der Faktor C läßt sich aufgrund von Versuchen des Verfassers[1] näherungsweise bestimmen zu:

$$C = 1 + \frac{4s}{w}. \tag{38}$$

Beispiel 13: Wie groß ist die Biegekraft für die rechtwinklige Biegung eines Stahlblechstreifens von 40 mm Breite (b) und 3 mm Dicke (s) unter Beachtung der richtigen Gesenkweite w?
Da nach den späteren Ausführungen zu S. 235 für diese Werkstoffdicke $t = 6s$ und wiederum $w = 2t$ ist, so ergibt sich hiernach die Gesenkweite w zu $12s$ oder zu 36 mm. Gemäß Tabelle 36 werden für Stahlblech σ_B-Werte von etwa 40 kp/mm² empfohlen.

$$P_b = \left(1 + \frac{4s}{w}\right) \cdot \frac{\sigma_B \cdot b \cdot s^2}{w} = \frac{1{,}33 \cdot 40 \cdot 40 \cdot 9}{36} = 532 \text{ kp}.$$

In den Gln. (37) und (38) wird angenommen, daß der innere Biegehalbmesser etwa dem 0,15- bis 0,2fachen der Gesenkweite w entspricht. Bei größerem r_b/w-Verhältnis nimmt P_b ab, bei kleinerem zu.

Die Abhängigkeit der bisher allerdings nur für V-Biegegesenke untersuchten Biegekraft vom Rundungshalbmesser fand in verschiedenen Formeln von *Geleji*[2] und *Duthaler*[3] ihren Ausdruck. Ein von der Firma Konrad Zschokke empfohlenes Schaubild zu Abb. 203 trägt diesem Umstand gleichfalls Rechnung und führt im allgemeinen zu höheren Biegekräften, als wie sie tatsächlich auftreten.

Beispiel 14: Es sind in einem V-Gesenk ($w = 100$ mm) 10 mm dicke Stahlblechstreifen eines $\sigma_B = 40$ kp/mm² mit einer Innenrundung $r_i = 10$ mm auf 3 m Länge (L_b) abzukanten. Die kleinen Schaubilder links unten zu Abb. 203 ergeben $w/s = 100/10 = 10$ und $r_i/s = 10/10 = 1$. Gemäß den Pfeilen ergibt der Linienzug für $s = 10$ mm ... $w/s = 10$ ... $r_i/s = 1$ ... $\sigma_B = 40$ kp/mm² ... $L_b = 3000$ mm ... eine Abkantkraft $P_b = 250$ Mp $= 2500$ kN $= 2{,}5$ MN.

---

[1] *Oehler, G.:* Biegen (München 1963), S. 69–71.
[2] *Geleji, A.:* Berechnung der Kräfte und des Kraftbedarfs bei der Formgebung im bildsamen Zustand der Metalle. (Budapest 1952), S. 2–4. – Bildsame Formung der Metalle in Rechnung und Versuch. (Berlin 1960), S. 684, Gl. (113,6).
[3] *Duthaler, O.:* Berechnung des Preßdruckes von Abkantpressen. technica 1953, Nr. 6, S. 25.

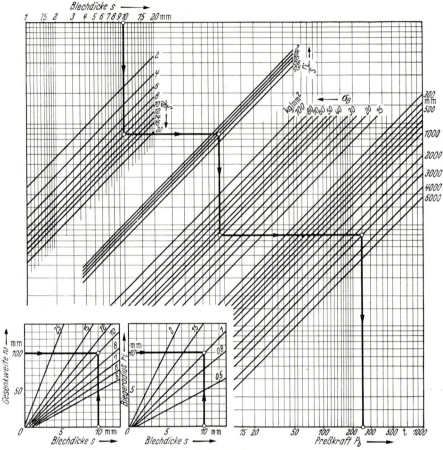

Abb. 203. Schaubild zur Ermittlung der Preßkraft P_b in V-Biegegesenken in Abhängigkeit von s, w, r_i, σ_B und L_b [kg = kp = 10 N und t = Mp = 10 000 N]

b) U-Biegen. Beim U-förmigen Biegen kann näherungsweise für die Biegekraft P_b in kp folgende einfache Beziehung mit den gleichen Bezeichnungen für die Blechdicke s in mm, die Breite b in mm und die Festigkeit $\sigma_B = 1{,}25\,\tau_B$ in kp/mm² gelten:

$$P_b = 0{,}4 \cdot \sigma_B \cdot s \cdot b \quad \text{oder} \quad = 0{,}5 \cdot \tau_B \cdot s \cdot b \,. \tag{39}$$

Dieses P_b bezieht sich aber einzig und allein auf das Hochstellen der Biegeschenkel. Infolge der sich frei einstellenden Biegelinie hängt der mittlere Steg nach unten durch. Um diesen waagerecht umzuformen, gibt es 2 Möglichkeiten. Entweder man arbeitet mit solchen U-Biegegesenken, die mit einem plattenförmigen Auswerfer versehen sind gemäß Abb. 204 Mitte. Dann muß der Gegendruck P_g des Auswerfers etwa 30% der Biegekraft P_b betragen, und zur Überwindung dieses Gegendruckes müssen also von oben $P_b + P_g = 1{,}3 P_b$ wirken. Das Gesenk wird durch den Einbau einer solchen Gegenhaltervorrichtung teurer. Aber die Biegekraft ist dabei immer noch

3. Berechnung der Biegekraft beim Biegen in Gesenken

geringer, als wenn der Stempel einfach nach unten geht und im Gesenk den nach unten gewölbten Steg ausprägt. Dann ist eine Endprägekraft von $P_e = 3 P_b$ erforderlich, also sehr viel mehr.

Aus Gründen der Vorsicht wurde in obiger Biegekraftberechnung angenommen, daß nach Abb. 204 I die Abrundungen an den Auflagestellen bei r_a verhältnismäßig klein sind. Es ist bekannt, daß, je größer diese Ab-

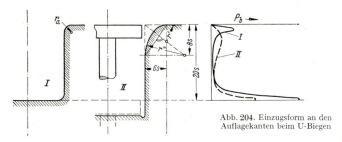

Abb. 204. Einzugsform an den Auflagekanten beim U-Biegen

rundung ist, um so größer der Hebelarm und um so kleiner die aufzuwendende Kraft wird, so daß das Kraft-Weg-Diagramm beim Biegen nicht im Anfang steil ansteigt, sondern erst allmählich verläuft. Immerhin ist zu bedenken, daß die Umformarbeit als solche betrachtet die gleiche bleibt. Es hat, wie auf S. 342 noch beschrieben wird, für die Einzugsform beim Tiefziehen sich die Tractrixkurve entsprechend der Kettenlinie bewährt. Auch hier liegen sehr ähnliche Verhältnisse vor, um während des Eindrückens in die U-Biegeform die Entfernung zwischen Auflagepunkten am Gesenk und denen am Stempel möglichst gleichgroß zu halten. Man kann diesen Verhältnissen dadurch nahekommen, indem gemäß Abb. 204 II der Einzugsverlauf an den Auflagebiegekanten einer stehenden Ellipse entspricht gemäß einer Konstruktion von Näherungskreisen mit r' und r'' als Halbmesser, wobei die größere stehende Ellipse halbaxial mit $8s$ (s = Blechdicke) und die kürzere waagerechte mit $6s$ angenommen wird, während die Gesamttiefe des Gesenkes $20s$ beträgt. Dies setzt dann voraus, daß die Biegeschenkel lang genug sind, um einer so weit zurückstehenden Auflage zu genügen.

Die in den Gln. (37) bis (39) errechneten Kräfte setzen eine einigermaßen gleichbleibende Beschaffenheit des Werkstoffes voraus. Leider ist dies in der Praxis nicht immer der Fall. So kann es vorkommen, daß an ein und demselben gebogenen Teil die Biegehalbmesser an den einzelnen Stellen ganz verschieden ausfallen. Ferner verursachen bei Grobblechen eingewalzter Zunder und der mehrfache Einbruch der Außenfaser an der inneren Rundung gemäß Abb. 213 unerwünschte Versteifungen, so daß die aus Rechnung oder Schaubild Abb. 203 ermittelten Ergebnisse in der Praxis stark streuen.

Infolge des Biegevorganges tritt eine Verfestigung k_v ein. Aufgrund theoretischer Überlegungen und Härtemessungen an der Oberfläche der zugbeanspruchten Außenseite gilt bezogen auf die ursprüngliche Festigkeit bzw. Härte k_o:

$$\frac{k_v}{k_o} = c \sqrt{2{,}83\,\varepsilon} \quad \text{für eine Dehnung } \varepsilon = s_o/2\,r_m \leq 0{,}3$$

$$= c \sqrt[3]{2{,}77\,\varepsilon} \quad \text{für } \varepsilon \geq 0{,}3 \,.$$

Hierin bedeuten r_m der mittige Halbmesser des Biegequerschnittes mit s_0 als ursprünglicher Blechdicke und c einen den Härtemessungen entsprechend mit 0,22 für 90° und mit 0,30 für 180° Biegewinkel anzunehmenden Beiwert[1]. Infolge des anisotropen Stahlblechgefüges ist mit einer Streubreite bzw. Toleranz von ± 20% zu rechnen.

4. Das V-Freibiegen

Einer besonders breiten Streuung unterliegen die Kraftmeßwerte beim Freibiegen, das seltener in Stanzwerkzeugen, dagegen häufig unter Gesenkbiegepressen angewandt wird. Hier darf man mit etwa der 0,6fachen Biegekraft gegenüber der für das V-Biegen in formschlüssigen Gesenken genannten

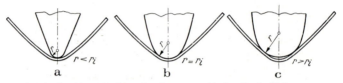

Abb. 205. Abweichung der Stempelrundung r vom sich einstellenden Halbmesser r_i des freigebogenen Werkstückes

Gl. (37) rechnen. Weiterhin ist die Anwendung billiger Universalwerkzeuge mit veränderlichen Biegeauflagekanten möglich. Allerdings läßt sich der genaue Verlauf der Biegelinie nicht vorausbestimmen, sie ist von der Stempelrundung unabhängig. In vielen Fällen mag zwar eine annähernde Übereinstimmung entsprechend Abb. 205b zutreffen. Sehr oft aber ist gemäß

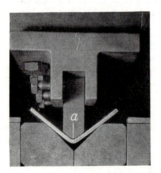
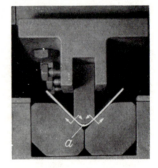

Abb. 206. Freibiegevorgang nach Abb. 205 c

Abb. 205a bei kleinem Rundungsverhältnis r/w das r_i größer als die Werkzeugrundung r und umgekehrt bei zu großem r/w-Verhältnis nach Abb. 205c das r_i kleiner als r. Im Fall a können zu scharfkantige Kehllinien infolge Durchknickung auftreten; im Fall c zeigt die Biegelinie an den beiderseitigen Druckstellen des Stempels gegen das Werkstück dort zusätzliche betonte Krümmungen. Wenn unter und über der Biegeteilmitte bei a in Abb. 206

---

[1] *Oehler, G.:* Die Verfestigung von Stahlblechen nach dem Biegen. DFBO-Mitt. 24 (1973) Nr. 4, S. 64 bis 66.

4. Das V-Freibiegen

entsprechend dem Fall c zu Abb. 205 Luft, d.h. keine Werkzeugberührung vorhanden ist, so tritt durch Reibung eine in Abb. 206 rechts durch Pfeile angedeutete Momentenwirkung ein, die nicht die übliche im kommenden Hauptabschnitt 5 beschriebene nach außen gerichtete Rückfederung, sondern eine umgekehrt nach innen gerichtete Federung beider Biegeschenkel bewirkt. Zur Verhinderung einer derartigen unerwünschten Erscheinung muß die Rundung $r \leqq r_i$ gemäß Abb. 205a und b verringert werden. Eine solche beiderseitige Luft kann zur unerwünschten Knickung führen, die nicht nur bei reinen Biegungen um gerade Kanten, sondern auch beim Biegen um krumme Kanten und Tiefzügen auftreten, bei denen eine biaxiale biegeähnliche Beanspruchung gegenüber einem triaxialen Spannungszustand überwiegt. Ein Beispiel dafür ist die in Abb. 207 in 2 Stufen hergestellte

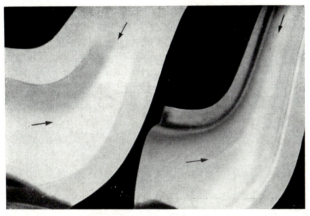

Abb. 207. Knickfalten in vorgezogenen (links) und fertiggezogenen (rechts) Kannenausgußhälften aus 0,5 mm dickem Stahlblech U St 12 04

Kannenausgußhälfte, wo im Vorzug links und noch stärker im Fertigzug rechts zwischen den Pfeilen eine scharf abgewinkelte unerwünschte Falte hervortritt. Abhilfe bringen entweder die Wahl eines etwas weicheren Bleches, oder ein in der Mitte satt aufliegender Stempel eines Fertigschlagwerkzeuges oder eine Herstellung unter Gummi- bzw. elastischen Kissen entsprechend S. 519 bis 541. Es sei hierbei hervorgehoben, daß die Biegelinie keineswegs ein Kreisbogenausschnitt ist, so daß der kleinste Näherungskreis mit r_i als Halbmesser im mittleren Bereich der V-Biegung nach den Auflagestellen zu immer größer wird. Ein einigermaßen sattes Angleichen der Werkzeugrundung an die innere Biegerundung nach Abb. 205b wird erreicht, wenn der Werkzeughalbmesser r etwa dem Wert $0,15\,w$ entspricht. Auch dieser Faktor 0,15 ist von der Festigkeit des Werkstoffes abhängig; er ist bei weichen Werkstoffen größer, bei härteren kleiner. Im Hinblick auf Dicken- und Festigkeitsschwankungen werden häufig an ein und derselben Biegekante ganz verschiedene r_i-Werte gemessen[1]. Immerhin wird zuweilen in Taschenbüchern und Firmenwerbedrucksachen das Verhältnis

---

[1] *Oehler, G.:* Biegen (München 1963), S. 92, Bild 75.

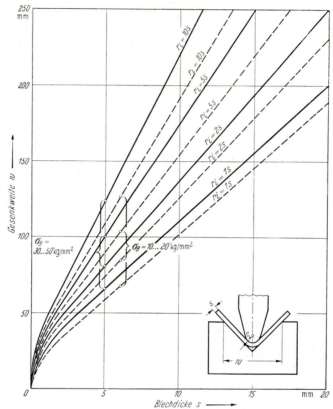

Abb. 208. Bemessung der Gesenkweite in Abhängigkeit von Biegehalbmesser und Festigkeit

0,15 für r/w empfohlen. In der Praxis läßt sich allerdings dieses Verhältnis nicht immer einhalten. Abgesehen davon, daß meist nur wenige, oft nur ein einziges Biegestempelschienenprofil zur Verfügung steht, ist für die Bestimmung der Gesenkweite in erster Linie die Blechdicke gemäß Abb. 208 maßgebend. Außerdem ist eine Abhängigkeit vom inneren Biegehalbmesser r_i des Werkstückes und von der Festigkeit des Bleches gegeben. Die gestrichelten Kurven in Abb. 208 beziehen sich auf einen geringen Festigkeitsbereich (10 bis 20 kp/mm²), wie er für Leichtmetallbleche in Frage kommt. Die anderen Kurven gelten für Stahlbleche, wobei zunächst ein Festigkeitsbereich von 30 bis 50 kp/mm² in Betracht gezogen werden soll. Inwieweit höhere Festigkeiten eine noch größere Gesenkweite rechtfertigen, wurde bisher durch den Versuch noch nicht bewiesen.

5. Rückfederung des Bleches

Die verschiedene Härte des zu verarbeitenden Werkstoffes bedingt ein unterschiedliches Verhalten während der Umformung. Insbesondere beim rechtwinkligen Biegen zeigen Werkstücke härteren Werkstoffes das Bestreben, sich in ihre frühere Gestalt zurückzuverformen. Deshalb werden die Werkstücke um ein bestimmtes Maß über das gewollte herübergebogen, so daß sich nach der Rückfederung der endgültige und richtige Biegungswinkel von allein einstellt. Dieses Maß der Rückfederung hängt nicht nur von der Härte bzw. Festigkeit des Werkstoffes, sondern noch viel mehr von dem

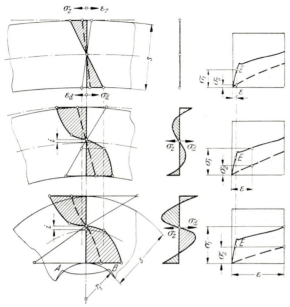

Abb. 209. Spannungs- und Dehnungsverhältnisse in Abhängigkeit vom Biegehalbmesser

Verhältnis „Biegehalbmesser : Blechdicke" ab. In Abb. 209 oben ist die Biegekrümmung nur gering, also das Verhältnis r_i/s sehr groß. Aus der vorausgegangenen Gl. (29) für die Dehnung ergibt sich der Einfluß dieses r_i/s-Verhältnisses. Rechts oben in Abb. 209 ist die Dehnung so gering, daß die Elastizitätsgrenze E noch nicht erreicht ist. Die elastischen Spannungen – an der Außenfaser eine Zug (σ_z), an der Innenfaser eine Druckspannung (σ_d) – sinken nach Entlastung auf Null ab. Es ist eben $r_{i\,max}$ nach Gl. (32) überschritten, und das gebogene Teil hält nicht, sondern federt in seine Ursprungslage zurück. Die links oben durch Schraffur hervorgehobene Momentenfläche fällt in sich, wie rechts durch den senkrechten Strich dargestellt, auf Null zusammen. Wie liegen die Verhältnisse bei zunehmender Krümmung! Hier wird nur noch der innere Bereich beiderseits der mittleren spannungsfreien Faser eine dreieckige Momentenfläche aufweisen. Anschließend laufen die den rechts gezeichneten Spannungs-Dehnungs-Diagrammen entnommenen Spannungswerte kurvenförmig abbiegend den Außenfasern zu. Entsprechend Gl. (32) beträgt die Dicke s_e der elastischen Schicht:

$$s_e = \frac{2 \cdot r_m \cdot \sigma_s}{E}. \tag{40}$$

220   C. Konstruktionsrichtlinien für Biegewerkzeuge

Bezeichnet man mit s die Blechdicke, mit r_m den mittleren Krümmungshalbmesser in mm aufgrund der Werkzeugabmessung, mit σ_s die Streck-Grenz-Spannung und mit E den Elastizitätsmodul in kp/mm², so errechnet sich nach *Geleji*[1] der infolge Rückfederung abweichende Krümmungshalbmesser r'_m:

$$r'_m = r_m \left[1 + \frac{2 s_e^3}{3 s \cdot (s^2 - s_e^2)} \right]. \qquad (41)$$

Der in Abb. 209 schraffierte Bereich umfaßt den Spannungsbereich, wie er sich aus den oberen Linien der rechten Schaubilder ergibt, während die

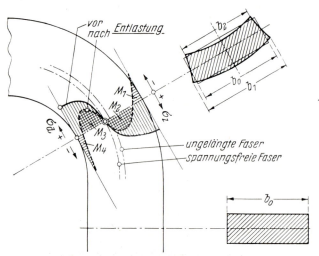

Abb. 210. Spannungen beim Biegen vor und nach der Entlastung

gestrichelten Linien einen weniger fließgrenzbetonten Werkstoff geringerer Spannung andeuten. Nach der Entlastung verbleiben Restspannungen, die nahe den Oberflächenfasern umgekehrt zur ursprünglichen Spannung gerichtet sind[2]. So sind die äußeren Fasern, bisher auf Zug beansprucht, mit Druckspannungen überlagert, die inneren mit Zugspannungen, um den Gleichgewichtsbedingungen von Kräften und Momenten zu folgen. Dies geht aus Abb. 210 noch klarer hervor. Es wurde bereits eingangs des Abschnittes C1 über den Biegehalbmesser hervorgehoben, daß der bisherige Begriff neutrale Faser = Mittelfaser nicht mehr haltbar ist. In Wirklichkeit haben wir zwischen vier Fasern zu unterscheiden, und zwar erstens der bereits genannten ursprünglich in der Mitte liegenden Faser, zweitens der sich während des Biegevorganges neu einstellenden geometrischen Mittelfaser, drittens der spannungsfreien Faser und viertens der ungelängten Faser.

---

[1] *Geleji, A.*: Bildsame Formung der Metalle in Rechnung und Versuch. (Berlin 1960), Gl. (108,41), S. 658.
[2] Siehe auch *E. Siebel* u. *Panknin, W.*: Biegefließkurven von Blechen. Ind. Anz. 78 (1956), Nr. 25, S. 343, Bild 2. Den röntgenographischen Nachweis brachte *R. Böklen*: Beobachtungen an Stählen bei reiner, statischer Biegung. Z. Metallkunde 42 (1951), Nr. 6, S. 170–174.

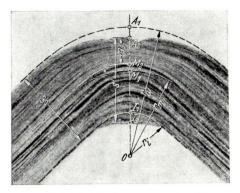

Abb. 211. Stahlblech, $s_0 = 2$ mm, $r_i/s_0 = 0{,}5$

Gewiß sind ihre Abweichungen voneinander, insbesondere bei großem r_i/s-Verhältnis, bezogen auf die Gesamtdicke unerheblich. Anders bei scharf gekrümmten Teilen, was durch Makrogefügeschliffe hinsichtlich der ursprünglichen mittleren Faser bewiesen werden kann. Diese liegt sehr weit außen, während das innere unter Druck stehende Gefüge an der Innenrundung zusammenbricht und somit anstelle einer Rundung nach innen zwischen den Punkten A und B in Abb. 209 unten eine Ausbauchung eintritt. Die ungelängte Faser liegt ziemlich nahe der neuen sich beim Biegevorgang

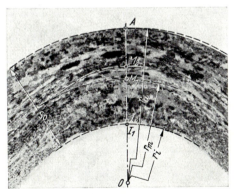

Abb. 212. Al 99,5 w, $s_0 = 2$ mm, $r_i/s_0 = 1{,}3$

einstellenden geometrischen Mittelfaser, während die spannungsfreie Faser um das Maß i von dieser nach der Innengrenzfaser zu rückt. Die Ursache dafür liegt darin, daß die frühere Hypothese, wonach die Zugfließkurve mit der Druckfließkurve sich deckt, nicht zutrifft. Hier sind sogar recht erhebliche Abweichungen bei den einzelnen Werkstoffen vorhanden, was aus den Abb. 211, 212 und 213 hervorgeht. Werden vom Krümmungsmittelpunkt O die Krümmungshalbmesser r_i für die innere Faser r_m, für die mittlere Faser und r_a für die äußere Faser mit den zugehörigen Krümmungskreisen eingezeichnet, so ergibt sich bei Abb. 211 eine Verschiebung des ganzen Querschnittes nach einwärts, wobei die ursprüngliche Blechdicke s_0 etwa der neuen Blechdicke s' in der Krümmungsmitte entspricht. A_1 und J_1 wandern nach dem Krümmungsmittelpunkt zu, entsprechend der Punkte A_2 und J_2. Hingegen wird die ursprünglich mittlere Faser von M_1 nach M_2 nach außen verlegt, so daß der Abstand von der Außenfaser nicht mehr $0,5s$, sondern $0,3s$ beträgt. Bei diesem scharfen Krümmungsverhältnis $r_i/s_0 = 0,5$ ist die Abweichung von den Krümmungskreisen größer als bei den Aluminiumblechen. Dort ist gemäß Abb. 212 für Al $99w$ bei einem $r_i/s_0 = 0,3$ und gemäß Abb. 213 für halbhartes Aluminiumblech bei einem $r_i/s_0 = 0,9$ eine Abweichung der Außenfaser vom Krümmungskreis im Punkte A überhaupt nicht zu beobachten; an der Innenfaser wandert der Punkt J_1 nach J_2, also nach innen und nicht nach außen. Eine erhebliche Versetzung der ursprünglich mittleren Faser nach außen, also von M_1 nach M_2, ist allerdings auch dort sichtbar. Die Ausbauchung zwischen den Punkten A und B in Abb. 209

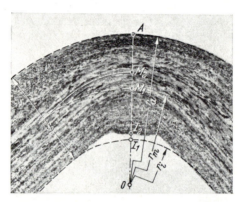

Abb. 213. Al 99,5 $^1/_2$ h, $s_0 = 2$ mm, $r_i/s_0 = 0,9$

unten ist bei den hier gezeigten Proben deutlich nur in Abb. 213 zu sehen. Ungelängte und spannungsfreie Fasern sind in Abb. 210 eingezeichnet. Auf der spannungsfreien Faser, die mehr nach der inneren Krümmung zu liegt, sind die Nullpunkte der Spannungslinien vor und nach der Entlastung zu suchen. Die letztere Linie ist gestrichelt eingetragen. Sie bildet einen Ausgleich der Momente derart, daß die Momentensumme $= 0$ wird, d.h., die ab spannungsfreier Faser geltenden Schwerpunktabstände der Flächen multipliziert mit diesen ergeben die Momente M_1, M_2, M_3, M_4, wobei $M_1 = M_2$, $M_3 = M_4$ und $(M_1 + M_2) - (M_3 + M_4) = 0$. Es würde zu weit führen, auf die ziemlich verwickelten theoretischen und durch den Versuch bestätigten Forschungsergebnisse auf diesem Gebiet einzugehen, die von Wolter[1] bis zu einem gewissen Abschluß durchgeführt wurden. Jedenfalls ergibt die Tatsache nach Abb. 209, daß der elastische Anteil an der Umformung mit abnehmendem r/s-Verhältnis, also mit wachsender Krümmung, geringer wird, eine stärkere Rückfederung bei großen Biegeradien im Vergleich zu kleineren. Bezeichnet man gemäß Abb. 214 den inneren Biegehalb-

---

[1] *Wolter:* Freies Biegen von Blechen. VDI-Forschungsh. 435 (1952), S. 11–17.

5. Rückfederung des Bleches

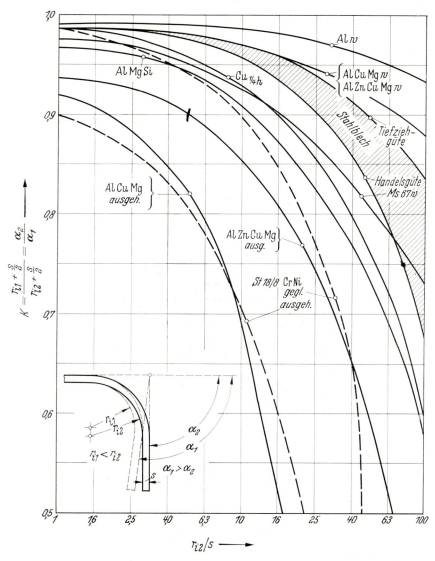

Abb. 214. Rückfederungsfaktor K in Abhängigkeit vom r_{i2}/s-Verhältnis

messer beim Biegen im Gesenk mit r_{i1} und beim Herausnehmen nach der Rückfederung in der endgültigen Form mit r_{i2}, so gilt der Verhältniswert

$$K = \frac{r_{i1} + 0{,}5\,s}{r_{i2} + 0{,}5\,s} = \frac{\alpha_2}{\alpha_1}, \qquad (42)$$

wobei analog unter α_1 der Biegewinkel beim Biegen im Gesenk und unter α_2 derjenige nach der Rückfederung verstanden wird. Dieser K-Wert ist in Abb. 214 durch Kurven über den Wert r_{i2}/s (Halbmesser/Blechdicke) festgelegt[1]. Bei der bisherigen Ermittlung der K-Werte durch den Versuch ergab sich, daß die Streufeldbereiche sich weitestgehend überdecken, was eine genaue Ermittlung von K leider ausschließt. Ein längeres Verbleiben des Biegestempels im Biegegesenk ändert nichts am Rückfederungsverhalten[2], hingegen kann durch Nachdrücken – über den Nachschlageffekt beim Tiefziehen siehe S. 514 bis 518 – eine Einschränkung der Rückfederung mitunter erreicht werden[3].

In der Tabelle 36 am Ende dieses Buches sind nur für die Werte $r_{i2}/s = 1$ und $= 10$ die K-Werte angegeben, um somit in Abb. 214, soweit nicht bereits dort eingezeichnet, Interpolationskurven einzutragen.

Beispiel 15: Es sei genau rechtwinklig ein 2 mm dickes Blech aus einer ausgehärteten Al-Zn-Cu-Mg-Legierung im Gesenk zu biegen, um danach laut Teilzeichnung einen inneren Biegehalbmesser von 10 mm aufzuweisen. Wie ist das Gesenk im Hinblick auf die Rückfederung auszubilden?

Nach Abb. 214 beträgt für $r_{i2}/s = 10/2 = 5$ für jenen Werkstoff $K = 0.9$. Somit ist der Gesenkstempel abzurunden zu

$$r_{i1} = K\left(r_{i2} + \frac{s}{2}\right) - \frac{s}{2} = 0.9\,(10 + 1) - 1 = 9.9 - 1 = 8.9\,\text{mm}.$$

Der Winkel des V-Gesenkes ergibt:

$$180 - \alpha_1 = 180 - \alpha_2/K = 180 - 90/0.9 = 80°.$$

In Abb. 214 und in Tabelle 36 sind nicht alle Werkstoffe berücksichtigt. Soweit man nicht vorzieht, den K-Wert eines Werkstoffes ähnlicher physikalischer Eigenschaften anzunehmen oder sich auf die Biegefließkurve[4] zu beziehen, sei auf folgende Gl. (48) hingewiesen, für den Fall, daß die Spannungswerte für Streck- (σ_s) und Bruchgrenze (σ_B) bekannt sind.

$$K = 1 - \left[a\left(\frac{\sigma_s + \sigma_B}{2}\right) + b\left(\frac{\sigma_s + \sigma_B}{2}\right)\left(\frac{r_2}{s}\right)^2\right]. \tag{43}$$

Nach vorläufiger roher Schätzung können die Faktoren $a = 0.001$ und $b = 0.000\,015$ eingesetzt werden. Gegen die Zuverlässigkeit dieser Gleichung liegen berechtigte Bedenken vor, da für die elastische Rückfederung weniger σ_s und σ_B, sondern die Spannung an der Elastizitätsgrenze σ_E maßgebend ist.

Eine andere Berechnung[5] von K setzt die Ermittlung des Biegemomentes M aus einer vorliegenden Momentkurve[6] oder durch Rechnung der

---

[1] *Sachs, G.:* Principles and methods of sheet metal fabricating (New York 1951), S. 100. Auszug hierzu Mitt. Forsch. Blechverarb. Nr. 16 vom 15. August 1951, S. 199–201. – Weitere K-Werte siehe *Schmidt, K., Meyer, H.,* u. *Otto, W.:* Rückfederungsfaktoren. Fertigungstechn. 13 (1963), H. 1, S. 9–13.

[2] *Oehler, G.:* Biegen (München 1963). Einfluß der Biegelastdauer, S. 21–24.

[3] *Dannemann, E.:* Die Abbildegenauigkeit beim Biegen. Diss. Univ. Stuttgart. – *Girardet:* Essen 1969 – Auszug Ind. Anz. 92 (1970), Nr. 84, S. 2007–2008.

[4] *Siebel, E.* u. *Panknin, W.:* Biegefließkurven von Blechen. Ind. Anz. 78 (1956), Nr. 25, S. 343–345. Die dort für die Rückfederung angegebenen Beziehungen gelten allerdings nur für quadratische Biegequerschnitte.

[5] *Schwark, H. F.:* Rückfederung an bildsam gebogenen Blechen (Diss. TH Hannover 1952). – *Oehler, G.:* Biegen (München 1963), S. 21–26.

[6] *Oehler, G.:* Biegen (München 1963), S. 30–43.

5. Rückfederung des Bleches

mindest möglichen Biegekraft nach Gl. (41) voraus gemäß folgender Gleichung:

$$K = 1 - \frac{12 M (r_i + 0{,}5 s)}{E \cdot b \cdot s^3}. \tag{44}$$

Beispiel 16: Wie groß ist K bei einem $r_2/s = 5$ für ein Stahlblech der Güte U St 12 03? Gemäß Tafel 36, Spalte 2 wird dort für σ_B ein Mittelwert von 33 kp/mm² genannt. Bei Annahme eines $s = 1$ mm, $b = 40$ mm, $w = 40$ mm, $r_i = 5$ mm ergibt Gl. (38) ein $C = 1{,}1$ und somit nach Gl. (37) ein $P_b = 33$ kp. Dies multipliziert mit $w/4 = 10$ mm ergibt $M = 330$ mm/kp. $E = 21\,500$ kp/mm² für Stahl. Hiernach gilt in Übereinstimmung mit Abb. 214 für $r_2/s = 5$:

$$K = 1 - \frac{12 \cdot 330 \,(5 + 0{,}5)}{21\,500 \cdot 40 \cdot 1} = 0{,}987.$$

Nach einem Vorschlag von *D. L. Mather*[1] haben sich U-Biegegesenke zur Erzielung genauer rechtwinkliger Biegewinkel bewährt, bei denen der mittlere Steg auf einer Auswerferplatte aufliegt, um eine Wölbung des zu biegenden Teiles zwischen den Biegebacken zu vermeiden[2]. Das Besondere an dem Vorschlag *Mathers* sind die beweglichen Biegebacken a, die gemäß Abb. 215 durch gefederte Bolzen b in ihrer oberen Lage gehalten werden. Die Vorspannkraft der Tellerfedern c für die Stützbolzen dieser Backen ist größer als die für das Umbiegen der Schenkel erforderliche Kraft, so daß gemäß Abb. 215 rechts die Biegebacken während des Hochstellens der Schenkel in ihrer oberen Ausgangslage verharren. Der Biegestempel verjüngt sich nach oben um einen Winkel α, wobei α häufig mit 2 bis 3° angenommen wird. Laut *Mathers* Vorschlag stößt die Stempelschulter nach Hochschlagen der Schenkel auf die Biegebacken auf, die gemäß Abb. 215b nach einwärts kippen, wobei die Stützbolzen die Tellerfedern zusammendrücken. Nach Hochgang des Biegestempels gehen die Backen in ihre Ausgangsstellung Abb. 215 oben zurück, und das U-förmige Biegeteil fällt genau rechtwinklig an. Für Werkzeuge, die, wie hier gezeigt, mit Gegenhalter ausgerüstet sind, die durch ein Luftkissen oder einen Federapparat emporgehalten werden, ist die hier vorgeschlagene Lösung brauchbar. Bei Werkzeugen ohne eine derartige Gegenhalterabstützung kann das Maß der Rückfederung weitestgehend durch den Biegespalt beeinflußt werden; dabei läßt sich durch Einprägen der Biegeecken die Rückfederung aufheben. Es ist sogar möglich, bei der Bodenausprägung anstelle einer auswärts wirkenden Rückfederung eine einwärts wirkende zu erhalten, wobei in die Gesenkecken Gummipolster eingeklemmt werden. Dabei ist zu beachten, daß man gerade bei derartigen Einprägungen in den zu biegenden Werkstoff im Bereich der Biegeecke des Gesenkes in hohem Maße von der Gleichmäßigkeit des Werkstoffes, und zwar sowohl hinsichtlich seiner Festigkeit als auch hinsichtlich seiner Dicke, abhängig ist. Daher erscheint ein formschlüssiges Heranbiegen des ganzen Schenkels in seiner Gesamtlänge, wie hier in Abb. 215 angegeben, als eine brauchbare, wenn auch nicht gerade sehr billige Ausführung. Eine ähnliche

---

[1] Eine ähnliche Konstruktion empfiehlt *D. L. Mather* in der Z. „The Tool Engineer" 28 (1952), N. 1, S. 60. – *Burgt, J. H.*: Maßnahmen gegen Rückfederung. Mach. Mod. 62 (1968), Nr. 710, S. 59–60.
[2] *Oehler, G.*: Biegen (München 1963), S. 116, Bild 115 u. S. 126, Bild 128.

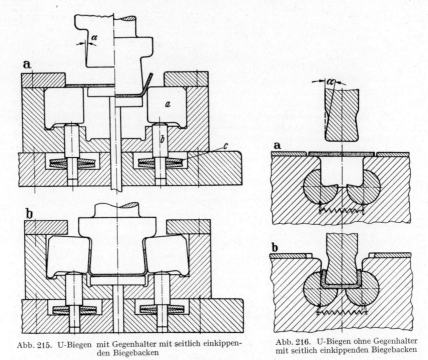

Abb. 215. U-Biegen mit Gegenhalter mit seitlich einkippenden Biegebacken

Abb. 216. U-Biegen ohne Gegenhalter mit seitlich einkippenden Biegebacken

Lösung zeigt Abb. 216, wobei gleichfalls das U-Gesenk mit einkippenden Biegebacken versehen ist. Nur sind die außen zylindrischen Biegebacken im Gesenk drehbar gelagert und werden durch Federkraft offengehalten. Bei weichen Werkstoffen besteht allerdings hier die Gefahr, daß sich die unteren inneren Kanten der Biegebacken in das Biegeteil eingraben und dort unerwünschte Eindrücke hinterlassen.

Es gibt noch weitere konstruktive Lösungen, um die Rückfederung U-förmig gebogener Teile zu vermeiden. So werden nach der Biegung im Gesenk von beiden Seiten waagerechte Rollen gegen das vorgebogene Werkstück und den dahinter befindlichen nach oben zu konisch sich verjüngenden Biegestempel geschoben. Dies geschieht ähnlich Abb. 218 durch am Oberteil befestigte Keilstempel, die gegen den abgeschrägten Rücken waagerecht geführter Schieberschlitten stoßen, die ihrerseits in ihrer äußeren Lage durch Druckfedern gehalten werden und nach innen zur Werkstückseite zu Andrückrollen tragen.

Aber nicht nur an rechteckig gebogenen, sondern auch an runden schalenförmigen Ziehteilen ist die Rückfederung von Bedeutung. Häufig werden im gleichen Werkzeug die oberen und die unteren Schalen hergestellt und nach Aufeinanderlegen an den Stoßkanten miteinander zu Hohlkörpern verschweißt. Hier zeigen sich dann oft erhebliche Abweichungen. Meist tragen die aufeinanderliegenden Schalen nur an einigen Punkten. An anderen Stellen klaffen sie weit auseinander und müssen von Hand gerichtet werden, damit die zu verschweißenden Kanten einigermaßen aufeinander liegen.

5. Rückfederung des Bleches

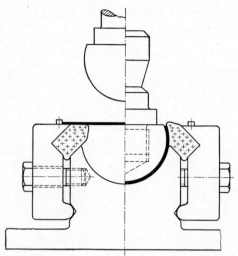

Abb. 217. Gummibestücktes Anbiegewerkzeug für halbrunde Schalen zum Ausgleich der Rückfederung

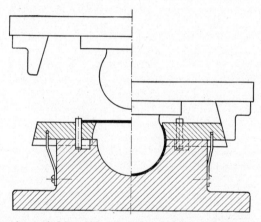

Abb. 218. Anbiegewerkzeug mit Seitenschiebern für halbrunde Schalen zum Ausgleich der Rückfederung

Daher muß auch hier die Rückfederung berechnet[1] werden, was zu unterschnittenen Biege- bzw. Ziehformen führt. Es empfiehlt sich hierbei die Bestückung der Biegewerkzeugkanten mit Gummi nach Abb. 217 oder die Anordnung von Seitenschiebern nach Abb. 218. Bei der Gummibestückung nach Abb. 217, wo über die Kante eines Gummieinsatzes einer Shorehärte C zwischen 70 und 90 gezogen wird, ist die geringe Lebensdauer und die Empfindlichkeit gegenüber fetthaltigen Schmierstoffen zu beachten. Da deshalb ein gelegentlicher Austausch der Gummieinlagen und außerdem eine feste Einspannung erforderlich sind, empfiehlt sich die Befestigung dieser aus Platten zugeschnittenen Profile mittels Spannknaggen, die durch

---

[1] *Oehler, G.:* Biegen (München 1963), S. 146—151, siehe ferner S. 404 dieses Buches.

Sechskantschrauben nachgezogen werden können. Insofern ist die Bauart nach Abb. 218 günstiger, da hier über gehärtete Kanten das Teil gebogen bzw. gezogen wird. Die Herstellungskosten dieses Werkzeuges sind etwa um 50% höher als die Ausführung nach Abb. 217, die infolge des Gummiverschleißes ohnehin nur für Reihen unter 500 Stück wirtschaftlich ist. Die Bauweise nach Abb. 218 sieht die Zuschnittauflage auf Seitenschiebern vor. Die Zuschnittanlagestifte dienen gleichzeitig zum Begrenzen des Schlittenvorschubes. Durch außen am Untergesenk angeschraubte Bandfedern werden die Schlitten in ihrer äußeren Lage gehalten, wie dies links dargestellt ist. Die dort rechts gezeigte Schließ- und Arbeitsstellung zeigt den Mittelstempel beim Ausprägen der mittleren Rundung, während der äußere Teil dieser Rundung durch die nach innen vorgeschobenen Seitenschieber erzeugt wird, die gleichfalls an der Umformung im äußeren unterschnittenen Bereich teilnehmen. Diese Vorschubbewegung wird durch die am Werkzeugoberteil außen befestigten Keildruckstücke eingeleitet, die auf die entsprechend abgeschrägten Rückseiten der Schieber treffen.

6. Ausstoßer

Bei Stanzarbeiten werden in noch stärkerem Maße als im Schnittbau Werkzeuge mit eingebauten Auswerfern verwendet, die unter Überwindung eines Federdruckes beim Niedergang des Stempels herabgedrückt werden und beim Heben des Stempels das gebogene Werkstück aus dem Biegewerkzeug ausstoßen.

Der Einbau derartiger Ausstoßer, insbesondere in Biegewerkzeugen, bedingt verhältnismäßig hohe zusätzliche Kosten. Sind nur wenige Biegewerkzeuge, also etwa weniger als 8, für längere Zeit zu betreiben, so werden in diesem Falle die Auswerfer in die Werkzeuge eingebaut und die hierdurch bedingten Kosten der Federn und des höheren Unterteiles mit in Kauf genommen, soweit dies die Abstände zwischen unterster Tischstellung und unterer Stößelstellung der vorhandenen Pressen gestatten. Finden da-

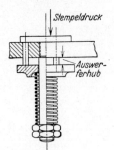

Abb. 219. Auswerfervorrichtung an Maschinentischen von Pressen in nach unten durchgedrückter Stellung

gegen auf einer Presse zahlreiche, verschiedene Biegewerkzeuge innerhalb kurzer Zeiträume Aufstellung, so empfiehlt es sich aus Ersparnisgründen nur solche Werkzeuge einzurichten, welche mittels eines unter dem Tische montierten Auswerferapparates betätigt werden. Ein derartiger Apparat, wie er in Abb. 219 gezeigt wird, besteht aus einer Platte, die auf den Maschinentisch derart aufgesetzt wird, daß die Traversenbolzen nach unten durch den Maschinentisch vorstehen und unter Druck eines Federtellers gehalten werden. Das Unterteil des Biegewerkzeuges wird auf die Oberplatte dieser Vorrichtung derart aufgeschraubt, daß die Ausstoßerbolzen des Werkzeuges an ihrer unteren Fläche auf derselben aufsitzen. Drückt der Biegestempel das Werkstück gegen die Ausstoßerbolzen herab, so werden diese wiederum die Druckplatte und mit ihr die Stifte samt Federteller nach unten bewegen unter Zusammendrückung der Druckfeder, deren Berechnung auf S. 620 dieses Buches zu Beispiel 61 näher erläutert ist. Bei großen Biegewerkzeugen werden auch mehrere Auswerfer in weiten Abständen und eine entsprechend größere Druckplatte verwendet. Dort empfiehlt es sich, die Ausstoßplatte nicht durch eine einzige zentrische Feder, sondern durch mehrere Schraubenfedern, welche gleichmäßig über den Umfang verteilt sind, zu stützen. Für große Biegewerkzeuge werden mehrere Aussparungen und größere Gewindebohrungen im Maschinentisch zwecks Aufnahme eines derartigen Auswerferapparates vorgesehen und deshalb von vornherein nur eine bestimmte größere Maschine hierfür ausgewählt, während bei kleineren Maschinen kleine Aussparungen und Gewindebohrungen im Tisch mit Ausstoßvorrichtung für kleinere Werkzeuge angebracht werden. Im allgemeinen werden in neuzeitlichen Betrieben diese Federdruckauswerfer durch pneumatisch oder hydraulisch gesteuerte Kolbenauswerfer ersetzt, die Bestandteile der Maschine sind und daher hier nicht besprochen werden. Für den Einbau eines mit Preßluft betriebenen Auswerfers eignen sich auch die zu Abb. 589 und 590 erläuterten Vorrichtungen. Neuzeitliche Pressen sind mit hydraulisch oder pneumatisch betriebenen Kissen unter dem Pressentisch ausgerüstet. Über die Anordnung von Druckstiften in Pressentischen finden sich auf S. 1 zu Abb. 1 und auf S. 337 zu Abb. 310 nähere Angaben.

7. Biegen von Rohren und hohlen Blechteilen

Beim Biegen von Hohlkörpern, z.B. Rohren, sind besondere Vorsichtsmaßnahmen gegen Zusammenknicken zu treffen, wie z.B. das Einlegen von Schraubenfedern für runde oder Blattfederbunde für rechteckige Rohrquerschnitte sowie das Füllen der Rohre mit Gummikugeln oder feinem Sand vor dem Biegearbeitsgang. Ein anderes Mittel zur Verhinderung des Knickens von Rohren beim Biegen ist ihr vorheriges Ausgießen mit einer niedrigschmelzenden Legierung, deren Schmelzpunkt unter 100° liegt. Werden die damit ausgegossenen Rohre nach dem Biegen in ein Sieb aus nicht rostendem Stahldraht eingelegt, das in einen beheizten kochenden Wasserbehälter eingehängt wird, so löst sich das eingegossene Metall, fließt von dort in den Unterteil des Behälters, wo es sich sammelt, und kann von dort nach Öffnen eines Hahnes zum Einfüllen in die nächsten noch zu biegenden Rohre entnommen werden. Für Rohre kleineren Durchmessers eignet sich sehr gut Wismut-Cadmium-Lot (50% Bi; 10% Cd; 26,7% Pb; 13,3% Sn) eines Schmelzpunktes von 70 °C[1]. Rohre größeren Durchmessers, d.h. über 40 mm, werden zweckmäßigerweise mit einer Legierung bestehend aus 55,5% Bi und 44,5%

---
[1] Die von USA dafür empfohlene Cerrobendlegierung (Nordd. Affinerie, Hamburg 36) ist dieser Legierung sehr ähnlich.

Pb ausgegossen. Bei der zuletzt angegebenen Legierung ist besonders zu beachten, daß sie beim Schmelzen leicht oxydiert, weshalb, wie geschildert, ein Lösen im kochenden Wasserbad und nicht über freier Flamme dort besonders notwendig ist. Die Werkstücke sind langsam über einen der Biegung entsprechend gekrümmten Dorn herüberzuziehen. Nach Möglichkeit sind diese Arbeiten nicht auf einer Presse, sondern auf einer Rohrbiegemaschine zu vollziehen. Kurze dünne Rohrabschnitte des Durchmessers d können auch unter Pressen gebogen werden, soweit r bezogen auf die zu krümmende Mittellinie $r \geqq 5d$ ist. Das in Abb. 220 dargestellte Werkzeug besteht außer

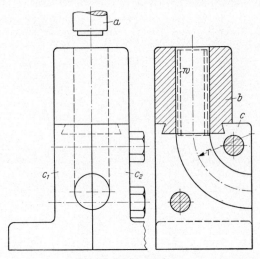

Abb. 220. Rohrbiegewerkzeug

dem Stempel a aus einem zweiteiligen Untergesenk b und c. Der Stempel a ist abgesetzt und so bemessen, daß sein größerer Durchmesser nur um ein geringes kleiner als der Außendurchmesser des Werkstückes w bzw. Rohrabschnittes ist, während der Absatz dem Rohrinnendurchmesser angepaßt ist. Der obere Teil b des dreiteiligen Untergesenkes ist senkrecht durchbohrt und dient zur Aufnahme eines geraden Rohrabschnittes, der gebogen werden soll. Der untere Teil besteht aus zwei zusammengeschraubten Backen c_1 und c_2, in die, dem gewünschten Biegehalbmesser r entsprechend, ein Viertelkreis des Rohrprofiles so eingedreht ist, daß von den beiden Backen zusammen ein Kanal gebildet wird. Mittels des Stempels wird dann der Rohrabschnitt w durch diesen gekrümmten Kanal hindurchgestoßen und dabei umgeformt, während das vorher gebogene Teil ausgestoßen wird. Konisch verjüngte Knierohre lassen sich in ähnlicher Weise herstellen[1]. Bei Knierohren mit sehr kleinem Krümmungshalbmesser muß ein kugeliger Kern von der Ausstoßseite in das Rohrbiegewerkzeug eingeführt werden.

---

[1] Die Vorrichtung zu USA-Patent 2750026 v. 12. 6. 1956 ist in Werkst. u. Betr. 90 (1957), H. 11, S. 815 beschrieben.

8. Biegeprüfverfahren

Tabelle 11. Biegeprüfverfahren

Nr.	Prüfart und Verfahrensbezeichnung	Ausführung und Beurteilung des Verfahrens	Schrifttum und Gerätehersteller	Beschrieben unter DIN	in *Oehler*: Das Blech und seine Prüfung
1	Hin- und Herbiegeprobe a) einfache	Biegezahl abhängig von Blechdicke und Oberflächenreibung.	a) *Hofmann, W.*, u. *Zünkler, B.*: Einfluß der Streifenbreite und Temperatur auf die Biegezahl. Ind. Anz. 77 (1955), Nr. 13, S. 163–165. b) *Klepzig*: Fachberichte 73 (1965), Nr. 5, S. 189. – DFBO-Mitt. (1968), N. 1/2, S. 291–296. a) *Amsler-Schaffhausen* und *Lohmann-Tarnogrocki*-Wuppertal. b) *Erichsen*-Hemer.	1605/III Euronorm 13–55	Seite: 168
	b) zweifache	Der in eine schwenkbare Haltevorrichtung eingespannte Streifen wird an beiden Enden über gleich- oder verschiedengerundete Kanten hin- und hergebogen.			
2	Abkantversuch nach *Eisenkolb* und nach *Bollenrath*	V-Gesenk mit Stempel 60° bei Veränderung des Rundungshalbmessers. Geeignet für Beurteilung der Alterungssprödigkeit.	*Eisenkolb, F.*: Neuere Prüfverfahren in der Feinblechfertigung. Technik 3 (1948), H. 2, S. 62 bis 66. – *Ziegler, H.*: Gestaltfestigkeit und Werkstoffprüfung an alterungsempfindlichen Blechen. Technik 6 (1951).	9003	171, 218
3	Abkantversuch nach *Güth*	V-Gesenk mit kegelförmiger Druckkante. Gefahr der Kerbwirkung bei Rißlänge.	*Güth, H.*: Ein neues Biegeprüfverfahren. Metallwirtsch. 18 (1939), H. 9, S. 188–190.	–	172
4	Faltversuch	Umlegen unter Handspindelpresse für $s < 1$ mm ohne, für $s \geqq 1$ mm mit gleichdicker Zwischenlage.	–	1623 Euronorm 12–55	174
5	Doppelfaltversuch oder Taschentuchprobe	Doppeltes Umschlagen ohne Zwischenlage.	–	1623	174

Tabelle 11 (Fortsetzung)

Nr.	Prüfart und Verfahrensbezeichnung	Ausführung und Beurteilung des Verfahrens	Schrifttum und Gerätehersteller	Beschrieben unter DIN	in *Oehler*: Das Blech und seine Prüfung
6	Wangenprüfgerät nach *Arhelger*	Im Gegensatz zu Nr. 1 nur einmaliges Umlegen. Geeignet für $s > 1$ mm.	(Mohr & Federhaff, Mannheim).	—	Seite: 168
7	Freibiegeprobe mit Zugüberlagerung	Die Spannstellen der beiderseits eingespannten Probe sind auf konzentrisch gelagerten Scheiben drehbar angeordnet zwecks Ermittlung des Winkels bis zum Bruch. Geeignet für die Dosenfertigung und bis $s < 0{,}5$ mm.	*Buschmann, E.*: Das Biegezugverfahren. Z. Metallkde. 26 (1934), S. 274. – *Mohr, E.*: Der Biegezugversuch, ein neues Prüfverfahren. Z. VDI 84 (1940), Nr. 3, S. 49–52. – *Mäkelt, H.*: Biegeprüfung von Feinblechen mit fester Einspannung der Probenenden. Werkst. Techn. 39 (1949), H. 7, S. 197–202. Gerät: *Naumann-Schopper*, Leipzig	—	—
8	Steifigkeitsprüfer	Probe wie 7, jedoch nur einseitige Einspannung. Das freie Ende legt sich gegen einen Bolzen.	Olsen-Stiffness-Tester.	—	177
9	Trapezfreibiegeprobe	Ähnlichkeit der Probe wie zu 3, jedoch nicht im V-Gesenk, sondern durch Druck gegen die Kanten des trapezförmigen Probestreifens umgeformt.	*Thompson*: Sheet Met. Ind. Bd. 27 (1950), Nr. 278, S. 503–507 und 512. Auszug Mitt. Forsch. Blechverarb. Nr. 31 vom 20. 9. 1950, S. 7/8.	—	173
10	Querkraftfreie Biegeprobe nach *Wolter*	Wangenprüfgerät. Die eine Einspannstelle drehbar, die andere parallel verschieblich.	*Kienzle*: Untersuchungen über das Biegen. Mitt. Forsch. Blechverarb. Nr. 6 vom 15. 3. 1952.	—	169
11	Flachbiegeversuch	Dauerbiegeversuch für Leichtmetall- und für Bronzefederbleche.	Federbiegegerät Siemens & Halske.	50142	213

8. Biegeprüfverfahren 233

Tabelle 11 (Fortsetzung)

Nr.	Prüfart und Verfahrensbezeichnung	Ausführung und Beurteilung des Verfahrens	Schrifttum und Gerätehersteller	Beschrieben unter DIN	in *Oehler*: Das Blech und seine Prüfung Seite:
12	Schlagbiegeversuch	Geeignet für Zink und Zinklegierungsbleche.	—	50116	—
13	Blecheckenbiegeversuch	Biegekufe wird über die Ecke einer Blechtafel geschoben und mit der Hand um 60° gebogen. Gemessen werden die Biegekraft und die dabei sich ergebende Biegerundung.	Flextester mit Spherometer. Steel City Testing Mach. Detroit.	—	176
14	Rückfederungsermittlung	Ermittlung des K-Wertes für die Rückfederung durch Messen der Rundung nach Biegen kurzer Proben in der Zange. Außerdem lassen sich für die Beurteilung der Rückfederung auch die Geräte zu 1b, 6, 7, 8 und 10 dafür verwenden.	Biegeprägezange, entwickelt vom Verfasser am Instit. f. Werkzeugmasch., T. H. Hannover.	—	179
15	Schweißnahtbiegeversuch (Kreuzschweißprobe)	Kreuzweise übereinandergelegte Bleche werden miteinander geschweißt. Anschließend werden die Lappen abgebogen.	—	—	208
16	Abspreizbiegeprobe (meist für Punktschweiß- und Klebeverbindungen)	T-förmig zusammengesetzte und in den Kehlen geschweißte Probe. Auf geschweißter Steg wird über die hohe Kante abgebogen. Geeignet für Grobbleche $s \geq 5$ mm. Bei Punktschweißverbindungen ist die Abspreizprobe für aufeinandergepunktete Probestreifen auch bei dünnen Blechen anwendbar.	*Schmidt, H.*: Aus der Schweißpraxis des Stahlbaus. Schneiden und Schweißen. 1 (1949), H. 6, Abb. 14 und 15, S. 92. *Gönner, O.*: Einfache Prüfverfahren für Punktschweißverbindungen. Ind. Anz. 75 (1953), Nr. 21, S. 257—260.	—	209

8. Biegeprüfverfahren

Es können unmöglich im Rahmen dieses Buches die Blechprüfverfahren[1] mit behandelt werden. Es wird daher hier nur unter Hinweis auf das einschlägige Schrifttum eine Zusammenstellung der bekanntesten Biegeprüfungen in Tabelle 11 gebracht.

D. Ausführung einzelner Biege-, Roll-, Kragenzieh-, Richtpräge-, Hohlpräge- und Vollprägewerkzeuge

1. Einfaches Biegewerkzeug

(Werkzeugblatt 25)

Beim Biegen sehr kleiner, gleichschenkliger Winkel bis zu etwa 25 mm Schenkellänge und 20 mm Breite wird der Winkelstempel als unteres Ende des Einspannzapfens ausgebildet. Der Stempel besteht dann aus einem einzigen Stück. Bei nur wenig größeren, gleichschenkligen Winkelstempeln bis zu etwa 60 mm Schenkellänge und 40 mm Breite wird der Stempelaufnahmezapfen aus dem Material herausgedreht, und erst bei noch größeren zu biegenden Winkeln wird das Biegeoberteil aus Einspannzapfen und Stempel mehrteilig ausgeführt. Das Unterteil des Werkzeuges, welches in der Regel auf einer größeren Grundplatte aufgeschraubt ist, ist mit Anschlägen zur Einlage des Werkstückes versehen. Diese Anschläge bestehen entweder aus eingeschlagenen Stiften oder aus entsprechend ausgeschnittenen Blechen, die auf das Unterteil aufgeschraubt werden. In den Fällen, wo ein Schneidwerkzeug für das zu biegende Teil bereits angefertigt ist, kann damit die Einlegeschablone hergestellt werden. Werden jedoch dünne Bleche bis zu 0,5 mm Dicke gebogen, so ist bei einer entsprechend schwach bemessenen Schneidplatte das Ausstanzen der Einlage nicht mehr möglich, denn dieselbe muß etwa 3 mm dick sein. In solchen Fällen ist eine Einlage zwischen eingeschlagene Stifte zu empfehlen.

Gemäß der Ausführung A sind diese Bleche im Winkel abgebogen und an der äußeren Seite des Unterteiles, nach Ausführung B an der Oberfläche des Unterteiles mittels Schrauben befestigt. Die erstere Ausführung hat den Vorteil, daß bei einer nachträglichen Änderung des Werkstückes das Biegegesenk, dessen Oberfläche durch keinerlei Bohrungen unterbrochen ist, auch für andere Zwecke zu verwenden ist. Die Ausführung B ist gegenüber der Ausführung A etwas billiger und dürfte in den meisten Fällen genügen.

Die Winkeltiefe ist so niedrig wie möglich in das Untergesenk einzuarbeiten. Bei zu tief eingearbeitetem Unterteil werden, wenn nicht ein Gegenhalter vorhanden ist, die Schenkellängen maßlich ungenau. Dieses Verschieben tritt sofort ein, sobald der Stempel auf das Material auftrifft,

---

[1] Siehe G. *Oehler:* Das Blech und seine Prüfung (Berlin–Göttingen–Heidelberg: Springer 1953), das als Ergänzungswerk zu diesem Buch gedacht ist. Darin werden die Biegeprüfverfahren auf S. 167–179 behandelt.

1. Einfaches Biegewerkzeug

| Stb | **Einfaches Biegewerkzeug** | | Werkzeugblatt 25 |

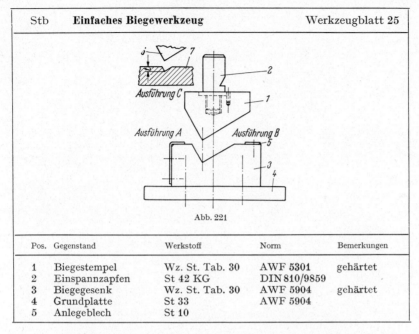

Abb. 221

Pos.	Gegenstand	Werkstoff	Norm	Bemerkungen
1	Biegestempel	Wz. St. Tab. 30	AWF 5301	gehärtet
2	Einspannzapfen	St 42 KG	DIN 810/9859	
3	Biegegesenk	Wz. St. Tab. 30	AWF 5904	gehärtet
4	Grundplatte	St 33	AWF 5904	
5	Anlageblech	St 10		

denn der Hauptdruck richtet sich nicht gegen die Wandungen der Winkelflächen, sondern gegen die Winkelspitze. Für die in das Unterteil einzuarbeitende Tiefe genügt aufgrund von Erfahrungen bei einer Werkstoffdicke s bis zu 0,5 mm das Zehnfache, von 0,6 bis 1 mm das Achtfache und über 1 mm das Sechsfache der Blechdicke s. Die Biegekanten sind um das 0,5fache der Blechdicke zu verrunden und zu polieren. Es ist vorteilhaft, Biegewerkzeuge in Säulengestelle einzubauen (im Werkzeugblatt 25 nicht angegeben). Treten insbesondere bei größeren Werkzeugen beachtliche Kräfte auf, so sind zusätzlich Führungsstollen gemäß Abb. 415 anzubringen.

Für vorgelochte Teile, wo es auf eine genaue Einhaltung des Abstandes v von Vorlochmitte zur Biegekante ankommt, empfiehlt sich eine senkrecht bewegliche Werkstückauflage nach Abb. 222. Die Werkstückauflage wird unter einem wenig geneigten Winkel α von 10 bis 15° derart angeordnet, daß das vorgelochte Werkstück w vom Einhängestift a aufgenommen und von den Anlagestiften c seitlich gehalten wird, die in den unteren, in seiner Höhe verschieblichen Biegebacken b eingeschlagen sind. Den vorstehenden Stiften a und c entsprechen Bohrungen im Biegeoberteil d, dessen Einspannhaltezapfen e zur Befestigung des Werkzeugoberteiles im Pressenstößel dient. Das Werkzeugunterteil besteht aus der Grundplatte g und dem allseitigen Führungsrahmen f für den durch die Stößelstifte i nach oben gehaltenen Biegebacken b. Sie stehen mit einem Federauswerfapparat nach Abb. 219 oder mit einem unter dem Tisch eingebauten pneumatischen Kissen in Verbindung.

Ein Lochwerkzeug mit Kipphebelzuführung zum Lochen des kurzen Schenkels von winkligen Teilen, wie sie unter Biegewerkzeugen zu Abb. 221 und 222 anfallen, ist auf S. 572 zu Abb. 548 ausführlich beschrieben.

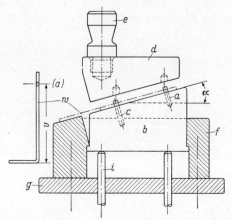

Abb. 222. Biegewerkzeug für genauen Vorlochabstand v von der Biegekante

2. Universalbiegewerkzeug

(Werkzeugblatt 26)

Das Universalwinkelbiegewerkzeug ist säulengeführt und sollte, da es eine große Anzahl einzelner Werkzeuge erspart, in keiner Stanzerei fehlen. Das Oberteil (Teil 2) ist zwecks Aufnahme des Biegestempels (Teil 9) mit einer Nute und 3 Halteschrauben (Teil 8) versehen. In der Grundplatte (Teil 4) liegen 2 Biegeleisten (Teil 10). Diese können beliebig eingelegt werden und bieten so die Möglichkeit für verschiedenartige Abwinkelungen, da die Kanten der Biegeleisten unterschiedlich verbrochen oder abgerundet sind. Als Anlage dienen die auf der Grundplatte verschieblich angeordneten Anschlagschienen (Teil 5). Diese werden mittels Exzenterhebel (Teil 6) und Spannklotz (Teil 7) festgespannt. Die verstellbaren Anschlagschienen sind für die einzulegenden Bleche und Werkstücke vorgesehen.

Abb. 224 bis 231 zeigen einige Arbeitsbeispiele. Abb. 224 ist der Normalwerkzeugeinsatz für rechtwinklige Biegungen verschiedener Schenkellänge bzw. Blechdicke. Bei der Stellung nach Abb. 224 ist die größte Gesenkweite w eingestellt. Wird ein sehr schwaches Blech gebogen, so werden die linke Leiste um 90° nach rechts und die rechte um 90° nach links gedreht eingesetzt. Die unteren Kanten dieser Leisten nach Abb. 224 sind für Zwischengrößen bestimmt. Die Breiten der vier unter 45° verbrochenen Kanten betragen 2, 5, 8 und 12 mm. Die gleichen Biegeleisten werden in den Arbeitsbeispielen nach Abb. 224 bis 227 verwendet. Bei allen übrigen Beispielen sind andere Biegeleisten und Stempel vorgesehen, die dem jeweiligen Bedürfnis entsprechend an den Arbeitsflächen zugerichtet werden. Dabei ist es durchaus nicht erforderlich, daß in die Grundplatte der Austauschmöglichkeit wegen stets 2 Biegeleisten eingelegt werden. Es kann auch eine einzige Leiste gemäß Abb. 231 dort untergebracht werden.

Universalbiegewerkzeuge sind nicht nur für rechtwinklige Biegungen, wie hier gezeigt, vorteilhaft, sondern auch für andere Biegeformen, wo ähn-

2. Universalbiegewerkzeug

| Stb | Universalbiegewerkzeug für verschiedene Winkel und Schenkellängen | | Werkzeugblatt 26 |

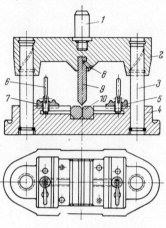

Abb. 223

Pos.	Gegenstand	Werkstoff	Norm	Bemerkungen
1	Einspannzapfen	St 42 KG	DIN 810/9859	
2	Stempelkopf	GG 25	DIN 9812	
3	Säule	C 15	DIN 9825	einsatzgehärtet
4	Grundplatte	GG 25	DIN 9812	
5	Anschlagschiene	St 50		geschmiedet
6	Exzenterhebel	C 15		einsatzgehärtet
7	Spannklotz	St 50		
8	Wurmschraube	5 S	DIN 417	
9	Stempel	Werkzeugstahl		gehärtet
10	Biegeleiste	siehe Tab. 30		gehärtet

Abb. 224

Abb. 225

Abb. 226

Abb. 227

Abb. 228

Abb. 229

Abb. 230

Abb. 231

liche oder gleichartige Biegungen an Teilen verschiedener Länge oder Breite ausgeführt werden. Der Aufbau solcher Werkzeuge gleicht durchaus dem hier unter Werkzeugblatt 30 gezeigten Ausführungsbeispiel.

3. Werkzeug für scharfkantiges Biegen
(Werkzeugblatt 27)

Der Teilkonstrukteur tut gut daran, scharfkantige Biegeformen zu vermeiden. Insbesondere außen wird sich immer beim normalen Biegevorgang eine Rundung einstellen, deren Halbmesser mindestens so groß ist wie die Blechdicke selbst, wobei der Innenradius der Biegeform gleich Null wäre. Nach Gl. (34) auf S. 208 würde eine solche scharfkantige Biegung nicht halten. Trotzdem mag es Fälle geben, wo unbedingt ein scharfkantiges Biegen sowohl innen als auch außen vorgeschrieben ist. Derartiges wird nur dort erreicht, wo bewußt die Biegeform an der Biegekante zunächst nach auswärts gekröpft und anschließend das überschüssige Material zurückgestaucht wird. In Werkzeugblatt 27 ist ein solches Werkzeug dargestellt. Das Oberteil besteht aus der Kopfplatte (Teil 1) mit dem durch Innensechskantschrauben (Teil 8) darauf befestigten Oberteilsockelring (Teil 2) und dem Niederhalter (Teil 6). Dieser Niederhalter verrichtet gleichzeitig die Aufgabe des Stempels. Er muß daher bei harten zu biegenden Werkstoffen aus Werkzeugstählen größerer Festigkeit als St 60 hergestellt sein. Hingegen reicht für weiches und mittelhartes Material die Güte St 60 aus. Dieser Niederhalter (Teil 6) oder Außenstempel ist in der Mitte durchbrochen zur Durchführung des eigentlichen Biegestempels (Teil 5), der aus sehr hochwertigem Werkzeugstahl hergestellt sein muß. Seine Stärke darf nicht mehr als die doppelte Blechdicke, also höchstens $2s$, betragen. Er ragt etwa um $1s$ nach unten vor in seiner Anschlagstellung und ist mit dem Federboden (Teil 4) durch Kehlnahtschweißung verbunden. Es mag auch Fälle geben, wo eine Einfügung in eine schwalbenschwanzförmig ausgehobelte Nute in den Federboden günstiger als eine Verschweißung ist. Der Hohlraum zwischen dem Sockelring (Teil 2) mit darin eingenieteten Bolzen (Teil 3) und dem Federboden (Teil 4) dient zur Aufnahme der Ringfedersäule (Teil 7) und soll zur Ersparnis von Schmierstoff nicht viel größer sein, als wie diese Federsäule beansprucht. In entsprechender Weise ist das Werkzeugunterteil ausgebildet. Es besteht aus einer aus dem vollen gedrehten Grundplatte (Teil 9) und dem Biegegesenk, in das oben der Breite des zu biegenden Werkstückes entsprechend eine Einlage eingehobelt ist. Dieses Gesenk ist ebenso wie der Niederhalter durchbrochen zur Durchführung des schmalen Gesenkeinsatzes (Teil 14), der aus hochwertigstem Werkzeugstahl gefertigt sein muß. Derselbe ist mittels Senkschrauben (Teil 16) mit der Grundplatte (Teil 9) fest verbunden und ist in einer Nut eingebettet. Nach oben ist das äußere Biegegesenk (Teil 10) durch den auf die Grundplatte (Teil 9) aufgeschraubten Ring (Teil 13) begrenzt. Nach unten liegt es gegen die Grundplatte auf, soweit nicht die Druckbolzen (Teil 15) und die darunterliegende Stößelplatte (Teil 12) vermöge eines pneumatisch oder hydraulisch betätigten Ziehkissens unter dem Tisch das äußere Biegegesenk in seiner oberen Lage halten. Der

| Stbfa | **Werkzeug für scharfkantiges Biegen** | Werkzeugblatt 27 |

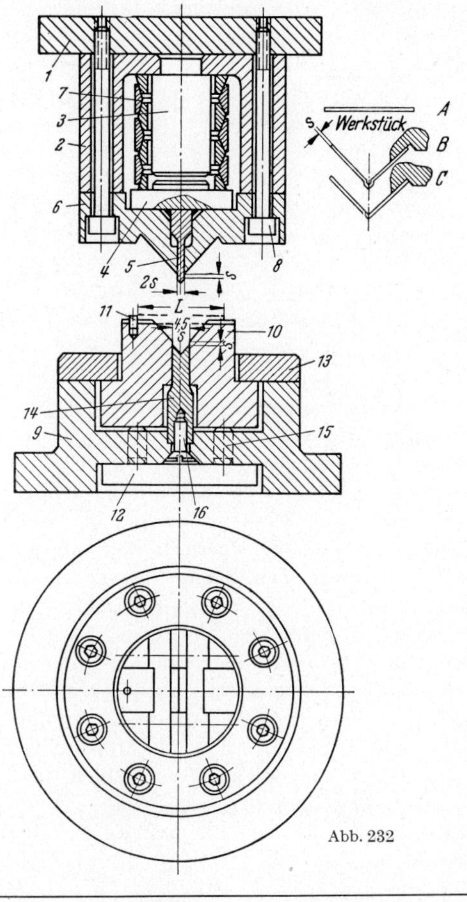

Abb. 232

Pos.	Gegenstand	Werkstoff	Norm	Bemerkungen
1	Kopfplatte	St 33	DIN 9866	
2	Oberteilsockelring	St 42	DIN 9867	
3	Bolzen	St 42		
4	Federboden	St 50		
5	Biegestempel ⎫	Wz. St. Tab. 30		gehärtet
6	Niederhalter ⎭			
7	Ringfedersäule	Federstahl		
8	Innensechskantschraube	5 S	DIN 912	
9	Grundplatte	St 33	DIN 9867	
10	Biegegesenk	Wz. St. Tab. 30		gehärtet
11	Kerbstift	6 S	DIN 1474	
12	Druckstößelplatte	St 50		
13	Ring	St 33		
14	Biegegesenkeinsatz	Wz. St. Tab. 30		gehärtet
15	Druckbolzen	St 50		
16	Senkschraube	5 S	DIN 87	

Durchführungsschlitz für das untere Biegegesenk entspricht einer Weite von 4,5 s entsprechend der 4,5fachen Blechdicke, und ebenso überragt umgekehrt wie beim Oberteil das obere Biegegesenk das innere um eine Blechdicke. Es wird also bei Beginn des Ziehvorganges zunächst das eingelegte Werkstück A nach der unter B angegebenen Gestalt vorgeformt, und erst bei weiterem Ausdrücken der Form entsteht eine scharfkantige Biegung nach C. Dabei sei darauf hingewiesen, daß das gegen den Anschlagstift (Teil 11) eingeschobene Werkstück vor der Biegung von der Länge l bereits beim Vorbiegen nach A mit seinen äußeren Enden in die einspringenden Ecken des Niederhalters zu liegen kommt und somit bei der darauf erfolgenden Endausprägung in der Gesenkwurzel nicht mehr ausweichen kann, so daß der Werkstoff an der Biegekante gestaucht und verpreßt wird.

Es sei darauf hingewiesen, daß derartig scharf ausgeprägte Winkel eine erheblich geringere Festigkeit haben als üblich umgebogene. Man wird daher derartig scharfkantige Biegungen bei kalter Umformung nur für solche Teile anwenden, die keiner besonderen Festigkeitsbeanspruchung unterworfen sind, und wo beispielsweise nur aus Gründen der Zierde oder zur Einfügung von scharfkantig gebogenen Blechteilen in andere scharfkantig vorgearbeitete Führungen dies als zweckmäßig erscheint. Sonst muß warm umgeformt werden, wozu ein derartig aufgebautes Werkzeug durchaus einsatzfähig ist. Nur darf dabei nicht übersehen werden, daß hierfür besonders geeignete Warmarbeitsstähle nach Tabelle 31 vorgesehen werden. Bei Kaltverarbeitung ist der Federdruck so zu berechnen, daß die Vorspannung etwa 100 kp/mm², bezogen auf 1 mm Biegebreite des Teiles, multipliziert mit der 4,5fachen Blechdicke der Aussparung im äußeren Biegegesenk entspricht. Nach einer Zusammendrückung der Federsäule um eine Blechdicke, wo also die endgültige Biegung erzeugt wird, soll der Druck um 50% dabei ansteigen. Es sind hierbei Werkstoffe eines σ_s von etwa 30 bis 35 kp/mm² berücksichtigt, worunter die meist gebräuchlichen Stahl- und Messingbleche fallen. Bei weichen Werkstoffen ist ein geringerer Druck zu wählen, bei härteren ein höherer. Man kann auch anstelle der hier angegebenen Ringfedersäule eine Tellerfedersäule wählen. Über die Berechnung der Federabmessungen siehe S. 604 bis 621 dieses Buches.

4. Hochkantbiegewerkzeug

(Werkzeugblatt 28)

Zum Hochkantbiegen[1] von Blechstreifen und Profilmaterial können gemäß Werkzeugblatt 28 Werkzeuge verwendet werden, die für verschiedene Arbeitsbreiten einzurichten sind. Das Oberteil besteht aus der Kopfleiste (Teil 1) und dem Biegestempel (Teil 2), dessen Dicke der zu biegenden Blechdicke zuzüglich eines Zuschlages von etwa 0,05facher Blechdicke entspricht. Zur Befestigung dienen seitliche Spannschrauben (Teil 3), wobei für verschiedene Dicken Beilagleisten (Teil 4) eingefügt werden. Für die Benutzung

---

[1] In bezug auf den triaxialen Spannungszustand und die unerwünschte Verformung beim Hochkantbiegen siehe Abb. 197, S. 209 dieses Buches. Weiterhin wird hingewiesen auf *Lippmann, H.*: Ebenes Hochkantbiegen unter Berücksichtigung der Verfestigung. Ing. Archiv 27 (1959), S. 153–168.

4. Hochkantbiegewerkzeug

solcher Werkzeuge unter Pressen kann man die Kopfstücke mit einem Einspannzapfen (Teil 5) in der Mitte versehen, oder es wird bei der Verwendung von Gesenkbiegepressen eine Nut für die Einhängeleiste in die Kopfleiste eingehobelt. Das zu verarbeitende Werkstück w liegt auf zwei Rollen (Teil 7) der Vorrichtung auf. Zu beiden Seiten werden Winkelstücke (Teil 8) mit angeschweißten Rippen, zwischen denen ein gehärtetes Gesenkblech (Teil 6) liegt, miteinander durch Sechskantschrauben (Teil 9) verbunden. Die Rollen drehen sich auf Zapfen (Teil 10), die mit einer Unterlegscheibe (Teil 12) und einer der jeweiligen Dicke des zu biegenden Materials entsprechenden Unterleg- oder Beilagescheibe (Teil 13) versehen sind. Mit zwei Sechskantmuttern (Teil 11) werden die Zapfen so eingestellt, daß die Rollen sich noch drehen können. Bei genügend breitem Werkstoff, wie z. B. Trägern, ist der Einbau von Kugellagern in die Rollen zwecklos. Die hier gezeigte Anwendung für formgebundenes Prägebiegen durch die Stempelform (Teil 2) und Gegen-

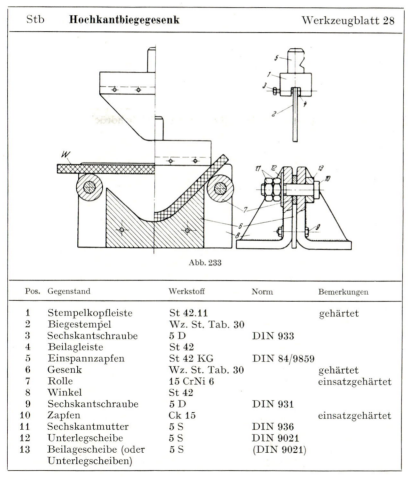

Stb	Hochkantbiegegesenk			Werkzeugblatt 28

Abb. 233

Pos.	Gegenstand	Werkstoff	Norm	Bemerkungen
1	Stempelkopfleiste	St 42.11		gehärtet
2	Biegestempel	Wz. St. Tab. 30		
3	Sechskantschraube	5 D	DIN 933	
4	Beilagleiste	St 42		
5	Einspannzapfen	St 42 KG	DIN 84/9859	
6	Gesenk	Wz. St. Tab. 30		gehärtet
7	Rolle	15 CrNi 6		einsatzgehärtet
8	Winkel	St 42		
9	Sechskantschraube	5 D	DIN 931	
10	Zapfen	Ck 15		einsatzgehärtet
11	Sechskantmutter	5 S	DIN 936	
12	Unterlegscheibe	5 S	DIN 9021	
13	Beilagescheibe (oder Unterlegscheiben)	5 S	(DIN 9021)	

gesenkform (Teil 6) läßt sich ohne weiteres auf Freibiegeverfahren umstellen, indem man einen weniger abgerundeten schmaleren Stempel verwendet und die Gegengesenkplatte ganz wegfallen läßt. Dafür wird aber bei der gegenseitigen Befestigung der Winkel ein der Werkstückdicke entsprechend hoch bemessener Zwischenring vorgesehen.

Vor dem Hochkantbiegen breiter, dünner Bleche besteht eine begründete Scheu. In schmale, schlitzförmige Gesenke senkrecht eingelegt, ist schon bei Beginn des Biegens eine so starke Neigung zur Faltenbildung vorhanden, daß der Werkstoff stellenweise fest eingeklemmt, so mit der Gesenkwand verkeilt und bei weiterem Vordringen des Biegestempels völlig zerstört wird. Deshalb haben sich hierfür Verfahren mit waagerechter Einlage des zu biegenden Blechstreifens bewährt, wo der Biegestempel gleichzeitig als Niederhalter wirkt. In der amerikanischen Rahmenlängsträgerfertigung wird an Blech dadurch gespart, indem aus einer Blechtafel nicht zwei der Endform entsprechend geschweifte Zuschnittsformen ausgeschnitten werden. Vielmehr werden aus einer Blechtafel drei Trägerzuschnitte in gerader gestreckter Länge ausgeschnitten und gelocht, dann in Höhe der späteren Hinterachslage unter Biegepressen mit Hochkantbiegewerkzeugen nach Abb. 234 gebogen und schließlich unter Ziehpressen zu U-Profilen gezogen. Diese Arbeitsfolge wird sowohl bei der Firma *A. O. Smith* in Milwaukee als auch bei der BUDD-Company in Philadelphia angewandt. Das Hochkantbiegen von Rahmenlängsträgerausschnitten einer Breite $b = 250$ mm, einer Blechdicke $s = 2,5$ mm und eines inneren Biegehalbmessers $r = 200$ mm geschieht unter Blechhaltern bei verhältnismäßig hohen Flächendrücken von etwa 100 kp/cm². Diese Blechhalter wirken mittels unter einem Winkel α von 45 bis 50° angeschrägten Keilflächen eine kurze Strecke schiebend in der Biegerichtung. In Abb. 234 ist der Aufbau solcher Niederhaltestempel dargestellt. Die linke Anordnung entspricht einer Bauart nach *A. O. Smith*, Milwaukee, unter Verwendung einer großen hydraulisch betriebenen Gesenkbiegepresse mit senkrechter Stößelführung, die rechte nach BUDD, Philadelphia, im Einsatz einer Sonderpresse mit schräg liegendem Pressenstößel. Die Bauweise der Maschine bei BUDD erscheint statisch günstiger, da das Oberwerkzeug und mit ihm die Oberwange nach der in Abb. 234 links angegebenen Bauweise seitlich abgedrängt werden. In beiden Fällen ist das Biegeschubwerkzeug b schräg geführt am Pressenstößel c aufgehängt und liegt in Aufwärtsstellung desselben mit dem an b befestigten Anschlag a gegen c an. Nach Auftreffen der Unterseite des schräg verschieblichen Biegeschubwerkzeuges auf die Blechtafel liegt zunächst dessen Vorschubkante um etwa $0,5s$ vor dem Werkstück, um dann dasselbe beim Biegen durch den weiter sich senkenden Stempel dort bei B anzugreifen. Nur die unten rechts vorspringende Leiste des Biegeschiebers b übernimmt die Rolle des Biegestempels. In der Hauptsache dient die Unterfläche zur Blechhaltung und zur Verhinderung einer Faltenbildung. Diese tritt trotz des hohen Flächendruckes von etwa 100 kp/cm² auf, der durch die im Schemabild angegebenen seitlich wirkenden Federn f und das Eigengewicht des Biegeschubwerkzeuges hervorgerufen wird. Das Gegengesenk g besteht aus einem flachen, der Gestalt der Biegung entsprechend ausgearbeiteten rechteckigen Stahlblock. Zum Zurückholen der fertig gebogenen Teile werden in

5. Umkantwerkzeug für Karosserieteile

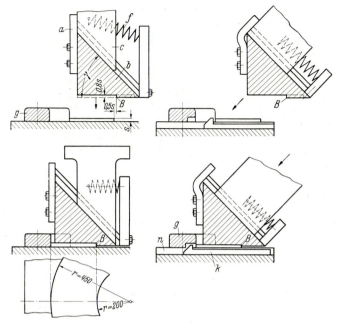

Abb. 234. Hochkantbiegeverfahren

den Nuten des Tisches geführte Druckfingerleisten k benutzt, deren über die Tischfläche vorstehende Nasen in entsprechende Ausarbeitungen des Gesenkes eingefahren werden können. Ihr Antrieb ist in der Schemaskizze zu Abb. 234 nicht angegeben. Die Verarbeitung der Bleche geschieht im kalten Zustande.

5. Umkantwerkzeug für Karosserieteile
(Werkzeugblatt 29)

Es gibt eine Reihe Biegevorgänge an Karosserieteilen mit unterschnittenen Biegungen, sei es, um eine Falzung oder eine spätere Einbördelung, evtl. Überlappschweißung, für Innenbleche vorzubereiten. Man geht dabei so vor, daß das Blechteil auf einen spreizbaren Kernstempel aufgenommen wird, gegen den von den Seiten die Biegestempel geschoben werden. Nach dieser Umformung der bisher senkrecht verlaufenden Zarge in eine nach innen schräg umgebogene muß der Kernstempel zusammenschrumpfen, um eine Abnahme des Teiles zu ermöglichen. Die Seitenstempel werden entweder durch mit Druckflüssigkeit oder Druckluft betätigte Hilfsvorrichtungen, wie sie auf S. 603 zu Abb. 590 erwähnt sind, oder mittels Keilstempel in Verbindung mit Rückzugsfedern vorgeschoben. Ein Beispiel für ein solches Werkzeug zum Umbiegen der Randkanten an einer flach geschweiften Vorderhaube (VW) ohne Oberteil ist in Abb. 235 dargestellt. Das Blechteil wird dabei über einen spreizbaren Kernstempel gelegt, gegen den von den

16*

244   D. Biege-, Roll-, Kragenzieh-, Richtpräge-, Hohlpräge-, Vollprägewerkzeuge

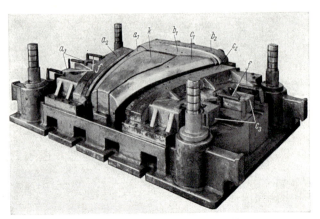

Abb. 235. Umkantwerkzeug für unterschnittene Biegungen

Seiten die Biegestempel geschoben werden. Nachdem hierdurch die bisher senkrecht verlaufende Zarge in eine nach innen schräg umgebogene umgeformt worden ist, schrumpft der Kernstempel zusammen, damit das Teil abgenommen werden kann. Der außer den am Pressenstößel angeschraubten Keilstempeln p federnd aufgehängte Niederhalter n dient zusätzlich zur Sicherheit gegen flüchtiges unsorgfältiges Einlegen; nötig ist er nicht. Abb. 236 zeigt einen Schnitt durch das Werkzeug, wobei I die Einlegestellung, II die Biegestellung und III die Aushebestellung des Werkstückes nach dem Umkanten erläutern. Vor dem Einlegen nehmen die drei beweg-

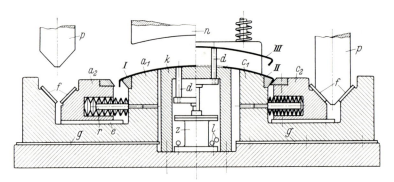

Abb. 236. Mit Gleitplatten bestücktes Umkantwerkzeug zu Abb. 235

lichen Spreizbacken a_1, b_1 und c_1 ihre innere Stellung ein, sie können sich auf den Gleitplatten in Richtung zum mittig gelegenen Auflageteil k oder von ihm weg bewegen. Auf ihnen selbst sind in der Mitte weitere Führungsplatten e vorgesehen, auf denen die Umkantwerkzeuge a_2, b_2 und c_2 laufen. An den Arbeitskanten sind die Spreizbacken und die Umkantwerkzeuge mit gehärteten Werkzeugstahlleisten versehen. Die Tellerfederpakete r sorgen dafür, daß die Umkantwerkzeuge von den Spreizbacken, also die Teile a_1

5. Umkantwerkzeug für Karosserieteile

und a_2, b_1 und b_2 sowie c_1 und c_2 voneinander getrennt werden. Treffen die Keilstempel p auf die schrägliegenden Führungsplatten f, so gehen a_1, b_1 und c_1 nach außen und a_2, b_2 und c_2 nach innen, wobei die Tellerfedern r zusammengedrückt werden und der Haubenrand nach innen umgekantet wird. Mit dem Niedergang der Keilstempel p geht der mittig angeordnete, am Werkzeugoberteil leicht federnd aufgehängte Niederhalter n nach unten und drückt das Haubenteil auf den Kernstempel k. Der Niederhalter darf dabei keine übermäßig hohen Kräfte aufwenden, da beim Außendruck der inneren Spreizbacken a_1, b_1 und c_1 das Werkstück angehoben und etwas gestreckt wird; er kann daher aus Hartholz hergestellt sein. Innerhalb des mittigen Auflageteils k sind pneumatisch arbeitende Zylinder z mit den Druckluftschlauchleitungen l untergebracht. Durch die Kolben der Zylinder werden nach dem fertigen Umkanten des Werkstückes und nach Rückkehr des Werkzeugoberteils in seine obere Ausgangsstellung I die Auswerfer-

Stbk	Umkantwerkzeug			Werkzeugblatt 29
	Abb. 237			
Pos.	Gegenstand	Werkstoff	Norm	Bemerkungen
1	Grundplatte	GG-20		
2	Tragzapfen zu 1	St 50		
3	Innenauflage	GG 20		
4	Paßleiste zu 1/3	MSt 42-2		
5	Außenauflage	GG-20		
6	Bodenblech zu 5	St. 10		
7	Feste Biegeleiste	Werkzeugstahl		gehärtet
8	Bewegliche Biegeleiste	siehe Tab. 30		gehärtet
9	Vorschubbacken	GG-25		
10	Waagerecht geführter Blechhalter	15 CrNi 6		
11	Zugfeder zu 10	Federstahl	DIN 2099	
12	Zugfeder zu 9	Federstahl	DIN 2099	
13	Keilstempel	St 70-2		gehärtet
14	Gleitführungsplatte	C 15		einsatzgehärtet
15	Kopfplatte	GG-25		
16	Tragzapfen zu 15	St 50		
17	Senkrecht geführter Niederhalter	GG-20		
18	Gleitführungswinkel	C 15		einsatzgehärtet
19	Druckfeder zu 17	Federstahl	DIN 2099	
20	Innensechskantschraube zu 19	5 S	DIN 912	

bolzen *d* und mit ihnen das fertig umgekantete Teil in die Stellung *II* gehoben, damit es vom Schwingarmgreifer oder Seitenarmentlader erfaßt und weitergegeben werden kann. Die Gleitplatten *e, f, g* sind aus den auf S. 656 bis 662 beschriebenen Mehrstoffbronzelegierungen herzustellen. Werkzeuge dieser Art sind selten als Zweisäulenwerkzeuge, sondern meist als Viersäulenwerkzeuge ausgeführt.

Es besteht aber auch die Möglichkeit, daß man derartige unterschnittene Einkniffe einseitig durchführt. Dann wird die umzukantende Seite in das Werkzeug eingeschoben. Bei der im Werkzeugblatt 29 dargestellten Ausführung[1] können gleichzeitig 2 Türen, und zwar sowohl die linke als auch die rechte an ihrer Oberkante umgeschlagen werden. Im rechten Teil zu Abb. 237 ist das eingelegte Werkstück *w* dargestellt. Hier ist die Kopfplatte

Abb. 238. Umkantwerkzeug nach Abb. 237

(Teil 15) zunächst noch in ihrer oberen Stellung. Der zum Oberteil gehörige Blechhalter (Teil 17), der zwischen den Führungswinkeln (Teil 18) auf- und abgleiten kann, wird in seiner unteren Lage unter Vorspannung von Federn (Teil 19) gehalten und durch Innensechskantschrauben (Teil 20) begrenzt. Ebenso wie die Grundplatte (Teil 1) mit Tragzapfen (Teil 2) ausgerüstet ist, ist auch die Kopfplatte (Teil 15) mit anzuschraubenden Trageisen (Teil 16) versehen. In der Mitte der Kopfplatte ist der beidseitig wirkende Keilstempel (Teil 13) eingelassen, der sich gegen die Führungsplatten (Teil 14) auf der Grundplatte (Teil 1) und auf den Vorschubbacken (Teil 9) abstützt. Die beiden Vorschubbacken gleiten auf der Grundplatte unter Einwirkung

---

[1] Bauart Allgaier, Uhingen.

des herabgehenden Keilstempels (Teil 13) nach auswärts und nach Entlastung durch Wirken einer Zugfeder (Teil 12) einwärts. Die Türbleche selbst werden auf zwei Auflagen, nämlich die Innenauflage (Teil 3) und die Außenauflage (Teil 5) aufgelegt. Die Innenauflage ist mit einer festen Biegeleiste (Teil 7) versehen, während die beweglichen Biegeleisten (Teil 8) auf den Vorschubbacken angebracht sind. Außer dem senkrecht wirksamen Blechniederhalter (Teil 17) sind waagerecht geführte, unter Druckfedervorspannung (Teil 11) stehende Blechhalter (Teil 10) vorgesehen und in den Vorschubbacken (Teil 9) mit eingebaut. Diese zusätzliche waagerechte Festhaltung ist deshalb erforderlich, damit nicht beim Vorschieben der beweglichen Biegeleiste das Blech auszuweichen sucht und hochschlägt, also im Bild nach der Werkzeugmitte zu ausweichen kann. Gerade bei dreidimensionalen Biegungen ist eine solche Gefahr des Ausweichens durchaus gegeben. In der Abb. 238 ist das im Werkzeugblatt 29 dargestellte Abkantwerkzeug mit den Führungssäulen zu sehen. Das Oberteil ist völlig ausgefahren. Ein Türblech wurde gerade zum Umkanten seitlich von links eingelegt.

6. Einfach wirkendes U-Biegewerkzeug mit Ausstoßer

(Werkzeugblatt 30)

Die hier gezeigte Führung geschieht nicht in Säulen, sondern nur in Fangstiften, welche kurz vor dem Biegearbeitsgang in die Bohrungen des Oberteiles einfahren. Diese Ausführung ist billig und genügt für leichte Arbeiten. Für U-förmige Teile ist eine Säulenführung schon deshalb nicht nötig, weil beide Seiten gleichmäßig gebogen werden und keinerlei seitlicher Schub auftritt. Der Stempel bleibt immer auf Mitte stehen. Bestehen aber dennoch Bedenken, so ist für solch einfache Teile ein Auswechselgestell nach Abb. 91 zu empfehlen.

Die zweiteilige Auswerferkonstruktion nach Abb. 239 ist für eine auf oder unter dem Maschinentisch vorgesehene Auswerferplatte (siehe Abb. 219) vorgesehen. Ist eine derartige Einrichtung nicht vorhanden bzw. lohnt deren besondere Herstellung nicht, so müssen unter dem Bund der Auswerferstifte (Teil 6) Schraubenfedern oder Tellerfedern eingebaut werden. Diese bedingen eine Vergrößerung der Bauhöhe des Unterteils (Teil 4). Wenn der Stempel mittig geteilt ausgeführt und der Gesenkbackenabstand verändert werden kann, lassen sich auf dem gleichen Werkzeug verschieden große U-Profile biegen.

Für kleinere, genaue Teile und für weiche Werkstoffe sind Auswerferbolzen nicht zu empfehlen, weil sich diese beim Aufsetzen des Stempels auf das Unterteil abzeichnen. Besser ist es, die Bodenfläche als Auswerferplatte zu benutzen und unter diese Druckstifte (S. 337) zu setzen. Wird auf Doppelwinkelstanzen stark rückfederndes Material verarbeitet, so genügt nicht der einfache rechtwinklige Biegestempel gemäß Ausführung A. Die Ausführung B zeigt gestrichelt gezeichnet eine gleichmäßige Verjüngung des Biegestempels nach dessen oberen Teil zu, so daß infolge der Materialverdrängung an der Biegekante das Werkstück um eine Kleinigkeit über 90° hinaus gebogen wird. Diese den richtigen Winkel überschreitende Biegung wird durch die

248   D. Biege-, Roll-, Kragenzieh-, Richtpräge-, Hohlpräge-, Vollprägewerkzeuge

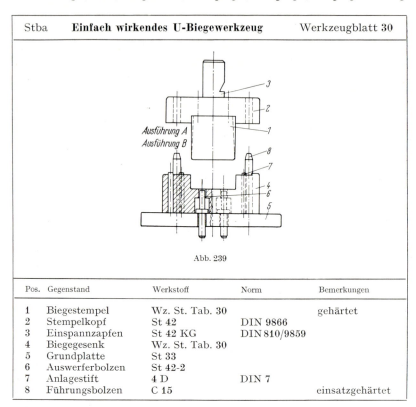

Stba	Einfach wirkendes U-Biegewerkzeug		Werkzeugblatt 30

Abb. 239

Pos.	Gegenstand	Werkstoff	Norm	Bemerkungen
1	Biegestempel	Wz. St. Tab. 30		gehärtet
2	Stempelkopf	St 42	DIN 9866	
3	Einspannzapfen	St 42 KG	DIN 810/9859	
4	Biegegesenk	Wz. St. Tab. 30		
5	Grundplatte	St 33		
6	Auswerferbolzen	St 42-2		
7	Anlagestift	4 D	DIN 7	
8	Führungsbolzen	C 15		einsatzgehärtet

Rückfederung des Werkstückes wieder aufgehoben. Bei härteren Werkstoffen ist deshalb Ausführung B gegenüber der Ausführung A unter Berücksichtigung des Rückfederungswinkels vorzuziehen, wozu S. 219 bis 227 dieses Buches nähere Ausführungen und Abb. 215 bis 218 weitere Vorschläge bringen. Im Werkzeugblatt 30 ist links die Fixierung des einzulegenden

Abb. 240. Schwenkbare Stempelschiene für Winkel- und Doppelwinkelstanze

Werkstückes durch Stifte, rechts die Fixierung durch Stifte und Aussparung im Unterteil angegeben.

In Abb. 577 ist rechts ein U-Biegewerkzeug dargestellt, in das aus einem Senkrechtmagazin die Zuschnitte eingeschoben und nach der Umformung mittels des gleichen rahmenförmigen Schiebers beim Rückhub die gebogenen Teile zu einer Abführrutsche befördert werden.

Es ist durchaus möglich, ein V-Biegewerkzeug mit einem U-Biegewerkzeug zu vereinen, wie dies das Biegewerkzeug mit dem schwenkbaren Oberteil auf einer Wieger-Gesenkbiegepresse gemäß Abb. 240 zeigt. Die Werkzeugschienen können in erheblich größerer Länge ausgeführt werden. Das erreichbare Biegeprofil ist rechts vorn dargestellt. Das Unterwerkzeug ist fest auf dem Tisch der Unterwange der Gesenkbiegepresse aufgespannt und zeigt in der Mitte die V-Kerbe für die V-Biegung und außen die Innenabmaße für die Schenkel des U-Profiles. Das Oberwerkzeug ist schwenkbar angeordnet und befindet sich in Abb. 240 nicht in Arbeitsstellung. Der nach vorn gekehrte Teil entspricht den äußeren Biegeschenkeln für die U-Form, während der nach hinten zu abgekehrte Teil spitz zuläuft, um die tiefen, schmalen V-förmigen Einkerbungen des Werkstückprofiles herzustellen.

7. Zweifach wirkendes U-Biegewerkzeug mit Ausstoßer

(Werkzeugblatt 31)

Weist ein Stanzteil mehrere Biegekanten auf, die nicht in gleicher Ebene liegen, so ist zunächst darüber zu entscheiden, welche Kanten zuerst und welche anschließend gebogen werden. Eine feste Regel läßt sich dafür nicht aufstellen. So werden in dem hier gezeigten Werkzeug zu Abb. 241 und ebenso im Verbundwerkzeug zu Abb. 243 die außen liegenden Kanten zuerst gebogen im Gegensatz zum Mehrfachbiegewerkzeug Abb. 255 in Werkzeugblatt 35, wo die unter Federvorspannung stehenden U-Biegestempel zunächst die innere Form gestalten, bevor die außen angreifenden Endbiegestempel die äußeren Lappen spitzwinkelig umlegen. In diesem Werkzeugblatt 31 ist der seltene Fall dargestellt, daß die Anlagestifte (Teil 4) zur Fixierung des einzulegenden Werkstückes sich nicht auf dem Biegegesenk (Teil 1), sondern auf den Seitenstempeln (Teil 3) des Oberwerkzeuges befinden. Um das Biegegesenk nicht allzu hoch bauen zu müssen, kann das Biegegesenk zwecks Durchgang dieser Anlagestifte (Teil 4) an- oder durchbohrt werden. Die seitlich wirkenden Vorbiegestempel (Teil 3) haben eine nach außen gerichtete Querkraft aufzunehmen, sind außen am Stempelkopf (Teil 5) angeschraubt und stehen im Biegebereich nach innen vor, da in der Endbiegestufe Raum zum Umschlagen der Außenschenkel vorhanden sein muß. Je länger diese sind, um so ungünstiger und nach innen ausladender wird die Konstruktion dieser Vorbiegestempel. In solchen Fällen und dort, wo mit größeren Vorbiegekräften zu rechnen ist, empfiehlt sich eine zusätzliche gegenseitige Halterung der Vorbiegestempel durch das Werkzeug umfassende Querleisten, wie sie durch verbindende Versteifungsschienen bei dem Lochwerkzeug zu Werkzeugblatt 13 (dort Teil 8) dargestellt sind.

Auch dieses Werkzeug ist mit einem Ausstoßer versehen, der im Gegensatz zum vorher beschriebenen einfach wirkenden U-Biegewerkzeug diesmal

250   D. Biege-, Roll-, Kragenzieh-, Richtpräge-, Hohlpräge-, Vollprägewerkzeuge

Stba	**Zweifach wirkendes U-Biegewerkzeug**	Werkzeugblatt 31

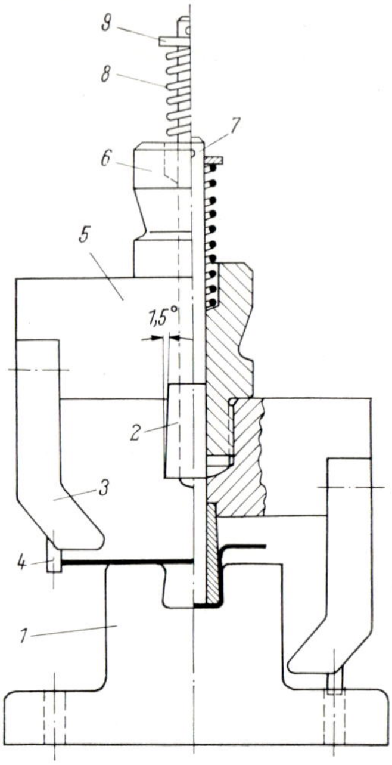

Abb. 241

Pos.	Gegenstand	Werkstoff	Norm	Bemerkungen
1	Biegegesenk			
2	Endbiegestempel	Wz. St. Tab. 30		gehärtet
3	Vorbiegestempel			
4	Anlegestift	St 50 KG		
5	Stempelkopf	St 52		
6	Einspannzapfen	St 42 KG	DIN 9859	
7	Ausstoßerbolzen	15 Cr 3		
8	Schraubenfeder	Federstahl	DIN 2099	
9	Unterlegscheibe	St 37	DIN 1440	

im Werkzeugoberteil und nicht im Biegegesenk untergebracht ist. Der Ausstoßerbolzen (Teil 7) wird mit der ihn umgebenden Feder bei diesem Werkzeug von oben in die durchgehende Bohrung gesteckt. Haftet das fertig gebogene Werkstück am Endbiegestempel (Teil 2), so wird es während des Aufwärtshubes von diesem abgestreift, sobald der Bolzen an eine den Pressenstößel gemäß Abb. 177 zu S. 185 durchkreuzende feststehende Quertraverse stößt. Die Entscheidung, ob gemäß Werkzeugblatt 30 der Ausstoßer unten oder wie hier gezeigt oben anzuordnen ist, hängt vom Werkstoff und von der Werkzeugkonstruktion ab. Ein stark rückfedernder härterer Werkstoff wird bei genügend weitem Biegespalt zum Hängenbleiben im Biegegesenk neigen. Hingegen wird bei einem engen Biegespalt $u_b < 1,1 s$ und einem nur mäßig rückfedernden Werkstoff insbesondere dort, wo sich der Stempel nach oben verjüngt, wie dies in Abb. 241 durch den Winkel von 1,5° gekennzeichnet ist und nach Abb. 239 der dort gestrichelt gekennzeichneten Ausführung B entspricht, das Teil am Oberstempel hängenbleiben. Dies kann dadurch noch durch eine sogenannte negative Rückfederung[1] sicher erreicht werden, wenn im unteren Bereich des Biegegesenkes der Biegespalt noch kleiner, d. h. gleich der knappen Blechdicke wird, so daß ein einwärts gerichtetes Drehmoment an der äußeren Biegekante auftritt, wie dies die weißen Pfeile im rechten Bild zu Abb. 206 andeuten.

8. Biegewerkzeug mit Keiltrieb

(Werkzeugblatt 32)

Werden Doppelwinkel an ihren oberen Schenkeln nochmals nach einwärts umgebogen, so daß das Werkstück nahezu einen geschlossenen Rahmen bildet, so werden sämtliche Biegungen in einem Arbeitsgang unter Zuhilfenahme von Seitenstempeln vorgenommen, wie diese zu Werkzeugblatt 13 bis 14 und deren Keilsteuerung unter Abb. 24 näher beschrieben sind. Dieses Verfahren ist jedoch nur für dünneren Werkstoff bis zu 0,5 mm Dicke ohne Nachdrücken anzuwenden. Darüber hinaus ist ein Nachdrücken der Teile nötig. Ein Beispiel hierzu zeigt Werkzeugblatt 32. Bei diesen Werkzeugen sind die Federn (Teil 7) des Biegestempels so stark zu bemessen, daß sie für das Vorbiegen ausreichen. Der Abstand a zwischen Oberteil (Teil 2) und dem federnden Stempel (Teil 5) zuzüglich des Abstandes b zwischen Grundplatte (Teil 9) und Federboden (Teil 16) ist der Hubhöhe h gleichzusetzen, damit der Stempel auf der Grundfläche des fertiggebogenen Werkstückes in der untersten Stößelstellung voll aufsitzt. Unter h ist der Teil des Hubes zwischen erstmaliger Berührung des Stempels mit dem Werkstück und unterster Stößelstellung zu verstehen. Zwecks bequemer Einlage des Werkstückes, das bei dem hier gezeigten Arbeitsbeispiel entsprechend Werkzeugblatt 40 beiderseits vorgerollt ist, wird das Oberteil in der obersten Stößellage noch um 10 bis 20 mm weiter gelüftet als hier gezeichnet ist. Das im vorausgegangenen Arbeitsgang an beiden Enden eingerollte Werkstück wird in der Einlage (Teil 10) auf den Schiebern (Teil 8) eingelegt. Beim Niedergang des Stempels (Teil 5) wird das Werkstück hochgestellt bzw. U-förmig vorgebogen, und beim weiteren Abwärtsbewegen des Oberteiles (Teil 2) schieben die Keile (Teil 4) die Schieber (Teil 8) vor zwecks Fertigbiegen. Beim Heben des Pressenstößels werden die Schieber zurückgezogen. Das fertiggebogene Teil wird vom Stempel entweder direkt von Hand oder mittels eines gabelförmigen Gerätes abgezogen. Im Hinblick auf die Führung der Keilstempel ist der Einbau des ganzen Werkzeuges in ein Säulengestell notwendig. Für größere Werkstücke ist ein Säulengestell mit übereck angeordneten Säulen besser als ein solches mit axial angeordneten, da die Schieber in der ersteren Ausführung seitlich weiter ausweichen können. Die Keilstempel sind möglichst lang zu halten und auch in oberster Stößelhaltung immer noch in der

---

[1] *Oehler, G.:* Biegen (München 1963), S. 54, Bild 38.

252   D. Biege-, Roll-, Kragenzieh-, Richtpräge-, Hohlpräge-, Vollprägewerkzeuge

Grundplatte geführt. Sie sind entsprechend Abb. 24/VI aus einem Stück gefräst und dadurch bedeutend widerstandsfähiger, was im vorliegenden Fall zur Erzielung einer genügend großen Biegekraft notwendig ist.

Bei der hier geschilderten Ausführung muß das vom Biegestempel (Teil 5) nach dem Fertigbiegen mit nach oben genommene Teil von Hand direkt oder mittels eines Hakens, abgezogen werden. Dies ist in Verbundwerkzeugen aber

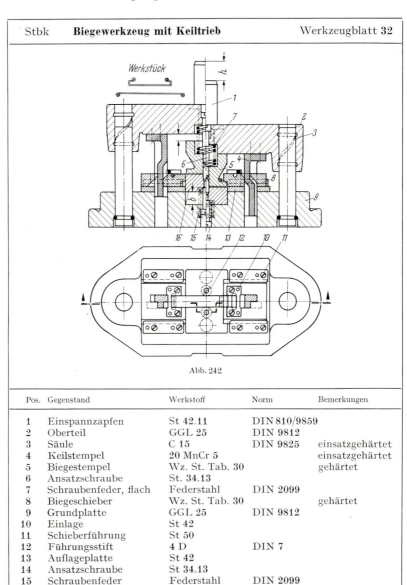

Abb. 242

Pos.	Gegenstand	Werkstoff	Norm	Bemerkungen
1	Einspannzapfen	St 42.11	DIN 810/9859	
2	Oberteil	GGL 25	DIN 9812	
3	Säule	C 15	DIN 9825	einsatzgehärtet
4	Keilstempel	20 MnCr 5		einsatzgehärtet
5	Biegestempel	Wz. St. Tab. 30		gehärtet
6	Ansatzschraube	St. 34.13		
7	Schraubenfeder, flach	Federstahl	DIN 2099	
8	Biegeschieber	Wz. St. Tab. 30		gehärtet
9	Grundplatte	GGL 25	DIN 9812	
10	Einlage	St 42		
11	Schieberführung	St 50		
12	Führungsstift	4 D	DIN 7	
13	Auflageplatte	St 42		
14	Ansatzschraube	St 34.13		
15	Schraubenfeder	Federstahl	DIN 2099	
16	Auswerferplatte	MRSt 42-2		

8. Biegewerkzeug mit Keiltrieb

nicht möglich. Daher wird dort der unterschnittene Biegestempel in zwei Hälften geteilt ausgeführt. Beim Biegen gehen diese Hälften auseinander, beim Weiterschieben des Streifens zusammen. Allerdings sind dafür nur solche Teile geeignet, bei denen die umzubiegenden Schenkel im Verhältnis zur Teilbreite kurz sind. Abb. 243 zeigt die Anordnung eines solchen Verbundwerkzeuges. Im Streifenbild 243a sind die 5 Arbeitsstufen durch I bis V

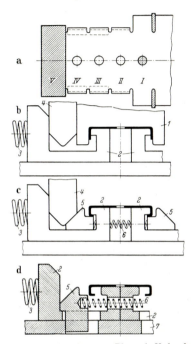

Abb. 243. Unterschnittenes Biegen in Verbundwerkzeugen

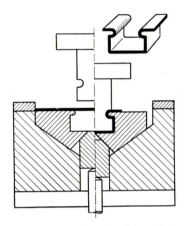

Abb. 244. Werkzeug mit schräg geführten Biegestempeln

bezeichnet. Zuerst werden bei I das Loch in der Mitte des Werkstückes und die Schlitze geschnitten, damit in II die beiden Schenkel gemäß Abb. 243b umgelegt werden können. Das geschieht durch einen ⊓-förmigen Stempel (Teil 1) über zwei Biegewangen (Teil 2), die seitlich verschiebbar sind und unter dem Druck beiderseitig angeordneter Druckfedern (Teil 3) stehen. Die Biegewangen sind außen mit schrägen Keilschubflächen versehen und werden durch die abwärts gehenden beiden Keilstempel (Teil 4) auseinandergehalten. Biegewangen und Keilstempel sind gleichzeitig auch in Stufe *III* wirksam, wie dies Abb. 243c zeigt. Die Keilstempel schieben hier noch zwei Seitenstempel (Teil 5) vor, zwischen denen sich eine Druckfeder (Teil 6) befindet. Abb. 243d zeigt endlich das Werkzeug im entlasteten Zustand. Durch die äußeren Druckfedern (Teil 3) sind die Biegewangen in der Mitte zusammengedrückt, während die mittlere Druckfeder (Teil 6) die Seitenstempel (Teil 5) so weit nach außen schiebt, bis deren untere Vorsprünge am Ende der Aussparungen in der Grundplatte (Teil 7) anschlagen. Die nächste Stufe IV ist eine reine Blindstufe, die nur deshalb nötig ist, damit für den

Ausschneidestempel in der letzten Stufe V eine genügend breite Schnittanlage geschaffen wird, die unmittelbar neben den seitlich beweglichen Werkzeugteilen (Teile 2 und 5) nicht möglich wäre.

Die hier gezeigte Anwendung von seitlich verschiebbaren Biegestempeln für unterschnittene Biegeteile ist insofern günstig, als dadurch ein Klemmen der umgelegten Schenkel im Biegewerkzeug vermieden wird und der Streifen sich ohne nennenswerten Widerstand leicht verschieben läßt. Freilich sind in der Anordnung verhältnismäßig viele bewegte Teile vorhanden, die nur allzuhäufig Anlaß zu Werkzeugstörungen geben können. Es ist auch möglich, das Verbundwerkzeug so einzurichten, daß erst die äußeren Schenkel und dann die inneren gebogen werden, damit die zuerst umgelegten Schenkel schließlich nach der zweiten Biegung waagerecht liegen. Das Werkzeug wird dadurch zwar etwas einfacher, jedoch klemmen die gebogenen Werkstücke im inneren Biegekern und erschweren somit den Streifenvorschub.

An dieser Stelle sei auf eine in den USA teilweise anzutreffende Ausführung gemäß Abb. 244 hingewiesen, wo die Biegestempel sich nicht waagerecht, sondern schräg aufeinander zu bewegen, indem der Mittelstempel das zu biegende Blech zunächst ⊔-förmig hochstellt und bei weiterem Vordringen unter Überwindung des unter hoher Vorspannung stehenden mittleren Spreizstempels des Unterteiles beide seitlichen Biegebacken nach einwärts drückt. Die Werkzeugbauweise erscheint zwar einfach und billig, doch sind hohe Kräfte zur Überwindung der Reibung erforderlich, die etwa der 3fachen Biegekraft entsprechen. Weiterhin besteht die Gefahr einer unerwünschten Stauchung in der Stegmitte des Teiles sowie von Schürfspuren und Oberflächenschäden an jener Stelle.

9. Vor- und Nachbiegewerkzeug

(Werkzeugblatt 33)

Werkstücke solcher Gestalt, wie sie im vorhergehenden Werkzeugblatt 32 beschrieben wurden, und solche, deren Lappen das ⊓-Profil in der oberen Seitenmitte zu einem geschlossenen Rechteck gestalten, können nach zweifachem Einlegen auf zum Vorbiegen und Nachbiegen eingerichteten Werkzeugen hergestellt werden, wie ein solches in diesem Werkzeugblatt 33 erläutert wird. Dieses Werkzeug ist in der Herstellung zwar erheblich billiger als eines mit Keiltrieb; dafür ist ein doppeltes Einlegen notwendig. Bei hohen Stückzahlen ist das Keiltriebwerkzeug nach Werkzeugblatt 32, das allerdings eine Lücke zwischen den oberen Lappen des Rechteckprofiles offenläßt, bei geringen das Vor- und Nachbiegewerkzeug zu Werkzeugblatt 33 wirtschaftlicher. Die Arbeitsweise dieses Werkzeuges ist folgende:

a) Zunächst ist beim Ausschneiden des Werkstückes der Schneidstempel beiderseits leicht abzurunden, so daß die Enden ähnlich wie beim Anrollen (siehe Abb. 264, A) ,,gekippt" entsprechend der Form C in Abb. 245 aus dem Schneidwerkzeug anfallen.

b) Vor dem ,,Vorbiegen" ist der am Griff liegende Teil a des Einlegedorns (10) auf die Ausstoßerplatte (Teil 7) zu legen. Seine Breite entspricht der äußeren Breite und seine Dicke einer Blechdicke zuzüglich der inneren Höhe des fertiggebogenen Werkstückes.

9. Vor- und Nachbiegewerkzeug

Stba	**Vor- und Nachbiegewerkzeug**		Werkzeugblatt 33

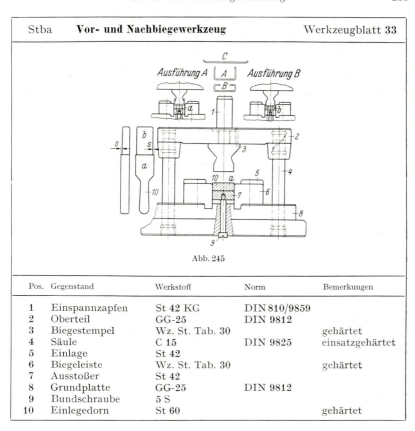

Abb. 245

Pos.	Gegenstand	Werkstoff	Norm	Bemerkungen
1	Einspannzapfen	St 42 KG	DIN 810/9859	
2	Oberteil	GG-25	DIN 9812	
3	Biegestempel	Wz. St. Tab. 30		gehärtet
4	Säule	C 15	DIN 9825	einsatzgehärtet
5	Einlage	St 42		
6	Biegeleiste	Wz. St. Tab. 30		gehärtet
7	Ausstoßer	St 42		
8	Grundplatte	GG-25	DIN 9812	
9	Bundschraube	5 S		
10	Einlegedorn	St 60		gehärtet

c) Nach dem Einlegen des Zuschnittes *C* zwischen die Einlagen (Teil 5) wird derselbe entsprechend Ausführung A U-förmig vorgebogen. Die hochgestellten Enden bleiben am emporgehenden Stempel (Teil 3) hängen.

d) Der Dorn (Teil 10) wird herausgenommen. Über das äußere Ende *b*, dessen Querschnittsmaße genau den Innenmaßen des fertigzubiegenden Stückes *B* entsprechen, wird das vom Stempel abgezogene, vorgebogene Werkstück *A* aufgeschoben und in dieser Weise in das Gesenk eingelegt.

e) Beim zweiten Stößelniedergang, dem sogenannten Nachbiegen, wird das Teil aus der Form *A* in die Endform *B* fertig gebogen. Es wird mit dem Einlegedorn aus dem Werkzeug genommen und vom Dorn mittels Abziehvorrichtungen abgestreift, wie sie unter Abb. 250 und 251 des folgenden Abschnittes beschrieben werden. Das Herausnehmen des Einlegedornes kann durch eine Ausstoßvorrichtung mit den Übertragungsteilen (Teile 7 und 9), wie hier gezeigt, wesentlich erleichtert werden, da der Dorn mit dem Werkstück beim Herausziehen zwischen den Biegeleisten häufig festklemmt.

Bei größeren Stückzahlen können die Werkzeugsätze nach Ausführung A und B nebeneinander in das Säulengestell eingebaut werden. Es werden dann bei jedem Pressenhub je ein Teil der Ausführung A und B gleichzeitig hergestellt und der Einlegedorn (Teil 10) nur für B benötigt.

256 D. Biege-, Roll-, Kragenzieh-, Richtpräge-, Hohlpräge-, Vollprägewerkzeuge

10. Biegewerkzeug mit Einlegedorn
(Werkzeugblatt 34)

Einlegedorne werden dort angewendet, wo an bereits hergestellten Hohlkörpern geringeren Durchmessers, also unter 40 mm, Formveränderungen vorgenommen werden, oder wenn mittels des Stanzvorganges ein Hohlkörper hergestellt wird, wie dies unter Werkzeugblatt 33 bei Teil 10 erläutert wurde.

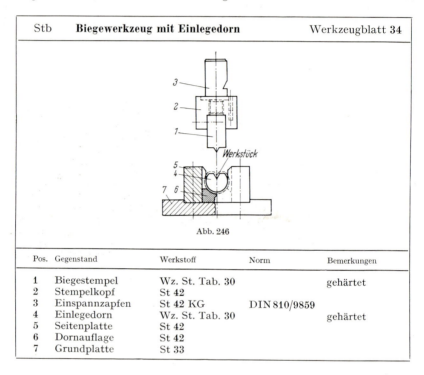

Stb	Biegewerkzeug mit Einlegedorn		Werkzeugblatt 34

Abb. 246

Pos.	Gegenstand	Werkstoff	Norm	Bemerkungen
1	Biegestempel	Wz. St. Tab. 30		gehärtet
2	Stempelkopf	St 42		
3	Einspannzapfen	St 42 KG	DIN 810/9859	
4	Einlegedorn	Wz. St. Tab. 30		gehärtet
5	Seitenplatte	St 42		
6	Dornauflage	St 42		
7	Grundplatte	St 33		

Ein häufiger Mangel vieler derartiger Werkzeuge ist das Fehlen der Widerlager (Teil 6) unter den Dornen, so daß die Dorne deshalb durchfedern oder gar verbogen werden. Es ist also sehr wichtig, hierfür eine möglichst breite Aufsitzfläche und einen Werkstoff größerer Festigkeit zu wählen. Die gabelförmig ausgesparten Seitenstücke dienen nur zum bequemen Einlegen des Dornes, dagegen nicht als Auflage.

Die hier gezeigte Stempelbefestigung (Teil 1 und Teil 2) empfiehlt sich nur bei langen Stempeln. Der Stempel ist fast bis zu seiner oberen Hälfte im Stempelkopf eingelassen und wird durch einige seitliche Schrauben gehalten. Diese Ausführung ist billiger und zweckmäßiger als die Verwendung einer Stempelhalteplatte.

Einfache Schellenteile mit hochgebogenen parallelen Lappen zum Verschrauben miteinander, werden häufig in 2 Werkzeugen angefertigt. Im ersten Werkzeug wird das Teil vom Band im Abhackwerkzeug abgeschnitten, w-förmig vorgebogen und außen mit zwei Löchern versehen. Im zweiten

10. Biegewerkzeug mit Einlegedorn

Werkzeug wird mittels eines Dornes, der aus zwei Seitenhaltebügeln nach dem Pressen seitlich herausgezogen werden kann, die mittlere Wölbung nach unten durchgebogen, so daß das Schellenteil beiderseits nach oben einwärts klappend sich um den Dorn schließt. Es läßt sich eine volle Rundung auch in einem einzigen Biegearbeitsgang ausführen, was allerdings ein etwas komplizierteres Werkzeug nach Abb. 247 voraussetzt. Bei dieser Bauweise besteht das Werkzeugoberteil aus einem Winkel a mit einem fliegenden Zapfen b. Das Werkzeugunterteil ist wesentlich verwickelter hergestellt, und zwar sind in der Ruhe- und Ausgangsstellung in Abb. 247 links die um eine

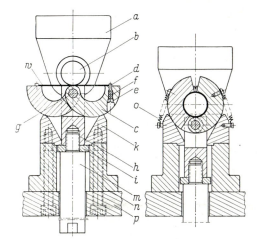

Abb. 247. Umrollbiegewerkzeug mit Schwenkbacken

Abb. 248. Umrollbiegewerkzeug mit im Oberteil verschieblicher Dornplatte

gemeinsame Welle nach oben schwenkbaren Biegehalbschalen c geöffnet, rechts geschlossen dargestellt. Das zu biegende Blech wird zwischen nach oben vorstehende Stifte d eingelegt, die unter Druck der Gummifedern f in ihrer oberen Lage gehalten werden, die ihrerseits durch Wurmschrauben e gegen Herausfallen gesichert sind. Sobald das am Pressenstößel befestigte Werkzeugoberteil nach unten gefahren wird, stößt der fliegend angeordnete Biegedorn b auf die Mitte des Werkstückes w und drückt die an der Gelenkwelle g schwenkbar angeordneten Schalen c nach oben und einwärts, da sie sich an den Kanten der Kurvenstücke k abwälzen. Die Gelenkwelle g wird beiderseits von einem Haltebügel h umfaßt, der unter Zwischenlage der Scheibe i vom Mittelbolzen m gehalten wird. Er wird durch einen Federdruckapparat oder ein pneumatisches Ziehkissen immer in seine Oberstellung gedrückt, wobei die Scheibe i als Anschlag gegen die Kurvenstücke k dient. Umgeben wird der Mittelbolzen m von einem Sockel n und der darunter befindlichen Grundplatte p. Es ist noch darauf hinzuweisen, daß die Biegeschalen c durch die Federn o selbsttätig geöffnet werden. Zum gleichen Ziel gelangt man, indem nach Abb. 248 der Dorn b fliegend an eine unter Federvorspannung stehende, im Werkzeugoberteil a senkrecht verschiebliche Platte c festgeschraubt wird. Die Vorspannkraft muß höher als die zum Hochschlagen der Biegeschenkel erforderliche Kraft sein, wenn der

17 Oehler/Kaiser, Schnitt-, Stanz- und Ziehwerkzeuge, 6. Aufl.

Dorn b das bei f eingelegte Werkstück in das Untergesenk e drückt. Bei weiterem Stößelsenken werden die hochgeschlagenen Schenkel durch das im Werkzeugoberteil a eingesetzte Obergesenk d völlig geschlossen[1]. Eine andere Möglichkeit der Fertigung zeigt Abb. 249, wo es sich um Schellen

Abb. 249. Schellenbiegewerkzeug in Arbeitsstellung

mit quer umgebogenen Lappen handelt, die im Trennschneidwerkzeug nach Abb. 110, S. 110 gleichzeitig mit zwei großen Langlöchern für die Lappen und fünf kleinen Löchern versehen werden. Unter dem Dorn a ist ein Suchstempel b angeordnet, der das Werkstück w im mittleren Loch zentriert und im unteren Mittelgesenk c geführt wird. Das Oberwerkzeug trägt beiderseits einsatzgehärtete Aufschlagplatten d, die auf die Rollen e der schwenkbaren Seitengesenke g treffen, welche durch Zugfedern f auseinandergespreizt werden. Die Anschläge h dienen der richtigen Einlage der Werkstückzuschnitte auf die oberen Auflageflächen der schwenkbaren Seitengesenke g. Eine fertig gebogene Schelle liegt vor dem Werkzeug. Wie dieses Beispiel zeigt, ist häufig bei Werkzeugen mit Einlegedornen die zusätzliche Anordnung von Seitenschiebern zum Lochen oder Biegen notwendig (siehe Werkzeugblatt 13 bis 14 und 32).

Die mittels Einlegedorn nach Abb. 246 (Teil 4) hergestellten Werkstücke sitzen zuweilen nach dem Biegen fest auf und werden häufig mittels besonderer Abziehvorrichtungen vom Dorn entfernt. Das Abziehen von auf Dorn gepreßten Werkstücken geschieht in der Regel derart, daß der Dorn mit dem Werkstück in eine Vorrichtung eingelegt wird und dasselbe mittels eines

---

[1] *Oehler, G.:* Stanzwerkzeug für Rundbögen. Werkst. u. Betr. 101 (1968), H. 5, S. 287/288. Hier zeigt der Verfasser vier weitere Rundbiegewerkzeuge.

10. Biegewerkzeug mit Einlegedorn

Handhebels abgezogen wird. Häufig wird eine derartige Vorrichtung neben dem Dornbiegewerkzeug auf einer gemeinsamen Grundplatte angeschraubt. Es empfiehlt sich bei Wiederholung derartiger Arbeiten für verschiedenste Werkstücke eine Universalabziehvorrichtung. Dieselbe besteht gemäß Abb. 250 aus einer Grundplatte, auf der ein auf einem Zapfen drehbar angeordneter Abziehhebel mit Handgriff und ein Einlegewinkel für den Dorn sich befinden. Dieser Winkel ist auf einer kleinen kugelgelagerten Drehscheibe angeschraubt. Sowohl diese Einlegewinkel als auch der Gabelkörper selbst sind auswechselbar, denn ihre Konstruktionsmaße sind von den jeweiligen Abmessungen des Dornes und des Werkstückes abhängig und entsprechend auszuführen. Nach dem Stanzen des Werkstückes wird der Dorn mit der

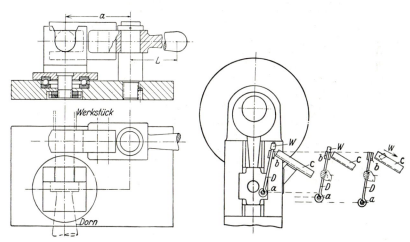

Abb. 250. Abziehvorrichtung für Biegedorne   Abb. 251. Abziehvorrichtung an der Exzenterpresse

linken Hand derart in den Winkel eingelegt, daß sein Bund am Winkel anstößt. Mit der rechten Hand wird der Abziehhebel getätigt, nachdem durch Drehen des Dornes und des Winkels das freie Ende des Dornes in die Abziehgabel hineingedrückt wird. Es ist hierbei zu beachten, daß die Dorne am freien Ende leicht konisch verlaufen, so daß nur ein verhältnismäßig kurzer Weg genügt, um das Werkstück vom Dorn zu befreien. Das Längenverhältnis $L:a$ ist zwecks einer ausreichenden Abzugskraft möglichst groß zu wählen.

Eine andere recht zweckmäßige und billige Vorrichtung ist in der Abb. 251 angegeben. Die Dorne D sind am unteren Ende, also an der Seite des Griffes, ringförmig umgeschmiedet. Nach dem Stanzen wird dieser Ring über einen Zapfen a geschoben, der am Stößel der Presse befestigt ist. Am oberen Teil der Schlittenführung befindet sich ein drehbarer Gabelkörper b, in dessen Gabelschenkel der Dorn D eingelegt wird. Nunmehr wird die Presse eingerückt, der Stößel und mit ihm der Zapfen a werden nach unten bewegt, so daß in der Gabelführung der Dorn nach unten gleitet. Dabei stößt schließlich das auf dem Dorn D befindliche Werkstück W gegen die Stirnseite des Gabelstückes b und wird vom Dorn D abgezogen. Das Werkstück W fällt

17*

dann auf eine Rutsche C herab und gleitet von dieser in den Sammelkorb für die Werkstücke. Es sollte möglichst gleichzeitig mit zwei Dornen gearbeitet werden, von denen der eine sich im Biegewerkzeug der andere sich in der Abziehvorrichtung nach Abb. 251 befindet.

Bei sehr einfachen runden Formen kann auf den Einlegedorn ganz verzichtet werden, wenn dabei beachtet wird, daß der Werkstoff in der ihm anfänglich erteilten Umformrichtung ohne irgendwelche Behinderung weitergeschoben wird. Doch ist dieser Arbeitsgang nicht mehr als Biegen, sondern besser als Rollen zu bezeichnen, worüber die folgenden Werkzeugblätter 41 bis 44 Aufschluß geben.

11. Mehrfachbiegewerkzeug als Verbundwerkzeug

(Werkzeugblatt 35)

Werden mehrere Biegearbeitsstufen in einem Werkzeug zusammengelegt, d.h. gleichzeitig mehrere Abkantungen vorgenommen, so ist dafür Sorge zu tragen, daß infolge überlagerter Zugbeanspruchung es nicht zu unzulässig hohen Spannungen kommt. Sonst tritt an den Biegekanten eine erhebliche Schwächung des Bleches, wenn nicht sogar Bruch ein, und der zur Erreichung der endgültigen Form erforderliche Druck nimmt erheblich zu. Abb. 252

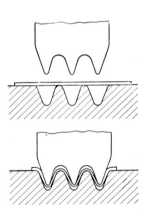
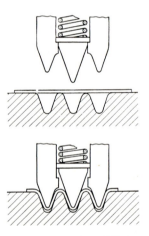

Abb. 252. Mehrfachbiegestempel aus einem Stück. Große Schlupfwirkung. Falsch!

Abb. 253. Mittlerer Stempel biegt vor. Geringer Schlupf. Richtig!

zeigt im Schema eine Biegestanze mit starker Schlupfwirkung. Die Biegestempelspitzen bremsen den Einlauf des Werkstoffes, der dadurch über seine ganze Länge gereckt und überbeansprucht wird, wobei der mittlere Teil des Werkstückes gefährlich geschwächt wird. Im Gegensatz hierzu wird bei einem Werkzeugaufbau gemäß Abb. 253 erst die mittlere Biegung mit Hilfe eines unter Vorspannung stehenden federnden Vorformstempels vollendet, bevor die äußeren Biegestempel sich an der Umformung beteiligen. Für den eigentlichen Biegevorgang ohne große Zugspannungsüberlagerung

11. Mehrfachbiegewerkzeug als Verbundwerkzeug 261

ist genügend Material vorhanden, und es tritt an den Biegekanten keine Materialschwächung ein. Der Werkstoff wird hierbei geschont und reißt nicht.

Beim Mehrfachbiegen unsymmetrischer Teile und insbesondere dort, wo einseitig spitzwinklige und scharfe Biegekanten erzeugt werden sollen, neigt das umzuformende Werkstück leicht dazu, sich an diesen Stellen festzuhaken. Infolgedessen wird das Blech in die Ziehform unregelmäßig eingezogen. Ein Beispiel dafür ist der Klemmbügel für eine Langfeldleuchte aus Stahlblech von 0,8 mm Dicke, 20 mm Breite und 55 mm gestreckter Breite. Das Teil wurde gemäß Abb. 254a in ein einfaches Biegegesenk eingelegt. Beim Anbiegen nach Abb. 254b wird das Blech beiderseits des U-Biegestempels hochgeschlagen. Bei weiterem Fortschreiten der Biegung nach Abb. 254c und d hält die spitze Zacke des Gesenkes den Werkstoff fester als andere Stellen, so daß nach der Umformung, wie sie Abb. 254d entspricht, keine weiteren Werkstoffverschiebungen an dieser Spitze stattfinden; in der unteren

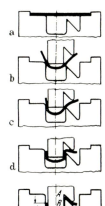

Abb. 254. Mehrfachbiegestempel aus einem Stück. Rißgefahr zwischen A und B. Falsch!

Endstellung des Biegestempels rutscht dann der äußere U-Schenkel nach, und seine Höhe h fällt verschieden hoch aus. Ferner wird in der Endstellung der Werkstoff zusätzlich zwischen den Punkten A und B gestreckt und geschwächt (Abb. 254e), so daß er meistens in der Nähe von Punkt A reißt. Hinzu kommt, daß zwischen den Stempelstellungen nach Abb. 254c und d der rechte U-Schenkel zwischen den Punkten B und A über die spitzwinklige Gesenkecke nach und nach geschoben und geschürft wird. Dabei wird er unnötig plastischen Verformungen unterworfen, die später in der Endstellung ausgerichtet werden müssen.

Der ungleichmäßige Ausfall der Werkstücke sowie die zahlreichen Ausschußteile veranlaßten den Bau eines Werkzeuges nach Abb. 255 in Werkzeugblatt 35. Das zu biegende Blech wird dabei in der reichlich doppelten Breite eingelegt. Es wird hier der gleiche Grundsatz angewandt wie beim Anordnen mehrerer Ziehteile zum gleichzeitigen Ziehen in einem gemeinsamen Ziehwerkzeug, worüber auf S. 171 berichtet wurde. Durch die auf Werkzeugmitte bezogene symmetrische Anordnung für das gleichzeitige Biegen zweier Teile wird ein seitliches Verschieben vermieden. Es werden

262   D. Biege-, Roll-, Kragenzieh-, Richtpräge-, Hohlpräge-, Vollprägewerkzeuge

| Stb-Z | Mehrbiegewerkzeug als Verbundwerkzeug | | | Werkzeugblatt 35 |

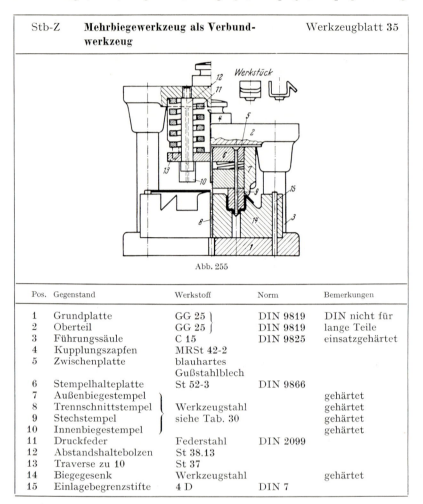

Abb. 255

Pos.	Gegenstand	Werkstoff	Norm	Bemerkungen
1	Grundplatte	GG 25	DIN 9819	DIN nicht für
2	Oberteil	GG 25	DIN 9819	lange Teile
3	Führungssäule	C 15	DIN 9825	einsatzgehärtet
4	Kupplungszapfen	MRSt 42-2		
5	Zwischenplatte	blauhartes Gußstahlblech		
6	Stempelhalteplatte	St 52-3	DIN 9866	
7	Außenbiegestempel	Werkzeugstahl siehe Tab. 30		gehärtet
8	Trennschnittstempel			gehärtet
9	Stechstempel			gehärtet
10	Innenbiegestempel			gehärtet
11	Druckfeder	Federstahl	DIN 2099	
12	Abstandshaltebolzen	St 38.13		
13	Traverse zu 10	St 37		
14	Biegegesenk	Werkzeugstahl		gehärtet
15	Einlagebegrenzstifte	4 D	DIN 7	

in Übereinstimmung zu Abb. 254b zunächst die mittleren U-Biegeformen vorgebogen. Kurz vor dem Fertigausprägen beider U-Profile werden diese mittig durchtrennt und anschließend setzt das spitzwinklige Umlegen der Außenschenkel ein. Durch die beiderseitige Anordnung wird ein einseitig wirkendes Kippmoment für die Seitenstempel vermieden. Das in Werkzeugblatt 35 rechts oben angedeutete Werkstück, das hinsichtlich seiner Biegeform mit dem nach Abb. 254 übereinstimmt, ist außerdem mit einer anzustechenden Gewindewarze versehen. Dieses Verbundwerkzeug – denn es dient nicht nur als Biegegesenk, sondern außerdem zum Trennschneiden und Warzenstechen – ist in ein übliches Säulengestell, bestehend aus Grundplatte (Teil 1), Kopfplatte (Teil 2), Führungssäulen (Teil 3) und Kupplung (Teil 4), eingebaut. Am Oberteil ist unter Zwischenlage eines blauharten Gußstahlbleches (Teil 5) die Stempelhalteplatte (Teil 6) angeschraubt, an welcher beiderseits die Seitenbiegestempel (Teil 7) befestigt sind. In der Stempelhalteplatte hängen der mittlere Trennstempel (Teil 8) und die beiden Stechstempel (Teil 9). Die U-Biegestempel (Teil 10) sind an einer unter 4 Druckfedern (Teil 11) und 4 Abstandsbolzen (Teil 12) hängenden Traversenplatte (Teil 13) befestigt. Die Vorspannkraft der 4 Federn ist so hoch, daß die U-Biegung beendet ist, bevor beim weiteren Senken des Pressenstößels die Federn (Teil 11) zusammengedrückt werden und die seitlichen Außenbiegestempel (Teil 7) den seitlich spitzwinklig nach unten abzubiegenden Lappen umlegen. Hierbei werden die Gewindewarzen durch Stechstempel nach Abb. 273 erzeugt. Der Blechstreifen wird vor dem Biegen auf das Biegegesenk (Teil 14) zwischen die beiden nach obenvorstehenden Stifte (Teil 15) eingelegt.

In Biegewerkzeugen, ganz besonders aber unter Mehrfachbiegewerkzeugen, neigen die Werkstücke zum Rutschen. Soweit Anlagestifte diesem unerwünschtem Abgleiten nicht begegnen, helfen rauhe Hobelstriche auf den vorstehenden Biegestempelkanten, wie beispielsweise an der äußeren Gesenkspitze zu Teil 14, Abb. 255 und die Stempelspitzen zu Teil 1, Abb. 221 und Teil 9, Abb. 223, sowie 224 bis 230 oder aufgerauhte Stempelunterflächen wie beispielsweise zu Teil 1, Abb. 239 oder zu Teil 5 und 16, Abb. 242.

12. Mehrfachbiegewerkzeug mit formgebendem und beweglichem Unterstempel

(Werkzeugblatt 36)

Dieses Biegewerkzeug mit dem formgebenden, beweglichen Unterstempel (Teil 6) gestattet ein Fertigbiegen und Ziehen des zugeschnittenen Werkstückes A, das an beiden Enden im Schneidwerkzeug angekippt ist, in einem einzigen Arbeitsgang nach Ausführung B[1]. Das Teil A wird in ausgeschnittenem Zustand in die Einlage (Teil 5) gelegt und zunächst durch den Einsatzstempel (Teil 12) über den formgebenden Biegekern (Teil 6) gebogen und seitlich nach oben zu abgewinkelt. Da das gleichzeitige Biegen der mittleren und äußeren Partie zu einer außerordentlich hohen Dehnung des Werkstoffes bzw. zum Reißen führen würde, wird die mittlere Partie zuerst gebogen. Die Vorspannkraft der Druckfeder (Teil 13) des Einsatzstempels muß größer als die für die mittlere Biegepartie erforderliche Biegekraft bemessen sein. Noch stärker ist der Gegendruck, der über die Ausstoßbolzen (Teil 9) gegen den Biegekern (Teil 6) ausgeübt wird. Dieser darf erst überwunden werden, wenn die obere Druckfeder (Teil 13) völlig zusammengedrückt und die Biegung der Mittelpartie vollendet ist. Deshalb ist ein durch den Stößelhub gesteuerter, unter Preßluft oder Preßöl stehender Ausstoßer einem Federdruckapparat entsprechend Abb. 219 vorzuziehen. Die Fertigungsfolge sei nochmals kurz zusammengefaßt:

a) Einlegen des ausgeschnittenen Werkstückes mit den angekippten Enden nach unten zwischen die Einlagen (Teil 5).

---

[1] Unter AWF 5321 ist ein ähnliches Werkzeug angegeben. Ein weiteres mit seitlichem Werkstückauswurf beschreibt *Venninger* in Z. Blech 12 (1965), Nr. 7, S. 367/368.

264 · D. Biege-, Roll-, Kragenzieh-, Richtpräge-, Hohlpräge-, Vollprägewerkzeuge

| Stbua | **Biegewerkzeug mit formgebendem Unterteil** | Werkzeugblatt 36 |

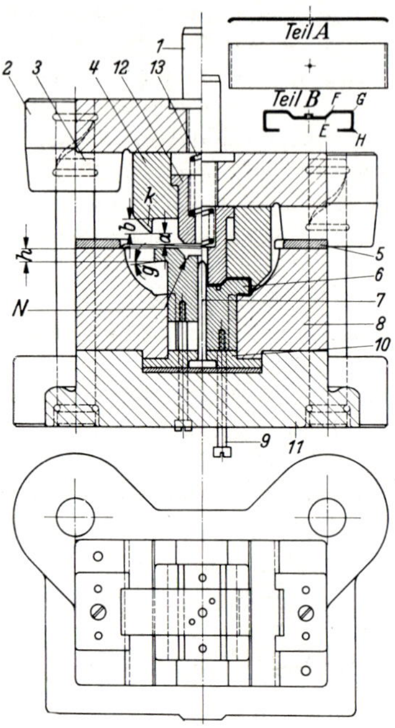

Abb. 256

Pos.	Gegenstand	Werkstoff	Norm	Bemerkungen
1	Einspannzapfen	St 42 KG	DIN 810/9859	
2	Oberteil	GG 25	DIN 9822	
3	Säule	C 15	DIN 9825	einsatzgehärtet
4	Biegestempel	Werkzeugstahl		gehärtet
5	Einlage	St 42		
6	Biegekern	Werkzeugstahl		gehärtet
7	Ziehstempel	siehe Tab. 30		gehärtet
8	Biegeleiste	St 60		gehärtet
9	Ausstoßbolzen	St 50		
10	Stempelhalteplatte	St 52-3		
11	Grundplatte	GG 25	DIN 9822	
12	Einsatzstempel	Werkzeugstahl		härten
13	Schraubenfeder	Federstahl	DIN 2099	

b) Der Pressenstößel und mit ihm das ganze Werkzeugoberteil senkt sich um das Maß a. Dabei wird die innerste Biegung bei E erzeugt, die Enden des Werkstückes werden nach oben geschlagen und stoßen an der Kante k des Biegestempels (Teil **4**) an.

c) Bei weiterem Stößelniedergang wird die bisher noch Widerstand bietende Druckfeder (Teil **13**) verkürzt. Nachdem das Werkzeugoberteil sich um das weitere Maß b gesenkt hat, ist die Biegung an den Stellen F

und G des Werkstückes vollzogen. Seine äußeren herabgebogenen Schenkel weisen nach unten.

d) Erst nach dem Abschluß dieser Biegevorgänge an den Stellen E, F und G gibt bei weiterem Stößelniedergang der Biegekern (Teil 6) nach unten nach[1]. Dabei stoßen die herabgebogenen Enden des Biegeteiles auf die innen gerundete Fläche der Biegeleisten (Teil 8) und gleiten auf dieser einwärts, bis sie schließlich in der tiefsten Stellung des Pressenstößels zwischen der unteren Fläche des überragenden Biegekerns und den Biegeleisten zu liegen kommen und gedrückt werden. Damit ist die äußerste Biegung bei H vollzogen. Dem Rückfederungsvermögen des Werkstoffes ist durch eine Anschrägung entsprechend des Winkels g gemäß S. 219 bis 225 Rechnung zu tragen.

e) Inzwischen ist die Mitte des vorgelochten Werkstückes auf den Ziehstempel (Teil 7) getroffen, der dort den kragenförmigen Ansatz erzeugt. Über Blechdurchzüge und die zweckmäßige Formgebung dieses Ziehstempels wird auf S. 277 zu Abb. 269 berichtet.

f) Das fertige Werkstück wird mit einem Haken abgezogen, der auf dem Biegekern (Teil 6) in die eingefrästen Nuten N eingreift.

Werkstücke aus über 0,5 mm dickem Blech lassen sich nach diesem Verfahren nur dann herstellen, wenn die Dicke h am seitlich überragenden Teil des Biegekernes (Teil 6) mindestens der 1,5fachen Blechdicke des zu biegenden Teiles gleichkommt. Andernfalls müssen diese Stücke nach einem der in Werkzeugblatt 32 oder 33 beschriebenen Verfahren angefertigt werden.

13. Rollbiegewerkzeuge

Um Teile mit einer Rolle zu versehen, sind in den meisten Fällen zwei Werkzeuge nötig. Für flache Teile, Werkstücke unter 0,5 mm Blechdicke, genügt in der Regel ein Werkzeug. Diese bis zu 0,5 mm dicken Teile werden

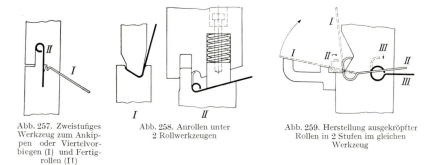

Abb. 257. Zweistufiges Werkzeug zum Ankippen oder Viertelvorbiegen (I) und Fertigrollen (II)

Abb. 258. Anrollen unter 2 Rollwerkzeugen

Abb. 259. Herstellung ausgekröpfter Rollen in 2 Stufen im gleichen Werkzeug

im Ausschnitt bzw. Formschnitt „angekippt", d. h. an den zu rollenden Seiten gemäß Ausführung A in Werkzeugblatt 37 leicht rund gebogen. Das wird durch eine entsprechende Rundung am Schneidstempel erreicht, soweit nicht im Rollwerkzeug nach Abb. 257 bis 259 angekippt wird. Für über 0,5 mm dicke Teile sind ein besonderes Biegewerkzeug nach Abb. 258 oder gemäß

---

[1] Die Berechnung der Druckfeder für den im Tisch eingebauten Federapparat findet sich im Beispiel 61 auf S. 620 dieses Buches.

Abb. 257 und 259 entsprechende zusätzliche Einlegestufen im Rollwerkzeug selbst zum Ankippen der Rolle nötig. Je besser die Anrolle ausfällt, um so sauberer wird die Rolle selbst. Maßhaltige Rollen müssen über einen Dorn gerollt werden, und zwar so, daß nach Vollendung der Rolle der Stempel aufsitzt und nachdrückt. Letzteres ist vor allem für feinmechanische Geräte zu empfehlen. Derartige Arbeiten sind auch unter Folgeverbundwerkzeugen wie beispielsweise nach Abb. 114 auf S. 115 möglich. Runde Teile sind an der einzurollenden Seite zuerst zu beschneiden, daraufhin mittels eines einfachen Biegewerkzeuges anzukippen und erst dann anzurollen. Bei sehr schwachen Blechen wird meist zur Versteifung noch ein Draht mit eingerollt. Dieser wird gleichmäßig über einen Dorn auf der Drehbank spiralförmig gewickelt und mit einem Trennwerkzeug auf das gewünschte Maß abgeschnitten.

Für dickere sowie harte und mittelharte Bleche ist es günstiger, anstelle des bloßen Ankippens gemäß Ausführung A zur oberen Darstellung in Werkzeugblatt 37 und 39 das Ankippen mit dem Ausprägen des anderen Rollenendes gemäß Abb. 258 I zu verbinden. Das hiernach vorgebogene Teil wird anschließend in einem zweiten Werkzeug nach Abb. 258 II fertig gerollt, wobei es durch einen gefederten Niederhalter vorgespannt wird.

Die Rollbiegewerkzeuge zu Abschnitt D 14 bis 17 betreffen einfache ungekröpfte Anrollformen. Für sogenannte ausgekröpfte Rollen sind gemäß Abb. 259 zumeist 3 Arbeitsstufen notwendig. Zunächst wird im Arbeitsgang I der obere Rollenteil bzw. der spätere Rollenschluß vorgebogen, wobei von der unteren Auflage I die Blechtafel beim Abwärtsgang des Oberstempels nach oben gegen die Oberwange geschwenkt wird. Im 2. Arbeitsgang II wird der Rollenbeginn an der Auskröpfungsstelle vorgeprägt und im letzten Arbeitsgang III wird die Rolle geschlossen. Es lassen sich demnach im gleichen Werkzeug alle 3 Arbeitsgänge durchführen.

Die in der Blechebene wirksame Biegekraft P_b, wie sie nach Abb. 257 und 260 in Stößelrichtung senkrecht angreift, beträgt nach *Geleji*[1]:

$$P_b = \frac{\sigma_s \cdot b \cdot s^2}{4\,r_m\,(1-\mu)}. \tag{45}$$

Hierin bedeuten σ_s ($\sim 0{,}8\,\sigma_B$) die Streckgrenzspannung in kp/mm², b die Bandbreite, s die Blechdicke, r_m den Krümmungshalbmesser der Mittelfaser in Millimeter und μ den Reibungskoeffizienten an der Werkzeugwand ($= 0{,}05$ bis $0{,}15$).

Werden Teile galvanisch veredelt, so empfiehlt es sich, dieses vor dem Rollen auszuführen, weil sich innerhalb der Rolle Säuren schlecht entfernen lassen. Die Entscheidung für die Wahl des Werkstoffes der Rollstempel hängt von der jeweiligen Konstruktion ab. Bei geringen Beanspruchungen können unbedenklich die Stähle gewählt werden, die in der Werkzeugstahltabelle 30 für Biegewerkzeuge empfohlen werden. Ebenso haben die dort angegebenen Stähle auch da Gültigkeit, wo der Rollstempel an seinem Ende genügend stark dimensioniert werden kann. Dies trifft im Ausführungsbeispiel zum Werkzeugblatt 39, Teil 3 zu. Wenn hingegen gemäß Werkzeugblatt 38 der

---

[1] *Geleji, A.:* Bildsame Formung der Metalle in Rechnung und Versuch. (Berlin 1960), Gl. (110,5), S. 663.

Rollstempel in der messerartig zugeschärften Form Verwendung finden soll, so ist ein besonders zäher Ölhärter zu verwenden. Derartige Rollstempel brauchen weniger einer Stoßbeanspruchung standzuhalten, müssen jedoch bei harter Oberfläche einen zähen Kern aufweisen.

14. Einfaches Rollbiegewerkzeug

(Werkzeugblatt 37)

Bei allen Anrollarbeiten ist gemäß Abb. 200 zu beachten, daß die Walzstruktur nach Möglichkeit nicht parallel zur Biegeachse, sondern quer zu ihr verläuft, da sich sonst leicht Einknicke und Risse bilden. Dies wirkt sich insbesondere bei zeilenstrukturbetontem Material aus. Weiterhin wird eine Knickung an der hier gefährdeten Stelle vermieden, wenn das Oberwerkzeug das Unterwerkzeug beiderseitig bereits vor dem Beginn des Rollvorganges umfaßt, wie dies in Abb. 257 angedeutet ist. Das dort abgebildete Werkzeug gestattet im übrigen auch das Vorrollen im Arbeitsgang I. Die Werkzeuge brauchen daher nicht ausgetauscht zu werden, wenn anschließend im Arbeitsgang II das Teil fertiggerollt wird. Es empfiehlt sich, die Vorrollung soweit wie möglich vorzunehmen, etwa bis zu einem Viertel des Kreises, wobei der Krümmungsradius nicht größer als bei der endgültigen Rolle ausfallen darf. Ein reines Ankippen im Schnitt genügt im allgemeinen nur bei weichen unter 0,6 mm dicken Blechen, wie dies bei der Rollstanze nach Werkzeugblatt 37

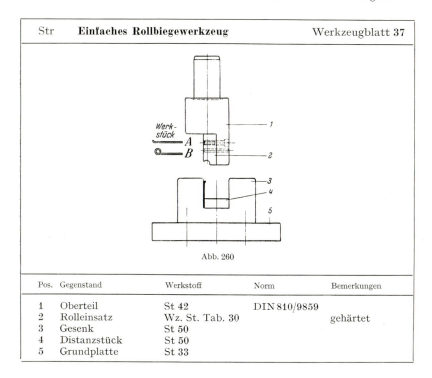

Abb. 260

Str	Einfaches Rollbiegewerkzeug		Werkzeugblatt 37
Pos.	Gegenstand	Werkstoff	Norm	Bemerkungen
1	Oberteil	St 42	DIN 810/9859	
2	Rolleinsatz	Wz. St. Tab. 30		gehärtet
3	Gesenk	St 50		
4	Distanzstück	St 50		
5	Grundplatte	St 33		

vorgesehen ist. Dort wird das Werkstück, wie A zeigt, gleich im Schnitt mit angekippt und senkrecht in den frei bleibenden Schlitz zwischen dem linken Gesenkbacken (Teil 3) und dem Distanzstück (Teil 4) eingelegt. Der Stempel (Teil 1) rollt beim Niedergang das Werkstück ein. Das Rollgesenk (Teil 3) wird zweckmäßig aus einem Stück hergestellt, damit beim Einrollen dickerer Bleche kein Auffedern eintreten kann. Das Distanzstück (Teil 4) wird auf dem Boden der Gesenklücke verschraubt. Durch Auswechseln des Distanzstückes (Teil 4) und des Rolleinsatzes (Teil 2), das am Stempel (Teil 1) verschraubt und verstiftet wird, lassen sich mit diesem einfachen Werkzeug verschieden große Rollen an verschieden dicken Blechen herstellen. Zum Werkzeug wird ein Kasten angefertigt, in welchem die verschiedenen auswechselbaren Teile (4 und 2) aufbewahrt werden. Sie werden mit den Bezeichnungen für die Blechdicke und den Rolldurchmesser versehen, damit sie laut Arbeitsvorschrift richtig eingesetzt werden. Dort, wo viele Teile gerollt werden müssen, ist der Einbau in ein Auswechselsäulengestell nach Abb. 91 zu empfehlen.

An dieser Stelle sei auf das Rollbiegewerkzeug mit Zubringerkipphebel zu Abb. 549, S. 573 besonders hingewiesen.

15. Rollbiegewerkzeug mit selbsttätiger Einspannung
(Werkzeugblatt 38)

Im allgemeinen genügt die einfache Anlage gemäß Werkzeugblatt 37. Doch ist zuweilen insbesondere bei harten Blechen ungleichmäßiger Dicke eine Einspannung des eingelegten Werkstückes vor dem Rollen notwendig. Dies geschieht entweder durch eine von Hand zu bedienende Spannvorrichtung oder, wie hier gezeigt, durch das niedergehende Oberteil des Werkzeuges selbst. Das an der Einrollseite angekippte (siehe A in Abb. 260) Werkstück wird zunächst in der bereits beschriebenen Weise zwischen Teil 2 und Teil 6 eingelegt, so daß seine durch den Schnitt erzeugte Anrolle von dem niedergehenden Stempel (Teil 1) erfaßt und in dessen runder Aussparung fertiggerollt wird. Es gibt nun verschiedene Ausführungen, bei denen entweder (Ausführung A) die Umlegung der zu biegenden Rolle fast vollständig zwangsschlüssig geschieht, während bei anderen Ausführungen nur die halbe Rolle umgelegt und durch den weiteren Niedergang des Stempels die Rolle führungslos ganz herumgeholt wird (Ausführung B), wie dies auch im Werkzeugblatt 38 angegeben ist. Erstere Ausführung nimmt das Werkstück im Stempel selbst mit in die Höhe, so daß es aus diesem seitlich herausgezogen werden muß, während bei der zweiten Ausführung das Werkstück in der eingelegten Stellung auch nach dem Rollen verbleibt. Das Werkstück wird entweder von Hand mittels eines Exzenterhebels oder eines anderen Spannelementes oder selbsttätig durch das Werkzeug selbst eingespannt. Letztere Ausführung ist in der Herstellung etwas teurer, lohnt jedoch bei größerer Mengenfertigung. Ein solches Werkzeug ist in Werkzeugblatt 38 angegeben. Das an der Stempelhalteplatte (Teil 13) befestigte und unter Federdruck gehaltene Keilstück (Teil 10), welches zwischen den Teilen 3 und 4 geführt ist, drückt beim Niedergang auf ein weiteres waagerecht geführtes Keilstück (Teil 8), das

16. Rollbiegewerkzeug mit Einrolldorn

Str	Rollbiegewerkzeug mit selbsttätiger Einspannung		Werkzeugblatt 38

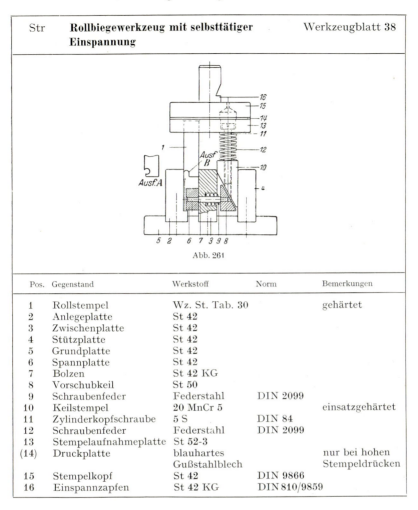

Abb. 261

Pos.	Gegenstand	Werkstoff	Norm	Bemerkungen
1	Rollstempel	Wz. St. Tab. 30		gehärtet
2	Anlegeplatte	St 42		
3	Zwischenplatte	St 42		
4	Stützplatte	St 42		
5	Grundplatte	St 42		
6	Spannplatte	St 42		
7	Bolzen	St 42 KG		
8	Vorschubkeil	St 50		
9	Schraubenfeder	Federstahl	DIN 2099	
10	Keilstempel	20 MnCr 5		einsatzgehärtet
11	Zylinderkopfschraube	5 S	DIN 84	
12	Schraubenfeder	Federstahl	DIN 2099	
13	Stempelaufnahmeplatte	St 52-3		
(14)	Druckplatte	blauhartes Gußstahlblech		nur bei hohen Stempeldrücken
15	Stempelkopf	St 42	DIN 9866	
16	Einspannzapfen	St 42 KG	DIN 810/9859	

über einem Zapfen (Teil 7) mittels einer Spannbacke (Teil 6) das Werkstück festhält. Beim Aufwärtsgehen des Stempels wird der Keilstempel 10 mit nach oben bewegt und das unter Federdruck stehende Werkstück freigegeben.

16. Rollbiegewerkzeug mit Einrolldorn

(Werkzeugblatt 39)

In der Feinmechanik kommt es zuweilen vor, daß die Innendurchmesser von Rollen toleriert sind. Hier ist es unbedingt notwendig, über den Dorn zu rollen und zu planieren. Die Anrolle für eine im Innendurchmesser tolerierte Rolle läßt sich nicht „ankippen" bzw. im Schnitt erzeugen. Es ist vielmehr zu empfehlen, die Anrolle unter einem besonderen Hohlprägewerkzeug gemäß

270   D. Biege-, Roll-, Kragenzieh-, Richtpräge-, Hohlpräge-, Vollprägewerkzeuge

| Str | **Rollbiegewerkzeug mit Einrolldorn** | Werkzeugblatt 39 |

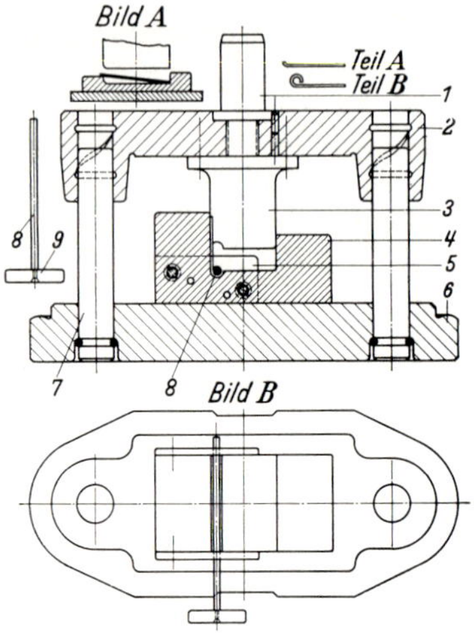

Abb. 262

Pos.	Gegenstand	Werkstoff	Norm	Bemerkungen
1	Einspannzapfen	St 42 KG	DIN 810/9859	
2	Säulengestelloberteil	GG 25	DIN 9812	
3	Rollstempel ⎱	Werkzeugstahl		gehärtet
4	Rollgesenk ⎰	siehe Tab. 30		gehärtet
5	Rolldornaufnahme	St 60-2		
6	Grundplatte	GG 25	DIN 9812	
7	Säule	C 15	DIN 9825	einsatzgehärtet
8	Rolldorn	Wz. St. Tab. 30		gehärtet
9	Griff	St 34		

Abb. 262 Bild A herzustellen. Denn die genaue Form der Anrolle ist für den Ausfall der Rolle in bezug auf den tolerierten Innendurchmesser ausschlaggebend. Werkzeugblatt 39 zeigt ein säulengeführtes Rollbiegewerkzeug mit Einrolldorn. Je ein halbes äußeres Rollenprofil im Stempel (Teil 3) und im Rollgesenk (Teil 4) gestatten ein Anrollen des Werkstückes über den Dorn (Teil 8). Der Dorn (Teil 8) wird in den seitlich angeschraubten Blechen (Teil 5) geführt. Nach dem Rollen wird der Rolldorn (Teil 8) herausgezogen, und das fertige Werkstück wird aus dem Werkzeug herausgenommen. Im Gegensatz zur Ausführung nach Werkzeugblatt 37 und 38 wird hier das Teil mit seiner Anrolle nach unten gelegt und so um den Dorn gerollt. Im oberen Teil des Werkzeugblattes 39 sind links zu Bild A das Prägewerkzeug, rechts das darin vorgebogene Teil A und darunter das Fertigteil B angegeben. Auf der Herstellung kleinster Rollen über Vorlochdorne von 0,8 mm Durchmesser wurde bei dem Folgeschnittwerkzeug zu Abb. 127 bereits hingewiesen.

17. Rollbiegewerkzeug mit Keiltrieb

(Werkzeugblatt 40)

In vielen Fällen, und dies besonders bei größeren, flachen Werkstücken, wird dasselbe waagerecht aufgelegt und der Rollstempel seitlich herangedrückt, während das anzurollende Teil durch eine gefederte Auflage von oben festgehalten wird. Sollen Werkstücke an beiden Seiten angerollt werden, so empfiehlt sich stets die waagerechte Auflage des Werkstückes. Beide Rollstempel greifen seitlich an unter Steuerung durch Leitkurven oder Keile, wie diese unter Abb. 24 näher beschrieben sind. Für große Herstellungsmengen sind säulengeführte Keiltriebsstanzen zu empfehlen. Werkzeugblatt 40 zeigt eine solche Rollstanze zum Anrollen eines Doppelscharnierbeschlages an zwei gegenüberliegenden Seiten. Das Teil soll mit Rollen versehen werden, die mit der äußeren Längskante des Teiles abschnei-

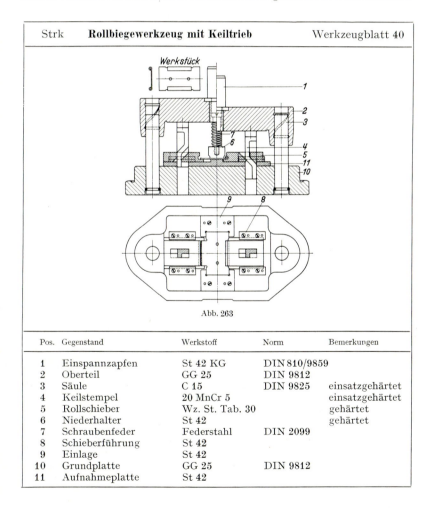

Abb. 263

Pos.	Gegenstand	Werkstoff	Norm	Bemerkungen
1	Einspannzapfen	St 42 KG	DIN 810/9859	
2	Oberteil	GG 25	DIN 9812	
3	Säule	C 15	DIN 9825	einsatzgehärtet
4	Keilstempel	20 MnCr 5		einsatzgehärtet
5	Rollschieber	Wz. St. Tab. 30		gehärtet
6	Niederhalter	St 42		gehärtet
7	Schraubenfeder	Federstahl	DIN 2099	
8	Schieberführung	St 42		
9	Einlage	St 42		
10	Grundplatte	GG 25	DIN 9812	
11	Aufnahmeplatte	St 42		

den. Zu diesem Zweck wird das Teil an der Rollenbreite etwas eingeschnitten, um die Rolle gut mit der Längskante abschneiden zu lassen. Es wird auch hierdurch ein Verspannen der zwischenliegenden ebenen Fläche vermieden. Das vorgeschnittene und im Schneidwerkzeug angekippte (Abb. 260 A) Werkstück wird in die Einlage (Teil 9) auf der Aufnahmeplatte (Teil 11) eingelegt. Beim Niedergang des Stößels wird das Werkstück durch den federnden Stempel (Teil 6) und die Feder (Teil 7) plan gehalten. Dieser Stellung des Werkzeuges entspricht die linke Hälfte der Zeichnung zu Werkzeugblatt 40. Während des weiteren Niederganges werden die beiden Schieber (Teil 5), die in Führungsschienen (Teil 8) geführt sind, mittels Keilstempel (Teil 4) nach der Mitte zu geschoben, wie dies in der rechten Hälfte des Werkzeugblattes 40 dargestellt ist. Nach dem Hochgang des Oberteiles (Teil 2) liegt das Teil fertiggerollt und frei auf der Unterplatte. Die Keile sind entsprechend Ausführung VI, Abb. 24, gefräst und bleiben auch beim Hochgang des Oberteiles noch in der Grundplatte (Teil 10) geführt. Hierdurch wird selbst bei dickeren Blechen ein Abdrängen der Keile und somit eine Verkürzung des Rollstempelvorschubes ausgeschlossen.

18. Rollbiegewerkzeug zum Umbördeln runder Teile

(Werkzeugblatt 41 und 42)

Der Bördelstempel (Teil 1) wird ebenso wie der Schneidstempel zwischen Oberplatte und Stempelhalteplatte aufgenommen. Ausführung A zeigt das Herstellen eines Außenbördels, Ausführung B das eines Innenbördels. Im Stempel sind die entsprechenden Aussparungen einzudrehen. Beim Innenbördel steht der Stempelrand etwas nach unten über, um das Material schon vor dem eigentlichen Bördelvorgang nach innen zu einzuführen und ein Ausweichen nach der falschen Richtung hin zu verhüten. Das gleiche gilt für den Außenbördel, nur steht in diesem Falle der innere Teil des Stempels etwas vor, um das Blech allmählich nach außen zu krümmen. Beim Innenbördel reißt in der Regel nur der Bördel selbst, und zwar an seinem untersten Teil. Doch kann dieser Mißstand wohl mit in Kauf genommen werden, da gerade dieser Teil des Bördels nicht sichtbar ist. Der Bördel wird meistens an derartigen Blechgegenständen vorgesehen, wo eine scharfe und schartige Kante zur Verhütung von Handverletzungen vermieden werden soll, z. B. an Schaltergriffen, Gefäßrändern usw.

Es ist zweckmäßig, wenn Bördelstempel und Aufnahmestück mittels eines Führungsstiftes nach Abb. 264 gegenseitig zentriert oder die Bördelwerkzeuge in ein Säulengestell eingebaut werden. Mit dem Bördelarbeitsgang werden oft andere Arbeitsgänge verbunden, doch lasse man sich nie dazu verleiten, ungeführte schwache Werkzeuge anzubringen, wie dies in der Ausführung A des Werkzeugblattes 41 als abschreckendes Beispiel gezeigt wird. Dieser ungeführte Stempel (Teil 2) wird leicht ausbrechen. Eine Stempelführungsplatte kann jedoch nur in erheblichem Abstand über der Matrizenbüchse angeordnet werden, da das Werkstück über den Aufnahmedorn geschoben werden muß. Es ist deshalb zweckmäßig, diesen Arbeitsgang auf einem anderen Werkzeug fertigzustellen, oder aber der Stempel erhält, wie

18. Rollbiegewerkzeug zum Umbördeln runder Teile

Str	**Rollbiegewerkzeug zum Umbördeln runder Teile**		Werkzeugblatt 41

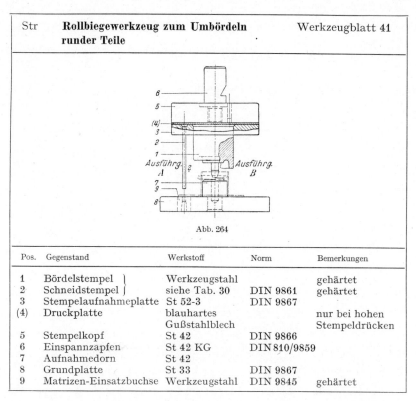

Abb. 264

Pos.	Gegenstand	Werkstoff	Norm	Bemerkungen
1	Bördelstempel }	Werkzeugstahl		gehärtet
2	Schneidstempel }	siehe Tab. 30	DIN 9861	gehärtet
3	Stempelaufnahmeplatte	St 52-3	DIN 9867	
(4)	Druckplatte	blauhartes Gußstahlblech		nur bei hohen Stempeldrücken
5	Stempelkopf	St 42	DIN 9866	
6	Einspannzapfen	St 42 KG	DIN 810/9859	
7	Aufnahmedorn	St 42		
8	Grundplatte	St 33	DIN 9867	
9	Matrizen-Einsatzbuchse	Werkzeugstahl	DIN 9845	gehärtet

in Abb. 265 dargestellt, eine federnde Führung, wobei die Führungsplatte gleichzeitig als Werkstückniederhalter dient. Ein Werkzeug für eine größere Haube, die am Rande nach innen eingebördelt und im Haubenboden gelocht wird, zeigt Werkzeugblatt 42. Es ist ein Säulengestell mit übereck angeordneten Säulen, das aus einer Grundplatte (Teil 1), dem Werkzeugoberteil (Teil 2), den beiden Führungssäulen (Teil 3) und dem Kupplungszapfen (Teil 4) für den Aufnahmefutterbolzen im Pressenstößel besteht. Auf der Grundplatte ist das Werkstückaufnahmegesenk (Teil 5) aufgeschraubt, gegen das sich der Ausstoßring (Teil 6) unter der Kraft einer Feder (Teil 7) anlehnt, damit das Teil nach dem Lochen und Bördeln leicht herausgenommen werden kann. Ferner ist auf der Grundplatte die Schneidplatte (Teil 8) befestigt. (Befestigungsschrauben und -stifte sind nicht mit eingezeichnet.) Die Lochstempel (Teil 9) liegen mit ihren oben angestauchten Köpfen gegen eine gehärtete Zwischenplatte (Teil 10) an und werden im mittleren Teil des Bördelringes (Teil 11) gehalten. Der äußere Umfang dieses Ringes ist gehärtet. Der Halbmesser r entspricht dem Außenhalbmesser der Bördelrundung. Diese soll möglichst groß gehalten werden, da bei zu kleinen Rundungen die innere Randfaser des Bördels zu sehr gestaucht und die äußere zu sehr gestreckt wird, so daß leicht Brüche eintreten. Außerdem werden verschieden große Randhöhen, wie sie sich durch das anisotrope

274 D. Biege-, Roll-, Kragenzieh-, Richtpräge-, Hohlpräge-, Vollprägewerkzeuge

| Str – Sfr | **Bördelschneidwerkzeug** | | Werkzeugblatt 42 |

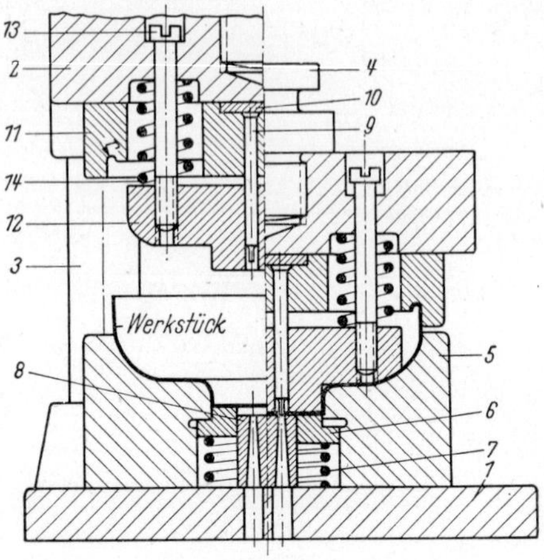

Abb. 265

Pos.	Gegenstand	Werkstoff	Norm	Bemerkungen
1	Grundplatte	GG 25	DIN 9819	
2	Werkzeugoberteil	GG 25	DIN 9819	
3	Führungssäule	C 15	DIN 9825	
4	Kupplungszapfen	MRSt 42-2		einsatzgehärtet
5	Werkstückaufnahmegesenk	St 42		
6	Ausstoßring	St 50.11		
7	Schraubenfeder zu 6	Federstahl	DIN 2099	
8	Schneidplatte ⎫	Werkzeugstahl		gehärtet
9	Lochstempel ⎭	siehe Tab. 30	DIN 9861	gehärtet
10	Zwischenplatte	blauhartes Gußstahlblech		
11	Bördelring	20 MnCr 5		einsatzgehärtet
12	Führungsstück	St 42		
13	Zylinderschraube	4 S	DIN 84	
14	Schraubenfeder zu 12	Federstahl	DIN 2099	

Verhalten des Bleches beim Ziehen ergeben, leicht ausgeglichen. Das Führungsstück (Teil 12), in dem die Lochstempel geführt sind, dient gleichzeitig als Werkstückniederhalter. Seine Abmessungen entsprechen den Innenmaßen des Werkstückes. Mit ihm sind im Werkzeugoberteil eingehängte Zylinderschrauben befestigt, die mittels der sie umgebenden Druckfeder (Teil 14) in der links gezeichneten Ruhestellung des Werkzeuges den Niederhalter nach unten pressen. Die rechts gezeichnete Arbeitsstellung zeigt die zusammengedrückten Federn (Teil 7 und 14).

Die Anwendung des Außen- und des Innenbördelns möge an zwei Beispielen der Praxis erläutert werden. Beim Außenbördeln von Töpfen, Milchkannen und ähnlichen Gefäßen aus dünnen Blechen hilft man sich derart, daß im vorausgehenden Zieharbeitsgang ein stehengebliebener Flansch nach

18. Rollbiegewerkzeug zum Umbördeln runder Teile

Abb. 402, S. 432 dicht an der Zarge beschnitten und somit ein Viertel des kreisförmigen Rollquerschnittes vorgeformt wird. Das Teil wird gemäß Abb. 266 mit dem Boden nach oben und dem Rand nach unten auf eine Platte a mit halbkreisförmig eingedrehter Rille des Halbmessers r entsprechend der äußeren Rollform gelegt. Blechteile von über 1,5 mm Dicke lassen sich ohne weitere Werkzeugausstattung auf einer solchen aus einer gewöhnlichen Platte a bestehenden Vorrichtung nach Abb. 266 links mit Außenrollrand versehen. Bei dünneren Blechen bedarf es nach Abb. 266 rechts eines Aufnahmedornes d des inneren Gefäßdurchmessers, um Einknicke zu vermeiden. Am Pressenstößel genügt bei Blechen über 1,5 mm Dicke wie links angegeben, die Befestigung einer Holzplatte h auf der Arbeitsfläche, bei dünnen ein der Bodenform entsprechendes ausgearbeitetes Druckstück b aus Hartholz oder Stahl mit Auswerfer c nach der rechten Darstellung in Abb. 266.

Während der Außenbördel tangential gestreckt wird, unterliegt der Werkstoff des Innenbördels einer Stauchbeanspruchung, also erleidet das Blech Verdickungen an den einwärts gelegenen Stellen des Querschnittes. Ein Beispiel für eine solche Innenbördelung ist die Herstellung balliger Griffe,

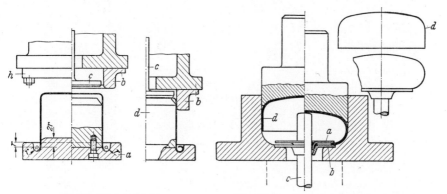

Abb. 266. Außenrandbördel

Abb. 267. Innenbördelwerkzeug zur Befestigung runder balliger Handgriffe

die am Ende von Wellen oder Bolzen angebracht werden. Gemäß Abb. 267 werden am Ende eines Dornes zunächst zwei mit Kragen vorgezogene Scheiben a und b über den Dorn c geschoben, der in eine Vorrichtung eingehängt wird. Die beiden angekragten Scheiben werden durch Hartlot nach Einlage von vorgebogenen Kupferdrähten unter Schutzgas am Dorn befestigt. Der Griffknopf d wird aus einer Blechscheibe vorgezogen. Dann wird in ein Werkzeug nach Abb. 267 das Ende der Welle mit den hartaufgelöteten Scheiben so eingelegt, daß die untere Scheibe b in einer Aussparung des Werkzeuges liegt. Nach Einsatz des vorgezogenen Griffes d wird derselbe durch einen Oberstempel nach unten gedrückt derart, daß eine Innenbördelung entsteht und der innere Rand, der infolge der Stauchwirkung sich verstärkt, zwischen die Scheiben a und b eingeschoben wird. Nach Aufwärtsgang des Pressenstößels kann aus dem Werkzeug der mit dem Griff verbundene Dorn herausgezogen werden. Dabei ist es nicht nötig, daß, wie hier

18*

in Abb. 267 gezeichnet, der Griff d in der Mitte innen gegen das Dornende anliegt. Jedoch ist es erforderlich, daß, insbesondere bei langen Dornen, der Pressentisch mit einer Bohrung versehen ist, durch welche beim Einlegen des Teiles der Dorn hindurchgesteckt werden kann.

Ein durch vorausgehendes Tiefziehen hochgestellter Bördelrand läßt sich mittels eines einfachen Einbördelwerkzeuges gemäß Abb. 268 nach innen

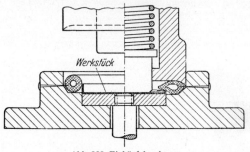

Abb. 268. Einbördelwerkzeug

umlegen. Das Werkstück wird mit seinem hochgestellten Rand auf die Ausstoßerplatte im Unterwerkzeug eingelegt. Am äußeren Umfang wird die Einlage durch einen in das Unterwerkzeug eingelegten Gummischlauch begrenzt. Seitlich durch feine Bohrungen eingetriebene Nägel halten den Schlauch in seiner unteren Lage fest, so daß er beim Ausheben des fertig eingebördelten Werkstückes nicht mit emporgenommen werden kann. Die Enden des in sich geschlossenen Schlauches sind durch Vulkanisierung bei etwa 125 °C miteinander verbunden, so daß die Größe des Gummischlauches der jeweiligen Umfangsform und Größe angepaßt werden kann. Das Werkzeugoberteil enthält einen mittels Druckfeder abgestützten Niederhalterstempel, der zunächst beim Herabgehen des Pressenstößels das Werkstück auf die Ausstoßerplatte preßt. Anschließend wird der in sich geschlossene Schlauch durch das den Niederhalter umgebende Werkzeugoberteil breitgequetscht, wobei der Bördelrand umgelegt wird. Es dürfen dabei keine zu weichen Schlauchqualitäten einer Shorehärte C nicht unter 60 verwendet werden, damit beim Einbördeln keine Falten entstehen.

19. Blechdurchzüge (Kragenanziehen)

Das Anziehen von Kragen – auch Stechen genannt –, wie es die Scheiben a und b der Abb. 267 zeigen, ist ebenfalls ein Bördelvorgang. Diese Anwendung des Rundbördels ist besonders im Apparatebau beliebt, wo es gilt, in dünnwandige Blechteile Gewinde einzuschneiden oder Bolzen einzupressen oder aus Blechabfällen Ansatzflansche herzustellen. Die erreichbare Gewindehöhe ist diesmal größer als beim Schneiden des Gewindes in das glatte Blech. Es gibt zwei voneinander verschiedene Verfahren für das Anziehen von Kragen. Einmal wird nach Abb. 269 und 271 vorgelocht, oder es wirkt nach Abb. 273 der Stechstempel selbst mit als Schneidstempel. Nach

19. Blechdurchzüge

dem ersten in Abb. 269 dargestellten Verhalten wird das Blech der Dicke s mit einem geringeren Durchmesser d_1 zunächst vorgelocht. In dieses ausgeschnittene Loch drückt ein abgerundeter Stempel, welcher den Werkstoff seitlich umlegt. Die Abrundung eines Stempels vom äußeren Durchmesser d_2 beträgt etwa an der Spitze $r = 0{,}3 d_2$ und verläuft von der Spitze bis zur zylindrischen Ausführung mit $r = 2 d_2$. Diese Abrundungsmaße haben sich bewährt und entsprechen näherungsweise einer Schleppkurve gemäß Abb. 316 und 317 auf S. 342, da hierbei die Unterfläche des Kragens nach Abb. 269

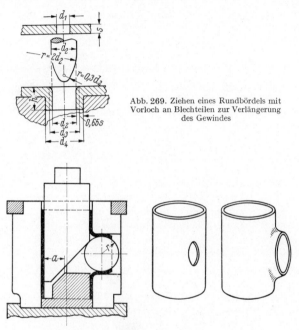

Abb. 269. Ziehen eines Rundbördels mit Vorloch an Blechteilen zur Verlängerung des Gewindes

Abb. 270. Blechdurchzug von innen mit Hilfe von Kugeln

einigermaßen eben und parallel der hier waagerecht gezeichneten Blechfläche verläuft. Beim Halbkugelstempel nach Abb. 271 wird die Kragenringfläche zu einer nach außen abfallenden Kegelfläche und bei kleinerer Abrundung eines spitzkegelförmigen Stempels zu einem Innenkegel. Im ersteren Fall wird die erreichbare Kragenhöhe etwas größer, im zweiten Fall kleiner. Doch ist der Unterschied unerheblich.

Auch andere Stempelformen sind möglich. So werden beispielsweise die vorgelochten Bleche über einen zylindrischen mehrfach abgestuften Dorn unter Erweiterung des Vorloches gedrückt, wobei das von innen aus wirkende Druckstück die äußere Formgebung des Kragens bestimmt. Ferner werden Kugeln durch das vorgelochte Blech hindurchgedrückt, ein Verfahren, das sich insbesondere bei Kragen großer Abmessungen bewährt und schon seit über 30 Jahren in der deutschen Fahrradindustrie für die Herstellung von Tretlagergehäusen und Rohrverbindungshülsen bekannt ist. Ein einfaches Werkzeug dieser Art ist in Abb. 270 dargestellt. Der Rohrabschnitt mit seitlicher Öffnung wird in das Werkzeug so von oben eingesetzt, daß die Öffnung konzentrisch zur späteren Kragenmitte liegt. Dies läßt sich dadurch erreichen, daß in die Werkzeugöffnung ein hier nicht dargestellter kegeliger Zentrierdorn eingeschoben wird, der die genaue Stelle der Lochung im Rohr zur Kragenausziehöffnung bestimmt. Es braucht nur eine Kugel eingeworfen zu werden, die durch einen Keilstempel nach außen gedrückt, das Umformen bewirkt. Dabei ist darauf zu achten, daß der Kugelhalbmesser r größer ist als der Kantenabstand a von der Kugelauflage, damit nicht etwa die Kugel nach links in eine Grube abrollen kann, aus der sie erst wieder durch den Keilstempel hochgepreßt werden muß. Schließlich empfiehlt es sich, den Druckstempel nicht einfach in Form einer schrägen Ebene, wie hier gezeichnet, abzuflachen, sondern eine schräge Innenwölbung vorzusehen, deren Halbmesser kaum größer als r sein soll. Das Werkzeug ist in zwei Hälften geteilt und wird unten durch den ringförmigen Aufnahmesockel, oben von einem umgebenden Schließring umschlossen, damit das Werkstück nach dem Kragenziehen wieder aus der Form herausgenommen werden kann. Es ist dies eine einfache Vorrichtung für solche Teile, wie sie sich für kleinere Stückzahlen empfiehlt. Für große Stückzahlen sind komplizierte Vorrichtungen erforderlich, bei denen die Werkzeughälften mechanisch oder ölhydraulisch geöffnet werden und die Kugeln dem großen Stempel zugeführt und aus ihm seitlich herausgedrückt werden. Auch die Werkstücke werden dort selbsttätig zugeführt.

Es ist weiterhin möglich, eine derartige Kragenerzeugung mit anderen Umformvorgängen zu verbinden. So können beispielsweise in einem gemeinsamen Arbeitsgang an einer Platte nicht nur der innere Kragen, sondern auch der äußere Rand hochgestellt, ein gewölbter Boden mit eingezogenem Kragen oder ein unterschnittenes Biegeteil gemäß Abb. 256 oder eine Langfeldleuchte nach Abb. 255 mit einem mittig angezogenen Kragen hergestellt werden.

Unter Hinweis auf die in Abb. 269 und 273 eingetragenen Maße gilt für die Gesamtkragenhöhe aufgrund von Untersuchungen[1] an 1 bis 2 mm dicken Stahlblechen der Güte R St 13 03

$$h = s\,\frac{(d_4^2 - d_1^2)}{(d_4^2 - d_2^2)}\left(1 + \frac{2{,}5\left(2{,}5 - \dfrac{2s}{d_4 - d_2}\right)^2 + \left(2{,}5 - \dfrac{2s}{d_4 - d_2}\right)}{10}\right). \qquad (46)$$

Es haben sich auch bei größeren Kragenabmessungen und stärkeren Blechen hiervon keine allzu starken Abweichungen ergeben. Anstelle des Rechnungsbeiwertes von 2,5 ist für weichere Bleche ein größerer, für härtere ein geringerer zu wählen, doch überschreitet dies nicht eine Abweichung von ± 20%. Weiterhin ist zu beachten, daß infolge des Krageneinzuges an den inneren und in Abb. 269 oberen Einzugskanten für das Gewindeschneiden

---

[1] Untersuchungen am Inst. Prof. Dr.-Ing. *Kienzle*, T. H. Hannover. Mitt. Forsch. Blechverarb. 1952, Nr. 13, 1953, Nr. 19, 1954, Nr. 1, 4, 6 und Nr. 150 Forsch. d. Wirtschafts- u. Verkehrsmin. Nordrhein-Westfalen. Siehe auch *R. Wilken:* Das Biegen von Innenborden mit Stempeln. Werkstattst. u. Maschb. 48 (1958), H. 8, S. 413–420. – *Oehler, G.:* Blechdurchzüge. Mitt. Forsch. Blechverarb. (1963), Nr. 18/19, S. 259–275. – VDI-Richtlinie 3359. – DIN 7952.

19. Blechdurchzüge

nicht die ganze Höhe h zur Verfügung steht, sondern nur ein Teil $h' = h - 0{,}3\,s$. Eine allseitig umschlossene Kragenform mit senkrecht verlaufender Außenwand wird erzielt bei $2s/(d_1 - d_2) > 2{,}0$. Für diesen Bereich allein gilt Gl. (46), an deren Stelle nach *Timmerbeil*[1] auch die vereinfachte Beziehung treten kann:

$$h = c \cdot s \, \frac{(d_4^2 - d_1^2)}{(d_4^2 - d_2^2)}. \tag{47}$$

Der Faktor c ist in Abb. 271 in Abhängigkeit vom Ziehspalt $u_z = (d_4 - d_2)/2$ für das jeweilige Aufweitverhältnis d_1/d_2 oder d_2/d_1 abzugreifen. Bei einem $2s/(d_4 - d_2) < 2{,}0$ fällt die Außenwand kegelig ab. Doch ist der erstgenannte Bereich nach oben nur eng beschränkt, denn bei $2s/(d_4 - d_2) > 2{,}5$ platzt der Kragen.

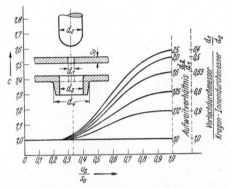

Abb. 271. Korrekturfaktor c zur Ermittlung der Kragenhöhe h

Beim Anziehen von Kragen für Gewindewarzen ergibt sich infolge der Schwächung der Werkstoffdicke am Kragenrand um $0{,}35\,s$ das Maß d_2 aus dem Kerndurchmesser des zu schneidenden Gewindes. Der Bohrungsdurchmesser d_4 der Matrize wird wie folgt berechnet:

$$d_4 = d_2 + 1{,}3\,s. \tag{48}$$

Der äußere Gewindedurchmesser d_3 entsprechend der Nennbezeichnung des metrischen Gewindes ist insofern wichtig, als die Tiefe des einzuschneidenden Gewindes die verbleibende Blechdicke des angezogenen Bördels schwächt. Es kann sogar vorkommen, daß bei größerem Gewinde in dünnen Blechen d_3 größer als d_4 ausfallen müßte. In solchen Fällen ist selbstverständlich die Ausführung unmöglich. Wenn das Gewinde halten soll, so darf d_3 nicht näher an d_4 als an d_2 liegen. Der Grenzfall dürfte etwa im Mittelwert zu suchen sein. Der äußere Durchmesser des Gewindes d_3 muß also folgende Bedingung erfüllen:

$$d_3 \leqq \frac{d_4 + d_2}{2}. \tag{49}$$

---

[1] *Timmerbeil, F. W.*: Durchziehen von Kragen... Werkstattst. u. Maschb. 44 (1954), H. 5, S. 22.

Durch Versuche ergab sich bei verschiedenen Werkstoffen und auch verschieden starkem Werkstoff folgende einfache Beziehung für den Vorlochdurchmesser d_1 zu Gewindewarzen:

$$d_1 = 0{,}45 d_2. \tag{50}$$

Beispiel 17: In einem Schalterdeckel von 1,5 mm Blechdicke soll metrisches Gewinde M 4 (also $d_3 = 4$) nach DIN 13 und 14 geschnitten werden. Dieses Gewinde hat einen Kerndurchmesser von 3,028 mm. d_2 kann also zu 3 mm gewählt werden. Das Blech ist vorzulochen mit einem Stempel des Durchmessers

$$d_1 = 0{,}45 d_2 = 1{,}35 \text{ mm}.$$

Der Matrizendurchmesser d_4 ergibt sich zu:

$$d_4 = d_2 + 1{,}3 s = 3 + 1{,}95 = 5 \text{ mm}.$$

Die Bedingung

$$d_3 \leq \frac{d_4 + d_2}{2} = \frac{5 + 3}{2} = 4$$

ist erfüllt. Aus Gl. (46) wird für eine solche Warze eine Gesamthöhe h zu 3 mm, und eine tragende Gewindehöhe h' von $h - 0{,}3 s = 2{,}5$ mm berechnet.

Um für sämtliche bestehenden und künftige Blechwerkstoffe, – soweit sich nicht diese wie beispielsweise austenitische Bleche außergewöhnlich stark verfestigen, – eine allgemeingültige Richtlinie zu schaffen und insbesondere den Bedürfnissen des Teilkonstrukteurs Rechnung zu tragen, beschränkt sich die neue DIN 7952 auf die drei h/s-Verhältniswerte 1,6, 1,8 und 2,0. Jeder Blechdicke entspricht nach Multiplikation mit dem gleichen h/s-Verhältnis ein und dieselbe Kragenhöhe. Die Anzahl n der tragenden Gewindegänge einer Ganghöhe i beträgt:

$$n = \frac{(h - 0{,}3 s)}{i}. \tag{51}$$

Unter Annahme eines Sicherheitsfaktors S gilt für die in Durchziehrichtung axial gerichtete übertragbare Kraft P_z in kp, wobei anstelle von τ_B näherungsweise $0{,}8 \sigma_B$ eingesetzt werden können:

$$P_z = \frac{n \cdot i \cdot d_2 \cdot \pi \cdot \tau_B}{S}. \tag{52}$$

Dies ist der kritischste Belastungsfall. Eine Belastung entgegen der Durchziehrichtung gestattet eine um 15% höhere Beanspruchung durch eine Kraft $P_d = 1{,}15 P_z$. Daher sind Schrauben vorzugsweise in Durchzugsrichtung einzuschrauben.

Größere Kragenhöhen h lassen sich mittels des auf S. 463 bis 473 beschriebenen Oeillet-Verfahrens erreichen. Hierbei wird jedoch der Mantel derart geschwächt und verfestigt, daß die hiernach gefertigten Blechdurchzüge als Gewindewarzen nicht in Betracht kommen. Hingegen läßt sich auch für Blechdurchzüge mit Gewinde durch vorbereitende Umformstufen gemäß Abb. 272 eine Vergrößerung der Kragenhöhe um etwa 50% gegenüber den herkömmlichen Verfahren erreichen. Hierbei können die Gewinde während des Stanzens innerhalb des Verbundfolgewerkzeuges nach Abb. 125, S. 131 geschnitten werden. Abb. 272 zeigt einige Arbeitsstufen eines solchen Werk-

19. Blechdurchzüge

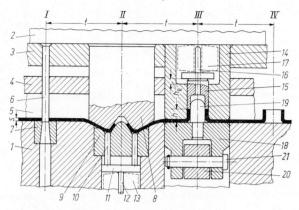

Abb. 272. Verbundfolgewerkzeug zur Erzeugung hoher Kragen für Gewinde

zeuges, das aus dem Grundplattensockel (Teil 1), der Kopfplatte (Teil 2) mit der Stempelhalteplatte (Teil 3), einer Werkzeugführungs- oder Abstreifeplatte (Teil 4) mit den zugehörigen Seitenleisten (Teil 5) zur Umgrenzung des Streifenkanals besteht. In der Vorlochstufe I locht der Lochstempel (Teil 6) das über der Schneidbuchse (Teil 7) eingeführte Band oder den Blechstreifen. In der Stufe II drückt ein Formstempel (Teil 8) das Blech gegen ein vertieft liegendes Hohlgesenk (Teil 9), aus dem es mittels Druckstiften (Teil 10) über eine Scheibe (Teil 11) durch Wirkung einer Tellerfedersäule (Teil 13) nach vollzogener Umformung emporgehoben wird. In Stufe III wird das in Stufe II nach unten gewölbte Blech außerhalb des Kragens erstens durch den von oben wirkenden Planierstempel (Teil 14) und zweitens durch den über einen hier nicht eingezeichneten seitlich angebrachten Druckstift sowie einen Schwenkhebel (Teil 20) betätigten und mit diesem verstifteten (Teil 21) höhenverschieblichen Gegenstempel (Teil 18) wieder eben gerichtet. In den Gegenstempel ist der Durchzugstempel (Teil 19) eingepreßt. Zur Erhaltung einer möglichst ebenen Kragenstirnfläche kann innerhalb des Planierstempels (Teil 14) zusätzlich ein unter Druck einer Tellerfedersäule

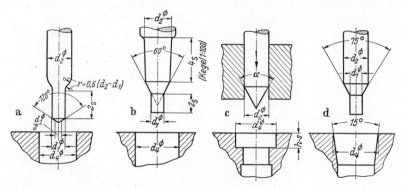

Abb. 273. Stechstempel für Blechdurchzüge ohne Vorlochung

(Teil 17) stehender höhenverschieblicher Ringstempel (Teil 15) mit Zentrierstift (Teil 16) eingebaut werden; jedoch ist dies nicht unbedingt erforderlich.

Die Stempelform für Blechdurchzüge ohne Vorlochung nach Abb. 273a weicht von der Form nach Abb. 269 insofern ab, als die Stempelunterfläche als scharfer Schnittring des Durchmessers d_1 ausgebildet ist und in der Mitte noch eine flache Kegelspitze des Außendurchmessers $0,5 d_1$ trägt. Sonst ist jedoch zur Durchmesserabstufung das gleiche wie bei der anderen Form zu sagen, besonders hinsichtlich der Durchmesser- und Höhenberechnung. Gegenüber der hier empfohlenen Ausführung a besteht noch ein Vorschlag von *Eysen*[1], Ausführung b, sowie eine Ausführung c nach S. & H.-Werksnorm ZWMN – 086 in Übereinstimmung zur alten DIN 7952 und eine solche d nach *Lauter*[2]. Die Ausführung a ist teuer infolge des Flachkegelansatzes, der aber das saubere Durchschlagen des Vorloches vor der Umformung vorbereiten hilft. Hingegen ist der gerundete Übergang von d_1 nach d_2 mittels der Kreisbögen $r = 0,6 (d_2 - d_1)$ im Hinblick auf die Kerbwirkung nach Abb. 28, S. 31 günstiger als die scharfkantig abgesetzten Kegel zu 60° nach b oder 75° nach d. Die von *Eysen* vorgeschlagene kegelige Erweiterung des d_2-Schaftes nach oben erleichtert etwas das Abstreifen, gewährleistet aber kein genau zylindrisches Loch. Hierauf wird es jedoch in den meisten Fällen nicht ankommen. Die Ausführung c nach alter DIN 7952 sieht vor, daß der Ziehstempel in einer Kegelspitze ausläuft und in einer Führungsplatte geführt ist, um nicht abgedrängt zu werden. Der Kegelwinkel α beträgt 60° für Bleche einer Dicke $s > 1,5$ mm und 55° für eine Dicke $s < 1,5$ mm. Im Gegensatz zu den anderen drei Ausführungen a, b und d ist hier bei c die Matrize so ausgearbeitet, daß darin der gesamte Kragen untergebracht wird. Die Tiefe dieser Ausarbeitung für den Durchmesser d_4 entspricht der Gesamtkragenhöhe einschließlich der Blechdicke. Dies hat den Vorteil, daß beim Einquetschen des Kragens in diesen Raum sich der Werkstoff etwas verteilt und Zipfelungen entfallen. Ob allerdings die nach unten gestülpte Kragenstirnfläche eine saubere Ringfläche bildet, ist bei dem Spitzenstempel zweifelhaft, zumal bei ungleichmäßigen Werkstoffen hier leicht einzelne Lappen ausreißen. Die Ausführung d hat den Vorteil, daß infolge der Erweiterung von 15° an der Matrize sich die Kragenwand außen leicht schräg stellt und die damit bedingte Durchmesserverkürzung der Verdichtung des Gefüges am Kragenrand zugute kommt. Es ist durchaus möglich, diese Erkenntnis nach d auch für die Matrizen zu den Bauarten nach a und b zu verwenden. Der Kraftaufwand beim Durchziehen vorgelochter Löcher mit Stempeln nach Abb. 269 entspricht dem 1,5- bis 2fachen, beim vorlochlosen Stechen mit Stempeln nach Abb. 273c dem 2- bis 2,5fachen und nach Abb. 273a, b und d dem 2,5- bis 3fachen der Kraft, die nach Gl. (7), S. 27 für das Ausschneiden des Vorloches allein nötig wäre. Voraussetzung hierzu ist, daß $d_1 \cong 0,5 d_2$ ist. Bei kleineren Vorlöchern sind die obigen Beiwerte zu erhöhen, bei größeren herabzusetzen.

Hinsichtlich der Anordnung von Stechstempeln in Verbundwerkzeugen ist darauf zu achten, daß sie nicht zu lang sind und erst nach vollzogener

---

[1] DIN-Mitt. 1951, H. 4, S. 54.
[2] *Lauter, F.:* Neue Erkenntnisse im Ziehen von Gewindewarzen. Ind. Anz. 73 (1951), Nr. 94, S. 1028.

Schneid- und anderen Umformarbeitsstufen zur Wirkung gelangen. Es wird hierdurch vermieden, daß während des Aushalsens infolge Zugbeanspruchung des Stanzstreifens an einer anderen Stufe das Blech sich seitlich verschiebt, die Stechstempel brechen oder zumindest die Wandfläche des Kragens verschieden dick ausfällt.

20. Richtprägewerkzeug
(Werkzeugblatt 43)

Beim Ausschneiden von Blechen unter Schneidwerkzeugen oder infolge unzweckmäßiger Lagerung entstehen zuweilen Spannungen, die eine leichte Verformung mit sich bringen. In anderen Fällen ist der Blechstreifen bereits beim Einführen in das Schneidwerkzeug nicht gleichmäßig eben, so daß auch die herausgeschnittenen Teile keine einwandfrei ebene Fläche aufweisen. Meistens sind derartige ungewollte geringe Verbiegungen belanglos, manchmal werden jedoch in dieser Hinsicht weitgehende Ansprüche gestellt und deshalb die fertiggeschnittenen Werkstücke nochmals unter einem besonderen Werkzeug nachgerichtet. Für dickere Bleche kommt ein Richten unter der Presse kaum in Frage, dies geschieht vielmehr durch Hammerschlag von Hand oder noch besser unter einer Blechrichtmaschine und zuweilen durch Schrumpfpunkte im Flammrichtverfahren.

Die für schwächeres Material unter Pressen zu verwendenden Richtprägewerkzeuge werden für den jeweiligen Zweck verschiedenartig ausgeführt. Sehr weiches Material, wie Al 99,5w, von über 1 mm Dicke wird zwischen zwei plan geschliffene Werkzeugstahlblöcke nach Abb. 274 II gedrückt.

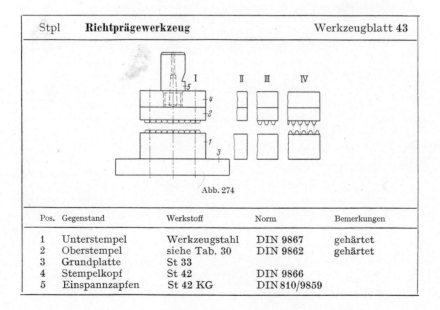

Abb. 274

Stpl	Richtprägewerkzeug		Werkzeugblatt 43
Pos.	Gegenstand	Werkstoff	Norm	Bemerkungen
1	Unterstempel	Werkzeugstahl	DIN 9867	gehärtet
2	Oberstempel	siehe Tab. 30	DIN 9862	gehärtet
3	Grundplatte	St 33		
4	Stempelkopf	St 42	DIN 9866	
5	Einspannzapfen	St 42 KG	DIN 810/9859	

Feinere Bleche, z.B. Kondensatorbleche des Radioapparatebaues, werden auf eine geschliffene Ebene gelegt und mittels eines gezahnten Stempels gerichtet, wie in Abb. 274 III dargestellt. Das Zahnen der Druckfläche geschieht unter einem Profilwinkel von etwa 60 bis 90° durch Fräsen oder Hobeln bis zu einer Tiefe, die etwa der doppelten Blechdicke entspricht. In den meisten Fällen wird nicht nur die Druckplatte des Stempels (Teil 2), sondern auch die Druckplatte des Unterteiles (Teil 1) gezahnt. Hierbei ist darauf zu achten, daß beim Arbeitsgang die Zahnspitzen einander gegenüberstehen, weshalb dort Säulenwerkzeuge bevorzugt werden. Andernfalls tritt ein Strecken und somit ein Verspannen ein, wodurch das Gegenteil von dem erreicht wird, was beabsichtigt wurde.

Für das Richten sehr schwacher und empfindlicher Bleche (z.B. Bronze-, Messing- und Aluminiumblech) ist bei der Zahnung zu beachten, daß die Zähne nicht in scharfe Spitzen auslaufen, da diese auf die Blechteile eine Schneidwirkung ausüben und die Festigkeit derselben beeinträchtigen würden. Deshalb führt man die Zahnung nur abgeflacht aus, so daß eine kleine Fläche von etwa 1 bis 6 mm² je Zahn verbleibt, wobei der untere Wert härteren ($\sigma_B > 50$ kp/mm²), der obere Wert weichen ($\sigma_B \leq 20$ kp/mm²) Blechwerkstoffen entspricht. Wird die Platte bei gleicher Teilung in der einen Richtung und in der anderen um 90° hierzu versetzt gehobelt bzw. gefräst, so bilden die Druckflächen kleine Quadrate. Ist der Riefenabstand in der einen Richtung größer als in der anderen, so werden die Druckflächen von Rechtecken begrenzt oder von Parallelogrammen, wenn die zweite Bearbeitungsrichtung einen von 90° abweichenden Winkel mit der ersten einschließt. Die Art und Weise der Zahnung von Planierwerkzeugen ist von keiner besonderen Bedeutung für die Planierwirkung selbst, doch ist sie evtl. nicht unwichtig, wenn gleichzeitig mit der Planierwirkung eine Musterung des gerichteten Bleches erzielt werden soll. Aus Ersparnisgründen wird bei dicken weichen Blechen zuweilen versucht, möglichst mit plan geschliffenen Druckplatten auszukommen. Allerdings ist ein Planieren zwischen ungezahnten Platten erfolglos, wenn die zu beseitigenden Krümmungen innerhalb des elastischen Bereiches liegen, d.h. $r_{i\,\max}$ nach Gl. (32) zu S. 208 überschritten wird.

Nach *Naujoks*[1] beträgt für ein quadratisch angeordnetes Rasterfeld mit 90°-Eindringpyramiden unter Berücksichtigung einer Vickershärte H_{V10} des Blechwerkstoffes in kp/mm² die erforderliche Kraft P zum Erreichen einer ausreichenden Ebenheit zu

$$P = 4 H_{V10} \cdot h^2, \tag{53}$$

wobei h die Eindringtiefe bedeutet. Aufgrund von Versuchen wurde eine günstige Rasterteilung t zu 3 bis 4 mm gefunden. Dabei wurde ein optimaler Spitzenabschliff zu $a = 0,05\,t$ oder eine geringer als oben empfohlene Pyramidenstumpffläche $f = 0,01\,t^2$ ermittelt.

Für Ober- und Unterstempel sind am zweckmäßigsten Ölhärter zu wählen, die bereits im Anlieferungszustand eine verhältnismäßig hohe Härte von

---

[1] *Naujoks, B.:* Richten von Blechen durch Richtprägen bzw. Rauhplanieren. DFBO-Mitt. 23 (1972), Nr. 1, S. 9–14.

etwa $H_B = 220$ kp/mm² aufweisen. Nach dem Anlassen soll eine Rockwell-C-Härte von etwa 65 an der Arbeitsfläche erreicht werden. Im allgemeinen werden die Beanspruchungen unterschätzt, welche derartige Richtprägewerkzeuge aushalten müssen.

21. Stauchwerkzeug zum Planieren

Es sei an dieser Stelle hervorgehoben, daß mit Planierwerkzeugen im allgemeinen nur Verbiegungen von Blechen und höchstens ganz flache, leichte und kleine Beulungen ausgerichtet werden können. Bei größeren Beulen, insbesondere auch solchen in größeren Blechteilen, helfen Planierwerkzeuge nicht. Es muß dort vielmehr der Werkstoff gestaucht, also verdickt werden, damit sich die Beulen zusammenziehen. Hierzu dienen Schlagwerkzeuge, die beim Auftreffen den Werkstoff beiderseits fassen und nach einwärts drücken, wobei derselbe nicht seitlich ausweichen darf. Dies geschieht gemäß Abb. 275 und 276 durch verzahnte Backen c, die an der Werkstückauflageseite eine nach der Mittellinie zu gerichtete eingehobelte Verzahnung aufweisen. Nach einer schon vor dem Kriege im Flugzeugbau bewährten Einrichtung nach Abb. 275 können sich die Keilaufschlagstücke c in einer schrägliegenden

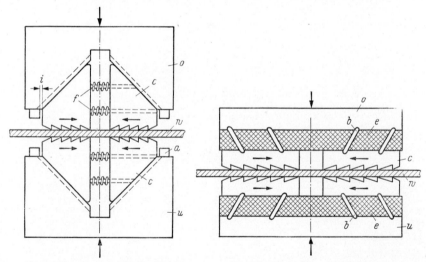

Abb. 275. Stauchwerkzeug *Junkers*-Verfahren   Abb. 276. Stauchwerkzeug *Eckold*-Verfahren

Führung des Oberteiles o und des Unterteiles u hin und her bewegen, wobei sie in ihrer äußeren Stellung gegen die Anschlagleiste a durch Druckfedern f gehalten werden. Nach dem Aufprall gegen das Werkstück w haben die Keile das Bedürfnis, um ein weniges nach einwärts sich vorzuschieben. Das Vorschubmaß i beträgt dabei nur den Bruchteil eines Millimeters. Durch viel Schläge hintereinander wird immerhin eine merkbare Stauchwirkung und Spannung des Werkstoffes bei Einebnen der Beulung erreicht. Aus diesem zuerst vor dem Kriege im Flugzeugbau erprobten Verfahren hat sich später das *Eckold*-Verfahren entwickelt, das im Schema in Abb. 276 dargestellt ist. Hier werden in die Oberteilplatte *o*, in die Unterplatte *u* und in die Stauchvorschubplatten *c* Rillen eingehobelt, in die schrägliegende Lamellen *b* einrasten, die in einer elastischen Zwischenschicht *e* eingebettet sind. Beim Zusammenschlagen von Oberwerkzeug *o* gegen Unterwerkzeug *u* wird der dazwischen liegende Werkstoff *w* von den Stauchbacken gefaßt und in Pfeilrichtung gedrückt, wobei sich die Lamellen in der Zwischenschicht noch schräger stellen. Die in Abb. 276 gezeigten Teile sind von einem Gehäuse umkapselt, aus dem nur die gezahnten Stauchbackenflächen zur Blechseite hindurchtreten. Auch hier handelt es sich jeweils um kleine Vorschübe, die bei rasch aufeinanderfolgenden Schlägen die gewünschte Wirkung herbeiführen.

22. Prägewerkzeuge

Unter dem Begriff Prägen werden verschiedene Formveränderungen verstanden. Es ist grundsätzlich zu unterscheiden zwischen

a) Prägen mit unveränderlicher Werkstoffdicke. Dieses Verfahren wird als Hohlprägen, Flachprägen oder Formstanzen bezeichnet. Die Herstellung geschieht unter Kurbel-, Reibrad- oder Exzenterpressen bei nicht allzu starken Teilen (Arbeitsbeispiel Werkzeugblatt 44).

b) Prägen mit Veränderung der Werkstoffdicke. Hierbei treten Änderungen in der Fläche und Dicke des Werkstoffes ein. Dieses Verfahren wird zumeist als das eigentliche Prägen bezeichnet. Daneben wird es im Gegensatz zum Verfahren zu a) auch als Voll- oder Massivprägung bezeichnet. Derart geprägte Stücke werden unter hydraulischen und Kniehebelpressen (Arbeitsbeispiel Werkzeugblatt 46) hergestellt.

Die Prägekraft P_{pr} errechnet sich aus dem Produkt der vom Stempel zu prägenden Fläche F in mm² und eines aus Tabelle 12[1] zu entnehmenden Druckwertes p in kp/mm²:

$$P_{pr} = F \cdot p. \qquad (54)$$

Versuche[2] mit gleichen Vollprägewerkzeugen unter verschiedenen Pressenarten ergaben, daß bei jeweils gleichen Kräften die Kniehebelpresse das größte Maß an Verformung und der Fallhammer die geringste Verformung bringt. Im Bereich bis zu etwa 300 Mp Prägekraft liegen die Umformungen unter der Kniehebelpresse, der hydraulischen Presse und der Spindelpresse aber nicht weit voneinander. Immerhin ergibt sich die Reihenfolge: Kniehebelpresse, Hydraulische Presse, Schlagspindelpresse, Fallhammer. Nur bei der Versuchsreihe mit Chrom-Nickel-Stahl lag im Bereich bis zu 300 Mp die Umformung auf der Schlagspindelpresse etwas höher als die auf der hydraulischen Presse.

---

[1] Aufgrund von Erfahrungswerten der Fa. Schuler A.G. Göppingen zusammengestellt.

[2] *Scheven, E.*: Prägen von Bestecken und ähnlichen Werkstücken. Z. Metallkunde 50 (1959), H. 3, S. 106–112.

Tabelle 12. Prägedrücke p in kp/mm²

Werkstoff	σ_B kp/mm²	Art des Prägeverfahrens					
		Schrift- und Gravur- prägen	Voll- prägen	Hohlpräg. ohne hart- sitzendem Stempel	Hohlprägen mit		
					Dicke mm	hart- sitzendem Stempel	
Aluminium 99%	8–10	5–8	8–12	5–8	bis 0,4 0,4–0,7	8–12 6–10
Aluminium leg. (Höchstwerte)	18–32	15	35	14	–	20
Messing Ms 63	29–41	20–30	150–180	20–30	bis 0,4 0,4–0,7 über 0,7	100–120 70–100 60–80
Kupfer, weich	21–24	20–30	80–100	10–25	bis 0,4 0,4–0,7 über 0,7	100–120 70–100 60–80
Kupfer, hart	–	30–50	100–150	–	–	–
Nickel, rein	40–45	30–50	160–180	25–35	bis 0,4 0,4–0,7 über 0,7	100–150 70–90 60–80
Neusilber	35–45	30–40	180–220	25–40	bis 0,4 0,4–0,7 über 0,7	120–150 100–120 70–100
Stahl USt 12–13	28–42	30–40	120–150	35–40	bis 0,4 0,4–0,7 über 0,7	180–250 125–160 100–120
Rostfreier Stahl 18/8	–	60–80	250–320	60–90	bis 0,4 0,4–0,7 über 0,7	220–300 160–200 120–150
Silber	–	–	150–180	–	–	–
Gold	–	–	120–150	–	–	–

23. Hohlprägewerkzeug für unveränderliche Werkstoffdicke

(Werkzeugblatt 44)

Bei derartigen Werkzeugen ist das Prägemuster im Unterteil vertieft und im Oberteil erhaben eingearbeitet, so daß die aufgelegte Blechtafel in die Vertiefung des Unterteiles gezogen oder gebogen oder gedrückt wird, wobei das Material lediglich auf Biegung oder Dehnung beansprucht wird. Es empfiehlt sich in allen Fällen, vor allem aber dort, wo sauber aussehende Teile verlangt werden, das Werkzeug in ein Säulengestell einzubauen. Andernfalls besteht die Gefahr, daß Ober- und Untergesenk außermittig

288   D. Biege-, Roll-, Kragenzieh-, Richtpräge-, Hohlpräge-, Vollprägewerkzeuge

zueinander liegen. Bei erhabenen Prägungen fallen diese dann an der einen Seite nicht rechtwinklig und daher unscharf aus, an der anderen Seite wird der Werkstoff gequetscht oder gar aufgerissen. Hinzu kommt, daß bei einer derartigen ungleichmäßigen Beanspruchung des Werkstoffes die Oberfläche des Bleches an den gestreckten Stellen nach dem Veredeln schlecht aussieht. In der Regel werden Prägestempel (Teil 4) mit dem Oberteil (Teil 2) und Prägeplatte (Teil 6) mit der Grundplatte (Teil 7) fest verschraubt und verstiftet. Ein Reißen empfindlicher Werkstücke kann zuweilen dadurch ver-

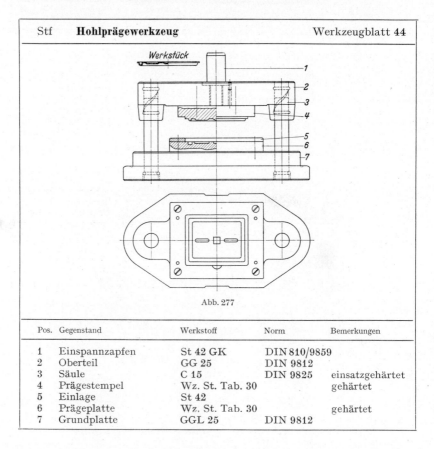

Stf	Hohlprägewerkzeug		Werkzeugblatt 44

Abb. 277

Pos.	Gegenstand	Werkstoff	Norm	Bemerkungen
1	Einspannzapfen	St 42 GK	DIN 810/9859	
2	Oberteil	GG 25	DIN 9812	
3	Säule	C 15	DIN 9825	einsatzgehärtet
4	Prägestempel	Wz. St. Tab. 30		gehärtet
5	Einlage	St 42		
6	Prägeplatte	Wz. St. Tab. 30		gehärtet
7	Grundplatte	GGL 25	DIN 9812	

hindert werden, indem die Stößelgeschwindigkeit der Maschine herabgesetzt wird, oder es werden zwischen Prägestempel und Oberteil sowie zwischen Prägeplatte und Grundplatte 5 mm dicke und 10 mm breite Gummistreifen in Abständen von 4 mm nebeneinander gelegt, so daß hierdurch elastische Zwischenlagen entstehen. Führen diese Maßnahmen nicht zum Ziel, so ist entweder die Konstruktion des Werkstückes zwecks Vermeidung scharfer Vorsprünge zu ändern, oder es ist ein Werkstoff eines größeren Dehnungsvermögens bzw. einer besseren Tiefzieheignung gemäß Tabelle 36 zu wählen.

Für leichte Hohlprägearbeiten kommen auch das hydromechanische Tiefziehen gemäß S. 541 bis 547 und das Magneformverfahren nach Abb. 538, S. 561 in Betracht.

24. Hohlprägewerkzeug für Ziehteilzargen

(Werkzeugblatt 45)

Wird nicht, wie im vorausgegangenen Werkzeugblatt 44 gezeigt, der Boden geprägt, sondern die Zarge eines Ziehteiles mit Schriftprägungen, Sicken oder Lochungen versehen, so erfolgt dies meist unter Bockstanzen nach S. 141 und 145 oder in Verbindung mit Beschneidewerkzeugen durch Keilstempel nach Werkzeugblatt 13 und 14. Ein allseitiges Eindrücken einer Sicke am Rand von Brennstoffbehälterhälften geschieht mittels eines Spreizwerkzeuges[1] nach Abb. 278. Vom rückseitig hochgeklappten Oberteil ist nur

Abb. 278. Spreizwerkzeug zum Hohlprägen einer umlaufenden Sicke in Kraftstoffbehälterhälften

ein flacher Keilstempel a sichtbar. Das bereits fertiggestellte Teil w ist von seiner Auflage hochgeklappt dargestellt, damit die 4 Kernspreizstempel b_1, b_2, b_3, b_4 darunter erkennbar sind. Über diese 4 auseinander gefahrenen Kernstempel wird das vorgezogene Werkstück w aufgesetzt. Nun fährt das Werkzeugoberteil nach unten, wobei die Keilstempel a die Vorschubstempel c_1, c_2, c_3 nach innen drücken, die die umlaufende Sicke erzeugen. Diese Vorschubstempel werden mittels Zugfedern f_1, f_2, f_3 nach außen gegen die feststehenden Führungsstücke e_2, e_3 gedrückt, gegen die sich die Schulter der Keilstempel a anlehnt. Die Kernspreizstempel b_1, b_2, b_3, b_4 werden gleichzeitig durch einen mittleren, von unten wirkenden und hier nicht sichtbaren vierseitigen Keilstempel auseinandergetrieben, wodurch die Zarge des Werkstückes festgespannt wird. Sobald das Werkzeugoberteil nach oben, der mittlere Keilstempel nach unten geht, läßt sich das fertig gesickte Werkstück herausnehmen.

Es kommt zuweilen vor, daß in die senkrechten Zargen von Blechziehteilen vom Boden aus senkrecht zum Rande zu verlaufende Rillen einge-

---

[1] Bauart Schmidtchen & Co., Berlin.

290   D. Biege-, Roll-, Kragenzieh-, Richtpräge-, Hohlpräge-, Vollprägewerkzeuge

drückt werden. Dies gilt für besonders runde, kapselförmige Ziehteile, die auf diese Weise gegen Verdrehung gesichert werden, oder bei denen ein Zapfen für einen Bajonettverschluß aufgenommen werden soll. In anderen Fällen dienen derartige Rillen zur Verzierung oder Versteifung. Das in Abb. 279 links oben dargestellte Werkstück ist ein solches rundes napfförmiges Ziehteil, von dessen Boden nach oben einspringende senkrechte Rillen verschiedener

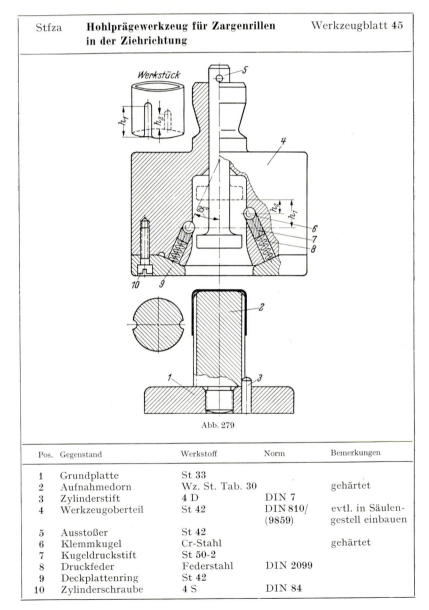

Abb. 279

Pos.	Gegenstand	Werkstoff	Norm	Bemerkungen
1	Grundplatte	St 33		
2	Aufnahmedorn	Wz. St. Tab. 30		gehärtet
3	Zylinderstift	4 D	DIN 7	
4	Werkzeugoberteil	St 42	DIN 810/ (9859)	evtl. in Säulengestell einbauen
5	Ausstoßer	St 42		
6	Klemmkugel	Cr-Stahl		gehärtet
7	Kugeldruckstift	St 50-2		
8	Druckfeder	Federstahl	DIN 2099	
9	Deckplattenring	St 42		
10	Zylinderschraube	4 S	DIN 84	

Höhen h_1 und h_2 ausgehen. Während des Ziehens lassen sich äußerstenfalls ganz durchlaufende Rillen herstellen, wenn das Ziehverhältnis gering ist und die Rillenkanten nicht scharf ausgeprägt zu werden brauchen. Dort aber, wo die Rillen nur bis zu einer bestimmten Höhe verlaufen und wo mit der vorgeschriebenen Ziehteilhöhe beinahe die höchstmögliche erreicht wird, ist nach dem Ziehen ein weiterer Arbeitsgang wie hier beschrieben, erforderlich.

Ein dafür in Frage kommendes Werkzeug ist im Werkzeugblatt 45 dargestellt. Das Unterwerkzeug besteht aus einer Grundplatte (Teil 1), einem aufgeschraubten Zapfen als Werkstückaufnahme (Teil 2) und einem in die Grundplatte (Teil 1) eingeschlagenen Stift (Teil 3), der den Zapfen gegen Verdrehung sichert. Der Zapfen kann mit durchlaufenden Rillen versehen werden. Sein Außendurchmesser ist so zu wählen, daß sich das Werkstück in einer Spielpassung aufschieben läßt. Das Oberteil des Werkzeuges, das man am besten in einer Exzenter- oder Kurbelpresse mit einem im Pressenstößel befindlichen Auswerferbalken nach Abb. 177 unterbringt, kann mit dem Einspannzapfen aus einem Stück gedreht werden. Selbstverständlich ist auch ein getrennter Einspannzapfen nach Abb. 2 bis 6 möglich, der dann mit dem Oberteil (Teil 4) verschraubt werden müßte. Dasselbe besitzt eine mittlere Bohrung, die dem äußeren Ziehteildurchmesser entspricht und die weiterhin nach oben zur Aufnahme des Auswerferstößels (Teil 5) durchgeführt ist. Außerdem sind je nach Anzahl der Rillen schräge Bohrungen vorhanden, in denen Kugeln (Teil 6), Kugeldruckstifte (Teil 7) und Druckfedern (Teil 8) untergebracht sind. Die Arbeitsstellung der Kugeln entspricht dem Rillenquerschnitt an der Außenseite des Werkstückes. Sie treten nur bis zu einer bestimmten Tiefe in den mittleren Hohlraum des Oberteiles (Teil 4) ein. Unten werden die Schrägbohrungen von einem Deckplattenring (Teil 9) abgeschlossen, der mittels Zylinderschrauben (Teil 10) mit dem Werkzeugoberteil (Teil 4) verbunden ist. Beim Niedergang des Werkzeugoberteiles wird das Werkstück zunächst durch den kegeligen Einlauf in die Mittelbohrung eingemittet. Nach einer bestimmten Eintauchtiefe berührt der Boden des Ziehteiles die Kugeln (Teil 6), die dann die Rillen erzeugen, während sich das Werkstück dem Rillenprofil des Aufnahmezapfens (Teil 2) anschmiegt. Der auf dem Ziehteilboden aufliegende Ausstoßer (Teil 5) wird dabei nach oben gehoben. Das Werkstück wird infolge der seitlichen Quetschwirkung durch die Kugeln sowohl an dieser als auch an der benachbarten Bohrungswand hängenbleiben und beim Aufwärtsgang des Pressenstößels mit nach oben genommen. Dabei stößt schließlich das obere Ende des Ausstoßers (Teil 5) gegen den Auswerferbalken, und das Ziehteil wird nach unten herausgestoßen. Hierbei werden die Kugeln nach auswärts zurückgedrückt. Ihre Sperrwirkung in der Arbeitsstellung entspricht etwa derjenigen, die wir vom Freilaufgetriebe her kennen. Dies setzt voraus, daß die Bohrungen steil, d.h. unter einem Winkel bis zu höchstens 25° zur Mittellinie verlaufen. Weiterhin kommt es bei diesem Werkzeug auf eine genaue Stößelhöheneinstellung an.

Sollen an die senkrechten Rillen sich noch Querrillen wie beim Bajonettverschluß anschließen, so ist das Oberteil (Teil 4) mehrteilig auszuführen, indem seine untere Partie nach Einstecken eines kräftigen Schwenkhebels von Hand gegen den oberen fest eingespannten Kopf gedreht wird, so daß die

292   D. Biege-, Roll-, Kragenzieh-, Richtpräge-, Hohlpräge-, Vollprägewerkzeuge

Klemmkugeln beim Drehen die waagerechten Rillen mit Steigung erzeugen. Dieses nur für schwache Bleche bis etwa $s \leqq 0,6$ mm mögliche Verfahren muß bei dickeren durch Keilvorschubwerkzeuge entsprechend Werkzeugblatt 13, 14, 32 oder 40 abgelöst werden.

25. Höhenverstellbares Prägewerkzeug für rotationssymmetrische Teile

Mitunter werden Hohlprägearbeiten, wie beispielsweise zur Anfertigung von Membranen, vollzogen, wobei erhebliche überlagerte Zugbeanspruchungen auftreten. Für größere Teile eignen sich dazu Schlagziehpressen, unter denen gemäß S. 514 bis 518 die Werkstücke auf eine geringere Höhe vorgezogen und anschließend im gleichen Arbeitsgang fertig auf Maß geschlagen werden. Kleinere Teile lassen sich ebenso unter einfachen Pressen herstellen, ohne daß deshalb der Tisch dafür in seiner Höhe verstellt werden braucht. So zeigt Abb. 280 ein höhenverstellbares Prägegesenk zur Herstellung mem-

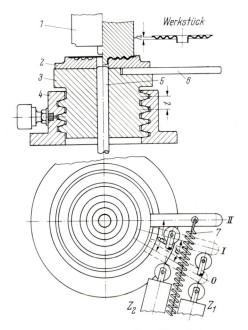

Abb. 280. Höhenverstellbares Prägegesenk

branähnlicher Teile mit starker Zugüberlagerung, die beim einfachen Pressenprägehub reißen würden. Die Teile werden dabei zunächst auf halbe Höhe vorgezogen und dann nach Anheben des Prägegesenkes in einer oder mehreren Stufen, d. h. in anschließenden Schlägen, genau auf Maß fertiggeschlagen. In Abb. 280 ist oben der Prägestempel 1 und darunter das Prägegesenk 2 dargestellt, das mit einem Gewindesockel 3 verschraubt ist. Der schwenkbare Gewindesockel wird von der Gewindemutterführung im Werkzeugunterteil 4 aufgenommen. In einer im Gewindesockel eingefrästen Nute ist ein Hebel 6 befestigt, der durch eine Zugfeder 7 in seine Ausgangsstellung 0 zurückgezogen wird. Bei dem hier gezeigten Beispiel sind nur zwei Stufen vorgesehen, wobei zwei Arbeitszylinder Z_1 und Z_2 mit begrenztem Kolbenweg den Hebel 6 um verschiedene Drehwinkel α und β vorschieben. Es kann beispielsweise der Hebel von Z_1 aus um den Winkel α bis in die Stellung von I und von Z_2 aus um den Winkel β in die obere Einstellung II geschwenkt werden. Dabei wird das konzentrische Prägegesenk der Gewindesteigung i entsprechend angehoben. So könnte man beispielsweise die Ausgangsstellung so wählen, daß beim ersten Schlag bis zu $0,5h$ Tiefe geprägt wird. Anschließend schiebt die mit einer Rolle am Kopfende versehene Kolbenstange zu Z_1 den Hebel 6 in die Stellung I. Hier wird im zweiten Schlag infolge Anhebens die Prägung etwas tiefer, und zwar etwa bis zu $0,8h$ ausfallen. Jetzt schiebt die andere mit einer Rolle versehene Kolbenstange zu Z_2 den Hebel weiter bis in die Endstellung II vor, wo mit Rücksicht auf die Rückfederung eine größere Höhe als h von beispielsweise $1,1h$ beim dritten Pressenschlag erreicht wird. Die verschiedenen Prägetiefen, die Vorschubwinkel α und β sowie die Gewindeganghöhe i sind aufeinander abzustimmen, wobei unter Berücksichtigung der Prägekraft das Gewinde auf Scherfestigkeit nachzurechnen ist. Es wird öfters zu schmieren sein, wobei unter Ausheben der Feder und Abheben der Arbeitszylinder der Gewindesockel über mehrere Gänge durchzudrehen ist. Nach Abb. 280 ist dafür eine Schmierbuchse vorgesehen. Haftet das Teil, wie bei der Skizze beispielsweise dargestellt, in der Bohrung der Matrize 2, so kann durch einen über ein Luftkissen im Tisch zu bedienenden Auswerfer 5 das Werkstück nach dem Prägen ausgestoßen werden. Haftet es hingegen im oberen Teil, so ist der am Stempel 1 angedrehte mittlere Zapfen zum Zweck des Auswerfens als ein im Stempel geführter Bolzen auszubilden, der in seiner oberen Endstellung gegen einen den Pressenstößel durchlaufenden Querbalken stößt, dessen Anschläge außerhalb der Stößelführung am festen Pressengestell gemäß Abb. 177 je nach Bedarf verstellt werden.

Die Arbeitszylinder Z_1 und Z_2 können bei geringen Kräften pneumatisch, bei größeren Kräften hydraulisch betätigt werden. Im allgemeinen dürfte für kleine Werkstücke eine pneumatische Steuerung ausreichen und nur bei großen und schweren Gewindesockeln 3 ein ölhydraulischer Antrieb erforderlich sein. Wegen des Schmierens des Sockelgewindes und Ausprobierens der geeigneten Prägetiefenzwischenstufen sollten die Feder 7 und die Zylinder Z_1 und Z_2 leicht abnehmbar und auf der hier nicht gezeichneten Grundplatte an verschiedenen Stellen anschraubbar vorgesehen werden, damit die Vorrichtung nach Austausch von Prägestempel 1 und Gesenk 2 vielseitig verwendet werden kann. Schließlich ist es bei kleinen Gesenken möglich, auf Arbeitszylinder zu verzichten und den Hebel 6, der in seiner Endstellung II gegen einen Anschlag anliegt, von Hand zu bedienen.

Die hier beschriebene Vorrichtung ist nur für rotationssymmetrische Werkstücke zu verwenden. Andere Teile können in gleicher Weise mittels der im folgenden beschriebenen Tischhubvorrichtung geprägt werden.

26. Selbsttätige Tischhubvorrichtung für Präge- und Kalibrierwerkzeuge

In Ergänzung zum zuvor zu Abb. 280 erläuterten nur für geringe Schlagenergie geeigneten höhenverstellbaren Prägewerkzeug bis zu 10 Mp Stößelkraft sei hier eine selbsttätige Tischhubvorrichtung beschrieben, die einen ähnlichen Effekt bewirkt, indem im Verlauf mehrerer aufeinanderfolgender Stempelhübe das Unterwerkzeug oder Prägesenk gleichfalls um ein geringes Maß gegen den Prägestempel angehoben wird, wodurch die Kanten des Werkstückes immer schärfer geprägt werden. Auf diese Weise lassen sich Teile auch unter schwächeren Pressen bis zu 40 Mp Stößelkraft mit verhältnismäßig geringen Stößelkräften fertigen, da diese im ersten Hub noch nicht so scharfkantig auszufallen brauchen, wie dies für das endgültige Erzeugnis erfordert wird. Für höhere Beanspruchungen über 40 Mp Stößelkraft sei auf die Schlagziehpresse zu S. 514 bis 518 dieses Buches verwiesen. Für eine solche Tischhubvorrichtung unter Pressen nach Abb. 281 ist ein kräftig

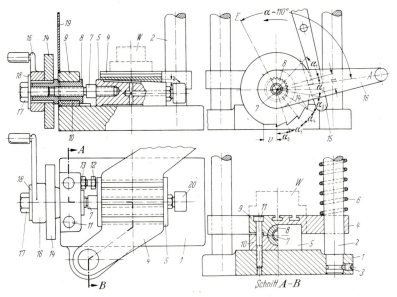

Abb. 281. In ein Säulengestell eingebaute Tischhubvorrichtung für Prägewerkzeuge

gehaltenes Säulengestell mit schräg übereck angeordneten Säulen etwa nach DIN 9819 zu wählen, dessen Oberteil mit dem daran befestigten Prägestempel nicht dargestellt ist. Auf der Grundplatte 1 sind die beiden Führungssäulen 2 unter Preßsitz eingeschlagen und durch Wurmschrauben 3 gesichert. Außer dem hier nicht gezeichneten Gestelloberteil ist in diesen Säulen auch die Werkzeugaufspannplatte 4 höhenverschieblich geführt. Sie ist zur Aufspannung des gestrichelt angedeuteten Prägesenkes w mit T-Nuten versehen. Mittels eines Keiles 5 läßt sich ihr Abstand zum Werkzeugoberteil verändern. Wenn auch ein Abheben der Tischplatte *4* vom Teil *5* infolge ihrer Gewichtskraft und der des Werkzeugunterteiles bzw. Prägegesenkes nicht eintritt, so können doch durch die aufeinander folgenden Schläge Schwingungen eintreten, die die Keilführung beeinträchtigen. Daher sind über die Säulen gesteckte Druckfedern *6* zu empfehlen, wobei anstelle der in Abb. 281 rechts unten angegebenen Schraubenfeder aus Draht auch Tellerfedern oder Gummifedern mit darüber liegenden Rohrabschnitten verwendet werden können. An der kleineren Keilstirnfläche ist eine Fettbüchse angeschraubt, die über Bohrungen und eingefräste Schmierriefen die Keilführungsflächen auf Grundplatte *1* und Aufspanntisch *4* mit Fett versorgt. Gegenüber der Fettbüchse *20* ist an der größeren Keilstirnfläche die Vorschubspindel *7* eingeschraubt. Ihr Vorschub wird durch Drehen der Gewindehülse *8* betätigt. Sie wird zwischen dem Unterlager *10* und dem Oberlager *9* nach Anzug der Schrauben *11* gehalten und liegt beiderseits durch Bund am Lager an. Auf dem Lagerdeckel kann eine weitere Fettbüchse zur Lagerschmierung aufgeschraubt werden. Die Gewindehülse *8* ist an ihrem äußeren Ende außen spitzverzahnt, damit sowohl das Vorschubrad *14* als auch die Handkurbel *16*, die entsprechend innenverzahnt sind, im gewünschten Winkel dort aufgesteckt werden können. Diese aufgesteckten Teile werden mittels Sechskantschraube *17* und Vorlagescheibe *18* an der Gewindehülse *8* befestigt. Wird in die Gewindehülse Fett eingefüllt, so wird es beim Anzug der Halteschraube *17* zwischen Spindel *7* und Hülse *8* in die Gewindegänge gepreßt. Keil *5* und Spindel *7* bilden eine verschiebliche und Hülse *8*, Vorschubrad *14*, Handkurbel *16* und Halteschraube *17* mit Vorlagescheibe *18* eine drehbare Einheit. Die Handkurbel läßt sich über einen Bogenwinkel α bis zu 110° bequem handhaben. Am Werkzeugoberteil ist ein Mitnehmerhebel *15* schwenkbar angelenkt. In der im Bild rechts gezeichneten Arbeitsstellung faßt er mit seinem hakenförmigen Vorsprung unter den ersten Zahn des Vorschubrades und dreht dasselbe beim Aufwärtsgang des Pressenstößels um eine Zahnteilung weiter. Beim folgenden Hub überfährt der Hebel beim Abwärtsgang den zweiten Zahn und hebt ihn beim Aufwärtsgang an. In mehreren aufeinanderfolgenden Hüben wird auf diese Weise das Vorschubrad ruckartig in kurzen zeitlichen Abschnitten gedreht. Im Bild sind dafür sechs Zähne vorgesehen, so daß mit bis zu sechs aufeinanderfolgenden Hüben gearbeitet werden kann. Die Teilung der Zähne, d.h. ihr Abstand kann der gleiche sein. Doch ist ebenso, wie hier dargestellt, eine unterschiedliche Teilung möglich, indem der erste Hub u der größte ist, die nächsten Hübe geringer werden und schließlich der letzte v am kleinsten ausfällt. Doch sollte $v > 0{,}7u$ gewählt werden und nicht kleiner sein, da sonst der Hebel *15* einen Zahn überspringt. Nach dem Bild sei angenommen, daß sich die Handkurbel an der linken Seite der Vorrichtung befindet und von der vor der Presse sitzenden Bedienungsperson von vorn nach hinten, d.h. von der Ausgangsstellung A in Pfeilrichtung zur Endstellung E gedreht wird. In diesem Fall ist die Vorschubspindel mit normalem Rechtsgewinde versehen. Erscheint aus arbeitsphysiologischen Erwägungen die umgekehrte Richtung zweckmäßiger, so ist Linksgewinde zu wählen. Außerdem müssen Vorschubzahnrad *14* und Mitnehmerhebel *15* nicht rechts, sondern spiegelbildlich links der Mittellinie angeordnet werden. Zur Begrenzung der Ausgangsstellung A ist ein Keilanschlag notwendig, der im Bild von einer in das Unterlager 10 eingeschraubten Sechskantschraube 12 mit Gegenmutter 13 gebildet wird. Nicht unbedingt erforderlich wäre ein entsprechender Anschlag für die Endstellung E an der kleineren Keilstirnseite neben der Fettbuchse 20 gegen eine dort auf der Grundplatte 1 aufzuschraubende Leiste. Auf der Grundplatte ist an der Kurbelseite ein Schutzblech oder Schutzgitter 19 zu befestigen, so daß selbst bei einer noch so ungeschickten Handbewegung jede Unfallgefahr ausgeschlossen wird. Der Mitnehmerhebel 15 dürfte schon infolge seines Eigengewichtes in die Zähne des Vorschubzahnrades einrasten. Andernfalls ist eine Zug- oder Druckfeder je nach Anordnung am hier nicht gezeichneten Werkzeugoberteil hierfür vorzusehen. Weiterhin ist eine Möglichkeit zum Hochschwenken des Mitnehmerhebels zu berücksichtigen, der am besten mittels einer Schraube in Waagerechtlage am Werkzeugoberteil zwecks Außerbetriebsetzung des Vorschubrades befestigt wird. Im folgenden seien drei Einsatzmöglichkeiten der Tischhubvorrichtung erläutert.

1. Feineinstellung des Abstandes zwischen Ober- und Unterwerkzeug

Dient die Vorrichtung allein diesem Zweck, so sind Vorschubrad und Mitnehmerhebel, wie zuvor beschrieben, außer Betrieb zu setzen. Selbstverständlich gilt dies auch für die Presse selbst, wenn es sich um Werkzeugeinrichtearbeiten handelt. Für einen solchen Fall ist ein genügend weiter seitlicher Abstand der Kurbel von der Werkzeugmitte von vornherein beim Entwurf der Vorrichtung vorzusehen, damit die Kurbel bei mehreren Umdrehungen nicht durch die Tischplatte behindert wird, es sei denn, daß das Säulengestell sich auf dem Tisch unter Zwischenlage entsprechend hoher Unterlagleisten aufspannen läßt.

2. Vorschub durch Handkurbel

Auch hier bleiben Mitnehmerhebel und Vorschubrad außer Betrieb. Der Vorschub wird allein von Hand betätigt, indem zwischen den einzelnen aufeinanderfolgenden Hüben die Handkurbel abschnittsweise geschwenkt wird. Dies sollte nach dem ersten Hub in einem größeren Winkel als in den nächstfolgenden geschehen. Bei dieser Arbeitsweise empfiehlt es sich, nicht nur für die Ausgangsstellung A sondern auch für die Endstellung E einen Keilanschlag vorzusehen. Bei Einlegearbeiten sollte für die rechte Hand eine Einhandeinrückvorrichtung vorgesehen werden, da die linke Hand die Handkurbel 16 bedient.

3. Selbsttätiger Vorschub durch Mitnehmerhebel

Hierfür ist bei Einlegearbeiten eine Zweihandeinrückvorrichtung notwendig, da die Handkurbel nur zum Umlegen aus der Endstellung E zurück in die Ausgangsstellung A, von Hand bedient wird. Durch Niedertreten des Fußhebels läßt man die Presse so viele Hübe verrichten, bis der Mitnehmerhebel 15 nicht mehr in die Zahnlücken des Vorschubrades 14 eingreift. Im folgenden Beispiel sei der erreichbare Vorschub erläutert:

Beispiel 18: Es betragen nach Abb. 281 die Vorschubwinkel α_1 bis α_6 28°, 24°, 22°, 20°, 19° und 18°, der Keilwinkel $\gamma = 3°$ und die Gewindesteigung t der Vorschubspindel $h = 3{,}2$ mm. Die erreichbare Vorschubhöhe des Werkzeugaufspanntisches errechnet sich zu:

$$h_v = \frac{\alpha}{360} h \cdot \tan \gamma.$$

Hiernach ergeben sich für

$$\begin{aligned}
\alpha_1\, h_{v1} &= 0{,}0131 \text{ mm}\\
\alpha_2\, h_{v2} &= 0{,}0109 \text{ mm}\\
\alpha_3\, h_{v3} &= 0{,}0102 \text{ mm}\\
\alpha_4\, h_{v4} &= 0{,}0095 \text{ mm}\\
\alpha_5\, h_{v5} &= 0{,}0089 \text{ mm}\\
\alpha_6\, h_{v6} &= 0{,}0084 \text{ mm}\\
h_{v\,\text{ges}} &= 0{,}0610 \text{ mm}.
\end{aligned}$$

Ein solcher Wert von etwa 0,06 mm Höhenverkürzung bei sechs Schlägen ist für Massivprägearbeiten an mittelharten Werkstoffen durchaus angemessen. Für weiche Werkstoffe sowie für Hohlprägearbeiten kann die Höhe noch weiter bis zu etwa 0,5 mm verkürzt werden. Eine solche Steigerung des Tischhöhenvorschubes läßt sich durch einen größeren Keilwinkel bis zu etwa 7°, eine größere Gewindesteigung der Spindel und durch mehr Zähne des Vorschubrades erreichen. So erstreckt sich die Verzahnung des Vorschubrades nach dem Bild nur auf 1/4 des Umfanges, während bis zu 3/4 des Umfanges allerdings bei einer größeren Anzahl von Pressenhüben sich ausnützen lassen. Ebenso sind auf einem vergrößerten Außendurchmesser des Vorschubrades mehr oder größere Einzelhübe möglich.

27. Vollprägewerkzeug für veränderliche Werkstoffdicke

(Werkzeugblatt 46)

Zum Prägen von Plaketten oder Schildern mit vertiefter oder erhabener Schrift oder sonstigen Mustern mit Veränderung der Werkstoffdicke werden nur vollständig aus Stahl hergestellte, für schwere Kaltprägung und Warmprägung sogar gegossene Werkzeuge verwendet, wie dies das Warmpräge-

Abb. 282. Gegossenes Wärmprägegesenk für Schreibmaschinengehäuse

werkzeug für Schreibmaschinengehäuse zu Abb. 282 zeigt. Über die Auswahl dafür geeigneter Gußstähle wird auf S. 625 bis 626 noch berichtet. Der zum Prägen notwendige statische Druck, worüber die vorausgehende Tabelle 12 Auskunft gibt, läßt sich nur unter Kniehebelprägepressen oder hydraulischen Pressen erreichen. Infolge der Werkstoffwanderung ist es notwendig, die

Werkzeuge in Säulenführung herzustellen. Werkzeugblatt 46 zeigt ein solches Werkzeug für ein 3 mm dickes Schalterschild. Der Ursprungswerkstoff des Werkstückes muß selbstverständlich weich sein. Nach dem Prägen erhält dasselbe an den verdichteten Stellen eine hohe Festigkeit. Beim Einarbeiten der Vertiefungen in das Gesenk ist zu beachten, daß diese ein wenig konisch einwärts verlaufen, da andernfalls sich das geprägte Teil nicht aus dem Unterteil herausheben läßt. Liegen die Prägungen zu dicht am Rande des Teiles, so ist eine feste und geschlossene Einlage (Teil 7) nicht möglich, weil die geprägten Stellen des Werkstückes gegen die Einlagewand drücken und dasselbe nicht ausgehoben werden könnte. In solchen Fällen ist eine federnde Anlage gemäß der in Werkzeugblatt 46 links oben angegebenen Darstellung anzubringen. Das Teil wird nur dort gegen die Spitzen der unter Federdruck stehenden Leisten angelegt und kann sich nach dem Prägen in alle Richtungen ausdehnen.

Die Verdichtung des Werkstoffes, wie sie für solche Ausprägearbeiten häufig erforderlich ist, setzt gemäß Tabelle 12 große Kräfte voraus. Gerade hier besteht in vielen Werkstätten die Gefahr von Maschinenbrüchen, da die Form bei Kurbel- und Exzenterpressen nahe der untersten Totpunktlage

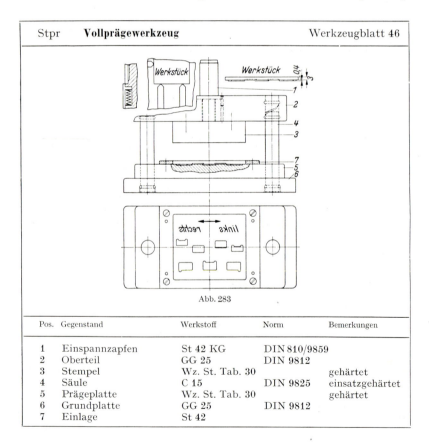

Abb. 283

Pos.	Gegenstand	Werkstoff	Norm	Bemerkungen
1	Einspannzapfen	St 42 KG	DIN 810/9859	
2	Oberteil	GG 25	DIN 9812	
3	Stempel	Wz. St. Tab. 30		gehärtet
4	Säule	C 15	DIN 9825	einsatzgehärtet
5	Prägeplatte	Wz. St. Tab. 30		gehärtet
6	Grundplatte	GG 25	DIN 9812	
7	Einlage	St 42		

geprägt wird, wo die Kräfte unkontrollierbar hoch sind. Große Betriebe, in denen viel Prägearbeiten anfallen, besitzen zumeist für das Prägen Sonderpressen, die nur mit solchen Arbeiten belegt werden. In den Mittel- und Kleinbetrieben, wo nur gelegentlich Prägearbeiten anfallen, liegen die Verhältnisse jedoch wesentlich anders. Es ist dort nicht die Ausnahme, sondern sogar die Regel, daß unter Pressen, die zumeist für Schneidarbeiten vorgesehen sind, Prägewerkzeuge eingespannt werden. Für diesen Fall empfehlen sich Einsatztische mit Überlastsicherung, die gemäß Abb. 284 so gestaltet sind, daß mit der Außenverschalung sich im mittleren Durchbruch des Pressentisches eine unter Vorspannung stehende Federsäule unterbringen läßt. Die Platten dieser Tischeinsätze müssen selbstverständlich mit Nuten für Aufspannschrauben versehen sein, die ein bequemes und schnelles Aufspannen der Prägewerkzeugunterteile gewährleisten. Für Prägearbeiten ist die Anwendung von Ringfederüberlastsicherungen infolge ihres großen Dämpfungsvermögens und ihrer Charakteristik vorteilhaft und wichtig. Auf S. 615 dieses Buches wird auf die Berechnung von Ringfedersätzen, die bei kleiner Federverkürzung große Kräfte aufnehmen, noch ausführlich eingegangen. Da nicht alle Pressen so gebaut sind, daß sie den Einbau von Tischeinsätzen gemäß Abb. 284 ermöglichen, so sei auf die Anbringung solcher Überlastsicherungen an Prägewerkzeugen selbst näher eingegangen.

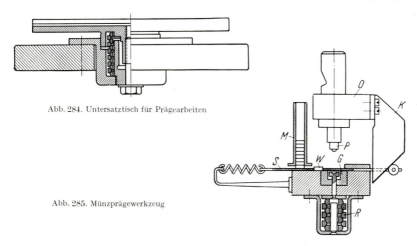

Abb. 284. Untersatztisch für Prägearbeiten

Abb. 285. Münzprägewerkzeug

Abb. 285 zeigt die Anordnung einer Ringfedersäule unter einem Münzprägewerkzeug. Im Magazin M werden die zugebrachten Scheiben übereinander gestapelt und mittels Schieber S, dessen Bewegung durch das am Oberteil O angebrachte Keilstück K gesteuert wird, in das Prägegesenk G gebracht. Die bereits unter geringer Vorspannung stehende Ringfedersäule R wird beim Prägen durch den herabgehenden Prägestempel P noch weiter verkürzt und stößt nach Entlastung das geprägte Werkstück W nach oben heraus, das durch eine hier nicht gezeichnete Druckluftblasvorrichtung weggeschleudert werden kann. Hier dient also die Ringfedersäule nicht nur als Überlastsicherung, sondern außerdem als Auswerfer, wozu sie allein sonst nicht geeignet ist.

Ein anderes Anwendungsgebiet für Ringfedern sind Schneidprägewerkzeuge, die im allgemeinen allerdings nur für flaches Umformen von Blechen ohne bemerkenswerte Veränderung der Werkstoffdicke verwandt werden. Tellerfedern lassen sich für solche Werkzeuge deshalb kaum anwenden, da der Lochdurchmesser der Tellerfederscheiben im Verhältnis zu den Abmessungen der Prägestempel viel zu klein ist, so daß eine mittige Anordnung der Tellerfederscheiben um den Prägestempel entfällt. Eine Anordnung von Tellerfedern außerhalb des Stempels wäre zwar in mehreren auf den Umfang verteilten Federsäulen möglich, würde jedoch sehr große und teure Werkzeuge bedingen: Eine den Stempel umgebende Schraubenfeder dürfte trotz

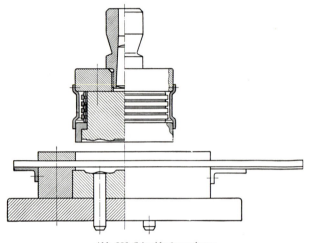

Abb. 286. Schneidprägewerkzeug

größtmöglichen Federdrahtquerschnittes nicht die notwendige Vorspannung und Steifigkeit zum Abtrennen starker Bleche aufbringen. In solchen Fällen, wo also starke und harte Bleche geschnitten und anschließend geprägt oder nur flachgezogen[1] werden, ist die Anwendung vorgespannter Ringfedern gegenüber anderen bekannten Federelementen vorteilhaft. Abb. 286 zeigt ein solches Schneidprägewerkzeug, wobei das Teil zunächst aus dem durchgeführten Streifenmaterial herausgeschnitten und anschließend geprägt wird. Zwecks bequemen Aushebens empfiehlt es sich, im Untergesenk Auswerferstößel vorzusehen, die durch ein Luftkissen unter dem Pressentisch betätigt werden.

---

[1] Siehe Werkzeugblatt 52. Ziehwerkzeug für Heizkörperrippen.

E. Das Tiefziehen

1. Der Tiefziehvorgang

Beim Tiefziehen wird der Werkstoff durch Dehnen und teilweise außerdem durch Stauchen aus einer Fläche in einen Hohlkörper verwandelt. Die Blechscheibe wird dabei zwischen dem Ziehring und dem Niederhalter eingespannt. Dieser ist in der Mitte zwecks Durchgang des Ziehstempels ausgespart, der beim Eindrücken in die Blechscheibe dieselbe zu einem Hohlkörper umformt. Dieser Vorgang wird in der Abb. 287 für ein rundes, zylindrisches Ziehteil erläutert:

I. Der Zuschnitt vom Blechscheibendurchmesser D wird auf den Ziehring gelegt.

II. Der Niederhalter und der Ziehstempel gehen nach unten. Der Niederhalter trifft dabei eher auf die Blechscheibe auf und hält sie an ihren äußeren Teilen fest.

III. Der später auftreffende Stempel des Durchmessers d_p – oft auch kurz als d bezeichnet – zieht die Blechscheibe durch die Öffnung des Ziehringes hindurch, wobei der Werkstoff der Blechscheibe über die Ziehkante des Halbmessers r „nachfließt" und der äußere Durchmesser D auf D' verkürzt wird. Dieser noch zwischen Ziehring und Niederhalter verbleibende äußerste Ring der Blechscheibe wird als Blechflansch bezeichnet. Er wird beim Vordringen des Stempels immer kleiner und verschwindet schließlich vollständig beim völligen Durchzug des Teiles. Soll jedoch ein Blechflansch stehenbleiben, so ist die Ziehtiefe zu begrenzen.

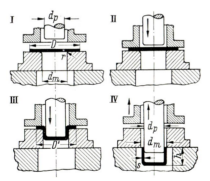

Abb. 287. Ziehvorgang bei zylindrischen Hohlteilen

IV. Nachdem beim völligen Durchzug die endgültige Hohlform sich gebildet und der Stempel seine tiefste Lage erreicht hat, gehen dieser und der Niederhalter wieder nach oben. Dabei stößt der obere Rand des gezogenen Teiles entweder – wie hier gezeigt – gegen die untere Innenkante des Ziehringes oder gegen eine besondere Abstreifvorrichtung, über die noch auf S. 446 dieses Buches berichtet wird.

Dieser Hohlkörper der Höhe h besteht aus dem Boden und dem als Zarge bezeichneten Zylindermantel. Die ursprüngliche Blechdicke s ist nur

302   E. Das Tiefziehen

in der Bodenmitte erhalten. Infolge der Dehnung nimmt sie am Bodenrand erheblich ab. An dieser Stelle reißen die Ziehteile deshalb auch am häufigsten. Sobald der Werkstoff über die Ziehkante gezogen und zur Zarge umgeformt wird, wächst die Blechdicke bis zum oberen Rand des Hohlkörpers. Zwecks besseren Verständnisses des folgenden Abschnittes über das Formänderungsvermögen und um den so wesentlichen Unterschied zwischen zylindrischem und unzylindrischem Zug von vornherein herauszustellen, seien im folgenden die Radialdehnungen und Tangentialstauchungen bzw. -dehnungen an 3 Grundformen in Abb. 288 erläutert.

a) Zylindrische Form. Infolge Aufsitzens der unteren ebenen Stempelfläche gemäß Abb. 287 und 288 oben und der dadurch bedingten Reibung

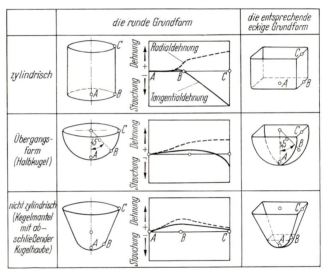

Abb. 288. Dehnungsverhältnisse an zylindrischen und nichtzylindrischen Ziehteilen

zwischen Blech und Stempel vor Beginn des Ziehvorganges werden dort am Boden Gefügeveränderungen verhindert. Daher sind keine Radialdehnungs- und Tangentialstauchungserscheinungen in der Bodenmitte festzustellen. Hingegen steigt die Radialdehnung am Bodenrand bei B plötzlich erheblich und nimmt von hier ab im verminderten Maße nach dem Zargenrande weiter stetig zu. Anders verhält sich die Tangentialdehnung. Auch sie nimmt gemäß Abb. 293 unten anfangs vor dem Bodenrande ein wenig zu, wird jedoch gleich hinter B negativ, stellt also keine Dehnung, sondern eine Stauchung dar, die bis zum Zargenrande C ständig zunimmt. Die entsprechenden Schaubilder für die Halbkugel als Übergangsform und den nichtzylindrischen Zug weichen erheblich hiervon ab.

b) Übergangsform. Bei der Halbkugel[1] oder einer anderen gewölbten Hohlform trifft der Stempel nicht auf eine große, die Verformung behin-

---
[1] Siehe S. 378 dieses Buches, wo über die Halbkugelfertigung Weiteres berichtet wird.

dernde Fläche. Er berührt das Blech zunächst nur in der Mitte, wo innerhalb einer sehr kleinen Fläche gemäß der senkrecht angedeuteten Schraffur in Abb. 289 eine gewisse Reibung zwischen Blech und Stempelfläche und somit eine Verformungsbehinderung stattfindet. Innerhalb der Ringbreite f kann sich das unberührte Blech unbehindert dehnen und Falten bilden. Gewiß nimmt bei fortschreitendem Senken des Stempels die Ringbreite f nach der Mitte zu immer mehr ab. Immerhin beginnt bereits kurz außerhalb der Bodenmitte bzw. des untersten Punktes der Halbkugelform eine Dehnung des Werkstoffes in allen Richtungen. Neben einer bemerkenswerten Radialdehnung ist auch eine allerdings schwächere Tangentialdehnung zu beachten, die etwa bei B in Abb. 288 ihren höchsten Wert erreicht. Von hier aus nimmt sie ab und wird nach dem Zargenrande zu negativ, was also einer Stauchbeanspruchung im Gegensatz zur Dehnung entspricht. Bei dieser Übergangsform ist zwar die Stauchung gering, aber im Gegensatz zum reinen unzylindrischen Zug noch vorhanden.

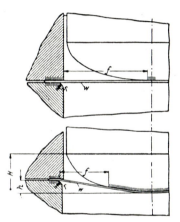

Abb. 289. Ziehvorgang bei nichtzylindrischen muldenförmigen Hohlteilen

c) **Unzylindrische Form.** Kennzeichnend für diese Form ist das Fehlen jeglicher Stauchung. Die Tangentialdehnung bleibt stets positiv, wenn sie auch immer geringer als die Radialdehnung ist. Beim Kegelmantel mit unten abschließender Kugelkappe – eine Form, die dem später in Tabelle 20-1.1 erwähnten Erichsen-Prüfkörper entspricht – ist die Schwächung bzw. Flächendehnung innerhalb der Ringzone B am größten, wo der Kegelmantel den Rand der Kugelkappe begrenzt. Ein ähnliches Verhalten zeigen alle unzylindrischen Ziehteile, wie z.B. flache Hauben, Karosserieblechteile (siehe S. 380 bis 395) mit außen stehenbleibendem Blechflansch, der in Abb. 288 unten nicht gezeichnet ist.

Die *Gefügeänderung bei reiner Zugbeanspruchung* entsprechend der unzylindrischen Ziehform ist eine *wesentlich andere als bei einer Zug-Stauch-Beanspruchung*, wie sie in der Zarge während des Tiefziehens tatsächlich eintritt[1]. Dieser wesentliche Unterschied wirkt sich stärker aus als beispielsweise

---
[1] *Oehler, G.:* Das Blech und seine Prüfung. Berlin–Göttingen–Heidelberg: Springer 1953. S. 240–245.

der Unterschied in der Werkstückbeanspruchung der spanenden Verfahren Drehen, Bohren, Fräsen und Hobeln. Wenn dies bisher nicht allerseits klar erkannt wurde, so liegt dies einmal an der großen Zahl von Übergangsformen und ferner daran, daß viele Ziehteilformen die Merkmale aller drei vorerwähnten Grundformen in sich vereinigen, wie dies die meisten Hohlkörperformen der Tabelle 18 zeigen.

2. Die Formänderung beim Tiefziehen[1]

Als plastischer oder bildsamer Zustand des Werkstoffes wird eine Umformung verstanden, bei der feste Körper unter Belastung ihre Gestalt bleibend ändern, ohne daß hierbei eine äußerlich merkbare Auflockerung des Gefügezusammenhanges auftritt. Dies gilt nicht nur für die Blechbearbeitung, sondern für alle Verfahren der bildsamen Formung, also auch für das Schmieden, für das Kaltstauchen und für das Fließpressen. Bei dieser plastischen Formung wird das aus Kristallkörnern bestehende Gefüge des Werkstoffes durch Translation oder Zwillingsbildung unter Einwirkung von Kräften verändert, wobei Translation und Zwillingsbildung gleichzeitig stattfinden können. Im allgemeinen wird die plastische Umformungsmöglichkeit der metallischen Werkstoffe durch Wärmezufuhr begünstigt, wenn auch im Bereich der Warmsprödigkeit, insbesondere bei Stahl und teilweise auch bei Kupfer und Kupferlegierungen, ein gegenteiliges Verhalten beobachtet werden kann. Aufgrund des heutigen Standes der Mechanik plastischer Körper wird ohne Bedenken das Volumen eines Körpers als unveränderlich angenommen.

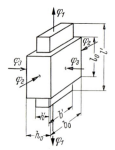

Abb. 290. Formänderung in den 3 Hauptspannungsrichtungen

In Abb. 290 ist ein rechteckiges Werkstoffelement der Länge l_0, der Breite b_0 und der Höhe (bzw. Dicke) h_0 dargestellt. Wird dieser rechteckige Körper in seiner Längsrichtung gedehnt, so nimmt die bisherige Länge l_0 zu und wird auf l' vergrößert. Infolge des gleichbleibenden Rauminhaltes dieses

---

[1] *Siebel, E.,* u. *Schwandt, S.:* Das Formänderungsvermögen beim Tiefziehen. Mitt. Forsch. Blechverarb. (1951), Nr. 4, S. 49. – *Oehler, G.:* Formänderung beim Tiefziehen. Werkstattst. u. Maschb. 40 (1950), H. 6, S. 225–230 und Ind. Anz. 72 (1950), Nr. 37, S. 407–409, Nr. 38, S. 419–420. Daraus Abb. 291 u. 293 entnommen. – *Oehler, G.:* Formänderungen. Fertigungstechnik 11 (1961), H. 1, S. 26–30 u. H. 3, S. 190–193. – *Hermans, H.:* Zur Theorie des Tiefziehens. Blech 15 (1968), H. 12, S. 648–668.

2. Die Formänderung beim Tiefziehen

Elementes verkürzen sich dafür die Breite b_0 auf b' und die Dicke h_0 auf h'. In dem hier geschilderten Fall sind also die Formänderungen φ_1 positiv und die Formänderungen φ_2 und φ_3 negativ. Die erstere bedeutet eine Verlängerung, während die anderen beiden Verkürzungen sind. Für diese in den drei Hauptebenen liegenden Formänderungen φ_1, φ_2 und φ_3 gilt also infolge der Unveränderlichkeit des Volumens die Beziehung:

$$\varphi_1 + \varphi_2 + \varphi_3 = 0, \tag{55}$$

$$\varphi_1 = \int_{l_0}^{l'} \frac{dl}{l} = \ln \frac{l'}{l_0}, \tag{56}$$

$$\varphi_2 = \int_{b_0}^{b'} \frac{db}{b} = \ln \frac{b'}{b_0}, \tag{57}$$

$$\varphi_3 = \int_{h_0}^{h'} \frac{dh}{h} = \ln \frac{h'}{h_0}. \tag{58}$$

Die Gl. (55) läßt sich daher auch schreiben:

$$\ln \frac{l'}{l_0} + \ln \frac{b'}{b_0} + \ln \frac{h'}{h_0} = 0. \tag{59}$$

Nach dem Delogarithmieren ergibt sich dann die einfache Beziehung:

$$\frac{l'}{l_0} \cdot \frac{b'}{b_0} \cdot \frac{h'}{h_0} = 1. \tag{60}$$

Der Praktiker wird vielleicht fragen, weshalb man nicht von vornherein auf die zuletzt erwähnte, leichter verständliche Beziehung zukommt. Abgesehen von den nun einmal für weitere theoretische Darlegungen notwendigen Festlegungen der Formänderungen, für die einzig und allein der oben erwähnte logarithmierte Ausdruck verstanden wird, bietet der Umstand, daß anstelle der Multiplikation in der logarithmischen Fassung die Addition und anstelle der Division die Subtraktion Anwendung findet, gerade hier Vorteile. Dies gilt insbesondere von der graphischen Auswertung gemessener Formänderungen, wozu Netzwerke mittels photographischer Verfahren auf die Blechtafel vor deren Umformung aufgebracht werden[1]. Dabei ist es zweckvoll, anstelle eines solchen quadratischen Netzwerkes zusätzlich Kreise in den Schnittpunkten der senkrecht zueinander liegenden Netzlinien zu schlagen. Diese Kreise auf der Zuschneidtafel werden beim Ziehen zu Ellipsen umgeformt und weisen einen größten und einen kleinsten Durchmesser auf, die in den weitaus meisten Fällen senkrecht zueinander liegen. Abb. 291 zeigt zur Veranschaulichung einige solcher Kreise auf einem Kotflügel. Die ursprünglichen Abstände p_0 und q_0 der Kreismittelpunkte haben sich verändert und betragen nach dem Ziehen p' und q'. Ebenso ist der ursprüngliche

---

[1] *Schröder, G.:* Photochemisches Aufbringen von Liniennetzen. Ind. Anz. 92 (1970), S. 1739/40. – *Groebler, H.:* Elektrochemische Markierung von Metalloberflächen. Ind. Anz. 94 (1972), S. 27/29.

306   E. Das Tiefziehen

Durchmesser d_0 verändert und beträgt in der einen Richtung l' entsprechend seinem größten Wert und senkrecht hierzu b' entsprechend seinem kleinsten Wert. Es sind der besseren Übersicht wegen nur zwei sich kreuzende Netzlinien $U-U$ und $V-V$ in Abb. 291 eingetragen (desgleichen nur einige Kreise). Es können an anderen Stellen, die interessieren, weitere Kreise angerissen werden. Zur Ermittlung von φ_1 in Richtung der Linie $U-U$ bildet man den natürlichen Logarithmus des Verhältnisses l'/d_0 und zur Ermittlung von φ_2 senkrecht hierzu das Verhältnis von b'/d_0 ($d_0 =$ ursprüng-

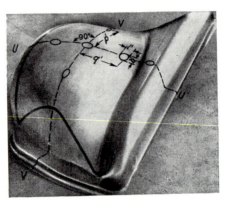

Abb. 291. Kotflügel mit Kreisen zur Ermittlung der Formänderungen φ_1 und φ_2

licher Durchmesser des Kreises). Da technische Taschenbücher im allgemeinen nur für die Werte 1 und 2 den natürlichen Logarithmus bringen, hingegen die Zwischenwerte ausgerechnet werden müssen, läßt sich in Abb. 292 für den jeweiligen Formänderungsgrad die zugehörige Formänderung φ ablesen. Dieses Schaubild gilt nicht nur für φ_1, sondern auch für andere Formänderungen φ und sonstige in den natürlichen Logarithmus umzurechnende Werte innerhalb eines Größenbereichs von 1,0 bis 2,5.

Mittels der Voraussetzung der Volumenkonstanz nach Gln. (59) und (60) ist es möglich, aus zwei gemessenen und berechneten Formänderungen die dritte leicht zu ermitteln. Es ist bekanntlich, abgesehen von der Streuung der Dickenmeßergebnisse, wie sie sich aus den Dickenabweichungen im Blech ergeben, bei vielen Formen äußerst schwer, wenn nicht praktisch undurchführbar, die Blechdicke genau zu ermitteln. Um bei einem solchen Kotflügel nach Abb. 291 die Dicke an den einzelnen Stellen zu messen, müssen sehr komplizierte Aufnahmevorrichtungen an einer großen Meßmaschine mit entsprechender Ausladung vorgesehen werden. Gerade an den kritischen Stellen im mittigen Bereich sind derartige Dickenmessungen am schwierigsten. Weiterhin kann man an einem Ziehteil, wie es in Abb. 291 dargestellt ist, die Formänderung in der Blechfläche überschlägig berechnen, da bei solchen Teilen nur verhältnismäßig wenig Werkstoff über die Ziehkante eingezogen wird. Hieraus läßt sich dann genauer die Schwächung des Bleches an den kritischen Stellen vorausbestimmen als durch bloße Schätzung, wie das später für die Zuschnittsberechnung eines Vorderkotflügels auf S. 356 noch beschrieben wird.

2. Die Formänderung beim Tiefziehen

Die Anwendung dieses Verfahrens sei an 5 Fällen I bis V nach Abb. 292 erläutert. Fall I zeigt an einem Formteil über eine Horizontale abgewickelt die positiven Formänderungen φ_1 und die negativen Formänderungen φ_2. Bei diesem nur sehr selten eintretenden Sonderfall eines $\varphi_1 = \varphi_2$ wird φ_3 gleich Null und fällt mit der Abszisse zusammen. Ist nun φ_1 nicht gleich φ_2, was fast stets der Fall ist, so muß φ_3 den Differenzwert ergeben. In dem zu

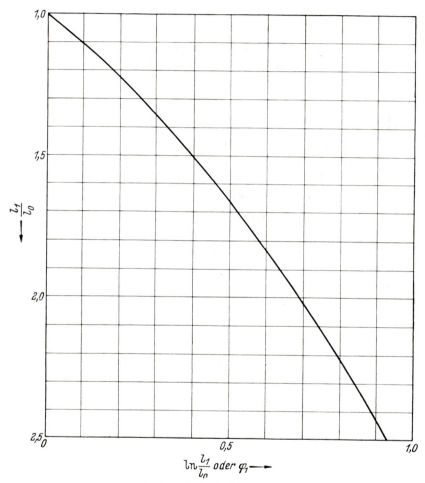

Abb. 292. Graphische Ermittlung des ln-Wertes

Fall II gezeigten Beispiel ist φ_1 größer als φ_2. Die Formänderung φ_3 bestimmt sich aus der Differenz des kleineren φ_2 von dem größeren φ_1. Bei Fall III mögen φ_1 und φ_2 positiv sein. Das ist bei unzylindrischen Ziehteilen durchaus häufig, wie auch bei dem hier in Abb. 291 gezeigten Kotflügel zu beobachten. Dabei muß φ_3 negative Werte annehmen und bildet die Summe aus φ_1 und φ_2. Die graphische Addition ist außerordentlich einfach. Umgekehrt

Fall	φ_1	φ_2	φ_3	Annahme	Beispiel
I	+	−	0	$\varphi_1 = \varphi_2$	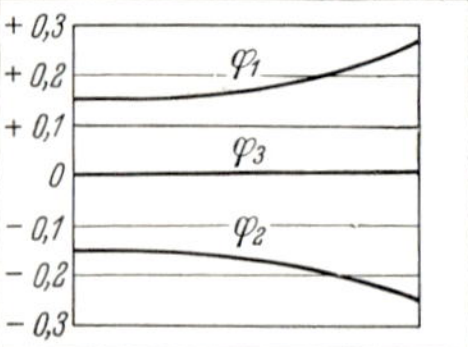
II	+	−	(+ oder −)	$\varphi_1 \neq \varphi_2$ − $\varphi_1 > \varphi_2$ + $\varphi_2 > \varphi_1$	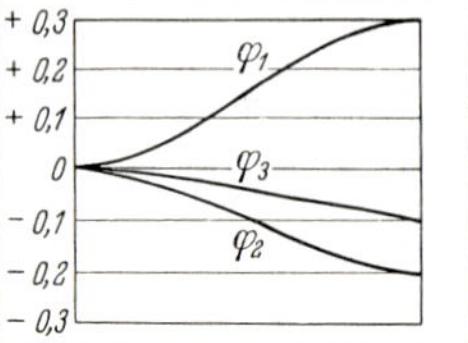
III	+	+	−	$\varphi_1 \neq \varphi_2$	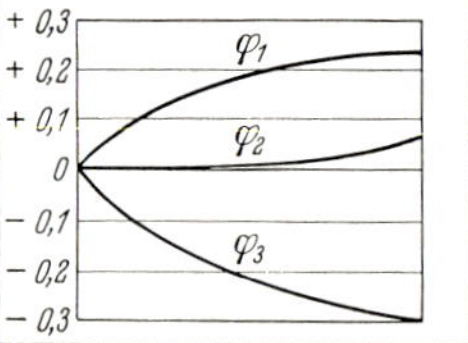
IV	−	−	+	$\varphi_1 \neq \varphi_2$	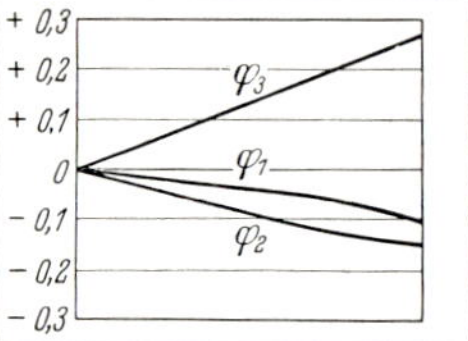
V	+ oder −	+ oder −	− $\begin{cases}+\varphi_1 > -\varphi_2 \\ oder +\varphi_1, +\varphi_2 \\ oder +\varphi_2 > -\varphi_1\end{cases}$ + $\begin{cases}-\varphi_2 > +\varphi_1 \\ oder -\varphi_2, -\varphi_1 \\ oder -\varphi_1 > +\varphi_2\end{cases}$	$\varphi_1 \neq \varphi_2$	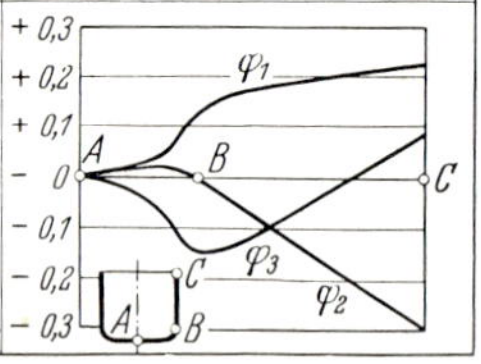

Abb. 293. Fünf verschiedene Fälle zur Ermittlung der Formänderung φ_3 aus den Formänderungen φ_1 und φ_2

ist es bei dem Beispiel nach Fall IV: φ_1 und φ_2 liegen im negativen Bereich. Der Werkstoff wird also in den zwei Hauptrichtungen innerhalb der Blechfläche gestaucht und erfährt eine Verdickung. Dieser praktisch sehr seltene Fall, der sich beim Zusammenstauchen von Blechfässern oder Hälsen an kleinen einteilig gezogenen Gasflaschen ergibt, ist in dem zu Fall IV zugehörigen Beispiel dargestellt, wo sich φ_3 ebenso wie in Beispiel III aus der graphischen Addition von φ_1 und φ_2 ergibt. Sehr viel häufiger als die bisher genannten 4 Fälle I bis IV tritt der Fall V auf mit ganz verschieden liegenden Formänderungsverhältnissen, bei dem also die eine Formänderung immer positiv oder immer negativ bleibt und die andere vom positiven in den negativen Bereich oder umgekehrt überläuft. Ein Beispiel dafür bildet der zylindrische, runde Topf. Wenn man von der Mitte (A) aus eine radial laufende Linie zum Rand (C) zieht, so ergeben vorher um A in gleichem Abstand voneinander geschlagene konzentrische Kreise die im Beispiel zu Fall V eingezeichneten Formänderungen φ_1 und φ_2. Infolge der Reibung des Stempelbodens gegen das Blech werden in der Bodenmitte fast keinerlei Formänderungen beobachtet. Erst nach dem Bodenrand zu kann man ein Auseinanderziehen der Kreise, also eine Radialdehnung und dort auch eine geringe Durchmesserzunahme, also ein größeres positives φ_1 und ein kleineres positives φ_2, bemerken. In der Krümmung wird nun die Radialdehnung sehr viel größer, nimmt aber hinter der Bodenabrundung bei B nur noch allmählich zu. Da der ursprünglich größere Zuschnittdurchmesser sich auf den Zieh-

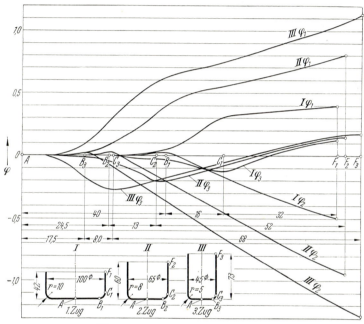

Abb. 294. Formänderung beim Tiefziehen in 3 Stufen

durchmesser verkürzt, ist am Rande bei C eine erhebliche Stauchung und daher ein größtes negatives φ_2 festzustellen. Zwischen A—B wird $\varphi_3 = -(\varphi_1 + \varphi_2)$. Da weiterhin φ_2 stärker abnimmt als φ_1 zunimmt, so beträgt etwa in der Zargenmitte $\varphi_1 = -\varphi_2$, und dort schneidet die φ_3-Linie die Nullinie. Im letzten Teil des Kurvenzuges läuft φ_3 im positiven Bereich, da dort φ_2 sogar größer als φ_1 wird. Am Ende der Bodenrundung bei B ist die größte Blechdickenabnahme und dafür am oberen Rande bei C die größte Blechdickenzunahme zu beobachten. Der Praktiker weiß, daß an der Bodenkante B bei zu großem Ziehverhältnis die Ziehteile einreißen. Der Riß bildet sich kurz nach dem Aufsetzen des eindringenden Ziehstempels. Die bereits erwähnte Verdickung am Rand der Zarge tritt insbesondere bei Ziehteilen unter weitestgehender Ausnutzung des höchstmöglichen Ziehverhältnisses in Form blanker Druckspuren auf. Für das Maß der Blechdickenschwächung bei B ist die Größe des Ziehverhältnisses ($\beta = D/d$) maßgebend. Neben einem zu großen Ziehverhältnis – in 90% der Fälle Ursache für ein Mißlingen des Ziehteiles – sind noch andere Einflüsse zu beachten, insbesondere die Abrundung der Ziehkante und Stempel. Zu scharfkantige Bodenabrundungen schwächen das Blech, wirken als Schneidkante und führen zu Brüchen.

Die bei den Vorzügen sich ergebenden Formänderungen bei mehrstufigem Ziehen wirken sich auf die späteren Züge kaum aus. Abb. 294 zeigt die Formänderung beim Tiefziehen in 3 Stufen bzw. in 3 Zügen, I, II und III. Zur Unterscheidung der jeweiligen Charakteristiken sind diese Zahlen I, II und III vor den Formänderungsbezeichnungen φ_1, φ_2 und φ_3 gesetzt. Es besteht an sich die Vermutung, daß sich die Formänderungen des ersten Zuges wie überhaupt der vorausgehenden Züge bei den Weiterschlägen in bezug auf Blechdicke und Radialdehnung irgendwie bemerkbar machen. Dies wurde aber bisher nirgends festgestellt. Offenbar gerät der Werkstoff beim Tiefziehen derart ins Fließen, daß später nur sehr schwer und meist erst im Wege der Ätzung nachträglich festgestellt werden kann, in wieviel Zügen das Teil gezogen wurde. Dickenmessungen ergeben jedenfalls insoweit keinen Anhalt und die Kurve zu III φ_3 ist nicht durch die Kurvenberge der Vorzüge irgendwie beeinflußt. Ebensowenig zeigt die Schaulinie für III φ_1 irgendeinen Bezug auf die entsprechenden Erhebungen der vorhergehenden Züge, wie sie für I φ_1 zwischen B_1 und C_1 und für II φ_1 zwischen B_2 und C_2 auftreten. Es ist daher richtig, wenn von Fachleuten behauptet wird, daß der Umformvorgang beim zylindrischen Tiefziehen demjenigen des Fließpressens ähnlich ist. Dort, wo eine zweite Einschnürung sich bildet, sind, wie auf S. 415 beschrieben, andere Umstände ursächlich. Abb. 381, 385 und 386 zeigen Anschlagzüge, keine Weiterschläge.

Bei rechteckigen Ziehteilen[1] wurden große Unterschiede der Werte von φ_1 und φ_2 am oberen Rand bei den verschiedenen Meßstellen ermittelt, und zwar betragen diese Formänderungen bei einem Ziehteil eines Seitenverhältnisses von etwa 1:2 das 1,5fache in der Mitte der Schmalseite gegenüber der Mitte der Breitseite. Hingegen wird in den Ecken die Verzerrung noch sehr viel größer, so daß man dort eine 3- bis 4fache Vergrößerung der Formänderungen φ_1 und φ_2 gegenüber den Meßstellen in der Mitte Breitseite feststellt. Demgegenüber ist die Blechdickenänderung nur gering. So beträgt die Zargendicke dort kaum das Doppelte wie in Mitte Breitseite, was durch Ermittlung des φ_3-Wertes nach dem hier geschilderten Verfahren an einem Ziehteil nachgewiesen wurde. Selbstverständlich liegen die Verhältnisse bei den einzelnen Rechteckformen ganz verschieden und hängen weitgehend von den Bemessungen des Zuschnittes, des Ziehspaltes, der Werkzeugabmessungen und vor allen Dingen von der Zugabstufung ab. Durch eine geschickte Bemessung des Zuschnittes und durch richtige Zugabstufung braucht die Blechdicke in der Ecke gegenüber den anderen Stellen des Ziehteiles gar nicht stark abzuweichen. Auf S. 350 bis 352 wird der Zuschnitt von Rechteckziehteilen und auf S. 364 bis 366 ihre Abstufung behandelt.

---

[1] Verwiesen sei auf *Oehler:* Gestaltung gezogener Blechteile, 2. Aufl. Berlin–Göttingen–Heidelberg: Springer, 1966, S. 13–19, wo Umformdiagramme nach Abb. 293 und 294 zur Rechteckform und zu verschiedenen anderen Ziehformen gezeigt werden.

3. Die Stempelkraft beim Tiefziehen und Abstreifen

Die Stempelkraft ist beim zylindrischen Zug in erster Linie von der mittleren Formänderungsfestigkeit, Ziehdurchmesser, Zuschnittsdurchmesser und Werkstoffdicke abhängig. Verschiedene Forschungsarbeiten zeigen, daß außerdem die Ziehform, der Niederhalterdruck, die Ziehgeschwindigkeit, die Ziehkantenrundung, die Spaltweite und sogar die Art des Schmiermittels die Größe der Stempelkraft unerheblich beeinflussen.

Die Ziehkraft steigt bei Beginn des Hubes ziemlich steil an und erreicht ihren Höchstwert, wenn der Ziehstempel in den Ziehring bis zu einer Tiefe

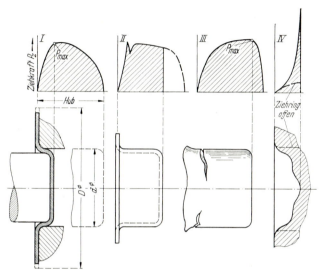

Abb. 295. Ziehkraftschaubilder in Abhängigkeit vom Ziehspalt

eingedrungen ist, die der Summe der Halbmesser an der Ziehringkante und der Stempelbodenkante entspricht. Im übrigen erklärt sich dies bereits daraus, daß im Anfang des Zuges das Durchmesserverhältnis D/d und daher auch der Formänderungswiderstand am größten ist, der während des Zuges abnimmt. Sehr häufig zeigen sich gemäß Diagramm II im Anfang des Zuges stoßartige Beanspruchungen und Spitzen, die die Höhe des eigentlichen Zieharbeitsdiagrammes zuweilen übersteigen. Erscheinungen dieser Art sind allerdings nur bei Stahlblechen zu bemerken, und auch hier treten sie wiederum nur bei alterungsanfälligen Blechen auf. Als Beispiel sei ein mit einem sehr empfindlichen Gerät aufgenommenes Ziehkraftdiagramm[1] für eine bruchfrei gezogene Ronde in Abb. 296 dargestellt. Es war dabei zwischen Ziehstempel und Pressenstößel ein Ölzylinder vorgesehen, dessen Flüssig-

---

[1] *Hofmann, W.*, u. *Koelzer, H.*: Das Verhalten von Tiefziehblechen unter Berücksichtigung der Prüfverfahren. Werkstattst. u. Maschb. 42 (1952), H. 3, S. 89, Abb. 3 u. 4. — Spitzenbildung weiterhin bestätigt durch *Bauder*: Tiefziehen von Hohlkörpern aus dicken Stahlblechen. Stahl u. Eisen 71 (1951), Nr. 10, S. 508, Abb. 15.

keitsdruck auf einen Piezoquarz einwirkte. Der am Quarz gegenüber Erde auftretende Potentialunterschied wurde von einem Kathodenoszillographen geschrieben in Abhängigkeit vom Weg, der über ein Potentiometer als elektrischer Wert abgenommen wurde. Bei unempfindlicheren Meßeinrichtungen ist dieser stoßartige Anstieg und Rückfall der Kraftlinie auch bei sonst fließgrenzbetonten Werkstoffen in dieser Deutlichkeit nicht zu erkennen.

Wird, wie Abb. 295 II zeigt, das Ziehteil nicht voll durchgezogen, sondern bleibt ein Flansch stehen, so gilt selbstverständlich nur der schraffierte Teil des Diagrammes als Zieharbeit, während der gestrichelt angedeutete

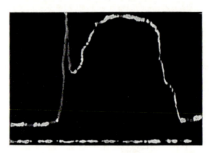

Abb. 296. Mit Kathodenoszillograph aufgenommenes Ziehkraftdiagramm

Rest entfällt, der sonst beim Durchzug noch aufzuwenden wäre. Es brauchen bei derartigen Zieharbeitsdiagrammen die Höhepunkte durchaus nicht im Anfang zu liegen. Es richtet sich dies nach der Wahl der Werkzeugabmessungen, der Ziehteilhöhe und vor allen Dingen des Ziehspaltes. Ein Schaubild für ein Ziehteil geringerer Höhe aber großer Abrundungen an Ziehring und Stempel weist die Höchstkraft nicht im Anfang nach, sondern mehr nach der Diagrammitte zu. Besonders aber wirken sich geringe Ziehspalte aus, da infolge der Durchmesserverkürzung während des Zuges die damit verbundene Stauchung eine Blechdickenzunahme nach dem Rand bzw. oberen Teil der Zarge zu bewirkt, wodurch der Werkstoff klemmt und evtl. sogar reißt. Hierdurch bedingte Risse entstehen nicht im Bereich der Bodenkante, sondern liegen im oberen Zargenteil in Nähe des Randes. In solchen Fällen wird nach Abb. 295 III der Höchstwert für die Ziehkraft sehr weit zurückverlegt.

Die Arbeitsschaubilder für unzylindrische Ziehteile sind sehr unregelmäßig und von der Gestalt des jeweiligen Ziehteiles abhängig. Wird bei unzylindrischen Zargen nur über die Ziehkante gezogen, so daß die Ziehöffnung nach unten offenbleibt und der gezogene Werkstoff sich nicht anlehnt, so ist die Kraft verhältnismäßig gering und bleibt nach einem kurzen Anstieg gemäß der gestrichelten Linie in Bild IV konstant. Die Verhältnisse werden jedoch wesentlich andere, wenn das Blech zwischen Stempel und einem Formgesenk – in der Praxis meist als Fertigschlag bezeichnet – hohlgeprägt wird. Hier steigt die Kraft dann steil nach oben an.

Unter den hier geschilderten Umständen erscheint eine allzu detaillierte Gliederung der Ziehkraftgleichung in die Biegekraft, die Haltekraft und die eigentliche Umformkraft nicht als notwendig und eine Einbeziehung der

3. Die Stempelkraft beim Tiefziehen und Abstreifen

beiden ersten Glieder mit in den Formänderungswirkungsgrad η_{form} als zulässig, so daß sich nach *Siebel* die Ziehkraft P_z für den einfachen runden Napfzug berechnen läßt:

$$P_z = \frac{d \cdot \pi \cdot s \cdot k_{\text{fm}}}{\eta_{\text{form}}} \left[\ln \frac{D}{d} - c \right]. \tag{61}$$

Hierin bedeuten d den Ziehstempeldurchmesser, D den Zuschnittsdurchmesser, s die Blechdicke in mm und k_{fm} die mittlere Formänderungsfestigkeit in kp/mm². Dabei wird nach *Siebel* der Formänderungswirkungsgrad η_{form} zwischen 0,5 und 0,65 angenommen, kann also auf 0,628 geschätzt werden zwecks Kürzung des π-Wertes. Aufgrund einer Untersuchung von *Abouel*[1] ist η_{form} vom Ziehkantenhalbmesser r_m abhängig und beträgt bei großem r_m 0,6 bis 0,8, bei kleinem r_m 0,55 bis 0,7. Der Beiwert c soll dem Umstand Rechnung tragen, daß die Höchstkraft nicht im Anfang des Ziehkraft-Hub-Diagrammes liegt. Doch kann dieser zumeist mit 0,25 angenommene Wert vernachlässigt werden. Bei kleinen Ziehverhältnissen $D/d = \beta < 1,3$ würde dies viel zu kleine Werte ergeben. Bei großem Ziehverhältnis verlaufen die k_{fm}-Linien gemäß des rechten oberen Diagrammteiles zu Abb. 297 derart abszissenparallel, daß eine solche Kürzung um c die Ordinatenhöhe kaum beeinflußt. Auf den Einfluß von Ziehspalt, Ziehkantenrundung usw. auf die Diagrammgestalt und die unterschiedliche Lage des Punktes für $P_{\max}$ wurde bereits zu Abb. 295 I und III hingewiesen, so daß eine zuverlässige Schätzung des dimensionslosen Beiwertes c sowieso unmöglich ist. Es läßt sich daher schreiben

$$P_z = 5 \cdot d \cdot s \cdot k_{\text{fm}} \ln \beta. \tag{62}$$

Die Berechnung des natürlichen Logarithmus aus der obigen Gleichung ist für den damit nicht Vertrauten schwierig, zumal die Tabellen der Taschenbücher die zwischen 1 und 2 liegenden Werte des $\ln D/d$ nicht enthalten. Weiterhin kann der Wert k_{fm} der mittleren Formänderungsfestigkeit nur anhand von Schaubildern gefunden werden. Aus diesem Grunde ist die Ermittlung der Ziehkraft auf graphischem Wege gemäß Abb. 297 einfacher und dem Rechenwert vorzuziehen.

In der vierteiligen Diagrammgruppe der Abb. 297 sind in der rechten Hälfte drei horizontale Maßstäbe mit verschiedenen Skalen angegeben, und zwar oben für die Formänderung φ und in der Mitte für die Stauchung ε_d. Die Ringstauchung beträgt $(D-d)/D$ oder $1 - 1/\beta$. Dank dieser Beziehung läßt sich der dritte Maßstab für β unten auftragen. Ferner gilt in diesem besonderen Fall folgende Beziehung:

$$\varphi = \ln \frac{1}{1 - \varepsilon_d} = \ln \frac{1}{1 - \left(1 - \frac{1}{\beta}\right)} = \ln \beta. \tag{63}$$

Rechts oben im Bilde sind die Kurven der mittleren Formänderungsfestigkeit für verschiedene Werkstoffe aufgetragen. Es kann also für einen bestimmten β-Wert ($\beta = D/d$) im rechten oberen Diagramm k_{fm} graphisch

---

[1] *Abouel, M.:* Einfluß der Werkzeugform auf den Formänderungswirkungsgrad. Fertigungstechn. **13** (1963), H. 6, S. 382–387.

Abb. 297. Ziehkraftdiagramm nach *Siebel* und *Oehler* [kg = kp = 10 N und t = Mp = 10 kN]

abgegriffen werden. Nach links waagerecht herübergelotet und mit der unter 45° geneigten Geraden, die die jeweilige 5fache Blechdicke *s* in mm kennzeichnet, zum Schnitt gebracht, ergibt senkrecht nach unten gerichtet einen Schnittpunkt mit dem Parameter für den Ziehstempeldurchmesser *d*. Im rechten unteren Diagramm wird der Linienzug geschlossen, indem von β aus nach unten und aus dem zuletzt genannten Schnittpunkt im linken unteren Diagramm waagerecht nach rechts gelotet wird. Dieser abschließende Schnittpunkt kennzeichnet die Ziehkraft.

3. Die Stempelkraft beim Tiefziehen und Abstreifen 315

Beispiel 19: Es sei aus 1 mm dickem Tiefziehstahlblech von 0,06% Kohlenstoffgehalt ein Topf des Innendurchmessers $d = 16$ mm und des zugehörigen Zuschnittsdurchmessers $D = 29$ mm zu ziehen. Hiernach beträgt $\beta = D/d = 1{,}8$. Auf der Leiter für β finden wir dafür den Punkt A_0 und ziehen durch diesen sowohl nach unten als auch nach oben eine senkrechte Linie. Dieselbe schneidet die betreffende Werkstoffkurve im Punkt B_0. Durch diesen wird eine Horizontale gelegt, welche im Punkt C_0 die unter 45° geneigte Gerade für $s = 1$ mm interpoliert schneidet. Nun wird von C_0 aus in das untere linke Diagramm herabgelotet und der Punkt E_0 auf der unter 45° geneigten Linie für einen Ziehstempeldurchmesser d von 16 mm gefunden. Jetzt geschieht die Ermittlung der Ziehkraft im Punkt F_0 mittels der Waagerechten durch den Punkt E_0 und der Senkrechten durch A_0. Dabei ergibt sich eine Ziehkraft von ungefähr 1,5 t [= 1,5 Mp = 15 kN].

Für runde Napfweiterschläge gilt im Ansatz die gleiche Ziehkraftberechnung nach Gl. (62), nur wird anstelle von $\beta = D/d_1$ ein Wert von $\beta = d_1/d_2$ oder $= d_2/d_3$ usw. eingesetzt, und im Hinblick auf die richtungsmäßige Umkehrung der im vorhergehenden Zieharbeitsgang aufgewendeten Kraft ist mangels bisheriger Untersuchungen roh geschätzt 0,5 derselben als Biege- und Umformanteil hinzu zu addieren, so daß für den Weiterschlag gilt

$$P_{zw} = 0{,}5 \cdot P_{z1} + 5 d_2 \cdot s \cdot k_{fm} \cdot \ln \frac{d_1}{d_2}. \qquad (64)$$

Beispiel 20: Betrachten wir hierzu als Beispiel die 3 Zugstufen zu Abb. 294 und nehmen als Werkstoff 2 mm dickes Kupferblech an. Hiernach erhält man im ersten Zug für $\beta_1 = 135/100 = 1{,}35$ den Punkt A_1 in Abb. 297. Gemäß des Linienzuges $A_1-B_1-C_1-E_1-F_1$ ist die Ziehkraft im Anschlag $P_{z1} = 3{,}4$ t [= Mp]. Der erste Weiterschlag bringt mit $\beta_2 = 100/65 = 1{,}54$ den Punkt A_2 und der Linienzug $A_2-B_2-C_2-E_2-F_2$ weist eine Ziehkraft $P_{z2} = 4{,}0$ t [= Mp] nach. Der Kraftaufwand ist mit $0{,}5 P_{z1} + P_{z2} = 1{,}7 + 4{,}0 = 5{,}7$ t einzusetzen. Im dritten Zug mit einem $\beta_3 = 65/45 = 1{,}45$ führt der Linienzug $A_3-B_3-C_3-E_3-F_3$ zu einem Ziehkraftwert $P_{z3} = 2{,}2$ t. Hieraus wird die Kraft des Ziehstößels zu $0{,}5 P_{z2} + P_{z3} = 0{,}5 \cdot 4{,}0 + 2{,}2 = 4{,}2$ t [= 4,2 Mp = 42 kN] ermittelt.

Für Rechteckzüge sind die 4 Ecken zu einem runden Napf vereinigt zu denken und für diesen ist im Anschlag wie im Weiterschlag die Ziehkraft zu bestimmen. Hinzu kommen die Biegekräfte P_b für die Gesamtlänge der gerade verlaufenden Einzugskanten und außerdem im Anfang des Ziehvorganges der Bodenkanten. Für dünnere Bleche können diese Biegekräfte an den Seitenkanten gegenüber der weit höheren Ziehkraft vernachlässigt werden, da die Biegekraft mit dem Quadrat der Blechdicke zunimmt und erst über 1 mm in Erscheinung tritt. Zu beiden Kräften tritt noch ein aus Gründen der Vorsicht roh mit 20% geschätzter Zuschlag, bedingt durch gegenüber dem einfachen Rundzug zu leistenden Mehraufwand an Tangentialstauchung infolge Zuschnittsfehler.

Beispiel 21: Es sei aus 2 mm dickem Kupferblech ($\sigma_B = 22$ kp/mm²) eine rechteckige Kappe herzustellen einer Länge von 250 mm, einer Breite von 200 mm, einer Höhe von 42 mm, einer Eckenrundung von 50 mm und einer Bodenkantenrundung von 5 mm. Die 4 Ecken lassen sich zu einem runden Ziehteil gemäß Abb. 297 links unten zusammenstellen, wofür im Beispiel 20 zu Abb. 297 der Linienzug $A_1-B_1-C_1-E_1-F_1$ eine Ziehkraft von 3,4 t nachweist. Es bleibe an jeder Breitseite $250 - 50 - 50 = 150$ mm und an jeder Schmalseite $200 - 50 - 50 = 100$ mm, für alle 4 Seiten also 500 mm Biegelänge, beim ⌴-Biegen 250 mm Biegebreite b. Aus Gl. (39) ergibt sich eine Biegekraft zu 4,4 t, so daß für das Ziehen dieses Teils $3{,}4 + 4{,}4 = 7{,}8$ t vom Ziehstößel aufzubringen sind [t = Mp].

316 E. Das Tiefziehen

Kraftmessungen des Verfassers an hydromechanisch tiefgezogenen Rechteckteilen ergaben, daß eine Beziehung zwischen dem Kraftbedarf P_Z des zylindrischen und dem Kraftbedarf P_R des rechteckförmigen Ziehteiles mit Flachboden besteht. Unter der Voraussetzung eines hierbei gleichbleibenden Umfanges U nimmt gemäß Abb. 298 der Beiwert c proportional zum logarithmierten Verhältnis des Rechteckumfanges unter Berücksichtigung seiner Abrundung zum Kreisumfang des Eckenrundungshalbmessers r_e zu. Das vorausgegangene Beispiel sei daraufhin nochmals durchgerechnet:

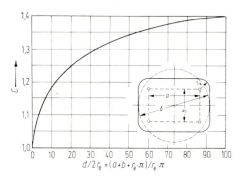

Abb. 298. Beiwert c zur Ziehkraftberechnung rechteckiger Formquerschnitte, bezogen auf den runden Querschnitt (gestrichelt) gleichen Umfanges

Beispiel 22: Unter Verwendung der gleichen Angaben nach Beispiel 21 beträgt der Umfang $U = 2\,(150 + 100 + 157) = 814$ mm. Hiernach ist $d = 814/\pi = 260$ mm Durchmesser. $D = \sqrt{d^2 + 4\,d\,h} = 333$ mm Durchmesser und $\beta = 333/260 = 1{,}28$. Für das 2 mm dicke Kupferblech weist das Schaubild nach Abb. 297 bei $\beta = 1{,}28$ und $d = 260$ mm eine Ziehkraft $P_Z = 7$ Mp nach. Über dem Verhältnis $U/2r_e = 814/314 = 2{,}6$ ist an der schrägen geradlinigen Charakteristik in Abb. 298 ein Beiwert $c = 1{,}08$ abzugreifen, womit multipliziert sich die Ziehkraft für das Rechteckteil zu $P_R = 7{,}6$ Mp in ziemlicher Übereinstimmung zum vorausgehenden Beispiel errechnet.

Beispiel 23: Aus 2,5 mm dickem Tiefziehstahlblech sind nach dem zu Abb. 332 und 333 beschriebenen Verfahren scharfkantige Rechteckteile von $a \times b = 160 \times 100$ mm Innenfläche bei einer Eckenrundung $r_e = 5$ mm und 50 mm Höhe aus Tiefziehstahlblech herzustellen. Unter Vernachlässigung der nur geringfügigen Eckenrundung beträgt der Umfang $U = 2\,(160 + 100) = 520$ mm. Dem Verhältnis $U/2 \cdot r_e \cdot \pi = 520/31{,}4 = 16{,}5$ entspricht in Abb. 298 ein Beiwert $c = 1{,}24$. $D = \sqrt{d^2 + 4\,d\,h} = 246$ mm und das Durchmesserverhältnis $\beta = 246/165 = 1{,}5$. Aus dem Schaubild zu Abb. 297 ist für ein rundes zylindrisches Teil eines $\beta = 1{,}5$, einer Blechdicke $s = 2{,}5$ mm und eines Ziehdurchmessers $d = 165$ mm für Tiefziehstahlblech eine Ziehkraft $P_Z = 25$ Mp abzugreifen, die mit $c = 1{,}24$ multipliziert eine Ziehkraft $P_R = 31$ Mp ergibt.

In entsprechender Weise wie beim Rechteckteil läßt sich auch für andere Ziehteile mit senkrechter Zarge diese Art der Ziehkraftbestimmung unter Bezug auf das Schaubild zu Abb. 298 anwenden!

Beispiel 24: Für ein 1 mm dickes Ziehteil aus Tiefziehstahlblech nach Abb. 321 und Beispiel 36 sei die Ziehkraft P_R zu ermitteln. Der Umfang des Zuschnittes entspricht einem Kreis des Durchmessers $D = 153$ mm Durchmesser und von 480 mm Umfang, der der Zarge $d = 96$ mm Durchmesser und von 300 mm Umfang

3. Die Stempelkraft beim Tiefziehen und Abstreifen

[$= U$]. Somit beträgt das Durchmesserverhältnis $\beta = 153/96 = 1,6$. Im Schaubild der Abb. 297 entspricht dies einer Ziehkraft $P_Z = 5$ Mp. Die Eckenrundungen sind in Abb. 321 mit 15 und 20, im Mittel also mit 18 mm ($= r_e$) angegeben. Für das Verhältnis $U/2r_e \cdot \pi = 300/112 = 2,7$ wird im Schaubild der Abb. 298 ein $c = 1,085$ abgegriffen. Mit c wird P_Z multipliziert und somit eine Stößelkraft $P_R = 5430$ kp $= 54,3$ kN ermittelt.

Für unregelmäßige Ziehteilformen wie beispielsweise Karosserieteilen nach Abb. 359 ist mit einer höheren Ziehkraft zu rechnen, da dort der Werkstoff allseitig gedehnt wird und nicht im Sinne einer in Wechselwirkung stehenden Dehnung–Stauchung verformt wird. Die Stempelkraft wird näherungsweise aus der Blechdicke s, der Festigkeit σ_B des Bleches in kp/mm² und der beanspruchten Fläche F in mm² wie folgt berechnet:

$$P_z = C_2 \cdot s \cdot \sigma_B \cdot \sqrt{F}. \qquad (65)$$

Der Faktor c liegt in weiten Grenzen zwischen 0,5 und 2,0. Er ist niedrig zu schätzen, wenn die unter dem Ziehstempel umzuformende Fläche F nur zum kleinen Teil einer starken Dehnungsbeanspruchung unterworfen wird oder der Verformungsgrad nur schwach ist und die Zerreißgrenze noch lange nicht erreicht wird. Doch ist er hoch zu wählen, wenn die gesamte Fläche F allseitig bis nahe der Bruchdehnung beansprucht wird. Aus Sicherheitsgründen ist daher stets mit einem $c_2 = 3$ zu rechnen bei der Nachprüfung, ob ein Werkzeug in einer bestimmten Presse, deren höchstzulässige Stößelkraft bekannt ist, eingespannt werden kann.

Die Größe der Abstreifkraft des Ziehteiles vom Stempel, – soweit überhaupt abgestreift wird, – hängt bei zylindrischen Zügen weitestgehend von der Flächengröße und Oberflächenbeschaffenheit von Zarge und Stempel, vom Schneidspalt, von der Härte des umzuformenden Bleches, von der im folgenden Abschnitt behandelten Schmierung sowie anderen die Reibung beeinflussenden Faktoren ab. Bei einer infolge zu engen Ziehspaltes starken Verpressung des Zargenrandes gemäß Abb. 381 auf S. 413 erreicht die Abstreifkraft beinahe die Ziehkraft und kann dieselbe sogar überschreiten, wenn im Ziehstempel ausreichende Entlüftungsbohrungen fehlen. Sind diese und ein genügend großer Ziehspalt nach Gl. (69) bis (72) vorhanden, so kann für weichen Blechwerkstoff die Abstreifkraft zu 0,1 bis 0,3 der Ziehkraft geschätzt und im Falle der Berechnung der Ausstoßfeder zu 0,5 angenommen werden. Je härter das Blech ist, um so mehr federt der äußere Rand des Werkstückes vom Ziehstempel ab und um so geringer ist die Abstreifkraft. Zumeist fallen dann die fertig gezogenen Teile nach vollendetem Durchzug infolge ihres Eigengewichtes durch den Ziehring nach unten, ohne daß es zu einem Abstreifen überhaupt kommt.

Bei von oben wirkenden Ziehstempel ist möglichst am Ziehring, andernfalls an einer Abstreifvorrichtung nach Abb. 411 abzustreifen. An Ziehwerkzeugen mit oben liegendem Ziehring wie nach Werkzeugblatt 47 bis 51, wo die fertig gezogenen Teile nicht nach unten durchfallen, bleiben diese infolge Randausfederung im Ziehring haften. Da härteres Blech stärker als weiches am Rand ausfedert, gilt in Umkehrung zu oben, daß die Ausstoßkraft bei harten Blechen größer als bei weichen ist. Ebenso wie die Abstreifkraft kann die Ausstoßkraft zu 0,1 bis 0,3 und in der Rechnung zwecks

Sicherheit zu 0,5 der Ziehkraft angenommen werden. Flache Teile ohne senkrechte Zargenwand wie die Karosserieteile zu Abb. 416 und 417 klemmen nicht im Ziehgesenk. Hier ist die Ausstoßkraft gleich dem reichlich geschätzten Eigengewicht des Blechteiles zu bemessen. Die Ausstoßkraft läßt sich auch durch Multiplikation einer Haftspannung von 2 bis 10 kp/cm² mit der klemmenden Zargenfläche des Ziehteiles in cm² ermitteln, wobei der untere Grenzwert für weiche, der obere für harte Bleche mit hoher Randfederung gilt.

4. Schmierung, Schutzüberzüge und Entfettung

Eine Leistungssteigerung bzw. eine Herabsetzung des Anteiles an Fehlstücken wird durch die Wahl eines Schmiermittels dort erreicht, wo gleichzeitig die Ausführung des Werkzeuges, die Ziehgeschwindigkeit, die Anforderung an das Blech, seine Festigkeit und Dehnung, und seine Zusammensetzung und Oberflächenbehandlung sowie die physikalischen und chemischen Eigenschaften des Schmierstoffes beachtet werden. Den geringsten Reibungswert besitzen die tierischen Fettstoffe. Damit ist aber nicht gesagt, daß dies immer ein Vorteil ist, obwohl englische Untersuchungen ergaben, daß bei steigender Viskosität höhere Ziehverhältnisse erreicht werden. So haben sich für das Ziehen von Bremstrommeln aus Grobblechen verzunderter Oberfläche Gemische aus Altöl und Karbidschlamm, dem Rückstand der Azetylenentwicklungsanlagen, vorzüglich bewährt. Für die Beurteilung des jeweils vorliegenden Reibungs- und Schmierungszustandes ist es notwendig, das Reibungsverhalten der vorliegenden Paarung unter Beteiligung von Schmiermitteln bei den tatsächlich auftretenden Pressungen zu kennen. Neuere Reibungsuntersuchungen in der Kaltformgebung weisen darauf hin, daß die alleinige Kenntnis des Reibungskoeffizienten nicht genügt, sondern erst unter Berücksichtigung der nach der Umformung vorliegenden Oberflächenstruktur zuverlässige Beurteilungsmöglichkeiten der sogenannten Isoliergleitschichten gewonnen werden können[1].

Die heute angebotenen Ziehschmiermittel lassen sich in emulgierbare und nicht emulgierbare Ziehmittel unterscheiden, die meist auf Mineralölgrundlage aufgebaut sind. Nach *Müller*[2] ist innerhalb dieser beiden Hauptgruppen weiter in drei Untergruppen, nämlich in Ziehmittel auf Mineralölbasis, in solche auf Basis tierischer oder pflanzlicher Öle und Fette, die meist ganz oder teilweise verseift sind, und in Ziehmittel auf vollsynthetischer Grundlage, wie z.B. Ziehlacke, Ziehfolien, Ester- oder Ätheröle, Silikonschmiermittel u.a. zu unterteilen. Dabei ließe sich innerhalb dieser Untergruppen weiter gliedern in pigmentierte und nicht pigmentierte Ziehmittel. Sehr oft werden obengenannte Grundstoffe unter weiteren Zusätzen von Netzmitteln zur besseren Abwaschbarkeit und Korrosionsschutzmitteln kombiniert.

---

[1] *Wiegand, H.*, u. *Kloos, K. H.:* Einfluß der Reibung bei der Kaltumformung von Blechen. Mitt. Forsch. Blechverarb. 1961, Nr. 1/2, S. 2–9.

[2] *Müller, H.:* Aus der Praxis der Schmiermittelanwendung in der spanlosen Formgebung. Mitt. Forsch. Blechverarb. 1964, Nr. 21/22, S. 308–314. – *Krämer, W.:* Untersuchung von Schmiermitteln für das Tiefziehen. Ind. Anz. 86 (1964), Nr. 101, S. 2167–2170.

4. Schmierung, Schutzüberzüge und Entfettung

Den geringsten Schmiermittelverbrauch gewährleisten Ziehwerkzeuge mit hartverchromten oder mit Hartmetall versehenen Blechhalteflächen und Ziehkanten. Werden diese Flächen außerdem geschliffen und geläppt, so wird bei Werkzeugen für feinmechanische Zwecke der Verbrauch an Schmierstoff noch weiter herabgesetzt und die Leistung erhöht.

Die Ziehform ist für die Wahl des Schmiermittels wichtig. Einfache, runde Hohlkörper erfordern keine so intensive Schmierung wie unregelmäßige Ziehformen, an deren kritischen Stellen, wie beispielsweise an den Ecken der Zuschnitte für rechteckige Kästen. Diese Gesichtspunkte sind auch für den Verdünnungsgrad des Schmierstoffextraktes maßgebend. Ferner ist die Ziehgeschwindigkeit zu beachten. Bei erhöhter Geschwindigkeit ist eine gute Schmierfilmfestigkeit unerläßlich, die nur mit fettigen Grundstoffen, wie z.B. Rüböl, Talg, Wollfett oder Mineralölen, denen Fettöle oder chemische Stoffe zugesetzt werden, erreicht wird. Andererseits setzt eine flüssige Reibung, bei der die Gleitflächen dauernd voneinander getrennt sind, neben einer genügenden Schmierfilmdicke auch eine gewisse Gleitgeschwindigkeit voraus. Die Schmierstoffe sollen zwischen Werkzeug und Werkstück eine trennende Gleitschicht bilden, die die unmittelbare Berührung zwischen Werkzeug und Werkstück verhindert und so den Reibungswiderstand der aufeinander gleitenden Flächen vermindert. Sie müssen selbst bei hohen Niederhaltedrücken eine gute Filmfestigkeit und beständige Viskosität besitzen.

Durch Oberflächenbehandlungsverfahren für die Ziehbleche, wie z.B. durch Phosphatieren (Bondern[1]) oder Verkupfern können besonders bei Mangel an Schmierstoffen fettarme oder auch fettlose Schmiermittel zur Anwendung kommen. Die Phosphatschicht durch Bondern oder die Kupfersulfatschicht ermöglichen infolge einer besseren Verankerung der verwendeten Schmierstoffe nicht nur das Ziehen mit fettlosen oder fettarmen Schmiermitteln, wie Emulsion, Kalkmilch oder Rübölersatz, sie besitzen auch eine sehr gute Aufsaugmöglichkeit. Daneben wird die Verformbarkeit wesentlich verbessert. Beim Verkupfern werden die Zuschnitte oder Teile vor dem Ziehen in eine wäßrige Lösung von 0,5% Kupfervitriol und 0,05% Schwefelsäure getaucht. Der dabei erzielte hauchdünne Kupfersulfatüberzug gewährleistet einen guten Schmierfilm. Während Phosphatieren und Verkupfern hauptsächlich für Stahlbleche in Frage kommt, hat sich das MBV-Verfahren[2] für Aluminium und alle kupferfreien Aluminiumlegierungen als ölsparender Überzug eingeführt. Der Überzug besitzt ein gutes Ansaugvermögen für den Schmierstoff. Gechlorte und geschwefelte Ziehöle greifen die Werkzeuge an. In diesem Falle sind die Werkzeuge nach der Arbeit sorgfältig zu reinigen. Im allgemeinen sind die in gute Markenschmierstoffe hineingearbeiteten Bestandteile an Cl und S unschädlich.

Ein Zusatz von kornfreiem Graphit, von Talkum sowie sonstiger fester geeigneter Füllmittel empfiehlt sich besonders dort, wo infolge großer Stempelgeschwindigkeit hohe Temperaturen entstehen. Müssen Ziehteile vor der Weiterverarbeitung entfettet werden, so sind Beigaben von Flockengraphit

---

[1] Siehe *Oehler:* Das Blech und seine Prüfung (Berlin 1953), S. 24/25, wo zahlreiche Schrifttumshinweise hierzu genannt sind.
[2] MBV = Modifiziertes Bauer-Vogel-Verfahren, entwickelt von den Vereinigten Aluminium-Werken in Grevenbroich. Siehe auch Aluminium-Taschenbuch.

zum Schmiermittel ungeeignet. Das Schmiermittel kann sparsam, muß aber in gleichmäßiger Dicke aufgetragen werden. Amerikanische Betriebe verwenden hierfür besondere Walzenauftragsmaschinen. Bei zundrigen Stahlblechen ist es wichtig, nach allen 10 bis 20 Zügen die mit dem Werkstoff in Berührung kommenden Flächen des Ziehwerkzeuges sauber abzuwischen. Rostflecken im Blech sind vor dem Einfetten zu entfernen, da sie das Ziehergebnis nachteilig beeinflussen. Deshalb werden in amerikanischen Betrieben, wo Breitband verarbeitet wird, zwischen Abwickelhaspel und Presse bzw. Richtmaschine Reinigungs-, Bürst- und Schmiervorrichtungen eingebaut. Diejenigen Ziehteile, welche gestrichen oder gespritzt werden oder sonst nachträgliche Oberflächenbehandlung erfahren, müssen nach dem Ziehen sorgfältig entfettet werden. Dasselbe gilt insbesondere für Ziehteile aus Stahlblech, die durch Widerstandsschweißung mit anderen verbunden werden sollen. Infolge unvollständiger Entfernung des Schmiermittels können Schweißfehler entstehen. In Wasser verseifte bzw. emulgierte Öle lassen sich in heißen alkalischen Laugen leicht entfernen. Stärker anhaftende Schmiermittel werden durch Trichloräthylen beseitigt. Fettreiche Schmiermittel werden oft durch fettärmere ersetzt, wobei – wie erwähnt – eine Vorbehandlung der Zuschnitte oder Teile in Bonder- oder Kupfersulfatbädern die Haltbarkeit des Schmierfilmes fördert. Erfahrungsgemäß haben sich sogar fettreiche Schmiermittel bei gebonderten Blechen ausgesprochen schlecht bewährt, da die Poren der Phosphatschicht dafür viel zu klein sind. Tabelle 36 am Ende dieses Buches enthält noch weitere Hinweise für Tiefziehschmierstoffe. Über in mit Mehrstoffbronze bestückten Ziehwerkzeugen zu verwendende Schmierstoffe wird auf S. 662 berichtet.

Mit Ausnahme der zuvor genannten unregelmäßigen Formen, an deren kritischen Stellen gegenüber anderen Bereichen der Ziehringkante das Gleitverhalten des Blechwerkstoffes verbessert werden muß, ist beim Schmieren auf eine gleichmäßige Verteilung des Schmiermittels über sämtliche Stellen des Zuschnittes oder Teiles zu achten. Deshalb empfiehlt es sich, vor dem Einrücken der Maschine mit einem Lappen über die Platinenfläche hinwegzustreichen, so das Schmiermittel besser zu verteilen und die Platinen stets in waagerechter Lage zwischen Eintauchbad und Werkzeug zu halten. Bei zundrigen Stahlblechen sind die mit dem Blech in Berührung kommenden Werkzeugflächen aller 10 bis 20 Züge sauber abzuwischen, denn der pulverförmig geriebene Zunder bildet mit dem Schmiermittel eine Paste, deren schmirgelartige Wirkung den Verschleiß der Werkzeuge gerade an den stark beanspruchten Stellen außerordentlich fördert. Abb. 299 zeigt an der mit Pfeil bezeichneten Stelle derartige gefährliche Abscheidungen an der verstählten Ecke eines rechteckigen Ziehstempels. Diese kleinen, flachen, metallgrauen Häufchen lassen sich herunterkratzen und wie zähes Plastilin kneten. Sie verengen den Ziehspalt gerade dort, wo eine größere Spaltweite nötig ist, und sind daher für das Reißen der Teile in den Ecken, wie dies z.B. Abb. 379 veranschaulicht, oft ursächlich.

Eine erhöhte Schmierwirkung wird durch Einpudern der bereits geschmierten Platine mittels Graphitstaub erreicht. Ein solches zusätzliches Einpudern erfolgt bei unregelmäßigen Ziehformen an den höchstbeanspruchten Stellen der Platine, zumeist an deren Ecken. Insbesondere bei der Her-

4. Schmierung, Schutzüberzüge und Entfettung

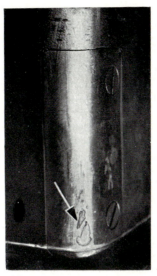

Abb. 299. Zunderpaste auf der verstählten Ecke eines Ziehstempels für rechteckige Züge

stellung von Karosserieteilen, worüber auf S. 386 bis 396 dieses Buches noch berichtet wird, hat sich dieses Verfahren gut bewährt. Allerdings lassen sich die Graphitspuren nachträglich schlecht entfernen. Es ist überhaupt bei der Auswahl des Ziehmittels auf seine leichte und billige Entfernbarkeit zu achten. So ist ein weit verbreiteter Irrtum, daß wasserlösliche, emulgierbare Ziehmittel auch nach dem Ziehvorgang noch wasserlöslich sind und deshalb auch leichter entfernt werden können als andere. Beim Ziehvorgang verliert zumindest der von der Umformung betroffene Teil des Ziehmittels seine Wasserlöslichkeit. Begünstigt werden diese Reaktionen durch den Druck und die beim Umformen auftretenden Temperaturen. Auch beim späteren Entfernen dieser Schichten wirkt erschwerend, daß sie fest in die rauhe Metalloberfläche eingedrückt wurden. Besonders pigmentierte Ziehmittel werden gern zur Gerüstbildung im Schmiermittel angewendet. Pigmente von blättchenförmiger Struktur, wie z.B. Glimmer oder Vermiculit, dienen einer besseren Schmierfilmbildung, während Talkum, feingemahlener Kalk und ähnliche Füllstoffe von körniger Struktur eher eine polierende Wirkung ausüben. Bei rauhen Blechen füllt das Pigment außerdem die Unebenheiten der Oberfläche teilweise aus, was sich günstig auf die Reibung auswirkt.

Nach Möglichkeit sollten die Werkstücke nach dem Ziehvorgang sofort gereinigt werden. Die vom Tiefziehen noch zurückgebliebene Schmiermittelschicht dient keinesfalls immer als Korrosionsschutzmittel. Aggressive Hochdruckzusätze, wie z.B. Chlor- und Schwefelverbindungen sowie saure Ziehmittel neigen nach dem Lagern noch zur weiteren Bildung von Metallseifen, die insbesondere in Verbindung mit Feuchtigkeit und Wärme über einen längeren Zeitraum die Korrosion begünstigen; außerdem sind sie sehr schwer entfernbar. Zusammentreffen eines mit Metallseifen versehenen Korrosionsschutzöles, wie es von den meisten Walzwerken verwendet wird, mit einem Ziehschmiermittel, dessen Zusätze mit den Metallseifen reagieren, kann zu Verharzungserscheinungen führen. Die Dauer einer Zwischenlagerung nicht entfetteter Bleche sollte in keinem Fall 5 bis 6 Wochen überschreiten, da sonst immer mit Schwierigkeiten bei einer späteren Entfettung gerechnet werden muß. Sind längere Lagerzeiten unvermeidlich, so empfiehlt sich ein Zwischenentfetten mit anschließender Konservierung mit einem ausgesprochenem Korrosionsschutzöl.

Die dem zylindrischen Ziehstempel zugekehrte Seite soll in der Rondenmitte einschließlich des Übergangsbereiches an der Bodenkantenrundung zur Zarge möglichst ungeschmiert bleiben. Um dort die Reibung zu erhöhen, wird sogar eine Aufrauhung der Stempeloberfläche innerhalb dieses Bereiches empfohlen[1].

Häufig werden die Arbeitsbedingungen für die an der Ziehpresse beschäftigten Arbeiter nicht beachtet. Bei Zubereitung größerer Mengen einzufettender Zuschnitte bleiben diese zuweilen längere Zeit in der Werkstatt stehen und verbreiten einen übelriechenden Geruch. Es ist daher zu empfehlen, daß die Schmiermittelbehälter nach Arbeitsschluß aus der Werkstatt entfernt werden, zumal außerdem die Luftfeuchtigkeit durch wasserlösliche Schmiermittel ungünstig beeinflußt wird. Fäulniserscheinungen des Schmierstoffes werden bei Sauberkeit der Gefäße und schnellem Verbrauch vermieden. Ferner dürfen Schmiermittel keine gesundheitsschädlichen Giftstoffe enthalten. Bakterienbefallene Emulsionen verfärben sich meist graublau oder braun, riechen widerlich und scheiden Öl und Fett ab. Daher müssen Ziehmittelumlaufsysteme, die mit Emulsionen gefüllt sind, des öfteren vorwiegend im Sommer gründlich gereinigt und durchgespült werden. Das Altöl darf nicht wahllos zusammengegossen, sondern muß in deutlich bezeichneten Gefäßen seiner jeweiligen Art entsprechend voneinander getrennt und gesammelt werden. Für Ziehzwecke können selbst Altöle mit erheblichen Verunreinigungen ohne besondere Kosten zubereitet werden.

Die Vielfalt der beim Tiefziehen verwandten Werkstoffe bringt es mit sich, daß Molybdän enthaltende Sonderschmierstoffe[2] allein oder mit Zusätzen gemischt verwendet werden, wie dies die im folgenden beschriebenen Beispiele erläutern. So erhalten Zuschnitte aus Elektrolytkupfer mit Tri gereinigt einen Film aus Molykotepulver Mikrofein, ebenso die Werkzeuge nach einem Durchlauf von jeweils 200 Platinen. Dem Ziehöl werden 25 Vol.-% Molykote M 55 zugegeben. Es handelte sich hierbei um Geschoßköpfe, an die in bezug auf Maßhaltigkeit und Oberflächengüte sehr hohe Ansprüche gestellt werden. Ein anderer Fall betraf das Tiefziehen von AlMgSi-Blechen in hartverchromten Ziehwerkzeugen. Seitdem Molykote Paste Rapid nach jedem 30. Pressenhub auf das Werkzeug aufgerieben wird, ist ein Nachschleifen der Werkstücke nicht mehr erforderlich. Ein Teil des Molybdändisulfids wird beim Tiefziehen auf das Werkstück aufplattiert. Dieser dünne Film wird beim Behandeln mit den üblichen Entfettungsbädern (alkalisch,

---

[1] Siehe DP 964138 v. 12. 6. 1954. Hierüber wird in Werkst. u. Betr. 91 (1958) H. 7, S. 447 berichtet. Dies deckt sich mit *Haverbeck* (Diss. TH Hannover 1961) und mit *Engelhardt, W.*: Die Bedeutung der Reibungsverhältnisse von der Stempelkante für die Tiefziehbarkeit. Fertigungstechnik 12 (1962), H. 1, S. 35–38.

[2] Molykote K.G., München 54, Pelkovenstr. 152.

Tri- bzw. Perchloräthylen) nicht beseitigt. Um beim nachträglichen Lackieren eine gute Haftung zu erreichen, müssen die Teile zwecks Entfernung des Filmes nach dem Entfetten phosphatiert oder gebeizt werden[1].

Es gibt noch andere Verfahren, die in ihrer Wirkung dem Schmieren entsprechen. Hierzu gehören das Trommeln der Teile in Graphit und das Kalken. Beim ersteren gewährt der nach dem Trommeln feine anhaftende Graphitstaub eine gewisse Schmierwirkung. Anstelle von Graphit wird teilweise auch Aluminiumpulver verwendet. Das Eintauchen in heißes Kalkwasser ist dagegen ein Notbehelf und nur für solche Teile anwendbar, die keine nachträgliche Behandlung, wie z.B. Lackieren, erfahren, da sich der Kalk schwer entfernen läßt. Damit ist außerdem eine erhebliche Rostgefahr verknüpft.

Gegen Kratzer empfindliche Blechteile bzw. solche, die einer galvanischen Nachbehandlung durch Edelmetall unterworfen werden, empfiehlt es sich, den Blechzuschnitt vor dem Ziehen mit einem plastischen Film zu versehen[2]. Die Lösungen werden nach Verdünnen mit dazu geeigneten Lösungsmitteln auf die gewünschte Viskosität gebracht und mittels gewöhnlicher Farbspritzpistole aufgetragen. Die Auftragsdicke beträgt am trockenen Film gemessen 0,01 bis 0,02 mm. Bei Raumtemperatur dauert das Trocknen 20 bis 30 Min., bei Ofentemperatur von 80 bis 100 °C dauert es 8 bis 10 Min. Unabhängig hiervon sollen die mit dem Film überzogenen Blechzuschnitte mindestens 2 bis 3 Stunden lagern. Ein weiterer Vorteil der Schutzfilme ist, daß bei bis zu 40% höherem Blechhalterdruck gezogen werden kann, und daß infolgedessen höhere Ziehverhältnisse möglich sind, wobei der Unterschied allerdings nicht groß ist. Interessant ist dabei, daß nach Versuchen im Institut von *Siebel* zwecks Erreichung eines hohen Ziehverhältnisses ein einseitiger Schutzüberzug günstiger als ein doppelseitiger sich bewährt. So wurde beim Tiefziehen von 0,5 mm dicken Stahlblechen der Güte RR St 14 04 zu Näpfen von 100 mm Durchmesser ohne plastischen Überzug ein Ziehverhältnis β von 2,0, bei beiderseitigem Überzug von 2,1 und bei einseitigem Überzug an der Ziehkantenseite von 2,35 erreicht[3]. Anstelle in Form von Lösungen aufspritzbarer Folien haben sich auch einlegbare thermoplastische Polyvinylfluoridfolien in Dicken von 0,1 bis 0,3 mm bewährt. Sie befinden sich während des Ziehvorganges zwischen der Platine und dem Ziehring, schützen das Werkstück vor Beschädigungen, insbesondere Riefen und Schrammen und sind besonders dann zu empfehlen, wenn die Oberfläche des Ziehteiles anschließend veredelt werden soll. Außerdem erhöht die Folie die Standzeit des Werkzeuges, da eine metallische Berührung zwischen Platine und Ziehring nicht stattfindet. Unter dem Einfluß von Druck, Reibungs- und Umformwärme des Bleches erweicht das Folienmaterial. Die Schmierwirkung durch den Erweichungszustand in Verbindung mit einer gleichmäßigen Ausfüllung der Zwischenräume erhöht das Ziehverhältnis β mitunter um 10 bis 15% gegenüber üblichen Schmierstoffen. Abb. 300 zeigt ein

---

[1] *Lonsky, P.:* Molybdändisulfid bei der Blechverarbeitung. Mitt. Forsch. Blechverarb. (1961), Nr. 23/24, S. 331/333.
[2] *Zweeck:* Bergisch-Gladbach (Elastopak 1020 DR, Verdünner SB, 8 Std. Trockenzeit).
[3] Siehe auch *Panknin, W.,* u. *Oberländer, K.:* Untersuchungen über Filme zur Zieherleichterung. Mitt. Forsch. Blechverarb. 1955, Nr. 19, S. 232–235.

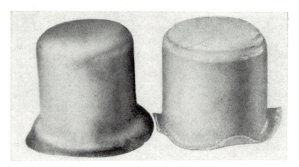

Abb. 300. Ziehteil mit umgeformter Ziehfolie

Ziehteil (links) mit der danebengestellten umgeformten Kunststoffolie (rechts). Ziehteil und Ziehfolie können auch zusammen in einem zweiten Zug verarbeitet werden, wobei das Ziehteil zwischengeglüht werden kann. Es gibt selbstschmierende Folien oder solche, deren Gleitfähigkeit durch zusätzliches Auftragen von Schmiermitteln erhöht werden kann. Beim Tiefziehen werden Ziehteil und Ziehfolie umgeformt[1].

Für Aluminiumbleche und solche aus Leichtmetallegierungen wird durch einen 5 bis 8 µm dicken Klarlacküberzug außer einem Korrosionsschutz die Tiefziehfähigkeit verbessert. Ein zu dicker Auftrag von über 12 µm ist nicht zu empfehlen, da derselbe während des Tiefziehens leicht aufreißt.

5. Verhütung von Kaltaufschweißungen an Ziehwerkzeugen

Ebenso wie es gemäß Abb. 22 und 23 auf S. 23 unerwünschte Aufschweißungen bzw. Werkstoffabsetzungen auf den Schneidkanten der Schneidstempel gibt, ebenso treten derartige Erscheinungen an der Ziehkante von Tiefziehwerkzeugen auf, die nicht nur die Standzeit des Werkzeuges beeinträchtigen, sondern außerdem die Oberfläche der darauf gezogenen Teile in Form von Kratzriefen beschädigen. Abgeholfen wird diesem Mangel durch Abscheiden von Titankarbid auf der Werkzeugoberfläche. Dies ergibt eine nichtmetallische Trennschicht von hoher Eigenhärte und hohem Verschleißwiderstand, die eine derart gute Trennwirkung zwischen Stahl des Werkzeuges und Werkstoff des Werkstücks zur Folge hat, daß sich bei Tiefziehwerkzeugen schon eine Vervielfachung deren Erzeugungsmenge ohne Aufschweißungen an den Werkstücken ergab. Ungewöhnlich hohe Erzeugungsmengen hatte die Behandlung bei Kalibrierwerkzeugen zur Folge, auch eignet sie sich gut für das Streckziehen, Bördeln und Polierpressen sowie für Lochstempel, nicht dagegen für Fließpreßwerkzeuge. Auch austenitische Stähle, Aluminium- und Nickellegierungen lassen sich mit derart behandelten Werkzeugen vorteilhaft bearbeiten. Der Überzug wird in einer vierstündigen Behandlung in geschlossenen Reaktionstiegeln bei rund 1000° abgeschieden, worauf in der Regel eine Abschreckhärtung im Ölbad folgt.

---

[1] *Baumann, W.*: Tiefziehen von Blechen mit Gleitfolien aus Kunststoff. (Kalle & Co) Mitt. Forsch. Blechverarb. 1960, Nr. 13/14, S. 174–176.

Besonders für das Umformen nichtrostender Edelstähle haben sich Aluminiummehrstoffbronzen gemäß S. 656 bis 662 im gleichen Sinne bewährt, wobei außer der Zusammensetzung Cu—Al die Systeme Cu—Al—Fe und Cu—Al—Ni—Fe benutzt werden. Da die richtige Kombination mit dem umzuformenden Werkstoff wesentlich ist, wurde hierfür ein besonderes Prüfverfahren entwickelt[1].

Zur Verhinderung von Ansätzen oder Aufschweißungen von Aluminium auf Ziehwerkzeugen sind dem Ziehöl Zusätze auf chemischer oder mineralischer Grundlage beizugeben. So haben sich für die Aluminiumverarbeitung Gemische aus Rübölersatz, Bleiweiß und Schwefel, oder aus Rübölersatz und feingemahlenem Glimmerpulver oder aus Mineralöl und fettigen Ölen mit Zusatz von Schwefel und Chloriden und etwas Glimmerpulver bewährt.

Ein weiteres Verfahren zur Verhinderung des Aufschweißens, indem Metall auf Metall gleitende Werkstoffe nichthaftend und schlüpfrig gemacht werden, ist die Behandlung der Werkzeugoberflächen mit Fluorkohlenstoffharzen[2]. Die an sich ziemlich abriebfeste Beschichtung ist in Zeitabständen zu wiederholen. Hierbei werden an hartverchromten Werkzeugen die Oberflächen zunächst in 0,05 mm Schichtdicke stromlos vernickelt oder hartverchromt und poliert. Darauf werden mittels eines Ätzverfahrens feinste Risse und Poren erzeugt, die durch Erhitzung auf 150 bis 200 °C aufgeweitet werden und über die auf −70 °C unterkühltes feinstpulverisiertes Fluorkohlenstoffharz aufgebracht wird. Phosphatierte Stahloberflächen besitzen bei 0,05 mm Schichtdicke bereits eine natürliche Porösität, so daß hier eine zusätzliche Zerklüftung nicht erforderlich ist.

6. Abrundung der Ziehkanten

Ein zu kleiner Ziehkantenhalbmesser führt zu Bodenreißern, das Ziehwerkzeug arbeitet dann als Schneidwerkzeug. Zu große Ziehkantenhalbmesser erleichtern die unerwünschte Faltenbildung, es kommt infolgedessen zu Verklemmungen im Ziehspalt, Faltenverplättungen gemäß Abb. 387 und zu Zargenrissen.

Der Abrundungshalbmesser r_M an der Ziehkante läßt sich nach folgender empirischer Gleichung berechnen:

$$r_M = \frac{0{,}04 \cdot D}{d_p \cdot \beta_{100}} \cdot [50 + (D - d_p)] \cdot \sqrt{s}. \tag{66}$$

Hierin ist s die Blechdicke, D der Zuschnittsdurchmesser, d_p der Ziehstempeldurchmesser in mm und β_{100} das höchstzulässige Ziehverhältnis gemäß Tabelle 36, S. 687 bis 695.

Anstelle eines Viertelkreises des Halbmessers r_M hat sich eine Profilierung der Ziehringkante entsprechend der Schleppkurve nach *Huygens* — auch Kettenlinie oder Traktrixkurve genannt — als vorteilhaft erwiesen, worauf im Abschnitt über blechhalterloses Tiefziehen auf S. 338 bis 343 noch näher eingegangen wird. In Annäherung hierzu kann das Ziehringkantenprofil als

---

[1] *Keller:* Umformwerkzeuge aus Aluminiummehrstoffbronzen. Mitt. F. B. (1965), Nr. 5/6, S. 96—101 und Nr. 21/22, S. 345—346.
[2] TFE-LOK-Verfahren. P. Schreiber KG, Düsseldorf.

stehende Viertelellipse ausgebildet werden, wobei die waagerechte Halbachse zu r_M und die senkrechte Halbachse zu $1,6 r_M$ bemessen werden sollten.

Bei außergewöhnlich geringen Ziehtiefen kann es vorkommen, daß der Niederhalter nicht genügend Druckfläche findet, da die nach obiger Gl. (66) errechneten Rundungshalbmesser zu groß ausfallen. Für solche besonderen Fälle eines Durchmesserverhältnisses $\beta = D:d \leq 1,2$ können infolge der schon dadurch herabgesetzten Ziehbeanspruchung unbedenklich kleinere Ziehkantenabrundungen gewählt werden, jedoch darf dabei r niemals kleiner als $0,6 s$ gewählt werden.

Für unrunde, insbesondere rechteckige Züge gelten sinngemäß gleichfalls obige Ausführungen, nur ist anstelle des Ausdruckes $(D - d)$ in obige Gl. (66) das Maß der doppelten Blechflanschbreite (= Abstand zwischen Zuschnittaußenlinie und Ziehkante) einzusetzen. Für rechteckige Ziehteile gilt im Bereich der Seiten unter Hinweis auf Abb. 319 für die längere Seite:

$$r_{Ma} = \frac{0,04 \cdot D}{d_p \cdot \beta_{100}} \cdot [50 + 2(H_a - r_e)] \cdot \sqrt{s} \qquad (67)$$

und entsprechend für die kürzere Seite:

$$r_{Mb} = \frac{0,04 \cdot D}{d_p \cdot \beta_{100}} \cdot [50 + 2(H_b - r_e)] \cdot \sqrt{s}. \qquad (68)$$

Zwecks Einsparung von Zugabstufungen kann im Bereich der Ecken die Ziehkantenrundung wesentlich größer gehalten werden (siehe S. 367 bis 370).

7. Konzentrisch geteilte Niederhalter für große Ziehkantenrundungen

Wie eingangs des vorausgehenden Abschnittes 6 erwähnt, besteht bei einem erheblich größeren Rundungshalbmesser r_M, der sich oft aus den geforderten Abmaßen von Ziehteilen mit Flansch ergibt, die Gefahr einer Faltenbildung im Krümmungsbereich über der Ziehkante. Um diesem zu begegnen, wird innerhalb des ebenflächigen äußeren Niederhalters ein zweiter innerer Niederhalter konzentrisch angeordnet, der der Rundung der Ziehkante angepaßt ist. Hierfür bestehen zwei konstruktive Lösungen. Nach Abb. 301a befinden sich beim Niedergang des Niederhalterstößels der äußere ebene Niederhalter und der innere Rundungsniederhalter in gleicher Höhe (linke Bildhälfte). Der äußere Niederhalter ist über Gummifedern vorgespannt am inneren Niederhalter befestigt. Eine ähnliche jedoch mit Schraubenfedern versehene Bauweise ist in Abb. 410 dargestellt. Der innere Niederhalter ist mit dem Niederhalterstößel der Presse verbunden, oder er ruht bei umgekehrter Anordnung auf den durch den Tisch ragenden Druckstiften des Druckkissens. Nach dem Aufsetzen des äußeren Niederhalters fährt unter zunehmender Federvorspannung der innere um das Höhenmaß h_1 in die Rundung hinein, worauf der Tiefziehstempel das Umformen des Bleches zur Ziehteilzarge bzw. zum Mantel fortsetzt.

Bei der anderen Konstruktion nach Abb. 301b arbeitet der innere Rundungsniederhalter unabhängig vom äußeren ebenen Niederhalter, weil er unter einer Zwischenlage vorgespannter Tellerfedern am Ziehstempel hängt.

7. Konzentrisch geteilte Niederhalter für große Ziehkantenrundungen

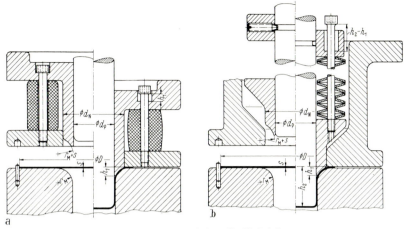

Abb. 301. Konzentrisch geteilte Niederhalter
a innerer Rundungsblechhalter am Niederhalterstößel, b innerer Rundungsblechhalter am Ziehstempel

Für kleine runde Ziehteile lassen sich anstelle der hier gezeichneten Gummi- und Tellerfedern Schraubenfedern größeren Durchmessers verwenden. In diesem Fall wäre in Abb. 301a der Niederhalter, in Abb. 301b der Ziehstempel von einer solchen Schraubenfeder umgeben. Eine derart billige und einfache Konstruktion ist allerdings nur für kleine Durchmesser (Ziehstempeldurchmesser $d_p < 40$ mm) und für dünnwandige Ziehteile möglich, da bei gleicher Federkraft mit dem Windungsdurchmesser der Federdrahtdurchmesser in der dritten Potenz zunimmt. So würde beispielsweise bei $r_M = 9$ mm, $d_N = 64$ mm, $d_p = 50$ mm und einem Anfangsniederhaltedruck $p_N = 20$ kp/cm² die Niederhaltekraft 248 kp betragen. Für einen mittleren Windungsdurchmesser von 60 mm, eine Windungszahl 20 und einen Federweg von 20 mm wäre ein Federdrahtdurchmesser von 8,5 mm erforderlich, was nicht realisierbar ist. Schon bei wenig größeren Ziehteilen nimmt die Dicke des Federdrahtes erheblich zu.

Ein Vergleich von Abb. 301a mit b zeigt, daß eine Bauweise nach Abb. 301a wesentlich einfacher und billiger als die nach Abb. 301b ist. Aber auch diese zweite Bauweise wird angewendet[1]. Eine Werkzeugkonstruktion nach Abb. 301b ist nur bei geringen Ziehtiefen h_2 möglich, da hiernach Federweg und Höhe der Federelemente ausgelegt sein müssen. Ferner ist auf die oft nur beschränkt verfügbare und für derartige Fälle meist nicht ausreichende Bauhöhe des Ziehstempels Rücksicht zu nehmen. Bei der Bauart nach Abb. 301a genügen zur Überwindung der geringen Rundungshöhe h_1 wesentlich kürzere Federelemente. In bezug auf die Wirkungsweise der Werkzeuge ist es unwesentlich, ob Gummifedern oder Tellerfedern verwendet werden.

Um die Federvorspannung leicht einstellbar zu machen, können die Werkzeugkonstruktionen nach Abb. 301a und b durch (mit Gegenmuttern

---
[1] *Romanowski, W. P.:* Handbuch der Stanzereitechnik. 4. Aufl. Berlin: VEB Verlag Technik 1968, S. 211, Bild 153.

gesicherte) Gewindeanschläge nach Abb. 302 geändert werden. Hierdurch werden die Werkzeuge nicht erheblich aufwendiger. Abb. 302a zeigt, wie der innere Niederhalter nach Abb. 301a in eine Anflanschplatte und den Blechhalter aufgeteilt wird. Der in Abb. 301b durch Preßsitz und Gewindestift mit Zapfen gehaltene Anschlagring ist in Abb. 302b als Gewindemutter ausgebildet.

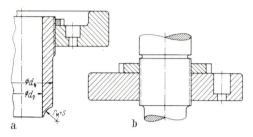

Abb. 302. Einstellung der Anschläge zur Federvorspannung für den inneren Rundungsblechhalter mit Mutter und Gegenmutter (Ausführung a zu Abb. 301 a, Ausführung b zu Abb. 301 b)

8. Abrundung der Stempelkanten

Unter keinen Umständen darf die Abrundung an der unteren Stempelkante kleiner als die entsprechende Ziehkantenabrundung sein, da sonst der Stempel in den Werkstoff einschneiden würde. Scharfkantige Züge werden nur mittels mehrerer Ziehstufen oder mittels hydromechanischer Tiefziehverfahren nach S. 541 bis 547 erreicht. Eine vorteilhafte Stempelabrundung, die selbstverständlich von vornherein bei der Konstruktion des Ziehteiles berücksichtigt werden muß, entspricht der 3- bis 5fachen Ziehkantenabrundung. Für kleine Ziehteile großer Blechdicke empfiehlt sich gemäß S. 415 zur Vermeidung einer Einschnürung nach Abb. 385 und 386 ein allmählicher Übergang von der Rundung in die Zarge, d.h. kein Viertelkreisbogen, sondern ein Rundungsverlauf entsprechend einer Schleppkurve nach Abb. 317.

9. Ziehspalt

Als Ziehspalt wird die Weite zwischen Stempel und Ziehring verstanden. Aufgrund von Versuchen von *Güth, Schmidtke,* von *Esser* und *Arend*[1] ist der Ziehspalt zweckmäßig dem 1,4fachen der entsprechenden Blechdicke zu bemessen. Diese einfache Beziehung gilt aber nur für einen beschränkten Bereich. Allgemein wird die Spaltweite u_z aus der Blechdicke s in mm und dem Beiwert a nach folgenden empirischen Formeln berechnet:

$$u_z = s + 0{,}07\,a\sqrt{10\,s} \quad \text{für Stahlblech,} \tag{69}$$

$$u_z = s + 0{,}02\,a\sqrt{10\,s} \quad \text{für weiches Aluminiumblech,} \tag{70}$$

$$u_z = s + 0{,}04\,a\sqrt{10\,s} \quad \text{für sonstige Nichteisenmetallbleche,} \tag{71}$$

$$u_z = s + 0{,}20\,a\sqrt{10\,s} \quad \text{für hochwarmfeste legierte Bleche.} \tag{72}$$

---

[1] Metallwirtsch. 19 (1940), Nr. 11, S. 193–200; Arch. Eisenhüttenw. 14 (1940), H. 5, S. 223–231; Anz. Maschinenw. 62 (1940), Nr. 87, S. 140–144.

Für runde zylindrische Züge gilt $a = \beta_{100} \cdot d_p/D$ mit d_p als Stempel-, D als Zuschnittsdurchmesser und β_{100} als Stufungsverhältnis nach Tabelle 36. Für unrunde Zargenquerschnitte ist anstelle von d_p/D das entsprechende radizierte Flächenverhältnis $\sqrt{f/F}$ einzusetzen.

Ohne Rücksicht auf den Werkstoff, jedoch unter Beachtung des Ziehverhältnisses β wird von *Siebel* und von *Geleji*[1] folgende Beziehung empfohlen:

$$u_z = s\,[1 + 0{,}035 \cdot (\beta_{100} - 1)]^2. \tag{73}$$

Würde man diese Gl. (73) nach welcher übrigens ein etwas zu enger Ziehspalt bestimmt wird, unter Anlehnung an die Gln. (69) bis (71), d.h. unter Einführung von σ_B umgestalten, so gilt:

$$u_z = s\,[1 + 0{,}001\,\sigma_B\,(\beta_{100} - 1)]^2. \tag{74}$$

Der Fachmann macht öfters die Erfahrung, daß bei gleichem Blech und in demselben Werkzeug Teile infolge zu geringen Ziehspaltes reißen, während gleichzeitig andere Ziehkörper hergestellt werden, die infolge zu großer Spaltweite Falten schlagen. Daher sind derartige Fehlstücke seltener auf eine falsche Bemessung des Ziehspaltes, sondern zumeist auf eine zu ungleiche Blechdicke zurückzuführen. Auf S. 412 bis 415 dieses Buches wird über solche beim Tiefziehen vorkommenden Fehler in Verbindung mit Abb. 379 bis 384 noch Näheres berichtet; desgleichen auf S. 364 über die Spaltweite beim Ziehen rechteckiger Hohlteile.

Über die maßliche Verteilung der Spaltweite auf den Ziehring und auf den Stempeldurchmesser wie über die Konizität der Ziehwerkzeuge herrschen geteilte Meinungen. Zu beachten ist die Neigung der zylindrischen Ziehteile, nach dem Zug am oberen Zargenrand sich auszuweiten. Es ist daher bedenklich, den Stempel nach unten bzw. nach seiner Bodenfläche zu verjüngt auszuführen, um dadurch die Ziehteile vom Stempel leichter abzustreifen. Dieses Verfahren ist nur für solche Ziehteile zu empfehlen, die nicht genau zylindrisch und am Zargenrand nicht maßhaltig sein müssen. Genaue Ziehteile lassen sich nur durch Abstreckziehen unter Verminderung der Zargendicke herstellen, worüber auf S. 457 noch berichtet wird. Der Ziehringdurchmesser entspricht dem Sollmaß. Seine innere Ringwand wird genau zylindrisch ausgeführt und wird zwecks Abstreifens des Fertigteiles an der Ringunterkante wesentlich kürzer als die Zargenhöhe des Ziehteiles gehalten.

10. Ziehgeschwindigkeit

Als Ziehgeschwindigkeit gilt diejenige Geschwindigkeit des Stößels, welche dieser in dem Augenblick aufweist, wenn er den Werkstoff berührt, d.h. wenn der Ziehvorgang beginnt. Es kommt bei Kurbeltrieben – und dazu gehören die meisten Ziehpressen – also sehr auf den Einbau des Werkzeuges an. Zuweilen wird die Stößelgeschwindigkeit einer Presse in Übereinstim-

---

[1] *Geleji, A.*: Bildsame Formung der Metalle in Rechnung und Versuch. (Berlin 1960), Gl. (118,24), S. 717.
[2] *Krause, R.*: Spanlose Bearbeitung hochwarmfester Legierungen. Werkst. u. Betr. 92 (1959), H. 2, S. 81 und 83.

mung mit der Nennlastangabe bei üblichen Exzenter- und Kurbelpressen auf einen Kurbelwinkel von 30° und bei Geschirrziehpressen auf einen Kurbelwinkel von 75° vor dem unteren Totpunkt bezogen.

Nach *Fangmeier* und *Pawelski*[1] wird die Höhe der Formänderungsfestigkeit durch Erholung und Rekristallisation, bei bestimmten Werkstoffen auch durch Alterung beeinflußt. Die sich dabei abspielenden Vorgänge, wie die Wanderung, bzw. Umgruppierung von Versetzungen sind zeitabhängig. Deshalb machen sich diese Vorgänge innerhalb des Gitters und des Gefüges nach außen hin in einer Beeinflussung der Fließkurve durch die Formänderungsgeschwindigkeit bemerkbar. Die Versuche *Ackermanns* und *Fischers* mit niederer, mittlerer und höherer Ziehgeschwindigkeit beweisen, daß der Einfluß der Ziehgeschwindigkeit bei zylindrischen Zügen auf Ausschuß und Stempeldrucksteigerung gering ist. Nur bei Zinkblechen sowie Legierungen mit erheblichem Zn-Gehalt ist ein sehr langsames Ziehen nach Versuchen von *Barbier* und *Löhberg* wichtig. Ebenso sind austenitische Stahlbleche langsam umzuformen. Bei schwierig herzustellenden, insbesondere unzylindrischen Formen kann eine weit herabgesetzte Ziehgeschwindigkeit eine Schwächung des Werkstoffes an den kritischen Stellen verringern und sonst eintretende Rißbildung ausschließen.

Zur Ermittlung der Ziehgeschwindigkeit an Kurbelpressen wird die höchstzulässige minutliche Umlaufzahl der Kurbelwelle bzw. der Niedergänge n_{max} berechnet:

$$n_{max} = \frac{20\,000 \cdot \beta_{max}}{h \cdot \beta' \cdot \sqrt{\sigma_B}}. \tag{75}$$

Hierin bedeuten h den Hub in mm, σ_B die Festigkeit des Werkstoffes in kp/mm², β_{max} das sich aus der Napfzugprobe ergebende höchstmögliche und β' das tatsächlich vorliegende Durchmesserverhältnis D/d.

Beispiel 25: Es ist die Umlaufgeschwindigkeit einer Presse für das Ziehen der Kupferhülsen nach Beispiel 20, S. 315 nachzuprüfen. Der Hub h betrage 200 mm, die Umlaufzahl $n = 20$ min⁻¹. Für Cu beträgt $\sigma_B = 22$ kp/mm² und $\beta_{max} = 2,0$. Es ergeben sich aus jenem Beispiel $\beta_1 = 1,35$, $\beta_2 = 1,54$ und $\beta_3 = 1,45$. Rechnen wir mit dem größten β-Wert $= 1,54$, so ergibt dies

$$n_{max} = \frac{20\,000 \cdot 2,0}{200 \cdot 1,54 \cdot \sqrt{22}} = 28 \text{ min}^{-1}.$$

Die Presse läuft also nicht zu schnell. Je nach Kurbelwinkel α vor unterem Totpunkt oder nach oberem Totpunkt ergibt sich die Geschwindigkeit v der Presse mit einem dem halben Hub entsprechenden Kurbelhalbmesser r zu

$$v = \frac{2 \cdot r \cdot \pi \cdot n \cdot \sin \alpha}{60} = 0,105 \cdot r \cdot n \cdot \sin \alpha, \tag{76}$$

woraus sich eine Höchstziehgeschwindigkeit der Presse in mm/sek. von etwa:

$$v_{max} = 0,05\, h \cdot n \tag{77}$$

bei einem $\sin \alpha = 1$ zwischen den Totlagen ergibt.

---

[1] *Kienzle, O.:* Mechanische Umformtechnik. Berlin–Heidelberg–New York: Springer 1968, S. 154.

Für obiges Beispiel mit $n = 28$ und $h = 200$ würde die höchstzulässige Ziehgeschwindigkeit 280 mm/sek. bedeuten. Für Ziehpressen ohne Kurbeltrieb gilt als höchstzulässige Ziehgeschwindigkeit in mm/sek.

$$v_{max} = \frac{1000 \cdot \beta_{max}}{\sqrt{\sigma_B \cdot \beta'}}. \tag{78}$$

Es ist keine Frage, daß in Betrieben insbesondere kleinere Ziehpressen mit höherer Ziehgeschwindigkeit als hiernach berechnet laufen. Gewiß bedarf es noch der eingehenden Forschung zur Ermittlung der höchstzulässigen Ziehgeschwindigkeit und zur Beantwortung der Frage, inwieweit außerdem Abmaße des Ziehteiles in der Rechnung berücksichtigt werden müssen.

Bauder[1] hat beim Napfzug von Grobblechen, wofür σ_B etwa mit 50 kp/mm² angenommen werden kann, für Pressen ohne Stoßdämpfer eine Ziehgeschwindigkeit von 11 bis 15 m/min angegeben, was einem Geschwindigkeitsbereich von 180 bis 250 mm/sek. entspricht. Im amerikanischen Schrifttum werden für Aluminiumblech 30 m/min, für Messingblech 45 m/min, für rostfreies Stahlblech sowie Bleche aus hochnickelhaltigen Legierungen 12 m/min, für Stahlblech 18 m/min und für Zinkblech 22 m/min Ziehgeschwindigkeit empfohlen[2]. Andererseits sprechen die neuesten Ergebnisse beim Explosivumformen für die Anwendung sehr hoher Ziehgeschwindigkeiten gerade bei sonst schwer umformbaren Werkstoffen gemäß S. 552 dieses Buches. Bestätigt wird dies ferner von *Dutschke*[3], dessen Untersuchungen mit zwei Werkzeugen ein etwa 5%iges Ansteigen des Grenzziehverhältnisses β bei Erhöhung der Ziehgeschwindigkeit auf das rund 280fache nachweisen. Interessant sind Versuche englischer Wissenschaftler[4] zur Ermittlung des höchst erreichbaren Ziehverhältnisses β in Abhängigkeit von der Geschwindigkeit im Bereich von 6 bis 18 m/min. Es wurden hierbei zylindrische Näpfe von 50 mm Durchmesser und 6,5 mm Bodenkantenrundung mit flachem und mit halbkugelförmigem Boden gezogen. Mit zunehmender Geschwindigkeit wurden bei den Ziehteilen mit flachem Boden ein höheres günstigeres, bei den Teilen mit Halbkugelboden ein geringeres Ziehverhältnis erreicht.

11. Niederhalterdruck, Niederhalter und Druckstifte

Es wurde bereits im ersten Abschnitt dieses Kapitels zu Abb. 287 die Aufgabe des Niederhalters geschildert, der häufig auch als Faltenhalter oder Blechhalter bezeichnet wird. Seine sorgfältige Ausrichtung und die Einstellung des richtigen Druckes sind für das Gelingen des Ziehteiles mit maßgebend, wie dies auf S. 412 in Verbindung mit Abb. 380 an Beispielen noch erläutert wird.

---

[1] *Bauder, U.*: Tiefziehen von Hohlkörpern aus dicken Stahlblechen. Stahl u. Eisen 71 (1951), Nr. 10, S. 505.
[2] *Cope, S. R.*: Apply correct clearances and speed when drawing stainless. Am. Machinist 99 (1955), Nr. 12, S. 130–133.
[3] *Dutschke, W.*: Über das Tiefziehen rechteckiger Teile, Werkstattstechn. 51 (1961), H. 4, S. 167–173.
[4] *Coupland, H. T.*, u. *Wilson, D. V.*: Speed effects in deep drawing. Sheet Metal Ind. 35 (1958), Nr. 370, S. 85–103, 108. Siehe auch Mitt. Forsch. Blechverarb. 1959, Nr. 2/3, S. 23–25.

332   E. Das Tiefziehen

Bei zu hohen Niederhaltedrücken wird das Blech zu stark gebremst und reißt an der Ziehkante. Doch neigt umgekehrt das Blech bei zu niedrigen Drücken zur Faltenbildung, die bereits innerhalb des Blechflansches zwischen äußerem Zuschnittsrand und Ziehkante sich bildet.

Faltenbildung unter der Ziehkante ist selten Folge zu geringen Blechhaltedruckes, sondern meistens die Ursache einer zu großen Spaltweite oder zu großen Ziehkantenabrundung, oder eines in seiner Dicke und seiner Festigkeit zu unregelmäßigen Bleches.

Wird einseitige Faltenbildung festgestellt, so genügt ein Ausgleich mittels Unterlagen zwischen Tisch und Unterteil des Werkzeuges. Als Unterlagen werden Stahlblechstreifen in Stärken von 0,1 bis 1 mm verwendet. Sie werden mit ihrer Dickenbezeichnung versehen in einem besonderen Kasten in Nähe der Ziehpresse aufbewahrt oder an einem Haken aufgehängt.

Während der Niederhaltedruck bei pneumatischen oder hydraulischen Kissen am Druckmesser leicht ablesbar ist, kann dieser bei abgefedertem Niederhalter nur geschätzt oder berechnet werden. Die Anfangsniederhalterdrücke p_n sind in der am Ende dieses Buches enthaltenen Tabelle 36 zu ent-

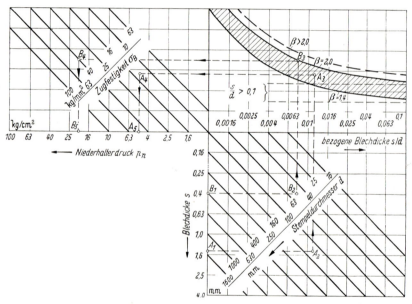

Abb. 303. Bestimmung des Niederhaltedruckes bei Rundzügen [kg = kp = 10 N]

nehmen. Es handelt sich hierbei um in der Praxis bewährte Werte, die in weiten Spielräumen gelten, da auch von der Steifigkeit des Pressengestells der Niederhalterdruck abhängt[1].

---

[1] *Zünkler, B.*: Der Einfluß der Elastizität auf Bewegung und Kraft des Blechhalters beim Tiefziehen. Werkst. u. Betr. 102 (1969), H. 12, S. 885–887.

11. Niederhalterdruck, Niederhalter und Druckstifte

Nach *Siebel*[1] ergibt sich für den Niederhaltedruck p_n folgende Gleichung:

$$p_n = c \left[(\beta - 1)^2 + 0{,}5 \frac{d}{100\,s} \right] \cdot \sigma_B. \tag{79}$$

Hierin sind das Durchmesserverhältnis D/d vor Beginn der Umformung mit β, der Stempeldurchmesser mit d und die Festigkeit des Werkstoffes mit σ_B in kp/mm² einzusetzen. Der Beiwert c liegt zwischen 0,2 und 0,3 und kann in dieser Rechnung mit 0,25 näherungsweise angenommen werden. Im Diagramm nach Abb. 303 sind anstelle obiger Rechnung die einzustellenden Niederhalterdrücke p_n links abzugreifen, wenn die Festigkeit des Werkstoffes, die Blechdicke s, der Stempeldurchmesser d und das Durchmesserverhältnis $\beta = D/d$ bekannt sind. Entsprechend den Linienzügen $A_1 - A_2 - A_3 - A_4 - A_5$ sowie $B_1 - B_2 - B_3 - B_4 - B_5$ sind folgende zwei Beispiele dafür angegeben.

Beispiel 26: Aus 1,5 mm dickem halbhartem Aluminiumblech einer Zugfestigkeit von 13 kp/mm² ($= \sigma_B$) sind Gefäße eines inneren Durchmessers von 130 mm ($= d$) und einer Tiefe von 60 mm entsprechend einem Zuschnittsdurchmesser von 210 mm ($= D$) herzustellen. $\beta = D/d = 210/130 = 1{,}62$. Der in Abb. 303 eingetragene Linienzug $A_1(s = 1{,}5) - A_2(d = 130) - A_3(\beta = 1{,}62) - A_4(\sigma_B = 13 \text{ kp/mm}^2) - A_5$ ergibt einen Niederhalterdruck $p_n = 5$ kp/cm² = 5 bar.

Beispiel 27: Es sei die Aufgabe gestellt, aus 0,4 mm dickem Tiefziehstahlblech RRSt 1404 einer Zugfestigkeit von 40 kp/mm² ($= \sigma_B$) Näpfe zu ziehen eines inneren Durchmessers von 50 mm ($= d$) und einer Ziehtiefe von 38 mm entsprechend einem Zuschnittsdurchmesser von 100 mm ($= D$) und einem Ziehdurchmesserverhältnis $\beta = D/d = 100/50 = 2$. Der in Abb. 303 gestrichelt eingezeichnete Linienzug B_1 ($s = 0{,}4$ mm) $- B_2$ ($d = 50$ mm) $- B_3$ ($\beta = 2{,}0$) $- B_4$ ($\sigma_B = 40$ kp/mm²) $- B_5$ weist einen erforderlichen Niederhalterdruck $p_n = 20$ kp/cm² = 20 bar nach.

Die Niederhaltekraft P_n errechnet sich aus dem Niederhalterdruck p_n in kp/cm², dem Zuschnittsdurchmesser D, dem Blechflanschdurchmesser D', dem Ziehringdurchmesser d_m und dem Ziehkantenhalbmesser r im Anfang zu:

$$P_n = p_n \frac{\pi}{4} [D^2 - (d_m + 2r)^2]. \tag{80}$$

Da die Niederhaltekraft im allgemeinen fest eingestellt wird und nur bei pneumatischer oder hydraulischer Druckübertragung eine Veränderung von p_n herbeigeführt werden könnte, wächst der spezifische Druck p zwischen Niederhalter und Blechflansch während des Zuges

$$p = p_n \frac{D^2 - (d_m + 2r)^2}{D'^2 - (d_m + 2r)^2}. \tag{81}$$

Der Niederhaltedruck wird meistens als Anfangsdruck p_n angegeben. Er erhöht sich nach obiger Gl. (81) während des Tiefziehvorganges dadurch, daß die Niederhaltekraft im allgemeinen gleich bleibt, die Flanschfläche sich aber während des Ziehens verringert, so daß der spezifische Flächendruck größer

---

[1] *Siebel:* Über die Faltenbildung beim Tiefziehen. Mitt. Forsch. Ges. Blechverarb. Nr. 4 vom 15. Februar 1953, S. 55. Verwiesen sei ferner auf die Arbeit von E. *Siebel* u. H. *Mertlik:* Reibungsverhältnisse beim Tiefziehen. Mitt. Forsch. Blechverarb. Nr. 19 v. 1. 10. 1953, S. 245–250. Hiernach stehen Flächenpressung, Gleitgeschwindigkeit und Schmierstoff zueinander in Beziehung.

wird. Weiterhin nimmt während des Einziehens die Blechdicke am äußeren Rand zu. Es wäre zweckvoll, wenn an den Kurvenscheiben der mechanischen Ziehpressen für den Niederhalter eine Verstellung angebracht wäre, wonach während des Tiefziehvorganges eine Druckentlastung eintritt. Abb. 304 zeigt eine einfache Kurvenscheibe ohne und Abb. 305 eine solche mit Verstellung der in q schwenkbaren Druckbacke p, die in Abweichung vom gestrichelt

 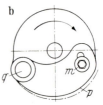

Abb. 304. Niederhalterkurvenscheibe üblicher Ausführung   Abb. 305. Verstellbare Niederhalterkurvenscheibe

gezeichneten Kreis gedreht und im Langloch durch die Verschraubung bei m arretiert werden kann. Bei hydraulischen Pressen läßt sich eine Druckregelung leichter als an mechanischen anbringen. So zeigt Abb. 306 zwei außen am Pressenständer angebrachte Lager a, in denen ein Hebel b mit einer Rolle c schwenkbar gelagert ist[1]. Links außen ist der Hebel mit dem Dreh-

 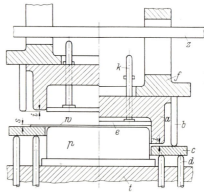

Abb. 306. Hydraulische Niederhaltersteuerung   Abb. 307. Tiefziehwerkzeug mit Niederhalteranschlägen

schieber eines Ventils d verbunden, das über eine Druckölleitung e mit den Zylindern zur Betätigung des Niederhalters in Verbindung steht. Eine mit dem Pressenstößel verbundene Schiene f ist im Ständer beweglich geführt. Auf ihr können Keilstücke oder kurvenförmig gestaltete Schablonen g angebracht werden, die während des Stößelniederganges den Niederhalterdruck durch Anheben der Rolle c verändern. Schließlich ist es möglich, eine Veränderungsmechanik am Werkzeug selbst anzubringen. So wird an das Werkzeugoberteil eine Zahnstange in senkrechter Lage angeschraubt, die

[1] Pressenfabrik Fritz Müller, Esslingen a. N.

11. Niederhalterdruck, Niederhalter und Druckstifte

mit einem Ritzel des Werkzeugunterteiles im Eingriff steht. Auf der Ritzelwelle sind Kurvenscheiben befestigt, die die Niederhalterscheibe von unten nach oben gegen das Blech und die Ziehringfläche drücken[1].

Nur bei symmetrisch geformten Ziehteilen hat es sich bewährt, im Anfang überhaupt keinen Niederhaltedruck zu geben, sondern den Niederhalter auf die Einlagebegrenzungsstifte für den Zuschnitt aufsitzen zu lassen. Die Luftzwischenräume zwischen Blechoberfläche und Niederhalterunterfläche dürfen dabei nur sehr gering sein und sollten unter Berücksichtigung der größten Blechdickentoleranz 0,05 mm nicht überschreiten. Dies hat den Vorteil, daß im Augenblick des Umformbeginns der Niederhalter das Blech beim Einziehen über die Ziehkante nicht hemmt. Da aber infolge der Schrumpfung des größeren Durchmessers zu dem kleineren Flanschdurchmesser sehr bald die Blechdicke sich vergrößert, so kommt dann auch allmählich der Blechflansch zum Tragen, und die Auflagestifte werden entlastet. Eine ähnliche Lösung unter Umkehrung der Werkzeugteile mit Anordnung des Ziehringes am Stößel und des Blechhalters und Kernstempels auf dem Tisch wurde in den USA zum Formpressen von Rahmenlängsträgern und anderen größeren Karosserieteilen nach Abb. 307 erstmalig bekannt und hat sich inzwischen auch in Europa eingeführt. Außerhalb des Ziehringes a an den Seiten befinden sich rechteckige Druckstempel b, die direkt den Blechhalter c beaufschlagen, so daß der Ziehring weder auf das Blech w zuerst auftrifft, noch durch den Anstoß gegen dasselbe der Ziehvorgang eingeleitet wird. Auf dem Pressentisch t ist das Kernwerkzeug bzw. der Stempel p montiert, der vom Blechhalter c umgeben ist. Derselbe ruht auf den den Pressentisch durchlaufenden Druckstiften d, worüber zu Abb. 308 und 310 noch berichtet wird. Der nach oben wirkende Niederhalter greift seitlich weit über und wird bei Niedergang des Stößels f von den Druckstempeln b getroffen, bevor der Ziehring a das Blech während des Stößelniederganges umformt. Das umgeformte Teil bleibt im Ziehring haften, wobei es die Auswerferplatte e mit ihren Druckbolzen k und die darüber liegende, in Langlöchern des Pressenstößels senkrecht verschiebliche Traverse z nach oben drückt. Beim Stößelhochgang stößt die Traverse z an außerhalb des Pressenstößels angebrachte verstellbare Anschläge, wobei die Druckbolzen k mit der Auswerferplatte e das fertige Ziehteil nach unten ausstoßen. Dasselbe liegt nach dem Ausstoßen lose und leicht abnehmbar auf dem Niederhalter, der infolge Wirkung einer oder mehrerer unter dem Tisch befindlicher pneumatischer Ziehkissen über die Druckstifte d wieder in seine obere Ursprungslage zurückgekehrt ist. Das Maß i sei der Abstand zwischen Ziehring a und Niederhalter c nach Auftreffen der Stoßstempel b gegen diesen und entspricht etwa der 1,05- bis 1,1fachen Blechdicke s.

Zur Abstützung der Niederhalterplatte sieht DIN 55205 zwei Druckstiftformen nach Abb. 308 vor, die Form a ohne Kopf, und die Form b mit Kopf. Diese entsprechen den Bauarten A und B zu Abb. 310. Weiterhin hat man gemäß Abb. 309 zwei verschiedene Formen von Durchgangslöchern ohne und mit Buchse zur Normung vorgeschlagen. In die obere Aussparung vom Durchmesser d_4 und von der Tiefe t kann der Kopf des Druckbolzens der

---

[1] *Strasser, F.*: Selbstgeregelter Druck für Niederhalter in Ziehwerkzeugen. Feinwerk-Techn. 59 (1955), H. 2, S. 72/73.

Form B vom Durchmesser d_2 und der Höhe k eingehängt werden. Aber auch unabhängig von einem Druckstift mit Kopf ist eine derartige Aussparung schon deshalb vorteilhaft, weil hierin Abdeckscheiben aufgenommen werden können, die das Einfallen von Schmutz und Spänen durch die Durchgangslöcher des Tisches auf die Kissenplatten verhindern. Das untere Ende der Druckstifte ruht auf einer pneumatisch oder hydraulisch betätigten Ziehkissenplatte, die bei manchen Pressenkonstruktionen leicht zugänglich und

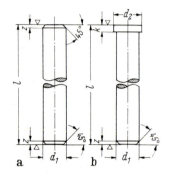

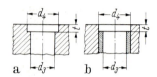

Abb. 309. Durchgangsloch a ohne und b mit Buchse für Druckstifte mit Kopf

Abb. 308 (links). Druckstifte a ohne, b mit Kopf (A und B in Abb. 310)

daher bequem zu reinigen ist; bei anderen Pressenkonstruktionen ist dies jedoch nicht der Fall, insbesondere dort, wo der Pressentisch allseitig abgestützt wird. Hier bedarf es erst weitgreifender Montagearbeiten, will man die Oberfläche der Ziehkissenplatte reinigen oder durchfallende Gegenstände herausnehmen. Maße sind der Tabelle 13 zu entnehmen. Die erforderliche

Tabelle 13. *Maße zu den Bolzen und Löchern nach Abb. 308 und 309*

d_1	d_2	d_3	d_4	k	t	z
16	20	17	25	4	4,5	2
25	30	27	35	6	6,5	3
40	45	42	52	8	9	4
50	56	52	62	10	11	5

Länge l ist bei Bestellung anzugeben. Durchgangslöcher von $d_3 = 52$ mm Durchmesser sind nur ohne Buchse vorgesehen. Als Werkstoff für die Druckstifte wird ein Einsatzstahl nach DIN 17210 verwendet. Hinsichtlich der Pressentische, Lochbilder und T-Nutenanordnungen wird auf Blatt 1 desselben Entwurfes zu DIN 55205 sowie auf Abb. 1, S. 1 verwiesen.

Die hier zur Norm vorgeschlagenen Druckstifte bestehen aus einem Stück und sind unelastisch. Es wird aber Fälle geben, in denen elastische Druckstifte erwünscht sind, zumal im Pressenbau schon seit Jahrzehnten dieser Umstand berücksichtigt wird. Sind Niederhalter und Ziehring fest eingespannt und ihre Arbeitsflächen genau parallel, so könnte es vorkommen, daß bei Einlegen eines einseitig dicken Bleches beim Niederdrücken des Niederhalters nur diese dicke Stelle allein festgehalten wird. Der Blechflansch würde dann einseitig eingezogen. Daher werden neben den starren Formen A und B entsprechend a und b in Abb. 308 nachgiebige Bauarten C

bis G in Abb. 310 vorgeschlagen. Im Hinblick auf die zum Teil ziemlich lange Druckbolzenführung im Tisch müssen derartige federnde Elemente am Fuß des Druckstiftes angebracht werden. In Abb. 310 sind fünf Lösungen entsprechend der Form C bis G angegeben, die für eine Druckstiftform ohne Kopf (A) dargestellt sind, sich aber ebenso für Druckstifte mit Kopf (B) eignen. Bei den Bauarten C und D ist das längere Oberteil des Druckstiftes A mit dem unteren Druckbolzenende C durch eine IS-Schraube b verbunden, deren Kopfabstand durch die Gegenmutter e eingestellt werden kann. Zwischen c und e befindet sich das federnde Element, was im Fall C aus einer Tellerfedersäule f und bei D aus einer Gummifeder g besteht. Die Federsäule f ist hier aus drei einfachen Tellerfederpaaren zusammengesetzt. Es

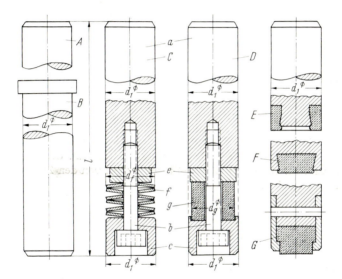

Abb. 310. Verschiedene Ausführungen von Druckstiften

kann aber an ihrer Stelle auch nur ein Federpaar und dieses nach Bedarf zwecks hoher Vorspannung zu mehreren Lagen übereinander angebracht werden. Der Außendurchmesser d_f sollte etwas kleiner als d_1 gewählt werden, da ja zwischen Tellerfederbohrung und dem Schaft ein gewisses Spiel besteht und sich auch dieser Druckbolzen von oben leicht durch die Durchgangslöcher nach unten einschieben und nach oben herausziehen lassen muß. Doch braucht dieser Unterschied zwischen den Durchmessern d_1 und d_f nicht größer als 1 mm zu sein, da es sich bei d_3 um kein Paßmaß handelt, sondern d_3 bereits um 1 bis 2 mm größer als d_1 gemäß Tabelle 13 vorzusehen ist. Im Gegensatz hierzu wird man für die Gummifeder bereits einen etwas kleineren Durchmesser d_g wählen, da mit der Zeit mit einer bleibenden Ausbauchung zu rechnen ist. So könnte d_g betragen 14 mm für $d_1 = 16$ mm, 22 mm für $d_1 = 25$ mm, 36 mm für $d_1 = 40$ mm und 45 mm für $d_1 = 50$ mm.

Erheblich einfacher und billiger sind die Bauweisen der Druckstifte zu E, F und G rechts in Abb. 310. Sie haben aber den Nachteil, daß bei ihnen der elastische Werkstoff direkt die Druckkissenplatte berührt, dabei unter Einwirkung von Temperatur und Öl an der Plattenoberfläche haften bleibt und beim Abreißen Klebreste hinterläßt. Gewiß ist dies bei entsprechend ausgewählten synthetischem Gummisorten oder Polyurethanen (Tab. 23, S. 530) kaum zu befürchten. Immerhin ist es möglich, daß trotz kegeliger Ausbildung des Ansatzzapfens für den elastischen Ring nach Bauart E oder der eingedrehten Aussparung nach Bauart F die elastischen Körper nach längerem Gebrauch vom Druckstift abfallen. Dies wird bei der Ausführung G, bei der der elastische Körper von einem übergreifenden Rohr, das mit dem Druckbolzen verstiftet ist, ausgeschlossen. Daher sind die Bauarten E und F für Pressen mit schwer zugänglicher Druckkissenoberfläche nicht zu empfehlen.

Anstelle solcher Druckstifte nach Bauart C–G haben sich zur Erhaltung der Nachgiebigkeit[1] und Anpassung an Blechdickenabweichungen pneumatische oder hydraulische Unterlagen sowie elastische Abstützungen der Druckstifte mittels Gummi-, Teller- und Ringfedern nach S. 609 bis 617 bewährt. Hierzu gehören die mit dem Pressenstößel verbundenen, den Kernstempel umgebenden sogenannten *Wiest*sche Drucksäulen[2]. Sie sind am einen Ende mit den Nutenschrauben der Stößel- oder Tischaufspannfläche befestigt und tragen am anderen Ende eine in ihrer Höhe verstellbare Aufspannleiste für den Niederhalterring, der aus einem elastischen Werkstoff, beispielsweise Obo-Festholz aus mit Kunstharz verleimten Holzfurnieren, hergestellt ist. Durch eine unterschiedliche Anstellung der einzelnen Drucksäulen läßt sich die Bremswirkung der Blechhaltung am Umfang der Ziehform verändern. Günstiger ist eine Steuerung des von den Ziehwulstleisten ausgeübten Druckes.

12. Niederhalterloses Tiefziehen

Mit normalen Tiefziehwerkzeugen ohne Niederhalter lassen sich nur Teile mit geringer Ziehtiefe, also mit geringem Ziehverhältnis $\beta = D/d_p$ (Zuschnittsdurchmesser D: Ziehstempeldurchmesser d_p) herstellen, beispielsweise Schuhcremedosen und deren Deckel, die aus bedruckten Blechen unter Zickzackpressen angefertigt werden. Die ohne Niederhalter erreichbare Zargenhöhe h ist abhängig von der Nennblechdicke s_0 und dem Ziehdurchmesser d_p nach folgender empirischer Gleichung:

$$h \leq 0{,}3 \sqrt[3]{d_p^2} \cdot \sqrt{s_0}. \tag{82}$$

Ein wesentlich anderes Verfahren, das erheblich günstigere Tiefziehverhältnisse β ermöglicht, ist das Durchziehen der Blechscheibe durch eine erweiterte Ziehringdüse, die entweder wie Abb. 311 a/c die Form einer Schleppkurve oder wie Abb. 311 b/d die Form einer kegeligen Einzugöffnung hat. Der Anfangsdurchmesser d_a dieser Öffnungen soll möglichst so groß wie der Zuschnittsdurchmesser D der Blechscheibe sein. Bei größerem D (Abb. 311a) wird während des Einzugs durch den Ziehstempel nach Unter-

---

[1] *Oehler, G.*: Ausbildung der wirksamen Blechhalterfläche. Ind. Anz. 73 (1951), Nr. 66, S. 7/8.

[2] *Gross, H.*: Der unstarre Faltenhalter und seine praktische Anwendung Fertigungstechnik 6 (1956), H. 19, S. 456–459.

suchungen von *Haverbeck*[1] der Rand des Ziehteiles gegensinnig verformt, wodurch die Vorteile dieses Verfahrens teilweise aufgehoben werden. Andererseits wird bei einem kleineren Durchmesser D (Abb. 311c) nach Untersuchungen von *Shawki*[2] das Ziehverhältnis bei dieser sogenannten Teiltractrixkurve geringer als wenn die Gesamtöffnung ausgenützt würde. Für das Tiefziehen in kegeliger Düse nach Abb. 311 d dürften Zuschnitte mit D kleiner als d_a keinen Nachteil bringen, soweit hierdurch nicht das Einlegen an sich erschwert wird. Mit kegeligen Ziehringen und Doppelzugwerkzeugen ist nach Untersuchungen von *Beisswänger*[3] ein Einziehwinkel α von etwa $36°$ am günstigsten. *Shawki* hat das Tiefziehen mit kegeligen und mit tractrixförmigen Ringen miteinander verglichen. Danach bleibt der Arbeitsaufwand

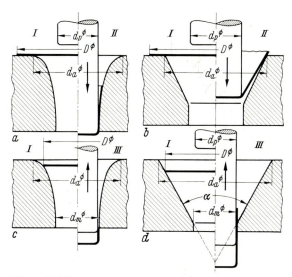

Abb. 311. Tiefziehen mit einem Tractrixring (a, c) oder kegeligen Ziehring (b, d) bei aufgelegtem (a, b) und eingelegten (c, d) Zuschnitt

gemäß der Kraft-Weg-Diagrammfläche derselbe, jedoch ist die Kraft beim kegeligen Ziehring um das 1,4fache höher als beim tractrixförmigen Ring. *Shawki* hat meistens eine kegelige Ziehdüse mit $\alpha = 30°$ verwendet. Auch zeigt sich hierbei in bezug auf die Faltenfälligkeit der Tractrixeinlauf nach Abb. 311 links günstiger als der kegelige Einlauf nach Abb. 311 rechts. In Abb. 311a bis d sind die Stellungen des Tiefziehstempels vor dem Zug mit I, während des Zuges mit II und während des Rückhubes mit III bezeichnet.

---

[1] *Haverbeck, K.*: Von Außenborden an Blechteilen zwischen Stempel und Ringen. Dissertation TH Hannover 1961, Auszug hiervon Mitt. Forschungsges. Blechverarbeitung (1961), Nr. 12 und 13, S. 150–156.

[2] *Shawki, G.*: Niederhalterloses Tiefziehen. Mitt. Forschungsges. Blechverarbeitung (1961), Nr. 18, S. 229–237.

[3] *Beisswänger, H.*: Tiefziehen dünner Bleche mit konischen Ziehringen und mit Doppelzugwerkzeugen. Mitt. Forschungsges. Blechverarbeitung (1950), Nr. 30, S. 1–5. – Halterfreies Ziehen mit konischen Ringen. Mitt. Forschungsges. Blechverarbeitung (1950), Nr. 33, S. 1–3.

Es ist festzustellen, daß das in beiden Verfahren erreichbare Grenzziehverhältnis $\beta = D/d_p$, erheblich über demjenigen liegt, das beim Ziehen mit Niederhalter und üblichen Werkzeugen erreicht wird. Für Werkstoffe, deren Grenzziehverhältnis bei Verwendung von Ziehwerkzeugen mit Niederhalter bei 2,0 und darüber liegt, lassen sich bei den in Abb. 311 dargestellten Tiefziehverfahren noch Ziehverhältnisse von 2,7 erreichen, allerdings nur bei verhältnismäßig dicken und gut umzuformenden Blechen. Das Grenzverhältnis d_p/s_0 kann dabei etwa den Höchstwert 30 annehmen. Für mäßig umformbare Werkstoffe, d. h. solche, die schon im üblichen Tiefziehverfahren ein Grenzziehverhältnis $\beta_{max} = D/d_p$ von 1,8 aufweisen, wird man auf Höchstwerte für d_p/s_0 von etwa 15 bis 20 kommen.

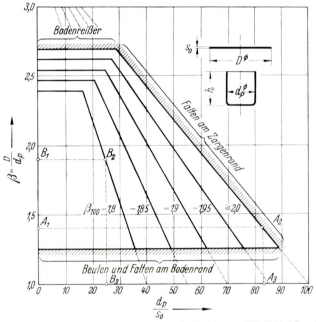

Abb. 312. Die Grenzbereiche für die Anwendung der Verfahren zu Abb. 311 bei $D = d_a$

Abb. 312 zeigt das Gebiet, innerhalb dessen die Anwendung der zu Abb. 311 beschriebenen niederhalterlosen Verfahren mit Tractrix- oder kegeligem Ziehring möglich ist. Dabei ist über dem d_p/s_0-Verhältnis das Ziehverhältnis $\beta = D/d_p$ aufgetragen. Dem erreichbaren Stufungsverhältnis β_{100} für den ersten Zug entsprechend, wie er für die verschiedenen Tiefziehbleche in Tabelle 36 auf S. 687 bis 695 am Ende des Buches angegeben ist, sind hier durch starke Linien fünf trapezförmige Grenzbereiche umrissen, und zwar für $\beta_{100} = 1,8, 1,85, 1,9, 1,95$ und $2,0$. Außerhalb dieser Grenzbereiche entstehen Fehlstücke. Oberhalb der oberen Abszissenparallelen erhält man Bodenreißer nach Abb. 313, rechts außerhalb der schrägen Geraden tritt Faltenbildung am Rand nach Abb. 315 ein, und unterhalb der gemeinsamen unteren Waagerechten für $\beta = 1,25$ ist eine Beulenbildung an der Boden-

12. Niederhalterloses Tiefziehen

Abb. 313. Bodenreißer infolge Überschreiten des Grenzbereiches nach oben

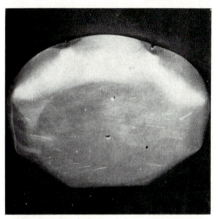

Abb. 314. Beulenbildung infolge Unterschreiten des Grenzbereiches nach unten

Abb. 315. Faltenbildung am Rand infolge Überschreiten des Grenzbereiches nach rechts

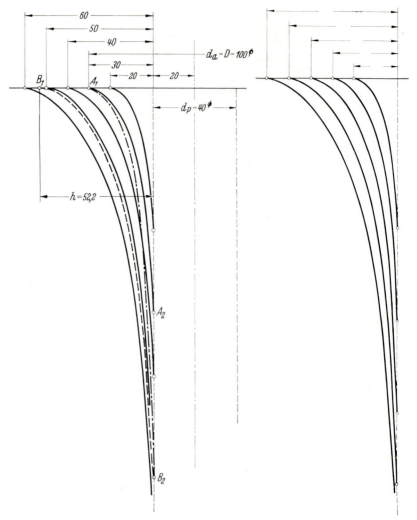

Abb. 316. Ermittlung einer verzerrten Tractrixkurve durch eine Interpolationskurve zwischen den Schleppkurven zu A_1 oben und B_2 unten für $D = d_a = 100$, $d_p = 40$ und $h = 52{,}2$ mm

Abb. 317. Schleppkurvenschar zum Eintragen von Interpolationskurven

kante gemäß Abb. 314 zu beobachten. Zwei Beispiele für ein gutes und ein schlecht umformbares Tiefziehblech mögen den Gebrauch dieses Diagrammes zu Abb. 312 erläutern.

Beispiel 28: Aus gut umformbarem Blech sollen Teile mit einem $\beta = D/d_p = 1{,}4$ durch einen Stempel mit $d_p = 100$ mm halterlos gezogen werden. Bis zu welcher Dicke s_0 herab ist das möglich? Von $\beta = 1{,}4$ ($= A_1$) wird nach rechts auf die schräge Linie $\beta_{100} = 2{,}0$ herübergelotet ($= A_2$). Darunter liegt der Punkt A_3 mit $d_p/s_0 = 83$. Aus $100/83$ ergibt sich die erreichbare Mindestblechdicke s zu $1{,}2$ mm.

Beispiel 29: Wie tief läßt sich aus mäßig umformbarem Blech ein 2 mm dickes (s_0) zylindrisches Ziehteil von 50 mm Stempeldurchmesser (d_p) ziehen? $d_p/s_0 = 25$. In umgekehrter Folge zum vorausgegangenen Beispiel 28 wird von $d_p/s_0 = 25$ ($= B_3$) ausgegangen. Als minderwertiges Blech gilt ein $\beta_{100} = 1,8$, so daß durch den Linienzug $B_3-B_2-B_1$ ein $\beta = D/d_p = 1,9$ bestimmt wird. Mit $D/d_p = 1,9$ und $d_p = 50$ mm wird $D = 95$ mm und nach Gl. (83) $h = 44$ mm.

Haverbeck hat eine weitere Verschiebung der Begrenzungsgeraden nach rechts dadurch erreicht, daß er gemäß Abb. 316 eine sogenannte verzerrte Tractrixkurve anwendet, die zwischen zwei bestimmten Tractrixkurven liegt.

Beispiel 30: Beträgt für ein Teil aus gut umformbarem Blech ($d_p/s_0 \leq 30$) der Zuschnittsdurchmesser $D = 100$ mm und der Ziehdurchmesser $d_p = 40$ mm, so errechnet sich nach Tabelle 15 links oben näherungsweise die Zargenhöhe:

$$h = (D^2 - d_p^2)/4\, d_p \tag{83}$$

zu 52,2 mm. Die Tractrixkurve für $D = 100$ beginnt im Punkt A_1 von Abb. 316. Die Zargenhöhe jedoch, mit 52,2 mm ab Asymptote aufgetragen, läßt eine weitere hier gestrichelt eingezeichnete Schleppkurve in Punkt B_1 beginnen. Dieser Tractrixkurve nähert sich die strichpunktiert dargestellte, verzerrte Tractrixkurve in ihrem unteren Teil bei B_2, während deren oberer Verlauf sich der hier durch A_1 gekennzeichneten Kurve angleicht. Der strichpunktierte Linienzug ist die verzerrte Tractrixkurve, die sich in bezug auf das höchst erreichbare Ziehverhältnis noch günstiger als die übliche Tractrixkurve erweist. Es wird also notwendig sein, nach Gl. (83) aus dem Ziehverhältnis β die entsprechende Zargenhöhe zu ermitteln, soweit diese nicht bereits gegeben ist. Auch für sie ist eine Tractrixkurve zu bestimmen, die aber nur im unteren Verlauf zur Angleichung der neuen sogenannten verzerrten Schleppkurve dient.

Das Kurvenbündel zu Abb. 317 kann mit beliebig zu wählenden Maßstäben und Asymptotenabständen von der Mittellinie zur Auswertung weiterer verzerrter Schleppkurven dienen, die hierin einzuzeichnen sind. Übrigens läßt sich eine mit einer Schleppkurve nahezu übereinstimmende Linie gemäß Abb. 269 auf S. 277 mittels zweier Kreisbögen der Halbmesser $0,3d$ und $2,0d$ konstruieren, wobei d dem zweifachen in Abb. 317 oben durch unbezifferte Pfeilmaße gekennzeichneten Abstand vom Kurvenbeginn bis zur Senkrechten entspricht.

13. Zuschnittsermittlung für runde Ziehteile

Zumeist werden runde Züge hergestellt. Für die Zuschnittsberechnung runder Körper empfiehlt sich eine Aufteilung in einzelne Elemente. Die bekanntesten Flächenelemente, die zur Berechnung des Ziehscheibendurchmessers auch verwickelter Formen zumeist ausreichen, sind in der Tabelle 14 enthalten, die links die Flächenelemente A bis H für die wichtigsten Ziehteilflächen und rechts für die Abrundungsflächen I bis R aufweist. So bedeuten A die einfache Kreisscheibe, B die Ringscheibe, C die zylindrische und D die kegelförmige Zarge, E den Kegel, F die Halbkugel, G den Kugelmantel und H die Kugelkappe. Bei den Abrundungsformen ist darauf zu achten, ob die Mittelpunkte der Rundungshalbmesser innerhalb wie bei I, L, M, Q oder außerhalb des Körpers entsprechend der Elemente K, N, O und R liegen. Für die Berechnung des Blechscheibendurchmessers ist anstatt der

344   E. Das Tiefziehen

Tabelle 14. Die 17 Flächenelemente

Flächenelement	Fläche F	$\dfrac{4}{\pi} \cdot F$
A 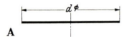	$\dfrac{\pi}{4} \cdot d^2$	d^2
B 	$\dfrac{\pi}{4} \cdot (d_1^2 - d_2^2)$	$d_1^2 - d_2^2$
C 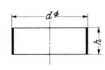	$\pi \cdot d \cdot h$	$4 \cdot d \cdot h$
D 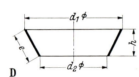	$\dfrac{\pi \cdot e}{2} \cdot (d_1 + d_2)$ $= \dfrac{\pi \cdot (d_1 + d_2)}{2} \cdot \sqrt{h^2 + \dfrac{(d_1 - d_2)^2}{4}}$	$2\,e \cdot (d_1 + d_2)$ $= 2\,(d_1 + d_2) \cdot \sqrt{h^2 + \dfrac{(d_1 - d_2)^2}{4}}$
E 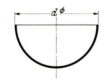	$\dfrac{\pi \cdot d \cdot e}{2} = \dfrac{\pi \cdot d}{2} \cdot \sqrt{\dfrac{d^2}{4} + h^2}$	$2 \cdot d \cdot e = 2\,d \cdot \sqrt{\dfrac{d^2}{4} + h^2}$
F	$\dfrac{\pi \cdot d^2}{2}$	$2 \cdot d^2$
G 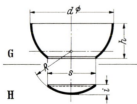	$\pi \cdot d \cdot h$	$4 \cdot d \cdot h$
H	$\pi \cdot d \cdot i = 2 \cdot R \cdot i \cdot \pi$ $= \dfrac{\pi}{4} \cdot (s^2 + 4\,i^2)$	$4\,d \cdot i = 8 \cdot R \cdot i = s^2 + 4\,i^2$

13. Zuschnittsermittlung für runde Ziehteile

für die Zuschnittsberechnung

Flächenelement		Fläche F	$\dfrac{4}{\pi} \cdot F$
I		$\dfrac{\pi^2 \cdot r}{2} \cdot (d + 1{,}3\,r)$ $= \dfrac{\pi^2 \cdot r}{2} \cdot (D - 0{,}7\,r)$	$2\,\pi \cdot r \cdot (d + 1{,}3\,r)$ $= 2\,\pi \cdot r \cdot (D - 0{,}7\,r)$
K		$\dfrac{\pi^2 \cdot r}{2} \cdot (d + 0{,}7\,r)$ $= \dfrac{\pi^2 \cdot r}{2} \cdot (D - 1{,}3\,r)$	$2\,\pi \cdot r \cdot (d + 0{,}7\,r)$ $= 2\,\pi \cdot r \cdot (D - 1{,}3\,r)$
L		$\dfrac{\pi^2 \cdot r}{4} \cdot (d + 0{,}4\,r)$ $= \dfrac{\pi^2 \cdot r}{4} \cdot (D - 0{,}2\,r)$	$\pi \cdot r \cdot (d + 0{,}4\,r)$ $= \pi \cdot r \cdot (D - 0{,}2\,r)$
M		$\dfrac{\pi^2 \cdot r}{4} \cdot (d + 0{,}74\,r)$ $= \dfrac{\pi^2 \cdot r}{4} \cdot (D - 0{,}68\,r)$	$\pi \cdot r \cdot (d + 0{,}74\,r)$ $= \pi \cdot r \cdot (D - 0{,}68\,r)$
N		$\dfrac{\pi^2 \cdot r}{4} \cdot (d + 0{,}2\,r)$ $= \dfrac{\pi^2 \cdot r}{4} \cdot (D - 0{,}4\,r)$	$\pi \cdot r \cdot (d + 0{,}2\,r)$ $= \pi \cdot r \cdot (D - 0{,}4\,r)$
O		$\dfrac{\pi^2 \cdot r}{4} \cdot (d + 0{,}68\,r)$ $= \dfrac{\pi^2 \cdot r}{4} \cdot (D - 0{,}74\,r)$	$\pi \cdot r \cdot (d + 0{,}68\,r)$ $= \pi \cdot r \cdot (D - 0{,}74\,r)$
P		$\pi^2 \cdot r \cdot d$	$4 \cdot \pi \cdot r \cdot d$
Q		$\pi^2 \cdot r \cdot (d + 1{,}27\,r)$ $= \pi^2 \cdot r \cdot (D - 0{,}73\,r)$	$4 \cdot \pi \cdot r \cdot (d + 1{,}27\,r)$ $= 4 \cdot \pi \cdot r \cdot (D - 0{,}73\,r)$
R		$\pi^2 \cdot r \cdot (d + 0{,}73\,r)$ $= \pi^2 \cdot r \cdot (D - 1{,}27\,r)$	$4 \cdot \pi \cdot r \cdot (d + 0{,}73\,r)$ $= 4 \cdot \pi \cdot r \cdot (D - 1{,}27\,r)$

Tabelle 15. Blechscheibendurchmesser D_1

Gefäßform		Blechsch. $\emptyset = \sqrt{\dfrac{4}{\pi} F}$	Elemente
a		$\sqrt{d^2 + 4dh}$	$A + C$
b		$\sqrt{d_1^2 + 4 d_2 h}$	$A + C + B$ $= A_1 + C$
c		$\sqrt{d_1^2 + 4(d_2 h_2 + d_3 h_3 + d_4 h_4)}$	$A + C + B$ $+ C + B + C + B$ $= A_1 + C_2$ $+ C_3 + C_4$
d		$\sqrt{(d - 2r)^2 + 2\pi r(d - 0{,}7 r)}$	$A + J$
e		$\sqrt{(d - 2r)^2 + 4d(h - r) + 2\pi r(d - 0{,}7 r)}$	$A + C + J$
f		$\sqrt{d_1^2 - d_2^2 + (d_2 - 2r)^2 + 2\pi r(d_2 - 0{,}7 r)}$	$A + J + B$
g		$\sqrt{d_1^2 + d_2^2}$	$F + B$
h		$\sqrt{2 d^2 + 4 d h}$	$F + C$

13. Zuschnittsermittlung für runde Ziehteile

für verschiedene Gefäßformen

Gefäßform		Blechsch. $\varnothing = \sqrt{\dfrac{4}{\pi} F}$	Elemente
i	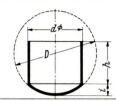	$\sqrt{4\,d\,h + 4\,D\,i}$ oder $\sqrt{4\,d\,h + d^2 + 4\,i^2}$	$H + C$
k		$\sqrt{d^2 + 4\,i^2}$	$H + B$
l		$\sqrt{8 \cdot R \cdot i + \pi\,r\,(d - 0{,}2\,r)}$ oder $\sqrt{s^2 + 4\,i^2 + \pi \cdot r\,(d - 0{,}2\,r)}$ [1] Flächenberechnung von Korb- und Klöpperböden. Siehe Blech 19 (1972), H. 12, S. 634–636.	$H + L$[1]
m	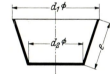	$\sqrt{d_2^2 + 2\,e\,(d_1 + d_2)}$	$A + D$
n	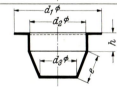	$\sqrt{d_3^2 + 2\,e\,(d_2 + d_3) + 4\,d_2\,h + d_1^2 - d_2^2}$	$A + D + C + B$
o	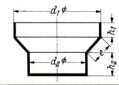	$\sqrt{d_2^2 + 4\,d_2\,h_2 + 2\,e\,(d_1 + d_2) + 4\,d_1\,h_1}$	$A + C + D + C$
p	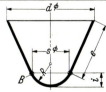	$\sqrt{8 \cdot R \cdot i + 2\,e\,(d + s)}$ oder $\sqrt{s^2 + 4\,i^2 + 2\,e\,(d + s)}$	$H + D$

Fläche F der Ausdruck $4/\pi \cdot F$ maßgebend. Diese $4/\pi \cdot F$-Werte für die einzelnen Flächenelemente ergeben zusammengezählt einen Betrag, dessen Wurzelwert dem Blechscheibendurchmesser gleichzusetzen ist.

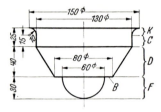

Abb. 318. Aufteilung eines runden Hohlgefäßes in Flächenelemente nach Tabelle 14

Beispiel 31: Für das Ziehteil in Abb. 318 ist der Blechscheibendurchmesser D_1 zu berechnen.

Zunächst ist die Gesamtform in Flächenelemente entsprechend Tabelle 14 zu zerlegen.

So finden wir unten als Abschluß die Halbkugel F, anschließend die Ringscheibe B, den Kegelmantel D, die zylindrische Zarge C und oben als Abschluß den abgerundeten Rand K. Tabelle 14 gibt folgende $4/\pi \cdot F$-Werte an, die ausgerechnet ergeben:

$$F = 2 \cdot d^2 = 2 \cdot 3600 \qquad\qquad = 7200 \text{ mm}^2$$
$$B = d_1^2 - d_2^2 = 6400 - 3600 \qquad\qquad = 2800 \text{ mm}^2$$
$$D = 2(d_1 + d_2) \cdot \sqrt{h^2 + \left(\frac{d_1^2 - d_2^2}{4}\right)} = 420\sqrt{1600 + 625} = 19850 \text{ mm}^2$$
$$C = 4d \cdot h = 4 \cdot 130 \cdot 15 \qquad\qquad = 7800 \text{ mm}^2$$
$$K = 2\pi \cdot r(d + 0{,}7r) = 62{,}43 \cdot (130 + 7) \qquad = 8550 \text{ mm}^2$$
$$\text{Summe:} = 46200 \text{ mm}^2$$

$$D_1 = \sqrt{46200} = 215 \text{ mm}.$$

In Tabelle 15 sind verschiedene, häufig wiederkehrende Gefäßformen zusammengestellt unter Angabe der Berechnungsformel für den Blechscheibendurchmesser und der Elemente gemäß Tabelle 14, aus denen das einzelne Gefäß zusammengesetzt, und auf welche die Berechnungsformel aufgebaut ist. Abrundungshalbmesser, die kleiner als 1/10 des zugehörigen Gefäßdurchmessers sind, können in der Rechnung unbedenklich vernachlässigt werden, wie dies bereits bei den Gefäßformen zu a, b, c, m, n und o der Tabelle 15 geschehen ist.

Bei komplizierten Hohlkörpern, die sich nicht in Flächenelemente nach Tabelle 14 zerlegen lassen, führt eine Ermittlung der Fläche nach der *Guldin*schen Regel zum Ziel, welche lautet: Rotiert eine ebene Kurve um eine in gleicher Ebene liegende Achse, so ist die von der Kurve beschriebene Fläche gleich dem Produkt aus der Länge der Kurve und dem Weg ihres Schwerpunktes.

Eine Zuschnittsermittlung durch Berechnung setzt voraus, daß das Volumen des Ziehkörpers nach dem Arbeitsgang das gleiche ist wie vor dem Arbeitsgang, und daß vor allen Dingen die Blechdicke die gleiche bleibt. Versuche haben zwar ergeben, daß dies nur bedingt richtig ist, daß jedoch im Durchschnitt diese Voraussetzung annähernd richtige Ergebnisse liefert. So hat sich bei scharfkantigen zylindrischen Gefäßformen gezeigt, daß hier die

Bedingung der Flächengleichheit einzuhalten, hingegen bei großen Abrundungen eine etwas größere Zuschnittsfläche zu wählen ist. Im übrigen wird infolge der Blechdickenschwankungen und der anisotropbedingten Randzipfelung niemals erreicht, daß die endgültige Höhe des Ziehkörpers an allen Teilen des Umfanges genau der vorgeschriebenen entspricht. Es wird stets ein Beschneidearbeitsgang[1] notwendig sein mit Ausnahme von sehr einfachen Formen geringer Ziehtiefe, wie z. B. Schuhcremdosen.

14. Zuschnittsermittlung für rechteckige Gefäßformen

Es gibt eine Reihe derartiger Zuschnittsermittlungen[2], von denen hier das vom AWF empfohlene Verfahren genannt wird, weil es angeblich die mit der Praxis am besten übereinstimmenden Werte gewährleistet. Es beruht auf der Zerlegung des rechteckigen Hohlteiles in flächengleiche Elemente. Die dort angewendeten Bezeichnungen werden hier übernommen. So werden gemäß Abb. 319 die innerhalb der Kantenrundungen liegenden Maße für die Seiten mit a und b, für die Höhe mit h, die Kantenabrundungshalbmesser für die Zargenecken mit r_e und diejenigen für den Bodenrand mit r_b bezeichnet.

R und x sind für die Konstruktion selbst nicht interessierende, aber für die Rechnung notwendige Zwischenwerte. Der Halbmesser R_1 ist auch für die Berechnung der Zugabstufung maßgebend, wie im Abschnitt 18 noch erläutert wird. Für die Konstruktion des Zuschnittes werden die Maße H_a, H_b und R_1 verwendet[3]. Zuerst wird das Rechteck mit den Seiten a und b gezeichnet, die an jeder Seite um das Maß H_a bzw. H_b verlängert werden, so daß ein Kreuz entsteht. In den einspringenden Ecken desselben wird ein Viertelkreis des Halbmessers R_1 geschlagen. Die scharfen, eckenförmigen Übergänge dieses Zuschnittes werden durch Kreisbögen oder andere Kurven gefühlsmäßig derart ausgeglichen, daß die kleinen Restflächen ($u_1 + u_2$) und ($v_1 + v_2$) einander flächengleich sind. Es werden dabei entweder Kreisbögen mit den Halbmessern R_a und R_b von der Mittellinie aus geschlagen, die die Viertelkreise des Halbmessers R_1 und die Endseiten des Zuschnittkreuzes berühren, wie dies in Abb. 319 links oben gezeigt wird. Oder es werden, wie in Abb. 319 rechts oben angegeben, in Abstand von $a/4$ bzw. $b/4$ von der Mittellinie kleinere Kreisbögen mit den Halbmessern $a/3$ bzw. $b/3$ geschlagen. Doch sind dies nur Vorschläge. Ist hiernach die Zuschnittsform entworfen, muß unter allen Umständen der danach angefertigte Zuschnitt erst eingehend und wiederholt in den bereits fertiggestellten Ziehwerkzeugen ausprobiert werden, bevor das Schneidwerkzeug für den Zuschnitt hergestellt wird. Dabei

---

[1] Über Beschneidewerkzeuge s. Werkzeugblätter 15, 16 und 18 sowie Abb. 151 bis 161 und 168 bis 172.

[2] Die älteren von *Glück, Kaczmarek, Kurrein* und *Musiol* vorgeschlagenen Zuschnittsverfahren werden hier nicht mehr beschrieben, sind aber in den früheren Auflagen dieses Buches ausführlich erläutert (1. Aufl. 1949, S. 150–152, 2. Aufl. 1954, S. 256–258, 3. Aufl. 1957, S. 306–308).

[3] Siehe AWF 5791. Die hier errechneten Ergebnisse können dort aus Nomogrammen abgegriffen werden, was häufiges Rechnen erleichtert. Die dort genannten Werte für y, Hs, H_{sa} und H_{sb} sind in den hier eingeführten Bezeichnungen für $H_a (= H_s - H_{sa})$ und $H_b (= H_s - H_{sb})$ bereits enthalten.

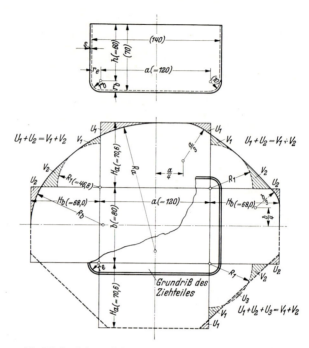

Abb. 319. Zuschnittsermittlung für rechteckige Ziehteile nach AWF 5791

ist auch zu prüfen, ob eine einfache achteckige Form oder gar eine Kreisform in Angleichung an die vorliegende Konstruktion nicht auch zum Ziele führt. In sehr vielen Fällen sind die Abweichungen hiervon gar nicht so groß. Bei geringen Stückzahlen ist ein derartiges Verfahren wirtschaftlich, zumal Schneidwerkzeuge für kreisförmige Zuschnitte sehr viel billiger als andere Formschnitte sind und achteckige Zuschnitte unter der Blechschere oder einem Universalbeschneidewerkzeug (siehe Werkzeugblatt 3) sich schnell und billig herstellen lassen.

Die angeglichene achteckige Form ist in Abb. 319 unten durch die gestrichelten Umgrenzungsgeraden gekennzeichnet. Der kreisförmige Zuschnitt ist bei annähernd gleich großen Seiten a und b sowie einem großen Eckenhalbmesser r_e fast immer anwendbar.

Bei der Berechnung der Werte R_1, H_a und H_b für die Zuschnittskonstruktion ist zwischen zwei Rechnungsarten zu unterscheiden.

Fall 1: Die Kantenabrundungen sind überall gleich, daher

$$r_b = r_e = r,$$

gegeben a, b, h und r; gesucht R_1, H_a und H_b.

$$R = 1{,}42\sqrt{r \cdot h + r^2}, \tag{84}$$

$$x = 0{,}074 \cdot \left(\frac{R}{2r}\right)^2 + 0{,}982, \tag{85}$$

14. Zuschnittsermittlung für rechteckige Gefäßformen

$$R_1 = x \cdot R, \tag{86}$$

$$H_a = 1{,}57\,r + h - 0{,}785\,(x^2 - 1)\,\frac{R^2}{a}, \tag{87}$$

$$H_b = 1{,}57\,r + h - 0{,}785\,(x^2 - 1)\,\frac{R^2}{b}. \tag{88}$$

Beispiel 32: Die lichten Maße eines rechteckigen Hohlkörpers mit gleichbleibender Kantenabrundung $r = 10$ mm betragen $140 \cdot 100 \cdot 70$ mm bzw. $a = 120$, $b = 80$, $h = 60$ mm. Die Gl. (84) bis (88) ergeben dafür:

$$R = 1{,}42\sqrt{600 + 100} \qquad\qquad = 37{,}6 \text{ mm},$$

$$x = 0{,}074\,\frac{1420}{400} + 0{,}982 \qquad\qquad = 1{,}245,$$

$$R_1 = 1{,}245 \cdot 37{,}6 \qquad\qquad = 46{,}8 \text{ mm},$$

$$H_a = 15{,}7 + 60 - 0{,}785\,(1{,}55 - 1)\,\frac{1420}{120} = 70{,}6 \text{ mm},$$

$$H_b = 15{,}7 + 60 - 0{,}785\,(1{,}55 - 1)\,\frac{1420}{80} = 68{,}0 \text{ mm}.$$

Die Konstruktion ist aus Abb. 319 ersichtlich, wo diese Maße dort eingeklammert angegeben sind. Aufriß und Grundriß des Ziehteiles sind in Abb. 319 nur der Erläuterung halber eingezeichnet und werden beim Entwurf der Zuschnittskonstruktion fortgelassen.

Fall 2: Die Kantenabrundungen sind nicht gleich. Dabei ist zumeist der Eckenhalbmesser r_e größer als derjenige des Bodenrandes r_b.

Gegeben a, b, h, r_e und r_b; gesucht R_1, H_a und H_b.

$$R = \sqrt{1{,}012\,r_e^2 + 2\,r_e\,(h + 0{,}506\,r_b)}, \tag{89}$$

$$x = 0{,}074\left(\frac{R}{2\,r_e}\right)^2 + 0{,}982, \tag{90}$$

$$R_1 = x \cdot R, \tag{91}$$

$$H_a = 0{,}57\,r_b + h + r_e - 0{,}785\,(x^2 - 1)\,\frac{R^2}{a}, \tag{92}$$

$$H_b = 0{,}57\,r_b + h + r_e - 0{,}785\,(x^2 - 1)\,\frac{R^2}{b}. \tag{93}$$

Gegenüber diesem Berechnungsverfahren nach AWF 5791 besteht ein vereinfachtes durch Umklappen der Seiten und Berechnung von R_1 aus dem Viertel einer Hohlkörperfläche mit dem Eckenhalbmesser r_e. Im Falle I und II gilt

$$H = (H_a = H_b =)\,0{,}95\,(h + 1{,}57\,r_b). \tag{94}$$

Für Fall I gilt, wobei $r_b \geqq 0{,}8\,r_e$,

$$R_1 = 1{,}7\sqrt{r_e \cdot h + r_e^2}. \tag{95}$$

Für Fall II gilt, wobei $r_b < 0{,}8\,r_e$,

$$R_1 = 1{,}2\sqrt{2\,r_e \cdot (h + r_b) + r_e^2}. \tag{96}$$

Der Rechnungsbeiwert 0,95 in Gl. (94) trägt dem Werkstoff Rechnung, der durch die Eckenstauchung in die Seitenzargen einfließt. Umgekehrt ist dafür ein Beiwert von 1,2 zu den R_1-Werten in Gln. (95) und (96) hinzuzuschlagen, damit diese Stauchwirkung in den Ecken zustande kommt, ohne welche sonst ein Reißen einträte. Der Wert 1,7 leitet sich aus $1,2 \cdot \sqrt{2}$ ab.

Beispiel 33: Wie groß sind R_1 und H unter den gleichen Verhältnissen wie in Beispiel 32 beschrieben?

$$H = 0{,}95\,(60 + 1{,}57 \cdot 10) = 72\ \text{mm},$$
$$R_1 = 1{,}7\sqrt{600 + 100} = 45\ \text{mm}.$$

Beispiel 34: Dieselben Verhältnisse wie in Beispiel 32 und 33, nur mit $r_e = 10$ mm und $r_b = 5$ mm. Es liegt also Fall II vor.

Dann ist nach Gl. (94) und (96):

$$H = 0{,}95\,(60 + 1{,}57 \cdot 5) = 65\ \text{mm},$$
$$R_1 = 1{,}2\sqrt{1300 + 100} = 45\ \text{mm}.$$

Die Praxis hat gezeigt, daß es bei dem Ausfall der Ziehform weniger auf eine genaue Zuschnittsermittlung, sondern vielmehr auf ein Blech gleichmäßiger Dicke ankommt. Der Verfasser hat z. B. an Ziehkörpern etwa quadratischer Form, also bei annähernd gleichem Seitenverhältnis, mit kreisrundem Zuschnitt Versuche vorgenommen. Es stellte sich hierbei überraschenderweise heraus, daß eine Auszipfelung bei einem Teil der Körper in Mitte der Seiten auftrat und bei einem anderen Teil an den Ecken, während bei der Mehrzahl der Körper der Rand an allen Seiten etwa gleich hoch war. Andere Körper wieder zeigten einen ganz unregelmäßigen Zargenrand. Nach dem Aufschneiden der Ziehkörper und Prüfen ihrer Blechdicke auf der Meßmaschine erwiesen sich Dickenunterschiede in der ursprünglichen Blechtafel selbst als die Ursache dieser Erscheinung. Ein Ziehteil gelingt niemals derart, daß auf ein Beschneiden des Randes verzichtet werden kann.

15. Zuschnittsermittlung für ovale und verschieden gerundete, zylindrische Ziehteile

Bei den meisten Ziehteilen dieser Formen darf die Bodenabrundung r_b nicht vernachlässigt werden, so daß von der Gleichung in Tabelle 15a ein Korrekturglied des Betrages $0{,}43\,r_b$ abzusetzen ist, da

$$2\,r_b - \frac{r_b\,\pi}{2} = r_b\left(2 - \frac{\pi}{2}\right) = 0{,}43\,r_b. \tag{97}$$

Bezeichnet man den halben Zuschnittsdurchmesser mit R und den halben Ziehdurchmesser mit r, so läßt sich die hier erwähnte Gleichung zu Tabelle 15a unter Berücksichtigung dieses Korrekturgliedes auch schreiben:

$$R = \sqrt{2\,r\,h + r^2} - 0{,}43\,r_b. \tag{98}$$

Liegen ovale oder andere verschieden gerundete Teile vor, so ist ihr Zargengrundriß in Kreisbögen oder Näherungskreisbögen und in geradlinig verlaufende Abschnitte zu zerlegen. Für letztere gilt als vom Beginn der Bodenrundung abzutragendes Umklappmaß:

$$h' = h + r_b - 0{,}43\,r_b = h + 0{,}57\,r_b. \tag{99}$$

15. Zuschnittsermittlung für ovale u. versch. gerundete, zylindrische Ziehteile

Die Anwendung dieses Verfahrens sei an zwei Beispielen erläutert, wobei das erste sich auf einen Hohlkörper ovalen Querschnittes, das zweite sich auf einen herzförmigen Hohlkörperquerschnitt bezieht.

Für ovale Ziehformen ist wie folgt zu verfahren:

Zunächst ist entsprechend dem gestrichelten Linienzug der ovale Grundriß zu einem Rechteck zu ergänzen, das durch die beiden Mittellinien in vier kleine gleich große Rechtecke zerlegt wird. In einem dieser Rechtecke – in Abb. 320 sei es das rechte obere – werde vom äußeren Eckpunkt E unter $90°$ das Lot auf die Verbindungslinie zwischen den Mittellinienschnittpunkten der Grundrißform im Punkt F gefällt. Die Gerade $E-F$ schneidet die beiden

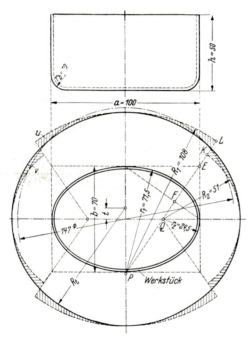

Abb. 320. Zuschnittsermittlung für ovalen Ziehteilquerschnitt

Mittellinien in den Punkten Q und P. Diese Punkte Q und P sind die Kreismittelpunkte für die Näherungskreise der ovalen Form, deren Halbmesser r_1 und r_2 hiernach bestimmt sind. Da außerdem die Bodenrundung r_b und die Zargenhöhe h bekannt sind, lassen sich nach Gl. (98) die zugehörigen R-Werte leicht errechnen. Mit den so ermittelten Halbmessern R_1 und R_2 sind in den Punkten P und Q die in Abb. 320 gestrichelt gezeichneten Kreise zu schlagen. Die Bereiche dieser Hilfskreise sind durch die gestrichelt gezeichnete Gerade $E-F$ und die entsprechenden Strahlen durch die drei anderen Eckpunkte des Rechteckes begrenzt. Dies würde also eine Zuschnittsform mit herausspringenden Ecken L und einspringenden Ecken K ergeben. Da hier das Teil beim Ziehen reißen würde, muß zwischen der Zuschnittsfläche des größeren Halbmessers und derjenigen des kleineren ein Ausgleich gefunden werden. Dies geschieht in Form einer Kurve derart, daß die im Grundriß zu Abb. 320 links oben angegebenen Flächenelemente u und v einander flächengleich gemacht werden. Im unteren Teil des Grundrisses ist diese Kurve durch einen Kreisbogen des Halbmessers R_t ersetzt, dessen Mittelpunkt um das Maß t auf der senkrechten Mittellinie gegenüber dem Mittelpunkt der Ovalform außermittig versetzt ist. Allerdings läßt sich dabei eine genaue Flächengleichheit zwischen den Flächenelementen u und v nicht erreichen. Doch kann dies bei einem Seitenverhältnis der Ovalform $b:a \geqq 0{,}7$ in Kauf genommen werden. Beträgt dieses Verhältnis $b:a \geqq 0{,}8$, so genügen kreisrunde Zuschnitte.

Aber bereits eine Zuschnittskonstruktion bestehend aus zwei Halbkreisen des Halbmessers R_t ist nicht nur für den Zeichner, sondern auch für die Werkstatt eine erhebliche Vereinfachung und bedeutet somit eine wesentliche Verbilligung des Werkzeuges. Schneidstempel und Schneidring werden entsprechend einem Durchmesser von $2R_t$ gedreht, dann mittig zersägt, um das Maß t abgehobelt und schließlich zusammengesetzt.

Beispiel 35: Der in Abb. 320 oben im Aufriß und unten im Grundriß dargestellte ovale Hohlkörper weise eine Ziehtiefe von 50 mm, eine größte Seitenlänge von $a = 100$ mm und eine kleinste von $b = 70$ mm auf. Es ist der Zuschnitt zu entwerfen.

Man ermittle graphisch, wie oben beschrieben, durch Fällung der Lotlinie $E-F$ auf die Rechteckdiagonale die Punkte P und Q und greife auf der maßstäblichen Zeichnung die Halbmesser der Näherungskreise r_1 und r_2 mit 71,5 und 24,5 mm ab. Aus Abb. 320 oben ergibt sich ein $r_b = 10$ mm und ein $h = 50$ mm. Somit lassen sich nach Gl. (98) berechnen:

$$R_1 = \sqrt{7150 + 5120} - 4{,}3 = 108 \text{ mm},$$
$$R_2 = \sqrt{2450 + 600} - 4{,}3 = 51 \text{ mm}.$$

Bei maßstäblichem Entwurf würde ein $t = 7$ mm und ein $R_t = 77$ mm gefunden. Diese Vereinfachung ist noch zulässig; da $b:a = 70:100 = 0{,}7$. Hingegen dürfte der Versuch unter Verwendung kreisrunder Zuschnitte eines Durchmessers von 147 bis 150 mm kaum gelingen.

Nach Versuchen von *Jovignot* und von *Fukui* ist bei der Herstellung von Zuschnitten ovalförmiger Ziehteile nach Abb. 320 zwecks Erreichen der höchstmöglichen Ziehtiefe zu beachten, daß die Walzrichtung des Bleches oder Bandes und die kleine Ellipsenachse einander gleichgerichtet sind[1].

Beispiel 36: Es soll ein Ziehteil von 50 mm Zargenhöhe und von 100 mm Bodenabrundung eines herzförmigen Grundrisses gemäß Abb. 321 hergestellt und hierzu sein Zuschnitt entworfen werden.

Der Grundriß der Zarge ist zu zerlegen in den

kreisbogenförmigen Abschnitt $A-B$ mit P_1 als Mittelpunkt
kreisbogenförmigen Abschnitt $B-C$ mit O_2 als Mittelpunkt
kreisbogenförmigen Abschnitt $C-D$ mit Q als Mittelpunkt
kreisbogenförmigen Abschnitt $D-E$ mit O_1 als Mittelpunkt
kreisbogenförmigen Abschnitt $E-F$ mit P_2 als Mittelpunkt
und geradlinigen Abschnitt $F-A$.

---

[1] *Kienzle, O.:* Mechanische Umformtechnik. Berlin–Heidelberg–New York 1968. S. 136.

15. Zuschnittsermittlung für ovale u. versch. gerundete, zylindrische Ziehteile 355

Zu den Halbmessern r_1, r_2 und r_3 der Kreisbögenradien sind für ein $h = 50$ mm und ein $r_b = 10$ mm die entsprechenden Zuschnittshalbmesser $R_1 = 153$ mm. $R_2 = 45$ mm und $R_3 = 37$ mm nach Gl. (98) zu berechnen. Das Umschlagmaß h' wird für den 40 mm langen geradlinig zwischen F und A verlaufenden Abschnitt nach Gl. (99) mit 56 mm ermittelt. Hiernach ergibt sich eine vorläufige Zuschnittsbegrenzung entsprechend dem Linienzug $A_1-A_2-B_2-B_1-C_1-C_2-D_2-D_1-E_1-E_2-F_2-F_1$, der durch eine endgültige Begrenzungslinie derart auszugleichen ist, daß die Flächenelemente u_1 mit v_1, u_2 mit v_2 und u_3 mit v_3 möglichst flächengleich gehalten werden.

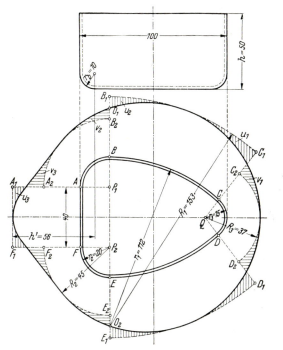

Abb. 321. Zuschnittsermittlung für herzförmigen Ziehteilquerschnitt

Im Hinblick auf die Vielzahl der vorkommenden Formen lassen sich genauere Regeln für derartige Konstruktionen nicht aufstellen. So bleibt es offen, ob man bei einer Bogenbegrenzung des Teiles nach Abb. 321 auf einen Zuschlag bis zu 20% zu R_2 und R_3 verzichten kann oder nicht, oder sich für einen geringeren Zuschlag entscheidet. Es muß daher dem Konstrukteur überlassen bleiben, die Zuschnittsformen am Reißbrett möglichst so zu entwerfen, daß ein allseitiges gleichmäßiges Nachfließen des Werkstoffes über die Ziehkante ohne allzu große Stauungen des Werkstoffes in den Ecken der Ziehform gewährleistet wird. Die zweckmäßige Ausbildung des Zuschnittes für solche Formen wie beispielsweise nach Abb. 321 läßt sich allerdings nicht allein am Reißbrett endgültig festlegen, sondern bedarf oft langwierigen Ausprobierens in der Werkstatt. Es mag im Hinblick auf die Lieferfristen oft unangenehm sein, wenn das Schneidwerkzeug nicht eher in Auftrag gegeben werden kann, bevor das Ziehwerkzeug fertiggestellt und ausprobiert ist.

23*

16. Zuschnittsermittlung für unregelmäßige, unzylindrische Ziehteile

Die Zuschnittsermittlung von unregelmäßigen Ziehformteilen verschiedener Wölbung ist schwierig und beruht weitgehendst auf einer Schätzung des Umformgrades. Gerade hier empfiehlt sich die Anwendung der alten Regel, zuerst den Endzug – meistens genügt der Anschlag – herzustellen und auszuprobieren, um danach das Werkzeug für den Zuschnitt anzufertigen. Bei der Zuschnittsermittlung geht man etwa so vor. Es werden durch die Form mehrere parallele und senkrecht dazu sich kreuzende Schneidebenen gelegt. Für einen solchen Schnitt wird die Blechquerschnittslinie in die Gerade abgewickelt. Diese wird beiderseits verlängert um die für die Fertigung erforderliche Flanschbreite, was besonders bei Ziehwulsten zu beachten ist. Andererseits ist die abgewickelte Querschnittslinie um die beim Ziehen eintretende Dehnung zu kürzen. Diese Verkürzung ist zu schätzen. Der Multiplikator für die abgewickelte Querschnittslinie liegt bei geringen Umformungen zwischen 0,95 und 1,0, bei sehr starken bis an die Grenze der Zerreißdehnung je nach Werkstoffgüte, also bis zu $1 - \delta_5$. Für Tiefziehstahlblech kann dafür etwa 0,75 angenommen werden. Für mittlere Beanspruchungen gelten Zwischenwerte von 0,8 bis 0,9. Diese Werte sind maßgebend für Umformungen in vorwiegend einer Richtung. Bei nahezu allseitig gleich großer Umformbeanspruchung gelten geringere Werte, die etwa den Quadratwurzelwerten der oben empfohlenen Multiplikatoren entsprechen.

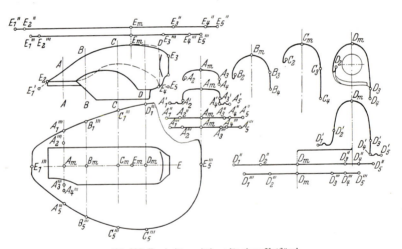

Abb. 322. Zuschnittsermittlung für einen Kotflügel

Beispiel 37: Abb. 322 zeigt die Zuschnittsermittlung für einen linken Vorderkotflügel, wobei 4 Querschnitte $A-A$, $B-B$, $C-C$, $D-D$ und ein mittlerer Längsschnitt $E-E$ hindurchgelegt werden. Rechts vom Aufriß sind die Querschnittslinien von den obersten Punkten A_m, B_m, C_m, D_m beiderseits gezeichnet. Daraus ergeben sich die gekrümmten Linienzüge A_2-A_4, B_2-B_4, C_2-C_4, D_2-D_4. Der seitliche Einschlag ist nun der Ziehform im Anschlag entsprechend nach unten zu klappen, so daß die Punkte A'_2, B'_2, C'_2, D'_2 tiefer als A_2, B_2, C_2, D_2 zu liegen kommen. Beiderseits sind der unbeschnittenen Ziehform entsprechend die Flanschbreiten anzustücken. Dies ist in Abb. 322 durchgeführt für $A'_1-A'_5$ und $D'_1-D'_5$. Diese Linien sind nunmehr in eine Gerade auseinanderzuziehen entsprechend $A''_1-A''_5$ und $D''_1-D''_5$, sowie $E''_1-E''_5$ für die obere Aufrißlinie, die beim Anschlag vorn dem punktierten Linienzug entsprechend nach unten biegt. Der Scheinwerferansatz wird nach Hochziehen der Kotflügelseiten in einem weiteren Arbeitsgang ausgebaucht. Nunmehr sind die Umformdehnungen zu schätzen. Dem Umformgrad entsprechend kann angenommen werden:

$$A_m A'''_2 = 0{,}92\, A_m A''_2 \qquad D'''_3 D'''_4 = 0{,}95\, D''_3 D''_4$$
$$A_m A'''_3 = 0{,}92\, A_m A''_3 \qquad E_m E'''_2 = 0{,}85\, E_m E''_2$$
$$A'''_3 A'''_4 = 1{,}0\, A''_3 A''_4 \qquad E_m E'''_3 = 0{,}82\, E_m E''_3$$
$$D_m D'''_2 = 0{,}85\, D_m D''_2 \qquad E'''_3 E'''_4 = 0{,}75\, E''_3 E''_4$$
$$D_m D'''_3 = 0{,}78\, D_m D''_3$$

Jetzt werden in Abb. 322 links unten im dargestellten Grundriß die in dieser Weise ermittelten Strecken in den zugeordneten Richtungen von A_m, B_m, C_m, D_m und E_m aus abgetragen, so daß die Zuschnittsumfang durch die hiernach sich ergebende Punktfolge $A'''_1-B'''_1-C'''_1-D'''_1-E'''_5-D'''_5-C'''_5-B'''_5-A'''_5-E'''_1$ bestimmt wird.

Der Zuschnitt ist so klein als möglich zu bemessen. Dies nicht nur aus Gründen einer Ersparnis an Blech, sondern um die beim Ziehen erforderlichen Kräfte und Werkstoffbeanspruchungen weitestgehend herabzusetzen. Ein breiter Blechflansch bedingt insbesondere in den Ecken große Stauchkräfte und gefährdet das Gelingen des Ziehteiles. Auf Abb. 390 bis 392, S. 417 bis 418 sei in diesem Zusammenhang hingewiesen.

17. Zugabstufung für runde, zylindrische Hohlteile

Eingangs dieses Kapitels E über das Tiefziehen wurde die Umwandlung der Blechscheibe des Durchmessers D in einen Hohlkörper des Innendurchmessers d und der Höhe h beschrieben. Das Verhältnis $D/d = \beta$ wird immer größer als 1 sein, ist aber nach oben begrenzt, da bei zu hohem D/d-Wert der Bodenrand bei B in Abb. 288 oben, 293 unten und 294 infolge zu hoher Zug- und Dehnungsbeanspruchung reißt. Daher können große Ziehtiefen nur stufenweise erreicht werden, indem zuerst ein als Anschlag bezeichneter zylindrischer Zug größeren Durchmessers und anschließend weitere als sogenannte Weiterschläge bezeichnete Züge – in Abb. 294 drei – mit immer kleinerem Durchmesser bis zur Endform gezogen werden.

Der im Napfzugversuch (s. S. 422) eines Stempeldurchmessers $d = 30$ mm ermittelte höchstmögliche β-Wert ist zwar als Prüfkriterium von Bedeutung und gilt bestenfalls für Teile ähnlicher Größe, gibt aber keinesfalls einen Richtwert für den ersten Zug bzw. das Anschlagverhältnis D/d für größere Ziehteile. Nach den von *Siebel* durchgeführten Untersuchungen zur Übertragung von Versuchsergebnissen an Modellen auf Großwerkzeuge beim Tiefziehen zylindrischer runder Teile[1] und hieran anschließend zur Über-

---

[1] *Siebel, E.* u. *Kotthaus, E.*: Die Übertragbarkeit von Versuchsergebnissen an Modellen von Großwerkzeugen beim Tiefziehen zylindrischer runder Teile. Mitt. Forsch. Blechverarb. 1955, Nr. 15, S. 181–185.

tragbarkeit des Napfziehversuchsergebnisses auf größere Tiefziehwerkzeuge[1] trifft die bisher für alle Ziehteilgrößen gültige Annahme eines einzigen höchstzulässigen Durchmesserverhältnisses, die allein vom Verhalten des Werkstoffes abhängig ist, nicht zu. Werden die mit β_{100} zu bezeichnenden Grenzziehverhältnisse auf eine Blechdicke $s_0 = 1$ mm und auf einen Ziehstempeldurchmesser $d = 100$ mm bezogen, so wird das für andere gegebene Ziehdurchmesser und Blechdicken zu suchende Grenzziehverhältnis β' bis zu einem $d/s_0 = 300$ nach folgender Gleichung berechnet:

$$\beta' = (\beta_{100} + e) - \frac{e \cdot d}{100 \, s_0}. \tag{100}$$

Freilich handelt es sich bei dieser Gleichung um eine Näherung, wie überhaupt die in den erwähnten Veröffentlichungen gezeigten Darstellungen des Grenzziehverhältnisses in Form schräg abfallender Geraden über dem bezogenen Stempeldurchmesser (d/s_0) unter Berücksichtigung der einzelnen Chargenzusammensetzungen, der Oberflächenbehandlung und -rauhigkeit, der Schmierung usw. unter verschieden steilen Winkeln abfallen. Die Werte für β_{100} bezogen auf $s_0 = 1$ mm und $d = 100$ mm sind für die verschiedenen Werkstoffe in Tabelle 36 zusammengefaßt. Der Wert e hängt nicht nur vom Umformvermögen des Werkstoffes ab, sondern vor allen Dingen von der Oberflächenbeschaffenheit, Rauhigkeitsgrad, Schmierung usw. Nach dem bisherigen Stand ist ein Bereich für $e = 0,05$ bis $0,15$ anzunehmen, wobei der kleinere Grenzwert für gut umformbare Werkstoffe geringer Oberflächenreibung, der größere für schlecht umformbare und rauhe Bleche gilt. Es ist anzunehmen, daß für $d/s_0 > 300$ die abfallende Gerade einer Abszissenparallele sich asymptotisch nähert, d.h. β' nur noch wenig abnimmt.

Beispiel 38: Für 1,5 mm dickes Stahlblech RR St 14 05 von guter und glatter Oberflächenbeschaffenheit, das im Anschlag auf einen Durchmesser $d = 300$ mm zu ziehen ist, wofür in Tabelle 36 der Wert $\beta_{100} = 2,0$ angegeben ist, gilt bei Annahme eines $e = 0,08$ das Grenzziehverhältnis:

$$\beta' = (2,0 + 0,08) - \frac{0,08 \cdot 300}{100 \cdot 1,5} = 2,08 - 0,16 = 1,92.$$

Bei Teilen, die in mehreren Zügen gezogen werden und wofür Tabelle 36 weitere β-Richtwerte mit und ohne Zwischenglühung empfiehlt, sind im Falle einer bemerkenswerten Änderung von β' gegenüber β_{100} auch die Stufungswerte für die folgenden Züge entsprechend zu ändern, wobei sich allerdings die Zuschläge $(\beta_{100} - \beta')$ oder Abzüge $(\beta' - \beta_{100})$ nicht so stark auswirken werden und schätzungsweise für den zweiten Zug mit der Hälfte, für weitere Züge mit einem Drittel bis Viertel des Unterschiedes zwischen β' und β_{100} einzusetzen sind, solange keine Untersuchungen zur Klärung dieser Fragen vorliegen.

Ist für ein Blech der β_{100}-Wert, bzw. β_{max} nicht bekannt, so werden im Zerreißversuch vier Probestäbe, deren genaue Querschnittsmaße Dicke (s_0) × Breite (b_0) vorher gemessen wurden, nach einer Dehnbeanspruchung von

---

[1] *Panknin, W.,* u. *Eychmüller, W.:* Die Übertragbarkeit des Napfzugversuchsergebnisses auf größere Ziehwerkzeuge. Mitt. Forsch. Blechverarb. 1955, Nr. 17, S. 205–209.

17. Zugabstufung für runde, zylindrische Hohlteile

20% mit s' und b' im mittigen Stabbereich erneut ermittelt. Von diesen vier Stäben sind einer in Walzrichtung, ein zweiter quer hierzu und die beiden anderen schräg unter 45° zu ihr aus dem Blech oder Band zu entnehmen. Für jeden einzelnen Stab ist der als plastische Anisotropie[1] bezeichnete R-Wert nach folgender Gleichung zu berechnen:

$$R = \frac{\ln \frac{b_0}{b'}}{\ln \frac{s_0}{s'}}. \tag{101}$$

Die aus den 4 Stäben hiernach errechneten R-Werte werden addiert und ergeben mit 4 dividiert den Durchschnittswert $\overline{R}$. Nun läßt sich der Grenzwert für β_{100} aus folgender Beziehung ausrechnen:

$$\ln \beta_{100} = \frac{1}{1+\mu} \cdot \sqrt{\frac{\overline{R}+1}{2}}. \tag{102}$$

Für den Reibungsbeiwert wird ein Bereich von 0,2 bis 0,3 angegeben. Da jene Untersuchungen, die zu Gl. (102) geführt haben, von kleinen d_p/s_0-Verhältnissen ausgingen, erscheint die Annahme eines $\mu = 0{,}27$ als gerechtfertigt. An einem Beispiel möge die Ermittlung von β_{100} erläutert werden:

Beispiel 39: Ein 1 mm dickes ($= s_0$) Blech wird an 4 Probestäben nach DIN 50114 und einer Probenbreite von 20 mm in einer Zerreißmaschine geprüft. Im Querschnitt des späteren mittig auftretenden Einschnürbereiches eines Ursprungsquerschnittes von 1,0 × 20,0 (Dicke × Breite) werden in Stabmitte nach einer bei zunehmender Belastung erreichten Gleichmaßdehnung von 20% Dicke ($= s'$) und Breite ($= b'$) wie folgt gemessen:

Stab Nr.	Lage zur Walzrichtung	s' mm	b' mm	Nach Gl. (102) errechneter R-Wert
I	parallel	0,955	19,1	1,025
II	quer	0,938	18,8	1,015
III	schräg	0,915	18,2	1,060
IV	unter 45°	0,925	18,4	1,060
	Durchschnittswert $\overline{R}$: 1,04			

Aus Gl. (102) wird ermittelt:

$$\ln \beta_{100} = \frac{1}{1{,}27} \sqrt{\frac{1{,}04+1}{2}} = 0{,}788 \cdot \sqrt{0{,}52+0{,}5} = 0{,}795$$

$\beta_{100} = 2{,}2$.

Da in den meisten Logarithmentafeln in der ln-Spalte nur die Werte zu $\ln 1 = 0$ und $\ln 2 = 0{,}693$ angegeben sind, zwischenliegende Werte jedoch fehlen, empfiehlt es sich, zur Ermittlung der R-Werte das zur Formänderungsbestimmung entwickelte Bezugsschaubild Abb. 292, S. 307 zu verwenden. Auch aus noch anderen, teils komplizierteren Gleichungen wird mittels $\overline{R}$ das Grenzziehverhältnis ermittelt[2].

---
[1] *Hasek, V.:* Einfluß der plastischen Anisotropie beim Ziehen von großen Blechteilen. Ind. Anz. 95 (1973). Nr. 26, S. 545–546.
[2] *Ziegler, W.:* Das Grenzziehverhältnis beim Tiefziehen eines zylindrischen Napfes. Ind. Anz. 91 (1969), Nr. 30, S. 663–668.

Eine der wesentlichen Ursachen für den entstehenden Ausschuß beim Ziehen ist die ungeeignete Abstufung der Züge, also Fehler in der Arbeitsvorbereitung und der Bemessung der Werkzeuge. Um Weiterschläge zu sparen bzw. die Anzahl der Züge zu beschränken, wird dem Werkstoff oft zuviel zugemutet. Selbstverständlich trägt eine weitgehende Verminderung der Züge zur Ersparnis erheblich bei, besonders bei teuren Werkzeugen. Sind die Stückzahlen gering, so entfällt auf die Herstellung eines Werkstückes oft ein recht erheblicher Anteil an Werkzeugkosten. Dort ist die Ersparnis eines Zuges wichtig, und es lohnt dafür der Kostenaufwand für ein besonders gutes Tiefziehblech. Anders bei großen Stückzahlen! Hier wird der Beschaffungspreis für den Werkstoff gegenüber den Werkzeuggestehungskosten weithin überwiegen. Das ganze Problem der Abstufung ist deshalb nicht nur technischer, sondern auch wirtschaftlicher Art und hängt von dem Preisunterschied zwischen Blechen guter und solchen geringerer Tiefziehgüte erheblich ab. Da das Ziehverhältnis $\beta = D/d$ mit dem Ziehverhältnis $\lambda = h/d$ sowie mit dem Rechteckzugfaktor q und der Erichsen-Tiefung t in gegenseitiger Beziehung steht, dient das Hilfsdiagramm der Abb. 323 zur Lösung mancher Aufgabe, was durch folgendes Beispiel erläutert wird.

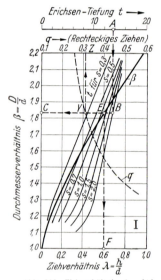

Abb. 323. Ziehverhältnis $\lambda = h/d$, Erichsen-Tiefung t und Rechteckzugfaktor q in Abhängigkeit von $\beta = D/d$

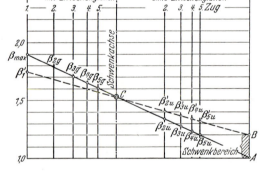

Abb. 324. Einfluß des Anschlagziehverhältnisses β_1 auf die Weiterschlagziehverhältnisse β_2, β_3 usw.

Beispiel 40: Ein 2 mm dickes Blech auf einem Tiefziehprüfgerät eingebeult ergibt eine Erichsen-Tiefung $t = 13{,}5$ mm. Wie groß ist das höchst erreichbare Durchmesserverhältnis β, der q-Wert und das ihm entsprechende Ziehverhältnis λ?

Zunächst wird von $t = 13{,}5$ mm (A) nach unten auf die t-Kurve für $s = 2$ mm gelotet. Die Waagerechte durch diesen Schnittpunkt (B) ergibt ein $\beta = 1{,}83$ (C). Die gleiche Waagerechte schneidet die stark hervorgehobene β-Kurve in Punkt E und die gestrichelte q-Kurve in Y. Unter E wird ein $\lambda = 0{,}6$ und über Y ein $q = 0{,}315$ abgelesen.

17. Zugabstufung für runde, zylindrische Hohlteile

Ein anderes Abstufungsverfahren unter gleichzeitiger Ermittlung der Ziehkraft in Abhängigkeit vom Durchmesserverhältnis, dessen Einfachheit besticht und dessen Angleichung an die Praxis auch durch von *Wolter*[1] aufgestellte Beziehungen teilweise bestätigt wird, hat *Crane*[2] vorgeschlagen. Man kann hierdurch angeregt eine weitere Vereinfachung ableiten, indem man gemäß Abb. 324 vom β-Wert des Anschlages ausgehend diesen mit einem Punkt A verbindet, wobei diese schräge Gerade von Senkrechten geschnitten wird, die die einzelnen Weiterschläge bei Zwischenglühen und ohne Zwischenglühen darstellen. Diese schräge Gerade kann auch um den Schnittpunkt (C) mit der Schwenkachse so gedreht werden, daß der anschraffierte Bereich zwischen den Punkten A und B bestrichen wird. Das bedeutet, daß bei β_{max} die Weiterschläge ohne Zwischenglühung geringere β-Werte aufweisen, als wenn im Anschlag mit einem niedrig gewählten β gezogen wird. Freilich bezieht sich dies nur auf einen begrenzten Schwenkbereich bis zum Punkte B, der nicht überschritten werden darf. Es bedarf gewiß noch eingehender Forschungsarbeiten, um im einzelnen nachzuweisen, ob bei allen Werkstoffen und bis zu welchem Grade die hier aufgestellte Voraussetzung zutrifft, daß ein im Anschlag nicht ausgenutztes Ziehverhältnis den Weiterschlägen insofern zugute komme, als dann dort höhere Ziehverhältnisse möglich sind. Für Stahlblech trifft dies jedenfalls zu[3].

Beispiel 41: Wird von einem 1 mm dicken Stahlblech mit $D = 600$ mm Zuschnittsdurchmesser und einem nach Gl. (100) bereits berichtigten $\beta_{max} = 1,9$ gemäß Abb. 320 ausgegangen, so erhalten wir nach Verbindung des β_{max}-Wertes mit Punkt A folgende Werte für die Ziehverhältnisse und dahinter die entsprechenden Ziehdurchmesser:

Für den 1. Zug $\beta_{max} = 1,9$; $\quad d_1 = 600/1,9 = 320$ mm.

Bei Zwischenglühen

für den 2. Zug $\beta_{2g} = 1,78$; $\quad d_2 = 320/1,78 = 180$ mm
3. Zug $\beta_{3g} = 1,70$; $\quad d_3 = 180/1,70 = 105$ mm
4. Zug $\beta_{4g} = 1,65$; $\quad d_4 = 105/1,65 = 65$ mm
5. Zug $\beta_{5g} = 1,60$; $\quad d_5 = 65/1,6 = 40$ mm.

Ohne Zwischenglühen

für den 2. Zug $\beta_{2u} = 1,33$; $\quad d_2 = 320/1,33 = 240$ mm
3. Zug $\beta_{3u} = 1,27$; $\quad d_3 = 240/1,27 = 190$ mm
4. Zug $\beta_{4u} = 1,23$; $\quad d_4 = 190/1,23 = 155$ mm
5. Zug $\beta_{5u} = 1,20$; $\quad d_5 = 155/1,2 = *130*$ mm.

Nach Schwenken um C ergibt sich bei Wahl eines Anschlagziehverhältnisses

$$\beta_1' = 1,75; \quad d_1 = 600/1,75 = 340 \text{ mm}.$$

Ohne Zwischenglühen

für den 2. Zug $\beta_2' = 1,40$; $\quad d_2 = 340/1,40 = 240$ mm
3. Zug $\beta_3' = 1,36$; $\quad d_3 = 240/1,36 = 175$ mm
4. Zug $\beta_4' = 1,34$; $\quad d_4 = 175/1,34 = *130*$ mm
5. Zug $\beta_5' = 1,32$; $\quad d_5 = 130/1,32 = 100$ mm.

---

[1] *Wolter:* Das Ziehverhältnis bei Weiterzügen. Mitt. Forsch. Blechverarb. Nr. 30 vom 10. September 1950, S. 5–7.

[2] *Crane, E. V.:* Plastic working of metals and non-metallic materials in presses, London 1948, S. 123–131.

[3] Siehe hierzu *Oehler:* Das Blech und seine Prüfung (Berlin–Göttingen–Heidelberg: Springer 1953), S. 66 zu a) und Einwendungen hiergegen S. 67.

Tabelle 16. Sondertiefziehverfahren zur Erreichung eines höheren Ziehverhältnisses

Nr.	Bezeichnung	Beschreibung	Schrifttum
1	Blechhalterfreies Tiefziehen	Siehe hierzu S. 338 bis 343	
2	Tiefziehen unter Außenkantendruck	Die Außenkante des Zuschnittes wird von über den Umfang verteilten, radial nach innen zu gerichteten Druckfingern, die dünner als die Blechscheibe sind, während des Ziehvorganges Hebel, deren untere mit Rollen versehene Enden gegen eine zentrisch angeordnete Formrolle anliegen, einwärts gedrückt.	*Jones, F. D.*: Die design and die making practice. New York: The Industrial Press 1951, S. 653, Fig. 41.
3	*Auble*-Verfahren	Mittels konzentrisch angeordneter Ringziehstempel und einer dem Tiefen der einzelnen Züge entsprechend abgestuften Ziehmatrize werden die Züge in unmittelbarer Folge nacheinander pausenlos gezogen.	USA-Patente 1311368 und 1453652. Diese Verfahren werden vom Verfasser ausführlich in der Z. Arch. Metallkde. 2 (1948), H. 6, S. 199–205 beschrieben. Auszug in des Verfassers Buch: Gestaltung gezogener Blechteile. Berlin-Heidelberg-New York, Springer 2. Aufl. 1966, S. 69/70. – Ind. Anz. 89 (1967), Nr. 71, S. 1553–1557.
4	Simultanverfahren Ultratiefziehen der Metallo G. m. b. H.	Wie *Auble*-Verfahren, jedoch nicht nur die Ziehstempel, sondern auch die Ziehringe sind als konzentrische Rohre ausgebildet, so daß die Umformung in den einzelnen Ziehstufen nicht nacheinander, sondern gleichzeitig erfolgt. Die Gefügeauflockerung kann zusätzlich durch Erschütterungen unterstützt werden. Nachteilig ist bei beiden Verfahren zu 3 und 4 ihre große Bauhöhe bzw. Baulänge.	
5	Warmtiefziehverfahren für Leichtmetallbleche	Von *Watters* und von *Kostron* entwickelte Verfahren, bei denen der äußere Bereich des Zuschnittes erwärmt, der innere an der Ziehkante und der Stempelfläche gekühlt wird. Nur bei MgMn, Al, AlMg 3 und AlCuMg bisher angewandt, für Stahlbleche infolge Warmsprödigkeit unmöglich.	*Oehler*: Gestaltung gezogener Blechteile. Berlin-Heidelberg-New York. Springer 2. Aufl. 1966, S. 71.
6	Tiefziehen nach Kalthärtung	Von *Siebel* entwickelte Lösung des Problems wie zu 5 zur Anwendung auch auf Stahlbleche, jedoch Erhöhung der Zugfestigkeit im Boden des Ziehteiles durch Kalthärtung.	*Siebel*: Probleme der Blechumformung. Mitt. Forsch. Blechverarb. Nr. 10 vom 15. Mai 1953, S. 131. – Nr. 7 vom 1. April 1953.
7	Umformen unter Einwirkung von Schwingungen, insbesondere Ultraschall	Erfolge teilweise bestritten, siehe z. B. *E. Siebel*: Beeinflussung der Formgebungsverfahren durch Schwingungen. Mitt. Forsch. Blechverarb. 1953, Nr. 24, S. 305–308.	DRP 729429 (Messerschmidt A.-G., 1941). Schweiz. P. 236805 (Lundin, 1943). – DBP 1003542 (Kritzler) – USA. P. 2393131 (Continental Can Co. 1942 – Ultraschall).
8	Plastoformverfahren	a) Der Ziehstempel drückt das Blech gegen eine weniger harte Unterlage beispielsweise aus leicht schmelzbaren Legierungen, die zum nächsten Arbeitsgang nach ihrer Zerstörung wieder vergossen werden. b) Der Ziehstempel drückt gegen hochgestapelte Bleche, von denen das oberste fertig gedrückte abgenommen und dafür zuunterst ein neuer Blechzuschnitt eingeschoben wird.	*Pankwin, W.*: Einfluß eines Querdruckes auf die Ziehverfahren. Mitt. Forsch. Blechverarb. 1956, Nr. 16, S. 110–114. – *Söhnle, K.*: Plastoform-Verfahren Diss. T. H. Stuttgart 1959.
9	Hydromechanisches Tiefziehen	Siehe S. 541 bis 547.	
10	Superplastik-Verfahren	Siehe S. 549 bis 550	

Das vorausgegangene Beispiel beweist, daß bei Wahl eines geringeren Ziehverhältnisses als β_{max} in den folgenden Zügen eine dafür höhere Ausnutzung des Ziehverhältnisses möglich ist. So werden beim Ziehen ohne Zwischenglühen bei Ausgang von $\beta_{max} = 1,9$ vier Weiterschläge notwendig, um auf einen Ziehdurchmesser $d = 130$ mm zu reduzieren, während bei $\beta'_1 = 1,75$ dafür nur drei Weiterschläge genügen.

Es würde zu weit führen, im Rahmen dieses Buches auf all die Sonderverfahren einzugehen, die eine Erhöhung des Ziehverhältniswertes β zum Ziel haben. Zur Zeit besteht noch kein derartiges Verfahren, das das bisher übliche Verfahren zurückdrängt. In Tabelle 16 sind jene Verfahren unter Hinweis auf das einschlägige Schrifttum oder andere Stellen dieses Buches kurz beschrieben.

18. Zugabstufung für unrunde, insbesondere rechteckige Hohlteile

Es wurden genügend Versuche unternommen, um am unregelmäßigen Ziehkörper die Verformung zu studieren, wobei der Zuschnitt vor dem Ziehen mit einem Netzwerk kleiner Quadrate mittels Reißnadel oder mittels Gummistempel versehen wurde. Es zeigte sich dabei, daß bei Rechteckformen der

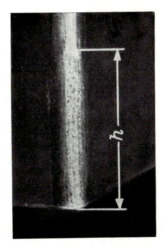

Abb. 325. Abgenützte Eckenkante eines Ziehstempels

Werkstofffluß in den Ecken außerordentlich groß, dafür aber in der Mitte der Seiten gering ist[1]. Bei richtig gewählten Zuschnitten wird der Werkstoff dort mehr in Richtung der Zargenhöhe gedehnt als tangential bzw. quer zu ihr gestaucht, so daß dort keine Verdickung, sondern eine Schwächung des Werkstoffes eintritt. Infolgedessen werden dort die Ziehkanten weniger angegriffen. Abb. 325 zeigt die Ecke eines gußeisernen Ziehstempels für rechteckige Schalterkappen. Schon nach kurzer Zeit bildeten sich im Bereich der Zargenhöhe h Poren, und schließlich war infolge Verschleißes der Stempel

---

[1] Siehe Fußnote 1, S. 310 und Fußnote 1, S. 380.

zu erneuern oder die Eckenkanten werden bei derartigen Stempeln gemäß Abb. 299 verstählt.

Der Umstand, daß an den Zargenecken die stärkste Beanspruchung eintritt, veranlassen den Werkzeugbauer zur Wahl eines größeren Stempelspieles an den Ecken als in Kantenmitte. Jedenfalls kann in den Ecken ohne Nachteil die sonst übliche Spaltweite abzüglich der Werkstoffnenndicke s bis zu 100% vergrößert werden. Beispielsweise beträgt für Tiefziehstahlblech von der Dicke $s = 1$ mm die Spaltweite $w = s + 0{,}07\sqrt{10s} = 1{,}22$ mm, oder nach der von *Sellin* empfohlenen einfachen Gleichung $w = 1{,}2s = 1{,}2$ mm normal, so daß in den Ecken eine Ziehspaltweite bis zu 1,4 mm gewählt werden kann.

Abb. 379 zeigt ein rechteckiges Ziehteil, das infolge zu engen Ziehspaltes in den Ecken riß. Selbstverständlich ist die Erweiterung des Ziehspaltes in den Ecken begrenzt und darf keinesfalls etwa der doppelten Blechdicke gleichkommen. Denn bei zu weitem Ziehspalt kann der Werkstoff infolge der tangentialen Stauchkräfte in Nähe des oberen Zargenrandes Falten schlagen oder zumindest wulstartige Gebilde erzeugen, wie dies in Abb. 387 an der vorderen linken Zargenkante durch Pfeil gekennzeichnet ist.

Hohlteile ovaler bzw. elliptischer Grundfläche mit senkrechter Zarge werden nach den gleichen Gesichtspunkten wie runde Ziehkörper abgestuft, wobei für das Stufungsverhältnis der kleine Näherungshalbmesser der Ellipse maßgebend ist. Soweit das Seitenlängeverhältnis einer Ellipse $a:b$ den Wert von 1,3 nicht überschreitet – wobei unter a die größere, unter b die kleinere Seite zu verstehen ist –, genügt näherungsweise ein runder Zuschnitt unter Zugrundelegung der Maße für die größere Seite. Andernfalls ist so abzustufen, wie dies hier im später angegebenen Beispiel 42 ausgeführt ist.

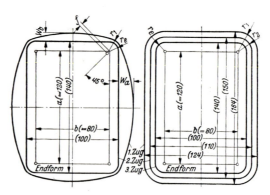

Abb. 326 u. 327. Abstufung für rechteckige Züge bei gewölbten und geraden Seitenwänden

Schwieriger ist die Abstufung für mit Ecken versehene Hohlteile in bezug auf die Eckenabrundung. Zumeist sind es rechtwinklige Ecken an rechteckigen Kappen oder Gehäusen, die als Tiefziehkörper hergestellt werden und für die gemäß AWF 5791 folgendes Abstufungsverfahren in Verbindung mit der auf S. 351 dieses Buches beschriebenen Zuschnittsermittlung empfohlen wird. Dort ist die Ermittlung des Wertes R_1 aus den Gln. (84) bis (96) be-

18. Zugabstufung für unrunde, insbesondere rechteckige Hohlteile

schrieben. Außer R_1 ist der Faktor q maßgebend, der unter C—4 in Tabelle 36 am Ende dieses Buches angegeben ist oder aus der in Abb. 323 gestrichelt eingezeichneten q-Linie ermittelt werden kann. Durch rechtwinkliges Herüberloten, beispielsweise entsprechend dem Linienzug $C-Y-Z$, wird der dem jeweiligen β-Wert zugeordnete Faktor q bestimmt. Da nun gleichzeitig aus dem gleichen Schaubild das höchstmögliche Ziehverhältnis β aus der Einbeultiefe graphisch ermittelt werden kann, so läßt sich durch die Einbeultiefe t also auch q finden, wie dies dort durch den Linienzug $A-B-Y-Z$ dargestellt wird.

Bei der Abstufung rechteckiger Züge ist zwischen dem Anschlag mit gewölbten Zargen (Abb. 326) und demjenigen mit geraden Zargen (Abb. 327) zu unterscheiden. Ersterer ist in der Werkzeugherstellung zwar erheblich teurer, gestattet dagegen zuweilen die Einsparung eines Zuges gegenüber dem anderen Verfahren mit geradlinig verlaufenden Anschlagzargen. Das Maß der Auswölbung w_a bzw. w_b beträgt bei gewölbter Zargenausführung etwa 10 bis höchstens 15% der jeweiligen Seitenlänge. Die Berechnung der Abstufungsradien $r_1, r_2, r_3, \ldots$ für die einzelnen Züge ist einfach, und zwar gilt für:

a) die Zugabstufung bei gewölbtem Anschlag (Abb. 326):

1. Zug (Anschlag) $r_1 = q \cdot R_1$, (103)
2. Zug $r_2 = 0{,}6\, r_1$,
3. Zug $r_3 = 0{,}6\, r_2$.

b) die Zugabstufung mit geradem Anschlag (Abb. 327):

1. Zug (Anschlag) $r_1 = 1{,}2 \cdot q \cdot R_1$, (104)
2. Zug $r_2 = 0{,}6\, r_1$,
3. Zug $r_3 = 0{,}6\, r_2$.

Für die Abstufung von Ziehteilen mit senkrechter Zarge beliebiger Querschnittsform ist zu beachten, daß aus Gl. (100) zu S. 358 zunächst der tatsächliche β'-Wert ermittelt wird. Erst wenn dieses β' bekannt ist, kann aus Abb. 323 oben der dem so gefundenen tatsächlichen β'-Wert entsprechende q-Wert abgelesen werden. Dann ist insbesondere bei nicht rechteckigen, sondern anders geformten Teilen der Einfluß des die Rundung einschließenden Winkels α nach Abb. 328 unten durch einen Beiwert i zu berücksichtigen, so daß die Gl. (104) mit $i = 1{,}2$ für $\alpha = 90°$ auch so geschrieben werden könnte:

$$r_1 = i \cdot q \cdot R_1. \qquad (105)$$

Bei den Weiterschlägen vermindert sich der Eckenhalbmesser immer jeweils auf 60% desjenigen des vorausgehenden Zuges. Gemäß der Abb. 326 werden die Mittelpunkte der Halbmesser r ($= r_1, r_2, r_3, \ldots$) um das Maß $f = {}^1\!/_2(r_1 - r_e)$ auf einer unter 45° geneigten, die Ecken schneidenden Linie vom Mittelpunkt zu r_e ab eingerückt, während in Abb. 327 rechts alle Halbmesser r den gleichen Mittelpunkt wie der endgültige Eckenhalbmesser r_e haben. Das erste Verfahren nach Abb. 323 ist gegenüber dem letztgenannten vorzuziehen und wird insbesondere bei einer Abstufung mit gewölbtem Anschlag häufig angewendet.

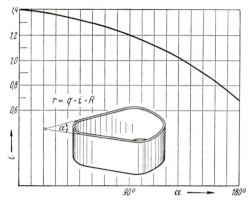

Abb. 328. Abstufung in Abhängigkeit vom Rundungswinkel α

Beispiel 42: Es ist die Abstufung für ein rechteckiges Ziehteil aus 1 mm dickem Blech entsprechend Beispiel 32 mit $r_e = r_b = 10$ mm und $R_1 = 46,8$ mm entsprechend Abb. 319 zu ermitteln, wobei als Gütewert des 1 mm dicken Werkstoffes die Erichsen-Tiefe t mit 11 mm gemäß einem $\beta = 1,68$ gegeben sei.

Diesem Wert β entspricht auf der gestrichelten q-Kurve in Abb. 323 ein $q = 0,34$.

a) Gewölbte Seitenwand:
$$r_1 = qR_1 = 0,34 \cdot 46,8 \cong 16 \text{ mm},$$
$$r_2 = 0,6 r_1 = 0,6 \cdot 16 \cong 10 \text{ mm} = r_e.$$

Hiernach wird gemäß Abb. 326 der Grundriß des Anschlagziehstempels außerhalb der Endform im zweiten Zug konstruiert. Dabei werden der Mittelpunkt für den Halbmesser r_1 um das Maß $f = \frac{1}{2}(r_1 - r_2) = 3$ mm einwärts gerückt und die Maße für $w_a = 0,1$ bis $0,15a$ mit 15 mm und für $w_b = 0,1$ bis $0,15b$ mit 10 mm angenommen.

b) Gerade Seitenwand:
$$r_1 = 1,2 q R_1 = 19 \text{ mm},$$
$$r_2 = 0,6 \cdot r_1 = 11,4 \text{ mm},$$
$$r_3 = 0,6 \cdot r_2 = 7 \text{ mm}.$$

Da r_2 zu groß, aber r_3 zu klein für $r = 10$ mm ist, so werden die Halbmesser etwas erhöht, und zwar r_3 auf 10 mm, r_2 auf $1,5 r_3 = 15$ mm und r_1 auf $1,5 r_2 = 22$ mm. Mit diesen Werten werden die Ziehringöffnungen zu Abb. 327 konstruiert, wofür auch die dort nicht angegebene Mittelpunktsverschiebung f nach Abb. 326 rechts oben berücksichtigt werden sollte.

Beispiel 43: Läßt sich das in Abb. 321 dargestellte Ziehteil, dessen Zuschnitt in Beispiel 36 bereits berechnet wurde, aus 2,5 mm dickem Zn-Al-1-Blech in einem Zug herstellen oder sind mehrere Züge erforderlich? Nach Gl. (105) gilt für den Anschlag $r_1 = i \cdot q \cdot R_1$. In Tabelle 36, S. 691, Spalte 37, ist für diese Legierung ein $\beta = 1,6$ angegeben. Dieses β ist zu berichtigen nach Gl. (100). $e = 0,12$ im Hinblick auf die mäßige Umformfähigkeit und Oberfläche. Da $r = 15$, $d = 2r = 30$ mm, $d/s = 30/2,5 = 12$.

$\beta' = (1,6 + 0,12) - 0,0012 \cdot 12 = 1,70$. Für ein solches $\beta' = 1,70$ wird in Abb. 323 ein $q = 0,36$ gefunden. Der Winkel $C_1 - Q - D_1$ beträgt in Abb. 321 105°; das ergibt gemäß Abb. 328 ein $i = 1,14$. Da in Beispiel 35 für $r_3 = 15$ ein zugehöriges $R_3 = 37$ mm bereits ausgerechnet wurde, so ergibt dies

$$r_1 = i \cdot q \cdot R_1 = 1,14 \cdot 0,36 \cdot 37 = 15 \text{ mm}.$$

Das Teil läßt sich also gerade noch in einem Zug herstellen.

Oft interessiert es zu wissen, in wieviel Zügen ein bestimmtes Ziehteil hergestellt ist. Dies läßt sich bei eckigen Zügen leichter als bei runden an den Kanten feststellen. Es empfiehlt sich, das Werkstück zunächst sorgfältig zu entfetten und in verdünnte Salzsäure zu tauchen bzw. mit einem damit durchtränkten Lappen abzuwischen. Bei manchen Werkstücken, wie z.B. bei dem in drei Zügen hergestellten Aluminiumziehteil nach Abb. 329, ist dies auch ohne eine derartige Vorbereitung wahrzunehmen. Ein infolge falsch bemessener Abstufung in der Eckenabrundung gerissenes Ziehteil ist in Abb. 389 auf S. 416 dargestellt.

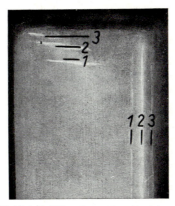

Abb. 329. Ein in drei Zügen hergestelltes Aluminiumunterteil

19. Scharfkantiges Tiefziehen in einem Zug

Ist die Zargenkante eines Rechteckteiles scharfkantig gestaltet, weist der Zuschnitt einspringende Ecken auf, und die Zargenränder werden wie bei einfach zu biegenden Kästen aus entsprechend ausgeklinkten rechteckigen

Abb. 330. Tiefgezogenes Stahlblechteil mit verpreßten Kanten nach Abb. 331 a sowie dessen Zuschnitt

Zuschnitten hochgestellt. Ein Beispiel dafür zeigt das Ziehteil links in Abb. 330 mit dem rechts hiervon befindlichen Zuschnitt, dessen einspringende Ecken jedoch nicht unter 90°, sondern unter einem spitzeren Winkel γ gemäß Abb. 331a einlaufen. Auf diese Weise wird eine so dichte gegenseitige Kantenverpressung erzielt, daß an den Ecken eine Unterbrechung der Zarge nicht in Erscheinung tritt und die Eckenverfestigung durch Stauchung zur Stabilisierung des Teiles beiträgt. Der Winkel γ richtet sich nach der Bruchdehnung δ_5 und nach der Bruchfestigkeit σ_B des Bleches und liegt im Bereich von 75 bis 85°. Die niedrigen Werte gelten für weiche Bleche einer Zugfestigkeit σ_B unter 40 kp/mm² und einer Bruchdehnung δ_5 von etwa 30%,

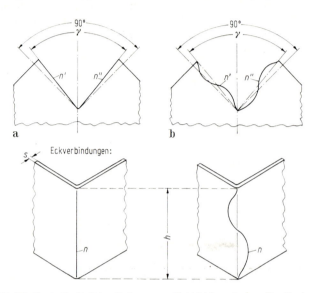

Abb. 331. Zuschnitte für Eckverbindungen von Tiefziehteilen mit verpreßten Kanten
a rechteckiger gerader Zuschnitt, b geformter Zuschnitt

die höheren Werte gelten für härtere Werkstoffe einer Zugfestigkeit σ_B = 50 bis 60 kp/mm² und einer Bruchdehnung von 20%. Bei härteren Werkstoffen sowie solchen noch geringeren Dehnvermögens gelingt eine innige Verpressung kaum, wie überhaupt mit abnehmenden δ_5/σ_B-Werten die Nahtverbindung an der Eckenkante loser wird. Bei Anwendung dieses Nahtpreßverfahrens ist ein enger Ziehspalt im Ziehwerkzeug wichtig, der im Bereich der Nahtpreßstelle der Nennblechdicke entspricht. Günstiger als die in Abb. 330 und 331a dargestellte geradlinig begrenzte Ausklinkung ist die in Abb. 331b gezeigte Ausklinkform, da dort die Nahtlinien n' und n'' nach dem Zusammenpressen zur Eckenkante n nicht sich mit dieser decken. Das Ausklinkwerkzeug wird allerdings etwas aufwendiger. Dafür bewirkt die zusammengepreßte Naht keinen so großen Verschleiß im Ziehwerkzeug, wie wenn immer an der gleichen Stelle des ohnehin schon stark beanspruchten Eckenbereiches des Ziehringes ein solcher Reibverschleiß auftritt. Außerdem wird die Eckverbindung stabiler. Dieses Nahtpreßverfahren eignet sich für Blechdicken von 1 bis 3 mm und ein Höhen-Dicken-Verhältnis $h/s < 30$.

Für dickere Bleche eines $s > 3$ mm besteht eine andere Möglichkeit, in einer Ziehstufe mittels einer vergrößerten Ausrundung oder Abschrägung des Einzugprofils im Eckenbereich scharfkantig tiefzuziehen. Abb. 332 zeigt unten die Draufsicht auf einen Ziehring für Rechteckzüge der Länge a,

19. Scharfkantiges Tiefziehen in einem Zug 369

der Breite b und der Höhe h. Vom Mittelpunkt A ausgehende Strahlen gelten für die rechts oben dargestellten Profile. In den Seitenmitten zeigen die Profile $B'-B''$ und $F'-F''$ eine sehr kurze Abschrägung. Im Eckenbereich findet sich bei $D'-D''$ die größte Abschrägung. Die anderen dort dargestellten Profile $C'-C''$ und $E'-E''$ entsprechen beliebig angenommenen Zwischenwerten. Dort, wo in der ebenen Ziehringoberfläche leicht abgerundet die Abschrägung beginnt, ist eine Grenzlinie der Punktfolge $B'-C'-D'-E'-F'$ eingezeichnet. Im darüber dargestellten Aufriß der Ziehöffnung zeigt

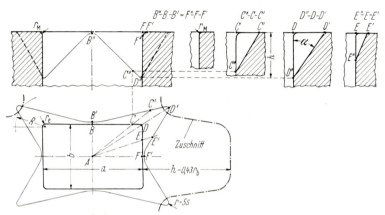

Abb. 332. Ziehring für scharfkantigen Rechteckzug mit abgeschrägtem Einzugprofil

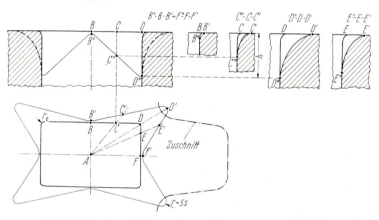

Abb. 333. Ziehring für scharfkantigen Rechteckzug mit einem einer Tractrixkurve entsprechenden Einzugprofil

die Grenzlinie der Punktfolge $B''-C''-D''$ das Ende der Abschrägung im Ziehöffnungsschacht. Der Abschrägwinkel α ist in der Ecke am größten und beträgt dort etwa 35°. Die Höhe $h = D - D''$ richtet sich nach dem Zuschnitt, der in Abb. 332 und 333 durch eine starke strichpunktierte Linie dargestellt ist. Der Punkt D' sollte nicht vom Zuschnitt überdeckt werden, sondern sich etwas außerhalb desselben befinden, d.h. die Mittelpunkte der

24 Oehler/Kaiser, Schnitt-, Stanz- und Ziehwerkzeuge, 6. Aufl.

Halbmesser $r = 5s$ sollten unter dem Zuschnittsrand liegen. Ebenso wie beim niederhalterlosen Tiefziehen kann auch hier sowohl ein geradlinig abgeschrägter, d.h. ein kegelförmiger Einlauf des Ziehringprofils, als auch ein von einer Kettenlinie, Schlepp- oder Traktrixkurve gebildeter Einlauf gewählt werden. So zeigt Abb. 333 anstelle einer Abschrägung ein Traktrixkurvenprofil für den Werkstoffeinlauf in den Ziehring. Die durch die Punktfolgen $B'-C'-D'-E'-F'$ und $B''-C''-D''$ gekennzeichneten Grenzlinien sind die gleichen wie in Abb. 332. Auch für die Größen α und h sowie für die Lage des Zuschnittes gilt das zuvor Gesagte. Der Vorteil eines Ziehringkantenprofils entsprechend einer Schleppkurve oder Kettenlinie beruht darauf, daß die Entfernung zwischen den äußersten Berührungspunkten von Ziehstempel und Ziehring mit dem umzuformenden Blech vom Beginn des Ziehvorganges bis zur Bildung der Zarge und somit auch das Moment immer gleich groß bleibt. Um dem Werkzeugkonstrukteur die Aufzeichnung der Kettenlinienprofile zu erleichtern, sei dieser auf die Wahl einer Kettenlinienvorlage aus einer zu diesem Zweck in Abb. 317 auf S. 342 vorgezeichneten Kurvenschar verwiesen.

Schließlich lassen sich scharfkantige Rechteckteile aus dünnen Blechen von 0,5 bis 2,0 mm nach Abb. 516 auf S. 542 hydromechanisch tiefziehen.

20. Tiefziehstufung und Behandlung rostbeständiger Stahlbleche[1]

Die rostbeständigen Stahlbleche werden nach ihrem Gefüge in martensitische und ferritische bzw. ferritisch-perlitische einerseits und austenitische andererseits unterschieden. Die martensitischen sind für die Blechumformung ohne Bedeutung und werden hier nicht behandelt. Heute werden den unterschiedlichen Bedürfnissen entsprechend zahlreiche Sorten nach den Gütevorschriften zu DIN 17440 hergestellt. Nur die für Tiefziehzwecke meist verwendeten Bleche sind in Tabelle 17 enthalten.

Die ferritischen Bleche haben bereits im ersten Zug eine verhältnismäßig schlechte Tiefzieheigenschaft. Das Tiefziehverhältnis β ist selten höher als 1,55. Nach kurzem Zwischenglühen bei 750 bis 800 °C sind Weiterschläge möglich, und zwar mit $\beta = 1,28$ im zweiten und $\beta = 1,20$ im dritten Zug. Eine bessere Umformfähigkeit der ferritischen Stahlbleche wird nach Erwärmen auf über 100 °C bei Feinblechen, bis auf 300 °C bei dickeren Blechen erreicht.

Im Gegensatz hierzu werden für austenitische Stahlbleche im ersten Zug erheblich günstigere Ziehverhältnisse bis zu 2,1 erreicht (vgl. Tabelle 17), obwohl sie eine verhältnismäßig hohe Bruchgrenze aufweisen und während

---

[1] *Küppers, W.:* Tiefziehen von rostfreiem Stahl. Blech 6 (1959), H. 11, S. 826 bis 828. – *Paret, R. E.:* Verarbeitung von rostfreiem Stahl. Tool Eng. 42 (1959), H. 2, S. 97–100. – *Menges, G.,* u. *Vogelsang, B.:* Tiefziehen von rostfreiem Chrom- und Chrom-Nickel-Stählen. Ind. Anz. 79 (1957), N. 69, S. 1035–1040. – *Olofson, C. T.:* Spanlose Formung vergüteter rostfreier Stähle. Tooling and Production 25 (1959), H. 7, S. 72–73. – *Küppers, W.,* u. *Huppertz, P.:* Die spanlose Formgebung von Feinblechen aus nichtrostendem Stahl. Nickel-Ber. 17 (1959), H. 6, S. 179–185. – *Paret, P. E.:* Fertigungsgerechte Gestaltung von Tiefziehteilen aus rostfreiem Stahl. Machine Design 27 (1955), H. 12, S. 185–189. – *Krivobok, V. N.,* u. *Mayne, C. R.:* Verformungsarbeiten an rostfreiem Stahl bei niedrigen Temperaturen. Am. Machinist 99 (1955), H. 22, S. 152–153.

20. Tiefziehstufung und Behandlung rostbeständiger Stahlbleche

Tabelle 17. Gütewerte nichtrostender Stahlbleche in weichgeglühtem Zustand

SEL Werkst. Nr.	Festigkeit σ_B kp/mm²	Dehnung δ_5 mind. %	Einbeultiefung in mm für Blechdicken in mm			Ziehverhältnis β_{100}
			0,5	1,0	2,0	
1.4307	55	60	13,8	14,7	16,0	2,1
1.4301	60	55	12,5	13,4	14,7	2,0
1.4300 1.4310	60	55	12,0	13,0	14,3	1,92
1.4401	60	50	11,4	12,2	13,7	1,86
1.4550 1.4541 1.4580 1.4571	55	45	11,3	12,2	13,5	1,82
1.4001	55	20	8,6	9,5	11,0	1,5
1.4016	50	20				1,55

des Kaltumformens zur Verfestigung neigen. Dort, wo bekannt ist, daß es sich um austenitischen Stahl handelt und nähere Angaben fehlen, sollte aus Gründen der Vorsicht kein größeres Ziehverhältnis als $\beta = 1,8$ gewählt werden. Die Ziehwerkzeuge für nichtrostende Stahlbleche sind kräftiger als die der Stahlblechziehwerkzeuge entsprechender Blechdicke auszuführen, insbesondere sind Ziehring- und Niederhalterauflage doppelt so dick wie sonst zu bemessen. Dafür haben sich außer den Werkzeugstählen 17 und 18 in Tabelle 30 harte auf S. 656 bis 662 beschriebene Bronzelegierungen[1], NiCr-Gußeisen, hartverchromter Stahl und für kleine Werkzeuge Hartmetall bewährt. Zwischen den einzelnen Zügen werden die Teile während einer Dauer von 7 bis 10 Minuten bei einer Temperatur von etwa 1000 bis 1100 °C geglüht. Unmittelbar nach dem Glühen sind die Teile möglichst in kaltem Wasser, notfalls durch Druckluft abzuschrecken. Selbstverständlich muß vor dem Glühen der letzte Fettrückstand durch Trichloraethylen oder heiße Lauge oder andere Mittel beseitigt werden. Im geglühten Zustand bedürfen sie um 50 bis 100% höhere Niederhalter- und Umformdrücke als Stahlbleche niedrigen Kohlenstoffgehaltes. Empfehlenswert ist eine geringe Umformgeschwindigkeit, die nicht höher als 12 m/min gewählt werden soll. Bei höheren Geschwindigkeiten wird der Fließvorgang erschwert, und es tritt ein höherer Verschleiß an den Werkzeugkanten auf. Der Niederhalterdruck muß zur Vermeidung von Faltenbildung genügend hoch bemessen sein. In der Regel treten bei den folgenden Operationen keine Störungen ein, wenn der 1. Zug ohne Faltenbildung gelungen ist. Einmal entstandene Falten lassen sich auch in den anschließenden Arbeitsgängen nicht mehr ausbügeln. Nach neueren amerikanischen Quellen werden für rostfreie Stahlbleche sowie Bleche aus hochnickelhaltigen Legierungen 3% der Blechdicke als Schneidspalt, 20 bis 35% der Blechdicke als Zuschlag zur ursprünglichen Blechdicke für den Ziehspalt empfohlen. Bei sehr geringen Dickenabweichungen kann sowohl für Anschlag als auch für Weiterschlag $u_z = 1,1 s$ gewählt werden[1]. Als Abrundungshalbmesser für die Ziehkante werden $r_m = 5$ bis $9 s$

---

[1] *Keul, E.*: Das Tiefziehen rost- und säurebeständiger Stähle. Blech 9 (1962), Nr. 11, S. 600–604.

(= Blechdicke) und für die Stempelkante $r_p = 5s$, als Ziehspaltweite $u_z = 1,2s$ im Anschlag und $u_z = 1,4s$ im Weiterschlag empfohlen. Die in Tabelle 17 angegebenen Werte schwanken und können nur als grobe Näherungswerte gelten. So liegt beispielsweise der Festigkeitsbereich bei 1.4310 zwischen $\sigma_B = 53$ und 85 kp/mm².

Über die Anwendung von Schmiermitteln beim Tiefziehen liegen recht unterschiedliche Erfahrungen vor. Teilweise begnügt man sich mit einem aus Wasser und Flockengraphit angerührten dünnen Brei, der gleichmäßig aufgetragen wird und vor dem Ziehen erst antrocknen muß. Auch die üblichen Ziehfette sind bei Zusatz von genügend Flockengraphit brauchbar. Nach amerikanischen Quellen haben sich als Schmierstoffe Gemische aus Mineralölen und fettigen Ölen unter Zusatz von Schwefel und Chloriden neben Spuren von pulverisiertem Glimmer bewährt. Auch eine dicke Mischung von Leinöl mit Bleiweiß zu gleichen Teilen unter Beigabe von 10% Schwefel brachte gute Ergebnisse. Freilich empfiehlt es sich, die zuletzt genannten Schmiermittel nicht dort anzuwenden, wo die Teile zwischengeglüht werden, da ihre vollständige Entfernung schwieriger als bei reiner Graphitschmierung ist. Nach neueren Untersuchungen[1] der Reibverhältnisse beim Ziehen mit verschiedenartigen Gleitschichten versehener austenitischer Blechstreifen bei verschiedenen Flächendrücken ist bei verschiedenen Schmierstoffen wie beispielsweise Molykote G ein Abfall des Reibungsfaktors μ mit wachsendem Flächendruck bis zu 150 kp/mm² wahrzunehmen. Beim Tiefziehen von Näpfen eines Durchmessers von 30 bis 80 mm aus 18/8-Cr-Ni-Stahl wurden u.a. drei verschiedene Schmierverfahren ausprobiert, nämlich a) Drachenziehfett, b) Drachenziehfett unter Zusatz von 10% Molykotepaste Mikrofein, c) Vorbehandlung der Ronden mit einer Atrament-E-Schicht und der zu b) vorgenannten Schmierung. Bei den Versuchen mit Stahlabstreckringen zeigten die Werkstücke bei Anwendung des Schmiermittels a) und b) starke Riefen, während das Schmierverfahren c) einwandfreie Oberflächen ergab. Abstreckringe aus den auf S. 656 bis 662 behandelten Mehrstoffbronzelegierungen zeigten dagegen auch schon bei den Schmiermitteln a) und b) einwandfreie Oberflächen. Auch an anderer Stelle wurden gute Tiefzieherfolge mit Aluminiumbronzeziehringen bei Lein- oder Rapsölschmierung erzielt[2].

Über das Beizen nach dem Zwischenglühen liegen die verschiedensten Erfahrungen vor. So wird eine Salzsäurebeize, bestehend aus 45 Teilen 38%-iger Salzsäure, 5 Teilen 65%iger Salpetersäure und 50 Teilen Wasser unter Zusatz von Sparbeize bei 60 bis 80 °C verwendet. An anderer Stelle wird empfohlen, die Teile in kalter 10%iger Salpetersäure vorzubeizen und in heißer 50%iger Salzsäure nachzubeizen. Nach einer amerikanischen Veröffentlichung werden die Ziehteile in mit 33%iger Salpetersäure und mit Wasser verdünnte Flußsäure getaucht und im Wasserbad nachgespült; an-

---

[1] *Wiegand, H.,* u. *K. H. Kloos:* Schmierungs- und Oberflächeneinflüsse bei der Kaltumformung von Blechen. Mitt. Forsch. Blechverarb. 1961, Nr. 1/2, S. 2–9.

[2] *Küppers, W.,* u. *Schulz, D.:* Beitrag zum Umformverhalten ferritischer rost- und säurebeständiger Feinbleche. Blech 16 (1969), Nr. 11, S. 622–637. – *Ergang, R.,* u. *Huppertz:* Entwicklung und Verwendung von Bändern und Blechen aus rost- und säurebeständigen Stählen. Bänder, Bleche, Rohre 8 (1961), H. 9, S. 433–440.

schließend gelangen sie in eine neutralisierende Lauge und darauf wieder in ein Wasserbad. Der Flußsäure wird zur Beschleunigung des Beizvorganges Ferrisulfat beigefügt. Nach dem Beizen ist als letzte Arbeitsstufe eine Passivierung in verdünnter Salpetersäure (1/3 : 2/3 Wasser) zur Sicherstellung der Rostbeständigkeit notwendig. Angeblich soll durch diesen Beizvorgang nicht nur das Oxid beseitigt, sondern auch die Tiefziehfähigkeit des Werkstoffes für den nächsten Zug verbessert werden, indem die durch Beizen erzeugte Aufrauhung eine bessere Haftung des Schmierfilms bewirkt. Bei kleinen Teilen hat es sich gezeigt, daß bei sehr schneller Durchgabe unter der Mehrstufenpresse weitestgehende Umformungen möglich sind. Das Zwischenglühen kann hier gespart werden. Für diese kleinen Teile wird kaltgewalztes und weichgeglühtes Band vorgesehen. Zum Polieren gezogener Blechteile aus austenitischem Stahlblech hat sich Chromoxid, sogenanntes Poliergrün, bewährt.

21. Glühen und Beizen der Ziehteile

Zwischen den einzelnen Ziehstufen werden die Ziehteile oft zwecks Normalisierung und Entspannung des durch den Ziehvorgang gereckten, verfestigten und daher in seiner Dehnung geminderten Werkstoffes geglüht.

Bei Tiefziehstahlblech ist das Glühen meistens erst nach dem 3. Zug bzw. 2. Weiterschlag erforderlich, wenn der Werkstoff in den vorausgehenden Zügen nicht überbeansprucht wird. In der Tabelle 36 am Ende dieses Buches sind für die verschiedenen Blecharten die Glühtemperaturen angegeben. Als Glühdauer genügen in den meisten Fällen 5 Minuten. Insbesondere bei dünnwandigen Ziehteilen aus Stahlblech ist auf eine langsame und zugfreie Abkühlung zur Vermeidung von Abschreckspannungen Wert zu legen. Sie werden oft auch bei erheblich geringerer Temperatur von etwa 600 °C und dafür länger, etwa 1/2 Stunde, geglüht. Für andere Werkstoffe sind teilweise erheblich längere Glühzeiten, so z. B. für Bleche aus Kupfer und Walzbronze 1 bis $1^1/_2$, für Messing $1^1/_2$ bis 2 und für nichtrostenden Stahl 2 bis 3 Stunden notwendig. Bei Aluminium und Aluminiumlegierungen ist auf ein rasches Anwärmen zu achten.

Infolge des Glühvorganges oxydiert die Oberfläche, es bildet sich sogenannter Zunder, der nur durch Beizen entfernt werden kann. Nach dem Beizen werden die Teile in kaltem, später in heißem Wasser gespült und in Sägespänen getrocknet. Für Aluminium- und Leichtmetallegierungen ist ein Nachbeizen im allgemeinen nicht erforderlich, für letztere gelten bejahendenfalls Sondervorschriften für die Nachbehandlung.

Da das Beizen ein Korrosionsvorgang ist, der obendrein die Fertigung verzögert und verkürzt, wird versucht, ohne dieses auszukommen. Diese Bedenken rächen sich stets, und auch das Einsetzen der Teile in Kästen mit Holzkohle bzw. Metallspänen bietet keine hinreichende Gewähr dafür, daß sich keine Zunderhaut bildet. Nur ein Glühen in neutraler oder reduzierender Atmosphäre mittels neuzeitlicher Blankglühöfen gestattet einen Ausschluß des Beizens.

Bei Stahlblechen niedrigen C-Gehaltes tritt innerhalb eines Glühbereiches von 630 bis 820 °C nach 5- bis 20%iger Verformung eine äußerlich auffällige,

374 E. Das Tiefziehen

grobnarbige und mitunter als Apfelsinenhaut bezeichnete Grobkornbildung auf. In der Praxis werden solche Fehlteile als „kritisch verformt" bezeichnet[1].

22. Das Ziehen runder nichtzylindrischer Hohlteile

Auf den grundlegenden Unterschied zwischen dem Ziehen zylindrischer und nichtzylindrischer Teile wurde bereits eingangs des Abschnittes 1 zu diesem Kapitel E in Verbindung mit Abb. 288 und 293 hingewiesen. Da eine Stauchbeanspruchung in tangentialer Richtung fortfällt und nur Dehnungsbeanspruchungen auftreten, wird die Zarge geschwächt und verliert an Steifigkeit. Es werden daher insbesondere bei tiefen, unzylindrischen Körpern die Vorzüge möglichst als zylindrische Züge ausgebildet.

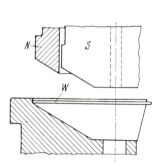

Abb. 334. Ziehwerkzeug für kegelförmige Lampenschirme

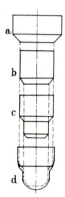

Abb. 335. Herstellung eines nichtzylindrischen Ziehteiles mittels dreier zylindrischer Vorzüge

Bei sehr flachen Teilen wird fast stets nur im Anschlag gezogen. Dabei kann das Ziehergebnis durch die Anordnung von Wulsten, über die im kommenden Abschnitt berichtet wird, oder einer angleichenden Einlauffläche verbessert werden. Hierunter wird ein Angleichen der Flächenneigung am Niederhalter und am Ziehring entsprechend der Formgebung des Werkstückes verstanden. So zeigt Abb. 334 ein Ziehwerkzeug für die Herstellung einfacher kegelförmiger Lampenschirme, wie es bereits seit 50 Jahren verwendet wird[2]. Zuerst zieht der Blechhalter N die eingelegte Blechscheibe vor. Der Stempel S folgt anschließend und zieht die Kegelform[3] fertig. Dieses Verfahren hat sich gut bewährt.

---

[1] Hinweise auf richtige und falsche Glühbehandlung finden sich in *Oehler:* Das Blech und seine Prüfung. Berlin–Göttingen–Heidelberg: Springer 1953, S. 23, 67, 236.

[2] Maschinenfabrik Mönkemöller, G.m.b.H., Bonn.

[3] *Gentzsch, G.:* Tiefziehen von kegelförmigen Werkstücken. Ind. Anz. 89 (1967), Nr. 99, S. 2235–2237. – Siehe auch Fußnote 1 zu S. 484.

Kennzeichnend für das unzylindrische Tiefziehen ist das Erfordernis eines stehenbleibenden Blechflansches, der erst nach Beendigung der letzten Ziehstufe beschnitten werden kann, wie dies beispielsweise unter Werkzeugblatt 16, Abb. 160 gezeigt wird. Dabei nimmt der Durchmesser des Blechflansches während des Ziehens kaum ab, und es fließt nur wenig Werkstoff über die Ziehkante nach. Das Material für die zusätzlich entstehende Flächenvergrößerung wird größtenteils schon im Anschlag durch Dehnung und Schwächung des zwischen den Ziehkanten liegenden Werkstoffes herausgeholt. *Brasch*[1] hat über 400 verschiedene im Betrieb erprobte Werkzeugsätze mit den wichtigsten Maßen aus der Beleuchtungskörperindustrie[2] zusammengestellt, von denen einige in der Tabelle 18 aufgeführt sind. Hierin sind der Zuschnitts- oder Blechscheibendurchmesser mit D, der Blechflanschdurchmesser mit D', der Ziehdurchmesser mit d und die Ziehtiefe mit h bezeichnet. Die Aufstellung zeigt bereits bei den im Anschlag hergestellten Ziehteilen Bild 1, 3 und 4, daß D' nach dem Ziehen nur wenige Millimeter kleiner als D geworden ist. Bild 2 bildet eine Ausnahme, doch ist dies ein Zug mit zylindrischem Rand, so daß dieses Teil nicht schlechthin als unzylindrisch bezeichnet werden kann. Unter den Mehrfachzügen ist Bild 17 der Tabelle 18 ein weiteres Beispiel für die geringe Durchmesserverkürzung von D' gegenüber D.

Es wurde bereits darauf hingewiesen, nach Möglichkeit die Vorzüge als zylindrische auszubilden. Abb. 335 zeigt die Herstellung eines nichtzylindrischen Ziehteiles mittels dreier zylindrischer Vorzüge. Im Endzug wird sogar der Durchmesser am oberen Rand erweitert. Weitere Arbeitsmuster enthält Tabelle 18. Die Form in Bild 13d gilt eigentlich als zylindrisches Teil, es wird ohne Blechflansch gezogen. Zylindrische Vorzüge werden insbesondere bei den Werkzeugsätzen nach Bild 12 bis 15 und 18 bis 20 angewendet. Hingegen wird bei den Sätzen nach Bild 9, 10 und 17 davon abgewichen, da eine zylindrische Abstufung hierfür ungeeignet ist und keine Ersparnis bedeutet. Gewiß wäre eine zylindrische Anlage der Vorzüge für die Sätze zu Bild 9 und 10 denkbar, doch würden mindestens auch 3 Züge, wenn nicht 4, nötig sein im Gegensatz zur Form nach Abb. 335, wo die Endform nach 3 zylindrischen Vorzügen erreicht wird. Würden für dieses Teil unzylindrische Vorzüge vorgesehen, so würde zwar auch das Ziel erreicht, jedoch erst nach 4, wenn nicht gar 5 Vorzügen. Die Endform im Bild 10, Tabelle 18, ist unten unsymmetrisch ausgeführt. Eine Endform nach Bild 17, Tabelle 18, läßt sich mittels zylindrischer Vorzüge nicht herstellen, da schon im Anschlag ein Verhältnis D/d von nahezu 3,0 selbst beim besten Werkstoff niemals erreicht wird. Es sei an dieser Stelle auf das Umstülpen des Ansatzes am Boden in Bild 8 hingewiesen. Im Anschlag liegt die Ansatzfläche nach oben unter Anschrägung der Randflächen zum Boden. Im zweiten Zug wird der Ansatz mit scharfer Abgrenzung seiner Zargenkanten nach unten durchgedrückt. Bei flach verlaufender Zarge läßt sich sonst ein solcher Ansatz auch im Anschlag entsprechend Bild 3 in Tabelle 18 herstellen.

---

[1] *Brasch:* Das Ziehen unregelmäßig geformter Hohlkörper. VDI-Forschungsh. 268 (Berlin 1925).
[2] Frister A.-G. Berlin, mit Ausnahme Bild 4 in Tabelle 18, das dem Buch des Verfassers: Das Blech und seine Prüfung (Berlin–Göttingen–Heidelberg: Springer 1953), S. 125 entnommen ist.

Tabelle 18. Abstufung unregelmäßiger Hohlkörper

Werkzeugsätze aus	Messingblech		D	D'	d	h		D	D'	d	h
1 Zug	1		320	304	126	43	2	174	140	130	35
2 Zügen	5		185	184 169	108 130	18 30	6	138	126 100	85 84	13 32
3 Zügen	9 a, b, c		240	190 194 132	132 126 122	68 91 127	10 a, b, c	220	210 208 170	130 120 140	40 54 79
4 Zügen	13 a, b, c, d		205	– – –	137 105 85 62	50 82 100 125	14 a, b, c, d	166	115 108 114 112	90 63 45 40	48 65 76 85
5 Zügen	17		180	178 178 178 176 172	62 38 46 40 26	18 20 26 31 48	18 a, b, c, d, e	166	130 126 125 125 125	83 75 61 58 56	50 53 61 70 77

23. Das Ziehen über Wulste

Ziehwulste, teilweise auch Ziehsicken oder Ziehleisten genannt, werden vorzugsweise bei unregelmäßigen Formen im Großwerkzeugbau angewandt. Es ist hier zwischen Einfließwulsten und Bremswulsten zu unterscheiden. Der Unterschied liegt einerseits in der Aufgabe und im Zweck, andererseits in der baulichen Anordnung begründet.

23. Das Ziehen über Wulste

nach erprobten Werkzeugsätzen

Messingblech					Tiefziehstahlblech				
	D	D'	d	h		D	D'	d	h
3	140	137	130	26	4	415	405	260	60
7	150	134	100	34	8	170	140	108	40
		121	86	40			110	105	68
11	195	134	102	63	12	134	–	69	50
	130	73	80				–	61	55
	116	68	99				–	56	63
15	80	62	41	24	16	120	84	66	34
		62	32	27			84	48	43
		62	22	36			84	48	50
		57	21	45			69	41	60
19	156	128	84	42	20	172	–	113	44
	120	65	51				–	94	58
	120	55	56				94	89	64
	120	54	58				94	74	68
	58	53	82				94	73	71

Der Einfließwulst umgibt die Ziehkante allseitig ohne Unterbrechung und schließt unmittelbar an die Ziehkante an, er ist gewissermaßen die Ziehkante. Einfließwulste werden immer auf dem Ziehring angeordnet. Der Halbmesser r des Einfließwulstes gemäß Abb. 336 ist mit $r = 0,01\, d \cdot \sqrt{s}$ anzunehmen, worin unter d der innere Durchmesser der Form oder die innere Breite derselben und unter s die Blechdicke in mm zu verstehen sind. Die Rundung fällt nach außen mit einem Winkel von 45° ab und verläuft dann in einem Bogen des

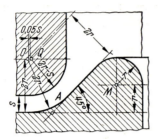 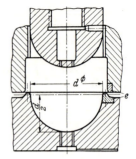

Abb. 336. Querschnitt eines Einfließwulstes   Abb. 337. Ziehwerkzeug für Halbkugel mit Einfließwulst

Halbmessers $2r$. Weitere Abmessungen sind aus Abb. 336 ersichtlich. Besonders beachtenswert ist, daß am Niederhalter die Mittelpunkte O und Q für die Rundungshalbmesser $2r$ und $2r - s$ nicht zusammenfallen, sondern im Abstand von $0,05s$ nebeneinanderliegen, so daß das Blech beim Einfließen in der Anrundung bei A etwas gedrückt wird. Es handelt sich hierbei um Richtwerte aus der Praxis, die durch eine planmäßige Forschung noch nicht bestätigt worden sind. Der Einfließwulst leistet sehr gute Dienste bei muldenförmigen, allseitig gerundeten Teilen sowie bei Ziehteilen ovalen Umrisses. Eine Form, die fast stets mit Einfließwulsten in einem Zuge gezogen wird, ist die Halbkugel[1]. Ein solches Werkzeug ist in Abb. 337 dargestellt. Bei gußeisernen Werkzeugen wird zumeist die Wulstform nach Abb. 337 links aus dem vollen Werkstoff des Ziehringes gedreht. Daneben ist gemäß der rechten Ausführung zur Erhöhung des Verschleißwiderstandes das Einpressen eines gehärteten Wulstringes in das bis auf 400 °C angewärmte Gesenk möglich. Auch für den Niederhalter wird dieses Verfahren, wie in Abb. 337 rechts dargestellt, zuweilen angewandt. Diese gehärteten Einsatzringe müssen mit dem umgebenden Futter in genau gleicher Höhe abschließen. Sie dürfen keinesfalls am äußeren Umfang schabend wirken und sind daher an den mit e bezeichneten Stellen mit einem Rundungshalbmesser von etwa 1 mm abzurunden. Auf die Anordnung ausreichender Entlüftungskanäle in Stempel und Gesenk ist zu achten.

Wesentlich bedeutsamer für Großwerkzeuge ist jedoch der Bremswulst. Er dient dazu, den Werkzeugfluß zu steuern, und kommt vor allen Dingen bei Flachziehteilen in Frage, die nicht allseitig gleichmäßig gerundet, sondern mit ein- und ausspringenden Ecken versehen sind. Hierzu gehören auch flache, rechteckige Formen. Während der Einfließwulst in der Regel bereits im Modell für die Gießform berücksichtigt ist, werden die Bremswulste meistens nachträglich in Form von profilierten Wulstbändern in dafür ausgearbeitete Nuten eingesetzt. Die Wulstbänder sind meistens 10 mm breit und 8 mm hoch[2] und bestehen aus profilgezogenen 37 MnSi 5 KV, zur Bearbeitung rostfreier Stahlbleche aus in meist aufgeschweißter Aluminium-

---

[1] *Gentsch, G.*: Das Tiefziehen von halbkugelförmigen und parabolischen Werkstücken. Ind. Anz. (89), 1967, Nr. 99, S. 2228–2231.

[2] Vorschlag nach VDI 3377. Für 3 Größen: Breite $(b) \times$ Höhe (h) einer Rundung von $b/2$ gilt: $b \times h = 8 \times 6$; 10×8; 13×10 mm.

mehrstoffbronze[1]. Die für die Wulstbänder herzustellenden Nuten werden gefräst oder mittels Preßluftmeißel ausgeschlagen. Die Wulste werden dann von oben durchbohrt und mit dem Werkzeug verstiftet, wobei die Oberfläche des Stiftes mit dem Wulstprofil so sorgfältig zu befeilen ist, daß man die Verstiftung äußerlich nicht sieht. Abb. 338 zeigt verschiedene Wulstformen und Befestigungen. Die Wulste zu Abb. 338a und c sind Einfließwulste, die

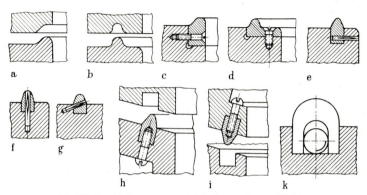

Abb. 338. Verschiedene Formen und Befestigungsarten von Wulsten

anderen Bremswulste teils nach Abb. 338d, h, i verschraubt, teils nach Abb. 338e, f, g verstiftet. Die vorstehenden Stiftköpfe sind durch Feilen der Wulst- oder Werkzeugoberfläche anzugleichen; dies gilt insbesondere für die Ausführung nach Abb. 338f. Eine Schraubenbefestigung ist entsprechend der Stifte nach Abb. 338e, f, g infolge Raummangels nur selten möglich. Sie geschieht am besten rückseitig gemäß Abb. 338h und i, wo die Blechhalterflächen entsprechend Abb. 334 schräg angeordnet sind. Die Schraubenbefestigung ist insofern vorteilhaft, als nachträglich Teile des Wulstes leichter zu beseitigen sind. Denn es kann sich im Laufe der Fabrikation, soweit nicht das Werkzeug selbst genügend lange ausprobiert wird, herausstellen, ob Teile des Wulstes besser fortzulassen oder Doppelwulste zusätzlich anzubringen sind. Daneben ist neuerdings in den USA eine Einklemmverbindung (nach Abb. 338k) derart bekannt geworden, daß das gezogene und mit einer ⊓-Nut am Wulstboden versehene Wulstprofil in die Wulstgrube über darin in Abständen von etwa 40 mm liegende Kugeln mittels Hammerschlägen eingetrieben wird. Der Kugeldurchmesser ist um 0,05 mm größer als die Breite der Nut zu wählen, die etwa 8 mm bei 13 mm Gesamtbreite des Wulstprofiles mißt. Als Werkstoff für Einfließ- und Bremswulste haben sich Aluminiummehrstoffbronzen bewährt, worüber auf S. 656 bis 662 noch berichtet wird.

Bremswulste zu Abb. 338b, d bis k werden im Gegensatz zu den Einfließwulsten nach Abb. 337 zumeist am oberen Niederhalter angebracht, damit das Blech beim Einlegen in das Werkzeug nicht auf die Wulste, sondern auf die ebene Fläche des Ziehringes zu liegen kommt. Gegenüber den Wulsten müssen

---

[1] Siehe S. 656 bis 662.

im Ziehring genügend tiefe Gruben angebracht sein, deren Breite und Tiefe eine Verdrückung des Bleches ausschließen. Das Blech wird beim Ziehen um diese Wulste herumgelenkt und gebremst, aber nicht dabei im Bereich der Wulstumformung gedrückt, wie dies beim Einfließwulst bei A in Abb. 336 der Fall ist. Der Umstand, daß sich die Wulstgruben in der unteren Ringfläche mit Spänen, Schmutz und anderen Fremdkörpern füllen, veranlaßt manchen Werkzeugkonstrukteur, in umgekehrter Anordnung den Wulst unten, die Wulstgrube oben gemäß Abb. 338h oder k vorzusehen.

Der Bremswulst ist dort anzuordnen, wo der Werkstoff sonst unerwünscht leicht und bequem über die Ziehkante gleiten würde. Dies ist z.B. der Fall bei rechteckigen Teilen, wo sich an den Ecken das Material staut, während es in den Mitten der Seiten, wo außer einer leichten Biegebeanspruchung keine weiteren Umformungen eintreten, ungehindert herangezogen wird. Infolge der großen Spannungsunterschiede würden dann die Teile an den Ecken reißen. Es ist daher alles zu tun, um erstens den Materialfluß an den Ecken zu erleichtern und zweitens den Materialfluß in der Seitenmitte zu erschweren bzw. abzubremsen. Daher beschränken sich diese Bremswulste nur auf die Mitte der Seiten, werden aber dort oft in 2, 3 und noch mehr Reihen angebracht. Es ist falsch, diese Bremswulste verschieden groß und verschieden breit anzuordnen. Man hat eine genaue Abstimmung sehr viel besser dadurch in der Hand, indem man eben einen Wulst hinzufügt oder an einem vorhandenen Wulst einen Teil wegnimmt. Es soll darauf geachtet werden, daß die Wulste allmählich nach ihren Enden zu in der Höhe und ebenso der Höhenabnahme entsprechend die Wulstgruben in ihrer Tiefe abnehmen. Wird dies nicht getan, dann ist an den Enden der vorspringenden Wulste eine Ursache zu neuen Störungen gegeben, wie dies zu Abb. 342 und 391 erläutert wird.

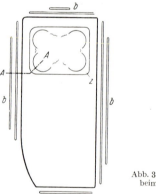

Abb. 339. Anordnung der Bremswulste beim Ziehen einer Kraftwagentür

Abb. 339 zeigt die Anordnung von Bremswulsten beim Ziehen einer Kraftwagentür. In den Ecken sind die Wulste ausgespart und nur an den geraden Seiten einfach oder doppelt angeordnet. In Abb. 340 und 341 ist die Anordnung von Bremswulsten um die Ziehkante für das Heckseitenteil einer Kraftwagenkarosserie älterer Bauart dargestellt. Die Form nach Abb. 340

ist schwieriger als jene nach Abb. 341 zu ziehen. Im allgemeinen empfiehlt es sich, die Wulste hinter der Rundung einer Ecke, und zwar in einem Winkelabstand von 10°, beginnen zu lassen. Dies ist in Abb. 341 hervorgehoben. Wird dies nicht beachtet und reicht der Wulst zu weit in die Rundung, so reißen die Teile, wie dies die Halbschale eines Kraftradbrennstoffbehälters nach Abb. 342 beweist. Die Wulste enden in den Punkten A_1 und B_1 in ihrer vollen bisherigen Höhe. Sie sollten aber erst von den Punkten A_2 und B_2 an allmählich ansteigen; denn der Kreisausschnitt an der Formspitzenrundung wird durch die Punkte A_0-O-B_0 begrenzt, und unter Zuschlag der Winkel von 10° von O ab an OA_0 und OB_0 abgetragen, ergeben die Wulstendpunkte A_2 und B_2. Aber auch dort, wo die Wulste zu weit vor der Rundung bereits enden, können zuweilen unerwünschte Einkniffalten entstehen, wie dies die spätere Abb. 391 auf S. 418 zu C zeigt, und wo außerdem die Wulstenden zu schroff abbrechen.

Für kurze Seiten, wie für die Partien bei a in Abb. 340 und 341 genügt eine einzelne Wulst, hingegen für längere Partien eine doppelte bei b oder gar eine 3fache bei c. Es ist gar keine Frage, daß bei ausspringenden Ecken eine Stauchung des Werkstoffes derartig eintritt, daß hier alles getan werden muß, um den Werkstofffluß zu erleichtern. Wie sieht es nun bei den einspringenden Ecken aus? Hier wird der Werkstoff beim Fließen über die Ziehkante nicht gestaucht, sondern gezogen, also auf Zerreißen beansprucht. Gewiß wird hierdurch eine Abbremsung des Materialflusses erzielt. Die Erfahrung hat jedoch gelehrt, daß es nichts schadet, wenn auch dort eine

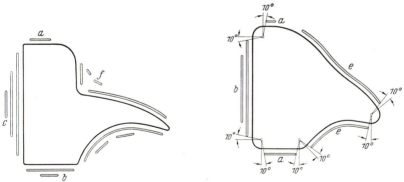

Abb. 340 u. 341. Bremswulstanordnung an Heckseitenteilen

zusätzliche Anordnung von Wulsten angebracht wird. Bei wenig einspringenden Rundungen großen Halbmessers wie bei e in Abb. 341 genügt eine Wulst. Bei stärker einspringenden Rundungen gemäß Abb. 340 empfiehlt sich eine zusätzliche Anordnung von Wulststücken, insbesondere in Höhe der scharf gekrümmten Rundung bei f.

Der Kotflügel in Abb. 343 weist Wulstunterbrechungen in den beiden Bereichen der kleinen Rundungen auf. Die Wulstenden reichen nicht unzulässig weit bis in die Ecken der Form wie in Abb. 342, sondern sind richtig angeordnet. Weiterhin zeigt Abb. 344 eine Kofferraumbeblechung mit

3facher Wulstanordnung an den Breitseiten. Die Wulstzwischenräume und Abstände von der Ziehkante entsprechen der Wulstbreite. In den 4 Ecken des Ziehteiles sind die Wulste unterbrochen. Die außen liegenden Wulste sind kürzer gehalten als die inneren. Ebenso wird die Wulst in den aus-

Abb. 343. Wulste am Rand eines Kotflügelziehteiles

Abb. 342. Rißbildung infolge ungünstiger Wulstanordnung

Abb. 344. Wulstführung am Rand einer Kofferraumschale

springenden Ecken, wie beispielsweise bei a, b und c des Werkzeuges für die hintere rechte Seitenwand einer Limousine gemäß Abb. 345 unterbrochen und an den einspringenden Ecken bei d und den infolge geringer Ziehtiefe wenig beanspruchten Stellen bei e und f verdoppelt. Das schwere gußeiserne Werkzeug ist ebenso wie die Ziehgesenke der Abb. 350 und 352 mit Führungsstollen A zur gegenseitigen Zentrierung von Ober- zum Unterteil versehen.

Wulstleisten werden nicht nur auf ebenen Flächen, was für die Werkzeugherstellung am bequemsten und daher am billigsten ist, sondern auch auf ge-

23. Das Ziehen über Wulste 383

Abb. 345. Ziehwerkzeug für ein rechtes hinteres Seitenteil mit Radvertiefung und eingepreßtem Kofferraum

krümmten Flächen angeordnet, wie sich dies für den Niederhalter zwecks günstiger Anpassung an die Endform gemäß Abb. 355 häufig ergibt. Ein Beispiel dafür zeigt das für ein Motorradrollerkotblech bestimmte Zieh-

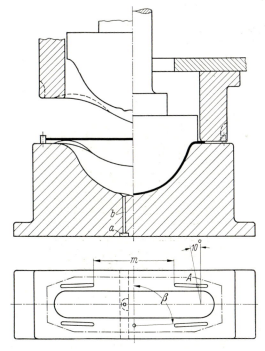

Abb. 346. Ziehgesenk für den Kotflügel eines Motorrollers

werkzeug zu Abb. 346 mit vier auf dem Ziehgesenk geradlinig angeordneten Wulsten. Diese verlaufen nicht genau parallel zur Ziehkante, schließen also mit der Quermittellinie keinen Winkel von 90°, sondern ein $\beta = 88°$ ein. Der achteckige Zuschnitt ist in Abb. 346 unten strichpunktiert angedeutet. Im Gegensatz zur bisherigen Regel wird die Wulst nicht über die ganze

Längskante durchgeführt oder gar verdoppelt, wie dies die Wulstausführung zu Abb. 339 bis 345 zeigt, sondern im mittleren Bereich m unterbrochen. Dies geschieht deshalb, weil der dort einzuziehende Werkstoff keinerlei Bremsung bedarf. Im Gegenteil wird hier das Blech schon beim Ziehen über die Ziehkante erheblich gestaucht und nicht nur einfach gebogen, wie dies bei den Karosserieteilen zu Abb. 339 bis 341 im mittleren Bereich der Längskanten der Fall ist. Es gilt hier auch nicht die Regel, die Wulste im Winkel von 10° vor der Rundung, also bei A aufhören zu lassen. Sie werden in diesem besonderen Fall um ein Stück weitergeführt. Dieses Beispiel beweist deutlich, wie schwierig es ist, feste Regeln zur Anlage von Bremswulsten aufzustellen. Es kommt vielmehr auf eine genaue Überlegung hinsichtlich der eintretenden Formänderungen, Kräfte und Werkstoffbeanspruchungen an, um zu beurteilen, an welchen Stellen der Werkstofffluß durch Wulstleisten abzubremsen ist. In Abb. 346 ist außerdem die Entlüftung an der Befestigungswarze als der tiefsten Stelle über der Bohrung b und die durchgehobelte oder gefräste Nute a zu beachten.

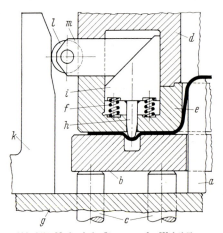
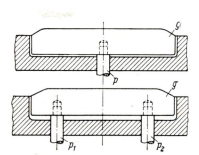

Abb. 347. Mechanische Steuerung des Wulsthöhenvorschubes

Abb. 348. Hydraulische Stützung von Wulstleisten durch einen oder zwei Bolzen

Bei den Budd-Werken in Philadelphia wurden erstmalig selbsttätig verstellbare Wulstleisten in Großwerkzeuge eingebaut[1]. Hierbei werden nach Abb. 347 auf den Tisch der Presse oder auf eine gemeinsame Grundplatte g der Formstempel a und ein Keilstempel oder Kurvenstempel k montiert, während der Niederhalter b von den die Tischplatte durchquerenden Druckstiften c getragen und über ein hydraulisches oder pneumatisches Kissen im Tisch nach oben gedrückt wird. Das am Pressenstößel hängende Werkzeugoberteil – in diesem Falle ein quergeteilter Ziehring aus den beiden Teilen d und e, die miteinander verschraubt sind – besitzt Durchbrüche nach unten zur Aufnahme von Wulstleisten h. Im Gegensatz zu den üblichen

---

[1] Siehe Deutsche Patentschrift Nr. 681196 der Edward G. Budd Manufacturing Company in Philadelphia, Penns., USA. Verfahren und Vorrichtung zum Pressen großer, unregelmäßig gestalteter Blechteile, z. B. Kotbleche für Kraftwagen.

23. Das Ziehen über Wulste

Konstruktionen, wo derartige Wulstleisten fest mit dem Ziehring verbunden sind, sind diese Ziehleisten h hier in ihrer Höhe verschieblich und sind am Fuße mit den gleichfalls verschieblichen Keilleisten i verbunden, die durch die Federn f in ihrer oberen Lage gehalten werden. Die waagerechte verschiebliche Rollenkeilleiste m wird bei Aufschlag der Rolle l gegen den aufwärts gerichteten Kurvenstempel k mit m nach rechts geschoben und drückt die Keilleiste i mit der darin befindlichen Ziehleiste h abwärts. Nach dieser konstruktiven Lösung wird nicht nur der Höhenvorschub der Wulstleisten, sondern auch derjenige von Ausbauch-, Ausklinkschneidstempeln u. a. gesteuert. Die Blechdickenabweichungen haben insofern Einfluß, als sich der hiernach steuerbare Wulstleistendruck bei größeren Blechdicken erhöht, hingegen bei dünnen Blechen abnimmt. Daher erscheint es praktisch, anstelle dieser im übrigen ziemlich verwickelten mechanischen Lösung die höhenverschieblichen Ziehsicken mittels voneinander getrennt zu steuernder hydraulischer oder pneumatischer Druckelemente zu betätigen. Hierbei können gemäß Abb. 348 die einzelnen Ziehwulstleisten g durch ein Druckelement über den Bolzen p oder durch zwei Druckelemente über die Bolzen p_1 und p_2 angehoben werden. Im letzteren Fall ist es z. B. möglich, schon im Bereich einer einzigen Wulstleiste verschieden hohe Drücke an deren beiden Enden auszuüben[1].

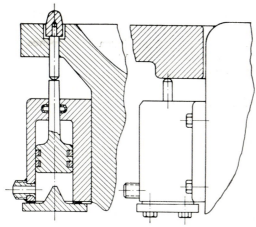

Abb. 349. Austauschbare hydraulische Einheiten zur Abstützung von Wulstleiste (links) oder Niederhalter (rechts)

Abb. 349 zeigt links den Querschnitt durch ein solches hydraulisches Druckelement bekannter Bauart, wie solche sich beispielsweise an der Außenseite eines Ziehringes bzw. Ziehgesenkes anschrauben lassen. Das Drucköl tritt in den durch einen Deckel abgeschlossenen Zylinder unter den Kolben. Die Leitungsanschlußbuchse wird über einen hier nicht gezeigten Anschraubnippel mit einer Ölleitung verbunden, die über eine Mehrfachkolbenpumpe mit einstellbarem Hub unter Zwischenschaltung eines vom

---
[1] *Oehler, G.:* Einbau hydr. gest. Druckelemente zur Veränderung des Ziehwulstdruckes. Werkst. u. Betr. 93 (1960), H. 5, S. 271–272.

25 Oehler/Kaiser, Schnitt-, Stanz- und Ziehwerkzeuge, 6. Aufl.

Pressenhub gesteuerten Ventiles den verschieden stark einstellbaren Druck gewährleistet. Der Kolben drückt über Bolzen nach Abb. 348 die Wulstleiste nach oben gegen das zu ziehende Blech oder den darüber befindlichen Niederhalter. Blech, Ziehstempel und Niederhalter sind in Abb. 349 (links) nicht besonders eingezeichnet. Es ist aber gemäß Abb. 349 (rechts) auch möglich, daß außerhalb eines auf dem Tisch montierten Kernziehstempels mit umgebendem Niederhalter derartige auf den Umfang verteilte Druckelemente angebracht sind, die den Niederhalter direkt, und nicht nur die Ziehleisten abstützen. Sie drücken somit im Verlauf eines Ziehvorganges an den einzelnen Stellen des Niederhalters verschieden stark.

Wegen der vielseitigen Anwendbarkeit derartiger hydraulischer Druckelemente wird der An- und Ausbau erleichtert, und es ergeben sich weitere Verwendungsmöglichkeiten beim Ausmustern von Werkzeugen. Der Hauptvorteil gegenüber einer mechanischen Lösung beruht jedoch darauf, daß sich eine Veränderung der Drücke in solchen hydraulischen Elementen sehr viel schneller und leichter bewerkstelligen läßt, als es durch Abhobeln oder Verstärken der Keil- bzw. Kurvenleisten i, m und k nach Abb. 347 möglich wäre.

24. Das Ziehen von Karosserieblechteilen

Ein Sondergebiet in der Herstellung unregelmäßiger Ziehteile nimmt die Karosserieteilfertigung ein. Bekanntlich werden die Fahrzeugaufbauten in Blechausführung aus mehreren Einzelteilen zusammengesetzt, die zumeist durch elektrisches Stumpf- oder Punktschweißen miteinander verbunden werden. Die anderen im Karosseriebau zuweilen gebräuchlichen Schweißverbindungen, wie z.B. die Steppnaht und die gefalzte Punktnaht, sind von geringerer Bedeutung. Das Abbrennverfahren beim Stumpfschweißen erfordert einen zusätzlichen Abbrandstreifen von etwa 7 mm Breite und möglichst geradlinig verlaufende Übergänge. Dies ist beim Entwurf der Karosserieteile und der Werkzeuge mit zu berücksichtigen. Außer diesen schweißtechnischen Erwägungen sind bei der Unterteilung des Fahrzeugaufbaues in Einzelteile ziehtechnische Gesichtspunkte maßgebend. Im allgemeinen ist von einer höchstzulässigen Flächendehnung von 15% auszugehen, und nur ausnahmsweise sind Höchstwerte bis zu 25% zulässig. Die Ziehtiefe ist möglichst gering zu halten. An allen Seiten des Umfanges ist der Werkstoff gleichmäßig zu beanspruchen. Nach Möglichkeit sollen hochwertige Sonderziehbleche mit spritzlackierfertiger Oberfläche weder geglüht noch in mehreren Stufen gezogen werden.

Diese Forderungen sind bei der Vielgestaltigkeit und Unregelmäßigkeit von Karosserieblechteilen nicht immer zu erfüllen. Am einfachsten wären hiernach gleichmäßige flache Haubenformen herzustellen, wie sie beim Limousinendach und bei einfachen Fahrzeugrückwänden ohne Kofferraum oder Auskröpfung vorliegen. Bei den meisten anderen Blechteilen ist die Form unsymmetrisch und ungleich. Es gibt nun zwei Wege, um auch dort eine gleichmäßige Beanspruchung des Bleches beim Gleiten über die Ziehkante zu erreichen. Die erste besteht in der im vorhergehenden Abschnitt beschriebenen Anordnung von Wülsten, die zweite in der paarweisen Zusammenfassung solcher Ziehteile, wie dies beispielsweise das Ziehwerkzeug für den linken und rechten Hinterkotflügel in Abb. 350 zeigt, wo das Untergesenk links, der Stempel mit Niederhalter rechts dargestellt sind. Zum Transport dieser schweren Werkzeugteile sind seitlich vorspringende Haken C vorgesehen. Die genaue Lage des Werkzeugunterteiles zum Oberteil wird durch die 5 angeschraubten, emporstehenden Laschen oder Stollen A am Unterteil und die hierzu passenden vorspringenden Anlageflächen B des Oberteiles erreicht. Da sich das Blech infolge seiner Spannung über die Wölbung des Stempels von selbst legt, bedarf es an diesen Stellen keiner entsprechenden sorgfältigen und kostspieligen Ausarbeitung am Untergesenk. Dasselbe kann vielmehr an

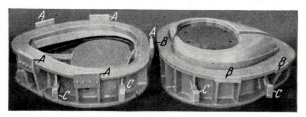

Abb. 350. Werkzeug zum gleichzeitigen paarweisen Ziehen von linken und rechten Hinterkotflügeln

diesen Stellen ausgespart bleiben. Die Stempel für die beiden Hinterkotflügel bilden in ihren äußeren Umrissen eine Herzform. Auf diese Weise wird eine ziemlich gleichmäßige Beanspruchung des Bleches beim Gleiten über die Ziehkante, die in Abb. 350 als eine auf dem Unterteil angeordnete einfache Randwulst gemäß Abb. 338a ausgebildet ist, gewährleistet. Während des Beschneidens im folgenden Arbeitsgang fallen aus den herzförmigen Ziehteilen gleichzeitig der linke und der rechte Hinterkotflügel an. In entsprechender Weise werden auch Dachkantenstücke, Seitenwände und zuweilen sogar Türen paarweise vorteilhaft hergestellt. Dies bezieht sich nicht allein auf Werkzeuge aus Gußeisen und Stahl, sondern auch auf solche aus Holz, wie sie als Stempel auf Streckziehpressen verwendet werden.

Gußeisen ist für Ziehwerkzeuge ein sehr geeigneter Werkstoff. Es ist zwar durch den Versuch noch nicht bewiesen, ob, wie in der Literatur[1] wiederholt behauptet wird, der größere Kohlenstoffgehalt des Gußeisens und der Umstand, daß Schmierstoffe auf der Oberfläche des Gußeisens länger erhalten bleiben als auf verstählten, von wirklich ausschlaggebender Bedeutung sind. Jedenfalls genügen für flache Karosserieziehteile selbst bei hohen Stückzahlen gußeiserne Werkzeuge ohne Verstählung der Ziehkanten. Allerdings empfiehlt sich dann ein Härten derselben, worüber unter Abschnitt Brennhärten auf S. 681 noch berichtet wird. Bei in Ziehwerkzeugen eingebauten Schneidwerkzeugen nach Abb. 351, müssen selbstverständlich die Schneidstempel und Schneidplatten aus gehärtetem Werkzeugstahl hergestellt und in die gußeisernen Werkzeugteile eingesetzt werden.

---

[1] Siehe *Bredenbeck, R.*: Stanzwerkzeug-Gesenke aus Gußeisen. Iron Age Jg. 145, H. 20, S. 38/39. – *Jevons*: Werkzeuge für Tiefziehen und Pressen. Metal-Ind. 55 (1939), H. 1, S. 3–6; H. 3, S. 59–62; H. 5, S. 105–109; H. 10, S. 217–220; H. 14, S. 309–313 und H. 14, S. 331–335.

Abb. 351. Ziehwerkzeug für ein Dach mit Sonnendachausschnitt und dafür eingebauten 8fachen Schneideinsatz zur Entlastung gemäß Abb. 353 d

An Karosseriebleche werden in bezug auf Gleichmäßigkeit in der Güte und in der Blechdicke verhältnismäßig hohe Anforderungen gestellt. Gerade die flache Form mit unregelmäßiger Begrenzung, wie sie insbesondere bei Seitenwänden, Windläufen und anderen Karosserieteilen zu finden sind, bedingen an den einzelnen Stellen des Umfanges verschieden große Beanspruchungen, die nur zum Teil durch Wulstunterbrechungen oder zusätzliche Anordnung von Doppelwulsten ausgeglichen werden. Ein weiterer Ausgleich erfolgt durch Einpudern der Ecken des Zuschnittes mit Graphitstaub gemäß S. 323. Eine sehr ungünstige Beanspruchung tritt bei der Herstellung der

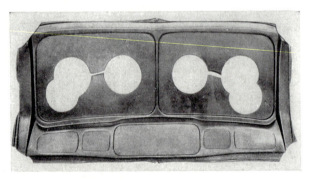

Abb. 352. Beim Zug entstandene Entlastungsrisse zwischen den vorgelochten Öffnungen in der Fensterinnenwand eines Führerhauses

Fenstertiefungen ein, da dort der bereits durch Ziehen beanspruchte Werkstoff zwecks Einwölbung der Fensterkanten nochmals gedehnt werden muß und daher leicht reißt. Ein Ausglühen jener Stellen mittels Handbrenner ist kostspielig und unzulänglich, da hierbei im äußeren Bereich der geglühten

24. Das Ziehen von Karosserieblechteilen

Stelle eine Warmsprödigkeit erzeugt wird, die erst recht rißempfindlich ist. Eine bessere Lösung zeigen Abb. 351 und 352. Die Fensteröffnungen werden im Vorzug mit vorgelocht. Das in Abb. 351 rechts sichtbare Obergesenk ist mit einem auswechselbaren 8fachen Schneideinsatz versehen, der bei besonders tief einspringenden Fensterprofilen im nachfolgenden Zug durch eine Bordhochstellplatte ausgetauscht wird.

Zur Vermeidung des Einreißens des Bleches an den Fensterecken werden Entlastungslöcher nach Abb. 352 und 353 vorgesehen. Zuweilen werden bereits die zugeschnittenen Blechtafeln vor dem Ziehen entweder gleichzeitig beim Zuschneiden oder anschließend gelocht, wie dies die Fensterinnenwand eines Lkw-Führerhauses in Abb. 352 veranschaulicht, wo zwischen den großen Vorlöchern die Entlastungsrisse gegen Ende des Zieh- bzw. Hohlprägearbeitsganges entstanden. Das Werkzeug für das hieran anschließende Beschneiden der Außenkanten und Ausschneiden der Fensteröffnungen ist auf S. 177 zu Abb. 172 beschrieben. Häufig wird erst während des Ziehens gelocht wie bei dem Werkzeug zu Abb. 351. Die Form der Lochung geschieht entsprechend der Abb. 353 derart, daß sich zwischen den vorgelochten Öffnungen

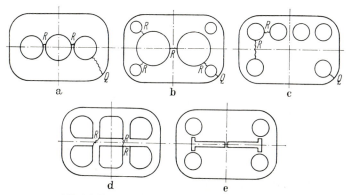

Abb. 353. Formen von Entlastungslöchern in Fensteröffnungen

Risse R während des Ziehens des Fensterrandes bilden. Hierdurch wird die gewünschte Entlastung geschaffen. Keinesfalls dürfen aber von diesen Löchern aus unerwünschte Querrisse Q radial nach den Ecken gerichtet entstehen und über den Umfang der später auszuschneidenden Fensteröffnung hinausreichen. Diese Gefahr besteht bei den Ausschnittsformen nach Abb. 353a, b, c eher als bei denen nach Ausführung d und e. Bei Form d, die den Schneideinsätzen zu Abb. 351 entspricht, bilden sich die Risse R zwischen den nach der Mitte zu vorspringenden Ecken. In der Tür zu Abb. 339 ist eine Fensteranordnung gezeigt mit vier Entlastungsbögen und Einschnitten in den Ecken. Die angedeuteten Rißlinien zeigen den mutmaßlichen Verlauf der Entlastungsrisse, die dann nicht mehr durch die Fensterecken in die Türfläche gehen. Die entsprechende Werkzeuganordnung ist ausschnittsweise in Abb. 354 dargestellt entsprechend Schnittlinie $A-A$ in Abb. 339. Der Werkstoff wird dabei über die Wulste bei b gezogen, und bereits vor dem Ausprägen der Form durch den Ziehstempel c schneidet die unterste Stelle des abgeschrägten runden Schneidstempels e das Blech an den 4 Fensterecken an. Bei Vordringen des Ziehstempels c gegen den Ziehring d wird die Form immer stärker ausgeprägt, die Spannung nimmt zu, und der Einschnittbogen wird größer. Die Endlinien der 4 sichelförmigen Einschnitte sind nach der Mitte des Fensterfeldes zu gerichtet, so daß bei Entlastungsrissen infolge zu großer Spannung die Risse nach innen zu verlaufen. Zuweilen wird im Abstand von etwa 50 mm von der späteren Fensterinnensicke eine Reihe Langlöcher vorgesehen, die beim Ziehen zu einem geschlossenen Linienzug durch Reißen sich vereinigen und somit die gewünschte Entlastung herbeiführen[1]. Dieses Verfahren ist sicher gut, wenn auch die Anlage der zahlreichen Langlochschneidstempel mit den zugehörigen Matrizen kostspieliger als die anderen hier vorgeschlagenen Lösungen ist.

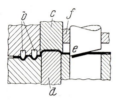

Abb. 354. Entlastungslocheinschnitt in der Fensterfläche der Kraftwagentüre nach Abb. 339

Häufig wird die Bedeutung einer starken Verrippung übersehen. Gewiß erscheinen rechnerisch betrachtet die Drücke keinesfalls so hoch, als daß hohe Festigkeitsbeanspruchungen auftreten. Dabei sei allerdings darauf hingewiesen, daß hier überschlägige Rechnungen unter Anlehnung an die bisher bekannten Gleichungen für die Stempelkraftberechnung von zylindrischen Ziehteilen ein falsches Bild und zu niedrige Werte ergeben. Noch geringer wird der Wert und fehlerhafter das Ergebnis, wenn das Ziehteil in einzelne Biegeteile zerlegt und das Rechenwerk auf die Summe der einzelnen Drücke aufgebaut wird. Gußeisen neigt bei hohen Drücken in viel stärkerem Maße zum Durchfedern, als dies gemäß der verbreiteten Ansicht über die Sprödigkeit dieses Werkstoffes angenommen wird. Dies macht sich weniger durch Werkzeugbruch als durch federnde Schwingungen geltend, die zwar äußerlich kaum wahrnehmbar sind, aber das Ziehergebnis ungünstig beeinflussen. Selbst an gußeisernen Werkzeugen auf Streckziehpressen wurden derartige Mängel beobachtet, die erst nach zusätzlicher Rippenverstärkung beseitigt wurden. Hierdurch sind die erheblichen Werkzeuggewichte bedingt. Das Gewicht eines vollständigen Ziehwerkzeuges nach Abb. 351 beträgt rund 6 t ohne die zum Einbau des Werkzeuges in die Maschine noch notwendigen Unter- und Zwischenplatten sowie Anschraubwinkel, wofür gut weitere 2 t gerechnet werden können.

Beim Entwurf der Werkzeuge ist zu berücksichtigen, daß die Blechauflage zwischen Ziehringfläche und Niederhalter nur einen verhältnismäßig schmalen Streifen am Rande des Zuschnittes umfaßt. Das Nachfließen von Werkstoff über die Ziehkante ist anteilig betrachtet unerheblich gegenüber der Flächenzunahme, die durch reine Flächendehnung unter dem gewölbten

---

[1] *Krekel, P.*, u. *Linicus, W.*: Serienfertigung einer selbsttragenden Aluminiumkarosserie. Ind. Anz. 77 (1955), Nr. 21, S. 288, Bild 4.

Ziehstempel gewonnen wird. Die Verhältnisse weichen erheblich, wie bereits in den vorhergehenden Abschnitten dieses Kapitels mehrfach betont und zu Abb. **288** erläutert, vom üblichen zylindrischen Tiefzug ab. Um so mehr kommt es hier auf die richtige Festhaltung der Blechtafel an, wozu die im vorausgehenden Abschnitt beschriebenen Ziehwülste dienen. Außerdem sind die Halteflächen der Fließrichtung des Bleches entsprechend geneigt anzubringen, wie dies in Abb. **334** für das Ziehen kegelförmiger Lampenschirme gezeigt wurde. Doch darf diese Neigung nur flach bis zu einem Winkel von 20° verlaufen und nicht an allen Stellen des Randes vorgesehen sein, da sich sonst in den Ecken des Ziehteiles Falten bilden und dasselbe dort reißt. Der Flächenauflagerand ist so zu gestalten, daß ein darüber gelegtes Blech zwar leicht gebogen wird, aber keine Falten schlägt. Die Anpassung an die Werkstückform soll möglichst nur in einer Ebene erfolgen. Der Werkzeugkonstrukteur wird sich dies an einem entsprechend ausgeschnittenen und gewölbten Stück Papier oder Metallfolie oder dünnen weichen Aluminiumblech vor dem Entwurf der Werkzeuge veranschaulichen. Ein Ausgleich in der anderen Richtung geschieht am besten durch Abstufung unter starker Abrundung.

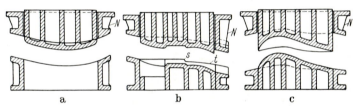

Abb. 355. Anlage von Karosserieziehwerkzeugen für mehrfachwirkende Pressen

Einige Beispiele hierzu sind in Abb. 355a bis c angegeben. Der Längsschnitt des Ziehwerkzeuges für ein Karosseriedach in Abb. 355a zeigt zu beiden Seiten von oben nach unten schräg einlaufende Niederhalterflächen. Das Blech wird dort in leicht vorgebogenem Zustande eingelegt. Hier bedarf es infolge der gewölbten Stempelform keines Gegengesenkes gegenüber dem Stempel. Solche beiderseits schräg verlaufende Blechauflageflächen zeigt das Ziehwerkzeug für ein Dach nach Abb. 351. Im Ziehwerkzeug zu Abb. 356 werden gleichzeitig 2 Vorderkotflügel nebeneinander angeordnet erzeugt, wobei die Blechenden vorn und hinten auf der gleichen schräg ansteigenden Ebene liegen. Hier ist ebenso wie für den Windlauf mit Fenster nach Abb. 355b gegenüber dem Fenster und dem anschließenden rechten Teil des Stempels ein Gegengesenk notwendig. Beim Vorderkotflügel nach Abb. 355c ist das Unterteil voll ausgebildet. Der Stempel ist als bewegliches Teil zumeist stets ohne Aussparungen der Endform entsprechend zu gestalten. Dies ist bei der Anlage von vornherein zu berücksichtigen. Es kommt oft vor, daß freigestellt wird, welche Seite ins Unterteil und welche ins Oberteil genommen wird. In der Regel wird der Stempel die muldenförmige Wölbung durch Druck von innen nach außen erzeugen. Doch ist dies nicht immer ausschlaggebend, wie Abb. 355c und Abb. 356 beweisen. Außerdem hängt die Anlage des Werkzeuges von den vorhandenen Maschinen ab. Stehen mehrfachwirkende Pressen zur Verfügung, so ist, wie in Abb. 355 vorgesehen, der Niederhalter *N* oben anzubringen. Erfolgt das Ziehen hingegen auf einfachwirkenden Breitziehpressen mit im Tisch eingebauten Stößelvorrichtungen, so ist die Anlage eine ganz andere und häufig die umgekehrte zu den unter Abb. 355 gezeigten Anordnungen. In Abb. 355 ist nur die äußere Form für die Anordnung der Werkzeuge schematisch dargestellt. Einzelheiten, wie Wülste, Entlastungsschnitte für Fenster, Auswerfer, verstellbare Führungsleisten für den Stempel gegen den Niederhalter u.a., sind fortgelassen. Es soll hieran nur die Anschrägung der Blechauflage erläutert werden, die in Abb. 355a von oben nach unten schräg einwärts, in Abb. 355c umgekehrt von unten nach oben schräg einwärts und in Abb. 355b beiderseits gleichgerichtet schräg verläuft. Bei *s* und *t* ist die Randauflagefläche für den Nieder-

Abb. 356. Ziehwerkzeug zum gleichzeitigen Ziehen zweier Kotflügel

halter außerdem abgestuft. Werden daraufhin die vorausgehenden Bilder betrachtet, so zeigen Abb. 350 eine völlig ebene und waagerechte Randfläche, Abb. 351 eine der Dachform entsprechend gewölbte Randfläche ohne Stufung und Abb. 345 eine waagerechte Randfläche mit zwei Abstufungen bei *s* und *d*. Bei schweren Werkzeugen sind ebenso wie in Abb. 350 die Zentrierlaschen bzw. Stollen *A* des Oberteiles mit den entsprechenden Anlageflächen *B* des Unterteiles und den Transporthaken *C* vorgesehen. Anstelle derartiger ausgegossener Transporthaken haben sich heute immer mehr geschmiedete und angeschraubte Tragzapfen nach AWF 500.23.01 und 500.23.02 eingeführt. Für Großwerkzeuge wurden laut VDI 3356 andere Säulenabmaße gegenüber DIN 9858 vorgeschlagen, die wahrscheinlich demnächst zur DIN-Norm erhoben werden. Sie sind aus C 15 oder 16MnCr 5 gemäß Tabelle 32 hergestellt. Als Passung werden bei Einheitsbohrung für die Säule h 6 und für die Buchse H 7 genannt. Die Buchsen werden bevorzugt aus Sondermessing oder aus GG 30 hergestellt. Ihr äußerer Durchmesser ist mit j 6 in eine H 7-Bohrung einzupressen. Die Preßpassung für den in die Grundplatte einzupressenden Säulenfuß ist mit p 6 angegeben. Die gleiche VDI-Richtlinie enthält 2 Ausführungsformen von Säulenlagern aus GG 30 für Werkzeuge in Plattenbauweise, die mit der Kopfplatte verschraubt und verstiftet werden. Die Ansichten über Säulen- oder Stollenführung sind dort unterschiedlich, wo man sich über die Größe der aufzunehmenden Querkräfte nicht im klaren ist. Der Vorteil der Säulenführung gegenüber der Stollenführung besteht in der Eindeutigkeit ihrer Lagenbestimmung nach Anriß. Bei gleicher Genauigkeit der Führung ist der Säuleneinbau billiger. Außerdem vermag eine Säule Querkräfte aus beliebiger Richtung mit gleichem Widerstand aufzufangen. Die Säule selbst ist teurer als eine einfache zugerichtete Stollenplatte, die meistens aus einem Einsatzstahl, beispielsweise CK 15 angefertigt ist. Hingegen sind der Einbau und evtl. Austausch bei späteren Reparaturen erheblich umständlicher als bei der Säulenführung. Wenn Querkräfte aus verschiedenen Richtungen zu erwarten sind, wird man mit einer paarweisen Anordnung der Stollenplatten gegenüber nicht auskommen, wie dies in Abb. 351 dargestellt ist, vielmehr sind senkrecht zu den Kraftrichtungen weitere Stollenführungen erforderlich. Meist finden sich dann die Stollenführungen in den Ecken. Die Stollenführungsplatten können auch aus Sonderbronze oder Gleitführungskunststoff angefertigt werden und sollten zickzackförmig eingefräste Schmierrillen aufweisen, die über Bohrungen mit Fettbuchsen in Verbindung stehen. Nach einer Gebrauchsdauer des Werkzeuges von etwa 2 bis 4 Monaten empfiehlt sich eine sorgfältige Prüfung der Stollengleitflächen auf gleichmäßigen Tragsitz hin. Unbestritten gilt die Regel, daß ohne Vorhandensein bemerkenswerter Querkräfte, was für sämtliche Schneidwerkzeuge gilt, die Säulenführung genügt. Für Großwerkzeuge wählt man dazu 4 Säulen in den Ecken, für mit Hartmetall bestückte lange Schneidwerkzeuge zuweilen sogar 6 Säulen. Eine zusätzliche Stollenführung ist dann nicht nötig. Bei Umformwerkzeugen, wo – wie bei rotationsunsymmetrischen Teilen – keine Selbstzentrierung vorhanden ist, mag die Stollenführung am Platze sein, obwohl auch dort zu überlegen ist, ob nicht stärkere evtl. als Hohlkörper auszubildende Säulen den gleichen Dienst verrichten. Eine Empfehlung dahingehend, den um etwa 30 bis 40 mm voreilenden Stollen die Aufgabe der Vorzentrierung zuzuweisen und die endgültige Zentrierung zusätzlich angeordneten Säulen zu überlassen, bedeutet nichts anderes, als daß die am Ende eines Umformvorganges in voller Größe auftretenden Kräfte, wozu auch die Querkräfte zählen, doch nur einzig und allein von den Säulen aufgenommen werden müssen. Eine solche Kombination ist in Abb. 357 dargestellt. Die Stollenplatte befindet sich immer am laufenden Teil, in diesem Falle am Oberwerkzeug, wobei zur Verbesserung der Gleiteigenschaften eine Sonderbronze[1]- oder Kunststoffplatte als Gegenfläche auf dem ruhenden Teil zusätzlich angebracht werden kann. In Abb. 357 links ist zur Erhaltung eines Abstandes ein Abschersicherungs-Abstandsbolzen eingebaut bzw. lose in die dortige

---

[1] Siehe S. 660 bis 661.

Bohrung eingesteckt. Derartige Abstandsbolzen oder -klötze haben den Zweck, eingebaute Federn zu entlasten und Beschädigungen des Werkzeuges zu vermeiden, wie sie beispielsweise beim Transport durch Stöße an empfindlichen sich sonst berührenden Kanten vorkommen würden. Bei Inbetriebnahme des Werkzeuges müssen diese Bolzen herausgenommen werden. Wird dies vergessen, so entsteht am Werkzeug kein Schaden, wenn hierbei nur der aus gewöhnlichem Stahl gedrehte Sicherungsbolzen abgeschert und später

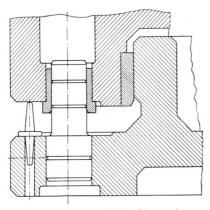
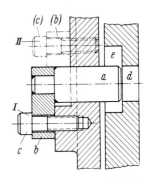

Abb. 357. Säulen- und Stollenführung mit Abschersicherungs-Abstandsbolzen

Abb. 358. Seitlicher Einsteckbolzen im Blechhalter zur Hubbegrenzung gegenüber dem Ziehstempel

durch einen anderen ersetzt wird. Eine ähnliche Aufgabe fällt den seitlichen Einsteckbolzen a in Abb. 358 zu, die sowohl zur Hubbegrenzung von Niederhaltern entsprechend der Stellung I oder zum Festsetzen des Niederhalters bei Reparaturarbeiten in der gestrichelt angedeuteten Stellung II dienen. Zu diesem Zweck ist der Einsteckbolzen a mit einer kleinen Platte b fest verbunden, die ihrerseits mittels einer Schraube c in der unteren Stellung I den Bolzen a nur so weit durch die Bohrung des Blechhalters hindurchtreten läßt, daß der Bolzenkopf a noch in die eingefräste Langlochnute e reicht. Nach Hochschwenken von b und Befestigung mittels Schraube c im oberen Gewinde gemäß Stellung II dringt er noch weiter bis in die Stempelbohrung d vor[1]. Diese seitlichen Steckbolzen dienen häufig als Ersatz für Ansatzschrauben zur Hubbegrenzung. Zuweilen werden sie aber auch als Sicherung gegen Herabfallen des Blechhalters bei Bruch der Ansatzschrauben verwendet. In diesem Falle sind der dem Hub entsprechenden Nutlänge zu e noch weitere 10 mm hinzuzuschlagen.

25. Tiefziehen von Rippen in flachen Blechteilen

Beim Tiefziehen größerer, flacher, von Stegen und Rillen in der Mitte durchquerter Blechteile, wie sie insbesondere gemäß Abb. 359 im Karosseriebau häufig anzutreffen sind, verlaufen die Formänderungsverhältnisse wesentlich anders als am napfförmigen Ziehteil gemäß Abb. 293 unten und

---

[1] Bauweise J. Faulstroh in Groß-Gerau.

25. Tiefziehen von Rippen in flachen Blechteilen

Abb. 359. Karosserierückwand

Abb. 294. Aufgrund eigener Untersuchungen[1] und denen von *Mäde* und *Deh*[2] werden Richtwerte für die Konstruktion von flachen tiefgezogenen, mittig rippenversteiften Stahlblechteilen in Form eines Schaubildes nach Abb. 360 vorgeschlagen, um der Praxis überhaupt Anhaltswerte zu bieten. So interessiert die höchstmögliche Rippentiefe t in Abhängigkeit von der Rippenbreite u, vom Flankenwinkel α und von dem Verhältnis $r_{i\,min}/t$. Dabei gilt für $r_{i\,min}$ der mindestzulässige innere Halbmesser an den Rippenkanten. Damit ist ein Anhalt für höchstzulässige Steg- und Randtiefen t an großflächigen, flachen, von Rippen mittig durchzogenen Stahlblechteilen gegeben. Will man außerdem die Tiefziehgüte β, welche für den hier untersuchten Werkstoff mit $\beta_{100} = D/d_p = 2{,}0$ angenommen werden kann, und die Blechdicke s berücksichtigen, so kann nach den beim Erichsen-Versuch gewonnenen Erfahrungen damit gerechnet werden, daß bei $s = 0{,}5$ mm etwa die 0,8fache Tiefe und bei $s = 2{,}0$ mm etwa die 1,25fache Tiefe gegenüber dem 1 mm dicken Blech erreicht wird. Dies entspräche somit einer tatsächlich zulässigen Tiefe t':

$$t' = 0{,}5 \cdot \beta_{100} \cdot t \cdot \sqrt[3]{s}. \qquad (106)$$

Die Werte für β_{100} sind Tabelle 36 zu entnehmen. Der Gebrauch von Abb. 360 sei durch einige Beispiele erläutert.

Beispiel 44: Im Entwurf für ein Karosserieteil sei bei k in Abb. 359 eine 28 mm tiefe sehr breite $(u > t)$ Rippe einer inneren Kantenrundung $r_i = 4$ mm und eines Flankenwinkels $\alpha = 30°$ vorgesehen. Bestehen gegen diese Konstruktion aus

---

[1] *Oehler, G.:* Formänderungen an flachen, tiefgezogenen rippenversteiften Stahlblechteilen. DFBO-Mitt. 20 (1969), Nr. 12, S. 241–247. – *Oehler, G.,* u. *Weber, A.:* Versteifte Konstruktionen in Blech und in Kunststoff. KB 30. Berlin–Heidelberg–New York: Springer 1972. Dort sind in Abb. 75 die Formänderungen zu $A-A$, $B-B$ und $C-C$ in Abb. 359 dargestellt.

[2] *Mäde* u. *Deh:* Tiefziehprüfung und Ausschuß von weichen, unlegierten Stahlblechen. Fertigungstechn. u. Betrieb 17 (1967), H. 11, S. 665–672.

gutem 1 mm dickem Tiefziehstahlblech ($\beta_{100} = 2{,}0$) Bedenken? Könnte hierfür auch ein 0,88 mm dickes Ziehblech mäßiger Tiefziehgüte ($\beta_{100} = 1{,}8$) verwendet werden?

$r_i/t = 4/28 = 1/7 = 0{,}143$. In Abb. 360 schneidet die Senkrechte über diesem Wert (A) die gestrichelt angedeutete interpolierte Kurve zu $\alpha = 3°$ in B. Dieser Höhe $B-C$ entspricht eine Rillentiefe $t = 31$ mm. Im Falles eines $t = 31$ mm müßte mit $r_i/t = 1/7$ auch r_i anstelle von 4 mm auf $31/7 = 4{,}5$ mm vergrößert werden. Damit ist die erste Frage beantwortet. Gegen ein $t = 28$ mm bei einem

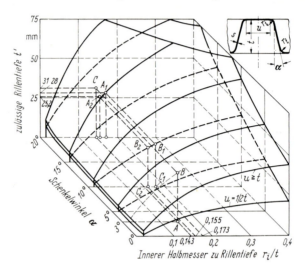

Abb. 360. Zulässige Rillentiefe t' in Abhängigkeit von α und r_i/t für $\beta_{100} = 2{,}0$ und $s = 1$ mm bei Rippen im mittigen Bereich

1 mm dicken Tiefziehstahlblech mit $r_i = 4$ mm und $\alpha = 3°$ bestehen keine Bedenken, es könnte sogar ein $t = 31$ mm mit $r_i = 4{,}5$ mm gewählt werden. Zur Beantwortung der zweiten Frage ist von diesem $t = 31$, einem $\beta_{100} = 1{,}8$ und einer Blechdicke $s = 0{,}88$ mm auszugehen. Es gilt dann Gl. (106):

$$t' = 0{,}5 \cdot 1{,}8 \cdot 31 \cdot 0{,}96 = 26{,}8 \text{ mm}.$$

Bei Verwendung eines 0,88 mm dicken Ziehbleches mäßiger Tiefziehgüte erscheint die Wahl einer 28 mm tiefen Rippe als bedenklich, soweit nicht eine größere Krümmung r_i und ein größerer Flankenwinkel α zugestanden werden.

Beispiel 45: Im mittleren Bereich einer 1 mm dicken Blechabdeckung aus Tiefziehstahlblech ist eine möglichst scharfkantige Rille einer Tiefe $t = 25$ mm und einer Breite $u = 10$ mm mit rechtwinkelig zur Blechebene verlaufenden Seiten ($\alpha = 0$) anzuordnen. Wie groß ist mindestens r_i zu wählen?
Ein $t = 25$ mm liegt über der Kurve für $\alpha = 0$ in Abb. 360. Daher kann bei senkrechten Seiten eine so tiefe Rille nicht ohne Rißgefahr tiefgezogen werden. Begnügt man sich mit einem $t = 20$ mm, so entspräche dies einem $r_i/t = 0{,}3$ oder einem $r_i = 6$ mm.

Beispiel 46: Im mittleren Bereich eines 1 mm dicken Blechziehteiles reißen scharfkantig geprägte 15 mm breite Rippen eines Flankenwinkels $\alpha = 10°$ und der Tiefen $t_1 = 28$ mm und $t_2 = 25{,}2$ mm. Wie groß sollte dafür der innere Krümmungsradius r_i gewählt werden, um Risse zu vermeiden?
Aus Sicherheitsgründen möge hier nicht interpoliert, sondern von der unteren Flächencharakteristik zu $u \geq 0{,}5\,t$ ausgegangen werden.

Die Linienzüge $A_1-B_1-C_1$ für $t_1 = 28{,}0$ mm ergeben ein $r_i/t_1 = 0{,}173$ bzw. ein $r_i = 4{,}85$ mm und $A_2-B_2-C_2$ für $t_2 = 25{,}2$ mm ein $r_i/t_2 = 0{,}155$ bzw. ein $r_i = 3{,}9$ mm. Diese Werte dürfen nicht unterschritten werden, so daß $r_{i1} = 5$ mm und $r_{i2} = 4$ mm gewählt werden. Am besten fährt man zwecks Ermittlung der Schnittpunkte B_1 und B_2 mit dem Zirkel im Abstand von t_1 und t_2 auf der Waagerechten zu $\alpha = 10°$ bis zur gestrichelten Kurve.

Werden größere Rillentiefen gefordert, als es die Schaubilder zulassen, so läßt sich dies durch die Wahl größerer Rundungshalbmesser r_i und größerer Flankenwinkel erreichen. Schmale Rillen erfordern größere Kantenrundungen und Flankenwinkel als breite. Obige Betrachtungen beziehen sich auf den mittigen Bereich eines Ziehteiles ($B-B$ in Abb. 359). Je näher am Rand des Blechzuschnittes sich die Rillen befinden, um so kleinere Kantenradien r_i, Flankenwinkel α und Rillenbreiten u und um so größere Tiefen t sind erreichbar. So gelten für die Randbereiche $A-A$ und $C-C$ in Abb. 359 unbedenklich um 20% größere Tiefen t als nach Abb. 360 zulässig.

Als unverbindliche Richtwerte bei Tiefziehstahlblech, Sondergüte gelten für eine Blechdicke s im Dickenbereich von 0,8 bis 2,0 mm:

a) für Kantenrundung und Rillentiefe bei geradlinig oder nahezu geradlinig verlaufender im Mittenbereich angeordneter Rippe

$$r_{i\min} \geqq 5s, \qquad t \leqq 50s,$$

b) für den Rundungshalbmesser r_e einer kreisbogenförmig verlaufenden Rippe gilt dabei $r_e \geqq 25s$

Mit $r_e = 25s$ beträgt die Kantenrundung $r_{i\min} \geqq 10s$,
$r_e = 50s$ beträgt die Kantenrundung $r_{i\min} \geqq 8s$,
$r_e = 100s$ beträgt die Kantenrundung $r_{i\min} \geqq 5s$.

26. Während des Ziehvorganges quergeführte Werkzeugteile

Mitunter kann eine Querbewegung von Werkzeugteilen während der Umformung deren Erfolg unterstützen. Eine Veranlassung hierzu kann beispielsweise das Zuschieben fehlenden Werkstoffes gemäß Abb. 361 oder die Vermeidung ungeführter Flächen und hierdurch beschränkter Faltenbildung nach Abb. 362 sein. Die quer, d.h. im allgemeinen waagerecht bewegten Werkzeugteile sind im Hinblick auf die Ziehkraft möglichst reibungsfrei zu führen. In vielen Fällen genügen Gleitführungen durch Einlage von Aluminium-Mehrstoffbronze-Platten, worüber auf S. 656 bis 662 noch berichtet wird. Günstiger, wenn auch erheblich teurer, ist der Einbau von Wälzlagerschienen mit Rollengliederketten[1], wie sie auch in den Werkzeugkonstruktionen zu Abb. 361 und 362 zu finden sind. Besonders ersteres Bild ist dafür insofern ein gutes Anwendungsbeispiel, als es hier darauf ankommt, daß sich die beiden quer beweglichen Stempel des Unterwerkzeuges unbehindert durch Reibung zentrieren. Die zu einer Reihe miteinander verbundenen Rollenglieder werden als Kette und ihre Gesamtlänge wird als Kettenlänge k bezeichnet. Wird gemäß Abb. 361 und 362 oben unter h der

---
[1] Bauweise W. Schneeberger A.G., Roggwil (Schweiz).

Schienenhub und unter l die Schienenlänge angegeben, so gilt wie bei der Kugelbüchsenführung für Säulenwerkzeuge die Beziehung:

$$k = l - 0{,}5\,h \quad \text{oder} \quad h = 2\,(l - k)\,. \tag{107}$$

Die Kette bewegt sich mit halber Tischgeschwindigkeit, d.h., der Kettenhub entspricht dem halben Tischhub. Die Führungen laufen unter Vorspannung; die Rollen dürfen daher niemals freigelegt sein, d.h., die Schienenlänge muß größer sein als die Kettenlänge. Der Hub ist mit einem im Schlitten angebrachten Anschlag zu begrenzen. Damit kein Fremdkörper in den Kettenraum eindringen kann, empfiehlt es sich, Enddichtungen mit federbelastetem Abstreifer anzubauen. Zur einwandfreien Führung und genügenden Abstützung in den beiden Endlagen ist für Schienenhübe bis zu 400 mm ein Verhältnis $h:l = 1:2$ bis $1:1{,}5$ und für Schienenhübe über 400 mm ein Verhältnis $h:l$ bis äußerstenfalls $1:1$ anzustreben. Die Rollenbelastung in den Endlagen ist nachzuprüfen.

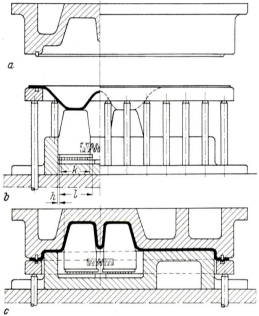

Abb. 361. Umstülpziehwerkzeug mit beweglichen sich während der Umformung verschiebenden Stempeln. a Oberteil und b Unterteil des Werkzeuges vor der Umformung, c nach der Umformung

Das in Abb. 361 dargestellte Ziehwerkzeug dient zur Fertigung von Spülbeckentischplatten aus Tiefzichstahlblech RR St 4. Die Bleche werden zunächst im ersten Zug vorgewölbt. In dieser Form wird das Blech (Abb. 361b) außen auf den Blechhalter so aufgelegt, daß die beiden nach unten gerichteten Auswölbungen etwa über den Ziehstempel sich befinden, so daß beim zweiten Zug das Blech in die Endform von unten nach oben durchgestülpt wird (Abb. 361c). Der zwischen den Becken befindliche Steg

26. Während des Ziehvorganges quergeführte Werkzeugteile

gehört mit zu den kritischsten Stellen. Die Umformung wird wesentlich dadurch erleichtert, daß die beiden Ziehstempel verschiebbar angeordnet sind und sich infolge der Zentrierwirkung des Ziehringes aufeinander zubewegen, d. h. sich gegenseitig nähern. Abb. 361 a/b zeigt dieses Umstülpziehwerkzeug vor der Umformung, Abb. 361 c nach der Umformung. Ketten-

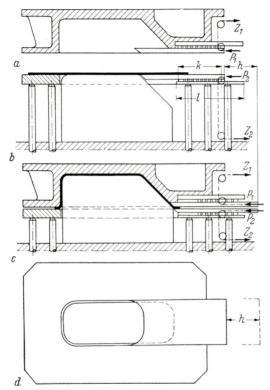

Abb. 362. Ziehwerkzeug mit sich während der Umformung verschiebenden Arbeitsflächen am Ziehring und am Blechhalter.
a Oberteil und b Unterteil des Werkzeuges vor der Umformung, c nach der Umformung, d Grundriß

länge k, Schienenlänge l und Hub h sind in Abb. 361 b vermerkt. Das Werkzeug ist für eine zweifach wirkende Tiefziehpresse mit pneumatischem Ziehkissen im Tisch gedacht. Ein weiteres Werkzeug mit Wälzlagerschienen ist in Abb. 362 a bis d gezeigt[1]. Es handelt sich hierbei um ein größeres rechteckiges Ziehteil, dessen eine Seite stark abgeschrägt ist, so daß sich dort Falten bilden können. Auch hier ist das Werkzeug vor und nach der Umformung dargestellt (Abb. 362 a, b, c). Der Grundriß (Abb. 362 d) zeigt, daß Niederhalter und Ziehring um das Maß h während des Ziehvorganges seitlich ausweichen. Während beim Werkzeug nach Abb. 361 die Umformstempel beweglich sind, ist hier der Umformstempel fest auf dem Tisch aufgeschraubt.

---

[1] Schutzrecht: *Legat, S. H.,* u. *Stummer, E.:* DBP 1 115 694 vom 12. Juli 1958, ausg. 26. Oktober 1961.

Hingegen sind im Niederhalter wie im Ziehring Wälzlagerschienen eingebaut. Sie haben die Aufgabe, die Ziehringfläche und Niederhalterfläche dem jeweiligen Stempelumfang anzupassen, so daß schon bei Beginn des Zuges der Werkstoff allseitig um den Stempel herum zwischen Ziehring und Niederhalter gehalten und so eine Faltenbildung verhindert wird, die eintreten würde, wenn der innere Niederhalterrahmen und das Ziehgesenk nur auf den unteren Stempelumfang hin bemessen wäre. Die verschiebbaren Platten können über Seilzug und Rollen nach innen gedrückt werden, wie die Kräfte P_1 und P_2 sowie Z_1 und Z_2 erkennen lassen. Die Seilzüge sind gestrichelt angedeutet. Inwieweit nun die Zugkräfte durch Zugfedern oder pneumatische Arbeitszylinder zustande gebracht werden, sei hier nicht untersucht. Es wäre auch durchaus möglich, derartige Bewegungen nicht kraftschlüssig, sondern zwangsschlüssig zu steuern, indem beispielsweise im Werkzeug nach Abb. 361 die beiden beweglichen Stempel des unteren Ziehwerkzeuges nach unten verlängert würden und Zapfen, die unter dem Niederhalter seitlich hervorragen, durch die Schlitze einer am oberen Ziehgesenk befestigten Steuerkurve beiderseitig so umfaßt werden, daß in ihrer oberen Endstellung des Ziehringes die Stempel weit auseinanderstehen, während sie in der Arbeitsstellung sich einander genähert haben. In entsprechender Weise läßt sich die Ziehringplatte des Oberwerkzeuges nach Abb. 362 durch eine auf dem Tisch befestigte Steuerkurve verschieben, wobei gleichzeitig auch die verschiebbare Platte des Niederhalters im gleichen Sinne mitbewegt werden könnte. Das setzt natürlich eine aufwendigere Vorrichtung voraus.

27. Tiefziehen in beheizten Gesenken

Beim Ziehen von Mg-Legierungen, wie beispielsweise MgAl 7 hat es sich erwiesen, daß es auf die Vorbeheizung der Gesenke viel mehr ankommt als auf die Vorwärmung der dünnen Bleche, da diese doch zu schnell ihre Wärme wieder abgeben, bevor die Umformung durchgeführt ist. Daher werden solche Ziehgesenke einer Wanddicke von etwa 50 mm hohl gebaut und von innen durch Gasbrenner beheizt, die von außen durch Schläuche an die Gasleitung angeschlossen sind. Die Einstellung der Brenner bedarf der ständigen Temperaturüberwachung mittels Thermoelementen. Dieselben messen die Temperatur nur an ihren Einbaupunkten; darum sollten mehrere Elementleitungen über einen Drehschalter an das Anzeigemeßgerät angeschlossen werden, so daß die Bedienungsperson nach Einschalten der einzelnen Meßstellen sich davon überzeugen kann, ob die Temperatur überall gleich hoch ist und im richtigen Bereich liegt; andernfalls bedarf es einer Verstellung oder Reinigung der einzelnen Brenner. Geschieht dies nicht, so besteht die große Gefahr, daß einmal der durch falsch eingestellte Temperatur bedingte Unterschied in Festigkeit und Dehnung im Blech zu Rißbildungen führt und außerdem die Oberfläche Fehler ähnlich der Erscheinung von Beizflecken aufweist. Die Gesenke müssen nach jedem einzelnen Zug sorgfältig gereinigt werden, so daß verhältnismäßig mehr Zeit zum Ziehen dieser Teile erforderlich ist als beim üblichen Ziehen. Die Gesenke selbst werden in den USA aus hochwertigem Meehanitegußeisen (s. S. 624) gefertigt. Als Schmierstoff zum Ziehen wird ein Gemisch aus 1 Teil kolloidalem Graphit und 4 Teilen Lactolspiritus zusammengestellt. Anschließend werden die Ziehteile in einer Lösung von 15- bis 20%iger Chromsäure gereinigt, welcher 3 bis 4% Pottaschenitrat beigefügt ist. Nach diesem Eintauchen der gezogenen Teile in die Lösung werden dieselben in kaltem und dann in heißem Wasser nachgespült. Hieran anschließend werden die Teile gelagert, wobei sie mit einem Korrosionsschutzüberzug versehen werden, der erst unmittelbar vor der chemischen Nachbehandlung entfernt wird.

28. Beim Tiefziehen vorkommende Fehler[1]

Die vorausgegangenen zahlreichen Hinweise deuten bereits an, wieviel beim Tiefziehen zu beachten ist. Bevor die konstruktiven Einzelheiten für die Ausführung der Ziehwerkzeuge erörtert werden, soll an dieser Stelle als Zusammenfassung der bisherigen, den Tiefziehvorgang betreffenden Ausführungen eine Übersicht über Fehler in Tabelle 19 gegeben werden, wie sie seitens der Werkstatt nur allzu häufig begangen werden. Andererseits soll aufgrund der erhaltenen Fehlerform die Ursache für den Mangel und seine Abhilfe untersucht werden.

Zu 1: Fließfiguren. Fließfiguren – auch Lüderssche Linien genannt – entstehen im Streckgrenzbereich, sind also von der Streckgrenzdehnung bzw. von der Form des Teiles abhängig, indem infolge anisotropen Werkstoffverhaltens an einigen Stellen die plastische Umformung beginnt, während sie an anderen Stellen noch nicht eingetreten ist. Stahlbleche eines hohen P- und N-Gehaltes, die im übrigen alterungsanfällig und schon deshalb zum Tiefziehen ungeeignet sind, neigen besonders zur Fließfigurenbildung. Abb. 363 zeigt Fließfiguren am Boden eines Stahlblechteiles, Abb. 364 an einem Messingtablett. Innerhalb des Dreieckes $A-B-C$ sowie den Lüders-

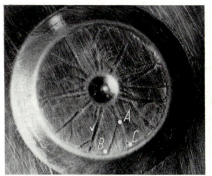
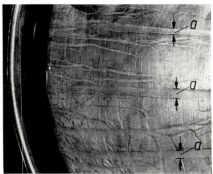

Abb. 363. Senkrecht zur Tangentialspannung sich radial bildende Fließfiguren am Boden eines zylindrischen Ziehteiles. Innerhalb des Dreieckes $A-B-C$ bereits plastische Verformung

Abb. 364. Schmale und breite durch a gekennzeichnete Fließlinien auf einem ovalen Messingblechtablett senkrecht zu dessen Längsachse

---

[1] Im Rahmen dieses Buches können die zahlreichen auf die Beschaffenheit des Bleches zurückzuführenden Ziehfehler nicht behandelt werden. Insoweit sei auf des Verfassers Buch: Das Blech und seine Prüfung (Berlin–Göttingen–Heidelberg: Springer 1953) verwiesen, wo solche Fehler ausführlich erläutert werden.

Tabelle 19. Tiefziehfehler

Pos.	Äußere Merkmale und Fehlererscheinungen	Fehlerursache	Maßnahmen zur Fehlervermeidung
1	Fließfiguren (Lüderssche Linien)	Zu lange Lagerung, zu warmer Transport oder Lagerung	Schnell und bald verarbeiten, kühl lagern
2	Fließfiguren mit Brüchen	Zu großes Streckgrenzverhältnis	Geringere Streckgrenze fordern
3	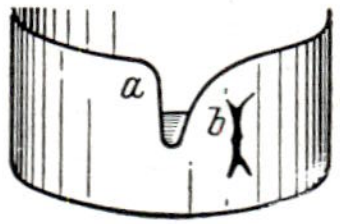 Rückfederung	Zu großes r/s-Verhältnis	Kleinere Ziehkantenhalbmesser oder Konstruktionsänderung
4	a) Einseitiger Ausriß oder kurze Querrisse. (Siehe Riß a in Fig. 1 und Fig. 8 dieser Tafel)	Knötchenartige Verdickungen, unganze Stellen oder eingepreßte Fremdkörper	Geeigneteres Blech nehmen oder saubere Lagerung; vielleicht auch Ziehkante abgenutzt
5	b))(-artige Faltung (Fig. 1)	Feine Löcher im Werkstoff	Sehr selten; dichteres Blech wählen
6	c) Mehrere später eintretende Randeinrisse a in Messingteilen	Spannungskorrosion insbesondere an Ms 63 und Ms höheren Zn-Gehaltes	Spannungsfreiglühen bei 250 bis 300 °C. Höherer Cu-Gehalt
7	Nach kurzer Zargenbildung reißt Boden ab, nur einseitige Verbindung (Fig. 2) a) Blechflansch einseitig breit, gegenüber schmal	Außermittiges Einlegen des Zuschnittes	Lage der Anlegestifte für den Zuschnitt auf dem Unterteil nachprüfen
8	b) Blechflansch an zwei gegenüberliegenden Stellen breiter als sonst	Ungleiche Blechdicke	Toleranzen der Blechdicke nach DIN nachprüfen
9 10	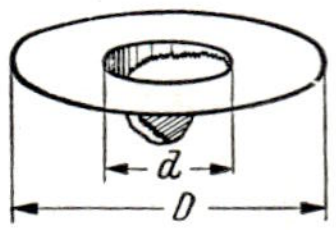 c) Blechflansch gleiche Breite	Die zu groß gewählte Zugabstufung entspricht nicht der Tiefziehgüte des Werkstoffes	Tiefziehblech einer höheren Gütegruppe wählen. Enger abstufen
11	d) Gegenüber dem Bodenzusammenhang starke Druckspuren an der inneren, gerissenen Zargenrandfläche	Stempelführung außermittig zum Ziehring	Veränderung der Werkzeugeinstellung
12	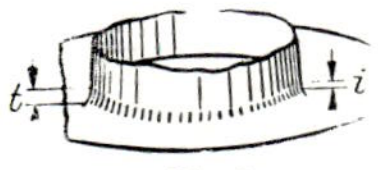 Die Druckspuren am Zargenrand weisen an den gegenüberliegenden Stellen t und i verschiedene Höhenmaße auf (Fig. 3)	Stempel steht schief zum Ziehring	Bei Werkzeugen mit Säulenführung wird dieser Fehler vermieden

Fig. 1

Fig. 2

Fig. 3

28. Beim Tiefziehen vorkommende Fehler

Tabelle 19 (Fortsetzung)

Nr.	Abb.	Fehler	Ursache	Abhilfe
13	Fig. 4 (a, b)	Boden wird allseitig abgerissen, ohne daß es zu einer Zargenbildung kommt	Das Ziehwerkzeug wirkt als Schnittwerkzeug, weil: a) Ziehkantenabrundung zu scharfkantig, b) Ziehspalt viel zu eng, c) Ziehgeschwindigkeit zu groß, d) Niederhaltedruck zu groß ist	Zieh- und Stempelkantenrundung, Ziehspaltweite, Ziehgeschwindigkeit, Niederhalterdruck, Abstufung der Züge richtig wählen
14		Ausgefranster Zargenrand mit senkrechten Falten bei sonst gelungenem Ziehteil (Fig. 4 a) oder Lippenbildung (Fig. 4 b)	a) Ziehspalt zu weit, b) Ziehkantenabrundung zu groß, c) Niederhaltedruck zu klein	Diese Fehler lassen sich u. U. durch Wahl eines geeigneten Schmiermittels beseitigen, soweit eine unmittelbare Abstellung der Fehlerursache unmöglich ist oder nicht geschieht
15	Fig. 5	Auszipfelung des Randes a) 4 Zipfel im rechten Winkel zueinander (Fig. 5)	Unvermeidliche Erscheinung bei anisotropen Blechen, die auf die Walzstruktur und Kristallorientierung zurückzuführen ist	
16		b) unregelmäßige Zipfelbildung	Ungleichmäßige Blechdicke	
17	Fig. 6	Blasenbildung am Bodenrand (Fig. 6), zuweilen auch Ausbauchung des Bodens	a) Schlechte Luftabführung, b) Ziehkante stark abgenutzt	
18		Bei fast gelungenem Zug gefalteter Flansch mit meist waagerechten Einrissen darunter (Fig. 7)	a) Blechhaltedruck zu gering, b) Ziehspalt zu gering, c) Ziehkantenabrundung zu groß	Erhöhung des Niederhaltedruckes
19	Fig. 7	Blanke, hohe Druckspur h	Zu geringer Ziehspalt	Spaltweite ändern
20		Lippenbildung (wie in Fig. 4 b) bei ausgebauchter Zarge	Zu großer Ziehspalt	parabelförmige Stempelrundung
21		Einschnürung über Bodenrand		
22	Fig. 8	Bei rechteckigen Zügen (Fig. 8) a) Riß in der Mitte, b) senkrechter Riß in der Ecke vom Rande aus, c) in der Ecke fast waagerecht beginnender Riß	Für rechteckige, eiförmige sowie sonstige unrunde Formen sind Fehlstücke bei häufiger Wiederholung zumeist auf die Konstruktion des Zuschnittes zurückzuführen, bei b) Werkstoffverknappung, bei c) und b): 1. exzentrisches Einlegen, 2. ungleiche Blechdicke, 3. ungeeignete Schmierung, 4. Abnutzung der Stempel- und Ziehringkanten in den Ecken, 5. zu enger Ziehspalt	Bei eckigen Zügen ist der Ziehspalt um ein weniges in den Ecken zu erweitern. Die Stempel sind dort von Schmiermittelrückständen stets sorgfältig zu säubern (siehe Abb. 300) c) Zuschnittsänderung in den Ecken
23		d) Einklappen an den Seiten		
24		e) Klappen übereck (Flachteile)	Zu starke Stauchung in den Ecken	Zuschnitt oder Ziehsicke ändern
25		Risse an unregelmäßig geformten Teilen		

Abb. 365. Kugelig ausgebauchtes Blech mit sich kreuzenden teils (links) eingerissenen Lüdersschen Linien

Linien der Breite a hat sich der Werkstoff bereits plastisch verformt. Auch die unter 45° sich kreuzenden Linien in Abb. 365 sind Fließfiguren, wie sie meist an Zerreißstäben während des Durchlaufens des Streckgrenzbereiches vorübergehend zu beobachten sind und vor Beginn der Einschnürung verschwinden. Falls im Hinblick auf spätere Oberflächenbehandlung Fließfiguren stören, sollten Tiefziehstahlbleche nicht im Sommer bei Sonneneinstrahlung im offenen Waggon versandt und nicht zu warm gelagert werden. Auf kühle Lagerung ist daher zu achten. Ferner sollten Tiefziehbleche nach dem Walzen keinesfalls länger als ein halbes Jahr bis zu ihrer Verarbeitung auf Lager gehalten werden[1].

Zu 2: Ungünstiges Streckgrenzverhältnis σ_S/σ_B. Liegt die Streckgrenzspannung σ_S zu nahe an der Bruchgrenze σ_B, so bleibt ein nur geringer und für eine Umformung durch Tiefziehen ungenügender Spielraum zum Spannungsausgleich verfügbar. Als ein anschauliches Beispiel dafür zeigt Abb. 365 ein kugelförmiges Teil aus 0,88 mm dickem Tiefziehstahlblech, an dem Brüche an verschiedenen Lüders-Linien infolge Kerbwirkung zu beobachten sind. Daher sollte das Streckgrenzverhältnis möglichst klein, also $\sigma_S/\sigma_B < 0{,}85$ betragen[2].

Zu 3: Rückfederung und Knickfaltenbildung. Ebenso wie beim Biegen sind auch beim Tiefziehen Rückfederungserscheinungen wahrzunehmen. Während sich beim Biegen die Spannungsverhältnisse auf einen biaxialen Zustand beschränken lassen, wobei das Verhältnis r_2/s für den Rückfederungsfaktor K gemäß S. 223, rein geometrisch betrachtet, allein bestimmend ist, kommt beim Tiefziehen als dritte Größe die Durchmesserverkürzung hinzu. Bei rotationssymmetrischen Teilen ist eine solche Bestimmung leichter möglich[3] als an den zahlreichen unsymmetrischen, wie beispielsweise bei

---

[1] *Oehler, G.:* Beseitigung von Fließfiguren in Preßteilen aus Tiefziehblechen. *Klepzig*-Fachber. 76 (1968), H. 8, S. 498–499. – Fließfiguren beim Tiefziehen. Werkstattstechn. 61 (1971), Nr. 2, S. 96–98.

[2] *Oehler, G.:* Das Streckgrenzverhältnis zur Beurteilung der Umformeignung. Blech 16 (1969), Nr. 6, S. 11–12.

[3] Siehe *G. Oehler:* Kalt und warm umgeformte Böden. Mitt. Forsch. Blechverab. (1961), Nr. 3/4, S. 25–37. Dort werden Gleichungen zur Bestimmung der Rückfederung von Böden angegeben.

den Karosserieziehteilen, wo aus Gründen der gegenseitigen Anpassung die durch Rückfederung bedingten Maßabweichungen besonders lästig sind. Abgestreckte Ziehteile[1] – nicht Streckziehteile! – zeigen keine Rückfederung. Ebenso wie beim Biegen ist das r_2/s-Verhältnis in erster Linie für das Rückfederungsmaß ausschlaggebend. Diese sich aus dem *Sachs*-Diagramm Abb. 214 ergebenden K-Werte werden annähernd erreicht, wenn sich an die vom Boden ausgehende Krümmung keine senkrechte Zarge anschließt und die die Krümmung abschließende Randkante nahezu geradlinig verläuft. Sonst ist das Rückfederungsmaß kleiner bzw. der K-Wert größer als beim Biegen. Anschließende senkrechte Zargen, versteifende eingeprägte Sicken oder sonstige Hohlprägungen sowie kleine Rundungshalbmesser an den Ecken des Randumfanges sowie Verbesserung der Schmierung mit Molykotepaste G, schränken die Rückfederung weitestgehend ein, größere Ziehkantenhalbmesser erhöhen sie[2]. Ebenso sind Teilformen, deren Spannungszustand vorwiegend biaxial ist, d.h. die Umformung vorwiegend einem Biegevorgang entspricht, in bezug auf Rückfederung und auf Knickfaltenbildung wie zu Abb. 207 angegeben, anfälliger als bei triaxialem Spannungszustand rotationssymmetrischer Ziehteile. Zusammenfassend ist hier hervorzuheben, daß Rückfederungserscheinungen an tiefgezogenen Blechhohlteilen in geringerem Ausmaß auftreten als an Biegeteilen[3].

Abb. 366. Rißbildung an einem Aluminiumziehteil infolge Werkstoffehlers

Zu 4 und 5: Im Blech liegende Fehlerstellen. Diese Erscheinungen sind ziemlich selten. Sie sind dort einwandfrei nachweisbar, wo an einer verhältnismäßig wenig beanspruchten Stelle des Ziehteiles dasselbe quer aufreißt. Hierzu gehören eingewalzte oder beim Ziehen über die Ziehkante mit eingequetschte harte Fremdkörper. Die dabei entstehenden Löcher und Einrisse werden bei kleinen Ausmaßen vom umgebenden Werkstoff beim Ziehen häufig verpreßt, wie dies in der Abb. 366 an der durchlöcherten Stelle eines rechteckigen Aluminiumziehteiles ersichtlich ist. Der kleine Einriß ist von

---

[1] Siehe Abstreckziehen, S. 456 bis 463.
[2] Diss. *Haverbeck* (TH Hannover 1961).
[3] Beispiele der Rückfederung an tiefgezogenen Teilen sind in des Verfassers Buch über Biegen (München 1962), S. 146–153 angegeben.

dem verpreßten Werkstoff umgeben. Die Faltung zu *b* nach Pos. 2, Tabelle 19, Fig. 1 ist stets eine Folge von Löchern in dünnen Blechen. Bei starken Blechen werden sie ovalförmig ausgezogen. Unganze Stellen sind meist durch eingewalzte Einschlüsse oder Blasen bedingt und ergeben zumeist waagerecht verlaufende Rißbildungen. Bei größeren Einschlüssen in Blechen wirkt sich dies beim Tiefziehen so aus, als wenn zwei übereinanderliegende Bleche gezogen würden, so daß an den Rissen die Abstufung zwischen innerer und äußerer Partie sichtbar hervortritt. Daher ist die Bezeichnung unganzer Bleche als gedoppelte Bleche durchaus zutreffend. Eine mehrfache Abstufung infolge mehrerer übereinanderliegender ausgewalzter Einschlüsse zeigt Abb. 367 an einem runden, zylindrischen Ziehteil aus U St 12 03.

Abb. 367. Infolge mehrfacher Doppelung gerissenes rundes Ziehteil

Zu 6: Spannungskorrosion an Messingteilen. Tiefziehteile aus Ms 63 und solchen mit höheren Zinkgehalten, die zunächst einwandfrei anfielen, platzen am Rand nach einiger Zeit auf. Die Ursache hierfür liegt an den durch stärkeres Kaltumformen hervorgerufenen inneren und äußeren Zugspannungen, die durch korrosive Wirkung angriffsfreudiger Medien und die Korngrenzen des Metalls ausgelöst werden. Hierzu genügen Ammoniak und andere Ammoniumverbindungen, die in Spuren in der Luft enthalten sind. Da der Angriff sich auf die Korngrenzen auswirkt, sind die Brüche verformungslos und spröde. Äußerlich ist an den Werkstücken nichts zu erkennen. Begünstigt wird die Spannungskorrosion im Winter bei stark absinkender Temperatur. Durch Prüfung läßt sich feststellen, ob die Eigenspannungen so hoch liegen, daß eine Empfindlichkeit gegen Spannungskorrosion vorliegt. Reißen die Teile nach 15 min Tauchzeit in einer 1,5%igen Quecksilbernitratlösung – $Hg(NO_3)_2$ – (siehe hierzu auch DIN 1785) oder in einer 5%igen Sublimatlösung, ist mit späterer Spannungskorrosion nicht zu rechnen. Im andren Falle platzen sie meist sehr schnell auf. Darüber hinaus kann man die Teile einer Glühbehandlung unterziehen, die die Spannungen soweit abbaut, daß eine spätere Rißgefahr ausgeschlossen wird. Es genügt hierfür schon ein halbstündiges Spannungsfreiglühen bei 250 bis 300 °C.

Zu 7: Falsches Einlegen. Ein infolge außermittiger Einlage gerissenes Werkstück zeigt Abb. 368. Nicht immer bedingt außermittiges Einlegen des Zuschnittes ein Reißen des Teiles. Sehr oft wird auch das Blech infolge des an der schmalsten Stelle geringen Verformungswiderstandes dort einseitig über den Ziehring eingezogen und zur Zarge verformt, während an den übrigen Stellen der Blechflansch noch erhalten bleibt. Ein solches Teil ist die einseitig gezogene Halbkugel in Abb. 369, wobei es allerdings ungewiß ist, ob außermittiges Einlegen oder ungleicher Niederhaltedruck oder ungleiche Blechdicke die Ursache für dieses Fehlstück ist.

Abb. 368. Gerissenes Ziehteil infolge außermittig zum Werkzeug eingelegten Zuschnittes

Abb. 369. Einseitig eingezogene Halbkugel

Zu 8: Ungleiche Blechdicke. Den Nachweis für einen durch ungleiche Blechdicke verursachten Fehler liefert immer eine Nachprüfung der Dicke des Flansches an den verschiedenen Stellen des Umfanges im gleichen Abstand von der Ziehkante. Risse infolge ungleicher Blechdicke entstehen insbesondere an unzylindrischen Ziehteilen. Die Messungen sind im gleichen Abstand von der Ziehkante durchzuführen. Bei solchen Untersuchungen, die an mehreren gerissenen Ziehteilen vorgenommen werden, ist die Walzrichtung mit zu beachten. Liegen die Risse in allen oder den meisten Fällen parallel zur Walzrichtung, so spricht dieser Umstand zunächst gegen eine allgemeine Tiefzieheignung. Wird hingegen an mehreren gerissenen Ziehteilen ein Einfluß der Walzrichtung auf die Lage des Risses nicht beobachtet und befinden sich die Risse in radialer Zuordnung unter den dicksten Stellen des Blechflansches, so ist die Ursache für den Fehler in einer ungleichen Blechdicke zu suchen. Bei unzylindrischen Ziehteilen müssen unter Umständen die Parallelitätsfehler auf ein noch geringeres Maß beschränkt werden, als wie es den DIN-Vorschriften entsprechen würde. Dies kann selbst dort notwendig werden, wo der Niederhalter unter Luft- oder Flüssigkeitsdruck steht.

Zu 9: Zu groß gewählte Zugabstufung. Eine im Hinblick auf die Tiefzieheignung des verwendeten Werkstoffes zu groß gewählte Zugabstufung ist wohl die häufigste Ursache für gerissene Ziehteile. Eine Nachprüfung des Blechgütegrades zwecks Ermittlung des β-Wertes $= D/d$ in Verbindung mit einer Berechnung der Zugabstufung gemäß S. 357 bis 360 dient insoweit der Klärung. Wird vor dem Entwurf der Werkzeuge der β-Wert des verfügbaren Bleches ermittelt bzw. nicht zu hoch angenommen, dann werden derartige Fehler vermieden. Runde, im Anschlag infolge zu großen Abstufungsverhältnisses gerissene Ziehteile zeigen die nach Abb. 370 typische Rißform. Die Böden reißen schon vor Bildung einer Zarge ziemlich dicht am Blechflansch ab, bleiben nur an einer schmalen Stelle mit dem Blechflansch in Verbindung und werden dort scharnierartig hochgestellt, so daß sie äußerlich einer Blattform gleichen. Die drei aus verschiedenen Werkstoffen hergestellten, gerissenen Ziehteile in Abb. 370 sind einander sehr ähnlich. Hingegen sind die Rißformen an Weiterschlägen, die infolge der Wahl eines ungeeigneten Werkstoffes oder zu großer Abstufung mißlingen, außerordentlich verschieden.

Abb. 370. Infolge zu großer Abstufung gerissene Ziehteile
(links Aluminium, Mitte Weißblech, rechts Tiefziehstahlblech)

Sehr oft hilft man sich durch eine Umkehrung der Ziehstufenfolge bei zu großen Sprüngen des Ziehverhältnisses derart, daß – wie in Abb. 371 links dargestellt – zunächst der kleinere mittige Ansatz vorgezogen und anschließend der äußere Bereich fertig tiefgezogen wird. Ein solches Vor-

Abb. 371. Radialrisse am vorgeprägten Bodenansatz   Abb. 372. Senkrechte Rißbildung infolge Alterungssprödigkeit

ziehen ist eher ein Hohlprägen; hierbei wird nur im engeren Bereich der Zarge Werkstoff von außen und von innen nachgezogen. Dabei hilft das Vorstanzen von Entlastungslöchern kaum. Im Gegenteil bietet die hierbei eintretende Randverfestigung erst recht die Ursache für vom Rand ausgehende Radialrisse. Es ist daher besser, im ersten Zug bereits die Außenpartie fertig umzuformen und in einer Einstülpform – wie in Abb. 441 zu S. 476 strichpunktiert angedeutet – den Werkstoff bereitzustellen, wie er im zweiten Zug zum Anziehen des kleinen Ansatzes gebraucht wird.

Zu 10: Allgemein geringwertiges Blech. Selbstverständlich lassen sich völlig geringwertige Bleche auch bei sonst richtig berechneter Abstufung nicht verwerten. Ein typisches Merkmal für die Geringwertigkeit des Bleches ist die Rißbildung in der Walzrichtung und die Zipfelung gemäß Ziffer 15 in vorstehender Tabelle 19. Die Walzrichtung ist zumeist äußerlich erkennbar, sonst erst nach Ätzung mittels verdünnter Säure bei vorheriger Entfettung.

Starke Dehnungen des Bleches zeigen insbesondere bei Stahl, aber in vermindertem Grade auch bei anderen Werkstoffen ein grobkörniges Gefüge. Bei verschiedenen Blechprüfverfahren (gemäß Tabelle 20/1 und 9), bei denen eine Rißbildung am Prüfkörper eintritt, wird auf die feine oder grobe Körnung an der Umgebung des Risses als weiteres Kriterium für die Tiefzieheignung eines Werkstoffes hingewiesen. Hiernach soll eine grobe Körnung an der Umgebung des Risses eine geringere Tiefziehgüte als eine feine bei Tiefziehstahlblechen nachweisen. In dieser allgemeinen Fassung ist dieser Feststellung nicht beizustimmen. Denn es sind Tiefziehstahlbleche sehr rauher Oberfläche von hervorragender Tiefziehgüte in Gebrauch. Die Geringwertigkeit braucht sich aber nicht allein in Doppelungen oder Zipfelungserscheinungen auszudrücken. Es gibt eine große Anzahl weiterer Fehlermöglichkeiten. So sind beispielsweise in Abb. 372 Sprödigkeitsbrüche in Form von Rissen parallel zur Ziehrichtung sichtbar. Hierfür ist meist ein zu hoher P- und N-Gehalt des Stahlbleches ursächlich. Daneben bestehen aber noch zahlreiche andere äußere Merkmale, deren Befund auf verschiedene Ursachen schließen läßt[1].

Zu 11: Außermittige Stempelführung. Im Falle der Abb. 373 ist der Stempel außermittig um das Maß e zum Ziehring geführt, so daß die Ziehteile an der engsten Stelle des Ziehspaltes bei a reißen. Die Teile sind dann denen der Abb. 368 und 370 ähnlich. Dabei sind an der Stelle a, die immer

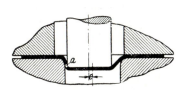

Abb. 373. Außenmittige Lage der Stempelachse zum Ziehring

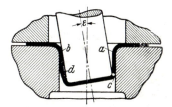

Abb. 374. Schräge Lage der Stempelachse zum Ziehring

gegenüber dem verbindenden Steg zwischen abgerissenem Boden und Blechflansch liegt, Druckspuren zu erkennen. Nach einer Verschiebung des Ziehringes läßt sich dieser Einstellfehler in Kürze beheben.

Zu 12: Schiefe Stempelführung. Schwieriger erkennbar ist eine zum Ziehring schiefe Stempelführung gemäß Abb. 374, in welcher die schiefe Lage der besseren Anschaulichkeit halber stark übertrieben dargestellt ist. Schon sehr kleine Abweichungswinkel ε führen zu Fehlstücken, die bei c reißen. Ein Merkmal solcher gerissener Ziehteile ist eine Auswölbung des Zargenteiles bei d, das den abgerissenen Boden mit dem Blechflansch verbindet. Ferner zeigt sich gemäß Abb. 375a und b zuweilen am Zargenrand bzw. am Blechflansch anschließend eine das Ziehteil ringförmig umgebende Druckstelle der Höhe p, die bei b größer als bei a ist. Diese beiden Bilder stellen einen solchen Ziehkörper aus 0,5 mm dickem Aluminiumblech von beiden gegenüberlieg-

---

[1] Verschiedene solche Fehler sind in dem Buch *Oehler:* Das Blech und seine Prüfung (Berlin–Göttingen–Heidelberg: Springer 1953), beschrieben und dort anhand der Abb. 5–25, 27–29, 31, 163, 165, 199 bildlich erläutert.

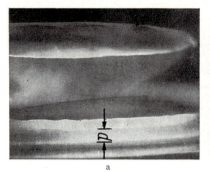 

a b
Abb. 375. Infolge schräger Lage der Stempelachse zum Ziehring gerissenes Aluminiumziehteil
a) Rißseite bei a in Abb. 374; b) ungerissene Seite bei b

den Seiten dar. Das Maß p Abb. 375a beträgt 4,5 mm und entspricht der Stelle a, das Maß p in Abb. 375b beträgt 7,2 mm und entspricht der Stelle b in Abb. 374. Aus diesem Unterschied und dem äußeren Umfangsdurchmesser des Ziehteiles von 115 mm läßt sich für das betreffende Werkstück der Abweichungswinkel ε mit $1°21'$ berechnen.

Zu 13: Allseitiges Abreißen des Bodens. Die Fehlerursachen, wie sie in Tabelle 19/13 unter c als zu große Ziehgeschwindigkeit und unter d als zu hoher Niederhaltedruck bezeichnet sind, sind seltener als die beiden unter a und b genannten. Eine für eine zu scharfkantige Stempelrundung typische Rißform zeigt Abb. 376 oben in Außenansicht der Kante und darunter das

Abb. 376. Ziehteil mit scharfkantigem Boden

aufgeschnittene Teil, dessen Zarge mit dem Boden an der Rißstelle mit nur noch 1/3 bis 1/4 seiner ursprünglichen Wanddicke zusammenhängt. Ebenso wie beim Mindestbiegehalbmesser gemäß S. 208 und den dafür in Tabelle 36 und 37 genannten Mindestrundungsfaktoren c sind auch hier die gleichen inneren Mindestrundungsfaktoren und Halbmesser zu beachten. Ein scharfkantiges Nachprägen hilft nur dann, wenn zugleich der Zargenrand mit abwärts gedrückt wird, was bei einem so dickwandigen Teil mit niedriger Zarge nach Abdrehen des Randes auf genaue Höhe möglich ist. Doch ist auch dies im Hinblick auf die hierdurch entstehende Kaltverfestigung, die Risse auszulösen vermag, ein Wagnis, weshalb in solchen Fällen ein Warmausprägen anzuraten ist. Bei Zug-Schneid- oder Schneid-Zug-Schneid-Werkzeugen nach S. 328 bis 332 tritt diese Fehlerscheinung häufiger auf als an anderen Ziehwerkzeugen, da dort die Ziehkante gleichzeitig Schneidkante ist und nur sehr wenig abgerundet werden darf.

Zu 14: Ausgefranster Zargenrand. Im allgemeinen tragen hier alle 3 Fehlerursachen gemeinsam zum Fehlergebnis bei. Infolge zu geringen Niederhalterdruckes und einer zu großen Ziehkantenabrundung bilden sich Falten, die in ihrem Entstehungsbereich innerhalb der Zarge mit dem Werkstoff zunächst verplättet werden, nach dem oberen Zargenrande zu jedoch infolge der Dickenzunahme sich nicht mehr verquetschen lassen und beim Durchstoßen durch den Ziehring dessen Ziehkante übermäßig beanspruchen, sehr oft sogar beschädigen.

Zu 15: Regelmäßige Zipfelbildung. Ein in der Werkstatt bisher wenig beachtetes, aber für eine geringe Tiefzieheignung von Stahlblechen typisches Merkmal ist die für anisotrope Bleche so charakteristische Zipfelbildung am Rand des Ziehteiles. Als anisotrope Bleche werden nach Gl. (101), S. 359 solche bezeichnet, die in den verschiedenen Richtungen der Blechebene ungleiche Dehnungswerte liefern. Die Zipfelung tritt vierfach unter 90° zueinander über dem Randumfang auf. Infolgedessen wird der Rand bei dünnen Teilen meist nachträglich abgeschnitten, bei dickeren abgedreht oder abgeschliffen. Letzteres kommt insbesondere für Kleinteile in der Großmengenfertigung in Frage, wo sie automatisch magaziniert und einer Werkstückaufnahmevorrichtung meist in Form einer drehbaren Scheibe zugeführt und dort gehalten werden. Hierbei ist das Maß der Zipfelung für den Abschliff natürlich wichtig und von großer wirtschaftlicher Bedeutung. Um auch solche Teile rasch überschleifen zu können und das Zipfelungsmaß niedrig zu halten, hat man mit Erfolg Teile, die bisher in einem Zug hergestellt wurden, in zwei Zügen umgeformt. Hiernach ergab sich ein sehr viel geringeres Zipfelungsmaß als bei einer Umformung in einem Tiefzug.

Zu 16: Unregelmäßige Zipfelbildung. Bei ungleicher Blechdicke ist die Zipfelung über den Randumfang. In der Regel ist der Fehler einer Zipfelbildung ohne sonstige Randhöhenabweichung bedeutungslos, da die Teile nach dem Ziehen sowieso beschnitten werden.

Zu 17: Blasenbildung am Bodenrand und Zargenriefen. Ist die Blasenbildung beim Vergleich mehrerer Ziehteile aus dem gleichen Werkzeug verschiedenartig, zeigt sie sich gemäß Abb. 377 an verschiedenen Stellen, und tritt die Blasenbildung bei reichlicher Schmierung stärker als bei zu knapper Schmierung auf, so läßt sich dieser Fehler durch eine bessere Luftabführung beheben. Finden sich hingegen diese Blasen, wie bei p in Abb. 378, unabhängig vom Grade der Schmierung immer an den gleichen Stellen des Bodenrandes, so ist die Ziehkante erheblich abgenutzt. Häufig bilden sich gleichzeitig nach dem Zargenrande zu Kratzspuren in der Ziehrichtung. Dies zeigt die gleiche Abb. 378 an der Außenseite eines größeren, rechteckigen Ziehteiles aus 2 mm dickem Tiefziehstahlblech. Die Kratzriefen verlaufen zunächst bis zur Ziehtiefe q senkrecht nach oben und von hier aus um das kleine Maß l von etwa 1 mm versetzt weiter. Ursache einer solchen Erscheinung ist die Entstehung eines Bodenkantenrisses in dem Augenblick, als das Teil bis zur Tiefe q durchgezogen war und infolge der hierdurch bedingten einseitigen

412 E. Das Tiefziehen

Abb. 377. Blasenbildung an der Bodenrandwölbung

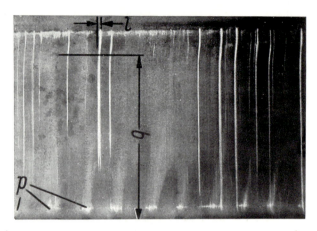

Abb. 378. Unsaubere Zargenoberfläche infolge abgenützter Ziehkante

Entlastung ein kurzes Stück sich entgegen zur Seite des Risses verschob. Die Ursache des Risses war in diesem besonderen Fall weniger die abgenützte Ziehkante, sondern geringwertiges Blech.

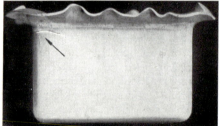

Abb. 380. Rißbildung infolge zu geringen Niederhalterdruckes

Abb. 379. Infolge zu geringen Ziehspaltes in den Ecken gerissenes Ziehteil

Zu 18: Rißbildung unter dem Blechflansch. Ziehfehler dieser Art nach Tabelle 19, Fig. 7, sind nicht allzuhäufig, da in den meisten Fällen die Risse sich in Nähe der Bodenkante bilden, wie dies die bisherigen Beispiele zu Abb. 368, 370 und 376 zeigen. Derartige Fehler kommen an Ziehteilen zuweilen vor, wo beim Entwurf der Werkzeuge nicht beachtet wurde, daß der in den Ecken sich zusammendrängende Werkstoff eine größere Spaltweite als an den Seiten erfordert. Dafür ist das rechteckige, kurz vor Vollendung des ersten Zuges in der Ecke gerissene Ziehteil der Abb. 379 ein anschauliches Beispiel. Ein weiteres Merkmal für eine zu geringe Bemessung des Ziehspaltes in den Ecken ist die dort auftretende starke Zipfelung, zuweilen in Verbindung mit Rissen in den Ecken parallel zur Ziehrichtung. Doch kann auch ein falsch bemessener Zuschnitt dafür ursächlich sein. Abb. 380 zeigt die Entstehung des Risses an der gleichen Stelle an einem anderen eckigen Ziehteil größerer Blechdicke. Hier war eine Erweiterung des Ziehspaltes in den Ecken nicht erforderlich, es genügte vielmehr eine Erhöhung des Niederhalterdruckes zur Beseitigung dieser Fehlerquelle.

Zu 19: Blanke Druckspuren am Zargenrand. Diese Erscheinung ist insbesondere bei Ziehteilen aus dicken Blechen unvermeidlich und für die weitere Verwendung zumeist bedeutungslos, soweit nicht infolge der Quetschung die Ziehkante leidet oder der Ziehkörper dort reißt. Die Dicken-

Abb. 381. Rundes Ziehteil mit blanker Druckstelle p am Zargenrand

zunahme ist am oberen Zargenrand durch den Verformungsvorgang beim zylindrischen Tiefziehvorgang, der zu einer Tangentialstauchung führt, bedingt und in Abb. 288 oben sowie in Abb. 293 unten und Abb. 294 dieses Buches bereits erläutert. Abb. 381 zeigt einen zylindrischen Ziehkörper aus 1,5 mm dickem Messingblech (72% Cu) in knapp natürlicher Größe, der bei einem Ziehspalt von 1,75 mm gezogen wurde. Der dunkle blanke Rand p und das Verschwinden der verhältnismäßig tief eingeritzten Linien, die zwecks Beobachtung eines Umformvorganges auf dem Zuschnitt eingeschnitten wurden, beweisen die starke und dichte Verpressung des Werkstoffes. Die Höhe p soll im allgemeinen nicht größer als 1/6 der Gesamtziehtiefe sein, sonst ist der Ziehspalt zu vergrößern.

Zu 20: Zu weiter Ziehspalt und Lippenbildung am Zargenrand. Eine Lippenbildung am oberen Zargenrand bei gleichzeitig ausgebauchter Zarge ist stets die Folge eines zu weiten Ziehspaltes. Abb. 382 zeigt eine derartige Lippenbildung am Zargenrand eines Ziehteiles aus Aluminiumblech. Die Ausbauchung der Zarge ist so geringfügig, daß sie bei oberflächlicher Betrachtung nicht auffällt. Werden insoweit keine allzuhohen Ansprüche an die genauen Abmessungen des Ziehteiles gestellt, so ist dieser Fehler belanglos, zumal beim Beschneiden des Randes die Lippenbildung sowieso fortfällt. Der Vorgang der Lippenbildung ist in Abb. 383 in übertriebenen Abweichungen von der Normalform zur besseren Veranschaulichung dargestellt. Infolge des zu reichlichen Zwischenraumes wird das Ziehteil nach Abb. 383 oben zunächst kegelstumpfförmig nach unten zu verjüngt verformt, bis der Zug vollendet ist, wobei der über die Ziehkante gebogene obere

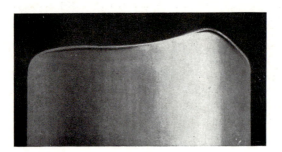
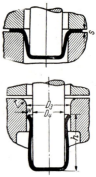

Abb. 382. Lippenbildung am Rande eines Ziehteiles aus Aluminiumblech

Abb. 383. Zylindrisches Tiefziehen bei zu weitem Ziehspalt

Zargenrand nach einwärts gedrückt wird und somit dort eine Lippe bildet. An der Lippenbildung des Aluminiumziehteiles nach Abb. 382 kann noch nachträglich der Ziehkantenhalbmesser ermittelt werden. Die durch den Ziehring hindurchrutschende Lippe bewirkt gemäß Abb. 383 unten gleichzeitig eine Ausbauchung der Zarge in deren mittlerer Höhe. Bei Mehrfachzügen werden in den späteren Ziehstufen die Zargen dicker, soweit diese nicht auf eine geringere Wanddicke abgestreckt werden. Größere Wanddicken bedingen selbstverständlich an den Weiterschlägen entsprechend größere Ziehspalte, die aber keinesfalls so weit ausfallen dürfen, daß hierbei Faltenbildung eintritt, wie dies bei dem in vier Stufen gezogenen Ziehteil zu Abb. 384 zu beobachten ist.

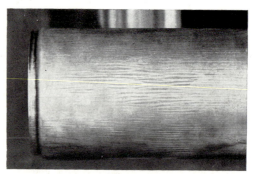

Abb. 384. Faltenbildung an einem in mehreren Zügen hergestellten zylindrischen Ziehteil

Zu 21: Einschnürung über dem Bodenrand. Bei dickwandigen Ziehteilen einer geringen Bodenrundung entsteht über deren Ende an der mit Pfeil in Abb. 385 gekennzeichneten Stelle eine Einschnürung, die mit einer geringen Schwächung der dortigen Wand verbunden ist. Festigkeitsmäßig hat dies nichts auf sich, da diese Schwächung geringer ist als diejenige an der Bodenkante selbst[1]. Doch kann aus Schönheitsrücksichten diese Ein-

---

[1] *Oehler, G.:* Gestaltung gezogener Blechteile. 2. Aufl. Berlin–Heidelberg–New York: Springer 1966. S. 15, Abb. 10. – *Ziegler, W.:* Das Grenzziehverhältnis beim Tiefziehen. Ind. Anz. 91 (1969), Nr. 30, S. 663–668, Bild 6–8.

28. Beim Tiefziehen vorkommende Fehler 415

Abb. 385 u. 386. Einschnürung unter dem Bodenrand

schnürung stören. Sie zeichnet sich bei großem Ziehspalt deutlicher ab als bei kleinem, wo sie aber auch gemäß Abb. 381 zuweilen beobachtet wird, und tritt durch ein allmähliches Angleichen der Bodenrundung an die Zargenwand zurück, wie dies für den Ziehstempel etwa durch die Einzugsform II an den Auflagekanten beim U-Biegen nach Abb. 204 auf S. 215 erreicht wird. Mitunter hilft eine Herabsetzung des Beiwertes 0,04 auf 0,03 in Gl. (66) auf S. 325 für den Ziehkantenradius. Eine solche Einschnürung, die nicht nur bei runden, sondern auch bei rechteckigen Ziehteilen mitunter anzutreffen ist, stört mitunter besonders nach dem Galvanisieren und Polieren, wie dies die verchromte Messingkappe zu Abb. 386 (Pfeil) zeigt. Es ist dies eine ähnliche Erscheinung wie der Benoit-Effekt, der beim Drahtseilzug beobachtet wird, wo sich das auflaufende Drahtseil zunächst von der Rolle abspreizt und das ablaufende Seil nicht geradlinig gespannt tangential die Rolle verläßt, sondern in der bisherigen Richtung weiterlaufend eine Einbuchtung aufweist. Man kann diesen Benoit-Effekt außerdem verhindern, indem die Stempelrundung nicht kreisbogenförmig gestaltet wird, sondern eher entsprechend einer Schleppkurve gemäß S. 342 allmählich in den senkrechten Stempelschaft übergeht.

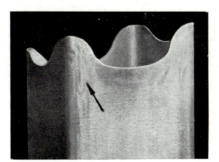

Abb. 387. Wulstbildung am oberen Eckenrand infolge zu großen Ziehspaltes

Zu 22: Fehler an unrunden Ziehteilen. Bei unrunden, insbesondere rechteckigen Ziehteilen sind die Fehlerursachen meist auf eine falsche Konstruktion des Zuschnittes zurückzuführen. Ist der Zuschnitt richtig bemessen, so ist der Blechflansch während des Ziehens überall gleich breit, und nach dem Durchzug weisen die Teile an jeder Stelle des Umfanges annähernd die gleiche Höhe auf. Einrisse in den Ecken entsprechend *b* in Fig. 8 zu Tabelle 19 zeugen für eine Werkstoffverknappung, Ohren- oder Zipfelbildung in den Ecken wie über *c* in Fig. 8 für eine Werkstoffhäufung. Beide Erscheinungen sind zumeist auf eine falsche Konstruktion des Zuschnittes zurückzuführen, seltener auf zu eng bemessenen Ziehspalt. Bei dem rechteckigen Ziehteil aus Aluminiumblech mit den erheblichen Eckenzipfeln gemäß Abb. 387 bildeten sich sogar zu Wulsten verplättete Falten infolge zu großen Ziehspaltes.

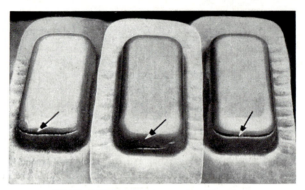

Abb. 388. Rißbildung infolge ungünstiger Flanschbreite

Die Rechteckkappen mit ungleich breiten Flansch nach Abb. 388 sind äußerst ungünstige Ziehteile. Infolge des breiten Blechflansches an der Breitseite findet dort das Blech beim Gleiten über die Ziehringkante hohen Widerstand und reißt an den mit Pfeil bezeichneten Stellen, während an den schmalen Längsseiten sich infolge zu geringer Niederhaltekraft Falten auf dem Blechflansch bilden.

Abb. 389. Rißbildung infolge zu großer Zugabstufung

Während entsprechend Abb. 379 und 380 bei zu knapp bemessener Spaltweite oder zu geringen Niederhalterdruckes Querrisse sich im oberen Teil der Zarge dicht unter dem restlichen Blechflansch bilden, lassen am Bodenrand gemäß Abb. 389 entstehende Risse auf eine zu große Zugabstufung hinsichtlich der Eckenabrundung schließen. Hier hilft entweder die Verwendung eines Bleches höherer Tiefzieheignung und -güte oder eine kleinere Zugabstufung und damit verbundene größere Anzahl der Werkzeuge.

Kleine Löcher oder einmalige Risse in Mitte der Seite entsprechend der Form a in Fig. 8, Tabelle 19, sind keine Folgen einer falschen Zugabstufung oder Zuschnittskonstruktion, sondern örtlich bedingter Blechfehler, wie sie zu Ziffer 1 dieser Tabelle 19 bereits genannt sind.

Zu 23: Einspringende Wände an Wandränder an rechteckigen Ziehteilen.
Rechteckige Blechziehteile zeigen oft unerwünschte Verformungen nach Abb. 390 derart, daß in Abweichung von der Geraden die Seitenwände um das Maß i zumeist nach innen, seltener um a nach außen hin abweichen. Dies ist an dünnwandigen härteren Blechen häufiger als an dickeren und weicheren Blechen zu beobachten. Ursache dieser Erscheinung ist die von

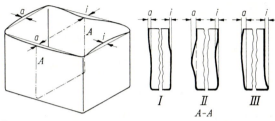

Abb. 390. Unerwünschte Wölbungen an rechteckigen Ziehteilen a nach außen, i nach innen (I im Randbereich, II im mittigen Bereich, III im Gesamtbereich)

den Ecken ausgehende Stauchwirkung, da die in den Ecken des Zuschnittes vorhandene Blechfläche auf einen geringen Raum zusammengedrückt wird. Man kann diesem Einspringen von vornherein dadurch begegnen, daß man den oberen äußeren Rand durch eine Sicke versteift. Weiterhin ist beim Tiefziehen darauf zu achten, daß der Zuschnitt in den Ecken so knapp als möglich bemessen wird, daß also keinesfalls nach dem Ziehen in den Ecken nach oben stehende Zipfel zurückbleiben, sondern daß eher die Zargenhöhe in den Ecken nicht ganz so hoch wie an den Seiten ausfällt. Weiterhin werden diese Einwölbungen durch richtig angeordnete Ziehsicken eingeschränkt, wenn nicht ganz vermieden. Dabei ist es vorteilhaft, daß insbesondere gegen Ende des Durchzuges die Sicken den Werkstoff fester als im Anfang andrücken, was am besten durch mechanische oder hydraulische Steuerung der Ziehwulstleisten geschieht, wie dies auf S. 384 bis 385 zu Abb. 347 bis 349 beschrieben ist. Auf S. 379 bis 383 finden sich ausführliche Hinweise über die zweckmäßige Anordnung von Sicken. Wichtig ist, daß diese Ziehwulstleisten richtig angeordnet sind, d.h. erstens allmählich zu ihren Enden zu abfallen und etwa bis zu den Punkten A reichen entsprechend dem Strahl, der sich aus dem rechten Winkel der Eckenrundung plus 10° ergibt, wie dies in Abb. 391 angedeutet ist. Das in Abb. 391 gezeigte rechteckige Ziehteil, das an den langen Seiten Einbuchtungen nach Abb. 390 I erkennen läßt, entspricht nicht diesen Voraussetzungen. Die Ziehleisten sind zu kurz gehalten und enden bereits im Punkt B und nicht im Punkt A. Weiterhin verlaufen die Ziehleisten nicht allmählich in ihrer Höhe abnehmend, sondern fallen an ihren Enden plötzlich nach unten ab. Dies zeigen die scharfen Endausprägungen der Ziehsicken. Quetschfaltenbildung am Rand bei C ist auf zuviel überschüssiges Material in den Ecken zurückzuführen. Der Zuschnitt hätte,

27 Oehler/Kaiser, Schnitt-, Stanz- und Ziehwerkzeuge, 6. Aufl.

wie in Abb. 391 rechts unten dargestellt, mindestens um den schraffierten Bereich gekürzt werden müssen.

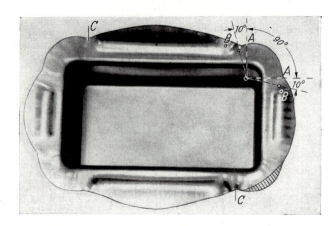

Abb. 391. Kanteneinbuchtung an den Längsseiten nach Abb. 390-Ii. Quetschfalte bei C.

Zu 24: Klappen übereck. Dasselbe, was im vorausgegangenen Abschnitt 23 zu den Ursachen und Abhilfemaßnahmen zwecks Verhinderung von Einbuchtungen an Wandrändern und Wandflächen rechteckiger Ziehteile ausgeführt wurde, gilt für die Beseitigung des sogenannten „Frosches" oder „Schneiders", worunter ein Klappen übereck verstanden wird. Auch dies ist auf Restspannungen in den Ecken zurückzuführen. Diese Erscheinung findet sich häufig an großflächigen Ziehteilen mit niedrigem hochgestelltem Rand, wie solche in der Herd- und Kühlschrankfabrikation häufig anzutreffen sind. In der in Abb. 392 strichpunktiert gezeichneten Diagonalen ist die von den Ecken ausgehende Stauchspannung geringer als in der anderen, wo entsprechend der gestrichelt angedeuteten Lage entweder beide schräg gegen-

Abb. 392. Ausklappen des Bodens übereck

überstehende Ecken nach oben oder nach unten klappen. Bei manchen Teilen ist dies nicht allzu wichtig, da durch die Montage die Teile oft ohne Nacharbeit leicht in ihre richtige Lage gebracht werden. Sehr schwierig und geradezu verhängnisvoll liegen die Verhältnisse bei zu emaillierender Ware.

Bei derart niedrigen Rändern helfen Ziehsicken nichts, allenfalls noch eine Vergrößerung des Eckenradius. Hauptsächlich wird man jedoch auch hier auf die Wahl eines dickeren Bleches angewiesen sein. Das Maß i in Abb. 390 kann bei größeren Teilen mehrere mm, das Maß e in Abb. 392 mitunter mehrere cm betragen.

28. Beim Tiefziehen vorkommende Fehler

Zu 25: Ungünstige Bremssickenanordnung. Über fehlerhafte Anordnung der Bremssicken geben bereits Abb. 342 auf S. 382 und Abb. 391 auf S. 418 Auskunft. Besonders ungünstig ist die Anordnung der Ziehwulste an dem schräg dachförmig getieften Stahlblechteil in Abb. 393. Die um den ganzen Umfang der Ziehkante laufende Sicke wurde in den unteren beiden Ecken vertieft ausgeführt, und in den beiden oberen Ecken wurde außen noch zusätzlich ein zweiter Wulstbogen vorgesehen. Dadurch wird der über die Ziehkante gleitende Werkstoff in den Eckenbereichen gebremst, wo dort doch infolge der schon als Bremse wirkenden Stauchung in den Ecken anstelle einer Erschwerung durch Bremssicken eher ein Gleiten über die Ziehringkante erleichtert werden sollte. Über eine richtige Anordnung der Bremssicken wird auf S. 379 bis 383 berichtet.

Abb. 393. Gerissenes Tiefziehteil infolge verstärkter Bremsung des Werkstoffes in den Ecken durch zusätzliche und vertiefte Bremssicken

Abb. 394. Gerissene Heißwasserspeicherhaube

Zu 26: Fehler in der Anlage des Werkzeuges. Es ist das Ziel dieses Buches, dem Werkzeugkonstrukteur beim Entwurf zu helfen und die richtige Anlage des Werkzeuges von vornherein zu sichern. Trotzdem gibt es so vielfältige Formen und so verschiedene Wege, die zum Ziele führen oder führen könnten, daß selbst ein umfangreiches mehrbändiges Buch die Zahl der auftretenden Formen nicht zu erschöpfen vermag. So sei hier nur an einem einzigen Beispiel, dem gerissenen Ziehteil für eine Heißwasserspeicherhaube in Abb. 394 die falsche Anlage eines Werkzeuges beschrieben. Die Herstellung geschah zuerst durch Umformen zur halbrunden Schale im Anschlag und Anziehen des kurzen zylindrischen Ansatzes im Fertigschlag unter doppeltwirkenden Ziehpressen. Dann wurden die Arbeitsgänge vertauscht und zuerst der Ansatz, dann die äußere Haubenform gezogen. Den Erfolg brachte erst das Ziehen mit Einfließwulst ähnlich dem Werkzeug zu Abb. 337, S. 378 im Anschlag und nach dem Stülpverfahren zu Abb. 441, S. 476. Mit der äußeren Haubenform erfolgte im 1. Zug ein Ausschlagen der Falten mittels Gegengesenk und ein Einstülpen des Bodens unter starker Rundung und steilschräg nach oben gerichteter Zarge. Der Boden wurde also nach dem Haubeninneren zu vorgezogen, so daß genügend Werkstoff für das Auswärtsstülpen

Tabelle 20. Tiefziehprüfverfahren

Nr.	Prüfart und Verfahrens-bezeichnung	Ausführung und Beurteilung des Verfahrens	Schrifttum und Gerätehersteller	Beschrieben unter DIN	in *Oehler*: Das Blech und seine Prüfung
a) *Für reine Streckzugbeanspruchung* (flache, unzylindrische Ziehteile, wie beispielsweise Karosserieteile)					
1	Einbeulverfahren	Gegen eine eingespannte Blechprobe drückt ein kugelförmig abgerundeter Stempel, so daß sich eine Beule bildet. Die bei Entstehung eines Risses gemessene Einbeultiefe, die Rißform und das äußere Gefügebild am Riß, die sog. Körnung, sind Gütemaßstäbe des in seiner Handhabung einfachen Verfahrens.	*Erichsen, Olsen, Avery, Amsler, Guillery, Mohr & Federhaff.* *Kummer, H.:* Untersuchung am Blechprüfapparat von *Erichsen.* Masch.-Bau Betrieb 5 (1926), S. 657—661.	50101 50102 1623 Euronorm 14-58	Seite 180—187
1,1	Kugelstempel gegen festen Ring	Vom Grade der Schmierung und Oberflächenreibung stark abhängig.		—	180—183
1,2	Kugelstempel gegen Gummikissen	Geeignet weniger zur Beurteilung des Bleches als der Gummigüte.	*Oehler, G.:* Bestimmung des Ziehverhältnisses durch den Einbeulversuch. Werkstattstechn. u. Maschb. 39 (1949), H. 3, S. 72. Gummidruckprüfgerät nach *Junkers.*	—	187

28. Beim Tiefziehen vorkommende Fehler

1,3	Kugelstempel gegen Gummisack	Keine klaren Einrißverhältnisse.	*Mullen*-Tester.	—	184
1,4	Hydraulische Ausbauchung	Direkt hydraulische Beaufschlagung des Bleches.	*Pankwin, W.*: Hydraulische Tiefungsversuch. Ind. Anz. **86** (1964), Nr. 49, S. 915—918.	—	184
2	Streckziehversuch nach *Güth*	Gegen den umgebogenen, mit beiden Enden im Unterteil einer Zerreißmaschine eingespannten Blechstreifen drückt eine am Oberteil befestigte Rolle oder Formklotz von unten nach oben bis zur Bruchbildung. Höhe und Breite der erreichten Einbeulung sind der Gütemaßstab für die Streckziehfähigkeit.	*Güth, H.*: Ein neues Streckziehverfahren. Metallwirtsch. **20** (1941), H. 3, S. 55/58. — *Patterson, W.*: Streckziehfähigkeit der Al-Mg-Legierungen. Metallwirtsch. **21** (1942), H. 29/30, S. 429—431.	—	205—207
3	Tiefziehzerreißversuch nach *Siebel*	Gegen einen mit zwei parallelen Schlitzen versehenen und am Umfang eingespannten Probestreifen drückt ein scheibenförmiger Stempel den mittleren von den Schlitzen umgrenzten Teil bis zum Zerreißen.	Mitt. Kaiser-Wilhelm-Institut, Eisenforschung, 1929, S. 287.	—	164
4	Zerreißversuch (hierbei Ermittelung des *R*- und des *n*-Wertes) Siehe S. 359	Die Zerreißstäbe sind unter Beachtung von DIN 1605, Bl. 2 und 50 114 herzustellen, dürfen aber nicht gestanzt werden. Für die Beurteilung der Tiefziehgüte ist weniger die Dehnung als vielmehr die Querkontraktion maßgebend.	*Oehler, G.*: Tiefziehprüfverfahren. Mitt. Forsch. Blechverarb. 1966, Nr. 3, S. 33—41.	50143 50144 50145 50146 Euronorm 11—55	157—160

Tabelle 20 (Fortsetzung)

Nr.	Prüfart und Verfahrensbezeichnung	Ausführung und Beurteilung des Verfahrens	Schrifttum und Gerätehersteller	Beschrieben unter DIN	in *Oehler*: Das Blech und seine Prüfung
b) *Für Ziehstauchbeanspruchung* (zylindrische Ziehteile sowie solche mit senkrechter Zarge)					
5	Napfzugversuch (auch mit Stufenprüfung und AEG-Verfahren bezeichnet)	Bei gleichem Ziehdurchmesser d werden mit verschiedenen Zuschnittsdurchmessern D Näpfe gezogen. Das ohne Reißen höchstmögliche Durchmesserverhältnis $D:d$ ist der Maßstab für die Tiefziehgüte.	*AEG*-Mitt. 1929, S. 419, 483. *Schmidt, M.*: Die Prüfung von Tiefziehblech. Arch. Eisenhüttenw. 3 (1929), S. 213–222.	–	Seite 188–198
5,1	Napfzugversuch nach *Swift*	Bei unterer Stempelanordnung mit auswechselbarem Stempelkopf werden die Proben sowohl mit ebenem als auch mit halbkugelförmigem Boden hergestellt.	*Oehler, G.*: Der Arbeitsvorgang beim einfachen zylindrischen Tiefziehen. Stahl und Eisen 75 (1955), Nr. 11, S. 730–732.	–	–
5,2	Napfzugversuch nach *Engelhardt*	Gemessen werden die Ziehkräfte beim Tiefziehen und anschließend nach Erhöhung des Niederhalterdruckes beim Abreißen der Zarge.	*Engelhardt, W.*: Neues Verfahren zur Prüfung der Tiefziehfähigkeit. Mitt. Forsch. Blechverarb. 1959, Nr. 22, S. 287–292. Schopper, Leipzig.	–	–
6	Schlagnapfzugprüfung nach *Petrasch*	Napfzugversuch unter Fallhammerwirkung mit anschließend im Randaufweitgerät erfolgender Ausbreitung. Geeignet zur Beurteilung von Weiterschlagfähigkeit und Alterungsanfälligkeit.	*Petrasch, W.*: Schlagtiefziehprüfverfahren mit anschließender Aufweitprobe. Mitt. Forsch. Blechverarb. Nr. 17 vom 1. Sept. 1951, S. 209–211.	–	199–202
7	Keilzugversuch nach *Sachs*	Das keilförmig zugeschnittene Ende eines Blechstreifens wird durch eine Ziehdüse hindurchgezogen. Gütemaßstab ist das höchst erreichbare Breitenverhältnis bis zum Eintritt des Bruches.	*Sachs, G.*: Ein neues Prüfgerät für Tiefziehbleche. Metallwirtsch. 9 (1930), S. 213–218. Siehe auch kombinierte Verfahren.	–	161

28. Beim Tiefziehen vorkommende Fehler

8	Kombinierte Verfahren (Püngel-Kayseler und Eisenkolb)	Eindrücken von Erichsen-Einbeulungen in den verformten Teil des Keilzugstreifens oder in die Zarge beim Stufenprüfverfahren. Diese noch nicht sehr eingeführten Verfahren gestatten angeblich eine Beurteilung der Weiterschlageignung, zuweilen auch der Alterungsanfälligkeit.	—	*Kayseler, H.*: Über die Eigenschaften von verschieden behandeltem Bandstahl mit besonderer Berücksichtigung der Tiefzieheignung und deren Prüfung. Mitt. Forsch.-Inst. Ver. Stahlw. 4, Berlin 1934. Auszug daraus Z. VDI 79 (1935), S. 1346. Prüfmaschinen für das Keilzug-Tiefzugverfahren. Masch.-Bau Betrieb 16 (1937), S. 246. — *Eisenkolb, F.*: Untersuchung über die Prüfung der Tiefziehfähigkeit von Feinblechen. Stahl und Eisen 52 (1932), S. 357–364. — Neuere Feinblechprüfverfahren. Technik 3 (1948), H. 2, S. 62–66.	162

c) *Für beide Arten zu a) und b) anwendbar*

9	Lochaufweitprobe nach *Siebel-Pomp*	Bei runden Zuschnitten ist Ursprungsbohrung d_0, erweiterter Durchmesser $0{,}5\,(d_{max}+d_{min})$ und Tiefung t, dann ist der Gütegrad nach *Oehler* $$g=\frac{t\cdot(d_{max}+d_{min})^2}{4d_0(d_{max}-d_{min})}.$$	—	*Siebel, E.*, u. *A. Pomp*: Ein neues Prüfverfahren für Feinbleche. Mitt. KWI Eisenforsch. Bd. II (1929), S. 287–291. — *Oehler, G.*: Zipfelbildung beim Lochaufweitverf. DFBO-Mitt. (1964), Nr. 16, S. 223–225.	203–205
10	Aufweitprobe nach *Fukui*	Einlage einer wie zu 9 vorgelochten Scheibe in eine konische Matrize mit Calottenboden. Ziehen mit Kugelstempel.	—	*Krisch, A.*: Der konische Tiefziehversuch nach *Fukui*. Stahl und Eisen 83 (1963), Nr. 18, S. 1128 bis 1130.	
11	Plastizometeruntersuchung	Für reinen Zug als auch Zugstauchbeanspruchung anwendbar in Verbindung mit metallographischen und röntgenographischen Untersuchungen. Nur für Forschungsarbeiten, nicht für laufende Betriebsprüfungen geeignet.	—	*Oehler, G.*: Untersuchungen des plastischen Verhaltens der Metalle mit dem Plastizometer. Werkst.-Techn. 36 (1942), H. 15/16, S. 300 bis 303; Metallwirtsch. 22 (1943), H. 7/8, S. 97–100.	240–246

zum Ansatz im 2. Zug vorhanden war. Der 2. Zug bzw. Fertigschlag diente gleichzeitig zum Ausschlagen etwa nach dem ersten Zug noch zurückgebliebener Falten.

29. Tiefziehprüfverfahren

Tabelle 20 zeigt eine Zusammenstellung der bekanntesten Prüfverfahren für Bleche insbesondere für deren Tiefzieheignung unter Hinweis auf das Schrifttum. Außerdem finden sich in den beiden letzten Spalten Angaben, wo das betreffende Prüfverfahren in den EURO- oder DIN-Normen zu finden und in dem Buch des Verfassers über das Blech und seine Prüfung beschrieben ist, was gemäß Vorwort eine Ergänzung zu diesem Buch bildet[1].

F. Konstruktive Ausführung einzelner Ziehwerkzeuge

1. Einfaches Ziehwerkzeug zum Einlegen

(Werkzeugblatt 47)

Auf einfachwirkenden, einarmigen Pressen lassen sich mit Hilfe von Federdruck- sowie Druckluftziehapparaten oder auch mittels im Werkzeug eingebauter gefederter Niederhalter niedrige Ziehteile geringer Blechdicke herstellen, soweit nicht überhaupt nach Gl. (82) zu S. 338 auf einen Niederhalter ganz verzichtet werden kann. Allerdings dürfen bei mit Drehkeil- oder Bolzenkuppelungen ausgerüsteten Pressen die gegenwirkenden Niederhalterkräfte nicht zu hoch sein, da sonst die meist dafür zu schwach bemessenen Kuppelungen leiden, was durch harte Anschlaggeräusche sich bemerkbar macht. Der Hub beträgt etwa das 2,5fache der Ziehtiefe. Ein derartiges Ziehwerkzeug zeigt Werkzeugblatt 47. Für das Ausstoßen der fertiggezogenen Teile werden hier zwei Ausführungen A und B gezeigt. Die Bauweise A ist nur dort anzuwenden, wo im Pressenstößel eine Auswerferbrücke nach Abb. 177 vorhanden ist bzw. sich anbringen läßt. Andernfalls ist der Ausstoßer unter Einbau einer Tellerfedersäule oder einer Schraubenfeder nach Bauweise B auszuführen.

Die Herstellung des Werkzeuges ist einfach. Die einzelnen Ringstücke (Teile 1, 2 und 10/12) werden durch ringförmige Ansätze zueinander mittig gefaßt, wodurch eine Verstiftung sich erübrigt. Der Einlegering (Teil 12) ist etwa 5 mm eingelassen. Mittels einer Innensechskantschraube wird der Ziehstempel (Teil 9) in der um 5 mm eingelassenen Grundplatte (Teil 8) festgehalten. Das Loch zur Entlüftung wird durch den Stempel oder Ziehkern und Schraube (Teil 13) gebohrt. Der Niederhalter (Teil 10) nimmt die Einlage (Teil 12) im Außendurchmesser auf und wird mit dieser nicht verstiftet, sondern mit ihr nur durch 4 Senkschrauben verbunden. Die beiden Druck-

---

[1] *Oehler, G.:* Das Blech und seine Prüfung. Berlin–Göttingen–Heidelberg: Springer 1953.

1. Einfaches Ziehwerkzeug zum Einlegen

Zna	Einfaches Ziehwerkzeug zum Einlegen für Exzenterpressen		Werkzeugblatt 47

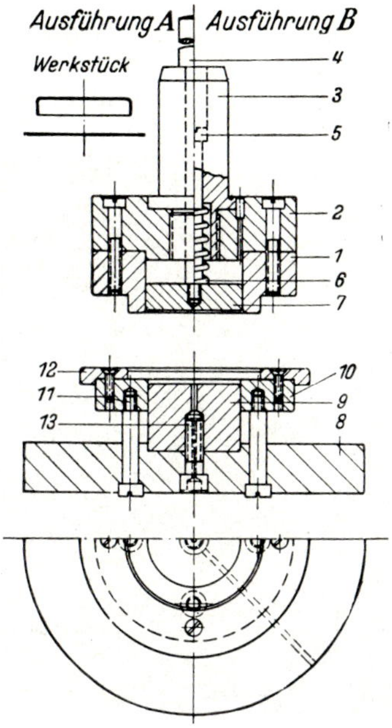

Abb. 395

Pos.	Gegenstand	Werkstoff	Norm	Bemerkungen
1	Ziehring	Werkzeugstahl		gehärtet
2	Kopfplatte	St 34		
3	Einspannzapfen	St 42 KG	DIN 810/9859	
4	Auswerferstößel	C 15		einsatzgehärtet
5	Bundschraube	C 15	DIN 938/42	einsatzgehärtet
6	Schraubenfeder	Federstahl	DIN 2099	
7	Ausstoßer	Werkzeugstahl		gehärtet
8	Unterplatte	St 33		
9	Ziehstempel	Werkzeugstahl		gehärtet
10	Niederhalter	siehe Tab. 30		gehärtet
11	Druckschraube	C 15		einsatzgehärtet
12	Einlage	St 42		
13	Innensechskantschraube	5 S	DIN 912	

schrauben (Teil 11) sitzen mit der unteren Fläche ihrer Köpfe auf der Stößelplatte eines im Pressentisch eingebauten Auswerferapparates, wie er z. B. in Federdruckausführung unter Abb. 219 bereits angegeben ist. Eine Demontage dieses Werkzeuges der Abb. 395 ist äußerst einfach. Fast alle Teile lassen sich fertig auf der Drehbank aus dem vollen Werkstoff herstellen. Ziehwerkzeuge dieser Art sind nur für im Anschlag gezogene Ziehteile bei einem Ziehverhältnis β (Zuschnittsdurchmesser : Ziehdurchmesser) bis zu 1,5 möglich. Tiefere

Züge sind zweckmäßigerweise unter einer Tiefziehpresse auszuführen. Solche Werkzeuge werden unter Werkzeugblatt 53 und 54 noch näher beschrieben.

In Abb. 396 ist ein größeres Werkzeug in dieser Anordnung für das Pressen von Gehäusehälften unter einer hydraulischen Presse (Müller, Eßlingen) dargestellt. An der Unterfläche des Pressenstößels ist der Ziehring aufgeschraubt. Bei a ist die halbrunde Ausarbeitung für die auszuprägenden Werkstückenden erkennbar. Der in zwei übereck angeordneten kurzen

Abb. 396. Anordnung nach Abb. 395, Ziehring oben, Ziehstempel und Niederhalter unten

Führungssäulen f geführte Niederhalter b wird durch die den im Bild nur an seiner Unterkante noch sichtbaren Formstempel c umgebenden Stößelbolzen e in seiner oberen Lage gehalten. Nach Anlegen des von der linken Hand des Arbeiters gehaltenen Zuschnittes z gegen die Anlagestifte g auf der Niederhalteplatte b und Einrücken der Presse drückt der sich senkende Ziehring a den Niederhalter b mit dem zwischenliegenden Blech nach unten über den feststehenden Ziehstempel c. Im Aufwärtsgang des Stößels hebt sich gleichzeitig der Niederhalter und mit ihm das von der Niederhalteplatte b leicht abnehmbare umgeformte Werkstück w.

2. Schneidziehwerkzeug zur Herstellung dünnwandiger Ziehteile

(Werkzeugblatt 48)

Das Zuschneiden der Platinen oder Ronden für den 1. Zug unter einem besonderen Werkzeug und in einem besonderen Arbeitsgang fällt weg, wenn der Niederhalter an seiner äußeren Begrenzung mit einer Schneidkante versehen wird. Diese Möglichkeit besteht nicht allein bei den doppelt wirkenden Pressen, sondern auch bei einfachwirkenden Maschinen, also z.B. bei Spindel-, Exzenter- und Kurbelpressen. Ein Werkzeug dieser Art, das in seinem Aufbau dem vorher besprochenen ähnelt, ist unter Abb. 397 zu Werkzeugblatt 48 beschrieben. Dasselbe ist nur für Ziehkörper aus Blechen bis zu

2. Schneidziehwerkzeug zur Herstellung dünnwandiger Ziehteile

S-Zna	**Schneidziehwerkzeug für Exzenterpressen**	Werkzeugblatt 48

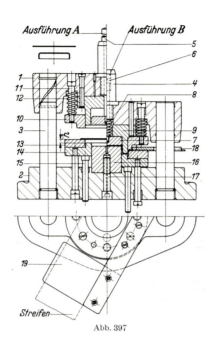

Abb. 397

Pos.	Gegenstand	Werkstoff	Norm	Bemerkungen
1	Oberteil	GG 25	DIN 9812	
2	Grundplatte	GG 25	DIN 9812	
3	Säule	C 15	DIN 9825	einsatzgehärtet
4	Einspannzapfen	St 42 KG	DIN 9859	
5	Ausstoßerbolzen	C 15		einsatzgehärtet
6	Bundschraube	C 15		einsatzgehärtet
7	Ausstoßerplatte	St 50		
8	Schraubenfeder zu 7	Federstahl	DIN 2099	
9	Innerer Schneidring	Wz. St. Tab. 30		gehärtet
10	Niederhalter	St 50		
11	Bundschraube zu 10	St 38.13	DIN 938/942	
12	Schraubenfeder zu 10	Federstahl	DIN 2099	
13	Äußerer Schneidring	Wz. St. Tab. 30		gehärtet
14	Druckplatte	St 50		
15	Druckstift	15 Cr 3		einsatzgehärtet
16	Ziehstempel	Wz. St. Tab. 30		gehärtet
17	Zylinderkopfschraube	5 S	DIN 84	
18	Streifenführung	St 10		
19	Streifenauflage	St 10		

0,4 mm Dicke geeignet und zweckmäßigerweise in einem Säulengestell untergebracht.

Die Streifen- oder Bandmaterialführung (Teil 18) mit dem Streifenstützblech ermöglicht ein einwandfreies Arbeiten. Soll der Streifen oder das Band nicht schräg, sondern quer zur Maschine eingeführt werden, so ist anstatt der hier gezeigten Säulenanordnung eine solche übereck zu wählen.

Die Ausführung B ist dort anzuwenden, wo im Pressenbär keine zwangsläufige Ausstoßvorrichtung vorhanden ist. Sie hat den Nachteil, daß der unter Federdruck stehende Auswerfer (Teil 7) und die im Unterteil befindliche Druckplatte (Teil 14) das gezogene Teil während des Abstreifens leicht beschädigen. Die Auswerferfeder (Teil 8) darf deshalb nicht stärker bemessen werden, als wie ihre Kraft gerade noch zum Auswerfen ausreicht[1]. Bei Ausführung A wird dieser Mangel vermieden, weil das gezogene Werkstück beim Auseinandergehen des Werkzeuges erst vom Ziehstempel (Teil 16) abgestreift wird und im inneren Schneidring (Teil 9) so lange haftenbleibt, bis das Oberteil seine höchste Stellung erreicht. Dabei stößt der Kopf des Auswerferstößels (Teil 5) gegen eine im Pressenbär eingebaute und auf S. 185 zu Abb. 177 beschriebene Auswerferbrücke und damit gleichzeitig das Werkstück nach unten heraus. Diese Ausführung A hat weiterhin den Vorteil, daß das gezogene Teil nicht im ausgeschnittenen Streifen hängenbleiben kann. Es fällt erst dann herunter, wenn der Streifen bereits weitergeschoben ist. Bei neigbaren Pressen rutschen die Ziehteile leicht nach hinten ab.

Der Niederhalterdruck wird von einem Federdruckapparat gemäß Abb. 219 über die Druckstifte (Teil 15) auf die Druckplatte (Teil 14) übertragen. Zur Vermeidung eines zu hohen Federdruckes beim Niedergang ist die Höhe h des über der Druckplatte (Teil 14) vorstehenden äußeren Schneidringes (Teil 13) möglichst gering zu halten. Sie entspricht etwa der 4fachen Blechdicke. Das Schneiden geschieht hier auf einem über einem Federdruckapparat stehenden Schneidring (Teil 13) und eignet sich daher nur für Bleche bis zu 0,4 mm Dicke. Unter Werkzeugblatt 49 und 50 werden weitere Schneidziehwerkzeuge für kurze Hübe gezeigt, die unter einfachen Exzenterpressen Verwendung finden. Dabei sind dort ebenso wie hier die Werkzeugteile in einem Säulengestell untergebracht, was zur Schonung der Schneidkanten und Erhaltung einer hohen Lebensdauer des Werkzeuges zweckmäßig ist.

3. Schneid-Zug-Beschneide-Werkzeuge

(Werkzeugblatt 49)

Mit Schneid-Zug-Beschneidewerkzeugen lassen sich Ziehteile in einem Arbeitsvorgang fertigen, wobei die Ronde im gleichen Pressenhub zugeschnitten, zum Ziehteil umgeformt und schließlich am Rand fertig beschnitten wird. Abb. 398 zeigt ein solches Werkzeug, wie es beim Herstellen von Ziehteilen mit Flansch oder flach schräg verlaufendem Rand gebraucht wird. Die Grundplatte 1 ist mit dem Sockelring 3 und dem Streifenführungsring 4 verstiftet und verschraubt. Zum leichteren Nachschleifen kann der

---

[1] Die Berechnung dieser Feder ist in Beispiel 57 u. 58 auf S. 618 angeführt.

3. Schneid-Zug-Beschneide-Werkzeuge

Sockelring *3* – wie links der Mittellinie dargestellt – in drei Ringe *3a*, *3b* und *3c* aufgeteilt werden, von denen nur die beiden oberen aus gehärtetem Werkzeugstahl bestehen. Im Sockelring ist das Ziehgesenk *2* höhenverschiebbar geführt und wird, wie auf der linken Bildhälfte gezeigt, mit Druckstiften *5* unter starker Vorspannung in seiner oberen Endstellung gehalten. Für die Vorspannung reicht eine Federkraft nicht aus. Vielmehr sind ölhydraulisch betätigte Druckelemente vorzusehen, soweit nicht überhaupt eine mehrfach wirkende ölhydraulische Presse verwendet wird. Es bereitet dann keine Schwierigkeiten, mit Drucksteuerventilen den Anstelldruck herabzusetzen, sobald der Ziehstempel die Umformung vollendet hat und das Beschneiden eingeleitet wird.

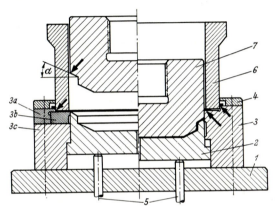

Abb. 398. Schneid-Zug-Beschneidewerkzeug für Ziehteile mit Flansch
(Schneidkanten sind durch Pfeile gekennzeichnet)

In Abb. 398, links der Mittellinie, wurde aus dem unter dem Führungsring *4* durchgeführten Streifen oder Band mit der äußeren Schneidkante des Niederhalters *6* gerade die Ronde ausgeschnitten, die anschließend vom niedergehenden Ziehstempel *7* umgeformt wird. Erst nach beendetem Tiefziehen weicht das bisher unter hohem Vorspanndruck stehende Ziehgesenk *2* nach unten aus, wobei das Werkstück gemäß der Darstellung rechts der Mittellinie in Abb. 398 fertig beschnitten wird. Dies setzt voraus, daß der Ziehstempel *7* und der Niederhalter *6* mit je einer Schneidkante, der Sockelring *3* mit zwei Schneidkanten an den in Abb. 398 durch Pfeile angedeuteten Stellen versehen sind. Die dort angegebenen Werkzeugoberteilanschlüsse, für den Ziehstempel *7* ein Zapfen und für den Niederhalter *6* ein Ring mit Innenkegel, seien hier als Beispiel angenommen. Selbstverständlich hängt die jeweilige Ausführung der Anschlüsse von der Bauart der dafür vorgesehenen Presse ab.

Je kleiner der Winkel α am Randbereich des Ziehstempels *7* ist, desto günstiger ist die Schneidwirkung, desto geringer ist die aufzuwendende Schneidkraft, um so sauberer die Schneidkante und um so länger die Standzeit. Am günstigsten sind Ziehteile mit einem ebenen, stehenbleibenden Flansch nach Abb. 398 und **402** ($\alpha = 0°$), am ungünstigsten sind durch den

Ziehring flanschlos durchgezogene Werkstücke ($\alpha = 90°$). Das für solche Werkstücke in Abb. 399 dargestellte Werkzeug erscheint gegenüber dem ersteren einfacher zu sein, da das unter starker Vorspannung stehende höhenverschiebbare Ziehgesenk mit den Druckstiften fehlt. Auf der Grundplatte *1* sind der Ziehring *2*, der äußere Schneidring *3* für den Zuschnitt und der Streifenführungsring *4* miteinander verschraubt und verstiftet. Ebenso wie Abb. 398 zeigt Abb. 399 links der Mittellinie die Arbeitsstellung, in der

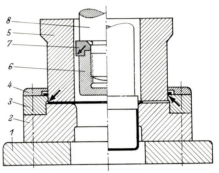

Abb. 399. Schneid-Zug-Beschneidewerkzeug mit einer als Schneidkante dienenden Ziehringkante für flanschlose Ziehteile (Schneidkanten sind durch Pfeile gekennzeichnet)

die äußere Schneidkante des Niederhalters *5* gerade vom Streifen oder Band die Ronde ausgeschnitten hat. Auf dem Ziehstempel *5* ist ein innerer Schneidring *7* befestigt, der durch den aufgeschraubten Anschlußzapfen *8* gegen den Ziehstempel gedrückt wird. Es gibt auch Werkzeugbauarten, bei denen Ziehstempel *6* und Schneidring *7* aus einem Stück hergestellt sind. Die einem starken Verschleiß unterworfene Ziehkante des Ziehringes *2* muß für das Tiefziehen als Ziehkante gerundet sein, sie sollte hingegen für das dem Tiefziehen folgende Randbeschneiden möglichst scharfkantig ausgeführt sein. Beides läßt sich nicht miteinander vereinen, da das eine das andere ausschließt. Bei zu klein gewähltem Rundungshalbmesser r_M der Ziehkante besteht die Gefahr, daß die Ziehkante als Schneidkante wirkt, so daß bereits zu Beginn des Umformens die sich soeben bildende Bodenkante aufreißt und die berüchtigten „Bodenreißer" entstehen. Ist hingegen die Ziehkantenrundung groß, so treten unerwünschte Werkstoffquetschungen auf. Zu beachten ist, daß im äußeren Randbereich eines zylindrischen Ziehteiles infolge der Verkleinerung des ursprünglich äußeren Zuschnittdurchmessers auf den Ziehdurchmesser stets eine Werkstoffstauchung als größte Formänderung senkrecht zur Ziehrichtung auftritt, die eine Verfestigung begünstigt. Die Wanddicke nimmt hierbei bis zu 30% zu. Das zeigt sich oft durch blanke Druckspuren am Rande gemäß Abb. 381. Wenn die Ziehkante eine zusätzliche Werkstoffverdrängung hervorruft, erhöht sich der Ziehringverschleiß. Zur Erläuterung dieser Verhältnisse sind in Abb. 400a eine große Ziehkantenrundung und in Abb. 400b eine kleinere dargestellt. Die Blechdicke ist gleich. In den oberen Bildern setzt die Schneidkante des inneren Schneidringes gerade zum Beschneiden an, in den unteren Bildern ist sie bereits bis zur Blechmitte vorgedrungen. Die senkrechte Schraffur innerhalb des Schneidringes in den unteren Bildern stellt den Bereich des zu verdrängenden Blechwerkstoffes dar, der in Abb. 400a erheblich größer als in Abb. 400b ist. Diese Verdrängung tritt nicht am ruhenden Stück, sondern an einer in Ziehrichtung bewegten, sich soeben bildenden zylindrischen Wand, der sogenannten Zarge auf. Bedenkt man ferner, daß der Werkstoff dabei schon allein durch die Umformung verfestigt wird, so überrascht es nicht, wenn der auf diese Weise beschnittene Rand unsauber, rissig und zerfranst ausfällt.

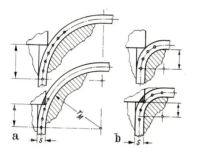 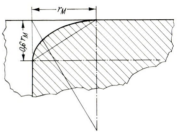

Abb. 400. Verdrängung des Blechwerkstoffes durch die Beschneidekante beim Zugschnitt nach Abb. 399 a bei großer Ziehkantenabrundung, b bei kleiner Ziehkantenabrundung

Abb. 401. Profil einer Ziehringkante für einen zylindrischen Zugschnitt nach Abb. 399

Gewiß gibt es gemäß S. 160 zahlreiche Verfahren zum sauberen Beschneiden eines Ziehteiles. Auf Beschneidewerkzeuge wurde bereits auf S. 159 bis 167 hingewiesen. Doch kann mit ihnen nicht im gleichen Pressenhub ausgeschnitten, tiefgezogen und beschnitten werden. Insofern arbeiten Werkzeuge nach der in Abb. 399 gezeigten Ausführung wirtschaftlicher und sind dort zu empfehlen, wo es auf die Sauberkeit des beschnittenen Ziehteilrandes nicht ankommt, wo die Stückzahlen der Serie nicht zu hoch liegen, die ursprüngliche Härte des zu verarbeitenden Bleches wegen des Ziehringverschleißes gering ist und eine zusätzliche Verfestigung am Ende der Umformung noch vertragen wird. Für diese Fälle und zur Einschränkung der geschilderten Schwierigkeiten sei eine Profilierung der Ziehgesenkrundung nach Abb. 401 in Form einer liegenden Ellipse empfohlen. Die größere waagerechte Halbachse r_M wird nach der für die Ziehkantenabrundung auf S. 325 empfohlenen empirischen Gl. (66) errechnet. Die senkrechte kleinere Halbachse der liegenden Viertelellipse soll dann $0{,}6 r_M$ betragen.

Da sich aber auch mit dieser Ziehkantenprofilform nach Abb. 401 die zuvor geschilderten Schwierigkeiten nicht ganz vermeiden lassen und Beschneidewerkzeuge nach Abb. 399 eigentlich nur dort anzuwenden sind, wo der Rand im späteren Zusammenbau verdeckt wird oder als Umschlagbördel verschwindet, sollte man prüfen, ob eine solche Beschneidestufe überhaupt notwendig ist. Ist das Ziehverhältnis gering und verhält sich der Werkstoff nicht ausgesprochen anisotrop, so werden am Rand des Werkstückes nach dem Tiefziehen keine störenden Zipfelungserscheinungen wahrzunehmen sein. Liegen keine eng eingrenzenden Toleranzvorschriften vor, so kann man auf die Beschneidestufe verzichten. Das Fertigteil fällt dann besser aus als ein solches mit einem durch einen Schneid-Zugverquetschten, rissigen und zerfransten Rand.

Werkzeugblatt 49 zeigt eine Ausführung ähnlich der zu Abb. 398. In der Grundplatte (Teil 1) ist der Ziehstempel (Teil 2) in der Mitte mittels einer Sechskantmutter (Teil 8) festgeschraubt, während außen der äußere Schneidring (Teil 3) und der Streifendurchschubring (Teil 4) aufgeschraubt sind. Im äußeren Schneidring ist der innere Beschneidering (Teil 5) und zwischen diesem und dem Ziehstempel gleichfalls konzentrisch der Niederhaltering (Teil 6) geführt. Beide Teile werden durch Stößel (Teil 7) unabhängig voneinander in ihrer oberen Lage gehalten und weichen nur unter dem von oben kommenden Druck des Oberwerkzeuges nach unten aus. Der obere Teil des

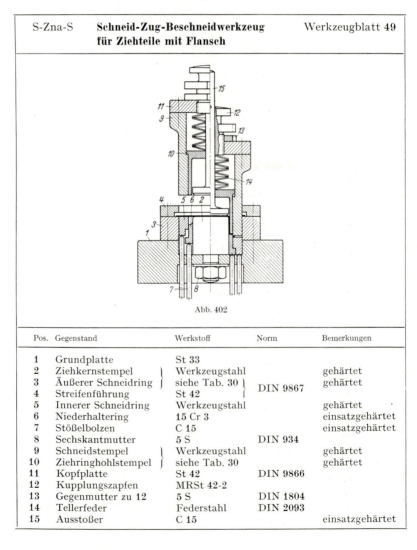

S-Zna-S	Schneid-Zug-Beschneidwerkzeug für Ziehteile mit Flansch		Werkzeugblatt 49

Abb. 402

Pos.	Gegenstand	Werkstoff	Norm	Bemerkungen
1	Grundplatte	St 33		
2	Ziehkernstempel	Werkzeugstahl		gehärtet
3	Äußerer Schneidring	siehe Tab. 30	DIN 9867	gehärtet
4	Streifenführung	St 42		
5	Innerer Schneidring	Werkzeugstahl		gehärtet
6	Niederhaltering	15 Cr 3		einsatzgehärtet
7	Stößelbolzen	C 15		einsatzgehärtet
8	Sechskantmutter	5 S	DIN 934	
9	Schneidstempel	Werkzeugstahl		gehärtet
10	Ziehringhohlstempel	siehe Tab. 30		gehärtet
11	Kopfplatte	St 42	DIN 9866	
12	Kupplungszapfen	MRSt 42-2		
13	Gegenmutter zu 12	5 S	DIN 1804	
14	Tellerfeder	Federstahl	DIN 2093	
15	Ausstoßer	C 15		einsatzgehärtet

3. Schneid-Zug-Beschneide-Werkzeuge

Werkzeuges besteht aus 2 Hohlkörpern, und zwar dem beiderseits nach innen und außen wirksamen Schneidstempel (Teil 9) und dem in ihm geführten Ziehringhohlstempel (Teil 10). Ersterer ist mit der Kopfplatte (Teil 11) verbunden, auf die ein Kupplungszapfen (Teil 12) mit Gegenmutter (Teil 13) aufgeschraubt ist, um so die Vorspannung des inneren Ziehringstempels (Teil 10) mittels Tellerfedern (Teil 14) einzustellen. Im inneren Hohlraum des inneren Ziehringstempels ist ein zwangsläufiger Ausstoßer (Teil 15) untergebracht, der beim Aufwärtsgang des Pressenstößels gegen einen feststehenden Auswerferbalken nach Abb. 177 stößt und somit das fertige Ziehteil, welches nach dem Zug im inneren Ziehring klemmt, nach unten herausstößt. In Abb. 402 ist auf der linken Seite das Werkzeug in Ruhestellung vor dem Zug und rechts in Arbeitsstellung nach Zug und Schnitt dargestellt. Es ist natürlich die Frage, inwieweit man derartige Vorgänge in einem solchen Verbundwerkzeug vereinigt, oder ob man statt dessen nicht besser solche Teile auf Stufenpressen anfertigt. Dies würde dann vor allen Dingen die richtige Lösung sein, wenn außer dem äußeren Beschneideschnitt, dem Zug und dem inneren Beschneideschnitt noch weitere Arbeitsgänge an diesem Stück zu vollziehen wären, soweit sie sich unter Mehrstufenpressen ausführen lassen, also Loch-, Schneid-, Schlitz-, Präge-, Biege- und sonstige Arbeitsgänge der Kaltumformung. Werkzeuge für Mehrstufenpressen sind auf S. 481 bis 491 dieses Buches beschrieben.

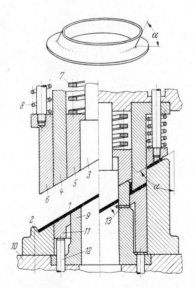

Abb. 403. Schneid-Zug-Beschneidewerkzeug für eine um den Winkel α verschrägte Zarge

Sämtliche mit stehenbleibendem Flansch gezogenen Ziehteile, deren Flansch um den Winkel α schräg zur Zarge steht, bedürfen einer schrägen Auflage der Ronde oder des Streifens. Ein Beispiel hierfür zeigt das in Abb. 403 dargestellte Werkzeug zu einer dreifach wirkenden Presse. Der Streifen *1* wird in schräger Lage gegen eine Anlageleiste des Auflagebockes *2* zugeführt. Die vor und hinter dem Werkzeug liegende Streifenhalterung bzw. Deckplatte und Seitenleisten sind hier nicht mit eingezeichnet. In der Ausgangsstellung links der Mittellinie befinden sich die Arbeitsflächen des Schneidstempels *3*, des Ziehringes *4*, des inneren Niederhalteringes *5* und des äußeren Niederhalteringes *6* etwa in der gleichen schrägen Ebene. Dabei sind der innere Niederhaltering *5* durch die Feder *7* und der äußere Niederhaltering *6* durch die Schraubenfedern *8* unter Vorspannung gehalten und hängend am Oberteil des Werkzeuges angeordnet. Während die Streifenauflage *2* und der Schneidring *9* auf der Grundplatte *10* befestigt sind, ruht der Gegenhalter *11* auf Druckstiften *12* und kann innen am Schneidring *9*, außen an der Bohrung des Auflagebockes *2* geführt nach unten ausweichen, wie dies die Arbeitsstellung rechts der Mittellinie zeigt. Dabei ist der Schneidring *9* nur innen mit einer Schneidkante versehen, hingegen außen als gerundete Ziehstempelkante ausgebildet. Außerdem weist der äußere Schneidring *4* innen eine entsprechende Ziehringkante auf, deren Rundungshalbmesser kleiner zu wählen und nach Gl. (66) gemäß S. 325 zu berechnen ist. Die unteren Enden der Druckstifte *12* ruhen auf einem pneumatischen oder ölhydraulischen Ziehkissen unter dem Tisch der Presse. Anstelle der hier gezeigten Schraubenfedern können auch Gummi- oder Tellerfedern verwendet werden.

Zu beachten ist bei solchen schräg angelegten Schneidwerkzeugen, daß nicht nur der äußere Flansch des Werkstückes, sondern auch die Stanzbutzen oval ausfallen. Wenn beim Durchfallen durch den Ziehring der Stanzbutzen nach rechts, wie hier durch den kurzen gebogenen Pfeil dargestellt, auskippen würde, besteht die Gefahr einer Verklemmung mit nachfolgender Verstopfung der Durchfallöffnung. Diesem könnte dadurch begegnet werden, daß ein um 1 mm vorstehender Stift *13* kurz unter der höchsten Ausschnittstellung des Butzens eingeschlagen wird; an dieser Anstoßstelle wird dann der abfallende Stanzbutzen nach oben gekehrt und fällt in nahezu senkrechter Lage nach unten durch. Hinsichtlich des höchstzulässig schrägen Schneidwinkels α sei auf Abb. 149 und 150 S. 158 verwiesen.

4. Schneid-Zug-Lochwerkzeug und seine Herstellung
(Werkzeugblatt 50)

Das im Werkzeugblatt **50** gezeigte Werkzeug gestattet die Verarbeitung dickerer Bleche als unter Werkzeugen nach Werkzeugblatt 47 und 48. Die Arbeitsweise eines solchen Verbundwerkzeuges zur Herstellung von Fahrradglocken ist folgende:

Der innere Schneidring (Teil 11) dringt in den äußeren (Teil 12) ein und schneidet die Blechscheibe aus. Dieselbe befindet sich nun zwischen dem inneren Schneidring (Teil 11) und dem Niederhalter (Teil 14). Beim weiteren Niedergehen wird die Platine über den Ziehkern (Teil 13) gezogen, wobei dem inneren Schneidring die Aufgabe des Ziehringes zufällt. Der Ausstoßer (Teil 7) wird dabei nach oben gedrückt. Kurz vor der unteren Stößelstellung dringt der Lochstempel (Teil 10) in den Ziehkern (Teil 13) ein und locht das inzwischen fertiggezogene Teil. Nunmehr geht das Oberteil in seine Ausgangsstel-

4. Schneid-Zug-Lochwerkzeug und seine Herstellung

| S-Zna-S | **Schneid-Zug-Lochwerkzeug** | Werkzeugblatt 50 |

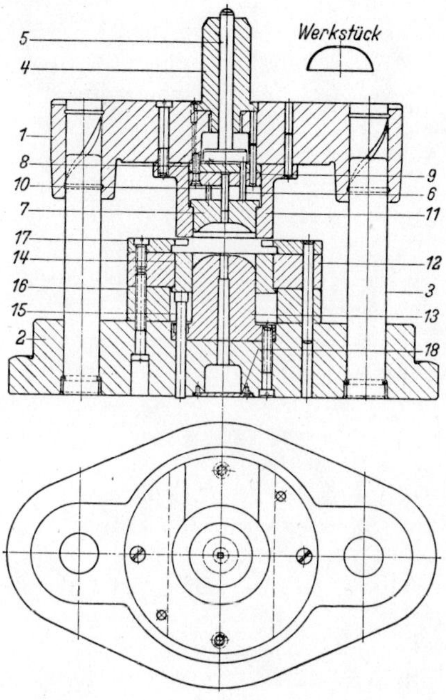

Abb. 404

Pos.	Gegenstand	Werkstoff	Norm	Bemerkungen
1	Oberteil	GG 25	DIN 9812	
2	Grundplatte	GG 25	DIN 9812	
3	Säule	C 15	DIN 9825	einsatzgehärtet
4	Einspannzapfen	MRSt 42-2	DIN 9859	
5	Ausstoßerbolzen	C 15		einsatzgehärtet
6	Druckstift	4 D		
7	Ausstoßer	St 50		
8	Druckplatte	St 50		
9	Stempelhalteplatte	St 52-3		
10	Vierkantlochstempel			gehärtet
11	Innerer Schneidring	Werkzeugstahl		gehärtet
12	Äußerer Schneidring	siehe Tab. 30		gehärtet
13	Ziehkern			gehärtet
14	Niederhalter	St 60-2		gehärtet
15	Druckstift	C 15		einsatzgehärtet
16	Sockelring	St 33	DIN 9867	
17	Streifenführung	St 42		
18	Abdeckblech	St 10		

28*

lung zurück und nimmt das im inneren Schneidring (Teil 11) klemmende Werkstück mit nach oben. Vor vollendeter Aufwärtsbewegung des Oberteiles stößt der Kopf bzw. das obere Ende des Ausstoßerbolzens (Teil 5) an eine im Pressenkörper eingebaute Traverse. Die Anstoßkraft wird über 3 Druckstifte (Teil 6) auf den Ausstoßer (Teil 7) übertragen, und das Werkstück wird aus dem inneren Schneidring (Teil 11) ausgeworfen. Dieses fällt auf den bereits weitergeführten Blechstreifen und kann daher leicht entfernt werden. Bei schräg gestellter Presse gleitet das Teil von selbst in den rückseitig aufgestellten Sammelkasten. Es ist zweckmäßig, Verbundwerkzeuge dieser Art mit zwangsläufigen Ausstoßern (Teil 5) auszurüsten, da bei einem Ausstoßer mit Federbetätigung (s. Werkzeugblatt 47, Ausführung B) das Teil innerhalb des Platinenausschnittes liegen bleibt. Da der Blechstreifen nicht weiter transportiert werden kann, bevor das Ziehteil dort entfernt ist, ist ein federbetätigter Auswerfer wesentlich zeitraubender und unsicherer als ein zwangsläufig gesteuerter nach Werkzeugblatt 47 A.

Die Herstellung eines solchen Werkzeuges geschieht in folgender Weise; wenn ein Säulengestell mit durchbohrten Einspannzapfen und im Oberteil eingelassener Ausstoßerbolzen (Teil 5) zur Verfügung steht:

a) Zunächst wird der Ziehkern (Teil 13) angefertigt. Damit das Vierkantloch nicht durch die ganze Höhe des Kernes gearbeitet werden muß, wird der Kernstempel unter Beachtung von Abb. 45 dieses Buches entsprechend aufgebohrt. Der Flansch des Kernes wird mit 3 Befestigungslöchern, ferner mit 2 Paßstiftlöchern und 3 Löchern für die Druckstifte (Teil 15) versehen. Der Ziehkern wird gehärtet und mit der Grundplatte (Teil 2) genau mittig verschraubt und verstiftet. Um die Bauhöhe so niedrig wie möglich zu erhalten, wird die Grundplatte mit einer Aussparung versehen und in diese der Flansch des Ziehkernes (Teil 13) eingepaßt.

b) Nunmehr ist der innere Schneidring herzustellen. Für die Ziehkantenrundung und den Innendurchmesser des inneren Schneidringes (Teil 11) sind die vorausgegangenen Ausführungen zu Abschnitt E 6 und E 9 zu beachten. Der Ziehring ist innen unten und an der Ziehkantenrundung rund zu schleifen. Der Flansch des inneren Schneidringes wird mit Befestigungs- sowie Paßstiftlöchern versehen. Diese sind zunächst nur vorzubohren.

c) Zwei schmale, etwa 6 mm breite Streifen des Ziehbleches werden von Hand U-förmig gebogen und kreuzweise über den Ziehkern (Teil 13) so gelegt, daß die 4 Enden der Streifen in gleichem Abstand zueinander liegen. Der innere Schneidring wird unter der Handpresse darüber geschoben und sitzt infolge der gleichmäßig verteilten Blechstreifenbeilagen mittig auf dem Ziehkern. Jetzt wird das säulengeführte Oberteil (Teil 1) aufgesetzt und der Flansch des inneren Schneidringes (Teil 11) mittels zweier Parallelschraubzwingen mit diesem befestigt. Nach dem Abschrauben des Säulengestelloberteiles werden zunächst die Schraubenlöcher gebohrt und der innere Schneidring dort vorerst nur aufgeschraubt.

d) Der Niederhalter (Teil 14), ein zylindrischer Drehkörper, der auch die Aufgabe des Teilaushebers mit verrichtet, wird nunmehr hergestellt. Sein Bund bzw. Flansch begrenzt den Hub. Der Außendurchmesser soll vorerst dem des inneren Schneidringes entsprechen. Der Innendurchmesser ist so zu bemessen, daß der Niederhalter auf dem Ziehkern leicht gleitet.

e) Jetzt wird der Blechscheibendurchmesser durch Ziehversuche ermittelt. Das Säulenführungsgestell wird zu diesem Zweck in eine Handpresse gespannt, die mit einem Federdruckapparat oder einer anderen im Pressentisch untergebrachten pneumatisch oder hydraulisch betriebenen Druckstößelvorrichtung ausgerüstet ist. 3 oder 4 Druckstifte (Teil 15) übertragen die Federkraft auf den Niederhalter (Teil 14). Erfahrungsgemäß hat sich für derartige Versuche ein Blech bewährt, das dicker toleriert, mit Kupfervitriol überzogen und leicht eingefettet ist, damit der noch weiche Schneidring sowie der Niederhalter nicht angegriffen werden. Bei diesen Versuchen ergibt sich, ob der Ziehkantenhalbmesser, der Ziehringdurchmesser und der Zuschnittsdurchmesser richtig angelegt sind. Eine Berichtigung ist jetzt noch möglich und erforderlichenfalls vorzunehmen. Fallen die Teile einwandfrei aus, wird der innere Schneidring (Teil 11) gehärtet, geschliffen, mit dem Oberteil verschraubt und verstiftet.

f) Auf den soweit ermittelten Zuschnittsdurchmesser des inneren Schneidringes wird nun auch der Außendurchmesser des Niederhalters unter Berücksichtigung einer Schleifzugabe gebracht, dann gehärtet und rund geschliffen. Erfahrungsgemäß ist der Härteverzug des runden Schneidringes gering und daher für den Innendurchmesser desselben praktisch bedeutungslos. Bei Verwendung von schwachem, weichem Blech bleibt der Schneidring ungehärtet.

g) Der äußere Schneidring (Teil 12) wird mit den erforderlichen Befestigungs- sowie Paßstiftlöchern versehen. Falls der Transport des Blechstreifens durch Hand vorgenommen werden soll, wird ein Loch für den Anschlagstift mit vorgesehen. Die Schneidplatte wird gehärtet und rund (zylindrisch) ausgeschliffen. Der dafür notwendige Schneidspalt ist dabei zu berücksichtigen. Aus Gründen der Stahlersparnis wird der äußere Schneidring nicht dicker als notwendig hergestellt. Ein untersetzter Sockelring (Teil 16) aus Baustahl stellt die erforderliche Höhe her.

h) Das säulengeführte Oberteil mit dem verschraubten und verstifteten inneren Schneidring wird auf das Gestellunterteil derart gesetzt, daß der innere Schneidring (Teil 11) im äußeren Teil (Teil 12) sitzt. Wie bei der Befestigung des inneren Schneidringes werden mit Hilfe von Schraubzwingen beide Ringe (Teil 12 und 16) mit der Grundplatte (Teil 2) verbunden, und das Gestelloberteil wird von den Säulen abgezogen. Die Befestigungslöcher für die untere Verschraubung werden gebohrt und die beiden Ringe mit der Grundplatte verschraubt.

i) Das Oberteil mit dem inneren Schneidring wird nochmals eingeführt, und durch schwache Schläge wird dann die Schneidplatte ausgerichtet. Bei dickem Blech und somit größerem Schneidspalt kann derselbe durch Beilegen von Papier oder dgl. ausgeglichen werden. Die Schneidplatte wird nun verstiftet.

k) Der Ausstoßer (Teil 7), der zugleich der Lochstempelführung dient, wird unter leichtem Laufsitz in den inneren Schneidring eingesetzt. Das Spiel darf aber nicht so groß sein, daß der Lochstempel beiseite gedrängt wird.

l) Ein Übertragen des Vierkantloches auf den Auswerfer in der sonst üblichen Weise mit Hilfe des Ziehkernes (s. S. 181 dieses Buches) ist hier nicht nötig. Da das Loch mittig angeordnet ist, wird die genaue Lage durch Messen festgestellt.

m) Durch die oberen Innenmaße des inneren Schneidringes (Teil 11) ergibt sich die richtige Lage der Stempelhalte- sowie der Druckplatte (Teil 8 und 9) von selbst. Beide Platten werden mit dem Oberteil verschraubt und verstiftet.

n) Die 3 Löcher für die Druckstifte (Teil 6) werden gebohrt und mittels des Ausstoßers (Teil 7) und Lochstempels (Teil 10) das Vierkantloch auf die Stempelhalteplatte übertragen, so daß hiernach der Lochstempel eingebaut wird.

o) Die Streifenführung (Teil 17), die auch als Blechabstreifer dient, wird auf die Schneidplatte montiert. Ferner wird der Ausstoßbolzen (Teil 5) auf seine richtige Länge gekürzt bzw. abgedreht. Für den Fall, daß bei der hier gezeigten Anordnung die Stanzbutzen des Lochstempels auf den Federdruckapparat der Presse fallen, wird in die Unterseite der Grundplatte eine Nut eingehobelt und diese durch ein Abdeckblech (Teil 18) abgedeckt. Aus dem so entstandenen Hohlraum sind die Abfälle von Zeit zu Zeit durch Herausstoßen zu entfernen.

5. Schneid-Zug-Schneid-Zug-Beschneidewerkzeug

(Werkzeugblatt 51)

Im vorausgehenden Abschnitt wurde ein Schneid-Zug-Beschneidewerkzeug beschrieben. Ein Werkzeug, das zum Schnitt-Zug-Schnitt noch zwei Arbeitsstufen hinzufügt, arbeitet als Schnitt-Zug-Schnitt-Zug-Schnitt, wobei aus dem Blech gleichzeitig 2 Ziehteile anfallen[1]. In Abb. 405 bis 407 zu Werkzeugblatt 51 wird die Wirkungsweise eines solchen Werkzeuges beschrieben. Als äußeres Teil fällt eine Ringblende a, als inneres eine mittig gelochte Kappe b an.

Auf der Grundplatte (Teil 1) des Unterteiles ist der äußere Schneidring (Teil 2) mittels Zylinderkopfschrauben (Teil 3) befestigt. In der Mitte der Grundplatte ist der Federzentrierbolzen (Teil 4) eingeschraubt, der zwecks Durchfall der Stanzbutzen ausgebohrt ist und oben eine aus Werkzeugstahl gefertigte und gehärtete pilzförmige Schneidbüchse (Teil 5) trägt. Über dem unteren starken Schaft dieses Bolzens (Teil 4) ist eine Druckfeder (Teil 6) angeordnet, die gegen eine Druckscheibe (Teil 7) drückt. Sie übernimmt die Kraft vom äußeren Niederhaltering (Teil 9) vermöge der Druckstifte (Teil 8). Innerhalb dieses Niederhalterringes (Teil 9) ist der Ziehschneidring (Teil 10) angeordnet, der an seiner Arbeitsseite oben außen mit einer Ziehkante für das Außenteil (Ringblende) und innen mit einer Schneidkante für die Abtrennung des Innenteiles vom Außenteil versehen ist. Dieser Ziehschneidring (Teil 10) ist durch Zylinderkopfschrauben (Teil 11) mit der Grundplatte (Teil 1) verbunden. Zwischen diesem Ziehschneidring (Teil 10) und dem engen Schaft des Federzentrierbolzens (Teil 4) befinden sich der innere Niederhaltering (Teil 12) mit der diesen stützenden Druckfeder (Teil 13). Zur Einführung des zu schneidenden Werkstoffes ist außen am Werkzeug ein

---

[1] *Menkin:* Double combination die for producing two different parts. Machinery, May 19 (1949), S. 662. Das dort beschriebene gleichartige Werkzeug dient zur Herstellung eines gezogenen Bördelringes als Außenteil sowie einer Kerzenhalterhülle mit ausgezacktem Hals als Innenteil.

Winkel (Teil 14) angebracht, der mit der verlängerten Seitenführungsleiste (Teil 16) die notwendige Werkstückanlage gewährleistet. Der Werkstoff wird also von dort in den Streifenkanal eingeführt und gelangt bis zur Nase des Einhängestiftes (Teil 15). Der Streifenkanal wird oben durch die Deckplatte (Teil 17) geschlossen, die auch als Führungsplatte für das Oberteil ausgebildet werden kann. Mittels der Sechskantschrauben (Teil 19) werden beiderseits des Stempels U-förmige Bügel (Teil 18) montiert, die als Anschlag für die Ausstoßtraverse (Teil 20) des Oberteiles dienen. Diese Traverse ist gegen seitliches unbeabsichtigtes Herausfallen oder Herausziehen durch Splinte (Teil 21) oder anderweitig zu sichern. Sie drückt beim Anschlag an die Bügel (Teil 18) mit ihrer unteren Fläche gegen die Köpfe der 4 Ausstoßbolzen (Teil 22). Dieselben sind im mittleren Formstück (Teil 23) des Oberteiles geführt. Dieses Formstück ist so ausgebildet, daß es außen die Umformung der Ringblende und innen die Umformung der Kappe vollzieht, während im mittleren Teil der Trennschnitt zwischen Ringblende und Kappe bei K in Abb. 406 vollzogen wird. Dieses Umformstück (Teil 23) und der obere äußere Schneidring (Teil 24) sind daher nicht aus einem Stück angefertigt, sondern aus Gründen des bequemen Schleifens zusammengesetzt. Der äußere Schneidring (Teil 24) besorgt den äußeren Ausschnitt, das Formteil (Teil 23) den inneren Ausschnitt und das Umformen der beiden Werkstücke. Die Kappe wird vom Mittenstempel (Teil 25) gelocht, der die mittige Bohrung der Traverse (Teil 20) durchdringt. Es können nur kleine Lochungen ausgeführt werden, damit die Traverse, welche das Auswerfen der gezogenen Teile besorgt und den Klemmdruck der im Oberteil nach dem Umformen hängenden Stücke überwinden muß, nicht zu sehr geschwächt wird. Über dem Mittenstempel (Teil 25) ist ein blauhart gehärtetes Gußstahlblech (Teil 26) anzuordnen. Alle diese Teile werden am Stempelkopf (Teil 27) durch Zylinderschrauben (Teil 28) und hier nicht gezeichnete Paßstifte befestigt.

Je nachdem, ob das vorliegende Werkzeug noch in einem Säulengestell untergebracht werden soll oder direkt in einer Presse einzuspannen ist, wird der Stempelkopf, wie hier gezeichnet, mit einem Einspannzapfen oder mit Kupplungszapfen nach Abb. 7 oder 9 versehen. Eine Druckluftleitung (Teil 30) besorgt das Ausblasen der Werkstücke, die aus dem Oberteil mittels der Bolzen (Teil 22) ausgestoßen werden. Da der Blechstreifen inzwischen weitergeschoben wird, fallen die Teile auf das bereits für den nächsten Arbeitsgang eingeschobene Blech. Die seitliche Öffnung muß groß genug sein, damit beide Werkstücke rückseitig aus dem Werkzeug an der Ausfallseite gemäß Abb. 407 herausfallen. Es ist zu überlegen, inwieweit Werkzeuge dieser Art auf neigbaren Pressen vorteilhaft untergebracht werden können, wo die gefertigten Werkstücke selbsttätig nach hinten herausfallen, ohne daß es zusätzlicher Ausstoß- oder Ausblasvorrichtungen bedarf.

Abb. 405 zeigt das Werkzeug in seiner Ruhestellung bei eingeführten Blechstreifen. Die Einführungsrichtung ist durch einen Pfeil gekennzeichnet. In Abb. 406 ist bereits an den Schneidkanten des äußeren Unterteilschneidringes (Teil 2) und der äußeren Schneidkante des oberen Schneidringes (Teil 24) die äußere Platine herausgeschnitten, und es beginnt die Umformung des Werkstoffes an der Ringblende, wo die Ziehringkanten (Teil 24

| S-Zna-S-Zna-S | **Schnitt-Zug-Schnitt-Zug-Schnitt** | Werkzeugblatt 51 |

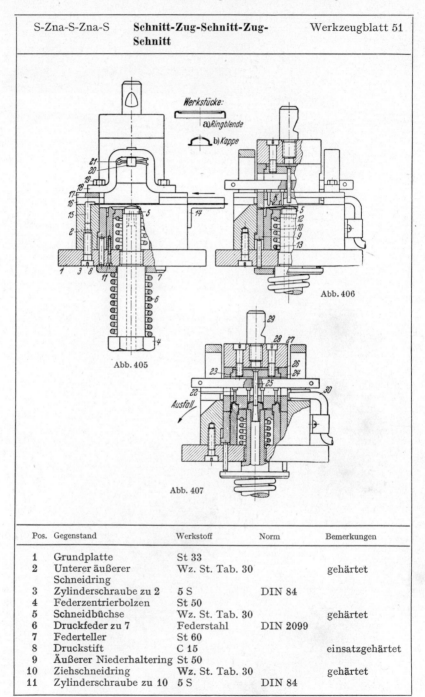

Abb. 405

Abb. 406

Abb. 407

Pos.	Gegenstand	Werkstoff	Norm	Bemerkungen
1	Grundplatte	St 33		
2	Unterer äußerer Schneidring	Wz. St. Tab. 30		gehärtet
3	Zylinderschraube zu 2	5 S	DIN 84	
4	Federzentrierbolzen	St 50		
5	Schneidbüchse	Wz. St. Tab. 30		gehärtet
6	Druckfeder zu 7	Federstahl	DIN 2099	
7	Federteller	St 60		
8	Druckstift	C 15		einsatzgehärtet
9	Äußerer Niederhaltering	St 50		
10	Ziehschneidring	Wz. St. Tab. 30		gehärtet
11	Zylinderschraube zu 10	5 S	DIN 84	

5. Schneid-Zug-Schneid-Zug-Beschneidewerkzeug 441

Werkzeugblatt 51 (Fortsetzung)

Pos.	Gegenstand	Werkstoff	Norm	Bemerkungen
12	Innerer Niederhaltering	St 50		
13	Druckfeder zu 12	Federstahl	DIN 2099	
14	Stützwinkel	St 33		
15	Einhängestift	4 D		
16	Führungsleiste	St 42		
17	Deckplatte	St 42		
18	Bügel	St 42		
19	Sechskantschraube	5 D	DIN 931	
20	Ausstoßtraverse	St 42		
21	Splint	St 37	DIN 94	
22	Ausstoßbolzen	C 15		einsatzgehärtet
23	Formstempel			gehärtet
24	Oberer äußerer Schneidring	Werkzeugstahl siehe Tab. 30		gehärtet
25	Innenlochstempel			gehärtet
26	Zwischenplatte	blauhartes Gußstahlblech		
27	Stempelkopf	St 42		
28	Zylinderschraube zu 23	5 S	DIN 84	
29	Einspannzapfen	St 42 KG	DIN 810/9859	
30	Ausblaserohr	Kupfer		

und 10) wirksam werden. In Abb. 407 ist das Oberteil in seiner Tiefstlage gezeichnet. Ringblende und Kappe sind fertig beschnitten und gezogen. Sie klemmen im Oberteil fest und werden bei Emporgehen des Stempels durch Anschlag der oberen Fläche der Traverse (Teil 20) gegen die innere Auskröpfung der Bügel (Teil 18) vermittels der 4 Ausstoßbolzen (Teil 22) herausgestoßen. Hierbei fallen sie auf das inzwischen weitergeschobene Blech, um von hier aus ausgeblasen oder ausgestoßen zu werden und nach rückwärts abzufallen.

Die hier gezeigte Anordnung der Traverse bedingt Schwierigkeiten beim Einbau des Werkzeuges in die Presse, sofern der Pressenstößel nicht genügend hoch gefahren werden kann. In solchen Fällen müssen entweder die Sechskantschrauben (Teil 19) gelöst und die Bügel (Teil 18) abgenommen und wieder angesetzt werden, oder die Versplintung (Teil 21) ist zwecks Herausziehens der Traverse zum getrennten Zusammenbau von Oberteil und Unterteil zu lösen. Es ist daher besser, wenn die Auswerfertraverse zweckmäßigerweise nicht innerhalb des Werkzeuges, wie hier gezeigt, sondern gemäß Abb. 177, S. 185 im Pressenstößel selbst untergebracht ist, wodurch die Auswerferkonstruktion einfacher wird. Allerdings läßt sich dies im vorliegenden Fall kaum anwenden, es sei denn, der mittlere Stempel (Teil 25) würde durch Preßpassung im inneren Umformteil (Teil 23) befestigt. Dann würde anstelle der Quertraverse (Teil 20) eine Druckscheibe untergebracht, und der Einspannzapfen würde zwecks Aufnahme eines Auswerferstößels durchbohrt, wie dies auf S. 435 zu Abb. 404 dargestellt ist.

6. Mehrfach wirkende Ziehwerkzeuge

(Werkzeugblatt 52)

Es ist nur selten die Möglichkeit vorhanden, die den Pressentisch durchlaufenden Druckstifte nach Abb. 308 und 310 unter verschiedenen Vorspanndrücken gleichzeitig wirken zu lassen. Sehr oft müssen dafür besondere Druckaggregate entwickelt werden, die nur bei sehr hohen Stückzahlen lohnen. Viel häufiger werden daher die Druckstifte des unter dem Pressentisch eingebauten Druckluftkissens nur eine Funktion ausüben; die anderen Vorspanndrücke müssen von Federn aufgebracht werden, wobei oft bei Anlage des Werkzeuges zu entscheiden ist, ob die Federn im Ober- oder im Unterwerkzeug einzubauen sind und in welcher Reihenfolge die Umformvorgänge stattfinden. Ein Beispiel dafür ist die in Werkzeugblatt 52 dargestellte Herstellung von Heizrippenblechen aus rechteckigen Zuschnitten[1]. Die oben gezeigte Lösung sieht vor, daß zuerst der innere Hals für die Anschlußstutzen gelocht und vorgezogen wird, bevor der äußere Hals und die Rippen geprägt werden. An der Stempelhalteplatte (Teil 7) sind das obere Prägegesenk (Teil 1) und der Lochschneidestempel (Teil 2) befestigt, der von einer Tellerfedersäule (Teil 6) umgeben ist, die ihrerseits den Vorprägestempel (Teil 5) unter Vorspannung hält. Bei Niedergang des Pressenstößels wird infolge dieser Vorspannung zunächst der innere Kragen des Anschlußstutzens unter gleichzeitigem Lochen angezogen, wobei der Niederhalter (Teil 3) mit seinen Druckstiften (Teil 8) herabgedrückt wird. Im weiteren Verlauf des Niederganges des Oberwerkzeuges wird das Blech über die untere Prägeform (Teil 4) gezogen und legt sich um den äußeren Kragenbereich sowie an die Rippenformen an. In der umgekehrten Folge zeigen die unteren Bilder ein anderes Werkzeug. Hier werden zuerst die Rippen und die äußere Kragenhohlform über der unter einem sehr hohen Vorspanndruck stehenden unteren Prägeform (Teil 4) geformt. Hierfür ist eine Ringfedersäule (Teil 10) erforderlich, die in ihrer oberen Vorspannstellung durch Zylinderschrauben (Teil 9) gehalten und außen gegen Schmutzzutritt zur Aufnahme des Schmierstoffes von einem Ringfedergehäuse (Teil 11) und einem in diesem geführten und unterhalb der Unterprägeform (Teil 4) angebrachten Ringfederabschlußmantel (Teil 12) umgeben ist. Erst nach Vollendung der Rippenprägung wird die hohe Ringfedervorspannung überwunden. Das untere Prägegesenk (Teil 4) wird durch das weiter abwärts gehende Oberwerkzeug mit nach unten bewegt, so daß die auf der Grundplatte feststehende Ringziehschneidbuchse (Teil 13) über das Untergesenk (Teil 4) hervortritt und nach gleichzeitigem Lochen mittels des Schneidstempels (Teil 2) der obere innere Kragen sich bildet. Die Lösung zu Abb. 409 mag den Vorteil haben, daß zuerst die Gesamtform der Rippe ausgeprägt wird, bevor der Kragen eingeschnitten und hochgestellt wird. Ferner ist vorteilhaft, daß hier nur eine geringe Federkontraktion für die Kragenhöhe von höchstens 6 mm notwendig ist, während bei der zuerst angegebenen Lösung zu Abb. 408 nach Fertigung des Kragens um weitere 20 mm nutzlos die Tellerfedersäule verkürzt werden muß, damit die Prägung gelingt. Das bedingt einen sehr hohen

---

[1] *Sporenberg, H.:* Die Fertigung von Plattenradiatoren. Blech 15 (1968), Nr. 5, S. 282–287.

6. Mehrfach wirkende Ziehwerkzeuge

Zna	Mehrfach wirkende Ziehwerkzeuge für Heizkörperrippen	Werkzeugblatt 52

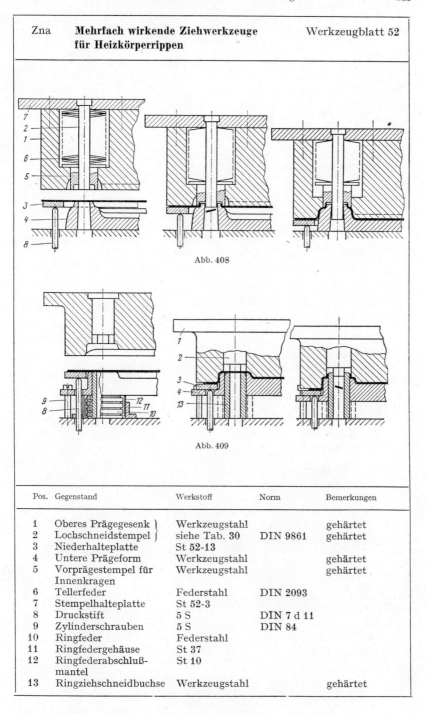

Abb. 408

Abb. 409

Pos.	Gegenstand	Werkstoff	Norm	Bemerkungen
1	Oberes Prägegesenk }	Werkzeugstahl		gehärtet
2	Lochschneidstempel }	siehe Tab. 30	DIN 9861	gehärtet
3	Niederhalteplatte	St 52-13		
4	Untere Prägeform	Werkzeugstahl		gehärtet
5	Vorprägestempel für Innenkragen	Werkzeugstahl		gehärtet
6	Tellerfeder	Federstahl	DIN 2093	
7	Stempelhalteplatte	St 52-3		
8	Druckstift	5 S	DIN 7 d 11	
9	Zylinderschrauben	5 S	DIN 84	
10	Ringfeder	Federstahl		
11	Ringfedergehäuse	St 37		
12	Ringfederabschluß-mantel	St 10		
13	Ringziehschneidbuchse	Werkzeugstahl		gehärtet

Druck und ein hartes Aufsitzen des Kragenformstempels (Teil 5) auf dem fertig geprägten Kragen. Doch hat die Lösung zu Abb. 409 gegenüber Abb. 408 andere Nachteile, die schwerer wiegen. Erstens ist das Werkzeug teurer, und zweitens können keine Tellerfedern Verwendung finden, sondern nur Ringfedern, da die Tellerfedersäulen bei ihren üblichen Abmessungen eine so hohe Vorspannung nicht hergeben. Der Einsatz von Ringfedern bedeutet aber, wie auf S. 616 beschrieben, eine größere Pflege des Werkzeuges und eine sorgfältige staubdichte Verkapselung der Ringfedersäule.

7. Doppelziehwerkzeug für doppeltwirkende Ziehpressen
(Werkzeugblatt 53)

Zwei Ziehoperationen, in einem Ziehwerkzeug als sogenannter Doppelzug vereint, werden bisher noch weniger angewendet, obwohl diese Art der Herstellung von Ziehteilen viele Vorzüge aufweist. Erstens ist die Herstellung dieses Werkzeuges billiger als zweier selbständiger Ziehwerkzeuge. Zweitens fällt ein Arbeitsgang weg. Drittens ist das sofortige Anschließen des zweiten Zuges an den ersten verformungstechnisch günstig und gestattet mitunter eine wenn auch nur wenig größere Ziehtiefe als die Herstellung in zwei zeitlich unterbrochenen Zieharbeitsgängen ohne Zwischenglühen.

Durch die vorstehende Werkzeugkonstruktion wird nicht nur ein Werkzeug eingespart. Es wird weiterhin dadurch verbilligt, als dasselbe in eine Universaleinspannvorrichtung (gemäß Abb. 411) für doppeltwirkende Ziehpressen mit kurvengesteuerter Niederhaltung eingespannt wird. Somit fallen die zur Aufnahme dienenden Kopfplatten und Grundplatten fort. Der Kernziehstempel (Teil 1) ist zwecks Ersparnis an Werkzeugstahl möglichst kurz gehalten. Der Ringziehstempel (Teil 2) wird in eine zu Abb. 411 beschriebene Haltevorrichtung eingespannt und trägt mittels Bundschrauben und Federn (Teile 4 und 5) den Niederhalter (Teil 3)[1]. Die Ziehringe I und II (Teil 7 und 8) werden mit der Einlage (Teil 6) durch Ansätze zentriert und mittels Schrauben zusammengehalten in das Unterteil der Haltevorrichtung eingesetzt. Der Ausstoßer (Teil 9) wird in die Ausstoßerstange, welche sich im Unterteil der Ziehpresse befindet, eingeschraubt. Zur Begrenzung des Niederhalters bei dessen Niedergang sitzt derselbe (Teil 3) auf der Einlage (Teil 6) auf. Der Zwischenraum zwischen Teil 3 und 7 entspricht dem Maß i, das gemäß der Ausführungen zu Werkzeugblatt 50 gleich der größten Blechdicke zuzüglich 0,02 bis 0,04 mm zu wählen ist.

Die Arbeitsweise ist folgende: Zunächst wird der Zuschnitt in die Einlage (Teil 6) eingelegt und beim Niedergang des Pressenstößels durch den Niederhalter (Teil 4) plan gehalten. Bei weiterem Niedergang wird das Blech mittels des Ringziehstempels (Teil 2) in den äußeren Ziehring I (Teil 7) gezogen. Der Weiterschlag erfolgt anschließend durch den Kernziehstempel (Teil 1), der das vorgezogene Teil in den Ziehring II (Teil 8) zieht. Nach vollendetem Ziehvorgang wird das Teil durch den Ausstoßer (Teil 9) ausgeworfen. Die linke Seite zeigt das Werkzeug in Ruhestellung, die rechte Seite dasselbe in

---

[1] Die Berechnung der Niederhalterdruckfedern ist in den Beispielen 62 bis 67 auf S. 620 bis 621 angegeben.

8. Schneidziehwerkzeug für doppeltwirkende Ziehpressen

Za	**Doppelzugwerkzeug**			Werkzeugblatt 53

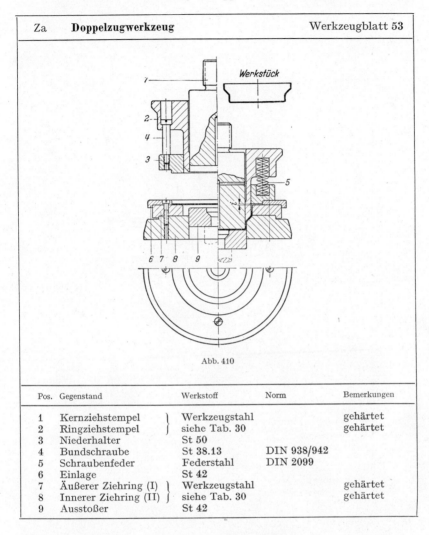

Abb. 410

Pos.	Gegenstand	Werkstoff	Norm	Bemerkungen
1	Kernziehstempel ⎱	Werkzeugstahl		gehärtet
2	Ringziehstempel ⎰	siehe Tab. 30		gehärtet
3	Niederhalter	St 50		
4	Bundschraube	St 38.13	DIN 938/942	
5	Schraubenfeder	Federstahl	DIN 2099	
6	Einlage	St 42		
7	Äußerer Ziehring (I) ⎱	Werkzeugstahl		gehärtet
8	Innerer Ziehring (II) ⎰	siehe Tab. 30		gehärtet
9	Ausstoßer	St 42		

Arbeitsstellung. An dieser Stelle sei auf die Konstruktion konzentrisch geteilter Niederhalter zu Abb. 301 und 302, S. 327 hingewiesen

8. Schneidziehwerkzeug für doppeltwirkende Ziehpressen
(Werkzeugblatt 54)

Das Ziehen auf doppeltwirkenden Ziehpressen mit kurvengesteuerter Blechhaltung ist, wie Werkzeugblatt 54 zeigt, denkbar einfach und gestattet bei richtiger Erkenntnis der Werkzeug- und Maschinenkonstruktion einfache und somit billige Ziehwerkzeuge. Ebenso ist die Bedienung von Werkzeug

446   F. Konstruktive Ausführung einzelner Ziehwerkzeuge

| S-Z | **Schneidziehwerkzeug** | Werkzeugblatt 54 |

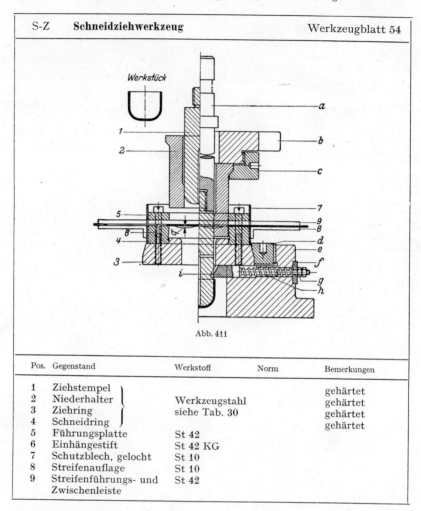

Abb. 411

Pos.	Gegenstand	Werkstoff	Norm	Bemerkungen
1	Ziehstempel	Werkzeugstahl siehe Tab. 30		gehärtet
2	Niederhalter			gehärtet
3	Ziehring			gehärtet
4	Schneidring			gehärtet
5	Führungsplatte	St 42		
6	Einhängestift	St 42 KG		
7	Schutzblech, gelocht	St 10		
8	Streifenauflage	St 10		
9	Streifenführungs- und Zwischenleiste	St 42		

und Maschine einfach und übersichtlich. Im Werkzeugblatt 54 ist die rechte Hälfte des Ziehwerkzeuges in Arbeitsstellung und in einer Universaleinspannvorrichtung eingespannt dargestellt. Die einzelnen Bauteile dieser Vorrichtung sind mit Buchstaben, diejenigen des Werkzeuges mit Ziffern bezeichnet. Durch Verwendung solcher Einspannvorrichtungen werden viele immer wiederkehrende Teile bei Neuanfertigung eingespart. Beim Ziehen auf doppeltwirkenden Ziehpressen ist zu beachten:

1. Der Ziehdruck bzw. die Ziehstempelkraft.
2. Die erforderlichen Abmessungen für den größten Blechstreifendurchmesser.
3. Der größte in Betracht kommende Ziehstempeldurchmesser.
4. Die Ziehtiefe bzw. der erforderliche Hub.

Das Ziehstempelfutter (a) hält den Ziehstempel (Teil 1). Das Vorrichtungsoberteil (b) mit dem Spannring (c) nimmt den gleichzeitig als Schneidstempel dienenden Niederhalter (Teil 2) auf. Im Vorrichtungsunterteil (e) wird der Ziehring (Teil 3) mittels des Spannringes (d) eingespannt. Auf dem Ziehring sind der Schneidring (Teil 4), die Zwischenleisten und die Führungsplatte (Teil 5) aufgeschraubt. Das ganze Unterteil ist mit einem Schutzblech (Teil 7) umgeben. Nach Lösen des Spannringes (d) läßt sich der untere zusammenhängende Ziehwerkzeugsatz entfernen und bequem im Lager abstellen. Im Unterteil (e) sind auch 3 Abstreifer (i) mit dem Bolzen (g), der Druckfeder (h) und der Abdeckplatte (f) eingebaut. Diese werden so dicht wie möglich unter dem Ziehring (Teil 3) untergebracht, damit die Ziehteile nach beendetem Durchzug dort abgestreift werden. Die einzelnen Werkzeugteile des Unterteiles werden durch Zentrieransätze gegen seitliches Verschieben gesichert. Der Schneidring (Teil 4) ist innen nach unten zu sich konisch erweiternd freigeschliffen, so daß nur eine kleine Ringfläche gegen den vorstehenden Ansatz der Ziehmatrize (Teil 3) anliegt. Bei dickerem Werkstoff empfiehlt es sich, den Schneidring (Teil 4) an seiner oberen Schneidfläche nicht plan, sondern gewellt auszuführen, so daß ein hartes Aufschlagen des Schneidstempels (Teil 2) vermieden wird und die Schneidkanten geschont werden. Der Höhenunterschied (q) der Schneidkanten des Schneidringes ist gering zu halten, damit der Streifen durch die gewellte Schneidfläche nicht verzerrt wird. Es genügt daher, das Maß q der Werkstoffdicke gleichzusetzen.

9. Ziehwerkzeug für Teile unterschiedlicher Bodenhöhe für doppeltwirkende Ziehpressen

(Werkzeugblatt 55)

Die Herstellung von Ziehteilen mit unterschiedlicher Bodenhöhe ist deshalb schwierig, weil sich an den Übergangsflächen zwischen den verschieden hohen Bodenebenen sehr leicht Falten bilden. Sie entstehen dort meist im Anfang des Zuges und lassen sich später nicht mehr beseitigen. Man hat daher sehr oft das Teil zunächst auf gleiche Höhe gezogen, um in einem anschließenden Zug die noch tiefer zu ziehenden Bodenflächen anzuziehen. Abgesehen davon, daß mehrere Arbeitsgänge mehrere Werkzeuge bedingen, entspricht der Anzahl der Züge auch ein höherer Lohn. Soweit Ziehform und Ziehverhältnis des Bleches es zulassen, sollte man daher versuchen, Teile mit verschieden hohen Böden in einem Zug herzustellen.

Das in Werkzeugblatt 55 links oben dargestellte Werkstück hat eine unsymmetrische Form. Daneben gibt es zahlreiche andere Möglichkeiten, z.B. symmetrische Formen, bei denen der Boden an den vier Ecken eines rechteckigen Ziehteiles nicht ganz so tief oder noch tiefer als die mittlere Bodenfläche durchzuziehen ist.

Grundsätzlich ist bei allen diesen Teilen die Konstruktionsregel zu beachten, daß der Blechzuschnitt von vornherein auf Bodengegendruckstücke zu liegen kommt, die den verschieden hohen Bodenebenen entsprechen. Dabei werden die Gegendruckfedern für den Gegendruckhalter des tieferen Bereichs schwächer bemessen als die der höheren Bereiche.

Za	**Ziehwerkzeug für Teile unterschiedlicher Bodenhöhe**	Werkzeugblatt 55

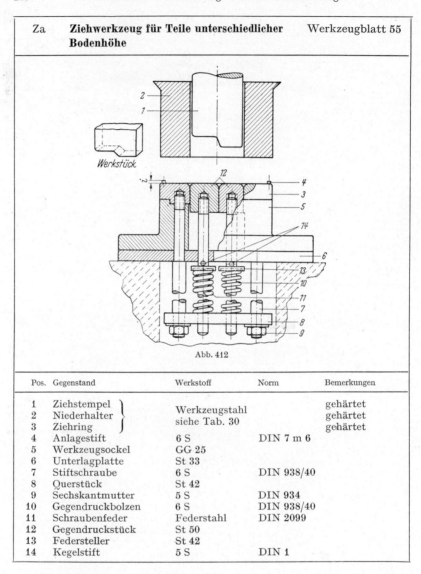

Abb. 412

Pos.	Gegenstand	Werkstoff	Norm	Bemerkungen
1	Ziehstempel	Werkzeugstahl siehe Tab. 30		gehärtet
2	Niederhalter			gehärtet
3	Ziehring			gehärtet
4	Anlagestift	6 S	DIN 7 m 6	
5	Werkzeugsockel	GG 25		
6	Unterlagplatte	St 33		
7	Stiftschraube	6 S	DIN 938/40	
8	Querstück	St 42		
9	Sechskantmutter	5 S	DIN 934	
10	Gegendruckbolzen	6 S	DIN 938/40	
11	Schraubenfeder	Federstahl	DIN 2099	
12	Gegendruckstück	St 50		
13	Federsteller	St 42		
14	Kegelstift	5 S	DIN 1	

Der konstruktive Aufbau eines solchen Werkzeuges[1] besteht in einem der Form angepaßten Ziehstempel (Teil 1) und den Niederhalter (Teil 2). Das Blech kommt auf den Ziehring (Teil 3) zwischen die Anlagestifte (Teil 4) zu liegen. Der Ziehring ist in einem Werkzeugsockel (Teil 5) oder in eine Grundplatte einzulassen, die groß genug sein muß, um die Tischöffnung zu über-

---

[1] *Cope, St. R.:* Solve Special-shell Problems with Proved Die Design Methods. (Die Lösung von Sonder-Tiefzieh-Problemen nach bewährten Werkzeug-Konstruktionen.) Am. Machinist 99 (**1955**), S. 110–113.

decken. Außerdem ist noch eine Unterlegplatte (Teil 6) vorgesehen, durch deren Bohrungen die Abstandsbolzen (Teil 7) und die Gegendruckstößel (Teil 10) hindurchtreten. Die Abstandsbolzen dienen einmal zum Festschrauben des Ziehringes auf dem Werkzeugsockel, wobei gleichzeitig mit diesem die Unterlegplatte verbunden wird. An der unteren Seite dieser Bolzen ist das Querstück (Teil 8) mit Sechskantmuttern (Teil 9) befestigt. Die in die Gegendruckstücke (Teil 12) eingeschraubten Stößel (Teil 10) sind im unteren Teil von Druckfedern (Teil 11) verschiedener Stärke umgeben, die an der einen Seite gegen das Querstück, an der anderen Seite gegen die Federteller (Teil 13) anliegen, welche durch Kegelstifte (Teil 14) in ihrer Lage zu den Stößelbolzen (Teil 10) gehalten werden. Diese Stifte bilden also die Anlagen für die Druckteller mit den Druckfedern gegen die Unterlegplatte derart, daß die oberen Flächen der Gegendruckstücke mit der Ziehringoberfläche in einer gemeinsamen waagerechten Ebene liegen. Durch die verschieden starke Federspannung bzw. durch die Wahl verschieden starker Federquerschnitte der Gegendruckfedern (Teil 11) ist es möglich, den Anpreßdruck des Bleches gegen den Ziehstempel in der gewünschten Weise zu verändern. Ist der Höhenunterschied nicht groß, so wird man mit einem Druckverhältnis von 1:1,5 auskommen, bei größeren, wie beispielsweise hier könnte man schon ein Druckverhältnis von 1:2 und darüber empfehlen. Die richtige Anpressung muß erprobt werden. Die Überstandshöhe i der Anschlagstifte ist dort kleiner als die Blechdicke zu wählen, wo von vornherein ein Niederhalterdruck wirksam werden soll. Geht man jedoch davon aus, daß der Niederhalter erst im Verlaufe des Ziehvorganges durch Verdickung des äußeren Blechrandes zum Tragen kommen soll, so empfiehlt sich gemäß Abb. 307 auf S. 334 eine größere Höhe, die der 1,05fachen Blechdicke entspricht.

10. Gesenkdrückwerkzeug für Kurbel- und Schlagziehpressen

(Werkzeugblatt 56)

Konische Teile werden meist je nach Form und Größe in mehreren Abstufungen zylindrisch abgesetzt gezogen, wie das bereits unter Abschnitt E 22 zu Abb. 335 und Tabelle 18 bei den nichtzylindrischen Ziehteilen erwähnt wurde. Das Nachschlagen dieser abgestuften Übergänge in die endgültige Form geschieht auf einem stark bemessenen Werkzeug nach Werkzeugblatt 56 unter einer Kurbelpresse, da dort die erforderlichen hohen Drücke ausgeübt werden.

Wird eine genaue Maßhaltigkeit derartiger Werkzeuge gefordert, dann müssen die Gesenkdrückwerkzeuge, – mitunter auch als Kalibrier-, Fertigschlag-, Nachschlag- oder Nachprägewerkzeuge bezeichnet – hart aufsitzen. In solchen Fällen kann eine zusätzliche Reckung vorteilhaft unter Schlagziehpressen gemäß S. 514 bis 518, Abb. 490 und 491 erreicht werden, wo oft im gleichen Werkzeug die Form näherungsweise vorgezogen und mittels nachfolgender Schläge aus einer durch Vorversuche bestimmte Höhe die Endform erreicht wird. Mitunter müssen zu diesem Zweck die dafür erforderlichen Stempel oder Gesenkeinsätze ausgewechselt werden. Ein solches Werkzeug ist in Abb. 413 dargestellt. Links der Mittellinie ist das im Vorzug

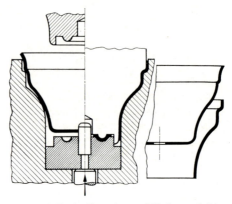

Abb. 413. Fertigschlagwerkzeug mit Bodenausschnitt

gefertigte Unterteil zu sehen, wie es erneut in das Gesenk unter Auswechslung des unteren Gesenkeinsatzes eingelegt wird. Der Boden ist gelocht und kann daher in einem Bolzen des Gesenkeinsatzes aufgenommen werden. Der herabgehende Stempel, der links oben in seiner Ausgangsstellung, rechts unten in seiner Arbeitsstellung dargestellt ist, hält den Boden durch Einpressen einer kreisförmigen Sicke unter radialer Zugspannung und bewirkt auf diese Weise einen scharfen sauberen Abschnitt an der Schneidkante, die durch den weiter niedergehenden Stempel seitlich gegen die Gesenkform gepreßt wird, wobei gleichzeitig die übrigen Bereiche der Zarge schärfer als im Vorzug ausgeprägt werden. Mitunter besteht für den mit einer kreisförmigen Sicke versehenen Abfallring weitere Verwendung als Dichtungs- oder Unterlegscheibe.

Ist die betreffende Presse mit einem Ziehkissen oder einem Tischauswerfer ausgerüstet, so kann dieser dazu benutzt werden, den Gesenkeinsatz auszuheben, falls die Gesenkform zu Vorzügen benutzt wird. Der austauschbare Gesenkeinsatz in Abb. 413 hat außerdem den großen Vorteil einer Erleichterung für die Werkzeuginstandhaltung, da andernfalls der Schneidring kaum zugänglich ist.

Das konische Ziehteil nach Werkzeugblatt 56 weist 3 Einkerbungen c etwa in halber Höhe auf, welche beim Ausplanieren der konischen Form mit vorgeschlagen und im weiteren Arbeitsgang scharfkantig nachgeschlagen werden müssen. Zu diesem Zweck sind 2 Satz auswechselbarer Einsätze (Teil 8) zum Vor- und Nachschlagen vorgesehen. Der erste Einsatz (Teil 8a) ist bei a abgerundet und der zweite (Teil 8b) mit einer der endgültigen Teilform entsprechenden scharfen Kante versehen. Werden die Einsätze symmetrisch ausgeführt, so genügt auch nur ein Einsatz (Teil 8a/b), an welchem die eine Seite bei a verrundet und die andere bei b scharfkantig ausgeführt ist. In der Grundplatte (Teil 4) ist zur Aufnahme der hohen Drücke ein besonderer Aufschlagstahlring (Teil 9) eingesetzt, mit welchem die Einsätze verschraubt sind. Zum Ausschlagen der Abstufungen ist auf die Grundplatte (Teil 4) der äußere Formring (Teil 5) aufgesetzt und darin bei e gegen Auseinanderspringen eingelassen. Die Tiefe t dieses Ansatzes ist auf etwa 5 bis 8 mm zu bemessen und zur Vermeidung von Kerbwirkungen am Boden des äußeren

10. Gesenkdrückwerkzeug für Kurbel- und Schlagziehpressen

Za	**Gesenkdrückwerkzeug**		Werkzeugblatt 56

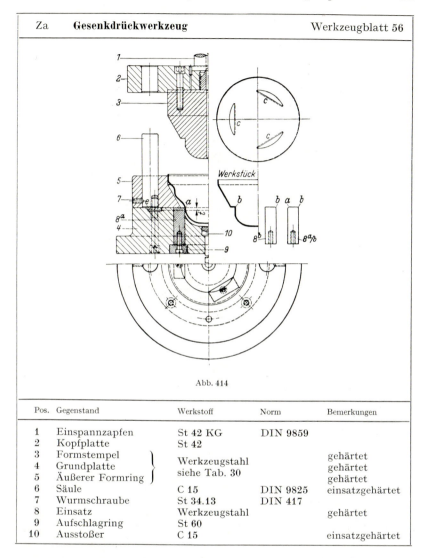

Abb. 414

Pos.	Gegenstand	Werkstoff	Norm	Bemerkungen
1	Einspannzapfen	St 42 KG	DIN 9859	
2	Kopfplatte	St 42		
3	Formstempel	Werkzeugstahl siehe Tab. 30		gehärtet
4	Grundplatte			gehärtet
5	Äußerer Formring			gehärtet
6	Säule	C 15	DIN 9825	einsatzgehärtet
7	Wurmschraube	St 34.13	DIN 417	
8	Einsatz	Werkzeugstahl		gehärtet
9	Aufschlagring	St 60		
10	Ausstoßer	C 15		einsatzgehärtet

Formringes gut abzurunden. Die Säulen (Teil 6) sichern das Oberteil gegen Verdrehung und schützen somit die 3 Einsätze vor Beschädigung. Die Säulen sind mittels Madenschrauben (Teil 7) gegen Herausziehen gesichert. Die fertiggeschlagenen Teile werden durch den Ausstoßer (Teil 10) über einen in die Tischplatte eingelassenen Feder- oder Luftdruckapparat ausgestoßen. Das Oberteil besteht aus einer kräftigen Kopfplatte (Teil 2), in welche der Formstempel (Teil 3) ebenso wie der Einspannzapfen (Teil 1) eingelassen sind. Derselbe ist in der Mitte zwecks Entlüftung durchbohrt. Für die Einsätze (Teil 8) und Aufschlagflächen in solchen Gesenkdruckwerkzeugen werden häufig gegossene Stähle entsprechend Spalte 8 in Tabelle 30 verwendet. So zeigt Abb. 415 links das Unterteil mit zwei angeschraubten Führungsstollen *f* vorn und einem mittleren Stollen *e* hinten und rechts davon das zugehörige Oberteil mit Gußstahlbestückung. Am rechten Oberteil ist die ganze Arbeitsfläche mit einer der winkligen Form angepaßten 40 mm dicken Stahlgußplatte *a* bedeckt, während am linken Unterteil nur die senkrechten inneren Platten *b*, die die Form umschließen und von außen angeschraubt werden, aus Gußstahl bestehen.

Abb. 415. Gesenkdrückwerkzeug mit Gußstahlbestückung (*a* u. *b*) und Führungsstollen (*e* u. *f*)

Gesenkziehwerkzeuge für Werkstücke mit scharfen Kanten sowie solche, an die hohe Ansprüche auf Maßgenauigkeit gestellt werden, sollten nach Möglichkeit unter Schlagziehpressen gemäß S. 514 bis 518 eingesetzt werden.

11. Karosserieziehwerkzeug für dreifach wirkende Breitziehpressen mit Luftkissen

(Werkzeugblatt 57)

Über die Anlage der Karosseriewerkzeuge und der Wulste wurden auf S. 378 bis 395 nähere Ausführungen gebracht. Im beigefügten Werkzeugblatt 57 ist die Anwendung dieser Hinweise an einer praktisch ausgeführten Werkzeugkonstruktion erläutert. Das dort im Schnitt wiedergegebene Werkzeug ist in Abb. 417 in der Außenansicht nochmals dargestellt. Es handelt sich hierbei um die Herstellung eines Kühlerverkleidungsbleches auf einer Breitziehpresse. Der Pressentisch enthält Löcher nach Abb. 1 für Druckstifte nach Abb. 308 bis 310. Letztere stehen auf dem Einsatz der unter dem Tisch befindlichen Preßluftkissen. Außerdem ist eine zusätzliche Auswerfereinrichtung durch einen am Werkzeug selbst außen angebrachten Preßluftzylinder *a* in Abb. 417 in Verbindung mit einer Schubstange *b* über die Hebel *c* vorgesehen. Sie übertragen ein Drehmoment auf die im Ziehgesenk angeordneten Wellen *d*, die ihrerseits die Ausstoßerstangen mit den Gummirollen zwecks Abhebens des fertig gezogenen Teiles in den dafür ausgeparten Schächten *h* nach aufwärts bewegen können. Diese Gummirollen verhindern eine Beschädigung des fertigen Ziehteiles und ermöglichen ein leichtes Herausziehen durch die auf S. 597 bis 600 beschriebene eiserne Hand, die an der Presse montiert ist.

Der Aufbau des Werkzeugoberteiles besteht aus Stempel (Teil 2) mit Aufsatzstück (Teil 1) und Niederhalter (Teil 4) und Niederhalterplatte (Teil 3). Das Aufsatzstück dient als Stempelverlängerung und kann auch für andere Ziehstempel ungefähr gleicher Abmessungen verwendet werden. Die Niederhalterplatte (Teil 3) ist zur Abdeckung des zu großen Niederhalterdurchbruches bei kleineren Ziehteilen erforderlich. Der Niederhalter (Teil 4) ist innen mit Führungsplatten (Teil 5) ausgestattet, die gegen die Stempelführungsplatte (Teil 6) anliegen. Es ist zu empfehlen, nicht zwei gehärtete Platten aufeinander zu führen, obwohl dies im amerikanischen Großwerkzeugbau üblich ist. Es genügt eine gehärtete Stahlplatte, während die leicht auswechselbare Platte aus Mehrstoffbronze (S. 656 bis 661) hergestellt und mit zickzack-förmig eingefrästen Schmierrillen versehen ist. Es können aber auch anstelle der Stahlführungsplatten im Niederhalter Kunststoffplatten eingesetzt werden, worüber auf S. 667 noch nähere Ausführungen gebracht werden. Am Niederhalter sind keilförmig nach außen abfallende Schwenkhebel (Teil 7) hängend angebracht, die beim Auftreffen den Rollenhebel (Teil 8) mit seiner Rolle (Teil 9) einwärts drücken. Dadurch erfährt die eingeworfene Platine eine genaue Zentrierung, indem das Blech gegen den festen Anschlag (Teil 20) geschoben wird. Hierdurch wird eine weitere Stauchung nach innen erzielt, wodurch sich die Platine noch stärker nach unten wölbt und die kurz darauf anschließende Umformung durch den Ziehstempel unterstützt wird. Die Kühlerverkleidung ist derart gestaltet, daß das Aufsitzen des Niederhalters auf dem äußeren Ziehring (Teil 10) allein nicht genügt, vielmehr muß ein Gegengesenk (Teil 11) zum Stempel (Teil 2) eingesetzt werden, das auf einer Traverse (Teil 12) ruhend, mittels der Druckstifte (Teil 13) des Luftkissens in seiner oberen Lage gehalten und erst durch den Ziehstempel mit der Traverse nach unten gedrückt wird. Gleichzeitig treffen die Stoßplatten (Teil 14) des Niederhalters gegen die Abstandsbolzen (Teil 15) auf.

Der Ziehvorgang ist nun beendet, der Stempel bewegt sich nach oben, während noch der Niederhalter (Teil 4) auf dem Ziehring (Teil 10) aufsitzt. Die ständige Druckluft im Luftkissen drückt nun über die Stifte (Teil 13) die Traverse (Teil 12) mit dem Einsatz (Teil 11) gegen das fertige Ziehteil. Um nun ein Deformieren des Ziehteiles zu verhindern, sind die Distanzbolzen (Teil 15) eingebaut, damit die Aufwärtsbewegung der Traverse (Teil 12) mit dem Niederhalter (Teil 4) gleichzeitig erfolgt. Diese Distanzbolzen sind jedoch nicht erforderlich, wenn eine Steuerung des Luftkissens durch die Presse vorgesehen ist. Das nun lose aufliegende Preßteil wird durch den bereits beschriebenen Preßluftzylinder (Teil 16) mit der Schubstange (Teil 17) und dem Hebelgestänge (Teil 18) über die oben mit Gummirollen (Teil 21) bestückten Ausstoßer (Teil 19) weiter angehoben.

Bei diesem groß angelegten Werkzeug mit den vielen Teilen sind in der beigefügten Stückliste nicht sämtliche Teile einzeln aufgezählt. Daher sind unter Fortlassung der Materialbezeichnung nur die Konstruktionsgruppe oder einige wichtige Einzelteile angegeben. In der Ansicht zu Abb. 417 sieht man weiterhin vorspringende Kranösen k zum Transport der schweren Werkzeug-

| Z-Staf | **Karosserieziehwerkzeug für Breitziehpresse** | Werkzeugblatt 57 |

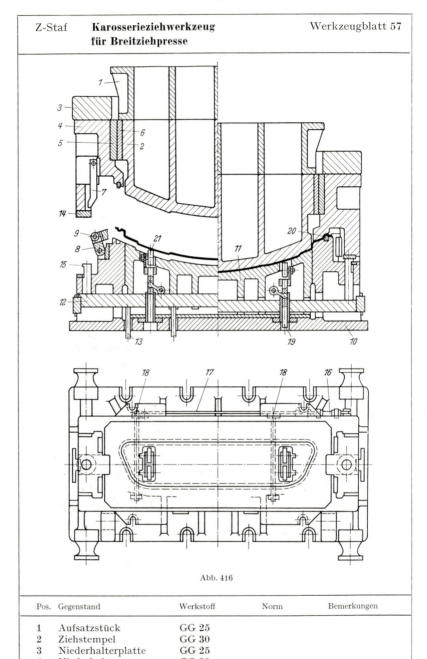

Abb. 416

Pos.	Gegenstand	Werkstoff	Norm	Bemerkungen
1	Aufsatzstück	GG 25		
2	Ziehstempel	GG 30		
3	Niederhalterplatte	GG 25		
4	Niederhalter	GG 30		
5	Führungsplatte zu 4)	Nr. 1, Tab. 32 (oder Kunststoff)		einsatzgehärtet

11. Karosserieziehwerkzeug f. dreif. wirkende Breitziehpressen m. Luftkissen 455

	Werkzeugblatt 57 (Fortsetzung)			
Pos.	Gegenstand	Werkstoff	Norm	Bemerkungen
6	Führungsplatte zu 2)	GG 25		
7	Keilhebel	Ck 15		einsatzgehärtet
8	Anschlagschwenkhebel	St 42		
9	Andrückrolle zu 7) u. 8)	15 Cr 3		einsatzgehärtet
10	Ziehring	GG 25		
11	Gegengesenk	GG 25		
12	Traverse	St 42		
13	Druckstifte	C 15	DIN 55205	einsatzgehärtet
14	Stoßplatte	Ck 15		einsatzgehärtet
15	Abstandsbolzen	Ck 15		einsatzgehärtet
16	Preßluftzylinder	–		
17	Schubstange	St 34 K		
18	Hebelgestänge	St 34 K		
19	Ausstoßer	St 34 K		
20	Bremswulst	St 70-2		einsatzgehärtet
21	Gummirollen	ölbeständiger Gummi (Tab. 23)		

Abb. 417. Karosseriewerkzeug nach Abb. 416 mit pneumatischer Aushebevorrichtung

teile, sowie Führungsplatten, die ebenso wie bei der Führung des Ziehstempels im Niederhalter (Teil 5 und 6) eine genaue Einpassung des Werkzeugoberteiles und Werkzeugunterteiles gewährleisten, wie dies die Führungsstollen e und die Führungsplatte bei f an den Schmalseiten der Werkzeuge zeigen. In Abb. 417 ist die Anlage der Ziehwulstgruben g im Ziehring erkennbar, die nur an den geraden begrenzten Seiten, dagegen nicht an den Rundungen zu finden sind, in Übereinstimmung mit den Ausführungen zu S. 380 bis 383 und Abb. 339 bis 345 dieses Buches.

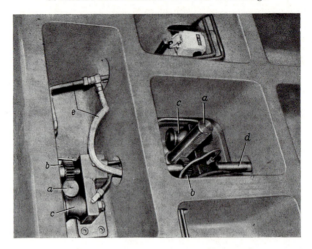

Abb. 418. Pneumatisch betätigte Aushebevorrichtung

Abb. 418 zeigt die Untersicht auf ein Ziehgesenk ähnlich dem in Abb. 416 und 417 gezeigten mit pneumatisch betätigter Aushebevorrichtung. Auf der Welle d, die mittels eines Hebels durch einen hier nicht sichtbaren pneumatischen Arbeitszylinder geschwenkt wird, befinden sich Zahnräder b, die die zahnstangenartig gefrästen und rückseitig mittels Rollen c abgestützten Aushebestößel a auf- oder abwärts bewegen. Die Preßluftleitung e verbindet die einzelnen Arbeitszylinder mit dem Kompressor[1].

G. Andere Ziehverfahren und ihre Werkzeuge

1. Abstreckziehen

(Werkzeugblatt 58)

Das Abstrecken oder Streckziehen bedeutet gegenüber dem üblichen Tiefziehen einen Tiefzug mit Wanddickenverringerung. Häufig wird das Ziehteil unter anderen Ziehwerkzeugen in vorausgehenden Arbeitsstufen zylindrisch vorgeformt und dann in einem anschließenden Abstreckzug genau auf Maß gezogen. Es ist aber auch möglich, gemäß Werkzeugblatt 58 in einem gemeinsamen Werkzeug aus dem ebenen Zuschnitt einen Napf im Anschlag zu ziehen und diesen anschließend durch darunter befindliche Ziehringe unter Durchmesserverringerung $d_1 > d_2 > d_3$ hindurchzutreiben. Auf dem unteren Sockelring (Teil 3) liegen übereinander die 3 Ziehringe (Teil 4, 5, 6) und der Einlagering (Teil 7) und sind durch Sechskantschrauben (Teil 8) miteinander verbunden. Ein besonders langer Ziehstempel (Teil 1) hoher Festigkeit formt nach Aufsetzen des Niederhalters (Teil 2) auf den Zuschnitt des Durchmes-

---

[1] Abb. 417 Allgaier-Werke Uhingen, Abb. 418 Masch. Weingarten.

1. Abstreckziehen

sers D denselben nach Einzug durch den oberen Ziehring (Teil 6) zum zylindrischen Napf, treibt diesen weiter unter Wanddickenverminderung

$$V_s = \frac{s_0 - s_2}{s_0} \leqq 35\% \quad \text{mit} \quad s_2 = 0{,}5\,(d_2 - d_0) \tag{108}$$

durch den oberen Abstreckring (Teil 5) und anschließend noch durch einen unteren Abstreckring (Teil 4). Hier beträgt dann insgesamt

$$V_s = \frac{s_0 - s_3}{s_0} \leqq 55\% \quad \text{mit} \quad s_3 = 0{,}5\,(d_3 - d_0)\,. \tag{109}$$

Nach Untersuchungen *Bauders*[1] an Mittel- und Grobblechen können ersterenfalls bis zu 35%, letzterenfalls bis zu 55% verformt werden. An sich werden diese Verformungen in der Regel auf V_q, also auf das Flächenverhältnis, be-

Zi	**Abstreckziehwerkzeug mit Ziehring und 2 Abstreckringen**		Werkzeugblatt 58

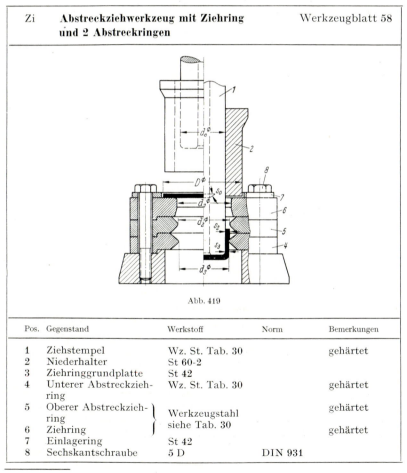

Abb. 419

Pos.	Gegenstand	Werkstoff	Norm	Bemerkungen
1	Ziehstempel	Wz. St. Tab. 30		gehärtet
2	Niederhalter	St 60-2		
3	Ziehringgrundplatte	St 42		
4	Unterer Abstreckziehring	Wz. St. Tab. 30		gehärtet
5	Oberer Abstreckziehring	Werkzeugstahl siehe Tab. 30		gehärtet
6	Ziehring			gehärtet
7	Einlagerung	St 42		
8	Sechskantschraube	5 D	DIN 931	

[1] *Bauder, U.*: Der Streckzug. Stahl u. Eisen 71 (1951), Nr. 10, S. 507–512.

zogen. Dies bringt jedoch nicht viel mehr, da der mittlere Durchmesser sich nur unwesentlich ändert. Die Abstreckkraft P_{az} wird berechnet[1] zu

$$P_{az} = \frac{1}{\eta_{\text{form}}} \cdot F_3 \cdot \ln \frac{F_1}{F_3} \cdot k_{\text{fm}}. \tag{110}$$

Der Formänderungswirkungsgrad η_{form} ist nach *Bauders* Versuchen mit 32 bis 40% anzunehmen. Es sei hier auf das folgende Beispiel 47 und auf die Gln. (113) und (114) hingewiesen.

F_1 ist der Zargenquerschnitt nach dem Napfen

$$F_1 = \frac{\pi}{4} (d_1^2 - d_0^2). \tag{111}$$

F_3 ist der Zargenquerschnitt nach Passieren des unteren Abstreckringes

$$F_3 = \frac{\pi}{4} (d_3^2 - d_0^2). \tag{112}$$

Der Wert für die mittlere Formänderungsfestigkeit k_{fm} ist aus den Kurven zu Abb. 297 rechts oben über der jeweiligen Formänderung φ abzugreifen, die in unserem Falle $\ln \frac{F_1}{F_3}$ bedeutet. Ist die Verformung V_d oder V_q in Prozenten bekannt, so kann die Formänderung φ am Kurvenzug zu Abb. 420

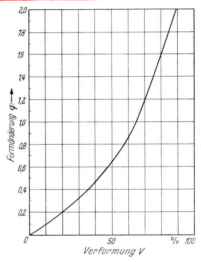

Abb. 420. Umrechnungskurve zur Ermittlung von φ

schnell abgelesen werden und spart das Rechenwerk. Damit ist aber nur die durch die beiden Abstreckringe bedingte Ziehkraft ermittelt. Hinzu kommt noch die Ziehkraft für den zylindrischen Zug, wo auf das Verfahren zu Abb. 297 dieses Buches verwiesen wird.

---

[1] Ermittlung der Werkstückbeanspruchung und der Pressenkraft für das Tiefziehen und Abstrecken mit verschiedenen Ziehverhältnissen. Mitt. Forsch. Blechverarb. 1960, Nr. 5, S. 50–55.

1. Abstreckziehen

In einer größeren theoretischen Arbeit von *Hill*[1] wird in Versuchen, deren Ergebnisse vom Verfasser zu dem räumlichen Diagramm der Abb. 421 vereinigt wurden, festgestellt, daß Kraft und Spannung annähernd proportional zur Wanddickenverminderung und zum Einzugdüsenwinkel zunehmen. In Abb. 422 ist die Bedeutung der Maße d, w, W und α angegeben. Die obere Schaubildfläche veranschaulicht die Abhängigkeit des Ausdruckes $\sigma_0/(3{,}5\sigma_1)$ vom Einzugsdüsenwinkel und von der Wanddickenverminderung. Dabei wird unter σ_0 die mittlere Spannung in der Zarge verstanden, wobei reibungslose Verhältnisse vorausgesetzt werden; σ_1 ist die sich in der Bearbeitungsrichtung ergebende Spannung, die bei Ermittlung von P_{az} aus Gründen der Vorsicht zu σ_B angenommen wird. Die Ziehstempelkraft P wird von *Hill* wie folgt berechnet:

$$P_{az} = \pi \cdot (W - w)(d + w)/(1 + \mu \operatorname{ctg} \alpha) \cdot \sigma_0 \,. \qquad (113)$$

Beispiel 47: Für einen aus Stahlblech ($\sigma_B = 38$ kp/mm²) tiefgezogenen Napf von 85 mm Außendurchmesser und 75 mm Innendurchmesser ($W = 5$ mm), der auf 83 mm Durchmesser ($w = 1$ mm) unter einem $\alpha = 15°$ abzustrecken ist, sei nach Gl. (113) die Abstreckkraft P_{az} zu ermitteln. Aus dem Schaubild Abb. 421 wird für eine Wanddickenverminderung $(W - w)/W = (5 - 4)/5 = 0{,}2$ und für ein $\alpha = 15°$ bis zur oberen Diagrammfläche eine Höhe ($= 12$ mm) zu $\sigma_0/3{,}5\sigma_1 = 0{,}3$ abgegriffen. $\sigma_1 = \sigma_B = 38$ kp/mm². $\sigma_0 = 0{,}3 \cdot 3{,}5 \cdot \sigma_B = 40$ kp/mm². Mit einem Reibungswert $\mu = 0{,}25$ und ctg $\alpha = 3{,}73$ wird nach Gl. (113):

$$P_{az} = 3{,}14\,(75 + 4)\,(1 + 0{,}25 \cdot 3{,}73) \cdot 40 = 19\,200 \text{ kp}.$$

Nach Gl. (111) und (112) sind zunächst aus den Durchmessern 85, 83 und 75 mm die Ringflächen F_1 mit 1250 mm² und F_3 mit 1000 mm² zu ermitteln. Aus

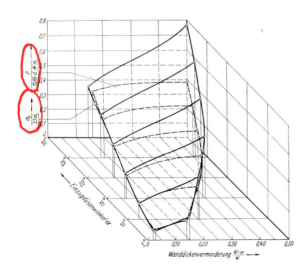

Abb. 421. Abhängigkeit der Abstreckziehkraft von Wanddicke und Einzugsdüsenwinkel

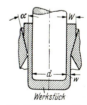

Abb. 422. Einzugsdüse zu Abb. 421

---

[1] *Hill, R.:* Die Berechnungen der Spannungen beim Dünnerziehen. (The Calculation of Stresses in the Ironing of Metal Cups.) J. of the Iron and Steel Institute, Jan. 1949, S. 41–43. Ausführliche Besprechung dieser Arbeit seitens des Verfassers in Werkstattst. u. Maschb. 39 (1949), H. 11/12, S. 370.

Abb. 292 ergibt sich für $F_1/F_3 = 1{,}25$ ein $\ln 1{,}25 = 0{,}21$ und aus Abb. 297 rechts oben ein zugehöriges $k_{fm} = 32$ kp/mm². Mit $\eta_{form} = 0{,}36$ wird gemäß Gl. (110):

$$P_{az} = \frac{1000 \cdot 0{,}21 \cdot 32}{0{,}36} = 18\,600 \text{ kp}.$$

In roher Annäherung läßt sich die aus den *Hill*schen Versuchen abgeleitete Gl. (113) innerhalb eines Bereiches von $\alpha = 10$ bis $25°$ zur Gl. (114) vereinfachen, wobei der Beiwert a zu 1,8 bis 2,3 angenommen werden kann, und zwar gilt der größere Grenzwert für kleine, der kleine Grenzwert für große Winkel α.

$$P_{az} = a \cdot \sigma_B \cdot \pi \cdot (d + w)(W - w). \tag{114}$$

Nimmt man a im Mittel zu 2,0 an, so ergibt eine Ausrechnung dieser Gl. (114) für Beispiel 47 ein $P_{az} = 18\,840$ kp.

In der unteren Schaubildfläche zu Abb. 421 ist die Abhängigkeit des Ausdruckes $P/(10{,}85 \cdot c \cdot W \cdot \sigma_1)$ dargestellt. Die hier unabhängig von den Eigenschaften des beim Tiefziehen verwendeten Werkstoffes vorausgesagten und angeblich allgemeingültigen Beziehungen bedürfen unbedingt noch der Bestätigung durch Versuche.

Nach einer Arbeit von *Sachs* und *Espey*[1] empfiehlt es sich nicht, wie in Abb. 419 dargestellt, während des Abstreckens mehr als einen Abstreckring wirksam werden zu lassen. Vielmehr ist der Abstand zwischen den Abstreckziehringen so groß als möglich zu halten und sollte zumindest viermal so groß wie der Stempeldurchmesser oder fünfzigmal so groß wie die Ursprungsblechdicke gewählt werden. Bezogen auf die Ringfläche des Zargenquerschnittes wird bei Stahlblechen im 1. Abstreckzug bis zu 64% Querschnittsverminderung und hiervon wiederum im 2. bis zu 55% erzielt. Sind d_a der Außendurchmesser, d_i der Innendurchmesser des vorgezogenen Napfes, d_1 der Abstreckdurchmesser im ersten Ring, d_2 derjenige des zweiten, so gilt hiernach:

$$\frac{F_0 - F_1}{F_0} = \frac{(d_a^2 - d_i^2) - (d_1^2 - d_i^2)}{(d_a^2 - d_i^2)} \leqq 64\%, \tag{115}$$

$$\frac{F_1 - F_2}{F_1} = \frac{(d_1^2 - d_i^2) - (d_2^2 - d_i^2)}{(d_1^2 - d_i^2)} \leqq 55\%. \tag{116}$$

Bedeuten s_0 die ursprüngliche Wandstärke, h_0 die Höhe des Vorzuges, h_1 die Höhe und s_1 die Wanddicke nach dem 1., h_2 die Höhe und s_2 die Wanddicke nach dem 2. Abstreckzug, so gilt

$$h_1 = \frac{h_0 (d_i + s_0) \cdot s_0}{(d_i + s_1) \cdot s_1}, \tag{117}$$

$$h_2 = \frac{h_0 (d_i + s_0) \cdot s_0}{(d_i + s_2) \cdot s_2}. \tag{118}$$

---

[1] *Sachs, G.*, u. *Espey, G.*: Effect of spacing between dies in the tandem drawing of tabular parts. Trans A.S.M.E. 1947, S. 139–143. Auszug Mitt. Forsch. Blechverarb. Nr. 23 vom 1. 12. 1953, S. 331.

Beispiel 48: Auf welche Höhe und bis zu welcher Wanddicke läßt sich ein Napf von 20 mm Höhe und 25 mm Außendurchmesser aus 2 mm dickem Stahlblech abstrecken? Die ursprüngliche Querschnittsringfläche beträgt $F_0 = (25^2 - 21^2) \cdot \pi/4 = 144$ mm². Aus $(F_0 - F_1)/F_0 = 0{,}64$ ergibt sich ein $F_1 = 52$ mm² $= (d_1^2 - 21^2) \cdot \pi/4$ und somit $d_1 = 22{,}5$ mm. Aus $(F_1 - F_2)/F_1 = 0{,}55$ ergibt sich ein $F_2 = 23{,}4$ mm² $= (d_2^2 - 21^2) \cdot \pi/4$ und somit $d_2 = 21{,}8$ mm; $s_1 = 0{,}75$ mm; $s_2 = 0{,}4$ mm. Nach Gln. (119) u. (120) wird $h_1 = 20 \cdot 23 \cdot 2/21{,}75 \cdot 0{,}75 = 56$ mm und $h_2 = 20 \cdot 23 \cdot 2/21{,}4 \cdot 0{,}4 = 107$ mm. Der Ringabstand $e > 56$ mm, also $= 60$ mm.

In Übereinstimmung mit *Sachs* und *Espey* wird von *Busch*[1] der Einfachzug gegenüber dem Mehrfachzug empfohlen, wobei der Winkel α nach Abb. 422 möglichst klein gehalten werden sollte, damit bei geringer Bodenkraft des Stempels keine Bodenreißer eintreten. Bei geringen Umformgraden $\varphi < 0{,}2$ ist hierbei auch die Stempelkraft noch gering, doch nimmt sie bei kleinem α mit wachsendem φ zu, so daß bei $\varphi = 0{,}5$ bis $0{,}7$ das Stempelkraftminimum etwa bei einem $\alpha = 12$ bis $18°$ liegt.

Auf die Traktrixkurve wurde bereits beim niederhalterlosen Tiefziehen zu S. 342 Bezug genommen. Sie wurde von *May*[2] zur Profilierung der Ziehringe für das Abstreckziehen empfohlen. In Abb. 423 ist ein solches Werkzeug

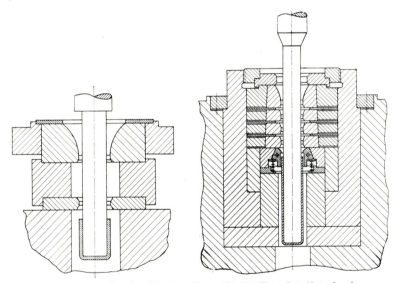

Abb. 423. Abstreckwerkzeug mit großem Ringabstand   Abb. 424. Vierstufiges Abstreckwerkzeug

zum Napfziehen mit großem Ringabstand dargestellt. Zwischen dem Ziehring und dem Abstreckring befindet sich ein Zwischenring, der nachträglich ausgetauscht werden kann, falls der Abstand zwischen den beiden Werkzeugringen verändert werden soll. Im Gegensatz hierzu sind beim Weiterschlagwerkzeug zu Abb. 424 mit vier unmittelbar aufeinanderfolgenden Abstreck-

---

[1] *Busch, R. K.:* Untersuchungen über das Abstreckziehen von zylindrischen Hohlkörpern bei Raumtemperatur. Bericht Nr. 10 aus dem Institut für Umformtechnik, Universität Stuttgart (TH), Essen, Girardet 1969.

[2] *May, O.:* Die Traktrix-Kurve. Werkstattstechnik 51 (**1961**), H. 9, S. 476–479.

ringen die Ringabstände äußerst klein. Unter dem untersten Abstreckring sind unter Federdruck stehende, schwenkbare Abstreifhebel vorgesehen, die beim Rückzug des Stempels das abgestreckte Teil von diesem abstreifen. Die beiden Werkzeuge in Abb. 423 und 424 dienen zur Anfertigung eines Stoßdämpferrohres. Während beim ersten Werkzeug der Napf bereits fertig gezogen ist, ehe er die erste Abstreckstufe passiert, so daß die Kraft auf Null zurückgeht, bevor sie im Beginn des Abstreckens wieder ansteigt, können die vier Abstreckstufen zu Abb. 424 zu einem Kraft-Weg-Diagramm nach Abb. 425a oben führen, wo sich die einzelnen Kräfte erheblich übereinander addieren. Dies wurde bei einem derartigen Vierfachzug von *Bauder* bestätigt[1]. Es besteht nun die Möglichkeit, durch Einlegen von Zwischenringen die gegenseitigen Abstände zu verändern, wie dies auch in der Werkzeugkonstruktion zu Abb. 424 vorgesehen ist. Dann kann eine solche sich steigernde Überdeckung, wie sie nach Abb. 425a oben sich ergibt, weitestgehend ab-

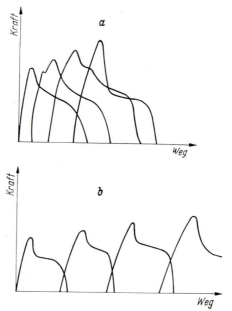

Abb. 425. Vom Ringabstand abhängige Kraft-Weg-Diagramme

gebaut werden. Dabei ist es durchaus nicht nötig, daß die Abstandserweiterung so weit getrieben wird wie bei dem Werkzeug zu Abb. 423, wo die Kraft auf Null zurückgeht. Die Diagrammüberdeckungen können so gehalten werden, daß die Addition der Kräfte an diesen Stellen noch unter den Kraftspitzen der einzelnen Diagramme liegt, wie dies in Abb. 425b zum Ausdruck kommt.

[1] *Bauder, U.*: Ableitung von Verformungsbestwerten für das Tiefziehen von Hohlkörpern aus dicken Stahlblechen. Dissertation TH Stuttgart 1949. – *Weiss, H.*: Untersuchungen über das Abstrecken. Dissertation TH Stuttgart 1953. – *Kuhn, W.*: Untersuchungen über das Streckziehen von Stahlhülsen mit mehreren Ziehringen. Dissertation TH Zürich 1958.

Als Abstreckgeschwindigkeit werden 25 m/min empfohlen. Es werden Schmiermittel hoher Zähigkeit angewendet, die auch bei höheren Temperaturen noch ein starkes Adhäsionsvermögen und hohe Viskosität besitzen, um den hohen Drücken während des Abstreckens widerstehen zu können. Schmierstoffe, die sonst zum üblichen Tiefziehen mit Erfolg angewendet werden, versagen beim Abstrecken des gleichen Werkstoffes[1]. Zwischen den Abstreckzügen sollten die Teile Umlauf-Schutzgas-Glühöfen einschließlich der Abkühlzone in 90 min durchlaufen, wobei die Werkstücke in der Erhitzungszone auf 700 °C erwärmt werden. Nach Möglichkeit sind Stahlbleche vor dem Abstrecken zu bondern, bzw. zu phosphatieren. Mitunter ist ein Weichglühen der abgestreckten Teile zu empfehlen, da mit dem Abstreckvorgang eine erhebliche Verfestigung verbunden ist, die insbesondere am Ende der Abstreckung beim Übergang der dünnen abgestreckten Wand zur dickeren noch nicht abgestreckten zu Stauchfalten und Sprödbrüchen führen kann.

Schließlich sei auf das vierstufige Abstreckziehwerkzeug mit waagerecht vorzuschiebenden Stempeln zu Abb. 459 hingewiesen.

2. Oeillet-Verfahren

(Werkzeugblatt 59)

Ein für die Herstellung kleiner Hülsen oder hülsenartiger Teile geeignetes Verfahren ist das sogenannte Oeillet-Verfahren (oeillet = Schuhöse). Es läßt sehr viel höhere Ziehverhältnisse zu als die üblichen Ziehverfahren. Aufgrund bisheriger Betriebsergebnisse kann ein Ziehverhältnis h_e/d_e für die Endstufe entsprechend dem doppelten β_{100}-Wert (= Gütegrad des Napfzugversuches = D/d) eingesetzt werden. Wird ein Blech mit einem $\beta_{100} > 2{,}0$ verwendet, so ist $h_e/d_e = 4$ möglich. Im Hinblick auf die hierbei eintretende Verfestigung und Rißgefahr ist eine weitergehende Beanspruchung unzulässig.

In der ersten Arbeitsstufe wird eine im Boden weit gerundete Warze in das Blech eingedrückt. Am günstigsten ist hier die einreihige Anordnung, da von den beiden Seiten der Werkstoff zur Einbeulung der Warze mit herangezogen werden kann. Sind aber – wie in der Massenfertigung meist üblich – mehrere Reihen nebeneinander zu ziehen, so wird, zumindest in der Querrichtung des Bandes, der Werkstoff auf Zug beansprucht und in der Wanddicke geschwächt. Das Gelingen der Anfangswarze ist entscheidend für die späteren Beanspruchungen. Man wähle ihre Höhe etwa gleich der Hälfte des Durchmessers. Dabei kann in der Längsrichtung auch bei den späteren Arbeitsstufen Werkstoff herangezogen werden, was in der Querrichtung dann nicht mehr möglich ist. Zur genauen Einmittung wird oft außen an den Bändern je eine Reihe Führungswarzen eingeprägt. In den weiteren Arbeitsstufen wird der Durchmesser der stark gerundeten Anfangswarze herabgesetzt, dafür wird die Höhe des Teiles größer und die Kantenrundung zunehmend schärfer. Man hat bisher bei der Abstufung den Werkstoffeigenschaften wenig Rechnung getragen, wie die Vermessung verschiedener

---

[1] Siehe hierzu S. 372 dieses Buches, wo die Schmierung der Abstreckringe bei rostfreien Stahlblechen beschrieben ist.

Werkzeugsätze beweist. So findet man sogar, daß unter ein und demselben Werkzeug verschiedene Werkstoffe verarbeitet werden. Die Durchmesser und Höhen für die einzelnen Stufen berechnet man am besten rückwärts von der Endstufe aus (Außendurchmesser d_e, Höhe h_e). Der vorhergehende Zug wird mit 1, der davor liegende mit 2 usw. bezeichnet. Nach den Ergebnissen der Praxis stellt man einen ziemlich linear verlaufenden Abfall der Höhe fest:

$$h = h_e \cdot (1 - 0{,}04 \cdot a) \,. \tag{119}$$

Hingegen nimmt der Durchmesser d parabelförmig zu:

$$d = d_e + 0{,}1 \cdot a^2 \,. \tag{120}$$

In diesen beiden Gleichungen bedeutet a die Anzahl der dem Endzug vorausgehenden Schläge. Die Faktoren 0,04 in Gln. (119) und (121) und 0,1 in Gln. (120) und (122) ergeben sich empirisch aus bisher vermessenen Werkzeugsätzen. Ihre genaue Bestimmung durch den Versuch fehlt heute noch. Einstweilen gelten obige Gln. (119) und (120) für gut umformbare Bleche eines $\delta_5 = 0{,}25$ bis $0{,}35$. Für Bleche eines anderen Dehnverhaltens ist zu a und a^2 zusätzlich ein Beiwert $\Omega = \sqrt{\delta_5/0{,}3}$ zu berücksichtigen, wie folgt:

$$h = h_e (1 - 0{,}04 \cdot \Omega \cdot a) \,, \tag{121}$$

$$d = d_e + 0{,}1 \cdot \Omega \cdot a^2 \,. \tag{122}$$

Folgende Beispiele mögen die Anwendung dieser Gleichungen erläutern, die für einen Dickenbereich von $s = 0{,}25$ bis $0{,}60$ mm gelten.

Beispiel 49: Gesucht sei die Stufung für ein Teil aus 0,3 mm dickem Tiefziehstahlblech ($\delta_5 = 0{,}3$) von $h_e = 18$ mm und $d_e = 5$ mm. Nach Gln. (119) und (120) wird:

$$h_1 = 18\,(1 - 0{,}04 \cdot 1) = 17{,}3 \qquad d_1 = 5 + 0{,}1 \cdot 1 = 5{,}1$$
$$h_2 = 18\,(1 - 0{,}04 \cdot 2) = 16{,}6 \qquad d_2 = 5 + 0{,}1 \cdot 4 = 5{,}4$$

usw.

$$h_{11} = 18\,(1 - 0{,}04 \cdot 11) = 10 \qquad d_{11} = 5 + 0{,}1 \cdot 121 = 17{,}1$$
$$h_{12} = 18\,(1 - 0{,}04 \cdot 12) = 9{,}4 \qquad d_{12} = 5 + 0{,}1 \cdot 144 = 19{,}4$$

Es ist nicht nötig, die Stufung weiter über h_{12} und d_{12} hinauszuführen, da h_{12} mit 9,4 mm bereits unter der Hälfte des Wertes von $d_{12} = 19{,}4$ mm liegt.

Dann wird nach Abb. 426 die Abstufung für den Streifen und somit auch für die Werkzeuge entworfen. Jetzt beginnt man jedoch von vorn und zeichnet zunächst den linken Teil, also eine weit abgerundete Warze von 19,4 mm Durchmesser und 9,4 mm Höhe. Der Teilungsabstand zwischen den einzelnen Stufen muß immer gleich groß gehalten werden und beträgt $t = 1{,}15 d_a$ (d_a = Durchmesser der Anfangswarze). In diesem Fall kann also $t = 22$ mm gewählt werden.

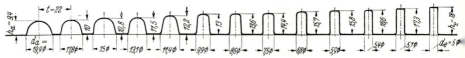

Abb. 426. Die Abstufungsform gemäß Berechnungsbeispiel 48

Beispiel 50: Dasselbe Teil werde nicht aus Tiefziehstahlblech, sondern aus Tombak (Ms 90 w) eines $\delta_5 = 0{,}43$ gefertigt. Hierfür gelten die Gln. (121) und (122) mit $\Omega = \sqrt{0{,}43/0{,}3} = 1{,}2$.

2. Oeillet-Verfahren

$h_1 = 18 (1 - 0{,}04 \cdot 1{,}2 \cdot 1) = 17{,}1 \qquad d_1 = 5 + 0{,}1 \cdot 1{,}2 \cdot 1 = 5{,}1$
$h_2 = 18 (1 - 0{,}04 \cdot 1{,}2 \cdot 2) = 16{,}3 \qquad d_2 = 5 + 0{,}1 \cdot 1{,}2 \cdot 4 = 5{,}5$
usw.
$h_9 = 18 (1 - 0{,}04 \cdot 1{,}2 \cdot 9) = 10{,}2 \qquad d_9 = 5 + 0{,}1 \cdot 1{,}2 \cdot 81 = 14{,}7$
$h_{10} = 18 (1 - 0{,}04 \cdot 1{,}2 \cdot 10) = 9{,}4 \qquad d_{10} = 5 + 0{,}1 \cdot 1{,}2 \cdot 100 = 17$
$h_{11} = 18 (1 - 0{,}04 \cdot 1{,}2 \cdot 11) = 8{,}5 \qquad d_{11} = 5 + 0{,}1 \cdot 1{,}2 \cdot 121 = 19{,}5$

Im Vergleich zum vorausgehenden Beispiel nach Abb. 426 sind hier nur 11 Stufen erforderlich. Es würden sogar 10 Stufen genügen, wenn h_9 auf 10, h_{10} auf 9 mm abgerundet und d_9 auf 15 und d_{10} auf 18 mm aufgerundet werden.

Bei sehr gut umformfähigen Blechen eines $\delta_5 > 0{,}35$ kann man sogar einen Zwischenraum zwischen den beiden ersten Stufen ganz wegfallen lassen, so daß $t = d_a$ wird. Allerdings kommt dies nur für solche Werkstoffe in Frage, die eine hohe Dehnung besitzen und mindestens ein Ziehverhältnis $\beta_{100} = 2{,}2$ aufweisen. Aus den berechneten Werten ergibt sich die Form der Teile.

Ein anderes in seiner Berechnung etwas schwierigeres Verfahren zur Ermittlung der Werkzeugabmaße für die einzelnen Stufen wird von *Hummel*[1] empfohlen. Dasselbe führt etwa zu gleichen Ergebnissen, was durch Gegenüberstellung einer Reihe von Oeillet-Streifenmuster bewiesen wurde.

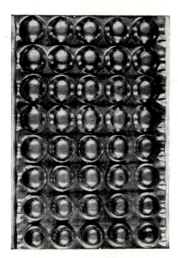 

Abb. 427. Die 1. Stufe (obere Bildhälfte) und die 2. Stufe (untere Bildhälfte) eines Oeillet-Streifens aus 0,3 mm dickem Messingblech

Abb. 428. Die letzten 3 Stufen, 11., 12. und 13. Stufe vor dem Ausschnitt des Teiles, jedoch bei bereits ausgelochtem Boden (unten im Bild) des gleichen Streifens nach Abb. 427

Abb. 427 und 428 zeigen Oeillet-Tiefungen eines 0,3 mm dicken Messingbleches, das in 13 Stufen von 8 mm Außendurchmesser auf 1,5 mm Außendurchmesser und von einer Anfangshöhe von 2,8 mm auf die Endhöhe von 6 mm gezogen wurde. Abb. 427 zeigt links die 1. Stufe und rechts die 2. Stufe. Man kann deutlich erkennen, daß in der 1. Stufe zwischen den Randkreisen kein Zwischenraum verbleibt. Abb. 428 stellt die letzten Stufen dar, wo

---

[1] *Hummel, O.*: Berechnung und Entwurf von Folgeziehwerkzeugen für runde Ziehteile aus Werkstoffstreifen. Werkst. u. Betr. 85 (1952), H. 3, S. 105–107.

in der unteren Reihe die Endstufe mit dem durchschnittenen Boden sichtbar wird. Damit ist die Oeillet-Tiefung beendet, und es wird in den weiteren Stufen nur noch das fertige Teil aus dem Streifen ausgelocht. Bemerkenswert ist hier überall eine Randfaltung, die bereits in der 1. Arbeitsstufe sichtbar wird und sich besonders dort zeigt, wo die Ausbeulkreise sich dem Rand nähern. Diese Randfalten finden sich bei den meisten Oeillet-Streifen. Abb. 429 zeigt unten ein einreihig getieftes 0,4 mm dickes Stahlband, bei dem in 14 Arbeitsstufen von einem Außendurchmesser $d_a = 17$ mm auf 4,2 mm und von einer Anfangshöhe $h_a = 8{,}6$ mm auf die Endhöhe von 17,6 mm gezogen wird. Auch gut umformfähige Stahlbleche können ohne Zwischenraum der Randkreise in der 1. Arbeitsstufe vorgezogen werden.

Abb. 429. Einreihige Oeillet-Streifen aus verschiedenen Werkstoffen, der untere Streifen aus 0,4 mm dickem Stahlblech, die drei oberen Streifen für Planenhalter

Im Gegensatz zu diesem Verfahren, wo sich die Teile beim fortschreitenden Vorschub unter dem Werkzeug mehr oder weniger selbst einmitten, kann man zur Einmittung auch Seitenwarzen bereits in der 1. Arbeitsstufe an den äußeren Rändern des Streifens eindrücken. Diese sogenannten Leitwarzen bleiben unverändert bestehen und dienen beim Vorschub gewissermaßen als Zahnstange. Abb. 430 zeigt 4 Querstücke aus dem Längsstreifen bei ganz verschiedenen Arbeitsstufen, und zwar ganz links bei der 1. Arbeitsstufe und ganz rechts bei der Endstufe. Alle diese 4 Ausschnitte zeigen am äußeren Rand, also ganz oben und ganz unten, eine Reihe von Warzen, deren Größe von Anfang an bis zur letzten Stufe unverändert bleibt. Dies ergibt zwar einen größeren Randabfall, aber dafür einen sicheren Vorschub. Es handelt sich um ein 0,32 mm dickes Stahlblech, das in 8 Stufen von 7,5 mm auf 2,8 mm Durchmesser und von 5,7 mm auf 8,5 mm Höhe getieft wurde. Dabei ist zu bemerken, daß in den beiden letzten Arbeitsstufen der Durchmesser von 2,8 mm unverändert ist, daß aber durch eine Ausspitzung im Endarbeitsgang die Höhe von 7,9 mm auf 8,5 mm erhöht wurde.

Die bereits erwähnte Abb. 429 zeigt oben drei gleichartige Reihen von Planenhaltern, in welche später noch die Riegel einzufügen sind. Der obere Streifen ist aus Stahlblech, der darunter liegende aus Messingblech und der untere aus Aluminiumblech, alle 0,5 mm dick und unter dem gleichen Werkzeug hergestellt. Das Werkstück wird in 10 Stufen gezogen. Die Randbreite kürzte sich von 21 mm in der 1. Stufe bis auf 8 mm in der letzten. Dafür nahm die Höhe von 8,5 mm auf 10,0 mm zu.

An der oberen Bodenkante der Oeillet-Ziehteile beträgt die Dicke etwa 70% der ursprünglichen Wandstärke. Auch in der Mitte des Bodens selbst ist die Schwächung erheblich und liegt kaum darunter. Hingegen beträgt in der unteren Hälfte der Zarge nach dem Band zu die Blechdickenverstärkung in der Endstufe 120% der Ursprungsdicke. Es darf allerdings nicht vergessen werden, daß an derselben Stelle in den ersten Stufen das Blech dort geschwächt ist und die Stärke zwischen 80 und 90% der Ursprungsdicke liegt. Dies ist begründet durch die Streckung des Materials in der 1. Arbeitsstufe.

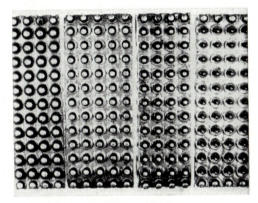

Abb. 430. Oeillet-Streifen aus 0,32 mm dickem Stahlblech mit Leitwarzen am äußeren Streifenrand zur Zentrierung

Dort, wo Dickenunterschiede in der Zarge weitestgehend vermieden werden sollen, ist eine Herabsetzung der Spannung durch Anordnung der Oeillet-Warzen in Streifen nach dem Einscherverfahren, worüber auf S. 473 berichtet wird, zu empfehlen. Dies bedingt allerdings teuere Werkzeuge und einen höheren Werkstoffverbrauch. In Abb. 435 ist ein derartiger Streifen dargestellt. Damit können noch höhere Ziehverhältnisse erreicht werden als eingangs dieses Kapitels angegeben wurde.

Die konstruktive Ausbildung der Werkzeuge für das Oeillet-Verfahren ist verschieden. So werden für dieses Verfahren entwickelte Sonderpressen[1] dicht hintereinander aufgestellt, unter welchen der Streifen hindurchläuft und wo auf jeder Presse mehrere Stempel derselben Stufe, also in einer Querreihe zur Längsrichtung des Bandes, untergebracht sind. Der Streifen wird in der Regel durch Walzenvorschubapparate weiter gefördert. Die mit seitlichen Leitwarzen versehenen Bleche werden dabei mit Suchstiften eingemittet, soweit sie nicht selbst als Vorschubelement dienen. Die Aufgliederung der Einzelstufen in mehrere Stufen hat den Vorteil, daß gleiche Werkzeuge immer wieder, oft ohne oder nur mit geringfügigen Abänderungen, für andere Werkstücke eingesetzt werden, so daß beispielsweise ein Stempel in einem

---

[1] Bauart Thölen, Wuppertal-Barmen.

468 G. Andere Ziehverfahren und ihre Werkzeuge

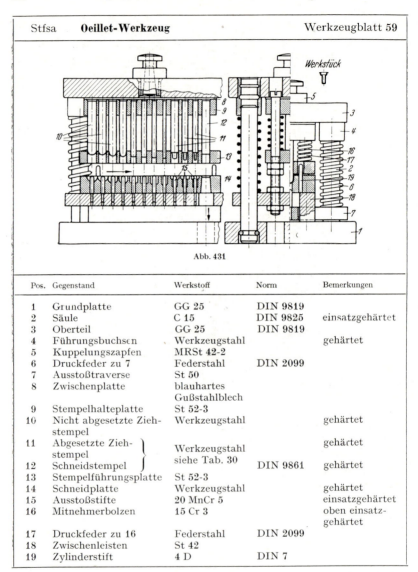

Stfsa	Oeillet-Werkzeug		Werkzeugblatt 59

Abb. 431

Pos.	Gegenstand	Werkstoff	Norm	Bemerkungen
1	Grundplatte	GG 25	DIN 9819	
2	Säule	C 15	DIN 9825	einsatzgehärtet
3	Oberteil	GG 25	DIN 9819	
4	Führungsbuchsen	Werkzeugstahl		gehärtet
5	Kuppelungszapfen	MRSt 42-2		
6	Druckfeder zu 7	Federstahl	DIN 2099	
7	Ausstoßtraverse	St 50		
8	Zwischenplatte	blauhartes Gußstahlblech		
9	Stempelhalteplatte	St 52-3		
10	Nicht abgesetzte Ziehstempel	Werkzeugstahl		gehärtet
11	Abgesetzte Ziehstempel	Werkzeugstahl siehe Tab. 30		gehärtet
12	Schneidstempel		DIN 9861	gehärtet
13	Stempelführungsplatte	St 52-3		
14	Schneidplatte	Werkzeugstahl		gehärtet
15	Ausstoßstifte	20 MnCr 5		einsatzgehärtet
16	Mitnehmerbolzen	15 Cr 3		oben einsatzgehärtet
17	Druckfeder zu 16	Federstahl	DIN 2099	
18	Zwischenleisten	St 42		
19	Zylinderstift	4 D	DIN 7	

Werkzeug in der 7. Stufe eingesetzt wird, um später bei einem kleineren Teil in einer der ersten Stufen verwendet zu werden. Deshalb wird in solchen Betrieben, die Kleinstanzteile vorwiegend nach dem Oeillet-Verfahren herstellen, die Aufgliederung in mehrere Werkzeuge bevorzugt. Dort hingegen, wo nur wenig Werkzeuge nach diesem Verfahren laufen, faßt man alle Stufen in ein einziges Verbundwerkzeug zusammen. Ein solches ist in Werkzeugblatt 59 dargestellt. In der Grundplatte (Teil 1) sind die Führungssäulen (Teil 2) für die Stempelkopfplatte (Teil 3) mit den darin eingepreßten Führungsbuchsen (Teil 4) eingepreßt. Im Kräfteschwerpunkt der Kopfplatte (Teil 3) ist der Kupplungszapfen (Teil 5) zum Einschieben in das Aufnahmefutter, dessen Zapfen im Pressenstößel eingespannt ist, angebracht. Über die Führungssäulen (Teil 2) sind Druckfedern (Teil 6) geschoben, die gegen den Ausstoßbalken (Teil.7) drücken. An der Stempelkopfplatte (Teil 3) sind die aus blauhartem Gußstahlblech bestehende Zwischenplatte (Teil 8) und die Stempelhalteplatte (Teil 9) mit den darin hängenden Stempeln (Teile 10, 11, 12) festgeschraubt. Den Stempeln stehen die entsprechenden Bohrungen und ausgearbeiteten Gesenkformen in der Schneidplatte (Teil 14) gegenüber. In diese Bohrungen ragen von unten die Ausstoßstifte (Teil 15), die in den Ausstoßbalken (Teil 7) eingeschlagen sind. Die Stempel sind in einer Niederhalte- bzw. Abstreifplatte (Teil 13) geführt. Diese Abstreifplatte hängt an Bolzen (Teil 16) und ist mittels der Druckfedern (Teil 17) gegen die Stempelhalteplatte (Teil 9) abgestützt. Nach unten liegt die Abstreifplatte (Teil 13) gegen Mutter und Gegenmutter des Gewindebolzens (Teil 16) an, der gleichzeitig mittels zweier Sechskantmuttern die Höhe des Ausstoßbalkens einzustellen gestattet. Senkt sich das Oberteil, wie in Abb. 431 rechts unten dargestellt, so wird das eingeschobene Blech vom Niederhalter (Teil 13) festgehalten, und die Ausstoßstifte (Teil 15) mit dem Ausstoßbalken (Teil 7) gehen in ihre unterste Lage. Beim Aufwärtsgang des Pressenstößels wird der Ausstoßbalken (Teil 7) mit den Ausstoßstiften (Teil 15) nach oben genommen und stößt den noch in der Schneidplatte teilweise festklemmenden Streifen völlig aus. Die Schneidplatte (Teil 14) ist unter Zwischenlage einer Leiste (Teil 18) mit der Grundplatte (Teil 1) verschraubt. Der Blechstreifen wird nun von links nach rechts gemäß Pfeilrichtung eingeschoben und beiderseits durch Führungsstifte (Teil 19) seitlich begrenzt. Das hier dargestellte Werkstück wird in den ersten 8 Formstufen mittels glatter Formstempel (Teil 10) immer tiefer und enger gezogen. Dann folgen drei weitere Stufen mit abgesetzten Formstempeln (Teil 11). In der 14. Stufe wird das Blechteil ausgeschnitten und fällt durch die Schneidplatte (Teil 14), den Ausstoßbalken (Teil 7) und die Grundplatte (Teil 1) nach unten. Besitzt der Tisch keinen Durchbruch, so ist das Werkzeug hoch zu unterbauen zwecks Einfügung einer schräg verlaufenden Abrutsch- oder Abrollrinne. Eine andere Lösung ist, daß man auf dem Ausstoßbalken einen weiteren Ausstoßbolzen in der letzten Stufe einsetzt, der das Schneidloch gegenüber dem Schneidstempel (Teil 12) ausfüllt und beim Aufwärtsgang das Fertigteil nach oben auswirft.

Es ist auch möglich, nach dem Oeillet-Verfahren unterschnittene bzw. ausgebauchte Teile wie beispielsweise Druckknöpfe anzufertigen, indem unter federnder Vorspannung stehende geschlitzte federnde Hohlstempel das vorgezogene Teil umfassen[1]. An ihrem unteren Ende weisen diese Hohlstempel einwärts gerichtete Vorsprünge zum Würgen des Halses auf und außen erweitern sie sich im Durchmesser, nehmen also konische Gestalt an. Im oberen Bereich hängen diese höhenverschieblichen unter Federdruck stehenden Hohlstempel in mit der Stempelhalteplatte des Werkzeugoberteiles befestigten Hülsen, die beim weiteren Stößelniedergang die bereits auf dem

---

[1] *Magri, A.*: Werkzeug zum Würgen des Halses am männlichen Druckknopf. Blech 10 (1963), Nr. 3, S. 137.

Blechstreifen aufsitzenden geschlitzten konischen Hohlstempel zusammendrücken, so daß deren einwärts gerichteten Vorsprünge das aus dem Streifen nach oben gezogene Teil einhalsen bzw. würgen. Weiterhin können zur Einsparung von Werkstoff die Oeillet-Teile ebenso wie die Scheiben zu Abb. 83g in Reihen unter 60° zur Streifenlänge nach *Osterrath* gefertigt werden[1].

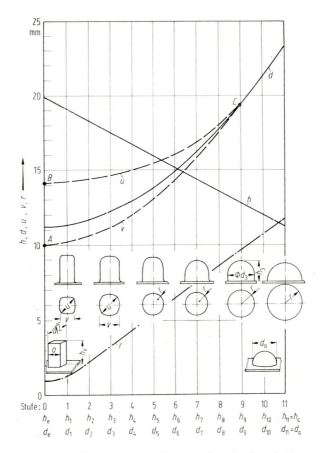

Abb. 432. Oeillet-Stufung für ein Ziehteil quadratischen Querschnitts

In der Praxis werden mittels Oeillet-Verfahren meistens einfache zylindrische Teile hergestellt, doch werden hiervon abweichend zuweilen auch anders gestaltete Formen verlangt. Zunächst ist auch hier die Gesamtfläche F der zu erreichenden Endform zu ermitteln. Handelt es sich wie in Abb. 432 um einen quadratischen oder regelmäßig vieleckigen oder anders gestalteten Querschnitt eines Länge/Breite-Verhältnisses von etwa 1:1, so ist ebenso wie bei den zuvor beschriebenen zylindrischen Formen die erste Stufe eine Halbkugel ($d_a = 2h_a$) des Halbmessers $0{,}5\,d_a = h_a = F/2\pi$. Ist der Quer-

---

[1] DBP 1154427.

schnitt jedoch länglich gestaltet wie bei einem rechteckigen Teil, so ist das Länge/Breite-Verhältnis größer als 1. Hier ist dann diese Halbkugel in zwei Viertelkugelflächen zu teilen und ein diese verbindender und in seiner Längsachse halbierter Zylindermantel oder bei verschieden großen Viertelkugelflächen gemäß Abb. 433b und c ein halbierter Kegelstumpf dazwischenzusetzen. Diese Muldenform halbkreisförmigen Querschnittes im mittigen Bereich und mit viertelkugelförmigen Enden bildet dann die Form der ersten Stufe. Die Abmessungen der einzelnen Stufen werden wie zuvor zu Gl. (119–122) beschrieben ermittelt, d.h. es wird von h_e und d_e der Endform ausgegangen, wobei es mehrere d_e geben kann. So zeigt Abb. 432 die Stufung für ein 20 mm ($= h$) hohes Oeillet-Teil quadratischen Querschnittes

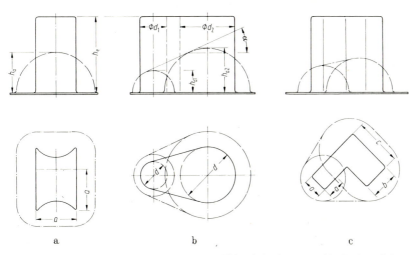

Abb. 433. Bestimmung der Einbeulform in der ersten Ziehstufe durch den zu erzielenden Querschnitt in der Endstufe

einer Seitenlänge $a = 10$ mm und einer Eckenrundung $r = 1$ mm, wobei der kleine Durchmesser der Seitenlänge (v-Kurve, Ausgangspunkt A), der große der Diagonale $a\sqrt{2}$ (u-Kurve, Ausgangspunkt B) entspricht. Zwischen diesen beiden gestrichelt dargestellten Kurven ist in Abb. 432 eine dritte gleichfalls nach Gl. (120) rechnerisch ermittelte Kurve d eingetragen, wobei $d_e = \sqrt{a^2 \cdot 4/\pi} = 11{,}3$ mm. In Punkt C sind die Abweichungen der drei Kurven d, u und v voneinander so gering, daß sie in d als vereint betrachtet werden dürfen. Daher ist bei den zuletzt zu errechnenden Stufen 9 bis 11, die in tatsächlicher Folge die ersten sind, der Querschnitt noch kreisförmig. Erst von hier ab nähert sich der Querschnitt mit kleiner werdendem r einem Quadrat. In dieser Weise lassen sich auch andere Formen nach dem Oeillet-Verfahren fertigen[1]. So zeigt Abb. 433a einen Rechteckquerschnitt mit konkaver Einkrümmung an den kurzen Seiten a. Wie an den folgenden beiden Formen b und c ist die Ausgangsform bzw. Einbeulung

---

[1] *Oehler, G.:* Im Oeillet-Verfahren hergestellte unrunde Teile. Werkstattstechn. 62 (1972), Nr. 8, S. 463–467.

in der Anfangsstufe gestrichelt angedeutet. Infolge der konkav gestalteten kurzen Seiten ist dort der Grundriß der Einbeulung kein Halbkreis, sondern ein, wenn auch stark gerundetes Rechteck. Bei der Ermittlung der einzelnen Ziehstufen ist wie nach Abb. 432 zu verfahren, indem von einer quadratischen Querschnittsform a × a ausgegangen wird. Ebenso wie dort ist dabei auf Flächengleichheit zwischen Anfangs- und Endstufe zu achten. Für das zweite Teil nach Abb. 433b bietet sich eine Aufteilung in zwei Zylinder an. Nach den Gleichungen (119) bis (122) werden die halbkugeligen Einbeulmaße für die Ausgangsform ermittelt. Da hierbei deren Höhen h_{a1} und h_{a2} sowie Durchmesser d_1 und d_2 unterschiedlich ausfallen, bildet der die Viertelkugelflächen umhüllende strichpunktiert angedeutete Mantel eine Kegelstumpffläche, die unter einem Winkel α nach der kleineren Einbeulung mit der Höhe h_{a1} zu abfällt. Schließlich sei in Abb. 433c ein winkeliger Querschnitt dargestellt, der in einen quadratischen a × a und in einen rechteckigen b × c aufgeteilt wird. Auch hier sind für Quadrat und Rechteck aus den Gleichungen (199) bis (122) die Einbeulformen zu ermitteln. Beim Quadrat ist es eine Halbkugel, beim Rechteck eine in zwei Hälften getrennte Halbkugel mit halbzylindrischem Verbindungsteil. Ebenso wie in Abb. 433b sind auch hier beide Einbeulformen, wie strichpunktiert angedeutet, miteinander zu einem stark gerundeten dreieckigen Körper zu verbinden, der nach links zu von einem kegelig geformten Mantel umhüllt abfällt. In allen Fällen gilt als oberstes Gesetz, daß zwischen Ausgangsform und Endform sowie aller Zwischenstufen Flächengleichheit einschließlich Bodenfläche ab Ausgangsform gewährleistet wird.

Das Oeillet-Verfahren wurde bisher nur für ausgesprochen kleine Teile angewandt, und zwar in Dickenbereichen von 0,2 bis 0,5 mm. Es erscheint möglich, mit dickeren Blechen auch zylindrische Hohlformen größerer Abmessungen zu erzielen. Im Hinblick auf das günstige Ziehverhältnis im Endzug dürften Untersuchungen in dieser Richtung Erfolg versprechen.

3. Herstellung kleiner Zieh- und Stülpziehteile nach dem Einscherverfahren

Sehr kleine Ziehteile[1], wie z.B. Stockzwingen, Filmspulenköpfe u. dgl., werden bei Abmessungen bis zu 5 mm Enddurchmesser nach dem im vorausgehenden Abschnitt beschriebenen Oeillet-Verfahren, bei größeren von 5 bis 30 mm häufiger nach dem Einscherverfahren hergestellt. Dabei wird unter Erweiterung der in den Vorstufen hergestellten bogenförmigen Einschnitte der Werkstoff aus dem Streifen über die Ziehkante gezogen, ohne daß der Stanzstreifen selbst schmäler wird. Abb. 434 zeigt einen solchen Streifen mit 7 Arbeitsstufen, die sich von unten nach oben gesehen, folgendermaßen abspielen:

1. Die beiden äußeren Kreisbogen, deren Durchmesser etwa dem 2- bis $2^1/_2$fachen des Teildurchmessers D entspricht, werden an zwei gegenüberliegenden Stellen unter gleichzeitiger Streifenvorschubbegrenzung durch den Seitenschneider SS eingeschert.

[1] Ein Verbundwerkzeug für Lötösen nach dem Oeillet- und Einscherverfahren wird von P. *Voigt* im Ind. Anz. 77 (1955), Nr. 13, S. 176–177 beschrieben.

3. Herstellung kleiner Zieh- u. Stülpziehteile nach d. Einscherverfahren

2. Quer dazu werden die beiden inneren Kreisbogen eingeschert, deren Durchmesser etwa doppelt so groß wie der spätere Zargendurchmesser d des Teiles ist.
3. Jetzt wird auf 2/3 bis 3/4 der endgültigen Ziehtiefe vorgezogen.
4. Die endgültige Ziehtiefe wird dann durch Nachziehen erreicht.
5. Die runde Bodenkante wird scharf geschlagen.
6. Der Boden wird gelocht.
7. Schließlich wird das fertige Teil mittels eines Ausschneidestempels vom Durchmesser D vom Streifen getrennt.

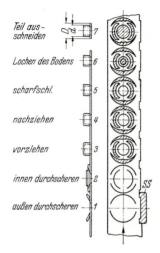

Abb. 434. Einscherverfahren

Abb. 436. Werkzeug zur Streifenerzeugung nach Abb. 435

Abb. 435. Einreihiger Oeillet-Streifen in Verbindung mit dem Einscherverfahren hergestellt

In Abb. 435 ist ein Oeillet-Streifen nach dem hier beschriebenen Einscherverfahren mit einer Vorschlitzstufe, 12 Oeillet-Tiefungsstufen und der abschließenden Ausschneidstufe dargestellt. Das zugehörige Werkzeug[1] zeigt Abb. 436. Gemäß des Streifenbildes zu Abb. 435 wurde eine ziemlich enge Abstufung gewählt, wie sie etwa den letzten Berechnungsbeispielen 49 und 50 in Verbindung mit Abb. 426 entspricht. Im Einscherverfahren werden jedoch größere Stufensprünge erreicht, d.h. die Beiwerte 0,04 in Gl. (119) und (121) und 0,1 in Gl. (120) und (122) können unbedenklich größer gewählt, etwa verdoppelt werden, was zu einer erheblichen Verbilligung der Werkzeuge beiträgt. Zur Zeit liegen für Einscherwerkzeuge Versuchsergebnisse in dieser Richtung noch nicht vor. Abb. 437 zeigt ein solches Viersäulenwerkzeug im auseinandergenommenen Zustand[2]. Am Stanzstreifen im Vordergrund ist die stärkere Reduktion der Napfdurchmesser gegenüber den in den vorausgehenden Oeillet-Streifen deutlich zu erkennen.

[1] Bauart Hock, Triberg.
[2] Bauart Allgaier, Uhingen.

In Abb. 438a ist diese Schlitzanordnung in Form von zwei einander gegenüberstehenden Bogenpaaren gemäß Abb. 434 nochmals dargestellt. In den USA wird gern anstelle der Halbkreisteilung eine Drittelkreisteilung nach b gewählt, so daß in jeder der beiden Vorschlitzstufen drei Bögen angeschnitten werden. Neu ist eine Vorschnittfigur nach c, bei welcher die Schneidlinie etwa einer zweifach gewickelten Spirale entspricht. In der ersten Stufe werden zwei knappe Halbbögen der konzentrischen Kreise mit den Halbmessern r_1 und r_2 zusammenhängend vorgeschnitten und in der zweiten Stufe werden diese Bögen an beiden Enden verlängert. Hierdurch wird eine leichtere und losere Verbindung mit dem Stanzstreifen erreicht, die dem Ziehverhältnis zustatten kommt.

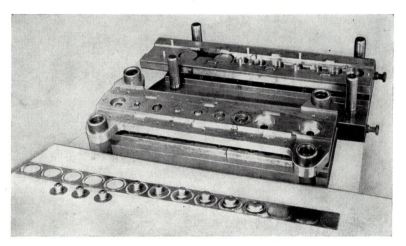

Abb. 437. Viersäulenwerkzeug mit Einscherstreifen

Das Einscherverfahren[1] besitzt den Nachteil eines verhältnismäßig hohen Werkstoffverbrauches, da die Streifenbreite viel größer als der für das Ziehteil sonst notwendige Zuschnittsdurchmesser gewählt werden muß. Insoweit ist ein Verfahren etwas sparsamer, bei dem gemäß Abb. 439 mittels eines durch 2 Innenbögen begrenzten Formschnittes der Werkstoff um den Ziehteilzuschnitt ausgeschnitten wird. In Abb. 15 und Abb. 439a ist ein Stanzstreifen nach diesem Verfahren dargestellt. Der Ausschneidestempel schneidet in der 1. Arbeitsstufe (I) beinahe den ganzen Umfang des runden Zuschnittes frei. Dieser bleibt nur noch durch zwei gegenüberliegende schmale Stege mit dem äußeren Rand des Stanzstreifens verbunden. In der 2. Stufe (II) wird das Teil gezogen, wobei der Stanzstreifen von seiner ursprünglichen Breite b_1 auf b_2 verringert wird. In der 3. und letzten Arbeitsstufe (III) wird dann das Teil abgetrennt. Die Abb. 339b und c zeigen die Anordnung der Werkzeugteile, und zwar Abb. 339b die Stempel in Ruhe-

---

[1] *Magri, A.:* Herstellung von kleinen Zahnrädern mit Nabe. Blech 8 (1961), Nr. 11, S. 842. – *Kuhl, H.:* Folgewerkzeug für Ziehteile. Wirkst. u. Betr. 96 (1963), H. 6, S. 379–380.

3. Herstellung kleiner Zieh- u. Stülpziehteile nach d. Einscherverfahren 475

stellung und Abb. 339c das Werkzeug in Arbeitsstellung. In der Ruhestellung stehen beide Ausschneidestempel (Teil 1 und 2) um das Maß a über der unteren Fläche des Ziehstempels (Teil 3) und um das Maß c über der unteren Fläche des Niederhalters (Teil 4) vor, der durch eine den Ziehstempelschaft umgebende Druckfeder (Teil 5) nach unten gedrückt wird. Gegenüber dem Ziehstempel befindet sich in der Schneidplatte (Teil 6) die Ziehringöffnung, die in der Ruhestellung durch einen Ausstoßerbolzen

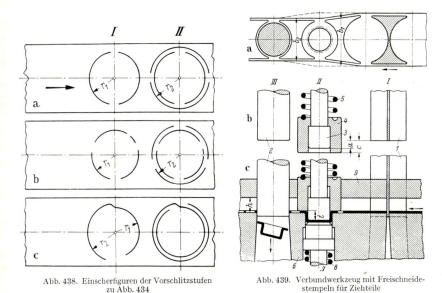

Abb. 438. Einscherfiguren der Vorschlitzstufen zu Abb. 434

Abb. 439. Verbundwerkzeug mit Freischneidestempeln für Ziehteile

(Teil 7) mittels einer Druckfeder (Teil 8) abgeschlossen wird. Die Schneidstempel (Teile 1 und 2) und der Ziehstempel mit Niederhalter (Teile 3 und 4) durchdringen eine Führungsplatte (Teil 9) bei Plattenführungs- oder eine entsprechend gehaltene Abstreiferplatte in Säulenwerkzeugen. Die Höhe des Streifenkanals h muß genügend groß sein, damit der Blechstreifen mit dem vorgezogenen Napfstück in die Abtrennstellung III geschoben werden kann. Ferner ist zu beachten, daß das Maß a um etwa die doppelte bis dreifache Blechdicke kleiner als die Ziehtiefe t zu halten ist. Hingegen ist das Maß c so groß zu wählen, daß der Niederhalter (Teil 4) bereits auf dem Blech aufsitzt, bevor die Ausschneidestempel (Teile 1 und 2) anschneiden. Der Blechflansch kann dabei sehr klein gehalten werden und praktisch ganz verschwinden. Dies zeigt der Stanzstreifen aus Messingblech nach Abb. 440, wo der erste Zug nahezu völlig durchgezogen wird, nur noch durch schmale Stege mit den Randstreifen verbunden ist und trotzdem eine Weiterschlagbearbeitung gestattet. Die Ziehdurchmesser werden in den folgenden Ziehstufen kleiner und der sechste Zug weist einen zweifach abgesetzten Rand auf.

Bei großer Mengenanfertigung ist zu prüfen, ob anstelle des Einscherziehens eine Herstellung der Zuschnitte unter Mehrfachschneidwerkzeugen

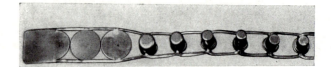

Abb. 440. Stanzstreifen nach dem Einscherverfahren

in Verbindung mit einer Revolverzubringevorrichtung in einer Ziehpresse wirtschaftlicher ist. Unter Zickzackpressen eingesetzte Zugschneidwerkzeuge eignen sich ebenfalls für derartige Arbeiten, insbesondere bei Stanzteilen, deren Durchmesser größer als 20 mm ist. Für Teile über 50 mm Zuschnittsdurchmesser ist deren Herstellung auf der Mehrfachstufenpresse zu erwägen, worüber sich auf S. 482 bis 491 dieses Buches nähere Ausführungen finden.

4. Umstülpziehen

(Werkzeugblatt 60)

Das Umstülpen von Ziehteilen[1] geschieht entweder zur Erzielung einer Abstufung eines zu großen d_1/d_2-Verhältnisses oder um zwei Züge in einem zusammenzufassen, d. h. bereits im Anschlag eine größere Ziehtiefe als normal zu erhalten oder um Material für eine spätere unzylindrische Ziehform bereitzustellen oder schließlich dort, wo die Gestalt des Werkstückes von vornherein einer Stülpziehform entspricht. Im zuerst angegebenen Falle geht man so vor, daß im Anschlag gemäß der strichpunktierten Linie in Abb. 441

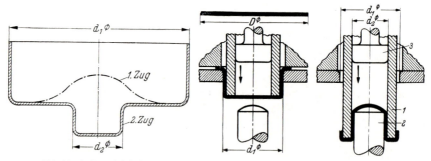

Abb. 441. Stülpzug bei $d_1/d_2 > \beta_{max}$ Abb. 442. Stülpzug ohne Gegenhalter

das Teil mit dem äußeren Durchmesser d_1 vorgezogen wird. Im Ziehgesenk befindet sich eine Gegenform, wodurch der Boden hochgewölbt wird. Der Flächeninhalt des hochgewölbten Bodens soll etwa knapp dem Flächeninhalt des Bodens mit im zweiten Zug angezogenen Ansatzes des Durchmessers d_2 entsprechen, d. h. es soll während des zweiten Zuges möglichst wenig Material aus der äußeren im ersten Zug erzeugten Zarge nachgezogen werden.

---

[1] *Radtke, H.:* Stülpziehen. DFBO-Mitt. **16** (1965), Nr. 11, S. 185–195 und Werkstattblatt 529, Hanser-Verlag, München 1970.

4. Umstülpziehen

Die an zweiter Stelle angegebene Anwendung des Stülpziehens, die auch unter der Bezeichnung Rückstoßziehen bekannt ist, ermöglicht ein weit größeres Ziehverhältnis während eines Pressenhubes gegenüber dem üblichen Tiefziehverfahren. Abb. 442 zeigt die Wirkungsweise eines solchen Stülp-

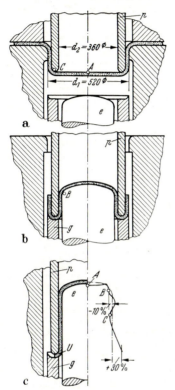

Abb. 443. Stülpzug mit Gegenhalter

zuges. In der üblichen Weise wird die Zuschneidscheibe zu einem Topf vom Durchmesser d_1 gezogen. Der nach unten weiter vordringende Hohlstempel (Teil 1) stößt den Boden des Werkstückes gegen den Umstülpstempel (Teil 2), so daß das Blechteil zu einem Hohlkörper vom Durchmesser d_2 umgeformt wird, der dem Innendurchmesser des Hohlstempels entspricht. Das auf diese Weise gezogene Blechgefäß klemmt sich innen am Rohrstempel (Teil 1) fest und wird vom Umstülpstempel (Teil 2) abgestreift. Ausgestoßen wird das fertige Teil durch einen hydraulisch betätigten Ausstoßer (Teil 3)[1].

Teilweise wird unter Gegendruck mittels eines inneren rohrförmigen zweiten Niederhalters gegen den Stülpziehhohlstempel gezogen. So werden

---

[1] Entnommen einem Hinweis im American Machinist 94 (1950), Nr. 3, S. 115. In einem Zug mittels Sonderwerkzeug hergestelltes Tiefziehteil. (Tank Part is Deep Drawn with One Stroke of Press Using Special Dies.) Die Durchmesserverhältnisse sind dort wie folgt angegeben:
$D/d_1 = 980/625 = 1{,}57$, $d_1/d_2 = 625/370 = 1{,}69$ und
$D/d_2 = 908/370 = 2{,}65$. Der Ausschuß wird mit 22 bis 23% beziffert.

478   G. Andere Ziehverfahren und ihre Werkzeuge

beispielsweise Treibgasflaschen aus 2,5 mm dickem Stahlblech aus zwei zylindrisch gezogenen Teilen zusammengesetzt und am vorstehend bleibenden Rand (*U* in Abb. 443c) miteinander verschweißt. Ursprünglich waren dafür 4 Zieharbeitsgänge unter Zwischenglühungen erforderlich. Trotzdem war der Ausschuß an gerissenen Teilen unzulässig hoch. Aus diesem Grunde

Z↓z↑	**Stülpziehwerkzeug**		Werkzeugblatt 60

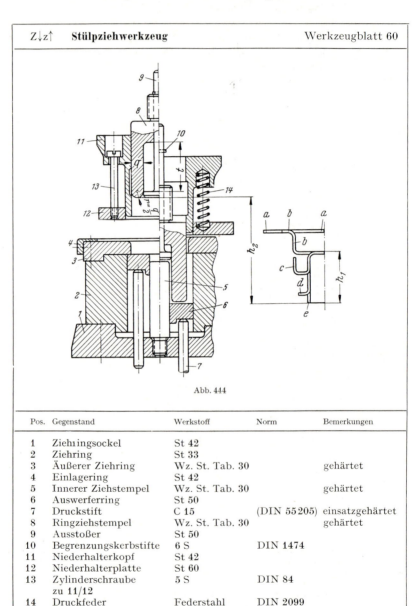

Abb. 444

Pos.	Gegenstand	Werkstoff	Norm	Bemerkungen
1	Ziehringsockel	St 42		
2	Ziehring	St 33		
3	Äußerer Ziehring	Wz. St. Tab. 30		gehärtet
4	Einlagering	St 42		
5	Innerer Ziehstempel	Wz. St. Tab. 30		gehärtet
6	Auswerferring	St 50		
7	Druckstift	C 15	(DIN 55205)	einsatzgehärtet
8	Ringziehstempel	Wz. St. Tab. 30		gehärtet
9	Ausstoßer	St 50		
10	Begrenzungskerbstifte	6 S	DIN 1474	
11	Niederhalterkopf	St 42		
12	Niederhalterplatte	St 60		
13	Zylinderschraube zu 11/12	5 S	DIN 84	
14	Druckfeder	Federstahl	DIN 2099	

4. Umstülpziehen

hat man die Teile in einem Zieharbeitsgang im Stülpzug[1] (Abb. 443a bis c) hergestellt. Zunächst wird mit einem Hohlstempel p das Teil vorgezogen. Nach Hochstellen der Zarge des Vorzuges bzw. Anschlages (gemäß Abb. 443a) stößt der Boden bei fortschreitendem Senken des Hohlstempels gegen den Einstülpstempel e, wobei der weiter nach unten vordringende Hohlstempel gegen einen gleichfalls rohrförmig ausgebildeten Gegenhalter g drückt (Abb. 443a bis c). Der Zuschnitt hatte $D = 965$ mm Durchmesser, weitere Maße sind in Abb. 443 angegeben. Bei den Stülpzügen zeigte sich, daß der Ziehspalt keine allzu wichtige Rolle spielt. Der Boden der Flaschen ist gewölbt; aus diesem Grunde ist es verständlich, daß diese Bodenpartien eine stärkere Formänderung aufweisen als bei ebenen Böden. Eine etwa 10%ige Dickenabnahme wurde in der Mitte des Bodens bei A und am Übergang des Bodens in die Zarge bei B festgestellt. Es handelt sich hier offensichtlich um die Randschwächung beim Vorzug nach Abb. 443a. Abb. 443c rechts zeigt im Schaubild der zugehörigen Blechdickenänderung eine ziemlich starke Zunahme zum Rande zu, die über 30% beträgt. Die Ziehkraft des Hohlziehstempels betrug 200 bis 250 Mp, die Blechhalterkraft 120 bis 150 Mp und die Kraft des rohrförmigen Gegenhalters 70 bis 100 Mp, die Ziehgeschwindigkeit etwa 6 m/min.

In Werkzeugblatt 60 ist die Konstruktion eines solchen Stülpziehwerkzeuges dargestellt. Auf der Grundplatte (Teil 1), sind aufeinander ein Zwischenring (Teil 2), der äußere Ziehring (Teil 3) und der Einlagerung (Teil 4) angeordnet. In die Grundplatte ist der innere Ziehstempel festgeschraubt, während zwischen diesem und dem Zwischenring (Teil 2) der Ausschiebering (Teil 6) mittels der Druckstifte (Teil 7), die auf der Druckplatte eines hydraulischen oder pneumatischen Kissens im Pressentisch stehen, nach oben bewegt wird, und gegen den äußeren Ziehring (Teil 3) von unten anliegt. Der konzentrische Niederhalter ist in der üblichen Form nach Abb. 301 und 410 ausgebildet, indem am Niederhalterkopf (Teil 11) die Niederhalterplatte (Teil 12) mittels der Zylinderschrauben (Teil 13) verschieblich aufgehängt ist, wobei die Druckfedern (Teil 14) die Niederhalterplatte vom Niederhalterkopf abdrücken. Im Niederhalterkopf ist der Ringziehstempel (Teil 8) geführt, in dessen Zapfen wiederum der Ausstoßer (Teil 9) sitzt, dessen untere Lage durch einen Einhängstift (Teil 10) begrenzt ist. Rechts der Werkzeugzeichnung ist in 5 Stufen a bis e in Gegenüberstellung zur jeweiligen Tiefe des Ziehstempels die Umformung angedeutet. Es ergibt sich daraus, daß für die Ziehteilhöhe h_1 ein mehr als doppelt so großer Hub h_2 erforderlich ist. Es sind also nicht alle Pressen für derartige Stülpzüge geeignet. Gewiß kann man derartige Teile auf Kurbelpressen ziehen, soweit diese langsam laufen. Eine Umformung auf einer hydraulischen Presse ist günstiger, da sowohl im Bereich der Stufen a bis über b hinaus sehr langsam gezogen werden muß und erst von der Stufe c ab bis zur Endstufe e die Umformung unbehindert erfolgt. Bei der Kurbelpresse vollziehen sich gerade die Endstufen am langsamsten. In Abb. 442, 443 und 444 ist der äußere Ziehring unten auf dem Pressentisch ruhend vorgesehen, doch ist auch hier wie bei anderen Umformwerkzeugen eine Umkehrung dahingehend möglich,

---
[1] *Elwers, G.*: Stülpzugverfahren. (One draw reduces 40- in diameter blank 66 PCT.) Iron Age **167** (1951), Nr. 3, S. 55/58. Fa. Scaife Co., Pittsburgh.

daß auf der Spannfläche des Pressenstößels der äußere Ziehring und auf dem Pressentisch der rohrförmige Stülpziehstempel befestigt sind. Zum Durchgang der Niederhalterstößel ist der Tisch durchbrochen.

Nach Abb. 442 ist der Vorzug bereits beendet, hingegen nach Abb. 443 und insbesondere nach Abb. 444 noch nicht. Dort ist also noch ein Blechflansch vorhanden, wenn der Napfboden auf den Stülpstempel auftritt. Aufgrund einer Untersuchung *Radtkes*[1] in Verbindung mit einer Auswertung des Verfassers[2] ist zwecks eines gleichmäßigen Stößelkraftverlaufes über dem Pressenhub ähnlich wie beim Abstreckzeichen nach Abb. 425b die Stülpstempelhöhe derart abzustimmen, daß der Stülpstempel um 10 bis 15% der engdültigen Teilhöhe im Augenblick des beendeten Vorzuges bereits in den Teilboden eingedrungen ist.

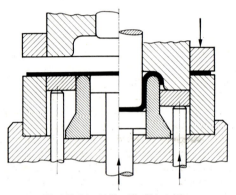

Abb. 445. Schneid-Umstülp-Ziehwerkzeug

Umstülpzüge mögen zwar auf den ersten Blick hin in bezug auf die Erreichung hoher Ziehverhältnisse in einem Zug als vorteilhaft erscheinen, doch darf dabei nicht übersehen werden, daß hierbei überlagerte Zugbeanspruchungen den Werkstoff stark beanspruchen und ihn oft zum Reißen bringen. Im Hinblick hierauf erscheint das Schneid-Umstülpzieh-Werkzeug nach Abb. 445 insofern günstig, als die von oben wirksamen Innen- und Außenstempel unabhängig voneinander wirken. Für solche Arbeiten sind dreifach wirkende Tiefziehpressen besonders geeignet, bei denen der mittig angeordnete Ziehstempel von einem unabhängig davon hydraulisch gesteuerten Niederhalter umgeben ist. Der Niederhalter trägt in diesem Falle den größeren Ziehstempel, der außen eine Schneidkante hat und gegen einen unter Federdruck stehenden Niederhaltering abgefedert ist. Wenn es möglich wäre, diesen äußeren Niederhaltering unabhängig vom ölhydraulischen Antrieb der Presse aus zu betätigen, so wäre dies selbstverständlich ein Vorteil. Im Unterteil des Werkzeuges befindet sich mit diesem fest verbunden der Ziehring, in dessen innerer Bohrung ein Gegenhaltestempel läuft. Außerdem

---

[1] *Radtke, H.:* Der Umformvorgang beim Stülpziehen. Mitt. Forsch. Blechverarbeitung 1965, Nr. 11, S. 185–195.

[2] *Oehler, G.:* Das zylindrische Stülpziehen unter ölhydraulischen Pressen. Werkst. u. Betr. 97 (1964), H. 10, S. 133–134.

4. Umstülpziehen

ist der Ziehring von einem Gegenhaltering umgeben, der innen an der Außenwand des Ziehringes und außen an der Innenwand des Schneidringes geführt ist. Die Grundplatte wird also von mehreren Druckstiften durchbrochen. Dabei ist zu beachten, daß alle diese Stifte nicht von einer gemeinsamen Druckkissenplatte aus angehoben werden können. Vielmehr muß der innere Gegenhaltestempel unabhängig von den äußeren Druckstiften gestützt werden. Für diese getrennte Betätigung eignet sich ein ölhydraulisches Aggregat besser als ein pneumatisch betätigtes.

Das Umstülpen wird auch bei nichtzylindrischen Teilen angewandt, und zwar insbesondere dort, wo ein Ziehteil mehrfach abgestuft ist und im Verhältnis zur Außenzarge am Boden nochmals einen kleinen zylindrischen Ansatz zeigt, der infolge des kleinen Durchmessers nicht im Zweistufenverfahren gezogen werden kann. Sehr häufig ist die Anwendung des Stülpzuges auf Mehrstufenpressen, worauf im kommenden Abschnitt noch näher eingegangen wird. In Abb. 446 ist die Herstellung eines parabolischen Scheinwerfer-

Abb. 446. Umstülpzug auf der Mehrstufenpresse für Scheinwerfergehäuse

gehäuses in 8 Stufen einschließlich des Zuschnittes dargestellt. Bereits beim Anschlag wird der Boden nach innen gestülpt, der dann im 2. Zug nach außen geschlagen wird. Die nächsten Stufen 4 und 5 zeigen ein weiteres Vordrücken der Ausbeulung und die letzten 3 Stufen das endgültige Ausschlagen der Fertigform und den Randbeschnitt. Gestülpt wird nicht nur im Anschlag, sondern auch im Weiterschlag und nach weiteren Arbeitsstufen. Die im folgenden Abschnitt zu Abb. 456 dargestellte Mehrstufenfolge für eine Atomiseurbombe gibt in Stufe VI nach dem 4. Zug ein Beispiel[1]. Dort wird nach dem Umstülpen zwecks späteren Einhalsens der obere Rand elektroinduktiv weichgeglüht. An sich sollte vor einem solchen Stülpzug, soweit er nicht Anschlag bzw. 1. Zug ist, das ganze Teil zwischengeglüht werden. Ein Stülpzug ist auch ohne Zwischenglühung möglich, wenn sich der eingestülpte Werkstoff direkt an der Innenwand des zylindrischen Außenteiles

---

[1] In *Oehler:* Gestaltung gezogener Blechteile. Berlin–Göttingen–Heidelberg: Springer 1966 (Konstruktionsbuch 11, 2. Aufl.). Auf S. 63–66 sind weitere Stülpziehteile teilweise mit Abstufungsplan angegeben, wie z.B. Schwingachsgehäuse, Zentrifugenteile mit Randumstülpung, Knetmaschinenbehälter und Großküchenkochkessel.

482 G. Andere Ziehverfahren und ihre Werkzeuge

anlegt. Dieses Verfahren ist nur beschränkt für Bleche von über 1,5 mm Dicke bei geringer Rückstoßgeschwindigkeit und für runde Teile anzuwenden. Enge Stülpungen sind nur bei runden Teilen infolge der hohen Beanspruchung des verhältnismäßig dünnen Ziehringes möglich. Aber auch dort sollte gemäß Abb. 444 das Verhältnis von innerer Ziehringhöhe t : Ziehringwandstärke q nicht größer als 8 : 1 im Hinblick auf die Haltbarkeit des Werkzeuges ausfallen. Am Rand ist der Ziehring halbrund abzurunden. Das Stülpen unrunder Teile gelingt nur bei großen Eckenabrundungen.

5. Ziehen auf Mehrstufenpressen

Der Einbau von Werkzeugen in Mehrstufenpressen ist verhältnismäßig einfach, da die Werkzeugträger hier Bestandteile der Mehrstufenpresse sind. Abb. 447 zeigt eine Schnittzeichnung für eine solche Werkzeugeinspannung in

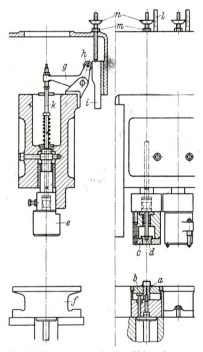

Abb. 447. Werkzeugeinsatz in einer Mehrstufenpresse

einer IWK-Mehrstufenpresse. Zum Zubehör der Maschine gehören im Werkzeugunterteil der Auswerfer mit den Stößelbolzen und der die Auswerferplatte umschließende Gestellsockel. Je nach der vorliegenden Aufgabe sind also der Kernziehstempel a und die Ausschubplatte b neu anzufertigen und in das Werkzeuggestell einzupassen. Dasselbe gilt für den Ziehring c und die Ausstoßplatte d. Alle anderen Teile sind Bestandteile der Maschine und brauchen nicht bei Umstellung der Mehrstufenpresse auf einen

5. Ziehen auf Mehrstufenpressen

anderen Artikel neu hergestellt zu werden. Freilich wird man dort, wo sehr häufig die Serien wechseln, ganze Werkzeuggestelle zum Austausch bereitliegen haben, also in mehreren Stücken die gesamten Werkzeugköpfe e und die Bodengestelle f am Lager halten. Da bei Einrichtung der Presse auf einen anderen Artikel die Ausstoßanschlaghöhe verschieden ist, so kann diese bereits an der Maschine eingestellt werden, ohne daß es dafür jeweils der Anfertigung verschieden langer Ausstoßbolzen, die mit d verbunden sind, bedarf. Zu diesem Zweck stößt nicht wie sonst üblich der aufwärts gehende Ausstoßbolzen gegen eine fest an der Presse angebrachte Traverse gemäß Abb. 177, S. 185, sondern die gefederte Stößelstange wird durch einen Winkelhebel g oben gehalten, die am anderen Ende mit einer Rolle h versehen ist. Dieselbe lehnt sich gegen ein Kurvenlineal i, so daß in einer bestimmten Höhe des Pressenstößels die Rolle h den Hebel g nach links zieht, wobei die Stößelstange k das Teil nach unten auswirft. Die Auswurfhöhe wird nach Lösen der Gegenmutter m und Drehen der Schraubspindel n eingestellt, deren obere Radrandhöhe an einem Lineal l ablesbar ist. Außer diesen Werkzeugänderungen bei a, b, c und d sind die Greifer der jeweiligen Werkzeugform anzupassen, obwohl ihre einfache Gestalt eine vielseitige Verwendung meistens zuläßt. Die Greiferarme packen die fertig gezogenen Teile an den einzelnen Stufen, schieben sie um eine Teilung t nach vorwärts, öffnen weit bzw. die Greiferbalken gehen auseinander und in diesem Zustand fahren sie zurück, um wieder zu schließen. So wiederholt sich dieser Vorgang bei jeder Stufe. In Abb. 448 ist die Arbeitsweise einer solchen Mehrstufenpresse von oben gesehen im Schema dargestellt[1]. Im allgemeinen wird Stahlband von der Haspel verarbeitet, wie auch Streifenbeschickungsvorrichtungen mit Sauglufthebern Anwendung finden. Der Streifen w wird in Abb. 448 links

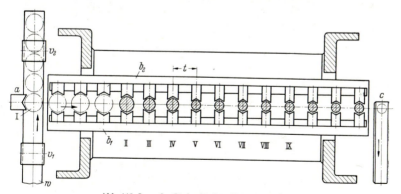

Abb. 448. Lage der Stufen in einer Mehrstufenpresse

durch die beiden Vorschubapparate v_1 und v_2 hindurch geschickt, wobei etwa in Mitte der Maschine der Ausschnitt in der Stufe I erfolgt. Der Schieber a gibt den Zuschnitt nun zwischen die Greiferbalken b_1 und b_2; derselbe passiert zunächst drei leere Stationen, bis unter den Stufen II bis IX die

---

[1] *Miebach, M.*: Bauarten und Einsatzbedingungen von Stufenpressen. Ind. Anz. 85 (1963), Nr. 23, S. 422–427.

Fertigbearbeitung erfolgt. Es folgen dann wieder 3 Leerstufen, wo das fertige Teil weitergegeben wird, bis es auf der Rutsche c in den Sammelbehälter abgleitet.

Abb. 449 und 450 zeigen nebeneinander zwei dem gleichen Zweck dienende Ziehwerkzeuge für einen Weiterschlag. Das linke Werkzeug ist in einem Säulengestell für eine einfache Presse, das rechte ist in einem Mehrstufenwerkzeug untergebracht. In beiden Werkzeugen sind die Verschleißteile austauschbar angeordnet. Der Einbau zusätzlicher Elemente im Mehrstufenwerkzeug der Abb. 450 ergibt sich aus der Notwendigkeit, die

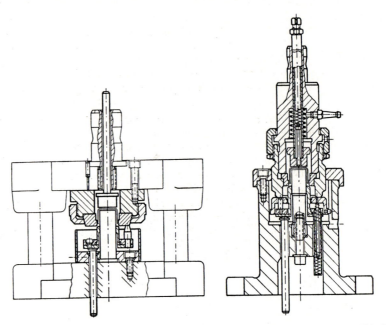

Abb. 449. Ziehwerkzeug für einen Weiterschlag mit Abstreifer und Ausstoßer im Säulengestell

Abb. 450. Das gleiche Werkzeug zu Abb. 450 als Mehrstufenwerkzeug konstruiert

Teile aus Stempel und Matrize sicher auszustoßen, sowie dieselben vor dem Öffnen der Greiferzangen derart zu stabilisieren, daß ein einseitiges Verschleppen verhindert wird. Dies geschieht vermöge des gefederten Zentrierstiftes im Werkzeugoberteil zu Abb. 450. Hierbei können durch Wechselgestelle die Werkzeugkosten erheblich gesenkt werden, so daß eine Fertigung unter Mehrstufenpressen sich auch bei kleineren Serien lohnt, zumal wenn dafür Einstellpläne vorbereitet werden[1]. Das in Abb. 451 rechts oben herausragende Nippel dient zum Anschluß für das Kühl- und Schmiermittel,

---

[1] *Hörtig, W.:* Wirtschaftlichkeit von Mehrstufenpressen bei der Fertigung kleiner Reihen. Werkstattst. u. Maschb. 47 (1957), H. 7, S. 343–349. Dort wird u.a. die Fertigung von Siebteilen für Staubsauger, von Röhrensockeln von Scheinwerfergehäusen und von Milchtöpfen mit Ausgußschnauze beschrieben. – Ziehen tiefer kegeliger Hohlkörper auf einer Stufenpresse. Werkst. u. Betr. 99 (1966), H. 10, S. 690–693.

da dasselbe zur Erzielung einer wirksamen Abkühlung der Werkzeugmitte zugeführt wird.

Mitunter lassen sich Pressen üblicher Bauart durch den Einbau beiderseits fassender Greiferbalken zu Mehrstufenpressen umbauen oder auch von vornherein darauf einrichten, wenn es sich um sperrige größere Teile handelt, die unter Mehrstufenpressen normaler Abmessungen sich sonst nicht verarbeiten lassen. So zeigt Abb. 451 ein solches Werkzeug zur Herstellung von zwei Schalenhälften, die später zu einem gemeinsamen Gehäuse miteinander verbunden werden. An den Greiferbalken b befinden sich zwischen den beidseitig haltenden der Außenform des Werkstückes angepaßten

Abb. 451. Greiferbalken (b) mit Fühler (c) zwischen den Haltebacken (a)

Greiferbacken a die Fühler c, die beim Packen des Werkstückes Kontakt herstellen in einer hintereinander geschalteten Reihe gleichartiger Kontakte. Im Fall einer Störung wird der Fühler nicht zurückgedrückt, die Kontaktreihe unterbrochen und die Maschine stillgesetzt. Es können mittels einer solchen Greiferbalkeneinrichtung mehrere Werkzeuge bedient werden[1].

Vor 20 Jahren kamen Mehrstufenpressen auf den Markt, bei denen die Werkzeugmitten nicht auf einer Geraden, sondern auf einem Kreis liegen[2]. Dieser Kreisform entsprechend müssen die Werkzeuge angepaßt sein, wie dies drei Werkzeugeinsätze für die Herstellung von Gewindeeinsätzen für Lampenfassungen gemäß Abb. 452 zeigen. Bei den beiden linken Werkzeugsätzen sind die zugehörigen Werkzeugoberteile mit Stanzbutzenabfall, Säulenführung und Keilvorschubstempeln für das seitliche Ausklinken zu sehen. Bei der nachfolgenden bzw. vorletzten Station wird das Gewindeteil

---

[1] Bauart Maschinenfabrik Weingarten.
[2] *Oehler, G.:* Zwei neue italienische Blechbearbeitungsmaschinen. Mitt. Forsch. Blechverarb. 1954, Nr. 23, S. 271–273 u. Ind. Anz. 76 (1954), Nr. 93, S. 1431. – Bauart Benelli-Gavazzi, Florenz.

G. Andere Ziehverfahren und ihre Werkzeuge

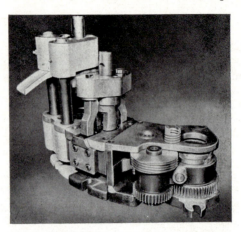

Abb. 452. Mehrstufenwerkzeuge für Lampenfassung

gerollt und in der letzten rechten Öffnung wird das fertige Teil nach unten durchgestoßen. Zur Erläuterung der Arbeitsweise in den beiden letzten Stufen dient die schematische Skizze zu Abb. 453, wo links das Werkstück w

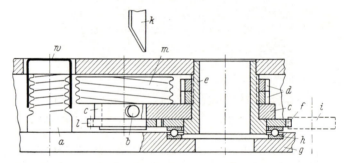

Abb. 453. Gewinderollantrieb zum rechten Werkzeug in Abb. 469

auf einem feststehenden Aufnahmedorn a aufgeschoben wird, der das innere Gewinderollenprofil aufweist. Vom Oberteil aus wird mittels eines Keiles k die Rolle b angestoßen, die auf einem Schwenkarm c angebracht ist. Dieser Schwenkarm c wird auf der drehbaren Büchse e mittels zweier Nutmuttern d befestigt. Diese Büchse trägt weiterhin ein Stirnrad f, das über ein Kugellager h gegen die Grundplatte g abgestützt wird. Durch die große Bohrung in der Büchse e fällt in der letzten Position das fertige Werkstück w nach unten durch. Das Zahnrad f dreht sich um die Büchse e, wird vom gestrichelt angedeuteten Antriebsrad i in Drehung versetzt und steht mit einem weiteren Zahnrad l in Eingriff, das mit einer Gewinderolle m verbunden ist. Die Rolle m ist also dauernd in Bewegung. Nur wenn der Keil k gegen die Rolle b drückt, wird die dauernd bewegte Rolle m gegen das Werkstück w angedrückt, wobei dem Gewindeprofil des Bolzens a entsprechend in das Werkstück das

5. Ziehen auf Mehrstufenpressen

Gewinde eingerollt wird. Hierbei dreht sich von selbst das Werkstück nach oben aus der Dornaufnahme heraus, wird beim nächsten Greifervorschub mit erfaßt, um eine Werkzeugteilung weiter nach rechts geschwenkt, so daß es beim Lösen der Spannvorrichtung durch die Büchse e nach unten durchfällt. Diese Werkzeuganordnung, ist durchaus nicht auf Mehrstufenpressen mit kreisförmiger Werkstückdurchgabe nach Abb. 452 beschränkt, sie läßt sich auch für Stufenpressen mit geradliniger Werkstückdurchgabe anwenden.

Mittels elektropneumatischer Vorschubgeräte[1], wie in Abb. 577 links dargestellt, lassen sich in Verbindung mit zu Abb. 448 und 451 beschriebenen Greifenbalken nach derselben Arbeitsweise einfache Excenter- oder Kurbelpressen zu Mehrstufenpressen umbauen. Zur Verlängerung der Pressenstößel- und Tischaufspannfläche dienen darauf befestigte lange Werkzeug-Aufspannplatten. Noch besser ist eine Unterbringung der Werkzeuge zu den einzelnen Stufen in einem langen Säulenführungsgestell. Gewiß fehlen hier die in einer Mehrstufenpresse vorhandenen Ausstoßvorrichtungen nach Abb. 447. Dieselben müssen dann innerhalb der Werkzeuge untergebracht werden, was eine ausreichende Einbauhöhe der verfügbaren Presse voraussetzt. Ferner können in einer solchen Mehrstufenvorrichtung weniger Werkzeuge als unter einer Mehrstufenpresse untergebracht werden. Dafür ist jedoch eine solche mittels eines elektropneumatischen Vorschubgerätes betriebene und mit dem Pressenhub synchron geschaltete Mehrstufenvorrichtung[2] sehr viel billiger als eine Mehrstufenpresse. Weiterhin läßt sich im Gegensatz zu jener der Vorschubhub von 125 bis 375 mm stufenlos verstellen, so daß ein solches Gerät sowohl zur Herstellung kleiner als auch größerer Teile verwendet werden kann, während eine Mehrstufenpresse infolge ihrer Ausstoßeranschlüsse zu den Werkzeugen von vornherein auf eine bestimmte Vorschubteilung festgelegt ist.

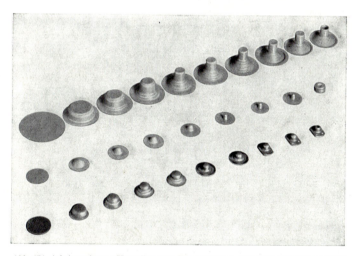

Abb. 454. Arbeitsstufen zur Herstellung von Flaschenhälsen, Zählrollen und Blechmuttern

---

[1] Pressomat-Gerät mit Mehrstufenvorschub der Fa. Ph. Schwarz, Wuppertal-Wichlinghausen.

In Abb. 454 bis 457 sind einige Teile dargestellt, die auf Mehrstufenpressen angefertigt werden. So zeigt die hintere Reihe in Abb. 454 die Herstellung eines Flaschenhalses, wie er insbesondere für Ölflaschen und Putzmittelbehälter Verwendung findet. Die stündliche Leistung beträgt 2400 Stück. Die Teile sind aus 0,6 mm dickem Aluminiumblech unter einer 16-Mp-Stufenpresse hergestellt. Unter einer gleichstarken Stufenpresse können mit dem gleichen Werkstoff einer Dicke von etwa 1 mm bei einer stündlichen Lei-

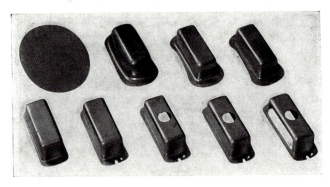

Abb. 455. Arbeitsstufen zur Anfertigung rechteckiger Autoschlußlichtgehäuse

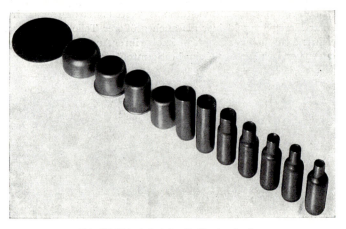

Abb. 456. Zieharbeitsstufen für Atomiseurbomben

stung von 3000 Stück die Zählrollen in der mittleren Reihe der Abb. 454 angefertigt werden. Ebenso ist gemäß vordere Reihe in Abb. 454 die Herstellung von Blechmuttern aus R St 13 03 in 9 bis 10 Stufen bei einer Blechdicke von etwa 1,5 mm möglich, wofür allerdings eine stärkere Presse von 63 Mp eingesetzt werden muß, die stündlich 2000 Muttern herausbringt.

Daß auf der Stufenpresse nicht nur Rundziehteile, sondern auch rechteckige Ziehteile hergestellt werden können, zeigt Abb. 455, wo die 9 Stufen für die Herstellung eines Autoschlußlichtgehäuses aus 0,8 mm dickem Tiefziehstahlblech RR St 14 04 dargestellt sind. Die stündliche Leistung beträgt

5. Ziehen auf Mehrstufenpressen

bei diesen für eine Stufenpresse verhältnismäßig großen Teilen 1000 Stück. Ebenso ist hierfür eine noch schwerere Presse erforderlich für etwa 100 Mp Stößelkraft. Eine andere Aufgabe, die auf der Mehrstufenpresse leicht gelöst werden kann, ist das Einhalsen von Dosenzargen, wie dies für Schuhcremedosen, Waffel- und Keksdosen, Halbkugelschalen für Zuglampengegengewichte u.a. bekannt ist. Hier genügt oft eine einzige Arbeitsstufe bei Blechdicken $s \leqq 0{,}4$ mm. Für größere Blechdicken und stärkere Einhalsungen sind mehrere Stufen nötig. So werden kleine Stahlflaschen, wie sie für die Atomiseurapparate der Zahnärzte erforderlich sind, aus Tiefziehstahlblech R St 13 05 in 11 Stufen unter einer Mehrstufenpresse von 35 Mp bzw. 63 Mp je nach Blechdicke bei einer Stundenleistung von 1200 Stück angefertigt. Die 11 Stufen nach Abb. 456 zeigen zunächst den runden Zuschnitt, dann den Anschlag und 3 Weiterschläge. Jetzt erfolgt ein Stülpzug und im Anschluß an diesen eine Randzonenglühung mittels einer Hochfrequenzanlage und induktiver Ströme. Die weiteren Werkzeuge besorgen das Einhalsen[1] bei immer kleiner werdendem Durchmesser, wobei die Blechdicke am Rand infolge der Stauchwirkung zunimmt. Aber nicht nur Reduzier-, sondern auch Ausbauchstufen, worüber das folgende Kapitel G 6 Näheres bringt, sind möglich, wie

Abb. 457. Arbeitsstufen für eine Ventilatorriemenscheibe

dies die Abb. 457 und 467 beweisen. Es handelt sich hier um die Herstellung einer Ventilatorriemenscheibe. Dieses Teil wird gemäß Abb. 457 in der ersten Stufe vorgezogen, in der zweiten gelocht und beschnitten, in der dritten am Flansch kegelförmig umgeformt und mit einer Bodenprägung versehen, in der vierten ausgebaucht und in der fünften fertiggeschlagen. Die Teile der letzten 3 Stufen sind im Schnitt in Abb. 458 dargestellt. Das für die Ausbauchstufe erforderliche Gummikissen hält 2000 Niedergänge aus und läßt sich binnen 3 Minuten auswechseln. Es ergibt sich hieraus, daß man auf Mehrstufenpressen durchaus nicht auf übliche Ziehvorgänge beschränkt ist, sondern hier Stülpzüge, Induktionsglüharbeitsgänge, Ausbauch- und Reduzieroperationen durchführen kann. Ebenso sind, wie die vorhergehende Abbildung zeigt, außer dem Tiefziehen weitgehende Beschneidearbeiten nicht nur am Boden und Flansch, sondern auch an den Zargenseiten möglich. Dafür sind selbstverständlich kompliziertere Werkzeuge erforderlich, als wie sie in Abb. 447 gemäß den Teilen *a*, *b*, *c* und *d* dargestellt sind. Aufgrund

---

[1] Das Einhalsen von Feldflaschen wird von *K. Jetschke:* Neuere Entwicklung der deutschen Umformtechnik in Werkstattst. u. Maschb. 46 (1956), H. 2, S. 79, Bild 6, beschrieben. Dort finden sich weitere Mehrstufenpressenbeispiele zur Anfertigung von Begrenzungsscheinwerfern und Ventilatorriemenscheiben. Abb. 457 und 458 sind von dort entnommen.

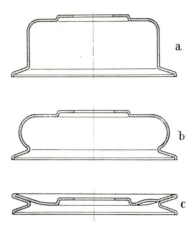

Abb. 458. Das fertiggezogene (a), ausgebauchte (b) und fertig gepreßte (c) Teil zu Abb. 458

der vorausgegangenen Schneidwerkzeugkonstruktionen dürfte es jedoch nicht schwierig sein, die dort gebrachten Konstruktionsgedanken für die Werkzeuge unter Stufenpressen auch sinngemäß anzuwenden[1].

Im Hinblick auf die Anschaffungskosten einer Mehrstufenpresse muß sie genügend besetzt sein. Ist dies nicht der Fall, so genügen für runde Werkstücke mitunter Mehrstufenziehwerkzeuge, wie ein solches in Abb. 459 für eine liegende Presse mit waagerecht geführtem Stößel (Teil 1) dargestellt ist.

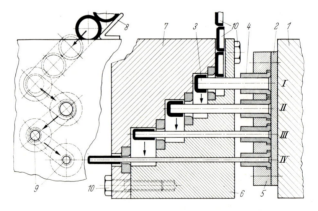

Abb. 459. Waagerecht angeordnetes Mehrstufenabstreckziehwerkzeug
1 waagerechter Stößel, 2 Zwischenplatte, 3 Ziehstempel, 4 Stempelbuchsen, 5 Stempelhalteplatten, 6 und 7 Ziehgesenkblock, 8 Rutsche, 9 Ziehbuchse, 10 Gesenkblockschrauben

---

[1] Weitere Werkstückstufungsbeispiele für Mehrstufenpressen sind angegeben im Aufsatz: *M. Hoffmeister:* Großmengenfertigung auf Mehrstufenpressen. Ind. Anz. 76 (1954), Nr. 22, S. 346–349 (Lampenfassungsteile, Siebboden, Kondensatordeckel zu Potentiometergehäusen, Weckergehäuse), mit weiteren anglo-amer. Schrifttumshinweisen; siehe ferner Ind. Anz. 77 (1955), Nr. 21, S. 297–298 (Spiritusbehälter, Essenträger, Sturzhelm, Sturmlaternenbrenner, Schlußlichtgehäuse, Scheinwerfer für Fahrrad und Kraftrad.)

Doch ist eine Anwendung auch unter üblichen Pressen mit senkrechter Stößelführung mittels eines Keiltriebes gemäß Abb. 24, 139 bis 141, 143, 242 und 263 für den Vorschub des waagerecht bewegten Stößels (Teil 1) möglich. Vor einer Zwischenplatte (Teil 2) aus blauhartem Gußstahl werden die vier Ziehstempel (Teil 3) für die Stufen I bis IV in Büchsen (Teil 4) und einer Stempelhalteplatte (Teil 5) gehalten. Auf dem zweiteiligen rechteckigen Ziehgesenkblock (aus den Teilen 6 und 7) ist eine schrägliegende Rutsche (Teil 8) angebracht, auf der die runden Zuschnitte oder hier die vorgenapften Teile vor die erste Ziehbuchse rollen und nach Durchzug über den anschließenden Kanal zur nächsten gelangen, bis sie schließlich nach dem letzten Durchzug ausgeworfen werden. Im rechteckigen Kanalquerschnitt nimmt von Stufe zu Stufe den Werkstückabmessungen entsprechend die Höhe (= Teildurchmesser) ab und die Breite (= Teillänge) zu. Bei diesem Werkzeug handelt es sich um ein Verfahren, wo nicht nur tiefgezogen, sondern auch abgestreckt und in der Ziehbüchse des letzten Zuges IV (Teil 9) kalibriert wird. Es ist beim Entwurf darauf zu achten, daß die Kanäle zwischen den Ziehstufen möglichst kurz gehalten und genügend breit sind, damit hängengebliebene Teile nicht den weiteren Durchlauf sperren. Da im Gegensatz zur Mehrstufenpresse die Werkstücke innerhalb des Werkzeuges unsichtbar und unzugänglich sind, muß das Werkzeug nach Lösen der Schrauben (Teil 10) häufig – möglichst täglich bei mehrstündigem Betrieb – auseinandergenommen, sorgfältig gereinigt und geschmiert werden.

6. Weit- oder Ausbauchverfahren
(Werkzeugblätter 61 bis 63)

Jedes Tiefziehteil neigt zur Ausbauchung infolge der am Zargenunterteil überlagerten Zugbeanspruchung im Anschluß an die Bodenkantenrundung. Bei abgestreckten Ziehteilen ist dies nicht und bei mit engem Ziehspalt hergestellten zylindrischen Ziehkörpern kaum meßbar. Erst bei weitem Ziehspalt fällt die Ausbauchneigung auf, wie dies in Abb. 383 als Fehler übertrieben dargestellt ist. Eine solche schwache Ausbauchung braucht aber nicht immer unerwünscht zu sein. Wird sie beabsichtigt, so empfiehlt es sich, außer einem zu weiten Ziehspalt von etwa den 1,5- bis 2fachen u_z-Werten nach Gl. (69) bis (74) zu S. 328 die Ziehkante eines etwa 1,5fachen r_M-Wertes nach Gl. (66) nicht viertelrund, sondern halbrund zu gestalten und zurücktreten zu lassen. Ein Beispiel dafür ist das Ziehen schwerer Radfelgen für Zugmaschinen aus 4 bis 5 mm dicken Mittelblechen in Preßgüte im kalten Zustand gemäß Abb. 460 in 3 Zügen. Im ersten Zug I wird bei einem Ziehspalt von etwa der doppelten Blechdicke und einem Ziehkantenradius von 70 mm das Teil vorgezogen. Hier entsteht eine Ausbauchung von 2 bis 4 mm. Der Boden zeigt eine Einstülpung nach oben derart, daß für die Umformung des Endzuges genügend Material bereitgestellt wird und nicht mehr über die Außenkante nachgezogen werden braucht. Die äußere Zarge ist also bereits im ersten Zug, wenn auch nur ganz schwach vorgewölbt, fertig. Für den zweiten Zug nach Abb. 460b kann dasselbe Untergesenk nur mit einem anderen Bodeneinsatz verwendet werden. Der Stempel drückt nun die mittlere Hochstülpung wieder zurück, wobei die Rippen der Radscheibe an ihrem äußeren Verlauf bereits endgültig eingeprägt werden. Es ist also der mittlere Teil des Bodens fertig und der äußere Teil der Rippen. Zu beachten ist eine kleinere Rundung außen unten am Formstempel, so daß beim Ausprägen des äußeren Randes der obere Zargenrand noch stärker einwärts gedrängt wird und die Ausbauchung des ersten Zuges noch weiter hervortritt. Im dritten Zug nach Abb. 460c wird der innere Bodendurchmesser mit dem

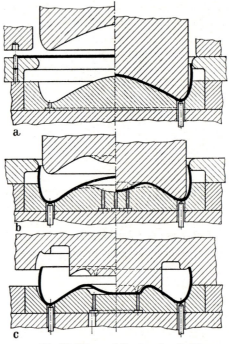

Abb. 460. Ziehen und Stauchen einer Radfelge

inneren Teil der Rippen fertiggeprägt, wobei das Oberwerkzeug die Zarge außen umfaßt und an der oberen inneren Anlage die bisher geringe Vorwölbung auf die Endform stärker ausbaucht. Zipfelt das Material, so muß vorher der obere Rand der Außenzarge auf einer Drehbank abgedreht werden. Das Unterwerkzeug mit abnehmbarem Ziehring zu I und II sowie austauschbarem Gesenk zu I, II und III ist zu entlüften, und zwar bei I außen, bei II ziemlich in der Mitte und bei III dazwischen. Weiterhin sind Stößel im Tisch vorgesehen, um das fertiggedrückte bzw. gezogene Teil durch hydraulisch oder pneumatisch betätigte Kissen auszuheben.

Nur selten reichen zum Ausbauchen, wie hier gezeigt, Stauchkräfte in der Ziehrichtung aus, und es bedarf hierzu von innen wirkender Kräfte. Neben der häufigen Anfertigung auszubauchender Ziehteile auf der Drückbank lassen sich gewölbte Formteile in geteilten Futtern auch unter Pressen herstellen. Zehn verschiedene Verfahren zum Ausbauchen vorgezogener

6. Weit- oder Ausbauchverfahren

Blechteile sind in Abb. 461 schematisch dargestellt, davon sind die ersten 4 sogenannte Naßverfahren. Das in die geteilte Form eingesetzte Ziehteil wird entweder vor dem Stempelniedergang mit Wasser gefüllt, oder das Wasser wird durch den Stempel bei w zugeführt. Die Luft entweicht bei e durch eine Entlüftungsleitung, die mittels eines Scheiben-, Kugel- oder Schwimmerventils s bei Eintritt von Druckwasser geschlossen wird. Da nach Abb. 461 A die Ringdichtung r des abwärtsgehenden Stempels starkem Verschleiß unter-

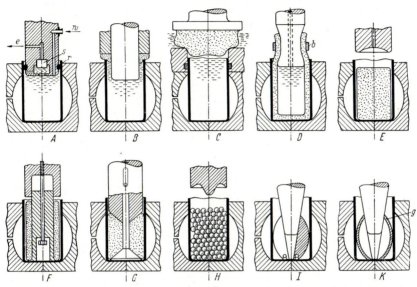

Abb. 461. Verschiedene Weitverfahren mit Ausnahme der reinen Stauchung ohne hydraulische, elastische oder mechanische Hilfsmittel

worfen wird, wird häufig entsprechend Abb. 461 B die Dichtung durch ein abschließendes Außenrohr bewerkstelligt, in dem der Stempel geführt ist. Durch einen zusätzlichen Druck des auf dem Ziehteilrand aufsitzenden Außenrohres wird der Ausbauchvorgang unterstützt. Hierbei ist das vorherige Beschneiden des oberen Zargenrandes erforderlich, noch besser das vorherige Umbördeln des Randes, wo dies sowieso zu geschehen hat. Ein direkt wasserbeaufschlagtes Ausbauchwerkzeug mittels Stempel ist auf S. 548 zu Abb. 527 beschrieben. Seit 20 Jahren ist das *Kranenberg*- oder Hydroriegat-Verfahren[1] bekannt, wobei die innere und äußere Oberfläche des umzuformenden Bleches hydraulisch beaufschlagt werden und der Druck des inneren zugeführten Wassers höher als derjenige des auf die Außenhaut der Gefäßform wirksamen abfließenden Wassers ist. Ein gewisser Vorteil dieses Verfahrens gegenüber älteren Ziehverfahren mit gleichfalls direkter hydraulischer Beaufschlagung des Bleches mag in einer Herabsetzung der

---

[1] *Voigtländer, G.:* Tiefziehen ohne Oberstempel. Ind. Anz. 77 (1955), Nr. 21, S. 291–293. — *Nickels, M.:* Das hydromatische Ziehverfahren Z. VDI 96 (1954), Nr. 35, S. 1165–1167. — DBP 951807, beschrieben in Blech 8 (1961), Nr. 7, S. 551.

Blechhalterreibung bestehen. Die Schwierigkeit bei den hydraulischen Ausbauchverfahren liegt in erster Linie in der Beschaffung eines sowohl in seiner Festigkeit als auch in seiner Dicke sehr gleichmäßigen Werkstoffes. Weist das auszubauchende Teil an einer bestimmten Stelle eine geringere Festigkeit oder eine geringere Blechdicke auf, so ist dort der geringste Widerstand, und hier wird sich zuerst eine Ausbeulung zeigen, die nun wiederum eine zusätzliche Schwächung des Bleches und dort den Riß herbeiführt. Daher sind diese unmittelbar wirkenden Hydraulikverfahren nur bei einem geringen Aufweitverhältnis einsetzbar[1] oder in sehr beschränkten Bereichen wie beispielsweise das Ausbauchen von Rohren zu Fittings oder zu Kabelführungsmuffen mittels automatischer Ausbauchpressen[2]. Es ist nun die Frage, ob man durch dickflüssigeren Stoff als Wasser, wie z. B. Weichmipolam, bessere Erfolge hat, oder ob man sich mit Gummisäcken hilft. Bei kleinen Werkstücken wurde dieses Verfahren mit recht gutem Erfolg angewendet. Abb. 461 D stellt einen solchen Gummisack dar. Es ist darauf zu achten, daß sich der Gummisack nicht an scharfen Kanten, auch nicht am Rand des Ziehteiles reiben kann. Er ist durch feste Bandagen bei b um den Stempel festzuspannen, so daß ein unbeabsichtigtes Abrutschen dort ausgeschlossen wird. Das durch den Stößel zugeführte Druckwasser kann nach dem Ausbauchen entweder nach Abschalten des Druckes oder Öffnen eines Ablaufventils dort abströmen. Es können Zu- und Ableitungen mit Ventilen vorgesehen werden. Auch ist es möglich, auf eine solche Druckwasserzuführung zu verzichten und den mit Wasser versehenen Beutel dicht zu verschließen,

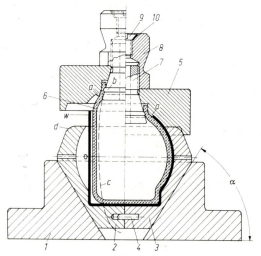

Abb. 462. Ausbauchwerkzeug mit wassergefülltem Sack

---

[1] Das hydraulische Ausbauchen von Melkmaschinengefäßen aus rostfreiem Stahl und von Aluminiumkochtöpfen mittels einer Wasser-Öl-Emulsion wird von *W. Bryce* in der Z. Materials and Methods 26 (1947), Nr. 5, S. 68–74, beschrieben. Auszug hiervon auf S. 6 in Mitt. Forsch. Blechverarb. Nr. 16 vom 10. April 1950.
[2] *Ogura, T., Ueda, T.* u. *Takagi, R.*: Über die Anwendung eines hydraulischen Ausbauchverfahrens. Ind. Anz. 88 (1966), Nr. 37, S. 769–772.

6. Weit- oder Ausbauchverfahren

so daß ein solches Werkzeug, wie es in Abb. 462 für ein kugelförmiges Teil dargestellt ist, vom Preßwasserzufluß unabhängig arbeitet. Links der Mittellinie ist dieses Werkzeug vor dem Ausbauchen mit eingelegtem Werkstück w, rechts der Mittellinie nach dem Ausbauchen dargestellt. Das Ausbauchwerkzeug besteht aus zwei Schalen 2 und 3, die nach Einstecken eines Stiftes 4 in die Bohrung der Gegenschale in ihrer Lage gegenseitig bestimmt sind und in das beide Schalen zentrierende Grundplattengesenk 1 eingesetzt werden. Der Winkel α ist zu 50 bis 60° zu wählen. Beim Hochgehen des Pressenstößels werden die Schalen 2 und 3 mit nach oben genommen und lassen sich erst nach dem Rückhub voneinander lösen. Nach Abnahme des ausgebauchten Werkstücks und der Schalen hängt der Membranbeutel entsprechend der gestrichelten Linie c nach unten. Das Werkzeugoberteil besteht aus der Kopfplatte 5, der Membran 6 mit Klemmkegel 7 und dem überschraubbaren Einspannzapfen 8. Es ist durchbohrt und wird von einer Senkschraube 9 nebst Dichtung 10 verschlossen. Die Schwierigkeit bei der Fertigung dieses Teils liegt darin, daß das zylinderförmige Werkstück nur im mittleren Bereich ausgebaucht wird, während seine obere Randpartie, deren Durchmesser kleiner als der Bodendurchmesser ist, nach innen gestaucht werden muß und es dort zur Faltenbildung kommt. Das Teil muß daher vor dem Ausbauchen am oberen Rand auf gleiche Zargenhöhe beschnitten werden, wie dies auf S. 159 bis 167 beschrieben ist. Die der Kugelform entsprechend ausgearbeitete Partie im Stempelkopf hat bei a einen Absatz, gegen den sich der obere Rand des Werkstücks in der rechts gezeichneten Endlage fest anpreßt, wodurch die Ausbauchwirkung noch begünstigt wird. Durch die mit Wasser gefüllte Membran 6 wird die Faltenbildung dort eingeschränkt, zumal da sie innen vom unteren Bereich des Kegels gestützt wird. Der Wulst b auf dem Kegel 7 dient dem Festklemmen der Membran in der Stempelkopfplatte 5. Der mit Innengewinde versehene Stempelzapfen 8 ist am unteren Bund mit einer beiderseits angefrästen Fläche zu versehen, damit der Kegel 7 mit einem Schlüssel angezogen werden kann. Wichtig ist auch die Rundung bei d am oberen Rand der Schalen, damit sie sich nach dem Rückhub aus dem übergreifenden Stempelkopf leicht lösen können. Es kommt bei diesem Teil auf eine genau zentrische Führung an, weshalb es sich empfiehlt, das Werkzeug mit Führungssäulen auszustatten. Sie sind in Abb. 462 wegen der besseren Übersicht nicht eingezeichnet. Die Ausbildung eines solchen Werkzeugs mit abgeschlossenem, wassergefülltem Sack erfordert ein sehr genaues Abstimmen der Beutelgröße und des Inhalts der Füllung. Dies geschieht am besten durch den Versuch mit einem zunächst reichlich bemessenen Beutel, der im Laufe der Versuche immer weiter verkürzt werden kann. Für den Membranbeutel selbst empfiehlt es sich, abriebfesten, synthetischen Stoff einer Härte von 30 bis 60° Shore C zu verwenden.

Abb. 463 zeigt die Herstellung eines Reflektors mittels Gummisack auf einer einfachen Presse[1]. Nach dem bisherigen Verfahren waren 5 Ziehstufen erforderlich, wobei sich auf dem Fertigziehteil noch die Absätze der vorausgegangenen Ziehstufen abbildeten. Dies wird vermieden unter gleichzeitiger

---

[1] *Henrici, P.*: Zieh- und Prägetechnik in der Feinmechanik. Werkstattst. u. Maschb. **40** (1950), H. 6, S. 236, Bild 7. – *Schmidt, E.*: Ziehen konischer Teile mit Wasserbeutel. Blech **1** (1954), Nr. 1, S. 8–12.

Beschränkung auf einen einzigen Ziehvorgang nach dem in Abb. 463 dargestellten Verfahren II, wobei der Blechhalterring infolge Druck des Oberstempels von oben nach unten unter Federdruck ausweicht. Es wurde hierbei synthetischer Gummi und Ölfüllung verwendet.

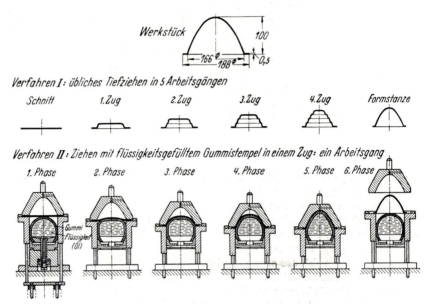

Abb. 463. Ziehen eines Reflektors

Eine andere Bauart als in Abb. 463 dargestellt, jedoch im grundsätzlichen Aufbau die gleiche, zeigt Werkzeugblatt 61 in Abb. 464. Zum Unterschied von Abb. 463 ist hier nur der Gummisack im Oberteil angebracht, und das Werkzeug dient zum Herstellen einer halbrunden Form mit Boden in der Mitte. Es ist also keine typisch unterschnittene Ausbauchform. Der Werkzeugsatz zum Ziehen dieser Schalen besteht aus dem Niederhalter (Teil 1), der das auf den Ziehring (Teil 3) aufgelegte Blech festhält. Der Ziehring ist mit einem Einfließwulst versehen, wie er auf S. 378 dieses Buches zu Abb. 336 und 337 näher beschrieben ist. Im Boden des Ziehringes bzw. Unterteiles (Teil 3) befindet sich ein mittlerer Bodeneinsatz (Teil 10) mit Entlüftungsbohrung. Zur Zentrierung des einzulegenden Zuschnittes und des aufsitzenden Niederhalters ist am oberen äußeren Umfang des Ziehringes ein Einlagerung (Teil 6) aufgeschraubt. Der mit der Druckflüssigkeit angefüllte Gummisack (Teil 15) wird durch die innere Platte (Teil 5) gegen die äußere Gummihalteplatte (Teil 4) an seinem oberen Rand gepreßt vermittels des Druckwasserrohres (Teil 8), das oben mit Gewinde versehen und mit einer Sechskantmutter (Teil 12) verschraubt ist. Die Druckflüssigkeit wird am oberen Rohrstutzen (Teil 8) eingefüllt und mittels der Verschlußschraube (Teil 13) und der Dichtung (Teil 14) gegen unerwünschten Austritt abgedichtet. Dieses ganze Gummisackaggregat wird mittels Innensechskantschrauben am Stempelkopf (Teil 2) befestigt, der im Innengewinde über ein Ziehstem-

6. Weit- oder Ausbauchverfahren

Zwg	**Weitwerkzeug mit flüssigkeitsgefüllter Gummihülle**		Werkzeugblatt 61

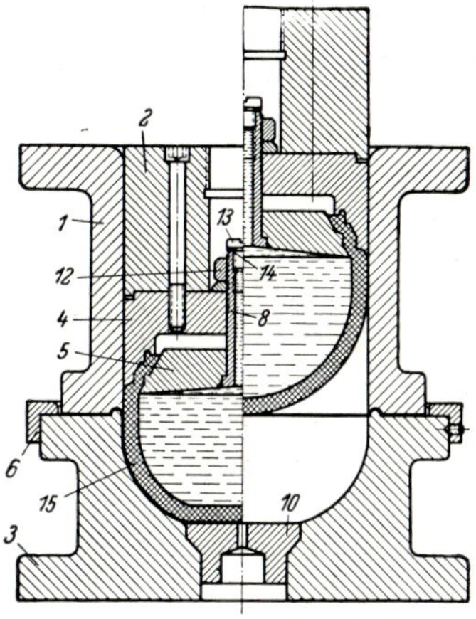

Abb. 464 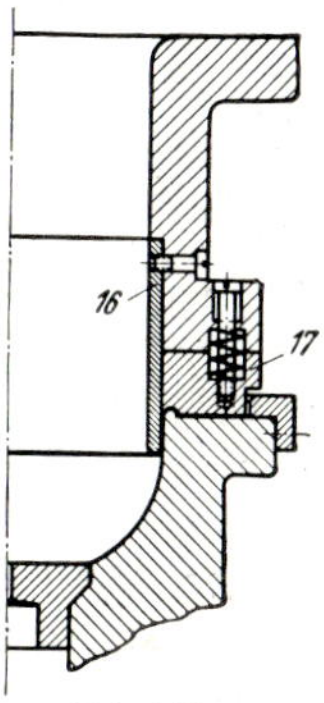   Abb. 465

Pos.	Gegenstand	Werkstoff	Norm	Bemerkungen
1	Niederhalter	GG 25		
2	Stempelkopfring	St 33		
3	Gesenkform-Unterteil	GG 25		
4	Äußerer Spannring	St 42		
5	Innerer Spannring	St 42		
6	Zentrierring	St 50		
8	Zuführungsrohr für Druckflüssigkeit	St 60	DIN 1755	
10	Bodeneinsatz mit Entlüftung	St 42		
12	Sechskantmutter zur Befestigung von 8	5 S	DIN 2357	
13	Verschlußschraube zu 8	5 S	DIN 84	
14	Dichtungsgummischeibe	Gummi, PUR Tab. 22/23	DIN 2693	
15	Gummisack			Shore-Härte C-40
16	Hilfsring	Wz. St. Tab. 30		gehärtet
17	Sockel-Hilfsring	St 60		

pelfutter mit dem Ziehstößel der Maschine verbunden wird. Die Gummihülle ist aus Buna hergestellt. Als Druckflüssigkeit wird Öl oder Glyzerin verwendet.

Versuche mit diesem Werkzeug waren insofern interessant, als sich hierbei die Werkstücke sehr empfindlich gegen Abweichungen in der Blechdicke zeigten, so daß oft nur einseitig eingezogene Werkstücke, sogenannte Jockeikappen nach Abb. 369, entstanden. Der Ausschuß wurde verringert, indem gemäß Abb. 465 in den Niederhalter ein Stempelring (Teil 16) eingesetzt und durch seitliche Schrauben gehalten wurde, der zunächst einen Teil der zylindrischen Form vorzieht, bevor das Ziehen mittels der Gummihülle einsetzt. Dies setzt allerdings wiederum voraus, daß dafür ein zusätzlicher die Funktion des Ziehstempels übernehmender Hilfsring (Teil 17) eingebaut werden muß, da ohne einen solchen das Blech beim Auftreffen des Ziehringes nach oben schlagen würde. Ein solcher Hilfsring (Teil 17) wäre daher mit dem Niederhalter zu verbinden und gegen diesen, wie in Abb. 465 dargelegt, abzufedern.

Es ist aber auch der umgekehrte Weg als zu Abb. 462 bis 465 beschrieben gangbar, indem nach Abb. 461C die auszubauchende Form mit Wasser gefüllt wird und gegen den oberen, mit einer Ringdichtung versehenen Öffnungsring ein auf- und abgehender Gummistempel das Blechteil mit Wasser aufpumpt. Die Öffnungsring und das eingesteckte Ziehteil stehen dabei unter Wasser, so daß nach jedem Pumphub Wasser nachfließen kann. Hier treten allerdings wieder die zuvor auf S. 494 beschriebenen Nachteile auf, die den unmittelbar wirkenden hydraulischen Verfahren anhaften. Nach einem anderen Verfahren wird bei direkt wirkender hydraulischer Beaufschlagung des auszubauchenden Ziehteiles die Ausbauchwirkung erhöht und unterstützt, indem der Gefäßboden während des Ausbauchens ähnlich der Wirkung eines Auswerferstempels nach oben gedrückt wird. Durch diese zusätzliche Stauchwirkung von unten können unten am Boden liegende Auswölbungen besser als durch allein von oben wirkenden Druck erzeugt werden.

Bei den Trockenausbauchverfahren haben sich Füllstücke aus elastischen Stoffen (siehe S. 527 bis 532) zum Ausbauchen von Teilen trotz des Verschleißes und der verhältnismäßig hohen Kosten noch am besten bewährt. Abb. 461E zeigt einen Gummiblock, der durch einen einwärts gewölbten Stempel unter Vermeidung scharfer Randkanten die Ausbauchung vollzieht. Einen geringeren Gummiverschleiß erhält man mittels eines dicken Schlauchstückes nach Abb. 461F, das auf einem Kern sich verschiebt, der seinerseits höhenverschieblich am Stempel aufgehängt und in diesem geführt ist. Nach Abb. 461G weisen dieser innere Kern und der Stempel Kegelflächen auf, die eine bessere Spreizwirkung auf den entsprechend gestalteten Gummiring ausüben. Als Anwendungsbeispiel dafür sei auf die Herstellung des in Abb. 466

Abb. 466. Tragrollenpreßkörper

dargestellten 2 mm dicken Stahlblechteiles von 80 mm Durchmesser und 60 mm Höhe unter der Stufenpresse hingewiesen. Abb. 467 zeigt drei Umformstufen, und zwar zu I das Umstülpziehen, zu II das Ausbauchen nach dem hier gezeigten Verfahren und zu III das Zusammendrücken der Ausbauchung und Prägen des Bodenabsatzes. In einer anschließenden vierten Arbeitsstufe wird der Boden noch gelocht. Das Beschneiden der Randhöhe und das Innenausschleifen auf Paßmaß geschieht auf anderen Maschinen. In sämtliche drei oberen Ziehstempel zu I bis III sind Ausstoßer gemäß *d* in Abb. 447 eingebaut, die, wie dort beschrieben, auf Ausstoßhöhe einzustellen sind. In Stufe I ist der Niederhalter unabhängig vom oberen Ziehstempel hydraulisch oder pneumatisch zu steuern, da im Hinblick auf den großen Stempelhub eine Mitnahme durch diesen unter gegenseitiger Abfederung sich nicht empfiehlt. Der untere Sockel ist mit einer gehärteten Ziehringplatte abgedeckt, die von leicht gefederten Anlagestiften durchbrochen wird. Dieselben dürfen den Transport der Fertigteile zur Stufe II nicht behindern. In allen drei Stufen sind die unteren Ziehstempel unverrückbar fest mit dem Werkzeugunterteil verbunden, werden jedoch von pneumatisch oder hydraulisch gesteuerten Gegenhaltehülsen konzentrisch umgeben. Nicht gesteuert wird hingegen der in seiner Höhe bewegliche und

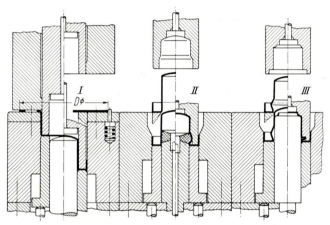

Abb. 467. Herstellung des Tragrollenpreßkörpers zu Abb. 466 in 3 Stufen

auf einem Gummi- oder Vulcollanring ruhende Stempelkopf zum unteren Ziehstempel von II. Der hieran hart angelötete Bolzen kann an seinem unteren Ende eine Sicherung gegen unerwünschtes Herausziehen beispielsweise in Form von Mutter und Gegenmutter tragen. Beim Ausprägen der Bodenform in III wird die in II vorbereitete Ausbauchung weiter bis zur Faltung gepreßt. Mitunter gelingen derartige Knickbauchungen allein durch Stauchdruck ohne Vorbereitung der Ausbauchform durch elastische Spreizkörper. In diesem Fall nach Abb. 467 wäre daher zuvor zu versuchen, auch ohne Stufe II auszukommen. Die späteren Abb. 470 und 471 erläutern gleichfalls die Anwendung des Gummikeilringes nach Abb. 461 G als Ausbauchmittel. In diesem Zusammenhang sei zu den Verfahren nach Abb. 461 B bis G auf die auf S. 530 beschriebenen Polyurethanwerkstoffe gemäß Tabelle 23 anstelle von Gummi hingewiesen.

Abb. 461 H zeigt ein Kugelausbauchverfahren, bei dem die Gestalt des Stempels zu beachten ist. Der stark abgerundete Kegel treibt die Kugeln nach auswärts. Anstelle von Gummikugeln werden zuweilen auch Stahlkugeln angewendet, die allerdings meist eine Markierung zurücklassen, die als Musterung an Zier- und Gebrauchsgegenständen zuweilen sogar erwünscht ist. Die Anwendung von Gummikugeln als Füllmittel hat sich hingegen nicht bewährt, da trotz Zugabe von Talkum und anderen die Reibung herabsetzenden Mitteln die Gummikugeln stark schmieren und bald zerstört werden. Der starke Gummiverschleiß ist wirtschaftlich so ungünstig, daß daran die Anwendung des Verfahrens oft scheitert. Dort, wo man mit unelastischen Druckelementen auskommt, wobei unelastisch nur relativ in Gegenüberstellung zu hochelastischem Werkstoff wie Gummi usw. zu versehen ist, soll man es tun.

Bei einseitigen Ausbauchungen kann man sich zuweilen dadurch helfen, indem das vorgezogene Teil schräg in das Gesenk eingelegt wird, so daß bei vorhandener weiter Teilöffnung der Stempel die Ausbauchung direkt ausprägt oder gegen eine zwischengelegte Gummidruckplatte auftrifft. Für einseitige und allseitige Ausbauchungen ist die Anwendung von Spreizkeilen gemäß Abb. 461 J beliebt, die durch federnde Elemente (f) nach einwärts zusammengezogen werden, um leicht aus der Form nach dem Ausbauchen entfernt zu werden. Spreizkeile sind aber oft nachteilig, da die ausgedrückte Form einmal nicht genau rund wird und sich ferner leicht Marken von den vordringenden Spreizkeilkanten abbilden. Deshalb haben sich kombinierte Formen nach Abb. 461 K oft bewährt, bei denen die äußeren Spreizkeilflächen, die das Blech ausdrücken sollen, mit einem Gummimantel überzogen sind, so daß der Druck ziemlich gleichmäßig gegen das Blech wirkt und keine Eindrücke der Spreizkeilkanten zurückbleiben[1]. Unlängst wurde eine Ma-

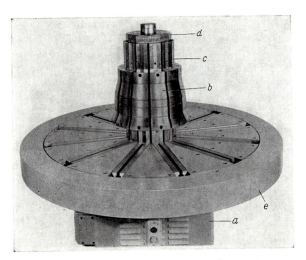

Abb. 468. Ausbauchstern; *a* Sockel, *d* konischer Dorn, *c* Gleitschienen zu *d* mit außen aufgespannten Spreizwerkzeugen *b*, *e* Tisch für Werkzeugaußenformen

schine entwickelt zum Ausbauchen von Blechhohlkörpern mittels Spreizkeilen, die mittels einem konisch nach unten verjüngten ölhydraulisch herabgezogenen höhenverschieblichen Dorn nach außen gerückt werden. Abb. 468 zeigt diese Maschine[2], in deren Sockel *a* der ölhydraulische Antrieb

---

[1] *Spizig, J. S.:* Hohlkörper aufweiten oder enger machen. VDI-Nachr. 24 (1970), Nr. 35, S. 28—29.

[2] Hersteller Leifeld & Co, Ahlen-Westfalen.

6. Weit- oder Ausbauchverfahren

untergebracht ist. Vom konischen Dorn d ist nur das oberste Ende zu sehen. An die ihn umgebenden Gleitschienen c werden die Werkzeugsegmente b für das Ausbauchen aufgeschraubt. Die Aufspannuten des runden Tisches e und die Tischbohrungen mit Gewinde dienen zum Aufspannen der hier nicht dargestellten Außenform des Werkzeuges, soweit eine solche überhaupt notwendig ist. Für einfache Ausbauchformen genügen die inneren Spreizsegmente b.

An einem Beispiel mag die Anwendung eines Spreizkeilfutters für Teekannendeckel erläutert werden. Werkzeugblatt 62 zeigt eine solche Vorrichtung, die aus der Grundplatte (Teil 1) mit dem dort eingelassenen Führungsring (Teil 2) besteht. Außerdem ist in der Grundplatte der Konus (Teil 3) für die Spreizkeile (Teil 6) eingelassen. Zwischen äußerem Führungsring (Teil 2) und dem unteren Teil des Konusstückes (Teil 3) befindet sich ein Ausstoßring (Teil 5) der durch Druckstifte (Teil 4) in seiner oberen Lage gehalten wird. Deren untere Enden ruhen auf einem Federteller unter dem Tisch der Presse oder stehen mit einem pneumatischen Ziehkissen in Verbindung. Die Spreizkeile (Teil 6) werden durch ein Stahlfederband oder ein Gummiband (Teil 7) nach innen zugedrückt und befinden sich, wie links gezeichnet ist, in ihrer Ruhestellung nahe der Mitte. Über den Spreizkeilen liegt ein Formteil (Teil 8),

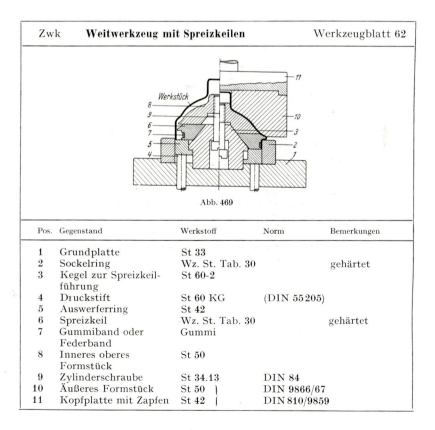

Abb. 469

Pos.	Gegenstand	Werkstoff	Norm	Bemerkungen
1	Grundplatte	St 33		
2	Sockelring	Wz. St. Tab. 30		gehärtet
3	Kegel zur Spreizkeilführung	St 60-2		
4	Druckstift	St 60 KG	(DIN 55205)	
5	Auswerferring	St 42		
6	Spreizkeil	Wz. St. Tab. 30		gehärtet
7	Gummiband oder Federband	Gummi		
8	Inneres oberes Formstück	St 50		
9	Zylinderschraube	St 34.13	DIN 84	
10	Äußeres Formstück	St 50	DIN 9866/67	
11	Kopfplatte mit Zapfen	St 42	DIN 810/9859	

Zwk — Weitwerkzeug mit Spreizkeilen — Werkzeugblatt 62

das mittels einer Schraube (Teil 9) mit dem mittleren Konus (Teil 3) lose in Verbindung steht und nach unten verschieblich ist. Sobald nun das Werkstück, wie links gezeichnet, in der Ruhestellung in den Führungsring (Teil 2) eingesetzt ist, kann das Pressenoberteil (Teil 10 und 11) nach unten gehen und drückt dabei, wie rechts gezeichnet, das Werkstück nach unten, wobei das obere Formstück als Aufnahmeteil (Teil 8) nach unten geht, während die Spreizstempel (Teil 6) auseinandergetrieben werden und die ausgebauchte Form für den Deckelsitz erzeugen.

Will man die Markierung durch die vorspringenden scharfen Kanten der Spreizkeile am Deckelrand vermeiden, so kann man auch mittels eines Gummiringes nach Abb. 461 G oder nach Werkzeugblatt 63 die Ausbauchung ausführen. Die Arbeitsweise dieses Werkzeuges ist folgende: Der Ausbauchstempel (Teil 1) und der daran hängende Formstempel (Teil 3), der auf dem Zapfen des ersteren längsgeführt ist und an diesem hängt bzw. durch einen Stift (Teil 4) gegen Herabfallen gesichert ist, trägt einen Gummiring (Teil 2). Durch die schrägen Flächen (Teil 1 und 3) wird beim Zusammenpressen des Werkstückes der Gummiring keilartig nach außen gepreßt, wie dies im Bild

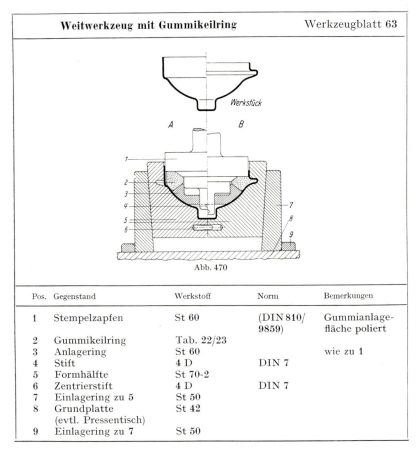

Abb. 470

Pos.	Gegenstand	Werkstoff	Norm	Bemerkungen
1	Stempelzapfen	St 60	(DIN 810/ 9859)	Gummianlagefläche poliert
2	Gummikeilring	Tab. 22/23		
3	Anlagering	St 60		wie zu 1
4	Stift	4 D	DIN 7	
5	Formhälfte	St 70-2		
6	Zentrierstift	4 D	DIN 7	
7	Einlagerung zu 5	St 50		
8	Grundplatte (evtl. Pressentisch)	St 42		
9	Einlagerung zu 7	St 50		

rechts dargestellt ist. Dadurch wird das in die Formbacken (Teil 5) eingelegte Blechteil in seine Endform gedrückt. Die Backen (Teil 5) werden durch einen Stift (Teil 6) zentriert und in einen innen konischen Ring (Teil 7) so eingelegt, daß sich die beiden Backen von selbst festspannen und nach Abnehmen des Ringes (Teil 7) leicht herausschlagen lassen, so daß mit dem Auseinanderfallen der Backen auch das fertige Werkstück herausfällt. Damit dieser Ring (Teil 7) sich bequem zentrisch unter den Stempel auf den Maschinentisch der Presse (Teil 8) einlegen läßt, ist auf diesem ein flacher Zentrierring (Teil 9) befestigt.

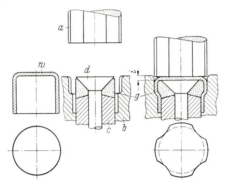

Abb. 471. Aufweiten von Verschraubungskappen mittels Gummikeilring

Eine andere Anwendung von Gummikeilringen zum Ausbauchen des Sterngriffes einer Behälterverschraubung nach dem Tiefziehen und vor dem Gewindeeinrollen zeigt Abb. 471. Das links rund vorgezogene und randbeschnittene Werkstück wird über einen Dorn d aufgesteckt, so daß der Rand des Ziehteiles in der Gesenkplatte unten aufsitzt. Diese Gesenkplatte b und ebenso die Hülse c, in welcher der Dorn verschieblich geführt ist, sind fest mit dem Pressentisch verbunden. In ihrem oberen Teil ist die Gesenkplatte der äußeren Form des Sterngriffes entsprechend ausgearbeitet. Ebenso paßt der Druckstempel a in diese Form. Je nach Gestaltung des Verschraubungsteiles kann die Unterfläche des Stempels hohl ausgearbeitet und mit Muster- oder Schriftgravur versehen sein. Infolge Zusammendrückens des Gummikeilringes g um das Maß i wird der Sterngriff auf die gewünschte Form ausgebaucht. Nach Aufwärtsgang des Stempels a wird das fertig gepreßte Teil vom Dorn hochgehoben, um von Hand abgenommen zu werden. Dieser kleine Ausstoßhub kann durch Unterbau einer genügend starken Feder unter den Dorn bewirkt werden, deren Verkürzungswiderstand zur Ausbauchkraft des Teiles und zur Spreizkraft des Gummikeilringes noch hinzukommt. Anstelle eines Gummiringes kann auch ein Vollgummiklotz treten, wie dies bereits in Abb. 461 zu E angeführt wurde. Doch ist der Verschleiß bei Vollgummiklötzen größer als bei Ringen.

Wie bereits am Ende der Beschreibung zu Abb. 467 auf S. 499 erwähnt, gelingen Knickbauchungen mitunter allein durch Stauchung der Zarge. Ein solches in Abb. 461 nicht aufgeführtes Ausbauchverfahren ohne Wasserfüllung, ohne Gummi und ohne Spreizkeile wird zur Herstellung von Kompensatorringen kleinerer Abmessungen aus austenitischem Stahlblech von etwa 20 bis 150 mm Durchmesser, wie sie für Rohrleitungen, Rohrkrümmer und Rohrabzweigstücke sowie an Ventilen verwendet werden, in den USA betrieben[1]. Diese Ringe weisen an ihrer einen Seite einen Flansch und in der Mitte eine eingefaltete Außensicke auf. Gemäß Abb. 472 wird das zunächst rohrförmige Werkstück w mit seinem unteren Teil in das feststehende Untergesenk a eingesetzt. Die dem Innendurchmesser des rohrförmigen Werkstückes entsprechenden Stempel b senken sich mit dem Pressenstößel nach unten und mit ihnen gleichzeitig die Keilvorschubstempel c. Dabei wird das Werkstück selbst zunächst noch nicht umgeformt; jedoch zeigt die Stellung II gegenüber I, daß nach dem Durchgang des Stempeldorns b durch w das zweiteilige Zwischengesenk z das Werkstück beiderseits dicht umschlossen hält infolge Einwirkung der Keilvorschubstempel c gegen die Rollen r außen an den waagerecht verschieblichen Gesenkhälften. Bei weiterem Senken des Stempels wird in Stellung III am Werkstück w zunächst der obere Flansch umgelegt, während gemäß der punktierten Linie und dem Pfeil in der Stellung III der zwischen Untergesenk a und Zwischengesenk z befindliche Werkstoff auszuknicken neigt. Dies wird noch dadurch unterstützt, als die horizontal verschieblichen Zwischengesenke z nach Überwindung der Vorspannung der Druckfedern f bei weiterem Vordringen des Stempels b nachgeben und nach abwärts mitbewegt werden, so daß in der Stellung IV in der Rohrmitte eine Außenfalte ausgeprägt wird. Nach Hochgang des Pressenstößels wird zunächst der Mittelstempel b aus dem Werkzeug herausgezogen, und außerdem geben die Keilvorschubstempel die Zwischengesenke frei, so daß diese unter Einwirkung hier nicht gezeichneter Federn gemäß Pfeilrichtung in Stellung IV wieder nach außen bewegt werden, in ihre Ursprungslage nach Abb. 472 links zurückgehen und so das fertig gesickte Teil zur Herausnahme aus dem Untergesenk freigeben.

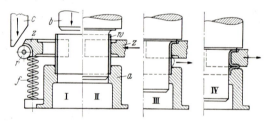

Abb. 472. Anflanschen und Knickbauchen von Ringkompensatoren

Die vorstehend beschriebenen Ausbauchteile wurden durch Dehnung des Werkstoffes im ausgewölbten Bereich erzeugt. Dies ist der häufigere und technologisch einfachere Weg als eine Erzielung der gleichen Gestalt durch Einziehen bzw. Stauchen des Bleches in den Bereichen des kleineren Durchmessers, da sich insbesondere bei Teilen eines $d/s > 50$ sehr leicht Falten bilden. Angeblich wird aber bei einem solchen Einziehen die Gefahr einer Faltenbildung erheblich eingeschränkt, wenn die zylindrischen Ziehteile oder

---

[1] *De Voss:* Upset beading die cuts job time 98%. Machinist, London, 96 (1952), Nr. 49, S. 198–485.

Rohre kalt in das erhitzte Gesenk hineingestoßen und bis unmittelbar an der Eintrittsstelle durch aufgesprühte Kühlflüssigkeit scharf gekühlt werden. Bei senkrecht stehenden Ziehteilen oder Rohren ist außerdem eine zusätzliche Kühlung innerhalb des Rohres bei bis an den Gesenkmund reichendem Wasserstand möglich. Außerdem kann das in Umformung begriffene Hohlteil zusätzlich von oben und innen her erhitzt werden[1]. Ohne eine solche Erhitzung ist das Einziehen des Randes auf einen kleinen Durchmesser nur bei Teilen eines $d/s < 50$ in mehreren Stufen möglich, wie dies beispielsweise bei den in Abb. 456 dargestellten Atomiseurbomben oder durch Würgen bei der Druckknopfherstellung des Oeillet-Verfahrens gemäß S. 469 der Fall ist.

7. Ziehen auf Streckziehpressen

(Werkzeugblatt 64)

Von den Verfahren, die auf schnell einsetzbaren und billigen Werkzeugen beruhen, gehört das Streckziehpressen mit zu den bekanntesten. Unter Streckziehen wird eine Umformung verstanden, bei welcher der Werkstoff in den beiden Hauptrichtungen seiner Fläche gleichen oder ungleich starken Zugbeanspruchungen, hingegen keinen Stauchkräften, unterworfen, also ausgebeult wird. Beim Streckziehen unter Streckziehpressen beschränkt sich diese Art der Umformung im allgemeinen nur auf Blechtafeln oder Bänder, die nach Abb. 473 an zwei gegenüberliegenden Seiten durch Spannvorrich-

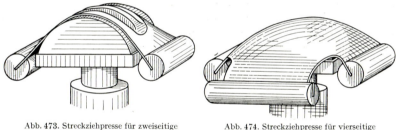

Abb. 473. Streckziehpresse für zweiseitige Einspannung

Abb. 474. Streckziehpresse für vierseitige Einspannung

tungen gefaßt werden. Es kommen dafür nur solche Ziehteile in Betracht, die eine gebogene Grundform aufweisen bzw. auf eine solche zurückzuführen sind. So lassen sich auch ziemlich flache Formen herstellen, z.B. Karosseriedächer, Tragflächen von Flugzeugen. Neben diesen flachen Formen sind äußerstenfalls steile U-Formen möglich, z.B. Windlaufteile von Karosserien, Cowlings bzw. Motorhauben von Flugzeugen. Ferner werden Kotflügel zuweilen auf Streckziehpressen hergestellt. Daneben gibt es auch Maschinen, die entsprechend Abb. 474 und 475 eine Einspannung der Tafel an allen vier Seiten ermöglichen. Bei den meisten Streckziehpressen wird die nach Abb. 473 waagerecht eingespannte Blechtafel von einem emporgehenden Stempel umgeformt.

---

[1] Das vorstehende durch DP 960145 vom 20. 12. 1952 geschützte Verfahren ist in Werkst. u. Betr. **91** (1958), H. 3, S. 152 beschrieben.

Abb. 475. Streckziehpresse mit weitestgehender räumlicher Verstellbarkeit der Spannbalken und der Tischfläche

Die Stempel sind für schwere Arbeiten aus Grauguß, für leichtere aus Zinklegierungsguß, für Leichtmetallbleche sehr oft aus Harzholz hergestellt. Es ist dabei durchaus nicht nötig, daß diese Formen massiv aus Holz gefertigt werden. So werden im Flugzeugzellenbau bei der Verarbeitung von Leichtmetallblechen leichte Formstempel verwendet, die aus Leisten zusammengesetzt sind[1]. Je nach Form und Güte des Holzes halten solche

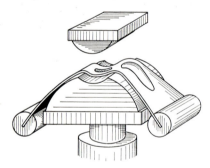

Abb. 476. Streckziehpresse mit Gegenstempel für zweiseitige Einspannung

Werkzeuge auch größere Stückzahlen aus. Scharfe Kanten dieser Werkzeuge, die infolge der wiederholten Beanspruchung beim Streckziehen glattgedrückt, also abgerundet werden oder gar aussplittern, sind am besten von vornherein mit Bandstahl zu bestücken. Dies gilt insbesondere an solchen Stellen, die nach dem Zuge auf dem Stempel mittels Nachformschlagwerkzeugen von

---

[1] Siehe Abb. 88–91 auf S. 80/81 in *Oehler:* Gestaltung gezogener Blechteile. Berlin–Göttingen–Heidelberg: Springer 1966 (Konstruktionsbuch 11, 2. Aufl.). Dort sind im weiteren Text zu Abb. 92–96 Streckziehteilformen dargestellt. Auf S. 83 und 84 des gleichen Buches wird anhand von Rechnungsbeispielen erläutert, welche Werkstückformen sich auf der Streckziehpresse herstellen lassen und welche nicht.

7. Ziehen auf Streckziehpressen

Hand bearbeitet werden, wie beispielsweise beim Umbördeln des Randes oder Einschlagen einer Sicke. Diese Handarbeit zum Absetzen der Kanten läßt sich durch aufsetzbare Vorrichtungen[1] erleichtern. Für Streckziehteile, die entgegen der vom Unterstempel erzeugten Wölbung eingedrückt werden müssen und wo derartige Nacharbeiten von Hand zu umständlich sind, eignen sich Streckziehpressen mit zusätzlich angebauten, von oben nach unten wirkenden Gegenstempeln gemäß Abb. 476 und 477. Anstelle dieser in

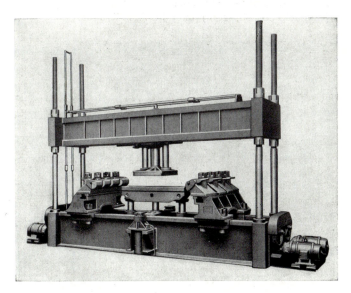

Abb. 477. Streckziehpresse mit Gegendruckstempel

Torgestellen fest eingesetzten von oben wirksamen Preßkolben sind gemäß Abb. 479 links oben leicht bewegliche, am Kran hängende Gegendruckvorrichtungen unter der Voraussetzung anzubringen, daß sich ein Zuganker dieser Vorrichtung im Tisch oder Unterwerkzeug befestigen läßt. Dies ist beispielsweise bei vorher ausgeschnittenen Fensteröffnungen leicht möglich[2]. Sonst kann man über das auf der Streckziehpresse bereits umgeformte Blech Stahlbänder legen und diese nach Ausspannen des Blechteiles mittels der Spannvorrichtung unter Zwischenlage von Sandsäcken oder Gummiblöcken oder Bleidruckstücken gegen das noch auf dem Streckziehstempel liegende Werkstück spannen, wodurch die gleiche Wirkung wie die eines Gegenstempels nach Abb. 476 erzielt wird.

Streckziehpressen werden in verschiedenen Größen gebaut. Die Spannweite zwischen den Zangen beträgt mindestens 0,6 m bei außergewöhnlich

---

[1] DP 953 694 v. 20. 11. 1954. Beschrieben in Werkst. u. Betr. 90 (1957), H. 12, S. 922.

[2] *Oeckl, O.:* Fertigung großer und komplizierter Blechpreßteile mit einfachen Mitteln. Mitt. Forsch. Blechverarb. Nr. 18 vom 15. 9. 1953, S. 233–240, Abb. 3 und 5.

kleinen Maschinen, in der Regel jedoch liegt die Mindestweite zwischen 1 und 1,5 m. Als Höchstweite kommen Maschinen bis zu 5 m in Frage. Die Arbeitsbreite beträgt bei kleinen Maschinen 1 m, bei größeren kaum über 4 m. Da für verschiedene Aufgaben im Flugzeugbau sehr viel größere Breiten notwendig sind, werden mehrere Streckziehpressen nebeneinander in Tandemanordnung aufgestellt. Im allgemeinen wird das Blech in waagerechter Ebene eingespannt und der Stempel nach Abb. 473 bis 477 und 479 senkrecht von unten nach oben bewegt. Abweichend hiervon hat die Fa. *Hufford* (Redondo Beach, Kal.) eine in Abb. 478 dargestellte Maschine

Abb. 478. Streckziehpresse mit feststehendem Tisch und waagerecht schwenkbaren Spannarmen

herausgebracht, die sich durch zwei wesentliche Merkmale von der oben beschriebenen allgemein gebräuchlichen Bauart unterscheidet. Erstens sind die Spannbalken senkrecht angebracht, und ebenso wird die Blechtafel in senkrechter Lage vor dem Stempel angeordnet. Zweitens ziehen die Spannbalken in schwenkbaren Armen hängend das Blech über den feststehenden Stempel. In Abb. 478 ist dieser Kernstempel a aus Hartholz auf der Spannwand b befestigt. Die davor liegende Blechtafel w wird in die Spannbalken e_1 und e_2 eingespannt. Danach ziehen die Kolbenstangen f_1 und f_2 der mit den schwenkbaren Armen q_1 und q_2 verbundenen Zugzylinder g_1 und g_2 die Spannbalken mit der beiderseits eingespannten Blechtafel nach außen. An dem hinter der Stempelwand rückwärts liegenden Gestellrahmen sind oben weitere Zugzylinder c_1 und c_2 schwenkbar angebracht, die ebenso wie g_1 und g_2 hydraulisch betrieben werden. Um die Gelenkbolzen k_1 und k_2 werden mittels dieser Zugzylinder c_1 und c_2 die Arme q_1 und q_2 zurück, also im Bild nach hinten geschwenkt, und ziehen auf diese Weise die eingespannte Blechtafel beiderseits nach hinten über den feststehenden Stempel a. Die Rückstoßkolben r_1 und r_2 schwenken die Spannbalken beim Entspannen einwärts in die Ursprungslage. Der Raumbedarf der Anlage ist erheblich, mißt doch jeder der beiden Schwenkarme g eine Länge von etwa 5 m.

Die Tangentialstreckziehpresse nach Abb. 479 arbeitet ebenso wie die alten Arzpressen nach Abb. 473 bis 477 mit senkrechtem Hauptkolben (1), der jedoch oben einen schwenkbaren Werkzeugaufspanntisch trägt[1]. Durch Drehen des Kolbens läßt sich der Tisch quer oder längs zu den Zugarmen 4 und durch einen hier nicht sichtbaren Neigungszylinder in verschiedenen Ebenen einstellen. Die Oberdruckeinrichtung (2) ersetzt das in Abb. 477 dargestellte Portal, setzt allerdings entsprechende Durchbrüche des Werkstückes voraus, um mit dem Mittelzapfen im Werkzeug einen genügenden Halt zu finden. Der große Vorteil dieser Einrichtung gegenüber dem Gegendruckverfahren nach Abb. 476 und 477 beruht darauf, daß durch das Gegendrücken der Hauptkolben (1) nicht belastet wird, d.h. in seiner Leistung nicht eingeschränkt wird. Infolge der beliebig schräg anstellbaren an einem Hebezeug aufzuhängenden Oberdruckeinrichtung (2) lassen sich Formen streckziehen, die bisher nicht nach einem solchen Verfahren hergestellt werden konnten. Die Bleche werden hydraulisch zwischen quergerillten Backen (3) ohne ein vorheriges Umfalzen der Blechenden eingespannt.

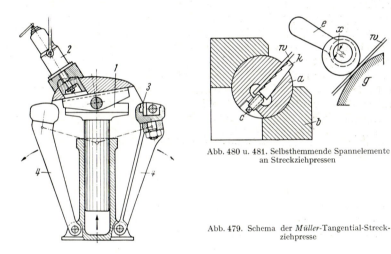

Abb. 480 u. 481. Selbsthemmende Spannelemente an Streckziehpressen

Abb. 479. Schema der *Müller*-Tangential-Streckziehpresse

Die Einspannung der Bleche in der Spannvorrichtung geschieht in verschiedenster Weise. Das Blech muß sich in der Spannvorrichtung drehen und darf dort nicht scharf abknicken. Infolge der hohen Drücke darf es sich aber auch nicht lösen, so daß nur Spannelemente in Frage kommen, die bei zunehmender Zugkraft selbsttätig die Spannwirkung erhöhen. Zwei Beispiele hierzu zeigen Abb. 480 und 481. Nach Abb. 480 sind die Einspannwalzen *a* im Spannbalken *b* drehbar gelagert. Von einem Durchbruch dieses Spannbalkens aus kann eine Schraube *c* gegen den Keil angezogen werden, die als Beißkeil den eingeführten Werkstoff *w* festhält. Je stärker die Zugwirkung des Bleches *w* ist, um so fester werden sich die Zähne des Beißkeils *k* in das

---

[1] Hersteller: Pressenfabrik Müller, Eßlingen.

Blech eingraben und um so fester halten. Eine einfachere Anordnung nach Abb. 481, die bei Leichtmetallblechen im allgemeinen genügt, ist die Anstellung eines Exzenterhebels e gegen das Blech, das auf einem stark gerundeten Gegenspannstück g aufliegt. Je geringer die Exzentrizität x ist, um so sicherer und fester ist die Spannung. Es sind auch Spannvorrichtungen bekannt, wo die Wölbung der Gegenbacke g nicht konvex, sondern konkav ausgebildet ist, um damit eine größere Anlagefläche zu gewährleisten. Der Unterschied in der dadurch gewonnenen zusätzlichen Haltekraft ist jedoch praktisch so gering, daß er durch das umständlichere Einlegen des Bleches kaum aufgehoben wird. Bei der in Abb. 475 dargestellten Maschine ist eine andere Art der Einspannung des Bleches zu beobachten, wo über Schraubbolzen mittels Handhebel die zu formenden Bleche an ihren Rändern festgehalten werden.

Werden schmale Teile streckgezogen, so genügt an jeder Seite der Arzpresse ein einziges Spannelement. Beim Ziehen breiterer Stücke genügt ein Spannelement nicht, es müssen dort mehrere nebeneinander auf einem starren Spannbalken geradlinig angeordnet werden, wie dies die Abb. 475 und 477 zeigen. Abweichend hiervon werden neuerdings die Spannelemente der in Abb. 478 dargestellten Hufford-Presse zu einer biegsamen Spannklotzreihe[1] ausgebildet. Diese sogenannten Kindelberger-Backen können einen Bogen oder eine andere beliebige Kurve, beispielsweise eine S-Kurve, bilden. Sie ergeben dann eine gelenkige Gliederkette, die sich je nach den Erfordernissen von selbst nach der Gestalt des Formstempels einstellt. Hierdurch lassen sich daher nicht nur starke in der Querfaser unter Bezugnahme auf die Umfangsfaser der Biegekurve gewölbte Formen herstellen, sondern darüber hinaus wird auch erheblich Randwerkstoff gespart, der sonst bei derartigen quer zur Längsrichtung stark gewölbten Formen nötig gewesen wäre bzw. kann die Maschine kürzer gebaut oder für weitgehende großflächige Umformungen besser ausgenutzt werden.

Werden nicht ebene Bänder, sondern profilierte Bänder über Streckziehvorrichtungen gezogen, so muß die Einspannvorrichtung dem Profil angepaßt sein.

Wichtig ist eine weitestgehende Verstellbarkeit der Tischfläche und der Spannbalken. Die in Abb. 475 und 479 gezeigten Maschinen gestatten eine Schrägstellung sowohl des Tisches in der senkrechten wie auch der Spannbalken in der waagerechten Ebene. Ferner ist eine Höhenverstellung der Spannbalken von Bedeutung, um seitlich ausgebauchte Teile, wie diese z. B. bei manchen Flugzeugtragflächen erwünscht sind, anzufertigen. Eine weitestgehende Verstellbarkeit der Spannelemente zueinander sowohl in waagerechter als auch in senkrechter Ebene ermöglicht nicht nur eine Erweiterung der überhaupt herstellbaren Streckziehformen, sondern schränkt darüber hinaus Beschneideverluste, die sonst ohne derartige Verstellbarkeit anfallen, erheblich ein. Abb. 482 zeigt links eine schematische Zusammenstellung aller Verstellmöglichkeiten der mit den Spannvorrichtungen bestückten Spannbalken und rechts die Beeinflussung der Gestalt des Ziehteiles

---

[1] *Dickinson, A. T.:* Developments in stretch-forming techniques. Machinery, London 82 (1953), Nr. 2107, S. 633–636. Siehe ferner: Flexible Jaws for Stretch-Forming Machine. Sheet Metall Ind., Vol. 30, Nr. 319, Nov. 1953, S. 1017.

durch die entsprechende Verstellmöglichkeit. Unabhängig von der Verstellbarkeit der Weite, die durch die Bodenquerschienen nach Abb. 475 links unten bei jeder Streckziehpresse bekannt ist, gibt es eine Anzahl weiterer Verstellmöglichkeiten, die bei den bisherigen Bauarten allerdings nur teilweise und auch dort nur selten vorgesehen sind. Doch kann, insbesondere

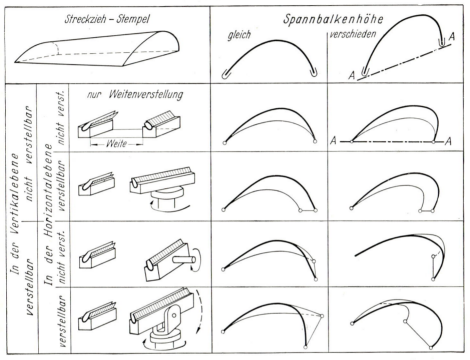

Abb. 482. Herstellung verschieden geformter Ziehteile auf Streckziehpressen mittels verstellbarer Spannbalken oder entsprechender Unterbauvorrichtungen

was die unterschiedliche Einstellung der Spannbalkenhöhe anbelangt, durch Unterbauklötze die erforderliche Lage der Spannbalken erreicht werden. Die 4 Ziehteile der rechten Spalte zu Abb. 482 zeigen unterschnittene Formen, die nur durch eine solche unterschiedliche Spannbalkenhöhe herzustellen sind. Sind die Spannbalken in der horizontalen Ebene schräg verstellbar, können nicht nur Ziehteile mit parallelen Seitenkanten, sondern auch solche mit schräg zueinander laufenden Kanten gefertigt werden. Aber nicht nur in der waagerechten Ebene ist eine Abstand- und Schrägverstellung der Leisten zueinander möglich, sondern auch in der senkrechten Ebene.

Bei der Umformung von Titanblechen für Flugzeugverschalungsteile haben sich Fallhammerpressen und Streckziehpressen bewährt. Gute Erfahrungen hat man bei letzteren damit gemacht, daß die beiden Enden der streifenförmig umzuformenden Teile in der üblichen Weise durch Spannelemente gefaßt werden, die unter Strom stehen, so daß zwischen den Spannbalken hängend das eingespannte Titanblech 60 bis 90 Sekunden einer Widerstandserhitzung bei 480 °C unterworfen wird, bevor es umgeformt wird[1].

Inwieweit der Streckziehvorgang unter üblichen Pressen möglich ist, zeigt die in Werkzeugblatt 64 enthaltene Ausführungsform. Geeignet sind für solche Arbeiten nur hydraulische Pressen, notfalls Spindelpressen. Hergestellt können damit nur kleine Teile werden. Die zu ziehenden Bleche werden an ihren Enden beiderseits in die Keilschlitze der runden Spannbalkenwelle (Teil 1) eingeführt und mittels der Keile (Teil 2) nach Anziehen der Spannschrauben (Teil 3) festgeklemmt. Das Blech wird mit den angeklemmten Spannbalken so über den aus Hartholz gefertigten Kernstempel (Teil 4) gelegt, daß die Spannbalkenenden in die dafür bestimmten Lageröffnungen der an der Stößelunterfläche angeschraubten Ständer (Teil 5) bei langsam abwärtsgehendem Pressenstößel eingehängt werden können. Da diese Ständer sehr stark auf Biegung beansprucht werden, ist beiderseits je eine zwecks Weitenveränderung mit Löchern versehene Quertraverse (Teil 6) zur gegenseitigen Abstützung vorgesehen. Ständer und Quertraverse können aus Profilträgern zusammengesetzt und miteinander verschraubt werden. Diese

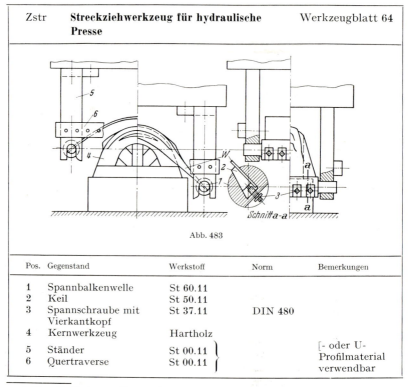

Abb. 483

Pos.	Gegenstand	Werkstoff	Norm	Bemerkungen
1	Spannbalkenwelle	St 60.11		
2	Keil	St 50.11		
3	Spannschraube mit Vierkantkopf	St 37.11	DIN 480	
4	Kernwerkzeug	Hartholz		
5	Ständer	St 00.11		[- oder U-Profilmaterial verwendbar
6	Quertraverse	St 00.11		

---

[1] *Stovall, F. A.*, u. *Kirkpatrick, R. H.*: Resistance heat and jumping jaws and drop hammer means new formula for forming Titanium. Am. Machinist 99 (1955), Nr. 23, S. 113–115.

7. Ziehen auf Streckziehpressen

Einrichtung ist gegenüber Streckziehpressen nur als eine Notlösung zu betrachten. Insbesondere ist das genau rechtwinklige Einführen der Blechtafel in die Spannbalken schwierig. Anstelle der in Abb. 483 links dargestellten nach unten offenen Einführungsschlitze können nach Abb. 483 rechts die Enden der Spannbalkenwellen in den Ständern gelagert werden, was jedoch ein unhandliches Einspannen unter der Presse bedingt. Schließlich ist es möglich, den Kernstempel (Teil 4) an der Stößelunterfläche festzumachen und die Ständer auf dem Pressentisch unterzubringen. Eine weitgehende Verstellbarkeit der Ständerweite und -höhe ist mittels dieser Vorrichtung gewährleistet, so daß die gleiche Einrichtung bei Austausch der Kernstempel immer wieder verwendet werden kann.

Aber nicht nur unter gewöhnlichen Pressen, auch unter Gesenkbiegepressen lassen sich insbesondere lange Streckziehteile gemäß Abb. 484 und 485

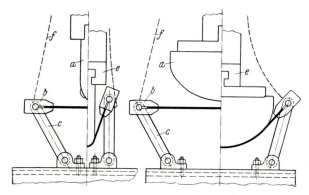

Abb. 484 u. 485. Streckziehvorrichtung unter Abkantpressen

anfertigen[1]. Hierbei wird der teilweise aus Hartholz oder aus Zinklegierungsguß bestehende Stempel a am Oberteil bzw. an der Einspannleiste e der Oberwange befestigt. Die Blechenden werden in pneumatischen Spannvorrichtungen b festgehalten. Dabei sind die Spannbalken an Stützen c schwenkbar angeordnet. In den Quernuten des Tisches sind die Befestigungsschrauben für die Stützen verschieblich angebracht, so daß diese am Fuß auf dem breiten Tisch (Abb. 485) nach außen oder nach innen (Abb. 484) verschoben werden können, je nachdem, ob das Werkzeug schmal oder breit ist. Die Spannbalken selbst sind an Drahtseilen f aufgehängt, wodurch ihre nach außen klaffende Anfangsstellung begrenzt wird. Nach dem Einspannen der Bleche werden bei niedergehendem Stempel die Spannbalken zu beiden Seiten nebst ihren schwenkbaren Stützen nach oben einwärts geschwenkt. In Abb. 484 ist die Arbeitsweise für ein schmales Teil, in Abb. 485 für ein breites Teil dargestellt, wobei links der Mittellinie die Ruhestellung, rechts die Arbeitsstellung gezeigt wird.

---

[1] Wide Variety of Presses speeds Production of F-89 Scorpions. Mod. Industr. Press **16** (1954), Nr. 1, S. 13–18 u. 54.

8. Fallhammer- und Schlagziehverfahren

Das Fallhammerverfahren wurden insbesondere während des Krieges im Flugzeugzellenbau viel angewandt, wo es galt, in sehr kurzer Zeit Gesenke für verhältnismäßig kleine Serien herzustellen, so daß es hier weniger auf die Lebensdauer der Werkzeuge als auf ihre schnelle Bereitstellung ankam. Doch haben sich diese Verfahren gerade für geringe Herstellungsmengen auch über den Krieg hinaus erhalten. In den USA werden dafür hydraulisch betriebene Fallhammerpressen mit Gesenken aus Kirksite, einer Zinklegierung, über

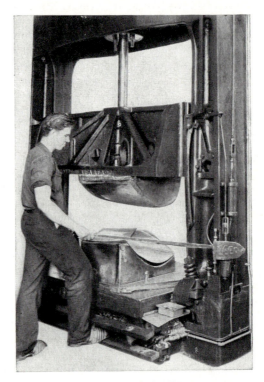

Abb. 486. Formschlagen unter einer Fallhammerpresse

die noch auf S. 626 berichtet wird, eingesetzt. Die Modelle werden aus parallelen senkrechten Stegflächen aus 5 bis 10 mm dicken Sperrholzplatten in Abständen von etwa 100 mm hergestellt. Die Zwischenräume zwischen den Stegen werden dann mit Gips oder Kunststoffen, wie beispielsweise Stonex oder Steinholzmasse, ausgefüllt. Die Holzstege der leichten Modelle werden mit feinmaschigen Drahtgeweben oder Streckmetall überdeckt und dann mit Kunstharzmasse überspritzt, oder es wird eine dünne Gipsschicht aufgebracht. Daneben werden aber auch massive Holzmodelle aus Hartholz wie in den üblichen Modelltischlereien angefertigt. Sehr oft dienen die Modelle gleichzeitig später als Lehren. Im üblichen Sandformguß werden dann mittels

8. Fallhammer- und Schlagziehverfahren

jener Modelle die Kirksitegesenke hergestellt. Die Stempel werden aus Blei gefertigt, und für deren Abguß dient das bereits vorher gegossene Kirksitegesenk. Abb. 486 zeigt die Herstellung von Flugzeugverschalungsteilen unter einer solchen Fallhammerpresse mit einem Gesenk aus Kirksite und einem darin abgegossenen Bleistempel. In Deutschland wurde hiervon abweichend eine andere Schlagziehpresse[1] entwickelt, die den Vorteil hat, daß sie sowohl als einfach, als auch als zweifach wirkende Presse die Teile langsam vorformen und dann in kurzen Schlägen nachformen kann. Der Vorteil beruht jedoch hier nicht auf den Herstellkosten der Werkzeuge, sondern darauf, daß ein langsames Vorformen und ein kurzes, schnelles anschließendes Schlagen und Hämmern Spannungen – insbesondere Zugüberlagerungen – abbaut und die Fertigung genau maßhaltiger Teile erlaubt, die mitunter im herkömmlichen Ziehverfahren nicht gelingen. Abb. 487 zeigt eine 1,25 mm

Abb. 487. Stahlblechscheibe mit 2 konzentrischen Sicken

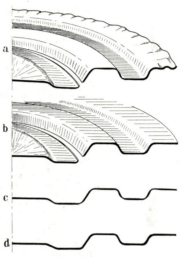

Abb. 488. Umformen der Scheibe nach Abb. 487 bei verschiedenen Verfahren

dicke Scheibe[2] von 260 mm Außendurchmesser aus Tiefziehstahlblech der Güte R St 13. Es wurden verschiedene Fertigungsversuche durchgeführt, deren Ergebnisse in Abb. 488 unter a bis d skizziert sind. Beim hydraulischen Pressen nach a ergaben sich nicht nur Randfalten, sondern es riß auch die Innenkante. Dies ist verständlich, da der Werkstoff über die Kanten nicht nachkommen kann, und wir haben hier dieselben Verhältnisse wie beim gleichzeitigen Abkanten mehrerer V-Stempel nebeneinander nach Abb. 252, S. 260. Auch ein einmaliger kräftiger Schlag, der zwar die Falten verhinderte, ergab gemäß b gleichartige Bodenreißer. Nach einer Herstellung mit zwei leichten Schlägen war das Ergebnis schon besser, aber es zeigten sich auch unter c an den Kanten starke Einschnürungen. Erst nach mehreren kurzen

---

[1] *Lasco*-Presse. Langenstein & Schemann, Ernsthütte Coburg.
[2] *Bräuer, W.:* Die Tiefziehschlagpresse. Blech 6 (1959), Nr. 4, S: 176–180.

und noch leichteren Schlägen dicht über dem Werkstück ergab der Versuch zu d ein einwandfreies Teil, wie es in der Abb. 487 zu sehen ist. Der Hammerschlag bewirkt also, daß das Blech an denjenigen Stellen, wo es normalerweise infolge Reibung abreißen würde, nachrutschen kann und die Dehnung des Werkstoffes nicht nur an einzelnen Stellen, sondern im gesamten Bereich völlig ausgenutzt wird. Im allgemeinen hat sich eine Umformung von Metallen unter Schwingungen bzw. ein leichter Vorzug mit anschließenden Nachschlägen gerade bei unregelmäßigen Ziehteilen bewährt. Um dies nachzuprüfen, wurden Gehäuse für eine Lenkstockführung aus 2 mm dickem R St 13 03-Stahlblech eines rechteckigen Zuschnittes von 250 × 180 mm und einer Höhe von 50 mm gezogen. Diese Teile wurden bei verschiedenen Zieh- und Niederhaltekräften sowohl ohne Schlag als auch mit ein und mit zwei Schlägen aus einer Höhe von 45 mm kalt umgeformt. Hierbei hat man mit einer Ziehstempelkraft von 10, 16, 25 und 40 Mp gezogen, wobei die Blechhaltekraft 40% der Ziehstempelkraft betrug. Die obere Kurve in Abb. 489 stellt die Faltenhöhe am ebenen Gehäuserand ohne Nachschlag,

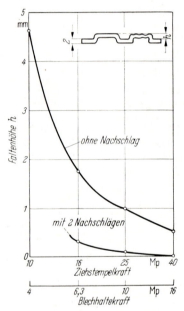

Abb. 489. Einfluß des Nachschlages auf die Faltenbildung

die untere Kurve dieselbe nach zwei Nachschlägen dar. Bei 40 Mp Stößelkraft mit zwei anschließenden Nachschlägen war die Faltenbildung bereits ganz verschwunden, während bei gleich hoher Belastung ohne Nachschlag eine Faltentiefe von über 0,5 mm nachgewiesen wurde. Gewiß läßt sich durch eine höhere Ziehstempelkraft allein die Faltenbildung schon sehr einschränken. Immerhin ist der Einfluß der Nachschläge unverkennbar. Bei mehr als zwei Nachschlägen ist das Ergebnis noch günstiger. In jüngster

8. Fallhammer- und Schlagziehverfahren

Zeit durchgeführte Versuche des Verfassers[1] haben bewiesen, daß es vorteilhafter ist, durch viele Nachschläge aus geringer Fallhöhe als durch wenige aus größerer Höhe die Teile faltenlos und auf genaues Maß zu kalibrieren. So zeigt Abb. 490 oben die Innenseite I und die Außenseite II einer Motorwanne aus 4,5 mm dicken Stahlblech MR St 4 GBK mit eng tolerierter Bodeneinprägung. Aus den Schaubildern darunter ist zu erkennen, daß aus geringerer Schlaghöhe bzw. Umformtiefe H mehr Schläge erforderlich sind

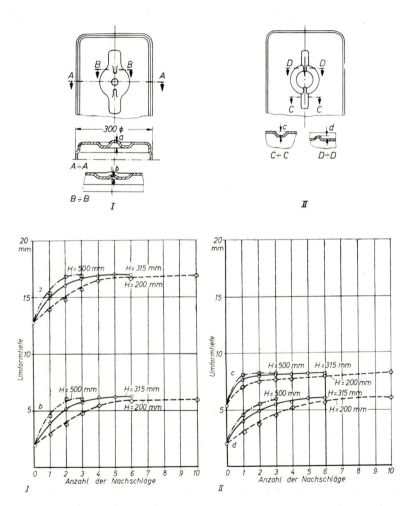

Abb. 490. Umformtiefen von Motorwannen in Abhängigkeit von der Anzahl der Nachschläge und deren Fallhöhe H
I Umformtiefen a und b (innen), II Umformtiefen c und d (außen)

---

[1] *Oehler, G.:* Das Kaltumformen von Blechen unter Schlagziehpressen. Mitt. Forsch. Blechbearb. (1964), Nr. 19/20, S. 283–289. – Tiefziehen mit anschließendem Kalibrieren unter Schlagziehpressen. – Werkstattstechn. 60 (1970), Nr. 9, S. 517–520.

als aus großer Höhe. Zur Schonung der Werkzeuge und zur Einschränkung der Sprödbruchgefahr am Werkstück sollte die geringstmögliche Höhe H nach Ausprobieren gewählt werden. Weiterhin ergaben jene Versuche beim Kalibrieren durch Nachschläge eine Streckziehwirkung bei gewölbten Blechteilen, die zur Stabilisierung und Festigkeitserhöhung beiträgt.

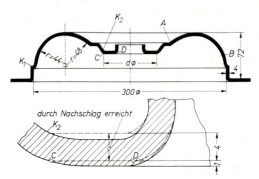

Abb. 491. Durch Nachschlagen kalibriertes Exhaustorgehäuse

Beim Kalibrieren des aus 4 mm dicken Stahlblech MR St 4 GBK bestehenden Exhaustorgehäuses nach Abb. 491 wurde mit einer Gewichtskraft von 4000 kp aus einer Höhe von 0,2 m (800 mkp) nachgeschlagen. Nach zwei Schlägen ergab sich eine saubere Ausprägung. Die mit den Radien $r = 44$ und $r = 48$ mm bemaßten Rundungen des Ziehteils waren besonders glatt, auch deshalb, weil für diesen Bereich der Vorgang dem Streckziehen ähnelte, da der Werkstoff sowohl innen als auch außen infolge der sehr kleinen Radien an den Klemmstellen K_1 und K_2 festgehalten wurde. Man könnte im Gegensatz zum üblichen Streckziehen auch von einem Schlagstreckziehen sprechen. Beim üblichen Streckziehen läuft der Arbeitsvorgang langsam ab, während im vorliegenden Fall bei einer Fallhöhe von 0,2 m die Auftreffgeschwindigkeit etwa 2 m/s beträgt. Es wurde aufgrund einer nachträglichen Messung eine Erhöhung der Festigkeit des vom Werkzeug berührten Werkstoffes von 37 bis 40 kp/mm² auf ungefähr 48 bis 53 kp/mm² und eine Erhöhung der Brinellhärte von 101 bis 109 kp/mm² auf 134 bis 146 kp/mm² nachgewiesen. Beim bisherigen Tiefziehen mit herkömmlichen Tiefziehwerkzeugen unter üblichen Tiefziehpressen konnte auch die innere Flanschscheibe mit dem Durchmesser $d = 80$ mm nicht vollständig eben hergestellt werden, wie es zum Anschluß dieser Gehäuse erforderlich ist. Diese Flanschscheibe wies zwischen ihrem äußeren Durchmesser bei C und der Bohrung bei D die unten in Abb. 491 dargestellte unzulässige Wölbung von etwa 1 mm auf. Die gestrichelt dargestellte Sollform mit dem vorgeschriebenen Maß konnte nur unter der Schlagziehpresse erreicht werden. Der Bogen zwischen A und B wird von 100 mm auf 103 mm durch Nachschlagen gedehnt.

Die Konstruktion der Tiefziehwerkzeuge für Schlagziehpressen entspricht derjenigen üblicher Tiefziehwerkzeuge. Im Hinblick auf die Schlagbeanspruchung sind die Wanddicken der Ziehgesenke genügend stark zu bemessen.

9. Blechumformung mittels elastischer Druckmittel

(Werkzeugblatt 65)

Ziel und Aufgabe der Preßverfahren mittels elastischer Druckmittel besteht darin, ein über eine Form gelegtes Blech gegen diese mittels eines Gummikissens so stark zu drücken, daß an den scharfen Kanten dieser als Werkzeug oder Kernstempel bezeichneten Form das Blech getrennt bzw. geschnitten, an den gerundeten Kanten und Flächen umgeformt wird. Der Werkstoff kann also gleichzeitig umgeformt und beschnitten werden.

Es bestehen 7 bekannte Gummipreßverfahren, die in Tabelle 21 mit I bis VII bezeichnet sind.

Bei dem ersten, ältesten Verfahren I wird das Gummikissen innerhalb des Koffermantels geführt. Wie hier nicht dargestellt, kann beim Aufwärtsgang des Kissens der Koffer an dessen äußeren Oberkante mitgenommen werden, um den Raum unter dem Kissen zwecks Abnahme des fertig gezogenen Teiles und Auflage des neuen Bleches wieder freizugeben. Der einzige Vorteil dieses Verfahrens I ist der, daß die äußeren Abmessungen einer vorhandenen größeren Tischplatte nicht in Einklang zu denen des Gummikoffers gebracht zu werden brauchen. Nachteilig ist die Verquetschung des Gummikissens in der Ecke bei A in Tabelle 21 I während des Stößelniederganges. Vorrichtungen dieser Art können in kleineren Pressen für leichte Arbeiten eingebaut werden. Für schwere Arbeiten eignen sich sie deshalb nicht, weil das Kissen bei der Blechumformung allseitig gedehnt und schon vor der Endumformung gegen die Wände des Koffers gepreßt wird, so daß ein Teil des elastischen Umformvermögens durch Wandreibung auf-

Abb. 492. Sechssäulen-Hochdruckpresse für 6 Arbeitergruppen

Tabelle 21. Gummipreßverfahren

		Bezeichnung des Verfahrens (Hersteller)	Während der Umformung			
			Rahmen bzw. Koffer	Gummikissen bzw. Gummisack	Werkzeug	Tisch bzw. Tauchplatte
I		Älteres Verfahren ohne Tauchplatte (heute kaum noch gebräuchlich)	fest	beweglich	fest	fest
II		Guérin-Verfahren (allgemein angewandt Deutsche Firmen BECKER u. VAN HÜLLEN sowie SIEMPELKAMP, beide in Krefeld. F. Müller, Eßlingen)	beweglich	beweglich	fest	fest
III		Marform-Verfahren (GLENN-MARTIN Corp. in Baltimore sowie LOEWY-Hydro-Press in New York)	beweglich	beweglich	fest	beweglich
IV		Hidraw-Verfahren (VULTEE Aircraft Corp. und Hydraulic Press Man. Mount Gilead)	beweglich	beweglich	beweglich	beweglich
V		Hydroform-Verfahren (Cincinnati Milling Machine Co Cincinnati-Ohio; F. Müller, Eßlingen) Druckwasser	fest	fest	beweglich	fest
VI		Wheelon-Verfahren (VERSON Chicago-Ill; F. Müller, Eßlingen)	fest	fest	fest	fest
VII		Fluidform- oder SAAB-Verfahren (Svenska Aeroplan A.B Linköping)	beweglich	beweglich	fest oder beweglich	fest

gezehrt wird. Das ist auch der Grund, weshalb man heute Kissen der Bauform II bevorzugt, wobei das Kissen unter Vorspannung in den Gummikoffer eingepreßt ist. Bei diesem Verfahren II (Guérin-Verfahren) wird im Gegensatz zu I der Koffer mit dem Gummikissen nach unten gepreßt, weshalb der Werkzeugauflagetisch c auch als Tauchplatte bezeichnet wird und mit seinen Außenmaßen den Innenmaßen des Koffers entsprechen muß. Der Spalt zwischen Kofferinnenwand und Tauchplattenaußenwand soll nicht größer als 1 mm sein, damit sich nicht der Gummi dort einquetschen kann. Pressen dieser Art nehmen oft erheblichen Raum ein. Abb. 492 zeigt eine 4000-t-*Bliss*-Gummikissenhochdruckpresse in Sechssäulenausführung. An jeder der sechs zugänglichen Seiten sind 3 Mann beschäftigt mit der Abnahme der fertigen Werkstücke und Vorrichtungen, Einschmieren der Werkzeuge und Auflage der umzuformenden Bleche. Somit wird die Maschine voll ausgenutzt. Die mit Verfahren I und II hergestellten Teile weisen flache schalenförmige Formen auf und sind oft unregelmäßiger Gestalt. Versuche der Verfasser ergaben eine bessere Anschmiegung des umzuformenden Bleches an die Werkzeugform, wenn der Kofferinnenraum zur Aufnahme des Gummikissens nicht rechteckig, wie in Abb. 493 links der Mittellinie dargestellt wird, sondern

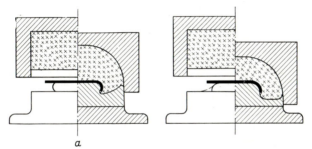

Abb. 493. Verbesserung der Blechumformung durch inneres Ausrunden des Koffers und Teilen des Tisches in Ober- und Unterplatte (rechte Bildhälften)

halbkugelförmig, wie rechts angegeben, ausgeführt wird. Aus gleichen Gründen empfiehlt es sich bei manchen Formen, Werkzeug und Tischplatte aus einem Stück als gemeinsamen Tischaufsatz herzustellen. Es kann auf diese Weise insbesondere bei unterschnittenen Formteilen eine formschlüssigere Ausprägung erzielt werden. Freilich ist die hierdurch erzielte Verbesserung nur begrenzt. Für Ziehteile mit steiler oder gar senkrechter Zarge sind die Verfahren zu I und II auch unter solchen Bedingungen ungeeignet, denn hierbei würden die senkrechten Seitenwände des Kernstempels für die unteren Lagen des von oben wirkenden Gummikissens eine zu große Dehnung an den einzelnen Stellen herbeiführen. Hierdurch würde die Haltbarkeit der unteren Arbeitslagen des Gummikissens erheblich herabgesetzt[1]. Daher wurden in letzter Zeit Verfahren entwickelt, bei welchen die obere Kernstempelfläche und die bisherige Tauchplattenoberfläche bei Beginn des Umformvorganges

---

[1] Die unzulässige Beanspruchung des Ziehkissens durch zu tiefe Gesenke ist in *Oehler*: Gestaltung gezogener Blechteile (Berlin–Göttingen–Heidelberg: Springer 1966, 2. Aufl.) auf S. 90 in Verbindung mit Abb. 112 beschrieben.

in einer gemeinsamen Ebene liegen und erst während des Umformens der Kernstempel sich aus der ihn umgebenden Auflagefläche für das Blech heraushebt.

Das zuerst entwickelte Verfahren dieser Art ist das Marform-Verfahren nach Tabelle 21 III. Hier wurde die Aufgabe derart gelöst, daß der Stempel nicht mehr auf die Tauchplatte aufgelegt, sondern auf einem besonderen Tischstößel befestigt in einem Durchbruch der hydraulisch betriebenen Tauchplatte geführt wird. Bei der Umformung wird er nicht bewegt, hingegen wird die ihn umgebende Tauchplatte gesenkt, so daß nunmehr die Stempelform sich über die sinkende Tauchplatte erhebt und darüber das aufgelegte Blech vermöge des Gummikissendruckes umgeformt wird. Gewiß steht auch die Blechhalterplatte bzw. Tauchplatte unter Druck, jedoch ist die Druckwirkung des Gummikissens größer, so daß die Tauchplatte nachgibt. Gegenüber den bisherigen Verfahren hat das Marform-Verfahren außerdem den Vorteil, daß ein größeres Ziehverhältnis erreicht wird und die Blechdickenabweichungen am Bodenrand geringer sind.

Später wurde das Hydroformverfahren bekannt. Hier unter V der Tabelle 21 ist die Wirkungsweise gegenüber dem Marform-Verfahren insofern umgekehrt, als nicht wie dort der Stempel feststeht und die Tauchplatte sich nach unten bewegt, sondern umgekehrt die Tauchplatte feststeht und der Stempel nach Aufsetzen des Gummikissens nach oben verschoben wird. Anstelle des aus mehreren Gummilagen zusammengesetzten Gummikissens wird beim Hydroformverfahren eine Gummimembran verwendet, die unter Druckwasser während des Umformvorganges gesetzt wird, wobei die Druckwirkung des emporgehenden Stempels höher ist und das Druckwasser über der Gummimembran durch eine Zuführungsleitung zurückgedrückt wird. Das bisher langsam arbeitende Verfahren wird durch den Einbau von Hydraulikspeichern wirtschaftlicher. Hydroformwerkzeuge lassen sich auf üblichen mechanischen oder hydraulischen Pressen montieren. Durch Kombination üblicher Ziehwerkzeuge mit denen des Hydroformverfahrens werden Nachteile, die bei im Verhältnis zum Stempeldurchmesser dünnwandigen Werkstücken auftreten, teilweise vermieden, und es kann auf eine Dichtungsmembran verzichtet werden[1]. Zur Herstellung von Ziehteilen mit breitem Flansch, bei denen der Kantenradius zwischen Flansch und Zarge genau bemessen sein soll und keineswegs zu groß ausfallen darf, wird ein abgewandeltes Hydroformverfahren nach Abb. 494 vorgeschlagen, das auch unter der Bezeichnung Corformverfahren bekannt ist. Dort werden die Flüssigkeitskammer und die Membrane kleiner gehalten, d. h., sie sind nur auf die Stempelabmessungen abgestimmt. Die bisherige als Blechhalter dienende Platte wird nicht mehr vom Membranhalter umfaßt, sondern lehnt sich gegen dessen Vorderseite unter hydraulischem Druck an. Dies bringt angeblich erhebliche Vorteile, insbesondere im Hinblick auf die Einhaltung des Ziehkantenhalbmessers r, ohne daß deshalb die Vorteile des bisherigen Verfahrens, nämlich Erreichen eines großen Ziehverhältnisses bei einer nur geringfügigen

---

[1] *Panknin, W.:* Werkzeuge für die Anwendung des Hydroformverfahrens. Mitt. Forsch. Blechverarb. 1956, Nr. 11, S. 126–131. — Grundlagen des hydraulischen Tiefziehens. Werkstattst. und Maschb. 47 (1957), H. 8, S. 295–303. — Siehe hierzu S. 541 bis 547!

und kaum nachweisbaren Schwächung der Blechdicke in der Bodenkante aufgegeben werden. Ferner reichen bei dem neuen Verfahren erheblich geringere Drücke aus. So werden für das gleiche 1 mm dicke Ziehteil aus Stahlblech eines Zuschnittsdurchmessers von 400 mm, eines Ziehdurchmessers von 220 mm und einer Ziehtiefe von etwa 90 mm beim bisherigen Verfahren 700 kp/cm² Druck und beim neuen Verfahren nur 220 kp/cm² aufgewendet.

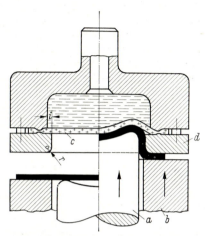

Abb. 494. Für Ziehteile mit breitem Flansch abgewandeltes Hydroformverfahren

Das Hidraw-Verfahren nach IV der Tabelle, das ebenso wie das Marformverfahren und teilweise auch das Hydroformverfahren in erster Linie für die Flugzeugfertigung gedacht ist, bildet eine Kombination der beiden Verfahren, da sowohl die Tauchplatte nach unten als auch der Kernstempel nach oben bewegt werden. Die Ausgangsstellung stimmt mit den Ausgangsstellungen des Marformverfahrens und des Hydroformverfahrens insofern genau überein, als die Tauchplattenoberfläche und die oberen Begrenzungen des Kernstempels in einer Ebene liegen. Nach Senken des Pressenstößels und Aufsetzen des Gummikissens, wobei der Gummikoffer den äußeren Rand der ringförmigen Tauchplatte umfaßt, fährt diese nach unten, da der Gegendruck geringer als der Kissendruck ist, während der Kernstempel unter einer noch höheren hydraulischen Druckwirkung nach oben stößt und die Umformung des über dem Stempel liegenden Bleches vollzieht. Nach der Umformung gehen der Pressenstößel und damit auch die nunmehr entlastete Tauchplatte nach oben, hingegen der Kernstempel in seine untere Ausgangsstellung zurück. Das fertig umgeformte Werkstück liegt bequem abnahmebereit auf der Tauchplatte, die gleichsam auch als Abstreifer für das Teil vom Kernstempel wirkt.

Für flache Ziehteile geringer Tiefe sowie für Bördelarbeiten an kleinflächigen Blechteilen eignet sich das Wheelon-Preßverfahren nach VI der Tabelle 21. Besonders für unterschnittene Biegeteile, die sich nach der Umformung vom Kernwerkzeug leicht abziehen lassen, ist dieses Verfahren interessant. Von außen oberflächlich betrachtet ähnelt die Wheelon-Presse einer großen Drehbank, in deren Mitte sich das flache Pressengehäuse befindet, dessen eine als Verschluß dienende und auf der Prismenführung des Maschinenbettes ruhende Stirnseite mittels Zugspindeln herangeholt oder herausgeschoben wird. Mit diesem Verschlußstück ist ein auf gleicher Prismenführung verschieblicher Werkzeugtisch verbunden. Derselbe wird mit den darauf befestigten oder lose aufliegenden Kernstempeln und dem darüber liegenden Blech seitlich in das Pressengehäuse eingeschoben. Nach Heranfahren und Verriegeln des in Abb. VI nicht dargestellten seitlichen Verschlusses ist die Presse einsatzbereit. Von oben wird in die Gehäuseöffnung Druckwasser dem Gummisack zugeführt, der jedoch nicht unmittelbar das Blech beaufschlagt. Vielmehr liegt zwischen Gummisack und Blech ein beiderseits in Nuten des Gehäuses eingeklemmtes Gummikissen, zunächst freischwebend aufgehängt. Nach Eintritt von Druckwasser in den Gummisack wird das Gummikissen gegen das Blech gedrückt, wobei dasselbe sich allseitig fest an den Kernstempel anlegt. Bei Druckentlastung kehrt das Kissen in seine Ursprungslage nach Abb. VI links zurück, der Verschluß wird entriegelt und mit Tisch, Werkzeug und darüber fertig umgeformten Werkstück seitlich herausgefahren.

In Tabelle 21 unten zu VII ist die Konstruktion eines Verfahrens mit hydraulischem Kissen nach dem Fluidformverfahren[1] dargestellt. Links der Mittellinie ist die Presse in Ruhestellung, rechts der Mittellinie in Arbeits-

Abb. 495. Herausnehmen eines unterschnittenen Ziehteiles aus dem geöffneten Werkzeug beim SAAB-Verfahren

---

[1] Siehe Engineering 203 (1967), Nr. 5261, S. 268 ff. und Metalwork Prod. 112 (1968), Nr. 39, S. 48.

stellung gezeichnet. Es lassen sich auf diese Weise auch unterschnittene Teile herstellen, wie in Abb. 495 an einem ausklappbaren Werkzeug gezeigt wird. Das zweiteilige Werkzeug ist in seiner Lage durch zwei Stifte zentriert und wird bei weiterem Herabdrücken durch das Oberteil in einem schwach kegeligen Außenring in der Zentrierung gehalten. Dies ist jedoch nicht in allen Fällen erforderlich, sondern dient nur bei dem vorliegenden unterschnittenen Kleinteil als Erleichterung in der Handhabung. Auch setzt diese Werkzeugkonstruktion voraus, daß Auswerfer vorzusehen sind, seien es unter dem Tisch eingebaute Federn, seien es hydraulisch bzw. pneumatisch gesteuerte Stifte. Im letzteren Fall setzt dies eine dreifach wirkende Presse voraus, wobei der Unterstempel der Zentrierung beider Werkzeughälften und dem Aufwärtsdrücken der Form dient, während der Blechhalterstößel im unteren Teil als Gummisack- und Membranträger, in seinem oberen Teil als Zylinder für den am Preßstempel angebrachten Kolben ausgebildet ist. Es wird also zunächst der niedergehende Blechhalter mit dem Membranträger auf Blech und Werkzeug auftreffen und das Werkzeug in die kegelige Zentrierung drücken. Sobald der Blechhalter seine untere Stellung erreicht hat und dort verharrt, führt der weiter nach unten drückende Mittelstempel mit dem Preßkolben die eigentliche Umformung durch, wobei die Arbeitsmembrane unter Druck des darüberliegenden und anschmiegenden Gummisackes die Umformung in derselben Weise vollzieht, wie dies beim Wheelon-Verfahren geschieht. Auch nach jenem Verfahren lassen sich in ähnlicher Weise unterschnittene Teile herstellen.

Die für die Blechumformung unter Gummikissen erforderliche Kraft P berechnet sich allein nach der wirksamen Kissenfläche F in cm² und nicht nach der Größe des Werkzeuges oder der Länge der Umformkanten $P = pF$.

Dabei ist der spezifische Druck in kp/cm²

$$\frac{P}{F} = p = 100 \cdots 350 \text{ kp/cm}^2. \tag{123}$$

Höhere Drücke bedingen eine kürzere Lebensdauer des Gummikissens. Bezeichnet man mit s die Blechdicke in mm, mit σ_B die Bruchfestigkeit des Bleches in kp/mm², mit H die C-Shore-Härte des Gummis, mit h die Kissenhöhe, die mindestens der fünffachen Umformtiefe t des Kissens bzw. der Werkzeughöhe entsprechen soll, und mit c einen Faktor $c = 0{,}25$ bis $0{,}4$, dessen oberer Grenzwert einer scharfkantigen und schwierigen Form entspricht, so gilt etwa für p in kp/cm²:

$$p = c \cdot s^2 \cdot \sigma_B \cdot H \cdot \frac{t}{h}. \tag{124}$$

Mit zunehmender Umformtiefe t wächst die Kraft P, so daß die während der Umformung vom elastischen Druckmittel bzw. vom Gummikissen geleistete Arbeit größer als das Produkt Pt sein muß, so daß für diese gilt:

$$A = P \cdot t \left(1 + 0{,}5 \frac{t}{h}\right) \tag{125}$$

oder

$$A = \frac{F \cdot c \cdot s^2 \cdot \sigma_B \cdot H \cdot t^2}{h} \left(1 + 0{,}5 \frac{t}{h}\right). \tag{126}$$

Beispiel 51: Aus 0,8 mm (= s) dicken Tiefziehstahlblech sollen flache Heizkörperhalbschalen ähnlich denen zu Abb. 408/409 zu 10 mm Höhe (= t), 150 mm Breite und 700 mm Länge unter einem Gummikissen umgeformt und dabei auf 40 mm gelocht sowie außen beschnitten werden. Dafür verfügbare Gummiplatten sind 30 mm dick. Wie groß sind die dafür erforderliche Stößelkraft und Arbeitsbedarf der Presse?

In Tabelle 22 – 6 wird für mittelharte bis 0,8 mm dicke Bleche $H = 80$ Shore C und in Tabelle 36 für σ_B ein oberer Mittelwert zu etwa 35 kp/mm² empfohlen. Als Kissenhöhe h wähle man 2 Platten zu insgesamt 60 mm. Um sicher zu gehen, sei für c der obere Grenzwert zu 0,4 angenommen. Somit gilt nach Gl. (124):

$$p = \frac{0{,}4 \cdot 0{,}64 \cdot 35 \cdot 80 \cdot 10}{60} = 120 \text{ kp/cm}^2.$$

Im Hinblick auf den Außenbeschnitt sollte man die Kissenfläche nicht viel kleiner als $F = 20 \cdot 80 = 1600$ cm² bemessen, die mit p multipliziert eine Pressenkraft $P = 192$ Mp ergibt. Es müßte also hierfür eine 200-Mp-Presse zur Verfügung stehen. Zur Not würde bei einem Mindestflächenmaß des Kissens von $18 \cdot 74 = 1332$ cm² eine 160-Mp-Presse gerade noch ausreichen. Der Arbeitsbedarf der Presse beträgt nach Gl. (125) mit $P = 192$ Mp:

$$A = 192000 \cdot 0{,}01 \,(1 + 0{,}5 \cdot 0{,}01/0{,}06) = 2020 \text{ mkp}.$$

Aufgrund des Gauvry-Diagramms nach Abb. 507 beträgt die Mindestlochweite 25 mm Durchmesser für 0,8 mm dickes Blech, so daß gegen die oben angegebene Lochung von 40 mm Durchmesser keine Bedenken bestehen.

Bei allen Gummizugverfahren spielt die Wirtschaftlichkeit insofern eine Rolle, als die Gummikissen bald verschleißen. Es kommt also sehr auf die Güte des Gummis und auch auf die Art des Bindemittels der miteinander verklebten Schichten an. Bei ausreichender Halterung der einzelnen Schichtplatten brauchen sie nicht miteinander verklebt zu werden. Keinesfalls dürfen Gummiplatten Gewebe oder sonstige verformungsbehindernde Einlagen aufweisen. Die Schichten der Kissen nach dem Verfahren I bis IV sind meist 25 bis 30 mm dick, doch kann die Dicke durchaus unterschiedlich sein. So werden oft an der Arbeitsseite harte, dünne, nach dem Kofferboden zu Platten zunehmender Dicke und abnehmender Shore-Härte in den Koffer eingesetzt. Nach der Abnutzung der untersten Schicht wird diese abgenommen, gewendet oder gegen eine andere vertauscht. Die Kissen werden im Koffer in der verschiedensten Weise befestigt. Nach Tabelle 21 I wird die oberste Deckschicht mit Schrauben ähnlich der Form von Ventiltellern oben gehalten. Bei II steht das Gummikissen um $a = 10$ mm zurück. Mittels einer schräg anzustellenden Ausdrückleiste b wird es durch bei c eingesetzte Schrauben nach innen und abwärts herausgedrückt. Weiterhin ist eine Drahtseilbefestigung der oberen Schichten nach d oder eine Einklemmung des Gummikissens mit schwalbenschwanzartiger Ausarbeitung des Kissenbodens bekannt. Für das Einziehen solcher Drahtseile und das Einsetzen von Befestigungsschrauben mit pilzförmigen am Rande stark abgerundeten Köpfen sind Löcher in die Gummidecken mittels Gummibohrern auszuschneiden. Die Schwierigkeit beim Durchbohren liegt insbesondere beim Ansetzen des Bohrers, da hierbei der Gummi bestrebt ist, nach außen auszuweichen. Man kann diesem elastischen Ausweichen dadurch begegnen, daß an den zu durchbohrenden Stellen die Gummiplatten zwischen zwei dünne Blechplatten gepreßt und mit diesen durchbohrt werden. Von den verschie-

9. Blechumformung mittels elastischer Druckmittel

denen Bohrerarten haben sich am besten schwachwandige Kronenbohrer gemäß Abb. 496 bewährt, die ein unmittelbares Aufsetzen auf den Gummi ohne Auflage von Blechen gestatten. Es wurden mit diesem Bohrer eines Durchmessers von 22 mm Gummiplatten in Dicken von 6 bis 32 mm durchbohrt. Die Wanddicke der rohrförmigen Bohrkrone beträgt 1,6 mm. Die Bohrkrone ist am unteren Teil um 5° konisch aufgeweitet. Der äußere Durchmesser D an den unteren angreifenden Zähnen ist um 0,8 mm größer zu wählen, als wie es dem herzustellenden Lochdurchmesser in der Gummiplatte entspricht. Das Bohrkronenrohr aus gehärtetem Stahl ist auf einem Schaft

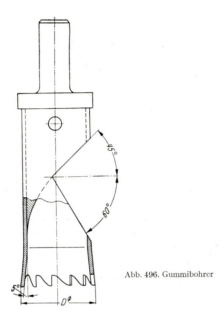

Abb. 496. Gummibohrer

mit Bund aufgezogen und mit diesem verstiftet; am oberen Ende ist ein Einspannzapfen oder Konus für die Bohrmaschine angedreht. Die Zähne selbst im Abstand von etwa 6 mm und in einer Tiefe von etwa 4 mm werden eingefeilt oder gefräst. Die Oberflächen der Zähne an den Schneidflächen sollten poliert werden. Es empfiehlt sich, nur den unteren Bereich des Bohrkronenrohres an den Schneidzähnen zu härten, den oberen Rohrteil hingegen ungehärtet zu lassen. Die eingesägte oder eingefräste Öffnung des Rohres an der in Abb. 496 rechten Seite dient dem Ausfall der ausgebohrten Butzen, die sich im Rohr nach oben schieben und dort seitlich herausgepreßt werden. Zum Austreiben der eingequetschten Kissen bedient man sich häufig der Druckluft, die durch den hohlen Einspannzapfen e eingeblasen wird.

Naturkautschuk ist gegenüber den meisten Schmierstoffen, insbesondere Ölen, korrosionsempfindlich. Jedoch sind genügend andere elastische Werkstoffe vorhanden, die auch von den Gummifabriken angeboten werden und Schmierstoffe vertragen. Beim Tiefziehen mit Gummikissen hat sich der Einsatz molybdänhaltiger Schmierstoffe in Pulverform bewährt. Um den

Tabelle 22. Shore-Härten elastischer Druckmittel

Shore-Härtegrade (= SHE) und ihre Druckkörper (Federkraft bei 0,0254 mm/SHE in p)				Anwendung in der Blechverarbeitung	Umformarbeit	Eindringtiefe e 0,0254 mm je SHE (SHE 100 = 0, SHE 0 = 2,54 mm)	Formgenauigkeit, Widerstand gegen Abrieb, Risse und Verschleiß
A Kegelstumpf 35°, 0,79⌀	C Kegelstumpf 35°, 0,79⌀	D Spitze 30°, 0,1 r					
0	0	0			leicht	2,54 mm groß	gering
76–82 (637–684)	34–50 (1604–2300)	20–32 (980–1470)		Tiefziehen flacher Formen	↓	↑	↓
81–88 (676–730)	47–62 (2160–2850)	30–42 (1420–1930)		Biegen $r_i > 8 r_{i\min}$			
87–91 (722–753)	60–70 (2740–3180)	40–48 (1860–2210)		Biegen $r_i > 5 r_{i\min}$			
90–97 (745–799)	67–86 (3080–3960)	45–60 (2070–2740)		Biegen $r_i > 2,5 r_{i\min}$ leichtere Prägearbeiten			
96–99 (791–814)	84–98 (3860–4500)	58–70 (2670–3180)		Schneiden und Lochen bei mehr als doppelten Werten nach *Gauvry*			
100	100	100		scharfkantiges Prägen und Biegen $r_i > 1,5 r_{i\min}$ Schneiden und Lochen bei Mindestwerten nach *Gauvry* (Abb. 507)	schwer	gering 0	groß

9. Blechumformung mittels elastischer Druckmittel

Reibverschleiß des Gummis herabzusetzen, bestreicht man die untere Fläche des Gummikissens mit Molykote Pulver Z. Die dem Kissen zugewandte Platinenseite pudert man gleichfalls mit Pulver Z ein. Die Molybdänsulfidschicht wird nur erneuert, wenn der Film von silbergrauer Färbung nicht mehr vorhanden ist.

Die Härte eines elastischen Druckmittels wird meist in A-, C- oder D-Shore-Härteeinheiten ($=$ SHE) angegeben. Bei der Härtebestimmung nach D wird der Widerstand einer wenig gerundeten Spitze, bei A und C derjenige eines eindringenden Kegelstumpfes von 0,79 mm Durchmesser Druckfläche gemessen. Die Shore-Härteeinheiten von 0 bis 100 wurden rein konventionell festgelegt. Ihnen ist keinesfalls eine physikalische Dimension zuzuordnen. Mit dem mit einer abgerundeten Spitze von $r = 0,1$ mm versehenen Druckkörper sollte in Shore D nur dort gemessen werden, wo geringe Oberflächenverletzungen am Probestück erlaubt und eine größere Empfindlichkeit als beim kegelstumpfförmigen Prüfkörper nach Shore A oder C erwünscht ist. Für die Härtebestimmung an Weichgummi wird im allgemeinen nach Shore A unter geringer Federkraftbelastung geprüft. Bei Weichgummi soll die Probendicke 6 mm, bei härteren Sorten nicht unter 3 mm betragen. In Bezug auf die notwendigen Toleranzen und den Wert der Shore-Härtemessung sei auf die Erläuterungen zu DIN 53505 hingewiesen.

Tabelle 22 enthält 5 Anwendungsbereiche mit den ihnen zugehörigen Härtebezeichnungen nach A, C und D. Für diese sind in den ersten drei Spalten die zugehörigen SHE-Ziffern und darunter die Federanstellkräfte F in p für den Druckkörper bei 0,0254 mm/SHE angegeben. Die Pfeile in den letzten drei Spalten zeigen die Tendenz für das Verhalten des elastischen Druckmittels in Bezug auf Umformarbeit, Eindringtiefe e und Formgenauigkeit. Für die Prüf- und Meßverfahren A und C wird der gleiche Prüfkörper, ein Kegelstumpf von 35° Kegelwinkel und 0,79 mm Druckflächendurchmesser, jedoch unter unterschiedlicher Anstellfederkraft F, für C und D die gleiche Anstellfeder verwendet. Nur besteht bei D der Prüfkörper in Form einer mit $r = 0,1$ mm abgerundeten Spitze eines Kegelwinkels von 30°. Somit gelten für das gleiche Gummikissen drei verschiedene Shore-Härten wie beispielsweise Shore A 90, Shore C 67 und Shore D 45 gemäß Tabelle 22. Jedoch sind ihre Federanstellkräfte F und Eindringtiefen e voneinander verschieden. Im Falle des hier genannten Beispieles betragen

für Shore A 90: $F = 745p$ und $e = 0,0254\ (100{-}90) = 0,254$ mm,
für Shore C 67: $F = 3080p$ und $e = 0,0254\ (100{-}67) = 0,84$ mm,
für Shore D 45: $F = 2070p$ und $e = 0,0254\ (100{-}45) = 1,40$ mm.

Zuweilen wird die Härte elastischer Werkstoffe noch in DVM-Gummiweichheitszahlen nach DVM 3503 angegeben, die aufgrund der Eindringtiefe einer Kugel von 10 mm Durchmesser in eine 6 mm dicke Platte des zu prüfenden elastischen Werkstoffes sich ergibt. Mittels der in Abb. 497 dargestellten Kurve lassen sich die Shore-C-Werte zu den genannten DVM-Weichheitsgraden und umgekehrt leicht abgreifen.

Gummisorten gleicher Shore-Härte haben aufgrund ihrer Zusammensetzung verschiedene Zerreiß- und Weiterreißfestigkeiten. Ebenfalls schwan-

Tabelle 23. Hochelastische Werkstoffe

	Polyisopren	Styrol-Butadien-Mischpolymerisat	Acrylnitril-Butadien-Mischpolymerisat	Chlor-Butadien-Polymerisat	Mischpolymerisat von Isobutylen und Isopren	Polysiloxan	Polyurethan
Chemische Bezeichnung							
Internationale Kurzzeichen	NK	SBR	NBR	CR	IIR	Si	PUR
Allgemeine Bezeichnung	Natur-kautschuk	Styrol-kautschuk	Nitril-kautschuk	Polychloroprene	Butyl-kautschuk	Silikon-kautschuk	Polyurethan
Markennamen (Beispiele)	—	Buna S	Perbunam N	Perbunam C Neoprene Sowprene		Siloprene Silastic	Vulkollan Contillan Eladip
Dichte nach DIN 53550 g/cm³	0,95	0,92	0,98	1,23	0,93	1,19	1,26
Zugfestigkeit nach DIN 53504 kp/cm²	50–280	50–240	50–270	50–270	40–170	20–100	200–320
Bruchdehnung nach DIN 53504 %	1000	700	800	800	900	500	600
Shorehärte A nach DIN 53505 sh	30–98	40–95	40–95	40–95	40–90	40–90	65–95
Verträgt Temperatur °C	−50 bis +140	−50 bis +140	150 bis +140	−50 bis +140	−50 bis +150	−100 bis +220	−30 bis +80
Gegenüber mineralischen Ölen, Fetten, Benzin	unbeständig	unbeständig	beständig	bedingt beständig	unbeständig	bedingt beständig	beständig

ken die Abriebzahlen[1]. So kann beispielsweise Gummi einer Shore-Härte von 55° eine Zerreißfestigkeit zwischen 70 und 200 kp/cm² haben. Ebensowenig lassen sich die Dehnungswerte zur Festigkeit in eine feste Beziehung bringen. Unter Weiterreißfestigkeit versteht man den Widerstand eines Zerreißstabes nach erfolgtem Einschnitt quer zur Zugrichtung und wird in kp/cm angegeben. Die Abriebzahl zeigt den Gewichtsverlust eines unter einer Schmirgelwalze verschleißenden Gummikörpers an.

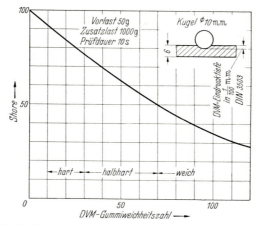

Abb. 497. Umrechnungsschaubild von Shore C in DVM-Weichheitsgrade

In jüngster Zeit finden neben Naturkautschuk und synthetischen Gummisorten zumeist auf Polyurethanbasis entwickelte Elastomere nach Tabelle 23 als elastische Druckmittel in Umformwerkzeugen Verwendung. Diese Kunststoffe haben die Eigenschaften von Naturgummi, jedoch sind sie unempfindlich gegen Öle, Fette und Säuren und verändern sich im Lauf der Zeit kaum. Lediglich die Oberfläche, auf die die Werkstücke aufgesetzt werden, nützt sich etwas ab und muß zur Zeit mit dafür üblichen Mitteln nachgeschliffen werden. Ferner sind diese Elastomere weniger temperaturempfindlich und weisen eine höhere Abriebfestigkeit gegenüber Naturkautschuk auf. So ersetzen in kräftigen Rahmen oder Näpfen gehaltene Kissen Biegegesenke[2] und dienen als Aufweitelemente in Ausbauchwerkzeugen nach Abb. 461 E, F, G, 470 und 471.

Die Gesamtdicke des Kissens bemißt man für Umformarbeitsgänge mit etwa 250 mm, während für reine Schneidarbeiten 125 mm genügen und man bei weichen Blechen unter 0,6 mm Dicke sogar äußerstenfalls mit nur 75 mm auskommen kann. Die Gesamtdicke des Kissens in mm beträgt etwa $50 \cdot \sqrt{h}$, wobei unter h die größte Tiefe der Umformung in mm verstanden wird. An

---

[1] Verwiesen sei auf S. *Reissinger*: Bestimmung des Widerstandes gegen Abnutzung an Weichgummi. ATM Dez. 1953, V 8276–5, wo neben der Beschreibung von Abriebprüfgeräten ein ausführliches Schrifttumsverzeichnis aufgeführt ist.
[2] *Oswald, R.*: Die Anwendung von Polyurethankunststoffen für Biegewerkzeuge. Ind. Anz. 89 (1967), Nr. 4, S. 56–60.
Hersteller von Werkzeugen: Templet, Frankfurt und K. Veith, Öhringen.

532   G. Andere Ziehverfahren und ihre Werkzeuge

anderer Stelle wird die Mindestkissendicke auch mit $8h$ vorgeschlagen. Die hier angegebenen Kissendicken sind eher zu groß als zu klein. Durch eine Verringerung der Kissendicke wird der Zieherfolg meist verbessert und seltener verschlechtert. Da die dickeren Kissen zur gleichen Umformung einen sehr viel größeren Pressenkraftbedarf erfordern, sind hierfür nicht nur stärkere Pressen erforderlich, sondern auch die Lebensdauer der Kissenplatten nimmt ab. Dies zeigte sich bereits nach 1500 bis 2000 Nummernschildprägungen von 0,8 mm dickem Stahlblech an dafür verwendeten Gummiplatten in 6, 12 und 20 mm Dicke gemäß Abb. 498 bis 500. Während an der 6 mm dicken Platte nur die Eckbereiche angegriffen sind, weist die 12 mm

Abb. 498   Abb. 499   Abb. 500

Abb. 498–500. Verschleiß von Gummiplatten nach dem Prägen von 1500–2000 Nummernschildern aus 0,8 mm dickem Stahlblech. Abb. 498: Plattendicke 6 mm; Abb. 499: Plattendicke 12 mm; Abb. 500: Plattendicke 20 mm

dicke Platte außerdem im mittleren Bereich einen breiten Einriß auf, und die 20 mm dicke Platte ist über ihre gesamte Oberfläche mit Einrißnarben bedeckt, die bis in das Innere vordringen.

Sehr wesentlich ist bei den Gummiumformverfahren, insbesondere bei dem Verfahren nach II, die gleichzeitige Anwendbarkeit des Schneidens, so daß diese Verfahren auch häufig als Gummizugschnittverfahren bekannt sind. Ebenso können reine Plattenschnitte mit Gummi ausgeführt werden. Durch das Schneiden wird die Lebensdauer der unteren Gummideckschicht stark eingeschränkt. Daher empfiehlt es sich, die Schneidkante auf eine Breite von nur 0,1 mm unter 45° anzuphasen. Nach *Vergen*[1] gilt etwa eine Schneidschablonendicke t in Abhängigkeit von der Blechdicke s in mm gemäß Abb. 501 oder aufgrund linearer Beziehung für einen Dickenbereich bis zu 1,5 mm in den Gleichungen (127) näherungsweise auf die Blechdicke s bezogen:

$$t = 2 + 6s \quad \text{und} \quad b = 9 + 7s. \quad (127)$$

Nach seinen Feststellungen betragen bei harten Aluminiumblechen die Schnittkräfte unter Gummikissen das Fünffache wie sie im üblichen

---
[1] *Vergen, O.:* Das Schneiden von Blechen auf elastischem Kissen. Ind. Anz. 77 (1955), **91**, S. 1353–1355.

9. Blechumformung mittels elastischer Druckmittel

Stahlschneidwerkzeug erforderlich sind. Für Stahlblech, harte Messingbleche wird sogar das Siebenfache, für Kupferblech das Neunfache und für siliziumhaltige Stahlbleche das Elffache angegeben. Es kann sich hierbei nur um rohe angenäherte Schätzungen handeln; denn beim Gummikissen werden alle Teile der vom Gummidruck betroffenen Fläche gleichmäßig stark beansprucht, gleichgültig, ob eine nur kurze Schneidkante oder eine verwickelte Schnittfigur mit einer langen Schneidkante herzustellen ist. Es ist auch wesentlich, ob der Lochdurchmesser bzw. das Durchbruchmaß für den Gummischnitt groß oder klein ist. Kleine Löcher lassen sich sehr viel schwerer und nur mit sehr viel höherer Kraft unter Gummikissen

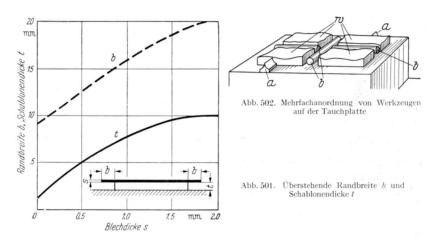

Abb. 502. Mehrfachanordnung von Werkzeugen auf der Tauchplatte

Abb. 501. Überstehende Randbreite b und Schablonendicke t

schneiden als größere, worauf noch unter Abb. 507 eingegangen wird. In Abb. 501 sind außer den Schablonendicken t auch die überstehenden Mindestrandbreiten b angegeben. Auf das Schneiden von Blechen mittels Gummi sowie das Schneiden zwischen Rollen gemäß Abb. 71 und 72, wo anstelle der Cerrobendlegierung zuweilen Gummistreifen verwendet werden, wird auf S. 62 hingewiesen.

Werden nach Abb. 502 mehrere Werkzeuge auf einen Tisch nebeneinandergelegt, die allseitig beschnitten werden, so wird der äußerste Randabfallring durch mindestens 2 Abfallschneider a in Form kurzer Leisten dreieckigen Profils zerschnitten. Zwischen den 4 Werkzeugen w werden Stangenabschnitte b – sogenannte Schlupfleisten – gelegt, damit der abgescherte Werkstoff sich über diese legt und beiderseits herunterklappt. Andernfalls besteht die Gefahr, daß das Blech an der einen Seite zuerst abgetrennt wird und sich dann der abgetrennte Werkstoff an die Seite des danebenstehenden Werkzeugs anschmiegt und dort nicht abgeschnitten wird. Dies ist ebenso bei allen Locharbeiten zu beachten. Abb. 503 zeigt eine Lochung des Bleches derart, daß der Werkstoff an den Schneidkanten abgetrennt wird und auf ein gewölbtes Mittelteil – Pilz genannt – fällt. Ohne ein solches Mittelteil würde ebenso wie bei der Rolle b in Abb. 502 bei einer einseitigen Abtrennung rechts der Werkstoff eine durch die strichpunktierte Linie gezeichnete Lage einnehmen und links nicht abgeschnitten werden. Eine weitere praktische Anwendung dieses Verfahrens zeigt Abb. 504. Eine andere Möglichkeit besteht derart, daß man den Lochbutzen nicht gemäß Abb. 503 nach unten drückt, sondern ihn auf dem Lochstempel oben läßt und das Werkstück nach unten außerhalb des Lochstempels durchdrückt. Für diese in Abb. 505 dargestellten Verfahren wird in Abb. 506 ein Anwendungsbeispiel gezeigt. Es empfiehlt sich dabei, den in Abb. 504 mit 60°

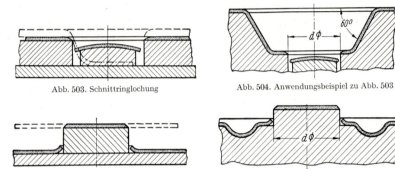

Abb. 503. Schnittringlochung

Abb. 504. Anwendungsbeispiel zu Abb. 503

Abb. 505. Schnittstempellochung

Abb. 506. Anwendungsbeispiel zu Abb. 505

angegebenen Winkel keinesfalls größer, sondern eher kleiner zu halten. Im allgemeinen fällt die Lochung nach dem zuerst genannten Verfahren gemäß Abb. 503 sauberer aus als nach Abb. 505 und wird daher auch vorgezogen. Allerdings ist nicht zu verkennen, daß der Werkstoff in Nähe des Lochrandes abgequetscht und die Blechkante daher dort – soweit sie dem Gummi zugekehrt ist – stark abgerundet wird. Man kann dies dadurch einschränken, indem man über das Blech eine in Abb. 503 gestrichelt angedeutete und am Rande der Bohrung stark abgerundete Platte legt, soweit die Form des Werkstückes die Möglichkeit dafür zuläßt. Denn eine solche zusätzliche Deckplatte muß irgendwie, am besten durch Einsteckstifte, mit dem Werkstück so verbunden werden, daß die Lochungen der Deckplatte den Lochungen des Werkzeuges genau gegenüberstehen. Für die Bemessung des Loches sind in Abhängigkeit von der Blechdicke Mindestabmaße vorgeschrieben, die sich für einen kreisförmigen, für einen langlochförmigen, für einen quadratischen und für einen dreieckigen Querschnitt mit den Abrundungen r aus dem von *Gauvry*[1] empfohlenen Diagramm in Abb. 507 ergeben.

Werden Teile über Kernwerkzeuge ⌐⌐-förmig gebogen oder bei großem Durchmesser gezogen, so stellt sich auch bei hohen Drücken an der unteren Einbiegung ein Halbmesser r ein, der infolge Reibung der Unterfläche der Außenschenkel beim Biegeteil bzw. des Außenflansches beim Ziehteil gegen die Tauch- oder Blechauflageplatte abhängig von der Breite b des Außenschenkels ist. Untersuchungen[2] in den USA ergaben für weiche Leichtmetall-

---

[1] *Gauvry, R.:* L'emploi du caoutchouc dans le découpage et le formage des métaux légers. Rev. Générale de Mécanique Bd. 33 (1949), Nr. 7, S. 271–281. Das hier in Abb. 507 wiedergegebene Schaubild ist in Abweichung von *Gauvry* nach Erfahrungen des Verfassers teilweise berichtigt.

[2] *Sachs, G.:* Principles and methods of sheet metal fabricating (New York 1951), S. 433. Auszug hierzu Mitt. Forsch. Blechverarb. 1952, Nr. 18/19, S. 224.

werkstoffe und Blechdicken bis zu 1,5 mm näherungsweise die einfache Beziehung $r = 0,3b$.

Bei den Verfahren III, IV und V nach Tabelle 21 bilden sich, insbesondere beim Umlegen von senkrechten Zargenrändern um die Kernstempel, dort oft unerwünschte Falten. Diese Gefahr besteht um so eher, je scharfkantiger der Bördel umgelegt wird und je mehr sich der Umlegewinkel 90° nähert.

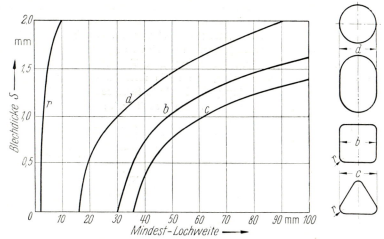

Abb. 507. Mindestzulässige Lochweiten nach *Gauvry*

Dies wird vermieden, indem gemäß Abb. 508 die Zuschnittstafel w beiderseits oder zuweilen auch nur einseitig an den abgerundeten Stellen mit umgebenden plattenartigen Vorrichtungen v umfaßt wird, die aus einem oberen und unteren Deckblech und einer Zwischenplatte entsprechend einer reichlichen Blechdicke bestehen[1]. Der Blechzuschnitt ist gemäß Abb. 508a möglichst in der Mitte mit einem Loch, bei länglichen Teilen mit zwei Löchern zu versehen. Durch diese Löcher werden die Stifte der Deckplatte a in zugehörige Bohrungen des Kernstempels k gesteckt. Die Randkanten dieser Deckplatte a und des Rahmens v sind zur Schonung des Gummikissens möglichst stark abzurunden. Bei allseitiger Einfassung des Bleches werden diese miteinander vernieteten Rahmenstücke zusammengesetzt, oder der obere Rahmenring ist abnehmbar und wird nach Einlage des zu ziehenden Bleches mit dem Zwischenblech und Unterrahmen verschraubt. Das aufsitzende Gummikissen gemäß Abb. 508c und d drückt im Arbeitsgang den Rahmen mit dem Blech nach unten und bewirkt damit, daß das Blech dicht am Kernstempel aus dem Rahmen v nach innen herausgezogen wird und somit keine Möglichkeit zur Faltenbildung besteht. Es werden in dieser Art nicht nur runde Kappen, sondern auch andersgeformte Teile gezogen. Der jeweiligen Form ist nicht nur der Kernstempel, sondern auch der Rahmen anzupassen. Die Bleche der Einlagevorrichtung v bestehen aus vergütetem

---

[1] *Radtke, H.:* Umformen mit nachgiebigen Werkzeugen. Masch. Markt 75 (1969), Nr. 33, S. 686–690.

Leichtmetallblech einer ausgehärteten Al-Zn-Mg-Cu-Legierung. Ein anderes Mittel zur Beseitigung von Falten an selbst stark abgerundeten Ecken senkrechter Rechteckzargen geringer Höhe besteht in der Beilage von außen gerundeten Kunststoffleisten in Werkzeughöhe h, die die Eckenrundung konzentrisch im Abstand von 1 bis 1,5 h umgeben. Beilageleisten mit außen keilförmiger Anschrägung zwecks Verschiebung auf glatten Werkzeugauflagetischen haben sich bei unterschnittenen Zargenrändern und vor allen Dingen dort bewährt, wo in die Zarge Versteifungssicken eingeprägt werden und leicht Falten entstehen, die zweckmäßigerweise nach einem Vordrücken durch zusätzliche Werkzeuge „ausgebügelt" werden. Ebenso empfiehlt es sich, in einen Boden zusätzlich geprägte Mulden oder gar eingeschnittene Löcher erst in einem zweiten Arbeitsgang auszuführen. Es kann hierzu dasselbe Werkzeug benutzt werden, wenn die mittlere Öffnung im ersten Arbeitsgang durch eine gut eingepaßte Deckplatte verschlossen wird. In der Darstellung zu Abb. 509 bis 512 ist die Arbeitsweise mit einem solchen

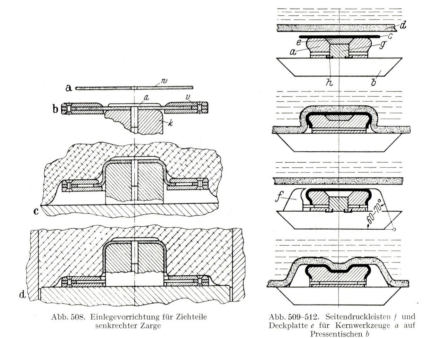

Abb. 508. Einlegevorrichtung für Ziehteile senkrechter Zarge

Abb. 509–512. Seitendruckleisten f und Deckplatte e für Kernwerkzeuge a auf Pressentischen b

Werkzeug dargestellt. Es wird angenommen, daß das Kernwerkzeug a auf den Einschiebetisch b einer Hydroform- oder einer Wheelon-Presse aufgesetzt wird, und daß die Umformung des aufgelegten Bleches c durch ein hydraulisches Druckkissen, das mit einer Gummimembran d unten abschließt, geschieht. Es ist aber durchaus möglich, die hier benutzte Deckplatte e und die Seitendruckleiste f auch bei anderen Verfahren mit elastischen Druckkissen anzuwenden. In der Stellung zu Abb. 509 befindet sich das aufgelegte Blech vor der Umformung über dem Werkzeug. Die Deckplatte e liegt noch im Werkzeug a. Infolge der ersten Umformung legt sich der äußere Rand um das Teil. Nach dem Umformen wird das vorgeformte Werkstück seitlich, d.h. gemäß Darstellung in Abb. 510 nach vorn, herausgezogen, die Deckplatte wird entfernt, und das Blechteil wird auf das Werkzeug zurückgeschoben. Außerdem werden die Druckleisten f seitlich angestellt, wobei sie unten an Stiften in Bohrungen des Werkzeuges a geführt werden. In Abb. 511 sind die Stifte der linken Druckleiste vorn in die Bohrungen eingeführt. Rechts im Bilde ist die Druckleiste bereits dicht an das vorgeformte Werkstück herangeschoben. Die Stellung nach Abb. 512 stellt den zweiten Preßvorgang dar, bei dem unter höherem Druck einmal die Druckleisten infolge ihrer äußeren schrägabfallenden Gestalt an das Werkzeug herangepreßt werden und das Teil in seiner Mitte ausgeprägt wird. Handelt es sich wie hier um unterschnittene Teile, so kann das Kernwerkzeug a in einem Stück hergestellt werden, vorausgesetzt, daß sich das Teil zwischen dem ersten und zweiten Preßarbeitsgang seitlich abziehen läßt. Die beiderseitigen unterschnittenen Biegeränder müssen also geradlinig parallel zueinander oder noch besser zwecks günstigen Abziehens unter einem schrägen Winkel zueinander laufen. Handelt es sich aber um runde Teile, dann wird man in der Mitte des Kernwerkzeuges a einen zylindrischen Mittelstempel g anordnen, um den herum die einzelnen Segmente angelegt und ähnlich wie bei einem Drückfutter zwecks leichten Herausnehmens aufgeteilt werden.

Es taucht hier nun die Frage auf, inwieweit mittlere Betriebe, die nur gelegentlich mit Gummiwerkzeugen arbeiten wollen, sich unter vorhandenen Pressen helfen können. Zunächst einmal ist davon auszugehen, daß die Kissenfläche bzw. Tauchplattenoberfläche nicht zu groß gehalten werden darf, da sonst der erforderliche spezifische Druck bis zu 350 kp/cm² nicht erreicht wird. Es ergibt sich also aus der verfügbaren Pressenstößelkraft, geteilt durch den Kissendruck von 350 kp/cm², die nutzbare Fläche. Bei einfachen Pressen braucht man nicht die umständliche Kissenbefestigung nach Bauart I bis IV in Tabelle 21, sondern kann sich gemäß Vorschlag nach Werkzeugblatt 65 mit einem Koffer (Teil 2) begnügen, der durch eine Deckplatte (Teil 3) verschlossen wird. Das Herausdrücken des Gummikissens geschieht nach Abnahme der Deckplatte durch Druck gegen den Ausstoßtellerzapfen (Teil 4) in der Presse selbst.

Es ist zweckvoll, wenn die Höhe des Kissens zwei Drittel der inneren Höhe des Koffers entspricht, so daß der Koffer um ein Drittel seiner inneren Höhe beim Umformen über die Grundplatte greifen kann. Das Gummikissen (5) Abb. 513 wird in den Koffer (Teil 2) fest eingepreßt, wobei es an jeder Seite vor dem Einpressen zunächst um 5 mm übersteht und um dieses Maß zusammengepreßt werden muß. Der Überstand der Deckleisten (3) beträgt 10 mm und der Zwischenraum zwischen Deckleistenöffnung und Tauchplatte 1 mm. Will man einfache flache Teile herstellen, so genügt eine aus Guß hergestellte Tauchplatte (Teil 1). Zwecks billiger Herstellung empfiehlt sich für die Tauchplatte, den Koffer und den Deckring eine runde Form. Die Kräfte sind sehr hoch, weshalb die Verwendung gewöhnlichen Gußeisens, insbesondere für den Koffer, nicht ratsam ist. Will man steilwandige Ziehteile herstellen, so kann man anstelle der Tauchplatte (Teil 1) auf der wesentlich teureren Vorrichtung zu Abb. 514 nach dem Hidraw-Verfahren gemäß

Zg	**Gummipreßkoffer mit Tauchplatte oder Hidraw-Untersatz für hydraulische oder Spindelpressen**	Werkzeugblatt 65

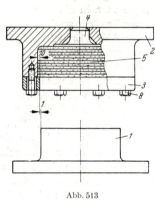 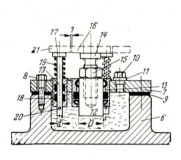

Abb. 513   Abb. 514

Pos.	Gegenstand	Werkstoff	Norm	Bemerkungen
1	Tauchplatte	GG-10		
2	Gummikoffer	St 50		
3	Deckplatte zu 2	St 42		
4	Ausstoßteller	St 50		
5	Gummikissen	Gummi Tab. 23		Shore-Härte siehe Tab. 22
6	Grundplatte	GG-10		
7	Deckplatte zu 6	St 42		
8	Sechskantschraube zu 3 und 7	5 D	DIN 931	
9	Dichtung zu 6/7	Gummi	DIN 3750	Tab. 23
10	Sechskantverschluß-schraube	Ms 58	DIN 931	
11	Unterlegscheibe zur Abdichtung 7/10	Gummi	DIN 3750	Tab. 23
12	Mittelkolben	C 15		
13	Stopfbüchse mit Manschetten zu 12	St 42 K	DIN 6503/5	
14	Einschraubdorn	St 42 K		
15	Gegenmutter zu 14/16	4 D	DIN 555	
16	Stempelauflageplatte zu 14	St 50		
17	Seitenkolben	C 15		
18	Stopfbüchse mit Manschetten zu 17	St 42	DIN 6503/5	
19	Druckfeder	Federstahl	DIN 2099	
20	Anschlagstift	6 S	DIN 1474	
21	Niederhalterring	St 52-3		

9. Blechumformung mittels elastischer Druckmittel

Tabelle 21 IV arbeiten. Der dort gestrichelt angedeutete Blechhalterring, der außen dieselben Abmaße wie die Tauchplatte aufweisen muß, ist in der Mitte durchbrochen, um hier der jeweiligen Werkzeugform angepaßt den hier nicht gezeichneten Kernstempel und darunter eine Stempelauflageplatte (Teil 16) einzufügen und auf der Oberfläche des Einschraubdornes (Teil 14) zu befestigen. Niederhalterring (Teil 21) und Stempelauflageplatte (Teil 16) müssen so dick sein, daß bei gegenseitiger Verschiebung kein Zwischenraum entsteht, der größer als das seitliche Spiel von 1 mm wird. Es ist nun zu beachten, daß die vom Gummi beaufschlagte Niederhalterringfläche in den meisten Fällen größer sein wird als die des Kernstempels. Der Durchmesser des Mittelkolbens (Teil 12) muß daher erheblich größer gehalten sein als die Durchmesser der 3 Seitenkolben (Teil 17), die den Niederhalterring tragen. Druckfedern (Teil 19) sorgen dafür, daß in Ruhestellung die Seitenkolben nach oben gezogen werden, wodurch gleichzeitig der Mittelkolben (Teil 12) nach unten geführt wird. Dies setzt voraus, daß der Raum in der Grundplatte (Teil 6), der durch die Dichtung (Teil 9) und die Deckplatte (Teil 7) mittels Sechskantschrauben (Teil 8) abgedichtet ist, mit Weichmipolam[1] oder einer anderen dafür geeigneten hydraulischen Druckmasse gefüllt ist. Die Einfüllöffnung der Deckplatte wird durch die Sechskantverschlußschraube (Teil 10) und Unterlagsscheibendichtung (Teil 11) verschlossen. Zur Höhenverstellung des Einschraubdornes und der darauf anzubringenden Stempelauflageplatte dient eine Gegenmutter (Teil 15). Die Kolben (Teil 12 und 17) laufen in mit Manschetten versehenen Stopfbüchsen (Teil 13 und 18). Der Hub der 3 Seitenkolben nach oben ist durch Stifte (Teil 20) begrenzt.

Werkzeuge dieser Art eignen sich am besten für hydraulische Pressen. Doch hat man auch unter Spindelpressen damit befriedigende Erfahrungen gewonnen. Eine Verwendung der Werkzeuge unter langsamlaufenden Kurbelpressen ist durchaus möglich, jedoch nur dann, wenn eine bequeme Höhenverstellung vorhanden ist, da sonst das dauernde Einrichten des Werkzeuges zu viel Mühe macht.

Beispiel 52: Es sind flache Schalen sowie Modezierartikel aus weichem Aluminiumblech bis zu 0,6 mm Dicke in Größen bis zu 100 mm Durchmesser und 35 mm Höhe herzustellen. Bei derart geringer Belastung kann der Umformdruck bezogen auf die Gesamtkissenfläche von 200 auf 120 kp/cm² bzw. 1,2 kp/mm² ermäßigt werden. Doch wird als Durchmesser der Fläche der 1,8fache Durchmesser des Werkstückes mindestens angenommen, so daß bei 180 mm Durchmesser der Tauchplatte eine Fläche von etwa 25 000 mm² und diese multipliziert mit 1,2 kp/mm² eine Pressenstößelkraft von 30 Mp ergibt. Steht eine solche Presse zur Verfügung, so ist mit $h = 35$ mm die Kissendicke $50 \cdot \sqrt{35} = 295$ mm, oder $8 \cdot h = 280$ mm zu wählen. Das Beispiel zeigt deutlich genug, welch hohe Kräfte für die Umformung unter Gummikissen benötigt werden.

Beispiel 53: Es sind Werkstücke der gleichen Abmessung jedoch mit steiler bzw. senkrechter Zarge auf der Vorrichtung nach Abb. 514 herzustellen. Wie sind die Durchmesser der Kolben zu bemessen? Die Gesamtfläche beträgt 25 000 mm². Davon entfallen auf mittlere Stempelfläche zu 100 mm Durchmesser 7850 mm², die restlichen 17 150 mm² auf die Ringfläche. Das Verhältnis 7850/17 150 = 0,46 ist etwa 1:2. Selbst wenn die Querschnittsfläche des Mittelkolbens doppelt so groß wäre wie die Gesamtquerschnittsfläche der 3 Seitenkolben zusammen, würde erst Druckausgleich vorhanden sein. Außerdem muß die Rückzugskraft der Federn mit 50 kp für jeden Seitenkolben berücksichtigt werden. Zwecks Anheben des Mittel-

---

[1] Chem. Werke Hüls, Marl.

kolbens gegenüber dem nach unten zurückweichenden Blechauflagering ist ein Flächenverhältnis 1:4 erforderlich. Beträgt der Kolbendurchmesser d der Seitenkolben 25 mm, so beträgt die Gesamtfläche der 3 Seitenkolben 1470 mm², die 4fache Fläche 5880 mm² und daraus der Durchmesser D des Mittelkolbens 77 mm.

Wenn auch für das Hidraw-Verfahren gemäß Tabelle 21 und Werkzeugblatt 65 ein aus Platten bestehendes Gummikissen angewendet wird, so erscheint es keineswegs falsch, dafür eine Gummimembran unter Wasserdruck wie beim Hydroformverfahren vorzusehen. Dies wurde bereits bei Versuchen für das Marformverfahren erkannt. Abb. 515 zeigt ein solches

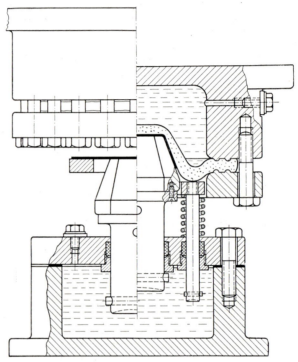

Abb. 515. Werkzeug zur Herstellung achteckiger Dosen mit Druckflüssigkeitsräumen im Ober- und Unterteil

Werkzeug zur Herstellung achteckiger Dosen. Der eine Vorteil gegenüber dem Hydroformverfahren besteht darin, daß der mittlere Kernstempel nicht so weit in die Gummimembran vordringt und Dehnungsbeanspruchungen durch Stauchungen an der Umkehrstelle teilweise ausgeglichen werden. Weiterhin steht bei dem in Abb. 515 dargestellten Werkzeug im Oberteil wie im Unterteil der Druckflüssigkeitsraum nicht über eine Leitung mit einem Akkumulator in Verbindung, da die durch den Mittelstempel verdrängte Flüssigkeit zum Herabdrücken des Außenringes dient. Beide Druckflüssigkeitsräume sind also in sich abgeschlossen, können aber zwecks gegenseitigen Ausgleiches über eine Schlauchleitung miteinander in Verbindung stehen. Auch dieses Werkzeug ist für den Einbau in Spindelpressen geeignet.

Neuerdings ist ein ähnliches auf beliebige Pressen aufsetzbares Werkzeug bekannt geworden[1], jedoch nicht in Anlehnung an das Hidraw-, sondern an das Marformverfahren nach Tabelle 21 III, beschrieben auf S. 522. In Abweichung vom Marformverfahren wird hier ein Gummikoffer gewählt, der in der Mitte geteilt ist, und zwar wird eine das Oberteil nach unten abschliessende Gummimembrane, darüber eine noch dickere Schicht von Schwammgummi und über den Schwammgummi eine Druckflüssigkeit vorgesehen. Es findet hier jedoch kein Rücklauf für die Druckflüssigkeit statt, wie dies beispielsweise beim Hydroformverfahren der Fall ist. Vielmehr bleibt die Flüssigkeit in dem geschlossenen Kissenbehälter und die Volumenverminderung beim Zusammendrücken geschieht auf Kosten der dicken Schwammgummilage. Die Dicken von unterer Abschlußmembrane : Schwammgummi : Flüssigkeit verhalten sich etwa wie 1:5:4. Im Gegensatz hierzu kann im Unterteil des Werkzeuges, das als Druckölzylinder ausgebildet ist, die Druckflüssigkeit unter Druck entweichen. Die Zylinderabschlußplatte ist durchbohrt zwecks Durchführung der Stößelbolzen, die auf dem Kolben ruhen. Auf dieser dicken Zylinderplatte ist der Stempel befestigt. Dies bedingt ein hochgebautes Werkzeugunterteil für den Zylinder und das darüber aufgebaute Werkzeug und erfordert somit einen entsprechend hohen Raum zwischen Tisch und Pressenstößel. Vorzugsweise werden dafür Fallhämmer eingesetzt. Es ist aber nicht zu ersehen, warum nicht auch andere Pressen, insbesondere Reibspindelpressen oder hydraulische Pressen, mit einem solchen Werkzeug ausgerüstet werden können.

10. Hydromechanisches Tiefziehen

Dieses seit zwanzig Jahren erprobte und heute in der Massenfertigung eingesetzte, direkt einseitig hydraulisch beaufschlagende Tiefziehverfahren[2] beruht auf folgender Arbeitsweise. Tiefziehstempel und Niederhalter sind wie beim üblichen 3teiligen Tiefziehvorgang gemäß Abb. 287 gestaltet. Hingegen sind in die Ziehringauflagefläche den Umfang umgebende Dichtungen eingelassen. Innerhalb des Ziehringes wird dieser von unten mit Wasser bis zum oberen Ziehringrand aufgefüllt. Die Dichtungen – beispielsweise Hydrofitdichtungen mit unterlegtem Kupferband – sind je nach Bedarf entweder aus elastischen abriebfesten Stoffen oder aus mit elastischen Werkstoffen unterlegten Metallstreifen hergestellt. Nach Andruck des Niederhalters gegen das auf dem Ziehring liegende Blech, welches die Aufgabe einer

---

[1] *Dickinson, A. T.:* New forming process reduces tooling costs and noise. Sheet Metal Industries 30 (1953), Nr. 318, S. 899–902.

[2] *Panknin, W.:* Werkzeuge zur Anwendung des Hydroformverfahrens. Mitt. Forsch. Blechverarb. 1956, Nr. 11, S. 130, Abb. 8 und 9. – Grundlagen des hydraulischen Tiefziehens. Werkstattstechn. 47 (1957), H. 6, S. 295–303. – Ein ähnliches Verfahren wurde von Daalderop & Zonen, Tiel, entwickelt, beschrieben in Metaalbewerking 24 (1959), Nr. 24, S. 439–444, Fig. 15, und in Metal Working and Production 105 (1961), Nr. 14, S. 69–72, Fig. 10, von Hermans und Vermeulen. – *Bürk, E.:* Das hydromechanische Ziehverfahren. Mitt. Forsch. Blechverarb. (1963), Nr. 15, S. 217–224, Abb. 7 und 8. – Blech 10 (1963), Nr. 9, S. 573–578. – ZWF 59 (1964), H. 1, S. 1–6. – Blech 15 (1968), Nr. 3, S. 130–134. – *Oehler, G.:* Einfluß des Wasserdruckes auf die Formgebung beim hydromechanischen Tiefziehen. Werkstattstechn. 62 (1972), Nr. 5, S. 284 bis 288.

das Wasser abgrenzenden Membran übernimmt, vollzieht der niedergehende Ziehstempel die Blechumformung. Hierbei wird das Blech zwischen den Dichtungen des Ziehringes und dem Niederhalter an den herabgehenden Ziehstempel gepreßt. Es ist möglich, Ziehsicken an der Unterfläche des Niederhalters anzubringen, wobei die zugehörigen Sickengruben außerhalb der Dichtungen auf der Ziehringfläche vorzusehen sind. Die Vorteile dieses Verfahrens bestehen im Wegfall von Polierarbeitsgängen kratzempfindlicher Teile, wie dies beispielsweise bei Bügeleisenhauben oder Radzierkappen der Fall ist. Ferner fällt das Tuschieren des Ziehringgegengesenkes fort. Hiernach herstellbare Karosseriewerkzeuge sind billiger und in kürzeren Zeiträumen lieferbar. Außerdem wird bei zylindrischen Ziehteilen ein um 25% höheres Ziehverhältnis β erreicht. Allerdings liegt die vorzugsweise Anwendung des Verfahrens weniger bei der zylindrischen, sondern bei den unzylindrischen und unregelmäßigen Ziehformen, soweit sie die Bedingung der Ebenheit des einzulegenden Bleches erfüllen. So lassen sich beispielsweise aus rechteckigem Zuschnitt scharfkantige Rechteckteile nach Abb. 516 sowie Karosserieteile nach Abb. 350, jedoch nicht solche nach Abb. 351 und 355 danach fertigen.

Abb. 516. Hydromechanisch tiefgezogenes scharfkantiges Rechteckteil

Das hydromechanische Tiefziehen läßt sich zumeist in Kreisläufen mit und ohne Pumpe ausführen. Abb. 517 veranschaulicht die Wirkungsweise einer Presse mit pumpenlosem Kreislauf. In der links der Mittellinie dargestellten Ausgangsstellung I befinden sich Ziehstempel und Niederhalter in ihrer oberen Lage. Der Abstand des inneren Ziehringrandes bis zum Formstempel sollte etwa $10 \sqrt{s}$ betragen. Bohrungen von der Dichtungsgrube im Ziehring zum darunter liegenden Druckwasserraum gestatten ein zusätzliches Anpressen der Dichtung gegen das Blech. Im allgemeinen werden die Blechteile mit ebenem Restflansch gezogen, so daß eine Dichtung nahe der Ziehringöffnung genügt. Bei vollem Durchzug ohne Restflansch sind jedoch im Hinblick auf die anisotrop bedingte Randzipfelung mehrere zueinander konzentrisch anzuordnende Ringe erforderlich. Keinesfalls darf sich Luft zwischen dem aufgelegten Blech und der mit emulgierbarem Öl versetzten Wasserfüllung befinden, so daß in die außen an dem Ziehring angeschraubten Ablaufrinnen überlaufendes Wasser unvermeidlich ist. Der Blechhalter senkt sich auf die eingelegte Blechscheibe herab (Stellung II) und dichtet sie ab, so daß sie gewissermaßen die Rolle der Membran beim Hydroformverfahren übernimmt. Der sich senkende Ziehstempel bewirkt – in der gezeichneten Zwischenstellung III – zunächst ein Aufbäumen des umzuformenden Bleches nach oben zwischen Ziehring und Niederhalter einerseits und dem Stempel andererseits. Doch schmiegt sich während des anschließenden Umformens das Blech immer stärker an den abwärts vordringenden Stempel an. Ist die Endstellung IV erreicht, kehren Stempel und Niederhalter in ihre obere Ausgangslage I zurück; der Ziehring füllt sich wieder mit dem zurückströmenden Wasser, und das fertige, auf dem Wasser schwimmende Ziehteil läßt sich leicht abnehmen. Von entscheidender Bedeutung ist neben der Wahl geeigneter Dichtungen die hydraulische Steuerung des Druckes in Abhängigkeit von der jeweiligen Hubstellung des Ziehstempels. Dies wird dadurch erreicht, daß sich zwangsläufig mit dem Ziehstempel eine mit Steuernocken besetzte Steuerstange auf- und abwärts bewegt, die einmal mit dem Nockenteil k_1 das Drosselrückschlagventil über den mit einer Rolle versehenen Winkelhebel und ferner mit dem Nockenteil k_2 das Rollenschaltrelais e in der oberen Endstellung für das Sperrventil c_1 betätigt. Anstelle einer Kurvensteuerung k_2 wird eine Druckänderung auch durch mehrere Ventile erreicht, die von Steuernocken auf mit dem Pressenstößel abwärts

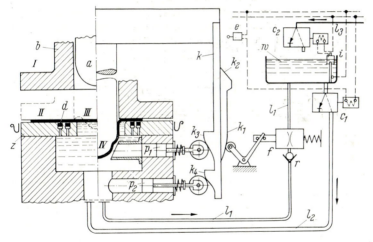

Abb. 517. Pumpenloser Kreislauf einer Presse für Werkzeuge des hydromechanischen Tiefziehens
a Ziehstempel, b Niederhalter, c_1 und c_2 elektromagnetisch gesteuerte Absperrventile, d Dichtungen, e Rollenschaltrelais für das Absperrventil c_1, f Stromregelventil, i Schwimmerkontaktschalter für das Absperrventil c_2, k Steuerstange mit Steuernocken k_1 bis k_4, l_1 Steigleitung, l_2 Falleitung, l_3 Wasserzuleitung, p_1 und p_2 Verdrängerkolben, r Rückschlagventil, w Wasserbehälter, z Ziehring

fahrenden Steuerstangen betätigt werden[1]. Das während des Tiefziehvorganges verdrängte Wasser wird durch die Steigleitung l_1 nach oben in den Wasserbehälter gedrückt, wobei es das Rückschlagventil und das Mengen- bzw. Stromregelventil passieren muß. Infolge des eingebauten Rückschlagventils kann das verdrängte Wasser in der Leitung l_1 nicht mehr zurückfließen; es kehrt vielmehr durch die weite Leitung l_2 in den Ziehring zurück, sobald das Rollenschaltrelais das elektromagnetisch einzurückende Sperr-

---

[1] Bauart SMG, Wiesental b. Bruchsal.

ventil c_1 öffnet. Zur Vermeidung einer zu großen überlaufenden Wassermenge muß die unterste Spiegelhöhe im Wasserbehälter in der oberen Ausgangsstellung I des Ziehstempels mit einem durch Schwimmer gesteuerten Sperrventil c_2 an der Wasserzuleitung l_3 genau einreguliert werden. Im allgemeinen genügt das Stromregelventil zur Querschnittsverengung in der Steigleitung l_1, um den erwünschten hohen Druck im Druckwasserraum zu erzeugen. Es können aber auch außerdem zusätzlich, wie im Bild durch die Nocken k_3 und k_4 angedeutet, die Kolben p_1 oder p_2 durch ihren Schub nach links den Wasserdruck noch steigern. Inwieweit man dabei mit der Wasserführung möglichst dicht an eine besonders kritische Stelle des Werkstücks herangehen will, wie dies für p_1 im Schema als Beispiel angedeutet ist, sei dahingestellt. Die weiteren zur Umsteuerung der Pressenstößelrichtung

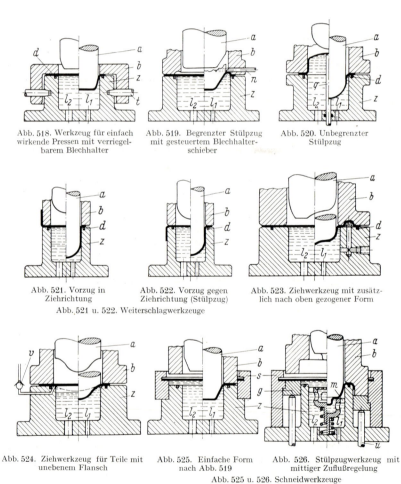

Abb. 518. Werkzeug für einfach wirkende Pressen mit verriegelbarem Blechhalter

Abb. 519. Begrenzter Stülpzug mit gesteuertem Blechhalterschieber

Abb. 520. Unbegrenzter Stülpzug

Abb. 521. Vorzug in Ziehrichtung

Abb. 522. Vorzug gegen Ziehrichtung (Stülpzug)

Abb. 521 u. 522. Weiterschlagwerkzeuge

Abb. 523. Ziehwerkzeug mit zusätzlich nach oben gezogener Form

Abb. 524. Ziehwerkzeug für Teile mit unebenem Flansch

Abb. 525. Einfache Form nach Abb. 519

Abb. 526. Stülpzugwerkzeug mit mittiger Zuflußregelung

Abb. 525 u. 526. Schneidwerkzeuge

Abb. 518 bis 526. Werkzeuge für hydromechanisches Tiefziehen (nach *Bürk*)
a Stempel, *b* Niederhalter, *d* Dichtung, *g* Gegenhalter, l_1 Ablauf-, l_2 Zulaufleitung, *m* mittiger Einsatz, *n* Schieber, *q* Entlüftungs-, *v* Entlüftungsventil, *z* Ziehring

10. Hydromechanisches Tiefziehen

notwendigen Einrichtungen, wie Schaltstange, Endabschalter usw., sind nicht eingezeichnet. Der Druck p_w des mit emulgierbaren Öl versetzten Preßwassers muß bereits zu Beginn des Ziehvorganges hoch sein, wie dies auch das Ziehkraftdiagramm Abb. 295 I für das herkömmliche Tiefziehen anzeigt, und sollte bis Ende gleichbleiben. Für p_w in atü bzw. kp/cm² gilt bei der Umformung von Tiefziehstahlblechen näherungsweise die empirische Beziehung:

$$p_w = 300 + 100\,s\,. \tag{128}$$

Dabei ist die Blechdicke s in mm einzusetzen. Bei den zumeist mit stehenbleibendem Restflansch gezogenen Teilen nach Abb. 518 bis 526 beträgt innerhalb der Rundung zwischen ebenem Flansch und sich bildender Zarge der innere Halbmesser r_z in mm:

$$r_z = \frac{60 \cdot s \cdot \sigma_B}{p_w}\,. \tag{129}$$

Abb. 518 bis 526 zeigen neun verschiedene Werkzeuge für das hydromechanische Tiefziehen, die mit Ausnahme von Abb. 520, für die nur eine Presse mit Pumpenantrieb in Frage kommt, auch für Anlagen mit pumpenlosem Kreislauf gemäß Abb. 517 verwendet werden können. Ein in einfach wirkende Pressen einsetzbares Ziehwerkzeug für Teile mit konischer Zarge ist in Abb. 518 dargestellt. Gerade für derartige unzylindrische Teile, die beim herkömmlichen Tiefziehen infolge Faltenbildung mitunter Schwierigkeiten machen, ist das hydromechanische Tiefziehen außerordentlich günstig. Über dem Ziehring z wird der Niederhalter b aufgesetzt und mittels konischer Stifte t mit diesem beiderseits verriegelt. Anstelle der hier gezeichneten konischen Stifte können auch Exzenterspannhebel gewählt werden, wie sie im Vorrichtungsbau üblich sind.

Wesentlich günstiger ist das Arbeiten unter von oben zweifach wirkenden Pressen, wofür die weiteren hier abgebildeten Werkzeuge vorgesehen sind. Dabei kann man sich die vorteilhaften Eigenschaften, wie sie beim Einfließwulst bekannt sind, zunutze machen, indem, wie in Abb. 519 links dargestellt, der Niederhalter mit einer Aussparung versehen ist, die gewissermaßen einen nach oben begrenzten Stülpzug gestattet. Im linken Teil der Abb. 519 ist diese für den Niederhalter angedeutet, im rechten Teil hingegen liegt das Blech gegen einen gesteuerten Niederhalterschieber n an, der zunächst bis zur gestrichelt angedeuteten Lage vorgeschoben und erst während des Tiefziehens von der schrägen Fläche des Stempels zurückgedrückt wird. Es ist hier dasselbe Prinzip angewendet, wie es bereits beim Tiefziehen von Badewannen mit konischem Kopfteil auf S. 399 zu Abb. 362 beschrieben wurde. Bei Werkzeugen mit begrenztem Stülpzug werden mitunter erheblich höhere Ziehverhältnisse erreicht, als dies sonst möglich ist. Demgegenüber findet der unbegrenzte Stülpzug nach Abb. 520, welcher einen hydraulischen Kreislauf mit Pumpe voraussetzt, seltener Anwendung. Es muß hier nämlich die Zulaufmenge genau dosiert werden, damit nicht das Blechteil nach oben herausgestoßen, sondern noch im Bereich der Dichtung bei stehenbleibendem Blechflansch gehalten wird. Weiterhin sammelt sich in der Mitte des hochgestülpten Blechteiles Luft, die durch ein in seiner Höhe verschiebliches Entlüftungsrohr q abgeführt wird. Dieses unter leichten Vorspanndruck aufwärts gerichtete Rohr q kann als Steuerstange zur Abschaltung des zulaufenden Druckwassers dienen.

In den meisten Fällen wird das hydromechanische Tiefziehen für Anschlagzüge, d.h. in einem Zug hergestellte Ziehteile, eingesetzt. Doch ist es durchaus möglich, auch bereits vorgezogene Teile hydromechanisch weiterzubearbeiten, wozu die Weiterschlagwerkzeuge zu Abb. 521 und 522 Anwendungsbeispiele darstellen. In der ersten Abb. 521 wird der Vorzug, wie beim Weiterschlagziehen üblich, auf den rohrförmigen Niederhalter aufgesetzt, bzw. der Niederhalter stößt nach unten in den vorgezogenen Napf. Selbstverständlich wäre es bei diesem Teil günstig, wenn das vorgezogene Teil im Bereich der Blechhaltung unter einer Einlaufschräge von 40° in das mit Wasser gefüllte Unterwerkzeug gezogen würde. Im Fall der Abb. 522, wofür das gleiche Werkzeug mitunter verwendet werden kann, wird der vorgezogene Napf über den Ziehring aufgesteckt und gewissermaßen im Stülpzug fertiggezogen.

Es kann Fälle geben, wo ein Ziehteil derart gestaltet ist, daß die Umformung nicht nur unterhalb, sondern auch oberhalb des Blechflansches vollzogen werden soll, eine Aufgabe, die im herkömmlichen Ziehverfahren meist nur schwierig zu lösen ist. Beim hydromechanischen Tiefziehen kann man sich derart helfen, indem gemäß Abb. 523 vom Wasserbehälter des Unterwerkzeuges Kanäle gebohrt werden, die Druckwasser zu Aussparungen des Oberwerkzeuges führen. Selbstverständlich müssen diese Aussparungen innerhalb der umlaufenden Dichtung liegen.

Im allgemeinen ist stets von einer ebenen Blechfläche auszugehen und auch die Zuschnitte sind eben auszuführen. Nun mag es jedoch Teile geben, die eine ebene Ausführung der Ziehringoberfläche nicht gestatten, wie dies das Ziehwerkzeug in Abb. 524 für Teile mit unebenem Flansch veranschaulicht. Selbstverständlich würde bei offenen Werkzeugen das Wasser an der niedrigsten Randstelle des Ziehringes ablaufen und erst nach Schließen des Werkzeuges läßt sich der Wasserspiegel bis zur Unterfläche des eingelegten Blechzuschnittes erhöhen. Die dabei eingeschlossene Luft muß an der höchsten Stelle, d.h. unmittelbar unter dem eingelegten Blech an der Ziehkante entweichen können, dafür sind Kanäle zu bohren. An ihrem Austritt sind Schwimmschließventile v derart anzuordnen, daß dort Luft abblasen kann, hingegen anschließend austretendes Wasser abgesperrt wird.

Der Anbau von Schneidringen an derartigen Werkzeugen bildet grundsätzlich keine Schwierigkeit. In diesem Fall arbeitet die Außenkante des Niederhalters als innerer Schneidring und ist mit gehärteten Stahleinsätzen zu bestücken, was hier in Abb. 525 und 526 nicht besonders hervorgehoben wird. Ebenso besteht der äußere Schneidring nicht, wie hier dargestellt, aus einem Stück, vielmehr werden die Streifenführung und der Abstreifring auf den Schneidring aufgeschraubt. Abb. 525 zeigt in Anlehnung an Abb. 518 ein einfaches Schneidzugwerkzeug. Es läßt sich nicht verhindern, daß das Preßwasser zunächst über den Ziehring tritt und zwischen einzuschiebenden Blechstreifen und Streifenein- und -ausführung herausfließt. Bei diesen Schneidzugwerkzeugen ist daher auf eine möglichst gute Vordosierung zu achten, um unnötige Wasserverluste zu vermeiden und die Arbeit an der Presse nicht zu stören. Ein wesentlich komplizierteres Teil zeigt das gleich-

10. Hydromechanisches Tiefziehen

falls als Schneidzug ausgebildete Stülpzugwerkzeug der Abb. 526. Hier wird durch Druckstifte u ein Gegenhaltering g unter Vorspannung nach oben gedrückt, der zwischen dem Schneidring s und dem Ziehring z liegt und vom sich senkenden vorstehenden Niederhaltering b abwärts gedrückt wird. Gewiß wird auch hierbei das Preßwasser im Anfang über den Ziehring treten, jedoch ist dies sehr viel weniger Wasser, als wenn der Zwischenraum zwischen Ziehring und Schneidring damit ausgefüllt würde. Unter Wegfall des Gegenhalters würde sich zwischen Ziehring und Schneidring ein Wasserpolster bilden, das einen Stülpzug durch den Niederhalter verhindert. Es müßte dann schon eine Ablaufleitung mit einem Druckregelventil dafür vorgesehen werden. Das hier dargestellte Werkstück ist insofern etwas schwierig, als sich außer dem umgestülpten Rand auch noch ein mittlerer Ansatz daran befindet. Wenn dieser, wie hier gezeigt, im Durchmesser verhältnismäßig klein ist und eine Vorstülpung dafür nicht in Frage kommt, so ist ein besonderer Niederhaltedruck von unten gegen die Kante vorgesehen, was durch einen mittigen unter Federdruck stehenden Niederhalter m geschieht, der seinerseits innerhalb des Ziehringes geführt ist und Durchbrüche aufweist, damit das Preßwasser zugeführt werden kann. Die Größe der Durchbrüche, wie überhaupt die Durchtrittsquerschnitte für das Preßwasser sind für den Ausfall derartiger Teile wichtig. Ihre richtige Größe ist mitunter durch Versuche zu ermitteln. In diesem Fall wird es zweckvoll sein, möglichst große Durchtrittsquerschnitte für den Innenraum des auf Federn ruhenden Einsatzes m vorzusehen, damit gerade die kritischsten Stellen durch Preßwasser gegenüber anderen stärker beaufschlagt werden. In seiner unteren Endstellung stößt das mittlere Einsatzstück gegen den Boden auf und drückt die äußere Kante nach, soweit es auf deren genaue Abmessung besonders ankommt. Es ist auch möglich, auf diese Art und Weise Hohlprägungen am Boden des Ziehteiles durchzuführen, wobei dann allerdings der Einsatz am besten massiv auszubilden ist. Dabei darf die Möglichkeit des Entweichens von Preßwasser aus der Form nicht übersehen werden.

Inwieweit eine Blechumformung durch unmittelbar wirkenden Wasserdruck auch ohne eine solche Sonderpresse nach Abb. 517 mit verhältnismäßig einfachen Werkzeugen erreicht wird, zeigen das Ausbauchwerkzeug zu Abb. 527 und das Hohlprägewerkzeug zu Abb. 528.

Bei dem Werkstück in Abb. 527 handelt es sich um ein bereits in mindestens zwei Stufen vorgezogenes Tiefziehteil w, das in eine radial verschiebbare Form eingelegt wird, die aus zwei Backenhälften besteht. Es ist aber durchaus möglich und sogar zu empfehlen, diese Form aus mehreren Segmenten zusammenzusetzen. Sie sitzen dann auf einer gemeinsamen Scheibe 6, die durch Druckstifte 8 (die auf einem Ziehkissen stehen) zunächst in ihrer oberen Lage durch den Anschlagring 4 gehalten werden. Die Drucksegmente 2 werden durch einen am Stößel befestigten mit Innenkegel ausgeführten Ring 5 nach einwärts geschoben. Während dieser Schließbewegung dringt bereits der Mittelstempel 1 in das Ziehteil ein und verdrängt die vorher eingegossene Flüssigkeit. Es ist erforderlich, daß die Flüssigkeitsmenge vorher genau abgemessen wird, da sonst die beabsichtigte Form nicht erreicht wird. Bei zu wenig Flüssigkeit fällt die Ausbauchung im unteren Werkstückbereich ungleichförmig aus. Bei zuviel Flüssigkeit kann der Mittelstempel nicht bis zu seiner unteren Lage vordringen, wodurch sich Beulen am Werkstück w oberhalb der Ausbauchung, d.h. im Bereich der mittleren Ausrundung, ergeben. Die Scheibe 6 wird senkrecht auf einem in der Grundplatte 3

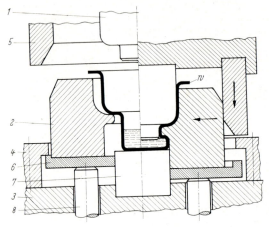

Abb. 527. Ausbauchwerkzeug

eingepreßten Zylinder 7 geführt, der gleichzeitig zur Anlage der radial einwärts gepreßten Formbacken 2 dient. Voraussetzung für eine befriedigende Arbeitsweise dieses Werkzeuges ist eine saubere, gut gegen das Werkzeug abdichtende Blechoberfläche, damit die für den Ausbauchvorgang erforderliche Flüssigkeit nicht nach oben herausspritzt. Aus dem gleichen Grund darf das Blech keine bemerkenswerten Dickenabweichungen aufweisen und muß engere als die üblichen Toleranzen aufweisen.

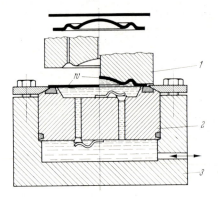

Abb. 528. Hohlprägewerkzeug

Bei dem Werkzeug nach Abb. 528 handelt es sich um ein flaches Preßteil. In einem Gehäuse 3, das an eine Preßwasserleitung rechts angeschlossen ist, wird ein abgedichteter Kern 2 eingesetzt. der je nach Bedarf ausgetauscht werden kann. Dieses Einsatzstück ist mit einer Zulauf- und einer Ablaufbohrung versehen, an deren Austritt sich durch Federn gehaltene Rückschlagventile befinden. Das Obergesenk 1, gegen das sich das eingelegte Blech nach der Umformung anschmiegt, ist in seinen oberen Hohlraumspitzen mit Entlüftungslöchern zu versehen. Zwecks Geringhalten der Leckverluste werden im unteren Bereich der Anlage des Kernes 2 gegen das Gehäuse 3 und an den äußeren Auflagestellen für das Werkstück w Dichtungsringe vorgesehen. Es wird sich außerdem empfehlen, das Werkzeug mit einer Wanne zu umgeben, da, insbesondere bei ungleichmäßiger Dicke, trotz der Dichtungen mit seitlichem Wasseraustritt zu rechnen ist, wenn es sich dabei nicht um ein ganz eng toleriertes Blech handelt. Ist der Druckwasserbedarf wie bei so flachen Teilen nach Abb. 528 oben gering, so bedarf es keiner Rückschlagventile und es genügt eine Druckwasserzuleitung ohne Rückleitung. Überschüssiges Wasser fließt nach der Umformung und Rückhub des Pressenstößels in die das Unterwerkzeug umgebende Wanne ab.

Außer diesem membranlosen Tiefziehverfahren sind auch hydromechanische Tiefziehverfahren mit Membranen entsprechend dem auf S. 523 zu Abb. 494 und Tabelle 21 V beschriebenen Hydroformverfahren bekannt[1], die gleichfalls hohe Ziehverhältnisse ermöglichen.

11. Superplastikverfahren [2]

Während bei sehr gut umformbaren Blechwerkstoffen schon 35% Dehnung als äußerst Erreichbares gelten, – bei den meisten zu Umformzwecken eingesetzten Blechen liegen die höchstmöglichen Dehnungswerte wesentlich niedriger –, sind beim unter Wärme stattfindenden Superplastikverfahren Dehnungswerte bis zu 1000% möglich. Scheinbar lassen sich so ziemlich sämtliche Blechwerkstoffe während ihrer Phasenumwandlung im Zustand des Diffusionskriechens hiernach verarbeiten unter der Voraussetzung, daß dies innerhalb eines bestimmten etwa bei 50% der Schmelzwärme liegenden Temperaturbereiches geschieht, und daß eine dafür geeignete feine Gefügestruktur gegeben ist. Die Schwierigkeit bei der praktischen Anwendung besteht in der Einhaltung des oft recht eng gezogenen Temperaturbereiches innerhalb der Phasenumwandlung, der beispielsweise bei Stahlblechen, die zuvor kurz über Umwandlungstemperatur erwärmt und anschließend abgeschreckt werden, um dann wieder dicht unter jene Temperatur erwärmt zu werden, bei etwa 730 bis 760 °C liegt. Dieser Temperaturbereich darf während des Umformvorganges, innerhalb dessen auch der Raum zwischen Platine und Gesenk entlüftet werden muß, weder unter- noch überschritten werden und kann nur auf kurze Zeit wirksam bleiben, da sonst die Superplastikeigenschaften verlorengehen. Die meist unter Vakuum stattfindenden Verarbeitungsverfahren ähneln denen der Kunststoffverarbeitung. Am besten eignen sich dafür sogenannte Prestalbleche aus 78% Zn und 22% Al, die

---

[1] Schuler-Handbuch für die spanlose Formgebung (Göppingen 1964), S. 120. – Siehe auch *Panknin*, Fußnote 1 zu S. 522.
[2] *Thomsen, T.:* Superplastizität. DFBO-Mitt. 23 (1972), Nr. 3, S. 63–64. – *Schröder, G.,* u. *Winter, K.:* Superplastische Werkstoffe. Ind. Anz. 92 (1970), Nr. 20, S. 425–430.

bereits bei 260 °C superplastische Eigenschaften annehmen und aus denen heute Karosserie- und andere Teile laufend gefertigt werden. Dieser Werkstoff ist leichter als Stahlblech, besitzt aber eine geringere Steifigkeit im Bauteil gegenüber der Verwendung von Stahl. Deshalb müssen dickere Bleche aus dieser Legierung verwendet werden, um die gleiche Festigkeit wie Stahl zu erreichen.

Umformverfahren unter Vakuum finden teilweise bei den im folgenden Abschnitt beschriebenen Hochgeschwindigkeitsverfahren in der Blechbearbeitung Anwendung. Es ist noch nicht entschieden, ob das Superplastikverfahren zu jenen Verfahren gehört.

H. Werkzeuge für die Hochgeschwindigkeitsumformung

Die Hochgeschwindigkeitsumformverfahren – zuweilen auch als Hochenergieumformverfahren bezeichnet – sind nach dem derzeitigen Stand der Technik in vier Gruppen zu unterteilen. Die beiden ersten sind Druckwellenverfahren, wobei die Druckwellen entweder von Explosivstoffen (I) oder durch Funkenentladung bzw. Drahtexplosion (II) erzeugt werden. Das dritte Verfahren beruht auf magnetischen Kräften (III). Alle diese drei Verfahren wirken unmittelbar auf den zu bearbeitbaren Werkstoff, der direkt den Druckmedien ausgesetzt wird. Beim Verfahren I kann die Explosion in der Luft oder unter Wasser vor sich gehen, wobei ersteres immer seltener angewendet wird. Das Verfahren II – meist als Hydrospark-, Unterwasserblitz- oder Stromstoßverfahren bezeichnet – wird nur im Bereich flüssiger Medien angewendet. Hingegen können die für das dritte Verfahren erforderlichen Magnetfelder nur an der Luft oder in Gasräumen, keinesfalls unter Wasser erzeugt werden. Der Forschung bleibt es vorbehalten zu untersuchen, ob anstelle von Wasser andere Flüssigkeiten und anstelle von Luft andere Gase oder Gasgemische Vorteile bringen. Im Gegensatz zu diesen drei unmittelbar wirkenden Verfahren ist die Bearbeitung unter Hochgeschwindigkeitshämmern (IV) eine mittelbar wirkende. Denn das eigentliche Druckmedium beaufschlagt den zu bearbeitenden Werkstoff nicht direkt, sondern verbleibt innerhalb der ihm zugewiesenen Druckräume und dient allein zum Antrieb eines Kolbens, der meist gleichzeitig als Pressenstößel außerhalb der Druckräume die Hochgeschwindigkeitsbearbeitung vollzieht. Wenn auch mit diesem Verfahren IV mitunter günstige Effekte beim Genauschnitt dicker Werkstoffe höherer Festigkeit und bei der Umformung an sich sonst schwer umformbarer Bleche erreicht werden, so dient es in erster Linie der Massivumformung, d.h. insbesondere dem Schmieden in der Warmumformung und dem Fließpressen in der Kaltumformung. Tabelle 24 enthält die bisher bekanntesten Verfahren, die auch miteinander kombiniert auftreten, unter kurzer Erläuterung derselben und Angabe des Schrifttums[1], sowie dort

---

[1] Eine sehr ausführliche Schrifttumszusammenstellung über die Hochenergieumformverfahren brachte G. *Gentzsch* im VDI-Verlag Düsseldorf 1962 in 2. Auflage. – *Lippmann, H. J.*: Hochgeschwindigkeitsumformverfahren. Werkstattstechn.

eingeklammert der Fabrikationsstätte. Es handelt sich dabei meist um Flugzeugwerke, die hochwarmfeste Legierungen zu Verbrennungskammern und Düsen der Strahltriebwerke sowie zu Raketenköpfen verarbeiten.

Im folgenden werden diese 4 Verfahren zu I bis IV ausführlicher beschrieben. Hingegen befinden sich die Verfahren zu V, wozu auch das auf S. 549 nur kurz behandelte Superplastikverfahren zu zählen wäre, obwohl dieses nicht als Hochgeschwindigkeitsverfahren bezeichnet werden kann, noch im Versuchsstadium. Die große Schwierigkeit bei diesen Vakuumverfahren liegt in der Erhaltung einer hohen Temperatur während des Umformvorganges. Bis zu einer wirtschaftlichen Fertigung in Konkurrenz zu bisher bekannten und bewährten Verfahren ist noch ein weiter Weg zurückzulegen.

1. Explosivverfahren (I)

Schon seit der Jahrhundertwende sind Explosivumformverfahren bekannt. Bedeutung haben sie jedoch erst in den letzten Jahren erlangt, da die an schwer umformbare, beispielsweise aus hochchromhaltigen sowie aus Titan- und Zirkoniumlegierungen bestehende Bleche gestellten Aufgaben mit den herkömmlichen Mitteln nicht gelöst werden konnten, während eine Umformung derselben unter hoher Geschwindigkeit und hohen Drücken erfolgreich war. Diese neuartige Bearbeitung mittels Sprengkörper gewinnt nicht nur in der Kaltumformung von Blechen, sondern auch in der Massivumformung, in der Rohrbearbeitung, für Schmiede- und Warmumformverfahren, zu Sinterzwecken, zum Plattieren sowie anderen Verdichtungsaufgaben an Bedeutung. In Europa befindet man sich noch im Versuchsstadium, in den USA wird angeblich laufend danach gefertigt.

Zur Hochgeschwindigkeitsbearbeitung mittels Explosivstoffen werden hauptsächlich Dynamit, Trinitrotoluol (TNT), Tetryl, Tetranitrat (PTN) und andere verwendet. Gezündet wird mittels Sprengkapseln, die meist eine Primär- und eine Sekundärladung enthalten. Die Anwendung des Verfahrens setzt eine Bedienung durch geprüfte Sprengmeister voraus und ist auch sonst an zahlreiche behördliche Vorschriften gebunden. Die Explosivumformung an der Luft ist heute auch noch üblich und in manchen Fällen unvermeidlich. Doch werden in der weitaus größten Zahl die Explosivumformungen unter Wasser ausgeführt, wobei nur noch selten Reflektoren verwendet werden. Gewiß mag mitunter durch die zusätzliche Aufhängung eines Reflektors der Wirkungsgrad der Detonation verbessert werden. Doch können sich ebenso hierdurch bedingte und unkontrollierbare Rückstoßwellen recht unerwünschte Wirkungen, ja sogar Oberflächenschäden ergeben, außerdem wird die Einrichtezeit durch das Ein- und Ausfahren des Reflektors verlängert. Als wichtigste Einflußgrößen bei der Anwendung von Sprengstoffen sind die Art des Sprengstoffes, sein Gewicht, seine Aufteilung

---

57 (1967), H. 4, S. 169–173. – Für diejenigen, die sich für die Grundlagen und den bisherigen Stand der wissenschaftlichen Forschung auf diesem Gebiet interessieren, sind die am Institut von Prof. *Bühler* an der TH Hannover geleisteten gleichfalls mit reichhaltigen Schrifttumshinweisen ausgestatteten und im Jahrgang 96 (1963) der Zeitschrift Werkstatt und Betrieb erschienenen Aufsätze über das Verfahren I von *W. Ecker* und *F. Müller-Axt* (H. 3, S. 163–177), sowie über die Verfahren II (H. 5, S. 297–305) und III (H. 12, S. 893–899) von *G. Weimar* wichtig.

Tabelle 24. Hochgeschwindigkeitsumformverfahren

Nr.	Bildschema	Bezeichnung und Erläuterung	Schrifttum (Hersteller)
Ia		*Einfaches Luftexplosionsverfahren* Die Ladung wird bei E auf das Blech aufgelegt. Blech ist so gegen Werkzeug abzudichten, und Vakuumleitung v ist zum Absaugen der Luft ebenso wie bei Ib–e und II anzuschließen.	(Aerojet-General Corp. Downey, Cal. USA). Die ausführlichste Schrifttumssammlung bringt *Gentzsch, G.*: Hochleistungsumformung VDI-Verlag 1962; ferner *Ecker, W., u. Müller-Axt, F.*: Hochgeschwindigkeitsbearbeitung. Werkst. u. Betr. **96** (1963), H. 3, S. 163–177. – *Peckner, D.*: Formen von Werkstücken unter Verwendung großer Energien. Engin. a. Design. Juli 1960, S. 89–96. – *Stuckenbruck, L. C.*, u. *C. H. Martinez*: Explosiv Forming. Machinery **67** (1960), Nr. 3, S. 99–105. – *Burkhardt, A.*: Schockwellentechnik. Mitt. Forsch. Blechverarb. 1964, Nr. 1/2. – *Scheven, E. F.*: Schockwellentechnologie. Werkstattstechn. **54** (1964), H. 8, S. 379 bis 384. Hieraus sind Abb. 529–531 u. 533–536 entnommen. – *Burkhardt, A.*: Umformen und Plattieren mit Sprengstoffen. VDI-Nachr. vom 25. 11. 1964, Nr. 48, S. 6. Hieraus ist Abb. 532 entnommen. (Lockheed Aircraft Corp., Boston (North-American-Airway, Rocketdyne). (Frauenhofer-Ges., Amstetten; MAK Kiel) *Dickinson, Th. A.*: Explosiv-forming. Aircraft production **21** (1950), Nr. 10, S. 346–349; Am. Machinist vom 6. 4. 1959, S. 120–121. (Ryan Aeronautical Co. in San Diego, Cal. USA).
I b, c		*Einfaches Wasserexplosivverfahren* Das verbreiteteste Explosivumformverfahren. Maßgebend Größe der Explosivmenge E, deren Abstandshöhe h_1 und Höhe h_2 des Flüssigkeitsspiegels. Bei allen Verfahren ist für Abdichtung d und Vakuumanschlüsse v zu sorgen.	
d			
Ie		*Wasserexplosivverfahren mit Druckreflektor* Der zweigeteilte Kugelbehälter kann vollständig ins Wasser gestellt werden, wobei zunächst das Unterteil mit federnd abgestütztem Werkzeug, später die Haube mit der Explosivladung herabgelassen werden.	

1. Explosivverfahren (I) 553

Tabelle 24 (Fortsetzung)

Nr.	Bildschema	Bezeichnung und Erläuterung	Schrifttum (Hersteller)
II		*Hydrosparkverfahren* Ohne Sprengstoff, daher ungefährlicher als II, besonders für Aus- oder Einbauchen von Rohren geeignet. Keine Vakuumleitung, aber Luftabführleitung l und Abdichtung bei d nötig. Blitzartige Hochspannungsentladung zwischen Elektroden e_1 und e_2. Bisher 5400 W/s. Oft werden am Boden Gummiplatten g beigelegt.	*Le Grand, R.*: Hydrospark-forming. Am. Machinist 103 (1959), Nr. 22, S. 123–124. – *Parr, J. F.*: Hydrospark-forming. Tool Engineer März 1960, S. 81–86. – *Gentzsch, O. E.*: Unterwasserblitz als Werkzeug. Stahl und Eisen 80 (1960), Nr. 14, S. 955–956. – *Ecker, W.*, und *Müller-Axt*: Hochgeschwindigkeitsbearbeitung Werkst. u. Betr. 96 (1963), H. 5, S. 297–305. (Republ. Aviation Corp. in Fermingdale N. Y. USA).
III		Umformen durch magnetische Kräfte	*Weimar, G.*: Hochgeschwindigkeitsbearbeitung III. Werst. u. Betr. (1963), H. 12, S. 893–900. – *Hürlimann, J.*: Metallverformung durch magnetischen Impuls. Mitt. Forsch. Blechverarb. (1964), Nr. 23/24, S. 332–337. Hieraus ist Abb. 538 entnommen.
IV		*Kolbenschlagverfahren* Diese Verfahren beruhen auf Sprengladung oder auf entzündbaren Gasen oder auf hochkomprimierten Gasen, wodurch ein in einem Zylinder geführter Kolben mit Pressenstößel bewegt wird.	*Bühler, H.*, u. *Müller-Axt*: Hochgeschwindigkeitshämmer. Werkstattstechn. 54 (1964), H. 8, S. 384–388. – *Gentzsch, G.*: Stand der Entwicklung der Hochgeschwindigkeits-Schmiedemaschinen. Klepzig-Fachberichte 72 (1964), Nr. 11, S. 440–446. – VDI-Nachr. 1969, N. 19, 2. 26. (Convair-Flugzeugw., Fort Worth, Texas und viele andere).
V		*Vakuumverfahren* Vakuum unter Blech wie zu Ia, darüber auf 450 bis 500 °C erwärmte Wirbelschicht.	VDI-Nachrichten (1967), Nr. 17, S. 41 (Bristol Aero Ind. Ltd., Winnipeg, Canada).

und Form, die Art der Zündung, der Ladungsabstand vom Werkstück und die Wassertiefe zu nennen. Bei Detonationsgeschwindigkeiten zwischen 1000 und 8000 m/s werden Drücke bis zu etwa 1000 kp/mm² erreicht.

Abb. 529. Werkzeug mit explosiv gelochtem Rohr

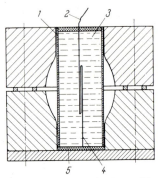

Abb. 530. Werkzeug zum Ausbauchen und Trennen für zwei Teeglashalter. *1* Werkstück, *2* Zündschnur, *3* Wasser, *4* Sprengstoff *5* Dichtungsscheibe

In Abb. 529 bis 536 sind einige Werkzeuge des Explosivverfahrens dargestellt und mögen im folgenden näher erläutert werden. Zunächst sind sie verglichen mit den Werkzeugen der herkömmlichen Verfahren billiger, da der Stempel entfällt und durch den Explosivstoff ersetzt wird. Dabei sind

Abb. 531. Werkzeug zum Ausbauchen von ineinander gesteckten Rohren zu einem Kugelgelenk

trotz hoher Beanspruchung durchaus nicht immer hochfeste teuere Werkzeugwerkstoffe erforderlich. So genügen bei kleinen Serien mitunter Werkzeuge aus Epoxydharz, Zinklegierungsguß, Beton mit Glattstrich, ja sogar aus Eis[1]. Dabei ist natürlich von Bedeutung, ob das in der Werkzeugform herzustellende Teil große Abrundungen und sanfte Übergänge oder scharfe

---

[1] Über diesbezügliche Versuche bei der Republic Aviation in Farmindale N.Y., USA wird berichtet in Mach. Tool Blue Bock 57 (1962), Nr. 12, S. 118–120, Prod. Engineering 33 (1962), Nr. 24, S. 91, Iron Age 190 (1962), Nr. 16, S. 172.

Kanten aufweist. Letzterenfalls sind starkwandige Werkzeuge aus zähhartem Stahl zu empfehlen. Durch die richtige Anbringung, Aufhängung, Gestaltung und Auswahl des Sprengkörpers, worüber hier nicht im einzelnen berichtet werden kann, sondern auf das Schrifttum verwiesen wird, läßt sich der Verlauf der Schockwellen steuern bzw. der Explosivdruck ausrichten. So zeigt Abb. 529 ein solch starkwandiges bandagiertes Stahlwerkzeug zum Lochen eines Rohres von 35 mm Durchmesser aus X 12 CrNi 188, wobei sich die Löcher in der Werkzeugwand nach außen zwecks Abfliegens der Stanzbutzen konisch erweitern, bzw. in der Bandage größer zu bohren sind. Der

Abb. 532. Ausbauchwerkzeug für geschweißte Blechteile zur erweiterten Kugelform

Abb. 533. Werkzeug für gekümpelte Böden

Sprengstoff kann in Form einer Schnur in die Rohrmitte eingehängt werden. Zur Herstellung von Teeglasfassungen aus Messingblech dient das in Abb. 530 dargestellte mehrteilige Werkzeug. Das eingesteckte Messingrohr wird an beiden Enden abgedichtet, nachdem es mit Wasser gefüllt und in Mitte Rohr der Sprengstoff in axialer Lage mit nach außen geführter Zündschnur untergebracht wurde. Die beiden miteinander gespannten Werkzeughälften liegen nicht dicht aufeinander, vielmehr befindet sich dazwischen ein Spalt, der mit flachen scharfen nach einwärts gerichteten Keilspitzen als Abstandhalter besetzt ist. Bei der Detonation, die durchaus an der Luft stattfinden kann und nicht unter Wasser erfolgen muß, werden die am Spalt liegenden Rohrteile herausgeschleudert, so daß das Rohr nicht nur umgeformt, sondern infolge der hohen Geschwindigkeit auch gratfrei beschnitten wird. Es fallen also gleichzeitig 2 Teeglashalter an. Tatsächlich werden mehrere Werkzeugelemente nach Abb. 530 übereinander gesetzt und miteinander verschraubt, so daß nicht nur 2, sondern sogar 8 Teeglashalter gleichzeitig explosiv aus einem Rohr umgeformt und fertig beschnitten werden. Ein ähnliches Ausbauchwerkzeug ist das zur Kugelgelenkfertigung bestimmte zweiteilige Werkzeug zu Abb. 531. Zunächst werden beide Werkzeughälften miteinander an den drei durchgehenden Bolzen verschraubt, und von jeder Stirnseite aus werden zwei Rohrabschnitte ineinander gesteckt. Nach Einführen und Zünden des Explosivstoffes in Werkzeugmitte werden die ineinander gesteckten Rohrenden kugelig umgeformt, wobei die Luft zwischen Rohr und innerer Kugelform durch einen schmalen Spalt entweicht. Bei den bisher besprochenen Werkzeugen wurde auf eine Evakuierung verzichtet, da die aus der Werkzeugform abzuziehenden Luftmassen klein sind. Bei größeren Luftmengen oder dort, wo ein allseitiger Luftabzug durch einen Spalt wie in Abb. 530 und 531 nicht möglich ist, muß die Form, in die der Werkstoff während der Explosivumformung verdrängt wird, besonders evakuiert werden. Dies setzt wiederum eine Abdichtmöglichkeit des Bleches gegen das Werkzeug voraus. Bei dem geschweißten Behälter links vorn in Abb. 532 mit 170 mm Halsdurchmesser, der durch Explosivumformung gemäß rechter

Abb. 534. Werkzeug für gekümpelte Böden

Darstellung zur Kugel mit einer Halsweite von 180 mm aufgeweitet werden soll, ist eine solche Abdichtung schon infolge der Halserweiterung nicht möglich, hingegen ist für die Werkzeuge zu Abb. 533 bis 536 eine Evakuierung vorgesehen. Das zur Fertigung gekümpelter Böden bestimmte Werkzeug ist in Abb. 533 in geöffnetem, in Abb. 534 in geschlossenem Zustand beim Eintauchen in das Wasserbecken dargestellt. In diesem Bild ist oben die Sprengstoffladung von 300 g in Form eines flachen Zylinders bzw. einer Scheibe zu erkennen. Hierdurch wird die Schockwelle bevorzugt gegen die

1. Explosivverfahren (I)   557

Ronde gerichtet. Der Sprengstoff wird von einem Drahtgestell gehalten, das während der Explosion zerstört wird. Aufgrund der in Amstetten durchgeführten Versuche ergab sich als guter Erfahrungswert für rotationssymmetrische Werkstücke bei etwa 5 mm dicken Werkstücken ein Abstand der Ladung über der Mitte des umzuformenden Bleches von etwa 0,3 Rondendurchmesser. Bei nicht rotationssymmetrischen Teilen, wie bei der Kinderbadewanne nach Abb. 535 sind über der Längsachse des Werkzeuges mehrere

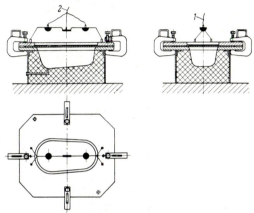

Abb. 535. Anordnung des Sprengstoffes bei der Herstellung von Kinderbadewannen

Abb. 536. Sechsfachwerkzeug mit außen liegender Vakuumleitung

Ladungen zu verteilen. An der tiefsten Stelle der Gesenkform ist die Evakuierungsleitung anzuschließen. Ein hier nicht angegebenes schnell reagierendes Rückschlagventil vermag noch während der Explosion unterhalb des Bleches ausgestoßene Luftreste herauszulassen. Bei den sechs zu einer Einheit in Ringform angeordneten Werkzeugen nach Abb. 536 ist eine gemeinsame Vakuumleitung außerhalb des Gehäuseringes vorgesehen, innerhalb dessen die Werkzeuge auf eingeschweißten Stegen durch Schraubknaggen festgepratzt sind, um ein Auswechseln beschädigter Werkzeuge zu ermöglichen. Der Gehäusering wird an den drei Ösen am Kran aufgehängt und in den Wassertrog abgelassen, wo die Detonation stattfindet. Auch hier kann ebenso wie zu Abb. 534 der Sprengstoff an ein Drahtgestell so gehängt werden, daß die Ladung sich in mittlerer Werkzeughöhe in der Mitte zwischen den sechs Werkzeugen befindet. Der Wasserbehälter, in den das Werkzeug eingebracht wird, kann gar nicht groß genug bemessen sein. So werden vielfach insbesondere große Werkzeuge durch Verladekrane in Hafenbecken versenkt, wo die Explosion, welche eine hohe Fontäne erzeugt, ungehindert stattfinden kann. Oft werden selbst die Werkzeuge mit Behälter auf Grund unter Wasser abgestellt wie beispielsweise bei der zu I e in Tabelle 24 gezeigten Ausführung, wo die untere und obere Haube Anhängevorrichtungen zum Senken und Heben besitzen. Für dieses Verfahren ist auch die Bezeichnung Gasdruckverfahren bekannt, was insofern nicht befriedigt, als auch die anderen in Tabelle 24 zu I und II angegebenen Verfahren auf Gasdruck beruhen[1].

2. Hydrosparkverfahren (II)

Gegenüber den herkömmlichen Umformverfahren unter Pressen weist das Umformen mittels Unterwasserfunkenentladung[2] – meist als Hydrosparkverfahren bezeichnet – gemeinsam mit den zuvor beschriebenen Explosivumformverfahren folgende Vorteile auf. Die Werkzeugkosten sind erheblich geringer, da Niederhalter und der zum Gesenk einzutuschierende Stempel fortfallen. Infolge einer gleichmäßig auftretenden Beanspruchung lassen sich sonst nicht oder nur schwer umformbare Blechwerkstoffe umformen, und es sind mitunter Möglichkeiten zum Umformen komplizierter und großer Teile in einem Arbeitsgang gegeben, die bisher unbekannt waren. Während bei beiden Verfahren I und II die Werkzeugkosten etwa dieselben sind, soweit sie nicht infolge der Möglichkeiten einer Eingliederung in Fertigungsstraßen bei II allein hierdurch bedingt höher liegen, sind die Anlagekosten im Hinblick auf die erforderliche Energiespeicherung mittels Kondensatoren für Verfahren II erheblich höher als bei I, obwohl ein geeigneter Platz zur Ausübung des Verfahrens I im Hinblick auf den Ausschluß von Unfallgefahr und von Lärmbelästigung der Anlieger nur abseits bewohnter Gebiete zu finden und auch dort nicht immer billig ist. Als weitere Nachteile des Verfahrens I gegenüber II sind größere Zeitverluste bei der Vorbereitung der Explosion, höhere Transportkosten von und zum Explosionsort, formale

---

[1] Weitere Werkzeuge sind beschrieben: *Franke, H.:* Neuerungen an Vorrichtungen zur Blechformgebung durch Hochdruckenergie. Blech 13 (1966), Nr. 12, S. 647–651. – *Tobias, S. A.:* Automatisierung von Hochleistungsumformverfahren. Ind. Anz. 90 (1968), Nr. 9, S. 214–217.

[2] *Ismar, H.:* Theoretische Grundlagen zum Energieaustausch bei der Blechumformung durch Unterwasserstoßwellen. Bänder, Bleche, Rohre 12 (1967), S. 806/809. – Zur Mechanik der Aufweitung von Rohren durch Unterwasserstoßwellen. Forschung im Ingenieurwesen 35 (1969), S. 85/88. – Optimierung des Blechumformens durch Funkenentladung unter Wasser. Werkstattstechnik 58 (1968), H. 9, S. 408–411. – Untersuchungen zur Blechumformung unter Wasser. Ind. Anz. 91 (1969), Nr. 93, S. 2265–2264.

2. Hydrosparkverfahren (II)

Schwierigkeiten beispielsweise für die Meldung und Lagerung von Sprengstoffen sowie die Beachtung sonstiger Vorschriften zu nennen. Bei der Funkenentladung unter Wasser läßt sich sehr genau einstellen, wieviel an elektrischer Energie gespeichert und ausgelöst werden soll. Weiterhin gestattet das Verfahren II mehrere kurz aufeinander folgende Entladungen. Dies ist insbesondere zur Umformung sonst schwer umformbarer Blechwerkstoffe von Bedeutung, da dort zuweilen bei einer nur einmaligen stärkeren Entladung das Werkstück reißen würde. Der Gesamtwirkungsgrad ist beim Umformen mittels mehrerer Entladungen niedriger, was aber gern in Kauf genommen wird, insbesondere dort, wo die verfügbare Stoßstromanlage nicht ausreicht, um ein außergewöhnlich großes Werkstück in einem einzigen Arbeitsgang umzuformen. Die zur Umformung von Blechen und Rohrabschnitten eingesetzten Stoßstromanlagen, wie sie beispielsweise von BBC geliefert werden, erzeugen Druckwellen, indem die in einer Kondensatorbatterie gespeicherte elektrische Energie über Hochstromschalter in einer Unterwasserfunkenstrecke sich entläd, wobei die senkrecht zum Funkenkanal entstehende Druckwelle sich mit Überschallgeschwindigkeit fortpflanzt. Wird die Funkenstrecke durch einen Draht überbrückt, der bei der Entladung schlagartig verdampft bzw. explodiert, so läßt sich durch die Führung des Drahtes die Form der Druckwelle beeinflussen und somit der Werkstückform anpassen. Das flüssige Medium zur Übertragung der Druckwellen wird hierdurch nicht verschmutzt, da die pulverförmigen Oxidreste auf den Boden der Entladungskammer absinken. Ebenso wie bei den Verfahren zu I ist auch hier auf ein weitestgehendes Evakuieren der zwischen Werkstück und Gesenkform verbleibenden Luft wichtigste Voraussetzung für das Gelingen der Umformung. Es gibt nun die verschiedensten Elektrodenformen und Anordnungen. So werden neben den einander gegenüberstehenden Stiftelektroden nach Tabelle 24 II auch koaxiale Ringelektroden, Elektrodenanordnung entsprechend der Zündkerzen, Ringelektroden in Verbindung mit seitlich darüber angeordneten Hilfselektroden und andere Elektrodenformen angewendet. Es ist mehr eine Sache des Ausprobierens als das Ergebnis von Erfahrungen, da solche in genügender Zahl zur Zeit noch nicht vorliegen.

Abb. 537 zeigt ein Werkzeug des Hydrosparkverfahrens zum Ausbauchen eines zylindrischen Teiles zu Kannenrümpfen. Links befindet sich der Anschluß für die Ausgußschnauze, rechts die Anschlußsicken für den Henkel. Wie bei den anderen Ausbauchwerkzeugen nach S. 493 u. 494 ist die Form senkrecht in zwei Hälften geteilt. Im Boden befinden sich in der einen Hälfte Zentrierstifte, die in den Bohrungen der anderen die Werkzeuglage fixieren. Beide Werkzeughälften (*1*) sind im oberen Teil mit einer umlaufenden Dichtung versehen, die durch einen Haltering mit den Werkzeughälften verschraubt ist. Dichtungsring (*4*) und Haltering (*5*) sind gleichfalls geteilt, so daß beim Ausstoßen der Werkzeugformen (*1*) durch den Ausstoßstempel (*7*) aus der Werkzeughalterung (*2*) die beiden Werkzeughälften nach oben bewegt und dort auseinandergenommen werden können. Die Werkzeughaltung besteht aus einem kräftig bemessenen Stahlgußkörper, der von seitlichen Armen (*3*) gefaßt wird und von diesen selbsttätig unter Wasser getaucht werden kann. Es kann sich dabei um eine sternförmig angeordnete Greifer-

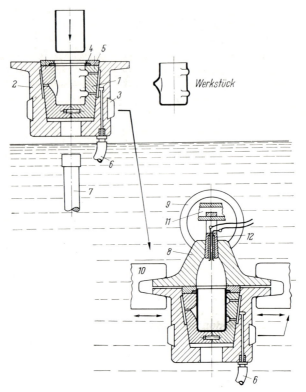

Abb. 537. Hydrosparkwerkzeug für Kannenrümpfe

konstruktion handeln, die wie bei der Gavazzi-Stufenpresse die Greiferarme schrittweise mit Unterbrechungen um einen bestimmten Winkelbetrag schwingt. Links oben sei die erste Stufe dargestellt; in einer zweiten Stufe mag das Werkzeug unter Wasser befördert werden. Die dritte Stufe ist rechts unten abgebildet. Hier wird eine Glocke (8) mittels einer Tragöse (9) über das Werkzeug gesenkt derart, daß Glocke und Werkzeug seitlich verriegelt und entriegelt (10) werden können. Die Öse wird durchquert von einer Doppelanschlagleiste (11), gegen die sich innen der Bügel des Glockeneinsteckkonus (12) sowohl nach unten wie nach oben anlegen kann. In der hier gestrichelten Riegelstellung der Glocke befindet sich der Bügel in seiner unteren Lage. Bei hochgezogener Stellung der Glocke und der Öse wird der Bügel in der Anschlagleiste oben anstoßen, so daß der Konus geöffnet wird und Luftblasen abziehen können. Im Konus selbst ist eine koaxiale Elektrode untergebracht, deren Zuführungsleitungen vom oberen Teil des Konus nach rechts abzweigend dargestellt sind. Vor der Funkenentladung und während derselben ist das Werkzeug über eine Schlauchleitung (6) zu evakuieren. Im nicht automatischen Betrieb können Glocke (8) und Werkzeughaltekörper (2) an ihrem äußeren Flansch in einfacher Weise miteinander verschraubt werden. Es ist auch möglich, durch eine seitliche, schräge

Bohrung im oberen Teil der Glocke nach Ab- und Wiederanschrauben eines Stopfens zu entlüften, ohne daß es eines konischen Einsatzes, der sich selbsttätig öffnet, bedarf. Dies würde unter Verzicht auf Automatisierung die Bauart des Werkzeuges vereinfachen. Noch einfacher wäre natürlich das Werkzeug dann, wenn wir es hier nicht mit einem Ziehteil, sondern mit einem Rohr zu tun hätten, da hier die Elektroden von unten eingesetzt werden können und die ganze Glockenkonstruktion wegfällt. Mittels des Hydrosparkverfahrens lassen sich etwa die gleichen Teile wie beispielsweise das Kugelgelenk nach Abb. 529 ausbauchen, wie dies bei den Explosivverfahren möglich ist[1].

3. Umformen mittels magnetischer Kräfte (III)

Im Gegensatz zu den zuvor beschriebenen Verfahren I und II werden die Werkstücke bei der Magnetumformung[2] nicht durch Druckwellen in einem Medium, sondern durch einen im Werkstück selbst erzeugten Druck umgeformt. Die für die Umformung erforderliche elektrische Energie wird in Kondensatoren gespeichert und stoßartig über eine Spule entladen, welche zwischen sich und dem Werkstück ein magnetisches Feld aufbaut und in dem leitenden Werkstück Wirbelströme induziert. Ein Zusammenwirken von Magnetfeld und Wirbelströmen erzeugt die zur Umformung erforderliche Kraft. Das bekannteste hiernach arbeitende Gerät ist die Magneformmaschine[3], die in Größe eines kleinen Schreibtisches sich an jede 220-V-Steckdose anschließen läßt. Es ist allerdings in Kürze mit größeren Einheiten zu rechnen, die auch höhere Umformkräfte aufbringen. Nach dem bisherigen Stand lassen sich beim Tiefziehen nur verhältnismäßig flache Teile – wie

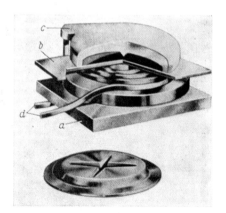

Abb. 538. Umformwerkzeug für Magneformverfahren

---

[1] *Müller, H. P.:* Elektrohydraulisches Umformverfahren. Ind. Anz. 92 (1970), Nr. 38, S. 844–848, Bild 8.

[2] *Lippmann, H. J.,* u. *Schreiner, H.:* Zur Physik der Metallumformung mit hohen Magnetfeldimpulsen. Z. Metallkd. 55 (1964), Nr. 10, S. 737.

[3] General Atomic Europe, Zürich 6.

beispielsweise Milchkühler – damit herstellen, da die äußeren Randbereiche des Zuschnittes infolge der bei den hohen Beschleunigungen auftretenden Trägheitskräften nicht oder nur wenig über die Ziehkante nachfließen können. Daher ist hier eine größere Dickenverminderung im umgeformten Bereich als bei den herkömmlichen Verfahren des Tiefziehens oder Hohlprägens zu erwarten. Inwieweit hier hydraulische oder pneumatische Dämpfungsvorrichtungen eine Verzögerung der dafür unerwünscht hohen Beschleunigung erreichen, bleibt künftigen Forschungsarbeiten vorbehalten. Die mit dem Verfahren III zu erzeugende Umformung erstreckt sich daher weniger auf das Tiefziehen und Hohlprägen flacher Bleche, sondern mehr auf das Ausbauchen, Aufweiten und Einschnüren dünner Rohre oder Hohlprofile[1]. Die dafür erforderlichen Dorne oder Hohlgesenkformen müssen zwecks Herausnehmen des fertigen Werkstückes oft geteilt werden, unterliegen aber meist nicht hohen Festigkeitsansprüchen. So sind dafür Formen aus einfachen Stählen, daneben aber auch solche aus isolierenden Stoffen wie beispielsweise Hartholz, Bakelit, Plastik und anderen Kunststoffen in Gebrauch. In Übereinstimmung mit den Verfahren zu I und II genügt auch hier eine Formseite ohne Gegenform. In Abb. 538 ist ein solches Werkzeug im Schema und aufgeschnitten dargestellt. Auf der Grundplatte a mit dem Spulensockel befindet sich die Spule d und darüber eigentlich als einziger Werkzeugbestandteil die Formplatte bzw. das Gesenk c. Das zwischen Spule und Gesenk eingeschobene Blech b wird infolge des von der Spule ausgelösten Stromstoßes zu dem in Abb. 538 unten dargestellten Werkstück umgeformt. Dies setzt natürlich einen runden und nicht wie im oberen Schema angedeuteten rechteckigen Zuschnitt voraus. Weiterhin ist aus Gründen einer bequemen Einlage des Zuschnittes ebenso die umgekehrte Anordnung mit dem Gesenk unten und der Spule oben gemäß Tabelle 24 möglich. Während aber bei I und II die in den Medien erzeugten Druckwellen das Anschmiegen des Werkstoffes gegen die Form bewirken, sind hier zum Aufbau des Magnetfeldes der jeweiligen Werkstückgestalt entsprechend gewickelte Spulen erforderlich, eine Aufgabe, die nicht vom Schnitt- und Stanzwerkzeugkonstrukteur, sondern nur vom darauf spezialisierten Elektrotechniker gelöst werden kann. Der Schwerpunkt für die Anwendung des Verfahrens liegt auch weniger im eigentlichen Umformen, sondern in den Umformfügeverfahren, wie beispielsweise im Aufpressen von Kabelschuhen

---

[1] *Bühler, H.,* u. *v. Finckenstein, E.:* Hochgeschwindigkeitsumformung rohrförmiger Werkstücke durch magnetische Kräfte. Bänder, Bleche, Rohre 7 (1966), H. 3, S. 115/123 und Ind. Anz. 91 (1969), Nr. 11, S. 212–213. – *Bauer, D.:* Die Messung der Umformkraft und der Formänderungen bei der Hochgeschwindigkeitsumformung von rohrförmigen Werkstücken durch magnetische Kräfte. Bänder, Bleche, Rohre 6 (1965), 10, S. 575/577. – *v. Finckenstein, E.:* Ein Beitrag zur Hochgeschwindigkeitsumformung rohrförmiger Werkstücke durch magnetische Kräfte. Diss. TH Hannover 1966, veröffentlicht als VDI-Fortschrittsbericht, Reihe 2, Nr. 17, April 1967. – *Mühlbauer, A,,* u. *v. Finckenstein, E.:* Magnetumformung rohrförmiger Werkstücke. Ein Beitrag zur analytischen Behandlung des Umformvorganges. Bänder, Bleche, Rohre 8 (1967), H. 2, S. 87/92. – *Bauer, D.:* Ein neuartiges Meßverfahren zur Bestimmung der Kräfte, Arbeiten, Formänderungen, Formänderungsgeschwindigkeiten und Formänderungsfestigkeiten beim Aufweiten zylindrischer Werkstücke durch schnellveränderliche magnetische Felder. Diss. TH Hannover 1967.

auf Kabel, von Hohlprofilen oder Rohren auf Massivprofile oder engere Rohre oder Stäbe und zur Herstellung unlösbarer Verbindungen. So zeigt Abb. 539 links ein durch einen Stahlring durchgestecktes Aluminiumrohr vor und rechts nach der Umformung in aufgeschnittenem Zustand. Freilich sind auch lösbare Verbindungen möglich, wenn eine Mutter oder ein Gewindebolzen von einem Rohr umfaßt und mit diesem verpreßt werden. Die mit diesem Verfahren erzielbaren Drücke betragen bis zu 40 kp/mm². Außer diesen für die Serienfertigung bestimmten Dauerspulen sind sogenannte

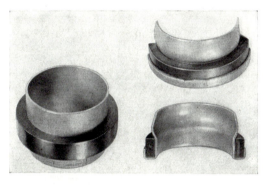

Abb. 539. Mittels Expansionsspule um Stahlring gebördeltes Aluminiumrohr

Einschußspulen für einmaligen Gebrauch bekannt, die wesentlich billiger sind und etwa den zehnfachen Druck aufbringen. Sie werden aus Kupferdraht um Dorne gewickelt, die der Werkstückgröße entsprechen und kosten nur wenige Pfennige. Die in der Serienfertigung oder am Fließband eingesetzten Dauerspulen werden außer durch die Kräfte auch durch Wärme beansprucht und bedürfen daher der Kühlung mittels Öl von -50 °C. Aber auch eine Kühlung des Werkstückes ist vorteilhaft, da mehr Strom induziert, die Durchdringungszeit des Feldes länger und damit der magnetische Druck verstärkt wird. Wird hingegen umgekehrt das Werkstück durch Umformung und Stromwärme erwärmt, so sinken mit wachsendem Widerstand Sekundärstrom, Feldstärke und der damit ausgeübte Druck.

4. Kolbenschlagverfahren (IV)

Es läßt sich die Anzahl der heute auf dem Markt befindlichen Hochgeschwindigkeitshämmer deshalb schwer angeben, weil erstens die Hämmerhersteller durch Hochzüchtung ihrer eigenen Erzeugnisse teilweise den Anspruch erheben, daß diese in die Reihe der Hochgeschwindigkeitshämmer aufgenommen werden, und weil eine klare Abgrenzung des Begriffes Hochgeschwindigkeitshämmer bisher noch nicht vorliegt. Immerhin sind etwa 10 auf die eigentliche Hochgeschwindigkeitsbearbeitung abgestellte Baumuster zu nennen. Der Vorläufer des ersten Hochgeschwindigkeitshammers ist eine Werkstoffprüfeinrichtung, nämlich der mit Stickstoff betriebene Hygestoßsimulator. Das Druckmedium strömt mit 140 atü aus der Hochdruckkammer gegen den unter 15 atü angedrückten Arbeitskolben nach Lösen einer Trennplatte. Hierdurch wird das Druckgleichgewicht aufgehoben, so daß der Kolbenstößel bzw. Hammerbär der in Gegenrichtung bewegten Schabotte begegnet, die über ein verschiebliches Gestänge mit der Hochdruckkammer verbunden ist. Es wird also hier bereits das Prinzip des Gegenschlaghammers angewandt, das fast bei allen Bauarten mit Ausnahme des mit Schießpulver betriebenen Hammers der ZDAS (ČSSR) anzutreffen ist. Es seien an dieser Stelle nur genannt die aus dem Hygestoßsimulator entwickelte Dynapakmaschine, die in Lizenz von Schloemann-Düsseldorf für Deutschland hergestellt wird, der mit Pulver betriebene mechanisch-pneumatische Gegenschlaghammer russischer Bauart, der englische mit Benzin-Luft-Gemisch arbeitende Lukashammer, die mit Stickstoff betriebenen Gegenschlaghämmer der Maschinenfabrik Weingarten, der United Industries und der Verson Allsteel Press Corp., beide in Chicago, sowie der Hammer der Wickmann-Maschine Tool Sales Ltd. in Coventry, der mit einem Gemisch aus Luft und flüssigem Brennstoff wie Benzin, Dieselöl, Korosin oder Butangas, Erdgas, Propangas betrieben wird. Die neuesten Dynapakkonstruktionen sehen Luft anstelle von Stickstoff vor. Solange Erfahrungen fehlen, ist dem Werkzeugkonstrukteur zunächst zu raten, für seine Werkzeuge keinesfalls eine allzu große Härte anzustreben. Es sind also durchaus nicht hochlegierte schnell durchhärtende Werkzeugstähle, sondern eher zähharte Stähle anzuwenden, die nach mehrfachem Anlassen eine Härte von 48 bis 52 R_c laut amerikanischen Empfehlungen annehmen. Im russischen Schrifttum werden sogar erheblich geringere Anlaßhärten von 40 bis 46 R_c genannt. Es wird dabei ganz auf Herstellmenge und Form ankommen. Für ein Werkzeug mit scharfwinkligen Bearbeitungskanten und schmalen Umformeinbuchtungen, das für eine große Stückzahl geplant ist, wählt man eine größere Anlaßhärte als bei einem Werkzeug zur Herstellung einer kleinen Serie von Korb- oder Klöpperböden oder ähnlich großgerundeter Teile. Unabhängig hiervon empfiehlt sich bei allen Werkzeugen der Verfahren zu I, II und IV eine reichliche Bemessung insbesondere der Gesenke und Hohlformen, die außerdem durch unter Vorspannung warm aufgezogene Schrumpfringe zu verstärken sind. Die Gefahr durch auseinandergesprengte Werkzeuge ist in der Hochgeschwindigkeitsbearbeitung infolge der eingeleiteten und nur teilweise in Formarbeit umgesetzten größeren Energie ungleich höher als bei den herkömmlichen Umformverfahren.

Abgesehen von dem im vorausgehenden Abschnitt beschriebenen Magneformverfahren ist es um die Hochgeschwindigkeitsunformverfahren zur Zeit ziemlich still geworden, zumal sich die hieran geknüpften Erwartungen eines wirtschaftlichen Erfolges nur selten erfüllten. Dies gilt insbesondere für das mit recht erheblichen Investitionskosten verbundene Kolbenschlagverfahren, so daß teilweise die Fertigung von Hochgeschwindigkeitshämmern, darunter auch einige der oben genannten Bauarten, eingestellt wurde.

I. Zu- und Abführvorrichtungen von Stanzteilen

Eine klare Trennung der für die Automatisierung in Stanzereibetrieben gebräuchlichen Ausrüstungsgeräte in Zuführ- und Abführvorrichtungen ist nicht immer möglich, da oft ein und dieselbe Vorrichtung für die erste Arbeitsstufe als Abführ-, für die zweite folgende als Zuführvorrichtung zu betrachten ist. Über die Zuführung von Band- und Streifenmaterial wird auf S. 565 bis 591 berichtet.

1. Einlege- und Zuführvorrichtungen

Abb. 540 bis 564 zeigen einige Beispiele für das Einlegen und Zuführen von Teilen, welche im bereits zugeschnittenen, teilweise umgeformten Zustande gelocht, geprägt, gebogen oder gezogen werden sollen. In Kleinbetrieben und bei geringer Herstellmenge wird meist von Hand eingelegt. Vor dem Entwurf von Werkzeugen für größere Herstellungsmengen ist zu prüfen, auf welche Weise ein schnelleres, aber auch unfallsicheres Einlegen durch mechanische Einrichtungen erreicht wird.

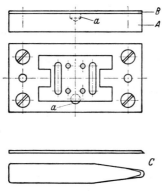

Abb. 540. Handeinlegewerkzeug

a) Einfaches Einlegen von Hand. Hier besteht selbst bei den besten Schutzeinrichtungen Unfallgefahr vor allem dort, wo nach dem Einarbeiten ein erhöhtes Arbeitstempo erreicht wird. Es ist also Notbehelf und sollte nur für geringe Herstellungsmengen angewendet werden. Abb. 540 zeigt das Unterteil eines derartigen einfachen Einlegewerkzeuges. Auf der Schneid- bzw. Gesenkplatte A ist ein Schabloneneinlegeblech B aufgeschraubt und verstiftet, dessen Ausarbeitung der äußeren Umgrenzung des einzulegenden Werkstückes entspricht, wofür als Toleranzen ISA d 9 (weiter Laufsitz) maßgebend sind. Für das vorliegende I-förmige Teil genügt eine rechteckige Aussparung. Bei a ist die Schneidplatte A angesenkt oder leicht ausgefräst, um beim Auswerfen dort mit der Spitze des Teilaushebers C anzusetzen und unter das Werkstück zu greifen. Derartige Ausheber in allerdings nur leichter Bauart können auch am Werkzeug selbst schwenkbar so befestigt werden, daß in der Ruhestellung das zum Auswerfen bestimmte Hebelende nach unten weist und erst beim Herabdrücken des anderen äußeren Endes mit der Hand nach oben geschwenkt wird und das Teil dabei herausstößt.

Abb. 541. Magnetische Anhebevorrichtung

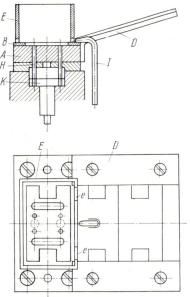

Abb. 542. Einlage mittels schiefer Zuführungsbahn

Das Einlegen der Zuschnitte, soweit sich ihr Werkstoff magnetisieren läßt, kann durch permanent magnetische Abhebevorrichtungen[1] erleichtert werden, indem gemäß Abb. 541 zu beiden Seiten ein solcher Magnet das Anheben der Zuschnitte besorgt und rückseitig die aufeinandergeschichteten Bleche gegen einen einfachen Anschlag anliegen. Sie klaffen oben fächerartig ausein-

---

[1] Bauart James Neill & Co., Sheffield.

ander und lassen sich bequemer anfassen als vom üblichen Stapel ergreifen. Weitere magnetische Anheber der gleichen Bauart finden sich bei *m* in Abb. 559 auf S. 582. Auch für hochgestellte Blechtafeln und Streifen läßt sich dieses Abhebeverfahren anwenden.

b) Schiefe Zuführungsbahn. Dasselbe Teil kann in das Werkzeug mittels einer vor dem Werkzeug angebrachten, schräg abfallenden Führungsbahn *D* in Abb. 542, in welche die Teile hintereinander eingelegt werden, zugeführt werden. Durch Nachschieben der hintereinander liegenden Werkstücke wird das der Einlage am nächsten liegende Teil in die geschlossene Einlage *B* gebracht. Hierdurch wird wie in Abb. 80b erreicht, daß die Stanzerin mit ihren Fingern nicht unter die Schneidstempel gelangt. Die Einlage ist mit einem Schutzkorb *E* zu umgeben. An der Stelle, wo die Teile von der schrägen Führungsbahn in die Einlage rutschen und mittels Daumen und Zeigefinger eingeschoben werden, sind am Schutzkorb 2 Öffnungen bei *e* in der Größe anzubringen, daß sich die Teile zwar noch bequem einschieben lassen, aber ein Fassen der Finger unter die Stempel ausgeschlossen ist.

c) Schieberzuführung. Anstelle einer schiefen Zuführungsgleitbahn können auch durch vom Pressenstößel gesteuerte Schieber die zu bearbeitenden Teile unter den Pressenstößel gelangen. Abb. 543 zeigt ein Einlegewerkzeug[1] zum Lochen eines bereits vorgezogenen Teiles. Dasselbe wird in eine mit Handgriff *a* versehene Einschubplatte *b* eingelegt und unter das von oben wirkende Schneidwerkzeug mit gefederter Abstreifplatte *c* geschoben. Dabei springt dort eine hier nicht sichtbare Raste am Hebel *h* ein. Nach dem Lochen

Abb. 543. Schiebereinlegewerkzeug mit Auswerferhebel

wird dieser Hebel *h* am Kugelgriff *g* nach rechts gedrückt. Dabei wird einmal die von unten wirkende Ausstoßplatte *e* nach oben gedrückt und die Einschubplatte *b* entrastet, so daß nunmehr dieselbe mit dem fertig gelochten Teil wieder nach vorn gezogen werden kann, um das Fertigteil herauszunehmen und das nächste Stück einzulegen. Bei der Konstruktion dieses Werk-

---

[1] Hersteller: Werkzeug- und Maschinenbau GmbH, Ingolstadt.

zeuges war der Gedanke der Sicherheit maßgebend: Durch die Einlegevorrichtung wird verhindert, daß der Arbeiter in das Schneidwerkzeug hineingreift.

Eine auf den Pressentisch aufzuschraubende Einschubvorrichtung ist das Auswechselgestell[1] nach Abb. 544. Im Unterteil (Teil 1) ist der Schlitten (Teil 3) eingelassen, auf welchem die im Bild nicht eingezeichnete Schneidplatte aufgeschraubt wird. Das Oberteil (Teil 2) ist zu beiden Seiten durch zwei Säulen geführt. Mittig ist das Auswechselgestell ausgespart zur Aufnahme der Stempelhalterung, die aus Stempelkopfplatte (Teil 12), Führungs-

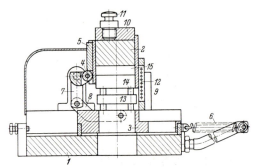

Abb. 544. Einlegeauswechselgestell mit Sicherheitsvorrichtung

platte bzw. Abstreiferplatte (Teil 13) und Fangstiften (Teil 14) besteht. Die Halterung wird von vorn eingeschoben und durch die Deckplatte (Teil 15) genau fixiert. Auf der Rückseite des Oberteiles (Teil 2) befindet sich eine Leitschiene (Teil 5) im Eingriff mit einem Nockenrad (Teil 4). Auf der Nockenwelle sind noch weitere, hier nicht gezeichnete Steuerungsnocken für die Vor- und Rücklaufbewegung des Schlittens (Teil 3) als Sperre und Anschlag angebracht, um das Vor- und Rücklaufende genau zu begrenzen. Die beweglichen Schwingen (Teil 8) werden von den Kurbelarmen (Teil 7) mitgenommen. Die Halteplatte (Teil 10) ist so ausgebildet, daß der Einspann- oder der Kuppelungszapfen (Teil 11) beweglich gelagert ist und der Auslandung der Presse entsprechend eingestellt werden kann. Eine Schutzvorrichtung schirmt den zwischen Ober- und Unterteil bestehenden freien Raum gegen äußeren Eingriff ab. Das Schutzgitter (Teil 9) ist nach oben ausziehbar. Die gezeichnete Stellung des Werkzeuges ist im oberen Totpunkt dargestellt. Beim folgenden Arbeitsgang des Oberteiles (Teil 2) wird in Übertragung von der Leitschiene (Teil 5) auf den Nocken (Teil 4) der Schlitten (Teil 3) eingezogen, und zwar in einem Verhältnis 1:2,5. Nach dem Einführen tritt Nockensperre ein, und es folgt nun der eigentliche Stanzweg. Beim Aufwärtsgang des Oberteiles (Teil 2) bleibt der Schlitten (Teil 3) so lange in Ruhestellung, bis der Nocken (Teil 4) die Leitschiene (Teil 5) freigibt. Dies geschieht, um Zeit für das Abheben des Stempels und des Werkstückes vom Werkzeugunterteil zu gewinnen. Beim Hochgehen des Oberteiles vermittels der Abstreiferplatte (Teil 13) wird das Werkstück abgestreift. Der Schlitten (Teil 3) wird durch das Hochgehen des Oberteiles (Teil 2) wieder in seine

---

[1] Hersteller: Strack, Wuppertal.

1. Einlege- und Zuführvorrichtungen

Ausgangslage zurückgebracht. Nunmehr ist die Schneidplatte zur Aufnahme eines neuen Werkstückes bereit. Damit genügend Werkstücke griffbereit in Werkzeugnähe gelagert werden können, ist an der vorderen Seite des Gestelles eine Wanne abnehmbar angebracht.

Ein Werkzeug mit Schieberzuführung, die durch am Oberteil angebrachte Keile betrieben wird, ist das Münzprägewerkzeug in Abb. 285, S. 299 dieses Buches. Die Anwendung des Gedankens der Schieberzuführung kann auch bei kleinen, auf einem Tisch aufschraubbaren Handhebelpressen[1] durchgeführt werden. So zeigt Abb. 545 den gußeisernen Gestellkörper a mit

Abb. 545. Handhebelpresse

einer waagerechten, schwalbenschwanzförmig ausgearbeiteten Führung für einen Schiebetisch b und zwei senkrechten Bohrungen zur Aufnahme der Säulen bzw. Zugbolzen c für das Werkzeugoberteil. Zu diesem Zweck sind die Zugbolzen oben mit einer Traverse d verbunden, die in Form einer mittig zur Aufnahme des Oberteilzapfens durchbohrten runden Platte ausgebildet ist. Auf die Tischplatte b wird das Werkzeugunterteil aufgeschraubt. In der hier in Abb. 545 gezeigten Stellung mit dem zurückliegenden Hebel e ist die verschiebliche Tischplatte b nach vorn ausgefahren. In dieser Ruhestellung werden in das Werkzeugunterteil die Stanzteile eingelegt. Beim Herumlegen des Handhebels e nach vorn wird die Tischplatte b nach rückwärts geschoben, so daß das Unterteil des Werkzeuges genau dem zugehörigen Werkzeugoberteil, das an der Traverse d befestigt ist, gegenübersteht. Bei weiterer Vorwärtsbewegung des Handhebels e bleibt die Tischplatte b stehen, jedoch werden nunmehr die Säulen c mit dem Werkzeugoberteil nach unten gezogen. Bei diesem Arbeitshub in der Hebelrichtung nach vorn ist ein Federdruck zu überwinden, der das Zurücklegen des Hebels e in seine Ausgangsstellung unterstützt, so daß nach dem Pressen zuerst der Stößel nach oben fährt und anschließend die Tischplatte vorwärts gestoßen wird. Die Höhe zwischen Tisch und Stößel der Maschine beträgt 60 mm, der

---

[1] Bezeichnet Securillo, Bauart Fa. ,,Feinprüf", GmbH, Göttingen.

570 I. Zu- und Abführvorrichtungen von Stanzteilen

größte Hub 22 mm und der zum Aufspannen des Unterteiles zwischen den Säulen verfügbare Raum 80 mm. Die auszuübende Kraft zwischen 50 und 100 kp ist je nach Kraftaufwand der Bedienungsperson einzuschätzen.

d) Schieberzuführung mit Stapelmagazin. Die Teile können auch mittels einer Stapelvorrichtung G gestapelt und mittels Schieber F gemäß Abb. 546 eingelegt werden. Schon nach dem vorausgehenden Arbeitsgang lassen sich die Teile stapeln, indem die Stapelvorrichtung dort unter dem Pressentisch angebracht und diese dann gefüllt über den Schieber des nächsten Werk-

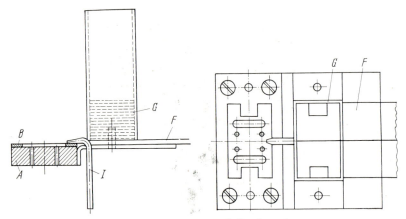

Abb. 546. Zuführungsschieber mit Stapelmagazin

zeuges gesetzt wird. Teile unter 0,3 mm Dicke sollten nicht auf diese Weise gestapelt werden, weil sich diese in der Schieberführung oft festklemmen. Die Schieberführung ist praktischerweise mit dem Stapelmagazin baulich zu vereinigen, so daß diese beiden Bestandteile als geschlossene Vorrichtung auch an anderen Werkzeugen, wie beispielsweise an den Schiebereinlegewerkzeugen zu Abb. 543 bis 545, angebaut werden können. Doch ist von vornherein darauf zu achten, daß der Schieberhub verstellbar ist, daß das Magazingehäuse ausgetauscht werden kann und daß die Schieberführung genügend breit gehalten wird, um auch die größten in Betracht kommenden Teile zu transportieren. Mitunter läßt sich der Schieber rahmenförmig gestalten, indem er den Zuschnitt allseitig umgibt, das Teil nach der Umformung vom Werkzeug abstreift und es während des Rückhubes in eine Abführrutsche fallen läßt, wie dies für das U-Biegeteil in Abb. 577 dargestellt ist. Der Schieber wird mittels Handhebel oder mechanisch selbsttätig bewegt, was bei mit Zangen- oder Greifervorschub ausgerüsteten Pressen einfach, bei üblichen gewöhnlichen Maschinen schwierig ist. Am Werkzeugoberteil oder Pressenstößel angebrachte Keilstempel, wie sie unter Abb. 24 auf S. 23 beschrieben sind, gestatten nur sehr kurze Schieberbewegungen, bestenfalls bis zu 15 mm Hub. Daher wird für längere Hübe der Schieber mittels eines durch den Pressenhub gesteuerten Preßluftstößels betätigt. Abb. 547 zeigt eine derart mit Preßluft betriebene Schieberzuführvorrichtung mit dem Stapelmagazin vorn rechts im Bild. Das im Werkzeug unter dem

Pressenstößel angefertigte Stanzteil wird durch die gleichfalls pneumatisch betätigte links am Werkzeug angeschraubte Ausstoßvorrichtung herausgeschleudert[1].

Sowohl beim Bandmaterial als auch bei magazinierten Teilen empfiehlt es sich, bereits bevor das Bandende bzw. das letzte Stück im Magazin das Werkzeug erreicht hat, die Bedienung der Pressen auf die Notwendigkeit des Einzuges eines neuen Coils bzw. auf das Füllen der Magazine aufmerksam zu machen. Zu diesem Zweck werden beispielsweise bei den Magazinen als

Abb. 547. Pneumatisch gesteuerter Zuführapparat mit Magazin (rechts) und Ausstoßer (links)

Wächter oder Taster bezeichnete Schalter angebracht, die einen Tastbügel unter Federdruck gegen die im Magazin aufgestapelten Teile drücken. Zu diesem Zweck muß der Magazinschacht entsprechende Unterbrechungen aufweisen. Sobald in der entsprechenden Höhe kein Teil mehr vorhanden ist, springt der Bügel ins Leere und vollzieht somit die Einschaltung eines Signals. Das Gleiche kann selbstverständlich auch beim Band vorgesehen werden. Weiterhin ist es auf diese Art und Weise möglich, Verstopfungen in Zu- oder Abführrutschen anzuzeigen, indem federnde Leisten beiseite gedrückt werden und somit wiederum einen Bügel für einen solchen Schalter betätigen. Aber auch an Auswerferklappen lassen sich derartige Bügelschalter anbringen, um dafür zu sorgen, daß das nächstfolgende Bearbeitungsteil erst dann dem Werkzeug zugeführt wird, wenn das fertige Werkstück dasselbe bereits verlassen hat[2]. (Siehe Abb. 577, S. 595!)

e) **Zubringerkipphebel in Stanzwerkzeugen.** Zwecks Einhaltung eines genauen Lochabstandes vom abgebogenen Schenkel werden Winkel mitunter nachträglich gelocht. Wird die längere Seite gelocht, so kann mit schiefer Zuführungsbahn nach Abb. 542 oder mit Schieberzuführung und Magazin nach Abb. 543 bis 547 gearbeitet werden. Die Teile werden dann nicht hintereinander, sondern nebeneinander gestapelt. Ist hingegen der kurze Schenkel zu lochen, kippen die zu stapelnden Teile leicht um. Wollte man hierbei noch mit Schiebern arbeiten, so müßten über eine Profilschiene mehrere Werkstücke hintereinander vorgeschoben werden, was zu einer Addierung von gleichartigen Breitenabweichungsfehlern und somit zu einer unbeabsichtigten Versetzung des Loches führen würde. Um dies zu vermeiden, gleiten die Werkstücke auf einer schrägen Rutsche, wie dies in

---

[1] Bauart Ph. Schwarz, Wuppertal-Wichlinghausen.
[2] *Oehler, G.:* Nachträglich angebaute elektropneumatische Steuerungen. Ind. Anz. 85 (1963), Nr. 67, S. 1555–1558, sowie 95 (1973), Nr. 38, S. 787 bis 790.

Abb. 548a links oben im Schnitt $A-B$ dargestellt ist, zu einem mit dem Werkzeug verbundenen Kipphebel. Das Werkzeug besteht aus dem Lochstempel *1*, der Schneidmatrize *2*, der Stempelhalteplatte *3* und der Stempelkopfplatte *4*. Außerdem befindet sich im Stempelkopf eingehängt ein Stößelbolzen *5*, der mittels einer Druckfeder *6*, die gegen einen mit dem Stößelbolzen verstifteten Ring *7* anliegt, einen um einen Bolzen *9* schwenkbaren Arm *8* anstößt. Dieser in der Grundplatte *10* gelagerte Arm wird mittels einer Zugfeder *11* in der in Abb. 548a dargestellten geöffneten Lage gehalten. So

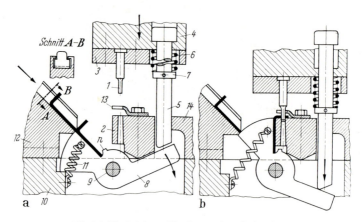

Abb. 548. Kipphebel zum Eingeben an einem Lochwerkzeug

können die von dem schrägen Sockel *12* abrutschenden Werkstücke auf den Schwenkarm *8* fallen, der erst beim Stößelniedergang gemäß Abb. 548b an das Werkzeug angelegt wird. In dieser Lage wird das Werkstück gelocht. Erst beim Rückgang des Stößels nach oben wird der Schwenkarm mittels der Zugfeder *11* wieder in seine Ausgangsstellung gebracht, und das nächste Werkstück kann nun auf die Auflagefläche des Schwenkarmes gleiten. Der Schwenkarm besteht aus zwei gleichartig zugeschnittenen Blechen, zwischen denen die Stanzbutzen abfallen können und die Rückzugfeder *11* Platz hat. Der Abstand dieser beiden Schwenkarmbleche voneinander kann gering sein. Es ist auch dafür zu sorgen, daß das gelochte Werkstück ungehindert abfallen kann und nicht liegen bleibt, so daß das nächste nicht eingegeben werden kann. Durch die emporstehenden Nasen des Schwenkarmes wird das Schenkelende auf ein kurzes Stück mitgenommen. Es wird außerdem erforderlich sein, eine seitliche Ausblasdüse anzuordnen, um das fertige Teil nach hinten wegzublasen. Sonst müßte ein hier nicht eingezeichneter gefederter Abwurfstift in die Matrize derart eingebaut werden, daß er beim Heranschwenken zunächst eingedrückt wird und erst beim Abschwenken das Teil in schräger Richtung abstößt. Damit das Werkstück nach oben nicht mitgenommen wird, empfiehlt es sich, auf der Matrize einen Abstreifer *13* vorzusehen.

Nicht nur für Lochwerkzeuge, sondern auch für andere Umformwerkzeuge kann das Werkstück über einen Kipphebel in die gewünschte Lage zum Werkzeug gebracht werden. So zeigt Abb. 549 ein Anrollwerkzeug. Die bereits angekippten Teile gelangen über eine Rutsche ähnlich wie in Abb. 548 auf den Schwenkhebel, der beim Niedergang des Stößels über einen am Pressenoberteil befestigten unter Federdruck stehenden Stößelbolzen nach rechts geschwenkt wird. Das Werkzeugoberteil ist mit einer halbrunden Auskehlung versehen, in der das angekippte Ende während des Niedergangs des Pressenstößels umgelegt und schließlich zur Rolle umgeformt wird. In diesem Fall muß das obere Ende des Schwenkarmes aus gehärtetem Werkzeugstahl bestehen, damit an der Stelle r, wo sich die Umrollung schließt, kein allzu großer Verschleiß eintritt. Infolge dieses Umformdruckes wird

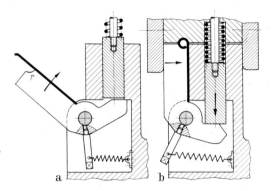

Abb. 549. Kipphebel zum Eingeben an einem Rollwerkzeug

auch der Schwenkzapfen belastet. Er ist daher reichlich zu bemessen. Damit der Schwenkarm nicht wieder nach links ausweichen kann, befinden sich beiderseits des Werkzeugoberteiles angeschraubte Verriegelungsplatten, die das Werkzeugunterteil beiderseits umfassen, bevor das Anrollen beginnt. Abb. 549 zeigt den Schwenkarm in geöffneter Ausgangsstellung und in geschlossener Arbeitsstellung bei gespannter Rückzugsfeder. Im Gegensatz zu Abb. 548, wo die Rückzugsfeder direkt am Schwenkarm angebracht ist, ist hier in den Schwenkarm ein besonderer Stift zum Einhängen der Feder eingeschraubt.

f) Zuführung über Scheiben- oder Revolverwerkzeuge. Geschieht der Transport der zu bearbeitenden Teile über eine Scheibe, die nach jedem Stempelhub um einen Teilungsbetrag weitergeschoben wird, so kann der Scheibenvorschub über eine an der Maschine angebaute Schaltvorrichtung oder über eine im Revolverwerkzeug selbst eingebaute Schleppklinke betätigt werden. Ihre Wirkungsweise ist in Abb. 550 dargestellt[1]. Dieses Werkzeug kann unter jeder Presse eingerichtet werden, es arbeitet folgendermaßen:

Die Anschlagbolzen e_0, e_1, e_2 usw. sind auf dem äußeren Umfang einer auf Rollen r oder Kugeln gelagerten Schneidplatte d in gleichen Abständen ent-

---

[1] Eine andere Bauart mit waagerechten Vorschubkeilen ist beschrieben von *Pehlgrimm, K.:* Erh. d. Wirtschaftl. v. Stanzwerkz. Z. f. wirtsch. Fert. (ZwF) 56 (1961), H. 4, S. 146.

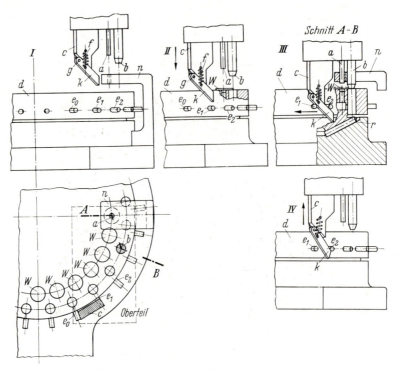

Abb. 550. Arbeitsschema eines Revolverschneidwerkzeuges

sprechend der Anzahl der Werkstückeinlagen W überstehend angeordnet. Am Oberteil sind außer dem Schneidstempel a der Zentrierstempel b und der Vorschubstempel c angeordnet. Dieser Vorschubstempel c trägt im Zapfen g drehbar aufgehängt die unter Zug der Feder f nach aufwärts gedrückte Schleppklinke k. Beim Senken des Oberteiles trifft diese auf den Anschlagbolzen e_1, der nach links in der Pfeilrichtung gemäß Arbeitsstellung III abgedrückt wird. Die um den Bolzen g drehbare Schleppklinke k verändert hierbei ihre ursprüngliche Stellung nicht. Infolge des weiter abwärts gehenden Oberteiles kommt schließlich der Anschlagbolzen e_2 über k zu liegen. Inzwischen ist der genau passende Zentrierstempel b in das entsprechende Zentrierloch der drehbaren Schnittplatte d eingedrungen, so daß beim weiteren Senken des Oberteiles der Stempel a der entsprechenden Schnittöffnung der Drehscheibe genau gegenübersteht. Nach dem Lüften des Oberteiles wird gemäß Arbeitsstellung IV die Schleppklinke k unter Dehnung der Zugfeder f infolge Anstoß an e_2 von unten beiseite geschoben und fällt erst in der Höchststellung des Oberteiles in ihre ursprüngliche Lage zurück. In gleicher Weise wiederholt sich dieser Vorgang hintereinander. Die Lagerung der Schneidplatte d geschieht am zweckmäßigsten nach Art einer Drehscheibe auf Kegelrollen r oder Kugeln. Die Schneidstempel a können in einer gemeinsamen Stempelführungsplatte n geführt werden. Der Stanzabfall fällt durch Aussparungen in der Mitte des Werkzeuges nach unten ab.

g) Zuführung über Schwenkhebel. Einlegehebel zur Aufnahme von Werkstücken und Abgabe an Einlegewerkzeuge können in an den Pressentisch seitlich angebrachten Zubringervorrichtungen untergebracht werden. Abb. 551 zeigt eine solche mit einem Servomotor ausgerüstete und unabhän-

Abb. 551. Automatische Zuführvorrichtung an einer Exzenterpresse

gig arbeitende Vorrichtung[1] für Stanzteile, auch solche verwickelter Form, die bisher nur mit der Hand eingelegt werden konnten. Trotz völliger Unfallsicherheit hemmt sie die Leistung nicht, sondern steigert sie sogar. Das Werkstück wird in die Zuführstange bei D eingelegt und durch einen druckknopfartigen Hebel C dem Werkzeug zugeführt. Dabei wird die Presse gleichzeitig eingerückt. Nach einem Stößelhub wirft der Auswerfer E das fertige Teil mit einer Schöpfbewegung nach hinten aus. Bei Teilen, die ausgestanzt werden und bei denen Abfall liegen bleibt, wird dieser Abfall mit der Schöpfbewegung nach hinten abgeführt. Die Zuführgeschwindigkeit läßt sich mittels Stellspindel A einstellen.

Ein durch Preßluft gesteuertes, mit Zangenschwenkhebel ausgerüstetes Einlegegerät[2] ist in Abb. 552 dargestellt. Die dem Schwenkgerät a über die Leitung l_1 zugeführte Preßluft bewirkt über eine Nocken- und Kulissensteuerung die aufeinander folgenden Funktionen der einzelnen Luftzylinder für den Greifzangen- und Schwenkhebeltrieb. So stehen Leitung l_2 mit der Greiferzange g, Leitung l_3 mit der im Unterteil des Werkzeuges b untergebrachten Ausblasevorrichtung und Leitung l_4 mit dem Schieber des Ladegerätes c in Verbindung, in dessen senkrechte Magazinführung m von oben die Einlegeteile nachgefüllt werden können. Die Greiferzange g beschreibt durch Drehung des Schwenkarmes e einen einstellbaren Winkel bis zu 60°. Ebenso läßt sich die Kipp- und Schließbewegung der Greiferzange g

---

[1] Bauart Kieserling & Albrecht, Solingen.
[2] Bauart Grötzinger, Pforzheim.

576   I. Zu- und Abführvorrichtungen von Stanzteilen

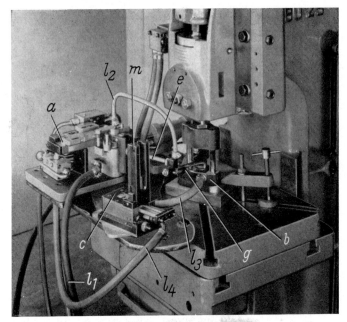

Abb. 552. Zangenschwenkhebelgerät

von 0 bis zu 10 mm einstellen, die die Teile aufnimmt und ablegt. Die gleichfalls nockengesteuerte Ladevorrichtung c richtet selbsttätig jedes einzelne anfallende Teil in seine griffbereite Lage. Der Einleger e kann entweder im Dauerbetrieb ständig im Takt mit der Presse arbeiten, oder er wird gleichzeitig mit dem Einrücken der Pressenkupplung durch den Fußhebel eingeschaltet, wobei der Einleger voreilt. Anstelle des hier dargestellten Senkrechtmagazines m mit Schieber können auch Revolverscheibenmagazine vorgesehen werden. Ferner ist es zulässig, mit einer solchen pneumatisch gesteuerten Greifervorrichtung auch ältere Exzenterpressen im Betrieb zu belassen, die den neuen Vorschriften der Berufsgenossenschaften in bezug auf Nachgreifsicherung nicht mehr entsprechen.

Oft sind aber auch derartige Einlegehebel direkt Bestandteil des Werkzeuges. Mit einem Universaleinlegewerkzeug nach Abb. 553 können leichte Tiefziehaarbeiten mit geringer Zargenhöhe, die keinen Niederhalter[1] benötigen, aber auch andere kleinere Stanz- und Prägeteile hergestellt werden. Es brauchen bei diesem Universalwerkzeug nur der Stempel, der Ziehring oder die Gesenk- bzw. Schneidplatte sowie die Werkstückeinlegeplatte ausgewechselt werden. Dies setzt allerdings die entsprechenden Anschlußmaße für die austauschbaren Teile voraus. Die Stempel müssen also alle mit dem gleichen Bund und der außermittig liegenden Bohrung für die Feststellmadenschraube versehen sein. Gleiche Lochdurchmesser und Lochabstände sind bei Ziehring oder Schneidplatte zum Aufschrauben auf die Sockelplatte ebenso wie bei der Werkstückeinlegeplatte zum Befestigen mit dem Ende des Schwenkhebels

---

[1] Siehe S. 338, Gl. (82)!

vorzusehen. Der Schwenkhebel selbst ist zwischen zwei Rollen geführt, die auf einem Schieber senkrecht gelagert sind. Dieser Schieber wird um das Maß i kraftschlüssig durch ein am Stempelkopf angeschraubtes Kurvenstück

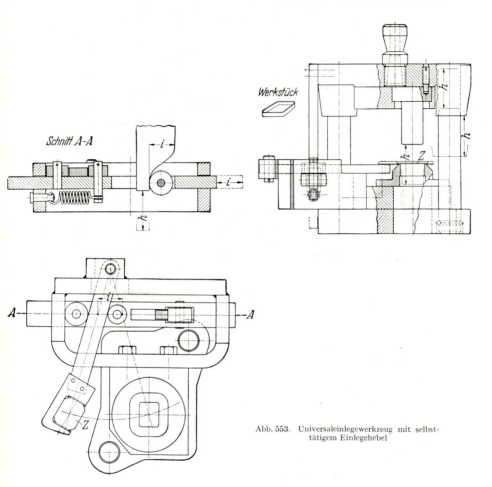

Abb. 553. Universaleinlegewerkzeug mit selbsttätigem Einlegehebel

hin und her bewegt, das gegen eine im Schieber waagerecht gelagerte Rolle wirkt. Der Schieber selbst schwenkt unter Federdruck den Schwenkhebel mit der Werkstückeinlegeplatte nach außen in die Einlegestellung. Bei dem vorliegenden Beispiel handelt es sich um die Einlage achteckig zugeschnittener Bleche. Unter dem austauschbaren Einlegestück ist ein Auflageblech befestigt, auf das sich die gegenüberliegenden Schmalseiten des Zuschnittes stützen. Beim Hochgang des Ziehstempels, der sich in Arbeitsstellung um das Maß h nach unten senkt, wird das Teil durch die nach innen vorspringende Kante in der Bohrung des Ziehringes abgestreift und kann nach unten durchfallen.

37 Oehler/Kaiser, Schnitt-, Stanz- und Ziehwerkzeuge, 6. Aufl.

h) Schüttelmagazin mit Fülltrommel und Rutsche. Der jeweiligen Form der Stanzteile angepaßte Kanalrinnen entsprechend Abb. 554 bilden die Verbindung zwischen der Einlagestelle des Werkstückes in das Werkzeug, eventuell in Werkstückzuführschieber oder Einlegehebel wie vorhergehend beschrieben am unteren Ende und einem Behälter zum Hineinschütten der Teile am oberen Ende. Diese Behälter werden bei feststehender Anordnung durch mittels Exzenterantrieb anschlagende Klöppel oder umgebende Anschlagringe erschüttert oder bei beweglicher Aufhängung hin und her geschüttelt oder geschaukelt. Sie enthalten elektromotorisch angetriebene

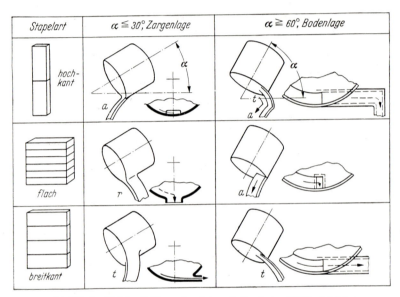

Abb. 554. Anschluß des Abführungskanals je nach Stapelart und Fülltopfwinkel α

Flügelschaufeln oder Bürsten, die die eingeschütteten Stanzteile ständig bewegen, bis sie die richtige Lage gefunden haben und in die Zuführungsrinne durch eine entsprechend groß ausgesparte Behälteröffnung abrutschen. Es empfiehlt sich, die Arme für die Bürsten und die Schaufeln nicht zu starr, sondern federnd auszubilden. Hierdurch werden aufeinander haftende Teile nach Überwindung des Widerstandes um so besser abgeschleudert und der aufeinanderliegende Haufen der Stanzteile leichter aufgelockert. Überhaupt empfiehlt es sich, nur trockene Teile in die Einschüttbehälter einzuführen. Der Anschluß des Abführungskanals richtet sich einmal nach dem Winkel α der Topfachse zur Waagerechten und der Gestalt des Werkstückes. Abb. 554 zeigt den Anschluß von Abführungskanälen an den Einfülltopf in den drei Hauptrichtungen, und zwar achsparallel (a), radial (r) und tangential (t). Dies richtet sich natürlich sehr nach dem Wunsch, in welche Richtung die Fertigteile zugeführt oder in welcher Lage sie gestapelt werden sollen. Bei Hochkantstapelung und $\alpha < 30°$ wird das Teil am Boden in achsparalleler Richtung nach unten ausgestoßen. Sollen die Teile nur flach aufeinander geschichtet werden, dann werden die am Mantel parallel gerichteten Teile radial nach außen abgeführt, während bei Breitkantstapelung ein tangentialer Werkstückausstoß gewählt wird. Dies setzt voraus, daß die Topfachse einen Winkel α von weniger als 30° einschließt, da dort die Teile auf der Innenseite des Topfmantels bzw. der Topfzarge zu liegen kommen. Ist dieser Winkel hingegen größer als 60°, dann liegen die Teile nicht an der inneren Mantelwand, sondern auf dem Boden. Dadurch ändern sich die Verhältnisse insofern, als bei Hochkantstapelung die Werkstücke zunächst tangential bei späterer Richtungsumkehr und bei Flachschichtung achsparallel ausgestoßen werden. Bei Breitkantstapelung wird man zwar auch hier einen tangentialen Werkstückausstoß vorsehen, doch geschieht die Schleusenabführung nicht von der unteren Mantelfläche, sondern von der äußeren Bodenfläche aus.

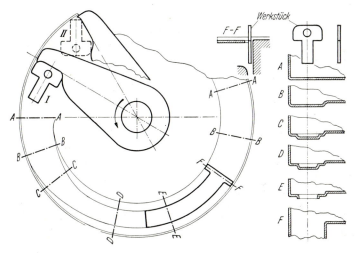

Abb. 555. In den Einfülltopf eingeprägte Führungen

Man kann in beiden Fällen, d. h. bei Verschieben der Teile auf der Mantelfläche oder auf der Bodenfläche, das richtige Einlaufen in die Abführungsrinne durch Führungsschienen oder vertiefte Bahnen erleichtern. Abb. 555 zeigt dafür als Beispiel ein schlüsselartiges Werkstück, das in einer bestimmten Lage senkrecht nach unten abgeführt werden soll, um unter dem Abführungskanal auf zwei schräge Stützleisten zu fallen, so daß diese Teile immer im Loch gleichmäßig aufgefädelt werden können. Es ist dieses gerade ein Beispiel dafür, daß die vorher angeführten Regeln nicht unbedingt allgemein gültig sind, denn hier wird das Teil trotz Hochkantstapelung und einem $\alpha > 60°$ nicht tangential, sondern achsparallel abgeführt. Das setzt voraus, daß das Teil hochkippt. Es wird vom Rotorbügel erfaßt, anfangs in tangentialer Richtung bewegt und nach außen gedrückt. Bei A beginnt die äußere Vertiefungsrinne für den Schlüsselkopf und bei B die innere Vertiefungsführung für die Schlüsselzunge. Der Kanal verengt sich gemäß C und D. Dann folgt der Durchbruch, so daß der Schlüssel bei E mit der Zunge nach unten hängend umkippt und schließlich bei F nach unten durchfällt. Gelingt das Abführen nicht, so wird das Teil über den Durchfall bei F weiter bewegt, bis es durch Erschütterung in eine andere Lage kommend dann schließlich doch den richtigen Weg findet. An diesem Beispiel ist die Konstruktion von Rotorschaufeln erläutert, die der Werkstückform angepaßt sind. Es ist dabei stets zu prüfen, ob nicht, wie in Abb. 555 zu II gestrichelt angedeutet, die Gefahr besteht, daß ein Teil in falscher Lage unverändert fest anliegt und die weitere Förderung hierdurch behindert. Daher erscheint es als zweckmäßig, nur in solchen Fällen der Werkstückform angepaßte Schaufelprofile zu wählen, wo eine solche Gefahr nicht besteht. Andernfalls ist die Anordnung von Bürsten günstiger. Überhaupt ist die Bürste gerade in Magazinvorrichtungen ein beliebtes Element und kann außer ihrer Funktion als Rotorglied sowohl als Bremse auch zur Beseitigung von Störungen durch Verklemmungen usw. bei richtiger Anordnung eine wichtige Hilfe bedeuten. Bei allen Magazinvorrichtungen ist von vornherein die Möglichkeit von Verklemmungen und Störungen zu prüfen. Die empfindlichste Stelle für Störungen ist immer der Einlauf vom Topf in die Schleuse. Eine Abrundung an der Einführungsstelle in die Schleuse ist zwar erwünscht, soll jedoch klein gehalten sein. Ebenso empfiehlt es sich, zwischen Werkstück und Schleusenwand den Spalt gering zu bemessen. Wird auch bei dünnen Blechen dieser Spalt nicht größer als 0,1 mm gewählt, so bedeutet dies, daß es ausgeschlossen ist, Teile unter 0,2 mm Dicke bei einer solchen Spaltbemessung hindurch zu schicken, da hier bereits schon die Gefahr des gegenseitigen Verklemmens eintritt. Andererseits darf der Spalt nicht so gering sein, daß der Zwischenraum nur dem oberen Toleranzmaß entspricht, so daß die Teile infolge Reibung hängenbleiben.

In automatisierten Anlagen führten sich elektromagnetisch gesteuerte Magazintöpfe mit am Innenmantel aufsteigender Leitspirale ein, wobei unter Vibration die Teile nach oben befördert werden[1]. Diese Töpfe sind nur für sehr kleine magazinierte Teile einsatzfähig, werden jedoch in zunehmendem Umfang auch in Stanzereibetrieben sowie zur Schraubenzuführung in Montagewerkstätten verwendet.

Soweit ein Gleichrichten unsymmetrischer Teile innerhalb des Schütteltopfes, wie im Beispiel zu Abb. 555 erläutert, nicht möglich ist, geschieht dies auf dem Wege durch die Schleuse. So zeigt Abb. 556 das Ausfallen von Fertigteilen in waagerechter Lage auf eine Schneide, über die es an der schweren Seite, nämlich dort, wo sich der Boden befindet, nach unten kippt. Gleichgültig ist es, ob der Boden links oder rechts liegt, das Teil wird immer die Schleuse mit dem Boden nach unten verlassen. Es braucht sich hier nicht unbedingt um Ziehteile zu handeln, es können auch Stanzteile sein, deren Schwerpunkt außermittig liegt, wie das in dieser Abb. 556 unten gezeichnete Teil. Eine andere Vorrichtung dieser Art ist in Abb. 557 dargestellt. Hier werden Ziehteile mit niederem Rand nach unten gegeben und fallen auf eine schräge Messerschiene. Liegt der Boden links, so rollen die Teile auf der schrägen Mittelschiene in Pfeilrichtung a zu einer weiteren Magazin-

---

[1] *Kuschel*, K.: Probleme der modernen Vibrationsförderung. Ind. Anz. 81 (1965), Nr. 2, S. 13–18. Hersteller derartiger Vorrichtungen sind beispielsweise AEG-Vibrationstechnik, Berlin; Höfliger & Karg, Stuttgart-Waiblingen; Feldpausch & Co, Lüdenscheid; Contimat, Winnenden; Mecks & Eckel, Gau-Odernheim.

führung ab. Befindet sich hingegen der Boden rechts, so kippt das Teil einfach von der Schiene nach rechts, fällt in Pfeilrichtung b aus der Magazinführung heraus und wird über eine Fördervorrichtung erneut der Sortiervorrichtung nach Abb. 557 zugeführt. Eine andere Lösung dafür zeigt Abb. 558, wo ein Ausstoßstift in die Öffnung einfährt und zurückgezogen wird, wie es bei den beiden unteren Teilen der Fall ist, während das obere Teil als nächstes zu prüfendes Stück seitlich nach links durch Anschlag gegen den Boden aus der Führung herausgestoßen wird.

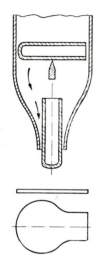

Abb. 556. Gleichrichtvorrichtung durch Eigengewicht

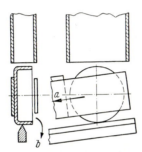

Abb. 557. Sortieren durch Abrollen (a) und Ausfallen (b)

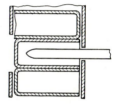

Abb. 558. Ausstoßvorrichtung

Häufig bilden Antriebsmotor mit Rotor, Schütteltopf und austauschbarer Abführschleuse eine selbständige bauliche Einheit. Es können mehrere derartige Einheiten an einem Pressentisch angeschlossen werden, wo es gilt, unter der Presse mehrere Kleinteile miteinander zu vernieten oder in sonst einer Form mittels eines Stanzvorganges zusammenfügen, was allerdings nur für Kleinstanzteile in der Massenfabrikation in Betracht kommt.

i) Pneumatische Zuführvorrichtungen. Die heute in mit Streifenmaterial beschickten Mehrstufenpressen angewandten Saugluftheber nach Abb. 588 lassen sich ebenso für Einlegehebel von Werkzeugen, wie sie beispielsweise in Abb. 551 bis 553 angegeben sind, anwenden. Weiterhin ist das Blasen in halbkugelförmigen Hohlschalen, die am anderen Ende von in der Mitte schwenkbar angeordneten Einlegehebeln angebracht sind, bei Vorhandensein billiger und reichlicher Preßluft durchaus möglich. Sehr viel häufiger ist anstelle der unmittelbar wirkenden Preßluft bei Zuführungsvorrichtungen ihre mittelbare Anwendung in Form von Sauggreifern oder von Preßluftzylindern zwecks Ausführung einer Vorschubbewegung. Abb. 559 zeigt einen Viernapfsauggreifer zum Anheben der Zuschnitte, wie sie in der zu Abb. 451 beschriebenen Mehrstufenpresse umgeformt werden[1]. Bei m sind die um den

---

[1] Werkzeuge zu Abb. 559 und 560, Bauart Maschinenfabrik Weingarten.

582   I. Zu- und Abführvorrichtungen von Stanzteilen

Abb. 559. Viernapfsauggreifer mit Dichtungsringen (*d*) und Magnethebern (*m*)

Stapel aufgestellten magnetischen Anheber nach Abb. 541 zu erkennen. Die möglichst großflächig gehaltenen Dichtungsringe *d* an den Saugnäpfen bestehen aus weichen Ringen einer Shorehärte C unter 20 und sind öfters zu erneuern. Eine pneumatisch betätigte Vorschubvorrichtung für Stanzteile innerhalb eines Werkzeuges ist in Abb. 560 dargestellt. Links ist das seitlich

Abb. 560. Viersäulenfolgeverbundwerkzeug mit Preßluftzylinder (*z*), Kammgreiferschiene (*k*) und Schwenkhebel (*h*)

nach außen umgelegte Oberwerkzeug, rechts das Unterwerkzeug mit dem Preßluftzylinder *z*, den Kammgreiferschienen *k*, und dem hiermit verbundenen Schwenkhebel *h* zu erkennen. Über den weiteren Einsatz von Preßlufteinrichtungen in Großwerkzeugen geben Abb. 416 bis 418 auf S. 454 bis 656 und Abb. 629 auf S. 661 Auskunft, wo die Anordnung der Preßluftzylinder auf der Bodenplatte eines Großwerkzeuges beschrieben ist.

k) Haftmagnete. Magnetische Zuführvorrichtungen[1], die nur für Stahlbleche einsatzfähig sind, setzen eine saubere, fettfreie und ebene Oberfläche voraus. Ihre Anwendung ist daher beschränkt, wenn sie auch zuweilen zur Festhaltung von Zuschnitten gemäß Abb. 99 benutzt werden. Bewährt haben sich Handeinlegegeräte[2] sowie andere mit Haftdauermagneten ausgestattete

---
[1] *Fahlenbrach, H.:* Haftdauermagnete. Klepzig-Fachberichte **71** (1963), H. 7, S. 209–215. – *Stockburger, A.:* Einflüsse des Werkstückes auf die magnetische Haftkraft. Klepzig-Fachberichte **71** (1963), H. 9, S. 312–316.

[2] Helios Apparatebau KG., Schwenningen und DEW Dortmund.

Zuführvorrichtungen für das Einlegen von Blechteilen in Werkzeuge und für das Ausheben derselben anstelle von Druckluftvorrichtungen, wenn die Abreißkräfte gering sind. Diese Greiferstäbe bestehen aus zylindrischen Dauermagneten, die unter Zwischenschaltung einer unmagnetischen, harten Trennschicht allseitig, mit Ausnahme an der Haftfläche, von einem Weicheisenmantel umgeben sind, der als magnetische Abschirmung wirkt. Mit Normalsystemen eines Eigengewichtes von 3 bis 100 g lassen sich Haftkräfte von 50 g bis 9 kp, mit Spezialsystemen sogar Haftkräfte über 50 kp erreichen[1]. Das magnetische Kraftfeld tritt nur an der Haftfläche auf. Alle anderen Flächen sind ohne magnetische Haftwirkung. Die gegen Erschütterungen unempfindlichen Greiferstäbe können daher unmittelbar in Stahl eingelassen und beliebig sowie ohne Schlußanker gelagert werden. Mit zunehmendem Abstand a des Werkstückes von der Haftfläche des Greiferstabes nimmt die magnetische Anziehungskraft stark ab, wie dies in Abb. 561 für zwei verschieden große zylindrische Dauermagnete dargestellt ist. Diese Abnahme der Haftkraft mit zunehmendem Abstand von der Haftfläche

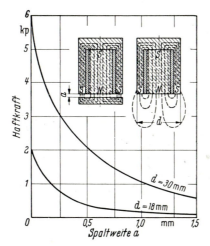

Abb. 561. Haftkraft magnetischer Greiferstäbe in Abhängigkeit vom Abstand a

bewirkt, daß ein Stahlblechteil schon in geringer Entfernung von der Haftfläche nicht mehr, jedoch umgekehrt bei Annäherung auf einen bestimmten Mindestabstand stark und plötzlich angezogen wird. Mittels Abstandsänderung des Luftspaltes a werden die Haftkräfte bestimmt, doch sollte bei Zuführvorrichtungen kein Abstand a vorgesehen werden. Im Gegenteil hat es sich als günstig erwiesen, die in Abb. 561 bis 565 dargestellten rückziehbaren Greiferstäbe um etwa 1,5 mm vorstehen zu lassen oder den Luftzwischenraum durch eine gleich dicke Scheibe aus nichtmagnetischem Werkstoff auszufüllen. Abb. 562 zeigt eine einfache Magnetgreifervorrichtung mit dem flachen Greiferstab an der linken Seite und dem Handgriff rechts, wobei der

---

[1] *Hotop, W.*: Moderne Haftdauermagnete als Bausteine zur Automatisierung. Automatik 3 (1958), H. 11, S. 296–301.

I. Zu- und Abführvorrichtungen von Stanzteilen

Abb. 562. Elektromagnetisches Handeinlegegerät

Abstreifbügel entgegen einer Feder mit dem Daumen nach unten gedrückt und das aufgenommene Werkstück über dem Werkzeug wieder fallen gelassen werden kann. Zur Verminderung der Unfallgefahr sind Hilfsgeräte dieser Art für Einlegearbeiten in Stanzereibetrieben beliebt. Die weiteren Ausführungen beziehen sich auf Greiferstäbe mit größeren Haltekräften, die daher weniger mit Flachstäben als mit hohen Magnetstäben ausgerüstet sind. So zeigt Abb. 563 einen mechanisch gesteuerten Greiferstab, wie er mitunter an Schwingarmgreifern und Seitenarmentladern in automatisierten Stanzereibetrieben für Großstanzteile, insbesondere Karosserieziehteile und dergleichen, anzutreffen ist. Schwingarmgreifer und Seitenarmentlader sind meist mit pneumatisch gesteuerten zangenartigen Greifern ausgerüstet, worüber

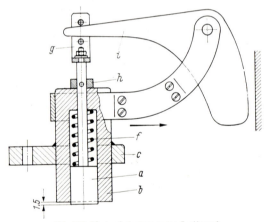

Abb. 563. Mechanisch gesteuerter Greiferstab

auf S. 598 bis 601 noch berichtet wird. Die genau ausgerichtete Zangenvorrichtung muß das Blech beiderseits fassen, das zu diesem Zweck durch Federn oder pneumatisch betätigte Vorrichtungen angehoben werden muß. Im Gegensatz hierzu ist es zum Aufsetzen eines magnetischen Greiferstabes nicht nötig, das Werkstück genau auszurichten, auch ist keine Anhebevorrichtung erforderlich. Schließlich spielt es meistens keine Rolle, ob der Greiferstab einige Zentimeter neben der für ihn bestimmten Stelle zum Aufsetzen kommt. Gewiß läßt sich der Greiferstab, damit er sich vom Werkstück löst, mittels pneumatischer oder hydraulischer kleiner Arbeitszylinder sehr bequem abziehen, doch läßt sich das auch ohne eine derartige pneumatische Ausrüstung mit mechanischen oder elektromagnetischen Mitteln erreichen. Gemäß Abb. 563 wird der magnetische Greiferstab a in der Hülse b in der Höhe verschiebbar geführt und mittels einer Feder f in seiner untersten Lage gehalten, die durch den Haltering h begrenzt ist. Zur bequemen Montage kann die Hülse b in eine Flanschplatte c eingepreßt und mit dieser verschweißt sein. Über den oberen Teil der Hülse ist wie eine Schelle ein Stahlband mit zwei hochgebogenen Bügeln gelegt, die eine Gabel bilden und zwischen denen der Anschlaghebel i gelenkartig aufgehängt ist. Das rechte äußere Ende dieses Hebels kann gegen eine schraffiert dargestellte Anschlagfläche stoßen und sein linkes spitzes Ende wird zwischen den Bolzen eines Gabelstücks g gehalten, das mit dem verlängerten Bolzenende des Greiferstabes verschraubt ist. Hat der Greifer oder Entlader mittels des Greiferstabes das betreffende Stanzteil erfaßt, so genügt am Stapel neben der Presse ein feststehender Anschlag – etwa eine dort stehende Kiste oder ein anderer schwerer Gegenstand –, um zu erreichen, daß der Hebel i nach aufwärts gerissen wird und das angehobene Teil fallen läßt. Eine solche Einrichtung ist allerdings nur dort möglich, wo ein einziger Greiferstab zum Halten des Teiles genügt. Bei sehr großen und auch schweren Stanzteilen wird man zum Festhalten und vor allen Dingen zum genauen Fixieren der Lage mehrere Greiferstäbe benötigen, insbesondere dort, wo das Teil von

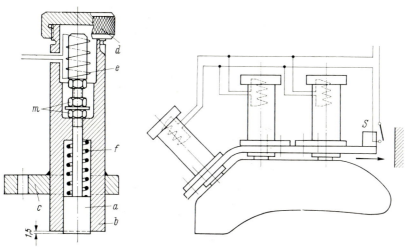

Abb. 564. Elektromagnetisch gesteuerter Greiferstab

Abb. 565. Transport eines Karosserieteiles mit einem Schwingarmgreifer oder Seitenarmentlader, der mit 3 Greiferstäben nach Abb. 564 bestückt ist

einer Presse zur anderen weitergereicht werden soll. Hierfür erscheinen elektromagnetisch gesteuerte Greiferstäbe nach Abb. 564 und 565 günstiger. Auch hier ist der in der Höhe verschiebbare Greiferstab a in einer Hülse b geführt, die sich mittels einer Flanchplatte c bequem auf dem Vorrichtungsgestell anbringen läßt. Anstelle eines Halteringes h nach Abb. 563 sind hier Mutter und Gegenmutter m vorgesehen, die den Hub nach unten begrenzen. Die elektromagnetische Abzugvorrichtung e befindet sich im Oberteil der Hülse, die durch einen Deckel d verschlossen wird. Der Weicheisenkern des Elektromagneten ist auf das verlängerte Bolzenende des Greiferstabes aufgeschraubt. In Abb. 565 ist die Anordnung von drei elektromagnetisch gesteuerten Greiferstäben schematisch dargestellt. Die parallel geschalteten elektromagnetischen Greiferstäbe werden erst abgezogen, nachdem der Stromkreis am Schalter S geschlossen ist, so daß sich das Werkstück lösen und nach unten abfallen kann. In dem in Abb. 565 dargestellten Bildschema wird der Schalter S durch Anstoß gegen eine schraffiert angedeutete Anschlagstelle geschlossen. Doch kann der Stromkreis auch durch anders gesteuerte Schaltelemente geschlossen werden.

l) Mit Magnetschienen unterlegte Förderbänder. Außer den im vorhergehenden Abschnitt k) beschriebenen Greiferstäben haben sich Förderbänder mit unterlegten Magnetschienen[1] als Transportmittel und zur Verkettung von Maschinen zu einer Fertigungskette bewährt. Bekanntlich bilden die nichtmagnetischen Werkstoffe der Förderbänder für den Durchgang der Kraftlinien eines magnetischen Feldes kein Hindernis. Wird nun ein solches

Abb. 566. Magnetschienenbandförderer für Rümpfe von Fässern aus Blech

Magnetfeld auf der einen Seite des Förderbandes erzeugt, so werden die auf der anderen Seite befindlichen ferromagnetischen Teile von der Magnetseite angezogen und gehalten. Die mit Dauermagneten und Polplatten versehenen Magnetschienen werden dabei so ausgelegt, daß sich das magnetische Feld ohne Unterbrechung längs der Magnetschienen erstreckt. Die Berechnung der Magnetstromkreise richtet sich nach der Menge, den Abmessungen, dem Gewicht des zu fördernden Gutes und der Neigung des Förderbandes. So

---

[1] *Weber, D.:* Rationalisierung und Automatisierung innerbetrieblicher Transporte durch magnetische Vorrichtungen. Mitt. Forsch. Blechverarb. (1964), Nr. 14, S. 290—294. Cefilac, Abt. Seila Eriez in Paris und in Offenbach (Main).

zeigt Abb. 566 den Transport lackierter Blechrümpfe mit eingerolltem Boden von der Rollenbahn über ein unter 60° steil nach oben mit Magnetschienen unterlegtes Förderband in das obere Stockwerk. Die Förderleistung beträgt 2400 Faßkörper je Stunde. Hier ist bei der Berechnung das abwärts gerichtete Moment am äußeren vom Band entfernten Rand wichtig. Die Rümpfe werden am Ende der Rollenbahn gegen das Förderband gekippt und in diesem Augenblick bereits infolge dort unterlegter Magnetschienen daran festgehalten. Die auf dem Förderband angebrachten Polplatten entfernen sich im Verlauf der Transportbahn stetig voneinander, wobei die magnetische Anziehungskraft, der das Fördergut unterliegt, langsam schwindet. Bei der weiteren Beförderung werden die Teile schließlich völlig freigegeben. Sobald das Förderband das obere Stockwerk erreicht hat und dann beispielsweise neben einem Abstelltisch waagerecht verläuft, verhält es sich wie jeder andere Bandförderer, die Faßrümpfe ruhen auf ihm allein infolge ihres Eigengewichtes.

Abb. 567. Magnetschienenbandförderer in einer Stanzerei
a Zuführen der Teile zum Schwinger, *b* Abführen der Teile von der Presse in das obere Stockwerk

Eine schmalere Förderbandrinne ist in Abb. 567a zu sehen. Aus einem Kasten werden ringförmige Stanzteile steil nach oben gefördert. Dort biegt die Förderbahn um und gibt die Teile zum Abfall in einen elektromagnetisch betätigten Vibrationstopf frei. Dort werden sie sortiert und rutschen durch eine Schleuse zum Werkzeug. Die im Werkzeug unter der Presse weiterverarbeiteten Teile fallen nach unten durch den Tisch auf eine Rutsche und gelangen nunmehr auf dem nächsten steil nach oben führenden Band in das obere Stockwerk (Abb. 567b). Auf verhältnismäßig engem Raum lassen sich solche steil nach oben führenden Förderbänder unterbringen, und auf diese Weise können auch in Betrieben mit eng aufgestellten Maschinen Verkettungen leicht durchgeführt werden. Ebenso ist es möglich, mit solchen

Einrichtungen Teile während des Transportes zu sortieren und gleich zu richten, worüber auf S. 578 bis 581 sich weitere Erläuterungen finden.

m) Bandzuführanlagen. Die zuvor geschilderten Zuführeinrichtungen betrafen Scheiben, Tafeln und Stanzteile. Die zunehmende Anwendung von Bandmaterial anstelle der Blechtafel, insbesondere in automatisierten Betrieben, erfordert die Beachtung des Werkzeugherstellers, weshalb an dieser Stelle einige größere Einheiten[1] kurz beschrieben werden. Bandzuführeinrichtungen für schmälere Bänder nach Tabelle 7 unten gehören meist zum Pressenzubehör.

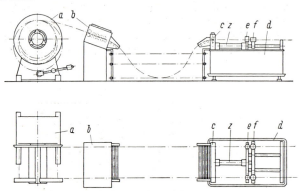

Abb. 568. Abrollvorschubanlage für Blechband. Links die einseitige Abwickelhaspel, daneben das selbständige Richtaggregat. Rechts die Vorschubeinheit. Dazwischen die durch Lichtschranken gesteuerte Bandschleife

Abb. 568 zeigt den Aufbau einer Bandzuführanlage[2]. Links ist der Abroller a, rechts anschließend der Bandrichtapparat b zu sehen. Das nach unten durchhängende Band wird dem Walzenvorschubapparat c am Vorschiebetisch d zugeführt. Der Durchhang des Bandes zwischen Richtapparat und Vorschubrollen steuert die Geschwindigkeit des Bandabrollers, so daß die Abrollgeschwindigkeit bei zu großem Durchhang herabgesetzt, bei zu geringem Durchhang vergrößert wird. In Abb. 568 wird die Abrollgeschwindigkeit durch drei Lichtstrahlschalter nach dem Phototronic-System[3], in Abb. 569 und 570 mittels eines zur Schonung des Bandes mit einer Gummirolle versehenen schwenkbaren Auflagehebels geregelt, der mit dem Geschwindigkeitsverstellgetriebe oder mit einer Steuerung zum Ein- oder Ausschalten des Motors in Verbindung steht. Die Bandrichtrollen sind häufig an der Abrollmaschine angebracht. Es ist durchaus möglich, auf dem in Abb. 568 rechts dargestellten Vorschubtisch d mit hydraulischem Zangenvorschub zusätzliche Einrichtungen, die zum Auftragen eines Schutz- und Schmierfilmes dienen, oder Schneidvorrichtungen aufzubauen. Angeordnete Spann- oder Leitrollen sind der Bandschleife anzupassen. Für den Fall einer Umstellung der Fertigung lassen sich derartige Anlagen in den verschiedensten Kombinationen zusammenstellen, die auf die besonderen Bedürfnisse der Weiterverarbeitung des Blechbandes abgestimmt sind.

---

[1] *Eckert, G.:* Verarbeitung von Blechbreitbändern in Beschickungs- und Zerteilanlagen. DFBO-Mitt. (1967), Nr. 9/10, S. 77–82.

[2] Bauart Wilhelmsburger Maschinenfabrik, Geesthacht (U.S.A.-Lizenz SESCO).

[3] Bauart Sick, Waldkirch.

1. Einlege- und Zuführvorrichtungen

Abb. 569. Bandabrollanlage nach Abb. 568 mit Ladestuhl vor der einseitigen Haspel

Abb. 570. Abrollanlage nach Abb. 568, jedoch mit zweiseitiger Haspel in Draufsicht

In Abb. 569 und 570 sind derartige Anlagen dargestellt. Abb. 569 zeigt rechts vorn einen Ladestuhl. Auf ihm wird die Bandrolle durch einen Kran abgestellt und durch einen Hubzylinder in Höhe des Aufnahmedorns gehoben. Der entspannte Aufnahmedorn der Haspel wird seitlich in die Bandrolle eingefahren, soweit nicht der Ladestuhl, seitlich bewegt, die Bandrolle über den Aufnahmedorn schiebt. Der Aufnahmedorn wird durch Rückzug von Spannkeilen entspannt, die nach Einführen in die Bandrolle wieder vorgeschoben, d. h. auseinandergespreizt werden und somit die Bandrolle von innen fest spannen und zentrieren. Sobald die Haspel oder der Ladestuhl in

Ausgangsstellung zurückgefahren ist, kann das Band abgerollt werden. Anstelle eines Bandladestuhls nach Abb. 569 rechts kann auch ein Bandladewagen zur Beschickung der Haspel verwendet werden. Sobald die auf der Haspel befindliche Bandrolle abgespult ist, fährt der Bandladewagen unter den Aufnahmedorn der einseitigen Haspel nach Abb. 569 oder in die Mitte der zweiseitigen Haspel nach Abb. 570 und hebt die Bandrolle in Höhe des Aufnahmedorns, wie dies bereits beim Ladestuhl beschrieben wurde. An der einseitigen Haspel ist der Aufnahmedorn freitragend ausgeführt. Er wird durch einen Elektromotor über ein Verstellgetriebe angetrieben. Zur Steuerung der Ablaufgeschwindigkeit in Verbindung mit einer Schleifenkontrolle ist eine Kupplung zusammen mit einer Bremse angeordnet. Die Bandrolle wird ölhydraulisch über einen Steuerschieber gespannt. Bei Änderung der Bandbreite wird die Haspel auf dem Fundament verschoben. Zum Aufspulen des Blechbandes kann die Haspel auch entgegengesetzt angetrieben werden. An der zweiseitigen Haspel nach Abb. 570 sind beide Seitenteile auf einem Grundrahmen verschiebbar. Beide Aufnahmedorne sind ebenso wie beim einseitigen Abwickler als Spreizdorn ausgebildet, einer der beiden Aufnahmedorne wird angetrieben. Die Spannvorrichtungen werden gemeinsam hydraulisch betätigt. Es ist möglich, entweder den rechts in Abb. 568 dargestellten hydraulischen Zangenvorschub mit Richteinrichtung sowie dazugehörigen Führungs- und Spannrollen zu versehen. Daneben besteht die andere Möglichkeit, eine selbständige Richteinrichtung b zwischen Bandabroller a und Vorschubeinheit d aufzustellen, wie dies auch in Abb. 568 dargestellt ist. Die Anzahl der Richtwalzen wird nach dem gewünschten Richtergebnis des zu verarbeitenden Blechbandes bestimmt. Die Richtwalzen sind abgestützt und werden durch einen Elektromotor über ein Verstellgetriebe mit Kupplung angetrieben. Die oberen Richtwalzen werden einzeln gegen einen Anschlag hydraulisch verstellt. Spannrollen und Leitrollen zur Einführung des Blechbandes sind den Richtwalzen vorgeordnet. In gleicher Weise ist der Richtapparat ausgebildet, der auch auf der Vorschubeinheit befestigt werden kann (also nicht als selbständige Einheit b wie in Abb. 568). Der Hub dieser hydraulisch betriebenen Vorschubeinheit läßt sich stufenlos von 0 bis zum Größthub verstellen, ebenso wie die Durchlaufhöhe des Blechbandes über Flur einstellbar ist. Der Vorschub wird über einen in der Mitte der Vorschubeinheit liegenden Zylinder z hydraulisch bewirkt, wobei mit zwei Vorschubzangen e und f gearbeitet wird, deren Abstand veränderlich einstellbar ist. Bei Rücklauf der Zangen wird das Blechband durch zwei Blechhalter gehalten. Auf der Vorschubeinheit können zusätzlich Abschneidvorrichtungen und Einfettapparate angebracht werden.

Die Abschneidvorrichtung dient zum Abschneiden des vorgeschobenen Blechbandes und kann durch Hand oder in Abhängigkeit vom Vorschub beim Einfach- oder Doppelhub betätigt werden. Der feststehende Untermesserbalken ist in einem Ständer aufgenommen, der mit der Vorschubeinheit d verbunden ist. Der Obermesserbalken wird durch einen Zylinder hydraulisch betätigt.

Der Einfettapparat wird durch das durchlaufende Blechband angetrieben. Die beiden übereinander angeordneten Hauptwalzen haben Gummiauflagen, ihnen ist eine nachstellbare Schmierwalze zugeordnet. Die Schmierflüssigkeit wird über eine eingebaute Pumpe aus dem als Ölbehälter ausgebildeten Unterteil zu den Schmierwalzen gebracht, wobei sich die Dicke der Schmierschicht einstellen läßt.

2. Ausstoß- und Abführvorrichtungen

Nicht immer besteht die Möglichkeit, die Stanzteile durch das Werkzeugunterteil und eine Tischöffnung nach unten in einen Sammelkasten fallen zu lassen. In diesen Fällen zeigen die folgenden Lösungen einige Möglichkeiten, durch Ausstoßen oder seitliches Abrutschen in Stapelmagazine das Teil aus dem Werkzeug zu entfernen.

a) Gefederter rückseitiger Ausstoßer. Die einfachste, nur für geringe Stückzahlen mögliche Ausstoßvorrichtung von Hand mittels Aushebers ist bereits unter a) eingangs des vorausgehenden Kapitels I 1 beschrieben. Für mittlere und größere Herstellungsmengen und dort, wo eine pneumatische oder hydraulische, in den Maschinentisch eingebaute Stößelvorrichtung nicht vorhanden ist und Preßluft nicht zur Verfügung steht, ist ein gefederter Ausstoßer in die rückseitige Führungsleiste einzusetzen. Die Arbeitsweise einer solchen Vorrichtung ist auf S. 135 in Verbindung mit Werkzeugblatt 9 (Abb. 128) erläutert. Zu den folgenden Abb. 571 bis 575 werden weitere

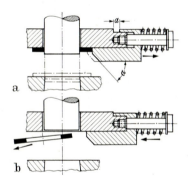

Abb. 571. Ausstoßschieber an der Stempelführungsplatte
a Werkstück haftet am Stempel, *b* Werkstück wird abgeworfen

beschrieben. Der Abstreifschieber nach Abb. 571 befindet sich außen beiderseits geführt an der Führungsplatte und wird mittels einer Feder in seine in Abb. 571b gezeigte Ruhestellung gedrückt. Es ist gleichgültig, ob es sich bei dem Federelement um eine hier dargestellte Schraubenfeder oder eine Gummifeder oder Tellerfedersäule oder ein anderes Federelement handelt. Der Schieber ist unten an der dem Werkstück zugekehrten Seite um $\alpha = 50$ bis 70° abgeschrägt. Das am Stempel haftende Werkstück trifft auf die schräge Fläche und drückt gemäß Abb. 571a den Schieber um das Maß *a* zurück, das je nach Größe des Stücks und der Vorspannung der Feder 2 bis 6 mm betragen kann. Der kleinere Wert gilt für kleinere Teile und größere Federvorspannung; der große Wert umgekehrt für große Teile und geringere Vorspannung. Dabei soll nicht gesagt werden, daß bei größeren

592   I. Zu- und Abführvorrichtungen von Stanzteilen

Teilen eine geringe Vorspannung zu wählen ist. Im Gegenteil soll diese so groß als zulässig gewählt werden, da hiervon die Abwurfweite abhängt.

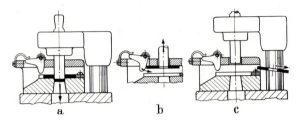

Abb. 572. Ausstoßwinkelhebel an der Stempelführungsplatte
a Ausschneiden, b Beginn des Abstreifens, c Auswerfen

Anstelle eines Abwurfschiebers kann ein Abwurfwinkelhebel an der Stempelführungsplatte gemäß Abb. 572a schwenkbar angeordnet werden. Eine an der äußeren Seite der Führungs- oder Abstreifplatte angeschraubte Feder drückt gegen einen auf dieser Platte gelenkig angebrachten Schwenkwinkel. Er wird beim emporgehenden Stempel mit dem daran haftenden Werkstück gemäß Abb. 572b zunächst zurückgedrückt. Dann streift er das Teil an der Führungs- oder Abstreifplatte ab und schleudert es nach hinten zu einer Rutsche (Abb. 572c).

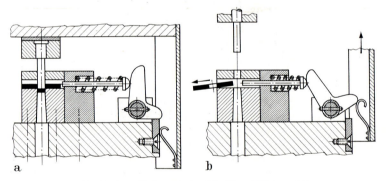

Abb. 573. Ausstoßbolzen zwischen Schneid- und Führungsplatte
a Ausstoßer in Ruhe, b Abstreifen und Ausstoßen

Eine andere Lösung mittels eines schwenkbaren Winkelhebels wird durch Abb. 573 erläutert. In der Ausgangs- und Ruhestellung a liegt der Schwenkhebel gegen eine von außen an die Grundplatte angeschraubte Anschlagleiste an. Das Werkstück wird in diesem Falle auf die Schneidplatte und unter die Deckplatte gelegt. Eine dahinter angeschraubte Leiste ist zur Aufnahme des Ausstoßbolzens durchbohrt. Dieser Bolzen mit seinem ballig abgerundeten Kopf wird durch eine schwache Feder gegen den schwenkbaren Winkelhebel gedrückt. Mit dem Stößel und dem Werkzeugoberteil fährt außer dem Schneidstempel eine senkrecht angeordnete Winkelschiene nach abwärts, an deren unterem Ende eine starke Bandfeder angenietet ist. Während des Abwärtsganges wird diese Feder nach rechts abgedrückt. Beim

2. Ausstoß- und Abführvorrichtungen

Hochgang des Stößels in seine obere Ausgangsstellung drückt die Bandfeder gegen die Unterfläche des kurzen Hebelschenkels und versucht den Winkelhebel umzulegen. Dabei wird das Bandfederende zunächst nur gekrümmt. Erst nach dem Abstreifen des auf die Schneidplatte herabfallenden Werkstücks wird die gespannte Feder entlastet und das Werkstück nach links ausgestoßen (Abb. 573b).

Gewiß ist es auch möglich, das Teil erst abzuwerfen, nachdem es durch die Schneidplatte hindurchgefallen ist. Zumeist sind dann allerdings keine besonderen Abwurfeinrichtungen erforderlich. Bei durchbrochenem Tisch und entsprechend dafür vorgesehenen Öffnungen in der Grundplatte kann das Teil nämlich nach unten fallen und erforderlichenfalls in dafür besonders entwickelten Einrichtungen, die der Form des Werkstückes wie zu Abb. 85 und 86 beschrieben angepaßt sein müssen, gestapelt werden. Bei dem Abwurfschieber nach Abb. 574 wird jedoch das Teil unter der Schneidplatte

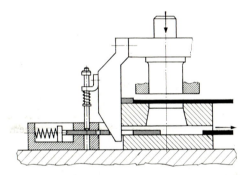

Abb. 574. Ausstoßschieber unter der Schneidplatte

beiseite gestoßen. Zu Beginn des Stößelhubes wird der Schieber mittels eines keilförmigen Kurvenstücks, das seitlich am Stempelkopf angeschraubt ist, gegen den Druck einer Feder allmählich nach links gedrückt. Dabei ist an diesem Kurvenstück selbst außen noch ein unter Federdruck stehender senkrecht verschieblicher Stift angebracht, der in eine Bohrung des Schiebers einrastet, sobald diese Bohrung genau unter den Stift zu liegen kommt. Diese muß allerdings mit der unteren Endstellung des Stempels übereinstimmen, da sonst Schieber und Einraststift beschädigt werden. Nach dem Schneidvorgang bleibt der rechts verschieblich gefederte Stift zunächst noch innerhalb des Schieberloches und hält diesen in seiner äußersten Linksstellung fest, obwohl inzwischen schon der Rückhub des Pressenstößels begonnen hat. Kurz bevor der Pressenstößel seine Ausgangsstellung bzw. seinen oberen Umkehrpunkt erreicht, wird der Raststift von der am Kurvenstempel angebrachten Befestigungsschelle nach oben herausgezogen, der Schieber springt unter Einwirkung der Druckfeder nach rechts in die gezeichnete Stellung vor und schleudert dabei das Werkstück nach rechts heraus. Für Teile, die nicht am Stempel haften bleiben und abgestreift werden, sondern durch die Schnittöffnungen nach unten durchfallen, ist diese konstruktive Lösung durchaus geeignet, zumal wenn infolge eines großflächigen Zu-

38 Oehler/Kaiser, Schnitt-, Stanz- und Ziehwerkzeuge, 6. Aufl.

schnittes oder Bandes die auszuschneidenden Teile nicht darüber hinweg geworfen werden können, aber auch nicht nach unten durchfallen dürfen.

Die in Abb. 575 dargestellte Vorrichtung bezieht sich mehr auf das Ausstoßen flacher und zum Teil wohl auch schwerer einzulegender Werkstücke, die geprägt oder kalibriert werden.

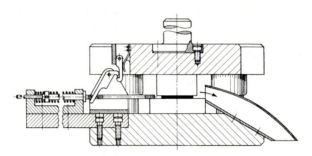

Abb. 575. Hebelgesteuerter Ausstoßschieber auf der Gesenkoberfläche

Der Schieber befindet sich in seiner linken Ausgangsstellung unter Einwirkung einer Druckfeder zwischen rechter Anlage und dem mittels Stifts befestigten Ring der Schieberspindel. Nahe der Schieberanlage ist der Schieber durchbrochen. In die Durchbruchöffnung greift ein schwenkbarer Hebel, dessen oberer Schwenkbolzen beiderseits von einem auf das Werkzeugunterteil aufgeschraubten Bock gehalten wird. Während der lange Schenkel dieses Schwenkhebels nach links unten gerichtet den Schieber bewegt, wird das kurze waagerecht gerichtete und nach unten gebogene Ende von einem Haken umfaßt. Dieser ist im Werkzeugoberteil schwenkbar angebracht und wird mittels einer Bandfeder nach links gegen den kurzen Schenkel des Winkelhebels gedrückt. Beim Abwärtsgang des Pressenstößels weicht der mit dem Oberteil des Werkzeuges verbundene hakenförmige Schwenkhebel nach rechts aus und gleitet über den kurzen Schenkel des am Werkzeugunterteil gelenkig angebrachten Winkelhebels hinweg. Nach dem Preßvorgang bewegt sich das Werkzeugoberteil nach oben und kehrt in seine Ausgangsstellung zurück. Dabei faßt der am Oberteil befestigte schwenkbare Haken den kurzen Schenkel des Winkelhebels von unten, wodurch der Schieber nach rechts gegen das fertig gepreßte Werkstück gestoßen wird und es in die am Werkzeugunterteil rechts dargestellte Rutsche schleudert.

b) Aushebevorrichtungen. Ein weiteres einfaches Mittel, gezogene oder geprägte Teile auszuheben, ist ein Durchbruch des Unterwerkzeuges derart, daß ein Auswerferstößel beim Pressenniedergang mit nach unten geht und nach dem vollendeten Pressenarbeitsgang mit dem Aufwärtsgang des Pressenstößels das Teil aushebt. Diese einfache Ausführung ist aber nur in wenigen Fällen möglich, da erstens die vielfach allseitig umschlossene Stößelführung das Anhängen eines solchen Gestänges nur selten zuläßt. Zweitens darf der Boden des Werkstückes im Bereich des Durchbruches keiner Prägebeanspruchung unterliegen, und drittens darf der in der Anfangsstellung oben stehende Ausheber bei der Einlage nicht stören. Eine angeschrägte

2. Ausstoß- und Abführvorrichtungen

Fläche des Ausstoßbolzens bestimmt die Ausfallrichtung der Werkstücke aus dem Werkzeug.

Zumeist werden mittels solcher Aushebevorrichtungen die Werkstücke nicht völlig aus dem Werkzeug entfernt bzw. ausgestoßen. Vielmehr dient das Anheben nur zur Erleichterung einer Abnahme des Werkstückes von Hand in der Einzelfertigung oder durch Schwingarmgreifer oder Seitenarmentlader nach Abb. 582 bis 587 im automatisierten Betrieb. Beispiele für Werkzeuge mit Ausheber zeigen Abb. 139, 140, 416 (Teil 19), 417 (h) und 418 (a).

c) **Abrutschvorrichtungen.** Über unter dem Pressentisch eingebaute pneumatische und gefederte Auswerfer für Stanzwerkzeuge wurde bereits auf S. 228 Näheres ausgeführt. Der Mangel solcher Luftkissen in Form von Tischunterbauten besteht zumeist darin, daß ein Durchfall von Schneid- und Stanzteilen durch den Tisch nicht möglich ist und ein seitlicher Ausfall durch Aufbau des Werkzeugunterteiles auf hohe Untersatzleisten notwendig wird. Abgesehen vom Zeitaufwand bei der Einrichtung des Werkzeuges und der geminderten Standfestigkeit sowie Gefahr des Versetzens unter teilweiser Lösung und Entlastung der Spannelemente besteht die Hauptschwierigkeit in der meist dafür zu geringen Abstandhöhe zwischen Pressentisch und Stößelunterfläche. Abb. 576 zeigt eine Ausführung[1] mit einer mittigen

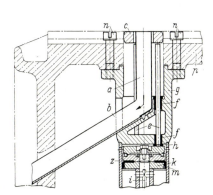

Abb. 576. Ausstoßring mit Durchfallöffnung

Abb. 577. Klappenkontaktsteuerung an einer Abführrutsche

Durchfallöffnung für Fertigteile durch das Rohr a, an dessen unterem Ende eine oben offene Rutschrinne b nach links unten abzweigt. Die obere Rohröffnung ist von einem zum Ausstoßen oder Gegendrücken bestimmten Ring c umgeben, der auf drei in Büchsen f geführten Stößelbolzen e aufsitzt. Die unteren Enden dieser Bolzen stehen auf einer kugelgelagerten Scheibe l,

---
[1] Entwickelt für Stufenpressen vom Industriewerk Karlsruhe (IWK).

die ihrerseits durch den Schraubenbolzen h mit der Kolbenstange i befestigt ist. Der Kolben k ist über eine Manschette m gegen den Zylinder z abgedichtet. Die Büchsen f sind in einem Gehäuse g eingesetzt, das mittels der Schrauben n mit dem Pressentisch p verbunden ist. Der Zylinder z wird durch vier hier nicht gezeichnete, außerhalb des Zylinders angebrachte Zugankerschrauben fest gegen das Gehäuse g gespannt. Es können in Tandemanordnung untereinander mehrere solcher Zylinder mit Kolben vorgesehen werden, um sowohl mit geringen als auch mit hohen Drücken zu arbeiten. Eine Abrutschvorrichtung von Stanzteilen in Verbindung mit einer unter dem Werkzeug befestigten Stapelvorrichtung ist auf S. 83 zu Abb. 85 und Abb. 86 erläutert.

Mitunter dienen in Abrutschvorrichtungen abgleitende Werkstücke der Pressensteuerung. So zeigt Abb. 577 links ein elektropneumatisches Vorschubgerät[1] a, das mit dem Pressenhub synchron geschaltet die in einem Magazin b gestapelten Zuschnitte unter diesem in ein U-Biegewerkzeug c einschiebt. Die fertig gebogenen Teile werden beim Rückzug des gleichen Schiebers d vom Werkzeug abgestreift und zu einer steilschrägen Rutsche e unter dem Magazin befördert, in der sie in einen Sammelkorb abgleiten. Bevor ein solches Werkstück die Rutsche verläßt, öffnet es eine leicht schwenkbare Klappe f mit einem angenieteten Bügel g, der die Kontakte des unter ihm liegenden Schalters h und somit den Stromkreis zur Funktion von Presse und Vorschubgerät schließt. Ist das Magazin erschöpft, oder hindert ein anderer Umstand des Ausstoß eines Fertigteiles, so bleibt die Klappe geschlossen, und Presse und Vorschubgerät werden stillgesetzt.

d) Ausschnittabwerfer. Insbesondere bei Großwerkzeugen besteht die Tendenz, den Schneidstempel bzw. Ziehstempel und Niederhalter unten, den Schneid- oder Ziehring oben anzuordnen. Die Tischfläche ist zur Durch-

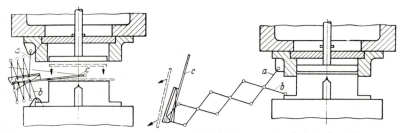

Abb. 579. Scherenarmabwerfer in Abwurfstellung

Abb. 578. Scherenarmabwerfer in Auffangstellung

führung von Druckstiften für den Niederhalter durchbohrt, während der Stößel zum zwangläufigen Auswerfen der im Schneid- oder Ziehring klemmenden Werkstücke mit Anschlagtraversen ausgerüstet ist. Der Vorteil einer solchen Anordnung ist der, daß die fertig gezogenen Teile griffbereit zur Weitergabe von oben anfallen. Zwecks flotten Arbeitens fällt dieses Teil nun nicht auf das Werkzeug, über das inzwischen während des Pressenstößelhochganges das nächste auszuschneidende Blech geschoben wurde, sondern

---

[1] Pressomat-Gerät mit Kontaktsteuerung der Fa. Ph. Schwarz, Wuppertal-Wichlinghausen.

auf eine Auffangvorrichtung. Dieselbe wird während des nächsten Stößelniederganges rasch beiseite gezogen und wirft das fertig geschnittene oder gezogene Teil in einen Transportwagen oder -behälter. Dafür bestehen verschiedene Lösungen. So zeigen Abb. 578 und 579 eine solche Abhebevorrichtung mittels Scherenarmen. Von den beiden verlängerten Endschenkeln wurde der eine *b* auf dem Pressentisch, der andere *a* an der unteren Stößelaufspannfläche gelenkig befestigt. In der oberen Stößelstellung nach Abb. 578 liegen die Leisten *c* zur Aufnahme des aus der Schneidöffnung herabfallenden Ausschnittes bereit, und das Scherengestänge ist eingeschlagen. Beim Abwärtsgang des Stößels stößt das nach außen aufspreizende Scherengestänge gemäß Abb. 579 die mit den äußeren Schenkeln verbundenen Leisten *c* nach außen, und das fertige Werkstück fällt in einen Behälter oder Förderkarren. Beim Aufwärtsgang des Stößels kehrt das Gestänge in seine Ursprungslage nach Abb. 578 zurück. Bei einer anderen Ausschiebvorrichtung nach Abb. 580

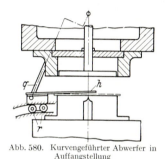

Abb. 580. Kurvengeführter Abwerfer in Auffangstellung

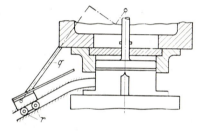

Abb. 581. Kurvengeführter Abwerfer in Abwurfstellung

und 581 fällt die ausgeschnittene Tafel gleichfalls auf zwei schräg liegende Leisten *c* kurz vor der hohen Endstellung des am Stößel angebrachten Schneidringes, sobald das obere Ende des Ausstoßbolzens gegen die den Stößel durchquerende Traverse anstößt. Beim anschließenden Niedergang wird dieses flachschräg liegende Auflagegestell mit den Auffangleisten nach Abb. 581 beiseite gestoßen, wobei der aufliegende Ausschnitt schräg nach unten in einen Sammelbehälter oder -wagen abfällt. Das Auflagegestell ist beiderseits mit je 2 Rollen *r* versehen, die seitlich geführt und mit dem Stößel durch zwei angelenkte Hebel *q* verbunden sind. Beim Stößelniedergang drücken die Hebel *q* das Auflagegestell schräg nach vorn, dessen Weg durch die Rollenführung genau bestimmt ist. Beim Rückwärtsgang, also beim Hochgehen des Stößels, ziehen die Hebel *q* das Auflagegestell in seine Ursprungsstellung unter dem Stößel zurück, so daß das nächste Werkstück aus dem Schneidring wieder darauf abfallen kann.

e) Schwingarmgreifer. In Preßwerken für Karosserieteile werden zum Ausheben derselben aus den Großwerkzeugen sogenannte eiserne Hände angewendet. Diese Schwingarmgreifer nach Abb. 582 sind Vorrichtungen, die zangenartig das fertig geschnittene oder fertig gezogene Teil am Rand erfassen, vom Werkzeug abheben und nach Schwenken des Armes in einen Transportbehälter fallen lassen. Es gibt sehr verschiedene Arten solcher Konstruktionen, die teilweise sogar als Zubehör und Bestandteil der Presse mitgeliefert werden. Der Aufbau einer solchen Vorrichtung ist in Abb. 583 und 584 erkennbar. Abb. 583 zeigt die Vorrichtung beim Anheben des Teiles und Abb. 584 beim Abwerfen desselben. Am Pressenständer befindet sich meist oben ein Gestell, in dem drehbar im Punkt A der Hebel h schwenkbar gelagert ist. An dem oberen Ende des winkelförmigen Hebels ist im Punkte B eine Schubstange e angelenkt, deren Gleitstein oder Kreuzkopf f in einer senkrechten Führung verschieblich angeordnet ist und durch den Kolben a

Abb. 582. Schwingarmgreifer an einer Breitziehpresse

und die daran befestigte Kolbenstange je nach Füllung des zugehörigen Preßluftzylinders nach unten über Leitung a_1 oder über die Leitung a_2 nach oben bewegt wird. Am anderen Ende des Hebels h befinden sich Bohrungen zur Aufnahme von Schrauben für die Hebelverlängerung i. Je nach Einstellung des Drehschieberventils kann über b_1 oder über b_2 der Kolben b auf- oder abwärts bewegt werden. Diese Kolbenstange b trägt das mit einem Gegengewicht g ausgeglichene Greiferaggregat, das hauptsächlich aus dem Kolben und Zylinder c besteht, der über eine Schubstange d die Schwenkklappe mit dem unteren Finger k bedient, während der obere Finger l fest mit dem Greiferaggregat verbunden ist, so daß von unten zugepackt und das Teil festgeklammert wird. Auch hier geschieht, je nachdem, ob die Leitungen zu c_1 oder c_2 unter Luftdruck stehen, die Vor- und Rückwärtsbewegungen des Kolbens c und das Öffnen und Schließen der Hand. Das Zusammenwirken aller dieser 3 Zylinder a, b und c erfolgt gleichzeitig über eine Schiebersteuerung.

2. Ausstoß- und Abführvorrichtungen

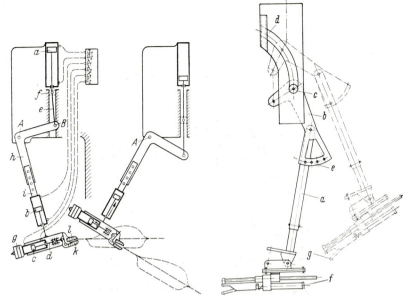

Abb. 583 u. 584. Schwingarmgreifer beim Anfassen und beim Abwerfen

Abb. 585. Schwingarmgreifer, rechts in Ausgangs- links in Arbeitsstellung

Abb. 585 zeigt eine andere Bauweise[1] eines solchen Schwingarmgreifers in seiner Anfangs- und Endstellung. Der Arm a wird durch einen hydraulischen Antrieb über einen Winkelhebel b, dessen mittlere Schwenkrolle c in einer festen bogenförmigen Führung d läuft, ausgeschwenkt. Die Anfangs- und Endstellung werden durch den Hub des hier nicht eingezeichneten oberen Zylinders sowie durch die Segmentverriegelung e für den Arm a bestimmt. Am unteren Ende des Schwingarmes a hängt die Greifervorrichtung g, die gleichfalls durch einen pneumatisch gesteuerten Zylinder f betätigt wird. Das Greifermaul ist den jeweiligen Bedürfnissen entsprechend verschieden ausgebildet. In Abb. 586 sind sechs verschiedene Ausführungen dargestellt, in denen, mit Ausnahme von e, die offene Stellung gestrichelt angedeutet ist. Das gestrichelte Glied ist das schwenkbare, das vom pneumatisch gesteuerten Zylinder f durch die Vorschubstange vorgeschoben wird und das Schließen der Greifvorrichtung g bewirkt. So zeigt Abb. 586a eine Greifervorrichtung für ein Teil mit einem nach oben gerichteten Zargenrand, das von oben gefaßt und durch Überkippen des Schließelementes abgezogen werden kann. Umgekehrt hierzu zeigt Ausführung b das Erfassen einer nach unten offenen Zarge von unten, wobei der gewölbten Form des Teiles entsprechend die Greiferflächen mit elastischen, der Form angepaßten Backen belegt sind. Die anderen vier Ausführungen c bis f sind für Blechteile geeignet, die an ihrer waagerecht vorstehenden Fläche gefaßt werden. Es können damit auch Blechtafeln gegriffen werden. Diese Beispiele für die Ausrüstung der Arbeitsfinger des Schwingarmgreifers gelten auch für Seitenarmentlader.

---

[1] Bauart Th. Gräbener, Werthenbach b. Siegen.

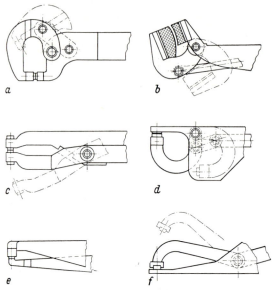

Abb. 586. Ausbildung der Greiferelemente für Schwingarmgreifer und Seitenarmentlader

f) Seitenarmentlader. Der Seitenarmentlader[1] nach Abb. 587 wird nicht mit der Presse verbunden, sondern wird als selbständige Fördereinrichtung neben der Presse aufgebaut und auf die erforderliche Höhe eingestellt. Dabei sind die Klemmhebel zu lösen und nach dem Verstellen wieder anzuziehen. Die in Abb. 587 erkennbaren vier Spindelschrauben sind fest anzuziehen und zu kontern. Die Druckluft wird über einen Schlauch mit Schnellkupplung zugeführt. Der Luftdruck ist am Druckminderventil auf 5 bis 6 atü einzustellen. Auch hier ist ebenso wie beim Schwingarmgreifer an der Presse die Endschalterbetätigung sowie die Leiste mit dem Endschalter zu befestigen. Beim Aufwärtsgang des Stößels wird der Endschalter betätigt. Er schließt den Stromkreis für das Magnetventil. Das Magnetventil öffnet den Luftweg, der Greifer schnellt vor, faßt das Werkstück; gleichzeitig gibt das erste Einlaßventil den Luftweg für die Zusatzeinrichtung frei, schickt den Wagen vor und hebt den Greifer. Das zweite Einlaßhauptventil öffnet den Luftweg für die Wagenrückluft, und der Wagen fährt zurück. Die notwendige Verzögerung ist an einem Luftdrosselventil einzustellen. Auf dem Rückweg betätigt der Wagen den ersten Endschalter. Er öffnet das Magnetventil, die Luft öffnet die Zange, das Werkstück fällt ab; gleichzeitig senkt sich die Zange. Beim Betätigen des zweiten Endschalters schaltet das Magnetventil um, und der Wagen, der mit einem hydraulischen Bremszylinder abgebremst wird, fährt in seine Ausgangsstellung zurück. An der mittleren senkrechten Stativsäule ist die kräftig gehaltene Quertraverse für die Führung des Wagens angebracht. Die am Wagen gehaltenen nach vorn ausladenden

---

[1] *Rüb, F.*: Zuführ- und Übergabevorrichtungen. Blech 15 (1968), Nr. 6, S. 333 bis 337.

2. Ausstoß- und Abführvorrichtungen

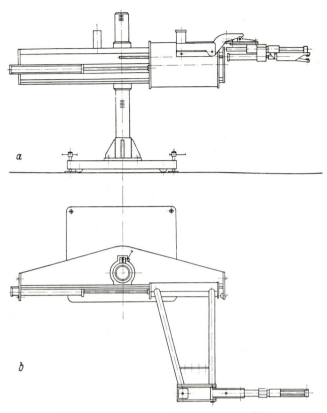

Abb. 587. Seitenarmentlader, *a* Vorderansicht, *b* Draufsicht

Rohre tragen die pneumatisch gesteuerte Greifervorrichtung, deren Aufbau dem Greifer des Schwingarmes in Abb. 585 und 586 gleicht.

g) Saugteller. Auch ohne Zuführung von Preßluft oder Luftabführung über Vakuum- oder Unterdruckleitungen arbeiten Gummiteller[1] zum Greifen und Ausgeben flacher Werkstücke nach Abb. 588. Wenn der kreuzweise schraffierte Gummiteller auf das Werkstück aufsetzt, wird zunächst die Luft innerhalb des Tellers durch ein Ventil herausgedrückt. Dabei wird sein Umfang vergrößert. Beim Anheben tritt eine Entlastung und somit eine Saugwirkung ein, und das Teil bleibt zunächst am Gummiteller haften. Es kann in dieser Lage mit dem Werkzeugoberteil nach oben mitgenommen werden, so daß zwischen der Grundplatte oder dem Werkzeugunterteil und dem hochgehobenen Werkstück Auffang- oder Abrutscheinrichtungen eingeschoben werden können. Soll nun das hochgehobene Teil abgeworfen werden, so muß der Unterdruck zwischen dem flach gespreizten Gummiteller und dem angesaugten Werkstück durch Zutritt von Luft aufgehoben werden. In den Gummiteller ist eine Hülse einvulkanisiert, die mit dem Werkstück-

---

[1] *Sichting*, B. F.: Pneumatische Geräte in der Blechverarb. Masch.-Markt 75 (1969), Nr. 33, S. 609–701.

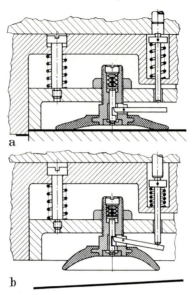

Abb. 588. Ansaugender Gummiteller zum Greifen (a) und Ausgeben (b)

niederhalter verschraubt wird, der in diesem besonderen Falle innerhalb eines Schneidringes in Bolzen aufgehängt und gegen diesen durch um jene Bolzen liegende Federn elastisch abgestützt ist. In der Hülse befindet sich nun ein in der Höhe verschiebbarer Ventilstift, der mittels Tellerfedern und einer darüber befindlichen Verschraubung auf seinen Ventilsitz nach unten gedrückt wird. Er gestattet somit den Luftaustritt unter dem Gummiteller beim Aufsetzen, verhindert jedoch einen Lufteintritt in umgekehrter Richtung während des Anhebens. Nur durch Anheben dieses Bolzens innerhalb der Hülse kann Luft eintreten. In der Hülse ist ein Hebel gelenkig und schwenkbar angeordnet, dessen rechtes längeres Ende entweder von Hand oder durch einen gefederten Bolzen nach unten gestoßen werden kann, wobei sich das Ventil (Abb. 588b) öffnet. Über diesem Bolzen ist noch ein an der Presse befestigter Bolzen angeordnet, gegen den der gefederte Bolzen beim Hochfahren des Pressenstößels anstößt, das rechte Hebelende nach unten drückt, den Ventilstift anhebt und damit Luft unter den Gummiteller zuführt. Herrscht dort dann wieder normaler Luftdruck, fällt das angehobene Blechteil ab.

h) Durch Preßluft gesteuerte Auswerfer. Befindet sich unter dem Pressentisch ein hydraulisch oder pneumatisch betriebenes Druckkissen, so werden durch den Pressenhub die auf der Kissenplatte stehenden Druckstifte für die Auswerfervorrichtung und das Preßluftventil für die Ausblaseluft gesteuert. In der Regel werden die Ausblaserohre I in Abb. 542, 546 und 589 mit dem Anschlußnippel an das Werkzeug fest anmontiert, so daß die günstigste Stellung des Blasrohres für immer festliegt.

Sind keine Druckstifte in den Pressentisch eingebaut, so läßt sich ein pneumatisch wirkendes Auswerferwerkzeug, wie in Abb. 589 erläutert, herstellen. Zuerst tritt die bei *a* eintretende Preßluft unter den Kolben *K*. Sobald sich dieser mit den darüberstehenden Ausstoßbolzen *H* und dem auf ihnen liegenden Werkstück um das Maß *t* gehoben hat, gelangt die Preßluft in die beiden Blasrohre *J* und bläst das Teil aus dem Werkzeug. Nach Umsteuerung des Preßluftventils durch den Pressenhub geht der Kolben *K* mit den Stiften *H* infolge seines Eigengewichtes und der Wirkung der Druckfeder in seine untere Ausgangsstellung zurück. Im allgemeinen kommt das Auswerfen von Teilen mittels Preßluft nur für Massenteile ohne empfindliche Oberfläche in Betracht.

Im neuzeitlichen Großwerkzeugbau gehören heute eingebaute Preßluftapparate zur üblichen Ausrüstung. Oft ist sogar ein Preßlufterzeuger, zumindest ein Preßluftkessel als Druckspeicher vorgesehen. Dies zeigt das

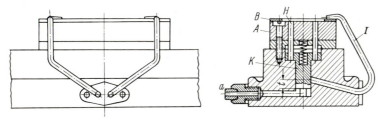

Abb. 589. Preßluftaushebe- und Ausblasvorrichtung

Abb. 590. Eingebaute Druckluftanlage (*a*) zum Ausheben des Blechteiles und zum Rückzug des Werkzeugschlittens (*b*)

Unterteil eines Prägebeschneidewerkzeuges[1] für ein linkes Vorderkotblech gemäß Abb. 590. Es ist ein Viersäulenwerkzeug mit zusätzlicher Winkelplattenführung in den Ecken zur Säulenentlastung. Vom Druckluftspeicher *a* geht die Leitung nach den Rückzugszylindern *b*. Dort wird ein durch einen Keilstempel des Oberwerkzeuges vorgeschobener Werkzeugschlitten zurückgezogen. Weiterhin werden nach dem Pressenhub durch weitere Leitungen *c* Ausstoßkolben angehoben, die die Abnahme des fertig geprägten und beschnittenen Kotflügels erleichtern. Weitere pneumatische Aushebevorrichtungen in Großwerkzeugen sind zu Abb. 416 bis 418 dargestellt und beschrieben.

[1] Bauart Allgaier.

K. Berechnung der Schrauben-, Teller-, Ring- und Gummifedern

1. Schraubenfedern

Für Stanzwerkzeuge werden in großem Umfange Schraubenfedern runden und rechteckigen Drahtquerschnittes nach DIN 2088 bis 2099 verwendet. Sie werden meistens unter Vorspannung eingesetzt und unterliegen entsprechend der Hubzahl der Presse stark wechselnder Beanspruchung. Häufig ist der Raum für ihre Unterbringung sehr beschränkt. Zur Vermeidung von Federbruch ist ihr Außendurchmesser möglichst groß zu wählen. Die Berechnung geschieht nach den Gleichungen folgender Tabelle 25, worin die Be-

Tabelle 25. *Berechnungsformeln für Schraubenfedern aus Federstahl*

			Drahtquerschnitt			
			a) rund Abb. 591		b) rechteckig Abb. 592	
I	Höchstzulässige Belastung P_{max}	mm	$\dfrac{14 \cdot d^3}{r}$	(130)	$\dfrac{18 \cdot b^2 \cdot h}{r}$	(131)
II	Federkraft P	kp	$\dfrac{117 \cdot f \cdot d^4}{n \cdot r^3}$	(132)	$\dfrac{250 \cdot f \cdot b^3 \cdot h}{n \cdot r^3}$	(133)
III	Durchfederung f	mm	$\dfrac{0{,}0085 \cdot P \cdot n \cdot r^3}{d^4}$	(134)	$\dfrac{0{,}004 \cdot P \cdot n \cdot r^3}{b^3 \cdot h}$	(135)
IV	mittl. Halbmesser r	mm	$\sqrt[3]{\dfrac{117 \cdot f \cdot d^4}{P \cdot n}}$	(136)	$\sqrt[3]{\dfrac{250 \cdot f \cdot b^3 \cdot h}{P \cdot n}}$	(137)
V	Federdrahtdicke d bzw. h	mm	$\sqrt[4]{\dfrac{0{,}0085 \cdot P \cdot n \cdot r^3}{f}}$	(138)	$\dfrac{0{,}004 \cdot P \cdot n \cdot r^3}{f \cdot b^3}$	(139)
VI	Windungszahl n		$\dfrac{117 \cdot f \cdot d^4}{P \cdot r^3}$	(140)	$\dfrac{250 \cdot f \cdot b^3 \cdot h}{P \cdot r^3}$	(141)

lastung in kp mit P, die Anzahl der Windungen mit n, die Verkürzung unter Belastung mit f, der mittlere Halbmesser der Drahtwindung gemäß der neutralen Faser mit r, der Drahtdurchmesser mit d beim runden Querschnitt, die Breite mit b und die Höhe bzw. Dicke mit h beim rechteckigen Querschnitt, sämtlichst in mm, bezeichnet werden.

Die Anwendung der Gln. (**130**) bis (**141**) wird in den Rechnungsbeispielen **57, 59, 61, 62** und **63** hinreichend erläutert. Unbedingt erforderlich ist eine Nachprüfung auf die höchstzulässige Belastung P_{max} hin. Bei den

1. Schraubenfedern

Gleichungsfaktoren wurden ein Gleitmodul G von 7500 kp/mm² und eine Verdrehungsfestigkeit k_d von 70 kp/mm² zugrunde gelegt. Dieses sind vorsichtige Rechnungswerte, die in allen Fällen genügen.

Wird für die Schubspannung τ_b die halbe Zugfestigkeit σ_B angenommen, so kann anstelle Gl. (130) folgende Beziehung aufgestellt werden, da σ_B mit größer werdendem Drahtdurchmesser d gemäß DIN 17223, Bl. 1 Drahtsorte C nahezu proportional abnimmt:

$$P_{max} = \frac{0{,}1\, d^3\, (275 - 25\, d)}{r} \qquad (130\,a)$$

Federn hohen Gütegrades gestatten eine wesentlich höhere Überbelastung, so daß dort anstelle der Faktoren 14 und 18 in Gln. (130) und (131) die doppelten Werte eingesetzt werden können. Trotzdem sind infolge der schwierigen räumlichen Unterbringung Überlastungen oft unvermeidlich. Daher sollten bei den oft recht hohen Federdrücken im Stanzwerkzeugbau Tellerfedern nach Tabelle 26 und S. 608 bis 612 anstelle von Schraubenfedern möglichst gewählt werden.

Die unter Tabelle 25 angeführten Gleichungen reichen für die angenäherte Berechnung zu den geschilderten Zwecken aus. Nur dort, wo der verarbeitete Werkstoff einen anderen Gleitmodul als $G = 7500$ kp/mm² und eine andere Verdrehungsfestigkeit als $k_d = 70$ kp/mm² aufweist, müssen die Gln. (II) bis (V) auf die Ursprungsgleichungen:

$$f = \frac{64 \cdot n \cdot r^3 \cdot P}{d^4 \cdot G} \quad \text{für runden Drahtquerschnitt,} \qquad (142)$$

$$f = 7{,}2 \cdot \pi \cdot n \cdot r^3 \frac{P(b^2 + h^2)}{G \cdot b^3 \cdot h^3} \quad \text{für rechteckigen Drahtquerschnitt} \qquad (143)$$

zurückgeführt werden. In entsprechender Weise gilt dann Gl. (130):

$$P_{max} = \frac{0{,}2 \cdot d^3 \cdot k_d}{r} \quad \text{für den runden Drahtquerschnitt,} \qquad (144)$$

Gl. (131):

$$P_{max} = \frac{0{,}26 \cdot b^2 \cdot h \cdot k_d}{r} \quad \text{für den rechteckigen Drahtquerschnitt.} \qquad (145)$$

Aber auch diese Gleichungen ergeben nur Näherungswerte, die um so ungenauere Werte liefern, je kleiner das Formverhältnis $e = 2r/d$ ist. In den vorstehenden Gleichungen wird eine symmetrische Spannung angenommen, indem der mittlere Halbmesser der gewundenen Schraubenfeder als neutrale Faser bzw. als geometrischer Ort für das entlastete mittlere Spannungszentrum des Querschnittes angenommen wird. In Wirklichkeit ist aber die Spannungsverteilung eine ganz andere, wie dies bereits beim Biegen in der Verschiebung der spannungsfreien Faser gemäß Abb. 210, S. 220, zum Ausdruck kommt und Abb. 591 für Federn runden Querschnittes beweist. Die Spannung nimmt auf dem der Federachse zugewandten Teil (= Innenseite) des Querschnittes zu, während sie auf der Außenseite abnimmt. Es ist also anstelle des bisherigen Wertes r in obigen Gleichungen gemäß der Bilder im

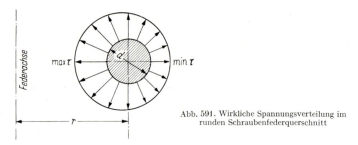

Abb. 591. Wirkliche Spannungsverteilung im runden Schraubenfederquerschnitt

oberen Teil der Tabelle 25 ein größerer Wert $r \cdot \psi'$ einzustellen. Der Berichtigungsfaktor ψ' ist in Abhängigkeit vom Formverhältnis e nach *Göhner*[1] dem Schaubild zu Abb. 592 zu entnehmen. Dort ist noch ein zweiter Berich-

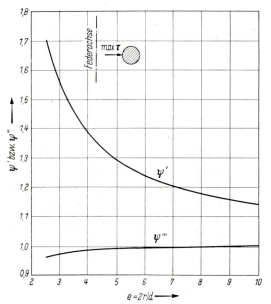

Abb. 592. Beiwerte ψ' und ψ''' für den Kreisquerschnitt

tigungsbeiwert ψ''' für die Durchbiegung f angegeben. Der nach obigen Gleichungen bereits unter Berücksichtigung vom ψ''' ausgerechnete Durchbiegungswert bedarf hiernach nochmals einer Multiplikation mit diesem Faktor ψ'''.

Wesentlich schwieriger sind die genauen Berechnungsverfahren für rechteckige Federquerschnitte, da hierfür wesentlich mehr Beiwerte[2] außer den ψ'''-Werten im Rechenwerk zu beachten sind. Insoweit wird auf das Fach-

---

[1] *Göhner, O.:* Die Berechnung zylindrischer Schraubenfedern. Z. VDI Bd. 76 (1932), S. 268, 269, 735.

[2] η_1, η_2, η_3 und h nach *Weber, C.:* Die Lehre von der Drehfestigkeit (Berlin 1921, Forschungsarbeiten).

schrifttum[1] ausdrücklich verwiesen, wo auch die Knickfestigkeit ausführlich abgehandelt ist.

Eine Knickung der Schraubenfedern ist infolge der meist nur gering verfügbaren Bauhöhe im Werkzeugbau kaum zu befürchten. In den wenigen Fällen, wo bemerkenswerte Federlängen vorliegen wie z. B. bei der Ausstoßvorrichtung in Abb. 219, lassen sich im allgemeinen sehr leicht Zentrierstifte anbringen, oder die Federn erfahren eine gewisse seitliche Führung durch die Federkammern. Der dem Werkzeugkonstrukteur nur an sich beschränkt verfügbare Raum zur Unterbringung der Federn verleitet ihn kaum zu einer überreichlichen Bemessung der Federkammern. Jedoch ist grundsätzlich auf ein peinliches winkelrechtes Abschleifen der am besten ausgeschmiedeten Federenden gemäß Abb. 593 zu achten. Wird dies übersehen, dann treten nicht nur Knickbeanspruchungen, sondern auch Seitenkräfte auf, die außer zu Klemmungen im Werkzeug selbst zu Federbrüchen führen können.

Zur besseren Ausnützung des verfügbaren Federkammerraumes werden zuweilen mehrere Schraubenfedern gemäß Abb. 594 zu einem sogenannten Federsatz[2] ineinandergesetzt. Der Zwischenraum δ_r ist mit $0,1\,d$ bezogen auf den benachbarten größeren Drahtquerschnitt zu bemessen. Nach Möglichkeit sind die einzelnen Federn eines derartigen Federsatzes durch geeignete Abstufung der Drahtquerschnitte gleich hoch zu beanspruchen. Unter Annahme

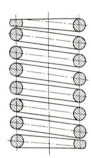
Abb. 593. Schraubenfeder mit ausgeschmiedeten Federenden

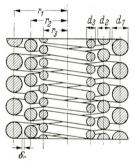
Abb. 594. Dreifacher Schraubenfedersatz

einer gleich großen Drehspannung ergibt sich für die drei ineinander gestellten Federn der Abb. 594 folgende Beziehung:

$$\frac{n_1 \cdot r_1^2}{d_1} = \frac{n_2 \cdot r_2^2}{d_2} = \frac{n_3 \cdot r_3^2}{d_3}. \tag{146}$$

Läßt sich baulich ermöglichen, was zumeist durchführbar ist, daß das Produkt von Windungszahl mit Drahtdurchmesser überall das gleiche ist, daß also gilt:

$$n_1 \cdot d_1 = n_2 \cdot d_2 = n_3 \cdot d_3, \tag{147}$$

---

[1] *Groß* u. *Lehr:* Die Federn (Berlin 1938), und *Groß:* Berechnung und Gestaltung von Metallfedern (Berlin 1951). Letzterem Buch sind mit Genehmigung des Verfassers die Bilder zu Abb. 591–595 entnommen.

[2] *Wolf, W. A.:* Gestaltung von Federsätzen für maximale Druckkraft. Werkstatt-Betrieb 81 (1948), H. 11, S. 322. – Z. VDI 91 (1949), Nr. 11, S. 259.

so ergibt sich nach obiger Voraussetzung einer gleichbleibenden Drehspannung bzw. eines gleichen k_d-Wertes:

$$\frac{r_1}{d_1} = \frac{r_2}{d_3} = \frac{r_3}{d_3}. \qquad (148)$$

Hiernach sind die Drahtdurchmesser d den Winkelhalbmessern r verhältnisgleich zu bemessen. In Abb. 595 kommt dies dadurch zum Ausdruck, indem die im Abstand r_1, r_2 und r_3 von der Federachse gezeichneten Kreise der zu-

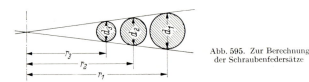

Abb. 595. Zur Berechnung der Schraubenfedersätze

gehörigen Drahtdurchmesser gemeinsam zwei sich in der Achse schneidende Gerade tangieren. Die Federkräfte P_1, P_2, P_3 verhalten sich zueinander wie die Quadrate der zugehörigen Drahtdurchmesser, so daß zur Bestimmung der Gesamtkraft P die Berechnung nur einer Feder, beispielsweise P_1, aufgrund der hier genannten Gl. (130) bis (133) oder nach dem genauen Rechnungsverfahren nach Gln. (142) bis (145) genügt und dieser Wert mit einem diesem Umstand Rechnung tragenden Faktor zu multiplizieren ist:

$$P = P_1 \left(1 + \frac{d_2^2}{d_1^2} + \frac{d_3^2}{d_1^2} \right). \qquad (149)$$

2. Tellerfedern

In Stanzwerkzeugen lassen sich Tellerfedern räumlich viel besser unterbringen als Schraubenfedern. Zur Übertragung großer Kräfte genügen verhältnismäßig geringe Verkürzungen der Tellerfedersäule. Die geschlossene Tellerfeder (Belleville) ist als flachkegelige Ringscheibe aus Federstahl vom Außendurchmesser D, Lochdurchmesser d und der Scheibendicke s ausgebildet, die flachkegelig unter einem Winkel α von 4 bis 7° verformt und anschließend gebrochen gehärtet wird. Die Höhe h der einzelnen Tellerfeder liegt etwas unter $2s$ und wird bei Belastung durch die Kraft P um das Maß w, bei Aufwendung der höchstzulässigen Kraft $P_{\max}$ um W verkürzt. Mehrere Tellerfedern werden durch Aufstecken über einen zentrierenden Führungsbolzen in mehreren Lagen n zu einer Säule der Gesamthöhe H vereinigt, wobei entweder gemäß Abb. 596 in Tabelle 26 die Tellerfedern in Einfachanordnung oder gemäß Abb. 597 in Mehrfachanordnung übereinander gesteckt werden. Die Anzahl der dabei schichtweise übereinanderliegenden Tellerfedern wird mit z bezeichnet. Bei Belastung wird die ganze Tellerfedersäule um das Maß f verkürzt. In Tabelle 26 sind die wichtigsten Berechnungsformeln für die Tellerfedern eines Durchmesserbereiches von $D = 30$ bis 50 mm und eines Dickenbereiches von 1 bis 2,5 mm zusammengestellt, wie sie für Werkzeugbau zumeist nur in Betracht kommen. Für andere Durchmesser gelten sie nicht. Dafür sei auf DIN 2092/2093 und auf die

2. Tellerfedern

Tabelle 26. Berechnungsformeln für Tellerfedern eines $D = 30$ bis 50 mm und $s = 1$ bis $2{,}5$ mm

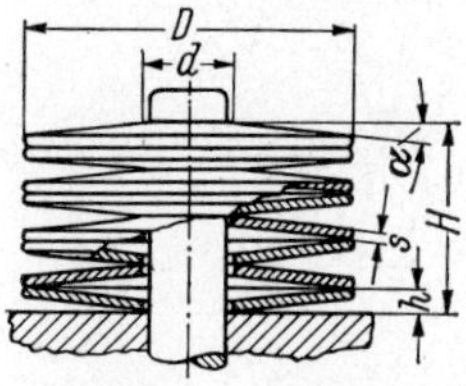

Abb. 596. Einfachanordnung 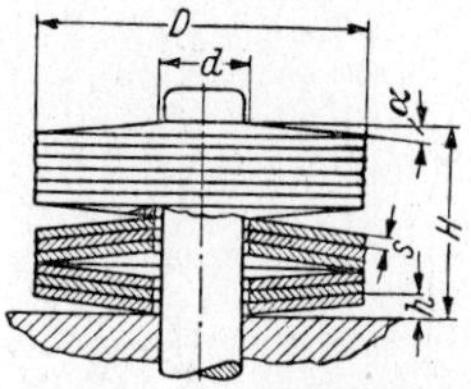   Abb. 597. Mehrfachanordnung

		Einfachanordnung		Mehrfachanordnung	
I	Höchstzulässige Federkraft P_{max} (kp)	$\dfrac{10\,000 \tan^2 \alpha \cdot W \cdot s^2}{\left(1 - \dfrac{d}{1{,}5D}\right)}$	(150)		
II	Federkraft P (kp)	$\dfrac{10\,000 \tan^2 \alpha \cdot f \cdot s^2}{n \cdot \left(1 - \dfrac{d}{1{,}5D}\right)}$	(151)	$\dfrac{10\,000 \tan^2 \alpha \cdot z \cdot f \cdot s^2}{n \cdot \left(1 - \dfrac{d}{1{,}5D}\right)}$	(152)
III	Durchfederung der Federsäule f (mm)	$n \cdot w$ oder $\dfrac{P \cdot n \left(1 - \dfrac{d}{1{,}5D}\right)}{10\,000 \tan^2 \alpha \cdot s^2}$	(153)	$\dfrac{n \cdot w}{z}$ oder $\dfrac{P \cdot n \left(1 - \dfrac{d}{1{,}5D}\right)}{10\,000 \tan^2 \alpha \cdot s \cdot z^2}$	(154)
IV	Blechdicke der Tellerfeder s (mm)	$\sqrt{\dfrac{P_{max}\left(1 - \dfrac{d}{1{,}5D}\right)}{10\,000 \tan^3 \alpha \cdot W}}$	(155)		
V	Anzahl der Tellerfederlagen n	$\dfrac{H}{h}$ oder $\dfrac{f}{w}$ oder $\dfrac{10\,000 \tan^2 \alpha \cdot w \cdot s^2}{P \left(1 - \dfrac{d}{1{,}5D}\right)}$	(156)	$\dfrac{H}{h + s(z-1)}$ oder $\dfrac{fz}{w}$ oder $\dfrac{10\,000 \tan^2 \alpha \cdot w \cdot s^2}{P \left(1 - \dfrac{d}{1{,}5D}\right)}$	(157)
VI	Gesamthöhe der ganzen Tellerfedersäule H (mm)	$n \cdot h$	(158)	$n\,[h + s(z-1)]$	(159)
VII	Kegelwinkel der Tellerfeder	$\tan \alpha = \dfrac{2(h-s)}{D-d}$	(160)		

graphische Ermittlung nach Abb. 598 verwiesen, wo außerdem der Frequenz bzw. der Hubzahl in der Zeiteinheit Rechnung getragen wird. Die Pressen in Stanzereibetrieben laufen mit minutlichen Hubzahlen zwischen etwa 50 und 120, wobei sich die letzteren Werte auf kleine Pressen beziehen. In allerneuester Zeit zeigen sich, besonders nach amerikanischem Vorbild, Bestrebungen im Pressenbau, wonach Pressen mit hohen Hubzahlen im Hinblick auf die angeblich größere Standzeit der Werkzeuge bevorzugt werden und wahrscheinlich auch eine Zukunft haben. Nutenstanzautomaten mit Hubzahlen von rund 1000/min und schnellaufende Unterpressen bis 1500 Hübe/min werden heute schon in Deutschland gebaut. Es ist denkbar, daß nicht alle Tellerfedern eine so hohe Hubzahl in der Zeiteinheit vertragen und daher brechen. Ob diese Annahme zutrifft, muß selbstverständlich

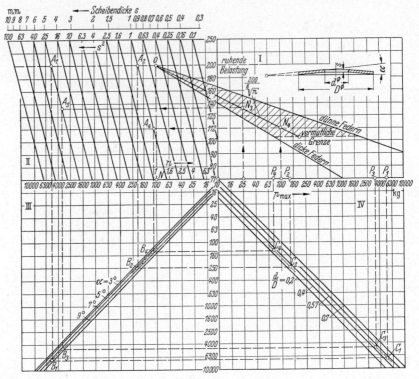

Abb. 598. Ermittelung der Federkraft für Tellerfedern [kg = kp]

erst durch Versuche bewiesen werden. Der bereits genannte und durchaus zutreffende Hinweis der Fa. Krupp auf eine Höchstbegrenzung von σ für ruhende oder selten sich ändernde Last spricht für einen Einfluß der Häufigkeit des Lastwechsels n (min¹) in der Zeiteinheit. In Verbindung mit einer Untersuchung von *Almen* und *Laszlo*[1] gilt für die zulässige Höchbelastung P_{max} folgende Beziehung:

$$P_{max} = \frac{200 \cdot s^2 \cdot (1 + \tan \alpha)^3}{\sqrt[8]{n}\left(2{,}4 - 2\frac{d}{D}\right)}. \qquad (161)$$

Anstelle der hier genannten Gleichung, welche infolge des Wurzelwertes und der Winkelfunktion nicht schnell auszurechnen ist, führt eine graphische Ermittlung von P_{max} nach Abb. 591 schneller zum Ziel. In diesem vierteiligen Diagramm mit den Teilen I, II, III und IV ist rechts oben in Teil I die Ermittlung des Ausdrucks $200/\sqrt[8]{n}$ über der Belastungsfrequenz n in der Minute

---

[1] *Almen, J. O.*, u. *Laszlo, A.*: The uniform section Disc spring. Trans. A.S.M.E. 58 (1936), S. 305.

2. Tellerfedern

dargestellt[1]. Da dicke Federn empfindlicher als dünne gegen Bruch bei hoher Frequenz sind, so kann anstelle der hier dargestellten Kurve innerhalb des schraffierten Bereiches auch ein anderer Punkt gewählt werden. Die rechte Grenzlinie dieses Bereiches gilt für dünne, die linke für dicke Tellerfedern, wobei unter dicken Tellerfedern schon solche von 5 mm und darüber zu verstehen sind. Es sei an dieser Stelle hervorgehoben, daß eine Nachprüfung dieser technischen Daten durch sehr ausgedehnte Versuche notwendig ist. Dies gilt insbesondere für die untere Grenzlinie. Im linken oberen Diagrammteil II ist an der oberen Skala die Scheibendicke s und darunter s^2 angegeben zur Kennzeichnung der einzelnen schrägen Kennlinien. Solche schräge Kennlinien sind im übrigen unter 45° geneigt ebenfalls in den Teilen III und IV eingetragen, wobei diese in Teil III die verschiedenen Werte des Kegelwinkels α und in Teil IV die verschiedenen Verhältniswerte des Durchmesserverhältnisses d/D darstellen.

Graphisch multipliziert wird derart, daß über die Teile I, II, III und IV senkrecht und waagerecht gelotet wird, so daß in der Skala für P_{max}, die im übrigen gleichzeitig die Skala für n ist, die zulässige Höchstbelastung abgelesen werden kann.

Beispiel 54: Gegeben sei eine Tellerfeder Krupp $90 \times 50 \times 5$ mit einem Kegelwinkel $\alpha = 8°30'$. Aus dem Verhältnis $d/D = 50/90 = 0{,}55$, dem Kegelwinkel $\alpha = 8°30'$ und der Blechdicke $s = 5$ mm erhält man die für die Berechnung bei ruhender Belastung notwendigen Werte. Der ruhenden Belastung entspricht auf der waagerecht gestrichelten Linie durch den Punkt O über $n = 1$ Punkt A_1 als Schnittpunkt mit der schrägen Geraden, die die Scheibendicke $s = 5$ mm darstellt. Von A_1 abwärts gelotet wird in Teil III die schräge Linie, die einem interpolierten Wert von $\alpha = 8°30'$ entspricht, im Punkt B_1 geschnitten. Von hier zielt eine Waagerechte nach rechts in Teil IV, wo in C_1 der Schnittpunkt mit einer interpolierten Geraden entsprechend $d/D = 0{,}55$ gefunden wird. Von C_1 nach oben gelotet erhält man den Punkt P_1 entsprechend einem P_{max} von 5500 kp als höchstzulässige Belastung. Im Falle einer minutlichen Belastungsziffer von 25 ist auf der schrägen Kennlinie im schraffierten Bereich in Teil I über $n = 25$ der Punkt N_3 zu finden, der von hier nach Teil II herübergelotet auf der schrägen Linie für $s = 5$ mm den Punkt A_3 ergibt. Nun ist, wie bisher beschrieben, zu verfahren, und zwar von Punkt B_3 waagerecht in Teil IV nach C_3 und von hier aus senkrecht nach oben zu loten, wo im Punkt P_3 eine zulässige Höchstbelastung $P_{max} = 3500$ kp abgelesen wird.

Beispiel 55: Es sei die höchstzulässige Belastung für eine Tellerfeder Sota $28 \times 10{,}2 \times 1{,}0$ mit einem Kegelwinkel $\alpha = 6°25'$ zu ermitteln. Für eine Blechdicke von 1 mm wird bei ruhender Belastung der Punkt A_2 als Ausgangspunkt für die graphische Ermittlung von P_{max} gefunden. Für den Kegelwinkel $\alpha = 6°25'$ ergibt sich in Teil III eine interpolierte Gerade, die von der Senkrechten durch A_2 im

---

[1] Abb. 598 bis Abb. 601 sind entnommen den Aufsätzen des Verfassers: Die Bewährung von Tellerfedern in Schnitt- und Stanzwerkzeugen. Werkst. u. Betr. 84 (1951), H. 4, S. 141–144, sowie: Die Ringfeder als Überlastsicherung und Dämpfungselement. Werkst. u. Betr. 85 (1952), H. 2, S. 69–72. Dort finden sich neben weiteren Berechnungsformeln für die Federwege, Federkraft, Federungsarbeit und Abmaße der Federelemente weitere Schrifttumshinweise auf einschlägige Arbeiten von *Damerow, Enslin, Groß, Kreißig, Lehr, Stark, Vergen, Walz, Wittlinger* usw. Siehe ferner *Wernitz, W.:* Die Tellerfeder. Konstrukt. 1954, H. 10, S. 361–376. – DIN 2092 Berechnung und DIN 2093 Baumaße der Tellerfedern. – Tellerfedern in der Schnitt- und Stanztechnik. Ind. Anz. 78 (1956), Nr. 43, S. 620–623. – *Lutz, O.:* Zur Berechnung der Tellerfedern. Konstr. 12 (1960), H. 2, S. 57–59. – *Reitmann, H.:* Konstruktionsrichtlinien für Tellerfedern. Ind. Anz. 90 (1968), Nr. 29, S. 563–566.

Punkt B_2 geschnitten wird. Das Verhältnis $d/D = 10{,}2/28 = 0{,}36$ führt in Teil IV zu einer interpolierten Geraden, die im Punkt C_2 von der Waagerechten durch B_2 geschnitten wird. Senkrecht über C_2 liegt der Punkt P_2 entsprechend einer zulässigen Höchstbelastung von 140 kp. Für 100 Hübe in der Minute würde man bei der gleichen Tellerfeder auf der schrägen Kennlinie im schraffierten Bereich in Teil I den Punkt N_4 finden, in Teil II in entsprechender Weise, wie bisher beschrieben, den Punkt A_4, in Teil III den Punkt B_4, in Teil IV den Punkt C_4 und darüber den Punkt P_4 mit 75 kp höchstzulässiger Belastung.

Ein Nachteil der Tellerfedern ist der, daß eine unzulässige Überlastung der Tellerfeder nicht immer sofort auffällt. Unter einer Materialprüfmaschine ist dann erkennbar, daß die Kraft-Weg-Linie nicht mehr gemäß Abb. 599 rechts linear verläuft, sondern nach Art einer Parabel gemäß Abb. 599 links

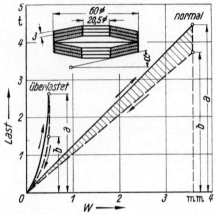

Abb. 599. Arbeitsschaubilder von Tellerfedersäulen [t = Mp]

steil ansteigt. Abb. 599 für eine Tellerfedersäule, bestehend aus 2 Lagen zu je drei übereinander geschichteten Tellerfedern $60 \times 20{,}5 \times 3$ mm zeigt entsprechend dem nach rechts oben gerichteten Pfeil die Federarbeit bei Belastung und entsprechend der gestrichelten Linie mit dem nach links unten gerichteten Pfeil die zurückgewonnene Federarbeit bei Entlastung. Je größer die von beiden Linien umgrenzte und schraffierte Fläche oder das Hysteresisverhältnis a/b ist, um so größer ist die Dämpfung der Feder.

3. Ringfedern

Eine noch wesentlich höhere Dämpfung zeigt die Ringfeder. Daher wird die Ringfeder dort eingesetzt, wo sie infolge ihres großen Dämpfungsvermögens zur Aufzehrung unerwünschter Stoßenergie am Platze ist. Ebenso wie bei der Tellerfeder beruht die Federwirkung im wechselweisen Zusammenwirken mehrerer Elemente. So wechseln Außenringe mit inneren Kegelflächen und Innenringe mit äußeren Kegelflächen ab. Die Kegelflächen liegen aufeinander. Bei Druck in Achsrichtung der aus den übereinander gesteckten Ringelementen gebildeten Säule werden die Querschnitte der Außenringe auf Zug beansprucht und gedehnt, hingegen die Innenringe gestaucht. Dabei nehmen die Außendurchmesser D der Außenringe nach Abb. 600 zu und die Innendurchmesser d der Innenringe ab; die Ringlagen der Säule schieben sich ineinander, und die Gesamthöhe der Ringfedersäule wird infolge dieser axialen Druckbeanspruchung verkürzt. Abb. 600 zeigt die an den konischen Reibflächen eines Ringfederwirkpaares angreifenden Kräfte, wobei oben die innere und unten die äußere Ringfeder dargestellt sind.

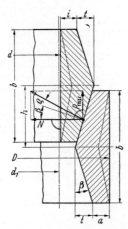

Abb. 600. Am Ringfederquerschnitt wirksame Kräfte

Die höchstzulässige Federkraft der Ringfeder $P_{\max}$ wird durch folgende Gleichung ausgedrückt, die sich aus Abb. 600 ergibt:

$$P_{\max} = 2 \cdot \pi \cdot F_i \cdot \sigma_d \tan(\beta + \varrho). \qquad (162)$$

Hierin bedeuten gemäß Abb. 600 und der Schnittzeichnung im linken Teil zu Abb. 601 F_i den halben Ringquerschnitt des Innenringes in mm², β den Kegelwinkel, ϱ den je nach Schmierung zwischen 6 und 9° liegenden Reibungswinkel. Zur Bestimmung von Federkraft und Elementenfederung diene auch hier ein vierteiliges Rechenschaubild Abb. 601. Der Abkürzungsfaktor c, der im rechten oberen Diagramm jenes Schaubildes über dem Winkel β bzw. dessen Tangenswert aufgetragen ist, lautet:

$$c = \frac{1}{2\pi \cdot \tan(\beta + \varrho)}, \qquad (163)$$

so daß im linken oberen Schaubild der vierteiligen Diagrammgruppe bei gegebenem F_i und Kegelwinkel β unter Annahme des jeweiligen Reibungswinkels ϱ die zulässige Höchstkraft gemäß folgender Beziehung ohne weiteres abgegriffen werden kann:

$$P_{\max} = \frac{F_i \cdot \sigma_d}{c}. \qquad (164)$$

Die zulässige Druckspannung σ_d im Innenringquerschnitt kann mit 110 kp/mm², die zulässige Zugspannung im Außenringquerschnitt mit 87 kp/mm² und der Elastizitätsmodul E mit 20000 kp/mm² angenommen werden. Bedeuten r_a den Schwerpunktshalbmesser des Außenringes und r_i denjenigen des Innenringes in mm, so wird die bei P_{max} vorhandene Elementenfederung W wie folgt berechnet:

$$W = \frac{r_a \cdot \sigma_z + r_i \cdot \sigma_d}{\tan\beta \cdot E}. \tag{165}$$

Da sich die Abweichungen in der folgenden Rechnung weitestgehend ausgleichen, so daß sie im Endergebnis höchstens 3% insgesamt ausmachen, sind zur Vereinfachung folgende Annahmen zulässig:

$$\sigma_z = \sigma_d = 100 \text{ kp/mm}^2 \quad \text{und} \quad r_a + r_i = \frac{D+d}{2} \text{ mm}.$$

Gl. (165) kann hiernach vereinfacht geschrieben werden:

$$W = \frac{100(D+d)}{2E \tan\beta} = \frac{0,0025(D+d)}{\tan\beta}. \tag{166}$$

Der Wert $D + d$ ist schnell gebildet und ergibt im unteren rechten Schaubild der vierteiligen Diagrammgruppe eine bequeme graphische Ermittlung durch Herabloten des Wertes von β oder $\tan\beta$ auf die schräge Gerade des gegebenen $(D + d)$-Wertes. Im rechten oberen Diagramm der Abb. 601 ist der für den Einbau solcher Ringfedern in Werkzeuge gebräuchliche Bereich zwischen $\beta = 12$ bis $15°$ durch Schraffur gekennzeichnet.

Die Berechnung der Elementenfederung w aus den Ringfederabmessungen bei gegebener Stauchkraft P oder umgekehrt die Berechnung von P aus w ist nur möglich, nachdem P_{max} und W gemäß folgender Beziehung bereits ermittelt wurden:

$$\frac{P}{w} = \frac{P_{max}}{W}; \quad \text{oder} \quad P = w\frac{P_{max}}{W} \quad \text{oder} \quad w = \frac{P \cdot W}{P_{max}}. \tag{167}$$

Im linken unteren Schaubild der vierteiligen Diagrammgruppe sind Linien des gleichen Verhältnisses P_{max}/W eingetragen. Durch die oben bestimmten Werte von P_{max} und W ergibt sich der Punkt, durch den die Linie des entsprechenden P_{max}/W unter 45° gelegt wird. Auf dieser Geraden liegen sämtliche anderen Werte für P/w, so daß zu jeder Kraft die zugehörige Elementenfederung w abzugreifen ist.

Beispiel 56: Gegeben seien die Ringfederabmessungen, die im vorliegenden Fall F_i (halbe Querschnittsfläche des Innenringes) = 12,5 mm², Außendurchmesser $D = 48$ mm, Innendurchmesser $d = 42$ mm und $\tan\beta = 0,23$ aufweisen. Gesucht wird die Elementenfederung w bei einer Zusammendrückung der Ringfeder unter einer Last von 700 kp. Dabei werden normale Schmierungsverhältnisse für $\mu = 0,14$ entsprechend einem Reibungswinkel $\varrho = 8°$ angenommen.

Zunächst ist von $\tan\beta = 0,23$ auszugehen. Es ist dies der Punkt A im rechten oberen Teil des Diagrammes. Die Senkrechte durch diesen Punkt A schneidet die Linie für $\varrho = 8°$ im Punkt B. Im linken Diagramm wird der Wert für $F_i = 12,5$ mm² im Punkte C gefunden, und die zu den schrägen Geraden gestrichelt gezeichnete Parallele schneidet die Waagerechte durch B im Punkte E. Die gleiche Senkrechte im Punkte A, welche darüber den Punkt B ergab, schneidet im unteren rechten Teil des 4teiligen Schaubildes die gestrichelt gezeichnete Parallele zu den anderen schrägen Linien, welche durch den Punkt G für $D + d = 90$ mm gelegt wird, im Punkte H. Hiernach erhält man eine höchstzulässige Federung W von **1 mm** bei

3. Ringfedern

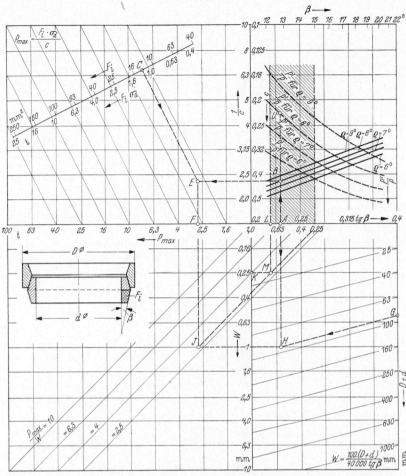

Abb. 601. Ermittelung der Federkraft und des Federweges für Ringfedern [$t = $ Mp]

einem P_{max} von etwa 2,8 Mp (Punkt F). Die Senkrechte durch E bzw. F sowie die Waagerechte durch H ergeben im linken unteren Diagramm den Schnittpunkt J, durch den unter 45° die schräge Gerade verläuft, welche das Verhältnis P_{max}/W = const kennzeichnet. Wir können nun für jede beliebige Kraft P, die kleiner als P_{max} ist, die entsprechende Elementenfederung w abgreifen. In der vorliegenden Aufgabe ist nach der Elementenfederung w bei einer Kraft P von 700 kp bzw. 0,7 Mp gefragt. Dieser Kraft entspricht der Punkt L. Durch Herabloten von L auf die unter 45° geneigte Linie durch J erhält man den Punkt M und von hier waagerecht nach links den Punkt K, also eine Elementenfederung w von 0,25 mm.

Da das senkrechte und das waagerechte Herüberloten entsprechend dem Rechteck $B - E - J - H$ sehr einfach ist, erspart die vorliegende graphische Auswertung langwierige Berechnungen. Im übrigen sind für die verschiedenen Reibungswinkel im rechten oberen Diagramm die Verhältnisse P'/P eingetragen. Die Senkrechte durch den Punkt A schneidet die dafür gestrichelte Kurve für $\varrho = 8°$ im Punkt U entsprechend einem P'/P von 0,23. Dies würde für den vorliegenden Fall bedeuten, daß bis zur eintretenden Rückfederung die Kraft von 700 kp auf das 0,23fache, also bis auf **161 kp** herabsinken würde.

Für die Federung f und die Höhe H der zusammengesetzten Ringfedersäule gelten bei einer Elementenanzahl n bzw. Anzahl der wirksamen Kegelflächen, der Ringbreite b und der Elementenhöhe h in mm nach Abb. 600 folgende Beziehungen:

$$f = n \cdot w \qquad \text{und im Höchstfall} \quad f_{max} = n \cdot W, \tag{168}$$
$$H = n \cdot h + b, \tag{169}$$
$$h = W + 0{,}5b \quad \text{und} \quad H = n(W + 0{,}5b) + b. \tag{170}$$

Der Wert von h soll nicht größer als $W + 0{,}5b$ bemessen werden, damit die Ringfedern nicht überbeansprucht werden. Auf diese Weise wird erreicht, daß sich von einer bestimmten zulässigen Höchstlast P_{max} ab die Stirnseiten der Federringe berühren und nunmehr keine weitere Ausdehnung der Außenringfedern und Stauchung der Innenringfedern stattfinden kann.

Bei der Berechnung von spannungsmäßig und statisch immerhin so komplizierten Elementen, wie es Teller- oder Ringfedern sind, darf nicht übersehen werden, daß infolge der ihnen eigenen Schwankungen der Oberflächenspannungen durch den Härteprozeß und des Reibungswertes die Ergebnisse einer Rechnung oder graphischen Ermittlung der Wirklichkeit nur roh angenähert sein können. Dies gilt bereits für einfache Schrauben- und Stabfedern weniger verwickelter Verhältnisse. Deshalb sind Abweichungen vom Rechnungsergebnis bis zu $\pm 20\%$ möglich. Weiterhin ist das Querschnittsprofil der Ringfedern verschieden. Gewiß werden die Ringfedern meist gemäß der Schnittzeichnung links in Abb. 601 Mitte an den Außenringen außen und an den Innenringen innen zylindrisch ausgeführt, doch bestehen daneben Bauarten, z.B. mit gewalzten Ringen, bei denen diese Flächen nahezu parallel zu den Kegelflächen als Ringkerben verlaufen (in Abb. 600 gestrichelt) sowie weitere Ringquerschnittprofile. Alle diese Formabweichungen beeinflussen das Rechenergebnis. Da die Ringfeder in erster Linie als Überlastsicherung gedacht ist und daher stets unter Vorspannung verwendet wird, so genügt zur Bestimmung ihrer Abmessungen in den meisten Fällen eine näherungsweise Berechnung. Dort, wo es auf eine genaue Ermittlung des Kraft-Weg-Schaubildes ankommt, muß die Federcharakteristik ohnehin auf dem Versuchsstand ermittelt werden. Hieraus ergibt sich dann die für die Vorspannung erforderliche Federsäulenverkürzung ohne weiteres. Sollen Ringfedern zur Anwendung kommen, so ist es daher zweckmäßig, sich schon nach der Vorklärung eines Projektes mit dem Herstellerwerk der Federn in Verbindung zu setzen. Es sei noch erwähnt, daß bereits Ringfedern bis zu 1000 Mp Endkraft hergestellt und mit Erfolg angewendet werden. Als Überlastsicherung unter Biege- und Prägewerkzeugen, um Blechdickenabweichungen zu begegnen, hat sich die Ringfeder bewährt. Verwiesen sei auf die Prägewerkzeuge und die Werkzeuguntersatzplatte für Prägearbeiten nach Abb. 284 bis 286 zu S. 299 dieses Buches. Hingegen sind die Ringfedereinbauten im Feinstanzwerkzeug Abb. 74-1 und Werkzeugblatt 27, S. 239, Ausführungsbeispiele, wo ebenso starke Tellerfedersätze zum gleichen Ziel führen. Die Ringfeder erfordert eine räumliche Abkapselung mit Schmierstoffüllung und deren Temperaturüberwachung mittels Thermoelementen bis zu etwa 300 °C.

4. Gummifedern

Nachdem es gelungen ist, ölbeständige elastische Werkstoffe herzustellen, hat sich in den letzten Jahren die Gummifeder auch im Stanzwerkzeugbau immer mehr eingeführt. Sie ist zumeist von einfacher zylindrischer Gestalt des Außendurchmessers D_0, der sich bei Zusammendrücken der ursprünglichen Höhe h_0 auf h_1 gleichfalls ändert, und zwar auf D_1 vergrößert, und des Lochdurchmessers d, der sich nur unwesentlich verkleinert. Die Durchmesser der Federaufnahme- bzw. Führungsbolzen sind daher nur um 0,5 mm kleiner als d gehalten. Die Berechnung der Federkraft ist aus den vom AWF herausgegebenen Kraft-Weg-Kurven zu entnehmen, die sich nur auf die Shore-Härte C 68 beziehen. Abb. 602 zeigt ein solches Diagramm für eine Gummifeder dieser Härte von $D_0 = 100$ mm Durchmesser und $d = 20{,}5$ mm. Der Durchmesser des Führungsbolzens beträgt hier 20,0 mm. Bei der Berechnung[1] ist die Knickkurve zu Abb. 603 zu beachten, die Gummifedern dürfen daher nicht zu lang gewählt werden. Die praktische Anwendung eines

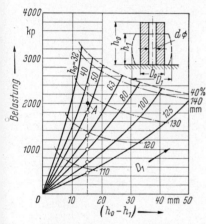

Abb. 602. Kraftwegkurven für Gummifedern der Shorehärte C 68, eines $D_0 = 100$ mm und eines $d = 20{,}5$ mm verschiedener Höhen $h_0 = 32$ bis 125 mm. $D_1 =$ größter Ausbauchdurchmesser

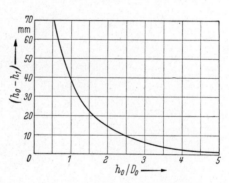

Abb. 603. Knickgefahr oberhalb der Knick-Grenz-Kurve

solchen Schaubildes wird im Beispiel 66 erläutert. Dort ist zu entnehmen, daß für den gleichen Zweck verschiedene Pufferhöhen h_0 möglich sind, wenn man die Verkürzung $(h_0 - h_1)$ darauf einrichtet. Wichtig ist insbesondere der Umstand, daß für jeden Durchmesser D_0 und jede Shore-Härte ein besonderes Kraft-Weg-Diagramm gilt.

Im folgenden mögen an einigen hier beschriebenen Werkzeugkonstruktionen die Anwendung der Gleichungen für Schrauben-, Teller- und Gummifedern erläutert werden.

---

[1] *Mohr, R.:* Berechnung der Gummifedern. Klepzig-Fachberichte 74 (1966), H. 12, S. 563–564.

5. Ausstoßerfedern

Hierfür genügt eine verhältnismäßig geringe Vorspannung. Der von der Ausstoßerfeder zu überwindende Widerstand errechnet sich aus dem Eigengewicht des auszuhebenden Teiles und der Haftspannung, die je nach dem Grade der Festklemmung, Härte des Bleches, Rückfederung und der durch Oberflächenrauhigkeit bedingten Reibung mit 2 bis 10 kp/cm² bezogen auf die klemmende Fläche zu schätzen ist. Über Schneidabstreifkraft s. S. 29!

Beispiel 57: Für das Ziehwerkzeug in Werkzeugblatt 48, Abb. 397, ist die Ausstoßerfeder Teil 8 zu berechnen. Da das Werkstück nach unten abfällt, interessiert nur die Haftspannung von 2 bis 10 kp/cm². Bei weichem Werkstoff mit geringer Rückfederung und glatter Oberfläche ist der untere Wert, im gegenteiligen Falle der obere Wert zu wählen. Gehen wir von einem Mittelwert von 6 kp/cm² und einer Fläche von 16,5 cm² für den Teil des Ziehkörpers (= Zarge) aus, der sich gegen den Ziehschneidring (Teil 9) von innen anlehnt bzw. darin klemmt, so ergibt sich heraus eine notwendige Ausstoßkraft P von $6 \cdot 16,5 = 100$ kp. Der verfügbare Hub des Federdruckbolzens (Teil 6) betrage 12 mm, wozu für die Vorspannung weitere 3 mm hinzuzuschlagen sind, so daß im ausgebauten Zustande die Feder 3 mm länger ist als innerhalb des Werkzeuges in Ruhestellung. Somit ist f mit $12 + 3 = 15$ mm anzunehmen. Wird für den Einbau ein $r = 8$ mm und eine Windungszahl $n = 6$ angenommen, so ergibt sich hieraus eine Federdrahtstärke d nach Tabelle 25-V:

$$d = \sqrt[4]{\frac{0{,}0085 \cdot n \cdot r^3 \cdot P}{f}} = \sqrt[4]{\frac{0{,}0085 \cdot 6 \cdot 512 \cdot 100}{15}} = 3{,}5 \text{ mm}. \tag{138}$$

Eine Nachprüfung nach Gl. (130) in Tabelle 25 belehrt uns allerdings, daß bei $P = 100$ kp die oben berechnete Feder erheblich überlastet ist, da hiernach nur 75 kp ausgerechnet werden:

$$P_{\max} = 14 \frac{d^3}{r} = \frac{14 \cdot 42{,}8}{8} = 75 \text{ kp}.$$

Da die bauliche Unterbringung keine größere Federabmessung zuläßt und außerdem die erwähnten Haftspannungswerte der Sicherheit wegen bereits ausreichend hoch angenommen sind, so ist im Durchschnitt mit wesentlich geringerem Druck zu rechnen.

Beispiel 58: In die Federkammer von 40,1 mm Durchmesser nach obigem Beispiel 57 sollen Tellerfedern ($D = 40$ mm, $d = 14$ mm, $s = 2{,}5$ mm, $h = 4$ mm) untergebracht werden, da die obige Schraubenfeder nicht ausreicht, um härteres Material auszuwerfen, so daß nicht 100, sondern 200 kp nötig sind. Wieviel Tellerlagen n sind bei Einfachanordnung erforderlich und wie hoch wird die Tellerfedersäule H?

Zunächst ist $\tan \alpha$ zu berechnen:

$$\tan \alpha = \frac{2(h-s)}{D-d} = \frac{3}{26} = 0{,}115; \quad 6°\,35'. \tag{160}$$

Dies entspricht einem $\alpha = 6°35'$.

Die Verkürzung w einer Tellerfeder wird nach Gl. (153) errechnet zu:

$$w = \frac{P\left(1 - \dfrac{d}{1{,}5D}\right)}{10000 \tan^2 \alpha \cdot s^2} = \frac{200\,(1 - 0{,}233)}{10000 \cdot 0{,}0132 \cdot 6{,}25} = 0{,}185 \text{ mm}. \tag{153}$$

Um eine Gesamtverkürzung von 12 mm für den Weg der Zusammendrückung und 3 mm für die Vorspannung zu haben, also $f = 15$ mm, sind

$$n = \frac{f}{w} = \frac{15}{0{,}185} = 80 \text{ Tellerfedern} \tag{153}$$

in Einfachanordnung übereinander gesteckt erforderlich.

$$H = h \cdot n = 4 \cdot 80 = 320 \text{ mm Höhe der Federsäule.}$$

In Mehrfachanordnung übereinandergesteckt ergibt geringere Höhen.

6. Federn in Gesamtschneidwerkzeugen

Die für die Gegendruckfedern in Gesamtschneidwerkzeugen erforderlichen Kräfte können gering sein. Die aufzuwendende Federkraft in kp im Zustande der Vorspannung entspricht etwa dem Schnittlinienumfang in cm. Die Verkürzung der Spannung beträgt dabei etwa 1/10 der Federkammerhöhe, die Gesamtschneidstempel drücken die Auswerfer um etwa 4 mm zurück. Hiernach ist f zu bewerten.

Beispiel 59: Bei dem Transformatorenblech zu Abb. 173 in Werkzeugblatt 19 von 50 mm äußerer Seitenlänge betragen die Schneidlinien näherungsweise außen $4 \cdot 5$ cm, innen $5 \cdot 3$ cm $+ 3 \cdot 1$ cm, also insgesamt 38 cm entsprechend einem P-Wert von gleichfalls 38 kp. Der entsprechend ausgearbeitete Ausstoßer (Teil 8) wird über die Druckplatte (Teil 9), den Druckstift (Teil 10) und den Federteller (Teil 12) mittels der Feder 13 betätigt. Die äußere Feder weist ein $r = 15$ mm, einen Drahtdurchmesser $d = 5$ mm und eine Windungszahl $n = 7$ auf. Wieviel Kraft übernimmt sie?

Die Federkammer ist 60 mm hoch, die Vorspannungskürzung beträgt 6 mm. Hinzu kommen 4 mm, um welche der Ausstoßer (Teil 8) durch den Schneidstempel zurückgedrängt wird. Hieraus ergibt sich eine Gesamtverkürzung $f = 6 + 4 = 10$ mm. Nach Gl. (132) gilt für

$$P = 117 \frac{f \cdot d^4}{n \cdot r^3} = \frac{117 \cdot 10 \cdot 625}{7 \cdot 3375} = 31 \text{ kp}. \qquad (132)$$

Die restlichen 7 kp ($= 38 - 31$) sind von der inneren Feder zu übernehmen, deren Drahtquerschnitt d sich nach Gl. (138) wie folgt berechnet, wobei $n = 10$, $r = 9$ mm und $f = 10$ mm in Übereinstimmung mit dem oben errechneten Wert eingesetzt werden.

$$d = \sqrt[4]{\frac{0{,}0085 \cdot n \cdot r^3 \cdot P}{f}} = \sqrt[4]{\frac{0{,}0085 \cdot 10 \cdot 729 \cdot 7}{10}} = 2{,}5 \text{ mm}. \qquad (138)$$

Die Kontrolle nach Gl. (130) ergibt für die äußere Feder eine höchstzulässige Belastung von 116 kp und für die innere von 24 kp.

Beispiel 60: Im Kupplungszapfen des Werkzeugoberteiles zu Abb. 173 befinden sich 10 ($= n$) übereinander gesteckte Tellerfedern Sota $40 \times 14{,}2 \times 1{,}5$ ($= D \times d \times s$) eines $h = 2{,}9$ mm. Wie groß ist die Vorspannkraft bei 1 mm Vorspannung, und welche Kraft ist aufzuwenden für ein Hochdrücken der Ausstoßerplatte um 3 mm?

Zunächst ist $\tan \alpha$ zu berechnen:

$$\tan \alpha = \frac{2(h-s)}{D-d} = \frac{2{,}8}{25{,}8} = 0{,}1085 \quad \text{entsprechend } \alpha = 6° 10'. \qquad (160)$$

In Gl. (151) der Tabelle 26 ist für f bei Ermittlung der Vorspannkraft 1 mm, bei der Hochdrückkraft $3 + 1 = 4$ mm einzusetzen. Somit werden errechnet:

$$P = \frac{10\,000 \tan^2 \alpha \cdot f \cdot s^2}{n \cdot \left(1 - \dfrac{d}{1{,}5 D}\right)} = \frac{10\,000 \cdot 0{,}0118 \cdot 1 \cdot 2{,}25}{10 \left(1 - \dfrac{14{,}2}{60}\right)} = 35 \text{ kp}$$

für die Vorspannung entsprechend 140 kp für ein Verkürzen der Federsäule um insgesamt 4 mm.

7. Biegedruckfedern

Diese Federn werden in Biegewerkzeugen deshalb angeordnet, um einen Biegedruck auszuüben oder einen Biegewiderstand zu überwinden. Zur Berechnung der Biegekraft diene die in Abschnitt C 3 dieses Buches genannte Gl. (37). Ebenso wie die Schneiddruckfedern sollten Biegedruckfedern nach Möglichkeit vermieden werden, doch sind sie gerade bei verwickelten Biegevorgängen, die in einem gemeinsamen Arbeitsgang vollzogen werden, oft unvermeidlich. Dafür zeugt das folgende Beispiel.

Beispiel 61: Für einen Federdruckapparat nach Abb. 219 ist die Vorspannung zu berechnen, um den Biegekern (Teil 6) des Werkzeuges Abb. 256, Werkzeugblatt 36, in seiner oberen Stellung zu halten, trotz der inzwischen stattgefundenen Vorbiegung an den Stellen E, F und G. Das zu biegende Blech sei 1 mm dick und 15 mm breit bei einem σ_B-Wert des Werkstoffes von 35 kp/mm². Hiernach beträgt die Biegekraft gemäß Gl. (39), S. 214, 210 kp.

Die Druckfeder in Abb. 219 habe eine Windungszahl $n = 14$, eine Federdrahtstärke $d = 8$ mm und ein $r = 25$ mm. Die Vorspannungsverkürzung f dieser Feder wird nach Gl. (134) berechnet:

$$f = \frac{0{,}0085 \cdot n \cdot r^3 \cdot P}{d^4} = \frac{0{,}0085 \cdot 14 \cdot 15\,600 \cdot 210}{4100} = 95 \text{ mm}.$$

8. Niederhalterfedern

Der spezifische Niederhaltedruck ist aus der Tabelle 36 am Ende dieses Buches ersichtlich. Die Multiplikation dieses Wertes mit der Fläche des Blechflansches ergibt die Niederhalterkraft P_n gemäß Gl. (80) auf S. 333. Nach den Gleichungen der Tabellen 25 und 26 werden die Federn wie folgt berechnet.

Beispiel 62: Die Größe der vom Niederhalter im Werkzeugblatt 53, Abb. 410 zu haltenden ringförmigen Zuschnittsfläche bzw. Blechflansches eines Messingteiles betrage 30 cm². Gemäß Tabelle 36 erfordert Messingblech in Tiefziehgüte einen Niederhalterdruck von 20 kp/cm², so daß bei einer Fläche von 30 cm² eine Niederhaltekraft von 600 kp, bzw. 150 kp je Feder aufzuwenden ist. Wie groß ist die Drahtdicke d bei rundem Querschnitt zu wählen, wenn $n = 7$, $r = 8$ mm und $f = 60$ mm betragen?

Nach Gl. (138) beträgt:

$$d = \sqrt[4]{\frac{0{,}0085 \cdot 150 \cdot 7 \cdot 512}{60}} = \sqrt[4]{77} = \sqrt{8{,}75} = 3 \text{ mm}.$$

Beispiel 63: Wie hoch ist h zu wählen, wenn unter Bezug auf das vorausgegangene Beispiel 62 anstelle eines runden Drahtquerschnittes ein rechteckiger der Bandstahlbreite $b = 3$ mm verwendet wird?

$$h = \frac{0{,}004 \cdot 150 \cdot 7 \cdot 512}{27 \cdot 60} = 1{,}35 \text{ mm}.$$

Eine Kontrolle der Federn aufgrund der Gln. (138) und (139) weist allerdings eine erhebliche Überlastung nach, weshalb hierfür Tellerfedern nach Tabelle 26 und folgendem Beispiel 64 geeigneter wären.

Beispiel 64: In das Werkzeug zu Abb. 410 umstehenden Beispieles 62 sollen anstelle der Schraubenfedern Tellerfedersäulen zu $n = 20$ aus *Sota*-Tellerfedern 34 × 12,2 × 1,25 ($D = 34$, $d = 12{,}2$, $s = 1{,}25$, $h = 2{,}4$ mm) in Einfachanordnung oder Mehrfachanordnung zu $z = 2$ untergebracht werden. Wie groß ist die Verkürzung der Federsäulen, um zu gleichen Drücken wie im Beispiel 62 zu gelangen?

$$\tan \alpha = \frac{2\,(2{,}4 - 1{,}25)}{34 - 12{,}2} = \frac{2{,}3}{21{,}8} = 0{,}105 \quad \text{entsprechend } \alpha = 6°$$

$$f = \frac{P\,n\left(1 - \dfrac{d}{1{,}5\,D}\right)}{10\,000\,\tan^2\alpha \cdot s^2 \cdot z}$$

$$= \frac{150 \cdot 20\left(1 - \dfrac{12{,}2}{51}\right)}{10\,000 \cdot 0{,}011 \cdot 1{,}56 \cdot 1} = 13{,}2\,\text{mm} \quad \text{für } z = 1$$

$$= 6{,}6\,\text{mm} \quad \text{für } z = 2\,.$$

Beispiel 65: In einem Ziehwerkzeug seien zur Abfederung des Niederhalters Gummifedern eines $D_0 = 100$ mm der Shore-Härte C 68 einzubauen, deren Belastungscharakteristik in Abb. 602 dargestellt ist. Es ist Platz für eine Verkürzung von $h_0 - h_1 = 15$ mm vorgesehen. Wie groß ist die Gesamthöhe h_0 zu wählen und mit welchem Ausbauchdurchmesser D_1 ist beim Entwurf der Federkammer zu rechnen, wenn die je Feder anfallende Blechhalterkraft 2000 kp beträgt?

Die Senkrechte über $h_0 - h_1 = 15$ mm wird von der zu 2000 kp zugeordneten Waagerechten in Punkt A geschnitten, der zwischen den Linien $h_0 = 40$ und $h_0 = 50$ etwa bei $h_0 = 47$ mm und zwischen den Linien $D_1 = 120$ und $D_1 = 130$ etwa bei $D_1 = 127$ mm liegt, so daß ein Kammerdurchmesser von 130 mm noch ausreicht.

Beispiel 66: Besteht für die in Beispiel 65 berechnete Gummifeder Knickgefahr? Nein, denn Verhältnis $h_0/D_0 = 0{,}47$ liegt weit unter der Knickgefahrgrenzkurve nach Abb. 603.

Für die verschiedenen Durchmesser D_0 und Shore-Härten enthalten die AWF-Blätter AWF 500.27.01 bis 03 die zu solchen Berechnungen notwendigen Diagramme.

Beispiel 67: Anstelle der Schraubenfeder (Teil 5) in Abb. 410 Werkzeugblatt 53 sind Gummifedern entsprechend der Charakteristik zu Abb. 602 zu verwenden. Welche Höhe h_0 genügt bei wieviel Federn? Welcher Ausbauchraum ist vorzusehen? Das zu ziehende Werkstück sei aus 1,5 mm dickem halbhartem Aluminiumblech anzufertigen, wofür im Beispiel 26 bereits ein Niederhalterdruck $p_n = 5$ kp/cm² ermittelt wurde. Wenn die wirksame Niederhalterfläche in Abb. 410 600 mm Durchmesser außen und 450 mm Durchmesser innen beträgt, so entspräche dies einer Ringfläche von 1240 cm² und mit 5 kp/cm² multipliziert einer Niederhalterkraft $P_N = 6200$ kp. Würde man für einen Federpuffer 4 mm Vorspannung und etwa 11 mm zusätzliche Verkürzung rechnen, so würde die Gesamtverkürzung $h_0 - h_1$ = 15 mm nach Abb. 602 einer Belastung von 2400 kp für $h_0 = 40$ mm, von 1800 kp für $h_0 = 50$ mm, von 1300 kp für $h_0 = 63$ mm, von 1000 kp für $h_0 = 80$ mm, von 700 kp für $h_0 = 100$ mm und 430 kp für $h_0 = 125$ mm entsprechen. Sämtliche hier genannten Höhen sind zulässig. Nach der Knickgrenzkurve Abb. 603 beträgt für $h_0 - h_1 = 15$ mm das höchstzulässige $h_0/D_0 = 1{,}9$ während von den oben genannten Höhen $h_0/D_0 = 1{,}25$ der größte Wert ist. Andererseits wird $(h_0 - h_1)/h_0$ = 40 % nirgends überschritten. Werden 3 Gummifedern eines $h_0 = 40$ mm gewählt, so sind von jeder Feder 6200/3 = 2060 kp bei einer Gesamtverkürzung von 13 mm laut Schaubild Abb. 602 aufzuwenden. Bei einer Höhe $h_0 = 50$ mm ist hingegen mit einer Verkürzung von 16,5 mm zu rechnen. Will man 6 Gummifedern der Höhe $h_0 = 80$ oder 100 oder 125 mm auf einem Mittelpunktsdurchmesser von 600 mm unterbringen, so entfallen 6200/2 = 1030 kp je Feder. Dies würde einer Höhenverkürzung $h_0 - h_1 = 15$ mm für $h_0 = 80$ mm, 22 mm für $h_0 = 100$ und 30 mm für $h_0 = 125$ mm nach Abb. 602 gleichkommen.

9. Nitro-Dyne-Federungssystem

Seit über 5 Jahren werden in den USA mit Stickstoff betriebene kleine Arbeitszylinder zum Abfedern von Werkzeugelementen eingesetzt. Gegenüber den zuvor beschriebenen Federn bietet die große Federkraft auf kleinem Raum bei flacher Kraft-Weg-Kennlinie, wodurch Anfang- und Endkraft fast gleich große Werte annehmen, erhebliche Vorteile. Die Arbeitszylinder werden auf die Grundplatte unter Zwischenlage einer Dichtung aufgeschraubt und über Hochdruckschläuche mit einem Druckspeicher verbunden, oder eine ausreichend weite Bohrung in einer dafür stark bemessenen, etwa 40 mm dicken Grundplatte ersetzt den Speicher. Zum Füllen, Regeln und Kontrollieren dient eine im oder am Werkzeug angebrachte Armatur. Speicher und Zylinder werden aus einer handelsüblichen Stickstoffflasche mit Druckminderventil und Manometer bis auf 105 atü gefüllt. Von Arbeitszylindern der Außendurchmesser 32 bis 70 mm werden Kräfte von 300 bis 2000 kp ausgeübt. Anstelle eines Einbaues in Werkzeuge können Stößelunterfläche und Tischoberfläche mit durch Nitro-Dyno-Zylinder[1] gestützten Universal-Federungsplatten belegt werden, von denen aus über Druckstifte die Kraft auf die einzelnen beweglichen Werkzeugelemente übertragen wird.

L. Werkstoff für Werkzeuge

1. Gußeisen[2]

Als Gußeisen wird eine Eisen-Kohlenstoff-Legierung mit mehr als 1,7% C, meist zwischen 2% und 4% C, bezeichnet. Bei Sondergußeisensorten, z.B. legierten, wird der Mindestgehalt von 2% teilweise noch unterschritten. Den stärksten Einfluß auf die Festigkeit üben Kohlenstoff (C) und Silizium (Si) aus. Mit steigendem Si-Gehalt nimmt die Festigkeit ab. Mangan (Mn) mit einem Gehalte bis zu 0,8% verbessert die mechanischen Eigenschaften, verschlechtert sie jedoch über 2% hinaus infolge Karbidbildung.

Die Festigkeitseigenschaften sind von der Form und Wanddicke in erheblichem Maße abhängig. In dickeren Querschnitten sind die Festigkeiten niedriger als in dünneren, da im ersten Fall das Gefüge meist vorwiegend ferritisch, im zweiten Fall vorwiegend perlitisch ist. Dieses perlitische Grundgefüge höherer Festigkeit entsteht mit steigender Abkühlgeschwindigkeit. Dies ist insbesondere bei dem Entwurf von Großwerkzeugen (Abb. 144, 145, 168 bis 172, 350 bis 356, 416 bis 418) zu beachten, wo die Steifigkeit nicht durch übermäßige Wandstärkenverdickung, sondern durch Verrippung erhöht wird. Tabelle 27 gibt die für den Werkzeugbau wichtigsten Gußeisensorten an. Hierbei ist zwischen Gußeisen mit lamellaren[3] (GG) und solchen

---

[1] Deutscher Licenznehmer: Sustan, Frankfurt.
[2] *Patterson, W.:* Gußeisen-Handbuch. Gießerei Verlag Düsseldorf 1963.
[3] *Röhrig, K.,* u. *Wolters, D.:* Legiertes Gußeisen Bd. 1: Gußeisen mit lamellarem Graphit. Gießerei Verlag Düsseldorf 1970.

1. Gußeisen

Tabelle 27. Gußeisensorten für den Werkzeugbau

Güteklasse nach DIN	Bezeichnung	Werkstoff-Nr.	Zugfestigkeit 30 mm Rohguß $\varnothing$ σ_{zB} kp/mm²	Dehn- oder Streckgrenze $\sigma_{0,2}$ kp/mm²	Bruchdehnung δ_5 %	Mittelwert für die Biegebruchfestigkeit σ_{bB} kp/mm²	bei Rohguß $\varnothing$ der Biegeprobe mm	Eignung
Gußeisen mit Lamellengraphit DIN 1691	GG-10	0.6010	10	–	–	34 / 32 / 30	13 / 20 / 30	Gering beanspruchte Ziehstempel. Oberteile und Grundplatten für Säulengestelle zu leichten Schneid- und Stanzarbeiten
	GG-15	0.6015	15	–	–	27 / 41 / 39	45 / 13 / 20	
	GG-20	0.6020	20	–	–	36 / 33	30 / 45	
	GG-25	0.6025	25	–	–	46 / 42 / 39	20 / 30 / 45	Ziehwerkzeuge für große flache Teile, auch für den Karosseriebau, ferner für rotationssymmetrische Formen ohne allzu scharfe Kantenprägung. Biegegesenke
	GG-30	0.6030	30	–	–	48 / 45	30 / 45	
	GG-35	0.6035	35	–	–	54 / 51	30 / 45	
	GG-40	0.6040	40	–	–	60 / 57	30 / 45	

Güteklasse nach DIN	Bezeichnung	Werkstoff-Nr.	Zugfestigkeit σ_{zB} kp/mm²	Dehn- oder Streckgrenze $\sigma_{0,2}$ kp/mm²	Bruchdehnung δ_5 %	Kerbschlagzähigkeit σ_K DVM-Probe bei 20 °C Mittelwert aus 3 Proben kp/mm²	Einzelwert kp/mm²	Eignung
Gußeisen mit Kugelgraphit DIN 1693	GGG-35,3	0.7033	35	22	22	3,0	2,5	Schlagbeanspruchte Ziehwerkzeuge (Schlagtiefziehen S. 514–518) Ziehwerkzeuge hohen Verschleißwiderstandes und hoher Festigkeitsbeanspruchung sowie für dickere Stahlbleche $s > 1$ mm und scharfkantige Formen
	GGG-40,3	0.7043	40	25	18	2,3	2,0	
	GGG-40	0.7040	40	25	15	–	–	
	GGG-50	0.7050	50	32	7	–	–	
	GGG-60	0.7060	60	38	3	–	–	
	GGG-70	0.7070	70	44	2	–	–	
	GGG-80	0.7080	80	50	2	–	–	

mit Kugelgraphit[1] (GGG) zu unterscheiden, je nachdem ob der als Graphit vorliegende Kohlenstoffanteil nahezu vollständig in weitgehend lamellarer oder kugeliger Form vorliegt. In bezug auf den für Ziehwerkzeuge in Betracht kommenden Reibverschleiß verhalten sich beide Sorten nahezu gleichmäßig. Beliebt ist für Großziehwerkzeuge die Sorte GG-25. Bei Werkzeugkonstruktionen ist zu beachten, daß Gußeisen am besten stets auf Druck beansprucht wird, da seine Druckfestigkeit viermal so groß wie seine Zugfestigkeit ist.

Gußeisen, auch geringer Festigkeit, eignet sich für Ziehstempel und Ziehringe ganz vorzüglich. Nach den Behauptungen anglo-amerikanischer Fachleute soll gerade der Graphitgehalt des Gußeisens den Schmierfilm verbessern, wobei sich die kugelige Graphitform besser als die lamellare infolge leichterer Ablösung und günstigerer Schmierfilmbildung erweist. Jedenfalls findet Gußeisen im zunehmenden Umfange beim Bau von Ziehwerkzeugen Anwendung, ohne daß eine Verstählung notwendig ist. Eine Härtung der Stempel- und Ziehkanten sowie der Wülste wird durch Abkürzung der Abkühldauer mittels Beilageplatten in der Form zur Wärmeabführung, sogenannte Kokillen erreicht. Bearbeitete Werkstücke lassen sich mittels Flamm- oder Induktionshärteverfahren brennhärten, worauf auf S. 681 bis 683 noch eingegangen wird.

Es gibt verschiedene hochverschleißfeste Gußeisensorten, der Verschleiß ist nicht zuletzt vom C- und P-Gehalt abhängig. Eine Zulegierung von 0,5% Cr und 1% Mo erhöht die Verschleißfestigkeit wesentlich. Kürzlich wurde ein mit NI-HARD bezeichnetes Gußeisen bekannt, das sich auch für größere, hochbeanspruchte Werkzeuge eignet. Dieses Gußeisen NI-HARD I erreicht eine R_c-Härte von 53 bis 63 kp/mm² im Sandguß und 56 bis 64 kp/mm² im Kokillenguß. Eine andere als NI-HARD II bezeichnete Gußeisensorte mit erhöhter Biege- und Verschleißfestigkeit, jedoch nicht ganz so hoher Härte, ist für Werkzeuge zu empfehlen, die stärker auf Schlag beansprucht werden. Hier beträgt die erreichbare R_c-Härte im Sandguß nur 52 bis 59 kp/mm² und im Kokillenguß 55 bis 62 kp/mm². Im Gegensatz hierzu sind die Biegefestigkeiten und Zugfestigkeiten bei NI-HARD II größer als bei NI-HARD I. So wird für NI-HARD I eine Biegefestigkeit von 50 bis 62 kp/mm² im Sandguß und 56 bis 86 kp/mm² im Kokillenguß, bei NI-HARD II eine solche von 56 bis 68 kp/mm² im Sandguß und 68 bis 87 kp/mm² im Kokillenguß gemessen. Zu den verschleißfesten Sorten gehören weiterhin der Vanditguß mit bis zu 0,15% V und der besonders in den USA beliebte mittels Flammhärtung oder Abschreckplatten härtbare und mittels CaSi geimpfte Meehaniteguß[2], demgegenüber jedoch die bewährten deutschen Sorten an Güte kaum nachstehen. In jüngster Zeit wurden Gußeisensorten mit bainitisch-martensitischem Gefüge noch höherer Festigkeit entwickelt, die etwa GGG 100 bis 120 entsprechen. Inwieweit sich die Anwendung dieser Werkstoffe für Werkzeuge der Blechverarbeitung empfiehlt, wurde bisher noch nicht untersucht. Hierbei taucht die Frage auf, ob nicht höhere Festigkeiten auch einen höheren Verschleißwiderstand gewährleisten. Nach den bisherigen Erfahrungen ist gegenüber GG 26 der Reibverschleiß bei Gußeisensorten höherer Festigkeit kaum größer aber die Bearbeitbarkeit schwie-

---

[1] Desgl. Bd. 2: Gußeisen mit Kugelgraphit (erscheint voraussichtlich 1973).
[2] *Weigt, H.*: Meehanite-Gußeisen. Ind. Anz. (1961), Nr. 47, S. 819–822.

riger und teurer, was beim Eintuschieren der Werkzeuge sich kostenmäßig erheblich auswirkt. Anders liegen die Verhältnisse beim Schlagverschleiß. So bietet bei unachtsamer Werkzeugbehandlung beispielsweise durch hartes Aufschlagen des Pressenstößels unter Spindelpressen oder infolge falsch eingestellten Pressenhubes ein Werkzeug höherer Festigkeit mehr Widerstand. Doch braucht bei der Verarbeitung dünner Tiefziehstahlbleche unter 1 mm Dicke mit Ausnahme von Werkzeugen unter Schlagziehpressen darauf keine Rücksicht genommen werden, zumal alle neuzeitlichen Pressen mit Überlastsicherungen ausgerüstet sind.

Auf die auch für legierte Gußeisensorten anwendbare Oberflächenbehandlung nach dem Tenifer- und nach dem Induktions- oder Brennhärteverfahren zu S. 641 und zu S. 681 sei an dieser Stelle ausdrücklich hingewiesen.

2. Gegossene Stähle

Die Dauerschlagfestigkeit ist bei Gußeisen nicht wesentlich kleiner als bei Stahlguß, weshalb für Oberteile und Grundplatten von Säulengestellen Gußeisen genügt und Stahlguß (DIN 1681) sich im Werkzeugbau kaum eingeführt hat. Eine Ausnahme bilden mit Stahlgußschneidleisten[1] bestückte Großwerkzeuge nach Abb. 169 bis 171. Hierbei handelt es sich aber weniger um Stähle zu DIN 1681, sondern um Gußwerkstoffe entsprechend den Legierungen und Eigenschaften gemäß der Stähle Nr. 2 (1540), 3 (1530), 6 (2842), 8 (2063), 17 (2090) und 18 (2436) zu Tabelle 30, die unter sogenannten Edelstahlguß zu DIN 17006 fallen. Soweit diese Sorten im Großwerkzeugbau brennhärtbar sein müssen, sei auf die dafür genannten Sortenbezeichnungen zu S. 681 verwiesen. Stahlguß ist allerdings als Werkstoff an den Arbeitsflächen der Ziehwerkzeuge ungeeignet, da er leicht Ziehriefen hinterläßt und die Oberflächen der Werkstücke verkratzt werden. Sonst werden im Werkzeugbau vorwiegend unlegierter Stahlguß GS-38, GS-45 und GS-52 verarbeitet in den Fällen, wo die Festigkeit von Gußeisen nicht ausreicht. Hartguß scheidet trotz seiner hohen Verschleißfestigkeit infolge seiner schwierigen Bearbeitbarkeit und vor allen Dingen wegen seiner Schlagempfindlichkeit als Werkstoff für die genannten Zwecke aus. Vor allen Dingen die in Tabelle 30 durch Fußnote 4 hervorgehobenen Stähle Nr. 8 (2063) und Nr. 18 (2436), sind für gegossene Schneid- und Stanzwerkzeuge beliebt. Der erstgenannte Stahl ist im Anlieferungszustand leicht bearbeitbar und trotzdem verschleißfest. Er wird für Biege-, Zieh- und Prägewerkzeuge sowie gemäß Abb. 282 auch für Warmpreßgesenke gern verwendet. Die zweite Sorte ist für den Großwerkzeugbau insofern wichtig, als hieraus meist die gegossenen Schneidleisten nach Abb. 181 und Tabelle 9 angefertigt werden[2]. Im Gegensatz zur erstgenannten Sorte, wo in Öl oder Gebläseluft abgeschreckt wird, genügt ruhige Luft. Abb. 604 zeigt den Einfluß der Anlaßtemperatur auf Festigkeit und Rockwell-Härte R_c.

---

[1] *Bottenberg, W.:* Gegossene Werkzeuge im Schneidwerkzeugbau. Ind. Anz. 77 (1955), Nr. 56, S. 807–811. – DIN 1960 Bl. 1 und DIN 17007 Bl. 2.

[2] Die in Abb. 171, 282 und 415 dargestellten Werkzeuge sind aus gegossenen Stählen der Edelstahlwerke Dörrenberg Söhne in Ründeroth angefertigt.

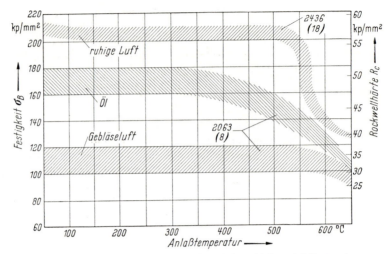

Abb. 604. Festigkeit und Härte gegossener Stähle bei verschiedenen Anlaßtemperaturen

3. Zinklegierungsguß

Es wurde bereits auf S. 514 bei den Fallhammerverfahren auf die Verwendung von Zinklegierungen als Gesenkwerkstoff hingewiesen. Daneben finden aber auch Zinklegierungen für Schneid- und Stanzwerkzeuge, die nicht allzu große Stückzahlen und gar zu große Drücke aushalten müssen, allenthalben Verwendung. So wurde bereits das Umgießen von Schneidstempeln mit derartigen Legierungen auf S. 55 in Verbindung mit Abb. 57 bis 61 genannt. Durch das Umschmelzen zwecks Verwendung ausgedienter Werkzeuge zu neuen Werkzeugen wird die Werkstoffgüte nicht herabgesetzt, es entsteht

Tabelle 28. In- und ausländische Zinkgußlegierungen

Legierungs-bezeichnung	$ZnAl_4Cu_3$ (= Z 430)	Z 430 S	Kirk-site A	Kirk-site B	KM 1	KM 2
Zugfestigkeit σ_B kp/mm²	22–24	25–30	28,6	30	23,6	14,9
Brinellhärte H_{B10} kp/mm²	100	130–170	120,0	170	109	145–150
Druckfestigkeit kp/mm²	60–70	65–75	52	68–70	79,3	68,5
Scherfestigkeit τ_B kp/mm²	30	30	26	30	–	–
Dehnung %	~1 (δ_{10})	~1 (δ_{10})	3 (δ_5)	125 (δ_5)	1,25 (δ_5)	–
Schwindung %	1,1	1,1	0,7–1,2	0,7–1,2	1,1	1,1
Schmelzpunkt °C	rd. 390	370	380	365	380	358
Zusammensetzung: Feinzink außerdem						
Al in %	4		3,5–4,5	3,5–4,5	unbekannt	
Cu in %	3		2,5–3,75	2,5–3,75		
Mg in %	0,03		bis 1,25	bis 1,25		

3. Zinklegierungsguß

lediglich ein Materialverlust von 2% infolge Schlackenanfall. Keinesfalls vermögen die Zinklegierungen die Werkzeugstähle zu ersetzen. Jedoch sind sie geeignet, bei kleinen Stückzahlen ohne viel Nachbearbeitung oft komplizierte Formen billig herzustellen. In Tabelle 28 findet sich eine Übersicht über in- und ausländische Zinklegierungen. Ihr spezifisches Gewicht beträgt etwa 6,7, der Schwundfaktor etwa 1% und der Wärmeausdehnungskoeffizient je °C etwa 0,000027.

Die Zinkwerkzeuge eignen sich in erster Linie zur Umformung weicher Leichtmetallbleche. Man hat auch schon Karosserieteile aus Stahlblech damit gezogen, wobei insbesondere großflächige Teile mit großen Abrundungen vorteilhaft waren und eine geringe Abnutzung ergaben. Für das Ziehen von Stahlblech über scharf ausgeprägte Ziehkanten sind Zinklegierungswerkzeuge infolge des dabei auftretenden hohen Verschleißes weniger geeignet. Immerhin haben sich solche Zinklegierungswerkzeuge auch zum Ziehen von Stahlblechteilen, wie beispielsweise der auf S. 170 zu Abb. 163 dargestellten Herdabzugverschalung, gut bewährt. Man kann die Abnutzung durch eine Abschreckhärtung herabsetzen, wobei darauf zu achten ist, daß die Abschrecktemperatur nicht wesentlich über 250° liegt, da sonst die Teile springen. Außer der Gesamthärtung des Werkzeuges gibt es sonst keine Möglichkeiten der partiellen Härtung. Das Aufspritzen von Chromschichten kann in Einzelfällen dort helfen, wo kein zu starkes Nachgeben der Unterlage, also des Grundmaterials zu befürchten ist. Diese Gefahr wird aber fast immer bestehen, zumal sich das Hartverchromen von Werkzeugen nur dort bewährt hat, wo zumindest gehärteter oder naturharter Stahl von mehr als 60 kp/mm² Festigkeit vorliegt. Die Legierungen Z 430 S und Kirksite B werden nicht nur zu Umformwerkzeugen, sondern auch zu Schneidwerkzeugen, wie in Abb. 57 bis 61 dargestellt, verwendet. In einigen Betrieben wird entweder das Ober- oder das Unterteil aus Stahl gefertigt und dazu jeweils das Negativ in Zinklegierungsguß abgegossen. Zu diesem Zweck wird ein kräftiger Blechrahmen angefertigt, der in Sand eingebettet ist. Über bzw. in den Blechrahmen wird das jeweilige Positivwerkzeug aus Stahl gebracht und dann die Zinklegierungsschmelze in den Blechrahmen eingegossen. Zumeist werden bei solchen Werkzeugen die Patrize bzw. der Kern aus Stahl, die Matrize bzw. die Schale aus Zinklegierungsguß hergestellt. Dort, wo schärfere Biegekanten bzw. kleinere Rundungsradien erforderlich sind und wo eine hohe Standzeit der Werkzeuge erwünscht ist, hilft man sich mit einer Armierung bzw. mit Bestücken durch Stahlleisten. Es ist also nicht überall zu bestücken. Die Frage, ob die Armierung gleich mit eingegossen oder erst später aufgesetzt und befestigt werden soll, wurde im allgemeinen dahingehend beantwortet, daß zwar eine spätere Befestigung einen höheren Lohnaufwand bedingt, doch ist sie sicherer und auf die Dauer gesehen daher wirtschaftlicher. Denn es ist schwierig, die Armierungsleisten in der richtigen Lage in der Gußform zu halten. Im übrigen ist die Nachbearbeitung solcher eingegossener Leisten schwieriger als bei nachträglich aufgesetzten. Einzugießende Leisten werden festgehalten, indem auf den Boden der Form eine Platte mit auf ihr befestigten Bolzen gelegt wird. Über die nach oben vorstehenden Bolzen werden die Leisten mit von unten angebohrten Löchern aufgesetzt. Teilweise können die Bewehrungs-

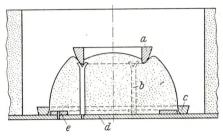

Abb. 605. Einsatz stählerner Ziehkantenringe in die Form vor Einguß der Zinklegierung

leisten ohne derartige Stützbolzen direkt auf dieser Grundplatte aufgelegt werden. Abb. 605 zeigt eine Form, bei der ein innerer Stahlring a als Armierung auf 3 Bolzen b ruht, während der äußere Armierungsring c direkt auf der Grundplatte d durch eine mittlere Scheibe e zentriert wird. Die Stoßstelle zwischen Stahlleiste und Zinklegierung kann sich im Werkstück markieren, insbesondere dort, wo das Blech über eine solche Stelle hinweggezogen wird. Der wirtschaftliche Nutzen liegt bei der Verwendung von Zinkwerkzeugen in ihrer geringen Nachbearbeitung, ihrer schnellen Bereitstellung und ihrer späteren Wiederverwendung durch Umgießen. Die Herstellung der Modelle wurde im Zusammenhang mit dem Fallhammerverfahren kurz angedeutet. Im übrigen sei auf das Schrifttum verwiesen[1].

4. Kohlenstoffstähle

Es wird bei Werkzeugstählen zwischen zwei Hauptgruppen unterschieden, und zwar die Kohlenstoffstähle oder unlegierten Stähle einerseits, welche außer Kohlenstoff nur geringe Beimengungen von Mangan und Silizium aufweisen, und die legierten Stähle andererseits. Letztere enthalten außer Kohlenstoff teilweise Zusätze von Wolfram, Chrom, Kobalt, Nickel, Molybdän und Vanadium. Diese Zusätze beeinflussen die Eigenschaften des Stahles, womit jedoch nicht gesagt ist, daß in allen Fällen der legierte Stahl dem unlegierten vorzuziehen ist. Für viele Zwecke sind sogar die unlegierten Werkstoffe vorteilhafter.

Die Eigenschaften der unlegierten, also reinen Kohlenstoffstähle ergeben sich aus dem Eisen-Kohlenstoff-Diagramm Abb. 606. Kohlenstoff bildet mit dem Eisen gemeinsam einen harten Bestandteil, das sogenannte Eisenkarbid Fe_3C, das im Stahl um so reichhaltiger enthalten ist, je höher der Kohlenstoffgehalt anwächst. In kohlenstofffreiem Eisen bilden sich keine Karbide,

---

[1] *Wolf, W.:* Tiefzieh-, Präge- und Stanzwerkzeuge aus Zinklegierungen. Z. Metall 6 (1952), H. 9/10, S. 240–243. Dieser Aufsatz enthält ausführliche Schrifttumsangaben. Ferner: Ziehwerkzeuge, Herstellung u. Anwendung. Mitt. Forsch. Blechverarb. 1954, Nr. 10, S. 109–114. – *Richter, T.:* Das Gießen von Zieh-, Präge- und Stanzwerkzeugen. Ind. Anz. 76 (1954), Nr. 22, S. 349–351. – *Oehler, G.:* Umformwerkzeuge aus Zinklegierungen. Mitt. Forsch. Blechverarb. 1955, Nr. 16, S. 200 bis 203. – *Schrödl, W.:* Gießen von Schnitt-, Stanz- u. Ziehwerkzeugen mit der Feinzinklegierung Zamak Z 430. Werkst. u. Betr. 89 (1956), H. 3, S. 149–150. – *Vergen, E.,* u. *Lux, E.:* Zinkwerkzeuge beim Umformen von Blech. Mitt. Forsch. Blechverarb. (1960), Nr. 13/14, S. 177–182. – DIN 1743.

4. Kohlenstoffstähle

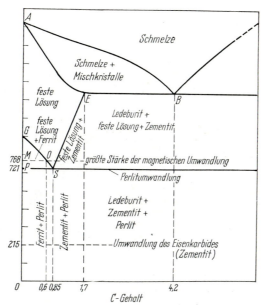

Abb. 606. Zustandsdiagramm des Systems Eisen–Kohlenstoff

vielmehr nur reine Eisenkristalle, der sogenannte Ferrit. Bei Vorhandensein von nur wenig Kohlenstoff schieben sich zwischen die Ferritkristalle andere Kristalle ein, die aus einem Gemenge von Eisen und Eisenkarbid, dem sogenannten Perlit, bestehen. Perlit hat immer den gleichen Sättigungsgrad an

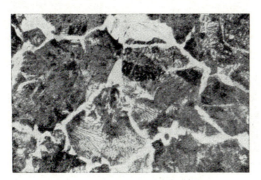

Abb. 607. Kohlenstoffstahl mit 0,50% C

Kohlenstoff von etwa 0,9%. Infolgedessen kann erst bei einem Kohlenstoffgehalt von 0,9% das ganze Gefüge aus Perlit bestehen. Dieser Zustand wird mit Eutektoid bezeichnet. Stähle unter 0,9% Kohlenstoffgehalt werden als untereutektoide, Stähle mit über 0,9% als übereutektoide Stähle bezeichnet. Ein Kohlenstoffgehalt mit etwa 0,5% Kohlenstoff nach Abb. 607 zeigt im Schliffbild weiße Ferritkristalle, zwischen denen sich streifiger Perlit abgelagert hat. Gemäß des Stahlschliffbildes nach Abb. 601 ist beinahe der Sättigungsgrad von 0,9% Kohlenstoff erreicht. Die fingerabdruckähnlichen Gebilde sind typisch für das Gefügebild eines derartigen eutektoiden Stahles. Bei Erhöhung des Kohlenstoffgehaltes scheidet sich neben dem Perlit noch freies Eisenkarbid aus, was mit Zementit bezeichnet wird. Dieser Bestandteil ist außerordentlich hart. In der Abb. 609 ist das Gefüge eines übereutektoiden Stahles mit 1,2% Kohlenstoff ersichtlich. Zwischen den Perlitinseln befinden sich Ablagerungen von Zementit.

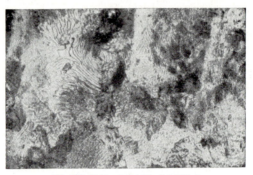

Abb. 608. Kohlenstoffstahl mit 0,85% C

Eine möglichst gleichmäßige Auflösung des Eisenkarbids im Eisen führt zur Härtung, und zwar durch Erhitzen des Stahles auf eine bestimmte Temperatur und rasches Abschrecken desselben in Wasser oder Öl oder sonst einem Härtemittel. Der Lösungszustand bleibt dann in Form eines feinen

Abb. 609. Kohlenstoffstahl mit 1,20% C

Nadelgebildes, des sogenannten Martensits, erhalten. Das Eisenkarbid kann sich nicht mehr, wie ursprünglich, frei ausscheiden. Eine derartige Abscheidung würde selbstverständlich eintreten, wenn die Abkühlung allmählich und nicht plötzlich ausgeführt würde. Die Härtetemperaturen, auf welche die Werkstücke durchgreifend erwärmt werden müssen, sind bei unlegierten Stählen von der Höhe des Kohlenstoffgehaltes abhängig und im Diagramm der Abb. 606 angegeben. Ähnlich verhält es sich mit der Schmiedetemperatur, die fast um 100° über der Härtetemperatur liegt. Die Umwandlungstemperaturen liegen unter den Härtetemperaturen und tragen folgende Bezeichnungen:

Ac_1 = Auflösung des Perlitzementits im Eisen (Zustand der festen Lösung) bei der Erwärmung auf etwa 730° entsprechend Linie PS der Abb. 606.

Ar_1 = Ausscheidung des Perlitzementits aus der festen Lösung beim Abkühlen auf etwa 680°, 40° unter der Linie PS gemäß Abb. 606.

Ac_3 = vollendete Lösung des Ferrits beim Erwärmen untereutektoider Stähle auf Temperaturen zwischen 730 und 900° entsprechend Linie GS der Abb. 606.

Ar_3 = Beginn der Abscheidung des Ferrits aus der festen Lösung bei untereutektoiden Stählen etwa zwischen 700 und 900°. Diese Umwandlungslinie liegt um ein weniges unter der Linie GS der Abb. 606.

Ac_{cm} = Vollendung der Auflösung des Zementits bei der Erwärmung oder Beginn des Ausfallens des Zementits aus der festen Lösung beim Abkühlen übereutektoider Stähle etwa zwischen 700 und 1150° entsprechend der Linie SE der Abb. 606.

In der Tabelle 29 sind die Eigenschaften der unlegierten Stähle nach DIN 17100 angegeben[1]. Während für die weniger beanspruchten Teile der Stanzwerkzeuge Stähle geringerer Festigkeit genügen, wie z.B. die Stähle St 33, St 34, St 37, liegen die Verhältnisse für hochbeanspruchte Teile viel schwieriger. Bereits bei den Stempelführungsplatten und Stempelkopfplatten gehen die Ansichten über den zu wählenden Werkstoff sehr auseinander. Zuweilen wird die wenig überzeugende Ansicht vertreten, daß auch der weichste Stahl genügt und gerade bei Stempelführungsplatten gar nicht weich genug sein kann, um ein leichtes Anhämmern zu ermöglichen. Im Gegensatz hierzu werden von anderer Seite sogar naturharte Stähle empfohlen. Kopfplatten, Einspannzapfen, Grundplatten u.a. sind aus mittelharten Stählen anzufertigen. Anschneideanschläge, Hakenanschläge sowie überhaupt sämtliche Anschläge und Ausstoßer werden nicht aus weichem Stahl, sondern zweckmäßiger aus St 42 oder St 50 hergestellt.

5. Werkzeugstähle

Die bereits anfangs des vorstehenden Abschnittes genannten Legierungselemente, die für die legierten Stähle typisch sind, beeinflussen die Abkühlungsgeschwindigkeit und das Temperaturniveau der Umwandlungspunkte. Chrom und Silizium erhöhen Ac_1 bis zu Gehalten von 3%, um etwa 20 bis 30 °C je Prozent Legierungselement. Bei Vanadium, Molybdän und Wolfram ist der Grad der Erhöhung geringer. Hingegen bedingen Mangan und Nickel eine Senkung um 10 °C je Prozent Legierungselement. Wird rasch abgekühlt, wie dies im Abschreckbad der Härterei erreicht wird, nimmt Ar_1

---

[1] Es sind in Tabelle 29 nur eine Auswahl der zahlreichen Stahlsorten der einzelnen Gütegruppen aus DIN 17100 aufgenommen. Die Beifügung — 2 bedeutet für höhere, — 3 für Sonderanforderungen geeignet, d.h. diese Stähle sind besonders beruhigt. Die Buchstaben vor St weisen auf die Erschmelzungsart hin, wie z.B. T = Thomasgüte, M = Siemens-Martin-Güte, W = Windgefrischter Stahl, U = unberuhigter, R = beruhigter, RR = besonders beruhigter Stahl.

Tabelle 29. Kohlenstoffstähle

Sortenbezeichnung nach DIN 17100 (oder nach DIN 17200) (Blanke Erzeugnisse DIN 1652)	Zugversuch nach DIN 1605 normal geglüht (Anlieferungszustand)		Brinellhärten H_B 10 (Anlieferungszustand)	Höchstzulässiger Kohlenstoffgehalt (oder bei * ungefähr Mittelwert) %
	Zugfestigkeit kp/mm² σ_B	Mindestbruch- dehnung δ_5 %		
St 33	bis 50	18	85–160	–
U St 34 (34–2) (34–3)	34–42	27 28	95–120	0,17
St 37 U oder R 37–2 (37–3)	37–45	25	100–130	0,20
St 42 M St 42–2 MR St 42–2 (42–3)	42–50	22	115–145	0,25
St 50 M St 50–2 (oder C 35)	50–60	20	140–170	0,30*
St 52–3 M St 52–3	52–62	22	145–175	0,20
St 60 St 60–2 (oder C 50)	60–72	15	165–200	0,40*
St 70–2	70–85	10	195–245	0,50*

geringere Temperaturwerte an. Bei einer bestimmten Abkühlgeschwindigkeit spaltet sich Ar_1 in zwei weitere Haltepunkte Ar_1' und Ar_1''. Die Abkühlgeschwindigkeit, bei welcher der obere Punkt Ar_1' verschwindet, heißt die obere kritische Abkühlungsgeschwindigkeit. Dieselbe wird von den Legierungselementen, insbesondere Nickel, stark verkleinert. Bei höher legierten Stählen genügt bereits ein Abkühlen in ruhiger Luft (Lufthärter). Sie härten „durch". Doch gibt es daneben auch Werkzeugteile, wie z.B. die Stempel der Messerschneidwerkzeuge oder infolge ihrer Schneidform empfindliche Schneidplatten, die einen zähen Kern behalten sollen, und wo daher eine Durchhärtung sogar gefährlich ist. Hier sind zuweilen legierte Stähle zu vermeiden und Kohlenstoffstähle vorzuziehen. Zur Auswirkung der Legierungszusätze auf die Stahleigenschaften sei folgendes zusammengefaßt:

5. Werkzeugstähle

für den Werkzeugbau

Warmbehandlung			Schweiß- und Härteeigenschaften (Brinellhärten $H_{B\,10}$ nach: dem Härten ohne Anlassen = H_0 einem Anlassen auf $250° = H_{250}$ $300° = H_{300}$)	Verwendungszweck
Schmiedetemperatur °C	Härtetemperatur °C	Abschreckmittel (siehe auch Tabelle 33)		
(900–1200)	(850–930)	(Wasser)	Nicht immer härtbar und feuerschweißbar	Untergeordnete Zwecke, sowie alle nicht verschleißbeanspruchten Teile, wie z. B.: einfache Grundplatten, ungeführte Abstreifer, Streifenauflagebleche, Haltewinkel
900–1200	920	Wasser	Einsetzbar, feuerschweißbar, sehr leicht verarbeitbar	
			Einsetzbar, für Schmelz- oder Widerstandsschweißung geeignet, leicht verarbeitbar	Schrauben jeder Art, auch Bundschrauben, soweit nicht besonders starker Verschleiß und hohe Beanspruchung, sonst besser Einsatzstahl verwenden (Tabelle 32)
900–1150	850–880	Wasser	Einsetzbar, schwer feuerschweißbar, Gewinde gut schneidbar	Verschleißbeanspruchte Führungsleisten, Kupplungszapfen, Einspannzapfen, beanspruchte Grundplatten, Preßteile jeder Art, z. B. Oberteile und Grundplatten für kleine Gesamtschneidwerkzeuge, Hakenanschläge usw.
800–1150	830–860	Wasser	Gut härtbar $H_0\ \ = 580$–635 kp/mm² $H_{250} = 480$–505 kp/mm² $H_{300} = 350$–390 kp/mm²	Verschleißbeanspruchte Teile, wie z. B. Auswerferplatten, Fangstifte
860–1150	820–850	Wasser oder Öl	Gut härtbar $H_0\ \ = 590$–640 kp/mm² $H_{250} = 480$–520 kp/mm² $H_{300} = 370$–410 kp/mm²	Für Haftpassungen hoch beanspruchter Teile, wie Stempelhalteplatten Matrizenhalteplatten in Verbundwerkzeugen, Stempelführungsplatten
850–1100	810–840	Wasser oder Öl	Gut härtbar $H_0\ \ = 600$–650 kp/mm² $H_{250} = 490$–530 kp/mm² $H_{300} = 445$–480 kp/mm²	Meist in gehärtetem Zustand für beanspruchte Werkzeugteile, wie z. B. Schneidplatten, Biege-, Form- und Prägewerkzeuge (siehe hierzu auch die Stähle Nr. 1 bis 4 der Tabelle 30)
850–1100	780–810	Wasser oder Öl	Gut härtbar $H_0\ \ = 620$–680 kp/mm² $H_{250} = 520$–570 kp/mm² $H_{300} = 480$–520 kp/mm² schwierig zu bearbeiten	

Kohlenstoff. In den Werkzeugstählen ist Kohlenstoff der wichtigste Bestandteil, da dessen Konzentration die Härte bestimmt. Sowohl mit dem Eisen als auch mit den zulegierten Elementen, wie Chrom und in verstärktem Maße mit Molybdän, Wolfram und insbesondere Vanadium, bildet der Kohlenstoff Karbide. Es hängt daher von dem Kohlenstoffgehalt mit ab, in welchem Umfange die genannten zusätzlichen Legierungselemente in die Grundmasse eingehen oder zur Karbidbildung herangezogen werden. Bei kohlenstofffreiem Eisen bilden sich keine Karbide, vielmehr nur reine Eisenkristalle, der sogenannte Ferrit.

Silizium. Durch Beigabe von Si bis zu Gehalten von 3% wird ebenso wie bei Chrom der Ac_1-Haltepunkt (= Temperatur zur Auflösung des Perlitzementits im Eisen, Zustand der sogenannten festen Lösung) erhöht. Auch

Tabelle 30. Ausw[ahl]

Neu vorgeschlagene Nr. d. Tabellenkopfes (Entwurf AWF 5974)	1	2	3	4	5	6	7	8[4]	9
Sortenbezeichnung	Unlegierte Werkzeugstähle				Legierte Werkzeugstähle				
Werkst.-Nr. d. Stahl-Eisen-Liste	1550[1]	1540[1]	1530[1]	1820	2056	2842	2127	2063	2419
Bezeichnung nach DIN 17006	C 110 W 1	C 100 W 1	C 85 WI	C 55 WS	90 Cr 3	90 Mn V 8	105 Mn Cr 4	145 Cr 6	105 W Cr 6
Chemische Zusammensetzung % (angenäherte Werte) C	1,10	1,00	0,85	0,55	0,9	0,90	1,05	1,45	1,05
Si	0,2	0,2	0,2	<0,15	0,2	0,2	0,3	0,2	0,2
Mn	0,2	0,2	0,3	0,4	0,3	2,0	1,1	0,6	1,0
S									
Cr					0,8		0,9	1,4	1,0
Mo									
Ni									
V						0,1			
W									1,2
Co									
Schmiedetemperatur °C	1000÷800					1050÷850			
Weichglühtemperatur °C	680÷710				710÷750	680÷720	680÷720	710÷750	710÷
Brinellhärte, geglüht $H_{B\,10}$ (Höchstwert)	210	200	190	170	225	220	225	230	230
Festigkeit geglüht kp/mm² (max)	73	69	65	58	77	76	77	79	79
Härtetemperatur °C	750÷780	760÷790	770÷800	790÷820	770÷800	760÷790	800÷830	820÷850	800÷
Härtemittel	Wasser					Öl[2]			
Rockwellhärte Rc nach dem Härten[3] ohne Anlassen	65	65	64	60	65	64	64	64	65
nach einem Anlassen auf 100 °C	65	65	64	60	65	64	64	64	65
auf 200 °C	62	62	61	56	63	61	62	62	62
auf 300 °C									
auf 400 °C	55	55	54	50	56	56	57	58	59

Geeignet für:

a) Schneidwerkzeuge: kleine / mittlere / große — Werkstücke und Abmessungen bei einfach geformten Schneidplatten und Stempeln, wo keine Härteverzugsgefahr besteht m. Hm. Schneidplattenherstellung im Kalteinsenkverfahren noch möglich. Messerschnitte und Rahmenschnitte für Leder und weiche Werkstoffe, kl. Hm gut schweißbar. — Ve

Schnitte für Uhrenindustrie und Feinmechanik. Übliche Schneidaufgaben auch für schwierige Gesamtschneidwerkzeuge, gr. Hm Schermesser, Trennmesser Schneidkörper für Bockstanzen. ⊙————— zunehmende Beanspruchung ————— Vu

b) Biege- und Rollbiegewerkzeuge: bei schwachen Querschnitten und härtetechnisch einfachen Formen, Rollstanzen für mittlere Beanspruchungen. — Druck- und Biegewerkzeuge — Kernstempel für unterschnittene Biegewerkzeuge, Keilvorschubstempel für Schnitte und Biegestanzen.

c) Präge-, Zieh- und Preßwerkzeuge: Halbwerkzeuge und feine Prägegravuren bei nicht zu hohen Drücken. Form- / größere Stechstanzen / werkzeuge — große Ziehwerkzeuge zunehmende ⊙→ Standzeit →○ kl. Hm / m. Hm — Ziehringe Prägewerkzeuge für Münzen — für maßgenaue und verzugsempfindl. Umformwerkzeuge. Hohlpräge- und Fertigschlagwerkzeuge Stechstempel und Matrizen. Ziehwerkzeuge und Beschlagleiste[n]

Hm = Herstellungsmenge
Ve = Verzugsempfindlich
Vu = Verzugsunempfindl.
gr. = groß
kl. = klein
m. = mittel

[1] Für geringe Ansprüche stehen noch unlegierte Werkzeugstähle II. Güte, W.-Nm. 1630, 1640 und 1650 zur Verfügung. [2] Ans[...] die hinsichtlich Maßbeständigkeit selbst bei Lufthärtestählen noch Vorteile bringt. Die Warmbadtemperatur ist normalerweise 180÷[...] von der Art der Härtung bestehen. [3] Bezogen auf Querschnitte: Spalte 4 für etwa 10 mm □, Spalte 18, 19 für 60 mm ⌀, alle üb[rigen]

5. Werkzeugstähle

n Kaltarbeitswerkzeugstählen

	11	12	13	14	15	16	17	18[4]	19
gierte Werkzeugstähle									
50	2721	2323	2767	2363	2201	2601	2080	2436	2884
WCr	50 Ni Cr 13	45 Cr MoV 67	*45 NiCr Mo 4	*105 Cr MoV 5–1	*165 Cr V 12	*165 Cr MoV 12	*210 Cr 12	*210 Cr W 12	*210 Cr WMo 12
5	0,55 0,2 0,5	0,5 0,3 0,7	0,40 0,2 0,5	1,0 0,3 0,5	1,65 0,3 0,3	1,65 0,3 0,3	2,10 0,3 0,3	2,10 0,3 0,3	2,1 0,25 0,30
	1,0 3,5	1,5 0,7 0,3	1,5 0,2* 4,0 *alt. 0,5 W	5,2 1,0 0,2	12,0 0,1	12,0 0,6 0,1 0,5	12,0	12,0 0,7	13,0 0,4 0,7 1,0
÷760	610÷650	740÷780	610÷650	820÷860	1050÷850		800÷840		1000÷850 820÷860
	250	230	250	220			250		
	85	79	85	76			85		
÷890	840÷870 Öl[2] evtl. Luft	850÷940 Öl[2]	840÷870 Luft oder Öl[2]	950÷1000 Luft oder Öl	950÷980 Öl[2]	970÷1000 Luft oder Öl[2]	930÷960 Öl[2] evtl. Luft	950÷980 Luft evtl. Öl[2]	960÷1000 Luft, Öl oder Warmbad
	59	58	57	64	63÷64	63÷64	63÷64	63÷64	64
	59 56 52 48	58 56 53 50	57 54 51 47	64 63 60 58	63÷64 61 59 58	63÷64 62 59 58	63÷64 62 59 58	63÷64 62 59 58	64 62 61 58

h-
npel   besonders zähe Werkzeuge   Schneidwerkzeuge höchster Verschleißfestigkeit,
dicke   Wackel- und Rüttelschneid-   insbesondere zum Schneiden siliziumhaltiger Bleche
che   werkzeuge
              gr. Hm   zum Schneiden von Dynamo- und Trafoblechen
                                                              zunehmende
                                      ○ ──────────── Verschleißfestigkeit ──────────────→
Hm   Schabeschneide- und Repassierwerkzeuge   gr. Hm

Hochbeanspruchte Gesamtschneidwerkzeuge
                              ─── zunehmende Beanspruchung ───→
                                           Vu

ken- und Bördelrollen   auf höchste Drücke beanspruchte feingliedrige Biegestempel,
                                   insbesondere in Seitenschieberwerkzeugen
    ─── zunehmende Hm ──→   gr. Hm

         Besteckstanzen und Massivpräge-   Dickwandige Ziehwerkzeuge
                    werkzeuge   Fließpreßwerkzeuge

         Richtpräge- und Planierwerkzeuge   höchster Beanspruchung

       für Ziehwerkzeugkanten   Münzprägestempel für schwer   Ziehringe und Zugschneidringe
                                         prägbares Preßgut   höchster Verschleißfestigkeit
nbeanspruchte Kalibrier- und Schlagziehwerkzeuge   gr. Hm   gr. Hm
                m. Hm

Ölhärtung kann bei durchhärtenden, verzugs- oder spannungsrißgefährdeten Teilen auch eine Warmbadhärtung angewandt werden,
kann bei den 12%igen Chromstählen auf 350÷400° gesteigert werden. Die Notwendigkeit einer Anlaßbehandlung bleibt unabhängig
ten für 30 mm □. [4] Besonders geeignet für gegossene Stähle.

wird vor allem bei chromhaltigen Stählen die Zunderbeständigkeit verbessert.

Mangan. Durch eine geringe Erhöhung des Mn-Gehaltes wird die Einhärtungstiefe erhöht. Diese Stähle sind für Werkzeuge mit hoher Druckbeanspruchung, wie z. B. Prägestanzen, Flachstanzen usw. geeignet. Wird Mn in höheren Gehalten meist in Verbindung mit Cr zugesetzt, so wird eine gute Härteannahme bei Ölhärtung gewährleistet, so daß diese Stähle gern für Werkzeuge gewählt werden, die infolge ihrer Konstruktion ein milderes Abschrecken notwendig erscheinen lassen.

Chrom. Chrom steigert ebenfalls die Einhärtung. Man verwendet deshalb Cr-Zusatz in Höhe von einigen Zehntel Prozent zur Vermeidung von Weichfleckigkeit beim Härten stärkerer Abmessungen in Wasser. Bei höheren Cr-Gehalten werden die Stähle genau wie bei Mangan zu Ölhärtern. Chrom bildet verschleißfeste Chromkarbide, deshalb seine Anwendung bei Werkzeugen, die eine erhöhte Schnitthaltigkeit und Verschleißfestigkeit aufweisen sollen.

Nickel. Bei Werkzeugstählen tritt Nickel fast nur in Verbindung mit Chrom auf zur Erzielung tiefgehender Härtung und besonderer Zähigkeit.

Molybdän. Verglichen mit Chrom erhöhen Gehalte an Molybdän die Zugfestigkeit nicht so stark, jedoch wesentlich stärker die Warmfestigkeit, die Einhärtungstiefe bis zur Durchhärtung und die Anlaßbeständigkeit. Hingegen wird die Schmiedbarkeit durch höhere Molybdängehalte erschwert.

Vanadium. In mehrfach legierten Stählen fördert Vanadium die Karbidbildung. Bereits geringe Gehalte an Vanadium schränken Überhitzungsempfindlichkeit und Neigung zur Grobkornbildung wesentlich ein. Desgleichen wird hierdurch die Anlaßbeständigkeit verbessert. Diese Wirkung des Vanadiums wird aber nur bei Einhaltung einer damit verbundenen erhöhten Abschrecktemperatur erzielt.

Die sich stetig ändernden Verhältnisse in der Edelstahlerzeugung gestatten gegenwärtig nicht die Empfehlung von Stahlmarkenbezeichnungen für Werkzeugstähle der bekanntesten deutschen Stahlwerke, was für die Verbraucherschaft am einfachsten wäre. Daher wird in der vorstehenden Tabelle 30 auf einen Änderungsvorschlag[1] zu AWF 5974 Bezug genommen.

Diese wichtigen Tabellen 30 und 31 gestatten immerhin einen Überblick über die Hauptgruppen. Der Stanzereifachmann wird hiernach dem Stahlerzeuger seine Wünsche bekanntgeben und mit ihm die geeignete Stahlsorte heraussuchen können. Die dort vorgeschlagene Gruppierung wird von den Stahlherstellern nicht einheitlich beurteilt. Es dürfen aber die Schwierigkeiten einer derartigen Einteilung nicht unterschätzt werden, jedenfalls wird hiernach der weitaus größte Teil der verwendeten und bewährten Werkzeugstähle erfaßt.

Nicht enthalten in Tabelle 30 ist der Stahl Nr. 2510 (100 Mn CrW 4) mit 0,5 Cr, 0,5 W und 0,1 V, der insbesondere in den USA und Schweden anstelle der hier zu 9 und 10 genannten Stähle sehr beliebt ist. Weiterhin fehlt der Schnellarbeitsstahl B 18 mit 18% W, 4% Cr, 1% V, der sich besonders für

---

[1] Änderungsentwurf zu AWF 5974 von *Brieis, Oehler* u. *Treppschuh* in Werkstattst. u. Maschb. 42 (1952), H. 1, S. 28–30. Das 1953 erschienene endgültige AWF-Blatt 5974 ist zwar anders gegliedert, lehnt sich aber hinsichtlich der Stahlqualitäten an den vorliegenden Entwurf an.

6. Einsatzstähle

Tabelle 31. Werkzeugstähle für Warmarbeit

	21	22	23
Neu vorgeschlagene Nr. des Tabellenkopfes (Entwurf AWF 5974)			
Werkstoff-Nr. der Stahl-Eisen-Liste	2714	2567	2606
Bezeichnung nach DIN 17006	56 NiCrMo V 7	*30 WCr V 53	37 CrMo W 19–6
Chemische Zusammensetzung % (angenäherte Werte) C	0,55	0,3	0,38
Si	0,3	0,2	1,2
Mn	0,7	0,3	0,14
S			
Cr	1,0	2,5	5,5
Mo	0,5		1,5
Ni	1,7		
V	0,1	0,6	0,3
W		4,5	1,5
Schmiedetemperatur °C	1050÷850	1100÷850	1100÷900
Weichglühtemperatur °C	660÷700	740÷780	800÷840
Brinellhärte, geglüht $H_{B\,10}$ (Höchstwert)	250	250	250
Festigkeit geglüht kp/mm² (max)	85	85	85
Härtetemperatur °C	860÷900 · 840÷880	1050÷1100	1020÷1070 1000÷1050
Härtemittel	Luft Öl	Luft[1] Öl	Luft Öl
Festigkeit vor dem Anlassen	200 220	150 180	190 200
Festigkeit nach dem Anlassen auf 400 °C	160 170		
500 °C	145 155		180 185
600 °C	125 135	155 170	155 105
700 °C		(110) (115)	100 110
Verzugsunempfindlich Vu	Vu	Vu	Vu
Geeignet für Biege- und Rollbiegewerkzeuge zur Verarbeitung einfacher Stähle einer Dicke	bis 10 mm	über 10 mm	
Warmpräge- und -preßwerkzeuge	gr. Hm mäßige Beanspruchung	sehr gr. Hm hohe Beanspruchung	sehr hohe Beanspruchung

[1] Nur für kleine Abmessungen.

Lochstempel eines $d/s < 1$ eignet. Für diesen Fall darf der Stahl nicht voll aushärten, d.h. nicht bei 1250 °C abgeschreckt werden. Vielmehr ist er nach einem Abschrecken bei 1150 bis 1200 °C anschließend bei 300 bis 400 °C anzulassen. Kleine Stempel für Fließpreßarbeiten sowie für das Andrücken von Ansätzen nach Abb. 47 bis 50 auf S. 48 bedürfen neben hoher Härte großer Zähigkeit, wie sie vom DMo 5 nach Härten bei 1150 °C und folgendem mindestens einstündigen Anlassen bei 450 °C erreicht wird. Entscheidend ist im Betrieb hierbei die Schmierung, um ein Kaltaufschweißen nach Abb. 22, 23 zu S. 23 zu verhindern. Für Vielstempelstanzen haben sich Stempel der Werkstoff-Nr. 2550 und für Schneidbuchsen der Werkstoff-Nr. 2842 gemäß Spalte 10 und 6 in Tabelle 30 bewährt.

6. Einsatzstähle

In der Tabelle 32 sind die wichtigsten Einsatzstähle[1] zusammengestellt. Für schwierige Einsatzteile, die besonders hohen Beanspruchungen unter-

[1] *Houdremont:* Handbuch der Sonderstahlkunde, 3. Aufl. Berlin–Göttingen–Heidelberg: Springer 1956.

Tabelle 32. Einsatzstähle

Bezeichnung des Stahles (DIN 17210)	C 15 (Ck 15)*	15 Cr 3	16 MnCr 5	20 MnCr 5	15 CrNi 6	18 CrNi 8
Chemische Zusammensetzung:						
Anteil an: C %	0,12 –0,18	0,12–0,18	0,14–0,19	0,17–0,22	0,12–0,17	0,15–0,20
Si %	0,15 –0,35	0,15–0,35	0,15–0,35	0,15–0,35	0,15–0,35	0,15–0,35
Mn %	0,25 –0,50	0,40–0,60	1,0 –1,3	1,1 –1,4	0,40–0,60	0,40–0,60
P % (höchstens)	0,045–(0,035)	0,035	0,035	0,035	0,035	0,035
S % (höchstens)	0,045–(0,035)	0,035	0,035	0,035	0,035	0,035
Cr %	—	0,50–0,80	0,80–1,1	1,0 –1,3	1,4 –1,7	1,8 –2,1
Ni %	—	—	—	—	1,4 –1,7	1,8 –2,1
Schmieden	1100–850	1100–850	1100–850	1100–850	1100–850	1100–850
Normalglühen °C	890–920	870–900	850–880	850–880	850–880	850–880
Weichglühen °C	650–700	650–700	650–700	650–700	650–700	650–700
Einsetzen °C*	850–880	870–900	870–900	870–900	870–900	870–900
1. Härtung °C	890–920	850–880	840–870	840–870	840–870	840–870
Zwischenglühen °C	650–680	650–680	650–680	650–680	630–650	630–650
2. Härtung °C	770–800	770–800	810–840	810–840	800–830	800–820
Anlassen °C	150–175	150–175	175–200	175–200	175–200	175–200
* in Salzbädern bis 930 °C						
Brinellhärte, weichgeglüht, höchstens	140	187	207	217	217	235
Brinellhärte behandelt auf beste Bearbeitbarkeit bei der Zerspanung	—	143–187	170–207	179–217	179–217	192–235
Nach Einsatzhärten im Kern bei 30×30 mm² Härtequerschnitt:						
Streckgrenze kp/mm² mindestens	30	40	60	70	65	80
Zugfestigkeit kp/mm² mindestens	50–65	60–85	80–110	100–130	90–120	120–145
Bruchdehnung $L_0 = 5d$ in % mindestens	16	13	10	8	9	7
Brucheinschnürung in % mindestens	50	45	40	35	40	35
Oberflächenhärte Rc-Einheiten	59–65	59–65	59–65	59–65	59–65	59–65
Verwendungsbeispiele aus dem Werkzeugbau	Führungssäulen stärkere Fangstifte, Spannvorrichtungen	Druckbolzen, Stößelbolzen für Ausstoßer, Indexstifte, Ausstoßerplatten, Führungsplatten an Großwerkzeugen, Anschlagplatten sowie sonstige Anschläge*			Kurven und Keilvorschubstempel, schlittengeführte Werkzeugträger*	Besonders hoch beanspruchte Teile, wie z. B. Stößelbolzen und die Stoßkantleisten in Rüttelschneidwerkzeugen

* Höher beanspruchbare C- und Ck-Stähle (= Vergütungsstähle) siehe DIN 17200!

6. Einsatzstähle

liegen, wie z.B. Keilvorschubstempel nach Abb. 24, empfiehlt sich bei den Chrom-Nickel-Einsatzstählen zwischen den beiden Erwärmungsvorgängen die Einschaltung eines dritten zwecks Rückfeinung des Kerngefüges. Die Teile werden hierbei nochmals auf 630 bis 680 °C erwärmt und im Ofen allmählich abgekühlt.

Für Schneid- und Biegestempel, Schneidplatten, Gesenke u.dgl., also den Werkstoff bearbeitende Werkzeugbestandteile, werden Einsatzstähle nicht verwendet, da dort hohe Kantendrücke auftreten. Hingegen werden Einsatzstähle dort bevorzugt, wo neben einer Verschleißfestigkeit gegenüber starker Oberflächenabnützung ein zähes Kerngefüge verlangt wird. Hierzu gehören Führungssäulen, Schieber als Werkzeugträger, kurven- oder keilförmige Vorschubstempel für Werkzeugträger, Indexstifte und anderes dem Verschleiß unterliegendes Werkzeugzubehör.

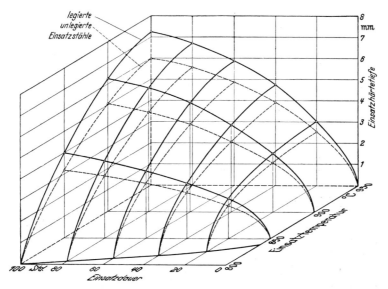

Abb. 610. Die Einsatztiefe legierter und unlegierter Einsatzstähle in Abhängigkeit von Dauer und Temperatur des Einsatzes

Unter gleicher Einsatzdauer und Einsatztemperatur ist die Einsatzhärtetiefe bei den legierten Einsatzstählen etwas größer als bei den unlegierten. Doch spielt dabei der Legierungsanteil, wie z.B. der Gehalt an Nickel, keine so überragende Rolle, als daß bemerkenswerte Unterschiede unter den legierten Einsatzstählen selbst hinsichtlich der erreichten Einsatzhärtetiefe praktisch auffallen. Im Gegenteil werden hochnickellegierte Stähle meist bei einer etwas geringeren Temperatur gemäß Tabelle 32 eingesetzt und haben daher auch eine geringere Einsatzhärtetiefe. Mit zunehmender Einsatztemperatur und Einsatzdauer wächst gleichzeitig die Einsatzhärtetiefe, wie dies im dreidimensionalen Schaubild der Abb. 610 für legierte und unlegierte Einsatzstähle dargestellt ist. Zur Aufkohlung dürfen bei 16 MnCr 5, 20 MnCr 5 und 22 MnCr 6 nur mild wirkende Einsatzmittel verwendet werden. Nach dem letzten Härten der Stücke empfiehlt sich zur Verbesserung der Maßbeständigkeit gegebenenfalls ein ein- bis zweistündiges Anlassen auf 150 bis 170 °C.

Über die Wahl und Bemessung der Einsatzhärtetiefe gehen die Ansichten selbst unter Fachleuten sehr auseinander. Einsatzhärtetiefen unter 0,6 mm werden im allgemeinen auch bei kleinen Teilen selten angewendet. Verschleißbeanspruchte Teile, wie z. B. Führungssäulen, sind mindestens bis zu 1 mm Tiefe im Einsatz zu härten. Bei Säulen unter 20 mm Durchmesser soll die Einsatzdauer nicht länger als 10 Stunden betragen, was etwa einer Einsatzhärtetiefe von 1,5 mm entspricht. Aber auch bei wesentlich stärkeren Säulen wird eine Einsatzhärtetiefe von 2 mm selten überschritten. Größere Härtetiefen als 2,5 mm sind oft nachteilig, da erstens die Zähigkeit des Kerngefüges durch den zu dicken Schichtpanzer unwirksam und somit ein charakteristischer Vorteil des Einsatzstahles aufgehoben wird. Zweitens wird im Übergangsgefüge, insbesondere bei stark chromhaltigen Einsatzstählen, häufig eine Neigung zur Grobkornbildung unter Abspringen der Schicht beobachtet. Die meisten im Einsatzstahl gebräuchlichen Legierungselemente setzen die Eindringtiefe des Kohlenstoffes herab. Da bei Legierungszusätzen, die die Härtbarkeit fördern, wie Mangan, Nickel, Chrom, Molybdän, geringere Kohlenstoffgehalte zum Erzielen von Höchsthärten ausreichen, wird bei derart legierten Stählen, trotz verminderter Eindringtiefe, eine gegenüber

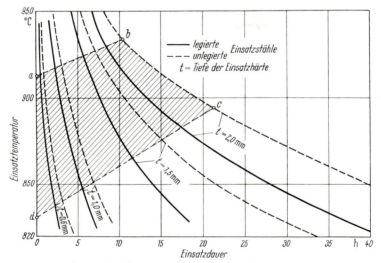

Abb. 611. Einsatztemperatur für legierte und unlegierte Einsatzstähle

Kohlenstoffstählen gleicher Behandlung größere Einsatzhärtetiefe beobachtet, wie dies auch die beiden Schaubilder zu Abb. 610 und 611 beweisen.

Aus letzterem Schaubild kann bei gegebener Einsatztemperatur für eine vorgeschriebene Härtetiefe die Einsatzdauer in Stunden ermittelt werden. Umgekehrt wird in diesem Diagramm bei gegebener Einsatzdauer die der gewünschten Einsatzhärtetiefe entsprechende Einsatztemperatur abgelesen. Der gebräuchliche Bereich ist durch Schraffur des von $a-b-c-d$ umgrenzten Feldes gekennzeichnet.

In letzter Zeit wurden gute Erfolge beim Einbau teniferbehandelter Führungsplatten für Gleitführungen in Großwerkzeugen verzeichnet, wozu vorzugsweise unlegierte Einsatzstähle der Güten C 15, CK 15 aber auch C 35, C 45 und C 60 nach DIN 17 200 verwendet wurden. Diese Platten werden im Einsatz gehärtet. Durch ein anschließendes Nitrieren bei 570 °C wird zwar die Härte der Schicht abgebaut, nimmt aber den Charakter einer vergüteten Schicht durchgreifender und erhöhter Festigkeit an, die bei C 60 sogar 120 kp/mm² erreicht und den Teilen eine erhöhte Abrieb- und Freßsicherheit verleiht. Das auf 570 °C Betriebstemperatur erwärmte Teniferbad ist eine belüftete Salzschmelze mit geregeltem Gehalt an Alkalizyanid und -zyanat. An der Oberfläche der vorgearbeiteten Teile entsteht eine etwa 0,015 mm dicke Schicht einer Härte von 760 HV und von hoher Abriebfestigkeit und guter Gleiteigenschaften[1].

7. Eisentitankarbid

Unter der Bezeichnung Ferrotic werden verschiedene verschleißfeste, bearbeitbare und härtbare Hartstoffe verstanden, deren Standzeit bis zur ersten Nacharbeit gegenüber 12prozentigen Chromstählen mit 8- bis 15fach angegeben wird[2]. Abb. 612 zeigt links eine typische Freßerscheinung an Lochstempeln und daneben die gleichfalls üble Beschaffenheit der damit erzeugten Lochleibungsfläche nach 5000 Schnitten. Demgegenüber ist die Oberflächenbeschaffenheit bei TIC-Behandlung nach 10facher Standzeit gemäß Abb. 613 als noch einwandfrei erhalten zu bezeichnen[3]. In bezug auf Verschleißwiderstand liegen die Eisentitankarbide zwischen hochwertigen Edelstählen und den noch widerstandsfähigeren im folgenden Abschnitt 8 beschriebenen Hartmetallen.

Wie die anschließend beschriebenen naturharten Hartmetalle wird Ferrotic pulvermetallurgisch hergestellt. Die Zusammensetzung der genannten Qualitäten mit etwa 50 Vol.-% Titankarbid und 50 Vol.-% legierter Stahlmatrix (bei C und C-Spezial sind 2,0% Cr, 2,0% Mo; 0,5% C und 0 bis 2,0% Cu die Hauptbestandteile der Matrix) verleihen dem Werkstoff sowohl Eigenschaften des Hartmetalls als auch des Stahls. Bei einer Glühhärte von HRC = 38 bis 40 kp/mm² im Anlieferungszustand läßt sich dieser Werkstoff spanend bearbeiten (Drehen, Fräsen, Hobeln, Bohren, Gewindeschneiden usw.). Das fast verzugsfreie Härten macht ein Nachschleifen in vielen Fällen überflüssig. Bei einfacher Wärmebehandlung läßt sich Ferrotic-C-Spezial auf eine Härte HRC = 70 bis 72 kp/mm² härten. Beim Härten wird der Anteil Stahlmatrix von 50 Vol.-% in Martensit umgewandelt, wodurch die

---

[1] *Schneck, R.:* Die Anwendung des Tenifer-Verfahrens (Degussa-Frankfurt) im Schnitt-, Stanz- und Ziehwerkzeugbau. ZWF 59 (1964), H. 11, S. 515–519. – *Finnern, B.:* Bad- und Gasnitrieren. München 1965. – *Schlamp, G.:* Steigerung der Verschleißfestigkeit von Stanzwerkzeugen. Werkstattstechn. 57 (1967), H. 5, S. 215–221. – Euronorm 85–67: Nitrierstähle.

[2] *Altenwerth, F.:* Erfahrungen mit einem zerspan- und härtbaren Hartstoff im Schnittbau. Werkstattstechnik 53 (1963), H. 8, S. 375–379. – *Frehn, F.:* Ferro-Tic für Lehren, Meßgeräte und Meßzeuge. Werkst. u. Betr. 98 (1966), H. 8, S. 553–554.

[3] *Schlamp, G.:* Steigerung der Verschleißfestigkeit von Stanzwerkzeugen. Werkstattstechn. 57 (1967), H. 5, S. 215–221.

hohe Gesamthärte erzielt wird. Diamantscheiben sind zur Bearbeitung, auch des gehärteten Werkstoffs, nicht erforderlich. Sowohl der geglühte als auch der gehärtete Werkstoff kann durch Funkenerodieren gemäß Abb. 624 und andere Verfahren gestaltet werden. Aus diesem Hartstoff hergestellte Werkzeuge lassen sich einwandfrei magnetisch spannen. Gebrauchte Werkzeuge

Abb. 612. Unbehandelter Schneidstempel und gelochtes Blech nach 5000 Schnitten

Abb. 613. Stempel zu Abb. 612, jedoch mit TiC-Überzug und gelochtes Blech nach über 50000 Schnitten

können beliebig oft geglüht, zu kleineren Teilen umgearbeitet und neu gehärtet werden.

Werkzeuge aus Ferrotic müssen vor dem Härten bis fast auf das Fertigmaß – nämlich nur mit einem Aufmaß von 0,04 mm – bearbeitet werden. Nach der Härtung ist jedoch ein Feinschliff unbedingt erforderlich, da die Haut vor der Ölhärtung sich sehr schnell abschabt und auch zu Kaltaufschweißungen führt. Nach Möglichkeit sollte dieser Feinschliff eine möglichst geringe Oberflächenrauhigkeit bringen. Am besten ist eine Politur, durch die die Standzeiten auch bei Stahlwerkzeugen erheblich gesteigert werden. Gehärtet wird in neutralen Öfen. Stehen Schutzgase, neutrale Salzbäder, Vakuum usw. nicht zur Verfügung, empfiehlt sich die Härtung mit einem dafür geeigneten Einpackpulver (Desotic). Dieses Pulver ist trocken zu lagern und möglichst vor Benutzung auf einem Ofen von etwaiger Feuchtigkeit zu befreien. Die fertig bearbeiteten Teile sind in unbedrucktes Papier einzupacken und in einen Kasten aus zunderbeständigem Blech oder Keramik einzulegen. Zuvor muß der Boden in einer Höhe von 20 mm mit jenem Pulver bestreut werden. Die zu härtenden, in Papier eingewickelten Teile sind mit einer mindestens 20 mm dicken Pulverschicht zu umgeben. Am Kasten darf nicht gerüttelt werden, vielmehr sind Luftzwischenräume (Brückenbildung, Luftkissen) durch Rühren mit einem Draht zu beseitigen. Sinnvoll ist das vorherige Einlegen der mit Papier umwickelten Teile in einen grobmaschigen Siebkorb oder gelochten Behälter, der mit einer Öse oder dergleichen aus der Packung herausragt. Hierdurch ist ein leichtes Herausnehmen der Teile und Abschütteln des Pulvers im Blech- oder Keramikkasten möglich. Dies sollte noch im Ofen geschehen, um ein Absinken der Härtetemperatur zu verhindern. Ein Deckel auf dem Kasten bietet einen zusätzlichen Schutz für die zu härtenden Teile und das Härtepulver selbst. Der Kasten ist dann in einen kalten Gas- oder Elektroofen einzusetzen und auf Austenitisierungstemperatur von 960 bis 980 °C anzuheizen. Auf diese Weise werden Spannungen und Verzug durch zu schroffes Erwärmen vermieden. Die Haltezeit auf Härtetemperatur sollte bei Einsatz mit Pulver nicht unter 30 min liegen. Nach dieser Wärmebehandlung werden die vom Pulver befreiten Teile im Ölbad von 30 bis 40 °C abgeschreckt, wozu Blankhärteöle benutzt werden. Hiernach werden die noch handwarmen Teile etwa 2 Stunden bei 150 bis 160 °C angelassen und erhalten eine Härte von 70 bis 72 HRC. Sehr kleine Teile schüttet man zweckmäßig mit dem bereits im Ofen gelockerten Einpackpulver ins Ölbad, um starke Temperaturabfälle zu vermeiden. Die äußere Zone der Packung verkrustet leicht und zeigt infolge Oxydation eine braunrötliche Färbung. Starkes Anbacken läßt auf eine zu hohe Feuchtigkeit des Einpackpulvers schließen. Die rotbraun gefärbte Außenzone des Einpackmittels ist nicht mehr gebrauchsfähig. Hingegen kann die leicht angebackene Randschicht pulverisiert und fünf- bis achtmal wieder verwendet werden, bis eine verstärkte Braunfärbung auch dort die Unbrauchbarkeit anzeigt.

Auch zu allen anderen Wärmebehandlungen[1] wie Normalglühen, Weichglühen und Spannungsfreiglühen sollten die Teile zur Vermeidung von Oxydation in Pulver verpackt sein. Sind Werkzeuge durch eine unvorschriftsmäßige Wärmebehandlung entkohlt, können sie nur nach Abschleifen der entkohlten Zone ihre übliche Verschleißfestigkeit zurückerhalten. Durch diese Maßnahme wird in den meisten Fällen die Toleranz unterschritten, zumal die Werkzeuge fast auf Fertigmaß bearbeitet werden sollen. Bei außergewöhnlich komplizierten Werkzeugen, die mit hohem Arbeitsaufwand hergestellt wurden, lohnt sich eventuell eine Regenerierung. Zu diesem

---

[1] *Frehn, F.:* Die Wärmebehandlung des einzigen härtbaren Hartstoffes Ferro-Tic-C-Spezial. TZ für prakt. Metallbearb. 61 (1967), H. 4, S. 2–12.

Zweck wird das am Rand entkohlte Werkzeug ohne Nachschliff, aber durch Bürsten, vom Zunder befreit, in Spezialaufkohlungsmittel eingepackt und kurzfristig, je nach Werkstückgröße und Stärke der entkohlten Zone, bei 1050 °C im üblichen Gas- oder Elektroofen gehalten. Anschließend wird das Werkzeug nach dem Auspacken in Öl abgeschreckt und angelassen. Eine zu starke Aufkohlung bringt zunächst Sprödigkeit in der Randzone, später kann es zur Graphitbildung kommen. Die geschilderte Nachbehandlung ist nur ein Behelf und sollte auf Einzelfälle beschränkt bleiben.

Für das Schleifen gelten etwa folgende Richtwerte, wenn mit v_1 die Umfangsgeschwindigkeit (m/s) der Scheibe, mit v_2 die Tisch- bzw. Werkstückgeschwindigkeit (m/min) = Umfangsgeschwindigkeit bei b) und c), mit v_3 die Einstechgeschwindigkeit (mm/min), mit s der Quervorschub (mm/Hub) und mit a die Zustellung (mm/Durchgang oder Hub) bezeichnet werden.

a) Flächenschliff:
$v_1 = 20$ bis 30 m/s; $v_2 = 23$ m/min; $s = 1{,}0$ bis $1{,}5$ mm/Hub; $a = 0{,}005$ bis $0{,}05$ mm.

b) Außenrundschliff:
$v_1 = 30$ bis 35 m/s; $v_2 = 12$ bis 16 m/min; $v_3 = 0{,}3$ mm/min; $a = 0{,}05$ mm.

c) Innenrundschliff:
$v_1 = 32$ m/s; $v_2 = 16$ m/min; $a = 0{,}02$ bis $0{,}05$ mm.

Beim Schleifen mit Diamantschleifscheiben kann v_1 für a) um 30% höher gewählt werden[1].

8. Hartmetall

Bei Hartmetallen, die zum Bestücken hochbeanspruchter Schneid- und Stanzwerkzeuge verwendet werden, wird zwischen gegossenen und den gesinterten Hartmetallen unterschieden. Die gegossenen Hartmetalle – meist Stellite mit hohem Gehalt an C, Cr und Co – spielen zur Ausrüstung von Schneidwerkzeugen im Ausland, dabei auch in den USA, eine gewisse Rolle, doch werden sie auch dort von den noch härteren und verschleißwiderstandsfähigeren Sinterhartmetallen verdrängt.

Sinterhartmetalle bestehen aus harten Metall-Kohlenstoff-Verbindungen (Karbiden) und weicheren Binde- oder Hilfsmetallen. Bei den für Werkzeuge der spanlosen Formgebung vorwiegend verwendeten Hartmetallen handelt es sich um Sinterlegierungen aus Wolframkarbid (WC) und Kobalt (Co); einige Sorten enthalten außerdem Titankarbid (TiC), Tantalkarbid/Niobkarbid (TaC/NbC) und Vanadinkarbid (VC), jedoch in bedeutend geringerem Maße als die Hartmetalle für die Stahlzerspanung. Das Gefüge der WC-Co-Legierungen besteht bis zu einem mittleren Kobaltgehalt (etwa 15%, jedoch abhängig von der Korngröße) aus einem zusammenhängenden Skelett von WC-Kristallen, das von dem Netzwerk des Kobaltbinders durchdrungen ist. Betrachtet man die Wolframkarbidkristalle als Träger der Härte und Ver-

---

[1] Alle hier empfohlenen Bearbeitungs- und Wärmebehandlungshinweise gelten für die für Schneid- und Stanzwerkzeuge geeignete Sorte Ferro-Tic-C-Spezial.

8. Hartmetall

schleißfestigkeit und das Kobalt als Träger der Zähigkeit, so wird offensichtlich, daß die Eigenschaften der WC-Co-Hartmetalle einerseits von dem prozentualen Anteil des Kobalts, andererseits von der durch die Ausgangsmaterialien und die Art der Sinterführung bedingten Ausbildung des Gefüges abhängen. Einen Überblick über die wichtigsten Eigenschaften der WC-Co-

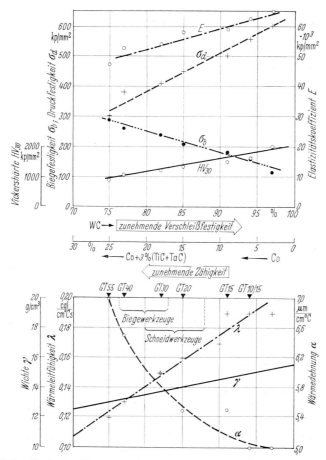

Abb. 614. Physikalische Werte in Abhängigkeit vom W- und Co-Gehalt (nach Krupp-Widia)

Legierungen als Funktion vom Co-Gehalt vermittelt Abb. 614. Mit steigendem Kobaltanteil fällt die Härte und die Druckfestigkeit. Im allgemeinen haben sich für Schneidwerkzeuge Hartmetallsorten bewährt, deren Verhältnis von Wolframkarbid zu Kobalt (WC/Co) einem Wert von 85/15 entspricht, obwohl hierbei der Spielraum zwischen 88/12 und 80/20 liegt. Nur in seltenen Fällen, wie beispielsweise in der Uhrenindustrie, kommt eine Zusammensetzung von 94/6 zum Einsatz. Bei Kobaltgehalten von 15% und mehr treten als Folge übermäßiger Druckbeanspruchungen sogar plastische Verformungen am Hartmetall auf, während kobaltärmere Legierungen durch proklinen verformungslosen Bruch zerstört werden. Die Biegebruchfestigkeit als Maß für die Zähigkeit nimmt mit wachsendem Kobaltanteil zu; mit dem Kobaltgehalt steigt auch die Wärmedehnungszahl. Die in Diagramm Abb. 614 angegebenen Festigkeitswerte können allerdings nur zur Orientierung dienen, da der Einfluß des Gefüges den der chemischen Zusammensetzung zum Teil überdeckt. Anschaulich läßt sich diese Beziehung zwischen Hartmetallgefüge und -eigenschaften so erklären, daß – unter Voraussetzung gleicher analytischer Zusammensetzung – bei groben Karbidkristallen wegen der geringeren Oberfläche je Volumeneinheit dickere Schichten des zäheren Kobalts auftreten als bei feinkörnigen Karbiden. Demzufolge sind grobe Gefüge weniger hart und verschleißfest, aber zäher und stoßunempfindlicher als feinkörnige Gefüge.

Es hat sich weitgehend eingebürgert, die Hauptgruppe der Hartmetalle für spanlose Formgebung und Verschleißteile zur Unterscheidung von Hartmetallen für andere Verwendungszwecke mit dem Buchstaben G zu bezeichnen; von einigen Formen werden allerdings auch noch andere Kennbuchstaben verwendet. Die verschiedenen Sorten innerhalb der G-Gruppe werden durch Zahlen kenntlich gemacht, wobei dem niedrigeren Zahlenwert die höhere Härte, dem höheren Zahlenwert die größere Zähigkeit des Hartmetalls entspricht. Während früher für diese Sortenabgrenzung üblicherweise einstellige Zahlen verwendet wurden (z. B. G 1, G 2 usw.), werden heute von zahlreichen Firmen in Anlehnung an die für die Zerspanung genormte Bezeichnungsweise der Anwendungsgruppen zweistellige Zahlen (z. B. G 10, G 20 usw.) benutzt, weil dadurch eine größere Beweglichkeit bei der Einordnung von Zwischengruppen (z. B. G 15) gegeben ist. Schließlich muß noch erwähnt werden, daß eine Reihe von Herstellern zur Kennzeichnung ihres Fabrikates noch zusätzliche Buchstaben verwenden[1].

Entsprechend ihrem Wolfram- bzw. ihrem Kobaltgehalt sind in Abb. 614 die Hartmetallegierungen angegeben, die für Werkzeuge der spanlosen Formgebung verwendet werden. Bei der Auswahl des Hartmetalls für ein Werkzeug, über dessen Beanspruchung noch nicht genügend Erfahrungen vorliegen, also bei Erstausführungen empfiehlt es sich, zunächst eine zähere Hartmetallsorte einzusetzen, die größtmögliche Sicherheit gegen Bruch bietet, evtl. also nicht die im speziellen Fall optimale Verschleißfestigkeit aufweist. Denn Ausfälle infolge Werkzeugbruch haben zumeist sehr viel unangenehmere Folgen für Maschine, Werkstück, Terminablauf usw. als Verzögerungen wegen öfters erforderlicher Nachschliffe. Kann später übersehen werden, daß der Bearbeitungsvorgang den Einsatz einer kobaltärmeren Sorte erlaubt, so ist bei Neubestückung eine verschleißfestere Sorte zu wählen. In der Regel kommt bei Schneidwerkzeugen die Sorte G 30, evtl. auch G 20 zum Einsatz. Tiefziehmatrizen werden ebenfalls zumeist mit G 20 oder G 30 bestückt, und zur Armierung von Biegestanzen sind die Sorten G 30 und G 40 vorwiegend im Gebrauch. Nur in seltenen Fällen, beispielsweise in der

---

[1] Als Beispiele seien genannt: GTi 10, GTi 20 usw. (Hersteller: TITANIT-Fabrik der Deutschen Edelstahlwerke AG., Krefeld); GT 10, GT 20 usw. (Hersteller: Friedr. Krupp Widia-Fabrik, Essen); GB 10, GB 20 usw. (Hersteller: Gebr. Böhler & Co. AG., Düsseldorf-Oberkassel).

8. Hartmetall

Uhrenindustrie, wird die Sorte G 10 angewendet[1]. Für die Wahl der Hartmetallsorte ist jedoch nicht nur der Anwendungszweck entscheidend, sondern auch die Form des Werkzeuges sowie der Zustand und die Bauart der Maschinen. Dünnwandige Teile bzw. dünne Querschnitte, scharfe Ecken und ältere Pressen verlangen eine zähere Hartmetallsorte als dicke Querschnitte, große Eckenrundungen und stabile Pressen mit guten Führungen und guter Fundamentierung.

Von besonderer Bedeutung für die Standzeit ist die Vermeidung scharfer Ecken bei Formschnitten. Beim Schneiden hochsiliziumhaltiger Bleche von 0,6 mm Dicke wurden z. B. bei scharfen Ecken 440000 Schnitte zwischen zwei Schliffen und damit die 20fache Leistung gegenüber einem guten Edelstahl erzielt. Durch eine nur kleine Abrundung der Ecken erhöhte sich die Standzeit auf 75000. Bei dem heutigen Stand der Hartmetallschleiftechnik ist eine genaue Herstellung von Hartmetallwerkzeugen kein Problem mehr, so daß keine größeren Toleranzen als bei gehärteten Stählen vorgeschrieben zu werden brauchen. Auf S. 41 ist für Hartmetallschneidwerkzeuge der Beiwert $c = 0{,}015$ bis $0{,}018$ zur Schneidspaltberechnung nach Gln. (23) und (24) angegeben. Doch sind auch wesentlich kleinere c-Werte erreichbar, und es werden für Genauschneidwerkzeuge nach S. 65 bis 75 und S. 195 bis 200 Schneidstempel und Matrizeneinsätze aus Hartmetall in zunehmendem Umfang angewendet.

Je nach Einsatzmöglichkeit werden Schneidmatrizeneinsätze mittels Schrumpfen, Pressen oder auf andere Weise mechanisch befestigt. Eine besondere Bedeutung hat das Löten. So werden bei der Befestigung von Vollhartmetallstempeln Vakometbuchsen gemäß Abb. 616a eingelötet, welche anschließend oder zuvor mit Gewinde versehen mit der Stempelhalteplatte verbunden werden. Dieses Verfahren hat sich gegenüber dem Einlöten von geschlitzten Stahlbuchsen besser bewährt. Auch sei auf die auf S. 49 bis 51 beschriebene Stempelhalterung durch Ausgießen mit Kunstharzen wie Araldit, Devcon usw. hingewiesen. Dagegen haben sich Metallkleber zum Bestücken von Hartmetallschneidelementen wegen ihrer unzureichenden Schlagfestigkeit nicht bewährt.

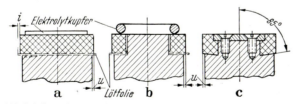

Abb. 615. Bestückung von Stempeln mit Hartmetall (a und b vor dem Löten)

Abb. 615a zeigt eine Stempelbestückung, bei der die gesamte Stempeloberfläche mit einer Hartmetallplatte belegt wird, die der Form des auszuschneidenden Werkstückes entspricht. Dabei ist, wie auch bei gewöhnlichen Schneidwerkzeugen, zu beachten, daß es auf eine genaue Bemessung des Stempels ankommt, wenn der Ausschnitt im Blech genau und sauber

---

[1] *van Beek, J.:* Hartmetallwerkzeuge in der spanlosen Formung. Blech 7 (1960), Nr. 4, S. 151–163.

ausfallen muß. Wird umgekehrt das aus dem Blech auszuschneidende Stück benötigt und ist der gelochte Streifen nur Abfall, so ist die Schneidplatte nach dem Nennmaß zu bemessen. Auf der Hartmetallplatte in Abb. 615a ist ein Stück Elektrolytkupferblech von etwa 1 bis 2 mm Dicke oder ein anderes der bewährten Hartlote und unter ihr eine Drahtgewebelötfolie aufzulegen, die seitlich um etwa 1 bis 2 mm übersteht. Das Zwischenlegen einer solchen Drahtgewebefolie ermöglicht die Einhaltung der gewünschten Lötnahtdicke von etwa 0,4 bis 0,6 mm. Diese Maße haben sich als günstig bezüglich der Festigkeit der Verbindung und des Ausgleichs der von der Lötung im Hartmetall und Stahl verbleibenden Spannungen erwiesen. Bei der Bestückung nach Abb. 615b wählt man anstelle des Kupferbleches einen aus 2 bis 3 mm dickem Draht gebogenen Kupferring. Vorzugsweise wird unter Schutzgas bei etwa 1100 bis 1150 °C hartgelötet. Abb. 615c zeigt als Beispiel, wie eine Lötnahtverbindung konstruktiv umgangen werden kann. Der Hartmetallring ist mit einer kegeligen Auflagefläche ausgeführt, so daß eine einwärts gerichtete Komponente der Schneidkraft auftritt. Der Ring wird durch eine Abdeckplatte gehalten, die absichtlich mit zwei außermittig angeordneten Schrauben befestigt ist, damit sie sich nicht lockern kann. Bei solchen ringförmigen Stempelbestückungen ist ein Aufpressen auf den Stempel, wie es nach Abb. 615b und c denkbar wäre, nicht zulässig, da hierdurch Zugbeanspruchungen im Ring auftreten, die die Haltbarkeit wesentlich herabsetzen.

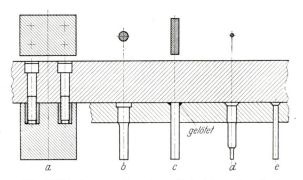

Abb. 616. Befestigung von Stempeln aus Hartmetall am Stempelkopf

Abb. 616 zeigt verschiedene Anordnungen von Hartmetallstempeln an der Stempelkopfplatte. Bei Ausführung a handelt es sich um einen größeren Stempel, in den oben an der Befestigungsseite Gewindebuchsen eingeschrumpft sind, die mit der Kopfplatte durch Zylinderkopfschrauben befestigt werden. Mitunter werden in Hartmetallstücke abgesetzte Buchsen eingesetzt, die entweder mit Gewinde oder mit einer Aussparung für den Kopf einer dort durchzusteckenden Schraube versehen sind[1]. Die übrigen Ausführungen in Abb. 616 zeigen Hartmetallstempel, und zwar b, d und e mit Ansätzen, die bei b zylindrisch, bei d und e kegelförmig sind und den

---

[1] USA-Patent 2 801 696 v. 6. 8. 1957, beschrieben in Werkst. u. Betr. 92 (1959) H. 4, S. 214.

Stempel gegen Herausziehen beim Abstreifen des Bleches sichern. In c hat der Stempel auf der gesamten Höhe gleiche Dicke und Breite und ist oben in der Halteplatte eingelötet. Die Stempel b und d zeigen Durchmesserabstufungen, wie dies von den Edelstahlstempeln her bekannt ist. Die Lötverbindung findet vorzugsweise bei unrunden Querschnitten Verwendung, wo das Anbringen eines Haltebundes schwierig ist.

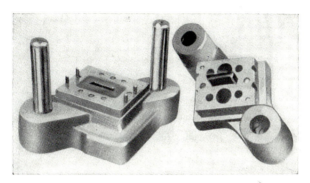

Abb. 617. Mit Hartmetall bestücktes Schneidwerkzeug für Lamellen

Abb. 617 zeigt ein mit Widiahartmetall bestücktes Schneidwerkzeug für Lamellen, wo der Stempel durch Löten mit der Stempelhalteplatte wie in Abb. 616c verbunden ist. Die Schneidplatte ist in einem Spannrahmen gehalten, der von unten durch Schrauben festgezogen wird. Abb. 618 zeigt eine Schneidplatte für das gleichzeitige Ausschneiden zweier verwickelter Formen; sie ist zur Erleichterung des Schleifens dreifach geteilt. Auch hier sind die Stempel durch Hartlöten mit der Stempelhalteplatte verbunden. Die Schneidplatte wird in einem Rahmen, der sich nach unten in Übereinstimmung mit den Schneidplattenteilstücken kegelig erweitert, mittels von unten eingezogener Zylinderkopfschrauben festgespannt. Nach der Ausrichtung der Schneidplatte zum Stempel wird der Rahmen mit dem Unterteil verbohrt und verstiftet.

Wichtig ist noch eine denkbar gute Führung von Stempelplatte zur Schneidplatte. Die bisher genormten Säulengestelle sehen nur zwei Säulen vor. Dies genügt auch den sonst üblichen Ansprüchen unter Verwendung von Werkzeugstählen. Der Einbau von Hartmetallschneidplatten oder -stempeln ist ziemlich kostspielig, und ein infolge mangelhafter Führung verursachter Werkzeugschaden ist nur unter sehr viel höheren Kosten zu beheben als sonst. Man sollte daher bei Hartmetallwerkzeugen in der Ausstattung der Gestelle mit 4 nach Abb. 620 anstelle von 2 Säulen nach Abb. 617 und mit der reichlichen Bemessung von Kopf- und Grundplattenteilen nicht sparen. In den USA werden dafür rohrförmige Säulen mit verhältnismäßig großen Außendurchmessern verwendet.

In Abb. 619 ist die mit Hartmetalleinsätzen versehene Schneidplatte eines Wendefolgeschneidwerkzeuges für Dynamobleche dargestellt. Von den acht eingepreßten Schneidbuchsen dienen sieben zum Vorlochen (a) des Werk-

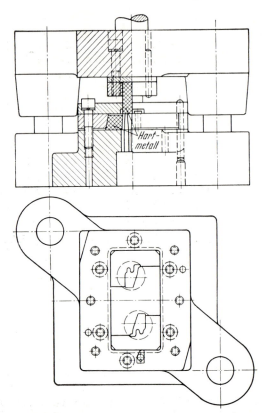

Abb. 618. Säulengestell mit dreiteiliger Schneidplatte aus Hartmetall

stückes und die 8. zum Lochen des Sucherstiftloches (b). Die beiden Sucherstifte des Werkzeugoberteiles bestimmen die Lage des im Bild gestrichelt angedeuteten Blechstreifens in den beiden Schneidplattenbohrungen c. Außer den 8 Schneidbuchsen sind 7 Schneidplatten f, g, h, i, k, l und m eingesetzt, die durch eingeschraubte Beilageleisten mit schräger Anstellfläche gehalten werden. Die drei kleinen Beilageleisten f', g' und h' sind mit je einer Spannschraube anzuspannen, während die beiden größeren i' und k' für die große, aus den 4 Teilen i, k, l und m zusammengesetzte Schneidplatte mit mehreren von unten eingesetzten Schrauben angezogen werden. Außerdem sind die 3 Teilstücke i, l und m durch Halteschrauben bei n in der Grundplatte von unten befestigt. Zu diesem Zweck sind in die Hartmetallplatten Gewindebuchsen, wie in Abb. 616a, eingesetzt. In den Formschneidplatten f und l sind bei q Bohrungen zum Vorlochen vorgesehen.

Die in Abb. 617 bis 619 gezeigten Beispiele beziehen sich nur auf dünne Bleche. Insbesondere bei Blechen mit hohem Silizium- (Dynamo- und Trafobleche) und Kohlenstoffgehalt (Rasierklingenbandstähle) sind mit Hartmetall bestückte Schneidwerkzeuge wegen der großen Verschleißwirkung am Platze. Aber auch für größere Blechdicken, z. B. für Kettenbandstahl bis zu

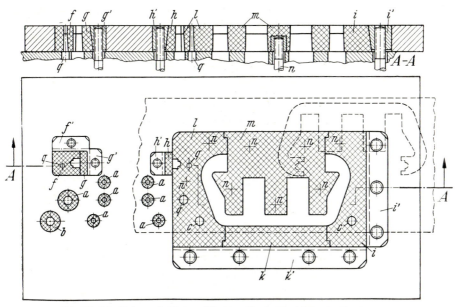

Abb. 619. Schneidplatte mit Hartmetalleinsätzen für ein Wendefolgeschneidwerkzeug mit Suchstiftzentrierung

Abb. 620. Mit Hartmetall bestücktes Schneidwerkzeug für Kettenlaschen

4 mm Dicke und einer Festigkeit von 90 bis 100 kp/mm², haben sich Stempel und Schneidplatteneinsätze aus Hartmetall bewährt. In Abb. 620 ist ein mit Hartmetallschneidstempeln a und Hartmetallschneideinsätzen b ausgerüstetes Werkzeug für Kettenlaschen dargestellt. Zu beachten sind die vier reichlich bemessenen Führungssäulen c am linken Oberteil und Führungsbuchsen d im rechten Unterteil. Zur Herabsetzung der Schnittkraft sind hier die Schneidplatteneinsätze in ihrer Mitte vertieft ausgerundet, so daß nicht an allen Stellen des Umfanges zugleich angeschnitten wird. Der Streifen-

einführungskanal ist oben offen. Der Streifen wird vor dem Schnitt durch die unter Federdruck stehende und gleichzeitig als Abstreifer dienende Niederhalterplatte *e* nach unten gepreßt. Von den zu beiden Seiten des Streifens angeordneten Führungsleisten lehnt sich die vordere unter Federdruck gegen den Streifen an, soweit nicht der Leistenabstand der jeweiligen Streifenbreite entsprechend durch Anschrauben des verschieblichen Anlegebleches *f* fest eingestellt wird. In dem in Abb. 620 angegebenen Schneidwerkzeug sind die Druckfedern nicht eingesetzt.

Der hohe Schneidwerkzeugverschleiß bei der Verarbeitung siliziumhaltiger Bleche (Dynamo- und Trafobleche) empfiehlt hier den Einsatz von Hartmetall. So zeigt Abb. 621 die Draufsicht auf Ober- und Unterteil eines Folgeschneidwerkzeuges[1] für Stator- und Rotorbleche mit den in der Abbildung dunkel erscheinenden Hartmetalleinsätzen. Über die Konstruktion solcher Werkzeuge wurde auf S. 114 zu Abb. 113 und über die Sortierung der abzuführenden Stanzteile mittels Stapelkanälen auf S. 82 und 83 zu Abb. 84 bis 86 berichtet.

Abb. 621. Folgeschneidwerkzeug mit Einsätzen aus Hartmetall

Mit Hartmetall bestückte Umformwerkzeuge[2] werden in weit größerem Umfange als Hartmetallschneidwerkzeuge verwendet. Für die Befestigung ringförmiger Hartmetallteile, wie beispielsweise in Ziehringen, auf Ziehdornen usw., sei auf obige Ausführungen zu Abb. 616a und 618 verwiesen. So werden für den Napfzug Hartmetalltiefziehringe mit Bohrungsdurchmessern bis zu

---

[1] Bauart Roos & Kübler, Ebersbach.
[2] *Schaumann, H.,* u. *van Beek, J.:* Sinterhartmetall bei umformenden Werkzeugen. Werkstattst. u. Maschb. 41 (1951), H. 11, S. 434. Hieraus Bild 3 u. 7 zu Abb. 622 u. 623 entnommen. Weitere Beispiele s. *Dawihl* u. *Dinglinger:* Handbuch der Hartmetallwerkzeuge, Bd. II. Berlin–Göttingen–Heidelberg: Springer 1956.

etwa 200 mm bei Außendurchmessern bis zu 370 mm eingesetzt. Weniger bekannt ist die Bestückung der Ziehkanten auch größerer Tiefziehwerkzeuge mit Hartmetall. Vielfach hat sich eine solche Maßnahme an den Ecken, wo starker Werkstofffluß und die Neigung zur Faltenbildung besonders hohen Verschleiß verursachen, als wirtschaftlich erwiesen. Konstruktive Möglichkeiten ergeben sich hierbei durch Einschrumpfen geschlossener, das volle Profil umfassender Einsätze, durch Einschrauben von Leisten mit aufgelöteten Hartmetallverstärkungen oder noch besser durch unmittelbare Befestigung von Hartmetallformplatten. Abb. 622 zeigt einen von außen in den eingepreßten Ziehring angeschraubten Hartmetalleinsatz.

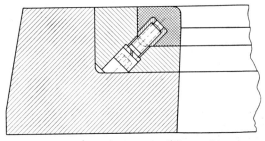

Abb. 622. Ziehleiste mit angeschraubtem Hartmetalleinsatz

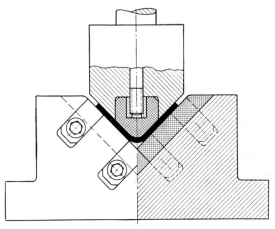

Abb. 623. Hartmetallbestücktes Biegewerkzeug

Selten war bisher die Anwendung von Hartmetall in Biegewerkzeugen, doch werden sie in wachsendem Umfang in der Großserienfertigung eingesetzt. Bei der Ausführung nach Abb. 623 sind an die Hartmetallwangen Laschen angelötet, die mit dem Werkzeugunterteil seitlich verschraubt sind. Der Stempeleinsatz ist an einer eingelöteten Gewindebuchse mittels Schrauben befestigt.

Hartmetallteile erhalten in der Regel bereits beim Sintern die gewünschte Form zuzüglich Aufmaß, das sich aus den Bearbeitungszugaben und den

654 L. Werkstoff für Werkzeuge

Sintertoleranzen ergibt. Bei den kobaltärmeren Sorten (G 05 bis G 30) werden von den Hartmetallherstellern die nach DIN 40680, Toleranzreihe Mitte[1] angegebenen Rohteiltoleranzen noch nicht einmal ausgeschöpft, während bei den kobaltreicheren Sorten mit etwas größeren Sintertoleranzen zu rechnen ist. Die Hartmetallsorte G 60, notfalls auch noch G 50, ist spanabhebend bearbeitbar; verwendet werden dazu Zerspanungswerkzeuge, die mit Hartmetallen der Anwendungsgruppe K 10 bestückt sind[2]. Alle kobaltärmeren Hartmetalle werden durch Schleifen bzw. Läppen oder funkenerosive Bearbeitung in die endgültige Form gebracht. Für das Vor- und Fertigschleifen sollten nur Diamantscheiben, Körnung D 100 bis D 50, eingesetzt

Abb. 624. Schneidplattendurchbruch mittels Funkenverspanen

werden. Silizium-Karbid-Scheiben sind wegen ihres zu geringen Abtragens, zu hohen Schleifdruckes, zu hoher Temperatur an der Kontaktstelle trotz Kühlung, nicht zu vermeidender Kantenverrundung und unzureichender Parallelität der zu schleifenden Flächen für Hartmetall ungeeignet. Zum Läppen wird in Öl angerührtes Borkarbid, Körnung etwa 320 bis 600, verwendet; die Läppdorne bestehen aus weichem Stahl oder Gußeisen. Doch sollte ein Läppen möglichst unterbleiben, da hierbei die Gefahr einer Schneidkantenverrundung und Formabweichung immer gegeben ist. Eine funkenerosive Bearbeitung ist immer dann am Platze, wenn die Formgebung durch

---

[1] DIN 40680, Ausgabe September 1954; Toleranzen für keramische Werkstücke.

[2] Siehe DIN 4990, Ausgabe April 1959: Zerspanungs-Hauptgruppen und -Anwendungsgruppen für Hartmetalle sowie Kennzeichnung von Hartmetall-Drehmeißeln.

Schleifen nicht möglich ist, also z.B. beim Einarbeiten einer vom Zylinder abweichenden Innenform in eine ungeteilte Schneidplatte gemäß Abb. 624. Der Querschnitt der Elektrode, die in der Regel aus Kupfer oder kupferhaltigen Legierungen hergestellt wird, entspricht den Innen- oder Außenkonturen der gewünschten Form abzüglich bzw. zuzüglich des einstellbaren Funkenspaltes von 0,07 bis 0,10 mm. Die erzielte Oberflächengüte richtet sich nach den elektrischen Einstellwerten; bei Schlichtabtrag können Rauhtiefen bis herab zu 1 μm erreicht werden. In den letzten Jahren wurden sogar Großwerkzeuge funkenerodiert[1].

9. Hartmetallauftragverfahren

In letzter Zeit wurden Hartmetallübertragverfahren bekannt, die zur Aufhärtung der Werkzeugfläche und zur Beseitigung von Oberflächenfehlern sowie zum Auftrag abgenutzter Arbeitsflächen dienen[2]. Hierbei findet zwischen einer Elektrodenspitze (Anode, Pluspol) aus gesintertem Hartmetall in Form eines 2 mm dicken Vierkantdrahtes, der mittels einer Elektroschweißpistole von Hand dauernd in Schwingungen gehalten wird, und dem auf einer Metallplatte liegenden Werkzeug (Katode, Minuspol) in kurzem Abstand eine Funkenentladung statt. Dadurch entsteht eine derart feste Verbindung, daß das Überzugsmetall von der Werkstückfläche nicht abgetrennt werden kann. Je größer die Kondensatorkapazität ist und je länger eine Fläche befunkt wird, um so dicker wird die aufgetragene Schicht, wofür als erreichbarer Höchstwert 0,1 mm bei 1000 μF und 9 min/cm² angegeben werden[3]. Eine höhere Kapazität oder eine längere Verfestigungsdauer bringen nichts. Im Gegenteil wird dann nur die Schicht beschädigt und der Zweck verfehlt. Jeder Belastungsstufe entspricht eine optimale Verfestigungsdauer. Diese muß um so geringer gewählt werden, je höher die Energie der Funkenentladung ist. Hohe Geräteleistungen ergeben zwar große Schichtdicken, die jedoch eher zu Rissen neigen als mitteldicke Schichten, weshalb geringe Geräteleistungen mitunter vorteilhafter sind.

Ein anderes Verfahren ist das Flammplattieren[4], worunter die Auftragung von dünnen Schichten aus Wolframkarbiden oder Aluminiumoxiden auf metallische und nichtmetallische Werkstoffe zu verstehen ist. Hierzu dient eine rohrförmige Maschine mit einem Mechanismus für die genaue Dosierung und Mischung des Pulvers aus Wolframkarbid, Azetylen und Sauerstoff in einer Brennkammer. Dieses Gemisch wird durch einen elektrischen Funken zur Explosion gebracht, wodurch sofort Druck und Wärme wie bei Explosionsmotoren entsteht. Durch die Form des Beschußrohres werden die Druckwellen auf einen kleinen Raum beschränkt, so daß sehr hohe Drücke und

---

[1] *Schumacher, B.:* Funkenerosive Metallverarbeitung im Werkzeugbau. DFBO-Mitt. (1965), Nr. 9/10, S. 158–168. – *Hansen, D.:* Funkenerosionsmaschinen im Werkzeugbau. Ind. Anz. 95 (1973), Nr. 28, S. 537–540.

[2] *Schulz, H. J.:* Anwendung elektrisch abtragender Fertigungsverfahren. Werkstattstechn. 57 (1967), H. 5, S. 225–230.

[3] *Vaidyanathan* u. *Schlayer:* Elektrofunkenverfestigung von Werkzeugschneiden. Ind. Anz. 93 (1971), Nr. 36, S. 819–820.

[4] Union Carbide International Comp. New York. Cosmeca A.G., Olten Schweiz („Wocafix"); S.N.P.M.J., Frankreich („Carbumatic"); Linde („Percussions-Schweißung"). Gebr. Malter GmbH, Remscheid.

Temperaturen auftreten. Nachdem die Temperatur etwa 3300 °C erreicht hat, pflanzt sich die Wärme rascher fort als der Druck, d.h., es entsteht eine Detonation. Die Wärmewelle bewegt sich mit etwa 10facher Schallgeschwindigkeit durch das Pulver-Gas-Gemisch, wodurch die Gase unter sehr hohen Drücken verbrannt werden. Hierbei werden die kleinen Teilchen des Wolframkarbidpulvers zum Schmelzen gebracht und treffen im plastischen Zustand mit Überschallgeschwindigkeit auf die zu plattierende Oberfläche auf. Auf diese Weise wird die Werkstückoberfläche in kurzen Intervallen diesem Beschuß so lange ausgesetzt, bis die gewünschte Dicke der Plattierung erreicht ist. Trotzdem die Temperatur im Rohrinnern etwa 3300 °C beträgt, wird das Werkstück selten auf mehr als 200 °C erwärmt, wenn auch das Metallpulver mit sehr hohem Schmelzpunkt, wie z.B. Wolframkarbid, aufgetragen wird. Deshalb kann auf Präzisionsteilen und Werkzeugen plattiert werden, ohne daß die metallurgischen Eigenschaften des Grundwerkstoffes oder die Abmessungen verändert werden. Die Härte der Plattierungsschicht variiert zwischen HV = 1000 und 1450 kp/mm² (VPN 300 g) entsprechend der Zusammensetzung des Pulvers.

Über eine Behandlung von Schneidstempeln mit TIC-Überzügen wurde bereits auf S. 642 zu Abb. 612 und 613 ausführlich berichtet.

10. Aluminiumbronzelegierungen

Diese in England mit „Narite", in den USA und Deutschland mit „AMPCO-Metall"[1] bezeichneten Werkstoffe[2] bestehen aus 8 bis 14% Al, 2,5 bis 6,5% Fe, zuweilen bis zu 6,5% Ni (welches jedoch die Gleiteigenschaften nicht günstig beeinflußt) und geringen Beimengungen von Si, Mn und bestimmten Additiven, Rest, d.h. etwa 80%, Cu. Für den Werkzeugbau kommen praktisch jedoch nur die Legierungen mit mindestens 13% Al in Frage, da nur diese die notwendige Härte von etwa 300 bis 400 Brinell aufweisen. Die besondere metallurgische Struktur macht diese Werkstoffe im Verein mit der erwähnten Materialhärte – die ersten Arbeitsgänge führen noch zu einer zusätzlichen Oberflächenverdichtung – geeignet zur Bestückung hochbeanspruchter Werkzeugkanten für die Herstellung von sonst schwer preßbaren Ziehteilen, wie z.B. Blechen aus rostfreien Stählen, insbesondere Nimonic 75 (19 bis 22% Cr, 1,5 bis 3% Ti, 0,5 bis 1,5% Al, bis 1% Mn, bis 1% Si, bis 0,1% C, bis 5% Fe, Rest Ni). Als Vorteil gegenüber anderen Werkstoffen wird hervorgehoben und durch eine Untersuchung von *Keller*[3] bestätigt, daß durch die günstigen Reibungsverhältnisse die Oberflächen des Ziehgutes außerordentlich geschont und die Bildung von Falten, Riefen und Kratzern weitgehend vermieden wird. Das Anlegen von Teilchen der zu

---

[1] AMPCO-Legierungen 21, 22 und Di-Bronze sowie die entsprechenden Schweißelektroden AMPCO-Trode 250 und 300. Deutscher Lizenznehmer: Eckart & Co., 8192 Geretsried. – DIN 1714.

[2] *Jones, S. C.:* Hard-Aluminium-Bronze as a material for press tools. Sheet Metal Ind. 32 (1955), Nr. 343, S. 822–828.

[3] *Keller, K.:* Ziehringe aus Aluminiumbronze im Vergleich zu Ziehringen aus Stahl. Werkstattst. 49 (1959), H. 1, S. 55–59. – Umformwerkzeuge aus Aluminium-Mehrstoffbronzen. Mitt. Forsch. Blechverarb. (1965), Nr. 5/6, S. 96–101.

10. Aluminiumbronzelegierungen

ziehenden Werkstoffe an das Werkzeug wird verhindert. So zeigt Abb. 625 zwei Ziehteile aus rostfreiem Stahlblech, wie sie gelegentlich der Versuche *Kellers* anfielen. Das linke auf einem Stahlring gezogene Näpfchen zeigt als 100. Teil eine viel stärkere Riefenbildung als das rechte 1000. Teil, das auf einem Aluminiumbronzering gezogen wurde. Auf Aluminiumbronzewerkzeugen können grundsätzlich Bleche aller Legierungen gezogen werden, die nicht Kupfer als Hauptbestandteil haben. Abzuraten ist von der Verwendung von Aluminiumbronzewerkzeugen für die Verarbeitung von Blechen mit schlechter Oberfläche, z. B. von ungebeiztem und verzundertem Stahlblech. Ferner ist die Aluminiumbronze zur Herstellung von Schneidwerkzeugen sowie für Warmverarbeitungswerkzeuge nicht geeignet.

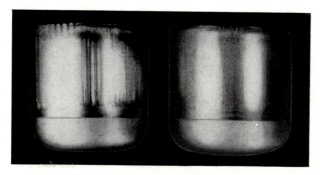

Abb. 625. Vergleich des 100. Näpfchens auf einem Stahlring (links) mit dem 1000. Näpfchen auf einem Bronzering (rechts) tiefgezogen

Für die Herstellung von Werkzeugen aus Aluminiumbronze bestehen verschiedene Fertigungsmöglichkeiten. Bei kleineren Werkzeugen ist es im allgemeinen empfehlenswert, sie als Sand- oder Schleuderguß oder auch als Schmiedeteile herzustellen. Große Werkzeuge werden wirtschaftlicher mit derart hergestellten Teilen oder auch mit Leisten, die in stranggepreßter und gezogener Form erhältlich sind, bestückt oder aus Stahl üblicher Qualität entsprechend unterdimensioniert gefertigt und mit speziellen Aluminiumbronzeelektroden aufgepanzert. Das letzterwähnte Verfahren ist auch dort anzuwenden, wo abgenützte Stahlwerkzeuge vorhanden sind. Gegebenenfalls können auch gußeiserne Werkzeuge regeneriert werden, wenn das Material eine schweißbare Qualität aufweist. Eine Vergütung der Teile aus Aluminiumbronze beziehungsweise der damit vorgenommenen Aufpanzerungen durch Wärmebehandlung entfällt. Das Material unterliegt keinen Angriffen durch atmosphärische Korrosion.

Grundsätzlich ist davon abzuraten, das zu ziehende Blech teils über Stahl, teils über Aluminiumbronze gleiten zu lassen. Deshalb ist die Ziehmatrize aus diesem Metall größer zu halten als der Zuschnitt; bei Stahlwerkzeugen ist ein Bereich aufzupanzern, der über den Zuschnitt hinausgeht. Im gleichen Sinne wird empfohlen, nicht nur den Ziehring, sondern ebenso auch den Stempel und den Blechhalter aus Aluminiumbronze zu fertigen, um gleichmäßige Reibungsverhältnisse zu schaffen.

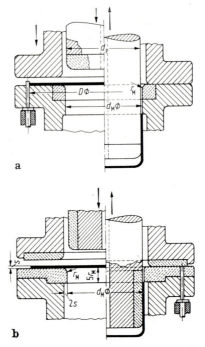

Abb. 626. Mit Mehrstoffbronze bestücktes Tiefziehwerkzeug
a falsch, b richtig

Daher ist es eine falsche Ersparnis, wenn gemäß Abb. 626a im Ziehkantenbereich am Ziehring und unter Umständen auch am Blechhalter schmale Bronzeringe eingesetzt werden. Dann ist der Zweck der Mehrstoffbronze verfehlt, da sowohl vor dem Ziehring als auch hinter ihm, d.h. in der Ziehringöffnung, Ziehriefen entstehen können. Zumindest bis zu dem durch Gummifeder aufrecht gehaltenen Einlagebegrenzungsstift – möglichst jedoch noch darüber hinaus wie in Abb. 626b dargestellt – ist die Ziehringoberfläche in Mehrstoffbronze auszuführen. Die Dicke der Bronzeplatte sollte mindestens $5r_M$ nach Gln. (66) bis (68), S. 325 betragen. Sie ist dann stabil genug, um als Abstreifer zu dienen, wobei die Durchzugsöffnung des darunter befindlichen Stahl- oder Gußeisensockels um etwa $2s$ nach außen zurücktritt. Dann findet auch keine Berührung des umzuformenden Blechwerkstoffes mit dem Sockel statt, und es entstehen keine Ziehriefen, wie dies bei dem Werkzeug nach Abb. 626a der Fall sein kann. Ferner ist es ratsam, auch die Arbeitsfläche des Niederhalters mit einer Mehrstoffbronzeplatte zu versehen, um beiderseits des umzuformenden Bleches gleichartige Reibverhältnisse zu gewährleisten. Der Niederhalter ist dort zu bestücken, wo an die Innenfläche des Ziehteiles hohe Ansprüche auf Oberflächengüte gestellt werden. Hier ist dann auch der Ziehstempel mit Bronze zu belegen. Ein Belag an der Stempelunterfläche gemäß Abb. 626a verfehlt seine Aufgabe, da im mittigen Stempeldruckflächenbereich kein Gleiten stattfindet. Hingegen ist ein Mehrstoffbronzebelag im Zargenbereich bis über die volle Ziehteilhöhe, wie in Abb. 626b dargestellt, vorzusehen. Ein solcher Belag läßt sich durch Schweißelektroden aufpanzern. Dabei werden für die verschiedenen Schweißverfahren folgende Lagedicken t in mm empfohlen für einen Schweißdrahtdurchmesser d bei

Lichtbogenschweißung $\qquad t = 0{,}7\,d$
Argonarcschweißung (WIG) $\qquad t = d$
Sigmaschweißung (MIG) $\qquad t = 1{,}6\,d$ in mm.

Schwache Aufpanzerungen von etwa 2 mm Dicke verfehlen ihren Zweck, da die erste Lage erhebliche Vermischungen mit dem Grundmaterial aufweist, die zweite Lage ebenfalls noch einen gewissen, wenn auch wesentlich kleineren Anteil des Grundmaterials annimmt und erst die dritte und die folgenden Lagen als einwandfreies Schweißgut betrachtet werden können. Im Hinblick auf die Bearbeitungszugabe ist mit mindestens vier Lagen zu rechnen.

Beim Betrieb bronzebestückter Tiefziehwerkzeuge ist zu beachten, daß der günstige Reibungskoeffizient höhere Niederhalterdrücke (um das 1,5- bis 2fache) als bei gewöhnlichen unbestückten Werkzeugen aus Stahl oder Grauguß erfordert. Nach Abb. 626b ist die gesamte Ziehringfläche mit einer Bronzeplatte belegt, in den Niederhalter ist sie eingelassen. Die letztere konstruktive Lösung mag in bezug auf den Materialaufwand als sparsamer erscheinen. Bedenken im Hinblick auf den größeren Wärmeausdehnungskoeffizient der Mehrstoffbronze gegenüber Stahl und Gußeisen dürften kaum bestehen, da beim Tiefziehen der Niederhalter sich nicht derart erhitzt, daß hieraus Werkzeugschäden zu erwarten wären.

Inwieweit von obiger Grundregel – kein Gleiten des Bleches teilweise über Stahl, teilweise über Mehrstoffbronze – abgewichen werden kann, hängt von der Lage des einzelnen Falles ab. So ist es denkbar, bewußt den Reibungsunterschied zu nutzen, d. h. bei Rechteckziehteilen nur in den Ecken den Ziehring und den Niederhalter mit einer gut polierten Panzerung aus Aluminiumbronze zu versehen, oder den Ziehstempel aus Stahl oder aus Gußeisen einer rauhen Oberfläche anzufertigen[1]. Eine solche Eckenbestückung auf dem Ziehringflansch soll nun nicht so vorgenommen werden, daß das Blech in Richtung der Trennfuge zwischen den verschiedenen Werkstoffen hinweggezogen wird. So ist Lösung I in Abb. 627 besonders ungünstig. Aber auch der fertigungstechnisch bequeme Einsatz einer rechteckig zugerichteten Platte nach Abb. 627 II ist nicht viel besser. Hingegen wird nach III das umzuformende Blech allmählich immer stärker in Richtung der kritischen Eckenumformung mit dem Mehrstoffbronzebelag in Berührung gebracht. Dabei ist es nicht notwendig, den Mehrstoffbronzebelag bis in die äußerste Ecke zu führen, es kommt nur darauf an, daß der in Abb. 627 strichpunktiert angedeutete Zuschnitt in der Ecke die Gleitplatte bedeckt. Gerade durch die schräge Einlage der Gleitplatte a nach III wird diese beiderseits gehalten. Innerhalb der Ecke kann durch zusätzliches Schweißen bzw. Aufpanzern mittels Aluminiumbronzeelektroden die Gleitfläche nach unten vergrößert werden, wie dies bei b in Abb. 627 III angegeben ist. Dabei

---

[1] Siehe hierzu S. 322 und dortige Fußnote 1.

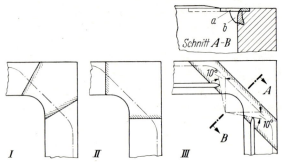

Abb. 627. Mehrstoffbronzeeinsätze in die Ziehringecken für Rechteckzüge

ist es zulässig, daß Ziehsicken, die gemäß S. 381 unter einem Winkel von 10° hinter dem Rundungswinkel beginnen – der im Falle der Abb. 627 mit 90° angenommen ist –, bis in die eingesetzte Gleitplatte hineinragen. Seit kurzer Zeit werden auch diese Ziehsicken aus Mehrstoffbronze angefertigt und angeboten. Zu beachten ist, daß bei aufgeschraubten Gleitplatten die Lochdurchbrüche außerhalb der Zuschnittauflage bzw. der hier in Abb. 627 strichpunktierten Linie liegen.

Abb. 628. Anordnung der Gleitplatten auf der Grundplatte eines Großwerkzeuges

Wegen des höheren Wärmeausdehnungskoeffizienten von Aluminiumbronze sollte das Spiel zwischen Matrize und Stempel etwas größer als bei Stahlwerkzeugen gewählt werden, da andernfalls die gezogenen Teile steckenbleiben und reißen. Je nach Stärke der Beanspruchung beim Ziehen wird empfohlen, Werkzeuge aus Aluminiumbronze wegen der geringen Dehnungswerte gegebenenfalls in Stahl zu fassen und mit einer Stahlplatte zu unterlegen.

Bei Großwerkzeugen mit bewegten Werkzeugteilen, wie durch Keiltrieb bewegte Schlitten gemäß S. 154 und S. 243 bis 247 dieses Buches, bedeutet die ausreichende Schmierung der Führungsflächen ein Problem. Hier haben sich Gleitplatten aus Mehrstoffbronzen bewährt. Derartige Gleitplatten werden am besten mit versenkten Innensechskantschrauben auf der Grundplatte oder auf der Stollenunterlage befestigt. Abb. 628 zeigt die Sicht auf die Grundplatte eines größeren Karosseriewerkzeuges mit aufgesetzten Gleitplatten aus Aluminiumbronze. Diese Platten sind an den Durchbrüchen für größere Schrauben und dergleichen teilweise ausgespart. Abb. 629 zeigt eine weitere Sicht auf ein Unterwerkzeug im teilweise demontierten Zustand mit Drucklufteinheiten und ihren Schlauchleitungen für die Ausstoßerbolzen, sowie mit eingebauten Gleitplatten, die mit zickzackförmig eingefrästen Rillen versehen sind, damit die Schmierung verbessert wird. Auch die senkrechten Führungsstollenplatten sind aus Aluminiumbronze hergestellt. Ob derartige Schmierrillen notwendig sind oder nicht, hängt von dem jeweiligen

Abb. 629. Gleit- und Stollenführungsplatten sowie pneumatische Ausstoßzylinder eines Großwerkzeuges

Zweck und der Anzahl der dort montierten Gleitplatten ab. Sind nur wenige Gleitplatten in sehr großen Abständen auf der Grundplatte montiert, so empfiehlt es sich, Schmierrillen einzufräsen, insbesondere dort, wo die Platten direkt von einem zentralen Schmiersystem aus versorgt werden. Liegen hingegen die Gleitplatten, wie in Abb. 628, dicht nebeneinander, so genügt das zwischen ihnen liegende Fett zur Schmierung.

Bei einer Reparatur von Stahlwerkzeugen durch Aluminiumbronzeschweißung ist zu beachten, daß gegenüber dem fertigen Zustand die Unterdimensionierung etwa 6 mm betragen soll. In dieser Dicke ist dann mit Aluminiumbronzeelektroden aufzupanzern, wobei etwa 2 bis 3 mm Bearbeitungszugabe zu berücksichtigen sind. Die so aufzubringenden 8 bis 9 mm werden gewöhnlich, d.h. bei Verwendung umhüllter Elektroden von 3,2 mm oder 4 mm Durchmesser, in drei oder vier Lagen aufgeschweißt. Unbedingt zu beachten ist, daß Kanten, die überschweißt werden, einen Radius von mindestens 6 mm haben müssen, um keine stärkeren Aufschwemmungen auftreten zu lassen. Beim Einsatz neuer Ziehwerkzeuge aus Aluminiumbronze müssen diese während der ersten 50 Züge vorsichtig einlaufen. Hierbei empfehlen viele Betriebe die Verwendung von Kalkwasser, d.h. Wasser mit gelöschtem Kalk in sehr dickflüssiger Konsistenz. Zwecks Zurückhaltung grobkörniger Bestandteile ist die Mischung vor Verwendung durch ein feines Tuch oder Sieb zu gießen. Noch günstiger ist ein Überstreichen der Werkzeuge mit einer Bleiweißölmischung, was allerdings mit Vergiftungsgefahr verbunden ist (Handschuhe!). Im weiteren Verlauf sind die bei üblichen Stahlwerkzeugen bewährten und bekannten Schmiermittel anzuwenden, wie dickflüssige Öle, Talg oder Seife. Mehr und mehr bürgern sich jedoch Spezialwachse ein, die in heißem Zustand aufgebracht werden und ein viel sauberes Arbeiten als die anderen Schmiermittel ermöglichen. Nach dem Ziehen werden die Gegenstände kurz in heißes Wasser getaucht und das Wachs dadurch mit der Möglichkeit der Wiederverwendung beseitigt.

11. Kunststoff (Ep-Harze)

Gesenke aus Epoxidharzen – kurz Ep-Harze – bezeichnet, werden meist für große Ziehwerkzeuge im Karosseriebau oder Flugzeugbau angewendet[1]. Hierbei werden entweder die Gesenkteile außen verschalt und inwendig mit Kunstharzgießmasse ausgefüllt, oder die Werkzeuggestellrahmen sind aus Gußeisen oder Zinklegierungsguß zumeist gegossen, und nur eine etwa 5 bis 10 cm dicke Arbeitsschicht wird aufgebracht. Für das Schichtaufbauverfahren werden formulierte Grundierharze eingesetzt, die zwar pastös und thixotrop, aber trotzdem gut streichbar sind. Flüssige Bindeharze ergeben unter Zusatz körniger Füllstoffe je nach Verwendungszweck eine rieselfähige, formsandähnliche Masse, die sich manuell verdichten läßt. Dieser Gießharzformstoff wird durch Zugabe eines Härters bei Raumtemperatur in einen unschmelzbaren festen Zustand überführt. Für die Herstellung von blechumformenden Kunstharzwerkzeugen werden fast ausschließlich kalthärtende Produkte verwendet.

Als Ausgangsmodell für einfache Ep-Harz-Werkzeuge dient meist ein aus einem leicht zu bearbeitenden Werkstoff wie Holz, Gips oder Kunststoff hergestelltes Urmodell oder ein bereits vorhandenes Prototypteil, das auf einer Holzgrundplatte befestigt und mit einem Holzrahmen, der den Ausmaßen des fertigen Modelles entspricht, umgeben wird. Nun werden Modell und Rahmen mit einem Trennmittel (Wachs, Silikon usw.) vorbehandelt, um die hohe Haftung der Ep-Harze aufzuheben und nach der Fertigstellung einwandfrei entformen zu können. Nach dieser Vorbehandlung wird ein Oberflächenharz mit dem Pinsel etwa 1 mm dick gleichmäßig aufgetragen. Diese Oberflächenschicht hat bei einer Raumtemperatur von 20 bis 25 °C nach 25 bis 45 Minuten einen sogenannten Gelierpunkt erreicht, d.h., die Verfestigung ist so weit fortgeschritten, daß die Schicht eine gewisse Festigkeit erreicht hat, aber noch leicht klebrig ist. Nun wird eine zweite gleiche

---

[1] *Bartels, H.:* Kunststoffe im Werkzeugbau. Mitt. Forsch. Blechverarb. (1965), Nr. 9/10, S. 168–183. Hieraus ist Abb. 637 entnommen. – VDI-Richtlinie 2007 Epoxydharze im Fertigungsmittelbau. – CIBA-Schrift über den Bau von Werkzeugen, Hilfswerkzeugen und Gießerei-Einrichtungen aus Araldit-Epoxydharzen.

11. Kunststoff (Ep-Harze)

Abb. 630. Ziehgesenk für ein Karosserietüraußenblech in Kunststoff mit Stahlblechrahmen und angeschwellter Stollenführung

Abb. 631. Ziehstempel für ein Karosserietüraußenblech

Schicht aufgetragen. Wenn diese wieder den Gelierpunkt erreicht hat, wird mit einem Harz-Härter-Gemisch, dem bis zu 1200 Gew.-% Füllstoffe wie Quarzsand, Quarzmehl, Alugrieß, Alupulver oder anderem beigemengt sind, hinterfüllt. Zur besseren Zwischenhaftung wird auf die zweite Oberflächenschicht ein Harz-Härter-Gemisch, wie beispielsweise für die Hinterfüllung verwendet, aufgetragen. Diese Zwischenschicht wird auch als Kupplungsschicht bezeichnet. Das so gefertigte Negativ bzw. Ziehgesenk nach Abb. 630 dient nach der Härtung und Entformung zur Herstellung des Positivs oder Stempels gemäß Abb. 631. Wurde ein Modell, also kein Prototypteil zum Aufbau verwendet, so wird der dabei zu berücksichtigenden Blechdicke durch Auflegen einer Wachs- oder Bleifolie entsprochen. Das Positiv wird dann analog dem vorbeschriebenen Negativ hergestellt. Der Blechniederhalter wird normalerweise aus Metall gefertigt, sofern es sich um einfache, maschinell gut herstellbar Konturen handelt. Bei komplizierten Oberflächen wird auch der Niederhalter aus Kunststoff aufgebaut, wobei die Kunststoffmatrize und der Kunststoffstempel als Modell dienen.

664 L. Werkstoff für Werkzeuge

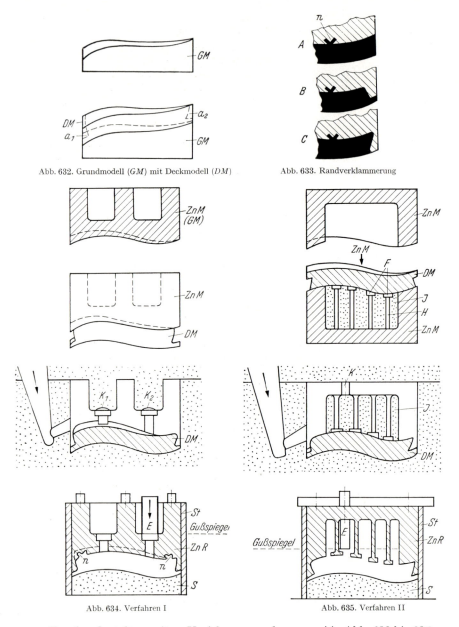

Abb. 632. Grundmodell (*GM*) mit Deckmodell (*DM*)

Abb. 633. Randverklammerung

Abb. 634. Verfahren I

Abb. 635. Verfahren II

Daneben bestehen weitere Verfahren, von denen zwei in Abb. 632 bis 635 für zweiteilige Werkzeuge erläutert sind. Das Grundmodell (*GM*) wird meist aus Holz oder aus Gips angefertigt. Es entspricht in seinen Ausmaßen dem später abzugießenden Zinklegierungsrahmen. Hiernach dient das Grundmodell (*GM*) auch als Zinklegierungsgußmodell (*ZM*). Über diesem wird

11. Kunststoff (Ep-Harze)

nach Abb. 632 das Deckmodell (DM) mit Gips geformt und beide ($ZM+DM$) werden provisorisch verbunden, um nach dem gemeinsamen Einformen in Sand wieder voneinander gelöst zu werden. Wie in Abb. 634 Mitte dargestellt, wird das seitlich bei a_1 und a_2 unterschnittene Deckmodell auf den Boden der Form aufgelegt und Kerne K_1 und K_2 für Steiger und Einguß aufgesetzt. Nach Ausguß der Form wird der nunmehr erzeugte Zinklegierungsrahmen (ZnR) einschließlich des Deckmodells (DM) von einem rechteckigen Stahlblechrahmen (St) umschlossen, und es wird der restliche Hohlraum (S) mit Kernsand oder Gips ausgefüllt. Erst jetzt wird der Zinkrahmen mit dem Deckmodell ($ZnR + DM$) herausgehoben, das Deckmodell (DM) entfernt und wieder in den Stahlblechrahmen (St) mit dem Sandformboden (S) eingesetzt, wie dies in Abb. 634 unten dargestellt ist, nachdem unterschnittene Haltenuten bei n eingefräst wurden. Durch das aufgesetzte Eingußrohr E wird der Kunststoff bis zur Höhe des Gußspiegels eingefüllt. Der Rand des Kunststoffausgusses wird mit dem Zinklegierungsrahmen gemäß Abb. 633 nach 3 Möglichkeiten A, B und C verklammert. A ist am ungünstigsten aber billigsten, während die Randeinfassung bei C die größte Sicherheit gegen Ausbrüche bietet. Für hohe Drücke hat sich die Ausführung B am besten bewährt. Beim Frontgießverfahren mit unterdimensionierten Metallkörpern sind zusätzliche mechanische Hafthilfen in Form unterschnittener Haltenuten nicht unbedingt notwendig. Sowohl Kirksite- als auch Aluminium- oder Graugußunterbauten lassen sich mit Hilfe eines aufgerauhten Styropormodelles im Vollformgießverfahren herstellen. Die Verbindungsfläche zum Kunstharz wird hierdurch erheblich aufgerauht und besitzt eine Vielzahl kleinster Hinterschneidungen, in denen sich später der aufgebrachte Gießharzformstoff verankert.

Bei dem in Abb. 635 dargestellten Verfahren werden gleichfalls ein Grundmodell (GM) und ein Deckmodell (DM), wie zu Abb. 632 beschrieben, gebraucht. Das Zinklegierungsmodell (ZnM) besteht gemäß Abb. 635 oben nur aus einem Außenrahmen. Es werden wie beim vorher beschriebenen Verfahren Zinklegierungsmodell und Deckmodell gemeinsam eingeformt und wieder aus der Sandform herausgezogen. In den Raum zwischen beiden Modellen DM und ZnM werden Formsand J, Kernbolzen H und Kernscheiben F eingebracht. Nach Herausziehen der Kerne F und H wird das Deckmodell DM mit der inneren Sandform J auf den Grund der Form abgesetzt, ein Kern K aufgesetzt und darüber die Zinklegierung abgegossen. Nunmehr wird wie beim Verfahren zu Abb. 634 der Zinklegierungsrahmen von einem Stahlblechmantel St umschlossen und der restliche Hohlraum S mit Formsand ausgefüllt. Jetzt werden ZnR mit DM aus dem Stahlmantel St herausgezogen, das Deckmodell DM und die Innenform J werden herausgebrochen, durch die Kernöffnung bei K wird ein Einfüllrohr E eingetrieben und ZnR mit E werden wieder in den Stahlmantel St mit der Sandform S am Boden eingeführt. Nun wird durch E die Kunstharzmasse aus einem Gemisch von zwei Teilen Polyesterharz, zwei Teilen Glasstapelfaser und einem Teil Kaolin oder sonstigem Füllstoff bis zur Gußspiegelhöhe eingefüllt. Nach Einbringen in den Formkasten wird die Mischung durch eine oben aufgelegte Druckplatte verdichtet. Formkasten mit Modell und aufgestampfter Masse werden dann im Ofen bei Temperaturen von etwa 100 °C gehärtet. Doch werden außer derartigen Gemischen auch Polyesterharze ohne Zusätze für den Bau von Ziehwerkzeugen verwendet. Der wesentlich niedrigere Schwund und die höheren Festigkeitswerte der Harze lassen diese hierfür als besonders geeignet erscheinen. Nunmehr dient bei zweiteiligen Werkzeugen das hiernach fertige Gesenk als Form für das darüber aufzuformende Werkzeugoberteil, wobei eine der Blechdicke entsprechende Zwischenlage aus Blei mit eingesetzt wird. Es wird also gewissermaßen anstelle des Modells aus Holz oder Gips darüber das Oberteil mit dem gleichen Kunststoff abgeformt, das der Herstellung des Untergesenkes diente. Nach dem Feststampfen wird es in der gleichen Weise im Ofen gehärtet. Bei dreiteiligen Werkzeugen, wie ein solches in Abb. 636 dargestellt ist, wird so verfahren, daß zunächst die Kunststoffschicht nur in einer Dicke der Niederhalteplatte aufgebracht wird, wobei allerdings Niederhalter und Stempel gleichzeitig über dem Gesenk mit einer Bleizwischenlage aufgeformt werden.

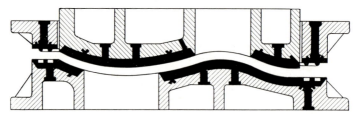

Abb. 636. Dreiteiliger Werkzeugsatz aus Zinklegierung mit Kunstharzbelag

Es wird dann der untere Teil des späteren Stempels herausgeschnitten und zunächst die Halteplatte gehärtet. Mit einem darüber gestrichenen Trennmittel dient sie nach Auflegen auf das Untergesenk als Modell für das Oberteil mit dem die Halteplatte durchbrechenden Stempel. Dabei kann auch so verfahren werden, daß der mittlere Ausschnitt von vornherein erhalten und mit einer darüber geformten Oberplatte verankert wird. Die Herstellung von Modellen sowie der Bleizwischenlagen entfällt dort, wo bereits ein gleichartiges Blechziehteil mit noch vorhandenem Flansch als Modell verwendet werden kann. Ebenso können derartige Modellbleche aus Messingblech oder anderen leicht umformbaren Werkstoffen mit der Hand angefertigt werden. Ein anderes Großwerkzeug zum Tiefziehen von Karosserieteilen ist in Abb. 637 in zweierlei Ausführung dargestellt. Das Werkzeug besteht aus dem am Pressenstößel angeschraubten Ziehstempel a, dem diesen umgebenden Niederhalter b mit eingesetzten Ziehleisten und dem Ziehring c. In der oberen Ausführung I ist der Ziehring allein, in der unteren II der Ziehring und der Ziehstempel mit (durch enge Schraffur gekennzeichnetem) Epoxidharz an den Arbeitsflächen versehen. Das Gießharz wird an den mit E bezeichneten Stellen eingeführt. An den anderen Öffnungen tritt es, wie durch Pfeile angedeutet, beim Ausgußprozeß aus.

Die Wirtschaftlichkeit des hier angegebenen Verfahrens beruht keinesfalls auf den verwendeten Kunstharzwerkstoffen, da diese sogar erheblich teurer sind als Gußeisen oder Stahl. Der Vorteil liegt jedoch darin, daß keine umständliche gegenseitige Paßarbeit wie bei Tiefziehgesenken notwendig ist und daß die Herstellung der Gesenkformen etwa in der gleichen Weise wie

11. Kunststoff (Ep-Harze)

das Zusammensetzen und Aufstampfen einer Sandform in der Gießerei und daher sehr viel schneller vor sich geht. Außerdem lassen sich Beschädigungen schnell ausbessern. Durch den Einbau von metallischen Verstärkungen, ähnlich wie bei armiertem Beton, kann die mechanische Festigkeit vor allem auf Druckbeanspruchung und Sprengwirkung hin noch erhöht werden. Ebenfalls ist es möglich, durch Metalleinlagen an der Oberfläche, z. B. den Einbau von Stahlleisten an den Ziehradien, die Verschleißfestigkeit zu erhöhen. Eine wesentliche Verbesserung aller Festigkeitswerte wird durch eine Glasfaserverstärkung erzielt. Höchste Festigkeiten ergeben Glasseiden-

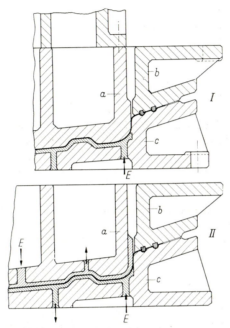

Abb. 637. Tiefziehwerkzeug mit Epoxidgießharz an den Arbeitsflächen

gewebe, die sich in Form von Bändern einfach verarbeiten lassen. Sie werden am zweckmäßigsten hinter die Oberflächenschicht in mehreren Lagen mit einem reinen oder nur leicht gefüllten, gut tränkenden Harz-Härter-Gemisch auflaminiert.

Es sei noch auf eine weitere Anwendung des Kunstharzes im Werkzeugbau hingewiesen, und zwar die Auskleidung der Plattenführungen von Schneidwerkzeugen mit Kunstharz[1]. Die Führungsplatte braucht nur grob ausgesägt zu werden, so daß zwischen Stempel und Führung ein Spalt von etwa 1 bis 3 mm bleibt. Nachdem der Stempel eingeführt, ausgerichtet und einseitig z.B. mit Plastilin abgedichtet ist, wird dieser Spalt mit Ep-Gießharz aus-

---

[1] *Kiefel, G.:* Kunstharz beschleunigt die Herstellung von Schnittführungen. Blech 2 (1955), Nr. 3, S. 22–23. – *Schachtel, F.:* Kunstharz im Werkzeugbau. Mitt. Forsch. Blechverarb. 1955, Nr. 21, S. 253–256.

gefüllt, das nach 4 bis 6 Stunden bei 20 bis 25 °C erhärtet. Diese Zeit kann durch leichte Erhöhung der Temperatur auf etwa 40 bis 50 °C abgekürzt werden. In gleicher Weise können auch Führungsbuchsen in der Kopfplatte befestigt werden.

12. Sonstige Werkstoffe

Es gibt neben Stahl, Gußeisen, Hartmetall, Zinklegierung, Aluminiumbronze und Kunststoff eine Reihe weiterer Werkstoffe für den Werkzeugbau, wie beispielsweise:

a) Holz. Für Streckziehpressen, auf denen größere Stücke, z. B. auch Karosserieteile, hergestellt werden, werden schon seit geraumer Zeit Ziehstempel aus Ahorn oder Buche, die an den beanspruchten Kanten und Ecken mit Stahlschienen beschlagen werden, verwendet. Sie sind wesentlich billiger als aus Stahl oder Gußeisen hergestellte Werkzeuge und daher für geringe Stückzahl bestimmt vorzuziehen. Es ist also stets ein Rechenexempel, ob hölzerne Ziehstempel, die nur für größere, unzylindrische Ziehteile in Betracht kommen, angeschafft werden. Schon bei verhältnismäßig kleinen Serien, bei Karosserieteilen beispielsweise von 200 Stück an aufwärts, entschließen sich die Leiter von Betrieben mit Streckziehpressen für Gußeisen, da diese Werkzeuge wesentlich stabiler und nicht dem Verzug unterworfen sind wie solche aus Holz, das trotz Austrocknung thermischen und Feuchtigkeitseinflüssen unterliegt und außerdem den hohen Drücken nicht immer standhält.

b) Lignofol. Zu den Werkstoffen für den Werkzeugbau in der Kleinserienproduktion gehört das veredelte Holz, das im Handel als Lignofol bezeichnet wird. Es besteht aus 0,3 bis 3 mm dicken Birken- oder Buchenholzfurnieren, die mit Phenolharz getränkt und unter einem Druck von 100 bis 300 atü bei einer Temperatur von 90 bis 100 °C bis zu 150 min zusammengepreßt werden. Nach der Furnierlegung beim Zusammenkleben unterscheidet man verschiedene Arten des Lignofols. Für Stanzwerkzeuge kommen nur in Faserrichtung kreuzweise gelegte Schichten in Betracht. Trotz des hohen Preises für Lignofol sind die Herstellungskosten der Werkzeuge aus Lignofol um das Mehrfache niedriger als die Kosten, die für die Herstellung entsprechender Stahlwerkzeuge aufzubringen wären. Deshalb amortisieren sich die letzteren schon nach einer Stückzahl von 200 Stanzteilen. Die Maßbeständigkeit dieser Werkzeuge reicht angeblich bis zu mehreren tausend Stanzteilen. Nachteilig sind die geringe Festigkeit, die Empfindlichkeit gegen Arbeiten bei erhöhter Temperatur und gegen Beschädigungen, insbesondere während des Transportes. Die Zugfestigkeit des kreuzfaserigen Lignofols beträgt 10,5 bis 13,0 kp/mm², die Druckfestigkeit in Faserrichtung 8,0 bis 12,0 kp/mm², senkrecht zu den Furnierschichten 2,8 bis 3,0 kp/mm² und in der Klebefuge nur 1,2 bis 1,3 kp/mm². Trotzdem hat sich dieser Werkstoff infolge seiner leichten Bearbeitbarkeit im polnischen Karosseriebau bei kleinen Serien gut bewährt[1].

c) Plastischer Stahl. Dieser Werkstoff hat sich seit einigen Jahren in den

---

[1] *Kazmierczak, S.*, u. *Boleslaw Kwasniewski, B.*: Die Anwendung des Lignofols im Bau von Stanzwerkzeugen für Karosserieteile. Berichte des Zentral-Laboratoriums für Umformtechnik Posen 1965/Bd. 1.

USA eingeführt[1]. Er besteht aus einer zunächst dickflüssigen ausgußfähigen Masse von 80% Stahl und 20% Kunststoff, die nach Zusatz eines Härtemittels erhärtet. Der Mischungsvorgang dauert mindestens 6 bis 8 Minuten. Die zum Mischen benutzten Gefäße und Werkzeuge sind vor Gebrauch gründlich mit Trichloräthylen oder Tetrachlorkohlenstoff abzuwaschen. Der plastische Stahl klebt sehr fest; daher müssen die damit beschmutzten Hände gründlich mit Wasser und Seife gereinigt und verschmutzte Werkzeuge sofort mit Lösungsmitteln behandelt werden. Wo eine unlösbare Verbindung mit dem zu bearbeitenden Stoff gewünscht wird, ist eine metallisch saubere Oberfläche erforderlich. Empfohlen wird die Reinigung mit Trichloräthylen oder Tetrachlorkohlenstoff, da die Reinigung mit anderen Lösungsmitteln, wie Waschbenzin usw., keine metallisch saubere Oberfläche schafft. Wird hingegen eine lösbare Verbindung gewünscht, so ist ein besonderes Trennmittel (z.B. dünnflüssiges Silikonol) vor dem Abguß oder Abdruck sorgfältig auf dem Modell zu verstreichen. Im Formenbau werden das Holzmodell und der Formkasten innen mit dem Trennmittel bedeckt. Wird das Trennmittel unter Beigabe von Füllstoffen in einer der Blechdicke entsprechenden Schicht aufgetragen, so läßt sich über einen fertigen Stempel (Positiv) die zugehörige Gesenkform (Negativ) oder umgekehrt über dem Gesenk der Stempel mit plastischem Stahl bei normaler Raumtemperatur abgießen. Der Abguß ist dann nach etwa 3 bis 4 Stunden so weit erhärtet, daß er spanend bearbeitet werden kann. Nach weiteren 36 bis 48 Stunden sind die endgültige Aushärtung und die chemische und thermische Beständigkeit erreicht. Eine Erwärmung beschleunigt zwar den Erhärtungsvorgang, hat aber eine Verminderung der Festigkeit und Härte zur Folge. Sie wird nur dort empfohlen, wo es lediglich auf Abdichtung und nicht auf Festigkeit ankommt, interessiert also nicht für den Bau von Umformwerkzeugen der Blechbearbeitung. Die Verformbarkeitsdauer selbst beträgt bis zu 45 Minuten. Sie kann durch Zusatz eines Langsamhärters auf etwa die doppelte Zeit verlängert werden. Mit Werkzeugen dieser Art werden die verschiedensten Bleche verarbeitet, und zwar von weichen Aluminiumblechen bis zu 1 mm dicken V2A-Blechen.

d) Leicht schmelzbare Legierungen. Schon der verhältnismäßig hohe Verschleiß bei Zinklegierungen bedingt eine nicht allzu lange Lebensdauer der Werkzeuge. Erst recht sind Bedenken bei leicht schmelzbaren Legierungen gerechtfertigt, auf die beispielsweise beim Biegen von dünnen Rohren oder Hohlteilen auf S. 229 hingewiesen wurde, wo sie als Füllmaterial dienen und schon im kochenden Wasser verflüssigt werden. Es ist begreiflich, daß dieser niedrige Schmelzpunkt von Wismutlegierungen bei etwa 70 °C den Werkzeugbauer anreizt, dieses leicht verarbeitbare und bequem wiederverwendbare Material für dünne, leicht umformbare Bleche zu benutzen. Um Enttäuschungen zu vermeiden, sollte man jedoch keinesfalls damit Bleche umformen, die dicker als 0,5 mm sind, eine höhere Festigkeit als 30 kp/mm² aufweisen und zu scharfkantigen Formen ausgeprägt werden sollen. Gewiß kann man hochbeanspruchte Kanten und Ecken durch Stahlkerneinsätze armieren, wie dies beispielsweise bei Werkzeugen aus Zinklegierungsguß mitunter geschieht und auf S. 628 zu Abb. 605 erläutert

---

[1] Devcon-Plastik-Stahl. Deutsche Vertretung: P. W. Weidling & Sohn KG, Münster/Westf.

wurde. Ein Verfahren, das niedrig schmelzbare Werkstoffe verwendet, ist das Jewelform-System[1]. Bei diesen Werkzeugen sind außerdem zwei Stahlplatten notwendig, von denen die eine Platte den Stempelniederhalter, die andere die Aufnahmeplatte darstellen. Außerdem werden zur Fertigung des Werkzeuges Gummimatten, selbsthaftende Plastikfolien sowie ein Kunstharzverguß benötigt. Nach einem weiter entwickelten Verfahren[2] wird innerhalb der Presse das Werkzeug fertig gegossen. Auf dem Pressentisch befindet sich ein Behälter, der über dem Boden zur Verankerung der erstarrten Schmelze angeschraubte Stangen aufweist. Innerhalb der Behälterwand liegt eine Heiz- und Kühlschlange. Das Modell des späteren Blechteiles muß dem inneren Behälterquerschnitt entsprechend zugeschnitten sein und ist mit kleinen Löchern versehen. Durch diese dringt die Schmelze nach oben, wenn das Modell in einem Einsatzrahmen des Behälters nach unten gefahren wird. Der sich senkende Pressenstößel ist gleichfalls mit Verankerungsstangen an seiner Unterfläche versehen und taucht in den Behälter ein. Sobald die Schmelze erstarrt, indem anstelle heißen Wassers kaltes Wasser durch die Rohrschlange des Behälters geleitet wird, bricht bei Hochfahren des Stößels der Schmelzblock in zwei Teile auseinander, und zwar an den engen Löchern des Blechmodelles, so daß auf diese Weise eine Unterform und eine Oberform entstehen. Wichtig ist hierbei, daß Modell und Modellrahmen, die den Behälterquerschnitt völlig ausfüllen, mit einem Trennmittel versehen werden, so daß die Schmelze daran nicht haftet. Das Werkzeug ist also nach dem Auseinanderbrechen des Blockes fix und fertig, und es brauchen nur die wenigen Bruchstellen an den Verbindungslöchern weggeschabt zu werden. Der Schmelzvorgang bzw. die Herstellung eines Werkzeuges in der Presse dauert je nach Größe 4 bis 6 Stunden einschließlich der Erkaltung.

M. Die Vermeidung von Ausschuß in der Härterei

1. Verzogene Werkstücke

Die legierten Stähle – und unter diesen wiederum die Lufthärter – leisten im allgemeinen dem Verzug besseren Widerstand als die unlegierten. Sehr feine Werkstücke sind ohne Verzug kaum zu härten. Eine dem Verzug vorbeugende Konstruktionsänderung ist bei Schneidwerkzeugen nicht immer möglich und insbesondere dort undurchführbar, wo die Herstellung eines ganz bestimmten Körpers verlangt wird und die Schneidplatte infolgedessen schwierig gestaltet werden muß, z.B. schwache Vorsprünge und lange

---

[1] VDI-Nachr. 1964, Nr. 17, S. 4.
[2] *Grainger, J. A.*: A New Approach to the Low-Cost Tooling Problem, a Descripton of the Jewelform System. Sheet Metal Industries, Vol. 40, Nr. 433, 1963, S. 343–352. – Kurzauszug in Werkstattstechnik 54 (1964), H. 5, S. 250 und in Ind. Anz. 88 (1966), Nr. 5, S. 73–76. – Geringe Werkzeugkosten beim Tiefziehen. DFBO-Mitt. (1967), Nr. 9/10, S. 82–90. – Russel & Sons, Bath Lane, Leicester (England); H. Preu, Stuttgart-Schönberg.

1. Verzogene Werkstücke

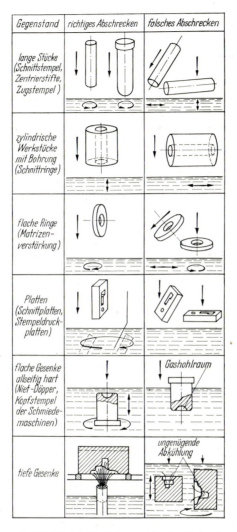

Abb. 638. Beispiele für richtiges und falsches Abschrecken

schmale Einschnitte aufweist. In solchen Fällen darf die Schneidplatte nicht zu schwach gehalten werden.

Häufiger als an der Auswahl des geeigneten Stahles liegt jedoch das Verziehen des Werkstückes an der Art des Abschreckens. Lange und dünne Werkzeuge, wie z.B. Schneidstempel, welche nur am schneidenden Ende besonders hart sein müssen, werden gemäß Abb. 638 senkrecht in das Abschreckmittel getaucht und in dieser senkrechten Haltung kreisförmig im Abschreckmittel bewegt. Das gleiche gilt auch von breiteren Stempeln. Scheibenförmige Werkzeuge, wie z.B. Verstählungsscheiben für Ziehmatri-

Tabelle 33. Die Anwendung der verschiedenen Abschreckmittel

	Abschreckmittel	Wirkung des Abschreckmittels	Art des Werkstoffes	Verwendung und Form der Werkzeuge	Größe des Werkstückes
1.	Angesäuertes Wasser	sehr schroff		harte Schmiedestücke für feine und ruhige Arbeit (Bohrer, Fräser, Reibahlen)	
2.	Kochsalzhaltiges Wasser	schroff	reine Kohlenstoffstähle		große Blöcke
3.	Reines Wasser (20°)	kräftig		gewöhnliche Werkzeuge	große Blöcke mittelgroße Werkstücke
4.	Kalkwasser (Kalkmilch)	kräftig bis mild	reine Kohlenstoffstähle niedrig- und mittelhochlegierte Stähle	gewöhnliche Werkzeuge schwierige, zerbrechliche Werkzeugformen und solche mit starker Querschnittsveränderung; lange Schneiden	mittelgroße Werkstücke
5.	Warmes Wasser (30 bis 40°)				
6.	Petroleum	weniger mild		kombinierte Härte (Wasser → Öl) schwierige, zerbrechliche Werkzeugformen und solche mit starker Querschnittsveränderung; lange Schneiden	
7.	Öl	mild	niedrig- und mittelhochlegierte Stähle Stahl mit 12% Cr (einige Chromnickelstähle) hochlegierte Stähle	Werkzeuge schwieriger Form, mit großer Härte, z. B. Schneidplatten	kleine Werkstücke (z. B. Matrizenplatte $100 \times 50 \times 20$ mm)
8.	Fischtran				
9.	Unschlitt (Talg)	milder	Stahl mit 12% Cr (einige Chromnickelstähle) hochlegierte Stähle		
10.	Luft	sehr mild		sehr schwierige Werkzeuge	sehr kleine Werkstücke (z. B. Stempel 2 mm $\varnothing$)

zen, werden nicht horizontal, sondern senkrecht nach unten in das Härtemittel gebracht und darin hin und her geschwenkt. Nietdöpper dürfen nicht mit der Arbeitsseite zuerst senkrecht ins Wasser getaucht werden, da sich sonst in der Döpperaussparung Dampfhohlräume bilden. Vielmehr wird hier das Werkzeug rasch in der umgekehrten Richtung nach unten bewegt, so daß das Abschreckmittel seitlich hineinfließt. Das gleiche gilt von hohlen Gesenkkörpern. Schneidplatten werden zunächst senkrecht ins Bad getaucht und in schräger Lage kreisförmig hin und her geschwenkt. Ein anfängliches schräges Eintauchen ist auf jeden Fall falsch, trotzdem es in vielen Betrieben so gehandhabt wird.

In der Tabelle 33 ist die Übersicht über die verschiedenen Abschreckmittel und ihre Anwendung, ohne Berücksichtigung des zu verwendenden Stahles, dargestellt. Selbstverständlich sind die dem jeweiligen Stahl zugeordneten Vorschriften zunächst zu beachten, da die Legierung, also die Stahlart, ausschlaggebend ist.

Verzogene Werkstücke lassen sich nur in besonderen Fällen durch Richten wieder in Ordnung bringen oder nur dort, wo das Maß des Verzuges sehr gering ist. Läßt sich ein Richten jedoch nicht bewerkstelligen, so hilft meist nur ein vorsichtiges Ausglühen dicht unter der Umwandlungstemperatur und nochmaliges richtiges Härten. Aus der Art des Verzuges ist zu erkennen, an welcher Seite die Abkühlung zuerst stattgefunden hat. Dies ist in der Regel an der konvexen Seite der Fall. Dort bildet sich infolge der raschen Abkühlung Martensit in größerer Menge als an der weniger gut abgekühlten Seite. Aus dem Bruchaussehen ist in solchen Fällen nicht viel zu sehen.

2. Härterisse

Auch hier ist der Wahl des Abschreckmittels besondere Beachtung zu schenken. Beim Auftreten derartiger Risse ist wahrscheinlich die Wirkung des Abschreckmittels zu schroff, es muß eine mildere Härtung angewendet werden. Abb. 639 zeigt einen infolge zu schroffen Abschreckens gerissenen Schneidplatteneinsatz. Ebenso war das Abschreckbad für die an den einspringenden Ecken gerissene Lochplatte zu Abb. 640 zu kalt. Außerdem vergaß man dort sofort nach dem Abschrecken das Anlassen dieses durchhärtenden Ölhärters. Treten die Härterisse nur an den Ansätzen vorspringender Teile auf, so wird zumeist auch ein milderes Abschreckmittel wenig helfen, da bei einer zu milden Wirkung, welche ein Auftreten von Härterissen ausschließt, der Härtegrad des Werkzeuges oft unzulässig herabgesetzt wird. In solchen Fällen ist das Werkstück durchgreifend auf wenige Grad unter der Umwandlungstemperatur längere Zeit zu erhitzen, dann rasch auf Temperatur zu bringen und sofort abzuschrecken. Durch starkes Anlassen ist die Sprödigkeit der Werkzeuge zu mildern.

Beim Einschlagen von Nummern oder anderen Bezeichnungen darf der Schlagstempel keinesfalls auf eine hochbeanspruchte Stelle oder in Nähe einer Kante des Werkzeuges gesetzt werden, da sonst Härterisse unvermeidlich sind. Härterisse sind selbstverständlich nicht identisch mit Schleifrissen oder mit solchen Rissen, welche für Warmgesenke typisch sind und gemäß

Abb. 639. Rißbildung eines Mn-Ölhärters infolge zu schroffen Abschreckmittels

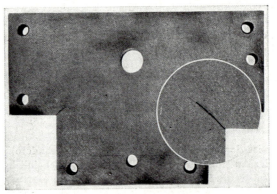

Abb. 640. Eckeneinrisse infolge zu schroffen Abschreckens und fehlenden Anlassens sofort nach dem Abschrecken

Abb. 651 und 652 ein mehr oder weniger gleichmäßiges Netzwerk bilden. Gesprungene Schneidplatten lassen sich zuweilen wiederherstellen, indem ihre senkrechten Eckenkanten etwas abgerundet und rahmenförmige, kräftige Stahlbandagen über dem Umfang der Schneidplatte warm aufgezogen werden. Auf diese Weise bleiben gebrochene Schneidplatten noch eine verhältnismäßig lange Gebrauchsdauer dem Betrieb erhalten.

3. Bildung von Rissen und Sprüngen kurze Zeit nach Inbetriebnahme des Werkzeuges

Die Ursache hierzu ist seltener in einem zu scharfen Abschrecken als in einer Überhitzung des Werkzeuges zu suchen. Die Härtetemperatur war zu hoch. Die Überhitzung ist aus der Bruchfläche zu erkennen. Der Bruch danach ist grobkörnig und glänzend.

3. Bildung von Rissen u. Sprüngen nach Inbetriebnahme des Werkzeuges

In den Abb. 641 bis 643 ist für verschiedene Stähle das Bruchaussehen dargestellt, und zwar im rohen, im geglühten, im gehärteten und im überhitzten Zustand. Abb. 641 zeigt einen Wasserhärter von besonders zäher Eigenschaft und einer Brinellhärte $H_{B10} = 175$ kp/mm² im Anlieferungszustand. Abb. 642 gibt das Bruchgefüge eines Ölhärters und Abb. 643 dasjenige eines Lufthärters, beide eines H_{B10}-Wertes von 220 kp/mm² im Anlieferungszustand an. Aufgrund dieser Abbildungen läßt sich ziemlich gut bestimmen, inwieweit die Bildung von Rissen und Sprüngen auf ein Überhitzen zurückgeführt werden kann oder nicht.

An sehr weit überhitzten Werkzeugen ist in der Regel nichts mehr zu retten. Lassen sich die Werkzeuge überschmieden, was z.B. bei Schneid-

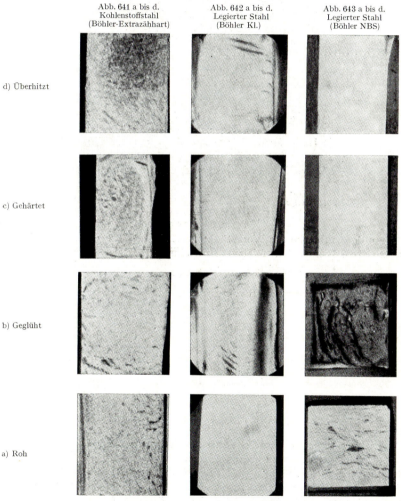

Abb. 641 bis 643. Bruchaussehen von Stählen in rohem, geglühtem, richtig gehärtetem und überhitztem Zustand

stempeln oft, bei Schneidplatten hingegen selten möglich ist, so kann nach wiederholter Bearbeitung und vorsichtigem kurzem Ausglühen der Stahl nochmals gehärtet werden. Im Falle einer nur geringen Überhitzung ist die Härtung dann bei der richtigen Härtetemperatur zu wiederholen.

Bei Anwendung von Temperaturmeßgeräten wird der durch falsche Härtetemperatur bedingte Ausschuß wesentlich herabgesetzt.

Der Eintritt des Bruches einer Vorlochschneidplatte nach Abb. 644 war konstruktiv bedingt. Erst nach Änderung des Werkzeuges unter Vergrößerung der Lochabstände um eine doppelte Vorschubteilung hielt die Schneidplatte.

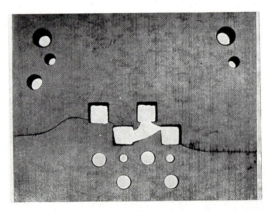

Abb. 644. Infolge zu enger Anordnung der Durchbrüche gebrochene Schneidplatte eines Mangan enthaltenden Ölhärters

An der Glühfarbe des Werkstückes läßt sich die Temperatur annähernd abschätzen. Hierzu diene folgende Aufstellung:

Tabelle 34. Glühfarben

Glühfarbe	°C	Glühfarbe	°C
Dunkelbraun	530–580	Hellrot	830–900
Braunrot	580–650	Gelbrot	900–1050
Dunkelrot	650–730	Dunkelgelb	1050–1150
Dunkelkirschrot	730–770	Hellgelb	1150–1250
Kirschrot	780–800	Weiß	über 1250
Hellkirschrot	800–830		

4. Geringe Härte

Bei zu geringer Härte, welche durch Greifen einer Feile festgestellt werden kann, ist das Härten nach vorherigem Ausglühen bei der richtigen Temperatur zu wiederholen. Häufig wird der Fehler begangen, schlecht gehärtete, frühzeitig stumpf werdende Schneidwerkzeuge zu schleifen, anstatt das Stück nochmals frisch zu härten. Es ist deshalb bei neuen Werkzeugen darauf zu achten, ob die Schneidkanten stehenbleiben, oder ob sie bereits nach den ersten Schnitten anfangen sich umzulegen. Oft läßt sich dann noch rechtzeitig durch Nachhärten das Werkzeug retten. Es ist aber ausgeschlossen, ein gehärtetes Werkzeug zu erhalten, nachdem bereits längere Zeit mit ihm stumpf geschnitten wurde. Ganz abgesehen davon, daß der Kraftbedarf der Bearbeitungsmaschine außerordentlich gesteigert wird, die Maschine daher leidet und auch die herzustellenden Werkstücke ein schlechtes Aussehen bekommen, wird durch den schlechten Schneidvorgang das Gefüge des Werkzeuges in Nähe der stumpfen Schneidkante stark gequetscht. Schliffbilder derartiger Stücke zeigen deutlich die bis ins Innere greifende Zerstörung des Ursprungsgefüges.

5. Scheinbar ungenügende Härte

Häufig erscheinen gehärtete Stücke beim Anfeilen zunächst weich, doch zeigt sich bald darunter bei weiterem Feilen eine erheblich härtere Schicht. Diese Eigenschaften liegen dann vor, wenn das Werkzeug während der Erwärmung nicht genügend gegen Entkohlung der Oberfläche geschützt wurde. Sehr oft ist dies eine Frage der Ofenbauart. Eine Entkohlung der Oberfläche tritt vor allen Dingen bei Luftzutritt während der Erhitzung ein. Es ist deshalb darauf zu achten, daß die Ofentüren bzw. Schieber nie unnötig offenstehen und gut schließen. Eine Entkohlung läßt sich durch Einpacken in mit Kohlenstaub (Elektrokohle) gefüllte Kästen vermeiden. Einfacher ist es jedoch, einer Entkohlung durch guten Luftabschluß und möglichst rasches Erhitzen vorzubeugen.

Derartig mangelhaft gehärtete Teile werden nach Entfernung der entkohlten Schicht durch vorsichtiges Abschleifen wieder brauchbar. Ist dies nicht möglich oder ist die Entkohlung sehr tief eingedrungen, so hilft nur Ausglühen, Nacharbeiten und nochmaliges Härten des Werkzeuges. Nach Möglichkeit ist der Stahl zuvor zu überschmieden, was jedoch eine Wiederholung der Bearbeitung bedingt. Im Bruchaussehen sind Werkstücke scheinbar ungenügender Härte je nach dem Grade der Entkohlung mit einem stärkeren oder schwächeren Rand versehen, welcher stark glänzt und unter welchem das der Härtung entsprechende Korn sichtbar wird.

6. Unterschiedlicher Härtegrad

Es kommt häufig vor, daß ein und dasselbe Stück an verschiedenen Stellen unterschiedlich hart ist. Die Ursache hierzu ist in der Regel ein zu mildes Abschreckmittel. Es stellt sich dann heraus, daß die Härte der vorspringenden Teile, vor allen Dingen der Ecken, genügt, hingegen inmitten größerer Querschnitte und Flächen das Werkstück noch ziemlich weich ist und die Feile dort gut greifen kann. Das Stück ist dann vorsichtig auszuglühen und nochmals unter Verwendung eines kräftigeren Abschreckmittels zu härten. Hierbei sind vor allen Dingen die Regeln unter Abb. 638 zu beachten und zu prüfen, ob nicht die weichen Stellen sich daraus erklären, daß zu ihnen die Wirkung des Abschreckmittels beim Eintauchen nicht rasch genug vordringen konnte. Eventuell helfen Spritzdüsen innerhalb des Bades, um diejenigen Stellen, welche bisher keine Härte annahmen, möglichst rasch und intensiv abzukühlen. Eine weitere Ursache hierzu kann in der zu kleinen Bemessung des Abschreckbades liegen. Ist das Bad zu klein, so wird sich beim Härten dasselbe erwärmen, und die Wirkung wird infolgedessen mit der steigenden Erwärmung des Abschreckmittels erheblich milder. Bei der Wahl eines größeren Behälters fällt diese Fehlerursache fort. Dies ist besonders für die Massenherstellung von zu härtenden Teilen zu beachten. Bei der Einzelherstellung kleinerer Werkzeuge ist diesem Umstande nicht allzu große Bedeutung beizumessen. Eine Mindestgröße des Bades ist selbstverständlich auch dort erforderlich. Dasselbe soll mindestens 200 Liter fassen.

Abb. 645. Ungleiche Härte eines Schneidringes aus wassergehärtetem Kohlenstoffstahl

Abb. 646. Querschliff zu Abb. 645. Bei *a* weiche Stellen

In Abb. 645 und 646 ist ein Beispiel für ein derart ungleichmäßig wassergehärtetes Teil dargestellt. Abb. 646 zeigt den Querschnitt zu Abb. 645 und die Härtezone. Außen ist die Härte befriedigend, jedoch an den Kehlstellen bei *a* völlig unzureichend.

Beim Härten an der Luft ist für ein gleichmäßiges Umspülen des Gebläsewindes zu sorgen. Die Düsen dürfen dabei nicht allzu nahe gegen das Werkstück gerichtet sein, sondern dieses ist vielmehr zu umblasen. Wenn nämlich die Düse zu kurz vor dem zu härtenden Stück aufgestellt wird und senkrecht zu dessen Oberfläche bläst, so prallt die Luft zurück, und es wird nur die unmittelbar getroffene Stelle gehärtet. Infolgedessen entstehen Spannungen, und die Härte ist ungleichmäßig. Es empfiehlt sich, bei Lufthärtung auf jeden Fall mehrere Düsen vorzusehen, welche einzeln mittels Hähnen abstellbar sind und deren Windstärke regulierbar ist. Diese Hähne sind am besten an starke, mit Metallspiralen geschützte Preßluftschläuche anzuschließen und an Hilfsgestellen verschiebbar anzuordnen, so daß sie in jeder beliebigen Höhe und Neigung gegen das Werkstück gerichtet werden können. Teilweise wird jedoch eine unterschiedliche Härte gewünscht, was durch die Beschränkung des Abschreckvorganges auf die zu härtenden Flächen herbeigeführt und an den beiden folgenden Beispielen erläutert wird.

Das Härten von Matrizenbüchsen geschieht gemäß Abb. 647 häufig derart, indem das Werkstück über den Trog a auf zwei rechteckige Leisten b mit der Zange bequem aufgelegt wird. Auf dieses Werkstück wird rasch ein Trichter c bzw. eine konische Blechhülse gesetzt, die am unteren Ende ein Stück Asbestpappe d trägt. Diese Pappe ist vorher gelocht und nach außen umgestülpt.

Starke Lochmatrizen oder Ziehringe lassen sich auch über der Brause härten. Dann wird im Gegensatz zu Abb. 647 das Werkstück mit der zu härtenden Seite nach unten aufgelegt. Zu beachten ist, daß das durch die Ringbohrung hindurchgespritzte Wasser nicht beim Zurückfallen auf das Werkstück fällt und an unerwünschter Stelle eine Härtung herbeiführt. Es ist daher der obere, der Brause abgekehrte Teil mittels eines Asbestringes abzudecken und darüber eine durchbrochene trichterförmige Blechhaube

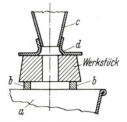

Abb. 647. Abschrecken einer Matrizenbüchse für Schneidplatten

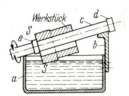

Abb. 648. Abschrecken eines ringförmigen Schneidstempels

derart aufzusetzen, daß das durchgespritzte Wasser bzw. Abschreckmittel an dem äußeren Umfang jener Haube in den Trog ablaufen kann, ohne das Werkstück dabei zu berühren. Ein anderes Beispiel ist die Vorrichtung zum Härten ringförmiger Schneidstempel nach Abb. 648, die nur an der äußeren Schneidkante S hart sein sollen. Zu diesem Zweck wird die eine Seite des Troges a mittels einer Leiste b so erhöht, daß auf deren oberer Kante und auf der gegenüberliegenden Oberkante des Troges ein Stück Rundmaterial, z. B. eine kurze Welle, mittels aufgelegter Hand hin- und hergerollt werden kann. Gegen seitliches Herabgleiten ist die Welle c durch den Ring d gesichert. Das Werkstück liegt am Ring e an. Größere Schneidringe bedingen selbstverständlich auch eine dem Umfang entsprechend größere Länge des Troges, da sonst eine einwandfreie Härtung nicht gewährleistet wird.

7. Schalenförmiges Abspringen an Ecken und vorspringenden Teilen

Das Abspringen geschieht bei massiven Körpern meist an den Ecken und ist auf eine zu rasche und ungleichmäßige Erwärmung oder auch auf unrichtiges Eintauchen zurückzuführen. Deshalb ist das Werkstück langsam zu erwärmen und innerhalb der Muffel häufig zu wenden. Es darf nie an einem einzigen Flecke bleiben, sondern muß mittels Drahthaken möglichst unter teilweisem Schließen der Ofentür verschoben werden. Abb. 649 zeigt eine derart mangelhaft gehärtete Schneidplatte eines Mangan enthaltenden Ölhärters. Die Risse sind auf fehlendes oder ungenügendes Anlassen nach dem Abschrecken zurückzuführen.

Durch Ausglühen und nochmaliges richtiges Härten sind ungleichmäßig gehärtete Werkstücke meist zu retten, soweit noch keine Rißbildung eingetreten ist. Im Bruchaussehen zeigen diese Werkstücke stellenweise ungehärtetes, richtig gehärtetes oder überhitztes Korn. Die Überhitzung ist vor allen Dingen an den vorspringenden Kanten und Ecken zu finden. Durch gleichmäßiges Anlassen, d.h. durchgreifendes Erwärmen der gehärteten Stücke bis zur Anlaßtemperatur, wird weiterhin dem Abspringen von Ecken vorgebeugt. Das Anlassen im heißen Sand befriedigt nur bei sehr kleinen Teilen. Auf Anlaßtemperatur erwärmte Ölbäder werden seitens der Praxis insbesondere für Schneidwerkzeuge am meisten empfohlen.

Die Anlaßfarben, welche durch das bunte Anlaufen des Werkstückes sichtbar werden, lassen die Anlaßtemperatur gemäß folgender Aufstellung schätzungsweise bestimmen:

Tabelle 35. Anlaßfarben

Anlaßfarbe	°C	Anlaßfarbe	°C
Hellgelb	220	Violett	285
Dunkelgelb	240	Kornblumenblau	295
Braungelb	255	Hellblau	315
Rotbraun	265	Grau	330
Purpurrot	275		

Abb. 649. Schalenförmiger Ausbruch eines Ölhärters infolge fehlenden oder ungenügenden Anlassens unmittelbar nach dem Abschrecken

8. Probeweises Härten

Wenn in einem Betriebe viel Härteausschuß entsteht oder die gehärteten Werkzeuge bei der Verwendung leicht brechen oder nur geringe Leistungsfähigkeit haben, ist dies in der Regel auf schlechtes Härten, namentlich auf unrichtiges Erhitzen der Werkzeuge zum Härten zurückzuführen. Die richtige Härtetemperatur kann bei jedem Stahl vom Härter mittels einiger Proben leicht praktisch ermittelt werden. Hierzu sind kleine Stahlproben auf verschieden hohe Temperaturen anzuwärmen, zu härten und zu brechen. Die Probe mit dem feinsten Härtekorn ist bei der richtigen Härtetemperatur des Stahles gehärtet worden, und bei dieser Temperatur sind dann die Werkzeuge aus der betreffenden Stahlsorte zu härten. Die Härtetemperatur sehr großer Stücke braucht nur wenig, z. B. um etwa 20 °C, höher zu sein. Die richtigen Härtetemperaturen, Anwärme- und Durchwärmezeiten sind jeweils in dem Ofen probeweise zu bestimmen, in dem die Werkzeuge zum Härten erwärmt werden.

9. Brenn- und Induktionshärten gegossener Großwerkzeuge

Das Brenn- oder Induktionshärten[1] ist für kompliziert geformte und größere Werkzeuge aus Stahlguß oder Gußeisen von Bedeutung. Mittels dieser Verfahren kann die Standzeit gegossener Ziehwerkzeuge mitunter verdoppelt oder gar verdreifacht werden. Nach den bisherigen Erfahrungen bleibt der Verzug brenngehärteter Umformwerkzeuge immer in engen Grenzen, so daß nur geringe Nacharbeiten anfallen. Die Auswahl der geeigneten Werkstoffe ist hierbei wichtigste Voraussetzung. Für brennhärtbaren Stahlguß kommen folgende 5 Sorten in Betracht: GS-C 45, GS-36, Mn 5, GS-46 Mn 4, GS-46 MnSi 4 und GS-42 CrMo. Hierbei muß beachtet werden, daß infolge der vor dem Brennhärten notwendigen Wärmebehandlung des Stahlgusses eine mehr oder weniger tiefe Randentkohlung auftritt. Eine einwandfreie Härteannahme setzt daher die Entfernung der randentkohlten Schicht durch mechanische Bearbeitung voraus. Wenn eine der Tiefe der Randentkohlung entsprechende weiche Oberflächenschicht im Einzelfall zulässig sein sollte, kann auf die mechanische Bearbeitung verzichtet werden. Die Gußoberfläche ist dann sorgfältig von Formsand und Zunder zu reinigen und muß im Gefüge dicht sein. Das setzt voraus, daß der Gießer über die Lage der zu härtenden Flächen unterrichtet ist. Sollten sich bei der mechanischen Bearbeitung trotzdem in der zu härtenden Oberfläche Lunker oder Poren zeigen, so sind diese nach vorherigem Auskratzen bei geringer Ausdehnung mit einer weichen Elektrode auszuschweißen. Bei größeren Fehlstellen empfiehlt es sich, zunächst mit einer weichen Elektrode eine zähe Grundschicht zu legen und auf diese dann eine harte Elektrode, die eine härtbare Schweiße ergibt, aufzutragen. Bei Gußeisen mit Lamellengraphit ist zusätzlich die Gefügeausbildung zu beachten. Der Gesamtkohlenstoffgehalt soll möglichst niedrig sein und 3% nicht wesentlich überschreiten. Für eine ausreichende Härteannahme muß der C-Gehalt der metallischen Grundmasse wie bei Stahlguß 0,5 bis 0,75% betragen. Demnach kommt für das Brenn- und Induktionshärten nur ein Guß mit perlitischem Grundgefüge

---

[1] *Grönegress, H.-W.*: Brennhärten. Berlin–Göttingen–Heidelberg: Springer 1962 (H. 89 der Werkstattbücher). – Das Umlaufhärten erschließt dem Brennhärten neue Anwendungsgebiete. Schweißen und Schneiden 12 (1960), H. 5, S. 244–247. – Neue Anwendungsgebiete für das Brennhärten. Werkstattstechn. 53 (1963), H. 9, S. 481–485.

in Frage, während ferritischer Guß ausscheidet. Der Mangangehalt liegt zwischen 0,6 und 0,9%, er begünstigt die Ausbildung eines perlitischen Grundgefüges. Die Verteilung des Graphites hat auf das Ergebnis beim Brenn- und Induktionshärten großen Einfluß. Sind die Graphitlamellen sehr groß, haben die beim Härten in Martensit umgewandelten Perlitinseln untereinander nicht genügend Halt, und es besteht daher die Gefahr, daß sie schon beim Schleifen aus der Oberfläche ausbrechen. Die Härtetemperatur ist mit Hilfe eines Milliskops laufend zu überwachen. Bei schwachen Querschnitten tritt ein Verzug in der Größenordnung von 0,1 bis 0,15 mm je m Härtelänge auf. Besser als Gußeisen mit Lamellengraphit ist Gußeisen mit Kugelgraphit (GGG) für das Brenn- und Induktionshärten geeignet. Grundsätzlich gilt bezüglich des Ausgangsgefüges das gleiche wie für den bereits beschriebenen Grauguß, d. h., es muß ein perlitisches Grundgefüge vorliegen. Im übrigen hat sich zur Beurteilung der Werkstoffeignung der Stirnabschreckversuch nach *Jominy* hierfür durchgesetzt. Die Schwierigkeit beim Brennhärten von Umformwerkzeugen besteht nun darin, daß wegen der

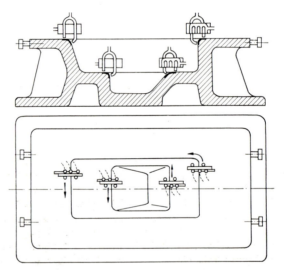

Abb. 650. Brennhärten eines Karosseriegesenkes

geringen Stückzahlen eine automatische Härtung zu aufwendig erscheint, und daß zum anderen der zu härtende Kantenwinkel sich ständig verändert. Es wird daher für die Härtung ein Brennersatz für verschiedene Kantenwinkel bereitgestellt, der eine einwandfreie Erwärmung der Kanten ermöglicht. Für die Härtung sind zwei Arbeiter erforderlich. Während der erste Mann härtet, wechselt der zweite Mann den zuvor verwendeten Brenner gegen den nächstfolgenden eines anderen Kantenwinkels aus. Die Brenner werden von Hand über die zu härtende Kante hinweggeführt, wozu sie mit in Abb. 650 nicht angegebenen Führungsrollen versehen sind, die dem Bedienungsmann den richtigen Abstand des Brenners vom Werkstück einzuhalten erlauben. Sobald der erste Härtebrenner so weit vorgeschoben ist, daß er die Kante nicht mehr gleichmäßig genug erwärmen kann, zündet der zweite Mann den zweiten Brenner an und setzt diesen schnell an die Stelle des ersten, den der erste Härter zurückzieht. Dieser wechselt nun den ersten gegen den dritten Brenner aus, so daß er den Härtevorgang weiterführen kann, wenn der zweite Brenner nicht mehr paßt. So kann ohne Unterbrechung des Härtevorganges weitergehärtet werden, bis die gesamte Länge der Ziehkante, abgesehen von einer schmalen Schlupfstelle, gehärtet ist. Die Schlupfstelle wird dabei an die am wenigsten beanspruchte Stelle der Ziehkante gelegt. Die Brenner sind mit Abschrecksprühvorrichtungen, die vom Leitungswasser gespeist werden, verbunden, so daß die vom Brenner bestrichene Kante unmittelbar danach gekühlt wird. In Abb. 650 sind vorn in der durch Pfeil gekennzeichneten Bewegungsrichtung die Zweirohrbrenner, dahinter drei Sprührohre sowie durch starken Strich die zu härtenden Stellen angedeutet. Bei einer mittleren Vorschubgeschwindigkeit von 100 mm/min erfordert die Härtung eines Gesenkes mit 2,50 m Kantenlänge etwa 25 Minuten, mit den notwendigen Nebenzeiten kaum mehr als eine Stunde. Auch Schneidwerkzeuge für umgeformte Blechteile größerer Abmessung lassen sich mit solchen Brennern härten.

N. Das Schleifen von Schneidwerkzeugen

Das Schleifen ist der letzte Arbeitsgang am fertigen Werkzeug. Wird dieses unsachgemäß durchgeführt, so sind sämtliche bisher aufgewendeten

Abb. 651. Schleifrisse an einem Wasserhärter

Abb. 652. Schleifrisse an einem Ölhärter

Kosten umsonst gewesen. Bei harten Werkzeugstählen sowie hochlegierten Sonderstählen, die infolge ihrer Legierungsbestandteile eine schlechte Wärmeableitung aufweisen, äußert sich das Verderben des Werkstückes in Form der gefürchteten Schleifrisse. Deshalb sind örtliche Erhitzungen des zu schleifenden Stahles infolge ungenügender Kühlung oder zu großen Vorschubes bzw. zu großen Scheibendruckes oder ungeeigneter Scheibenqualität zu vermeiden. Abb. 651 und 652 zeigen typische Schleifrißbilder. Es muß dabei nicht immer ein Netz sich unter 90° kreuzender Linien nach Abb. 652 auftreten, auch ein unregelmäßiges Netz zusammenhängender Oberflächenrisse nach Abb. 651 spricht für den gleichen Befund. Ferner kann durch Erwärmung beim Schleifen an gehärteten Teilen die sogenannte „weiche Schleifhaut" infolge Anlaßwirkung auftreten. Sie ist derart erkennbar, daß eine neue Feile auf der Oberfläche haftet bzw. klebt. Ferner werden die fraglichen Stellen nach Ätzen mittels alkoholischer Salpetersäure (4% zu je 32% Äthyl-, Amyl- und Methylalkohol) dunkel gefärbt. Die äußere Form dieser Flecken gestattet zuweilen Rückschlüsse dahingehend, ob es sich um Schleif- oder verschleißbedingte bzw. Lauffehler handelt.

Zur Herstellung guter Schneidwerkzeuge sind folgende Angaben wichtig:

A. Flächenschliff mit vertikal liegender Welle und Topfscheibe, Schleifringe oder Segmentscheibe.
1. Umfangsgeschwindigkeit der Schleifscheibe[1] meist bei 30 m/s. Bei Schleifkörpern, die nach den UVV als Schleifkörper „anderer Art" bezeichnet werden, wie z.B. Segmente, dürfen 30 m/s, bei Schleifscheiben 35 m/s nicht überschritten werden.
2. Werkstückvorschubgeschwindigkeit: 3 bis 15 m/min.
3. Zustellung: 0,005 bis 0,050 mm.

B. Flächenschliff mit horizontal liegender Welle und gewöhnlicher Schleifscheibe.
1. Umfangsgeschwindigkeit der Schleifscheibe[1] meist 30 m/s, bis 45 m/s höchstzulässig.
2. Werkstückvorschub: 3 bis 10 m/min.
3. Zustellung: 0,01 bis 0,10 mm.
4. Quervorschub: 2/3 der Scheibenbreite.

C. Rundschliff zwischen Spitzen.
1. Umfangsgeschwindigkeit der Schleifscheibe[1] meist 28 bis 32 m/s, 35 m/s höchstzulässig.
2. Umfangsgeschwindigkeit des Werkstückes:
    a) beim Schruppen: 12 bis 15 m/min,
    b) beim Schlichten: 6 bis 8 m/min.
3. Längsvorschub/Werkstückumdrehung:
    a) beim Schruppen: 2/3 der Scheibenbreite,
    b) beim Schlichten: 1/3 der Scheibenbreite.
4. Zustellung/Durchmesser: 0,005 bis 0,030 mm.
5. Höchstzulässige Scheibenbreite 150 mm.

D. Einstichschliff auf Rundschleifmaschine.
1. Umfangsgeschwindigkeit der Schleifscheibe[1] meist bei 32 m/s, bis 45 m/s höchstzulässig.

---

[1] Die dauernde Änderung der Werkstoffe und insbesondere die noch nicht abgeschlossene Entwicklung der Schleifscheibentechnik gestattet gegenwärtig keine allgemeingültige Angabe der Umfangsgeschwindigkeit. Daher wird empfohlen, sich nach den Angaben der Hersteller von Schleifscheiben zu richten.

2. Umfangsgeschwindigkeit des Werkstückes: 6 bis 9 m/min.
3. Zustellung/Umdrehung des Werkstückes: 0,001 bis 0,0015 mm.
4. Höchstzulässige Scheibenbreite 150 mm.

Infolge der hohen Beanspruchung beim Schleifen von Werkzeugstahl sind für Flächenschliff sehr weiche, für Rundschliff weiche bis mittelharte Scheibenqualitäten zu empfehlen. Als Kühlmittel wird häufig Bohröl 1:20 bis 1:50 verwendet. Doch gestattet Schleiföl in entsprechender Verdünnung eine um 30% höhere Leistung. Weiter sind bekannt Mischungen von Sodalösung mit Bohröl und in Wasser im Verhältnis 1:2000 aufgelöstes Kaliumchromat. Letzteres Kühlmittel für Schleifzwecke hat den Vorteil, daß es die Scheiben offen hält und nicht zusetzt. Daher sind zu fette Kühlmittel zu vermeiden und werden transparente Kühlmittel bevorzugt.

Beim Schleifen komplizierter Werkzeuge, insbesondere bei Gesamtschneidwerkzeugen, sind wirtschaftliche Erwägungen hintenanzustellen. Eine längere Schleifzeit, bedingt durch geringere Vorschübe und geringere Spantiefe bzw. Zustellung sind viel billiger als ein Werkzeug, das infolge zu starken Angriffes der Schleifscheibe verdorben wird. Solche Schäden stellen sich nicht immer sofort, sondern oft erst nach längerer Gebrauchsdauer heraus und lassen sich meist nachträglich nicht mehr beheben.

Für das Schleifen hartmetallbestückter Werkzeuge werden beim Flachschleifen vielfach Diamantschleifwerkzeuge eingesetzt. Für das Rundschleifen gelten ähnliche Bedingungen wie oben. In Frage kommen verhältnismäßig weiche Schleifscheiben aus grünem Siliziumkarbid. Die Schleifbedingungen bei Hartmetall sind — soweit Anweisungen der Hartmetallhersteller fehlen — im einzelnen durch Versuche zu ermitteln; eventuell ist die Werkstückgeschwindigkeit herabzusetzen. Weitere Hinweise auf das Schleifen von Eisentitankarbid finden sich auf S. 644, von Hartmetall auf S. 654.

O. Behandlungs- und Verarbeitungshinweise für die verschiedenen Bleche

In den vorausgegangenen Ausführungen wurde an vielen Stellen auf das unterschiedliche Verhalten der einzelnen Bleche bereits hingewiesen. Desgleichen enthalten zahlreiche Gleichungen von der Wahl des Werkstoffes abhängige Rechnungsgrößen, wie z. B. die Zugfestigkeit, die Scherfestigkeit und den Schneidspaltfaktor beim Schneiden, den Mindestrundungsfaktor für das Biegen, den Niederhaltedruck und das Stufungsverhältnis beim Tiefziehen. Daneben bedürfen die einzelnen Bleche verschiedenartiger Behandlung. Von der für das betreffende Blech geeigneten Glühtemperatur, der Auswahl des Beiz- und Schmiermittels hängt für den Erfolg viel ab. Zur Vervollständigung einer derartigen Zusammenstellung in Tabelle 36 am Ende dieses Buches sind noch einige Festigkeitswerte für die Bleche im Anlieferungszustand sowie die einschlägigen DIN-Vorschriften vermerkt. Für die zu D-4 angegebenen

Erichsen-Tiefungen beträgt der Kugeldurchmesser 20 mm und der Matrizenlochdurchmesser 27 mm gemäß DIN 50101, Bl. 1 im Dickenbereich von 0,2 bis 2,0 mm und bei einer Breite von 90 mm und darüber. Bei schmaleren (DIN 50102) und bei dickeren (DIN 50101, Bl. 2) Probestreifen gelten andere Werte.

Der Verfasser hat versucht, diese für den Betrieb wichtige Zusammenstellung so vollständig wie möglich zu bringen. Bisher konnten die dort angeführten Werte nur zum kleinen Teil durch eigene Versuche belegt werden. Die meisten Zahlen stützen sich auf Angaben von Blech erzeugenden Firmen, die für die allgemeine Gültigkeit derselben keine Gewähr bieten können. Dies ist auch verständlich, da die Abstufung der Stiche und die thermische Behandlung selbst sonst gleichartiger Bleche in den einzelnen Walzwerken ganz verschieden gehandhabt wird und oft im gleichen Werk beispielsweise mehrere Leichtmetallegierungen ganz verschiedenen Verhaltens hergestellt werden. Gerade darum ist der Verfasser für Berichtigungsvorschläge stets dankbar. Immerhin dürfte diese tabellarische Zusammenstellung trotz einiger unvermeidlicher Abweichungen dem Fachmann bei der Verarbeitung für ihn neuer Blechsorten technisch wichtige Zahlen zeigen und ihm die Mittel an die Hand geben, um bei Mißerfolgen in der Verarbeitung von Blechen unter Schneid- und Stanzwerkzeugen die Fehlerursachen aufzuspüren, womit gleichzeitig auf andere Stellen dieses Buches, insbesondere auf Hauptabschnitt E 28 über Tiefziehfehler, zurückverwiesen wird. Der Werkzeugkonstrukteur seinerseits findet anhand der Tabelle 36 die Abmaße für den Schneidspalt, Mindestrundungshalbmesser und andere Konstruktionsmaße zum Entwurf der Werkzeugzeichnung. Darüber hinaus vermag er nachzuprüfen, ob ein vorhandenes Werkzeug sich auch für ein anderes dafür vorgesehenes Blech eignet oder ob eine Neuanfertigung erforderlich ist. Die Zunahme an Blechsorten, insbesondere auf dem Gebiet der rostbeständigen und hochwarmfesten Stähle, aber auch der Leichtmetallegierungen erlaubte nur eine Auswahl der am häufigsten angewandten Werkstoffe. In Tabelle 36 sind nur die weichen und halbharten Sorten der zumeist umformfähigen Leichtmetallbleche enthalten. Für die nicht tiefziehbaren harten Sorten bringt Tabelle 37 gekürzt die wichtigsten Angaben über Festigkeitswerte und den Biegerundungsfaktor für verschiedene Blechdicken. Bei den in Tabelle 36 empfohlenen Tiefziehschmierstoffen handelt es sich um einfache Hausmittel, die hinsichtlich ihrer Schmierfähigkeit und leichteren Entfernbarkeit den dafür im Laboratorium erprobten Markenschmiermitteln meist unterlegen sind. Aus Wettbewerbsgründen und infolge der großen Anzahl solcher auf dem Markt befindlichen Ziehmittel mußte deren Benennung hier unterbleiben. Dem für eine Dehnung δ_5 in Tabelle 36 unten genannten Wert ist die Dehnung δ gleichzusetzen, wie sie aus einem 20 mm breiten Zerreißstab zu 80 mm Meßlänge nach DIN 50114 ermittelt wird.

Hinsichtlich der Güte- und Maßnormen sei darauf hingewiesen, daß sich auf diesem Gebiet die Normung in ständiger Bewegung befindet und manches DIN-Blatt in geänderter Fassung unter einer anderen Normziffer erscheint. Über die Gültigkeit eines DIN-Blattes oder seine bevorstehende Änderung gibt die Geschäftsstelle des Normenausschusses der deutschen Industrie, 1 Berlin 30, Burggrafenstr. 4–7 Auskunft.

Tabelle 36. Behandlungs- und Verarbeitungshinweise für Bleche

Werkstoff	1 TSt 10, St 10 (St I–III 23) St 0,24, 1,24	2 WUSt 12, USt 12 (St V/VI/IX 23) St 2,24	3 USt 13, RSt 13 (St VII 23) St 3,24	4 USt 14, RRSt 14 (St VIII 23, StX 23) St 4,24	5 St 34,22 P	6 St 37,21	7 St 42,21	8 Gekupferte Stahlbleche
A. Schneiden								
1. Scherfestigkeit τ_B (kp/mm²)	30–35	24–30	24–30	25–32	30	31	40	30–40
B. Biegen								
1. Mindestrundungsfaktor c für $r_{min} = c \cdot s$	0,6	0,5	0,5	0,5	1,5	1,8	2,0	0,8
2. Rückfederungsfaktor K bei $r_2/s = 1$	0,99	0,99	0,985	0,985	0,99	0,99	0,99	—
bei $r_2/s = 10$	0,97	0,97	0,97	0,96	0,97	0,97	0,975	—
C. Tiefziehen								
1. Schmierstoff	In Wasser emulgierbare Öle mit wachsender Beanspruchung ansteigendem Seifen- oder Fettstoffanteil, für gebonderte Bleche genügen Kalkmilch oder Seifenwasser mit Flockengraphit				Altöl mit Karbidschlamm vermischt			
2. Niederhaltedruck p_N (kp/cm²)	28	26	25	24	28	30	35	28
3. Stufungsverhältnis β_{100} für den								
1. Zug[1]	1,7	1,8	1,9	2,0	1,9	1,7	1,6	1,5
2. Zug ohne Zwischenglühung	1,2	1,2	1,25	1,3	1,3	—	—	—
3. Zug mit Zwischenglühung	1,5	1,6	1,65	1,7	1,7	—	—	—
4. Faktor q für Rechteckzug	0,34	0,31	0,29	0,28	0,29	0,35	0,37	0,42
5. Glühtemperatur (°C)	700–780°	650–750°	650–750°	650–750°	660–750°	680–750°	680–750°	
6. Hinweis für Beizen	50%ige Salz- oder 20- bis 30%ige Schwefelsäure				30%ige Schwefelsäure			
D. Festigkeitswerte[2] im Anlieferungszustand								
1. Zugfestigkeit σ_B (kp/mm²)	28–50	28–42	28–40	28–38	34–42	37–45	42–50	30–35
2. Dehnung δ_5 (%)[3]	—	24	27	30	29–26	20–18	20–16	20–16
3. Einbeultiefe t (mm) für								
$s = 0,5$ mm	7,5	8,2	8,7	9,2	—	—	—	7,5
$= 1,0$ mm	9,2	9,8	10,2	10,6	—	—	—	9,5
$= 2,0$ mm	11,0	11,9	12,1	12,3	—	—	—	11,6
E. DIN-Vorschriften								
1. Werkstoffart und Güte	DIN 1623 (Blech), DIN 1624 (Band)				DIN 1622	DIN 1543		
2. Dickentoleranzen und Abmessungen[4]	DIN 1541 für Feinblech DIN 1544 für Bandstahl $s = 0,05$ bis 5 mm DIN 1016 für Bandstahl warmgewalzt $s = 0,8$ bis 5 mm				DIN 1542	DIN 1621, 1605		

[1] Wert für β_1 ist bezogen auf $d = 100$ mm und $s = 1$ mm. [2] Beachte auch DIN 1602-5 und DIN A 114! [3] Für Spalte 1–4 Dehnungsmindestwert bei Meßlänge $L = 80$ und $b = 20$ mm. [4] Beachte auch DIN 1620!

Tabelle 36. Behandlungs- und Verarbeitungshinweise für Bleche (Fortsetzung)

Werkstoff	9 Cor-Ten-Stahlblech	10 	11 Plattierte Stahlbleche mit Kupfer oder Messing	12 	13 Plattierte Stahlbleche mit Aluminium oder Alu-Legier.	14 	15 Weißblech
	Standardgüte	Kaltformgüte	einseitig außen	doppelseitig	einseitig außen	doppelseitig	
A. Schneiden							
1. Scherfestigkeit τ_B (kp/mm²)			Entsprechend C-Gehalt des Kernmaterials wie Spalte 1–4 dieser Tabelle, sonst $\tau_B = 0.8\,\sigma_B$				
B. Biegen							
1. Mindestrundungsfaktor c für $r_{\min} = c \cdot s$	$\begin{cases} s \leq 2 \\ 2\text{–}7 \\ \geq 7 \end{cases}$ $\begin{matrix} c = 1,0 \\ = 2,0 \\ = 2,5 \end{matrix}$	$\begin{matrix} c = 1,0 \\ = 1,5 \\ = 2,0 \end{matrix}$	0,5	0,6	1,2	1,2	0,7
2. Rückfederungsfaktor K bei $r_2/s = 1$ bei $r_2/s = 10$	0,99 0,975	0,99 0,97		Entsprechend Kernmaterial Spalte 1–4 dieser Tabelle			
C. Tiefziehen							
1. Schmierstoff	Wie Spalte 1–4 ($s < 3$ mm) 5–8 ($s > 3$ mm)			Petroleum mit Zusatz von kornfreiem Graphit			
2. Niederhaltedruck p_m (kp/cm²)	34	30	22	20	20	18	30
3. Stufungsverhältnis β_{100} für den							
1. Zug[1]	1,4	1,6	1,9	2,0	Abstufung wie beim Kernwerkstoff gemäß Spalte 1–6 dieser Aufstellung		1,8
2. Zug ohne Zwischenglühung	–	–	1,3	1,4			–
2. Zug mit Zwischenglühung	–	–	–	–			–
4. Faktor q für Rechteckzug	0,48	0,37	0,29	0,28			0,31
5. Glühtemperatur (°C)	750–780°		(650–720°)				
6. Hinweis für Beizen	30%ige Schwefelsäure		(20%ige Schwefelsäure)				
D. Festigkeitswerte[2] im Anlieferungszustand							
1. Zugfestigkeit σ_B (kp/mm²)	50	45		Entsprechend dem unplattierten Kernmaterial			
2. Dehnung δ_5 (%)	25	28					
3. Einbeultiefe t (mm) für			t-Werte um etwa 0,2 bis 0,6 mm höher als diejenigen des unplattierten Kernmaterials nach Spalte 1–4 dieser Aufstellung				
$s = 0,5$ mm	9,3	8,7					
$= 1,0$ mm	10,7	10,2					
$= 2,0$ mm	12,0	12,1					
E. DIN-Vorschriften							
1. Werkstoffart und Güte							DIN 1540
2. Dickentoleranzen und Abmessungen[4]							

[1] Beachte auch DIN 1602·5 und DIN A 114!   [2] Beachte auch DIN 1620!

Tabelle 36. Behandlungs- und Verarbeitungshinweise für Bleche (Fortsetzung)

Werkstoff	16 Rostbeständige Stahlbleche ferritisch 18% Cr, 8% Ni	17 austenitisch 18% Cr, 8% Ni	18 Hitzebeständige Stahlbleche ferritisch 18% Cr, 1% Al	19 austenitisch 25% Cr, 20% Ni	20 Nimonic 75 NiCr 20 Ti W.Nr.: 4630	21 Nimonic 90 aushärtbar NiCr20, Co18Ti W.Nr.: 4632	22 Titanblech Titan 35	23 Titan 55
A. Schneiden								
1. Scherfestigkeit τ_B (kp/mm²)	30—40	35—50	50	50	65	95	30—40	40—50
B. Biegen							Nur warm umformbar 200—230 °C	
1. Mindestrundungsfaktor c für $r_{min} = c \cdot s$	0,8	0,5	1,6	0,8	2,5	6	0,4	0,5
2. Rückfederungsfaktor K bei $r_2/s = 1$	—	0,96	0,99	0,982	0,92	0,87	0,980	0,980
bei $r_2/s = 10$	—	0,92	0,97	0,955	0,72	0,65	0,955	0,950
C. Tiefziehen								
1. Schmierstoff	Siehe S. 372—373		Wasser-Graphit-Brei oder dicke Mischung Leinöl-Bleiweiß mit 10% Schwefel			200—400°, Talg oder flüssiges Palmin		
2. Niederhaltedruck p_n (kp/cm²)	20	20	30	28	35	50		
3. Stufungsverhältnis β_{100} für den	Siehe Tabelle 17, S. 371							
1. Zug			1,7	2,0	1,7	1,55	1,9	1,8
2. Zug ohne Zwischenglühung			1,2	1,2	1,2	1,15	—	—
3. Zug mit Zwischenglühung			1,6	1,8	1,6	1,50	1,7	1,6
4. Faktor q für Rechteckzug			0,35	0,28	0,35	0,42	0,29	0,31
5. Glühtemperatur (°C)	750—800°	1000—1100°	800—850°	1050—1100° (Abschrecktemperatur)		1050—1080° aush. 8 Std. 1080° 16 Std. 700° Luft	1000°	
6. Hinweis für Beizen	Siehe S. 872				20% HNO₃, 5% HF, Rest Wasser		Natriumhydridbad oder 2% Fluß- und 30% Salpetersäure	
D. Festigkeitswerte[1] im Anlieferungszustand								
1. Zugfestigkeit σ_B (kp/mm²)		Siehe Tabelle 17	55—70	60—75	70—90	100—130	35—55	55—70
2. Dehnung δ_5 (%)			15	40	35—25	25—18	30—20	24—16
3. Einbeultiefe t (mm) für								
$s = 0,5$ mm			7,3	11,0	7,5	6,4	10,0	9,2
$= 1,0$ mm			9,0	12,2	10,8	8,5	11,2	10,5
$= 2,0$ mm			10,8	13,3	12,0	10,2	12,5	11,8
E. DIN-Vorschriften								
1. Werkstoffart und Güte	DIN 17440		DIN 17006		DIN 17741—42			
2. Dickentoleranzen und Abmessungen[2]	DIN 1541 bis 1544							

[1] Beachte auch DIN 1602-5 und DIN A 114! [2] Beachte auch DIN 16201

Tabelle 36. Behandlungs- und Verarbeitungshinweise für Bleche (Fortsetzung)

Werkstoff	24 Kupfer	25 Zinnbronze SnBz 6 W	26 Al-Bronze AlBz 4 W	27 SnBz 2 W	28 Ni 80 Cr Nimonic	29 Nickel W	30 Neusilber (CuNiZn) Monel (CuNi) W	31 Tombak (Ms 90) W
A. Schneiden								
1. Scherfestigkeit τ_B (kp/mm²)	20–30	36–45	25–32	25	55	35	30–35	25
B. Biegen								
1. Mindestrundungsfaktor c für $r_{min} = c \cdot s$	0,25	0,6	0,5	1,2	1,6	1,0	0,45	1,0
2. Rückfederungsfaktor K bei $r_2/s = 1$	—	—	—	—	0,98	0,99	—	—
bei $r_2/s = 10$	—	—	—	—	0,935	0,96	—	—
C. Tiefziehen								
1. Schmierstoff		Dicke Seifenlauge mit Öl vermischt				Dicke Seifenlauge mit Öl vermischt oder Rüböl		
2. Niederhaltedruck p_m (kp/cm²)	20	25	20	22	35	30	18	20
3. Stufungsverhältnis β_{100} für den								
1. Zug	2,1	1,50	1,7	1,9	2,0	2,3	1,9	2,2
2. Zug ohne Zwischenglühung	1,3	—	1,2	1,25	1,2	1,7	1,3	1,3
3. Zug mit Zwischenglühung	1,9	—	—	1,7	—	—	1,8	1,9
4. Faktor q für Rechteckzug	0,27	0,43	0,35	0,29	0,28	0,25	0,29	0,26
5. Glühtemperatur (°C)	600–650°	550–600°	550–600°	590–650°	1150°	1050°	600–750°	550–600°
6. Hinweis für Beizen	10%ige Schwefelsäure		Heiße 20%ige Schwefelsäure		H_2SO_4 60–80%			Salpetersäure
D. Festigkeitswerte[1] im Anlieferungszustand								
1. Zugfestigkeit σ_B (kp/mm²)	21–24	45–56	30–44	25–35	60–80	40–45	35–45	28–32
	40–35	15–5	50–30	40–30	55–45	45–30	40–20	50–40
2. Dehnung δ_5 (%)								
3. Einbeultiefe t (mm) für								
$s = 0,5$ mm	10,8	9,3	10,0	11,0	—	12,0	8,0–9,2	13,7
$= 1,0$ mm	11,8	10,7	11,4	12,6	—	12,7	8,0–11,0	14,4
$= 2,0$ mm	13,0	12,4	12,7	13,5	—	13,3	11,2–12,3	14,7
E. DIN-Vorschriften								
1. Werkstoffart und Güte	DIN 17640	DIN 17777	DIN 1714		DIN 17741	DIN 17740	DIN 1727	Siehe Spalte
	DIN 1708	DIN 1779			DIN 17742		DIN 1780	32–34
	DIN 40500	DIN 1780					DIN 17663	
2. Dickentoleranzen und Abmessungen[2]								

[1] Beachte auch DIN 1602–5 und DIN A 114!   [2] Beachte auch DIN 1620!

Tabelle 36. Behandlungs- und Verarbeitungshinweise für Bleche (Fortsetzung)

Werkstoff	32 Ms 72 (Tiefziehgüte) W	33 Messingdruckblech Ms 60, Ms 63 W	34 Messingdruckblech Ms 60, Ms 63 $1/2$ H	35 Zink (Feinzinkgüte) W	36 Zinklegierungen Zn-Cu 1 (4) W	37 Zinklegierungen Zn-Al 1 W	38 MgMn 2	39 MgAl 6 Zn
A. Schneiden								
1. Scherfestigkeit τ_B (kp/mm^2)	22—30	25—32	35—40	10—12	16—24	15—20	20—24	18—22
B. Biegen								
1. Mindestrundungsfaktor c für $r$min $= c \cdot s$	0,30	0,35	0,40	0,40	0,60	0,55	0,5	3,0
2. Rückfederungsfaktor K bei $r_2/s = 1$	—	—	—	—	—	—	—	—
bei $r_2/s = 10$	—	—	—	—	—	—	—	—
C. Tiefziehen								
1. Schmierstoff	Seifen- und fetthaltige, in Wasser emulgierbare Öle, ggf. mit Füllstoffen			Talg oder Rüböl mit kornfreiem Graphit			Talg oder flüssiges Palmin 200—300° (Siehe S. 401)	
2. Niederhaltedruck p_n (kp/cm^2)	20	22	24	12	12	12	8	8
3. Stufungsverhältnis β_{100} für den								
1. Zug	2,2	2,1	1,9	1,55	1,70	1,6	1,35[2]	1,45[2]
2. Zug ohne Zwischenglühung	1,4	1,4	1,2	1,3	1,35	1,35	1,20	1,30
2. Zug mit Zwischenglühung	2,0	2,0	1,7	—	—	—	—	—
4. Faktor q für Rechteckzug	0,26	0,27	0,34	0,41	0,34	0,37	0,55	0,50
5. Glühtemperatur (°C)	540—580°			kein Glühen	250°	150°	270—350°	
6. Hinweis für Beizen	Reine Salpetersäure						10- bis 20%ige Natronlauge bei 50—80 °C	
D. Festigkeitswerte[1] im Anlieferungszustand								
1. Zugfestigkeit σ_B (kp/mm^2)	25—30	29—41	45—55	12—14	20—30	18—25	19—23	28—32
2. Dehnung δ_5 (%)	50—46	45—25	35—15	60—52	100—30	80—40	10—5	15—10
3. Einbeultiefe t (mm) für								
$s = 0,5$ mm	13,7	12,6	11,0	7,0	—	7,5—8,5	5,2—6,0	6,2—7,0
$= 1,0$ mm	14,4	13,4	12,2	8,1	—	8,6—9,7	6,3—7,6	7,5—8,4
$= 2,0$ mm	14,7	14,3	13,5	8,6	—	9,6—11,1	7,7—9,6	9,0—10,0
E. DIN-Vorschriften								
1. Werkstoffart und Güte	DIN 1751	DIN 17660, DIN 17761	DIN 1791	DIN 1706 DIN 9721 DIN 9722 DIN 17770	DIN 1724 DIN 9721 DIN 9722		DIN 1729 DIN 9715 DIN 9101	
2. Dickentoleranzen und Abmessungen[2]	DIN 1777 (= Sonder Ms), DIN 17670							

[1] Beachte auch DIN 1602—5 und DIN A 114! [2] Beachte auch DIN 1620!

Tabelle 36. Behandlungs- und Verarbeitungshinweise für Bleche (Fortsetzung)

Werkstoff Zustand Werkstoff-Nr.	40 Reinaluminium A199,5 F 7 (weich) 3.0255.10	41 Reinaluminium A199,5 F 10 (halbhart) 3.0255.26	42 Reinaluminium A199 F 8 (weich) 3.0205.10	43 Reinaluminium A199 F 11 (halbhart) 3.0205.26	44 AlMn und AlMg 1 F 10 (weich) 3.0515.10 3.3515.10	45 AlMn und AlMg 1 F 13 (halbhart) 3.0515.26 3.3515.26	46 AlMg 2 F 15 (weich) 3.3525.10
A. Schneiden							
1. Scherfestigkeit τ_B (kp/mm²)	5–6	6–7	6–7	7,5–8,5	7–8	8,5–10	9–11
B. Biegen							
1. Mindestrundungsfaktor c							
bei Blechdicke s_0 = 0,5 mm	1,2	1,2	1,2	1,2	1,3	1,4	1,35
= 1,0 mm	0,6	0,7	0,6	0,7	0,9	0,9	1,05
= 2,0 mm	0,4	0,45	0,4	0,45	0,6	0,65	0,8
= 3,0 mm	0,4	0,4	0,4	0,4	0,65	0,7	0,85
= 6,0 mm	0,5	0,9	0,5	0,9	0,8	1,5	1,0
für $r_{min} = c \cdot s_0$	0,99	0,98	0,99	0,98	0,99	0,98	0,985
2. Rückfederungsfaktor K bei $r_2/s = 1$	0,98	0,93	0,98	0,92	0,97	0,90	0,96
$r_2/s = 10$							
C. Tiefziehen[1]							
1. Schmierstoff	Petroleum mit Zusatz von kornfreiem Graphit oder Rübölersatz oder mineralische Fette oder Öle (Maschinenöl, Altöle), soweit nicht Markenschmierstoffe verwendet werden. Verbesserung durch MBV-Verfahren						
2. Niederhaltedruck p_n (kp/cm²)	10	12	10		10	14	11
3. Stufungsverhältnis β_{100} für den							
1. Zug	2,1	1,9	2,05	1,9	1,85	1,6	2,0
2. Zug ohne Zwischenglühen	1,6	1,4	1,6	1,4	1,3	–	1,5
2. Zug mit Zwischenglühen	2,0	1,8	1,95	1,8	1,75		1,9
4. Faktor q für Rechteckzug (1. Zug)	0,27	0,29	0,27	0,29	0,30	0,37	0,28
5. Weichglühtemperatur (°C)	300–350°		320–370°		450–500°		400–450°
D. Festigkeitswerte im Anlieferungszustand							
1. Mindestzugfestigkeit σ_B (kp/mm²)	7	10	8	11	10	13	15
2. Mindest-0,2-Grenze $\sigma_{0,2}$ (kp/mm²)	2	7	2	8	4	9	6
3. Mindestdehnung δ_5 (%)	35	6	30	5	22	6	19
4. Erichsen-Tiefung IE (mm)							
für $s_0 = 0,5$ mm	9,0	7,0	8,8	6,7	8,3	6,0	8,4
= 1,0 mm	10,4	8,8	10,2	8,5	9,7	8,0	10,2
= 2,0 mm	12,5	11,2	12,2	10,0	11,6	9,6	11
5. Größte Blechdicke s_{max} (mm)	20	6	20	6	6	6	6
E. DIN-Vorschriften							
1. Zusammensetzung	DIN 1712, Blatt 3		DIN 1745, Blatt 1			DIN 1725, Blatt 1	
2. Festigkeitseigenschaften							
3. Technische Lieferbedingungen							
4. Abmessungen und zulässige Maßabweichungen							

[1] Die unter C 3 genannten β_{100}-Werte beziehen sich auf eine Blechdicke $s = 1$ mm und Ziehdurchmesser $d = 100$ mm. Bei anderen Dicken ist B 1 zu beachten; je höher dort c, um so geringere β_{100}-Werte sind anzunehmen und umgekehrt.

O. Behandlungs- und Verarbeitungshinweise für die verschiedenen Bleche 693

Tabelle 36. Behandlungs- und Verarbeitungshinweise für Bleche (Fortsetzung)

Werkstoff	47 AlMg 2 F 18 (halbhart) 3.3525.26	48 AlMg 3 F 18 (weich) 3.3525.10	49 AlMg 3 F 23 (halbhart) 3.3535.26	50 AlRMg 0,5 und Al99,9 Mg 0,5 F 7 (weich) 3.3309.10 3.3308.10	51 AlRMg 0,5 und Al99,9 Mg 0,5 F 10 (halbhart) 3.3309.26 3.3308.26	52 AlRMg 1 und Al99,9 Mg 1 F 10 (weich) 3.3319.10 3.3318.10	53 AlRMg 1 und Al99,9 Mg 1 F 13 (halbhart) 3.3319.26 3.3318.26
A. Schneiden							
1. Scherfestigkeit τ_B (kp/mm²)	11–13	11,5–13	14–15	6–7	7,5–8,5	7–8	8,5–10
B. Biegen							
1. Mindestrundungsfaktor c							
bei Blechdicke s_0 = 0,5 mm	1,4	1,4	1,5	1,2	1,2	1,3	1,4
für $r_{min} = c \cdot s_0$ = 1,0 mm	1,1	1,2	1,45	0,6	0,7	0,9	0,9
= 2,0 mm	1,05	1,1	1,5	0,4	0,45	0,6	0,65
= 3,0 mm	1,2	1,2	1,65	0,4	0,4	0,65	0,7
= 6,0 mm	2,0	1,5	2,5	0,5	0,9	0,8	1,5
2. Rückfederungsfaktor K bei $r_{2/s} = 1$	0,98	0,985	0,98	0,99	0,985	0,99	0,985
$r_{2/s} = 10$	0,88	0,94	0,9	0,98	0,96	0,97	0,94
C. Tiefziehen[1]							
1. Schmierstoff	Petroleum mit Zusatz von kornfreiem Graphit oder Rüböersatz oder mineralische Fette oder Öle (Maschinenöl, Altöle), soweit nicht Markenschmierstoffe verwendet werden. Verbesserung durch MBV-Verfahren						
2. Niederhaltedruck p_m (kp/cm²)	15	12	15	10	12	10	14
3. Stufungsverhältnis β_{100} für den							
1. Zug	1,95	2,0	2,0	2,05	1,9	1,85	1,6
2. Zug ohne Zwischenglühen	1,4	1,5	1,4	1,6	1,4	1,3	—
2. Zug mit Zwischenglühen	1,9	1,9	1,9	1,95	1,8	1,75	—
4. Faktor q für Rechteckzug (1. Zug)	0,28	0,28	0,28	0,27	0,29	0,30	0,37
5. Weichglühtemperatur (°C)	400–450°	350–400°			290–400°		300–430°
D. Festigkeitswerte im Anlieferungszustand							
1. Mindestzugfestigkeit σ_B (kp/mm²)	18	18	23	7	10	10	13
2. Mindest-0,2-Grenze $\sigma_{0,2}$ (kp/mm²)	11	8	14	3	7	4	10
3. Mindestdehnung δ_5 (%)	9	17	9	20	7	20	7
4. Erichsen-Tiefung IE (mm)							
für s_0 = 0,5 mm	7,0	8,5	8,0	8,8	7,6	8,0	7,0
= 1,0 mm	9,0	10,2	10,0	10,2	9,2	9,5	9,0
= 2,0 mm	10,4	11,5	11,0	12,3	11,5	11,4	10,2
5. Größte Blechdicke s_{max} (mm)	6	6	6	5	3	5	3
E. DIN-Vorschriften							
1. Zusammensetzung	DIN 1725, Blatt 1			DIN 1745, Blatt 1		DIN 1725, Blatt 4	
2. Festigkeitseigenschaften							
3. Technische Lieferbedingungen							
4. Abmessungen und zulässige Maßabweichungen							

[1] Siehe Fußnote S. 692.

694 O. Behandlungs- und Verarbeitungshinweise für die verschiedenen Bleche

Tabelle 36. Behandlungs- und Verarbeitungshinweise für Bleche (Fortsetzung)

Werkstoff Zustand Werkstoff-Nr.	54 AlRMg 2 und Al 99,9 Mg 2 F 13 (weich) 3.3329.10 3.3328.10	55 F 17 (halbhart) 3.3329.26 3.3328.26	56 AlMg 3 Si und AlMgMn F 18 (weich) 3.3245.10 3.3527.10	57 F 23 (halbhart) 3.3245.26 3.3527.26	58 AlMgSi 1 w (weich) 3.2315.10	59 AlMgSi 1 F 20 (kalt ausgeh.) 3.2315.51	60 AlMgSi 1 F 28 (warm ausgeh.) 3.2315.72 3.2315.71	AlMgSi 1 F 32 3.2315.71 3.2315.72
A. Schneiden								
1. Scherfestigkeit τ_B (kp/mm^2)	9–11	11–13	11,5–13	14–15	8–9	14–18	19–23	19–23
B. Biegen								
1. Mindestrundungsfaktor c								
bei Blechdicke s_0 = 0,5 mm	1,35	1,4	1,4	1,9	1,4	1,9	2,45	2,45
= 1,0 mm	1,05	1,1	1,2	1,95	1,15	1,9	2,5	2,5
für $r_{min} = c \cdot s_0$ = 2,0 mm	0,8	1,05	1,2	2,1	0,95	2,0	2,55	2,55
= 3,0 mm	0,85	1,2	1,35	2,35	1,0	2,1	2,6	2,6
= 6,0 mm	1,0	2,0	1,8	3,35	1,2	2,75	3,75	3,75
2. Rückfederungsfaktor K bei $r_2/s = 1$	0,985	0,985	0,985	0,97	0,97	0,97	0,96	0,96
$r_2/s = 10$	0,94	0,94	0,935	0,85	0,98	0,89	0,82	0,82
C. Tiefziehen[1]								
2. Schmierstoff	Petroleum mit Zusatz von kornfreiem Graphit oder Rübölersatz oder mineralische Fette oder Öle (Maschinenöl, Altöle), soweit nicht Markenschmierstoffe verwendet werden. Verbesserung durch MBV-Verfahren							
3. Stufungsverhältnis β_{100} für den								
1. Zug	10	13	12	15	12	15	18	18
2. Zug ohne Zwischenglühen	2,05	1,9	2,0	1,95	2,05	1,95	1,85	1,85
2. Zug mit Zwischenglühen	1,6	1,5	1,4	1,45	1,4	1,3	1,35	1,35
	1,9	1,8	1,85	1,85	1,9	1,8	–	–
4. Faktor q für Rechteckzug (1. Zug)	0,27	0,29	0,28	0,28	0,27	0,28	0,30	0,30
5. Weichglühtemperatur (°C)	300–430°		350–400°			330–370°		
D. Festigkeitswerte im Anlieferungszustand								
1. Mindestzugfestigkeit σ_B (kp/mm^2)	13	17	18	23	15	20	28	32
2. Mindest-0,2-Grenze σ_{02} (kp/mm^2)	5	13	8	14	–	10	20	26
3. Mindestdehnung δ_5 (%)	20	7	17	9	18	16	12	10
4. Erichsen-Tiefung IE (mm)								
für s_0 = 0,5 mm	8,6	6,8	7,5	7,4	8,5	8,3	7,8	7,6
= 1,0 mm	10,4	8,9	9,3	9,2	10,5	10,4	9,4	9,2
= 2,0 mm	12,0	10	11,3	10,9	11,8	11,6	11,0	10,8
5. Größte Blechdicke s_{max} (mm)	5	3	6	6	6	20	20	10
E. DIN-Vorschriften								
1. Zusammensetzung	DIN 1725, Blatt 4				DIN 1725, Blatt 1			
2. Festigkeitseigenschaften								
3. Technische Lieferbedingungen			DIN 1745, Blatt 1					
4. Abmessungen und zulässige Maßabweichungen								

[1] Siehe Fußnote S. 692.

O. Behandlungs- und Verarbeitungshinweise für die verschiedenen Bleche 695

Tabelle 36. Behandlungs- und Verarbeitungshinweise für Bleche (Fortsetzung)

Werkstoff	61	62	63	64	65	66
	AlCuMg 1 pl.		AlCuMg 2 pl.		AlZnMgCu 1,5 pl.	
Zustand	w (weich)	F 37/F 39 (kalt ausgehärtet)	w (weich)	F 41/F 43 (kalt ausgehärtet)	w (weich)	F 49/F 51 (warm ausgehärtet)
Werkstoff-Nr.	3.1385.10	3.1385.51	3.1365.10	3.1365.51	3.4375.10	3.4375.71
A. Schneiden						
1. Scherfestigkeit τ_B (kp/mm²)	11–12	25–26	12–13	27–28	13–15	30	31
B. Biegen						
1. Mindestrundungsfaktor c						
bei Blechdicke s_0 = 0,5 mm	1,4	2,45	1,4	3,3	1,4	4,8	4,8
= 1,0 mm	1,2	2,5	1,25	3,35	1,25	4,85	4,85
= 2,0 mm	1,2	2,55	1,2	3,55	1,3	5,15	5,15
= 3,0 mm	1,35	2,65	1,45	3,9	1,55	5,55	5,55
für $r_{min} = c \cdot s_0$ = 6,0 mm	1,8	3,25	2,3	5,85	2,7	7,85	7,85
2. Rückfederungsfaktor K bei $r_2/s = 1$	0,985	0,91	0,98	0,91	0,98	0,935	0,935
$r_2/s = 10$	0,92	0,67	0,92	0,65	0,92	0,85	0,85
C. Tiefziehen[1]						
1. Schmierstoff	Petroleum mit Zusatz von körnfreiem Graphit oder Rüböleinsatz oder mineralische Fette oder Öle (Maschinenöl, Altöle), soweit nicht Markenschmierstoffe verwendet werden. Verbesserung durch MBV-Verfahren					
2. Niederhaltedruck p_n (kp/cm²)	10	20	11	18	12	20	20
3. Stufungsverhältnis β_{100} für den						
1. Zug	2,0	1,8	1,95	1,7	1,9	1,65	1,65
2. Zug ohne Zwischenglühen	1,5	1,3	1,4	1,3	1,4	1,25	1,25
3. Zug mit Zwischenglühen	1,8	1,5	1,7	1,5	1,6	1,5	1,5
4. Faktor q für Rechteckzug (1. Zug)	0,28	0,31	0,28	0,34	0,29	0,36	0,36
5. Weichglühtemperatur (°C)			290–330°				
D. Festigkeitswerte im Anlieferungszustand	F 37	F 39	F 41	F 43	F 49	F 51
1. Mindestzugfestigkeit σ_B (kp/mm²)	21	37	39	24	41	43	25	49	51
2. Mindest-0,2-Grenze σ_{02} (kp/mm²)	–	24	26	–	27	28	–	42	44
3. Mindestdehnung δ_5 (%)	14	15	16	14	14	15	12	11	8
4. Erichsen-Tiefung IE (mm)						
für s_0 = 0,5 mm	8,5	7,7	7,4	8,3	7,0	6,8	8	6,8	6,2
= 1,0 mm	10,2	9,2	9,0	10	9,0	8,8	9,6	8,6	8,2
= 2,0 mm	11,4	10,5	10,4	11,2	10,4	10,3	10,8	10,0	9,6
5. Größte Blechdicke s_{max} (mm)	6	0,3–0,6	über 0,6–3	6	0,3–0,6	über 0,6–3	0,6–4	0,6–4	über 4–10
E. DIN-Vorschriften						
1. Zusammensetzung	DIN 1725, Blatt 1					
2. Festigkeitseigenschaften						
3. Technische Lieferbedingungen	DIN 1745, Blatt 1					
4. Abmessungen und zulässige Maßabweichungen						

[1] Siehe Fußnote S. 692.

Tabelle 37. Die Leichtmetallbleche nach Tabelle 36 (in hartem Zustand)

Werkstoff	Nr.	σ_B	$\sigma_{s\,02}$	δ_5	τ_B	Mindestrundungsfaktor c $r_{min} = c \cdot s$ für Blechdicke s_i				
		kp/mm²	kp/mm²	%		0,5	1,0	2,0	3,0	6,0 mm
Al 99,5	3.0255.30	13	11	5	8–8,5	1,8	1,8	1,9	2,0	2,9
Al 99	3.0205.30	14	12	4	9–10	1,8	1,8	1,9	2,0	2,9
AlMnF 16	3.1505.30 ⎫									
AlMg 1 F 16	3.3515.30 ⎭	16	13	4	10–12	2,5	2,6	2,7	2,8	4,0
AlMg 2 F 21	3.3525.30	21	16	4	13–15	3,2	3,3	3,5	3,8	5,0
AlMg 3 F 26	3.3535.30	26	18	4	16–17	4,3	4,4	4,6	4,8	6,2
AlRMg 05 F 13	3.3309.30 ⎫									
Al 99,9 Mg 05 F 13	3.3308.30 ⎭	13	12	4	9–10	1,8	1,8	1,9	2,0	2,9
AlRMg 1 F 16	3.3319.30 ⎫									
Al 99,9 Mg 1 F 16	3.3318.30 ⎭	16	14	3	10–12	2,5	2,6	2,7	2,9	4,0
AlRMg 2 F 21	3.3329.30 ⎫									
Al 99,9 Mg 2 F 21	3.3328.30 ⎭	21	18	3	13–15	3,8	3,3	3,5	3,8	5,0
AlMg 3 SiF 26	3.3245.30 ⎫									
AlMgMnF 26	3.3527.30 ⎭	26	18	4	16–17	5,0	5,10	5,2	5,5	6,7
AlMgSi 1 F 28 (warm ausgehärtet)	3.2515.71	28	20	12	19–23 ⎫	2,4	2,5	2,6	2,7	3,7
AlMgSi 1 F 32 (warm ausgehärtet)	3.2515.72	32	26	10	⎭					
AlCuMg 1 pl. F 39 (kalt ausgehärtet)	3.1335.51	39	26	16	26	2,4	2,5	2,6	2,8	3,3
AlCuMg 2 pl. F 41 (kalt ausgehärtet)	3.1365.51	43	28	15	28	3,3	3,4	3,6	3,9	5,8
AlZnMgCu 1,5 pl. F 51 (warm ausgehärtet)	3.4375.71	51	44	8	31	4,8	4,9	5,2	5,6	7,9

Anhang

Tabelle 38. Auf σ_B abgestellte Näherungsgleichungen zur Ermittlung von Kraft (P) und Arbeitsaufwand (A) verschiedener Blechbearbeitungsverfahren

	Vorgang	Kraft P [kp]	Arbeit A [mm kp]	Bezeichnungen und Bemerkungen	Genauere Berechnung auf Seite
1	Schneiden	$P_S = 0{,}8 \cdot L \cdot s \cdot \sigma_B$	$A_S = 0{,}6 \cdot P_S \cdot s$	Soll die Arbeit A in mkp ausgedrückt werden, so sind die Werte für A mit 0,001 zu multiplizieren. σ_B = Zugfestigkeit [kp/mm²] L = Schnittlänge [mm] s = Blechdicke [mm] d = Lochdurchmesser [mm]	27–30
2	kleine Löcher in dicke Bleche für $\frac{d}{s} < 2$	$P_S = \dfrac{d \cdot \pi \cdot s \cdot \sigma_B}{\sqrt[3]{d/s}}$	$A_S = 0{,}7 \cdot P_S \cdot s$		
3	Schneiden mit engem Schneidspalt $u_S < 0{,}005 \cdot s \sqrt{\sigma_B}$	$P_S = L \cdot s \cdot \sigma_B$			
4	Genauschneidverfahren a) Schneidstempel b) Gegenstempel c) Ringzackenstempel	(P_S wie unter 3) $P_a = 2{,}5$ bis $4 P_S$ $P_b = 1{,}5$ bis $2{,}5 P_S$ $P_c = 1{,}5$ bis $3 P_S$	$A_{a+b} = 3 P_S \cdot s$ $A_c = P_S \cdot s$		199
5	*Biegen* *V-Biegen* a) Freibiegen	$P_B = \dfrac{0{,}7 \cdot b \cdot s^2 \cdot \sigma_B}{w}$		b = Biegelänge w = Gesenkweite [mm] beim V-Biegen meist $w = 2t$ [mm] t = Gesenktiefe [mm]	213–215
6	b) Biegen im Gesenk	$P_B = \left(1 - \dfrac{4s}{w}\right) \dfrac{b \cdot s^2 \cdot \sigma_B}{w}$			
7	*U-Biegen* a) nur Hochstellen der Schenkel	$P_B = 0{,}4 \cdot b \cdot s \cdot \sigma_B$	$A_B = 0{,}7 \cdot P_B \cdot t$		
8	b) mit Bodenprägen ohne Gegenhalter	$P_B = 0{,}8 \cdot b \cdot s \cdot \sigma_B$			
9	c) desgl. mit Gegenhalter	$P_B = 0{,}5 \cdot b \cdot s \cdot \sigma_B$	Wie unter 5–8		
10	*Anrollen* in Richtung Blechebene	$P_B = \dfrac{b \cdot s^2 \cdot \sigma_B}{3{,}6 r_m}$	$A_B = 1{,}5 \cdot P_B \cdot r_m$	r_m = mittlerer Rollhalbmesser	266

Tabelle 38 (Fortsetzung)

11	*Tiefziehen* a) mit senkrechter Zarge zylindrisch (P_H = Niederhaltekraft)	$P_Z = (D/d - 0{,}8) d \cdot \pi \cdot s \cdot \sigma_B$ $P_H = 0{,}3 \cdot P_Z$	$A_{Z+H} = 0{,}9 \cdot P_Z \cdot h$	D = Zuschnittdurchmesser [mm] d = Ziehdurchmesser [mm] h = Ziehtiefe [mm]	313–315 332–333
12	b) desgl. unrunde, z.B. Rechteckform	$P_R = c \cdot P_Z$ (wie 11) $P_H = 0{,}3 P_R$		$c = 1{,}1$–$1{,}4$	316
13	c) Abstreckziehen zu 11 oder 12	$P_A = 3{,}2 P_Z \dfrac{s_0 - s_t}{s_0}$	$A_A = 0{,}7 \cdot P_A \cdot h$	h = Abstreckhöhe [mm] s_0 = ursprüngliche [mm] s_t = neue Dicke [mm]	458–462
14	d) Muldenform	$P_Z = c \cdot s \cdot \sigma_B \cdot \sqrt{F}$ $P_H = 0{,}3 \cdot P_Z$	$A_{Z+H} = 0{,}8 \cdot P_Z \cdot h$	$c = 0{,}5$–2 F = umgeformte Fläche [mm²]	317
15	e) Randhochstellen und Bodenprägen	$P_Z = 3(0{,}5 + 0{,}15s) \cdot U \cdot s \cdot \sigma_B$	$A_{Z+H} = 0{,}8 \cdot P_Z \cdot h$	U = Umfang des hochzustellenden Randes [mm]	–
16	*Prägen* a) Schrift- und Gravurprägen, Hohlprägen ohne hartsitzenden Stempel	$P_P = F \cdot \sigma_B$		F = zu prägende Fläche [mm²]	
17	b) Hohlprägen mit hartsitzendem Stempel für $s \geqq 1$ mm	$P_P = 2{,}5 \cdot F \cdot \sigma_B$	$A_p = 0{,}5 \cdot P_p \cdot t$	t = Prägetiefe [mm]	287
18	c) desgl. für $s < 1$ mm	$P_P = 2{,}5 \cdot F \cdot \sigma_B / s$			
19	d) Vollprägen	$P_P = 4F \cdot \sigma_B$	$A_p = 0{,}9 \cdot P_p \cdot t$		
20	Umformen mittels elastischer Druckmittel (z.B. Gummikissen)	$P_G = F_G \cdot \dfrac{c \cdot s^2 \cdot \sigma_B \cdot H \cdot t}{h}$	$A_G = P_G \cdot t \left(1 + 0{,}5 \dfrac{t}{h}\right)$	F_G = Kissenfläche [cm²] $c = 0{,}25$–$0{,}40$ H = Gummi-Shore-Härte C h = Kissenhöhe [mm] t = Umformtiefe [mm]	525

Aus der Gemeinschaftsarbeit
A. AWF-Richtwertblätter für den Stanzerei-Großwerkzeugbau

Diese Blätter werden im Laufe der kommenden Jahre nach Überarbeitung als VDI-Arbeitsblätter, wie in Tabelle 40 aufgeführt, neu herausgegeben.

Tabelle 39

Nr.	Gegenstand	gehört zu Seite dieses Buches
500.01	Baustoffe für den Stanzereiwerkzeugbau	622–670
500.03	Führungssäulen für Großwerkzeuge	
500.03.01	Konstruktionslinien zu Führungssäulen	92–95
500.04	Führungsbuchsen, gehärtet, Einheitsbohrung	
500.05	Schneidleistenprofile, gewalzt	
500.06	Schneidleistenanordnung für Platinenschnitte	175–177
500.08	Schneidleisten bei Stoßanordnung	
500.10.01	Säulenlager für Werkzeuge niedriger Bauhöhe	92–95
500.10.02	Säulenlager für Werkzeuge in Plattenbauweise	
500.11	Abstandsringe für Großwerkzeuge	
500.11.01	Konstruktionsrichtlinien für Abstandringe	394
500.11.02	Abschersicherungsbolzen und Distanzklotz	
500.12	Haltebuchsen für Abstreifer	
500.13	Ansatzschrauben	
500.14.01	Rundlochstempel ab 4 mm Durchmesser für Kugelspannung	
500.14.02	Rechteckige Aufnahmeplatten für auswechselbare Stempel	
500.14.03	Rechteckige Druckplatten für auswechselbare Lochstempel	17
500.14.04	Quadratische Stempelaufnahmeplatte für Kugelspannung	
500.14.05	Quadratische Druckplatten für Stempelaufnahmeplatten	
500.14.06	Rundlochstempel mit Bund ab 4 mm Durchmesser	
500.14.07	Quadratische Stempelaufnahmeplatte für Stempel mit Bund	
500.14.08	Runde Aufnahmeplatten für 500.14.01 und –.09	
500.14.09	Auswechselbare Schneidbuchsen für Kugelspannung	35
500.14.10	Runde Druckplatten für 500.14.01 und –.09	
500.15.01	Lochwerkzeug in Gußbauweise	142–150
500.12.02	Beschneidewerkzeug in Plattenbauweise	168
500.15.05	Beschneidewerkzeug in Gußbauweise	174–175
500.15.06	Stufenwerkzeug (Gußbauweise)	113
500.20.00	Gegossene Schneidmesser	
500.20.01	Schneidmesser für Beschneideschnitte	
500.20.02	Schneidmesser für Plattenschnitte	175–177
500.20.03	Schneidmesser aus gegossenem Stahl, rund	
500.20.04	Desgl., gerade	
500.22.01–02	Abfalltrenner (Meißelwirkung)	169
500.22.03	Anordnung der Abfalltrenner	188–189
500.23.01	Angegossene Tragzapfen für Drahtseile DIN 655	
500.23.02	Tragzapfen, Stahlausführung, geschraubt	387–392
500.24.01	Traghaken (nur bei Plattenbauweise)	
500.27.00	Runddruckgummi	
500.27.01–02	Runddruckgummi / Kraft-Weg-Kurven	617
500.27.03	Runddruckgummi / Ausbauchungs- und Knickkurve	

Tabelle 39 (Fortsetzung)

Nr.	Gegenstand	gehört zu Seite dieses Buches
500.27.04	Einbau von Runddruckgummi	617
500.27.05	Führungsbolzen mit Gewindeansatz	
500.27.06	Runddruckgummi / Abmessungen	
500.27.07	Schaltung von Federn	
500.28.01	Spannklemmen (Spannvorrichtungen)	
500.28.02	Handhebel, Laschen u. Nietbolzen (Spannvorrichtungen)	
500.28.03	Lagerböcke u. Spannhebel (Spannvorrichtungen)	
500.40.01	Platinenschnitt für Rahmenquerträger (Gußbauweise)	
500.40.02	Desgl. (Plattenbauweise)	
500.41.01	Desgl. für Knotenblech (Gußbauweise)	
500.41.02	Gesamtschnitt für Knotenblech (Plattenbauweise)	
500.42.01	Platinenschnitt f. Ronde 350 mm (Gußbauweise)	
500.42.02	Desgl. (Plattenbauweise)	
500.50	Wulstziehstäbe	
500.51–52	Ziehwerkzeuge mit Winkelführung	243–247 und 374–400
500.53.00–02	Konstruktionsrichtlinien für Führungslaschen	
500.55.00–03	Führung des Stempels im Blechhalter	
500.55.04	Außenführung von Blechhalter und Ziehring	
500.56	Ziehwerkzeug für Kofferklappen-Außenblech	
500.60	Spannplatten und Festspannanordnung	
500.67	Scherfestigkeitswerte	
500.69	Ermittlung von Ziehkräften mit formgestanzter Bodenfläche	
500.70	Zuordnung der Spann-Nutengröße zur Pressenkraft	
1507	Stempel-, Schneidplattenbemaßung und Stempelspiel	
1510–1	Einbauplan für 200-Mp-Presse	
1510–2	Einbauplan für 500-Mp-Presse	
1510–3	Typenschilder für Werkzeuge	

B. VDI-Arbeitsblätter des ADB-Ausschusses, Fertigungsverfahren der Kaltformung und neuere vom AWF (VDI) erarbeitete Blätter

Die Blätter der Nr. 3140, 3141 und 3142 wurden ausschließlich vom Verfasser dieses Buches bearbeitet.

Tabelle 40

Nr.	Gegenstand	gehört zu Seite (oder Tabelle) dieses Buches
VDI		
3030	Instandhaltung von Hartmetallwerkzeugen	644–655
3137	Begriffe und Formelzeichen der Umformtechnik	–
3138	Kaltfließpressen – Praktische Anwendung	–
3139	Kaltfließpressen – Beispiele (In Bearbeitung)	–
3140	Streckziehen auf Streckziehpressen	505–513
3141	Ziehen über Wulste	378–383
3142	Gummizugschneidverfahren	519–541
3160	Oberflächenbehandlung vor der Kaltformung – Allgemeines	323–324
3161	Reinigen und Entfetten	321–323
3162	Beizen und Entzundern	323, 373
3163	Schutzgasglühen	373

Tabelle 40 (Fortsetzung)

Nr.	Gegenstand	gehört zu Seite (oder Tabelle) dieses Buches
VDI		
3164	Phosphatieren zum Erleichtern der Kaltformung	319
3165	Schmierstoffe der Kaltformung	318–321
3170	Kalteinsenken von Werkzeugen	56
3172	Flachprägen	283–285
3175	Ziehspalt, Ziehkanten-Stempelkantenrundung	325–329
3176	Vorgespannte Preßwerkzeuge	–
3200	Fließkurven metallischer Werkstoffe Erläuterung über Ermittlung und Anwendung 3200 A_1 bis A_{13}: Unlegierte Stähle 3200 B_1 bis B_{13}: Legierte Stähle 3200 C_1 bis C_{11}: Kupferlegierungen 3200 D_1 bis D_7: Leichtmetalle	Festigkeitswerte siehe Tabelle 36 687–696
3245	Zubringereinrichtungen für Blechgroßteile an Pressen	598–601
3246	Zubringereinrichtungen für Blechkleinteile in der Blechverarbeitung	566–584
3350	Schneidwerkzeuge mit Säulenführung	154, 172, 175, 185
3351	Verbundwerkzeuge	112–131
3352	Einrichten von Stanzerei-Großwerkzeugen	–
3353	Einbauschema von Stanzerei-Großwerkzeugen	–
3354	Werkzeugschilder für Stanzerei-Großwerkzeuge	–
3355	Kugelführungen	93–94
3356	Führungssäulen und Säulenlager für Großwerkzeuge	72–95, 175, 394
3357	Ecken und Stollenführungen mit und ohne Führungssäulen	393–394, 661
3358	Vorschubbegrenzungen in Stanzwerkzeugen	78–91
3359	Blechdurchzüge	276–283
3360/1	Elektrische Werkzeugsicherungen an Stanzwerkzeugen	132–134
3360/2	Sicherung von Stanzwerkzeugen mit akustischen, optischen, induktiven und pneumatisch-elektrischen Schaltelementen	
3361	Stahlfedern für den Stanzerei-Großwerkzeugbau	604–616
3362	Gummifedern für den Stanzerei-Großwerkzeugbau	617
3363	Ansatzschrauben für Stanzwerkzeuge	394
3364	Ansatzbuchsen für Stanzwerkzeuge	
3365	Steckbolzen für Stanzerei-Großwerkzeuge	
3366	Transportelemente für Stanzerei-Großwerkzeuge	387, 392
3367	Richtwerte für Steg- und Randbreiten	79
3368	Schneidspalt, Schneidstempel und Schneidplattenmaß	41–46
3369	Gießharze im Schneid- und Stanzenbau	662–668
3370	Mechanisierte und automatisierte Arbeitsvorgänge in Stanzwerkzeugen. Einlegearbeiten	570–603
3371	Abschneidewerkzeuge für Streifen und Bänder	109–112
3372	Vermeiden des Zurückkommens von Abfallbutzen, Ausschnitten und Ausklinkungen	46–47
3373	Plattenführungswerkzeuge	103–113
3374	Lochstempel (Bl. 3), Schnellwechselstempel (Bl. 2)	16–35
3375	Keiltriebe in Stanzwerkzeugen	23–26
3376	Spannschlitze in Werkzeuggrundplatten	
3377	Wulst- und Ziehstäbe	376–379
3378	Schmiereinrichtungen in Stanzwerkzeugen	
3379	Werkzeuggebundene Einlege- und Ausgabehilfen	566–577
3381	Gestaltung von Schaumstoffmodellen	
3382	Richtprägewerkzeuge	283–285
3388	Werkstoffe für Stanzwerkzeuge	622–670

C. Einschlägige DIN-Blätter

a) Stanzteile

DIN
- 6930 Stanzteile (geschnittene, gebogene, abgekantete und formgestanzte Teile aus flachgewalztem Stahl), technische Lieferbedingungen
- 6932 Zieh- und Stanzteile aus Stahl, Gestaltungsregeln
- 6934 Kastenähnliche Formpreßteile aus Stahl, warm verformt, zulässige Abweichungen
- 6935 Kaltabkanten und Kaltbiegen von flachgewalztem Stahl
- 6936 Streifen aus flachgewalztem Stahl geschnitten, zulässige Abweichungen
- 6937 Rechteckige und kreisförmige Teile aus flachgewalztem Stahl, geschnitten, zulässige Abweichungen
- 6938 Vieleckige Teile aus flachgewalztem Stahl, geschnitten, zulässige Abweichungen
- 6939 Mittellöcher in ebenen Teilen aus flachgewalztem Stahl, zulässige Mittigkeitsabweichungen
- 6940 Löcher und Lochgruppen in ebenen Teilen und Profile aus flachgewalztem Stahl, zulässige Abweichungen für Durchmesser und Abstände
- 6941 U-, L-, Z-Profile aus flachgewalztem Stahl, zulässige Abweichungen; kalt gebogen oder abgekantet
- 6942 desgl. kalt formgestanzt
- 6943 desgl. warm formgestanzt
- 6944 Hutprofile aus flachgewalztem Stahl, kalt und warm formgestanzt, zulässige Abweichungen
- 6945 Napfförmige Teile aus flachgewalztem Stahl, warm gezogen, zulässige Abweichungen
- 7168 Freimaßtoleranzen
- 7952 Blechdurchzüge mit Gewinde

b) Werkzeuge

- 655 Tragzapfen für Drahtseile
- 9811 Säulengestelle; Übersicht
- 9812 Säulengestelle mit mittigstehenden Führungssäulen
- 9814 – und beweglicher Führungsplatte
- 9816 – und dickem Oberteil
- 9819 Säulengestelle mit übereckstehenden Führungssäulen
- 9822 Säulengestelle mit hintenstehenden Führungssäulen
- 9825 Führungssäulen und Halteringe
- 9845 Schneidbuchsen, Stempelführungsbuchsen
- 9846 Rechteckige Schneidstempel
- 9847 Werkstückauswerfer
- 9848 Voranschläge
- 9849 Anschläge für Abschneidwerkzeuge
- 9859 Einspannzapfen
- 9861 Runde Schneidstempel bis 14,4 mm Schneiddurchmesser
- 9862 Seitenschneider
- 9863 Anschläge für Seitenschneider
- 9864 Runde Suchstifte
- 9865 Schilder zur Kennzeichnung von Werkzeugen in der Stanztechnik
- 9866 Stempelköpfe
- 9867 Schneidkästen

c) Spannelemente für Werkzeuge

- 508 T-Nutensteine
- 787 T-Nutenschrauben
- 6314 Spanneisen flach
- 6315 desgl. gabelförmig ohne Spannansatz
- 6316 desgl. mit rundem Spannansatz
- 6318 Treppenböcke für Spanneisen

DIN
6319 Kugelscheiben und Kegelpfannen
6323 lose Nutensteine
6326 Verstellbare Spannunterlagen
6330 Sechskantmuttern 1,5d hoch, metr. Gew.
6331 desgl. mit Bund
6346 Parallelstücke als Unterlagen

d) Pressen

  810 Pressenstößelbohrungen für Einspannzapfen
8650 Abnahmebedingungen für Einständerexzenterpressen
8651 desgl. für Zweiständerexzenterpressen
55170 Tischexzenterpressen
55171 Einständerexzenterpressen mit festem Tisch
55172 desgl. mit verstellbarem Tisch
55173 Doppelständerexzenterpressen mit einem Pleuel
55174 Neigbare Doppelständerexzenterpressen
55175 Doppelständerexzenterpressen mit zwei Pleueln
55176 Zweiständerexzenterpressen mit einem Pleuel
55177 desgl. mit zwei Pleueln
55178 Pressenaufspannplatten
55179 Pressenabdeckplatten
55180 doppelwandige Exzenterpressen mit verstellbarem Tisch
55205 Pressentische
      Bl. 1 Lochbilder und T-Nuten-Anordnungen
      Bl. 2 Druckbolzen und Durchgangslöcher

e) Begriffe und Übersichten

8582 Fertigungsverfahren Umformen, Bl. 1–6
8583 Fertigungsverfahren Druckumformen, Bl. 1–6
8584 Fertigungsverfahren Zugdruckumformen, Bl. 1–6
8585 Fertigungsverfahren Zugumformen, Bl. 1–4
8586 Fertigungsverfahren Biegeumformen
8587 Fertigungsverfahren Schubumformen
8588 Fertigungsverfahren Zerteilen
9869 Begriffe der Werkzeuge der Stanztechnik
9870 Begriffe für Arbeitsverfahren der Stanztechnik

f) Blechsorten

Die Güte- und Maßtoleranzen der Bleche sind in den untersten Reihen der Tabelle 36, die meist gebräuchlichen Feinblechsorten zu DIN 1623 in Tabelle 41 angegeben.

Tabelle 41. Die Feinblechsorten zu DIN 1623 nach neuer und früherer Bezeichnung

1	2	3	4		5	6	7		8	9
Stahlsorte	Erschmelzungsart Die Kennbuchstaben M, R, T, U, W, Y sind vor St zu schreiben	Vergießungsart	Oberflächenbeschaffenheit		Kennziffer[1]	Oberflächenausführung Kennbuchstaben[1] g = glatt m = matt r = rauh	Feinblechsorte		Werkstoffnummer[2]	entspricht früherer Bezeichnung
			Oberflächenart Benennung				Kurzname[1]			
Güte	Thomas-Verfahren (T)	dem Hersteller freigestellt	kistengeglüht, normalgeglüht, zunderfrei	} nicht entzundert	01 02 03	— — dem Hersteller freigestellt	T St 10 01 T St 10 02 T St 10 03		1.0022.1 01 1.0022.1 02 1.0022.1 03	
Grundgüte	Siemens-Martin- (M) oder Sauerstoffaufblasverfahren (Y)		kistengeglüht, normalgeglüht, zunderfrei	} nicht entzundert	01 02 03	— — dem Hersteller freigestellt	St 10 01 St 10 02 St 10 03		1.0022.5 01 1.0022.5 02 1.0022.5 03	St II 23 St III 23 St IX 23
Ziehgüte	Windfrisch-Sonderverfahren (W)	unberuhigt (U)	zunderfrei verbessert best		03 04 05	dem Hersteller freigestellt matt oder rauh glatt, matt oder rauh	WU St 12 03 WU St 12 04 WU St 12 05		1.0330.3 03 1.0330.3 04 1.0330.3 05	
	Siemens-Martin- (M) oder Sauerstoffaufblasverfahren (Y)	unberuhigt (U)	zunderfrei verbessert best		03 04 05	dem Hersteller freigestellt matt oder rauh glatt, matt oder rauh	U St 12 03 U St 12 04 U St 12 05		1.0330.5 03 1.0330.5 04 1.0330.5 05	St V 23 St VI 23
Tiefziehgüte	Siemens-Martin- (M) oder Sauerstoffaufblasverfahren (Y)	unberuhigt (U)	zunderfrei verbessert best		03 04 05	dem Hersteller freigestellt matt oder rauh glatt, matt oder rauh	U St 13 03 U St 13 04 U St 13 05		1.0333.5 03 1.0333.5 04 1.0333.5 05	
		beruhigt (R)	zunderfrei verbessert best		03 04 05	dem Hersteller freigestellt matt oder rauh glatt, matt oder rauh	R St 13 03 R St 13 04 R St 13 05		1.0333.6 03 1.0333.6 04 1.0333.6 05	St VII 23
Sondertiefziehgüte	Siemens-Martin- (M) oder Sauerstoffaufblasverfahren (Y)	unberuhigt (U)	verbessert best		04 05	matt oder rauh glatt, matt oder rauh	U St 14 04 U St 14 05		1.0386.5 04 1.0386.5 05	
		besonders beruhigt (RR)	verbessert best		04 05	matt oder rauh glatt, matt oder rauh	RR St 14 04 RR St 14 05		1.0388.6 04 1.0388.6 05	St VIII 23 St X 23

[1] Die endgültigen Kennziffern und Kennbuchstaben für die Oberflächenbeschaffenheit werden bei Überarbeitung von DIN 17006, Blatt 2 bzw. DIN 17007, Blatt 2 (z. Z. noch Entwurf) festgelegt.
[2] Für unberuhigten Sauerstoffaufblasstahl ist in der Werkstoffnummer an der sechsten Stelle statt der 5 für unberuhigten Siemens-Martin-Stahl eine 7, für beruhigten Sauerstoffaufblasstahl statt der 6 für beruhigten Siemens-Martin-Stahl eine 8 zu schreiben.

Schrifttum

Deutschsprachige Bücher und Blattsammlungen

Amann, E.: Einführung in die Grundlagen der Umformtechnik (Coburg 1966).
AWF-Blätter des Ausschusses für Stanzereitechnik (Berlin). Siehe Tabelle 39, S. 699–700.
Aurich, P.: Werkzeuge zu Sicken-, Profilier-, Beschneid- und Gewindedrückmaschinen (Leipzig 1950).
Billigmann, J.: Stauchen und Pressen (München 1953).
– Kaltstauchen (München 1946).
Böge, A.: Blechkörper, Abwicklungs- und Fertigungsverfahren (Gießen 1956).
Bosse, E.: Aus der Praxis des Werkzeugmachers (München 1952).
Bremberger, M.: Stanzerei-Handbuch für Konstrukteure (München 1965).
Burkhardt, A.: Beiträge zur spanlosen Formgebung von Metallen (Stuttgart 1949).
Eisenkolb, F.: Das Prüfen von Feinblechen (München 1949).
– Das Tiefziehblech (Leipzig 1951).
Engelhardt-Weißwange: Zuschnittsermittlung beim Biegen und beim Tiefziehen runder Näpfe (Leipzig 1951).
Feintool: Feinschneiden (Bern 1970).
Friebel, W.: Handbuch der Dosenfertigung (Berlin 1936).
Gabler, P.: Stanzereitechnik in der feinmechanischen Fertigung (München 1951).
Geleji, A.: Berechnung der Kräfte und des Kraftbedarfes bei der Formgebung im bildsamen Zustand der Metalle (Berlin 1952).
– Bildsame Formung der Metalle in Rechnung und Versuch (Berlin 1960).
Gentzsch, G.: Fachbibliographie der bildsamen Formung der Metalle, Bd. 2: Blechformung (Berlin 1959).
– Blechbearbeitung Bd. 1. Blechumformung Fachbibl. 1958–1970.
– – Bd 2. Ausschneiden und Trennen, Scheren und Pressen. Fachbibl. 1960–1970 (Düsseldorf 1971).
– Schrifttumszusammenstellung Hochenergieformung. VDI (Düsseldorf 1961).
Göhre, E.: Werkzeuge und Pressen der Stanzerei (Berlin 1936).
– Leistungssteigerung und Ausschußminderung in der Stanzerei (München 1953).
Gröbner, H. J.: Wirtschaftliche Stanztechnik (Berlin–Göttingen–Heidelberg 1961).
Groß, S.: Berechnung und Gestaltung der Federn (Berlin 1939).
Großmann, H.: Spanlose Formung (Berlin 1926).
Güttner, R.: Das Feinblech und seine Verwendung im Karosseriebau (Berlin 1939).
Guidi, A.: Nachschneiden und Feinschneiden (München 1965).
Hilbert, H.: Stanzereitechnik, Bd. I (München 1971) und II (München 1970).
– Der runde Ausschnitt (München 1960).
– Berechnung des Schwerpunktes (München 1949).
– Vorkalkulation in der Stanzereitechnik (München 1950).
– Befestigungselemente im Stanzereiwerkzeugbau (München 1954).
Hornauer, H.: Spanlose Formung von Halbzeugen aus Leichtmetallwerkstoffen (München 1938).
Jaschke, J.: Die Blechabwicklungen (Berlin–Heidelberg–New York 1968).
Jones, F. D.: International Nickel Deutschland: Die Verarbeitung der austenitischen Chrom-Nickel-Stähle. Bd. I bis VI (Düsseldorf 1969).
Kaczmarek, E.: Die praktische Stanzerei, Bd. I, II und III (Berlin–Göttingen–Heidelberg 1954).

Kayseler, H.: Über die Eigenschaften von verschieden behandeltem Bandstahl mit besonderer Berücksichtigung der Tiefzieheignung und deren Prüfung (Dortmund 1934).
Kienzle, O.: Mechanische Umformtechnik (Berlin–Heidelberg–New York 1968).
Kienzle und Mietzner: Atlas umgeformter metallischer Oberflächen (Berlin–Heidelberg–New York 1967).
Krabbe, E.: Stanzereitechnik, Teil I (Berlin–Heidelberg–New York 1968).
Kurrein, M.: Werkzeuge und Arbeitsverfahren der Pressen (Berlin 1927).
Lange, K.: Lehrbuch der Umformtechnik. Bd. 1: Grundlagen. (Berlin–Heidelberg–New York 1972).
Lippmann und Mahrenholtz: Plastmechanik der Umformung metallischer Werkstoffe. Bd. 1 (Berlin–Heidelberg–New York 1967).
– Biegen und Tiefziehen. Pe 36/4 Deutsche Forsch. Gem. (Hannover 1962).
Litz, V.: Spanlose Formung (Berlin 1936).
Maasz, E.: Der Blechwerker (München 1955).
– Handbuch für die Blechbearbeitung (Leipzig 1958).
Mäkelt, H.: Pressen-Handbuch (Düsseldorf 1959).
– Mechanische Pressen (München 1961).
Meißler, L.: Erprobte Werkzeuge aus der Stanzereitechnik (München 1948).
Oehler, G.: Taschenbuch für Schnitt- und Stanzwerkzeuge (Berlin 1938).
– Die Beseitigung des Ausschusses beim Ziehen von Hohlkörpern (Berlin 1938).
– Universal-, Schnitt- und Stanzwerkzeuge (München 1949).
– Das Blech und seine Prüfung (Berlin–Göttingen–Heidelberg 1953).
– Biegen (München 1963).
– Gestaltung gezogener Blechteile (Berlin–Heidelberg–New York 1966).
Oehme, K.: Erfahrungen aus dem Schnittwerkzeugbau (München 1943).
RKW-Auslandsdienst Heft 2: Blechbearbeitung (München 1951).
– – Heft 30: Blechverarbeitung in USA (München 1957).
Radtke, H.: Untersuchung des Feinstanzvorganges (Köln u. Opladen 1970).
Rechlin, B.: Vergleichende Untersuchungen verschiedener Kaltbiegeverfahren für Bleche. VDI-Fortschr. Ber. 2–18 (Düsseldorf 1967).
Reckling, K. A.: Plastizitätstheorie und ihre Anwendung auf Festigkeitsprobleme (Berlin–Heidelberg–New York 1967).
REFA-Heft 5: Stanzereitechnik (Berlin 1943).
Reichel, W. und Katz, R.: Das Stanzen von Löchern in Theorie und Praxis (Coburg 1970).
Reiser-Rapatz: Das Härten von Stahl (Leipzig 1932).
Richard, A.: Berechnung und Konstruktion von Tiefzieh- und Stanzwerkzeugen, Bd. I und II (Zürich 1949).
Romanowski, W. P.: Handbuch der Stanzerei-Technik (Berlin 1971).
Ruhrmann, E.: Bördeln und Ziehen in der Blechbearbeitungstechnik (Berlin 1926).
Sachs, G.: Spanlose Formung der Metalle in Handbuch der Metallphysik. Bd. 3 (Leipzig 1937).
Sauerborn H.: Abwicklungen und Durchdringungen von Blech- und Massivteilen. (Berlin–Heidelberg–New York 1969).
Schroeder, A. J.: Richtlinien feinmechanischer Konstruktion und Fertigung (Stuttgart 1953).
Schubert, A.: Blechbearbeitungstechnik (Leipzig 1937).
*Schuler, A. G.: Handbuch für die spanlose Formgebung (Göppingen 1964).
Sellin, W.: Handbuch der Ziehtechnik (Berlin 1931).
– Die Ziehtechnik in der Blechbearbeitung (Berlin 1943).
– Stanztechnik Teil 4 (Berlin–Heidelberg–New York 1965).
– Metalldrücken (Berlin–Göttingen–Heidelberg 1955).
– Tiefziehtechnik. Formstanzen, Gummi-Pressen, Tiefziehen (Berlin–Göttingen–Heidelberg 1955).
Siebel, E.: Die Formgebung im bildsamen Zustand (Düsseldorf 1932).
Siebel und Beisswänger: Tiefziehen (München 1955).
Siebel und Pomp: Über den Kraftverlauf beim Tiefziehen und bei der Tiefungsprüfung (Düsseldorf 1929).

Sommer, M.: Versuche über das Ziehen von Hohlkörpern (Berlin 1926).
Storoschew und Popow: Grundlagen der Umformtechnik (Berlin 1968).
*Sustan-Handbuch: Schnitt und Stanzwerkzeugnormalien (Frankfurt 1954).
Tool, Eng. Handbook. Am. Soc. of Tool. Eng. (New York 1949).
VDEh: Grundlagen der bildsamen Formgebung (Düsseldorf 1966).
VDI-Betriebsblätter der VDI-Fachgruppe Betriebstechnik (ADB), erarbeitet in den Gruppen Fertigungsverfahren der Kaltformung, Stanztechnik und Stanzerei-Großwerkzeuge. Siehe Tabelle 40, S. 700–701.
*Weingarten: Ausgewählte Kapitel der spanlosen Formung für Konstruktion und Betrieb (Weingarten 1937).
Wildener, A.: Der Werkzeug-, Schnitt- und Stanzenbau in der Massenfabrikation (Leipzig 1935).
Wildförster, E.: Aus der Praxis des Schnittwerkzeugbaues (Halle 1950).
Wolter, K. H.: Freies Biegen von Blechen. VDI-Forsch. H. 435 (Düsseldorf 1952).
(Die mit * bezeichneten Bücher sind Firmenveröffentlichungen, teils mit Katalog verbunden.)

Zeitschriften

Aluminium
Aluminium News
American Machinist
Archiv für Metallkunde
AWF-Mitteilungen
Blech
Bleche, Bänder, Rohre
Eisen- und Metallverarbeitung
Engineering
Feinmechanik und Präzision
Feinwerktechnik
Fertigungstechnik
Forging-Stamping-Heat treating
Industrieanzeiger (Teil II: Spanlose Formung)
Iron Age
Journal Iron Steel Inst.
Klepzig-Fachberichte
Light Metals
Machinery
Machinist (London)
Maschinenbau – Der Betrieb
Maschinenmarkt
Materials and Methods
Metal Industries
Metallwirtschaft
Metals and alloys
Mitteilungen der Forschungsgesellschaft Blechverarbeitung
Product Engineering
Sheet Metal Industries
Stahl und Eisen
Technique Moderne
Techn. Zentralbl. f. Metallbearb.
VDI-Zeitschrift
Werkstatt und Betrieb
Werkstatttechnik und Maschinenbau
Werkzeugmaschine

Sachverzeichnis

Abfalloses Schneiden 82
Abfallschneider 169, 188–189
Abfederung des Bleches beim Biegen 219–227
Abführmagazin 83, 574–581, 586
Abführrutsche 595
Abhackschneidwerkzeug 109–111
Abkantversuch 231
Abkühlgeschwindigkeit 622, 632
Abrundung der Ziehstempelkante 328
– – Ziehringkante 325–327
Abschälschneidwerkzeug 201
Abschersicherungs-Abstandsbolzen 394
Abschreckmittel beim Härten 672
Abspreizbiegeprobe 233
Abstandsbolzen 394
Abstrecken, Abstreckziehen 456–463
Abstreifer für Schnitte 97
– – Ziehwerkzeuge 446
Abstreifkraft für Schnitte 29
Abstufung siehe Zugabstufung!
Abwerfer 596–599
Abwicklungslänge an Biegeteilen 212
Abziehvorrichtung für Biege-Einlegedorne 259
AEG-Prüfverfahren 422
Ätzschneidverfahren 63–65
Alterungssprödigkeit 406, 408
Altöle 322
Aluminiumbleche 692–696
Aluminiumbronze-Legierungen 656–662
Amsler-Tiefziehprüfer 420
Anbiegewerkzeug 226–227
Anisotropie 211, 411
–, plastische 359
Ankippen 264–267, 270
Anlageleisten im Rüttelschnitt 165
Anlagelineale, verstellbar 102
Anlassen, Anlaßfarben 680
Anlegeblech 102, 110, 113, 427, 446
Anschlag (= 1. Zug beim Tiefziehen) siehe Zugabstufung!
– an Blechhaltern 334
– bei der Stößeltraverse 185
– – – Streifenführung 78, 86
Anschlagleiste zur Hubbegrenzung 49
Anschlagschiene 102
Anschlußmasse für Einspannzapfen 2

Anschneideanschlag 78, 86, 103, 106 bis 110
Asbestabdeckung beim Härten 679
Auble-Verfahren 362
Aufbauschneide 22–23
Aufkleb-Schneidbuchsen 57
Auflageweite beim Biegen 216–218
Auflegeblech 102, 110, 113
Aufnahmedorn, schwenkbar für hohe Werkstücke 138
Aufnahmefutter 7–8
Aufnahmezapfen 2–10
Aufspanneisen 1
Aufspannplatten 2
Auftragverfahren, Hartmetall- 655
Aufweitprobe 423
Ausbauchen, Aufweiten 491–505
Ausbauchversuch; hydraulischer 421
Ausblasvorrichtung 199, 570, 603
Ausgefranster Zargenrand 411
Ausguß für Stempel und Schnittbüchsen 49–51, 54–55
Ausklappen übereck 418
Ausklinkschnitt 59, 102
Ausnützung des Stanzstreifens 78–82
Außenbördel 275
Außermittige Stempelachse im Ziehwerkzeug 409
Ausstoßer → Auswerfer
Ausstoßvorrichtungen 135, 591–601
Austausch → Auswechsel
Auswechselgestell 91, 95
Auswechsel-Schneidbuchsen 35
– -Stempel 17–19
Auswerfer zum Beiseitelegen der Fertigteile 596–601
– bei Lochschnitten 135
– im Pressentisch 228
– mittels Preßluft 95, 199, 603
– bei U-Biegestanzen 215, 226, 247–251
Auswerferapparat an Pressentischen 228
Auswerfertraverse 185
Avery-Tiefziehprüfer 420

Bandstahlschneidwerkzeug 52–53
Bandzuführanlagen 87, 588–591
Begrenzungsanschlag 78, 86, 106
Beizen der Ziehteile 373

Sachverzeichnis 709

Beschneidemaschine 162
Beschneidemasse für Seitenschneider 79
Beschneidewerkzeug für Blechflansch 168
–, Universal- 102
– für Zarge (Rüttelschnitt) 163–167
Beulenbildung 341, 412
Biegeeignung des Bleches 231–234
Biegekante 215
Biegekraft 213–215
Biegeleiste 237
Biegeprüfung 231–234
Biegeradius 207–210
Biegestanze, doppelt ⌊⌋ 248–250
–, einfach ╲╱ 234–236, 239
–, – mit Hartmetall bestückt 653
–, Umkantung 243–247
–, Universal-╲╱ 236–238
–, unterschnitten ⌐¬ 251–255, 264
Blankglühöfen 373
Blasenbildung an der Ziehteilbodenkante 411
Blasvorrichtung 199, 570, 603
Blech-dicke 407
– -eckenbiegeversuche 233
– -fehler 401–406
– -flansch 301
– -güte siehe Prüfverfahren!
– -haltedruck 331–338
– -halter 301, 331–338
– -halterloses Tiefziehen 339–343
– -prüfung siehe Prüfverfahren!
Bleistempel 514
Blockschnitt siehe Gesamtschnitt!
Bockstanze 141–145
Bodenkante (siehe auch Stempelkante an Ziehwerkzeugen!)
Bodenreißer 341, 408, 416
Bondern 319
Bördelstanze 272–282
Bremswulst 379–385
Brennhärten 681–683
Bronzeblech 690
Bruch von Lochstempeln 31–34
– – Schneidplatten 37–40, 674–680
– an Ziehteilen 379–391, 406–416
Bruchflächen von Stählen 675
Büchsen, Schneid- 35, 50, 55
Butzen 42–48, 66–73

Cerromatrix-Gießverfahren 49–51
Chemcut-Verfahren 63–65
Chrom 636
Chromnickelstähle 370, 373, 689
Corformverfahren 522–523
Cor-Ten-Stahlblech 688

Dachförmiger Anschliff 20, 46, 187 bis 189

Dauerbiegeversuch 232
Dehnungsverhältnisse an Ziehteilen 302–310
Detonationsgeschwindigkeit 554
Dicke, unregelmäßige, des Bleches 407
Dickentoleranzen 407
Dickenzunahme des Bleches an Ziehteilen 305–309, 413
DIN siehe 702–703
Doppelfaltversuch 231
Doppelung 406
Doppelwinkel-Biegestanze 248–250
Doppelziehwerkzeug 170–173, 387, 392
Dorn → Einlegedorn
Druck-luftausblasvorrichtung 603
– -platte zur Schneidstempelanlage 15
– -stellen an Ziehteilen 409–415
– -stifte im Pressentisch 1, 336
– -stücke zur Streifenführung 77
Drückwerkzeuge siehe Biegestanzen!
Dünnerziehen (Abstrecken) 456–463
Duoschnittverfahren 73
Durchfallöffnung im Pressentisch 2
– im Schneidwerkzeug 48
Durometer = Shore
Düsen zur Härtung 677–679
Dynapakmaschine 564

Eckenrundung an Rechteckziehteilen 349–351, 363–367
Eckold-Verfahren 285
Einbaueinheiten zur Richtungsänderung 25–26
– zu Schneidwerkzeugen 59–62, 98 bis 101
Einbeulprüfverfahren für Bleche 420
Einbördelwerkzeug 276
Einfachzugwerkzeug 424–427
Einfließwulst 378
Einführungsschild 76
Einhängestift 76, 86
Einheiten siehe Einbaueinheiten, Einbauwerkzeuge!
Einlegedorn 256–259, 270
Einlegehebel 575–577
Einlegewerkzeug 565–577
Einrolldorn 270
Einsatzstahl und -härtung 637–641
Einscherverfahren 472–476
Einschiebewerkzeug 136, 566–570
Einschlüsse 406
Einschnürung über Bodenrand 415
Einspannzapfen 2–14
Einsteckbolzen 394
Einstecksäulen, konische 93
Eintauchtiefe 69
Einteilung des Stanzstreifens 78–82
Eisenkarbid 628–631
Eisentitankarbid 641–644
Eisen-Kohlenstoff-Diagramm 629

Sachverzeichnis

Eiserne Hand 598–600
Elastische Restspannungen beim Biegen 219–220
Elastische Zwischenlage beim Einspannzapfen 9–10
– – bei der Säulenführungsbuchse 10
Elastomere = elastische Druckmittel 528–531
Elektron (Mg Mn) 691
Ellipsenförmige Ziehteile 353, 364
Emulgierbare Öle, Emulsionen 318
Entfettung 320–321
Entkohlung beim Härten 677
Entlastungsschnitt für Karosseriefenster 388–390
Entlüftung von Ziehwerkzeugen 378, 411, 492, 514–518
Erichsen-Blechprüfung 420
Erosion, Funken- 654
Eutektoider Stahl 629–631
Explosiv-Umformung 551–558
Exzenterpressen, Ziehwerkzeuge für 424–429

Fallhammerpreßverfahren 514–518
Faltenbildung 303, 332, 412–416
Faltenhalter siehe Blechhalter!
Faltversuch 231
Fangstift 86
Fassonziehwerkzeug (= Gesenk-) 451
Federberechnung 604–621
Federdruckstücke 77
Fehler beim Tiefziehen 401–424
– – Werkzeughärten 670–680
Feinschneiden 65–75, 195–200
Fenster-Entlastungsschnitt 388–390
Ferrit 629
Ferrotic 641–644
Fertigschlagwerkzeug 451
Festigkeitsberechnung der Schneidstempel 30–35
Flachbiegeversuch 232
Flächenelemente der Zuschnittberechnung runder Ziehteile 344, 345
Flachprägen → Hohlprägen
Flansch von Ziehteilen 301
Flanschbeschneideschnitt 168
Flextester 233
Fließfiguren 401
Fließlochen 45
Flockengraphit 320–323
Fluidformverfahren 524
Folgeschnittstanzstreifen für Rotor- und Statorbleche 82
Folgeschneidwerkzeug 81–87, 112 bis 133
Folie 49, 323–324
Förderbänder 586–587
Formänderung beim Tiefziehen 304–310

Formseitenschneider 81
Fransenbildung am Zargenrand 407
Freibiegen 216–218
Freibiegeprobe 232
Freischnitt 96–101
Froschleiste, Froschring 97
Führungsbüchse für Säulen 10, 93 bis 94
Führungshülse siehe Schutzhülse!
Führungsleiste 77
Führungsplatte 51, 75–77
–, abgefederte 100, 103
Führungssäule 10, 92–94
Funkenentladung 558–561
Funkenverspanen 654
Futter zur Zapfenaufnahme 7–8

Gegendruckplatte 15
–, ausschiebbare 19
Gegenhalter beim Feinschneiden 66, 70–74, 195–200
– – U-Biegen 215, 226
Gegenschnittverfahren 73
Gegossene Stähle 625, 681
Gekupferte Stahlbleche 687
Genauschneidverfahren 65–75, 195–200
Geringstzulässiger Biegehalbmesser 208
Gesamtschnitt 178–187
Gesenkweite 218, 235
Gestreckte Länge von Biegeteilen 212
Geteilte Schneidplatten 37–39
– Schneidstempel 21
Gewindeansatzbördel 277–282
Gewindeschneiden 131
Gießverfahren zur Befestigung 49–51, 54–55
Glätten von Schnittflächen 65–69
Glättzug 69
Gleichmaßdehnung 208
Gleitplatte 660–661
Glühen der Ziehteile 373
Glühfarben der Werkzeugstähle 676
Graphische Schwerpunktsermittlung 11–14
Graphit 319–323
Grauguß 622–625
Grat, Stanz- beim Biegen 210
Greifervorschub an Pressen 87
– -Mehrstufenpressen 483–485
Grobkornbildung an Blechen 409
– bei Einsatzhärtung 640
– – Hartmetallkarbiden 646
Großwerkzeug für Biegen 243–246
– – Schneiden 174–177, 187–189
– – Tiefziehen 386–400, 452–456
Grundplatte 1
Guérin-Verfahren 521
Guillery-Tiefziehprüfverfahren 420

Sachverzeichnis

Gummi 528–531
– -bohrer 527
– -feder 617, 621
– -keilring 499–503
– -preßverfahren 519–541
– -sack 494–497
– -schneidverfahren 62, 533–535
– -teller, Ansaug- 602
– -weichheitszahl 531
Gußeisen 622–625
Gußstahlblech 15
Gütegrad für das Tiefziehen 359, 407–409, 420–423
Güth-Biegeprobe 231
– -Streckziehprobe 421

Haftmagnete 98, 582–586
Hakenanschlag 105–107
Halbkugel-Ziehform 302, 378
Haltepunkt (Umwandlungstemperatur) 631
Haltering für Säulen 92
Halterung für Lochstempel 18
Hand, eiserne 598–600
– -einlegewerkzeug 565
– -hebelpresse 569
Härten von Werkzeugen 670–683
Hartmetall 644–654
– Auftragverfahren 655–656
Hartpappe 28
Hauptspannungsrichtungen 304
Hidraw-Verfahren 523
Hilfsanschlag 78, 86
Hin- und Herbiegeversuch 231
Hinterführung an Ausklink- und Beschneideschnitten 102
– – Seitenschneidern 84
– – Trennschneidstempel 68, 110
Hochenergie- oder Hochgeschwindigkeits-Umformverfahren 550–564
Hochkantbiegen 240–243
Hochsteigen der Schnittbutzen 46, 47
– – – bei Seitenschneidern 85
Hohlkörper-Beschneideschnitt 160–177
– -Lochschnitt 136–159
Hohlprägestanze 288–296
Hohlschliff der Schneidstempel 20
Holzwerkzeuge 668
Hubbegrenzung an Genauschnitten 49, 69
– – Großziehwerkzeugen 394
Hydraulisch betätigte Schneidstempel 156–157
Hydroformverfahren 520
–, membranloses 541–547
Hydromechanisches Tiefziehen 541–547
Hydroriegatverfahren 493
Hydrosparkverfahren 558–561

Indexstift für Bockstanze 142–143
Indexvorschubvorrichtung 574
Induktionshärten 681–683
Innenbördel 272–276

Jewelform-Verfahren 670
Junkers-Verfahren 285

Kaliumchromat 685
Kalken 323
Kalkmilch 319
Kaltaufschweißung am Stempel 22–23
Kalteinsenken von Schneidplatten 56
Kalthärtung, Tiefziehen nach 362
Kaltlocharbeiten 20
Kantenglättezug 69
Kantenrundung beim Tiefziehen 325–328
Karbid 628, 633, 641–645
Karosserie-blech (St 14) 687
– -werkzeuge zum Beschneiden 173–177
– – – Biegen 244–246
– – – Tiefziehen 452–456
Kartonnagenschnitt 52, 53
Kautschuk siehe Gummi!
Kegelspitze an Schneidstempeln 20
Kegelstiftsicherung für Zapfen 4–5
Keilstempel 23–24
– -trieb an Biegestanzen 244–246, 251–253, 258
– – – Rollstanzen 269, 271
– – – Schneidwerkzeugen 148–157
Keilzugversuch nach *Sachs* 422
Kindelberger-Spannbacken 510
Kipphebelzuführung 572–573
Kirksite 626
Klappenkontaktsteuerung 595
Knagge 1
Knickbauchen-weiten 504
Knickfalten beim Biegen 217
– – Tiefziehen 404
Knickfestigkeit der Schneidstempel 30–35
Kohlenstoffstähle 628–633
Kolbenschlagverfahren 563–564
Kombinierte Prüfverfahren 423
Kombinierte Werkzeuge siehe Verbundwerkzeug, Folgeschnitt, Schnittzug usw.!
Komplettschnitt siehe Gesamtschnitt
Kontaktgesteuerte Werkzeuge 132–133
Kontaktlos gesteuerte Werkzeuge 133–134
Konturätzen 63–65
Konzentrische Niederhalter 326–328
Kopfplatte von Stempeln 15
Kornbildung an der Blechoberfläche 409

Kraftbedarf siehe Stempelkraft!
Kragenanziehen 277–282
Kreuzschweißprobe 233
Kreuzweises Stanzen 130
Kritische Abkühlgeschwindigkeit 632
Kritischer Mindestbiegefaktor 208
Kritische Verformung 374
Kugel-führung für Säulen 93, 94, 199
– -graphitguß 624, 682
– -schnellspannung 17, 35
Kunstharz, Kunstharzmatrizen, Kunstharzpreßstoff 662–668
Kunststoffbeschichtete Bleche 49
Kupferblech 690
Kupfersulfat, Kupfervitriol 5, 319, 320
Kuppelungszapfen 6–8
Kurbelwinkel (Nennlast) 330
Kurven-profile für Rüttelschnitte 165
– -scheibenverstellung für Blechhalter 334
– -stempel 23–24

Lagermetallausguß für Führungssäulen 51
Länge der Schneidstempel, höchstzulässige 30–34
Längenbestimmung gebogener Teile 212
Längsinitiator 133
Ledeburit 629
Legierte Werkzeugstähle 631–637
Legierung, niedrigschmelzende 229
Leichtmetallausguß 51
Leicht schmelzbare Legierung 229, 660
Leisten (Untersetz-) 1
Lignofolwerkzeuge 668
Linienschwerpunkt 11–14
Lippenbildung 413
Loch-Aufweitprobe 423
– -bild 1
– -einheit 57–62, 99–101
– -schneidwerkzeug 134–159
– – mit Auswerfer 135
– – – Indexstift 142
– – – Schieber 136
– – für Zargen, Hohlkörper 62, 141 bis 157
– -stempel 19, 20
– -weite beim Gummischnitt 535
Lufthärtung 620, 626, 672, 678

Magazin zum Stapeln über dem Werkzeug 570, 578–581, 595
– – – unter dem Werkzeug 83
Magneform-Verfahren 561–563
Magnetische Anhebevorrichtung 566, 582
– Zuführvorrichtung 583–587
Mangan 636

Marform-Verfahren 522
Martensit 630, 673
Massivprägung 297–300
Matrizenschnittwinkel 35, 46
MBV-Verfahren 319
Mehrfachanordnung in Biegewerkzeugen 262
– von Locheinheiten 59–62, 99–101
– in Ziehwerkzeugen 170–173
Mehrfachbiegestanze 260–265
Mehrstoffbronze 656–662
Mehrstufenbeschneideapparat 162
Mehrstufenziehpresse, Abrutschvorrichtung 595
–, Werkzeugeinsatz 482–490
Mehrteiliger Schneidstempel 21
Mehrteilige Schneidplatte 37–39
Messerschnitt 21, 190–192
Messingblech 691
Metallfolien 21, 190–192
Mindestbiegeradius 208
Mindestlochweite beim Gummischnitt 535
Mindeststegbreite 79
Mittensucher siehe Zentrierstempel für Streifen oder Suchstift!
Molybdän 636
Molybdän-Schmierstoffe 322, 405
Monelblech 690
Mullen-Tester 392, 420
Münzprägewerkzeug 299

Nachschlagverfahren 514–518
Nachschneideverfahren 65–67, 192–198
Napfziehprobe 422
Nennlast bei Pressen 330
Neusilberblech 690
Neutrale Faser beim Biegen 220–222
Nickel 636
Nickelblech 690
Niederhalter siehe Blechhalter!
Niedrigschmelzende Legierung 229, 660
Nietverbindung an Einspannzapfen 4
Nietverfahren mittels angedrückter Schneidbutzen 48
Nimonicblech 689
Normen (DIN) 702–703

Oeillet-Verfahren 463–472
Olsen-Blechprüfverfahren 420
Ovalteile, Zuschnitt 353

Parallel-Leisten (Untersatz) 1
Paste von Schmierstoffrückständen 321
Pendelschnitt 163–167
PERA-Genauschneidverfahren 74–75
Perforier-Werkzeug 138–141

Perlit 629
Phosphatieren 319
Planierwerkzeug 284
Plastischer Stahl 669
Plastizometer 423
Plastoform-Verfahren 362
Plattenführungsschnitt 103–108
Plattenschnitt 51, 52
Plattierte Leichtmetallbleche 695
– Stahlbleche 687
Plungerwerkzeug 184
Pneumatischer Auswerfer 603
Pneumatische Zuführer 571, 581
Polivinylfluoridfolien 323
Prägedrücke 287
Prägewerkzeuge 286–300
Preßkraft (Nennlast) 330
Preßluftaushebevorrichtung 453–456, 603
Preßluftbetriebene Locheinheiten 62
Prüfverfahren für die Biegeeignung von Blechen 231–233
– – – Tiefzieheignung von Blechen 359, 420–423
Pulsor 133–134

Querbewegte Werkzeugteile 397–400
Querkraftfreie Biegeprobe 232

Rahmenfreischneidwerkzeug 192
Rand-beschneidewerkzeuge 163–169
– -bördel 272–276
– -verformung an Biegeteilen 209
Rauhplanieren 284
Rechteckige Ziehteile 316, 326, 349 bis 352, 416–419
Revolverschneidwerkzeug 574
Richtprägen 284
Ringfeder-berechnung 612–616
– -überlastsicherung 299–300
Ringzacke 70–75
Rißbildung an Ziehteilen 406–419
Rohrbiegen 229–230
Rollstanzen 265–272
Rostflecken 318–321
Rostfreies Stahlblech 370–373, 689
Rotorschnitt 49, 82, 114
Rüböl, Rübölersatz 319
Rückfederung gebogener Teile 219–227, 233
– gezogener Teile 404
Rückfeinung 373, 639
Rückseitige Säulenführung 102
– Stempelführung 68, 102, 110
Rückzugkraft, Schnitt 29
Rundbördelstanze 272–276
Rüttelschnitt 163–167

Saab-Verfahren 524
Säulen 10, 91–95, 394

Säulengestell 10, 91–95
Saugheber 602
Schabeschneidwerkzeug 65–68, 192 bis 195
Schablonenblech für Ausgußverfahren 49
– – Lochschnitte 57
Schälschnitt 201
Scharfkantiges Biegen 208–210, 238 bis 240
Scheibenwerkzeug (= Revolverschneidwerkzeug) 574
Scherenarmabwerfer 596
Scherfestigkeit 27–29
Schieber für Auswechselstempel 19, 138–141
– -einlegewerkzeuge 566–570
– -Lochschnitt 136
– -stempel siehe Seitenstempel!
Schiefe Magazinführung 566
– Stempelführung 409
Schlagbiegeversuch 233
Schlagnapfzugprüfung 422
Schlagziehverfahren 514–518
Schleifen von Werkzeugen 683–685
Schleppkurve 342
Schlupf bei Mehrfachbiegestempel 260
Schmierkeil 93
Schmierung der Führungssäulen 93–94
– beim Tiefziehen 318–322
Schneid = Schnitt
Schneid-buchsen 35, 48
– – in Hartmetall 647
– -butzen 42–48, 65
– -fläche an Stempeln 20
– -kraft 27–29
– -leisten 175–177
– -platte 35–37
– –, mehrteilige, 37–39
– -rad 203–204
– -Prägewerkzeug 300
– -stempel 16–23, 30–35
– –, mehrteilige 21
– –, schräg auftreffende 158–159
– -Umformwerkzeug 204–207
– -Zug für einfach wirkende Pressen 424–428
– – -Locher 434–438
– – -Schnitt 428–434, 444–447
– – – -Zug-Schnitt 438–441
Schockwellen 551–560
Schräglage der Schneidstempelachse zum Werkstück 158–159
– – Stempelachse zum Ziehring 409, 433
Schrägschliff der Stempel 20, 158
Schraubenfeder-berechnung 604–608
– -satz 607
Schubfestigkeit → Scherfestigkeit

Schüttelbeschneideschnitt 163–167
Schutz-film 324
– -gasglühen 373
– -hülse für schwache Stempel 31, 103, 104
– -korb für Schnittkästen 76
– -überzug für Tiefziehen 324
– -vorrichtungen an Schneidwerkzeugen 76
Schweißnahtbiegeversuch 233
Schwenkbare Biegeschiene 248
– Werkstückaufnahme 138
– Zuführgeräte 571–577
Schwerpunktsermittlung bei Schnitten 11–14
Schwingarmgreifer 598–600
Schwingungen (Ultraschall-) 362
Seiten-armentlader 601
– -kraft beim Schnitt 30
– -schneider 84–86
– –, Beschneidemasse für 79
– -stempel an Biegestanzen 251–253
– – – Lochstanzen, Einheit 61
– – – Rollstanzen 269, 271
– – – Schneidwerkzeugen 148–157
– – – Umkantwerkzeugen 244–246
Shorehärten der Elastomere 528–531
Sicherung von Einspannzapfen 3–6
– -Verbundwerkzeugen 132–134
Silizium, Siliziumkarbid 633, 685
Simultanziehverfahren 362
Sondertiefziehverfahren 362
Sortieren in Zuführungsmagazinen 581
Spalt-schneidwerkzeug 202
– -weite bei Schneidwerkzeugen 41–45
– – – Ziehwerkzeugen rechteckiger Form 364, 368
– – – – runder Form 328
Spanneisen für Werkzeuge 1–2
Spannknagge 1–2
Spannring an Freischnitten 97
Spannungen beim Biegen 219–220
– – Tiefziehen 294–299, 311–318, 333
Spannungskorrosion 406
Sperrholzschneidwerkzeug 52–53
Sphärolitisches Gußeisen 624, 682
Spreizwerkzeug zum Ausbauchen 501
Sprengstoff, Umformung durch 551–558
Sprühätzen 63–65
Stahl-bandagen für Schneidplattenbrüche 674
– -blech 687, 704
Stahlguß 625
Stanzbutzen 40–48, 65–70
Stanzgittervorschub 88–91
Stanzgrat beim Biegen 210
Stanzstreifen siehe Streifen!
Stapelmagazin über dem Werkzeug 570, 578–581, 595

Stapelmagazin unter dem Werkzeug 83
Stator → Rotorschnitt
Stauchungsverhältnisse an Ziehteilen 302–310
Stauchwerkzeug 285
Stechstempel mit Vorloch 277–280
– ohne Vorloch 281–282
Stegbreite im Stanzstreifen 79
Steifigkeitsbiegeprobe 232
Stempel, Biege- 235–237
–, Schneid- 15–23, 30–35
–, – in Hartmetall 647, 648
–, Zieh- 311–318, 328
– -aufnahmeplatte 15–19
– -druckplatte 15
– -führung (siehe auch unter Führungs-), fehlerhafte 409
– -halteplatte 15–19
– -kantenrundung 328
– -kopf, Stempelkopfplatte 15–19, 49–51
– -kraft beim Abstrecken 458–460
– – – Biegen 213–215
– – – Richtprägen oder Rauhplanieren 284
– – – Prägen 286–287
– – – Schneiden 27–29
– – – Tiefziehen 311–317
– -länge 31–33
Stiffnesstester 232
Stollenführung 394, 452–455, 660–661
Stößeltraverse 185
Streckziehpreßverfahren 505–513
Streckziehprobe nach *Güth* 421
Streifen-auflage 102, 110, 113, 427
– -einteilung 78–82
– -führung und -vorschub 75–89
– -kanal 34, 75–77
Stufenprüfverfahren 422
Stufung der Züge siehe Zugabstufung!
Stülpzugverfahren 476–482
Suchstift 86
Superplastikverfahren 549–550

T-Nuten 1
Talg 319
Talkum 321
Taschentuchprobe 231
Tauchplatte 520–523
Taumelschnitt 163–167
Teileinlegeplatte für Schabeschnitte 194
Teilung der Schneidplatten 37–39
– – Schneidstempel 21
– – Ziehteilformen 170–173
Teilungswinkel bei Bockstanzen 143
Tellerfederberechnung 608–612, 618 bis 621
Tenifer-Verfahren 641

Sachverzeichnis

Tiefe im V-Biegegesenk 218, 235
Tiefziehkraft 311–317
Tiefziehprüfverfahren 420–424
Tiefziehstahlblech 687, 704
Tiefziehvorgang 301
Tiefziehzerreißversuch 421
Titanblech 689
Toleranzen, Blechdicken- 407, 687–695
–, Stanzteile 702
Tractrixziehring 340–342, 461
Trägheitsmoment der Stempelquerschnitte 32
Translation 304
Transportbahn 586–587
Trapez-Freibiegeprobe 232
Traverse 185
Trennschneidwerkzeug 109–111, 173–175
– für Ziehteile 170–173
Trichloräthylen 323

U-Biegen 215
U-Biegestanze, einfach 248
– –, zweifach 250
Überhitzt gehärteter Stahl 675
Überkreuzendes Stanzen 130
Überlastsicherung, Einbaueinheit 26
–, Ringfedereinbau 299–300
Übermaß, Überzipfelung 65
Umbördeln 260–264, 272–276
Ultraschall 362
Ultratiefziehen 362
Umgießen 49–51, 54–55
Umkantwerkzeug 243–247
Umkehrschnittverfahren 73
Umschlagschnitt → Wendeschnitt
Umstülpziehen 476–482
Umwandlungstemperatur 631
Unfallverhütung 76
Universal-Beschneideschnitt 102
– -Biegestanze 247
Unlegierte Werkzeugstähle 631–634
Unterplatte siehe Grundplatte!
Untersatztisch für Prägearbeiten 294–297, 299
Untersetzleisten 1
Unterschnittenes Biegegesenk 251 bis 255, 264
Unterwasserblitz-Verfahren 558–561

V-Freibiegen 216–218
Vanadium 636
Verbundwerkzeug 112–133, 253, 427 bis 444, 468–473
Verfestigung beim Biegen 215–216
– – Schneiden 42–44, 70
Vergußmasse für Stempel und Büchsen 49–51
Verkupfern 5, 319

Verriegelung im Schieberwerkzeug 137
Verstärkung dünner Stempel 103–104
Verzug gehärteter Teile 670–673
Vollgummikissen 498, 519–521, 526–535
Vollprägen 297–300
Volumenkonstanz 305
Vor- und Nachbiegestanze 235
Vorloch für Stechstempel 277–281
Vorlochwerkzeuge 103–108
Vorschubbegrenzung 78–87

Wackelschnitt 163–167
Walzenauftragmaschine zur Schmierung 320
Walzenschneidwerkzeug 203
Walzenvorschub 87
Walzplattenschnitt 62
Wangenbiegeprüfgerät 232
Warmarbeitsstähle 637
Warmlochstempel 20, 21
Warmprägegesenke 297
Warmtiefziehverfahren 362
Warzen 48
Weißblech 688
Weiten 491–505
Weiterreißfestigkeit 531
Weiterschlag siehe Zugabstufung!
Wendeschnitt 78
–, mit Hartmetall bestückt 651
Werkzeugstähle 631–637
Wheelon-Verfahren 524
Whippet-Einspannzapfen 9
Winkelbiegestanze siehe Biegestanze!
Wirbelstrom 561
Wolframkarbid-Hartmetall 645
Wollfett 319
Wulstbildung an Ziehteilen 415
Wulstziehen 378–385, 390

Zahnformen von Richtprägewerkzeugen 283
Zamak (Z 430) 626
Zangenvorschub 87
Zapfen 2–9
Zargen-Beschneideschnitt 159–169
– -Lochschnitt 141–157
Zeilenstruktur 211
Zelluloid 28
Zementit 629–631
Zentrierschieber zum mittigen Streifenausrichten 108
Zentrierung (siehe auch Suchstift!) mittels Kegelspitze 20
Zerreißversuch 359, 421
Ziehfehler 401–424
Ziehfolie 324
Ziehgeschwindigkeit 329–331
Ziehkante, abgenutzte 412

Ziehkantenrundung 325–328
Ziehkraft beim Abstrecken 458–460
— — Tiefziehen 311–317
Ziehleiste siehe Ziehwulst!
—, mit Hartmetall bestückt 653
Ziehsicke siehe Ziehwulst!
Ziehspalt 328–329
—, zu eng 412
—, zu weit 415
Ziehteil-Beschneideschnitt 159–169
— unterschiedlicher Bodenhöhe 447 bis 449
Ziehverhältnis β 332–334, 380
Ziehwerkzeuge für einfach wirkende Pressen 424–428
— — mehrfach wirkende Pressen 428–456
Ziehwulst 378–385, 390
Zinkblech, Zinklegierungsblech 689
Zinklegierungsguß 55, 626–628
Zipfelbildung 411
Zuführung der Stanzteile durch Einlegehebel 575–577
— — — — Fülltöpfe 578–581
— — — — Kipphebel 572–573
— — — — magnetische und pneumatische Vorrichtungen 582–587
— — — — Revolverwerkzeuge 574
— — — — Schieber 567–571

Zugabstufung für austenitische Stahlbleche 371
— — rechteckige Ziehteile 363–367
— — runde, zylindrische Ziehteile 357–363
— — verschieden gerundete Ziehteile 366
Zugstauchbeanspruchung 302–309
Zunderpaste 321
Zusammengesetzte Schneidplatten 37–39
— Schneidstempel 21
Zuschnittsermittlung für Biegeteile 212
— — ovale und andere zylindrische Ziehteile 353–355
— — rechteckige Ziehteile 349–352
— — runde Ziehteile 343–348
— — unregelmäßige, unzylindrische Ziehteile 356
Zustandsdiagramm 629
Zwangsweiser Auswerfer 185
Zweifach wirkende U-Biegestanze 247–251
Zwischenleiste 76–77
Zwischenplatte 15
Zylinderführung geschlossener Gesamtschnitte 182–184
Zylindrische Ziehform 301–310

Verzeichnis der Werkstücke und nichtmetallischen Werkstoffe

die sich mit den in diesem Buch angegebenen Werkzeugen oder Verfahren herstellen lassen unter Berücksichtigung der im Text eingefügten Quellennachweise (Fußnoten). Die Ziffer dahinter bezieht sich auf die Seitenzahl, die Bildziffer in eckigen Klammern auf die Bildübersichtstafel (Abb. 653, S. 720). Blechwerkstoffe siehe Tabelle 36 und 37, S. 687–696.

Abschlußplatten 112
Abzugrohr 170
Aluminiumkochtöpfe 275, 494 [9]
Ankerbleche siehe Rotor-Statorbleche!
Anrollklemme 118–120 [58]
Atomiseurbombe 488 [34]
Ausgießschnauze 217 [79]
Autoteile siehe unter Kraftfahrzeug-, Karosserie- sowie entsprechenden Einzelteilbezeichnungen!

Badewannen 171, 399, 557 [76]
Bajonettverschluß 290
Balliger Handgriff 275 [10]
Begrenzungs-Scheinwerfer 489, 496
Behälter, Brennstoff- 169, 289, 382
Beleuchtungskörper 262, 376–377 [38, 40]
Beschichtete Bleche → kunststoffbesch. Bl.
Bilderhaken 122–124 [60]
Birkensperrholz 28
Blechdeckel siehe Deckel!
Blechmuttern 487
Blechrähmchen 112
Boden 412, 556
Bremstrommel 318
Brennstoffbehälter 169, 289
Briefumschlagklammer 125–128 [61]
Butangasflaschen 478

Chassisrahmen 153, 189, 243
Chronometerteile 193 bis 200
Cowling 505
Cremedosen 338, 349

Dach für Karosserie 388 [83]
Deckel, rechteckig 418 [85]
Deckel zur Teekanne 501 bis 502 [27]
Dichtungen aus Papier 21, 190
Dichtungsmaterial 28, 190
Doppelscharnierbeschlag 271 [57]
Doppelwinkel 248 [53]
Dose, achteckige 540 [42]
Dosendeckel 431
Drahtklemme 112
Drehkondensatorbleche 284
Druckknopf 469
Düsenantriebseinheiten 551

Essenträger 490
Exhaustorgehäuse 518 [19]

Fahrrad-glocke 434–438 [22]
– -kettenschutz 171
– -scheinwerfer 144, 481, 496 [17, 18]
– -teile 277
Faß 586
Feilheftzwingen 473–475
Feinmechanische Teile 65–75, 192–200
Feldflaschen 489
Felgenscheiben 490, 515

Fenster an Führerhaus 177, 388 [85]
Fensteröffner-Gelenkriegel 171 [74]
Fiberplatten 191, 192
Fiberteile 79
Filmspulenkopf 473–475
Filz 79, 190
Flanschdichtung 190 bis 191
Flanschlager 499 [11]
Flaschen, Treibgas 478
Flaschenhälse 487
Flaschenverschlüsse 134
Führerhausfenster 177 [85]
Führungsklemmen 112
Füllfederhalter-Klips 134
Furniere 190

Gabellager, Fahrrad 277, 426 [45]
Gasflaschen 478
Gasuhr 170
Gehäuse für Uhren, Wecker 81
– – Exhaustor 518
Gehäusehälften 426, 485
Gelenkbügel 206
Gelenkriegel 171 [74]
Geschoßköpfe 322
Getriebeteile 193–200
Gewindekappen 415
Gewindewarzen, ausgezogene Kragen 278 bis 282 [30, 44, 45]
Glimmerteile 28, 177
Glocke für Fahrradklingel 434–438 [22]
Griff, balliger 275 [10]
Großküchenkochkessel 481
Gummi 28

Haken für Bilder 122 bis 124 [60]
Halbkugel 378 [1]
Handgriff, balliger 275 [10]
Hartfiber 21
Hartgummi 190
Hartpapier, Hartpappe 28, 35, 79, 190–192
Haube 146, 412–419
Hebel 68, 109–111
Hebelschalter 171
Hebelschalter-Kupfersegmente 201–202 [80]
– Seitenteile 171 [75]
Heckseitenteil 381, 382 [84]
Heißluftdusche 408
Heißwasserspeicherhaube 412, 419
Heizkörper 442–444
Herdabzugrohr 170
Hinterkotflügel 171, 505, 512
Hohlprofile, gelochte 143
Holz 28
Hutmutter 415

Kabelschuhe 562
Kanister 169, 289
Kannenausgießhälfte 217 [79]
Kannendeckel 501–502 [27]
Kannenrumpf 560 [46]
Kappe 440
Kapseln, gelochte 142 bis 146
Karosserie → Kraftfahrzeug
Karton, Kartonagen 79, 190–192
Kegelige Teile 347, 374, 377, 544 [25, 37]
Keilriemenscheibe 489 [39]
Kelchfedern 115
Kerzenhaltertülle 438
Kettenglieder, Kettenlaschen 129, 651
Kinderbadewanne 557
Klemmbügel für Langfeldleuchte 262 [73]
Klemmkasten 130 [63]
Klingerit 28, 190
Klinken 193
Klips 134
Knetmaschinenbehälter 481
Kochkessel 481

Kochtöpfe 275, 494 [9]
Kofferraumdeckel 382
Kompensator 504 [2]
Kondensatorbleche 284
Kondensatordeckel 490
Konservendosen, tiefgezogene 432
Kontakte, Kupfer- 202
Kotflügel 157, 171, 173 bis 175, 306, 383, 387 bis 392, 505 [86, 87]
Kraftfahrzeug-Chassisrahmen 153, 189, 243
Kraftfahrzeugtür 245, 380
Kraftrad-Brennstoffbehälter 382
Kraftstoffbehälter 169, 289
Kragenansätze 278–282 [30, 44, 45]
Kugelbehälter 404, 555 [12, 13]
Kugelgelenk 554 [14]
Kugellagersitz 193
Kühlerverkleidung 112, 154, 452–455
Kühlerverschraubung 503
Kühlrippen 248 [71]
Kunstharz rein, -gewebe, -hartpapier 28
Kunststoffbeschichtete Bleche 49
Kupfersegment 201–202
Kupplungsteil 127–128
Kurvenstücke 193

Lager für Förderbandrolle 499 [11]
Lamellen 649
Lampenfassungsteile 486 [43], 490
Lampenschirm 374 [25]
Langfeldleuchte 261 bis 262 [73]
Laschen 109–111
Laschenketten 129
Leder 28, 190–192
Lederscheiben 190–192
Lötösen 112, 472

Melkmaschinengefäße 494
Membrane 21, 292–293
Metallfolien 21, 77, 190
Milchkanne 274
Milchkühler 562
Modezierartikel 539
Motorhaube 505

Motorradtank 382
Motorroller-Kotflügel 157, 383
Motorwanne 517
Münzen 299
Muldenförmige Hohlteile 303
Muttern 32, 84
– (Blechmuttern) 487

Näpfe, gelochte 142–149

Ovalteile 328, 353 [47]

Papier, Pappe 28, 190
Papierdichtungen 21
Pertinax → Hartpapier
Plaketten 297
Planenhalter 466
Polklemmenbügel 118 bis 120
Potentiometergehäuse 490
Präzisionsteile 65–74, 193–200

Radfelge für Zugmaschinen 492 [15]
Radio-klemmen 113
– -kondensatorbleche 284
– -röhrenfedern 114, 115
Rähmchen 112
Rahmenlängsträger 153, 189, 243
Raketenköpfe 551
Rechenmaschinenseitenteile 171 [75]
Rechteckige Hauben und sonstige rechteckige Ziehteile 349 bis 352, 368–369, 416 bis 418, 542 [66, 67]
Reflektor 144, 481, 496
Riemenscheibe für Keilriemen 489 [39]
Ringblende 440 [3]
Ringkompensator 504 [2]
Rippen 394–397
Rippenheizkörper 442 bis 444
Rohrabzweig 277
Rohre, gebogene 230 [78]
–, gelochte 143
Rollenbahnlagergehäuse 499 [11]
Rotorbleche 49, 82, 114, 187, 652
Rückwand 395

Rümpfe von Fässern 586
– – Kannen 560 [46]

Schalenförmige Teile 227
Schalterkappen siehe
 rechteckige Hauben!
Scharnierbügel 206 [81]
Scharniere 208–209, 271
 [55–57]
Scheiben mit konzen-
 trischen Sicken 515
– – Randverstärkung
 276 [28]
Scheinwerfergehäuse
 144, 481, 496 [17, 18]
Schelle 257–259 [68, 69]
Schilder 298
Schlußlichtgehäuse 488,
 490
Schreibfedern 134
Schreibmaschinen-
 gehäuse 297
Schreibmaschinen-
 Typenhebel 68, 112
Schriftbild 115
Schuhcremedosen 338,
 349
Schuhösen 463
Schwingachsgehäuse 481
Sechskantmuttern 32, 84
Seitenteile von Hebel-
 schaltern 171 [75]
– – Karosserien 381,
 383 [84]
– – Rechenmaschinen
 171 [75]
Siebboden 490
Sperrholz 28
Sperrklinken, -räder 193
Spiritusbehälter 490
Spulenkopf 473–475

Spültischeinsatz 398 [77]
Stahlblechrähmchen 112
Stahlflaschen 478 [34]
Statorbleche 82, 114, 652
Stockzwingen 473–475
Stoßdämpferrohr 462
Strahltriebwerke 551
Sturmlaternenbrenner
 490
Sturzhelm 490

Tablett 401
Tankbehälter für
 Motorrad 382
Teedose 540
Teeglashalter 554
Teekannendeckel 501
 bis 502 [27]
Teekesselschnauze 217
 [79]
Topf 275 [9]
Tragrollenpreßkörper
 499 [11]
Transformatorenbleche
 178, 651
Transformatorenkühl-
 rippen 248 [71]
Treibgasflaschen 478
Tretlagergehäuse 277
 [45]
Tür für Kraftwagen 245,
 380
Typenhebel 68, 112

Überschraubkappe 415
Uhrengehäuse 81
Uhrenteile 65–74, 193
 bis 200
Umlaufmesser 38
Umschlagklammer 125
 [61]

Unterlegscheiben 81, 186
Unterschnittene Biege-
 teile 252–255 [51, 52,
 54, 64]
– Ziehteile 524 [20, 29]

Ventilator-Riemen-
 scheibe 489 [39]
Verschlußbügel 121–122
 [59]
Verschraubungskappe
 415, 503
Vierkantmuttern 32, 84
Vorderhaube VW 244
Vorderkotflügel 157, 173
 bis 175, 306, 387–392

Wasserkesselschnauze
 217 [79]
Weckergehäuse 81, 490
Windlaufteile 177, 505
Winkelförmige Teile 78
 bis 81, 210
Winkelprofile, gelochte
 203 [49]

Zählrollen 487
Zahnräder 474
Zahnscheiben 73
Zahnstange 200
Zelluloid 28, 190–192
Zentralheizkörper 442
 bis 444
Zentrifugenteile 481
Zierartikel 539
Zigarettenpackung 163
 bis 165
Zugmaschinen-Radfelge
 492 [15]
Zugstange 109–111
Zwingen 473–475

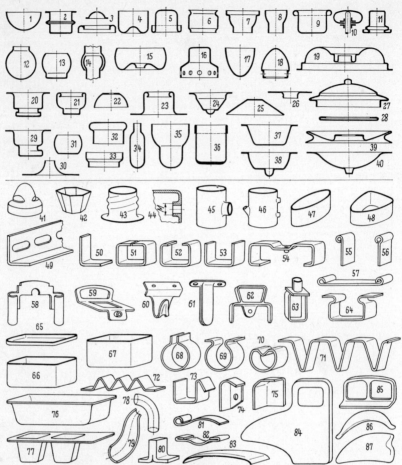

Abb. 653. Einige der in diesem Buch erläuterten Biege- und Tiefziehformen

Fig.	Seite	Fig.	Seite	Fig.	Seite	Fig.	Seite
1	378	11	499	21	274	31	493
2	504	12	404, 555	22	412	32	503
3	440	13	424	23	476	33	429, 445
4	476	14	554	24	348	34	488
5	477–480	15	492	25	374	35	374
6	493–499	16	142, 155	26	277–282	36	456–463
7	450	17	496	27	501–502	37	544
8	493–499, 554	18	144	28	276	38	540
9	275	19	518	29	548	39	489–490
10	275	20	548	30	328, 487	40	376/377

Weitere rotationssymmetrische Teile siehe Tab. 18, S. 376–377

Fig.	Seite	Fig.	Seite	Fig.	Seite	Fig.	Seite
41	451	53	237, 248	65	418	77	398
42	540	54	264	66	349/452, 363/367	78	230
43	486	55	265–270	67	368–369, 417	79	217
44	131, 277–282	56	265	68	257	80	202
45	277	57	271	69	258	81	206
46	560	58	119	70	256	82	205
47	353	59	122	71	248	83	211
48	355	60	123	72	260	84	381
49	203	61	125, 132	73	261–283	85	177, 388
50	235–237	62	127	74	171	86	157, 382,
51	255	63	130	75	171		87, 512
52	237, 253	64	253	76	399	87	356

Weitere Karosserieteile S. 175–177, 243–246, 382–395, 452–456